Photoshop CC
实战培训教程

郑铮 编著

人民邮电出版社
北京

图书在版编目（CIP）数据

Photoshop CC实战培训教程 / 郑铮编著. -- 北京 : 人民邮电出版社, 2022.4
ISBN 978-7-115-55857-2

Ⅰ. ①P… Ⅱ. ①郑… Ⅲ. ①图像处理软件—教材 Ⅳ. ①TP391.413

中国版本图书馆CIP数据核字(2022)第017634号

内 容 提 要

本书根据 Photoshop 教师的授课经验及设计人员的实际操作经验编写而成。全书共有 20 章，首先详细介绍 Photoshop CC 2017 的基础知识，目的是让读者打好基础，接着深入讲解 Photoshop CC 2017 的功能，能够使读者深入了解 Photoshop CC 2017 的精髓和使用方法，最后是综合实例，深入浅出地对 Photoshop CC 2017 在每个领域的应用进行讲解，读者既能巩固前面所学，又能提高设计创意能力。

本书采用“教程+实战演练”的编写形式，兼具技术手册和实际项目训练的特点，方法实用，讲解清晰。实战演练和综合实例的素材和源文件可供下载，并配有教学视频可在线观看，让读者学习起来更加简单。

本书不仅可以作为中高等院校设计类专业和相关培训机构的教材，还可以作为图像处理和平面设计学习者的参考书。

◆ 编　　著 郑　铮
责任编辑 赵　迟
责任印制 马振武

◆ 人民邮电出版社出版发行　　北京市丰台区成寿寺路 11 号
邮编 100164　　电子邮件 315@ptpress.com.cn
网址 https://www.ptpress.com.cn
北京市艺辉印刷有限公司印刷

◆ 开本：787×1092 1/16
印张：26.75　　2022 年 4 月第 1 版
字数：765 千字　　2022 年 4 月北京第 1 次印刷

定价：79.00 元

读者服务热线：(010)81055410　印装质量热线：(010)81055316
反盗版热线：(010)81055315
广告经营许可证：京东市监广登字 20170147 号

前　言

为何编写此书

Adobe公司开发的Photoshop是目前公认非常实用的平面设计与制作软件。自推出之日起，Photoshop一直受到广大平面设计人员的青睐。相比之前的版本，Photoshop CC 2017具有更加强大的功能，炫酷的启动界面与智能的操作界面极大地满足了广大设计师对软件的期待与要求。由于增加了面部感知液化、内容感知智能裁切、文字字体识别等功能，Photoshop CC 2017成为一款更加强大的图片处理软件。本书对Photoshop CC 2017进行了由浅入深的全面讲解，图文并茂，案例丰富，适合有一定软件基础并希望进一步提高专业能力的设计从业人员和Photoshop初学者学习使用。本书可帮助读者在短时间内熟练操作软件，并运用到实际工作中，具有较高的实际应用价值。

本书内容

全书共20章，从Photoshop CC 2017的基础知识与学习方法开始讲解，介绍各个面板、工具及其应用方法，以及图片后期处理各阶段的操作。大多数章节都配有多个典型案例，并在第20章中收录了26个大小不同、难度各异的综合实例。本书对知识点进行了系统的梳理，使读者在学习时能够知其然并知其所以然。本书在讲解案例时突出重点与难点，有助于读者快速掌握处理方法与技巧，可以举一反三地处理相关类型的图片。全书除基础知识的讲解外，也非常注重图像处理的艺术性，结合流行设计元素，系统全面地示范了一些实践案例，让最终的制作效果更加符合现代的审美要求。

本书特色

1. 循序渐进、突出重点，理论与实践相结合。读者可以在学习理论后，及时通过实例理解掌握。

2. 实用性强。本书中的案例均为特别常见的图像处理案例，涵盖各个领域与各种风格，可以使读者更快理解并掌握相关知识，并且读者能够通过学习设计思路丰富创作手法，将自己的设计能力提升到新的高度。

3. 由基础讲起，内容丰富，实例典型，步骤详细，生动易懂。即使读者对Photoshop了解很少，只要按照本书从头至尾认真地学习和操作，也能够得到相应的图片效果，并且逐渐掌握Photoshop的使用方法。

4. 与时俱进。书中案例多选择当下流行的设计类型，如图标制作、汽车海报制作等，具有较高的学习价值与艺术价值。

适用读者群

1. Photoshop的初学者。

2. 具有一定基础的Photoshop爱好者。

3. 本科、大中专等院校师生。

4. 从事设计行业的专业人员。

资源与支持

本书由“数艺设”出品，“数艺设”社区平台（www.shuyishe.com）为您提供后续服务。

配套资源

①所有实战演练与综合实例的教学视频
②所有实战演练的素材文件、源文件

“数艺设”社区平台，为艺术设计从业者提供专业的教育产品。

与我们联系

我们的联系邮箱是 szys@ptpress.com.cn。如果您对本书有任何疑问或建议，请您发邮件给我们，并请在邮件标题中注明本书书名及 ISBN，以便我们更高效地做出反馈。

如果您有兴趣出版图书、录制教学课程，或者参与技术审校等工作，可以发邮件给我们；如果学校、培训机构或企业想批量购买本书或“数艺设”出版的其他图书，也可以发邮件联系我们。

如果您在网上发现针对“数艺设”出品图书的各种形式的盗版行为，包括对图书全部或部分内容的非授权传播，请您将怀疑有侵权行为的链接通过邮件发给我们。您的这一举动是对作者权益的保护，也是我们持续为您提供有价值的内容的动力之源。

关于“数艺设”

人民邮电出版社有限公司旗下品牌“数艺设”，专注于专业艺术设计类图书出版，为艺术设计从业者提供专业的图书、电子书、课程等教育产品。出版领域涉及平面、三维、影视、摄影与后期等数字艺术门类，字体设计、品牌设计、色彩设计等设计理论与应用门类，UI 设计、电商设计、新媒体设计、游戏设计、交互设计、原型设计等互联网设计门类，环艺设计手绘、插画设计手绘、工业设计手绘等设计手绘门类。更多服务请访问“数艺设”社区平台 www.shuyishe.com。我们将提供及时、准确、专业的学习服务。

目 录

第07章 图层的应用……………………136

第08章 矢量工具与路径………………162

第12章 颜色与色调的高级调整工具……250

第13章 滤镜……274

第01章 学前预知

1.1 Photoshop CC 2017软件适合的人群

虽然Photoshop是一款处理图形图像的专业软件，但随着数码产品的普及、人们审美意识的提高以及该软件人性化的开发进程，Photoshop有向大众软件过渡的趋势，越来越多的人群对其产生兴趣并开始使用。但事实上并不是所有人都必须学习它，即便是学习，不同的人群也有不同的侧重点。各类读者要根据自己的实际情况，弄清应该重点学习Photoshop的哪些内容。如果要对适合学习该软件的人群进行分类，大体可以分为以下几类。

1.1.1 专业设计人员

专业设计人员是学习Photoshop的主力军，这些人员通常在平面设计、网页设计、三维效果图制作、后期合成、婚纱摄影、商业插画等领域从事与图形图像相关的专业工作。他们不但要学习Photoshop，还要熟练掌握甚至精通Photoshop并利用这一软件进行很好的创意制作。

1.1.2 图像处理相关岗位的在职人员

从事文秘、文案创作、商业策划、多媒体制作等图像处理相关工作的人员也是学习Photoshop的一类人群。他们使用该软件来完善自己的报告或方案，但不需要全面掌握该软件，只需要根据自己的工作特点来学习相应的知识点就可以满足工作需求。图1-1所示为小册子封面，学习者只需掌握简单的抠图技巧和文字工具，就可制作出该封面。

图1-1

1.1.3 数码摄影爱好者

数码照片能够非常方便地记录每个美好瞬间。但由于天气或灯光器材等原因，照片会出现各种瑕疵。Photoshop作为一款摄影后期处理软件，已经成为数码摄影爱好者处理照片瑕疵的“法宝”。通过使用这一软件，数码摄影爱好者能够在光照效果、颜色、对比度等各个方面对照片进行调整。图1-2所示为用数码相机

学习重点

Photoshop是Adobe公司开发的一款设计软件，该软件具有强大的功能，一直是图像处理领域的“巨无霸”，在出版印刷、广告设计、美术创意、图像编辑等领域得到了极为广泛的应用，是平面设计人员必不可少的工具。本章将对哪些人群适合学习Photoshop、学好Photoshop的方法、Photoshop的应用领域以及Photoshop CC 2017的新增功能进行详细的讲解。

拍摄的原图，图1-3所示为用Photoshop软件处理后的效果。只需要熟练掌握Photoshop在图像处理与修饰方面的功能，即可满足照片修补的需求。

图1-2

图1-3

1.1.4 图像处理爱好者

图像处理爱好者学习Photoshop的目的很单纯，就是希望能创作自己喜欢的图形、图像，没有任何的商业性和利益性，如图1-4所示。由于这类人分布在社会的各种行业，且受年龄、职业等各种因素的影响很小，所以数量庞大，也是学习Photoshop的主力军。

图1-4

1.2 学好Photoshop CC 2017的方法

学习Photoshop同学习其他软件一样，存在着学习方法的问题。好的学习方法可以让学习者事半功倍；而无头绪的学习方法只能是事倍功半。下面讲解Photoshop的学习方法。

1.2.1 循序渐进式学习法

该方法最适合初学者，虽然并不快捷，但学习者可以由浅到深地学习，为以后长期开展Photoshop深层次研究做好铺垫。循序渐进式学习法可以分4步进行。

第1步是掌握相关理论知识，练习基本操作技能。要把相关基础理论弄懂，如像素的概念、色彩的相关知识等，熟记各项常用命令的位置、功能、用法和产生的效果。

第2步是反复模仿练习，整理系统知识。反复模仿可以有效提高操作的熟练程度，也是初学者的必经之路。对于已经学会的操作技法，不仅要能独立重复操作，而且要理解其中的知识点。不但要知其然，还要知其所以然。书中每一个练习的设计都是有一定联系的，一定要弄明白每个练习之间的关系，搞清楚每个部分之间的联系，逐步在头脑中建立起一个完整清晰的操作体系，并熟记于心。

第3步是主动实践，积累经验。实践是检验真理的唯一标准，同时也是一块“磨刀石”，能够完善和丰富你的经验，提高操作技能。学习者可以尝试主动将创意变成可视化作品，把学过的知识运用到实践中。

第4步是广泛涉猎相关领域，丰富自我。通过积极主动学习各方面的知识，学习者会在学习过程中发现哪些方面应该深入，哪些技能急需提高，哪些知识应该拓展。经过一段时间的不懈努力，学习者一定会熟练掌握Photoshop的操作。

1.2.2 逆向式学习法

传统的学习软件的方法是先将理论知识学会，然后学习操作，再进行创意实践。这种方法固然有其道理，但这种模式学起来很枯燥，容易让人感到疲劳。随着软件越来越人性化，且当今社会的信息化脚步不断加快，用户可以考虑采用先接触实例，再系统学习理论知识的方法，即逆向式学习法。很多教程的实例做得非常漂亮，极具吸引力，能够激发学习者的兴趣。学习者不妨先尝试模仿制作过程，当把效果做出来之后，再去回顾制作过程中用到的知识点，这样不仅可以大大提高学习效率，也可以加深对每种工具、功能的印象。但需要注意的是，该方法跳跃性较强，缺乏条理性，学习者要辩证地使用。

1.2.3 学习方法综述

前面介绍了几种学习Photoshop软件的好方法，能够帮助大家熟练地掌握该软件。

很多人会发现，无论使用哪种学习方法，即使完全掌握了Photoshop所有工具及命令的使用，也仍然无法制作出完整的作品，除非是对照着书中的讲解示例进行制作。

这主要是由于创作需要的不仅仅是熟练的技术，更需要想法、技法和创意，因此只掌握了技术的初学者会觉得不知所措。

需要记住的是，所有软件都只是工具。对于Photoshop这样一个非常强调创意的软件，要想熟练掌握软件功能并将其灵活地应用于各个领域，不仅需要使用者具有扎实的基本操作功底，还需要使用者具有丰富的想象力与创意。

1.3 Photoshop CC 2017的应用领域

多数人对于Photoshop的了解仅限于“一个很好的图像编辑软件”，并不知道它的其他诸多应用领域。实际上，Photoshop不仅在传统的图像、图形、文字等领域应用很广泛，随着它的功能逐渐强大，它还不断向视频、界面设计等领域渗透。

1.3.1 平面设计

平面设计是Photoshop应用最为广泛的领域。无论是我们正在阅读的图书封面，还是在大街上看到的招贴、海报等，这些具有丰富图像的平面印刷品，基本上都需要用Photoshop软件对图像进行处理，如图1-5所示。

图1-5

1.3.2 影像创意

影像创意是Photoshop的特长。通过Photoshop的处理，原本风马牛不相及的对象能够组合在一起，也可以使用“狸猫换太子”的手段使图像发生巨大的变化，如图1-6所示。

图1-6

1.3.3 概念设计

概念设计就是对某一事物重新进行造型、质感方面的定义，形成一个针对该事物的新标准。产品设计的前期通常需要进行概念设计，如图1-7所示。除此之外，在许多电影及游戏中也都需要进行角色或者道具的概念设计。

图1-7

1.3.4 游戏设计

游戏设计是近些年成长起来的一个新兴领域，在游戏策划及开发阶段都需要大量使用Photoshop对游戏中的人物、场景、道具、装备以及操作界面等进行绘制或后期处理，如图1-8所示。

图1-8

1.3.5 数码照片处理

Photoshop具有强大的图像修饰功能。利用这些功能，可以快速修复一张照片，如人脸上的斑点、皱纹等瑕疵。随着计算机及数码设备的普及，越来越多的人喜欢自己动手制作自己的照片，同时各大影楼也需要使用这一技术对照片进行美化和修饰。图1-9所示为用数码相机拍摄的原图，图1-10所示为使用Photoshop处理后的效果。

图1-9

图1-10

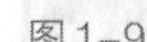

1.3.6 插画绘制

随着出版及商业设计领域的逐步细分，商业插画的需求量不断增大，许多以前将插画绘制作为个人爱好的插画艺术家开始为出版社、杂志社、报社等单位绘制插画。图1-11所示的插画就是艺术家使用Photoshop绘制的。

图1-11

1.3.7 网页创作

网络的普及是促使更多人学习Photoshop的一个重要因素。因为在制作网页的过程中，Photoshop是必不可少的网页图像处理软件。图1-12所示的网页整体效果就是用Photoshop绘制的。

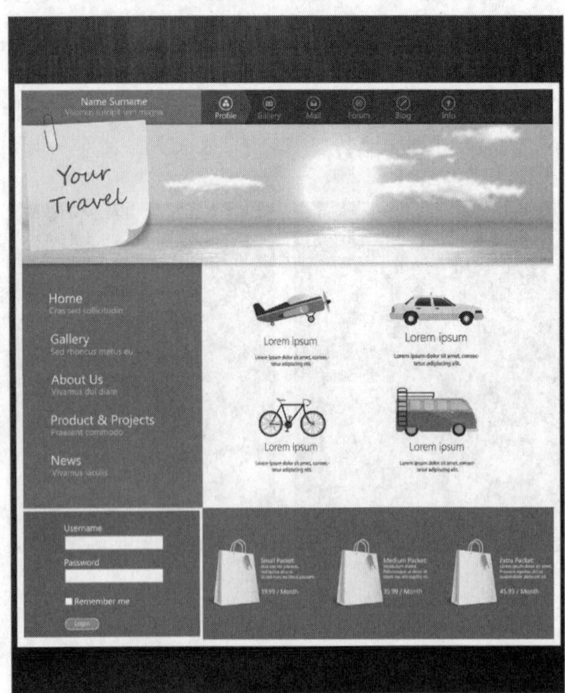

图1-12

1.3.8 效果图后期处理

在室内外建筑装饰领域，多数设计师会选用Photoshop对效果图进行后期处理，如调整颜色、制作天空、添加人物与饰物等。图1-13所示为使用Photoshop处理的建筑效果图。

图1-13

1.3.9 软件界面设计

软件界面设计是一个新兴的领域，已经受到越来越多的软件企业及开发者的重视。但目前还没有专门用于软件界面设计的软件，因此绝大多数设计者会将Photoshop作为首选软件。图1-14所示为某软件的界面效果图。

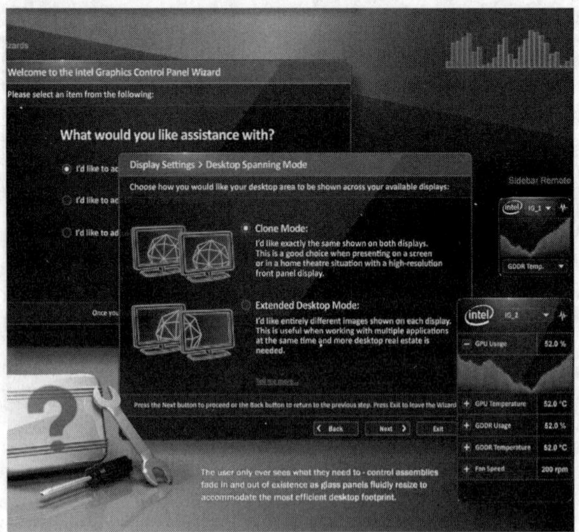

图1-14

1.3.10 艺术文字设计

艺术文字设计被广泛地应用在视觉识别系统中，具有美观大方、便于阅读和识别等优点。Photoshop可以使文字发生各种各样的变化，并可以利用这些艺术化的文字为图像增加效果，如图1-15所示。

图1-15

1.3.11 卡通形象

Photoshop具有强大的绘画与调色功能，许多卡通动画的设计制作者往往先用铅笔绘制草稿，然后用Photoshop填色来完善卡通图案。图1-16所示为上色后的最终效果图。

图1-16

1.3.12 绘制或者处理三维材质贴图

我们可以借助三维软件制作出精良的模型，但是如果不能为模型设置逼真的材质贴图，那么也无法得到好的渲染效果。实际上，在制作材质贴图时除了要依靠三维软件本身所具有的功能，还要用到Photoshop制作材质贴图。图1-17所示为用Photoshop处理过的图像为模型设置材质贴图后的渲染效果。

图1-17

1.4 Photoshop CC 2017新增功能

与之前的版本相比较，Photoshop CC 2017从界面设计、窗口布局、功能体验来看确实改变了不少。外在方面，Photoshop的图标从原来的3D样式转变成了如今比较流行的简单平面风格，而用户界面的主色调也被重新设计成了深色；同时内在功能方面也发生了不同程度的变化。

1.4.1 强大的搜索工具

这次改变最大的便是“新建文档”对话框，有照片、打印、图稿和插图、Web等多种页面可以选择，可轻松访问预设详细信息，并且可以获取免费的Adobe资源模板。“新建文档”对话框如图1-18所示。

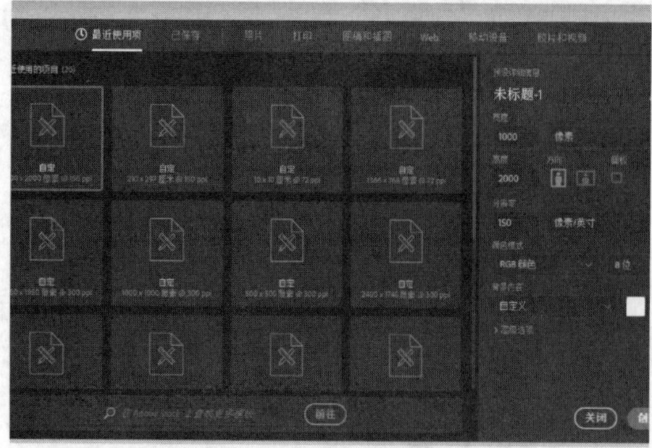

图1-18

1.4.2 支持更多字体格式

Photoshop CC 2017可以更好地支持SVG（Scalable Vector Graphics）格式字体，如图1-19所示，支持多种颜色和渐变效果，还可以支持栅格或矢量格式。

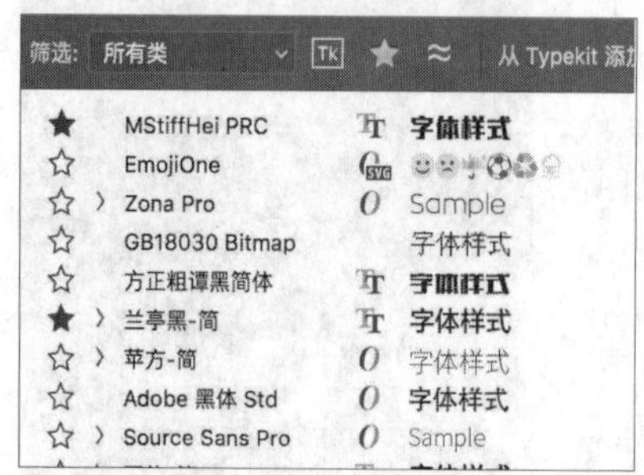

图1-19

1.4.3 内容感知移动工具

Photoshop CC 2017的内容感知移动工具的功能为：选择图像场景中的某个物体，然后将其移动到图像的任何位置，该工具会通过计算得到完美无缺的合成效果。图1-20所示为原图，图1-21所示为使用该工具后的效果图。

图1-20

图1-21

1.4.4 后台存储和自动恢复

Photoshop CC 2017改善了后台存储和自动恢复的性能，以协助用户提高工作效率。即使后台在存储大型的Photoshop文件，也能同时让用户继续工作。图1-22所示为Photoshop后台保存的文件。Photoshop CC 2017的自动恢复功能可在后台工作，因此Photoshop可以在不影响用户操作的情况下存储编辑内容。自动恢复功能使Photoshop每隔10分钟（默认值）自动存储用户的工作内容，以便在意外关机后自动恢复用户的文件。图1-23所示为计算机意外关机后自动恢复的文件。

图1-22

图1-23

1.4.5 选择并遮住

在Photoshop中最有用的功能之一就是抠图。到目前为止，“调整边缘”已经成为大多数用户首选的功能。如果你的Photoshop是CS6或更早的版本，这仍然是你最好的选择。然而，在Photoshop CC 2017中，“选择并遮住”可以实现比“调整边缘”更好的效果。当选择快速选择工具时，工具选项栏上的“调整边缘”已经被“选择并遮住”替换，如图1-24所示。多年来，Adobe公司一直在抠图功能上下功夫，从开始的“选择”到“抽出”，到后来的“调整边缘”，再到如今的“选择并遮住”，抠图的效率越来越高，易用性越来越好。

图1-24

1.4.6 快速启动创意项目

当在Photoshop中创建文档时，一般不从空白画布开始，而是从Adobe Stock的各种模板中进行选择。这些模板包含资源和插图，设计者可以在此基础上进行构建，从而完成项目。在Photoshop中打开一个模板后，可以像处理其他任意Photoshop文档(.psd)那样处理该模板，如图1-25所示。

图1-25

除了模板外，还可以从 Photoshop 大量可用的预设中选择或者创建自定大小，进而创建文档；也可以存储自己的预设，以便重复使用。

第02章 Photoshop CC 2017的基本操作

2.1 安装与卸载程序

在安装Photoshop CC 2017之前，需要对要安装软件的计算机运行环境的配置进行检查，确保计算机的配置达到软件所需配置的最低要求，以便有效地缩短处理图像所需的时间，让操作过程更为流畅。

在Windows环境下，安装Photoshop CC 2017的配置要求如下。

- Intel Pentium 4或AMD Athlon 64（2GHz或更快）。
- Windows Vista Home Premium、Business、Ultimate、Enterprise或Windows 7、Windows 8、Windows 8.1及以上的操作系统。
- 1GB以上的内存。
- 2.5GB可用硬盘空间。
- 1024 px×768 px分辨率的显示器，配备符合条件的硬件加速OpenGL图形卡。
- DVD-ROM驱动器。
- 多媒体功能需要QuickTime 7.6.2软件。
- 在线服务需要连接互联网。

Adobe公司提供了Photoshop CC 2017免费试用版，需要登录Adobe公司官网下载，然后注册一个Adobe ID，再下载桌面程序——Creative Cloud，之后再用它安装Photoshop。

01 如图2-1所示，单击Adobe网站页面右上角的“登录”按钮，在下一个页面单击“创建账户”，如图2-2所示，输入姓名、邮箱、密码等必要信息，单击“注册”按钮显示注册成功。

02 在Adobe网站上用刚才注册的Adobe ID登录主页面，如图2-3所示，在此页面上单击“支持”选项卡，然后单击“下载和安装”。在下一个画面中单击Creative Cloud图标，如图2-4所示，将程序下载到计算机中。

图2-1

图2-2

图2-3

学习重点

对Photoshop CC 2017有了初步的认识后，本章将从最基本的程序的安装、卸载、启动与退出讲起，随后涉及工作界面的介绍、图像的查看方法、使用的辅助工具等内容，最后讲解文档的基本操作以及如何使用Adobe Bridge管理图像文件。

图2-4

03 双击Creative Cloud桌面程序图标，弹出一个面板，即可进行安装（安装时还需要输入Adobe ID和密码），如图2-5所示，在此期间不需要特别设定。

图2-5

04 安装好Creative Cloud桌面程序后，可以通过它安装、更新和卸载Adobe应用程序，如图2-6所示，同时可以共享文件、查找字体和库存图片。例如，单击Photoshop图标右侧的“安装”按钮，即可自动安装Photoshop。试用版从安装之日起共有7天的试用时间。如果想要购买Photoshop正式版，可单击“立即购买”按钮。如果想要卸载Photoshop，可单击···按钮，在打开的菜单中选择“卸载”命令。

图2-6

2.2 启动与退出程序

掌握软件的启动与退出方法是学习软件应用的必要前提，Photoshop CC 2017有多种启动与退出的方法，下面将进行详细介绍。

2.2.1 启动Photoshop CC 2017

安装成功后，可以通过以下几种方法启动该程序。

- 双击桌面上Photoshop CC 2017的快捷图标Ps。
- 用鼠标右键单击桌面上Photoshop CC 2017的快捷图标Ps，在弹出的菜单中选择“打开”命令。
- 执行“开始→所有程序→Adobe Photoshop CC 2017”命令。

运行程序后，桌面呈现图2-7所示的全新的Photoshop CC 2017启动画面。

图2-7

2.2.2 退出Photoshop CC 2017

不使用Photoshop CC 2017时，应先关闭所有打开的工作窗口，可单击标题栏右侧的“关闭”按钮，如图2-8所示；打开多个文件时，也可执行“文件→关闭全部”“文件→关闭”或“文件→关闭并转到Bridge”命令关闭文件，如图2-9所示。

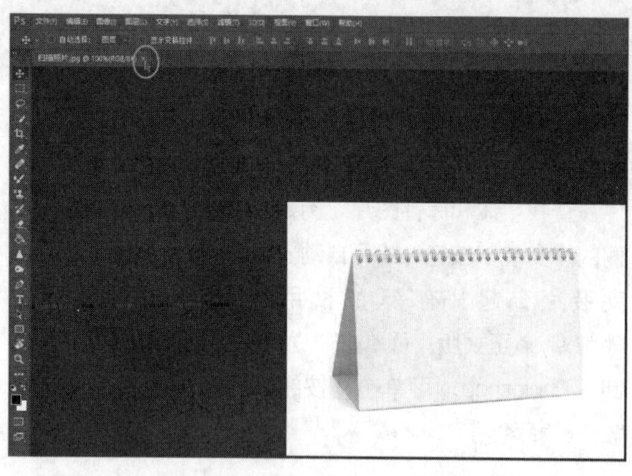

图2-8

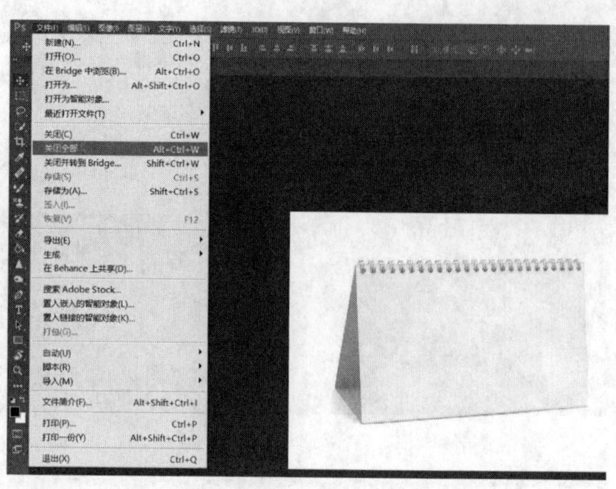

图2-9

关闭文件窗口后，可执行以下几种方法退出Photoshop CC 2017。

- 单击工作界面菜单栏右侧的“关闭”按钮。
- 单击菜单栏左侧的程序图标，执行“关闭”命令或按Alt+F4组合键。
- 执行“文件→退出”命令，或按Ctrl+Q组合键。

2.3 Photoshop CC 2017工作界面

工作界面是用户使用Photoshop来创建和处理文档、文件的区域。Photoshop CC 2017的工作界面主要由菜单栏、工具选项栏、标题栏、状态栏、选项卡、工具箱、文档窗口和控制面板等组成。

2.3.1 工作界面组件

启动Photoshop CC 2017后，将看到图2-10所示的界面。

图2-10

- 菜单栏：菜单栏中包含Photoshop可以执行的各种命令，单击菜单名称即可打开相应的菜单。
- 工具选项栏：用来设置工具的各种选项，它会随着所选工具的不同而变换内容。
- 选项卡：显示文档名称、文件格式、窗口缩放比例和颜色模式等信息。打开多个图像时，它们会以选项卡的形式排列，单击各个文件的名称即可显示相应文件。
- 文档窗口：显示图像的区域，编辑工作大多在此进行。
- 工具箱：包含用于执行各种操作的工具，如创建选区、移动图像、绘画、绘图等。
- 状态栏：显示文档大小、文档尺寸、当前工具和窗口缩放比例等信息。
- 控制面板：用于完成各种图像处理操作和工具参数的设置，如选择颜色、编辑图层、显示信息等。

2.3.2 使用文档窗口

使用Photoshop CC 2017打开一个图像后，便创建了一个文档窗口，文档窗口会以选项卡的形式显示，如图2-11所示。如果打开了多幅图像，单击一个文档的名称，即可将其设置为当前窗口，如图2-12所示。按Ctrl+Tab组合键，可以按照前后顺序切换窗口，按Ctrl+Shift+Tab组合键，可以按照相反的顺序切换窗口。

图2-11

图2-12

在当前图片的标题栏处单击鼠标右键，选择“移动到新窗口”，或拖曳标题栏至窗口，则可以将当前图片放至窗口中成为浮动窗口，如图2-13所示。拖曳浮动窗口的任意一个边角，则可以改变窗口的大小，如图2-14所示。将浮动窗口的标题栏拖入选项卡中，当浮动窗口颜色变淡时放开鼠标，该窗口就会停放到选项卡中。

图2-13

图2-14

2.3.3 使用状态栏

状态栏位于文档窗口的底部，它可以显示文档窗口的视图比例、文档大小、当前使用的工具等信息。单击状态栏中的▶按钮，即可选择状态栏中显示的内容，如图2-15所示。如果单击状态栏并按住鼠标左键不放，则会显示图像的宽度、高度、通道等信息，如图2-16所示。如果按住Ctrl键单击，并按住鼠标左键不放，则会显示图像的拼贴宽度等信息，如图2-17所示。

图2-15

图2-16

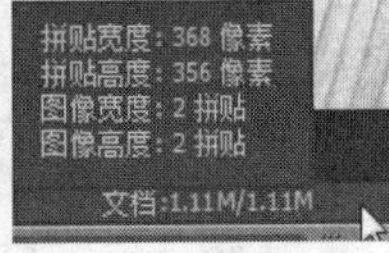

图2-17

状态栏菜单中各个选项的含义如下。

- Adobe Drive：显示文档的Version Cue工作组状态。Adobe Drive使我们能连接到Version Cue CC 2017服务器。连接后，我们可以在Windows资源管理器或Mac OS Finder中查看服务器的项目文件。
- 文档大小：显示图像中数据量的信息。选择该选项后，状态栏中会出现两组数字，如图2-18所示。左边的数字表示拼合图层并存储后的文件大小，右边的数字表示没有拼合图层和通道的近似大小。
- 文档配置文件：显示图像所使用的颜色配置文件的名称。
- 文档尺寸：显示图像的尺寸。
- 测量比例：显示图像的比例。
- 暂存盘大小：显示有关处理图像的内存和Photoshop暂存盘的信息。选择该选项后，状态栏中会出现两组数字，如图2-19所示。左边的数字表示程序用来显示所有打开图像的内存量，右边的数字表示可用于处理图像的总内存量。如果左边的数字大于右边的数字，Photoshop将启用暂存盘作为虚拟内存。

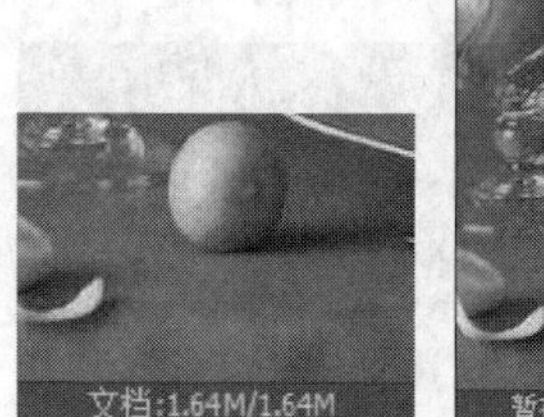

图2-18

图2-19

- 效率：显示执行操作实际花费时间的百分比。当效率为100%时，表示当前处理的图像在内存中生成；当效率低于100%时，则表示Photoshop正在使用暂存盘，操作速度则会变慢。
- 计时：显示完成上一次操作所用的时间。
- 当前工具：显示当前使用的工具的名称。
- 32位曝光：用于调整预览图像，以便在计算机显示器上查看32位/通道高动态范围（High-Dynamic Range，简称HDR）图像的选项。只有文档窗口显示HDR图像时，该选项才可以用。
- 存储进度：在制作过程中单击“存储”按钮或按Ctrl+S组合键所保存到的步骤进度。

2.3.4 使用工具箱和工具选项栏

工具箱和工具选项栏是Photoshop CC 2017中的常用工具，下面将对其进行具体介绍。

1. 工具箱

工具箱位于Photoshop CC 2017工作界面的左侧，用鼠标右键单击或用鼠标左键长按带有◢符号的工具图标可打开隐藏的工具组，如图2-20所示。鼠标左键长按工具箱顶部并向右侧拖曳鼠标，可以将工具箱从停放中拖出，放在窗口的任意位置。单击工具箱顶部的双箭头▸▸按钮，可以将工具箱切换为单排（或双排）显示，而单排工具箱可以为文档窗口让出更多的空间，如图2-21所示。

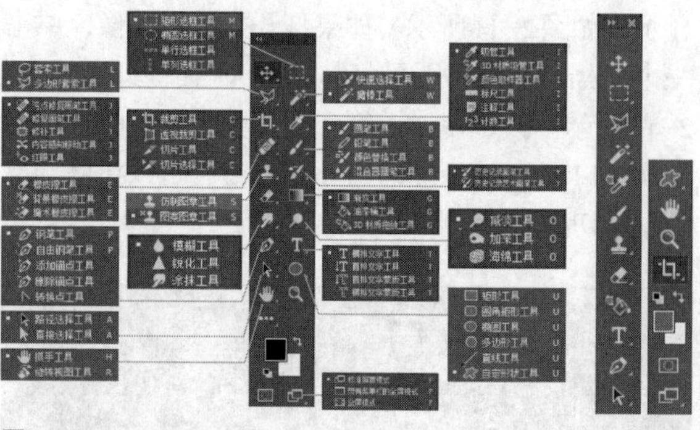
图2-20　图2-21

2. 工具选项栏

工具选项栏位于Photoshop CC 2017菜单栏的下方，它会随着所选工具的不同而变换选项内容。执行“窗口→选项”命令可对工具选项栏进行显示或隐藏，图2-22所示为选择渐变工具时显示的选项内容。

图2-22

- 菜单箭头▾：单击该按钮，可以打开下拉面板或下拉列表，如图2-23和图2-24所示。

图2-23

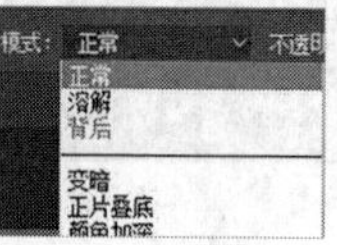

图2-24

- 数值框：在数值框中单击，输入新数值并按Enter键即可调整数值。如果数值框旁边有▾按钮，单击该按钮可以显示一个滑块，拖曳滑块也可以调整数值，如图2-25所示。

图2-25

- 小滑块：在包含数值框的选项中，将鼠标指针放在选项名称上，鼠标指针会变为图2-26所示的状态，按住鼠标左键并向左右两侧拖曳鼠标指针，可以调整数值。

图2-26

按住鼠标左键并拖曳工具选项栏最左侧的图标，可以将它拖出，成为浮动的工具选项栏，如图2-27所示。将其拖回菜单栏下面，当出现蓝色条时松开鼠标，可重新停放到原处。

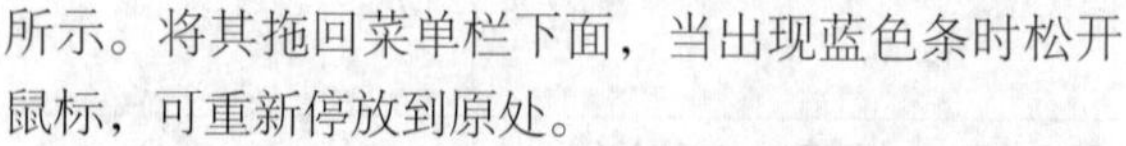

图2-27

在工具选项栏中，单击工具图标右侧的按钮，可以打开一个下拉面板，面板中包含了各种工具预设。例如，使用画笔工具时，会出现图2-28所示的工具预设，用户可以选择“画笔椭圆45像素正片叠加”或者其他效果的画笔工具。

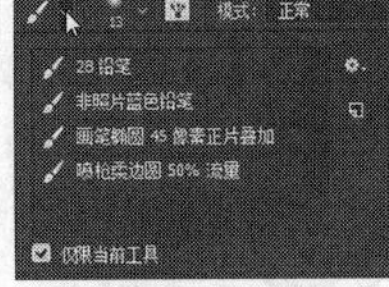

图2-28

2.3.5 使用菜单命令

Photoshop CC 2017的菜单栏中共有11个主菜单，如图2-29所示。每个菜单都有一组自己的命令，且每个菜单后边都有一个大写的英文字母，按Alt+英文字母组合键可以快速打开相应的菜单。

图2-29

01 打开菜单

在菜单中，不同功能的命令之间采用分隔线隔开。带有黑色三角标记的命令表示还包含子菜单，如图2-30所示。

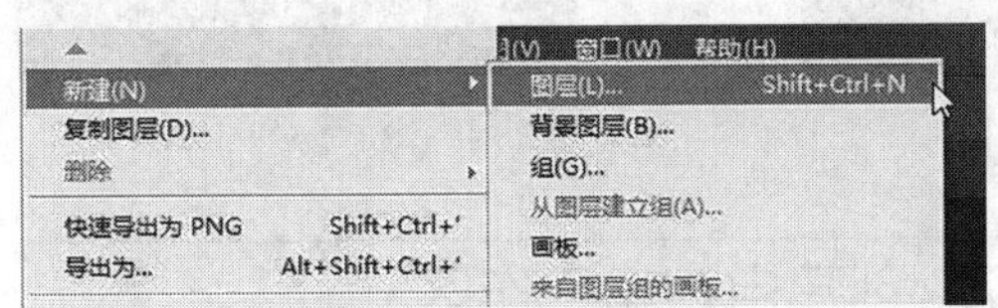

图2-30

02 执行菜单中的命令

选择菜单中的一个命令并单击即可执行该命令。如果命令后面有快捷键，如图2-31所示，则按快捷键可快速执行该命令。例如，按Ctrl+A组合键可以执行“选择→全部”命令。有些命令只提供了字母，要通过快捷方式执行这样的命令，可以按Alt+主菜单字母+命令字母组合键执行该命令。例如，按Alt+L+D组合键可执行“图层→复制图层”命令。

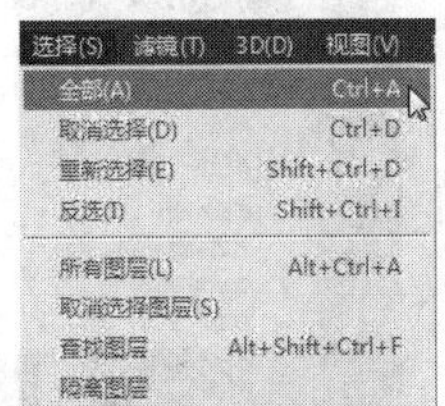

图2-31

03 打开快捷菜单

在文档窗口的空白处、在一个对象上或面板上单击鼠标右键，可以打开快捷菜单，如图2-32和图2-33所示。

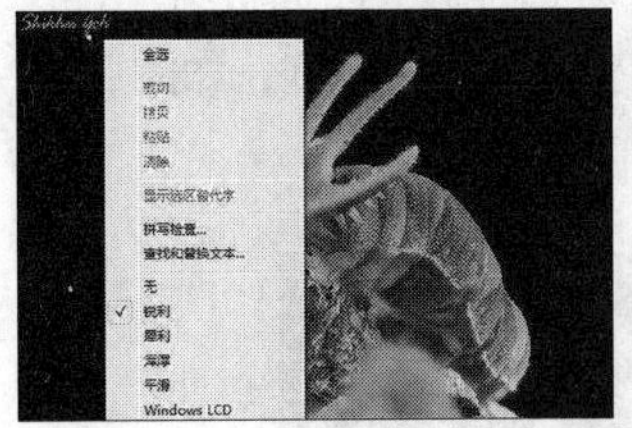

图2-32

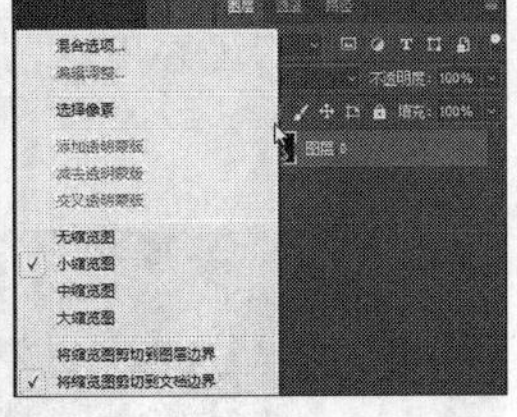

图2-33

2.3.6 使用面板

面板默认显示在工作界面的右侧，其作用是帮助用户设置图像颜色、工具参数及执行编辑命令，如图2-34所示。Photoshop CC 2017中包含20多个面板，可以在“窗口”菜单中选择需要的面板并将其打开。

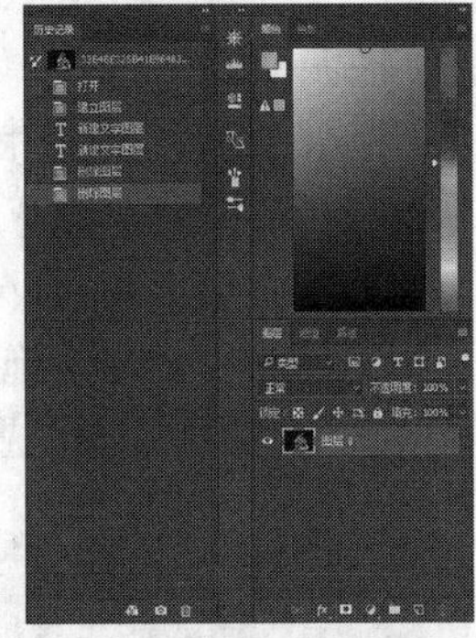

图2-34

01 选择面板

要打开其他的面板，可执行“窗口”命令，在弹出的菜单中选择自己需要的面板，如图2-35所示。

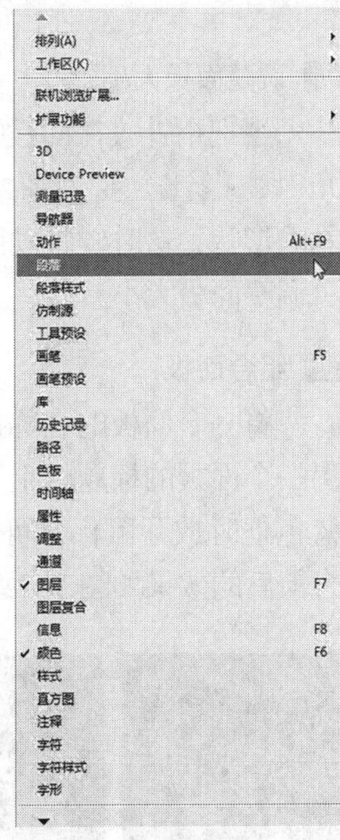

图2-35

02 展开和折叠面板

单击面板组右上角的三角按钮，可以折叠面板，如图2-36所示。单击其中某个图标可以显示相应的面板，如图2-37所示。单击面板右上角的按钮或再次单击图标，可重新将其折叠回面板组。拖曳面板两侧的边界可以调整面板组的宽度，如图2-38所示。

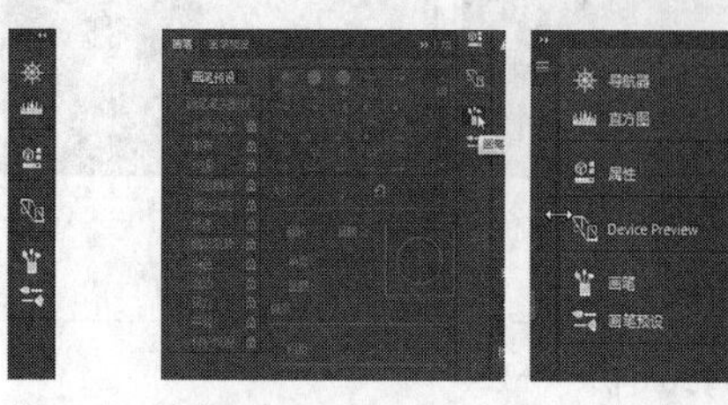

图2-36 图2-37 图2-38

03 移动面板

将指针放在面板的名称上，按住鼠标左键并向外拖曳到窗口的空白处，如图2-39所示，即可将其从面板组或链接的面板组中分离出来，成为浮动面板，如图2-40所示。拖曳浮动面板的名称，可以将它放在窗口中的任意位置。

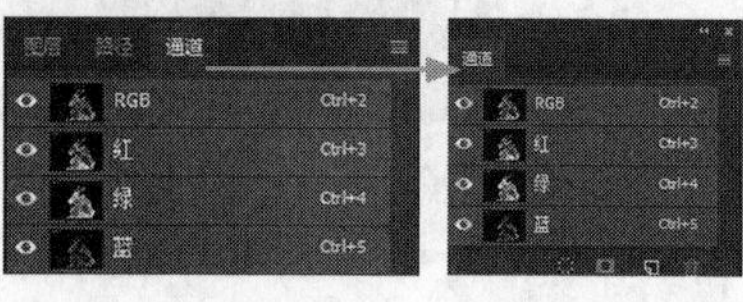

图2-39 图2-40

04 调整面板大小

当把指针放在面板的左下角时，指针会变为图2-41所示的形状，这时候拖动鼠标即可调整面板大小。

图2-41

05 组合面板

将一个面板的名称拖曳到另一个面板的标题栏上，出现蓝色框时放开鼠标，可以将它与目标面板组合，组合前后的效果如图2-42和图2-43所示。

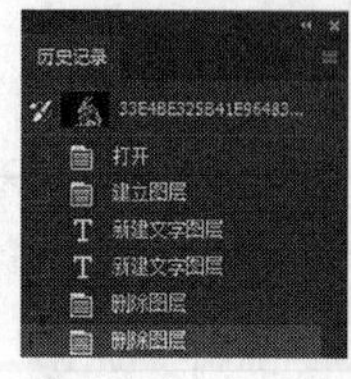

图2-42

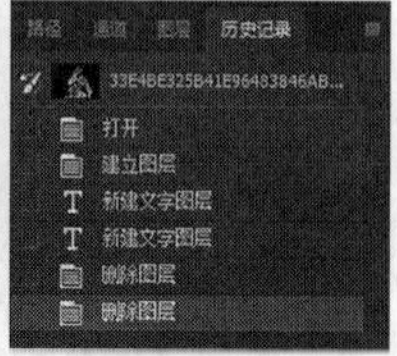

图2-43

提示

过多的面板会占用工作空间。使用组合面板的方法将多个面板合并为一个面板组，或者将浮动面板合并到面板组中，可以为使用者提供更多的操作空间。

06 打开面板菜单

单击面板右上角的■按钮，可以打开面板菜单，如图2-44所示。菜单中包含了与当前面板有关的各种命令。

07 关闭面板

右击任意一个面板的标题栏，可以打开相应的快捷菜单，如图2-45所示。执行“关闭”命令，可以关闭该面板；执行“关闭选项卡组”命令，可以关闭该面板组。对于浮动面板，则可单击它右上角的“关闭”按钮将其关闭。

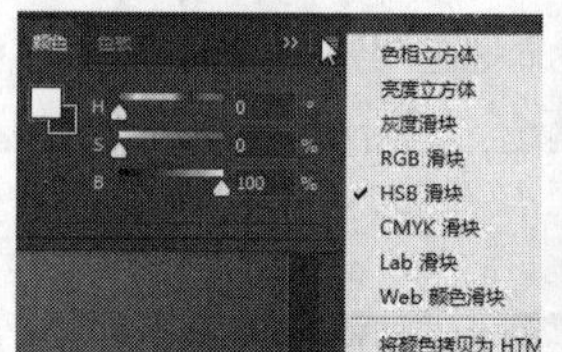

图2-44

图2-45

2.3.7 创建自定义工作区

在Photoshop CC 2017的工作界面中，文档窗口、工具箱、菜单栏和面板所组合成的区域称为工作区。Photoshop CC 2017提供了适合不同任务的预设工作区，如绘画时，选择“绘画”工作区，就会显示与画笔、色彩等有关的各种面板。我们也可以创建适合自己使用习惯的工作区。

01 在“窗口”菜单中将需要的面板打开，将不需要的面板关闭，如图2-46所示，再将打开的面板分类组合。

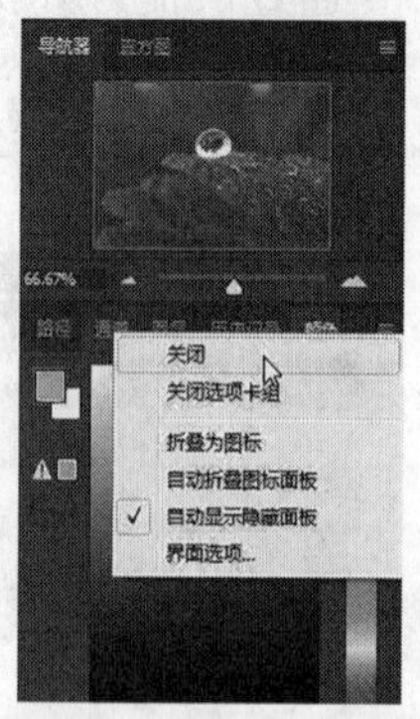

图2-46

02 执行“窗口→工作区→新建工作区”命令，如图2-47所示。在打开的对话框中输入工作区的名称，如“最新工作区”，如图2-48所示。默认情况下只存储面板的位置，也可以将键盘快捷键、菜单或工具栏的当前状态保存到自定义的工作区中。单击“存储”按钮可关闭对话框。

03 调用新建工作区。打开“窗口→工作区”子菜单，如图2-49所示，可以看到新创建的工作区就在菜单中，单击它即可切换为该工作区。

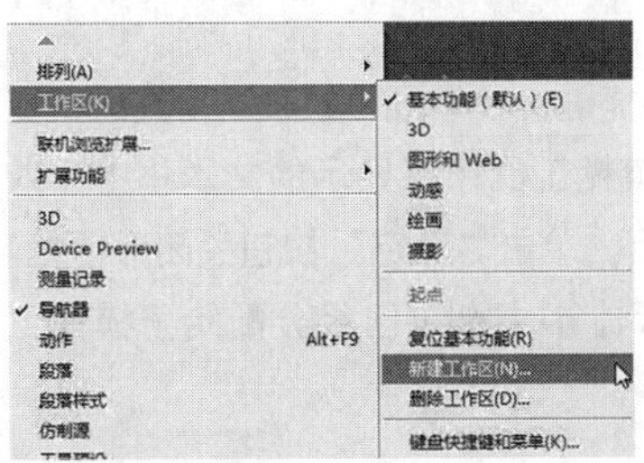

图2-47

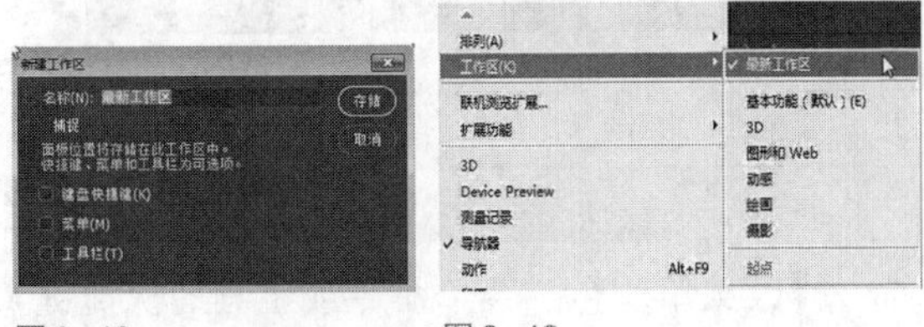

图2-48　　图2-49

提示

如果要删除自定义的工作区，可以执行“窗口→工作区→删除工作区”命令。

2.3.8 自定义彩色菜单

自定义彩色菜单就是将经常要用到的某些菜单命令定义为彩色，以便需要时可以快速找到它们。

01 执行“编辑→菜单”命令，在“键盘快捷键和菜单”对话框中选择“菜单”栏。单击“图像”命令前面的▶按钮，展开该菜单，如图2-50所示。选择“模式”命令，在图2-51所示的位置单击，然后就可以在打开的下拉列表中为“模式”命令选择颜色，如“绿色”，选择“无”则表示不为命令设置任何颜色。

02 单击“确定”按钮关闭对话框。打开“图像”菜单可以看到，“模式”命令已经被标记为绿色了，如图2-52所示。

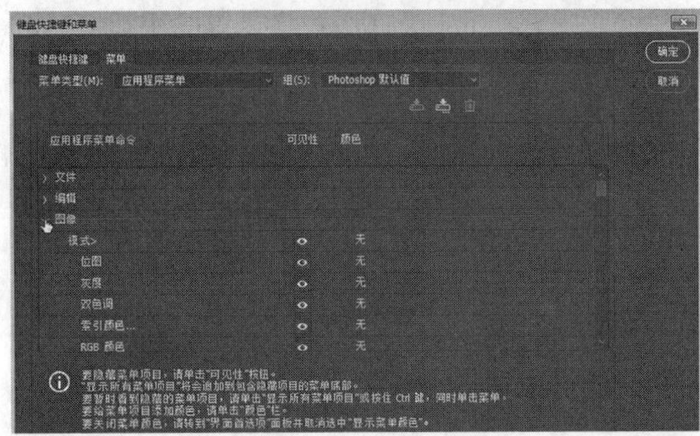

图2-50

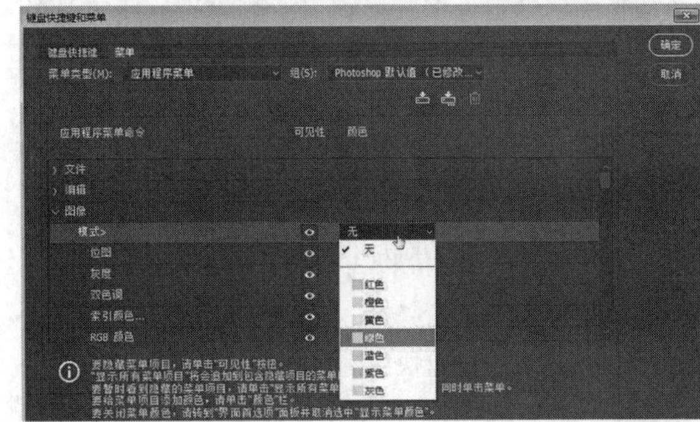

图2-51

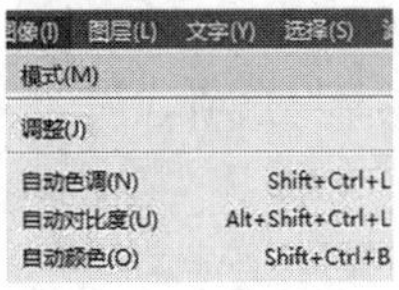

图2-52

2.3.9 自定义工具快捷键

在菜单栏中执行“编辑→键盘快捷键”命令，可以根据自己的习惯来重新定义每个命令的快捷键，其对应的对话框如图2-53所示。

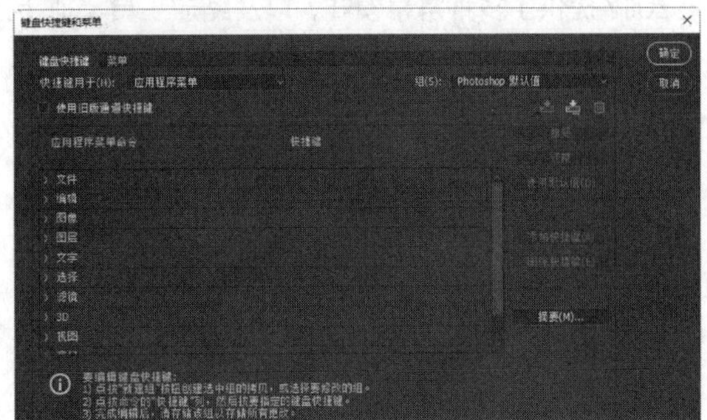

图2-53

“键盘快捷键”选项卡中各选项的含义如下。

- “组”：Photoshop允许用户将设置的快捷键单独保存为一个组，在此下拉列表中可以选择用于显示自定义的快捷键组。
- “存储”按钮：完成对当前自定义的快捷键组的修改后，单击该按钮，可以保存所做的修改。
- “创建一组新的快捷键”按钮：单击该按钮，Photoshop会要求用户将新建的快捷键组保存到磁盘中，在弹出的“另存为”对话框中设置文件保存的路径并输入名称后，单击“保存”按钮即可。
- “删除”按钮：单击该按钮，可以删除当前选择的快捷键组，但该按钮无法删除程序所默认的“Photoshop默认值”快捷键组。
- “快捷键用于”：在该下拉列表中可以选择要自定义快捷键的范围，包括“应用程序菜单”“面板菜单”“工具”3个选项。

如果要定义新的快捷键，可以按照以下步骤进行操作。

01 执行“编辑→键盘快捷键”命令，或者在“窗口→工作区”菜单中选择“键盘快捷键和菜单”命令，打开“键盘快捷键和菜单”对话框。在“快捷键用于”下拉列表中选择“工具”，如图2-54所示。如果要修改菜单的快捷键，则选择“应用程序菜单”选项。

图2-54

02 在“工具面板命令”列表中选择移动工具，可以看到，它的快捷键是V，如图2-55所示。单击右侧的“删除快捷键”按钮，将该工具的快捷键删除，如图2-56所示。

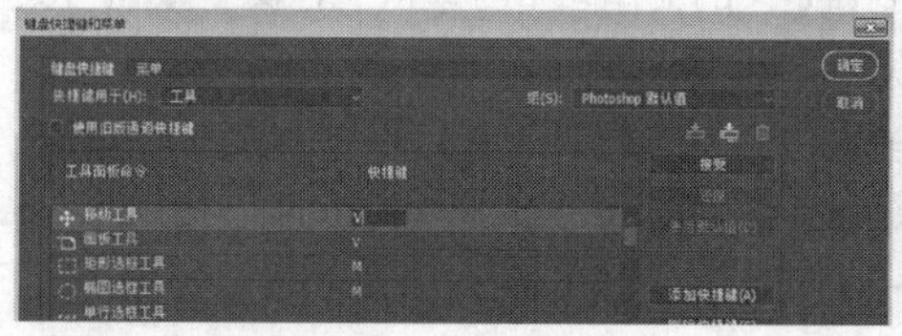

图2-55　　图2-56

03 模糊工具没有快捷键，我们可以将移动工具的快捷键指定给它。单击模糊工具，在显示的文本框中输入“V”，如图2-57所示。单击“确定”按钮关闭对话框。在工具箱中可以看到，快捷键V已经分配给了模糊工具，如图2-58所示。

图2-57　　图2-58

> **提示**
>
> 修改菜单颜色、菜单命令或工具的快捷键之后，如果要恢复为系统默认的快捷键，可在“组”下拉列表中执行“Photoshop 默认值”命令。

2.4 图像的查看方法

编辑图像时，常常需要放大或缩小窗口的显示比例、移动画面的显示区域等，Photoshop CC 2017提供了多种屏幕模式，以及缩放工具、抓手工具、“导航器”面板和各种缩放窗口的命令，以便使用者操作。

2.4.1 切换屏幕模式

单击工具箱下侧的屏幕模式按钮，可以打开一组用于切换屏幕模式的命令。

- 标准屏幕模式：即默认模式，如图2-59所示，可显示菜单栏、标题栏、滚动条和其他屏幕元素。
- 带有菜单栏的全屏模式：显示只有菜单栏，无标题栏和滚动条的全屏窗口，如图2-60所示。

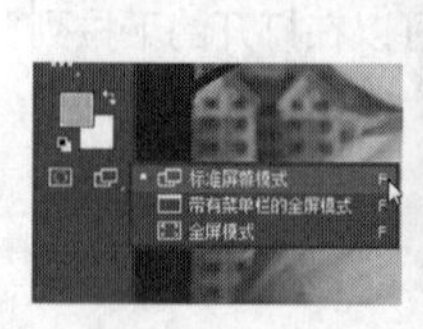

图2-59 　　图2-60

- 全屏模式：显示只有黑色背景，无标题栏、菜单栏和滚动条的全屏窗口，如图2-61所示。全屏模式下，可以按F键或Esc键返回标准屏幕模式。选择全屏模式时会弹出图2-62所示提示。

图2-61

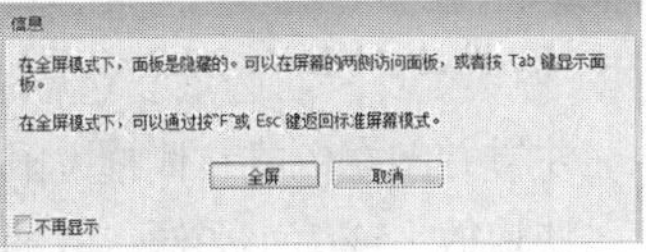

图2-62

提示

按Tab键可以显示或隐藏工具箱、面板和工具选项栏，按Shift+Tab组合键可以显示或隐藏面板组。

2.4.2 多窗口查看图像

如果打开了多个图像，可执行“窗口→排列”子菜单中的命令控制各个文档窗口的排列方式，如图2-63所示。

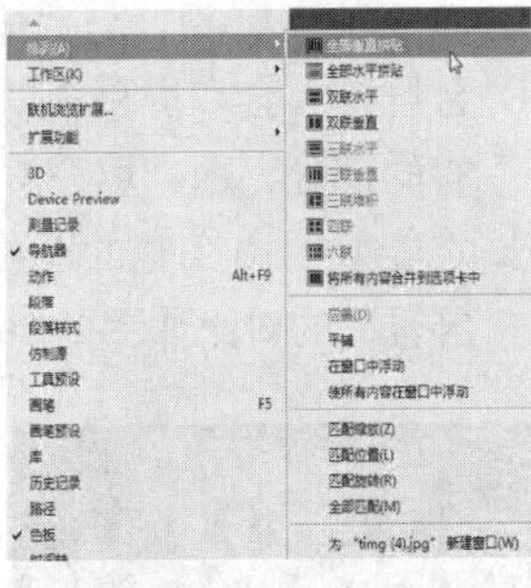

图2-63

- **平铺**：以边靠边的方式显示文档窗口，如图2-64所示。关闭一个图像后，其他窗口会自动调整大小，以填满可用的空间。
- **在窗口中浮动**：允许文档窗口自由浮动（可拖曳标题栏移动窗口），如图2-65所示。

图2-64

图2-65

- **使所有内容在窗口中浮动**：使所有文档窗口都浮动，如图2-66所示。
- **层叠**：文档窗口从屏幕的左上角到右下角以堆叠方式显示，如图2-67所示。

图2-66

图2-67

- **将所有内容合并到选项卡中**：全屏显示一个图像，其他图像最小化到选项卡中，如图2-68所示。

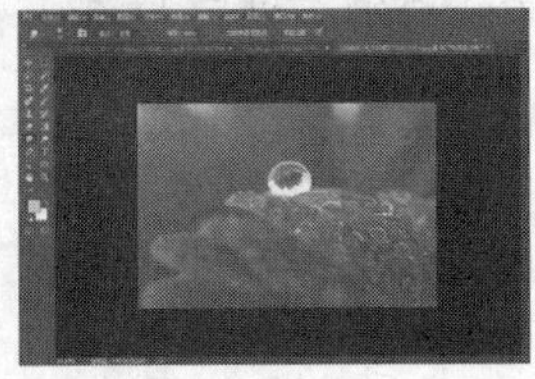
图2-68

- **匹配缩放**：将所有窗口都匹配到与当前窗口相同的缩放比例。例如，如果当前窗口的缩放比例为100%，另外一个窗口的缩放比例为50%，则执行该命令后，另外一个窗口的缩放比例会调整为100%。
- **匹配位置**：将所有窗口中图像的显示位置都匹配到与当前窗口相同，图2-69和图2-70所示分别为匹配位置前后的效果。

图2-69

图2-70

- **匹配旋转**：将所有窗口中画布的旋转角度都匹配到与当前窗口相同，图2-71和图2-72所示分别为匹配旋转前后的效果。

图2-71

图2-72

- **全部匹配**：将所有窗口的缩放比例、图像显示位置、画布旋转角度都匹配到与当前窗口相同。
- **为“文件名”新建窗口**：为当前文档新建一个窗口，新窗口的名称会显示在“窗口”菜单的底部。

2.4.3 缩放工具

在编辑和处理图像文件时，可以通过放大或缩小操作来调整显示图像的比例，以便于对图像的编辑或观察。

01 打开一个文件（按Ctrl+O组合键可打开），如图2-73所示。

图2-73

02 选择缩放工具，将鼠标指针放在画面中（鼠标指针会变为），单击可以放大图像的显示比例，如图2-74所示。按住Alt键（或选择工具选项栏中的）并单击可缩小图像的显示比例，如图2-75所示。

图2-74

图2-75

03 在工具选项栏中勾选“细微缩放”复选框，长按鼠标左键并向右侧拖曳鼠标，能够以平滑的方式快速放大图像，如图2-76所示；长按鼠标左键向左侧拖曳鼠标，则会以平滑的方式快速缩小图像，如图2-77所示。

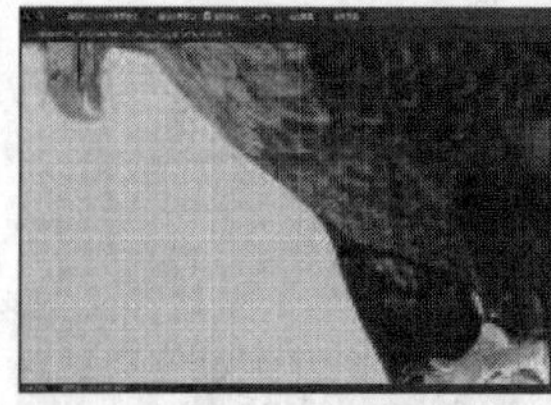
图2-76

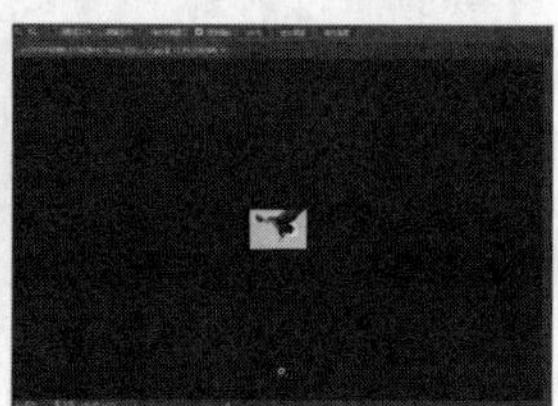
图2-77

- 缩放工具选项栏：图2-78所示为缩放工具的选项栏。

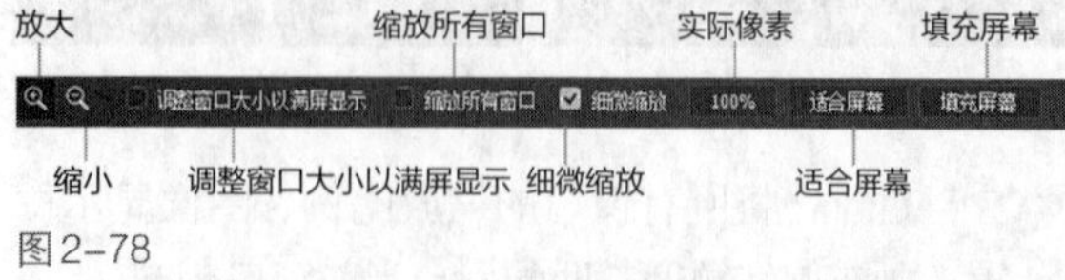

图2-78

- 放大/缩小：单击按钮后，单击文档窗口可以放大图像；单击按钮后，单击文档窗口可以缩小图像。
- 调整窗口大小以满屏显示：在缩放图像的同时自动调整窗口的大小，使图像填满窗口。
- 缩放所有窗口：同时缩放所有打开的文档窗口中的图像。
- 细微缩放：勾选该复选框后，在画面中长按鼠标左键并向左侧或右侧拖曳鼠标，能够以平滑的方式快速放大或缩小图像；取消勾选后，在画面中长按鼠标左键并拖曳鼠标，可以拖出一个矩形选框，放开鼠标后，矩形选框内的图像会放大至整个窗口。按住Alt键操作可以缩小矩形选框内的图像。
- 实际像素：单击该按钮，图像以实际像素即100%的比例显示。也可以双击缩放工具图标来进行同样的调整。
- 适合屏幕：单击该按钮，可以在窗口中最大化显示完整的图像。也可以双击抓手工具图标来进行同样的调整。
- 填充屏幕：单击该按钮，当前图像窗口和图像将填充整个屏幕。与“适合屏幕”不同的是，“适合屏幕”会在屏幕中以最大化的形式显示图像所有的部分，而“填充屏幕”为了布满屏幕，不一定能显示出完整的图像。“适合屏幕”和“填充屏幕”的对比如图2-79和图2-80所示。

图2-79

图2-80

提示

按住Alt键并滚动鼠标中间的滚轮也可以缩放窗口。

2.4.4 抓手工具

当图像尺寸较大，或者由于过分放大窗口的显示比例，屏幕不能显示全部图像时，可以使用抓手工具移动画面，查看图像的不同区域。该工具也可以缩放窗口。

- 抓手工具选项栏：图2-81所示为抓手工具选项栏。如果同时打开了多个图像文件，勾选“滚动所有窗口”复选框，移动画面的操作将用于所有不能完整显示的图像。其他选项的功能与缩放工具中的相同。

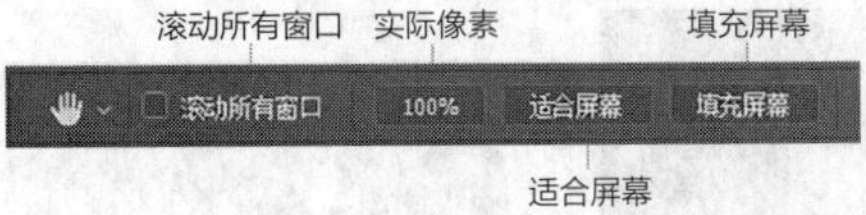

滚动所有窗口 实际像素 填充屏幕

滚动所有窗口 100% 适合屏幕 填充屏幕

适合屏幕

图2-81

01 打开一个文件，如图2-82所示。选择抓手工具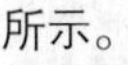，按住Alt键并单击可以缩小窗口，如图2-83所示；按住Ctrl键并单击可以放大窗口，如图2-84所示。

图2-82

图2-83

图2-84

提示

可以按住Alt键（或Ctrl键）和鼠标左键并拖曳鼠标向左或向右滑，以平滑的方式来逐渐缩放窗口。

02 按住鼠标左键并拖曳鼠标即可移动画面，如图2-85所示。如果同时按住鼠标左键和H键，窗口中就会显示全部图像并出现一个矩形框，将矩形框定位在需要查看的区域，如图2-86所示；然后放开鼠标左键和H键，可以快速放大并转到这一图像区域，如图2-87所示。

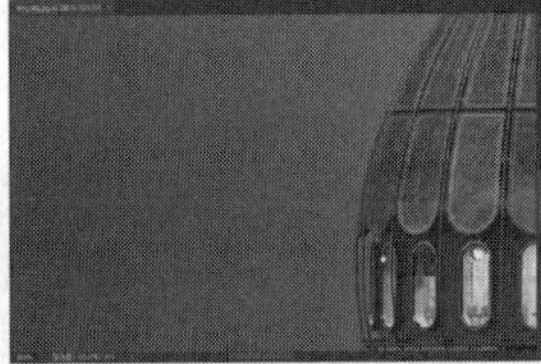

图2-85

图2-86

图2-87

提示

在使用绝大多数工具时，按住键盘中的空格键可以暂时切换为抓手工具。

2.4.5 旋转视图工具

进行绘画和修饰图像时，可以使用旋转视图工具来旋转画布，如图2-88所示，使得操作和在纸上绘画一样得心应手。

图2-88

01 旋转画布功能需要计算机的显卡支持OpenGL加速。执行“编辑→首选项→性能”命令，在打开的对话框中勾选“使用图形处理器”复选框，如图2-89所示。

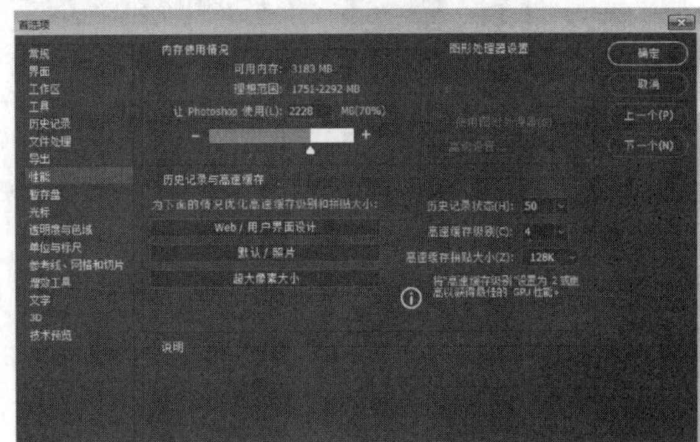

图2-89

02 打开一个文件，选择旋转视图工具，在窗口中单击会出现一个罗盘，红色的指针指向北方，如图2-90所示。

03 按住鼠标左键拖曳即可旋转画布，如图2-91所示。如果要精确旋转画布，可在工具选项栏的“旋转角度”数值框中输入角度值。如果打开了多个图像，在工具选项栏中勾选“旋转所有窗口”复选框，可以同时旋转这些窗口。如果要将画布恢复到原始角度，可以单击“复位视图”按钮，或按Esc键。

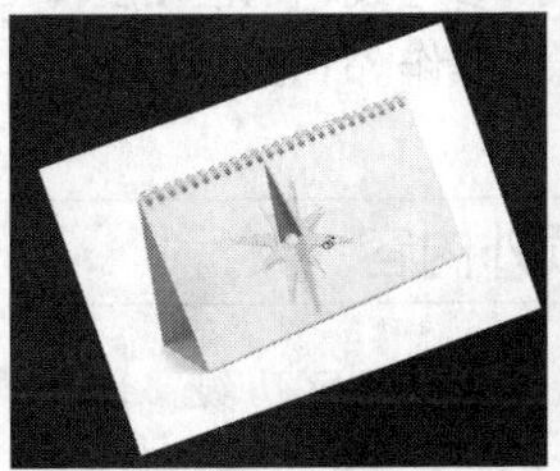

图2-90

图2-91

提示

旋转视图工具是在不破坏图像的情况下以任意角度旋转画布，而图像本身的角度并未发生实际旋转。如果要旋转图像，则需要执行“图像→图像旋转”菜单中的命令。

2.4.6 “导航器”面板

“导航器”面板中包含图像的缩览图和各种窗口缩放工具，如图2–92所示。如果文件尺寸较大，文档窗口中不能显示完整图像，通过该面板来定位图像的查看区域会更加方便。

图2–92

- **通过按钮缩放窗口**：单击放大按钮可以放大窗口的显示比例，单击缩小按钮可以缩小窗口的显示比例。
- **通过滑块缩放窗口**：拖曳缩放滑块可放大或缩小窗口。
- **通过数值缩放窗口**：缩放数值框中显示了当前窗口的显示比例，在数值框中输入数值后按Enter键可以缩放窗口，如图2–93所示。
- **移动画面**：当窗口不能显示完整的图像时，将鼠标指针移动到代理预览区，鼠标指针会变为状，按住鼠标左键并拖曳鼠标可以移动画面，代理预览区内的图像会位于文档窗口的中心，如图2–94所示。

图2–93

图2–94

提示

选择“导航器”面板菜单中的“面板选项”命令，可在打开的对话框中修改代理预览区矩形框的颜色，如图2–95所示。

图2–95

2.4.7 窗口缩放命令

- **放大**：执行“视图→放大”命令，或按Ctrl++组合键可放大图像的显示比例。
- **缩小**：执行“视图→缩小”命令，或按Ctrl+ –组合键可缩小图像的显示比例。
- **100%（或200%）**：执行“视图→100%”（或“视图→200%”）命令，或按Ctrl+1（或Ctrl+2）组合键，图像将按照100%（或200%）的比例显示。
- **打印尺寸**：执行“视图→打印尺寸”命令，图像将按照实际的打印尺寸显示。

2.5 使用辅助工具

辅助工具包括：标尺、参考线、网格和注释工具等。它们不能用来编辑图像，但却有利于更好地完成选择、定位或编辑图像的操作。下面将详细介绍这些辅助工具的使用方法。

2.5.1 显示和隐藏额外内容

参考线、网格、目标路径、选区边缘、切片、文本边界、文本基线和文本选区都是不会被打印出来的额外内容，要显示它们，首先需要执行“视图→显示额外内容”命令（使该命令前出现一个“√”），然后执行“视图→显示”命令，在子菜单中选择一个项目显示，如图2–96所示。再次选择这一命令则会隐藏该项目。

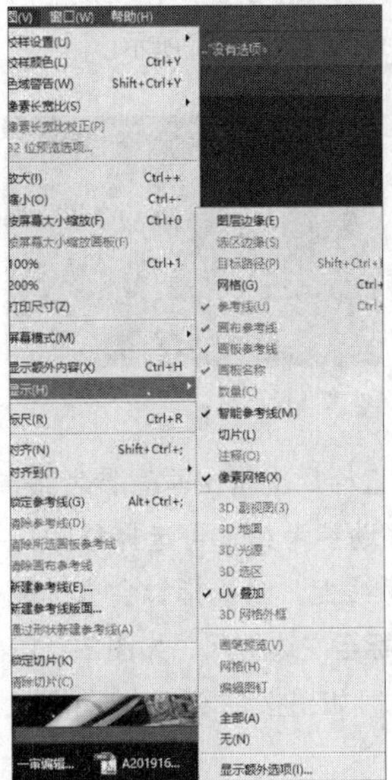

图2-96

- 图层边缘：显示图层内容的边缘，如图2-97和图2-98所示。在编辑图像时，通常不会使用该功能。

图2-97　图2-98

- 选区边缘：显示或隐藏选区的边框。
- 目标路径：显示或隐藏路径。
- 网格：显示或隐藏网格。
- 参考线：显示或隐藏参考线。
- 数量：显示或隐藏计数数目。
- 智能参考线：显示或隐藏智能参考线。
- 切片：显示或隐藏切片的定界框。
- 注释：显示或隐藏创建的注释。
- 像素网格：将图2-99所示的文档窗口放大至最大的缩放级别，勾选该选项后，像素之间会用网格进行划分，如图2-100所示；取消选择该项后，则不会出现网格，如图2-101所示。

图2-99

图2-100

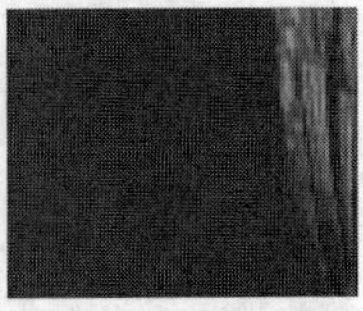

图2-101

- 3D轴/3D地面/3D光源/3D选区：在处理3D文件时，显示或隐藏3D轴、3D地面、3D光源和3D选区。
- 画笔预览：使用画笔工具时，如果选择的是毛刷笔尖，勾选该项以后，可以在窗口中预览笔尖效果和笔尖方向。
- 全部：可以显示以上所有选项。
- 无：可以隐藏以上所有选项。
- 显示额外选项：执行该命令后，可在打开的“显示额外选项”对话框中设置同时显示或隐藏以上多个项目。

2.5.2 标尺

标尺的作用就是让参考线定位准确，也可以用来度量图片的大小、确定图像或元素的位置。

- 标尺的显示与隐藏：打开一个文件，如图2-102所示。执行“视图→标尺”命令，或按Ctrl+R组合键，标尺会出现在窗口顶部和左侧，如图2-103所示。如果此时移动鼠标指针，标尺内的标记会显示鼠标指针的精确位置。如果要隐藏标尺，可再次执行“视图→标尺”命令，或按Ctrl+R组合键。

图2-102

图2-103

- 标尺原点的设置：默认情况下，标尺的原点（0,0）位于窗口的左上角。修改原点的位置时首先需要将鼠标指针放在垂直标尺与水平标尺交点处上，然后按住鼠标左键并向右下方拖曳，此时画面中会显示出十字线，如图2-104所示。将它拖放到需要的位置，该处便成为原点的新位置，如图2-105所示。

图2-104　图2-105

提示

在调整原点的过程中，按住Shift键可以使标尺原点与标尺上的刻度对齐。此外，标尺的原点也是网格的原点。因此，调整标尺的原点也就同时调整了网格的原点。

- **标尺原点位置的恢复**：如果要将原点恢复为默认的位置，可双击垂直标尺与水平标尺交点处，如图2-106所示。如果要修改标尺的测量单位，可以双击标尺，在打开的“首选项”对话框中设定，如图2-107所示。

图2-106

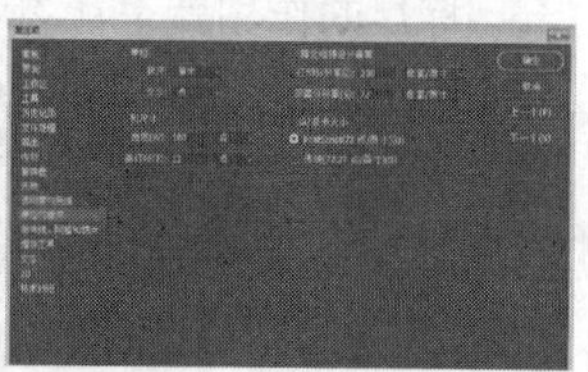

图2-107

- **更改标尺单位**：根据工作的需要，可以自由地更改标尺的单位。例如，在设计网页图像时，可以使用“像素”作为标尺单位；而在设计印刷作品时，采用“厘米”或“毫米”作为标尺单位会更加方便。移动鼠标指针至标尺上方并单击鼠标右键，会弹出图2-108所示的快捷菜单，然后就可以选择标尺单位。

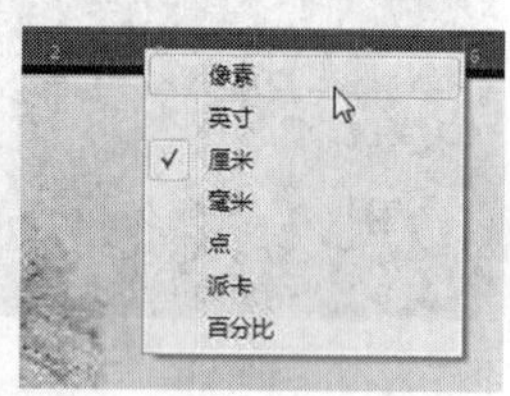

图2-108

2.5.3 参考线

参考线可以很方便地帮助确定图像中元素的位置，但因参考线是通过与标尺的对照而建立的，所以一定要确保标尺是打开的。另外，参考线不会被打印出来，用户可以随意移动、删除、隐藏或锁定参考线。

01 打开一个文件并按Ctrl+R组合键显示标尺，如图2-109所示。将鼠标指针放在水平标尺上，按住鼠标左键并向下拖曳鼠标可拖出水平参考线，如图2-110所示。

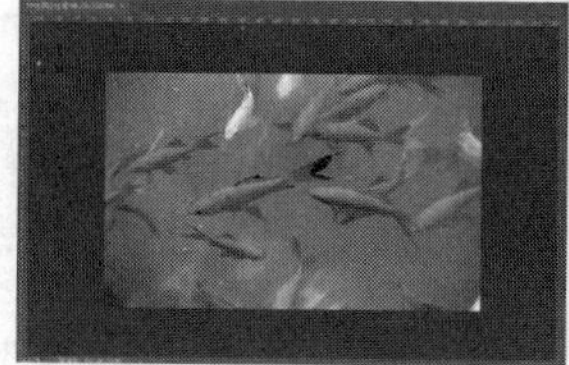

图2-109

图2-110

02 采用同样方法可以在垂直标尺上拖出垂直参考线，如图2-111所示。如果要移动参考线，可选择移动工具，将鼠标指针放在参考线上，鼠标指针会变为状，按住鼠标左键并拖曳鼠标至左边标尺，如图2-112所示。创建或者移动参考线时如果按住Shift键，可以使参考线与标尺上的刻度对齐。

图2-111

图2-112

提示

执行“视图→锁定参考线”命令可以锁定参考线的位置，以防止参考线被移动。取消对该命令的勾选即可取消锁定。

03 将参考线拖回标尺，即可将其删除，图2-113和图2-114所示为删除参考线前后的变化。如果要删除所有参考线，可执行“视图→清除参考线”命令。

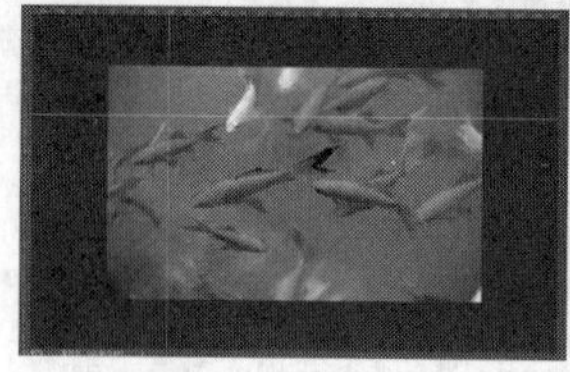

图2-113

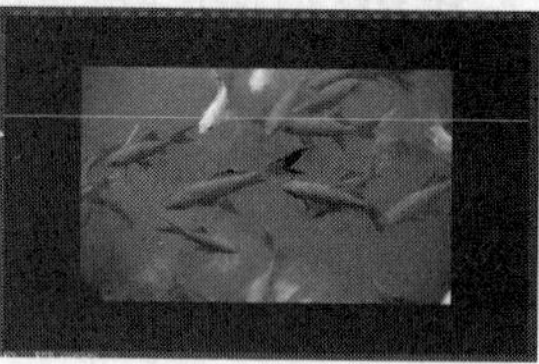

图2-114

2.5.4 智能参考线

智能参考线是一种智能化参考线，它仅在需要时出现。我们使用移动工具进行移动操作时，通过智能参考线可以对齐形状、切片和选区。

执行"视图→显示→智能参考线"命令可以启用智能参考线。图2-115和图2-116所示为移动对象前后显示的智能参考线。

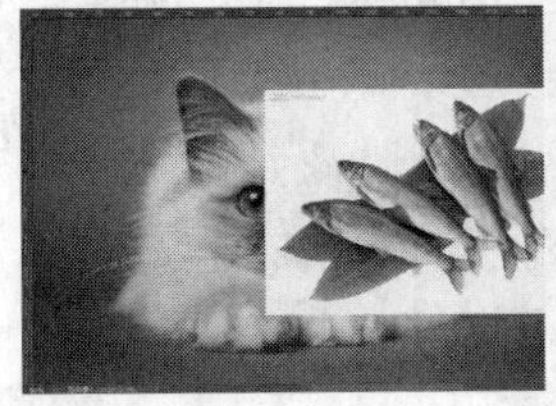
图2-115

图2-116

2.5.5 网格

网格功能主要用于对齐。打开一个文件，如图2-117所示。执行"视图→显示→网格"命令，可以显示网格，如图2-118所示。显示网格后，可执行"视图→对齐到→网格"命令启用对齐功能，此后在进行创建选区和移动图像等操作时，对象会自动对齐到网格上。

图2-117

图2-118

2.5.6 注释工具

使用注释工具可以在图像的任何区域添加文字注释、标记制作说明或其他有用信息。

- 导入注释：在Photoshop CC 2017中，我们可以将PDF文件中包含的注释导入图像中。操作方法为：执行"文件→导入→注释"命令，打开"载入"对话框，选择PDF文件，单击"载入"按钮即可导入。
- 添加注释：

01 打开一个文件，如图2-119所示。选择注释工具，在工具选项栏中输入信息，如图2-120所示。

图2-119

作者：任老师 颜色： 清除全部

图2-120

02 在画面中单击，弹出"注释"面板，输入注释内容，例如，输入图像的制作过程、某些特殊的操作方法等，如图2-121所示。创建注释后，鼠标单击处就会出现一个注释图标，如图2-122所示。

03 拖曳该图标可以移动它的位置。如果要查看注释，可双击注释图标，弹出的"注释"面板中会显示注释内容。如果在文档中添加了多个注释，则可单击面板中的或按钮，依次显示各个注释内容。在画面中，当前显示的注释为状，如图2-123和图2-124所示。如果要删除注释，可在注释上单击鼠标右键，选择快捷菜单中的"删除注释"命令。选择快捷菜单中的"删除所有注释"命令，或单击工具选项栏中的"清除全部"按钮，可删除所有注释。

图2-121

图2-122

图2-123

图2-124

2.5.7 启用对齐功能

对齐功能有助于精确地放置选区、裁剪选框、切片、形状和路径。如果要启用对齐功能，首先需要执行"视图→对齐"命令，使该命令处于勾选状态，然后在“视图→对齐到”子菜单中选择一个对齐项目，如图2-125所示。带有“√”标记的命令表示已经启用了该对齐功能。

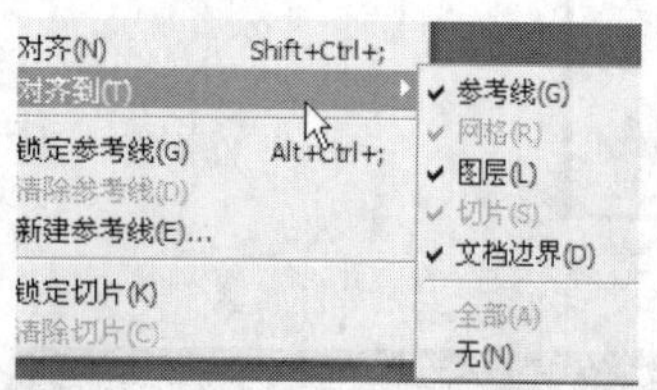

图2-125

- 参考线：可以使对象与参考线对齐。
- 网格：可以使对象与网格对齐。网格被隐藏时不能选择该选项。
- 图层：可以使对象与图层中的内容对齐。
- 切片：可以使对象与切片边界对齐。切片被隐藏时不能选择该选项。
- 文档边界：可以使对象与文档的边缘对齐。
- 全部：选择“对齐到”下拉菜单中所有的选项。
- 无：取消选择“对齐到”下拉菜单中所有的选项。

2.6 Photoshop CC 2017文档的基本操作

了解了Photoshop CC 2017的工作界面和一些工具后，下面将介绍一些进行图像处理时所涉及的基本操作。例如，文件的创建、打开、关闭和保存，Photoshop Bridge的使用，图像导出和置入等。

2.6.1 创建文档

在Photoshop CC 2017中，使用者不仅可以编辑一个现有的图像，也可以创建一个全新的空白文档，在上面进行绘画，或者将其他图像拖入其中，然后对其进行编辑。

执行“文件→新建”命令，或按Ctrl+N组合键，打开“新建文档”对话框，如图2-126所示。在对话框中输入文件的名称，设置文件尺寸、分辨率、颜色模式和背景内容等选项，单击“创建”按钮，即可创建一个空白文档，如图2-127所示。

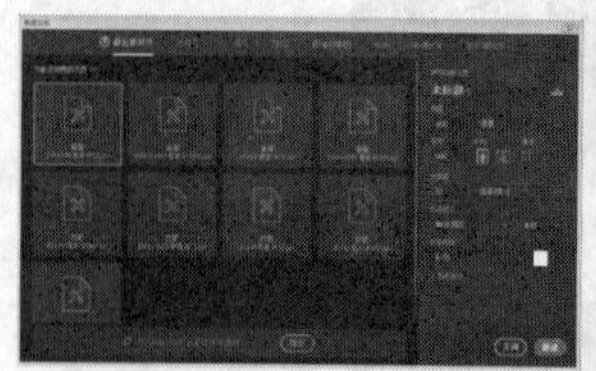
图2-126

图2-127

- 名称：可输入文件的名称，也可以使用默认的文件名“未标题-1”。创建文件后，文件名会显示在文档窗口的标题栏中。保存文件时，文件名会自动显示在存储文件的对话框内。
- 预设/大小：提供了照片、Web、打印纸、胶片和视频等常用的文档尺寸预设。例如，要创建一个8英寸×10英寸（1英寸≈2.54厘米）的照片文档，可以先在菜单选项板中选择“照片”，如图2-128所示，然后选择“纵向，8×10英寸@300ppi”，如图2-129所示。

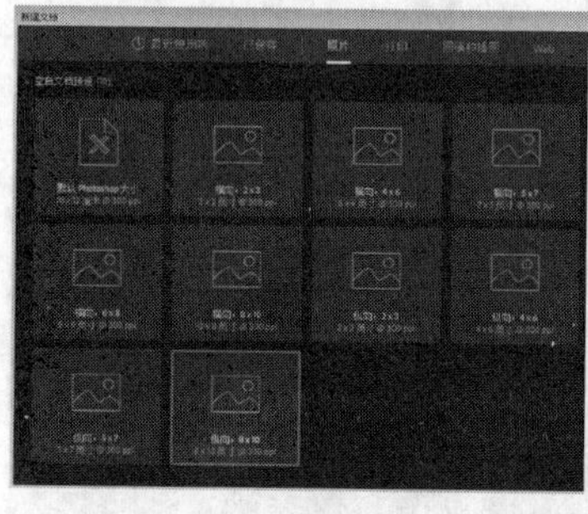
图2-128

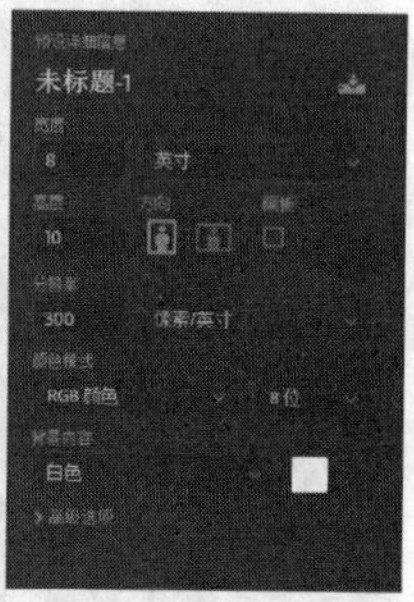

图2-129

- 宽度/高度：可输入文件的宽度和高度。在右侧的选项中可以选择一种单位，包括“像素”“英寸”“厘米”“毫米”“点”“派卡”。
- 分辨率：可输入文件的分辨率。在右侧的选项中可以选择分辨率的单位，包括“像素/英寸”和“像素/厘米”。
- 颜色模式：可以选择文件的颜色模式，包括“位图”“灰度”“RGB颜色”“CMYK颜色”“Lab颜色”。
- 背景内容：可以选择文件背景的内容，包括“白色”“背景色”和“黑色”。“白色”为默认的颜色，如图2-130所示；“背景色”是指使用工具箱中的背景色作为文档“背景”图层的颜色，如图2-131所示；“黑色”背景如图2-132所示，此时文档中没有“背景”图层。

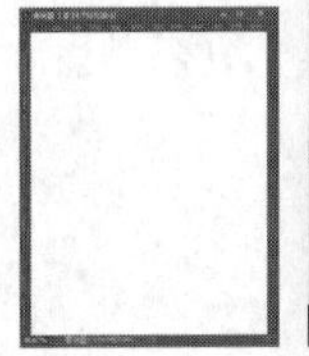

图2-130　　图2-131　　图2-132

- **高级选项**：单击该按钮，可以显示出对话框中隐藏的选项，即“颜色配置文件”和“像素长宽比”。在“颜色配置文件”下拉列表中可以为文件选择一个颜色配置文件；在“像素长宽比”下拉列表中可以选择像素的长宽比。计算机显示器上的图像是由方形像素组成的，除非使用用于视频的图像，否则都应选择“方形像素”。
- **存储预设**：单击该按钮，输入预设的名称并选择相应的选项，然后单击“保存预设”按钮，可以将当前设置的文件大小、分辨率、颜色模式等创建为一个预设。以后需要创建同样的文件时，只需在“新建文档”对话框中选择“已保存”，然后选择该预设即可，这样就省去了重复设置选项的麻烦。
- **删除预设**：选择自定义的预设文件以后，单击预设文件右上角的该按钮可将其删除。但系统提供的预设不能删除。
- **图像大小**：显示了使用当前设置的尺寸和分辨率新建文件时文件的大小。

2.6.2 打开和关闭文档

- **用“打开”命令打开文件**：执行“文件→打开”命令，可以弹出“打开”对话框，选择一个文件（如果要选择多个文件，可按住Ctrl键并单击它们），如图2-133所示，然后单击“打开”按钮，或双击文件即可将其打开，如图2-134所示。

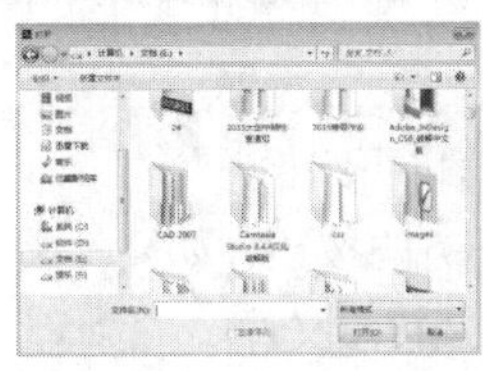

图2-133　　图2-134

查找范围。在该选项的下拉列表中可以选择图像文件所在的文件夹。

文件名。显示了所选文件的文件名。

文件类型。默认为“所有格式”，对话框中会显示所有格式的文件。如果文件数量较多，可以在下拉列表中选择其中一种文件格式，使对话框中只显示该类型的文件，以便于查找。

> **提示**
>
> 按Ctrl+O组合键可以弹出“打开”对话框。

- **用“打开为”命令打开文件**：在Mac OS操作系统和Windows操作系统之间传递文件时可能会导致标错文件格式。此外，如果使用与文件实际格式不匹配的扩展名存储文件（如用扩展名.gif存储PSD文件），或者文件没有扩展名，则Photoshop CC 2017可能无法确定文件的正确格式。如果出现这种情况，可以执行“文件→打开为”命令，弹出“打开为”对话框，选择文件并在“打开为”下拉列表中为它指定正确的格式，如图2-135所示，然后单击“打开”按钮将其打开。如果文件不能打开，则选取的格式可能与文件的实际格式不匹配，或者文件已经被损坏。

图2-135

- **通过快捷方式打开文件**：在没有运行Photoshop CC 2017的情况下，只要将一个图像文件拖曳到Photoshop CC 2017应用程序图标上，如图2-136所示，就可以运行Photoshop CC 2017并打开该文件。如果运行了Photoshop CC 2017，则可在Windows资源管理器中将文件拖曳到Photoshop CC 2017窗口中打开，如图2-137所示。

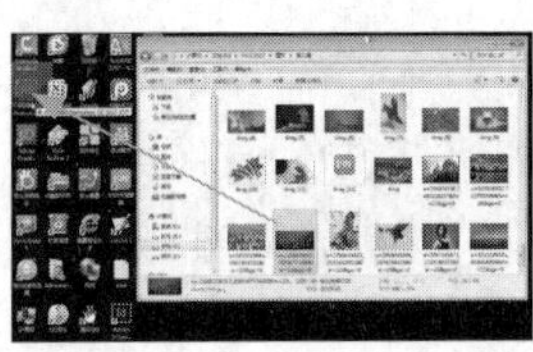

图2-136　　图2-137

- **打开最近使用过的文件**：“文件→最近打开文件”子菜单中保存了我们最近在Photoshop CC 2017中打开的10个文件，如图2-138所示，选择一个文件即可将其打开。如果要清除目录，可以选择菜单底部的“清除最近的文件列表”命令。

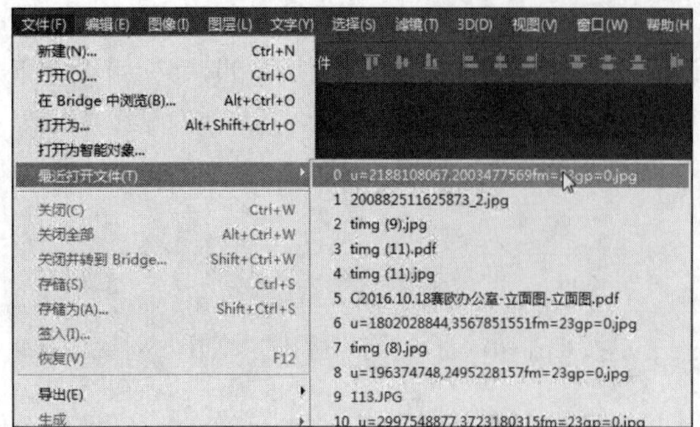

图2-138

● **作为智能对象打开**：执行“文件→打开智能对象”命令，弹出“打开”对话框，选择一个文件将其打开，如图2-139所示，该文件可转换为智能对象，如图2-140所示。

图2-139

图2-140

● **用“在Bridge中浏览”命令打开文件**：执行“文件→在Bridge中浏览”命令，可以运行Adobe Bridge，在Bridge中选择一个文件，双击该文件即可在Photoshop CC 2017中将其打开。

> **提示**
>
> 执行“文件→在Mini Bridge中浏览”命令，可打开“Mini Bridge”面板，在该面板中可以浏览并打开文档。

2.6.3 复制文档

如果要复制当前的图像，可以执行“图像→复制”命令，打开“复制图像”对话框，如图2-141所示。在“为”文本框内输入新图像的名称，如果当前图像包含多个图层，可勾选“仅复制合并的图层”复选框，复制后的图像将自动合并图层。选项设置完成后，单击“确定”按钮即可复制图像。此外，在图像为浮动窗口时，在窗口顶部单击鼠标右键，选择菜单中的“复制”命令，也可复制图像，如图2-142所示，新图像的名称默认为原图像名+“拷贝”二字。

图2-141

图2-142

2.6.4 使用Adobe Bridge

Adobe Bridge可以组织、浏览和查找文件，创建供印刷、Web、电视、DVD、电影及移动设备使用的内容，还可以轻松访问原始Adobe文件（如PSD和PDF）以及非Adobe文件。执行“文件→在Bridge中浏览”命令，可以打开Bridge，如图2-143所示。

图2-143

Bridge的工作区中主要包含以下组件。

● **应用程序栏**：提供了基本任务的按钮，如文件夹层次结构导航、切换工作区及搜索文件。

● **路径栏**：显示了正在查看的文件夹的路径，允许导航到该目录。

● **“收藏夹”面板**：可以快速访问文件夹以及Version Cue和Bridge Home。

● “文件夹”面板：可以显示文件夹层次结构，使用它可以浏览文件夹。
● “过滤器”面板：可以排序及筛选“内容”面板中显示的文件。
● “收藏集”面板：允许创建、查找及打开收藏集和智能收藏集。
● “内容”面板：显示由导航菜单按钮、路径栏、收藏夹面板或文件夹面板指定的文件。
● “预览”面板：显示所选的一个或多个文件的预览图。预览图不同于“内容”面板中显示的缩览图，并且通常大于缩览图。可以通过调整预览面板大小来缩小或放大预览图。
● “元数据”面板：包含所选文件的元数据信息。如果选择了多个文件，则会列出共享数据（如关键字、创建日期和曝光度设置）。
● “关键字”面板：帮助用户通过附加关键字来组织图像。
● 在全屏模式下浏览图像：运行Adobe Bridge后，单击窗口右上角的倒三角按钮（默认为“必要项”），可以选择“胶片”“元数据”“关键字”“预览”等命令，以不同的方式显示图像，如图2-144至图2-146所示。

图2-144

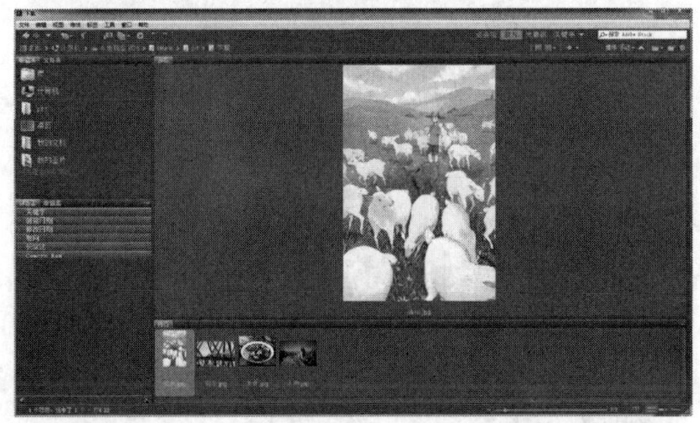
图2-145

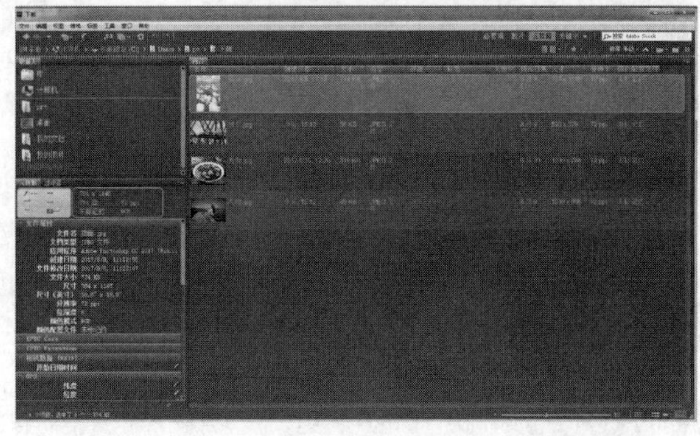
图2-146

在任意一种窗口下，拖曳窗口底部的三角滑块，都可以调整图像的显示比例。单击按钮，可在图像之间添加网格；单击按钮，会以缩览图的形式显示图像；单击按钮，会显示图像的详细信息，如大小、分辨率、照片的光圈、快门等；单击按钮，则会以列表的形式显示图像。

● 在审阅模式下浏览图像：执行“视图→审阅模式”命令，或按Ctrl+B组合键，可以切换到审阅模式，如图2-147所示。在该模式下，单击后面的背景图像缩览图，它就会跳转成为前景图像，如图2-148所示；单击前景图像的缩览图，则会弹出一个窗口显示局部图像，如图2-149所示，如果图像的显示比例小于100%，那么窗口内的图像的显示比例为100%。我们可以拖曳该窗口移动观察图像。按Esc键或单击屏幕右下角的“×”按钮，退出审阅模式。

图2-147

图2-148

图2-149

● 在幻灯片模式下浏览图像：执行“视图→幻灯片放映”命令，或按Ctrl+L组合键，图像会以幻灯片放映的形式自动播放，如图2-150和图2-151所示。如果要退出幻灯片，可按Esc键。

图2-150

图2-151

- **在Bridge中打开文件**：在Bridge中选择一个文件，双击即可在其原始应用程序或指定的应用程序中将其打开。例如，如果双击一个图像文件，会在Photoshop中打开它；如果双击一个AI格式的矢量文件，则会在Illustrator中打开它。如果要使用某个特定的程序打开文件，可以在“文件→打开方式”子菜单中选择程序，如图2-152所示。

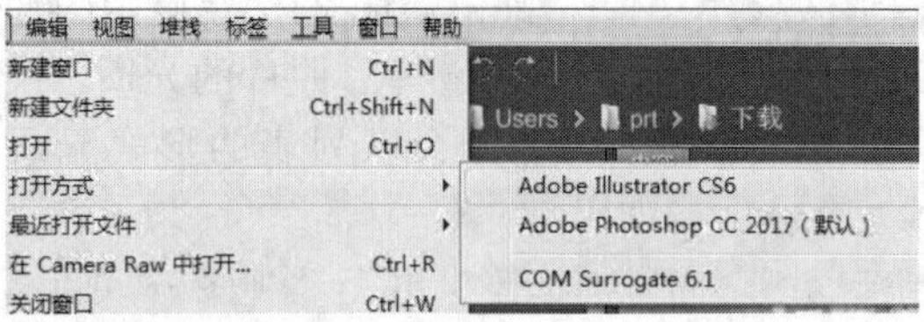

图2-152

- **对文件进行排序**：在“视图→排序”子菜单中选择一个选项，程序会按照该选项中所定义的规则对所选文件进行排序，如图2-153和图2-154所示。选择“手动”，则会按上次拖移文件的顺序对所选文件进行排序。

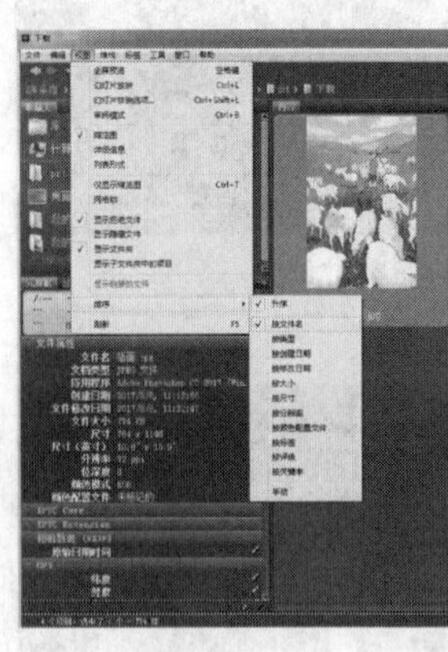

图2-153

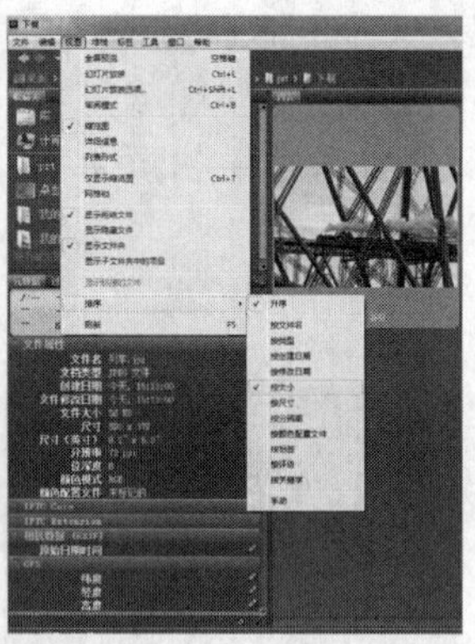

图2-154

- **批量重命名图片**：在Bridge中可以成组或成批地重命名文件和文件夹。对文件进行批量重命名时，可以为选中的所有文件选取相同的设置。在Bridge中导航到需要重命名的文件所在的文件夹，按Ctrl+A组合键选中所有文件，执行“工具→批重命名”命令，如图2-155所示。打开“批重命名”对话框，选择“在同一文件夹中重命名”选项，设置新的文件名为“_”加文件创建日期，并输入序列数字，数字的位数为“3位数”，在对话框底部可以预览文件名称，如图2-156所示；单击“重命名”按钮，即可重命名文件，效果如图2-157所示。

图2-155

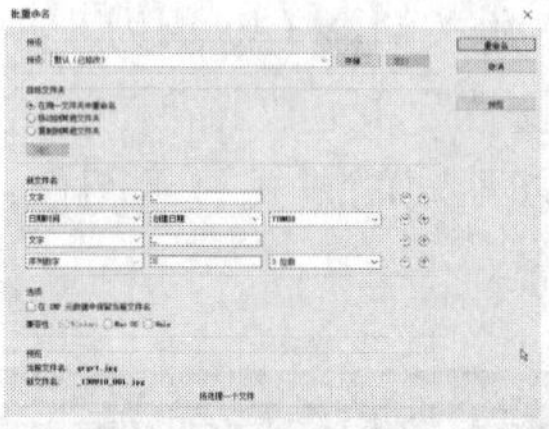

图2-156

图2-157

2.6.5 保存文档

Photoshop可以选择不同的格式存储文件，以便其他程序使用。

- **用“存储”命令保存文件**：打开一个图像文件并对其进行编辑之后，可以执行“文件→存储”命令，或按Ctrl+S组合键，保存所做的修改，图像会按照原有的格式存储。
- **用“存储为”命令保存文件**：如果要将文件保存为另外的名称和其他格式，或者存储在其他位置，可以执行“文件→存储为”命令，在打开的“另存为”对话框中将文件另存，如图2-158所示。可以选择图像的保存位置。

图2-158

文件名/格式。可输入文件名，在“保存类型”下拉列表中选择图像的保存格式。

作为副本。勾选该项，可另存一个文件副本。副本文件与源文件存储在同一位置。

注释/Alpha通道/专色/图层。可以选择是否存储注释、Alpha通道、专色和图层。

使用校样设置。将文件的保存格式设置为EPS或PDF时，该选项可用，勾选该项可以保存打印用的校样设置。

ICC配置文件。可保存嵌入在文档中的ICC配置文件。

缩览图。为图像创建缩览图。此后在“打开”对话框中选择一个图像时，对话框底部会显示此图像的缩览图。

- 用“签入”命令保存文件：执行“文件→签入”命令保存文件时，允许存储文件的不同版本以及各版本的注释。该命令可用于Version Cue工作区管理的图像，如果使用的是来自Adobe Version Cue项目的文件，文档标题栏会提供有关文件状态的其他信息。
- 选择正确的文件保存格式：文件格式决定了图像数据的存储方式（作为像素还是矢量）、压缩方法、支持什么样的Photoshop功能，以及文件是否与一些应用程序兼容。使用“存储”或“存储为”命令保存图像时，可以在打开的对话框中选择文件的保存格式，如图2-159所示。

图2-159

2.6.6 图像文件格式简介

在计算机绘图领域中，图形、图像处理软件很多，不同的软件所保存的格式也不尽相同。但不同的格式有不同的优缺点，所以在不同情况下会涉及不同格式的图像文件。以下将介绍Photoshop CC 2017所涉及的几种主要的图像格式。

- PSD格式：PSD是Photoshop默认的文件格式，它可以保留文档中的所有图层、蒙版、通道、路径、未栅格化的文字、图层样式等。通常情况下，使用者应将文件保存为PSD格式，方便以后随时修改。PSD是除大型文档格式(PSB)之外支持所有Photoshop功能的格式。其他Adobe应用程序，如Illustrator、InDesign、Premiere等，都可以直接置入PSD文件。
- PSB格式：PSB格式是Photoshop的大型文档格式，可支持最高达30万像素的超大图像文件。它支持Photoshop所有的功能，可以保持图像中的通道、图层样式和滤镜效果不变，但只能在Photoshop中打开。如果要创建一个2GB以上的PSD文件，可以使用该格式。
- BMP格式：BMP是一种用于Windows操作系统的图像格式，主要用于保存位图文件。该格式可以处理24位颜色的图像，支持RGB、位图、灰度和索引模式，但不支持Alpha通道。
- GIF格式：GIF是基于在网络上传输图像而创建的文件格式，它支持透明背景和动画，被广泛地应用在网络文档中。GIF格式采用LZW无损压缩方式，压缩效果较好。
- Dicom格式：Dicom（医学数字成像和通信）格式通常用于传输和存储医学图像，如超声波和扫描图像。Dicom文件包含图像数据和标头，其中存储了有关病人和医学图像的信息。
- EPS格式：EPS是为PostScript打印机上输出图像而开发的文件格式，几乎所有的图形、图表和页面排版程序都支持该格式。EPS格式可以同时包含矢量图形和位图图像，支持RGB、CMYK、位图、双色调、灰度、索引和Lab模式，但不支持Alpha通道。
- JPEG格式：JPEG是由联合图像专家组开发的文件格式。它采用有损压缩方式，具有较好的压缩效果，但是当压缩品质数值设置得较大时，会损失掉图像的某些细节。JPEG格式支持RGB、

CMYK和灰度模式，不支持Alpha通道。

- PCX格式：PCX格式采用RLE无损压缩方式，支持24位、256色的图像，适合保存索引和线画稿模式的图像。该格式支持RGB、索引、灰度和位图模式，以及一个颜色通道。
- PDF格式：PDF（便携式文档）是一种通用的文件格式，支持矢量数据和位图数据，具有电子文档搜索和导航功能，是Adobe Illustrator和Adobe Acrobat的主要格式。PDF格式支持RGB、CMYK、索引、灰度、位图和Lab模式，不支持Alpha通道。
- Raw格式：Photoshop Raw（.raw）是一种灵活的文件格式，用于在应用程序与计算机平台之间传递图像。该格式支持具有Alpha通道的CMYK、RGB和灰度模式，以及无Alpha通道的多通道、Lab、索引和双色调模式。
- Pixar格式：Pixar是专为高端图形应用程序（如用于渲染三维图像和动画的应用程序）设计的文件格式。它支持具有单个Alpha通道的RGB和灰度图像。
- PNG格式：PNG是作为GIF的无专利替代产品而开发出来的格式，用于无损压缩和在Web上显示图像。与GIF不同，PNG支持244位图像并产生无锯齿状的背景透明度，但某些早期的浏览器不支持该格式。
- ScitexCT格式：ScitexCT格式用于Scitex计算机上的高端图像处理。该格式支持CMYK、RGB和灰度图像，不支持Alpha通道。
- Targa格式：Targa格式专用于使用Truevision视频板的系统，它支持一个单独Alpha通道的32位RGB文件，以及无Alpha通道的索引、灰度模式，16位和24位RGB文件。
- TIFF格式：TIFF是一种通用的文件格式，所有的绘画、图像编辑和排版程序都支持该格式。而且，几乎所有的桌面扫描仪都可以产生TIFF图像。该格式支持具有Alpha通道的CMYK、RGB、Lab、索引颜色和灰度图像，以及没有Alpha通道的位图模式图像。Photoshop可以在TIFF文件中存储图层，但是如果在另一个应用程序中打开该文件，则只有拼合图像是可见的。
- PBM格式：PBM（便携位图）格式支持单色位图（1位/像素），可用于无损数据传输。因为许多应用程序都支持此格式，所以我们甚至可以在简单的文本编辑器中编辑或创建此类文件。

2.6.7 导出和置入

01 导出文件。在Photoshop中创建和编辑的图像可以导出到Illustrator或视频设备中，以满足不同的使用目的。“文件→导出”子菜单中包含了用于导出文件的命令，如图2-160所示。

图2-160

- 导出Zoomify：执行“文件→导出→Zommify”命令，可以将高分辨率的图像发布到Web上，利用Viewpoint Media Player，用户可以平移或缩放图像以查看它的不同部分。在导出时，Photoshop会创建JPEG和HTML文件，用户可以将这些文件上载到Web服务器。
- 将路径导出到Illustrator：如果在Photoshop中创建了路径，可以执行“文件→导出→路径到Illustrator”命令，将路径导出为AI格式，以便在Illustrator中可以继续对路径进行编辑。

02 置入文件。打开或者新建一个文档以后，可以使用“文件”菜单中的“置入嵌入的智能对象”命令将照片、图片等位图，以及EPS、PDF、AI等矢量文件作为智能对象置入Photoshop文档中使用。

提示

与打开文件不同的是，置入文件后可生成智能对象，并且对图像经过多次放大和缩小的操作后，图像的像素仍不改变。而执行“打开”命令打开的图像会在多次放大和缩小的操作中丢失像素，造成图像失真。

实战演练 制作台历效果图

01 执行“文件→打开”命令，选择一个空白日历图片打开，如图2-161所示。执行“文件→置入嵌入的智能对象”命令，打开对话框，选择要置入的七月日历图片，单击“置入”按钮，如图2-162所示。按住Shift键，用鼠标将七月份日历进行适当的缩放以适宜空白日历的大小。

02 将七月份日历图片置于空白日历中的合适位置，执行“编辑→变换→透视”命令，如图2-163所示。将七月份日历图片根据空白日历图形的透视关系（近大远小），进行细微调整，使日历完全贴合空白日历，看起来自然、真实，如图2-164所示。

图2-161

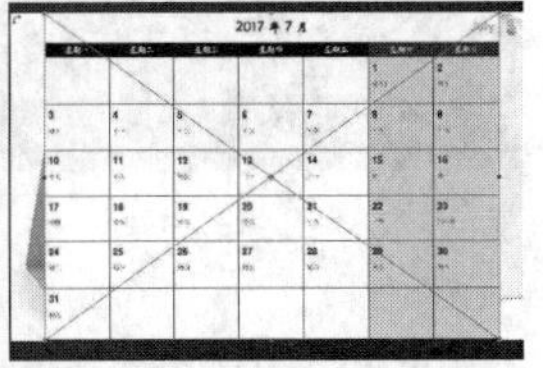
图2-162

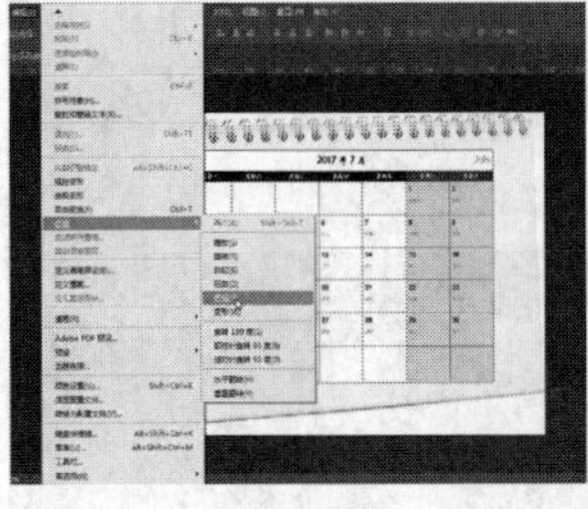
图2-163

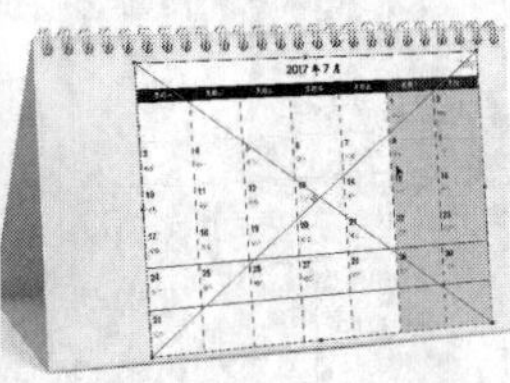
图2-164

03 再一次执行“文件→置入嵌入的智能对象”命令，如图2-165所示，选中水彩花卉素材，单击“置入”按钮。在图层面板上，将图层模式由“正常”更改为“正片叠底”，如图2-166所示，将花卉放置在适宜位置，如图2-167所示。

图2-165

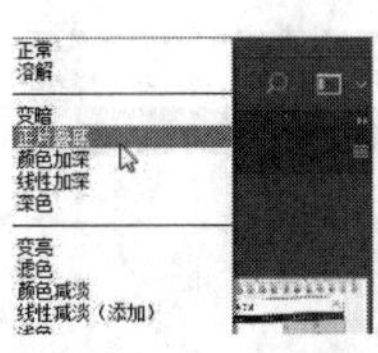

图2-166

图2-167

04 执行“文件→存储为”命令，在“保存类型”下拉列表中，选择JPEG格式，单击“保存”按钮，此时弹出“JPEG选项”对话框，为了得到质量更好的图片，可以将“品质”调到最佳，如图2-168所示，得到的最终效果图如图2-169所示。

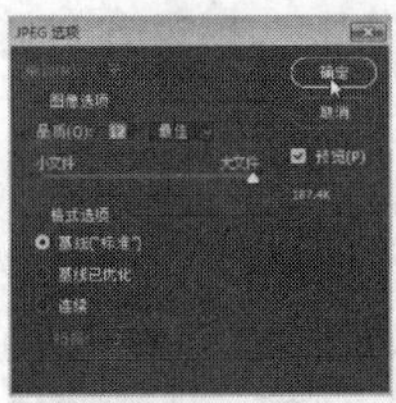
图2-168

图2-169

05 若在存储前发现对照片所做的改变不如原图好看，想要返回最初状态，但又想保持现在的改变以作对比，则可以执行“图像→复制”命令，打开图2-170所示的对话框，也可根据需要选择是否勾选“仅复制合并的图层”。单击“确定”按钮后所出现的副本和原文档的图像、图层等变化均一样。

图2-170

06 选择原来的图像，单击“历史记录”里文件的名称，如图2-171所示，则图片恢复最初的状态，如图2-172所示，此时可以将副本与原文件进行对比。

图2-171

图2-172

实战演练 对文件进行标记和评级

当一个文件夹中的图像数量较多时，我们可以用Bridge对重要的图像进行标记、评级和重新排序，使图像更加便于查找。

01 打开Bridge。导航到需要整理的文件夹。在“内容”面板中按住鼠标左键并拖动鼠标以选择所有文件，将它们添加到上面的列表，如图2-173所示。

图2-173

02 从“标签”菜单中选择一个标签选项，即可为文件添加颜色标记，如图2-174所示。如果要删除文件的标签，可以执行“标签→无标签”命令。

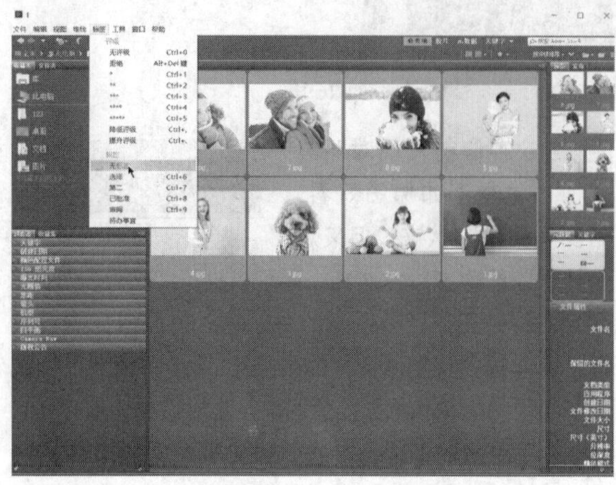

图2-174

图2-175

03 在“内容”面板中选择一个文件，执行“标签→评级”命令，即可对文件进行评级。如果要增加或减少一个星级，可执行“标签→提升评级”或“标签→降低评级”命令，如图2-175所示。如果要删除所有星级，可执行“无评级”命令。

04 执行“视图→排序→按评级”命令之后，图像的排序结果会按照星级排序，如图2-176所示。可以看到，标记了五颗星的文件在最前面。

图2-176

2.7 使用Adobe帮助资源

运行Photoshop CC 2017后，可以执行“帮助”菜单中的命令获得Adobe提供的各种Photoshop帮助、资源和技术支持，如图2-177所示。下面将对此进行具体介绍。

图2-177

2.7.1 使用Photoshop CC 2017帮助文件

- Photoshop联机帮助：执行“帮助→Photoshop联机帮助”命令，可以链接到Adobe公司关于各种主题帮助的网站，如图2-178所示。

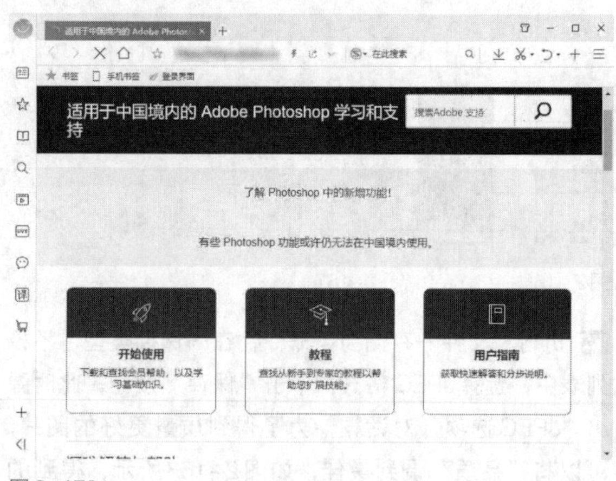

图2-178

- **Photoshop CC学习和支持中心**：执行“帮助→Photoshop CC学习和支持中心”命令，可以链接到Adobe公司的网站，获得对各种常见问题的帮助，如图2-179所示。
- **关于Photoshop CC**：执行“帮助→关于Photoshop CC”命令，可以弹出图2-180所示的画面。画面中显示了Photoshop CC 2017研发小组的人员名单和其他与Photoshop有关的信息。

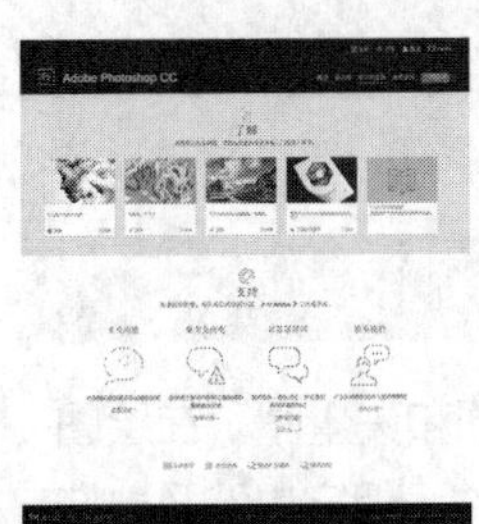

图2-179

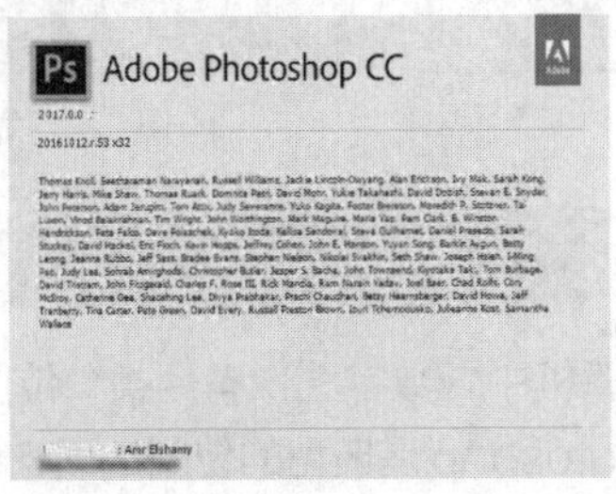

图2-180

- **关于增效工具**：执行“帮助→关于增效工具”命令，可以在子菜单中看到Camera Raw、CompuServe GIF、Open EXR、读取水印、滤镜库和嵌入水印选项，选择后即可查看其在Photoshop CC 2017中的安装版本。
- **法律声明**：执行“帮助→法律声明”命令，可以在打开的对话框中查看Photoshop的专利和法律声明。
- **系统信息**：执行“帮助→系统信息”命令，可以打开“系统信息”对话框查看当前操作系统的各种信息，如显卡、内存等，以及Photoshop CC 2017占用的内存、安装序列号、安装的增效工具等内容。
- **产品注册**：执行“帮助→产品注册”命令，可在线注册Photoshop CC 2017。注册产品后可以获取最新的产品信息、培训、简讯、Adobe活动和研讨会的邀请函，并获得附赠的安装支持、升级通知和其他服务。
- **取消激活**：Photoshop单用户零售许可只支持两台计算机，如果要在第3台计算机上安装同一个Photoshop，则必须先在其他两台计算机中的一台上取消激活该软件，此时可执行“帮助→取消激活”命令取消激活。
- **更新**：执行“帮助→更新”命令，可以链接到Adobe公司的网站，下载最新的Photoshop更新内容。
- **Photoshop联机**：执行“帮助→Photoshop联机”命令，可以链接到Adobe公司的网站，获得完整的联机帮助，如图2-181所示。

图2-181

- **Adobe Photoshop联机资源**：执行“帮助→Photoshop联机资源”命令，可以链接到Adobe公司的网站，可以选择性地下载一些增效工具。
- **Adobe产品改进计划**：如果用户对Photoshop今后版本的发展方向有好的想法和建议，可以执行“帮助→Adobe产品改进计划”命令，参与Adobe产品改进计划。

2.7.2 访问Adobe网站

Adobe提供了描述Photoshop软件功能的帮助文件，我们可以执行“帮助→Photoshop联机帮助”命令或“Photoshop学习和支持中心”命令，链接到Adobe网站的帮助社区查看帮助文件。Photoshop帮助文件提供了大量视频教程的链接地址，单击链接地址，就可以在线观看由Adobe专家录制的各种Photoshop功能的演示视频。

2.7.3 GPU

Photoshop CC 2017利用的是图形显卡的GPU（Graphics Processing Unit，图形处理器），而不是计算机的中央处理器（Center Processing Unit，简称CPU）来加速屏幕重绘。为了使Photoshop能够访问GPU，用户的显卡必须包含支持OpenGL的GPU、必须要有支持Photoshop各种功能所需的足够内存以及支持OpenGL 2.0和ShaderModel 3.0的显示器驱动程序。如果具备上述所有条件，则Photoshop会打开“启用OpenGL绘图”选项（在2.4.5中有所介绍，该选项在“编辑→首选项→性能”打开的对话框中），以启动GPU加速。Photoshop中的像素网格、鸟瞰视图、取样环、硬毛刷笔尖预览等功能都需要GPU加速来支持。如果要了解更多关于GPU的内容，可执行“帮助→GPU”命令，链接到Adobe网站查看相关信息。

第03章 图像的基本操作

3.1 认识数字图像

数字图像是以二维数字组形式表示的图像。在计算机中，数字图像有两类：位图和矢量图。在绘图或处理图像时，这两类图像可以相互交换使用。而Photoshop是典型的位图处理软件，但它也涉及一些矢量功能，如钢笔工具及一些形状工具所绘制的路径就属于矢量图形的范畴。下面我们来对位图和矢量图进行详细的介绍。

3.1.1 认识位图

我们使用数码相机拍摄的照片、扫描仪扫描的图片，以及在计算机屏幕上抓取的图像等都属于位图图像。

位图图像是由许多不同颜色的小方块组成的，这些小方块是组成位图的基本单位，称之为像素（Pixel）。在Photoshop中使用放大工具，将图3-1所示的图像放大若干倍，就会清楚地看到图像是由许多像素构成的，如图3-2所示。

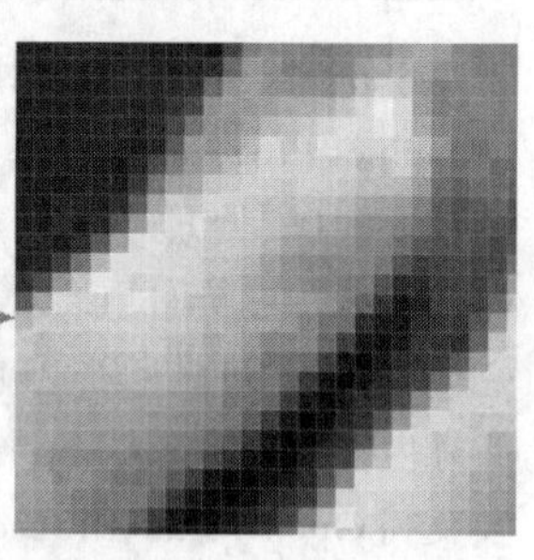

图3-1　　图3-2

位图采取了点阵的方式记录图像，每一个像素点就是一个栅格，所以位图图像也叫作栅格图像。位图中每个像素点都被分配了一个特定的位置和颜色值，以便精确地记录图像信息，因而位图图像的色彩和层次变化非常丰富，而且成像清晰细腻，具有生动的细节和极其逼真的效果。图像中像素点越多，其品质就越好，但它所占的空间也就越大，所以在编辑图像时，不是文件越大就越好，也需要因情况而定。位图可以直接存储为标准的图像文件格式，轻松地在不同的软件中使用。当我们改变图像尺寸时，像素点的总数并没有发生改变，而只是像素点之间的距离增大了，这个过程是一个重新取样并重新计算整幅画面各个像素的复杂过程，所以增大图像尺寸会导致清晰度降低，色彩饱和度也有所损失。另外，图像在缩放和旋转时会产生失真现象。

提示

在用Photoshop处理位图图像时，我们所用的缩放工具不影响图像的像素和大小，只是缩放了图像的显示比例，便于我们对图像进行处理操作。

3.1.2 认识矢量图

矢量图是另一类数字图像的表现形式，是以数学的矢量方式来记录图像内容的。矢量图中的图形元素被称为对象，每个对象都是相对独立的，并且各自具有颜色、形状、轮廓、大小和屏幕位置等属性。矢量图是由各种曲线、色块或文字组合而成。Illustrator、CorelDRAW、FreeHand、AutoCAD等都

学习重点

图像编辑是Photoshop最基本的功能之一。Photoshop作为位图处理软件，所处理或绘制的每一个像素都会对整体图像产生影响。图像的基本编辑是图像处理或合成的基础，熟练地操作才会有更高的创作效率。本章重点讲解位图的相关概念、图像尺寸的修改方法以及图像的复制、变换等基本编辑操作，通过具体实例详细讲解图像基本编辑的相关应用。

是典型的矢量图绘制软件。

由于矢量图的特殊构成，所以它与分辨率无关，我们将它以任意比例进行缩放，其清晰度不会改变，也不会出现任何锯齿状的边缘。图3-3所示是原矢量图，所选区域放大后的矢量图如图3-4所示，我们可以清楚地看到放大的部分没有失真。矢量图的文件很小，所以便于储存。

图3-3　　图3-4

但矢量图图像也有它的缺点，它不像位图那样有丰富多彩的颜色和细腻的影像，只能表现大面积的色块。矢量图常用于表现一些卡通图像、文字或公司的LOGO。

提示

矢量图可以转换成位图，位图也可转换成矢量图，但会有一定损失。

3.1.3　像素与分辨率

与图像紧密相关的概念是像素和分辨率，下面分别介绍一下。

- **像素**：像素（Pixel）是由Picture（图像）和Element（元素）这两个单词的字母所组成的，它是组成位图图像最基本的元素。

简单来说，像素就是图像的点的数值，点构成线，线构成面，最终就构成了丰富多彩的图像。在图像尺寸相同的情况下，像素越多，图像的效果就越好，图像的品质就越高。图3-5所示的图像包含的像素点较多，成像效果相对较好；而图3-6所示的图像包含的像素点较少，成像效果相对较差。

图3-5

图3-6

像素可以用一个数表示，例如一个“1000万像素”的数码相机，它表示该相机的感光元器件上分布了1000万个像素点。我们还可以用一对数字表示像素，例如“640像素×480像素”的显示器，它表示该显示器屏幕横向分布了640个像素点、纵向分布了480个像素点，因此其总数为640×480＝307200像素。

- **分辨率**：分辨率指的是图像单位长度中所含像素数目多少，其单位为像素/英寸或像素/厘米。

单位长度中所含像素越多，图像的分辨率就越高，图像的效果就越丰富和细腻。图3-7至图3-10所示的图像，是在尺寸不变的情况下，逐渐降低其分辨率后所得。分辨率越低的图像，清晰度就越差。

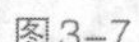

图3-7

图3-8

图3-9

图3-10

分辨率越高，形成的文件就越大，所以在处理图像时，不是分辨率越高越好，而要视具体情况来设置。一般情况下需要四色印刷的文件设置300像素/英寸，需要打印的文件设置150像素/英寸，不需要输出的文件设置72像素/英寸。

在使用Photoshop时，我们设置的分辨率均为图像的分辨率，但在实际操作中我们还会涉及其他的几种分辨率。

- **设备分辨率（Device Resolution）**：又称输出分辨率，指的是各类输出设备每英寸上可产生的点数，如显示器、喷墨打印机、激光打印机、热蜡打印机、绘图仪的分辨率。
- **网屏分辨率（Screen Resolution）**：又称网屏幕频率，指的是打印灰度级图形或分色所用的网屏上每英寸的点数。
- **扫描分辨率（Scan Resolution）**：指在扫描一幅图形之前所确定的分辨率，它将影响生成图形文件的质量和使用性能，它决定图形将以何种方式被显示或打印。

提示

在Photoshop中新建文件和修改图片大小时，各种分辨率以及对应的单位有：图像分辨率（PPI）、扫描分辨率（SPI）、网屏分辨率（LPI）、设备分辨率（DPI）。

3.2 修改图像尺寸和画布大小

Photoshop CC 2017为我们提供了修改图像大小这一功能，即通过改变图像的像素、高度、宽度以及分辨率来修改图像的尺寸；还为我们提供了修改画布大小这一功能，让使用者在编辑处理图像时更加方便快捷。

3.2.1 为照片修改尺寸

在使用照片时，我们经常会遇到需要修改照片尺寸的情况，这时可利用Photoshop CC 2017轻松实现。其具体操作方法如下：执行“图像→图像大小”命令，或者按Ctrl+Alt+I组合键，弹出图3-11所示的对话框，在“文档大小”区域的“宽度”和“高度”数值框中输入需要的尺寸，单击“确定”按钮即可完成。

图3-11

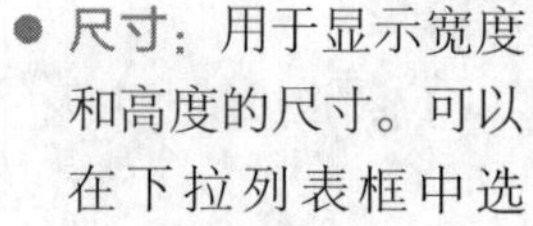

“图像大小”对话框包含了修改图像尺寸的所有选项，如图3-12所示。

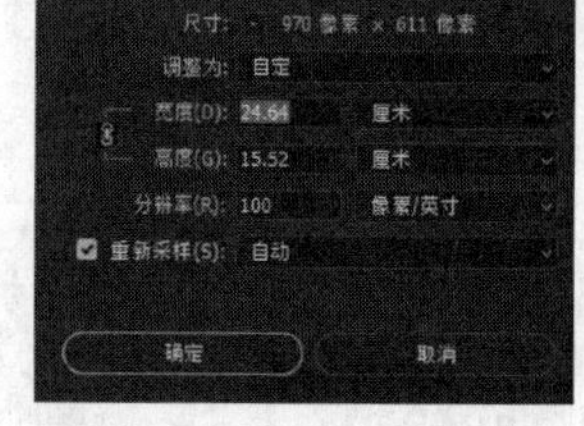

图3-12

- **尺寸**：用于显示宽度和高度的尺寸。可以在下拉列表框中选择图像宽度与高度的单位，如百分比、像素、英寸、厘米、毫米、派卡等。
- **调整为**：用于设定图像的宽度、高度和分辨率，可以在下拉列表框中选择常用图纸尺寸，如“A4 210毫米×297毫米300 dpi”“8×10英寸 300 dpi”等，也可根据实际需要，选择“自定”选项，重新定义图像的大小与分辨率。
- **宽度**：图像的横向尺寸，在单位下拉列表框中可以根据需要选择单位。

- **高度**：图像的纵向尺寸，单位与宽度是同步的。
- **约束比例**：用于约束图像的宽高比。单击“宽度”和“高度”左边的图标会出现“锁链”的标志，如图3-13所示，表示改变其中一项数值时，相应的另一项数值也会等比例改变。再次单击“锁链”可以解除约束状态，任意地改变“宽度”和“高度”的数值。

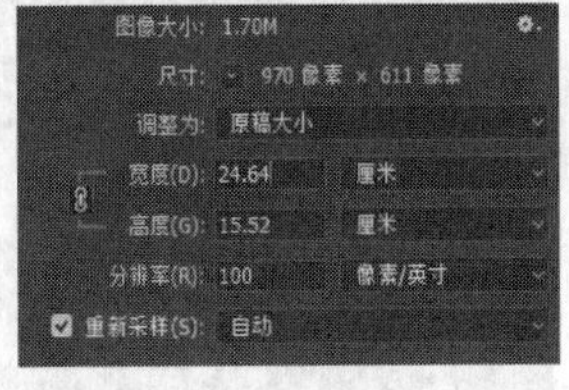

图3-13

- **重新采样**：勾选此复选框，在改变图像的尺寸或者分辨率时，图像的像素数目将随之改变，并可以在此复选框右侧的下拉列表框中选择不同的设定图像像素的插值方式，如图3-14所示；不勾选此复选框，“尺寸”后的像素数目将固定不变，而“宽度”“高度”“分辨率”的前面会出现一个“锁链”的标志，如图3-15所示，当改变其中一个数值框中的数值时，另外两个数值框中的数值也会随着原来的比例改变，并且不能选择设定图像像素的插值方式。

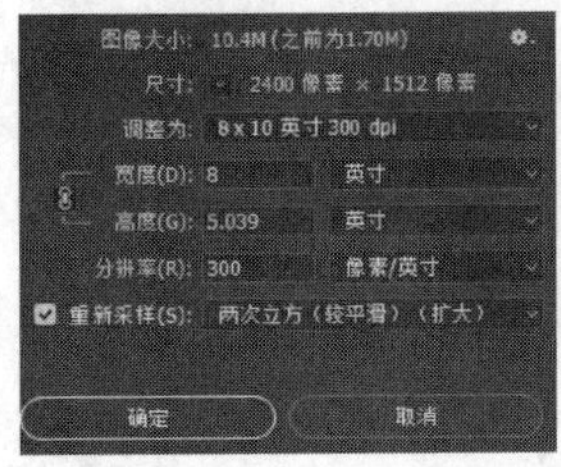

图3-14

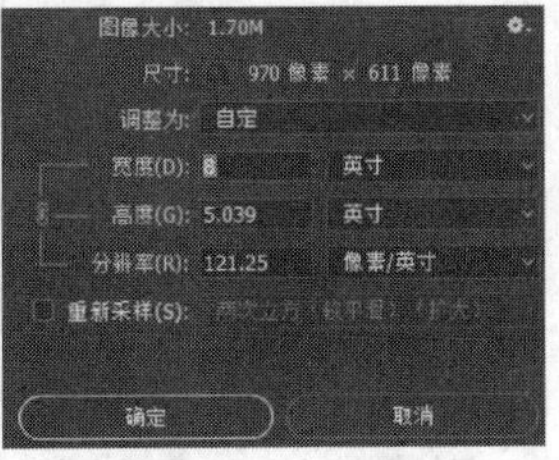

图3-15

提示

图像的“插值”预设：执行“编辑→首选项→常规”命令，设置图像“插值”预设。设置完成后，对图像进行“自由变换”命令时都会使用预设的“插值”方式。改变图像“插值”方式：执行“图像→图像大小”命令后，在“图像大小”对话框中可以设定改变该图像大小时所用的“插值”方式。

● 相关链接

插值方法（interpolation）是图像重新分布像素时所用的运算方法，也是决定中间值的一个数学过程。在重新取样时，Photoshop会使用多种复杂方法来保留原始图像的品质和细节。

“邻近（保留硬边缘）”的计算方法速度快但不精确，适用于需要保留硬边缘的图像，如像素图的缩放。

“两次线性”的插值方法用于中等品质的图像运算，速度较快。

“两次立方（适用于平滑渐变）”的插值方法可以使图像的边缘得到最平滑的色调层次，但速度较慢。

“两次立方较平滑（适用于扩大）”在两次立方的基础上，适用于放大图像。

“两次立方较锐利（适用于缩小）”在两次立方的基础上，适用于缩小图像，并保留更多取样后的细节。

“两次立方（自动）”适用于一般图像的调整。

实战演练 将图片放到桌面上

有时候，我们想将某张喜爱的图片设置为计算机桌面壁纸，但是图片的尺寸和像素与计算机桌面的尺寸和像素并不相符，这时我们就可利用Photoshop CC 2017来修改照片的尺寸和比例。下面以图3-16所示的图片为例，介绍一下如何对图片进行修改并将其设置为计算机桌面壁纸。

图3-16

01 在计算机中执行“控制面板→外观→显示→屏幕分辨率”命令，查看屏幕的分辨率，如图3-17所示（本实例中计算机为Windows 7操作系统），并记录下其数值（本实例中尺寸为1366像素×768像素）。

02 在Photoshop CC 2017中执行“文件→新建”命令，或者按Ctrl+N组合键，打开“新建文档”对话框，在“名称”文本框内输入“桌面背景”，在“宽度”和“高度”数值框内输入计算机屏幕的分辨率数值，并且将文档的“分辨率”设置为72像素/英寸，如图3-18所示，然后单击“创建”按钮，我们就创建了一个与计算机桌面大小相同的文档，如图3-19所示。

03 执行“文件→打开”命令，或者按Ctrl+O组合键，打开所需图片，并使用移动工具将它拖入“桌面背景”文档中，如图3-20所示。

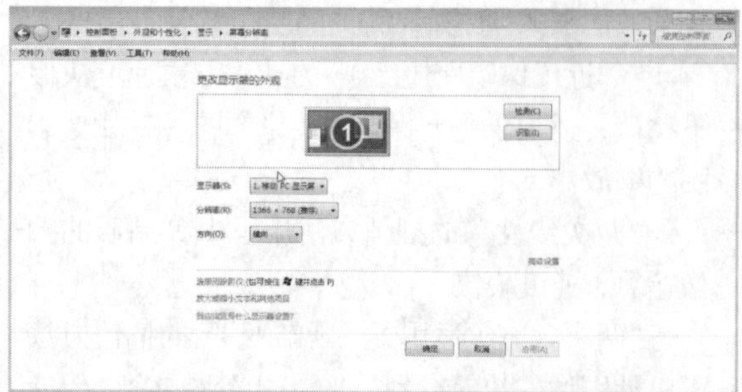

图3-17

图3-18

图3-19

图3-20

04 按Ctrl+T组合键，然后按住Shift键以锁定图片的长宽比，拖曳图片4个顶角的任何一个，将图片需要保留的部分布满整个文档，如图3-21所示。

图3-21

05 调整完成后，双击图像以确认变换，此时文档边界以外的图像将不再显示。按Ctrl+E组合键合并图层，执行“文件→存储”命令，或者按Ctrl+S组合键，弹出“另存为”对话框，在“保存类型”下拉列表框中选择“JPEG”，单击“保存”按钮存储文件，如图3-22所示。

图3-22

06 在计算机中，执行“控制面板→外观和个性化→个性化→桌面背景”命令，弹出图3-23所示的对话框。

07 单击“浏览”按钮找出刚处理过的图片，如图3-24所示。

08 单击“保存修改”按钮，这样就成功地将图片设置为自己的桌面背景了，如图3-25所示。

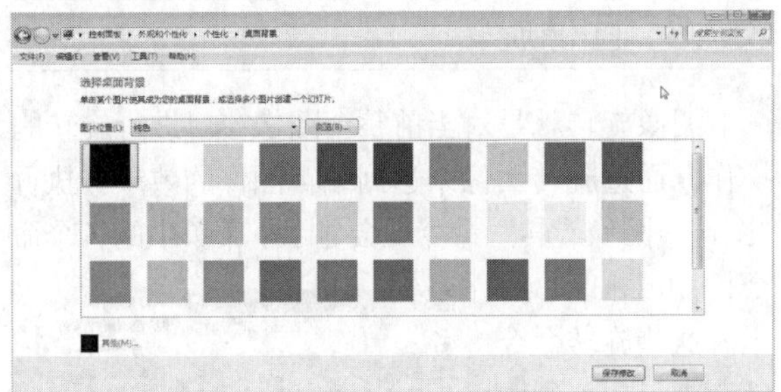

图3-23

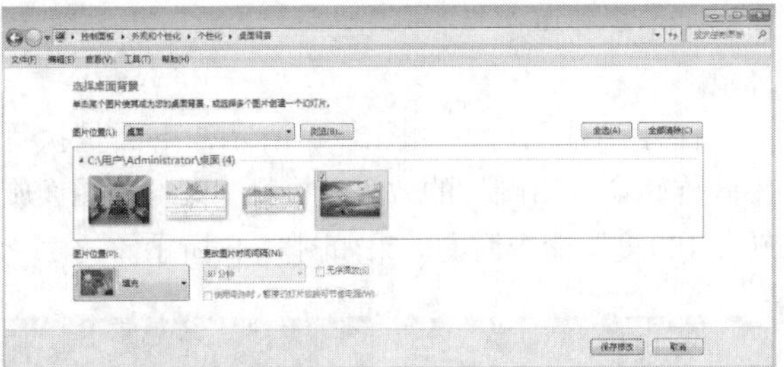

图3-24

图3-25

3.2.2 改变画布的大小

Photoshop中画布的大小是指整个文档的工作区域的大小，图3-26所示白色区域以内就是画布，用户可以精确设置图像的画布尺寸，以满足绘图与处理图像时的需要。其操作方法是：执行“图像→画布大小”命令，或者按Ctrl+Alt+C组合键，就可以打开“画布大小”对话框，并在此对话框中修改画布尺寸，如图3-27所示。

图3-26　图3-27

- **当前大小**：用于显示当前图像的实际尺寸以及图像文档的实际大小。
- **新建大小**：用于设置新画布“宽度”和“高度”的大小以及单位。图3-28所示为原图的尺寸，其效果如图3-29所示。当我们输入的数值小于原来尺寸时，如图3-30所示，会减小画布从而裁剪图像，如图3-31所示；当我们输入的数值大于原来的尺寸时，如图3-32所示，会增大画布，且图像小于画布，周围填充色为画布的颜色，如图3-33所示（图中的画布颜色为白色）。输入数值后，该选项右侧会显示修改画布后的文档大小。

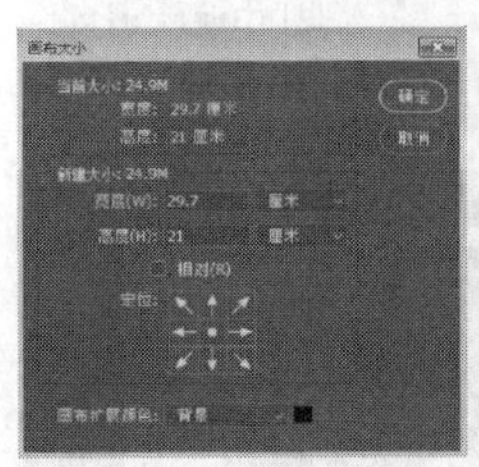

图3-28

图3-29

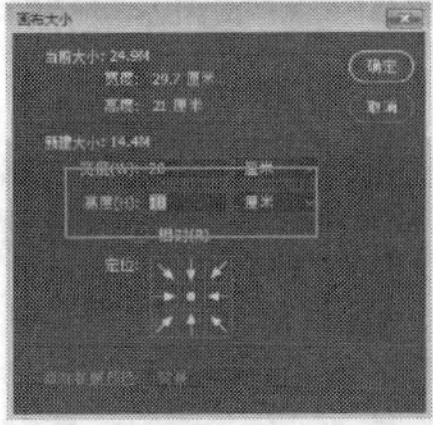

图3-30

图3-31

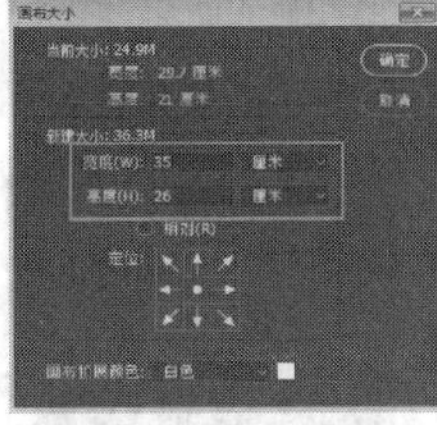

图3-32

图3-33

- **相对**：勾选该复选框时，“宽度”和“高度”数值框中的数值将代表实际增加或者减少区域的大小，而非整个文档的大小。输入负值，如图3-34所示，则缩小画布，效果如图3-35所示；输入正值，如图3-36所示，则扩大画布，效果如图3-37所示。

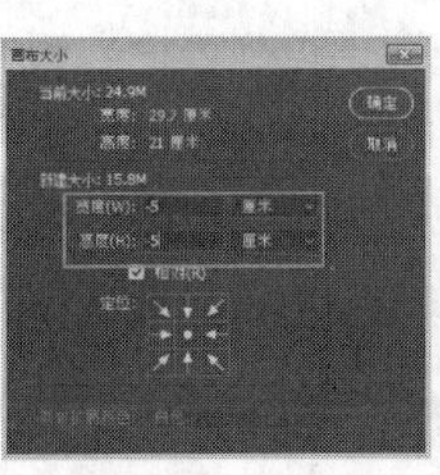

图3-34

图3-35

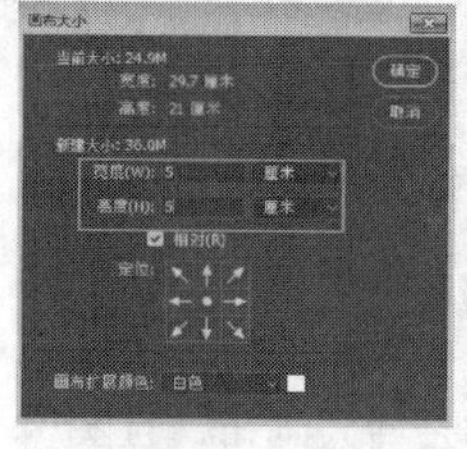

图3-36

图3-37

- **定位**：单击不同的方向箭头，可以设置当前图像在新画布上的位置。图3-38至图3-41所示分别是设置不同的定位方向并增大画布后的图像效果。

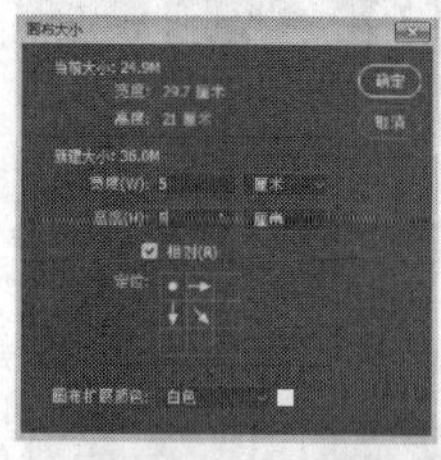

图3-38

图3-39

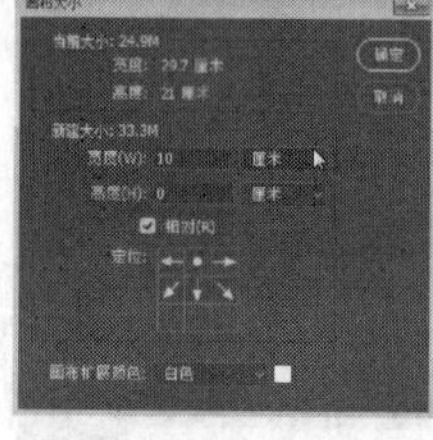

图3-40

图3-41

- **画布扩展颜色**：在该下拉列表中可以选择填充新画布的颜色，如图3-42所示。

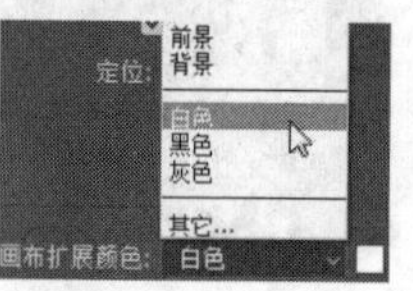

图3-42

前景：用当前的前景颜色填充新画布。

背景：用当前的背景颜色填充新画布。

白色、黑色或灰色：用相应颜色填充新画布。

其他：使用拾色器选择新画布颜色。

> **提示**
>
> 可以单击"画布扩展颜色"下拉列表框右侧的白色方形来打开拾色器。如果图像不包含"背景"图层，则"画布扩展颜色"下拉列表框就不可以使用。

3.2.3 图像旋转

图像旋转就是对当前整个图像窗口进行旋转的操作，通过旋转图像来达到编辑图像的效果。执行"图像→图像旋转"命令就会显示子菜单中的各个命令，如图3-43所示。这些旋转命令针对的是整个画布，因此执行这些命令时不需要再选择范围。

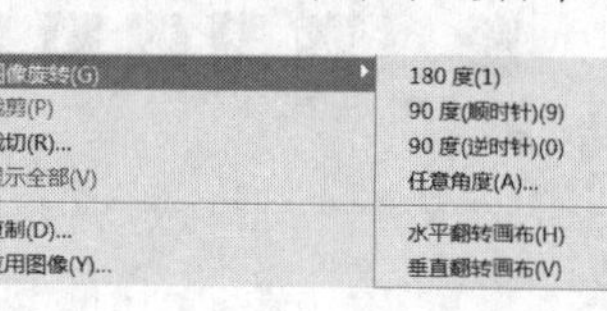

图3-43

打开一张图片，如图3-44所示，下面是执行不同旋转命令后图片的效果。执行"图像→图像旋转→180度"命令后的效果如图3-45所示。

图3-44

图3-45

执行"图像→图像旋转→顺时针90度"命令后的效果如图3-46所示；执行"图像→图像旋转→逆时针90度"命令后的效果如图3-47所示。

图3-46

图3-47

执行"图像→图像旋转→水平翻转画布"命令的效果如图3-48所示；执行"图像→图像旋转→垂直翻转画布"命令的效果如图3-49所示。

图3-48

图3-49

使用"任意角度"命令旋转画布时，可以输入任意的角度并选择旋转方向。如果按顺时针旋转30°，设置如图3-50所示，旋转后的效果如图3-51所示；如果按逆时针旋转30°，设置如图3-52所示，旋转后的效果如图3-53所示。

图3-50

图3-51

图3-52

图3-53

实战演练 旋转倾斜的照片

我们生活中的照片，有很多时候画面中的水平线都不是水平的，而是倾斜的，这时候就需要对其进行校正。Photoshop CC 2017为我们提供了旋转图像的功能，运用“图像旋转”命令就可以实现图像的校正。下面以图3-54所示的图片为例来介绍如何校正倾斜的照片。

图3-54

01 按Ctrl+O组合键打开一张水平线倾斜的图片，选择吸管工具组中的标尺工具，如图3-55所示。

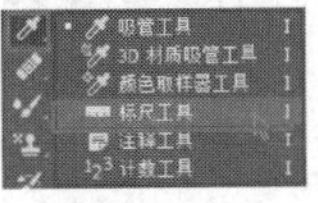

图3-55

02 在河面与地面交界处按住鼠标左键，向右上方拖曳鼠标，沿交界线画一条线，如图3-56所示。在图中放大后的标尺效果如图3-57所示。

图3-56

图3-57

03 执行“图像→图像旋转→任意角度”命令，如图3-58所示，弹出图3-59所示的对话框，无须修改数值，直接单击“确定”按钮即可。

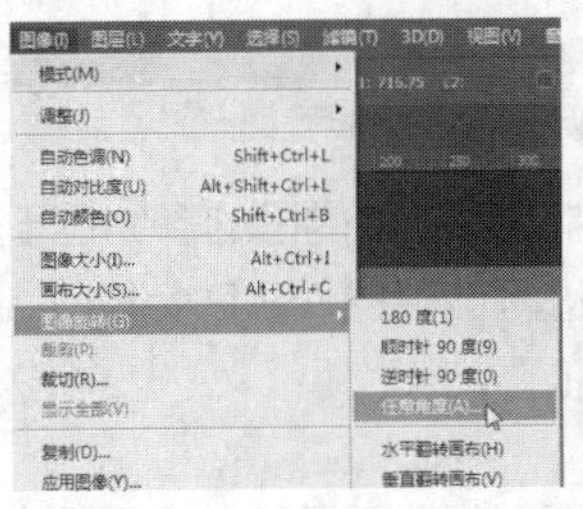

图3-58

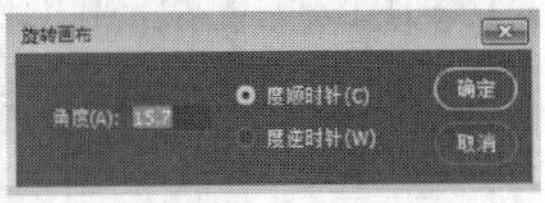

图3-59

04 调整后图像的效果如图3-60所示，对图片进行裁切，最终图像输出的效果如图3-61所示。

图3-60

图3-61

3.2.4 显示隐藏在画布之外的图像

在Photoshop中，当我们把图片置入新建的文档中时，若图像比新建文档的尺寸大，则会使得图像的一部分隐藏在画布之外，这时我们可使用“显示全部”命令将其隐藏的部分显示出来。

将图3-62所示的图片移至一个较小的文档中时，图像不能完全显示如图3-63所示。此时只要执行“图像→显示全部”命令，如图3-64所示，Photoshop就会自行判断图像的大小，并将隐藏的图像全部显示出来，如图3-65所示。

图3-62

图3-63

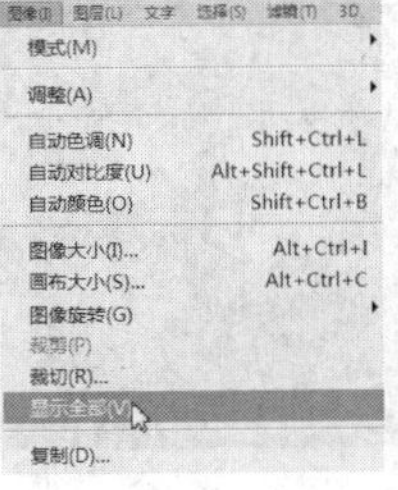

图3-64

图3-65

3.3 裁剪图像

每一幅图像都有主体，若主体周围的事物过于突出会导致主体部分不鲜明、不突出。在此种情况下，可利用裁剪工具对图像进行裁剪操作。Photoshop CC 2017中的裁剪工具有裁剪工具和透视裁剪工具等，下面对它们进行详细的介绍。

3.3.1 裁剪工具

Photoshop CC 2017较之前版本，更加方便和人性化。选择裁剪工具后，图像四周会自动显示一个定界框，如图3-66所示。拖曳边角移动点时，裁剪区域内便出现4条分割线，如图3-67所示，通过移动图像可调整裁剪区域。

图3-66

图3-67

拖曳定界框，缩小裁剪区域，试着拖曳或旋转选区，你会发现选区是固定不动的，变化的只有背后的图形，图3-68至图3-71所示分别为用不同方式拖曳或旋转图像时的效果。

图3-68

图3-69

图3-70

图3-71

在对图像进行裁剪时，也是一个重新定义图像的过程，单击裁剪工具或者按C键，就可以对图像进行裁剪了，拉伸或者旋转选区达到所需的效果后，按Enter键就完成了对图像的裁剪。

当我们选择裁剪工具后，它的工具选项栏如图3-72所示。

图3-72

- **选择预设纵横比**：Photoshop CC 2017为我们提供了一些常见的裁剪比例，方便使用者直接选择其中某个比例进行裁剪，并且使用者也可以自己设置裁剪的图像大小和分辨率，如图3-73所示。选择“宽×高×分辨率”时，可以在对话框中输入数值，如图3-74所示。我们也可以在此执行“旋转裁剪框”命令来旋转图像裁剪框的纵横比。

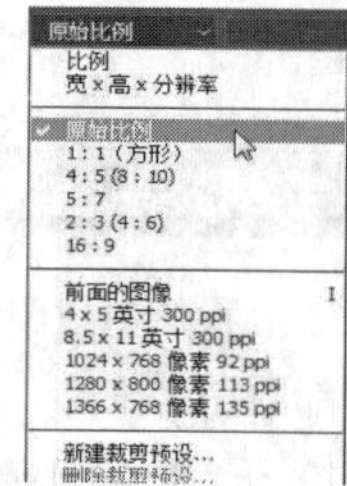

图3-73

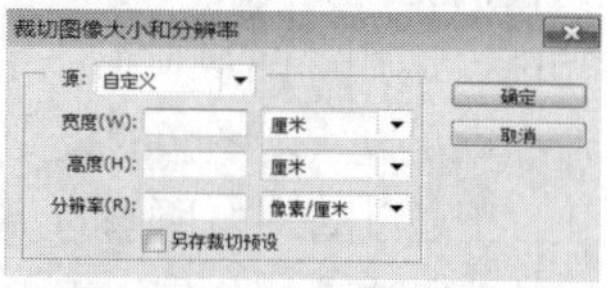

图3-74

- **自定义纵横比**：如果要自定义裁剪的长宽比，可以在自定义纵横比数值框中输入相应的数值。如果自定义纵横比数值框是空白的，则可以按任意比例裁剪图像。
- **拉直控件**：拉直控件与标尺工具相同，选择此工具后可以将倾斜的图像进行拉直裁剪。如将图3-75所示的图像导入Photoshop CC 2017中，选择裁剪工具，再选择拉直控件对其进行拉直裁剪，如图3-76所示。拉直裁剪操作部分放大后的效果如图3-77所示，拉直裁剪后的最终效果如图3-78所示。

图3-75

图3-76

图3-77

图3-78

- **设置裁剪工具的叠加选项**：该下拉列表框显示了多种裁剪图像的参考叠加线和裁剪时显示图像的方式，如图3-79所示。

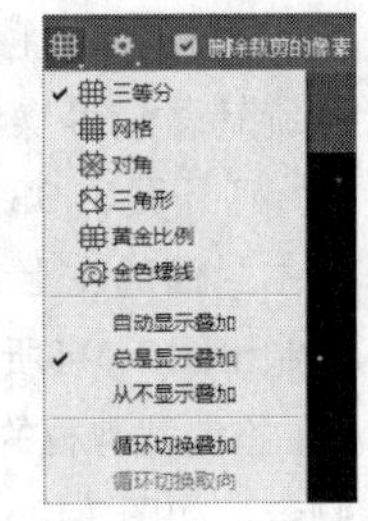

图3-79

- **删除裁剪像素**：若勾选此复选框会删除裁剪掉的区域；若不勾选此复选框则不会删除裁剪掉的区域。
- **内容识别**：裁剪内容识别是Photoshop CC系列新增的功能，可对裁剪内容进行智能填充。首先将图像进行旋转裁剪，此时可以看到4个边角处空白无图像，如图3-80所示。勾选“内容识别”复选框，在画面中双击以确认裁剪，此时4个空白边角会自动填充图像临近图案，使得图像看起来完整无缺，效果如图3-81所示。

图3-80

图3-81

提示

在未勾选“删除裁剪像素”复选框的情况下，在Photoshop CC 2017中裁剪完图像以后，如果对裁剪效果不满意，我们只需要再次选择“裁剪工具”，然后随意操作即可看到原文档。

3.3.2 用“裁剪”命令裁剪图像

我们也可以直接用“裁剪”命令来对图像进行裁剪，下面我们来具体操作一下。按Ctrl+O组合键打开一个文件，选择矩形选框工具，在图像上拖出图3-82所示的裁剪区域，执行“图像→裁剪”命令，效果如图3-83所示；然后按Ctrl+D组合键取消选择，最终效果如图3-84所示。

图3-82

图3-83

图3-84

3.3.3 用“裁切”命令裁切图像

在要保留裁剪掉的图像或者要将图像裁切成几个部分时，可以直接用“裁切”命令来达到所需裁切的效果，对图像执行“图像→裁切”命令，会弹出图3-85所示的对话框。

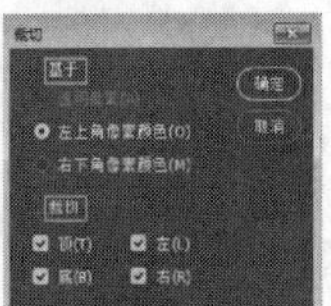
图3-85

- **基于**：在此选项区域中，可以选择裁切图像所基于的准则。若当前图像的图层为透明，则选择“透明像素”选项。
- **裁切**：在此选项区域，可以选择裁剪的4个方位。

实战演练 裁剪并修齐扫描的照片

我们都有自己的生活照片，如果是冲印的照片，在用Photoshop CC 2017处理这些照片时，需要先通过扫描仪将它们扫描到计算机中。如果将多张照片扫描在一个文件中，就可以用“裁剪并修齐照片”命令自动将各个图像裁剪为单独的文件，快速而且方便。下面我们将用一个实例来演示怎样裁剪并修齐扫描的照片。

01 按Ctrl+O组合键打开一个文件，如图3-86所示。

02 执行“文件→自动→裁剪并修齐照片”命令，如图3-87所示，Photoshop就会将照片分离为单独的文件，如图3-88和图3-89所示。

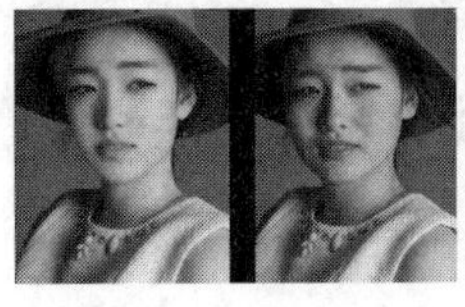
图3-86

图3-87

图3-88

图3-89

03 最后，执行“文件→存储为”命令，将它们分别保存即可完成操作。

3.3.4 透视裁剪工具

透视裁剪工具是由之前的裁剪工具分裂出来的一个工具，使得透视裁剪图像更加方便快捷。

选择透视裁剪工具后，其工具选项栏中会显示图3-90所示的选项。

图3-90

- 宽度：在该数值框中输入数值，可以设置裁剪区域的宽度。
- 高度：在该数值框中输入数值，可以设置裁剪区域的高度。
- 分辨率：在该数值框中输入数值，可以设置裁剪范围的分辨率。
- 前图像：单击该按钮，即可在"宽度""高度""分辨率"数值框中显示当前图像的尺寸和分辨率。如果同时打开了两个文件，则单击该按钮以后，会显示另一个图像的尺寸和分辨率。
- 清除：单击该按钮，可以清空"宽度""高度""分辨率"数值框中的数值。
- 显示网格：若勾选此复选框，则被裁剪的部分就会显示出网格线，如图3-91所示；若不勾选此复选框，则被裁剪的部分将不会被网格线覆盖，如图3-92所示。

图3-91

图3-92

透视裁剪工具可以对图像进行透视变形、扭曲和旋转裁切等操作。其操作方法如下。

01 打开图3-93所示的图像，选择透视裁剪工具，在书封面的左上角按鼠标左键并向右下方拖曳，即可绘制出图3-94所示的裁剪框。

02 拖曳裁剪框的各顶角进行调整，使之与课本的封面吻合，如图3-95所示；双击裁剪框以确定操作，最终效果如3-96所示。

图3-93

图3-94

图3-95

图3-96

提示

我们在绘制裁剪框的同时如果按住Shift键，裁剪范围就会是一个正方形；如果同时按住Alt键和Shift键并绘制就会得到一个以开始点为中心的正方形裁剪范围。

3.4 复制与粘贴

出于对图像编辑处理的需要，Photoshop CC 2017为我们提供了与绝大部分Windows应用程序一样的复制、剪切、粘贴等基本功能，下面我们来对它们进行详细的介绍。

3.4.1 复制、合并复制、选择性粘贴与剪切

- 复制

复制与粘贴是将一个图像置入另一图像中的操作。用快速选择工具创建所要复制的选区，如图3-97所示。执行"编辑→拷贝"命令，或者按Ctrl+C组合键，这样就将选区中的图像复制到了剪贴板中，原图像的效果将保持不变。执行"编辑→粘贴"命令，或者按Ctrl+V组合键，就将复制到剪贴板中的图像粘贴到了新的图像中，如图3-98所示。

图3-97

图3-98

- 合并复制

"合并拷贝"命令与"拷贝"命令基本相同，都是对图像进行复制的操作，但有所不同的是"拷贝"命令只针对所选区域中当前图层的图像进行操作，而"合并拷贝"命令是复制选区中所有图层的图像内容。

图3-99所示的图像由"樱桃"和"橙子"图层组合而成，在其交界的区域用矩形选框工具进行选择，如图3-100所示。首先执行"编辑→合并拷贝"命令，再执行"编辑→粘贴"命令，隐藏"樱桃"和"橙子"两个图层，如图3-101所示，显示的效果如图3-102所示。

图3-99

图3-100

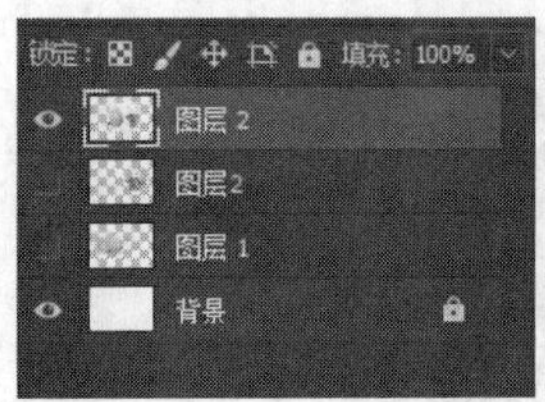

图3-101

图3-102

提示

只需单击“图层”面板中相应图层左边的眼睛图标，使其变为方块，就能隐藏图层了。

- **选择性粘贴**

复制或者剪切图像以后，有时为了图像操作的需要，我们可以进行选择性粘贴。在“编辑→选择性粘贴”菜单下有3个子菜单，如图3-103所示，选择其中相应的命令就能对图像进行相应的粘贴。

图3-103

- **原位粘贴**

执行该命令，可以将图像按照其原位粘贴到文档中。

- **贴入**

在图3-104所示的图像上建立选区，按Ctrl+C组合键复制图像到剪贴板中，在要贴入的图像上建立选区，然后执行“编辑→选择性粘贴→贴入”命令，文档中会自动生成带蒙版的图层，如图3-105所示。此时插画刚好在选区内，而超出选区的图像部分变得完全透明，如图3-106所示。

图3-104

图3-105

图3-106

- **外部粘贴**

复制图3-107所示的图像，在图3-108中创建选区，执行“编辑→选择性粘贴→外部粘贴”命令，就可粘贴图像，并自动创建蒙版。但效果和“贴入”命令刚好相反，程序会将选区中的图像隐藏，选区外的图像完全显示，效果如图3-109所示。

图3-107

图3-108

图3-109

- **剪切**

剪切与复制的操作过程基本相同，在文件中创建图3-110所示的选区，执行“编辑→剪切”命令，或者按Ctrl+X组合键将图像剪切到剪贴板中。与“拷贝”命令不同的是“剪切”命令会破坏图像，如果在“背景”图层中执行“剪切”命令，则被剪切掉的图像区域会被背景色填充，如图3-111所示；如果在普通图层中执行“剪切”命令，则被剪切的图像区域会变成透明的，如图3-112所示。

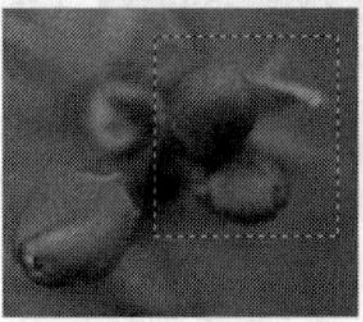

图3-110

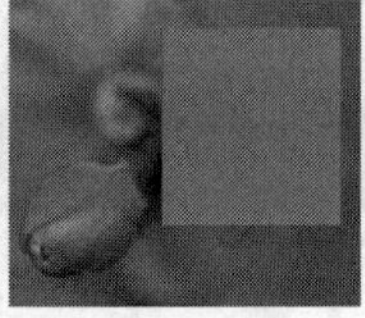

图3-111

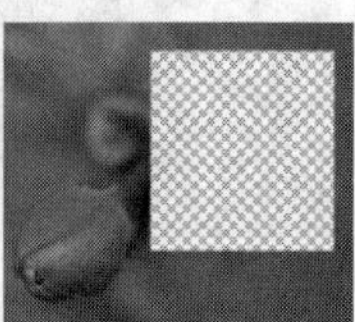

图3-112

提示

无论对图像进行剪切还是复制操作，所操作的对象都应在当前图层，如果当前图层是透明的，将不能对其进行剪切和复制。

3.4.2 清除图像

“清除”命令可帮助用户清除选区的像素。在图像文档中创建好需要清除的像素选区，如图3-113所示，执行“编辑→清除”命令或者按Delete键，便可清除选区中的图像。

图3-113

在清除图像时，若清除的图像在“背景”图层，则被清除区域将会被背景色填充，如图3-114所示；若清除的图像在普通图层，则被清除的区域内会变为透明，如图3-115所示。

图3-114

图3-115

实战演练 规则排列多张花朵照片

制作相册时，需要将多张大小不同、长宽比例不一的图像放入一个文档，并规则地将它们排列起来。使用Photoshop CC 2017就可以达到按比例快速取舍图像的目的，下面我们以排列多张花朵照片为例来介绍此功能。

01 按Ctrl+N组合键新建一个文件，参数设置如图3-116所示。

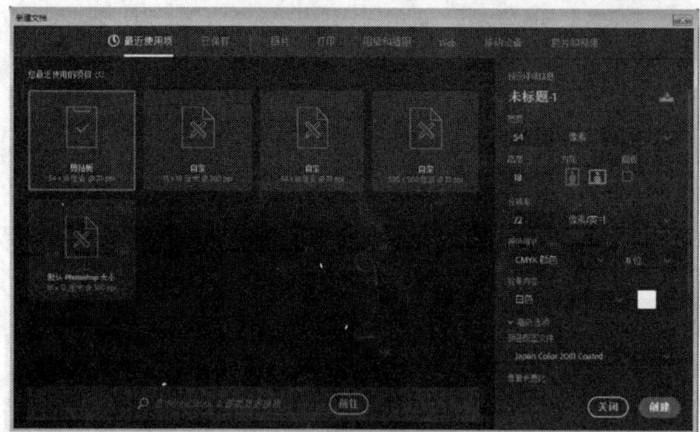

图3-116

02 执行“视图→标尺”命令，文档上边和左边会有标尺显示，效果如图3-117所示。设置前景色为紫色，在工具箱中选择矩形工具，并将其设置为“形状”，如图3-118所示，绘制出图3-119所示的形状。

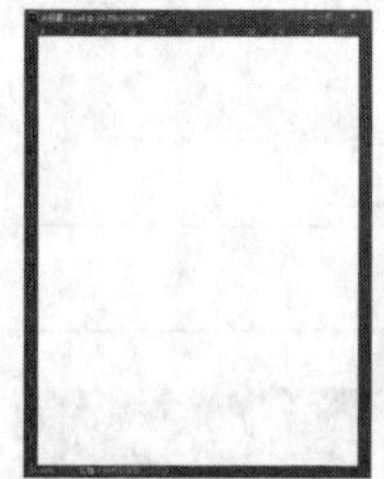

图3-117

图3-118

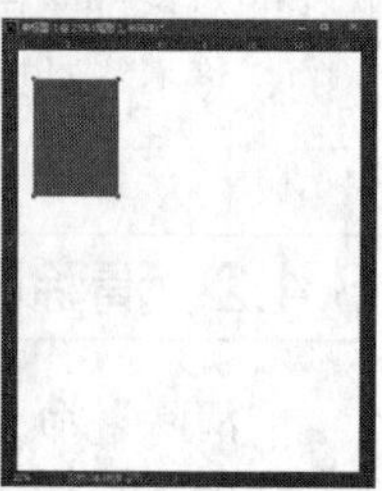

图3-119

03 单击图层面板，将“矩形1”图层拖曳两次到“创建新图层”按钮，得到“矩形1拷贝”图层和“矩形1拷贝2”图层，如图3-120和图3-121所示，选择移动工具，按住Shift键将“矩形1拷贝2”图层上的色块移至文档右侧，效果如图3-122所示。

04 按住Shift键并单击“矩形1”图层，3个图层均处于被选中状态，如图3-123所示。在工具选项栏中单击“水平居中分布”按钮，如图3-124所示，得到的效果如图3-125所示。按Ctrl+E组合键合并图层，如图3-126所示。

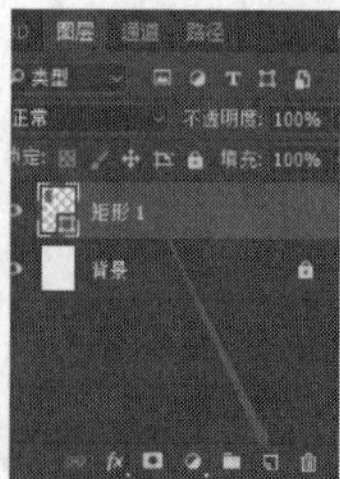

图3-120

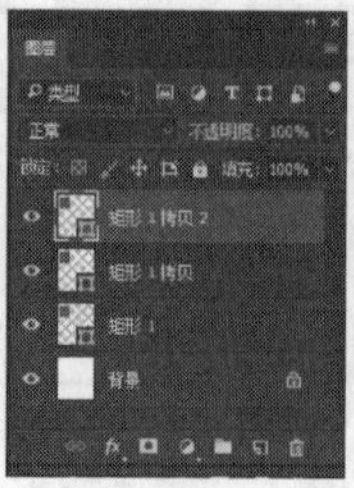

图3-121

图3-122

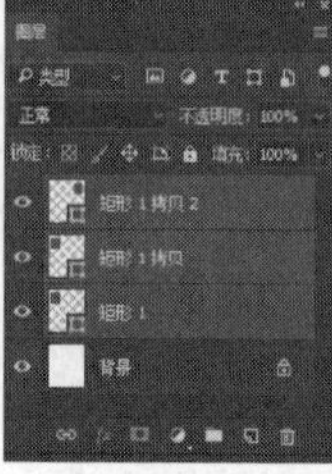

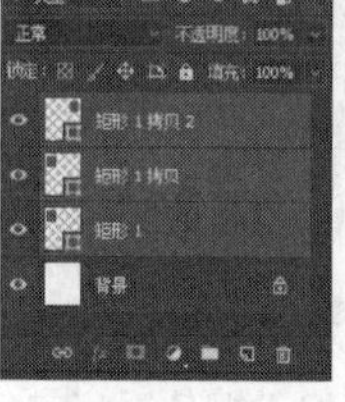

图3-123

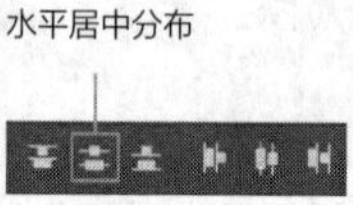

图3-124

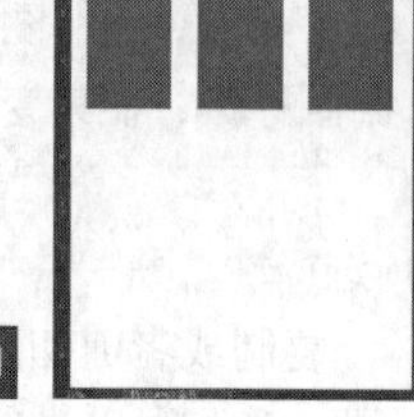

图3-125

05 对“矩形1拷贝2”进行与步骤3类似的操作，效果如图3-127所示。单击菜单选项栏中的“垂直居中分布”按钮，如图3-128所示，得到的效果如图3-129所示。

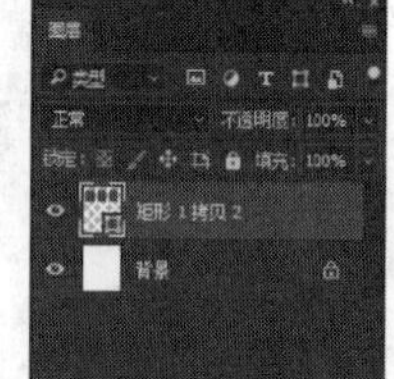

图3-126

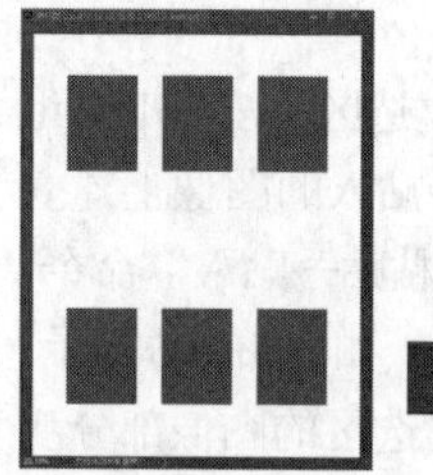

图3-127

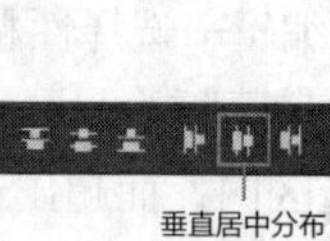

图3-128

图3-129

06 打开图3-130所示的照片，对其执行“拷贝”命令，用魔棒工具选择图3-131所示的矩形框区域，执行“编辑→选择性粘贴→贴入”命令，此时会新建一个图层，并为其自动添加蒙版，如图3-132所示。按Ctrl+T组合键对照片进行等比例的调节，最终效果如图3-133所示。

图3-130

图3-131

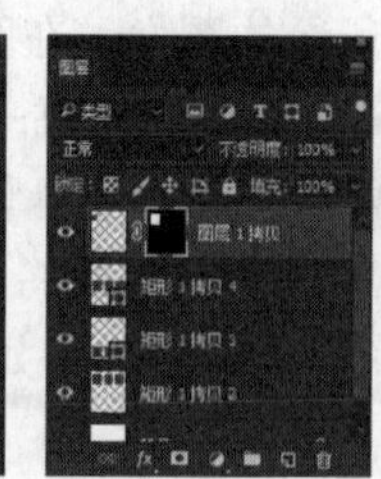

图3-132

图3-133

07 对图3-134至图3-141所示的照片进行与步骤6相同的操作，最终的效果如图3-142所示。

图3-134　图3-135　图3-136　图3-137

图3-138　图3-139　图3-140　图3-141　图3-142

3.5 图像的变换与变形

在Photoshop中，图像的旋转、缩放、扭曲等是处理图像的基本操作。其中，旋转和缩放称为变换操作，斜切和扭曲称为变形操作。下面详细地介绍怎样对图像进行变换和变形操作。

3.5.1 认识定界框、中心点和控制点

Photoshop中，在“编辑→变换”子菜单中包含了各种变换命令，如图3-143所示。按Ctrl+T组合键，当前对象周围会出现定界框，定界框是由中央一个中心点和四周8个控制点组成的，如图3-144所示。在默认情况下，中心点位于所选区域的中心，它用于确定对象的变换中心，按住Alt键并用鼠标拖曳它可以改变其位置。控制点的位置决定着图像大小，拖曳控制点则可以进行变换操作。

图3-143　图3-144

3.5.2 旋转

执行“编辑→变换→旋转”命令，或按Ctrl+T组合键，将鼠标指针移动到定界框外侧，当鼠标指针变为一个弯曲箭头↻时如图3-145所示，按鼠标左键并拖曳，就能以中心点为旋转中心进行旋转，旋转一定角度后释放鼠标左键，如图3-146所示，按Enter键以确认旋转操作。

图3-145

图3-146

要对图像进行旋转操作时，按Ctrl+T组合键后，还可以用鼠标右键单击，此时就会弹出图3-147所示的菜单，在菜单中可以选择“旋转”命令或其他特殊旋转命令。

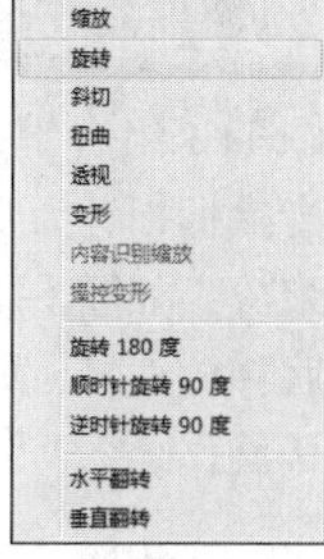

图3-147

- 若要按15°的倍数旋转图像，可以在自由变换状态下，拖曳鼠标的同时按住Shift键，在鼠标旁会显示角度。图3-148所示为顺时针旋转15°后的图像。当达到所需的效果状态后，双击定界框以确定旋转。
- 若要将选择的对象旋转180°，可以在自由变换状态下，单击鼠标右键，在弹出的菜单中选择“旋转180度”命令，效果如图3-149所示。

图3-148

图3-149

- 若要将选择的对象顺时针旋转90°，可以在自由变换状态下单击鼠标右键，在弹出的菜单中选择“顺时针旋转90度”命令，效果如图3-150所示。
- 若要将选择的对象逆时针旋转90°，可以在自由变换状态下单击鼠标右键，在弹出的菜单中选择“逆时针旋转90度”命令，效果如图3-151所示。

图3-150

图3-151

提示

图像的相关旋转可以是整个图像，也可以是图像的局部，而进行画布的相关旋转是针对整个画布来旋转图像。

3.5.3 缩放

缩放图像时，首先要选择缩放的对象，然后执行“编辑→变换→缩放”命令，或者直接按Ctrl+T组合键，移动鼠标至定界框的控制点上，当鼠标指针为双箭头时拖曳鼠标，即可对图像进行缩放，如图3-152所示。得到自己所需缩放的效果后释放左键，如图3-153所示，并双击定界框以确认操作。

图3-152

图3-153

提示

按住Shift键拖曳定界框任意一个角，可以等比例缩放图像。若要取消变换操作，可直接按Esc键。

3.5.4 翻转

对图像进行翻转操作，可以使图像达到镜像的效果，也可以制作图像的影子。翻转操作分为水平翻转和垂直翻转两种。

- **水平翻转**

用矩形选框工具创建图3-154所示的选区，按Ctrl+T组合键，单击鼠标右键，在弹出的菜单中选择“水平翻转”命令，双击图像以确认操作，按Ctrl+D组合键取消选区，最后得到图3-155所示的效果。

图3-154

图3-155

- **垂直翻转**

将图3-156中的老鼠移至图3-157所示的图中，得到的效果如图3-158所示。

图3-156

图3-157

图3-158

将“鼠”图层拖至“创建新图层”按钮进行复制，如图3-159所示，得到“鼠拷贝”图层，如

图3-160所示。

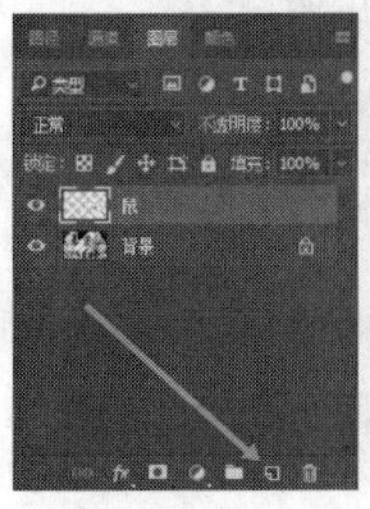
图3-159

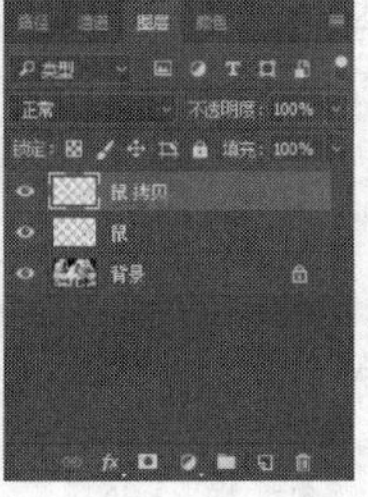
图3-160

对"鼠拷贝"图层中的内容进行操作，按Ctrl+T组合键，将定界框中心点移至定界框的下边缘，如图3-161所示。在图像上单击鼠标右键，在弹出的菜单中选择"垂直翻转"命令，得到图3-162所示的效果。

图3-161

图3-162

调整"鼠拷贝"图层和"鼠"图层的顺序，如图3-163所示；并用键盘上的方向键对"鼠拷贝"图层中的图像位置进行微调，效果如图3-164所示。

改变"鼠拷贝"图层的"不透明度"为"35%"，最终效果如图3-165所示。

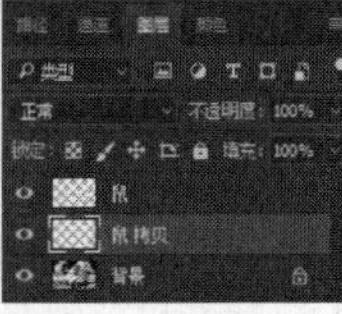
图3-163

图3-164

图3-165

3.5.5 斜切

斜切变形命令可使图像在某一个方向上产生梯形或平行四边形的形变，从而达到所需的效果。

在素材图像上创建图3-166所示的选区，执行"编辑→自由变换"命令，在选区内单击鼠标右键，选择菜单里的"斜切"命令，按住鼠标左键并拖曳控制点即可使图像进行斜切变形。图3-167所示为拖曳顶部中心的控制点得到的变形，图3-168所示为拖曳左上角控制点得到的变形。

图3-166

图3-167

图3-168

3.5.6 扭曲

扭曲变形命令可使图像同时在多个方向上产生形变，从而达到所需要的效果。

打开图3-169和图3-170所示的图像，并将人物照片拖入电视机图像中，效果如图3-171所示。

图3-169

图3-170

图3-171

"图层"面板如图3-172所示。对"图层1"图层中的内容执行"编辑→变换→扭曲"命令，把鼠标指针移至定界框上，拖曳定界框上的控制点就可对图像进行扭曲变形，如图3-173所示。

图3-172

图3-173

拖曳控制点可使人物照片与电视机的屏幕刚好吻合，如图3-174所示。双击图像确定操作，最终效果如图3-175所示。

图3-174

图3-175

> **提示**
>
> 扭曲操作与斜切操作类似。但扭曲在操作方向上比斜切灵活，斜切只能在某一方向上进行图像的变换，而扭曲可以进行任意方向上的变换。

3.5.7 透视变换

对图像进行透视变换操作，可以增加图像的透视感，现以实例来讲解其操作方法。打开两个文件，如图3-176和图3-177所示。

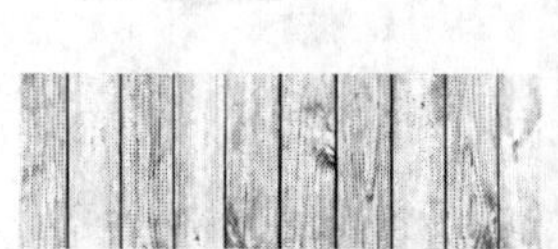

图3-176

图3-177

将木地板图像拖入大海图像中，如图3-178所示。

图3-178

移动木地板图像，使其上边缘与海天交界线对齐，效果如图3-179所示，图层位置如图3-180所示。按Ctrl+T组合键，在定界框内单击鼠标右键，在菜单里选择“透视”命令，按鼠标左键拖曳左上角的控制点，如图3-181所示，与它对称的右边的控制点会相向移动，使木地板变形成带有透视效果的图像。双击定界框以确认操作，最终效果如图3-182所示。

图3-179

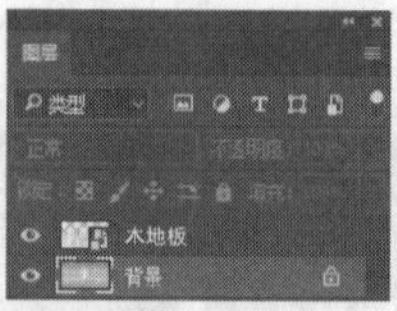

图3-180

图3-181

图3-182

> **提示**
>
> 在“透视”命令状态下，拖曳定界框上的4个顶角控制点会产生透视形变，拖曳边框上的控制点只会发生平行变形而不会发生透视形变。

3.5.8 精确变换

对图像进行精确变换操作，可以更加精确地变换图像的大小和角度，达到精确处理图像的目的。

当要对图像进行精确变换时，首先创建需要变换的区域或选中将要变换的图像，如图3-183所示。执行“编辑→自由变换”命令或者按Ctrl+T组合键，工具选项栏中就会显示出各个变换选项，如图3-184所示。

图3-183

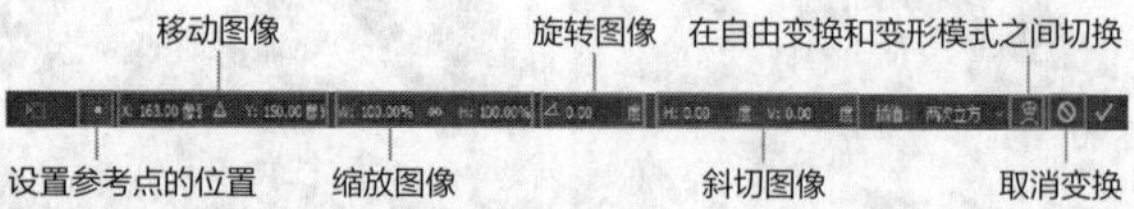

移动图像 旋转图像 在自由变换和变形模式之间切换

设置参考点的位置 缩放图像 斜切图像 取消变换

图3-184

- **精确设置参考点的位置**：使用参考点位置工具选项条，可以精确地定位9个特殊参考点的位置，如要以图像的右上角为参考点，单击使其显示为形式就可以了。
- **精确移动图像**：分别在X数值框、Y数值框中直接输入数值，可以精确移动图像至某一位置，将X数值框中的数值改为200后的效果如图3-185所示，将Y数值框中的数值改为200后的效果如图3-186所示。如果要相对于原图像所在的位置移动一个增量，应按X数值框与Y数值框之间的三角按钮，再在X数值框与Y数值框中输入要移动的增量。

图3-185

图3-186

- **精确缩放图像**：分别在W数值框和H数值框中输入数值，可以精确缩放图像的宽度和高度。如将W数值框中的数值改为150%后的效果如图3-187所示。将H数值框中的数值改为150%后的效果如图3-188所示。若要保持图像的宽高比，应选中锁定按钮，再在其数值框中输入要改变图像大小的数值。

图3-187

图3-188

- **精确旋转图像**：在旋转数值框中输入正值，可以精确地顺时针旋转度数，如旋转角度为30°的效果如图3-189所示；若要将图像逆时针旋转，则在数值框中输入相应的负值，如旋转角度为-30° 的效果如图3-190所示。

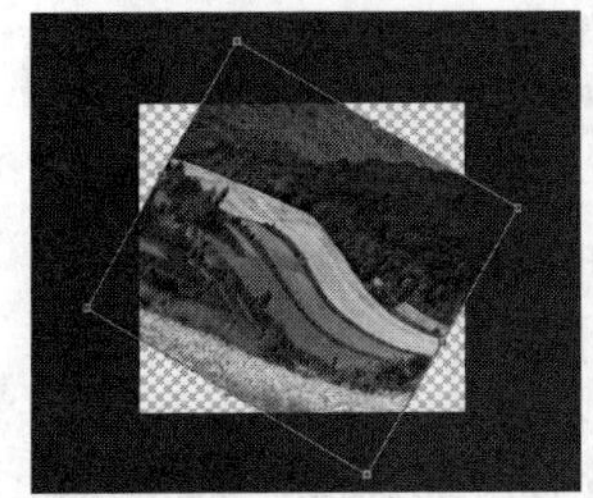
图3-189

图3-190

- **精确斜切图像**：分别在H数值框、V数值框中输入数值，可以对图像进行精确的水平或者垂直方向上的斜切变形。如改变H数值框中的数值为15后的效果如图3-191所示，改变V数值框中的数值为13后的效果如图3-192所示。
- **网格显示**：单击网格显示按钮，可以在精确变换的图像上显示网格，单击此按钮前后的效果对比如图3-193和图3-194所示。

图3-191

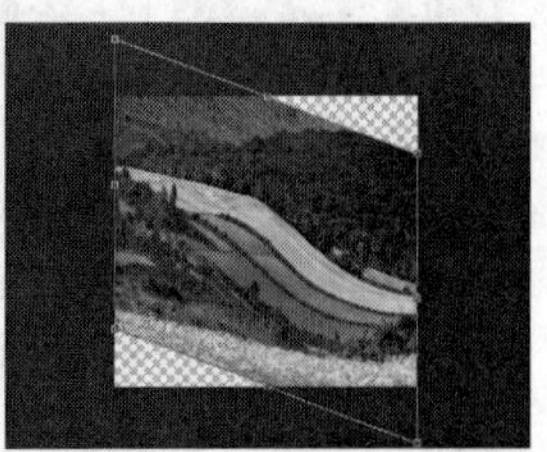
图3-192

图3-193

图3-194

- **取消变换**：单击取消按钮就可以取消变换。

3.5.9 变换选区内的图像

上面学习了图像的相关变换，我们可以利用这些变换来制作出自己所需要的效果。如果要对图像的局部内容进行变形，可以使用“编辑→变换→变形”命令操作。执行该命令时，图像上就会出现变形网格和锚点，我们拖曳锚点或调整锚点的方向线就可以对图像进行更加自由和灵活的变形处理。下面我们就以一个实例来介绍它的实际应用。

实战演练 制作卡通马克杯

01 按Ctrl+O组合键打开两个文件，如图3-195和图3-196所示。

图3-195

图3-196

02 使用移动工具将小熊图像拖曳到白色杯子文档中，如图3-197所示。再移动图像上面一个顶角与杯子左边缘对齐，效果如图3-198所示。

图3-197

图3-198

03 执行“编辑→变换→扭曲”命令，使图像边缘与杯子左边缘对齐，由于杯子有些倾斜，需用同样的方法使图像的右边缘与杯子的右边缘对齐，效果如图3-199所示。

04 执行“编辑→变换→变形”命令，此时图像四周会出现多个锚点，把鼠标指针移至上边缘的锚点上，此时鼠标指针会变成黑色箭头，拖曳锚点变形使图像的上边缘与杯子的上边缘重合，如图3-200所示。按Enter键确定此操作，效果如图3-201所示。

图3-199

图3-200

图3-201

05 执行“编辑→变换→变形”命令，调整图像下边缘以与杯子的下边缘重合，如图3-202所示。把图像移至杯子合适的位置，保存图像完成操作，最终效果如图3-203所示。

图3-202

图3-203

3.5.10 内容识别缩放

内容识别缩放是一项非常实用的缩放功能。我们在前面所介绍的普通缩放，在调整图像大小时会统一影响所有像素，使得图像的主要部分变形相当的厉害，而内容识别缩放则主要影响不重要区域中的像素。当我们用“内容识别比例”命令缩放图像时，画面中的人物、建筑、动物等主要图像不会发生太大的变形。

执行“编辑→内容识别缩放”命令后，工具选项栏中各个属性如图3-204所示。

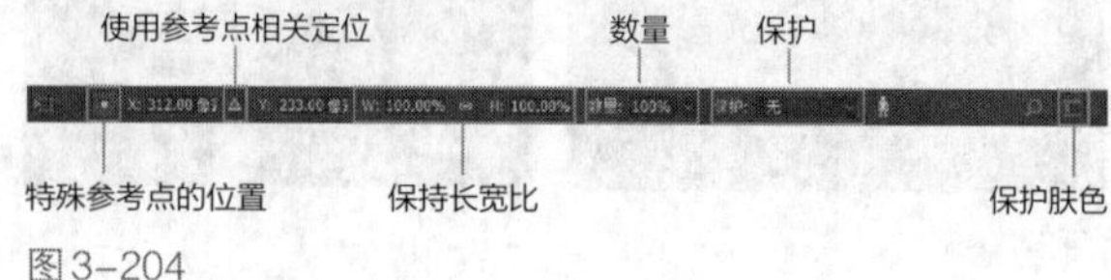

图3-204

- **特殊参考点的位置**：与精确变换中的参考点位置一样，单击参考点定位符上的方块，可以确定缩放图像时的控制中心。默认情况下，参考点位于图像的中心。
- **使用参考点的相关定位**：单击此按钮，可以指定相对于当前参考点位置的新参考点位置。
- **参考点的位置**：在X数值框和Y数值框中输入像素的大小，可以将参考点放置于特定位置。
- **缩放比例**：在W数值框和H数值框中输入数值，可以指定图像按原始大小的百分之多少进行缩放。单击锁定长宽比按钮，可以对图像进行等比缩放。
- **数量**：该数值框所显示的比例是指定内容识别缩放与常规缩放的比例。可在该数值框中输入数值或单击箭头和移动滑块来指定内容识别缩放的百分比。
- **保护**：可以选择一个Alpha通道，通道中白色对应的图像不会变形。
- **保护肤色**：单击保护肤色按钮，可以保护包含肤色的图像区域，使图像不容易变形。

实战演练 用内容识别比例缩放图像

01 按Ctrl+O组合键打开一个文件，如图3-205所示。由于内容识别缩放不能处理“背景”图层，我们先将“背景”图层转换为普通图层。双击“背景”图层，如图3-206所示，这时弹出一个对话框，如图3-207所示，单击“确定”按钮后“背景”图层就转换为普通图层，如图3-208所示。

图3-205

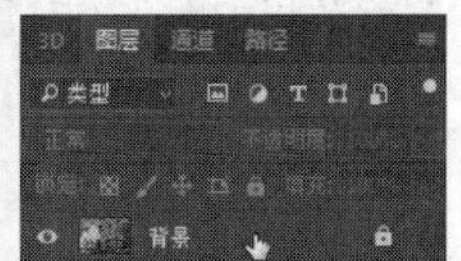

图3-206

图3-207

图3-208

02 执行“编辑→内容识别缩放”命令，会显示图3-209所示定界框，工具选项栏中会显示缩放变换选项，我们可以直接输入需缩放的值，或者拖曳右侧的控制点对图像进行缩放，效果如图3-210所示。若要对图像进行等比缩放，可按住Shift键并拖曳控制点。

图3-209

图3-210

03 从图3-210所示的缩放结果中可以看到，人物变形非常严重。单击工具选项栏中的“保护肤色”按钮，让Photoshop分析图像，尽量避免包含皮肤颜色的区域变形，效果如图3-211所示。此时画面虽然变窄了，但人物比例和结构没有发生明显的变化。

图3-211

图3-212

04 按Enter键确认操作。图3-212所示为原图像，图3-213所示为用普通方法缩放的效果，图3-214所示是使用“内容识别缩放”命令缩放的效果。通过两种结果的对比可以看出，“内容识别比例”命令非常强大，它不易使重要的内容过度变形。

图3-213

图3-214

实战演练 用Alpha通道保护图像内容

在Photoshop中，当我们使用“内容识别缩放”命令缩放图像时，不能识别重要的对象，即使按下“保护肤色”按钮也无法改善变形效果，这时可以使用Alpha通道来保护重要的内容。

01 按Ctrl+O组合键打开一个素材文件，如图3-215所示。

图3-215

02 我们先来看一下直接使用“内容识别缩放”命令缩放会产生怎样的结果。先将“背景”图层转换为普通图层，再执行“编辑→内容识别缩放”命令，变形后效果如图3-216所示；单击“保护肤色”按钮，效果如图3-217所示。

03 从上面的操作效果中可以看出，使用“内容识别缩放”命令后，图像变形很严重，对其进行“保护肤色”后，图像的变形却更加严重了。退回到图像正常状态，为人像建立选区，如图3-218所示，单击“通道”面板下方的“将选区存储为通道”按钮，选区以Alpha通道的形式保存，如图3-219所示。按Ctrl+D组合键取消选择。

图3-216

图3-217

图3-218

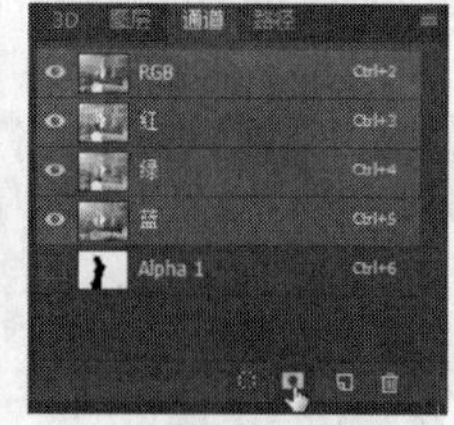

图3-219

04 执行“编辑→内容识别缩放”命令，向左拖曳右侧的控制点，使画面变窄，如图3-220所示；在工具选项栏的“保护”下拉列表中选择我们创建的“Alpha1”通道，用“Alpha1”通道来限定变形区域，通道中的白色区域所对应的图像（人物）受到保护，没有变形，最终效果如图3-221所示。

图3-220

图3-221

3.6 从错误中恢复

在Photoshop中，我们在对图像进行处理编辑时，难免会出现操作错误或者对编辑处理的效果感到不满意，此时我们可以撤销操作或者将图像恢复为最近保存过的状态。Photoshop CC 2017提供了强大的帮助我们撤销操作的功能，因此我们可以大胆地进行创作。下面介绍从错误中恢复的操作。

3.6.1 还原与重做

当我们需要撤销不满意的操作时，执行“编辑→还原”命令或者按Ctrl+Z组合键，可以撤销对图像所做的最后一次修改，并将其还原到上一步编辑状态。如果想要取消还原操作，可以执行“编辑→重做”命令，或按Shift+Ctrl+Z组合键。

- 前进一步与后退一步

“还原”命令只能对图像最近的一次操作进行还原，但我们有时候又需要连续还原，可以连续执行“编辑→后退一步”命令，或者连续按Alt+Ctrl+Z组合键，来逐步撤销操作。若要取消还原，可以连续执行“编辑→前进一步”命令，或者连续按Shift+Ctrl+Z组合键，逐步恢复被撤销的操作。

- 恢复文件

执行“文件→恢复”命令，可以直接将文件恢复到最后一次保存时的状态。

3.6.2 用“历史记录”面板还原操作

“历史记录”面板能够用列表的形式记录并显示自创建或打开某个文档以来对该文档执行的步骤，用户可以使用“历史记录”面板一次撤销或重做个别步骤或多个步骤。使用者可以将“历史记录”面板中的步骤应用于同一对象或文档中的不同对象。但是，不能重新排列“历史记录”面板中步骤的顺序。

◎历史记录面板

执行“窗口→历史记录”命令，可以打开“历史记录”面板，如图3-222所示。

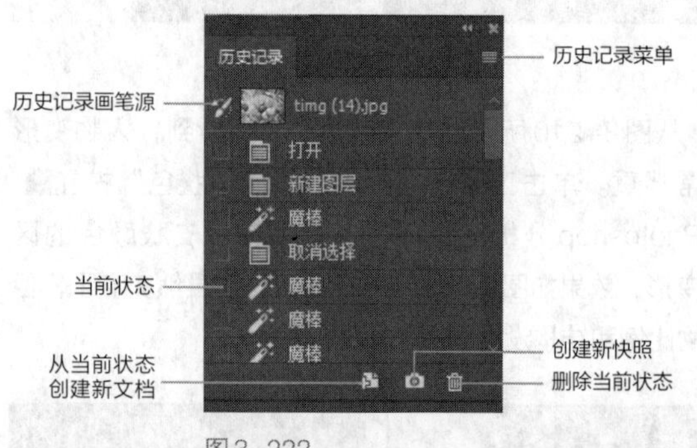

图3-222

- **历史记录菜单**：单击“历史记录菜单”会弹出一个下拉列表，可以选择执行不同的历史记录命令，如图3-223所示。

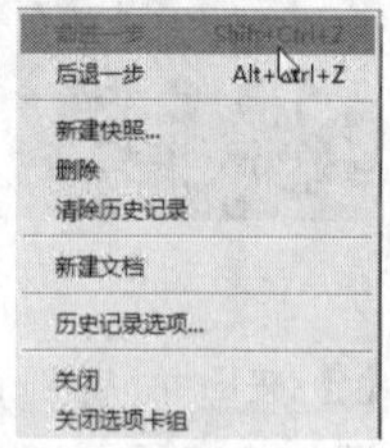

图3-223

- **设置历史记录画笔的源**：使用历史记录画笔时，该图标所在的位置将作为历史画笔的源图像。
- **快照缩览图**：被记录为快照的图像状态。

- **当前状态**：将图像恢复到该命令的编辑状态。
- **从当前状态创建新文档**：基于当前操作步骤中图像的状态创建一个新文档。
- **创建新快照**：基于当前的图像状态创建快照。
- **删除当前状态**：选择一个操作步骤后，单击该按钮可将该步骤及后面的操作删除。

实战演练 用“历史记录”面板还原图像

01 按Ctrl+O组合键打开一个文件，如图3-224所示，当前“历史记录”面板状态如图3-225所示。

图3-224

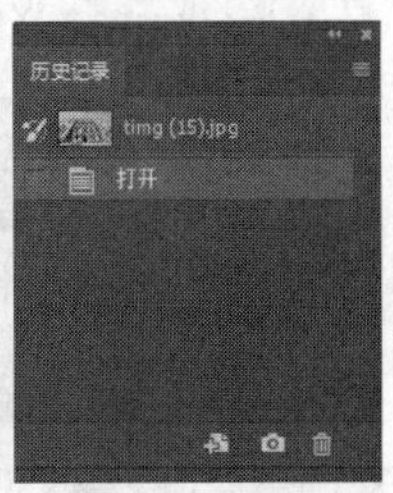

图3-225

02 执行“滤镜→滤镜库→艺术效果→壁画”命令，弹出“滤镜库”对话框，如图3-226所示，单击“确定”按钮，图像效果如图3-227所示。

03 执行“滤镜→扭曲→水波”命令，弹出“水波”对话框，如图3-228所示，单击“确定”按钮，图像效果如图3-229所示。

图3-226

图3-227

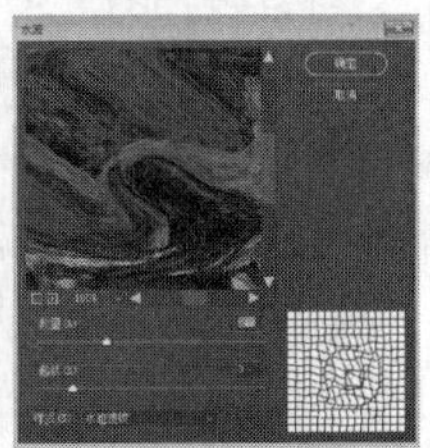
图3-228

图3-229

04 此时我们来通过“历史记录”面板进行还原操作。图3-230所示为当前“历史记录”面板，该面板记录了目前所有的操作步骤。单击“打开”，如图3-231所示，就可以将图像恢复到该步骤时的编辑状态，效果如图3-232所示。

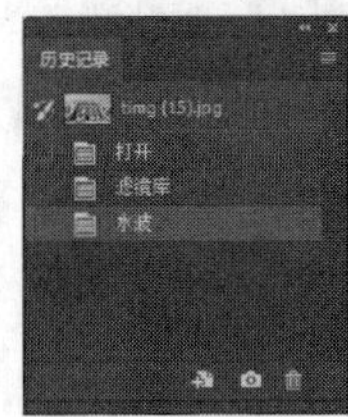

图3-230

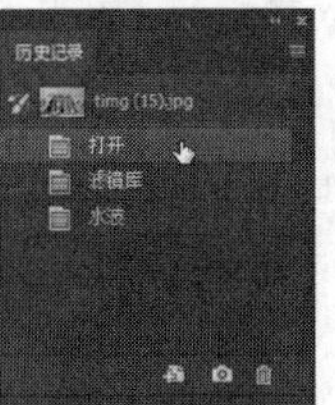

图3-231

图3-232

> **提示**
>
> Photoshop默认“历史记录”面板只能保存20步操作，我们可以执行“编辑→首选项→性能”命令，打开“首选项”对话框，在“历史记录”选项中增加历史记录的保存数量，但所保存的数量越多，占用的内存就越多。对于滤镜相关的操作，在以后的章节将会详细地介绍。

◎用快照还原图像

使用快照也可以进行还原操作。在对图像进行处理时，如果某一阶段的操作比较重要，可以将其创建为快照，这样还原操作步骤就可以比较快捷，也可以提高编辑处理图像的效率，避免后面的操作将其覆盖。

需要创建快照时，单击“历史记录”面板下部的“创建新快照”按钮，如图3-233所示。这样就可以创建名为“快照1”的新快照，如图3-234所示。

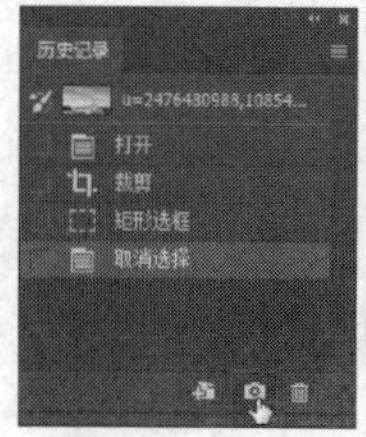

图3-233

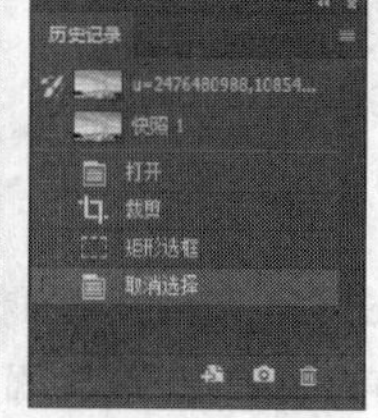

图3-234

若需要恢复到某阶段的操作，只需单击其相应的快照名就可以了；若要对已建的新快照重新命名，双击此快照名，输入新名称，然后按Enter键即可。

我们还可以按住Alt键单击“创建新快照”按钮，或单击“历史记录”面板菜单中的“新建快照”命令，弹出图3-235所示的对话框，设置后可创建快照。

图3-235

- **名称**：可设置快照的名称。
- **自**：此下拉列表框包含了可以创建的快照内容。选择“全文档”，可创建图像当前状态下所有图层的快照；选择“合并的图层”，建立的快照会合并当前状态下图像中的所有图层；选择“当前图层”，只创建当前状态下所选图层的快照。

◎删除快照

在“历史记录”面板中，用鼠标右键单击需要删除的快照，弹出图3-236所示面板，单击“删除”即可删除快照，或者将快照拖曳到“删除当前状态”按钮上也可删除快照，如图3-237和图3-238所示。

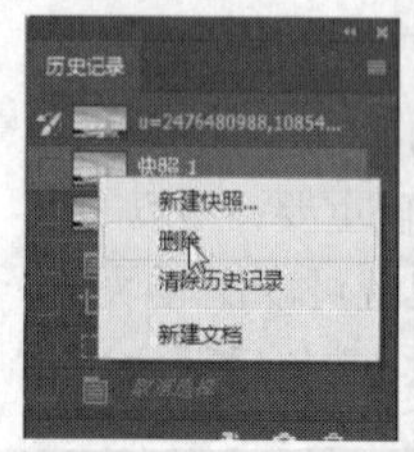

图3-236

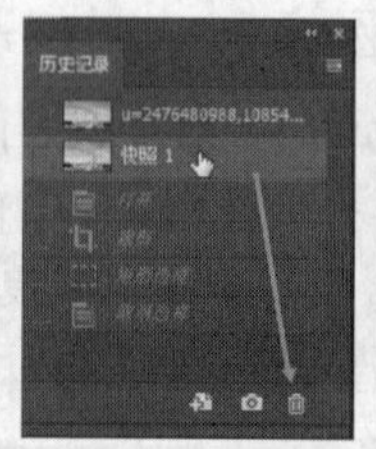

图3-237

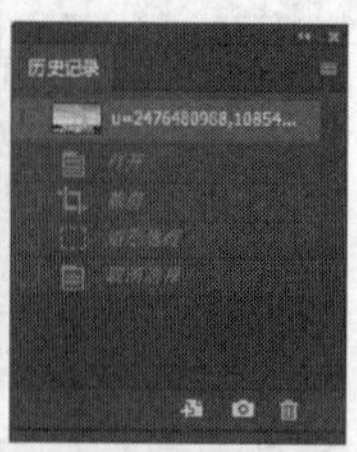

图3-238

提示

我们所建立的快照不会与文档一起存储，因此，关闭文档后程序会删除所有快照。

◎创建非线性历史记录

从上面的操作中我们可以发现，当单击“历史记录”面板中的一个操作步骤来还原图像时，该步骤下面的操作全部变暗，如图3-239所示。并且此时如果进行其他操作，则该步骤后面的记录都会被新的操作替代，如图3-240所示。

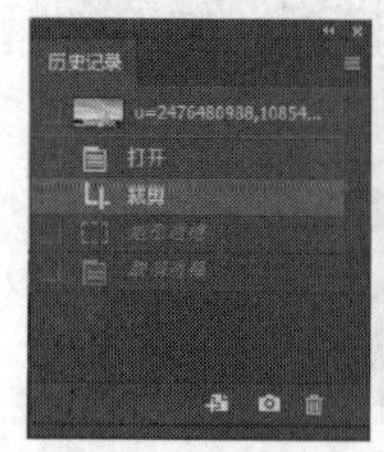

图3-239

图3-240

利用非线性历史记录可在更改已选择的操作时保留后面的操作，单击“历史记录”面板菜单中的“历史记录选项”命令，打开“历史记录选项”对话框，勾选“允许非线性历史记录”复选框，单击“确定”按钮，即可将历史记录设置为非线性状态，如图3-241所示。此时就可以进行非线性历史记录操作了，如图3-242所示。增加的操作不会把下面的操作替代，而是在其下面继续记录操作，如图3-243所示。

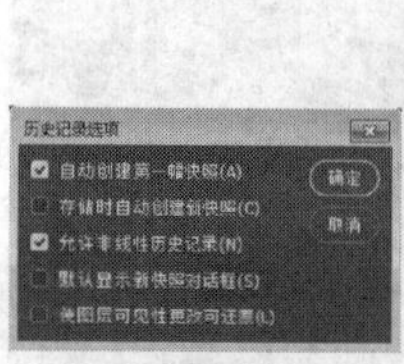

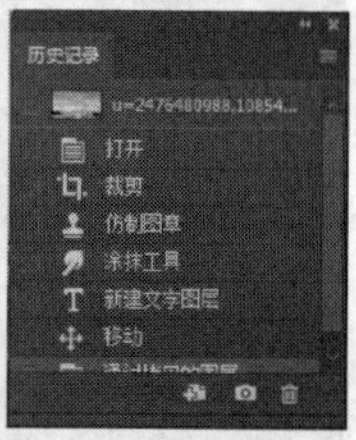

图3-241

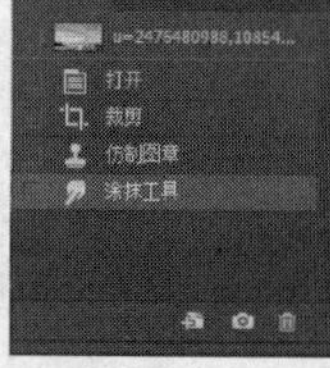

图3-242

图3-243

- **自动创建第一幅快照**：打开图像文件时，将图像的初始状态自动创建为快照。
- **存储时自动创建新快照**：在编辑的过程中，每保存一次文件，都会自动创建一个快照。
- **默认显示新快照对话框**：强制Photoshop提示操作者输入快照名称，即使使用面板上的按钮时也是如此。
- **使图层可见性更改可还原**：保存对图层可见性的更改。

3.7 清理内存

在使用Photoshop处理图像的过程中，需要保存大量的中间数据，这样会造成计算机的运行速度变慢，执行“编辑→清理”子菜单中的相应命令，如图3-244所示，可以清除由“还原”命令、“历史记录”面板或“剪贴板”所占用的内存，以加快系统的处理速度。清理后，项目的名称会显示为灰色。选择“全部”命令，可清理上面所有内容。

图3-244

提示

“编辑→清理”菜单中的“历史记录”和“全部”命令不仅会清理当前文档的历史记录，还会作用于其他打开的文档。若只想清理当前文档，可以使用“历史记录”面板菜单中的“清除历史记录”命令。

3.8 清理缓存文件

在正常打开与关闭Photoshop的情况下，缓存文件会被自动删除，当使用过程中计算机出现死机或是Photoshop非正常退出的时候，就会出现自动备份的缓存文件，如图3-245所示。即使在未保存的情况下也可以得到缓存文件，弥补软件崩溃造成的损失，但是缓存文件一般较大，当无用的缓存文件过多时，会拖慢软件的运行速度，因此可以通过清理缓存文件的方法释放内存。

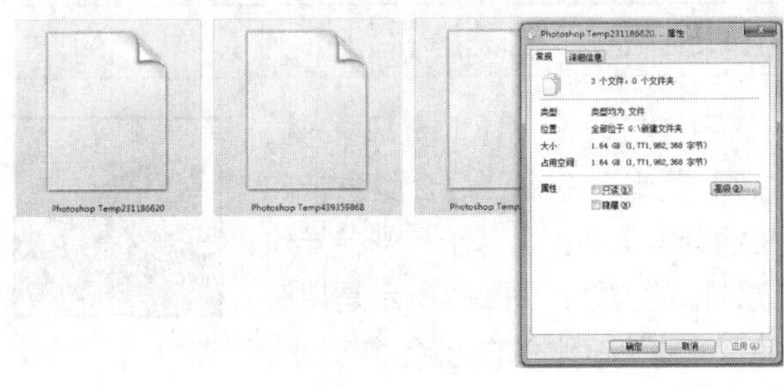

图3-245

默认Photoshop的暂存盘是C盘，缓存文件路径为：C:\Docu-ments and Settings\Administrator\Local Settings（这是个隐含目录）\temp。使用者可手动删除里面的文件，也可以通过执行“编辑→首选项→暂存盘”命令，将暂存盘设为其他磁盘。

第04章 选区的创建与应用

4.1 初识选区

在Photoshop中要编辑图像的某一部分，必须先选取要编辑的那部分区域。选区是Photoshop中最基本的功能之一。当使用选区工具选取某个区域时，选区的边界看上去就像爬动的蚂蚁一样，所以选区的边界线也叫蚂蚁线。一旦选择了选区，就可以对它进行移动、复制、绘图以及特效处理。

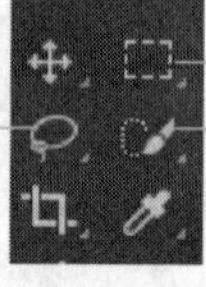

图4-1

Photoshop中选区工具主要包括选框工具组、套索工具组和快速选择工具组，如图4-1所示。

Photoshop CC 2017为用户提供了很多生成选区的方法，每一种方法都有各自不同的特点，可以满足不同情况下的需要。下面对这些方法进行简单的归纳。

4.1.1 基本形状选择法

在选区对象边界较为规则的情况下，图4-2所示的矩形、图4-3所示的圆形和图4-4所示的多边形，都可以用选框工具和多边形套索工具进行选择。

图4-2

图4-3

图4-4

4.1.2 钢笔工具绘制路径选择法

Photoshop CC 2017中提供的钢笔工具可以绘制光滑的曲线路径。对于那些变化较为复杂的选区，可以先用钢笔工具描摹出对象的轮廓，再将轮廓转换为选区进行处理，如图4-5和图4-6所示。

图4-5

图4-6

4.1.3 色彩相关选择法

快速选择工具、魔棒工具、“色彩范围”命令、混合颜色带和磁性套索工具都是基于色彩差异建立选区的方法。图4-7所示是用魔棒工具快速建立的选区。

图4-7

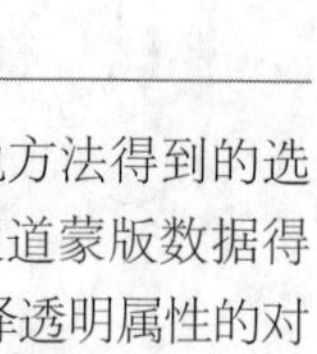

4.1.4 通道选择法

利用通道建立的选区远比用其他方法得到的选区精确得多，原因是选区是直接从通道蒙版数据得到的。我们经常会使用这种方式来选择透明属性的对象，如玻璃、婚纱、烟雾等，或者是细节较多的对象，如树叶、毛发等，效果如图4-8和图4-9所示。

图4-8

图4-9

学习重点

绘制与生成选区是编辑图像的基础。Photoshop提供了创建规则、不规则选区的相关工具，同时开发人员也为用户开发了各种生成选区的功能。强大的选区创建功能为以后的图像编辑奠定了基础。

本章重点介绍绘制简单选区的相关工具及其使用方法、创建复杂选区的相关命令，通过实战演练讲解选区的相关操作及选区在图像编辑中的应用。

4.2 创建规则形状选区

Photoshop中提供了多种工具和功能来创建选区，用户在处理图像时可根据不同需要来进行选择。选择工具用于指定Photoshop中各种功能和图形效果的作用范围。

选框工具组、套索工具组、快速选择工具组是较为常用的创建选区的工具。其中选框工具组是最基本的用于创建规则选区的工具，包括矩形选框工具、椭圆选框工具、单行/单列选框工具，所作选区的特点分别如图4-10至图4-12所示。

图4-10

图4-11

图4-12

4.2.1 矩形选框工具

使用矩形选框工具可以绘制矩形选区，如果需要绘制矩形或者想要将规范的矩形图形从画面中选取出来，使用该工具最为合适。在选取该工具后，按鼠标左键，并在画面中拖曳鼠标即可绘制矩形选区。如果在绘制时同时按Shift键，将会绘制正方形选区。

◎创建矩形选区

对于图像中有规则形状的（如矩形），最直接的选取方式就是用矩形选框工具，效果如图4-13所示。

- 在原有选区的情况下，单击工具 栏中的“添加到选区”按钮再创建选区，可在原有基础上添加新的选区，效果如图4-14所示。

图4-13

图4-14

提示

在使用矩形工具创建选区时，按住Alt键与鼠标左键的同时拖曳鼠标即可以鼠标指针所在位置为中心绘制选区；按住Shift键与鼠标左键的同时拖曳鼠标可创建正方形选区；按住Shift+Alt组合键与鼠标左键的同时拖曳鼠标即可创建以鼠标指针所在位置为中心的正方形选区。

- 单击工具选项栏中的“从选区中减去”按钮，可在原有选区中减去新创建的选区，前提是两个选区必须有相交的区域，效果如图4-15和图4-16所示。

图4-15

图4-16

- 单击工具选项栏中的“交叉选区”按钮，新建选区时保留原有选区与新创建选区相交的部分，注意新建选区与原选区也必须有相交部分，效果如图4-17和图4-18所示。

图4-17

图4-18

提示

创建选区后，如果“创建新选区”按钮为选中状态，只要将鼠标指针放在选区内，按住鼠标左键并拖曳鼠标便可以移动选区，按键盘中的→、←、↑、↓键可以轻微移动选区。

◎矩形选框工具选项栏

矩形选框工具选项栏，如图4-19所示。

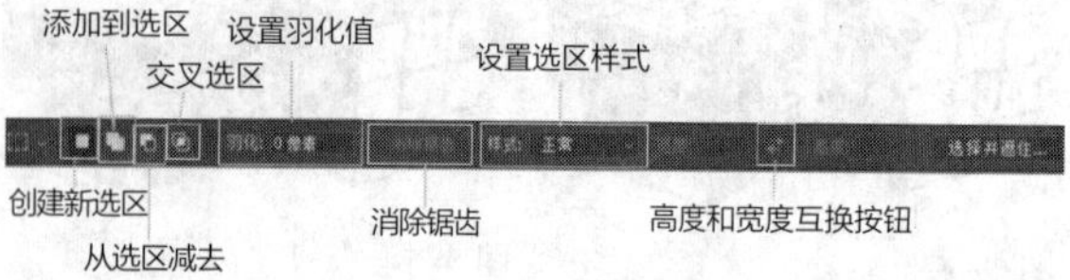

添加到选区
设置羽化值
交叉选区
设置选区样式
创建新选区
消除锯齿
高度和宽度互换按钮
从选区减去

图4-19

- 羽化：用来设置选区的羽化范围。羽化值越高，羽化范围越广。需要注意的是，此值必须小于选区的最小半径，否则会弹出警告对话框，此时可以将羽化值设得小一点。
- 样式：用来设置选区的创建方法。选择“正常”，可通过拖曳鼠标创建任意大小的选区。选择“固定比例”，可在右侧的“宽度”数值框和“高度”数值框中输入数值，创建固定比例的选区。例如，如果要创建一个宽度是高度两倍的选区，可在“宽度”数值框中输入2，在“高度”数值框中输入1。选择“固定大小”，可在“宽度”和“高度”数值框中输入相应数值，然后在要绘制选区的地方单击鼠标即可。
- 高度和宽度互换按钮：此按钮可以交换“高度”和“宽度”的数值。

4.2.2　椭圆选框工具

◎创建椭圆选区

对于图像中存在边缘为圆形、椭圆形的对象，可以用椭圆选框工具来创建。

提示

在使用椭圆选框工具创建选区时，按住Alt键与鼠标左键的同时拖曳鼠标即可以鼠标指针所在位置为中心绘制选区；按住Shift键与鼠标左键的同时拖曳鼠标可创建圆形选区；按住Shift+Alt组合键与鼠标左键的同时拖曳鼠标即可创建以光标所在位置为中心的圆形选区。

◎椭圆选框工具选项栏

椭圆选框工具选项栏如图4-20所示。

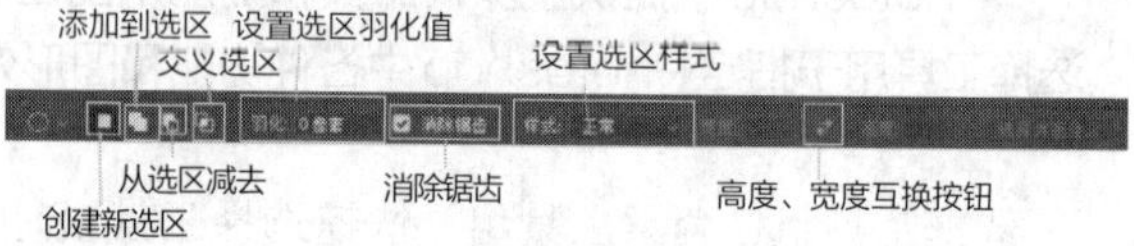

添加到选区
设置选区羽化值
交叉选区
设置选区样式
从选区减去
消除锯齿
高度、宽度互换按钮
创建新选区

图4-20

椭圆选框工具选项栏与矩形选框工具选项栏的选项基本相同，但是该工具可使用“消除锯齿”功能。由于像素是图像的最小元素，并且是正方形的，因此在创建圆形、多边形等选区时容易产生锯齿，勾选该复选框后，Photoshop会自动在选区边缘1像素宽的范围内添加与周围相近的颜色，使选区变得光滑。“消除锯齿”功能在剪切、复制和粘贴选区以创建复合图像时非常有用。图4-21和图4-22所示分别为不勾选此复选框和勾选此复选框的效果。

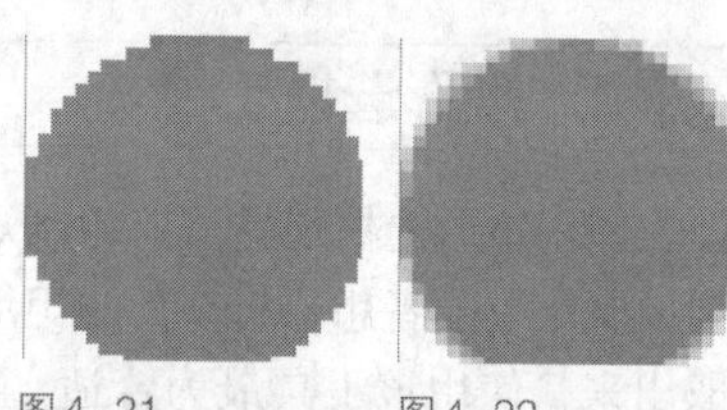

图4-21　　图4-22

4.2.3　单行/单列选框工具

单行选框工具和单列选框工具只能创建高度为1像素的行或宽度为1像素的列。单行选框工具和单列选框工具用法一样，通常用来制作网格。按住Shift键即可创建多个选区，如图4-23所示。

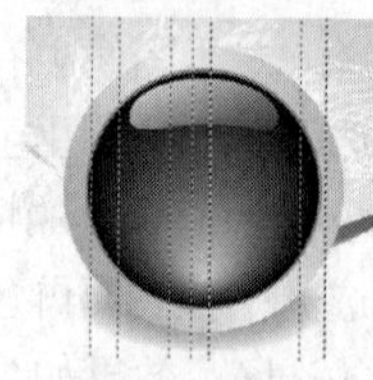

图4-23

实战演练　合成自己的照片

用数码相机拍摄照片后，很多人会因为当时拍照的场景不满意而产生合成照片的想法，该实例就是使用选区工具将照片合并到一个漂亮场景中。

01 按Ctrl+O组合键打开相框图片，如图4-24所示。在“图层”面板上双击“背景”图层，在弹出的对话框中单击“确定”按钮，然后再打开人物图片，如图4-25所示。

图4-24

图4-25

02 选择移动工具，将图4-25的图片移动到图4-24的文档上，移动后效果如图4-26所示。在“图层”面板上单击“图层1”图层前面的“眼睛”，以隐藏此图层，如图4-27所示。

图4-26

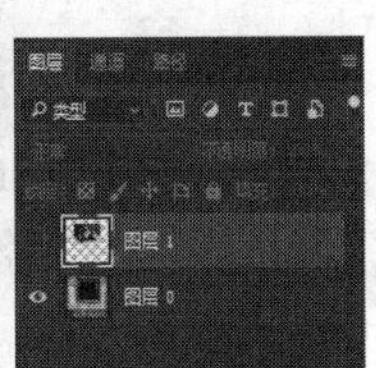

图4-27

03 选择矩形选框工具，在画面中单击黑色矩形区域的左上角并向右下角拖曳鼠标以创建矩形选区，如图4-28所示。将“图层1”图层前面的眼睛打开，按Shift+Ctrl+I组合键反选，按Delete键将“图层1”图层多余的部分删除，按Ctrl+D组合键取消选区，得到图4-29所示效果。

图4-28

图4-29

04 按Ctrl+O组合键打开一个文件，选择椭圆选框工具，按住Shift+Alt组合键与鼠标左键并拖曳鼠标，在画面中以表的中心为中心创建一个圆形选区，选中表，效果如图4-30所示。利用移动工具将表移动至“相框”文档中，按Ctrl+T组合键，将其移动至画面的右下角并缩小作为装饰，效果如图4-31所示。

图4-30

图4-31

05 选择文字工具，写上“HAPPY MOMENT”并选择合适的字体，执行“图层→图层样式→描边”命令，打开“图层样式”对话框，设置数值如图4-32所示；颜色数值设置如图4-33所示；勾选“外发光”复选框，设置数值如图4-34所示。最终效果如图4-35所示。

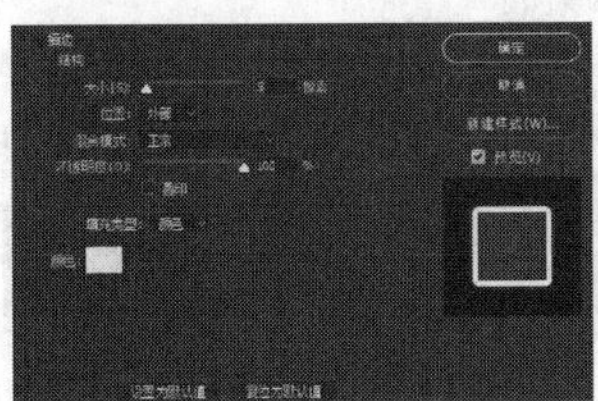
图4-32

图4-33

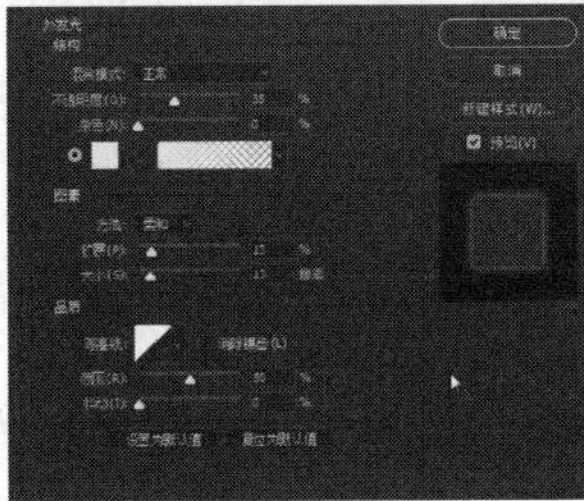
图4-34

图4-35

● 相关链接

如果当前图像中包含选区，使用选框工具继续创建选区时，可以进行以下3种快捷操作：按住Shift键可以在当前选区上添加选区，相当于单击“添加到选区”按钮；按住Alt键可以在当前选区中减去绘制的选区，相当于单击“从选区减去”按钮；按住Shift+Alt组合键可以得到与当前选区相交的选区，相当于单击“与选区交叉”按钮。

4.3 创建不规则选区

创建不规则选区使用到的工具包括套索工具组和快速选择工具组。套索工具组是一组使用灵活、形状自由的选区绘制工具，包括套索工具、多边形套索工具、磁性套索工具，选区特点如图4-36至图4-38所示。快速选择工具组包括两种工具，一种是快速选择工具，另一种是魔棒工具，做出的选区效果如图4-39和图4-40所示，利用这两种工具可以快速选择色彩变化不大且色调相近的区域。

图4-36

图4-37

图4-38

图4-39

图4-40

4.3.1 套索工具

打开一个文件，选择套索工具，在图片中按住鼠标左键进行拖曳即可绘制选区，当鼠标指针移动到起点时，释放左键即可封闭选区，效果如图4-41至图4-43所示。

图4-41

图4-42

图4-43

如果在拖曳鼠标时放开鼠标，则起点与终点之间会形成一条直线。

提示

在绘制过程中，按住Alt键，放开鼠标左键即可切换为多边形套索工具，此时就可在画面中绘制直线，放开Alt键即可恢复为套索工具继续绘制选区。

4.3.2 多边形套索工具

打开一个文件，选择多边形套索工具，在工具选项栏中单击“与选区交叉”按钮，在左侧盒子的边角处单击鼠标左键，沿着它边缘的转折处继续单击鼠标左键来定义选区范围，最后在起点处单击鼠标左键来封闭选区，如图4-44所示。用同样的方法将另两个盒子选中，如图4-45所示。

图4-44

图4-45

提示

在绘制过程中按住Shift键，可以锁定水平方向、垂直方向或以45°为增量进行绘制。如果在绘制过程中双击鼠标左键，则会在双击点与起点间连接一条直线以闭合选区。

4.3.3 磁性套索工具

磁性套索工具具有自动识别图像边缘的功能，如果对象边缘较为清晰，并且与背景对比明显，则可以使用该工具快速选择对象。

◎用磁性套索工具创建选区

打开一个文件，选择磁性套索工具，在图像边缘位置单击鼠标左键，如图4-46所示。确定起点位置后，沿图像边缘移动鼠标，效果为图4-47所示的吸附线。如果想要在某一位置放置一个锚点，可在该处单击；如果锚点的位置不准确，则可按Delete键将其删除，连续按Delete键可依次删除前面的锚点。如果在绘制选区的过程中双击鼠标左键，则会在双击点与起点间连接一条直线来封闭选区。最终效果如图4-48所示。

图4-46

图4-47

图4-48

◎磁性套索工具选项栏

磁性套索工具选项栏，如图4-49所示。

图4-49

宽度 对比度 频率 钢笔压力

- 宽度：该值决定了以鼠标指针中心为基准，其周围有多少个像素能够被工具检测到。如果对象的边界清晰，可使用一个较大的宽度值；反之，则需要使用一个较小的宽度值。
- 对比度：用来检测工具的灵敏度。较高的数值只检测图像与它们的背景对比鲜明的边缘；较低的数值则检测低对比度的边缘。如果图像边缘清晰，可以将该值设置得高一些；反之，设置得低一些。
- 频率：在使用磁性套索工具创建选区的过程中会生成许多锚点，“频率”决定了锚点的数量。该值越高，生成的锚点越多，捕捉到的边界就越准确，但是过多的锚点会造成选区的边缘不够光滑。
- 钢笔压力：如果计算机配置有数位板和压感笔，可以单击该按钮。Photoshop会根据压感笔的压力自动调整工具的检测范围，增大压力将减小边缘宽度。

> **提示**
>
> 在使用磁性套索工具绘制选区的过程中，按住Alt键并单击其他区域，可切换为多边形套索工具以创建直线选区；按住Alt键与鼠标左键并拖曳鼠标，可切换为套索工具。

4.3.4 快速选择工具

快速选择工具是一种非常直观、灵活和快捷的选择工具，可以快速选择色彩变化不大且色调相近的区域。

实战演练 快速选择工具的使用

01 打开一个文件，如图4-50所示。选择快速选择工具，在工具选项栏中设置笔尖大小，如图4-51所示。

图4-50

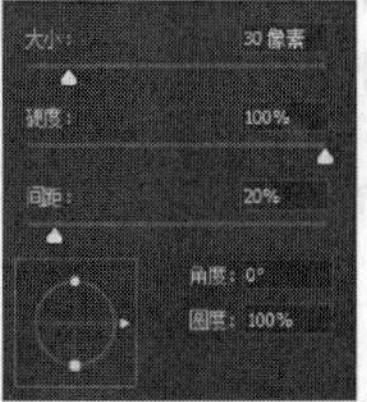

图4-51

02 按住鼠标左键并在蓝色背景区域拖曳鼠标，如图4-52所示；直至将背景全部选中，效果如图4-53所示。

图4-52

图4-53

03 按Ctrl+Shift+I组合键进行反选，将气球与房屋选中。

04 打开一个文件，选择移动工具，将气球与房屋拖曳到该文档中，效果如图4-54和图4-55所示。

图4-54

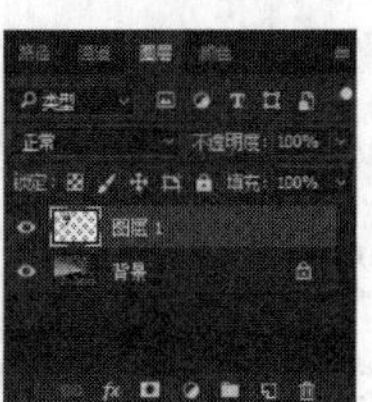

图4-55

◎快速选择工具的选项栏

快速选择工具的选项栏，如图4-56所示。

- 选区运算按钮：单击“创建新选区”按钮，可创建一个新的选区；单击“添加到选区”按钮，可在原选区的基础上添加新的选区；单击“从选区减去”按钮，可在原选区的基础上减去当前绘制的选区。

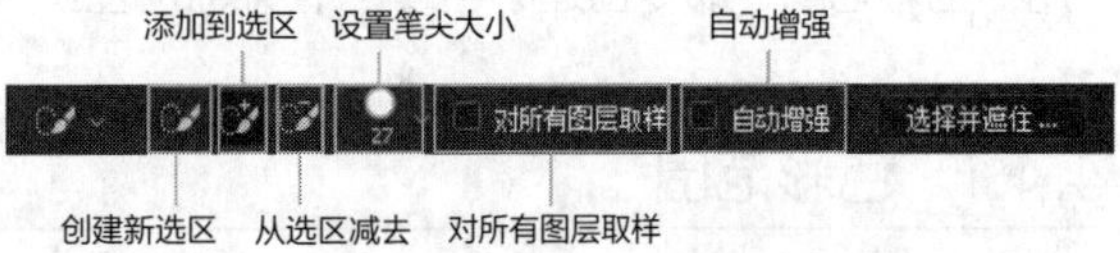

添加到选区 设置笔尖大小 自动增强

对所有图层取样 自动增强 选择并遮住...

创建新选区 从选区减去 对所有图层取样

图4-56

- 笔尖下拉面板：单击按钮，可在打开的下拉面板中选择笔尖，设置大小、硬度和间距，如图4-57所示。我们也可以在绘制选区的过程中，按]键，增加笔尖的大小；按[键，减小笔尖的大小。

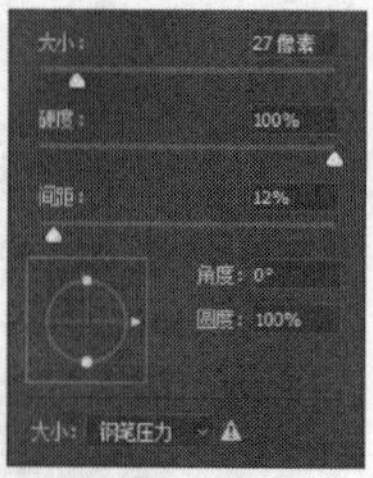

图4-57

- 对所有图层取样：可基于所有图层（而不是仅基于当前选择的图层）创建选区。
- 自动增强：可减少选区边界的粗糙度和块效应。“自动增强”功能会自动将选区向图像边缘进一步流动并进行一些边缘调整，使用者也可以在“调整边缘”对话框中手动应用这些边缘调整。

4.3.5 魔棒工具

魔棒工具主要用于选择图像中面积较大的单色区域或相近的颜色。

魔棒工具的使用方法非常简单，只需在要选择的颜色范围单击鼠标左键，即可将单击处相同或相近的颜色全部选取，效果如图4-58所示。

图4-58

◎魔棒工具选项栏

魔棒工具的选项栏，如图4-59所示。

图4-59　对所有图层取样

- 容差：决定创建选区的精确度。该值越小表明对色调的相似度要求越高，选择的颜色范围越小；该值越大表明对色调的相似度要求越低，选择的颜色范围越广。即使在图像的同一位置单击，不同的容差值选择出来的区域也不一样，图4-60和图4-61所示分别是在不同容差值情况下产生的选区。

图4-60

图4-61

- 连续：勾选该复选框时，只选择颜色连接的区域；取消勾选时，可选择与鼠标单击点颜色相近的所有区域，包括没有连接的区域。
- 对所有图层取样：如果文档中包含多个图层（图层面板如图4-62所示），勾选该复选框时，可选择所有可见图层上颜色相近的区域，效果如图4-63所示；取消勾选，则仅选择当前图层上颜色相近的区域，效果如图4-64所示。

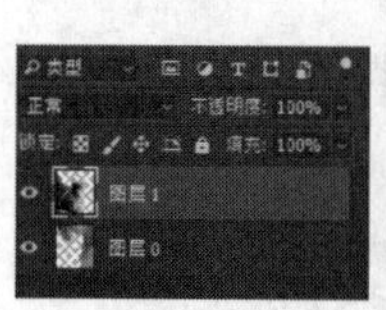

图4-62

图4-63

图4-64

> **提示**
>
> 使用魔棒工具时，按住Shift键的同时单击可以添加选区，按住Alt键的同时单击可以从当前选区中减去绘制的选区，按住Shift+Alt组合键的同时单击可以得到与当前选区相交的选区。

4.4 其他创建选区的方法

除上述一些创建选区的方法外，Photoshop开发人员还为用户提供了更多其他创建选区的方法，如使用“色彩范围”命令、在“快速蒙版模式”下创建和编辑选区，将路径转化为选区等，以下重点介绍用“色彩范围”命令创建不连续且不规则的选区，以及在“快速蒙版模式”下创建选区。

4.4.1 色彩范围

使用“色彩范围”命令选取颜色，可以更快速地选取所有相同的颜色。与魔棒工具有着很大的相似之处，但其提供了更多的控制选项，因此，具有更高的选择精度。利用“色彩范围”命令可以抠图、替换颜色、调出与背景反差比较大的颜色。

◎“色彩范围”对话框

打开一个文件，如图4-65所示。执行“选择→色彩范围”命令，打开“色彩范围”对话框，如图4-66所示。

图4-65

图4-66

- **选区预览图**：下面包含两个选项，选择“选择范围”时，在预览区域的图像中，白色代表了被选择的区域，黑色代表了未选择的区域，灰色代表了被部分选择的区域（带有羽化效果的区域）。如果选择“图像”，则预览区内会显示彩色图像，如图4-67所示。

图4-67

- **选择**：用来设置选区的创建方式。选择“取样颜色”时，可将鼠标指针放在文档窗口中的图像上，或“色彩范围”对话框中的预览图像上并单击，对颜色进行取样，如图4-68所示。如果要添加颜色，可单击“添加到取样”按钮，然后在预览区或图像上单击，对颜色进行取样，如图4-69所示。如果要减去颜色，可单击“从取样中减去”按钮，然后在预览区或图像上单击，如图4-70所示。此外，选择下拉列表中的“红色”“黄色”或“绿色”等选项，可选择图像中的特定颜色，如图4-71所示。选择“高光”“中间调”“阴影”等选项，可选择图像中的特定色调，如图4-72所示。选择“溢色”选项，可选择图像中出现的溢色，如图4-73所示。
- **本地化颜色簇/范围**：勾选“本地化颜色簇”复选框后，拖曳“范围”滑块可以控制要包含在蒙版中的颜色与取样点的最大和最小距离。
- **颜色容差**：用来控制颜色的选择范围，该值越高，包含的颜色越广。

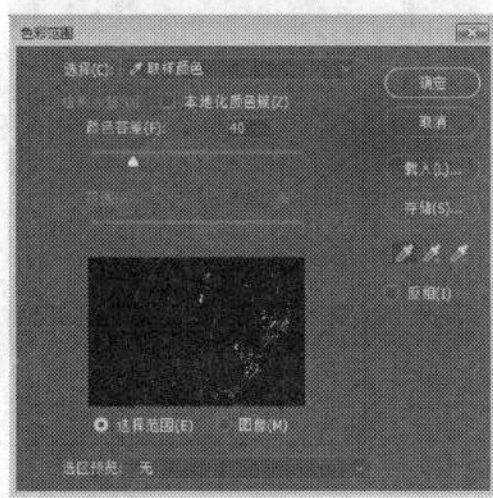

图4-68

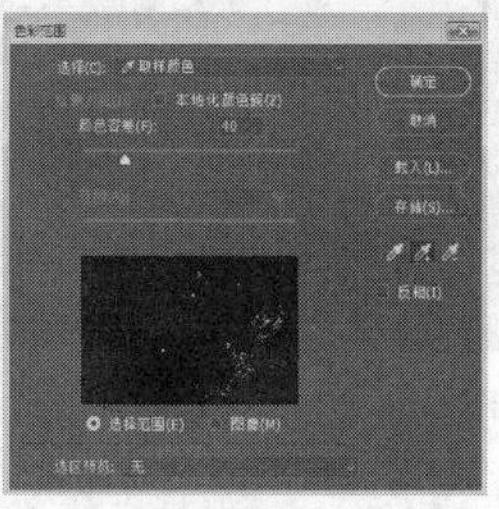

图4-69

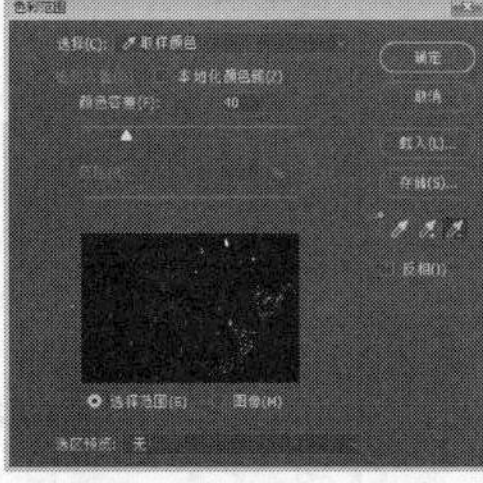

图4-70

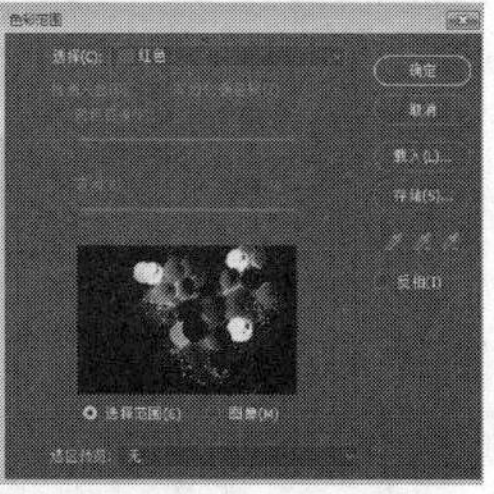

图4-71

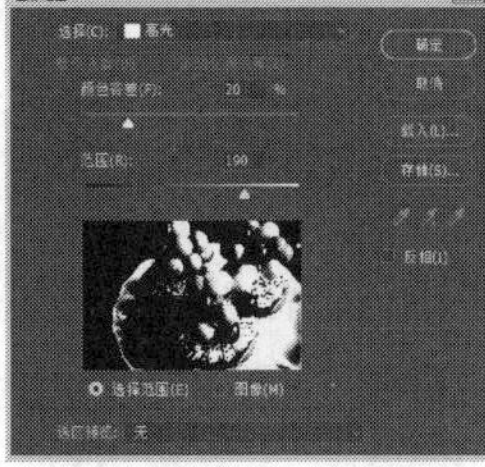

图4-72

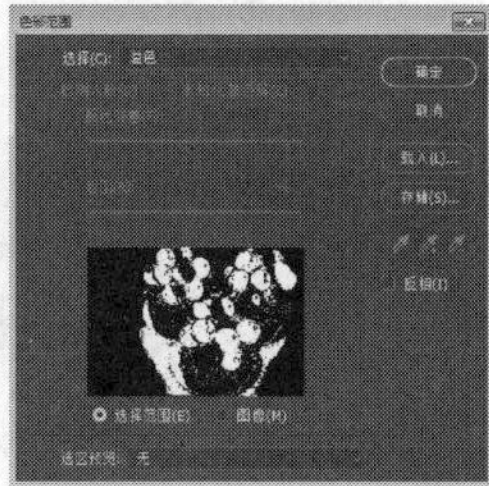

图4-73

- **选区预览**：用来设置文档窗口中选区的预览方式。选择“无”，表示不在窗口显示选区，如图4-74和图4-75所示；选择“灰度”，可以按照选区在灰度通道中的外观来显示选区；选择“黑色杂边”，可在未选择的区域上覆盖一层黑色；选择“白色杂边”，可在未选择的区域上覆盖一层白色；选择“快速蒙版”，可显示选区在快速蒙版状态下的效果，此时未选择的区域会覆盖一层宝石红色，如图4-76和图4-77所示。

图4-74

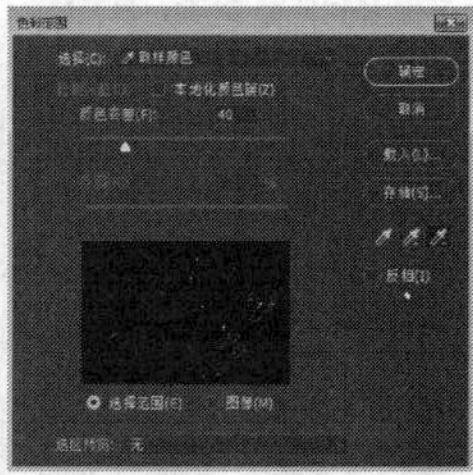

图4-75

图4-76

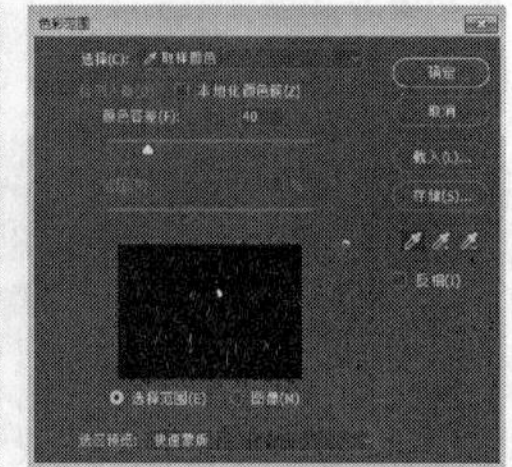
图4-77

- 载入/存储：单击“载入”按钮，可以载入存储的选区预设文件；单击“存储”按钮，可以将当前的设置状态保存为选区预设。
- 反相：可以反转选区，相当于创建了选区后执行“选择→反选”命令。

提示

如果在图像中创建了选区，则“色彩范围”命令只作用于选区内的图像；如果要细调选区，可以重复使用该命令。

实战演练 用“色彩范围”命令抠像

01 打开一个文件，如图4-78所示。执行“选择→色彩范围”命令，打开“色彩范围”对话框，如图4-79所示。

图4-78

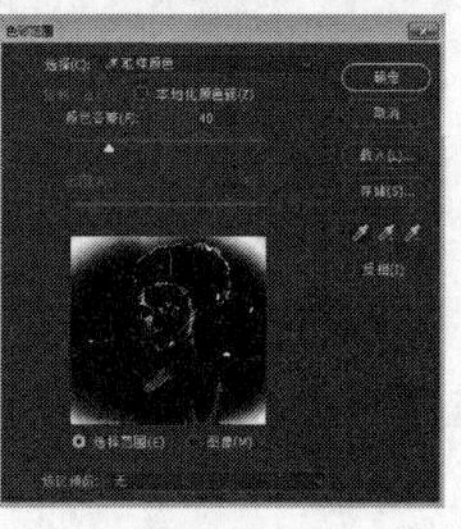
图4-79

02 单击“添加到取样”按钮，然后多次单击右上角背景区域，效果如图4-80所示，将该区域的背景全部添加到选区中，效果如图4-81所示。“色彩范围”对话框的预览区域中白色区域为选中的区域。

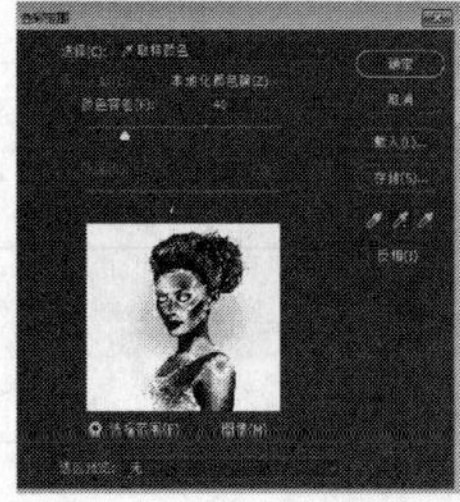
图4-80

图4-81

03 选择矩形选框工具，选择“从选区减去”按钮，将多选部分从选区中减去，得到图4-82所示效果。

04 按Ctrl+Shift+I组合键反选选区，如图4-83所示。

图4-82

图4-83

05 按Ctrl+O组合键打开一个文件，选择移动工具，将人像移动到新打开的文件中，效果如图4-84所示。

图4-84

06 将“图层1”图层的“不透明度”改为“50%”，如图4-85所示，得到效果如图4-86所示。

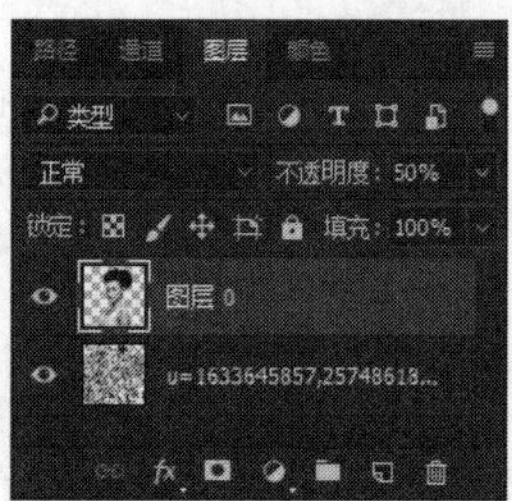

图4-85

图4-86

07 按Ctrl+J组合键，复制一个图层，并向左移动，Shift+ Alt组合键对图层等比例扩大，最后按Enter键确认变换，如图4-87所示。将原图层“不透明度”更改为“100%”，最终效果如图4-88所示。

图4-87

图4-88

提示

“色彩范围”命令、魔棒和快速选择工具都是基于色调差异来创建选区。而“色彩范围”命令可以创建带有羽化的选区，也就是说，选出的图像会呈现羽化效果，如图4-89所示。魔棒和快速选择工具则不能，如图4-90所示。

图4-89

图4-90

4.4.2 快速蒙版

快速蒙版模式使你可以将任何选区作为蒙版进行编辑，而无须使用“通道”面板，在查看图像时也可如此操作。将选区作为蒙版来编辑的优点在于我们几乎可以使用Photoshop的任意工具或滤镜修改蒙版。例如，如果用矩形选框工具创建了一个矩形选区，则我们可以进入快速蒙版模式并使用画笔扩展或收缩选区，也可以使用滤镜扭曲选区边缘。

实战演练 用快速蒙版建立选区

01 按Ctrl+O组合键打开一个文件，如图4-91所示。选择魔棒工具，将容差调节为30，在选项栏中单击“添加到选区”按钮，在人物以外的区域单击以创建选区，效果如图4-92所示。

图4-91

图4-92

02 按Ctrl+Shift+I组合键反选图层，执行“选择→在快速蒙版模式下编辑”命令，或单击工具箱底部的“以快速蒙版模式编辑”按钮，如图4-93所示，进入快速蒙版编辑状态。选择画笔工具，在工具选项栏中将“不透明度”设置为“100%”，在画面上单击鼠标右键，设置画笔大小以及硬度数值，如图4-94所示。将前景色设置为黑色，然后对未选中的背景区域依次进行选择（若所选区域较小，可以随时改变笔刷的半径进行精细的选择），效果如图4-95所示。

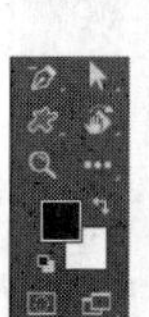
图4-93

图4-94

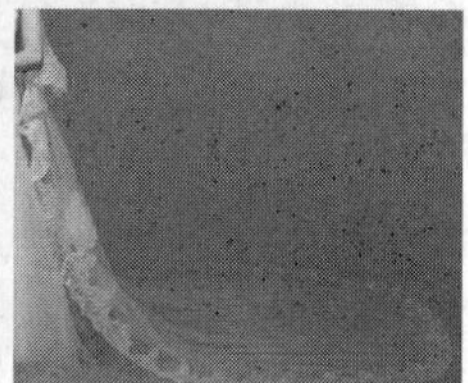
图4-95

● 相关链接

在英文输入法状态下按Q键可以进入或退出快速蒙版编辑模式。

03 打开另一张名为“雪景”的图片，选择移动工具，将婚纱图片移动到雪景图片中，效果如图4-96所示。按Ctrl+T组合键，然后再按Shift+Alt组合键并拖曳鼠标对图层进行等比例缩放，最后按Enter键确认变换，放到合适位置，效果如图4-97所示。

图4-96

图4-97

提示

用白色涂抹快速蒙版时，被涂抹的区域会显示出图像，这样可以扩展选区；用黑色涂抹的区域会覆盖一层半透明的宝石红色，这样可以收缩选区；用灰色涂抹的区域可以得到羽化的选区。

04 在右侧选择图层蒙版，如图4-98所示。再次选择画笔，将其“不透明度”改为“30%”，流量改为“70%”，前景色为黑色，对婚纱的披纱部分进行涂抹，效果如图4-99所示。不断地对画笔大

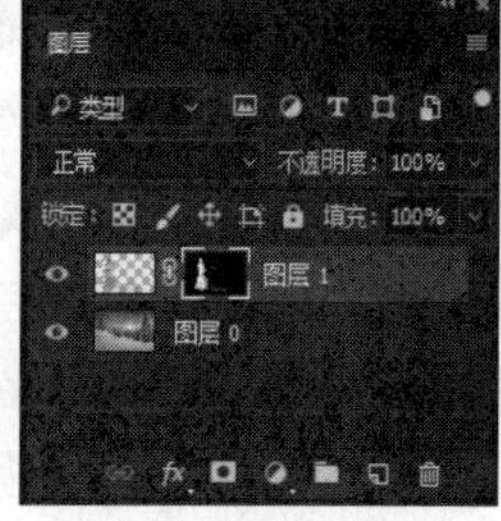

图4-98

小、透明度、流量大小进行修改，使其很自然地透出雪景，最终效果如图4-100所示。

图4-99

图4-100

◎设置快速蒙版选项

打开一个图片，创建选区后，效果如图4-101所示。双击工具箱中的“以快速蒙版模式编辑”按钮，可以打开“快速蒙版选项”对话框，如图4-102所示。

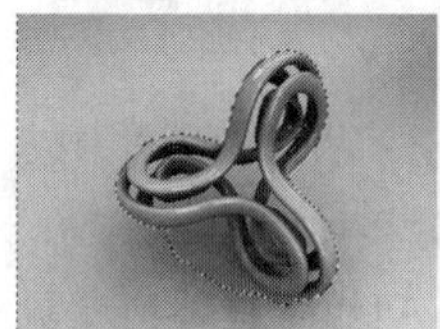
图4-101

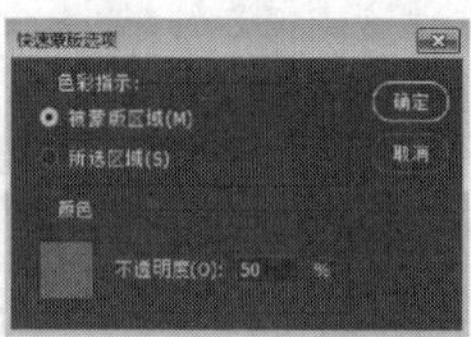

图4-102

- 色彩指示：选择“被蒙版区域”，如图4-103所示，选中的区域显示为原图像，未选中的区域会覆盖蒙版颜色，效果如图4-104所示；选择“所选区域”，如图4-105所示，则选中的区域会覆盖蒙版颜色，效果如图4-106所示。

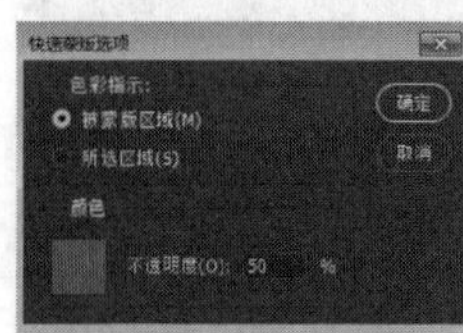

图4-103

图4-104

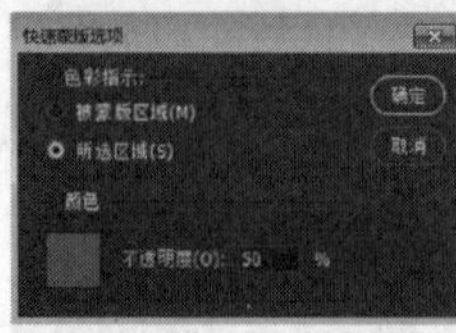

图4-105

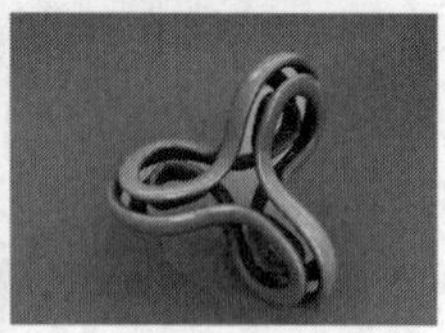
图4-106

- 颜色/不透明度：单击颜色块，可在打开的“拾色器（快速蒙版颜色）”对话框中设置蒙版的颜色。“不透明度”用来设置蒙版颜色的不透明度。“颜色”和“不透明度”都只是影响蒙版的外观，不会对选区产生任何影响。

4.4.3 轻松创建复杂选区

有时候魔棒、套索、钢笔甚至蒙版工具都试过了，也很难把图像中那些飘动的头发干净利落地从背景中分离出来，这时候利用通道就可以轻松地将头发从背景中分离出来。

实战演练 用通道建立选区

01 按Ctrl+O组合键打开名为“蝴蝶”和“长发”的两个图片文件，如图4-107和图4-108所示。

图4-107

图4-108

02 切换到“长发”文件，依次在“通道”面板中单击“红”“绿”“蓝”3个通道，可以看出“绿”通道中的头发与背景的对比度最为强烈。

03 将“绿”通道拖到“通道”面板下方“创建新通道”按钮上，得到“绿 拷贝”通道，如图4-109所示。选择减淡工具，在工具选项栏中设置画笔直径大小和硬度，具体数值如图4-110所示。

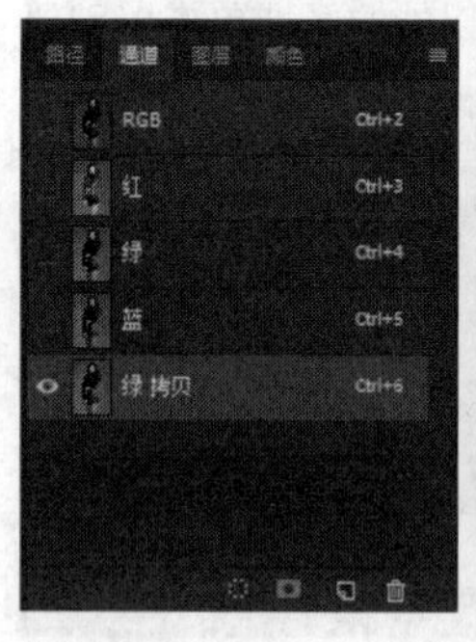

图4-109

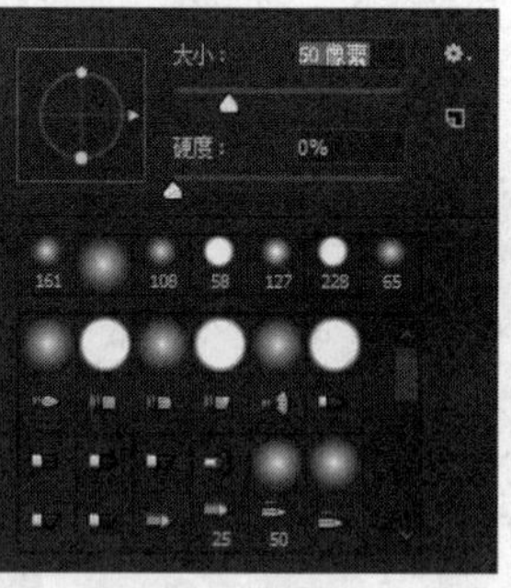

图4-110

04 将背景区域淡化处理，选择加深工具将头发加深处理，执行“图像→应用图像”命令，在弹出的对话框中设置各项参数，如图4-111所示。背景已经变为白色，最终效果如图4-112所示。

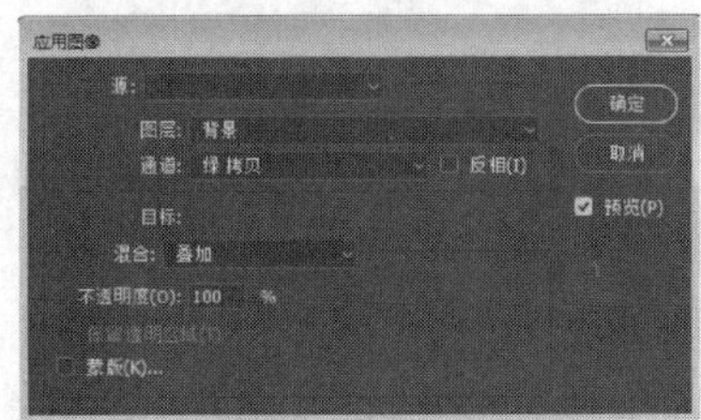

图4-111

图4-112

05 选择画笔工具，将前景色设置成黑色，并对人像进行涂抹效果如图4-113所示。按Ctrl+I组合键，将通道中的图像反向显示，效果如图4-114所示。

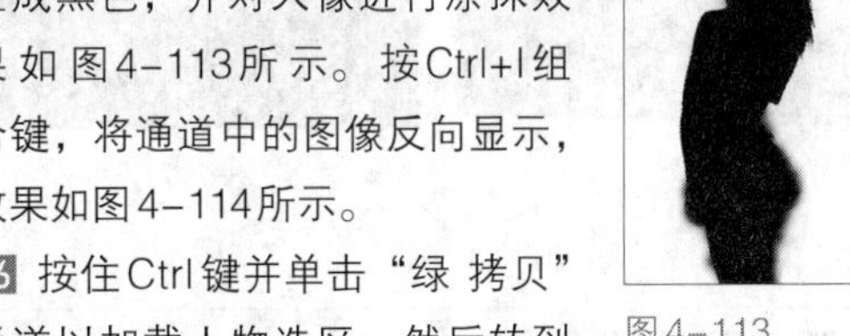
图4-113

06 按住Ctrl键并单击“绿 拷贝”通道以加载人物选区，然后转到RGB通道模式，效果如图4-115所示。复制“背景”图层得到“背景 拷贝”图层，并添加蒙版，如图4-116所示。

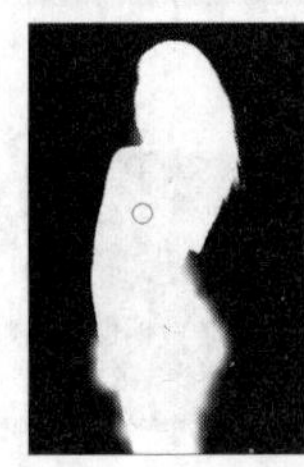
图4-114

图4-115

图4-116

07 使用移动工具将“背景 拷贝”图层移动到“蝴蝶”文件中，按Ctrl+T组合键对人物执行自由变换操作，得到图4-117所示效果。

图4-117

4.5 选区的基本操作

前面对创建选区的工具和命令分别进行了介绍，接下来我们介绍选区的基本操作方法，主要是创建选区后的取消选区、移动、复制、变换等。

4.5.1 全选

执行“选择→全部”命令，或按Ctrl+A组合键可以对图像进行全选，如图4-118所示。按Ctrl+C组合键，可以复制整个图像。

图4-118

4.5.2 取消选择与重新选择

创建选区后，执行“选择→取消选择”命令，如图4-119所示，或者在选框工具、套索工具、魔棒工具模式下，在选区内单击鼠标右键，在菜单中执行“取消选择”命令，又或者按Ctrl+D组合键以取消选择。如果要恢复被取消的选区，可以执行“选择→重新选择”命令。

图4-119

4.5.3 移动选区

创建选区后，选择选框工具组或套索工具组的任一工具，在选项栏中单击“新选区”按钮，如图4-120所示。将鼠标放在选区内，按住鼠标左键并拖曳鼠标便可移动选区，移动前后如图4-121和

图4-122所示。也可用键盘上的方向键对选区进行微调。

图4-120

图4-121

图4-122

提示

使用矩形选框、椭圆选框工具创建选区时，在释放鼠标左键前，按住空格键并拖曳鼠标，也可移动选区。

4.5.4 变换选区

在选区内单击鼠标右键，执行菜单中的“变换选区”命令，如图4-123所示，或执行“选择→变换选区”命令。此时选区会处于变换状态，用户可以对选区进行移动、缩放、旋转、扭曲、透视、变形等复杂变换，如图4-124所示。

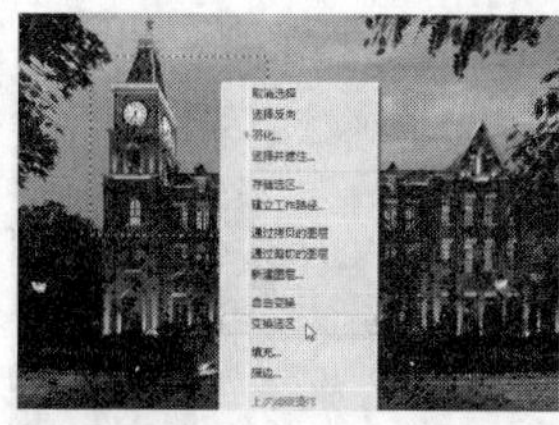
图4-123

图4-124

4.5.5 扩展选区

创建图4-125所示的选区，执行“选择→修改→扩展”命令，会弹出图4-126所示的对话框，在“扩展量”数值框内输入所需的扩展数值，选区就会向外扩展相应的大小，效果如图4-127所示。

图4-125

图4-126

图4-127

4.5.6 收缩选区

“收缩选区”命令与“扩展选区”命令效果正好相反，执行“选择→修改→收缩”命令，在弹出的对话框内，输入所需的扩展数值，如图4-128所示，则可以收缩选区范围，效果如图4-129所示。

图4-128

图4-129

4.5.7 羽化选区

◎羽化选区简介

“羽化”命令可使选区边界线内外衔接的部分虚化，起到渐变的作用，从而实现自然衔接的效果。

羽化值越大，虚化范围越宽，也就是说颜色递变得越柔和。羽化值越小，虚化范围越窄。可根据实际情况调节羽化值。把羽化值设置得小一点，反复羽化，是进行羽化操作的一个技巧。

实战演练 羽化选区的应用

01 打开一张图片，并为图片创建一个选区，如图4-130所示。执行“选择→修改→羽化”命令，或单击鼠标右键，在菜单中选择“羽化”，打开“羽化”对话框，通过设置“羽化半径”数值框的数值可以控制羽化范围的大小，如图4-131所示。

图4-130

图4-131

02 按Ctrl+Shift+I组合键，对选区反选，按Delete键删除选区内的像素，得到图4-132所示的效果。打开另一张图片，如图4-133所示。

图4-132

图4-133

03 使用移动工具将人物图片移动到黄色背景图片中，按Ctrl+T组合键调整人物图片的大小和位置，得到图4-134所示效果。选择橡皮擦工具，设置画笔大小、硬度等参数，如图4-135所示。

04 对人物图片的边缘进行反复擦除操作，以便其更好地融入背景图案中，最终得到图4-136所示效果。

图4-134

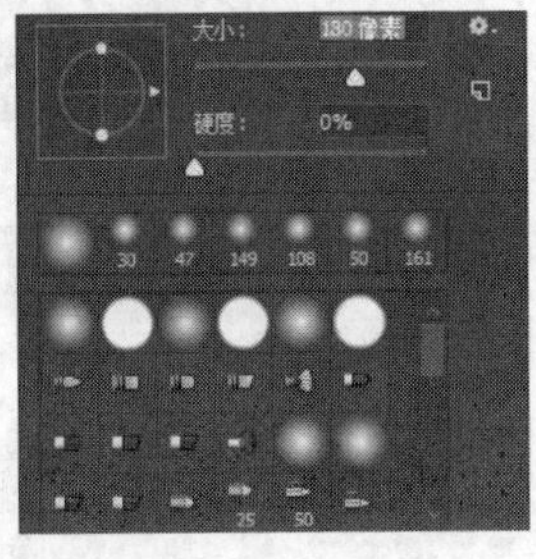

图4-135

图4-136

提示

如果选区较小而羽化半径值设置得较大，就会弹出图4-137所示的警告。如果不想出现该警告，减小羽化半径或增大选区的范围即可。

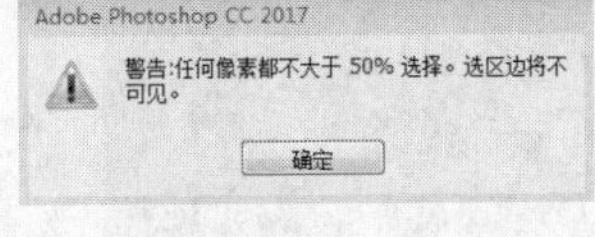

图4-137

4.5.8 反向选区

当图像中有选区存在的情况下，执行“选择→反向”命令，或按Shift+Ctrl+I组合键可以反选选区，即选择图像中未被选中的部分。如果需要创建选区的对象颜色较多而对象以外的部分为单色，就可以先用魔棒等工具选择周围对象，得到图4-138所示效果，然后再执行“反选”命令选择对象，得到图4-139所示效果。

图4-138

图4-139

4.5.9 扩大选区与选取相似

使用“扩大选取”命令可以使选区在图像上延伸扩大，将色彩相近的像素点且与已选择选区连接的图像一起扩充到选区内。每次执行此命令的时候，选区都会扩大。

打开一图片，用魔棒工具选择背景区域，效果如图4-140所示。执行“选择→扩大选取”命令，Photoshop会自动查找并选择那些与当前选区中色调相近的像素，从而扩大选择区域，效果如图4-141所示。再次执行“扩大选取”命令，效果如图4-142所示。但该命令只扩大到与原选区相连接的区域。

图4-140

图4-141

图4-142

用魔棒工具选择背景区域，效果如图4-143所示。执行“选择→选取相似”命令，Photoshop同样会自动查找并选择那些与当前选区中色调相近的像素，从而扩大选择区域。与“扩大选取”命令不同的是，该命令可以查找与原选区不相邻的区域，效果如图4-144所示。

图4-143

图4-144

提示

多次执行“扩大选取”或“选取相似”命令，可以按照一定的增量扩大选区。

4.5.10 隐藏和显示选区

创建选区以后，执行“视图→显示→选区边缘”命令，或按Ctrl+H组合键，可以隐藏选区。

虽然看不见选区了，但是选区依然存在。当使用画笔、橡皮擦等工具编辑选区时，可以更清晰地观察变化效果，如图4-145和图4-146所示。最后按Ctrl+H组合键可以将选区显现。

图4-145

图4-146

实战演练 使用选取相似抠图

01 打开一张花卉图片，如图4-147所示。按Ctrl+J组合键，复制“背景”图层，得到“图层1”图层，如图4-148所示。

图4-147

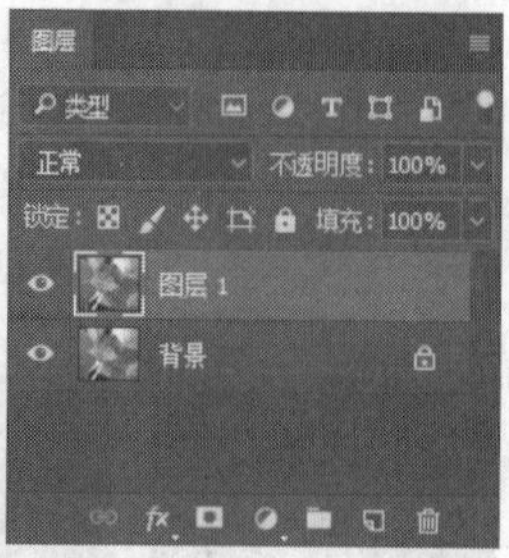

图4-148

图4-150

图4-151

图4-152

图4-153

02 在工具箱中选择套索工具，圈出花朵的一部分，如图4-149所示。执行“选择→选取相似”命令，如图4-150所示。此时，花朵上的选区扩大到整个花朵，如图4-151所示。

03 花朵上的选区不完整，有细碎选区，可以使用套索工具进行处理，如图4-152所示，根据需要选择不同的套索工具模式，对花朵上的选区进行整理，使选区完整贴合花朵边缘，效果如图4-153所示。

04 按Ctrl+Shift+I组合键，反选选区，将花朵的背景选中，按Delete键将花朵背景删除，如图4-154所示，按Alt+L+R组合键将“背景”图层隐藏起来，最终效果如图4-155所示。

图4-149

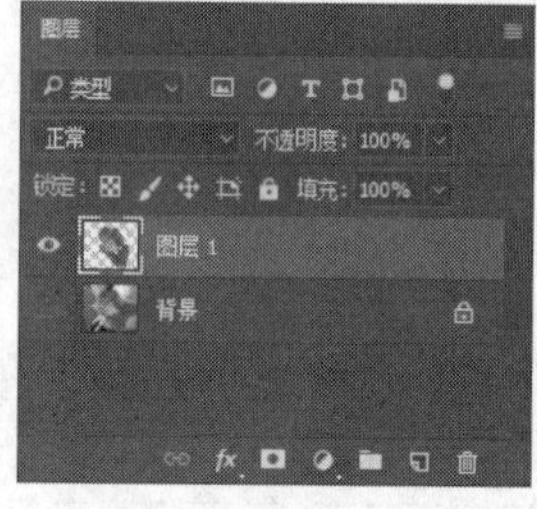

图4-154

图4-155

4.6 存储和载入选区

创建选区后可以将选区存储，也可以将已存储的选区载入，以防止操作失误而造成选区丢失。

4.6.1 存储选区

打开一个图像，创建图4-156所示的选区。执行“选择→存储选区”命令，或单击鼠标右键在菜单中执行“存储选区”命令，打开图4-157所示的“存储选区”对话框，设置选区的名称等选项后，便可将其保存到Alpha通道中，如图4-158所示。

图4-156

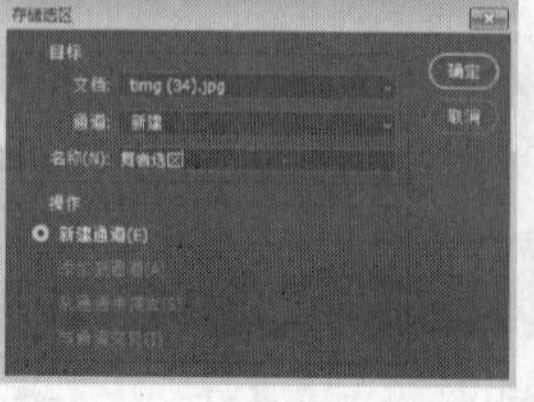

图4-157

图4-158

如果保存选区的目标文件包含有选区，则可以选择保存选区与文件中选区的合并方式。选择“新建通道”，可以将当前选区存储在新通道中；选择“添加到通道”，可以将选区添加到目标通道的现有选区中；选择“从通道中减去”，可以从目标通道内的现有选区中减去当前的选区的部分；选择“与通道交叉”，可以将当前选区与目标通道中的现有选区交叉的区域存储为一个选区。

将文件保存为 PSB、PSD、PDF、TIFF格式时，可存储多个选区。

4.6.2 载入选区

存储选区后，可执行“选择→载入选区”命令，将选区载入图像中。执行该命令时将打开“载入选区”对话框，如图4-159所示。

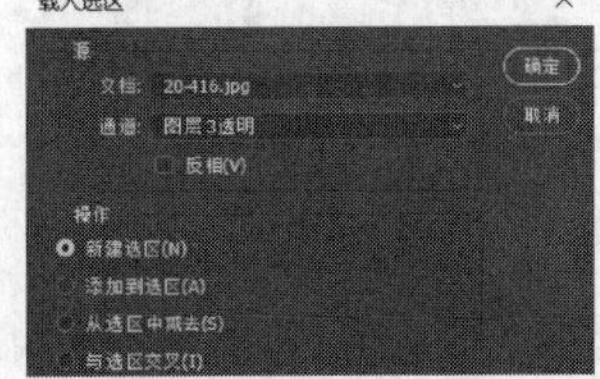

图4-159

- **文档**：用来选择包含选区的目标文件。
- **通道**：用来选择包含选区的通道。
- **反相**：可以反转选区，相当于载入选区后执行“反选”命令。
- **操作**：如果当前文档中包含选区，可以通过该选项设置当前文档中选区和载入选区的合并方式。选择“新建选区”，可将载入的选区替换当前选区；选择“添加到选区”，可将载入的选区添加到当前选区中；选择“从选区中减去”，可以从当前选区中减去载入的选区；选择“与选区交叉”，可以得到载入的选区与当前选区交叉的区域。

实战演练 用边界选区命令制作相框

01 按Ctrl+O组合键，打开图4-160所示的文件。按Ctrl+A组合键将图像全选，执行“选择→修改→边界”命令，在弹出的对话框中将“宽度”设置为40像素，单击“确定”按钮，效果如图4-161所示。

图4-160

图4-161

02 执行“选择→修改→羽化”命令，在对话框中设置“羽化半径”为30像素，如图4-162所示。得到的效果如图4-163所示。

图4-162

图4-163

03 单击“图层”面板右下方的“创建新图层”按钮，得到“图层1”图层，如图4-164所示。执行“编辑→填充”命令，弹出“填充”对话框，参数设置如图4-165所示。

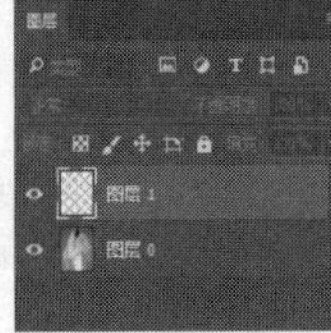
图4-164

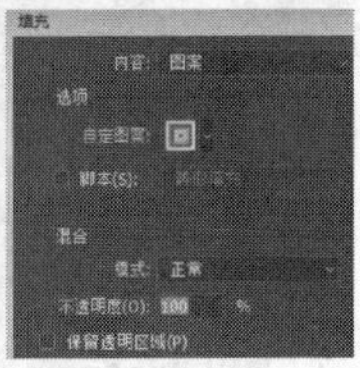

图4-165

04 单击“确定”按钮，按Ctrl+D组合键取消选区，得到图4-166所示效果。

05 选择横排文字工具，在工作区中输入“梦中的婚礼”，设置“字符”面板中参数，如图4-167所示。选择移动工具，将文字移动到合适位置，得到图4-168所示效果。

图4-166

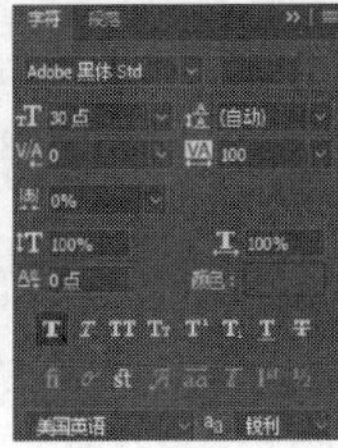
图4-167

图4-168

第05章 绘画与修饰工具

5.1 绘画工具的分类

Photoshop具有强大的图像绘制功能，使用绘画工具可以绘制出各种形状的图像，还可以对图像进行编辑，使整个画面内容更加丰富。另外，绘画工具也可以对蒙版和通道进行编辑和修改。绘画工具是Photoshop工具箱中的基本工具，用户可以利用它随心所欲地创作出自己的作品。

最常用的绘画工具有画笔工具和铅笔工具，用户可以像使用传统手绘画笔一样使用它们，但它们比传统手绘画笔更为灵活——在Photoshop中可以随意更改画笔的大小和颜色。掌握并熟练运用绘画工具，可以很好地为作品润色，绘画与修饰工具如图5-1所示。

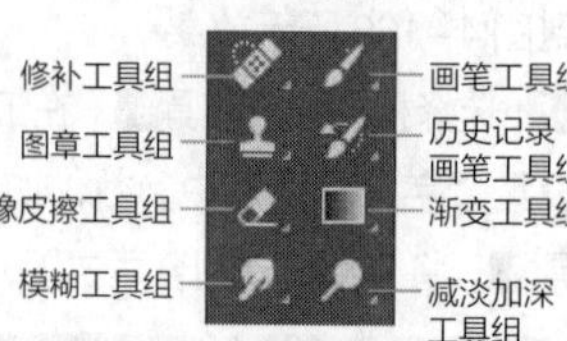

图5-1

5.1.1 画笔工具

画笔工具是绘图常用的工具之一，利用画笔工具可以绘制边缘柔和的线条，画笔大小和边缘柔和程度都可以灵活调节。图5-2所示为画笔工具选项栏，利用画笔工具选项栏可以设置画笔的形态、大小、不透明度以及绘画模式等。

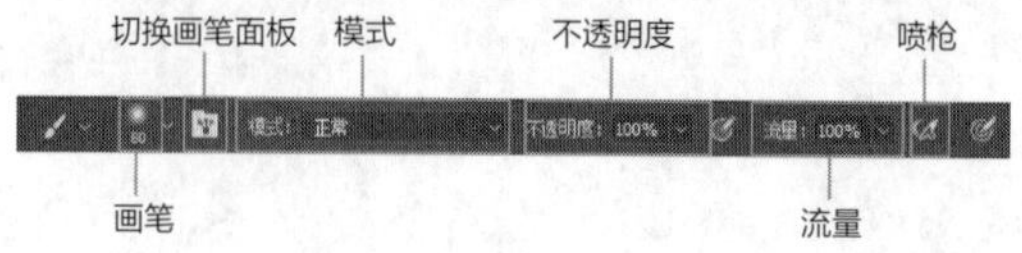

图5-2

- **画笔**：单击工具选项栏上图标，在打开的画笔面板中可以设置画笔的大小和硬度，如图5-3所示。单击面板右上角的按钮，弹出下拉菜单，如图5-3所示。
- **新建画笔预设**：建立新画笔。

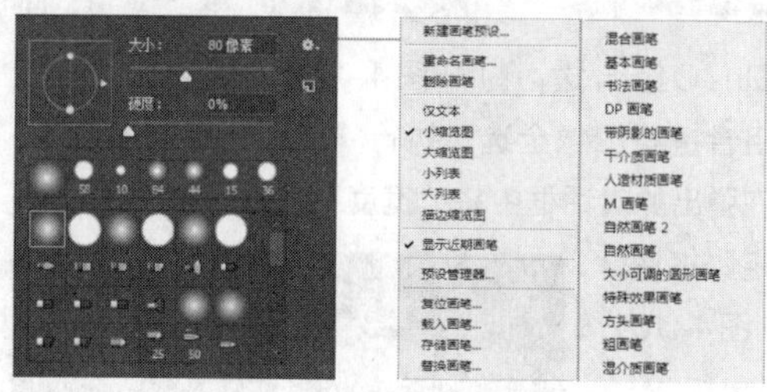

图5-3

- **重命名画笔**：重新命名画笔。
- **删除画笔**：删除当前选中的画笔。
- **仅文本**：以文字描述的方式显示画笔选择面板。
- **小缩览图**：以小图标的方式显示画笔选择面板。
- **大缩览图**：以大图标的方式显示画笔选择面板。
- **小列表**：以小文字和小图标列表方式显示画笔选择面板。
- **大列表**：以大文字和大图标列表方式显示画笔选择面板。
- **描边缩览图**：以笔画的方式显示画笔选择面板。
- **预设管理器**：在弹出的“预设管理器”对话框中编辑画笔。
- **复位画笔**：恢复为默认状态的画笔。
- **载入画笔**：将存储的画笔载入面板。
- **存储画笔**：将当前的画笔进行存储。
- **替换画笔**：载入新画笔并替换当前画笔。
- **模式**：设置绘画的像素与图像之间的混合方式。单击“模式”右侧的选项框，在弹出的下拉列表

学习重点

绘画与修饰功能是Photoshop的基本功能之一。在创作艺术作品时，一般要对图像进行编辑和修饰，以达到所需效果。本章主要讲述Photoshop中绘画与修饰工具的使用方法与技巧。通过本章的学习，读者将掌握绘画与修饰工具的使用技巧，以及创作出符合需求的创意图像。

中选择所需的混合模式，如图5-4所示。

- **不透明度**：设置画笔绘制的不透明度。数值范围为1%~ 100%。在绘制树叶时，将“不透明度”设置为“100%”，效果如图5-5所示；将“不透明度”设置为“50%”，效果如图5-6所示。

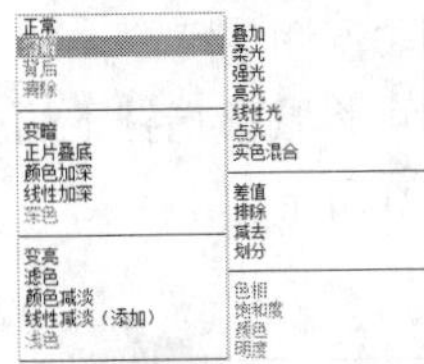

图5-4

图5-5

图5-6

- **流量**：设置笔触颜色的流出量，即画笔颜色的深浅。数值范围为1%~100%，当流量值为100%时，画笔的颜色最深，流量值越小颜色越浅。图5-7所示是流量值为100%时的效果，图5-8所示是流量值为50%时的效果。

图5-7

图5-8

- **喷枪**：设置画笔油彩的流出量。单击画笔工具选项栏中的喷枪按钮，喷枪会在绘制过程中表现其特点，即画笔在画面停留的时间越长，绘制的范围就越大。图5-9所示为未启用喷枪的效果，图5-10所示为启用喷枪的效果。

图5-9

图5-10

5.1.2 铅笔工具

铅笔工具可以绘制自由手绘线式的线条，使用方法与画笔工具相似。在工具箱中选择铅笔工具后，其工具选项栏如图5-11所示。

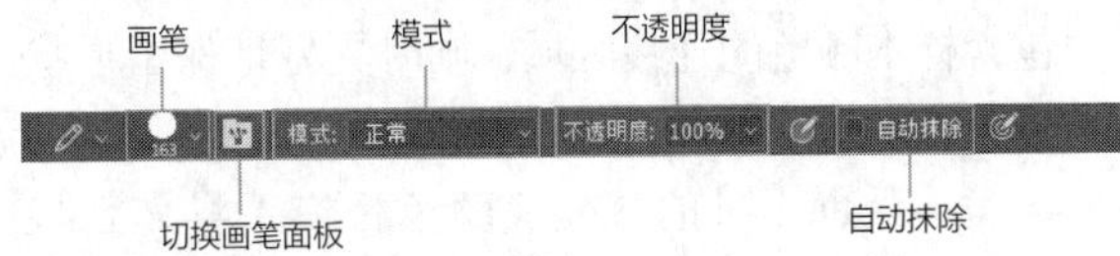

图5-11

- **画笔**：在画笔的下拉面板中可以选择画笔的形状，但铅笔工具只能绘制硬边线条。
- **自动抹除**：勾选该复选框后，当起点处的颜色与前景色相同时，画笔以背景色进行绘图；当起点处的颜色与前景色不相同时，画笔以前景色进行绘图，如图5-12所示。

与前景色相同

与前景色不同

图5-12

5.1.3 颜色替换工具

颜色替换工具的原理是用前景色替换图像中指定的像素，因此使用该工具时需选择好前景色。选择好前景色后，在图像需要更改颜色的地方涂抹，即可将其替换为前景色。不同的绘图模式会产生不同的替换效果，常用的模式为“颜色”。在图像中涂抹时，起笔（第一个单击的）像素颜色将作为基准色，选项中的“取样”“限制”“容差”都将以其为准。颜色替换工具与画笔工具的使用方法和参数设置相似，其工具选项栏如图5-13所示。

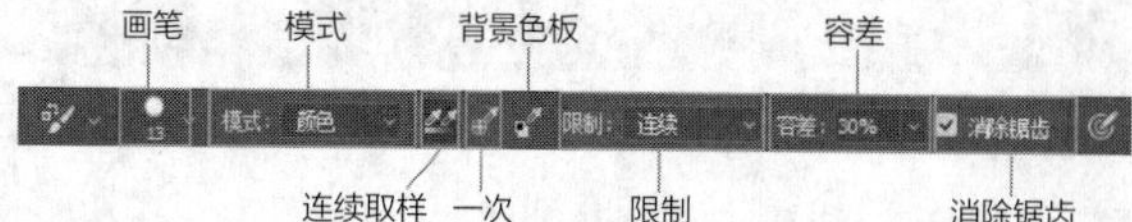

图5-13

- 模式：设置替换的内容，包括“色相”“饱和度”“颜色”“明度”。默认为“颜色”，表示可以同时替换色相、饱和度和明度。
- 取样：设置颜色的取样方式。选择“连续取样”，则拖曳鼠标时可连续对颜色取样；选择“一次取样”，则只替换包含一次单击的颜色区域中的目标颜色；选择“背景色板取样”，则只替换包含当前背景色的区域。
- 限制：选择“不连续”，可替换出现在任何位置的样本颜色；选择“连续”，则只替换与单击处颜色邻近的颜色；选择“查找边缘”，则可替换包含样本颜色的连接区域，同时更好地保留形状边缘的锐化程度。
- 容差：设置工具的容差。颜色替换工具只替换单击点颜色容差范围内的颜色，容差值越高，替换的颜色范围越广。
- 消除锯齿：可以为校正的区域定义平滑的边缘，从而消除锯齿。

实战演练 用颜色替换工具改变服装颜色

01 按Ctrl+O组合键，打开一个文件，如图5-14所示。

图5-14 图5-15

02 将背景图层拖曳到“创建新图层”按钮上，得到“背景拷贝”图层，如图5-15所示。

03 将前景色设置成红色，选择快速选择工具并创建选区，如图5-16所示。

04 选择颜色替换工具，在工具选项栏中将“限制”设置为“连续”，“容差”设置为“50%”，在选区内进行涂抹，最终效果如图5-17所示。

图5-16

图5-17

5.1.4 混合器画笔工具

混合器画笔工具可以混合像素，其工具选项栏如图5-18所示。

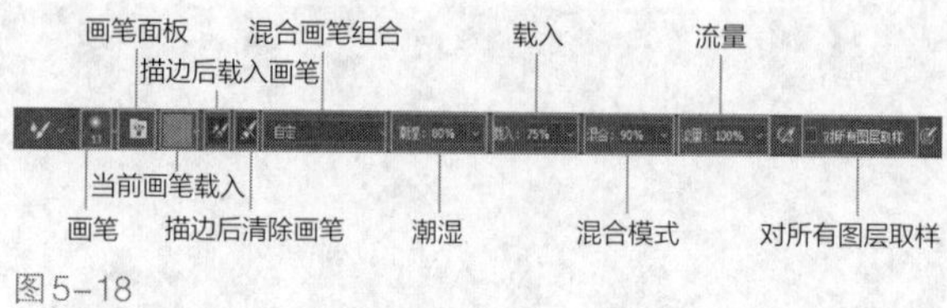

图5-18

混合器画笔工具可以创建类似传统画笔绘画时颜料之间相互混合的效果，它可以使绘画功底不是很强的人绘制出具有水粉画或油画风格的漂亮图像。选择混合器画笔工具，在工具选项栏中设置画笔参数，在画面中进行涂抹即可。图5-19所示为“干燥，深描”模式；图5-20所示为“湿润”模式。

单击工具选项栏中按钮即可将鼠标指针下的颜色与前景色进行混合，如图5-21所示。

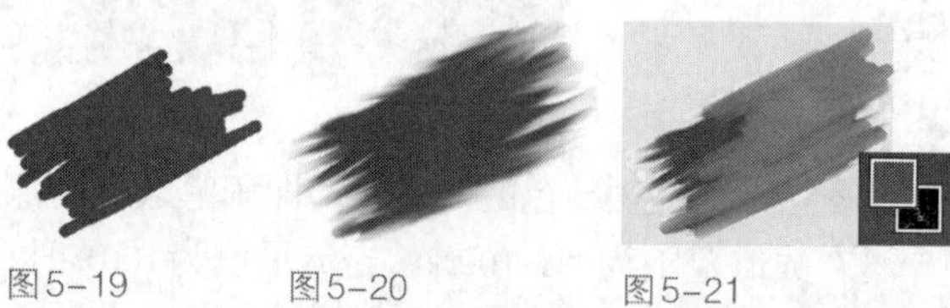

图5-19 图5-20 图5-21

实战演练 用混合器画笔工具涂鸦

01 按Ctrl+O组合键，打开一个文件，如图5-22所示。

02 拖曳“背景”图层到“创建新图层”按钮上，得到“背景 拷贝”图层，如图5-23所示。

图5-22

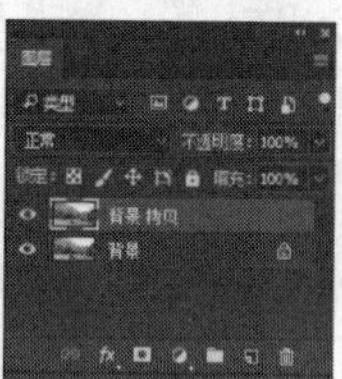

图5-23

03 选择混合器画笔工具，并设置画笔的“大小”为“60像素”，“硬度”为“0%”，混合模式为“湿润，深混合”，对图片的天空和草地进行涂抹，得到图5-24所示效果。

04 单击工具选项栏中的图标，在画笔下拉面板中选择笔尖形式，并设置“潮湿”模式，对画面的风车和房屋进行涂抹，使图片呈现出油画效果，如图5-25所示。

图5-24

图5-25

5.2 画笔的绘画形式

画笔的绘画形式包括预设形式和自定义形式。通过使用画笔笔尖、画笔预设和画笔选项，用户可以发挥自己的创造力，绘制出精美的画面，还可以模拟使用传统介质进行绘画。

5.2.1 预设画笔形式

预设画笔是一种已存储的画笔笔尖，带有大小、形状和硬度等定义的特性。选择画笔工具，单击工具选项栏中的图标，在打开的画笔下拉面板中可以设置画笔的大小和硬度，单击面板右上角的按钮，弹出的下拉菜单如图5-26所示。

图5-26

要使用Photoshop CC 2017的预设画笔，可执行“窗口→画笔预设”命令，打开“画笔预设”面板进行设置。选择一种笔尖，拖曳“大小”滑块可以调整画笔的大小，如图5-27所示。

如果选择的是毛刷笔尖，如图5-28所示，则可以创建逼真的、带有纹理的笔触效果。如果单击面板底部的按钮，画面中还会出现一个窗口，显示该画笔的具体样式，如图5-29所示。在绘画时该窗口还可以显示笔尖的运行方向。

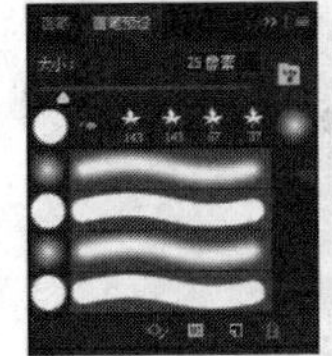
图5-27

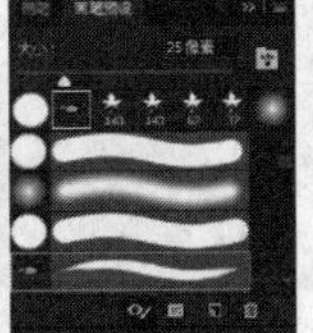
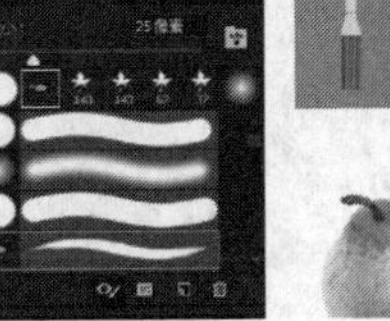
图5-28

图5-29

5.2.2 自定义画笔

在Photoshop中，我们可以将已有图形的整体或者部分创建为自定义画笔，方便以后使用。下面我们以创建蝴蝶画笔来说明自定义画笔的方法。

01 按Ctrl+O组合键打开一个文件，如图5-30所示。用画笔绘制圆点，如图5-31所示。

图5-30　　图5-31

02 执行“编辑→定义画笔预设”命令，打开图5-32所示的“画笔名称”对话框，输入名称后单击“确定”按钮，即可将图片定义为画笔预设。

03 选择画笔工具，在工具选项栏中单击图标，打开画笔下拉面板，在画笔选择区的最后即为刚定义的画笔“蝴蝶”，如图5-33所示。

画笔名称
名称(N)：蝴蝶
确定
取消

图5-32

图5-33

实战演练 制作光效字体

01 执行“文件→新建”命令，新建一个1000像素×550像素、72像素/英寸的文档，并执行“编辑→填充”命令，给文档填充暗紫色，如图5-34。新建一个组，进入路径面板，单击“创建新路径”按钮新建一个路径层，如图5-35所示，选择钢笔工具在画布中写下一个“2”。

图5-34

图5-35

02 回到“图层”面板，选择画笔工具，将“不透明度”和“流量”都设置为“100%”。按F5键，打开画笔预设，选择66号画笔，分别对“画笔笔尖形状”“形状动态”“散布”进行参数设置，“平滑”保持默认即可，具体参数如图5-36和图5-37所示。

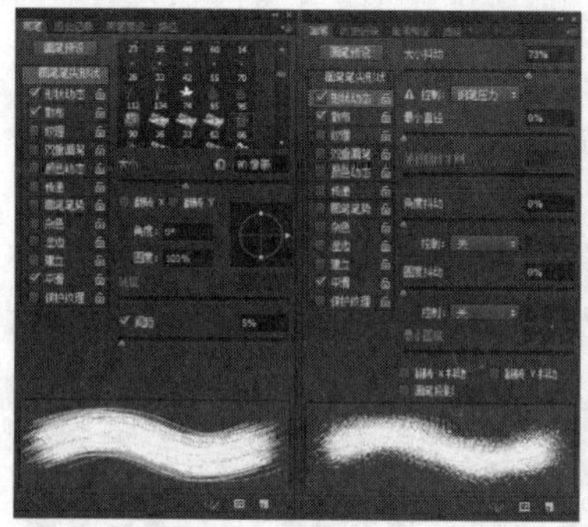
图5-36

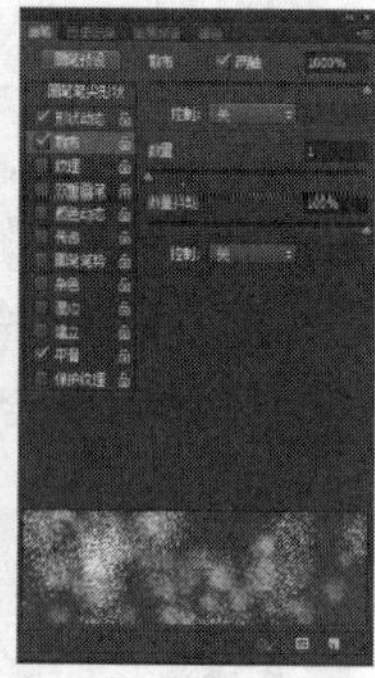
图5-37

03 将前景色设置为白色，把画笔的大小调整为30像素，选择钢笔工具，在“2”的路径上方单击鼠标右键，执行“描边路径”命令，单击“确定”按钮，然后再按Enter键隐藏路径，如图5-38所示。

04 按Shift+Ctrl+N组合键新建图层，使用上述方法，依次制作“0”“1”“7”三个数字的颗粒效果，做完之后选中几个数字所在图层，如图5-39所示，单击鼠标右键，执行“合并图层”命令。

图5-38

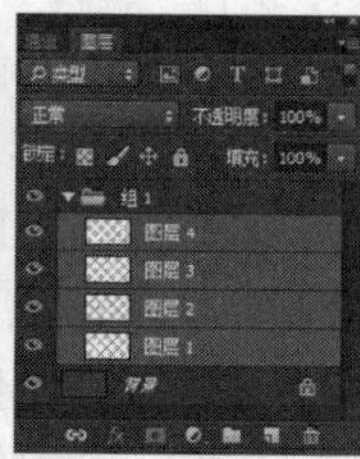
图5-39

05 再次新建一个组，在组里新建图层。使用钢笔工具画出数字路径。选择画笔工具，按F5键打开“画笔”面板，依次设置“画笔笔尖形状”“形状动态”“散布”，最后将“平滑”勾选上即可。具体参数如图5-40、图5-41、图5-42所示。将画笔工具大小调整为5像素，选择钢笔工具，在路径上单击鼠标右键，执行“描边路径→画笔”命令，确认之后按Enter键隐藏路径。

06 按Shift+Ctrl+N组合键新建图层，使用钢笔工具画出几个不同的路径，然后单击鼠标右键，执行“描边路径”命令，对路径进行描边以绘制光束。选择“2”的光束效果层，增加图层样式。依次设置“投影”“外发光”“内发光”“渐变叠加”相关参数，具体参数设置如图5-43、图5-44、图5-45、图5-46所示。

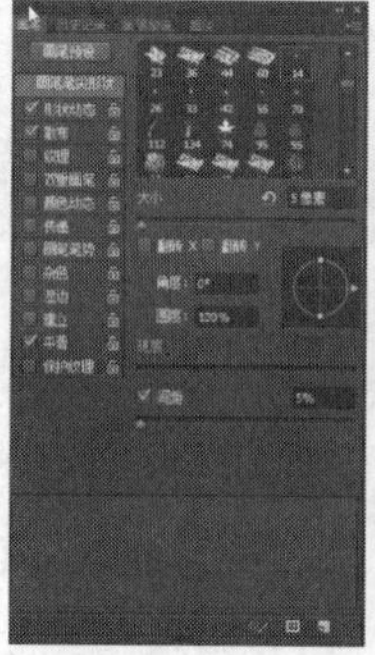
图5-40

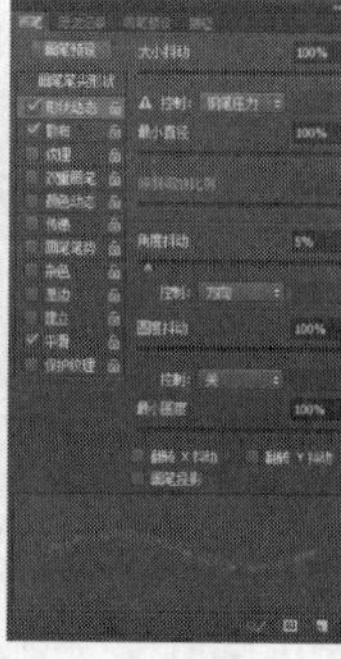
图5-41

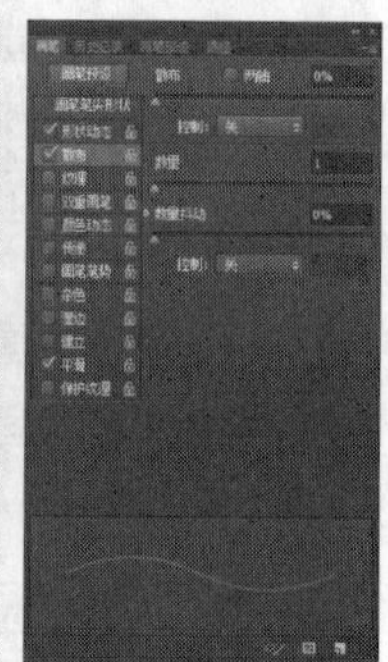
图5-42

图5-43

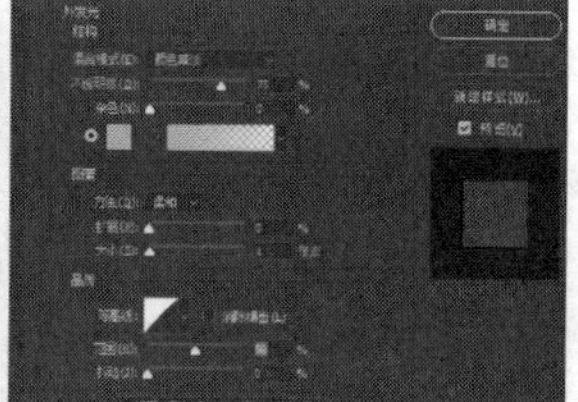
图5-44

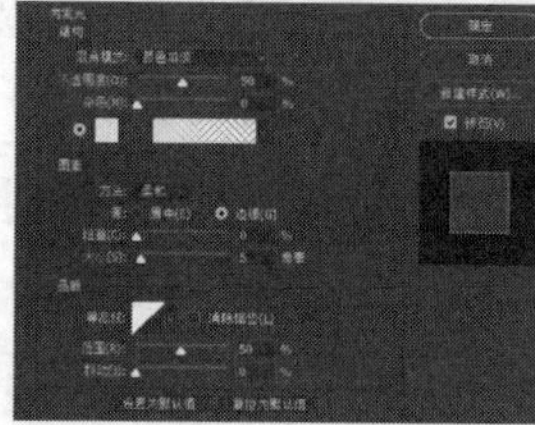
图5-45

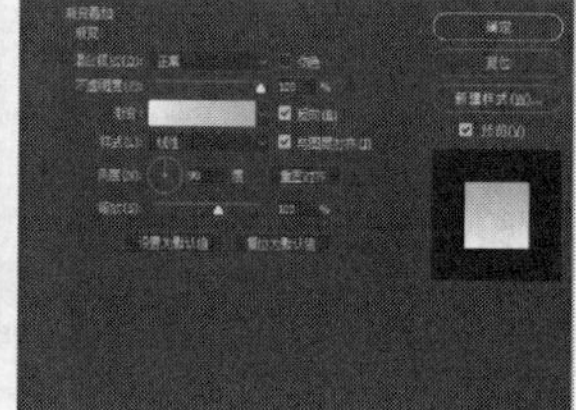
图5-46

07 用鼠标右键单击路径所在图层，执行“拷贝图层样式”命令，使用钢笔工具按照前面的操作给其他数字绘制多条路径，可发现特殊效果已经附上。选择“背景”图层，执行“编辑→填充”命令，将背景填充为黑色，最终效果如图5-47所示。

图5-47

5.3 使用“画笔”面板

使用“画笔”面板可以设置绘画工具（画笔、铅笔、历史记录画笔等）和修饰工具（模糊、锐化、涂抹、减淡、加深、海绵）的笔尖种类、画笔大小和硬度，还可以创建自己需要的特殊画笔。下面详细介绍“画笔”面板的功能和各选项的作用。

5.3.1 了解“画笔”面板

使用“画笔”面板可以对画笔外观进行更多的设置。在“画笔”面板中不仅可以对画笔的大小、形状和旋转角度等基础参数进行定义，还可以为画笔设置多种特殊效果。选择画笔工具，执行“窗口→画笔”命令，或单击工具选项栏中的“切换画笔面板”按钮，打开“画笔”面板，如图5-48所示。

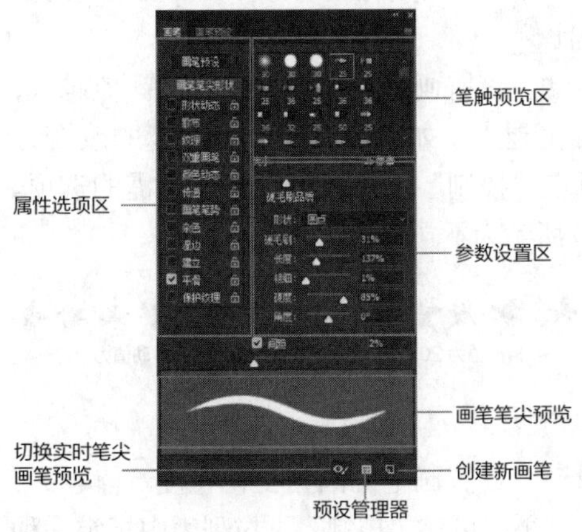

图5-48

- **画笔预设**：单击“画笔预设”按钮，可以打开“画笔预设”面板。
- **画笔设置**：单击面板左侧属性选项区中的选项，面板会显示该选项的详细设置内容，它们可以用来改变画笔的角度、圆度、纹理以及颜色动态等变量。
- **锁定/未锁定**：显示锁定图标时，表示当前画笔的笔尖形状属性（形状动态、散布、纹理等）为锁定状态，单击该图标即可取消锁定。
- **选中的画笔笔尖**：当前选择的画笔笔尖。
- **画笔笔尖预览**：显示了Photoshop提供的预设画笔笔尖。选择一个笔尖后，可在画笔笔尖预览中查看该笔尖的形状。
- **画笔参数选项**：用来调整画笔的参数。
- **切换实时笔尖画笔预览**：例如使用毛刷笔尖时，会在窗口中显示笔尖的具体样式。
- **打开预设管理器**：单击按钮，可以打开“预设管理器”对话框。
- **创建新画笔**：如果对一个预设的画笔进行了调整，可单击“画笔”面板右下方的“创建新画笔”按钮，将其保存为一个新的预设画笔。

> **提示**
>
> 按F5键也可以打开“画笔”面板。

5.3.2 画笔笔尖形状

在“画笔”面板的左侧属性选项区，选择“画笔笔尖形状”选项，面板的右侧会显示画笔笔尖形状的相关参数设置选项，包括大小、翻转、角度、圆度、硬度和间距等参数设置，如图5-49所示。

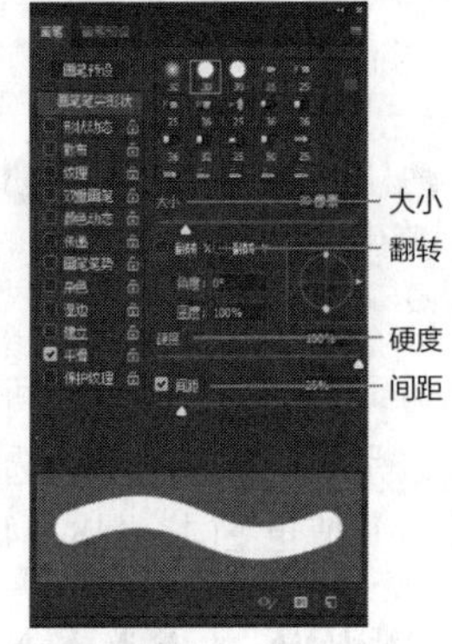

图5-49

- **大小**：调整画笔的大小，可以通过拖曳下方的滑块或在数值框中输入数值来修改。数值越大，画笔越粗。
- **翻转X、翻转Y**：控制画笔的水平翻转和垂直翻转。选择“翻转X”选项，会将画笔水平翻转；选择“翻转Y”选项，会将画笔垂直翻转。图5-50所示为画笔原始、水平翻转、垂直翻转和水平垂直都翻转的效果。

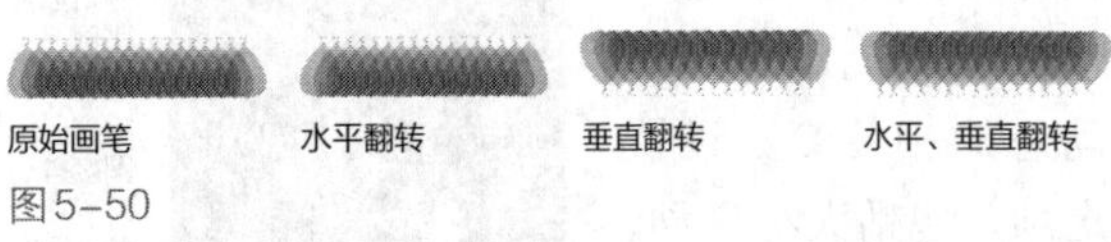

图5-50

- **角度**：设置笔尖的绘画角度，可以在数值框中输入数值，也可以在右侧的坐标上拖曳鼠标指针以进行更为直观的调整。图5-51所示为不同角度的画笔。

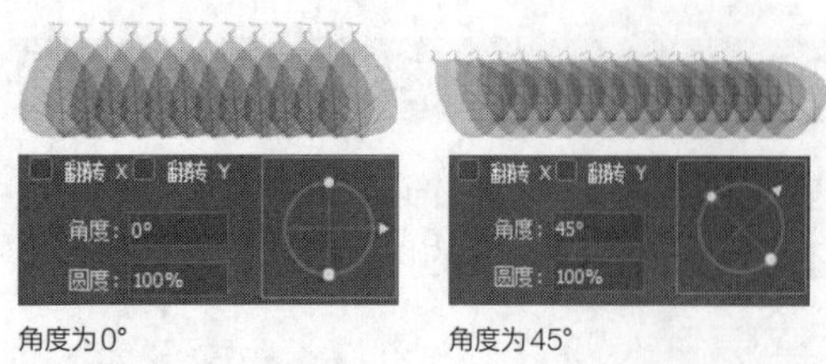

角度为0°　　角度为45°

图5-51

- **圆度**：设置画笔的圆形程度。可以在数值框中输入数值，也可以在右侧的坐标上拖曳鼠标指针来修改画笔的圆度。当值为100%时，笔尖为圆形；当值小于100%时，笔尖为椭圆形。图5-52所示为不同圆度值的画笔。

圆度值为100%　　圆度值为50%

图5-52

- **硬度**：设置画笔边缘的柔和程度。可以在数值框中输入数值，也可以拖曳滑块来修改笔触硬度。值越大，边缘越硬。图5-53所示为不同硬度值的画笔。

硬度值为100%　　硬度值为50%　　硬度值为0%

图5-53

- **间距**：设置画笔的间距大小。值越小，所绘制的形状间距就越小。选择的画笔不同，其间距的默认值也不同。图5-54所示为不同间距值的画笔。

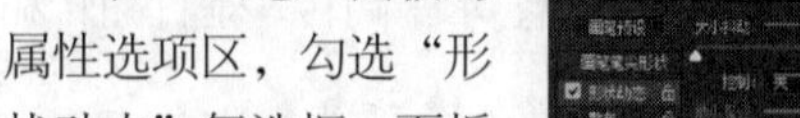

间距值为25%　　间距值为70%　　间距值为100%

图5-54

5.3.3 形状动态

在“画笔”面板的属性选项区，勾选“形状动态”复选框，面板的右侧将显示画笔形状动态的相关参数设置选项，包括大小抖动、角度抖动和圆度抖动等参数，如图5-55所示。

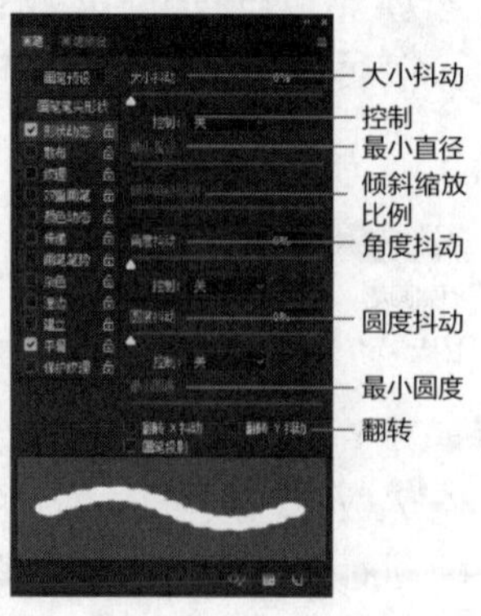

图5-55

- **大小抖动**：设置画笔绘制的大小变化效果。值越大，大小变化越大。在“控制”选项下拉列表中可以选择抖动的改变方式，选择“关”，表示不控制画笔笔迹的大小变化；选择“渐隐”，可按照指定数量的步长在初始直径和最小直径之间渐隐画笔笔迹的大小，使笔迹产生逐渐淡出的效果；如果计算机配置有数位板，则可以选择“钢笔压力”“钢笔斜度”“光笔轮”选项。根据钢笔的压力、斜度或钢笔拇指轮位置来改变初始直径和最小直径之间的画笔笔迹大小。图5-56所示为不同抖动值的画笔。

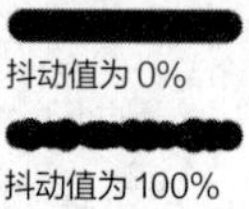

抖动值为0%

抖动值为100%

图5-56

- **最小直径**：设置画笔的最小显示直径。该值越大，笔尖直径的变化越小。
- **倾斜缩放比例**：在“控制”选项中选择了“钢笔斜度”命令后，利用此选项，可以设置画笔的倾斜缩放比例。
- **角度抖动**：设置画笔的角度变化程度。值越大，角度变化越大。如果要指定画笔角度的改变方式，可在“控制”下拉列表中选择所需的选项。图5-57所示为不同角度抖动值的画笔。

抖动值为0%　　抖动值为20%　　抖动值为60%　　抖动值为100%

图5-57

- **圆度抖动**：设置画笔的圆角变化程度。值越大，形状越扁平。可在“控制”下拉列表中指定一种角度的变化方式。图5-58所示为不同圆度抖动值的画笔。

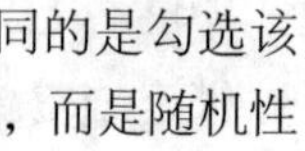

图5-58

- **最小圆度**：设置画笔的最小圆度值。当使用“圆度抖动”时，该选项才能使用。值越大，圆度抖动的变化程度越大。
- **“翻转X抖动”和“翻转Y抖动”**：与前面讲的“翻转X”“翻转Y”用法相似，不同的是勾选该复选框后，在翻转时不是全部翻转，而是随机性地翻转。

5.3.4 散布

画笔“散布”选项设置用来确定在绘制过程中画笔笔迹的数目和位置。在“画笔”面板的属性选项区中勾选“散布”复选框，在画板右侧将显示画笔散布的相关参数设置选项，包括散布、数量和数量抖动等参数项，如图5-59所示。

- **散布**：设置画笔在绘制过程中的分布方式，该值越大，分散的范围越广。如果选中“两轴”复选框，画笔将以中间为基准向两侧分散。在“控制”下拉列表中可以设置画笔散布的变化方式，效果如图5-60所示。

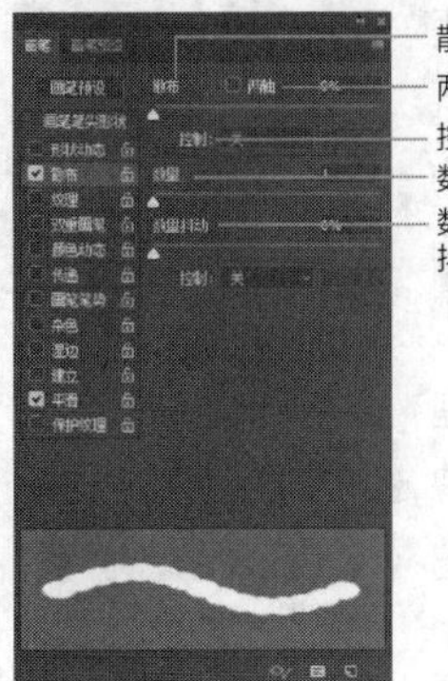

图5-59

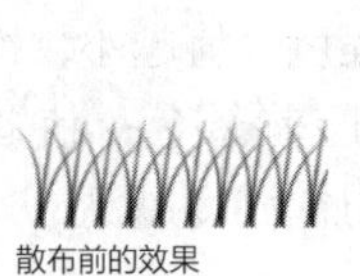
散布前的效果

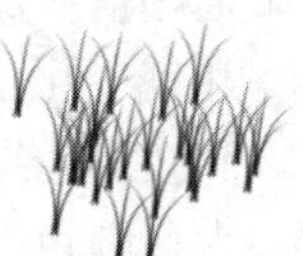
散布后的效果

图5-60

- **数量**：设置在每个间距间隔应用的画笔散布数量。如果在不增加间距值或散布值的情况下增加数量，绘画性能可能会降低，如图5-61所示。

数量为1

数量为4

图5-61

- **数量抖动**：设置在每个间距间隔中应用的画笔散布的变化百分比。在“控制”选项的下拉列表中可以选择控制画笔数量变化的方式，不同数量抖动值的效果如图5-62所示。

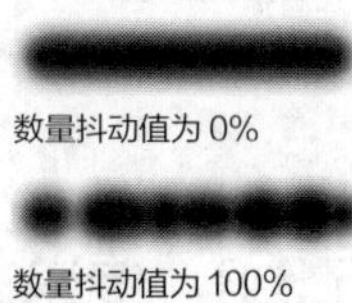
数量抖动值为0%

数量抖动值为100%

图5-62

5.3.5 纹理

如果要使画笔绘制出的线条与在带纹理的画布上绘制的一样，可勾选“纹理”复选框，选择一种图案，将其添加到描边中，以模拟画布效果。勾选“纹理”复选框后，面板的右侧会显示纹理的相关参数设置选项，包括缩放、模式、深度、最小深度和深度抖动等参数，如图5-63所示。

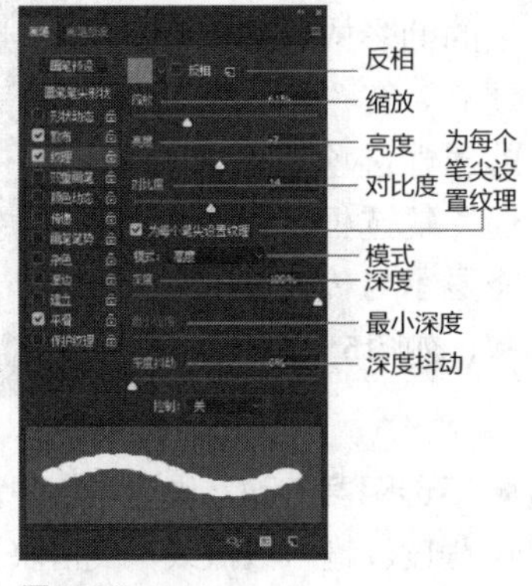

图5-63

- **图案拾色器**：单击图标，将打开“图案”面板，可以选择所需的图案，也可以单击图案面板右上角按钮，打开图案面板菜单，如图5-64所示。

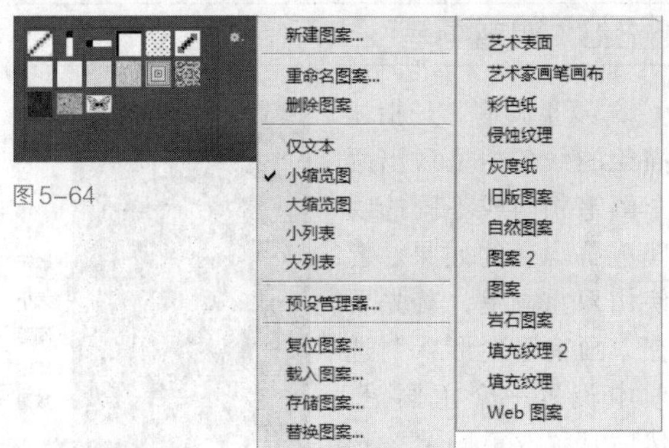

图5-64

- **反相**：勾选该复选框，图案中的明暗区域将进行反转。图案中的亮区域将转换为暗区域，暗区域将转换为亮区域。
- **缩放**：设置图案的缩放比例。输入数字或拖曳滑块都可以改变图案大小的百分比值，效果如图5-65所示。

缩放比例为50%

缩放比例为100%

图5-65

- **亮度**：设置图案的亮度。
- **对比**：设置图案的对比度。
- **为每个笔尖设置纹理**：勾选该复选框，在绘图时会为每个笔尖都应用纹理，如果取消勾选，则无法使用“最小深度”和“深度抖动”。
- **模式**：设置画笔和图案的混合模式。不同的模式，可以绘制出不同的效果。
- **深度**：设置油彩渗入纹理中的深度。输入数字或拖曳滑块可以调整渗入的深度。值为0%时，纹理中的所有点都接收相同数量的油彩，进而隐藏图案；值为100%时，纹理中的暗点不接收任何油彩。图5-66所示为深度值分别为30%和90%的效果。

深度值为30%

深度值为90%

图5-66

- **最小深度**：当选中“为每个笔尖设置纹理”复选框并且“控制”设置为“渐隐”“钢笔压力”“钢笔斜度”或“光笔轮”时，设置油彩可渗入纹理的最小深度。
- **深度抖动**：设置图案渗入纹理的变化程度。当选中“为每个笔尖设置纹理”时，输入数值或拖曳滑块可以调整抖动的深度变化。在“控制”选项中可以选择不同的方式控制画笔笔迹的深度变化，如图5-67所示。

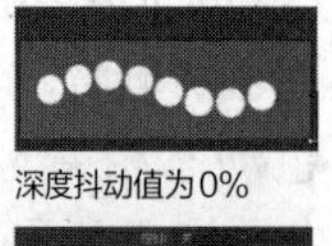
深度抖动值为0%

深度抖动值为100%

图5-67

5.3.6 双重画笔

“双重画笔”是指让描绘的线条中呈现出两个画笔相同或不同的纹理重叠混合的效果。要使用双重画笔，首先要在“画笔笔尖形状”选项中设置一个主画笔，然后从“双重画笔”选项中设置另一个画笔。“双重画笔”的参数设置选项如图5-68所示。

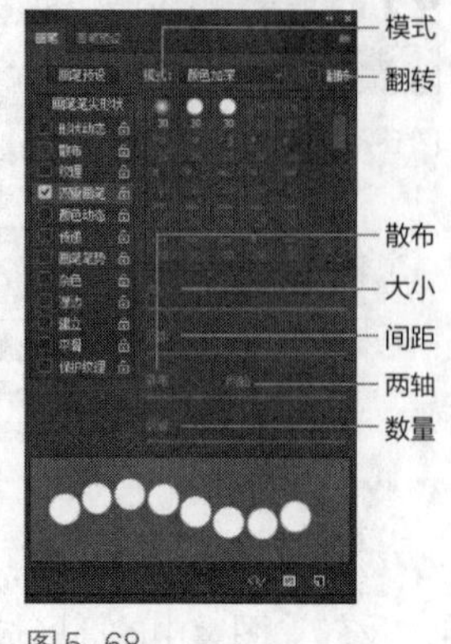

图5-68

- 模式：设置两种画笔在组合时使用的混合模式。
- 翻转：启用随机画笔翻转功能，产生画笔的随机翻转效果。
- 大小：设置双画笔的大小。当画笔的笔尖形状是通过采集图像中的像素样本创建的时候，单击“恢复到原始大小”按钮，就可以使用画笔的原始直径。
- 间距：设置双重画笔之间的距离。输入数字或拖曳滑块可以改变间距的大小。
- 散布：设置双画笔的分布方式。勾选“两轴”复选框后，双画笔按径向分布；取消勾选后，则双画笔垂直于描边路径分布。
- 数量：设置每个间距间隔应用的画笔笔迹的数量。

5.3.7 颜色动态

“颜色动态”复选框决定描边路线中油彩颜色的变化方式。通过设置“颜色动态”可以控制画笔中油彩色相、饱和度、亮度和纯度等的变化。在面板的属性选项区勾选“颜色动态”复选框，面板右侧将显示与颜色动态相关的参数，如图5-69所示。

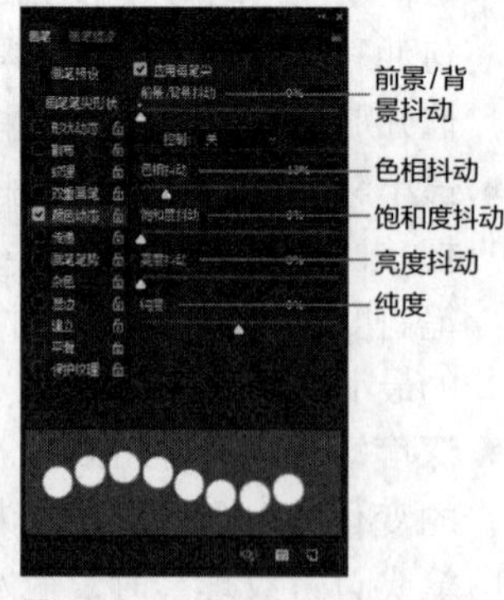

图5-69

- 前景/背景抖动：设置前景色与背景色之间的油彩变化方式。值越小，变化后的颜色越接近前景色，如图5-70所示。如果要设置画笔的颜色变化方式，可在“控制”下拉列表中选择。
- 色相抖动：设置颜色色相变化的百分比。该值越小，色相越接近前景色。较大的值会增大色相间的差异，如图5-71所示。
- 饱和度抖动：设置颜色的饱和度变化程度。值越小，饱和度越接近前景色；值越大，颜色的饱和度越高，如图5-72所示。
- 亮度抖动：设置颜色的亮度变化程度。值越小，亮度越接近前景色；值越大，颜色的亮度值越大，如图5-73所示。
- 纯度：设置颜色的纯度。该值为-100%时，笔迹的颜色为黑白色；该值越大，颜色饱和度越高，如图5-74所示。

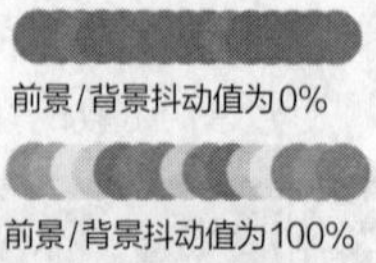

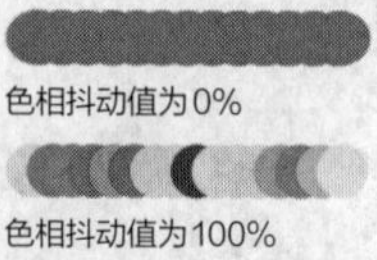

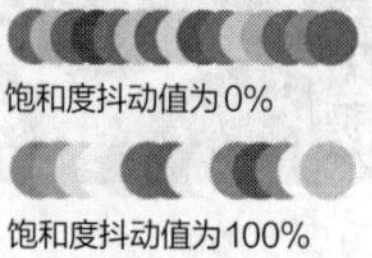

前景/背景抖动值为0%

前景/背景抖动值为100%

图5-70

色相抖动值为0%

色相抖动值为100%

图5-71

饱和度抖动值为0%

饱和度抖动值为100%

图5-72

亮度抖动值为0%

亮度抖动值为100%

图5-73

纯度值为-100%

纯度值为100%

图5-74

5.3.8 传递

“传递”复选框确定油彩在描边路线中的改变方式，用来设置画笔的油彩或效果的动态建立。在“画笔”面板的属性选项区勾选“传递”复选框，面板右侧将显示与传递相关的参数，如图5-75所示。

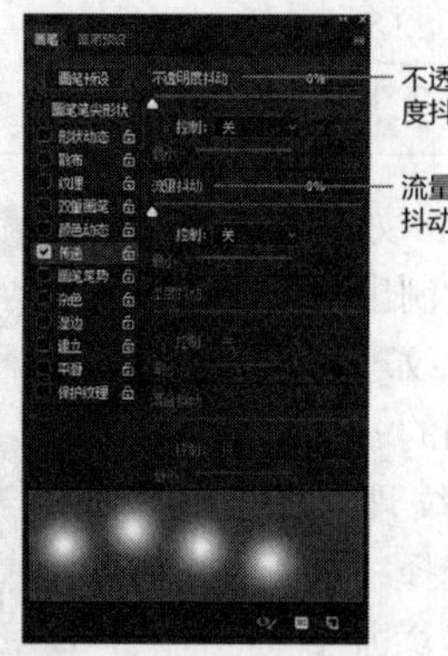

图5-75

- 不透明度抖动：设置画笔中油彩不透明度的变化程度。输入数值或拖曳滑块可以调整颜色不透明度的变化百分比。可在“控制”下拉列表的选项中设置画笔不透明度的变化方式，不同值的效果如图5-76所示。
- 流量抖动：设置画笔中油彩流量的变化程度。可在“控制”下拉列表的选项中设置画笔颜色流量的变化方式，不同值的效果如图5-77所示。

不透明度抖动值为0%　不透明度抖动值为100%

图5-76

流量抖动值为0%　流量抖动值为100%

图5-77

> **提示**
>
> 如果计算机配置了数位板和压感笔，则可以使用“湿度抖动”和“混合抖动”选项。

5.3.9 画笔笔势

“画笔笔势”复选框可以用来调整画笔的笔势。在面板的属性选项区勾选“画笔笔势”复选框，面板右侧将显示相关参数，如图5-78所示。

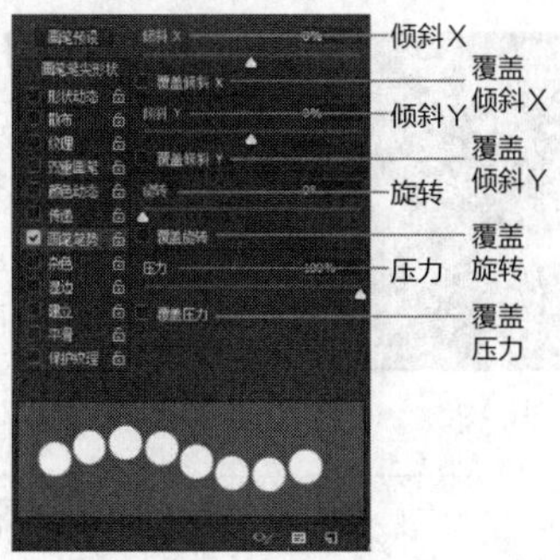

图5-78

实战演练 绘制梅花

01 按Ctrl+N组合键新建一个文件，如图5-79所示。

02 选择画笔工具，单击工具选项栏中“切换画笔面板”按钮，在弹出的“画笔”面板中，单击“画笔预设”按钮，然后单击“画笔预设”面板右上角的按钮，在弹出的下拉列表中选择“湿介质画笔”，选择“22号”画笔，在“背景”图层上绘制梅花枝干，如图5-80所示。

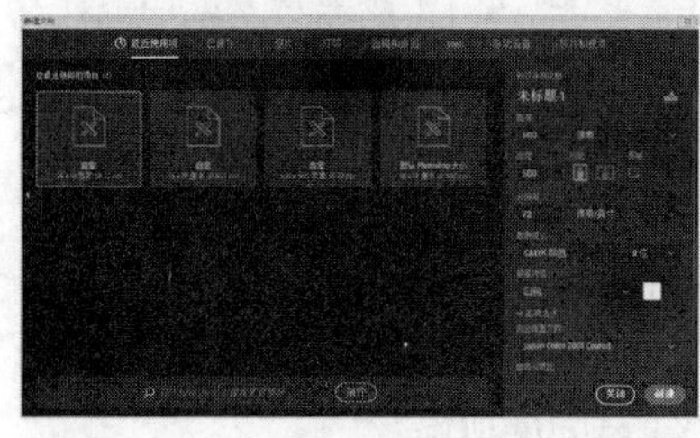

图5-79

图5-80

03 按Ctrl+O组合键打开文件，如图5-81所示。选择魔棒工具，将花朵选中，如图5-82所示。

图5-81

图5-82

04 执行“编辑→定义画笔预设”命令，弹出“画笔名称”对话框，然后为画笔命名，单击“确定”按钮就成功将花朵定义为画笔了，如图5-83所示。

05 在梅花枝干的文件中选择画笔工具，找到我们定义的梅花画笔，设置前景色为红色，绘制梅花，最终效果如图5-84所示。

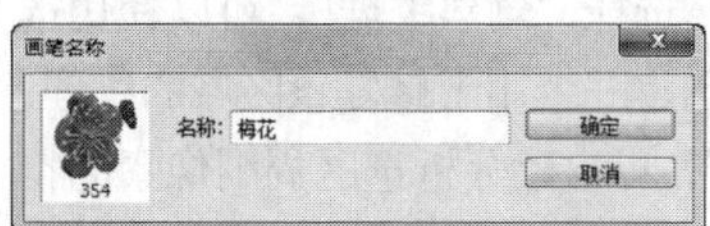

图5-83

图5-84

> **提示**
>
> 在绘制花瓣时，花瓣颜色的深浅由单击的次数来决定。在同一个位置多次单击，可以绘制深颜色的花瓣；单击一次绘制出来的花瓣，颜色较浅。

5.4 使用修补工具

修补工具可以使用其他区域或图案中的像素来修复选中的区域。修补工具包括污点修复画笔工具、修复画笔工具、修补工具、内容感知移动工具和红眼工具5种，其中内容感知移动工具是Photoshop CC 2017的新增工具。

在工具箱中的污点修复画笔工具按钮上按住鼠标左键片刻或单击鼠标右键，将显示图像修补工具组，如图5-85所示。

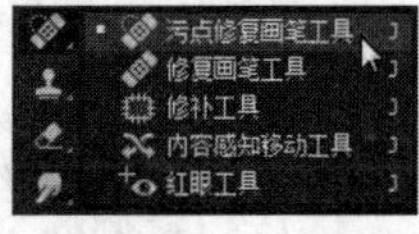

图5-85

> **提示**
>
> 按J键可以选择当前修补工具，按Shift+J组合键可以在修补工具之间进行切换。

5.4.1 污点修复画笔工具

污点修复画笔工具可以用来去除照片上的污点、划痕和其他不理想的部分。使用污点修复画笔工具在污点上单击或拖曳，Photoshop会根据污点周围图像的像素值自动分析处理，将污点去除，而且使样本像素的纹理、光照、透明度和阴影与所修复的像素相匹配，以达到修复污点的目的。图5-86所示为污点修复画笔工具的选项栏。

图5-86

- **画笔**：设置污点修复画笔的大小、硬度、笔触形状等。
- **模式**：设置修复图像时像素与原像素之间的混合模式。除“正常”“正片叠底”等常用模式外，该工具还包含一个“替换”模式。选择该模式，可以保留画笔边缘的杂色、胶片颗粒和纹理。
- **类型**：设置修复方法。选择“近似匹配”，可以使用选区边缘周围的像素来查找要用作选定区域修补的图像区域；选择“创建纹理”，可以使用选区中的所有像素创建一个用于修复该区域的纹理；选择“内容识别”，可自动分析选区周围像素的特点，将图像进行拼接组合，然后填充该区域并进行智能融合，原图及3种效果如图5-87所示。

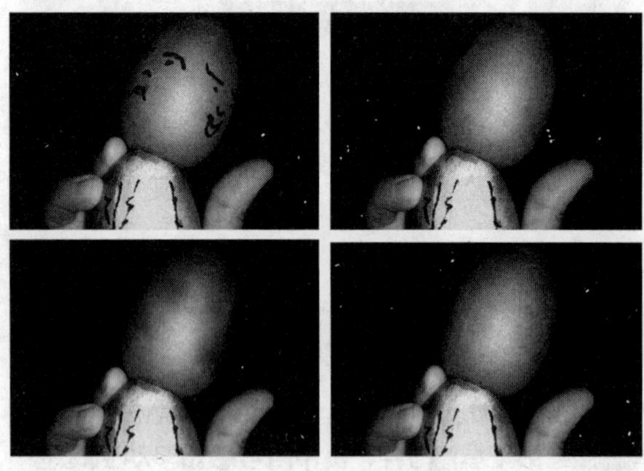

图5-87

- **对所有图层取样**：如果当前文档中包含多个图层，勾选该复选框后，将从所有可见图层中对数据进行取样；取消勾选，则只从当前图层中取样。
- **绘图板压力控制大小**：启动该按钮可以模拟绘图压力控制大小。

实战演练 去除面部斑点

01 按Ctrl+O组合键打开一个文件，如图5-88所示。

02 选择污点修复画笔工具，在工具选项栏中单击图标，打开画笔下拉面板，设置画笔的大小为15像素，硬度为30%，如图5-89所示。

图5-88

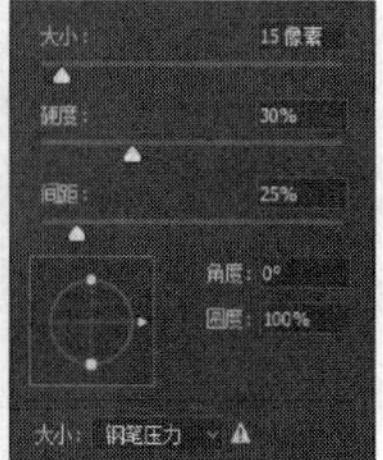

图5-89

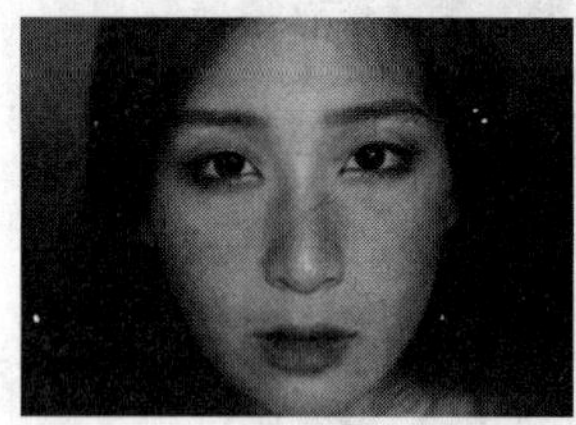

图5-90

03 将鼠标指针放在斑点处，单击或按住鼠标左键并拖曳即可去除面部斑点，应根据斑点的大小调整画笔的大小来进行修复，效果如图5-90所示。

> **提示**
>
> 在使用污点修复画笔工具时，画笔可以根据修改图像的大小进行改变，以便更好地修改图像。按[键可以缩小画笔；按]键可以放大画笔。

5.4.2 修复画笔工具

修复画笔工具与污点修复画笔工具类似，也可以将图像中的划痕、污点和斑点等去除。但不同的是，它可以同时保留图像中的阴影、光照和纹理等效果，并将样本的纹理、光照、透明度和阴影等与所修复的像素匹配，从而去除照片中的污点和划痕，修复结果人工痕迹不明显。图5-91所示为修复画笔工具的选项栏。

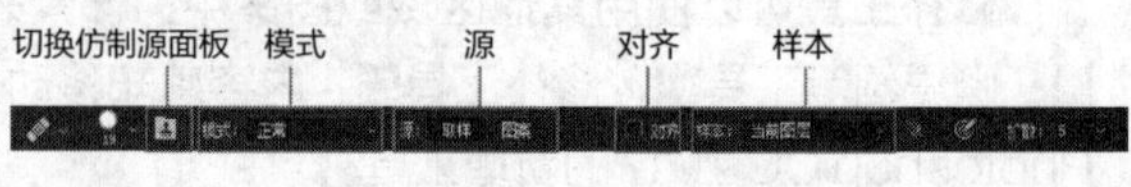

图5-91

- **模式**：设置修复图像的混合模式。“替换”是比较特殊的模式，它可以保留画笔描边边缘处的杂色、胶片颗粒和纹理，使修复效果更加真实。
- **源**：设置用于修复像素的源。选择“取样”，可以从图像的像素上取样；选择“图案”，则可在图案下拉列表中选择一个图案作为取样的对象，效果类似于使用图案图章工具绘制图案，原图及两种效果如图5-92所示。

原图

取样

图案

图5-92

- 对齐：勾选该复选框，会对像素进行连续取样，在修复过程中，取样点随修复位置的移动而变化；撤销勾选，则在修复过程中始终以一个取样点为起始点。
- 样本：设置从指定的图层中进行数据取样。如果要从当前图层及其下方的可见图层中取样，可以选择“当前和下方图层”；如果仅从当前图层中取样，可选择“当前图层”；如果要从所有可见图层中取样，可选择“所有图层”。单击右侧的“打开以在修复时忽略调整图层”按钮，可以忽略调整的图层。

5.4.3 修补工具

修补工具以选区的形式选择取样图像或使用图案填充的方式来修补图像。它与修复画笔工具的应用有些类似，只是取样时使用的是选区的形式，并将取样像素的阴影、光照和纹理等与源像素进行匹配处理，以完美地修补图像。图5-93所示为修补工具选项栏。

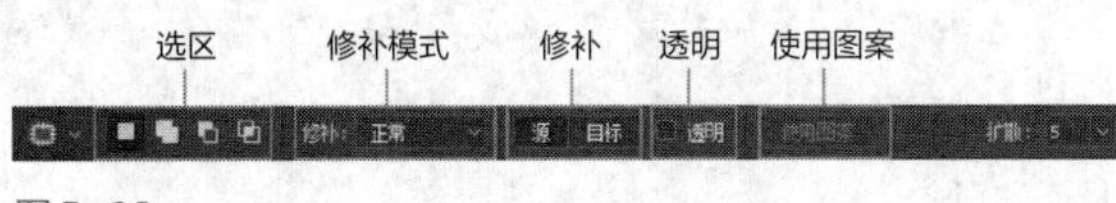

图5-93

- 选区：单击“新选区”按钮，可以创建一个新的选区，如果图像中包含选区，则原选区将被新选区替换；单击“添加到选区”按钮，可以在当前选区的基础上添加新的选区；单击“从选区减去”按钮，可以在原选区中减去当前绘制的选区；单击“与选区交叉”按钮，可得到原选区与当前创建的选区相交的部分。
- 修补模式：包含“正常”和“内容识别”两种模式。
- 修补：设置修补时选区所表示的内容。选择“源”，表示将选区定义为想要修复的区域；选择“目标”，则会将选中的图像复制到目标区域，下面举例进行说明。

原图效果如图5-94 所示。选择修补工具，在工具选项栏中选择“源”，在花周围勾勒出选区，将其向左拖曳到窗帘区域，如图5-95 所示，此时花将消失，如图5-96所示。

重新打开原图，选择修补工具，在工具选项栏中选择“目标”，在花周围勾勒出选区，将其向左拖曳到窗帘区域，此时花将被复制到左侧，如图5-97所示。

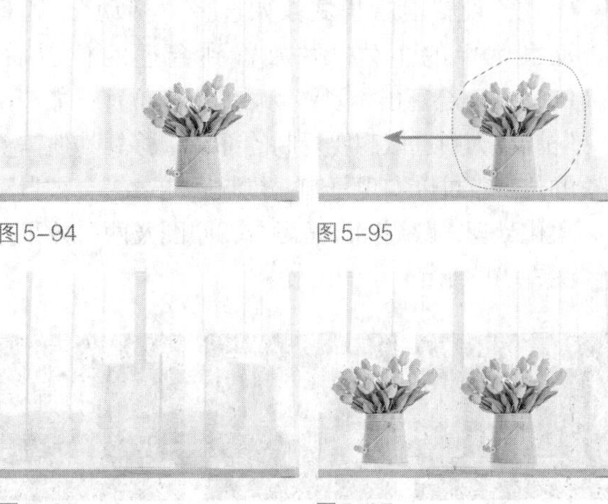
图5-94 图5-95

图5-96 图5-97

- 透明：勾选该复选框，修复时图像与原图像会产生透明叠加的效果。
- 使用图案：单击该按钮，可以使用右侧图案框中的图案对选区进行填充，以图案填充的形式进行修补。原图效果如图5-98 所示，选择修补工具，在图片中勾勒出帽子选区，在工具选项栏中选择合适的图案，单击“图案”按钮，帽子区域即可填充相应的图案，如图5-99所示。

图5-98 图5-99

5.4.4 内容感知移动工具

内容感知移动工具是Photoshop CC 2017新增的一个功能强大、操作简单的智能修复工具，主要有感知移动和快速复制两大功能。图5-100所示为内容感知移动工具的选项栏。

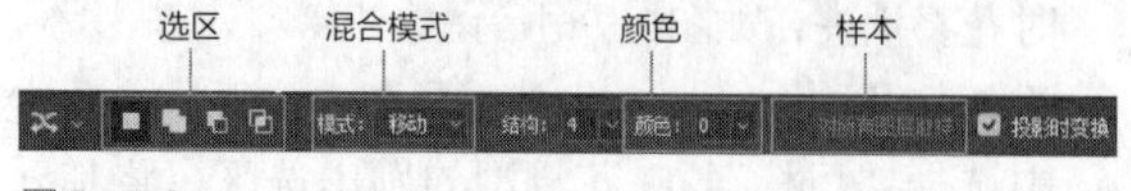

图5-100

- 选区：该区域的按钮主要用来进行选区的新建、相加、相减和相交的操作。
- 模式：设置混合模式。如选择“移动”，则移动图片中的主体，并放置到合适的位置后，Photoshop会智能修复移动后的空隙位置；如选择“扩展”，则选取想要复制的部分，移到其他需要的位置就可以实现复制，复制后的边缘会被自动柔化处理，跟周围环境融合，原图及两种效果如图5-101所示。

原图

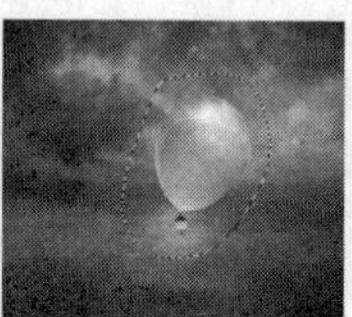
移动

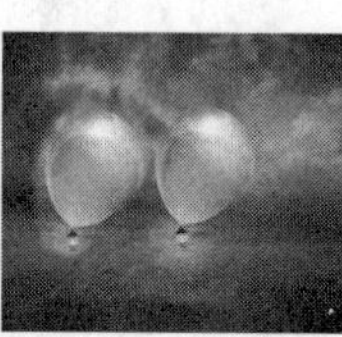
扩展

图5-101

5.4.5 红眼工具

由于光线与一些拍摄角度的问题，在照片中会出现红眼现象。虽然有不少数码相机都有防红眼功能，但还是不能从根本上解决问题。使用Photoshop的红眼工具可以去除照片中的红眼现象，在操作时，可选择红眼工具，单击红眼的瞳孔上，即可消除红眼。图5-102所示为红眼工具的选项栏。

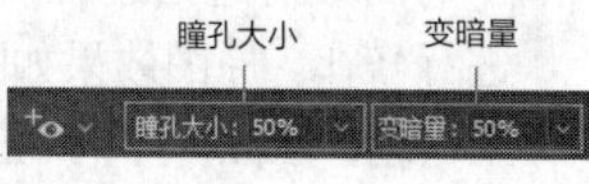

图5-102

- 瞳孔大小：设置目标瞳孔的大小。输入数值或拖曳滑块可以改变大小，取值范围为1%~100%，如图5-103所示。

瞳孔大小数值为1%

瞳孔大小数值为100%

图5-103

- 变暗量：设置去除红眼后颜色的变暗程度。输入数值或拖曳滑块可以改变大小，取值范围为1%~100%，如图5-104所示。

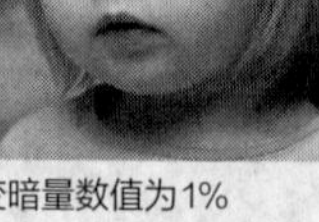
变暗量数值为1%

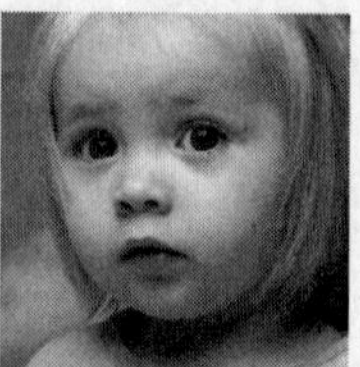
变暗量数值为100%

图5-104

5.4.6 仿制图章工具

仿制图章工具可以实现同一文件中相同或不同图层间的图像复制，也可以实现不同文件但相同颜色模式的图像复制。仿制图章工具在用法上类似于修复画笔工具，按Alt键进行取样，然后在需要的位置拖曳鼠标，即可将取样点的图像复制到新的位置。图5-105所示为仿制图章工具的选项栏。

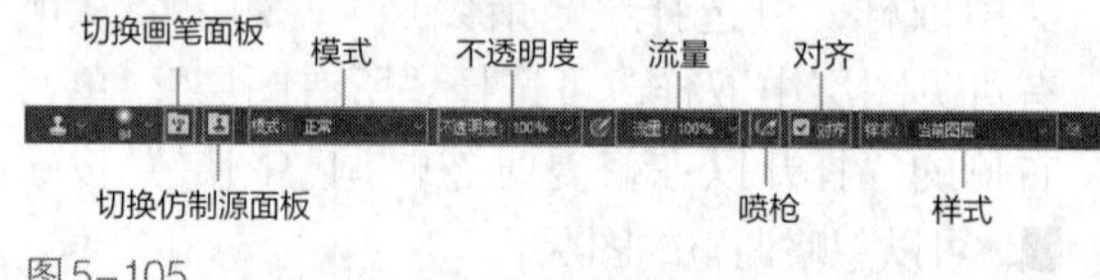

图5-105

仿制图章工具的画笔、模式、不透明度和流量等参数的设置与画笔工具的参数设置相似。

- 对齐：勾选“对齐”复选框，可连续对像素进行取样；取消勾选，则每单击一次鼠标，都使用初始取样点中的样本像素，即每次单击都被视为是另一次复制，如图5-106所示。

勾选对齐

取消勾选

图5-106

- 样本：从指定的图层中进行数据取样。如果要从当前图层及其下方的可见图层中取样，应选择“当前和下方图层”；如果仅从当前图层中取样，可选择“当前图层”；如果要从所有可见图层中取样，可选择“所有图层”；如果要从调整图层以外的所有可见图层中取样，可选择“所有图层”，然后单击选项右侧的“打开以在仿制时忽略调整图层”按钮。

- **切换画笔面板**：打开/关闭“画笔”面板。
- **切换仿制源面板**：打开/关闭“仿制源”面板。
- **打开以在仿制时忽略调整图层按钮**：当在样本下拉列表中选择“当前和下方图层”或“所有图层”时，该按钮被激活，单击此按钮，将在定义源图像时忽略图层中的调整图层。
- **绘图板压力控制画笔透明按钮**：在使用绘图板进行涂抹时，单击此按钮，可以根据绘图板的压力控制画笔的不透明度。
- **绘图板压力控制画笔尺寸按钮**：在使用绘图板进行涂抹时，单击此按钮，可以根据绘图板的压力控制画笔的大小。

使用仿制图章工具，可以通过“仿制源”面板设置不同的样本源、显示样本源的叠加，以帮助我们在特定位置仿制样本源。此外，还可以缩放或旋转样本源以更好地匹配目标的大小和方向。“仿制源”面板如图5-107所示。

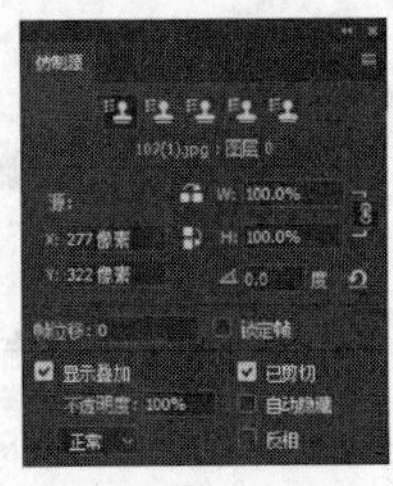

图5-107

- **仿制源**：先单击“仿制源”按钮，使用仿制图章工具或修复画笔工具，然后按住Alt键并在画面中单击，可设置取样点；再单击一次，还可以继续取样。采用同样方法最多可以设置5个不同的样本源，“仿制源”面板会存储样本源，直到关闭文档。
- **位移**：指定X和Y后，可在相对于取样点的精确位置进行绘制。
- **缩放**：在W（宽度）数值框或H（高度）数值框中输入数值，可缩放所仿制的源。默认情况下会约束比例，如果要单独调整尺寸或恢复约束选项，可单击“保持长宽比”按钮，效果如图5-108所示。

原图

缩小50%

图5-108

- **翻转**：单击按钮，可以进行水平翻转；单击按钮，可进行垂直翻转，两种效果如图5-109所示。

水平翻转

垂直翻转

图5-109

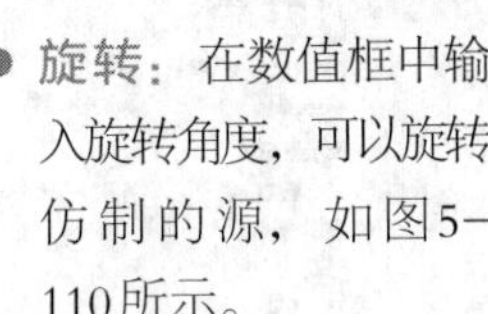
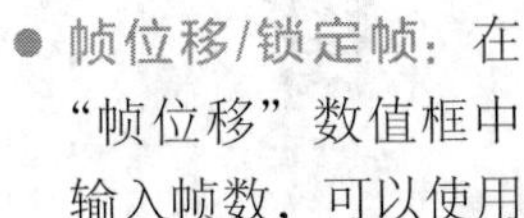

- **旋转**：在数值框中输入旋转角度，可以旋转仿制的源，如图5-110所示。

旋转角度为90°

图5-110

- **帧位移/锁定帧**：在“帧位移”数值框中输入帧数，可以使用与初始取样的帧相关的特定帧进行绘制。输入正值时，要使用的帧在初始取样的帧之后；输入负值时，要使用的帧在初始取样的帧之前；如果勾选“锁定帧”复选框，则总是使用与初始取样相同的帧进行绘制。
- **显示叠加**：勾选“显示叠加”复选框并指定叠加选项，可以在使用仿制图章工具或修复画笔工具时，更好地查看叠加以及下面的图像。其中，“不透明度”用来设置叠加图像的不透明度；勾选“自动隐藏”复选框，可在应用绘画描边时隐藏叠加；勾选“已剪切”复选框，可将叠加剪切到画笔大小；如果要设置叠加的外观，可以从“仿制源”面板底部的下拉列表中选择一种混合模式；勾选“反相”复选框，可反相叠加中的颜色。

> **提示**
>
> 使用仿制图章工具时，按Caps Lock键可以将仿制图章工具的鼠标指针变为十字形指针。使用十字形指针判断复制区域的精确位置要比使用仿制图章工具的指针更加容易。

5.4.7 图案图章工具

图案图章工具可用来复制预先定义好的图案。使用前可以先定义好需要的图案，并将该图案复制到当前的图像中。图案图章工具可以用来创建特殊效果、背景网纹以及织物或壁纸等。图5-111所示为图案图章工具的选项栏。

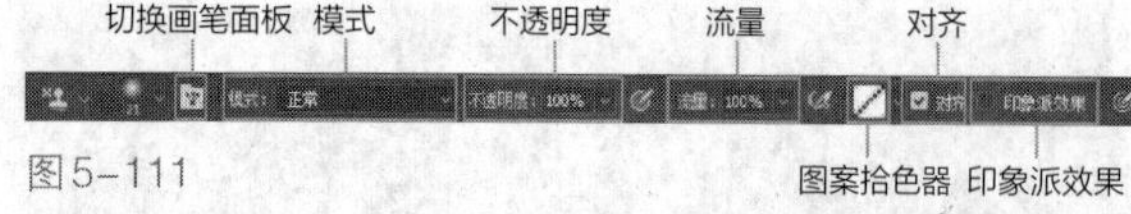

图5-111

- **图案拾色器**：单击图标，打开图案选项下拉面板，可以从中选择需要的图案，如图5-112所示。

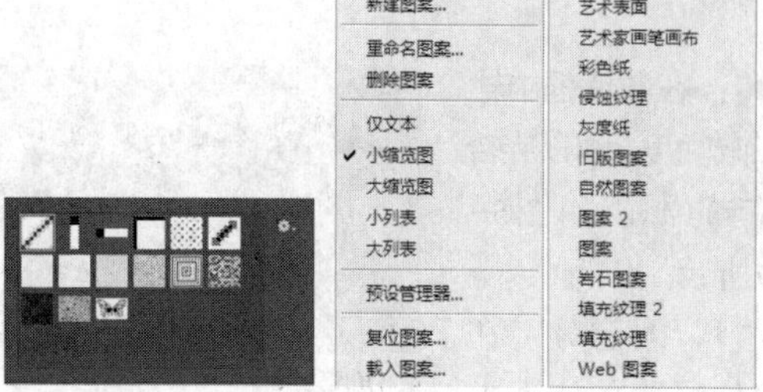

图5-112

提示

如果下拉面板中没有所需要的图案，可单击按钮打开面板菜单，将需要的图案替换或追加到下拉面板中。

- **对齐**：勾选该复选框以后，可以保持图案与原始起点的连续性，即使多次单击也不例外；取消选择后，则每次单击都重新应用图案，两种效果如图5-113所示。

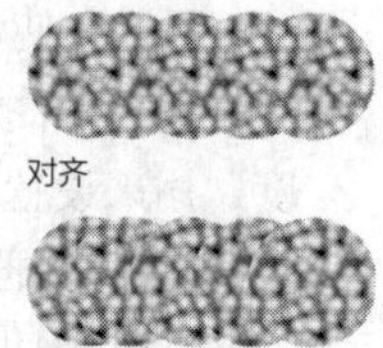

图5-113

- **印象派效果**：勾选该复选框，可以对图像应用印象派艺术效果，使图案变得扭曲、模糊。

实战演练 去除照片中的多余人物

01 按Ctrl+O组合键打开一个文件，为了不破坏原图像，按Ctrl+J组合键复制“背景”图层，如图5-114所示。

02 选择仿制图章工具，在工具选项栏中设置参数，如图5-115所示。

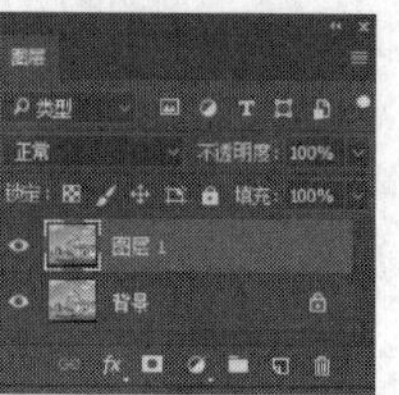

图5-114

图5-115

03 按住Alt键单击，进行取样，放开Alt键后，在需要修复的位置上涂抹，效果如图5-116所示。

04 继续使用仿制图章工具，直到将人物完全移除，最终效果如图5-117所示。

图5-116

图5-117

5.5 使用擦除工具

Photoshop包含3种类型的擦除工具：橡皮擦工具、背景橡皮擦工具和魔术橡皮擦工具。后两种橡皮擦工具主要用于抠图（去除图像的背景），而橡皮擦工具则会因选项设置的不同而具有不同的用途。图5-118所示为擦除工具组。

图5-118

5.5.1 橡皮擦工具

橡皮擦工具可以更改图像的像素。如果使用橡皮擦工具处理的是“背景”图层或锁定了透明区域（单击“图层”面板中的按钮）的图层，涂抹区域会显示为背景色；处理其他图层时，可擦除涂抹区域的像素。图5-119所示为橡皮擦工具的选项栏。

- **模式**：可以选择橡皮擦工具的种类。选择“画笔”，可创建柔边擦除效果；选择“铅笔”，可创建硬边擦除效果；选择“块”，可创建块状擦除效果，原图及3种效果如图5-120所示。

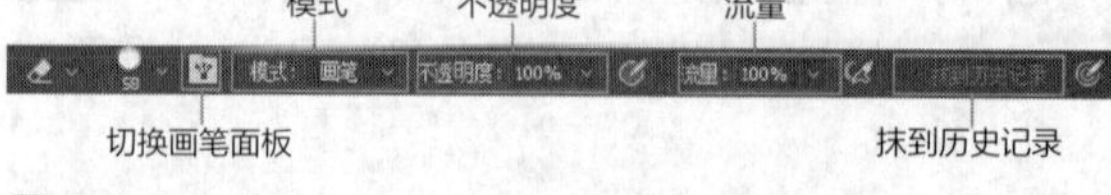

图5-119

原图　画笔　铅笔　块

图5-120

- **不透明度**：设置橡皮擦工具的擦除强度，不透明度为100%时可以将像素完全擦除，不透明度较低时可以擦除部分像素。当"模式"设置为"块"时，不能使用该选项。
- **流量**：设置当将指针移动到某个区域上方时应用颜色的速率。
- **抹到历史记录**：勾选该复选框，擦除图像后，在"历史记录"面板选择一个状态或快照，可以将图像恢复为指定状态。

5.5.2 背景橡皮擦工具

背景橡皮擦工具可以将图像中特定的颜色擦除，如果当前图层是"背景"图层，进行擦除后将变为透明效果，并且"背景"图层将会自动转换为普通图层"图层0"；如果当前图层是普通图层，进行擦除后同样将变为透明效果，并显示下面可见层的图像。图5-121所示为背景橡皮擦工具的选项栏。

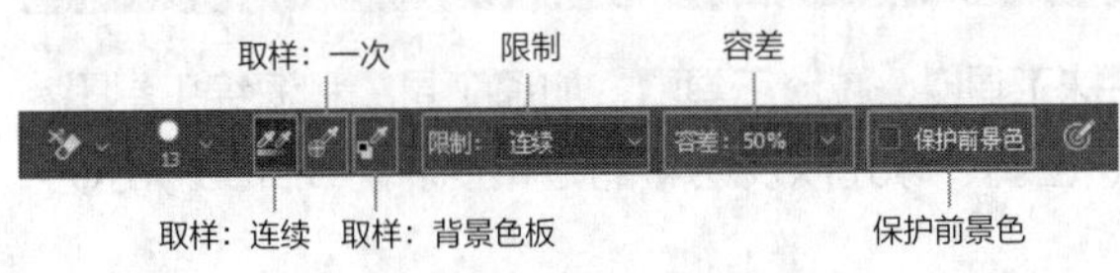

图5-121

- **取样**：设置取样方式。单击"取样：连续"按钮，在拖曳鼠标时可连续对颜色取样，凡是出现在鼠标指针中心十字线内的图像都会被擦除；单击"取样：一次"按钮，只擦除包含第一次单击点颜色的图像；单击"取样：背景色板"按钮，只擦除包含背景色的图像，原图及3种效果如图5-122所示。

原图

连续　一次　背景色板

图5-122

- **限制**：定义擦除时的限制模式。选择"不连续"，可擦除所有包含样本颜色的区域；选择"连续"，只擦除包含样本颜色并且互相连接的区域；选择"查找边缘"，可擦除包含样本颜色的连接区域，同时更好地保留形状边缘的锐化程度。
- **容差**：设置擦除颜色的相近范围。低容差仅用于擦除与样本颜色非常相似的区域，高容差可擦除范围更广的颜色。
- **保护前景色**：勾选该复选框后，可防止擦除与前景色匹配的区域。

实战演练　利用背景橡皮擦工具抠图

01 按Ctrl+O组合键打开一个文件，如图5-123所示。

02 选择背景橡皮擦工具，在工具选项栏中设置参数，大小为100像素，取样为"连续"，容差为100%，以防止马身上的细节被擦除。将鼠标指针移动到马的周围，对图像进行背景擦除，效果如图5-124所示。

图5-123

图5-124

03 将容差设为20%，继续在马周围移动鼠标指针擦除背景，注意不要让鼠标指针的十字线碰到马，否则马也会被擦除，效果如图5-125所示。

04 打开一个文件，使用移动工具将马的图像拖入该文件，并调整其位置，这样就更换了画面背景，效果如图5-126所示。

图5-125

图5-126

5.5.3 魔术橡皮擦工具

魔术橡皮擦工具可以擦除与单击处像素相同或相近的像素点。如果是在锁定了透明区域的图层中使用该工具，被擦除的区域会变为背景色；在"背景"图层或是其他图层中使用该工具，被擦除的区域会成为透明区域。图5-127所示为魔术橡皮擦工具的选项栏。

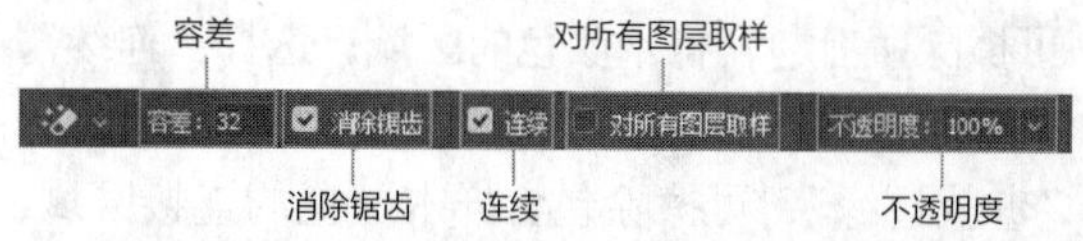

图5-127

- **容差**：设置可擦除的颜色范围。低容差会擦除与单击点像素颜色非常相似的像素，高容差可擦除范围更广的颜色，如图5-128所示。

容差值为50%

容差值为80%

图5-128

- **消除锯齿**：可以使擦除区域的边缘产生平滑过渡效果。
- **连续**：勾选该复选框，只能擦除与单击点像素相连的相似像素；取消勾选时，可擦除图像中所有相似的像素，如图5-129所示。

不勾选连续

勾选连续

图5-129

- **对所有图层取样**：对所有可见图层进行取样。
- **不透明度**：设置擦除强度，不透明度为100%时将完全擦除像素；不透明度较低时，被擦除的区域将显示为半透明状态。

5.6 使用修饰与润色工具

修饰与润色工具包括模糊工具、锐化工具、涂抹工具、减淡工具、加深工具和海绵工具。使用这些工具对照片进行润饰，可以改善图像的细节、色调、曝光以及色彩的饱和度。图5-130所示为模糊工具组和减淡加深工具组。

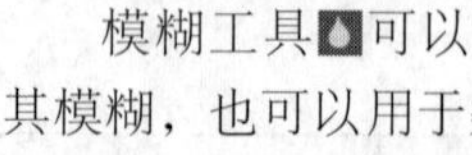

模糊工具组　减淡加深工具组

图5-130

5.6.1 模糊工具

模糊工具可以柔化图像中生硬的边缘，使其模糊，也可以用于柔化图像的高亮区或阴影区。图5-131所示为模糊工具的选项栏。

图5-131

- **切换画笔面板**：可以选择一个画笔，模糊区域的大小取决于画笔的大小。
- **模式**：设置模糊工具的混合模式。
- **强度**：设置模糊工具的描边强度。参数越大，在视图中涂抹的效果越明显。如图5-132所示。

强度值为50%

强度值为100%

图5-132

- **对所有图层取样**：勾选该复选框，表示将对所有可见图层中的数据进行处理；取消勾选，则只处理当前图层中的数据。

5.6.2 锐化工具

锐化工具可以增大像素之间的对比度，以提

高画面的清晰度。锐化工具的选项栏与模糊工具选项栏基本相同，使用方法也相同，但锐化工具产生的效果与模糊工具产生的效果正好相反。图5-133所示为锐化工具的选项栏。

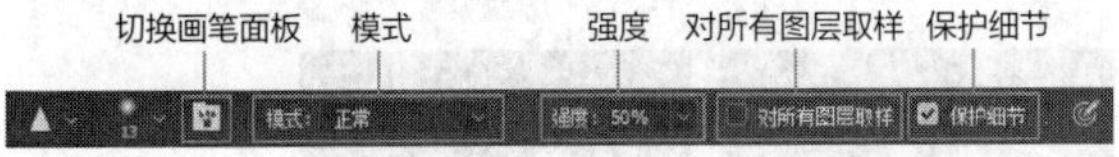

切换画笔面板　模式　强度　对所有图层取样　保护细节

模式：正常　强度：50%　对所有图层取样　保护细节

图5-133

- **保护细节**：可以保护图像的细节不受影响，如图5-134所示。

锐化前

锐化后

图5-134

提示

在对图像进行锐化处理时，应尽量选择较小的画笔以及设置较低的强度百分比，否则会使图像出现类似划痕一样的色斑像素。

5.6.3 涂抹工具

涂抹工具就像使用手指搅拌颜料桶一样混合颜色。涂抹工具可以将单击处的颜色开始与鼠标指针经过的区域的颜色进行混合。除了颜色外，涂抹工具还可在图像中实现水彩般的图像效果。如果图像颜色的边缘生硬，或颜色之间过渡不好，可以使用涂抹工具将过渡效果柔化。图5-135所示为涂抹工具的选项栏，除“手指绘画”外，其他选项的使用方法与模糊工具、锐化工具相同。

切换到画笔面板　模式　强度　对所有图层取样　手指绘画

模式：正常　强度：50%　对所有图层取样　手指绘画

图5-135

- **手指绘画**：勾选该复选框后，可以在涂抹时产生类似于用手指蘸着颜料在图像中进行涂抹的效果，它与前景色有关；取消勾选，则使用每个起点处鼠标指针所在位置的颜色进行涂抹，原图及两种效果如图5-136所示。

原图

勾选手指绘画

取消勾选

图5-136

实战演练　利用模糊、锐化工具突出图像

01 按Ctrl+O组合键打开一个文件，如图5-137所示。

02 将“背景”图层拖曳到“创建新图层”按钮上，得到“背景拷贝”图层，如图5-138所示。

图5-137

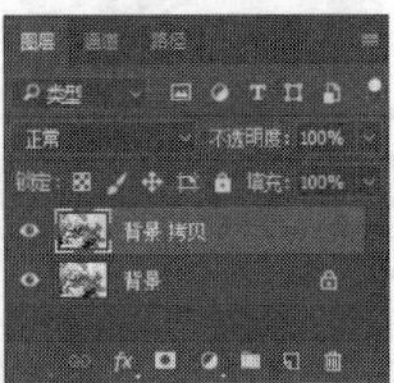

图5-138

03 选择椭圆选框工具，创建椭圆选区，如图5-139所示，按Shift+Ctrl+I组合键，反向选择选区。

04 选择模糊工具，设置模糊工具的大小为200像素，硬度为100%，强度为100%，对选区进行涂抹，效果如图5-140所示。

图5-139

图5-140

05 按Ctrl+D组合键取消选区，对花朵的边缘进行模糊处理，如图5-141所示。

06 选择锐化工具，对花朵的边缘进行锐化处理，使花朵主体更加突出，效果如图5-142所示。

图5-141

图5-142

07 使用模糊工具和锐化工具反复修改，最终效果

如图5-143所示。

图5-143

5.6.4 减淡工具

减淡工具可以改善图像的曝光效果，通过对图像的阴影、中间调或高光部分进行提亮，使之达到强调突出的效果。图5-144所示为减淡工具的选项栏。

切换到画笔面板 范围 曝光度 喷枪 保护色调

图5-144

- 范围：设置减淡工具要修改的颜色范围。选择“阴影”，可处理图像的暗色调；选择“中间调”，可处理图像的中间调（灰色的中间范围色调）；选择“高光”，则可处理图像的亮部色调。原图及3种效果如图5-145所示。

原图 阴影 中间调 高光

图5-145

- 曝光度：可以为减淡工具指定曝光强度。值越大，效果越明显，图像越亮。不同值效果如图5-146所示。

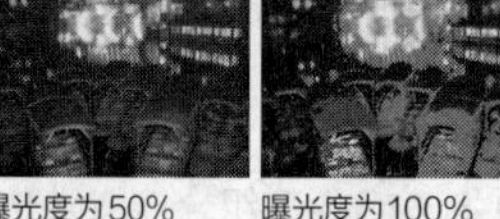

曝光度为50% 曝光度为100%

图5-146

- 喷枪：单击该按钮，可以为画笔开启喷枪功能。
- 保护色调：可以保护图像的色调不受影响。

5.6.5 加深工具

加深工具在应用效果上正好与减淡工具相反，它可以降低图像的亮度，通过加深来校正图像的曝光度，多用于处理阴影和曝光度需要加深的图像。加深工具选项栏中的内容与减淡工具相同，使用方法也相同。图5-147为加深工具的选项栏。图5-148为加深前后的效果图。

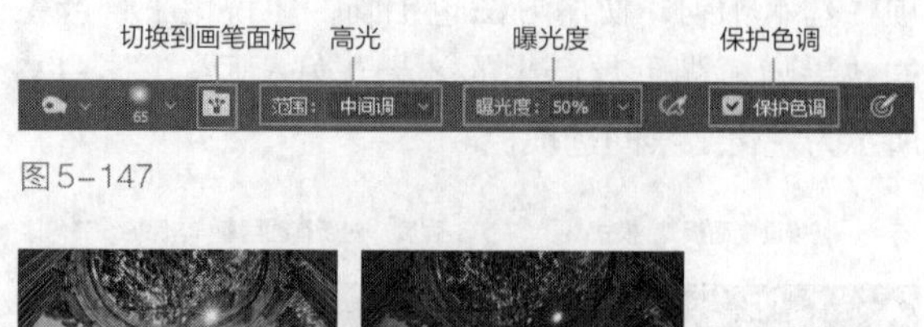

图5-147

原图 加深效果

图5-148

5.6.6 海绵工具

海绵工具可以用来增加或降低图像颜色的饱和度。当增加颜色饱和度时，其灰度就会减少，但对黑白图像处理效果不明显。在RGB模式的图像中使用超出CMYK范围的颜色时，海绵工具的“去色”选项十分有用。使用海绵工具在这些超出范围的颜色上拖曳，可以逐渐降低其浓度，从而使其变为CMYK光谱中可打印的颜色。图5-149所示为海绵工具的选项栏。

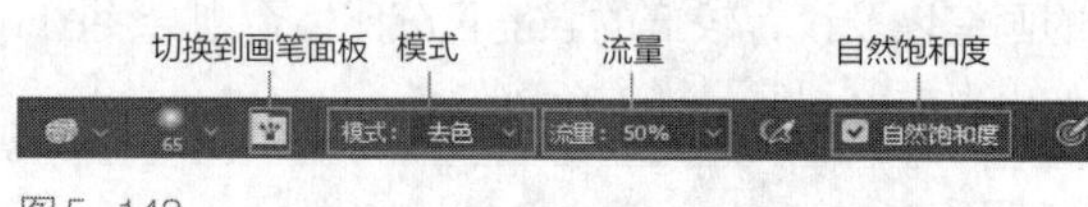

图5-149

- 模式：设置海绵工具的应用方式。如果要增加色彩的饱和度，可以选择“加色”；如果要降低色彩的饱和度，则选择“去色”，如图5-150所示。

增加饱和度 降低饱和度

图5-150

- 流量：可以为海绵工具指定流量。值越大，海绵工具增加或降低饱和度的强度越大，效果越明显。
- 自然饱和度：勾选该复选框，可以在增加饱和度时，防止颜色过度饱和而出现溢色的现象。

实战演练 利用加深、减淡工具细化人物写真

01 按Ctrl+O组合键打开一个文件，如图5-151所示。

02 将“背景”图层拖曳到“创建新图层”按钮上，

得到“背景 拷贝”图层，如图5-152所示。

图5-151

图5-152

03 选择钢笔工具，在工具选项栏中选择“路径”模式，在人物眼睛处绘制路径，如图5-153所示。

04 单击“路径”面板下的“将路径作为选区载入”按钮，得到图5-154所示的选区。

图5-153

图5-154

05 执行“选择→修改→羽化”命令，设置羽化半径值为4像素，如图5-155所示。

图5-155

06 执行“图像→调整→曲线”命令，适当提高眼睛的亮度。在弹出的“曲线”对话框中设置参数，如图5-156所示。

07 在“曲线”对话框的通道中选择“蓝”，给眼睛加点蓝色，参数设置如图5-157所示。

08 单击“曲线”对话框右侧的“确定”按钮，得到图5-158所示的效果。

09 选择加深工具，加深眼睛暗部，让眼睛看起来更真实。在工具选项栏中设置画笔硬度为50%，范围选择“阴影”，曝光度为25%，在选区内对眼睛进行加深处理，效果如图5-159所示。

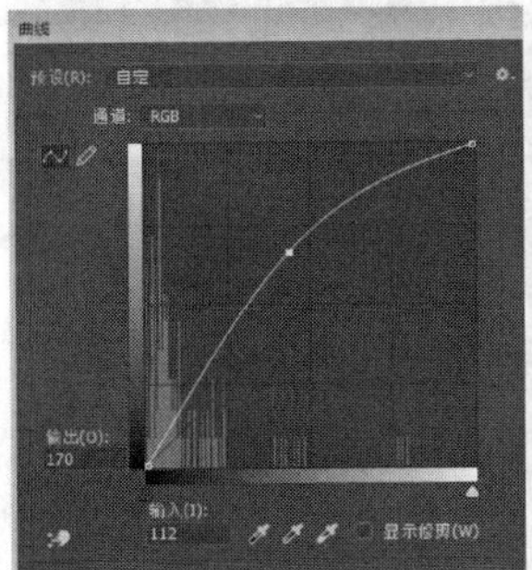

图5-156

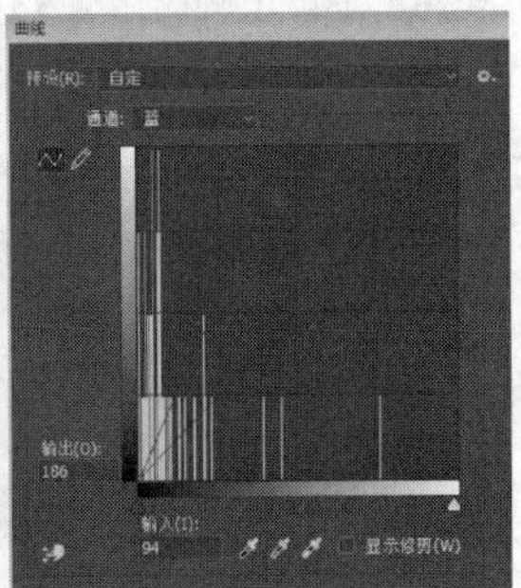

图5-157

图5-158

图5-159

10 选择减淡工具，减淡眼睛亮部，让眼睛看起来更有立体感。在工具选项栏中设置画笔硬度为10%，范围选择“高光”，曝光度为15%，在眼睛的高光区域进行简单处理，效果如图5-160所示。

11 按Ctrl+D组合键取消选区，最终得到图5-161所示的效果。

图5-160

图5-161

5.7 填充颜色或图案

填充是指在图像或选区内填充颜色或图案，同时还可以设置填充的不透明度和混合模式。

5.7.1 使用“填充”命令

使用“填充”命令可以在当前图层或选区内填充颜色或图案，在填充时还可以设置不透明度和混合模式。文本图层和被隐藏的图层不能进行填充。

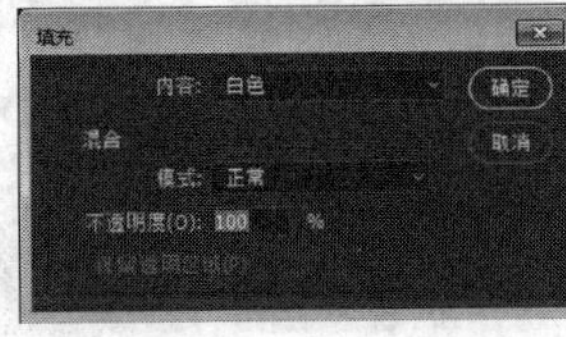

图5-162

执行“编辑→填充”命令，弹出“填充”对话框，如图5-162所示。通常在使用填充命令执行填充操作前，需要创建一个合适的选区，如果当前图像中不存在选区，则填充效果将作用于整幅图像。

- **内容**：选择填充方式，包括使用前景色、背景色、颜色、内容识别、图案、历史记录、黑色、

50%灰色和白色。当选择“内容识别”选项时，将根据所选区域周围的图像进行修补。当选择“图案”选项时，将激活“自定图案”选项，单击右侧的图标，则可打开图案下拉面板。

- 模式：设置填充的模式。
- 不透明度：调整填充的不透明程度。

实战演练 制作花布

01 按Ctrl+N组合键新建一个文件，参数设置如图5-163所示。

02 设置前景色为黄色（R210、G85、B0），背景色为白色，选择“背景”图层，执行“滤镜→渲染→云彩”命令，得到图5-164所示效果。

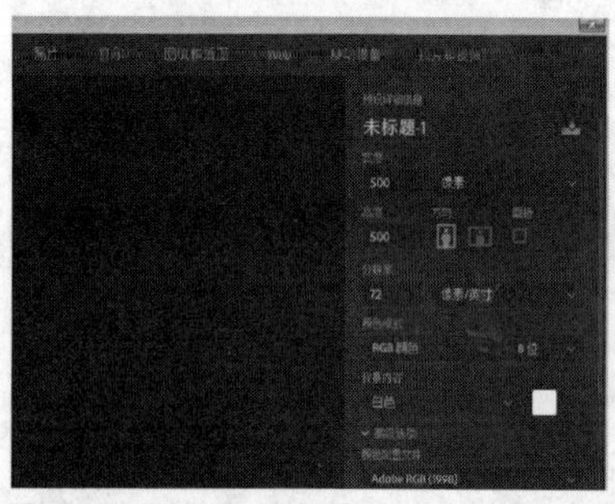
图5-163

图5-164

03 执行“滤镜→杂色→添加杂色”命令，在打开的“添加杂色”对话框中设置参数，如图5-165所示。

04 执行“滤镜→滤镜库”命令，打开“滤镜库”对话框，选择“纹理”滤镜组中的“纹理化”，设置其参数如图5-166所示。

图5-165

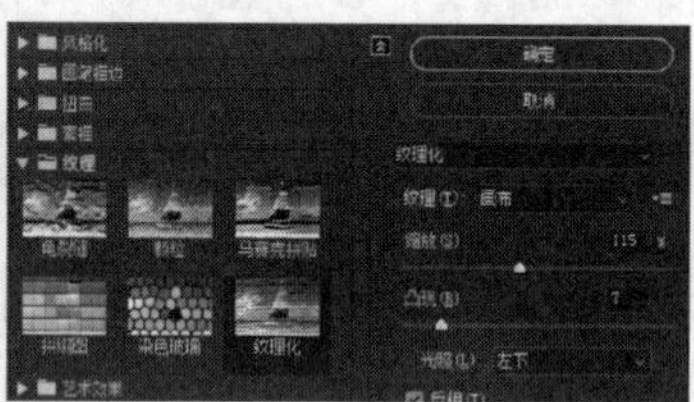
图5-166

05 按Ctrl+U组合键打开“色相/饱和度”对话框，参数设置如图5-167所示。

06 按Ctrl+O组合键打开一个文件，如图5-168所示。

07 选择魔棒工具，在图案上单击，得到图5-169所示的选区。

08 按Ctrl+J组合键复制选区得到“图层1”图层，用鼠标右键单击“背景”图层，删除“背景”图层，得到图5-170所示效果。

09 执行“编辑→定义图案”命令，重命名图案，如图5-171所示。

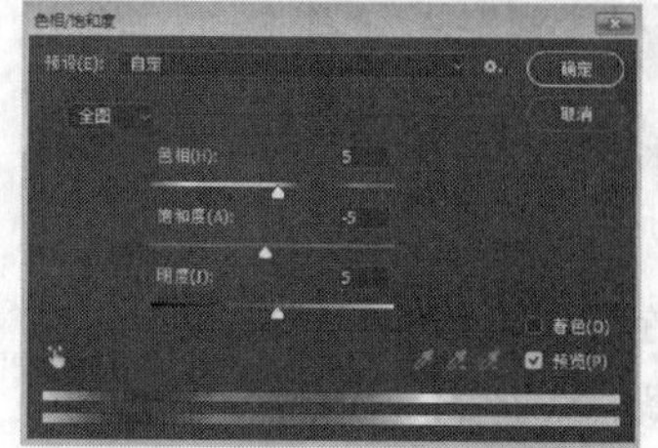
图5-167

图5-168

图5-169

图5-170

图5-171

10 选择刚刚创建的文件，单击“创建新图层”按钮，创建“图层1”图层。执行“编辑→填充”命令，参数设置如图5-172所示。

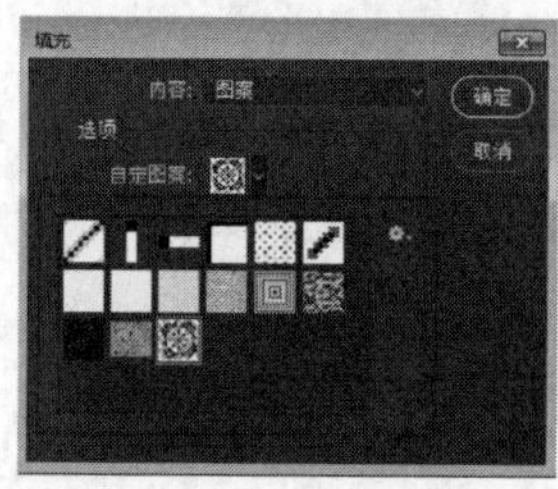

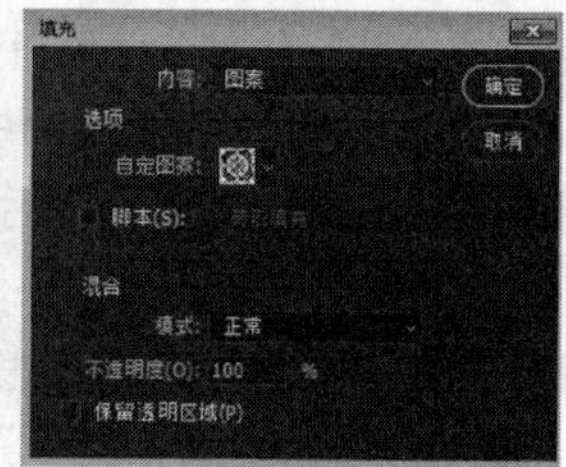
图5-172

11 填充后的效果如图5-173所示。

12 执行“滤镜→模糊→高斯模糊”命令，参数设置如图5-174所示。

图5-173

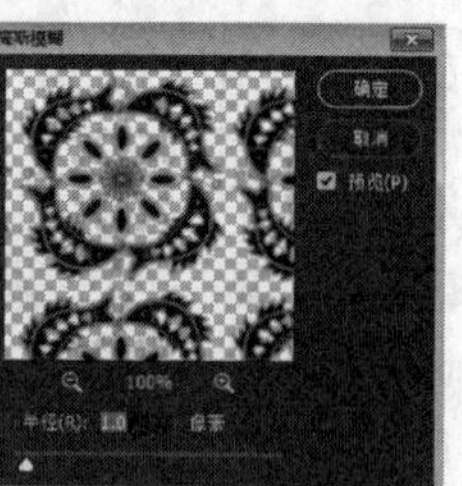
图5-174

13 单击“添加图层样式”按钮fx，选择“投影”，参数设置如图5-175所示。

14 设置图层混合模式为“颜色加深”，最终得到图5-176所示效果。

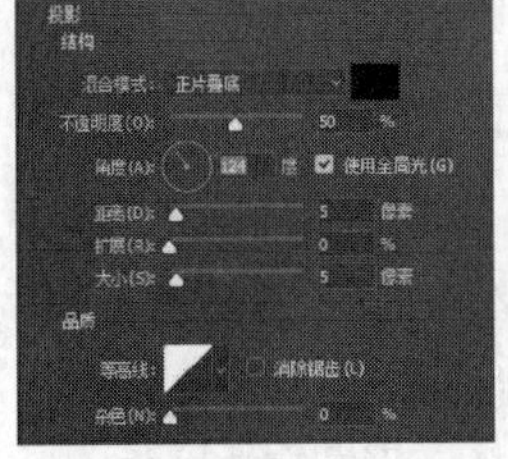

图5-175

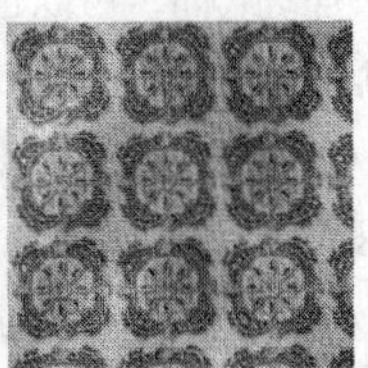
图5-176

5.7.2 使用“描边”命令

执行“描边”命令，可以对选择的区域进行描边操作，得到沿选择区域勾描的线框，描边操作的前提条件是图像具有一个选择区域。执行“编辑→描边”命令，弹出“描边”对话框，如图5-177所示。

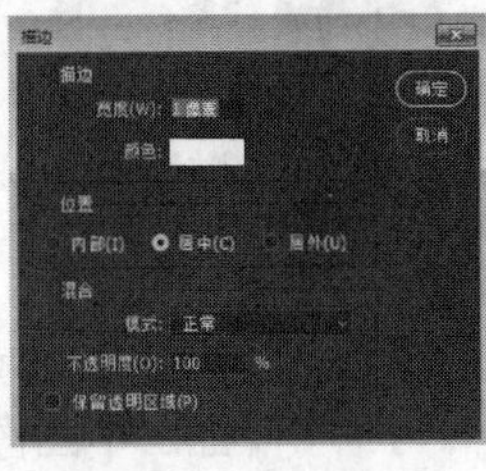

图5-177

- **描边**：设置边线宽度和边线颜色。在“宽度”数值框中可以设置描边宽度；单击“颜色”右侧的颜色条，可以在打开的“拾色器（描边颜色）”对话框中设置描边颜色，不同边线宽度的效果如图5-178所示。

图5-178

- **位置**：设置描边相对于选区的位置，包括“内部”“居中”“居外”，如图5-179所示。

内部

居中

居外

图5-179

- **混合**：设置描边的模式和不透明度。勾选“保留透明区域”复选框表示只对包含像素的区域进行描边。

5.7.3 使用油漆桶工具

使用油漆桶工具在图像中单击即可填充前景色或图案。填充时，可以设置工具选项栏中的相关参数，按所需形式进行填充。图像中如果已经创建了选区，填充的区域为所选区域；如果没有创建选区，则填充与单击点颜色相近的区域。图5-180所示为油漆桶工具的选项栏。

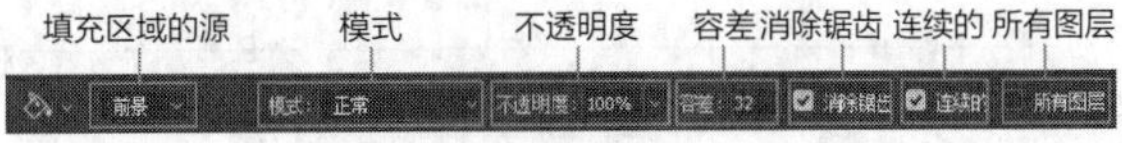

填充区域的源　模式　不透明度　容差　消除锯齿　连续的　所有图层

图5-180

- **填充区域的源**：单击右侧的按钮，可以在下拉列表中选择填充区域的源。选择“前景”，填充的内容是当前工具箱中的前景色；选择“图案”，可以在图案下拉面板中选择合适的图案，然后进行图案填充，两种效果如图5-181所示。
- **模式**：设置填充的颜色或图案与原图像的混合模式。
- **不透明度**：设置填充颜色或图案的不透明度，如图5-182所示。

前景

图案

图5-181

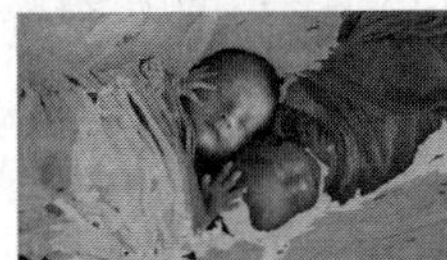
不透明度为50%

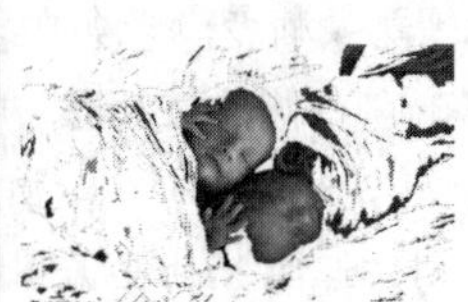
不透明度为100%

图5-182

- **容差**：定义填充像素的颜色相似程度。低容差会填充颜色值范围内与单击点像素颜色非常相似的像素，高容差则填充更大范围内的像素。
- **消除锯齿**：可以使填充的颜色或图案产生平滑过渡效果。
- **连续的**：勾选该复选框时，只填充与单击点相连续的像素；取消勾选时可填充图像中的所有相似像素，两种效果如图5-183所示。

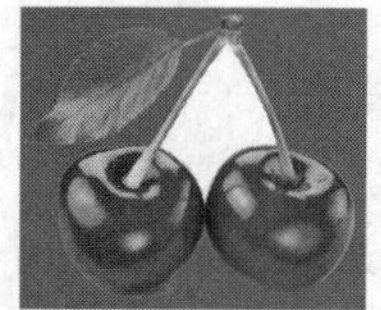
勾选连续

取消勾选

图5-183

- **所有图层**：勾选该复选框后，表示填充所有可见图层；取消勾选则仅填充当前图层。

> **提示**
>
> 按Alt+Delete组合键，可以使用前景色填充画布；按Ctrl+Delete组合键，可以使用背景色填充画布。并不是所有的图像模式都适用油漆桶工具，例如位图模式就不能应用油漆桶工具进行填充。

5.7.4 使用渐变工具

渐变工具■可以创建多种颜色逐渐混合的效果。选择渐变工具后，首先在工具选项栏选择一种渐变类型，并设置渐变颜色和混合模式等选项，然后在画面中拖曳鼠标即可创建渐变效果。图5-184所示为渐变工具的选项栏。

编辑渐变 渐变拾色器 渐变类型 模式 不透明度 反向 仿色 透明区域

图5-184

- **渐变编辑器**：渐变颜色条中显示了当前的渐变颜色，单击它右侧的按钮■，可打开渐变工具下拉面板，如图5-185所示。如果直接单击渐变颜色条，则会弹出“渐变编辑器”对话框，在“渐变编辑器”对话框中可以设置渐变颜色的相关参数，如图5-186所示。

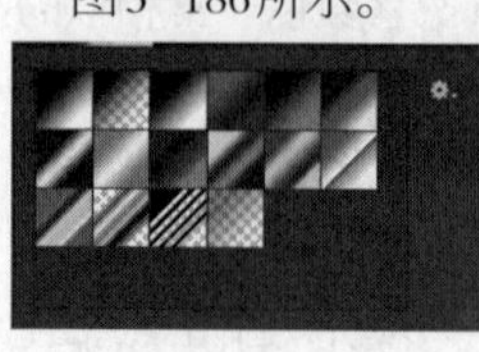

图5-185

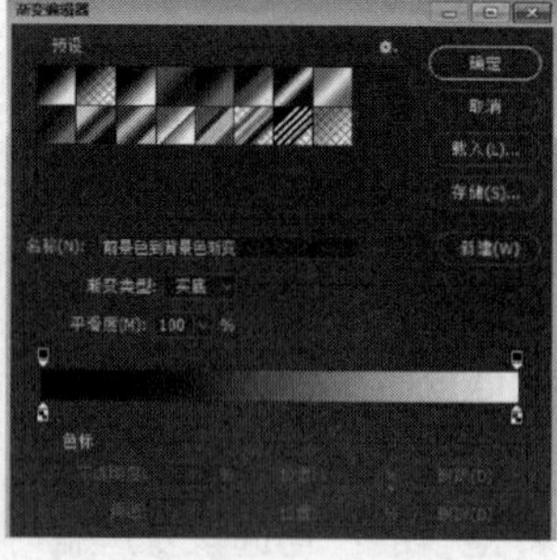

图5-186

- **渐变类型**：单击“线性渐变”按钮■，创建自鼠标指针落点处至终点处的直线渐变效果。单击“径向渐变”按钮■，然后在画面中自中心向左上方拖曳鼠标，可以创建以鼠标指针落点处为圆心，拖曳鼠标指针的距离为半径的圆形渐变效果。单击“角度渐变”按钮■，然后在画面中自中心向右下方拖曳鼠标，可以创建以鼠标指针落点处为圆心，自拖曳鼠标指针的角度起逆时针旋转360° 的锥形渐变效果。单击“对称渐变”按钮■，然后在画面中由中心向下方拖曳鼠标，可以创建自鼠标指针落点处至终点处的直线渐变效果，并且以鼠标指针落点处与拖曳方向相垂直的直线为轴，进行对称渐变。单击“菱形渐变”按钮■，然后在画面中自中心向右下方拖曳鼠标，可以创建以鼠标指针落点处为圆心，拖曳鼠标指针的距离为半径的菱形渐变效果的一个角。5种渐变类型效果如图5-187所示。

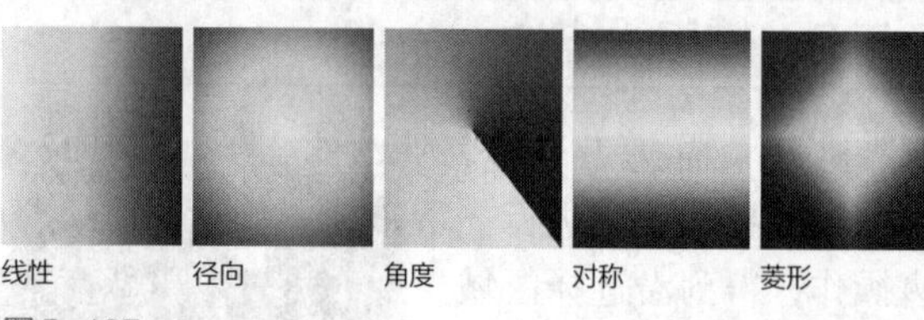
线性 径向 角度 对称 菱形

图5-187

- **模式**：设置渐变填充图层与下一个图层中图像的混合模式。
- **不透明度**：设置渐变填充颜色的不透明度。值越小越透明，如图5-188所示。

不透明度50% 不透明度100%

图5-188

- **反向**：可转换渐变中的颜色顺序，得到反方向的渐变效果。
- **仿色**：该复选框主要应用于需要印刷输出的作品，用来防止印刷时出现条带化现象。勾选该复选框，可以使颜色渐变效果更加平滑，但在计算机屏幕上并不能明显地体现出其作用。
- **透明区域**：设置透明渐变的效果。勾选该复选框，可以创建包含透明像素的渐变；取消勾选，则创建实色渐变，如图5-189所示。

勾选 取消勾选

图5-189

◎“渐变编辑器”对话框简介

在工具箱中选择渐变工具■后，打开“渐变编辑器”对话框，如图5-190所示。通过“渐变编辑器”对话框可以选择系统预设的渐变，也可以创建自己需要的新渐变。

- **预设**：显示当前默认的渐变，直接单击即可选择相应的渐变，如图5-191所示。

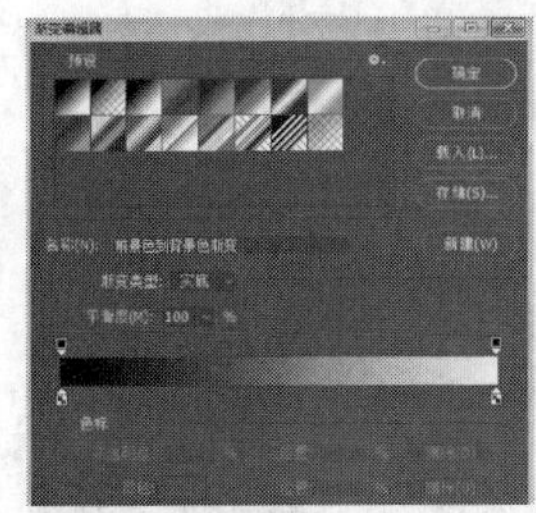

图5-190　　图5-191

- **名称**：显示当前选择的渐变名称，也可以直接输入新名称，然后单击右侧的“新建”按钮，创建一个新的渐变，新渐变将显示在预设栏中。
- **渐变类型**：包括“实底”和“杂色”两个选项。
- **平滑度**：设置渐变颜色的过渡平滑程度，值越大，过渡越平滑。
- **渐变条**：显示当前渐变效果，并可以通过下方的色标和上方的不透明度色标来编辑渐变。

◎添加与删除色标

将鼠标指针移动到渐变条的上方，鼠标指针变成时单击，可以创建一个不透明度色标。将鼠标指针移动到渐变条的下方，鼠标指针变成时单击，可以创建一个色标，如图5-192所示。多次单击可以添加多个色标。若要删除色标或不透明度色标，可以选择色标后单击“删除”按钮或者直接将色标向上方拖曳。

图5-192

◎编辑色标颜色

单击渐变条下方的色标，色标上面的三角形变黑，则表示选中了该色标。

- **双击法**：在色标上双击，打开“拾色器（色标颜色）”对话框，选择需要的颜色即可。
- **“颜色”选项**：在“色标”选项中，单击“颜色”右侧的颜色条，打开“拾色器（前景色）”对话框，选择需要的颜色即可，如图5-193所示。
- **直接吸取**：将鼠标指针移动到“色板”面板，如图5-194所示，或者将鼠标指针移动到打开的图像中需要的颜色上，单击即可。

图5-193

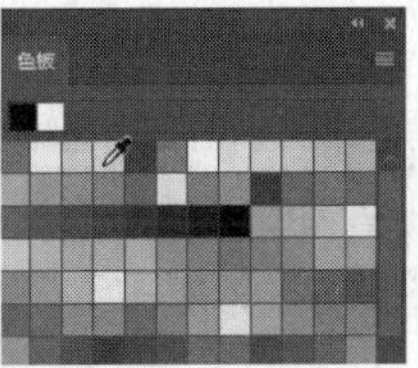

图5-194

◎移动色标

选择色标后，直接左右拖曳色标，即可移动色标的位置。如果在拖曳的同时按住Alt键，则可以复制出一个新的色标。移动色标的操作如图5-195所示。

选择色标或不透明度色标后，在“色标”选项中，修改对应的“位置”参数，即可精确调整色标或不透明度色标的位置，如图5-196所示。

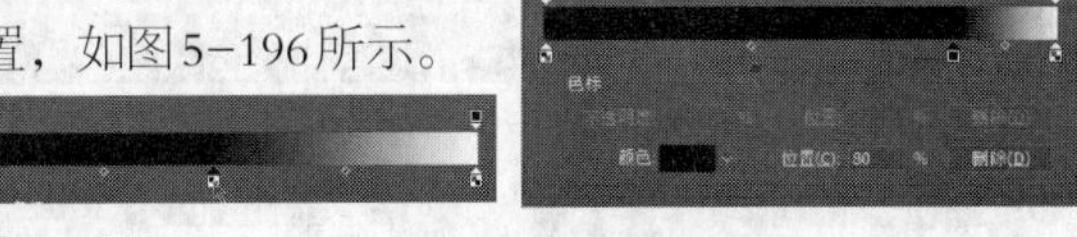

图5-195　　图5-196

> **提示**
>
> 在拖曳色标时，如果拖曳的范围超出了色标的有效位置，色标就会消失，此时如果按住鼠标左键不放，将鼠标指针拖曳到渐变条的附近，色标会再次出现。

◎调整色标中点

当选择一个色标时，在当前色标与邻近的色标之间将出现一个菱形标记，这个标记为“颜色中点”，拖曳该点，可以修改颜色中点两侧的颜色比例，效果如图5-197所示。

当选择一个不透明度色标时，在当前不透明度色标与邻近的不透明度色标之间将出现一个菱形标记，这个标记为“不透明度中点”，拖曳该点，可以修改不透明度中点两侧的颜色比例，效果如图5-198所示。

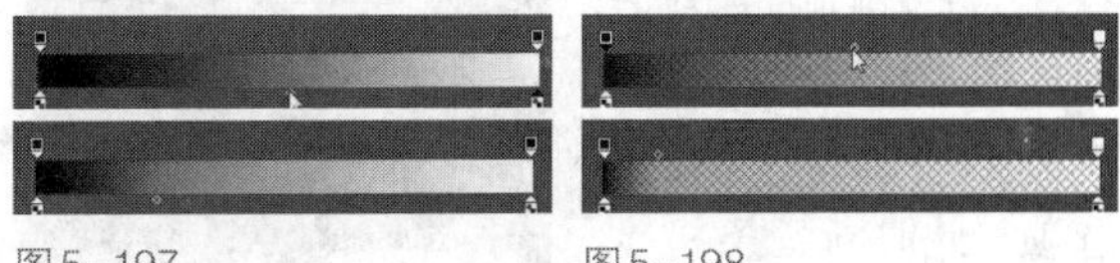

图5-197　　图5-198

◎透明渐变

利用“渐变编辑器”对话框不仅可以做出实色的渐变效果，还可以做出透明的渐变效果。

选择渐变工具，在工具栏中单击渐变颜色条，打开“渐变编辑器”对话框，在“预设”栏中选取一个渐变样式，如图5-199所示。添加一个不透明度色标，在“色标”选项中修改“不透明度”值，此时从渐变条中可以看到颜色出现了透明效果，如图5-200所示。

将鼠标指针放在渐变条的上方，当鼠标指针变成![]时，单击鼠标，即可在当前的位置添加一个不透明度色标，如图5-201所示。

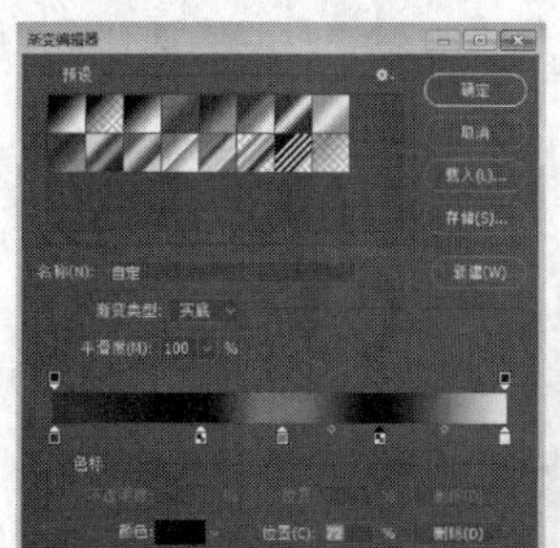

图5-199

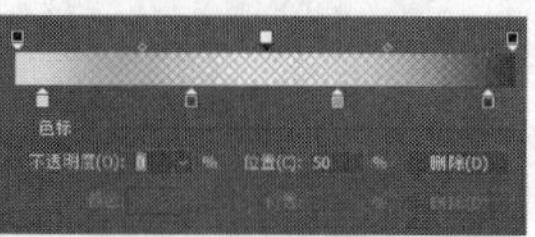

图5-200

图5-201

添加不透明度色标后，在“色标”选项中，将显示该不透明度色标的不透明度和位置参数，并激活“删除”按钮。修改不透明度色标的“不透明度”为“90%”，“位置”为“50%”，如图5-202所示。

使用同样的方法可以添加更多的不透明度色标，如图5-203所示。单击“确定”按钮，就完成了透明渐变的编辑。

图5-202

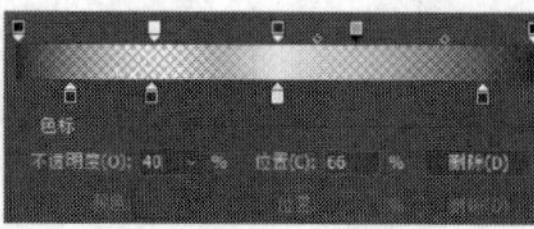

图5-203

◎杂色渐变

利用“渐变编辑器”对话框不仅可以制作出实色的渐变效果，还可以制作出杂色的渐变效果。

选择渐变工具后，打开“渐变编辑器”对话框，在“渐变类型”下拉列表中选择“杂色”选项，此时渐变条将显示杂色效果，如图5-204所示。

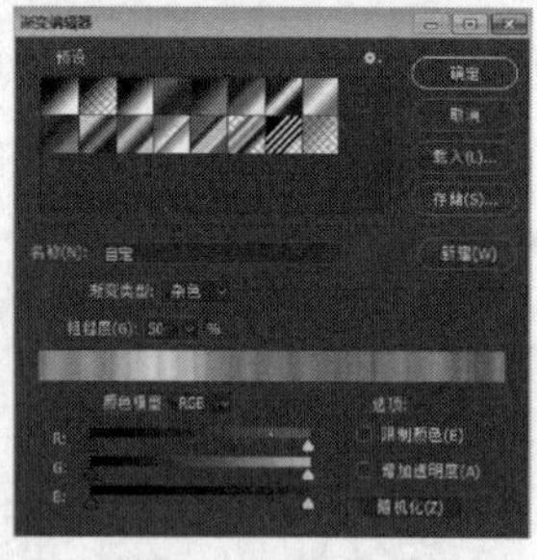

图5-204

- **粗糙度**：设置渐变颜色之间的粗糙度，该值越大，颜色的层次越丰富，但颜色间的过渡越粗糙，效果如图5-205所示。

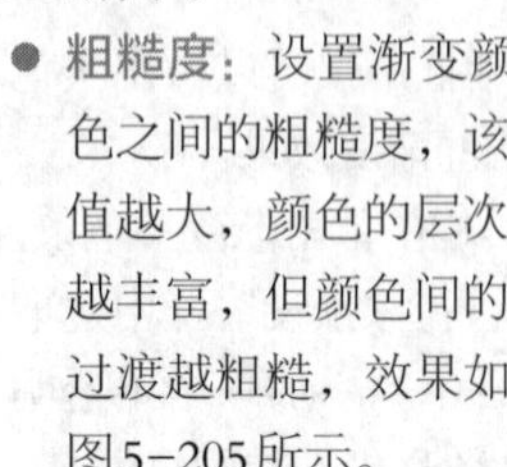

图5-205

- **颜色模型**：在该下拉列表中可以选择一种颜色模型来设置渐变，包括RGB、HSB和LAB共3种颜色模型。每一种颜色模型都有对应的颜色滑块，拖曳滑块即可调整渐变颜色，如图5-206所示。

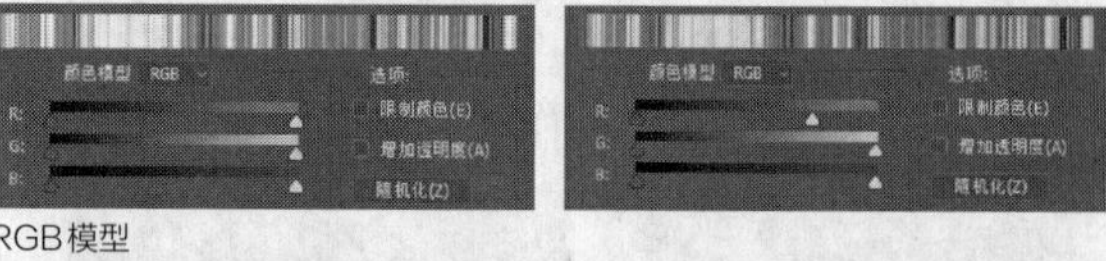

RGB模型

HSB模型

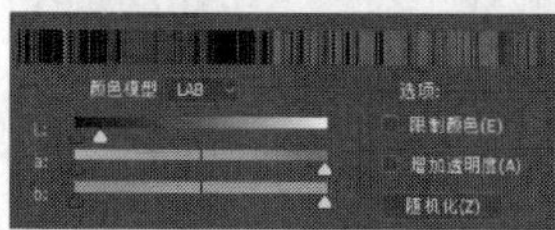

LAB模型

图5-206

- **限制颜色**：将颜色限制在可以打印的范围内，防止颜色过于饱和。
- **增加透明度**：可以向渐变中添加透明杂色，以制作带有透明度的杂色效果。
- **随机化**：每单击一次该按钮，在不改变其他参数的情形下，随机生成一个新的渐变颜色，如图5-207所示。

图5-207

如需制作单色杂色的渐变效果，可按图5-208所示进行设置。

图5-208

实战演练 制作光盘

01 按Ctrl+N组合键新建文档，参数设置如图5-209所示。

02 按Ctrl+R组合键在工作窗口边界显示标尺，选中标尺并拖曳到工作窗口的内侧创建互相垂直的参考线，如图5-210所示。

03 单击“创建新图层”按钮，创建“图层1”图层。选择椭圆选框工具，按住Shift+Alt组合键与鼠标左键并从轴心向外拖曳鼠标，绘制以参考线交点为圆心的圆形选区，如图5-211所示。

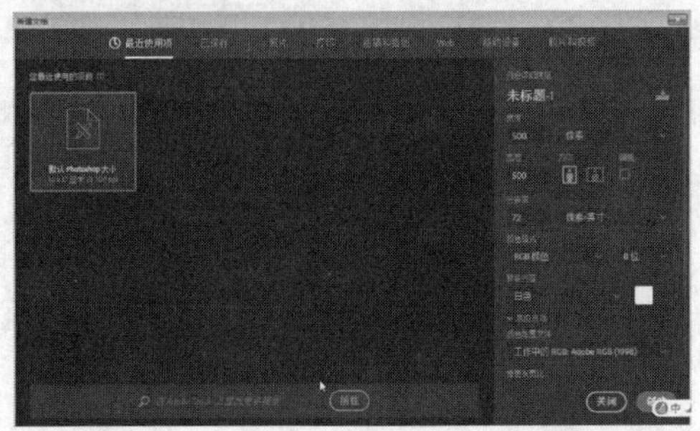
图5-209

图5-210

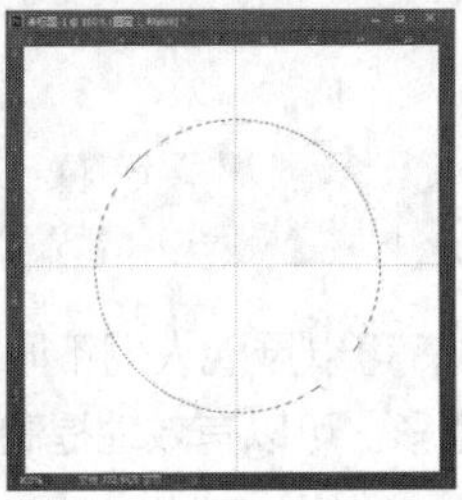

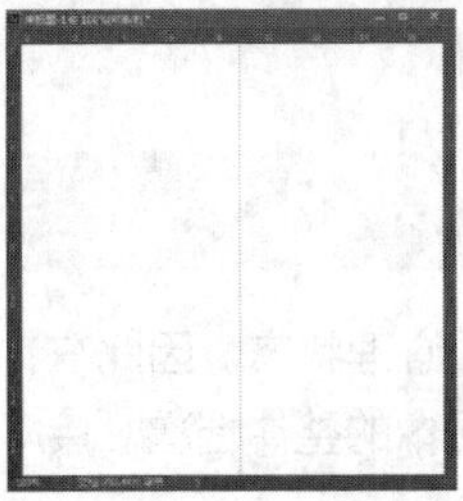

图5-211

04 选择渐变工具，打开“渐变编辑器”对话框，在渐变条下方单击，添加色标，如图5-212所示。

05 选中“图层1”图层，单击渐变工具的“角度渐变”按钮，单击圆心，并按住鼠标左键向外拖曳鼠标，制作出图5-213所示的渐变效果。

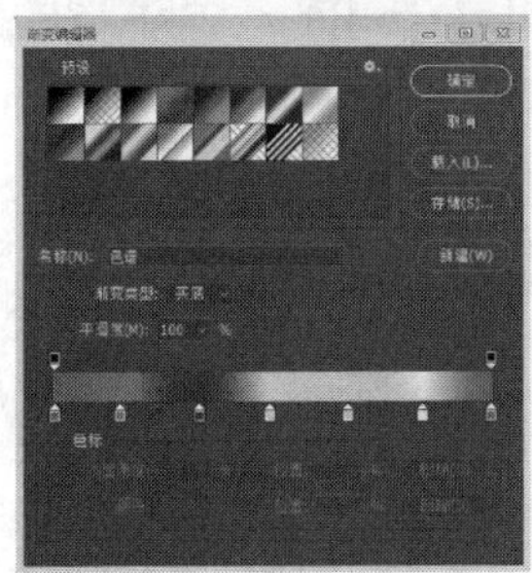
图5-212

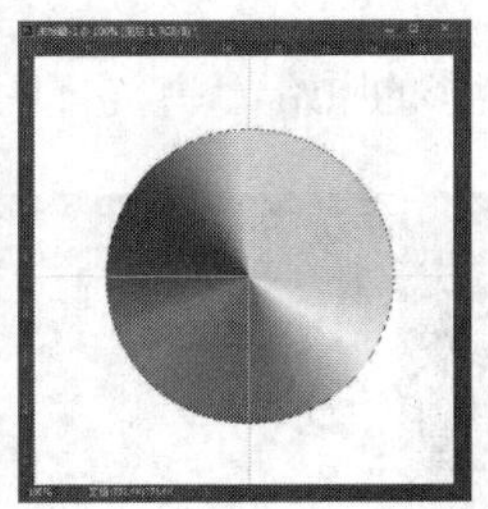
图5-213

06 单击“创建新图层”按钮，创建“图层2”图层。执行“编辑→描边”命令，参数设置如图5-214所示。按Ctrl+D组合键取消选区，得到图5-215所示效果。

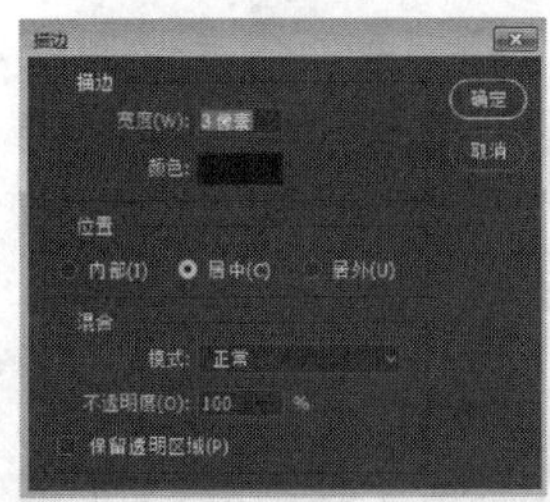
图5-214

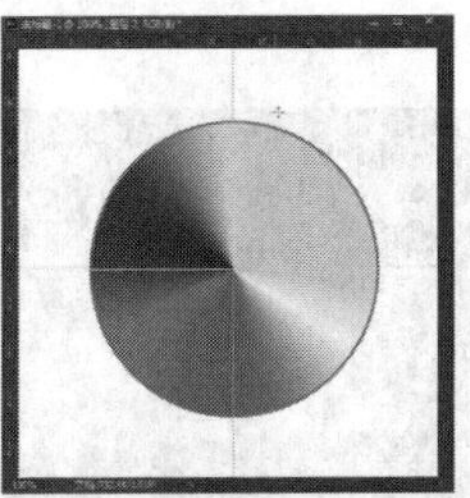
图5-215

07 选择椭圆选框工具，按住Shift+Alt组合键与鼠标左键并从轴心向外拖曳鼠标，在光盘内侧绘制一个以参考线交点为圆心的圆形选区。选中“图层1”图层后按Delete键，删除圆孔内部的像素，得到图5-216所示效果。

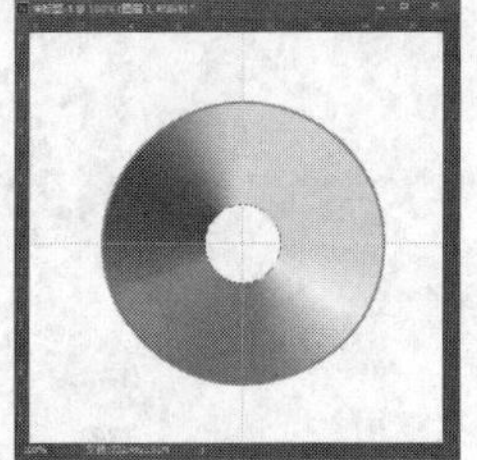
图5-216

08 选中“图层2”图层，执行“编辑→描边”命令。按Ctrl+D组合键取消选区，效果如图5-217所示。单击“创建新图层”按钮，创建“图层3”图层。选择椭圆选框工具，按住Shift+Alt组合键与鼠标左键从参考线交点向外拖曳鼠标，在光盘内侧制作以参考线交点为圆心的更小的圆形选区。再次执行描边命令，得到图5-218所示效果。

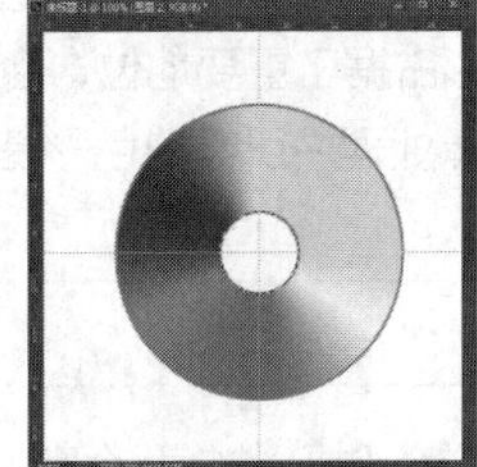
图5-217

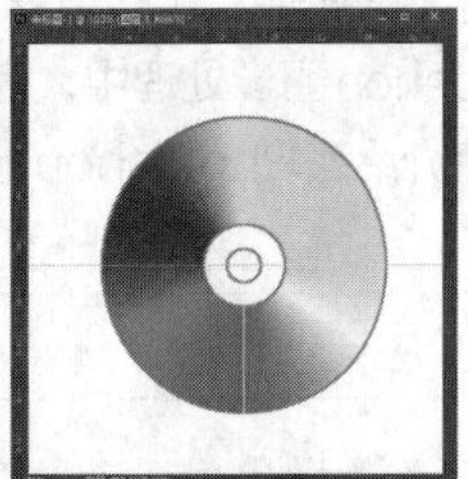
图5-218

09 按Ctrl+Alt+Shift+E组合键，盖印图层，得到“图层4”图层。选择魔棒工具，在光盘内侧制定选区，设置前景色为灰色，按Alt+ Delete组合键用前景色填充选区，在“图层”面板中将填充设置为30%，得到图5-219所示效果。

图5-219

10 用鼠标右键单击“图层4”图层，在弹出的菜单中执行“向下合并”命令，依次合并“图层4”“图层3”“图层2”图层，最终得到“图层1”图层，单击“添加图层样式”按钮，选择“投影”，参数设置如图5-220所示。

11 增加投影样式后，光盘呈现出立体效果，最终效果如图5-221所示。

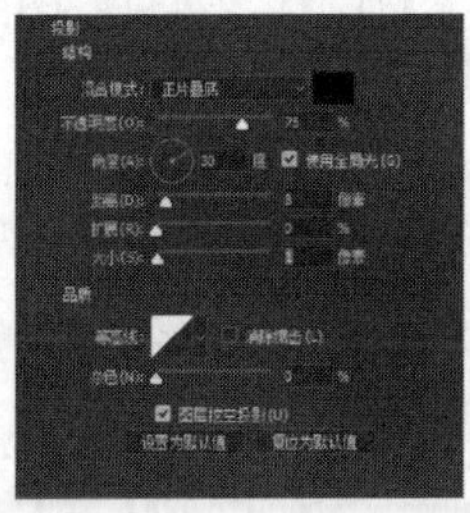
图5-220

图5-221

第06章 色彩的基础

6.1 色彩的基本概念

色彩的属性决定了色彩的适用范围，通过调整色彩的属性，可以展现人们不同的心理状态。因此在Photoshop图像处理中，色彩占据了重要地位，合理地使用色彩，可以有效地提高图像的整体档次。接下来将介绍在Photoshop图像处理中所需的色彩基础知识。

6.1.1 色彩分类

在色彩的世界里，包含着彩色和无彩色两个色系，它们的区别在于是否带有单色光的倾向。

白色和黑色以及各种不同浓淡层次的灰度按照渐变递进规律进行排布，即可形成一个有序系列——无彩色系。无彩色系与彩色系一样具有重要的意义，两者相互辉映，相互作用，形成完整的色彩体系。图6-1所示为彩色环，图6-2所示为无彩色环。

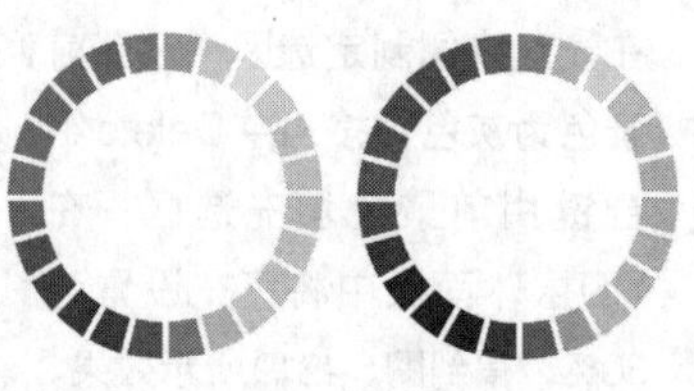

图6-1　　图6-2

彩色系又称有彩色系，是指除无彩色系外，所有不同明暗、不同纯度、不同色相的颜色。色相、明度、纯度是彩色系颜色最基本的特征，即色彩三要素。认识色彩三要素对我们学习色彩、表现色彩、运用色彩都是非常重要的。在Photoshop中有多种方法将彩色图片转换成无彩色图片，常用的方法是将图像转换成灰度模式。打开素材图片，执行“图像→模式→灰度”命令，如图6-3所示，即可将彩色图片转换成无彩图片。图6-4所示为转换成灰度模式的效果，图6-5所示为原图效果。

6.1.2 色彩基本要素

● 色相

色相是色彩的首要特征，是区别各种不同色彩最准确的标准。它是依据可见光的波长来决定的，最基本的色光是太阳光通过三棱镜分散出的红、橙、黄、绿、青、蓝、紫7个光谱色。光谱之中的各色相散发着色彩的原始光辉，它们构成了色彩体系中的色相。

图6-3

图6-4

图6-5

学习重点

色彩是一个强有力的、刺激性极强的设计元素，它可以给人视觉上的第一感受和震撼，因此，运用好色彩至关重要。用好了色彩往往能收到事半功倍的效果。本章将详细介绍色彩的基本概念、Photoshop CC 2017涉及的色彩模式以及色彩模式间的相互转换，为以后的色彩调整及修饰奠定基础。

色相光谱图如图6-6所示，五彩缤纷的产品如图6-7所示。

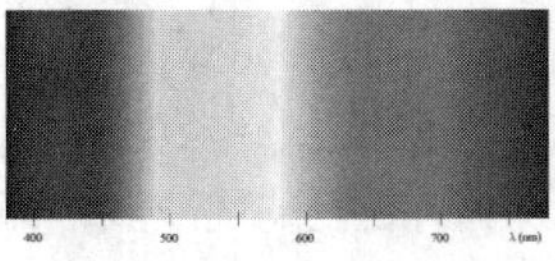

图6-6

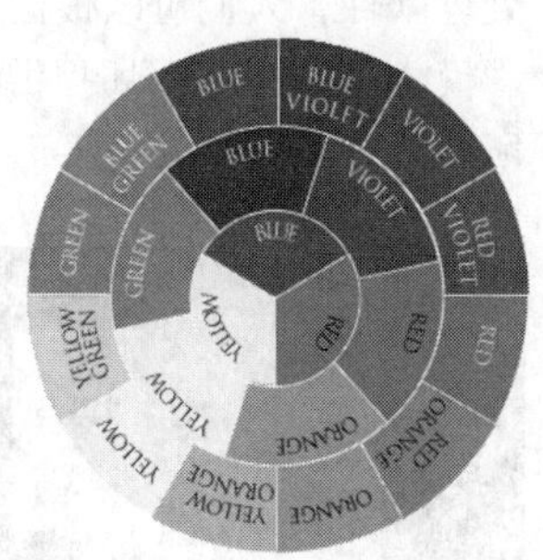
图6-7

在7个光谱色中，由于红、黄、蓝3色不能通过其他颜色调配而成，故被称为原色。两个原色调配而成的颜色称为间色，间色与另一原色调配而成的颜色称为复色。原色、间色、复色色环图如图6-8所示。

图6-8

● 纯度

纯度（饱和度）是指某色相的鲜艳程度，或是直观的波长的单纯程度，纯度广泛的说法就是颜色的饱和度。饱和度取决于该颜色中含色成分与消色成分的比例，含色成分越大，饱和度越大；消色成分越大，饱和度越小。色彩饱和度高时，色彩鲜艳，明度丰富；色彩饱和度较低时，颜色灰暗且毫无生气。执行“图像→调整→自然饱和度”命令，可以改变图像的饱和度参数，执行过程如图6-9所示。饱和度为0%、100%和-100%的图像的色彩效果分别如图6-10至图6-12所示。

● 明度

明度是指眼睛对光源和物体表面的明暗程度的感觉，是根据光线强弱进行鉴别色彩的一种视觉经验。明度一方面取决于物体被照明的程度，另一方面取决于物体表面的反射系数。白色是影响明度的重要因素，当明度不足时，可适量添加白色，增强明度；当明度较强时，可以适量添加黑色，以求达到图像理想的明度要求。同一张图像的明度不同，其视觉效果也就不同。经过明度调整后，高明度图像与低明度图像效果对比如图6-13和图6-14所示。

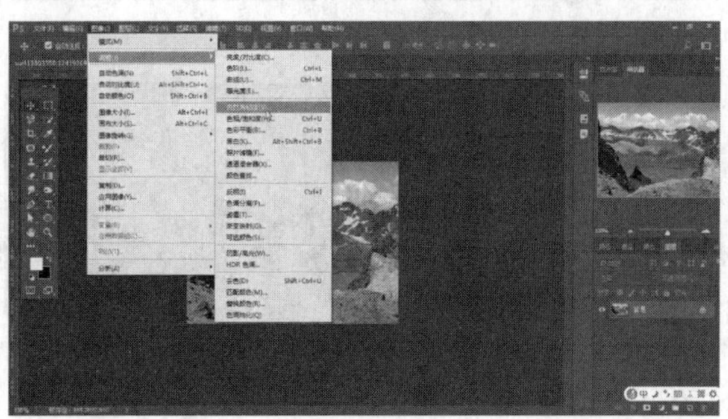
图6-9

图6-10

图6-11

图6-12

图6-13

图6-14

● 对比度

简单地说，对比度就是指不同颜色之间的差异。对比度对视觉效果的影响很大，一般来说对比度越大，图像越清晰醒目，色彩也越鲜明艳丽；而对比度越小，则会让整个画面看起来是灰蒙蒙的。高对比度对图像的清晰度、细节表现、灰度层次表现都有很大帮助。打开一张素材图片，执行“图像→调整→亮度/对比度”命令，如图6-15所示。在弹出的对话框中拖曳对比度滑块以调整图像的对比度。经过调整，高、低对比度下的同一张图片的视觉效果如图6-16和图6-17所示。

图6-15

图6-16

图6-17

- 色调

色调指的是一张图像中画面色彩的总体倾向，是整体的色彩效果。在大自然中，我们经常会看到以下场景：不同颜色的物体或被笼罩在一片金色的阳光之中，或被笼罩在一片轻纱薄雾似的、淡蓝色的月色之中，或被笼罩在秋天迷人的金黄色世界之中，或被笼罩在冬季银白色的世界之中。在不同颜色的物体上，笼罩着某一种色彩，使不同颜色的物体都带有同一色彩倾向，这样的色彩现象就叫色调。冷色调与暖色调图像效果分别如图6-18和图6-19所示；暗色调与亮色调图像效果分别如图6-20和图6-21所示。

图6-18

图6-19

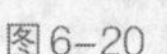
图6-20

图6-21

6.1.3 颜色模式

颜色模式是把色彩协调一致地用数值表示的一种方法或者说是一种记录图像颜色的方式。选择一种色彩模式，就等于选用了某种特定的颜色模型。为了真实客观地反映出这个充满色彩的世界，Adobe的技术人员为我们提供了多种色彩模式，主要有RGB颜色模式、CMYK颜色模式以及Lab颜色模式，另外还有几个次要的模式，如位图模式、灰度模式、双色调模式等。每一种模式都有自己的优缺点，都有自己的适用范围。Photoshop作为一个强大的图像处理软件，人们可以根据自己的需求选择相应的色彩模式。Photoshop所提供的几种色彩模式如图6-22所示。

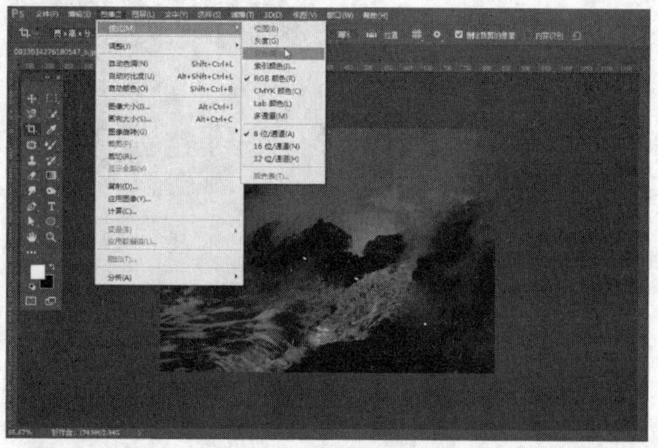
图6-22

- RGB颜色模式

RGB是色光的色彩模式，R（Red）代表红色，G（Green）代表绿色，B（Blue）代表蓝色。RGB颜色模式也被称为加色模式，3种色彩相叠加形成了其他的色彩。因为这3种颜色每一种都有256个亮度水平级，所以3种色彩叠加就能形成1670多万（256×256×256）种颜色，俗称“真彩”。我们日常生活中使用的电视机、显示器、扫描仪等都是依赖加色模式来显示色彩的。使用Photoshop进行图片处理时，通常使用RGB颜色模式，当文档较特殊时，就必须按要求选择其他色彩模式。在RGB颜色模式下，Photoshop中几乎所有工具和命令都可用，而在其他色彩模式下则可能会受到限制。我们可以通过"通道"面板查看RGB模式下的图像信息，如图6-23和图6-24所示。

图6-23

图6-24

CMYK颜色模式

CMYK是商业印刷使用的一种四色印刷模式。在CMYK颜色模式中，CMYK代表印刷上用的4种油墨色，C（Cyan）代表青色，M（Magenta）代表洋红色，Y（Yellow）代表黄色，K（Black）代表黑色。CMYK颜色模式的色域（颜色范围）要比RGB颜色模式小，只有制作要用印刷色打印的图像时，才使用该模式。此外在该模式下，有许多滤镜都不能使用。我们可以通过"通道"面板查看CMYK颜色模式下的图像信息，如图6-25和图6-26所示。

CMYK颜色模式以打印在纸上的油墨的光线吸收特性为基础。当白光照射到半透明油墨上时，色谱中的一部分被吸收，而另一部分被反射回眼睛。理论上，青色、洋红色和黄色合成的颜色能吸收所有光线并生成黑色，因此这些颜色也称为减色。

图6-25

图6-26

但由于所有打印油墨都包含一些杂质，因此这3种油墨混合实际生成的是土灰色，为了得到真正的黑色，必须在油墨中加入黑色油墨（为避免与蓝色混淆，黑色用K而非B表示）。将这些油墨混合重现颜色的过程称为四色印刷。减色（CMYK）和加色（RGB）是互补色。每对减色产生一种加色，每对加色也能产生一种减色，如图6-27所示。

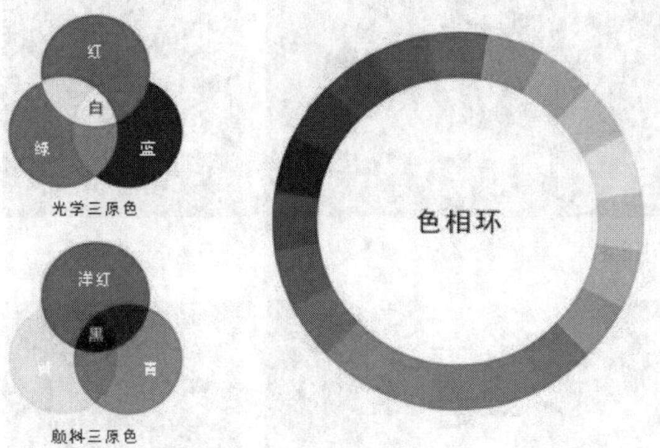

图6-27

CMYK颜色模式为组成每个像素的印刷油墨指定了一个百分比参数，所以在该模式下每种色彩的值是用百分数表示的。较亮（高光）颜色的印刷油墨颜色百分比较低，而较暗（阴影）颜色的印刷油墨颜色百分比较高。例如，亮红色可能包含8%青色、91%洋红、99%黄色和0%黑色，如图6-28所示。在CMYK图像中，当4种颜色的值均为0%时，就会显示为纯白色，如图6-29所示。

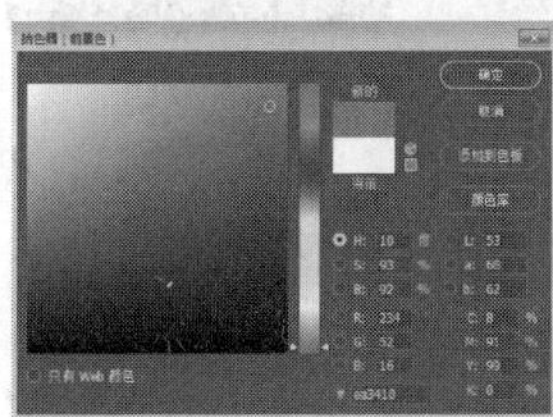
图6-28

图6-29

打开一张素材图片，打开"通道"面板，通过隐藏CMYK颜色模式下不同颜色通道，可以产生不同的图像效果。保留"洋红"与"黑色"通道，如图6-30和图6-31所示；保留"青色"与"洋红"通道，如图6-32和图6-33所示；保留"黑色"与"青色"通道，如图6-34和图6-35所示；保留"黄色"与"洋红"通道，如图6-36和图6-37所示。

图6-30

图6-31

图6-32

图6-33

图6-34

图6-35

图6-36

图6-37

提示

当处理那些准备去印刷厂印刷的图像时，应使用CMYK颜色模式，因为RGB颜色模式要比CMYK颜色模式色彩丰富，如不转化模式可能会产生偏色。一般方法为：在创作图像时，先用RGB颜色模式编辑，等图像处理完毕再转换为CMYK颜色模式。

实战演练 用RGB通道抠图

01 打开素材文件（注意素材图片必须是RGB颜色模式，不是RGB颜色模式的要先转换成RGB颜色模式），如图6-38所示。该素材图片是一个以黑色为背景的RGB颜色模式图片。

02 执行“窗口→通道”命令，打开“通道”面板，分别将“红”“绿”“蓝”3个通道拖曳到“创建新通道”按钮上进行复制，如图6-39所示。

图6-38

图6-39

03 返回到“图层”面板，新建3个图层，再切换到“通道”面板，按住Ctrl键并单击“红 拷贝”通道，生成选区，返回“图层”面板，单击“图层1”图层，按Alt+Delete组合键填充红色，效果如图6-40所示。

图6-40

04 同步骤3，分别用“绿”“蓝”通道生成选区，在“图层2”图层中填充绿色，在“图层3”图层中填充蓝色，最后的效果如图6-41所示。

图6-41

05 在“图层”面板中，把3个图层的混合模式全改为滤色模式，隐藏“图层0”图层，人物轮廓便被完整地提取出来了，如图6-42所示。

图6-42

以上是利用RGB通道提取黑色背景之中的图像的步骤，那么白色背景之中的图像则需要使用CMYK通道。方法和提取黑色背景中的图像类似，不过是把图像模式更改成CMYK模式，提出4个通道并分别填充青色、洋红、黄色、黑色这4种颜色而已。

● Lab颜色模式

Lab颜色模式既不依赖于光线，也不依赖于颜料，它是由CIE（Commision International De L'Eclairage，国际照明委员会）组织确定的一个理论上包括了人眼可见的所有色彩的色彩模式。

Lab颜色模式是Photoshop进行颜色模式转换时使用的中间模式。例如，在将RGB颜色模式转换为CMYK颜色模式时，Photoshop会在内部先将其转换为Lab颜色模式，再由Lab颜色模式转换为CMYK颜色模式。因此Lab颜色模式的色域最宽，它涵盖了RGB颜色模式和CMYK颜色模式的色域。

在Lab颜色模式中，L代表了亮度分量，它的范围为0~ 100；a代表了由绿色到红色的光谱变化；b代表了由蓝色到黄色的光谱变化。颜色分量a和b的取值范围均为-128~+127。Lab模式的光谱变化如图6-43所示，Lab模式下的通道信息如图6-44和图6-45所示。

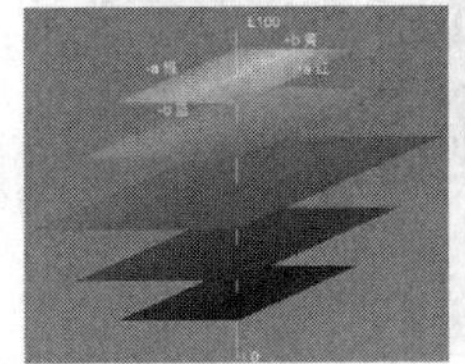
图6-43

图6-44

图6-45

Lab颜色模式在照片调色中有着非常特别的优势，利用Lab颜色模式，我们在处理“明度”通道时，可以在不影响色相和饱和度的情况下轻松修改图像的明暗信息；处理“a”“b”通道时，则可以在不影响色调的情况下修改颜色。打开素材图片，如图6-46所示。执行“图像→调整→曲线”命令，打开“曲线”对话框，保持通道a相关参数如图6-47所示，调节通道b曲线相关参数如图6-48所示，最终效果如图6-49所示。

图6-46

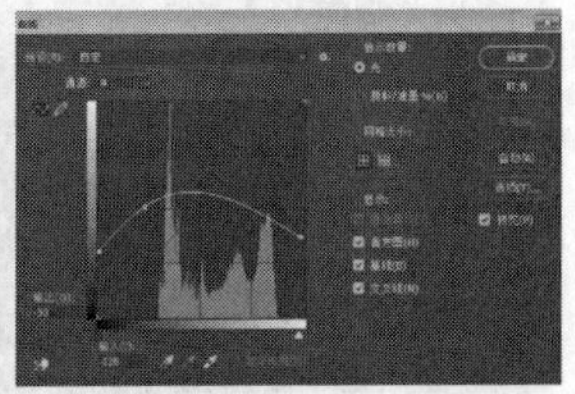
图6-47

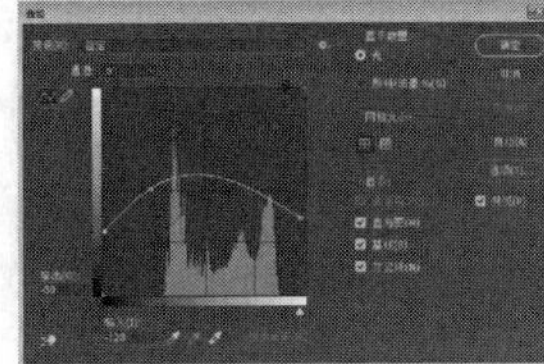
图6-48

图6-49

● 灰度模式

灰度模式的图像不包含彩色，彩色图像转换为该模式后，色彩信息都会被删除。灰度图像中的每个像素都有一个亮度值，其范围在0~255之间，0代表黑色，255代表白色，其他值代表了黑、白中间过渡的灰色。在8位图像中，最多有256级灰度，在16位和32位图像中，图像中的级数比8位图像要大得多。打开素材图片，如图6-50所示，执行“图像→模式→灰度”命令，即可将图像转换为灰度图像，效果如图6-51所示。

图6-50

图6-51

● 双色调模式

双色调模式是用一种或几种油墨来渲染一个灰度图像，即双色套印或同色浓淡套印模式。在此模式中，最多可以向灰度图像中添加4种颜色，这样就可以打印出比单纯灰度要有趣得多的图像。

Photoshop中可以分别创建单色调、双色调、三色调和四色调。打开素材图片，先将其转换成灰度模式，然后执行“图像→模式→双色调”命令，打开“双色调选项”对话框，改变色调的油墨颜色，使用单色调红色油墨及图像效果分别如图6-52和图6-53所示；使用双色调粉色与红色油墨及图像效果分别如图6-54和图6-55所示；使用三色调粉色、红色和蓝色油墨及图像效果分别如图6-56和图6-57所示。

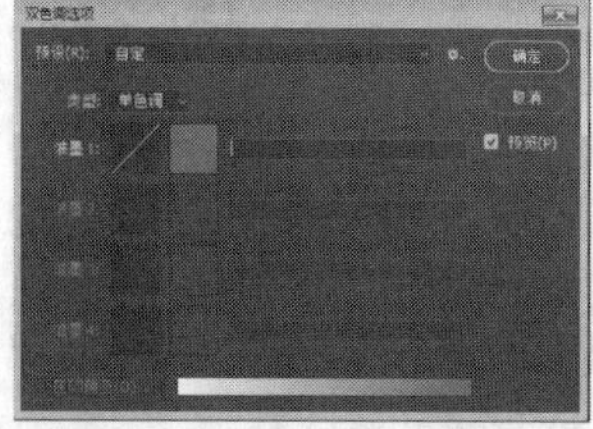

图6-52

图6-53

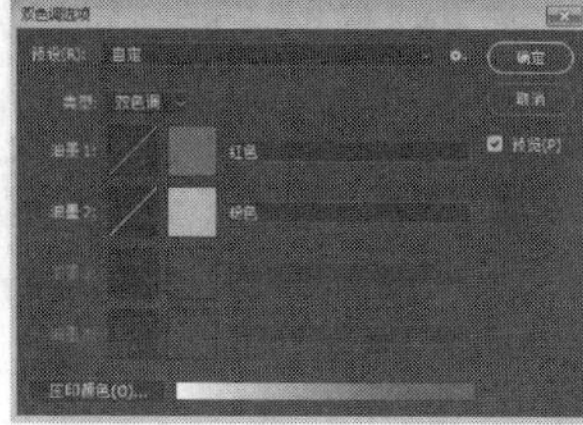

图6-54

图6-55

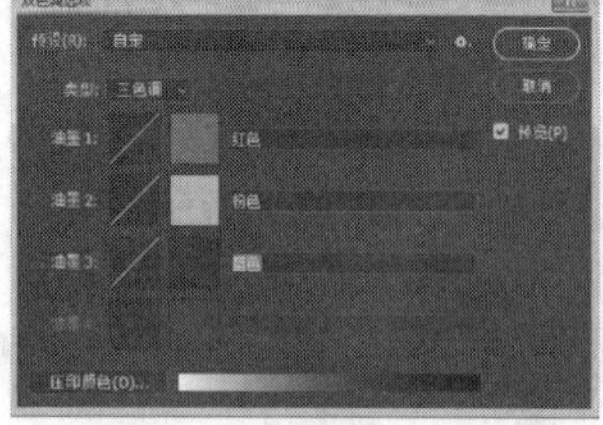

图6-56

图6-57

提示

若要在其他软件（如Illustrator）中使用双色调文件排版后再输出，则首先应该在Photoshop中将文件存储成EPS格式。若在该文件中使用了任何特别色彩，如Pantone色，那么必须确定在相关软件中也有同样的Pantone颜色名称，才能正确输出该图像。

● 位图模式

位图模式是使用两种颜色值（黑色或白色）来表示图像的色彩。彩色图像转换为该模式后，图像的色相和饱和度信息都会被删除，只保留亮度信息。只有灰度模式和双色调模式才能够转换为位图模式。位图模式无法表现色彩丰富的图像，仅适用于一些黑白对比比较强烈的图像。

● 索引颜色模式

索引颜色模式最多能支持256种颜色的8位图像文件。当转换为索引颜色模式时，Photoshop将会构建一个颜色查找表（Color Look-Up Tables，CLUT），用来存放图像中的颜色。如果原图像中的颜色没有出现在该表中，则程序会选取最接近该颜色的一种颜色，或使用仿色模式，以现有的颜色来模拟该颜色。打开素材图片，如图6-58所示，执行“图像→模式→索引颜色”命令，该模式下的图像效果如图6-59所示。

图6-58

图6-59

● HSB模式

HSB模式是根据人体视觉而开发计算的一套色彩模式，是最接近人类大脑对色彩辨认思考的模式。许多用传统技术工作的画家或设计者习惯使用此种模式。单击工具箱中的“设置前景色”按钮，打开“拾色器”面板，可以看到HSB模式的参数区，如图6-60所示。

图6-60

在HSB模式中，H代表色相，色相就是纯色，即组成可见光谱的单色，红色在0°，绿色在120°，蓝色在240°。它基本上是RGB颜色模式全色度的饼状图，如图6-61所示。S代表饱和度，即色彩的纯度，为零时即为灰色。白、黑和其他灰度色彩都没有饱和度，最大饱和度是每一色相中最纯的色光。B代表亮度，是指色彩的明亮度，为零时即为黑色。最大亮度是色彩最鲜明的状态。HSB模式下的“颜色”面板，如图6-62所示。

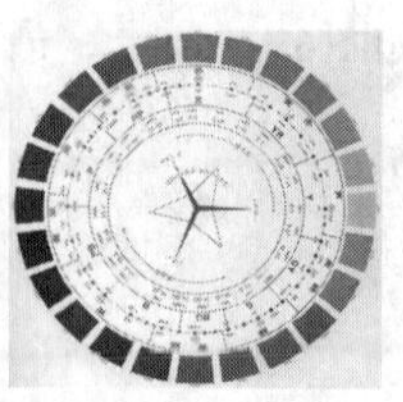

图6-61

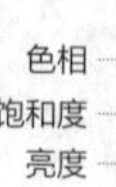

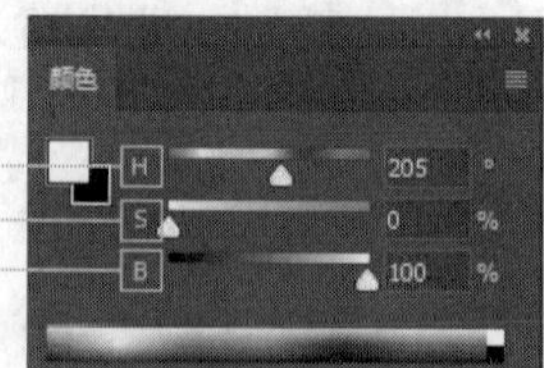

图6-62

● 8位、16位、32位/通道模式

位深度用于指定图像中的每个像素可以使用的颜色信息位数。每个像素使用的信息位数越多，可用的颜色就越多，图像表现就越逼真。例如，位深度为1的图像像素有两个可能值：黑色值和白色值。位深度为8的图像有2^8（即256）个可能值。位深度为8的灰度模式图像有256个可能的灰色值。

RGB图像由3个颜色通道组成。8位/通道像素的RGB图像中的每个通道有256个可能的值，这意味着该图像有1600万以上个可能的颜色值。有时将带有8 位/通道的RGB图像称为24位图像（8位×3通道=24位数据/像素）。

除了8位/通道的图像之外，Photoshop还可以处理包含16位/通道或32位/通道的图像。包含32位/通道的图像也称作高动态范围（HDR）图像。目前HDR图像主要用于影片、特殊效果、3D作品及某些高端图片。

打开一张素材图片，默认的是8位/通道模式，在此通道下的图像效果如图6-63所示。执行“图像→模式→16位/通道”菜单命令，可将其转化为16位/通道模式，该模式下的图像效果如图6-64所示。

图6-63

图6-64

● 多通道模式

多通道模式是一种减色模式，将RGB图像转换为该模式后，可以得到青色、洋红和黄色通道。此外，如果删除RGB颜色模式、CMYK颜色模式、Lab颜色模式的某个颜色通道，图像会自动转换为多通道模式。在多通道模式下，每个通道都使用256级灰度。Photoshop能够将RGB颜色模式、CMYK颜色模式等的图像转换为多通道模式的图像。这种色彩模式对有特殊打印要求的图像非常有用。例如，如果图像中只使用了一两种或两三种颜色时，使用多通道颜色模式可降低印刷成本。

打开素材图片，查看其色彩模式与通道信息，如图6-65所示。删除“通道”面板上的红色通道后，再次查看其色彩模式，发现其色彩模式变成了多通道模式，同时“通道”面板上只有“洋红”“黄色”两个新通道，如图6-66所示。

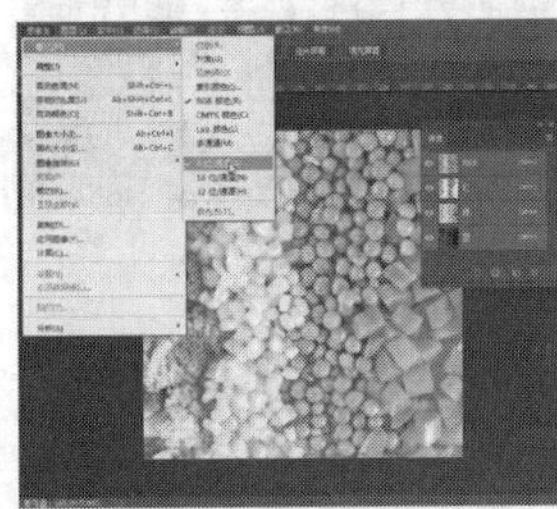

图6-65

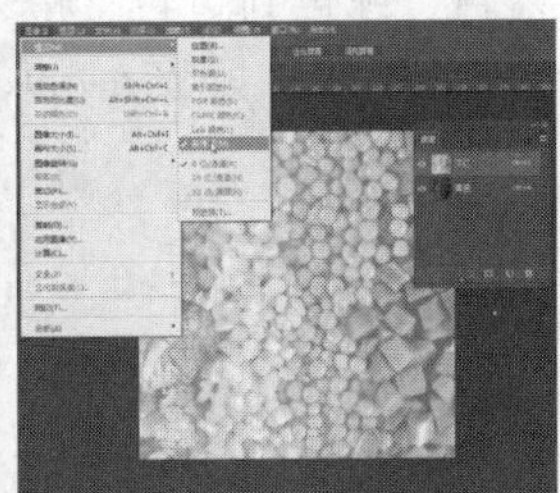

图6-66

● 颜色表

将图像的颜色模式转换为索引模式以后，执行“图像→模式→颜色表”命令，如图6-67所示，Photoshop会从图像中提取256种典型颜色，以方块显示在对话框中。

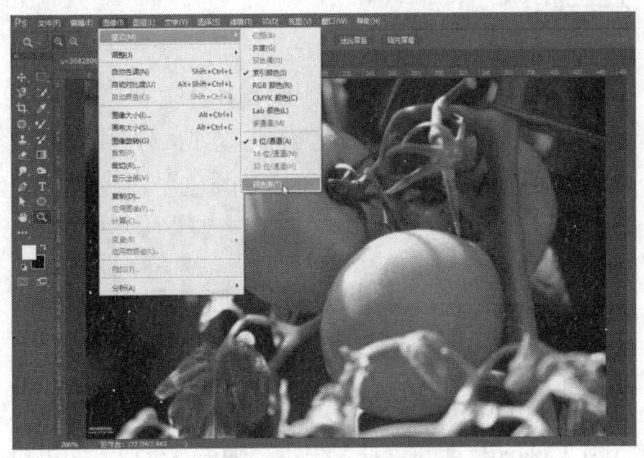

图6-67

在“颜色表”下拉列表中可以选择一种预定义的颜色表，包括“自定”“黑体”“灰度”“色谱”“系统（Mac OS）”“系统（Windows）”。

自定：创建指定的调色板。自定颜色表对于颜色数量有限的索引颜色图像可以产生特殊效果。

黑体：显示基于不同颜色的调色板。这些颜色是黑体辐射物被加热时发出的，从黑色到红色、橙色、黄色和白色，如图6-68所示。

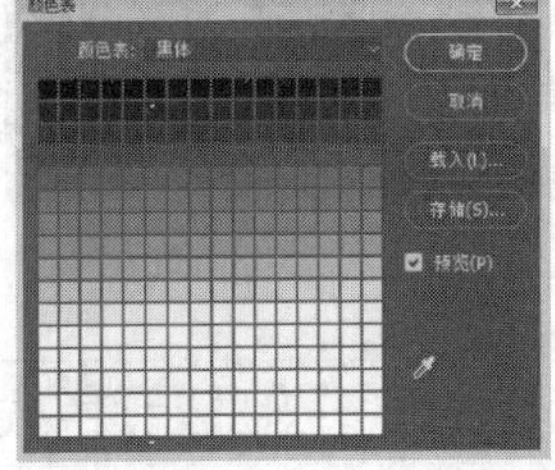

图6-68

灰度：显示基于从黑色到白色的256个灰阶的调色板。

色谱：显示基于白光穿过棱镜所产生的颜色的调色板，从紫色、蓝色、绿色到黄色、橙色和红色，如图6-69所示。

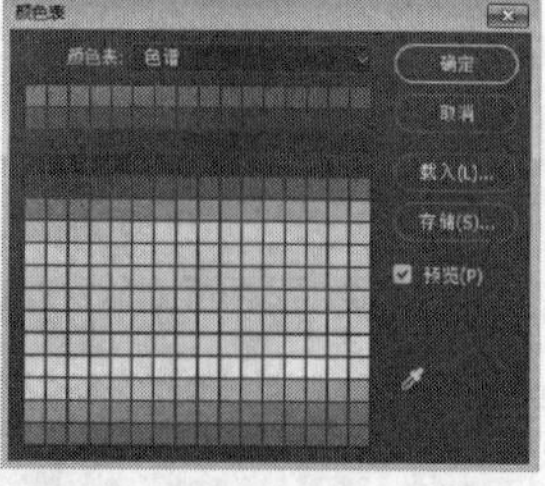

图6-69

系统（Mac OS）：显示标准的Mac OS 256色系统调色板。

系统（Windows）：显示标准的Windows 256色系统调色板。

6.2 图像颜色模式的转换

在Photoshop中，颜色模式决定了显示与打印电子图像的色彩模型，即决定了电子图像用什么样的方式在计算机中显示或打印。虽然都能确定图像中能显示的颜色数，但是由于每种模式定义的颜色范围不同，其通道数目与文件大小也不同，所以它们的应用方法各不相同，应用领域也各有差异。在适当情况下，用户可以进行不同模式之间的转换以满足图像处理的需要。

6.2.1 RGB颜色模式和CMYK颜色模式的转换

一般情况下，文件被印刷输出前，要将RGB颜色模式转换成CMYK颜色模式。对文件编辑完成后，执行“图像→模式→CMYK颜色”命令，打开图6-70所示信息对话框，提示是否确定所需配置文件，选择默认的“Japan Color 2001 Coated”配置文件，单击“确定”按钮，即可将RGB图像转换成“Japan Color 2001 Coated”配置文件下的CMYK图像。转换前后图像效果及通道信息如图6-71和图6-72所示。

图6-70

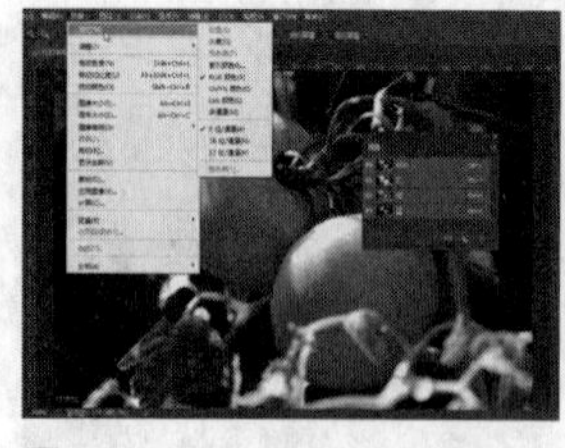

图6-71

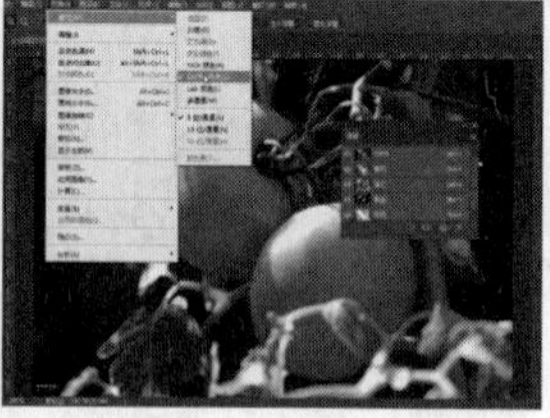

图6-72

6.2.2 RGB颜色模式和灰度模式的转换

灰度模式在色彩模式的转换中经常用到，部分色彩模式必须在灰度模式的基础上进行转换。

打开一张素材图片，在原有RGB颜色模式的基础上，执行“图像→模式→灰度”命令，打开对话框，如图6-73所示，提示扔掉颜色信息，单击“确定”按钮，即可将RGB图像转换成灰度图像。

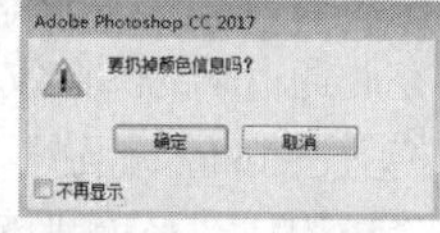

图6-73

灰度模式图像与RGB颜色模式图像最大的区别在于灰度模式图像不包含颜色，RGB颜色模式图像转换为该模式后，色彩信息就丢失了。

原RGB颜色模式图像效果如图6-74所示，转换为灰度模式之后图像效果如图6-75所示。

图6-74

图6-75

6.2.3 RGB颜色模式和位图模式的转换

在制作黑白效果的图像时，经常会将RGB颜色模式转换成位图模式，但Photoshop不允许RGB颜色模式直接转换为位图模式，因此应该先把原图像转换为灰度模式。原图像若为灰度模式，则可直接转换为位图模式。打开素材图片，先将RGB颜色模式转换为灰度模式，转换前后的图像效果如图6-76和图6-77所示。

接着把灰度模式转换成位图模式，在该图像的灰度模式下执行“图像→模式→位图”命令，打开“位图”对话框，如图6-78和图6-79所示。

图6-76

图6-77

图6-78

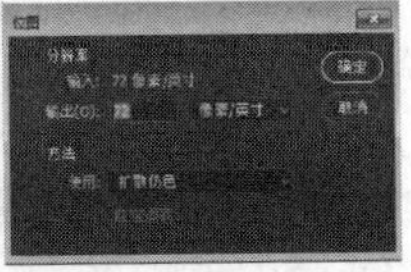
图6-79

在“分辨率”选项中设置图像的输出分辨率。在“方法”选项中设置图像的转换处理方法。“使用”下拉列表中包括“50%阈值”“图案仿色”“扩散仿色”“半调网屏”“自定图案”。下面分别介绍“使用”下拉列表中各项的效果。

- 50%阈值：以50%色调为分界点，图像转换时灰色值高于中间灰阶（128）的像素转换为白色，灰色值低于中间灰阶的像素则转换为黑色，最终出现高对比的黑白图像，图像效果和参数设置分别如图6-80和图6-81所示。

图6-80

图6-81

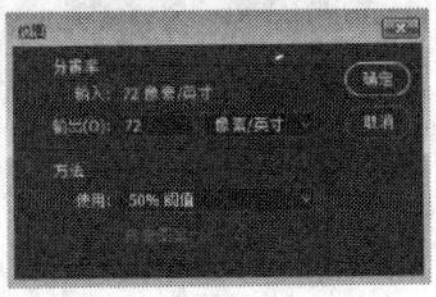

- 图案仿色：用灰阶组成的黑色或白色的像素点进行图像转换，图像效果和参数设置分别如图6-82和图6-83所示。

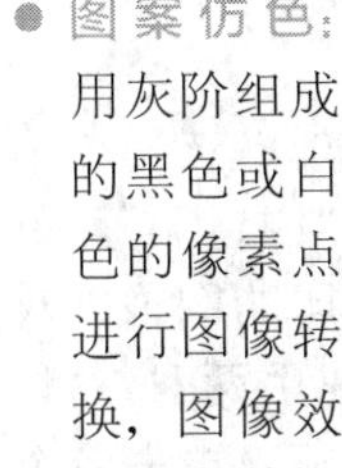

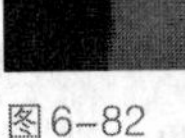
图6-82

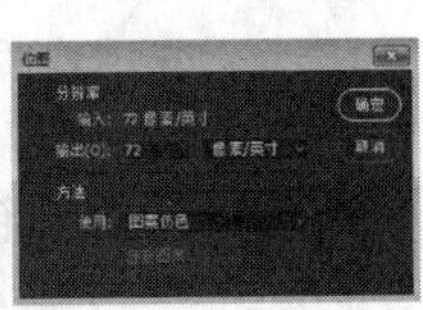
图6-83

- 扩散仿色：从图像左上角进行误差扩散来转换图像。在此过程中原像素很少是纯白色或纯黑色，所以不可避免地会产生误差，这种误差在周围像素传递，进而在整个图像中扩散，就产生粒状、胶片似的纹理，图像效果和参数设置分别如图6-84和图6-85所示。

图6-84

图6-85

- 半调网屏：模拟平面印刷中使用的半调网点。可以根据需要设置“频率”“角度”“形状”等选项来调整图像效果。在“形状”下拉列表中选择“菱形”，参数设置如图6-86所示时，则图像效果如图6-87所示。
- 自定图案：用图案来模拟图像中的色调。“自定图案”下拉列表中有系统预设的各种图案，可以选择不同的图案来调整效果，面板信息如图6-88所示。

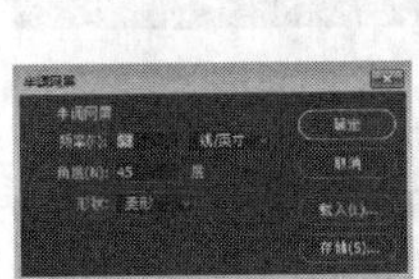
图6-86

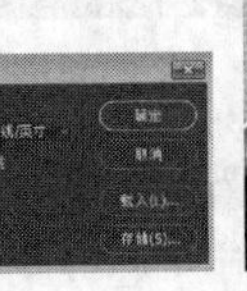
图6-87

图6-88

选择不同的自定图案样式，会产生不同的图像效果，图6-89至图6-92所示分别为选择不同图案所产生的不同效果。

图6-89

图6-90

图6-91

图6-92

实战演练 制作彩色报纸图像效果

01 打开素材图片，如图6-93所示。执行“图像→模式→灰度”命令，弹出“信息”对话框，如图6-94所示。

图6-93

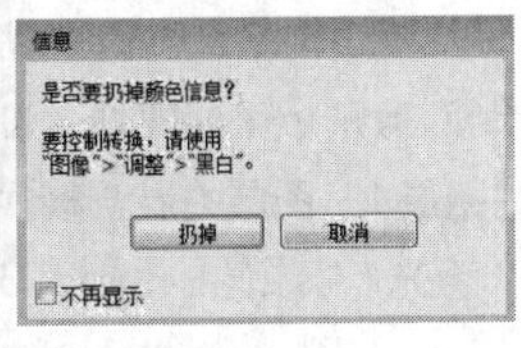

图6-94

02 单击“扔掉”按钮，将图像转换为灰度模式，效果如图6-95所示。执行“图像→模式→位图”命令，弹出“位图”对话框，参数设置如图6-96所示。

图6-95

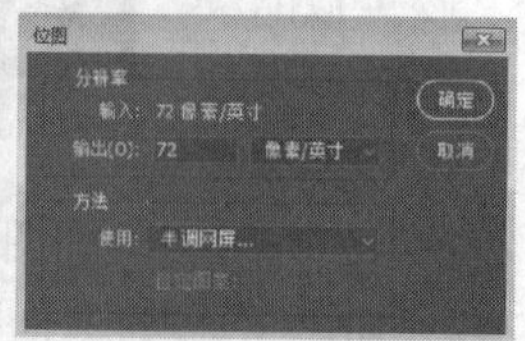

图6-96

03 单击“确定”按钮，弹出“半调网屏”对话框，参数设置如图6-97所示。单击“确定”按钮，完成“半调网屏”对话框设置，图像效果如图6-98所示。

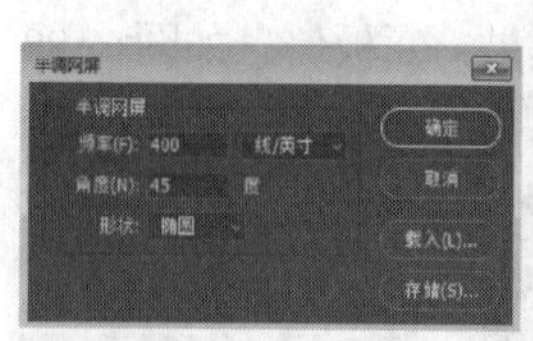

图6-97

图6-98

04 按Ctrl+A组合键进行全选，按Ctrl+C组合键进行复制，执行“窗口→历史记录”命令，打开“历史记录”面板，单击“打开”记录条，恢复图像至打开时的状态，如图6-99所示。

图6-99

05 打开“图层”面板，单击“创建新图层”按钮，新建“图层1”图层，如图6-100所示。

06 按Ctrl+V组合键粘贴复制到剪贴板里的图像，设置“图层1”图层的混合模式为“柔光”，如图6-101所示。

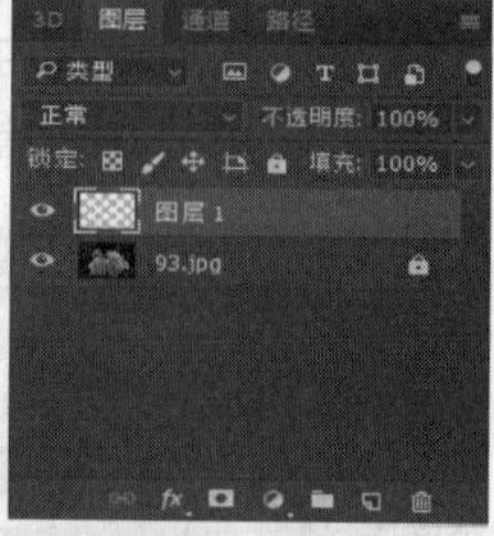

图6-100

最终得到的图像效果如图6-102所示。

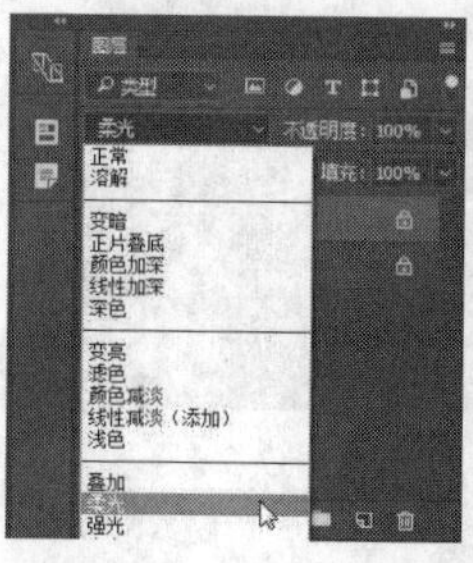

图6-101

图6-102

6.2.4 灰度模式转换为双色调模式

双色调模式相当于用不同的颜色来表示灰度级别，其深浅由颜色的浓淡来决定。只有灰度模式能直接转换为双色调模式，而其他模式均无法直接转换。当Photoshop使用双色、三色、四色来混合形成图像时，其表现原理就像“套印”。接下来我们用一张实际的图片来介绍由灰度模式转换成双色调模式的方法与过程。

打开一张灰度模式的图像素材，如图6-103所示。执行“图像→模式→双色调”命令，弹出“双色调选项”对话框，如图6-104所示。

图6-103

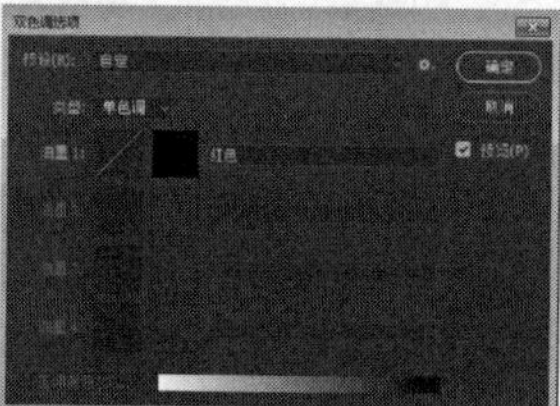

图6-104

“双色调选项”对话框各个选项的含义如下。

- **预设**：在“预设”下拉列表中，有多种可供选择的调整文件，可直接从选项中选择一个预设的调整文件，如图6-105所示。
- **类型**：在“类型”下拉列表中可以选择“单色调”“双色调”“三色调”或“四色调”。单色调是用非黑色的单一油墨打印的图像，双色调、三色调和四色调分别是用两种、3种和4种油墨打印的图像。选择之后，单击各个油墨颜色块，可以打开“拾色器”对话框以设置油墨颜色。“类型”下拉列表如图6-106所示。

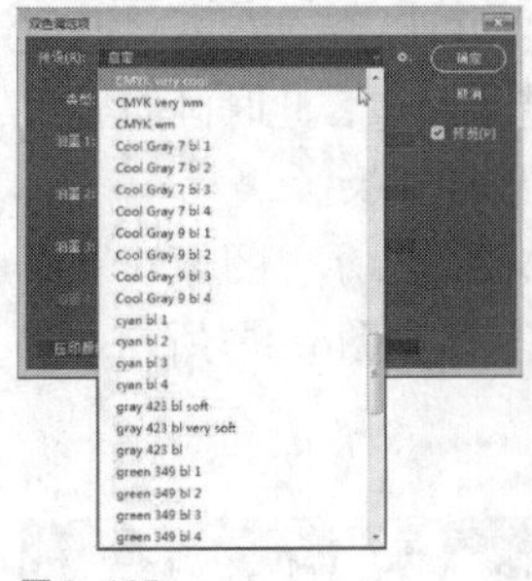

图6-105

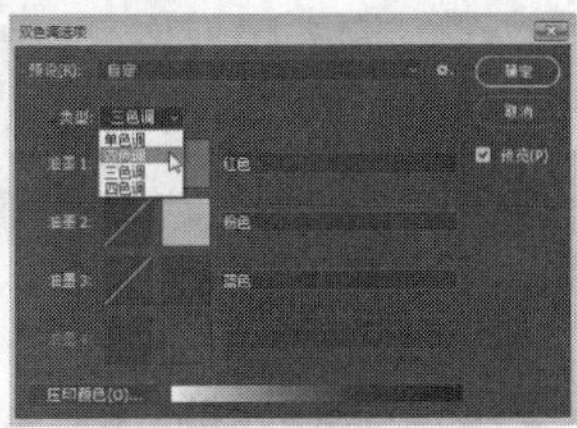

图6-106

- 编辑油墨颜色：选择“单色调”时，只能编辑一种油墨，选择“四色调”时，可以编辑4种油墨。单击图6-107所示的斜杠图标，可以打开“双色调曲线”对话框，如图6-108所示，调整曲线可以改变油墨的百分比。单击“油墨”选项右侧的颜色块，可以打开“拾色器”对话框，选择油墨颜色。

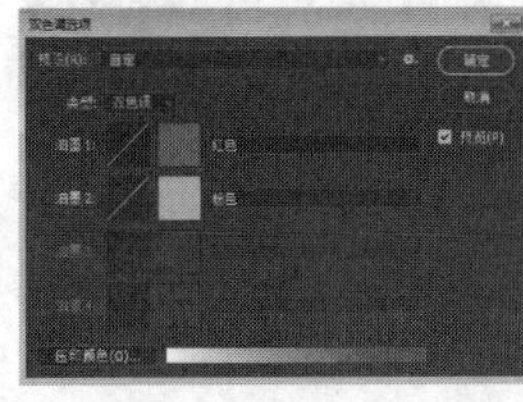

图6-107

图6-108

- 压印颜色：压印颜色是指相互打印在对方之上的两种无网屏油墨。单击该按钮可以在打开的“压印颜色”对话框中设置压印颜色在屏幕上的外观。打开“压印颜色”对话框，如图6-109所示，单击颜色块可以打开“拾色器”对话框以选择压印颜色。

图6-109

6.2.5 索引颜色模式转换

转换为索引颜色模式会将图像中的颜色种类减少到最多 256种，这是GIF和PNG-8格式以及许多多媒体应用程序支持的标准颜色数目。该转换通过删除图像中的颜色信息来减小文件大小。要转换为索引颜色模式，图像要求必须是8位/通道的图像，且为灰度模式或RGB颜色模式。

打开一张图像素材，执行“图像→模式→索引颜色”命令，弹出“索引颜色”对话框，如图6-110所示，“调板”下拉列表如图6-111所示。

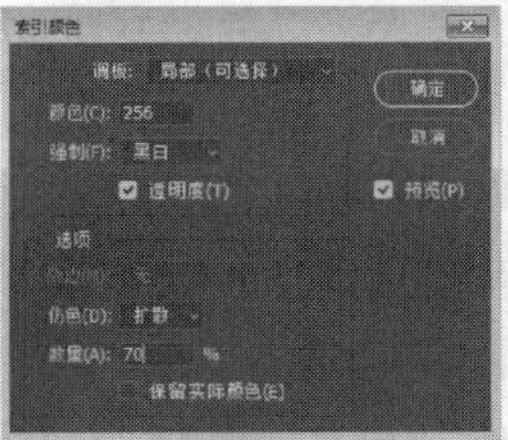

图6-110

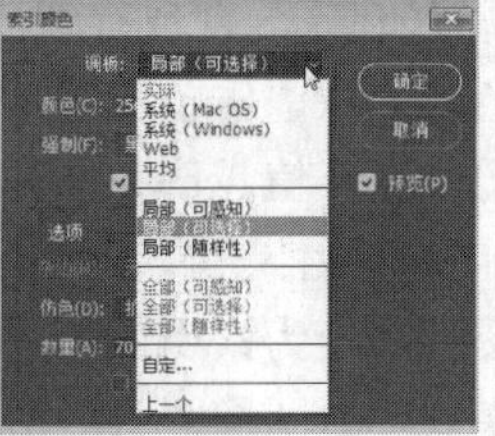

图6-111

“索引颜色”对话框各选项含义如下。

- 调板：用来选择转换为索引颜色后使用的调板类型，它决定了使用哪些颜色。“调板”下拉列表包括5种类型。另外，可通过在“颜色”数值框中输入数值以指定要显示的实际颜色以及颜色数量（数量多达256种）。
- 强制：用来选择将某些颜色强制包括在颜色表中的选项。下拉菜单包括“无”“黑白”“三原色”“Web”“自定”。

将“颜色”设置为256，在“强制”下拉列表中选择“黑白”，其他选项设置如图6-112所示，在该设置下的图像效果如图6-113所示。在“强制”下拉列表中选择“三原色”，其他选项设置如图6-114所示，在该设置下的图像效果如图6-115所示。

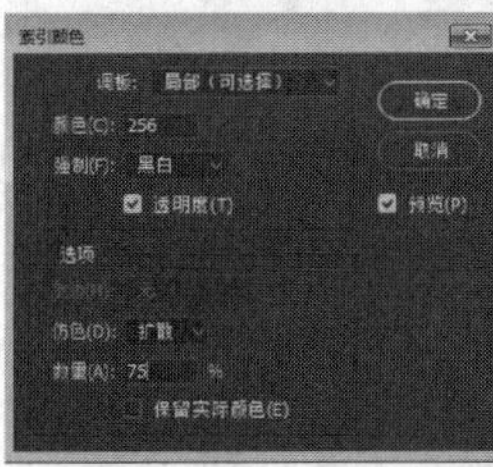

图6-112

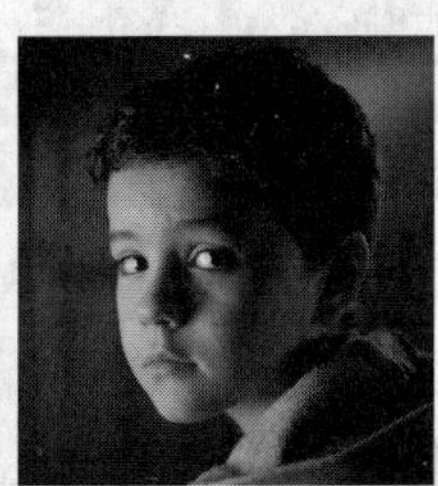

图6-113

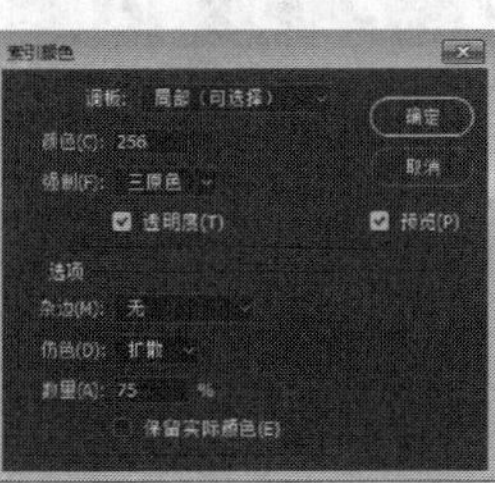

图6-114

图6-115

- 杂边：指定用于填充与图像透明区域相邻的消除锯齿边缘的背景色。
- 仿色：除非正在使用“实际”选项，否则颜色表可能不会包含图像中使用的所有颜色。若要模拟颜色表中没有的颜色，可以使用仿色功能。

“仿色”下拉列表选项有“扩散”“图案”“杂

色”，仿色是混合现有颜色的像素，以模拟缺少的颜色。选取“仿色”选项，并输入仿色数量的百分比值。该值越高，所仿颜色越多，但是可能会增加文件大小。设置完毕后，单击“确定”按钮将图像转换为索引颜色模式。原图像效果如图6-116所示，不同仿色选项下的参数值及其图像效果分别如图6-117至图6-122所示。

图6-116

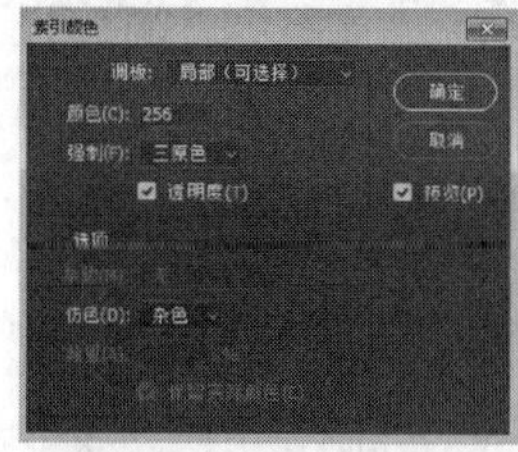

图6-117

图6-118

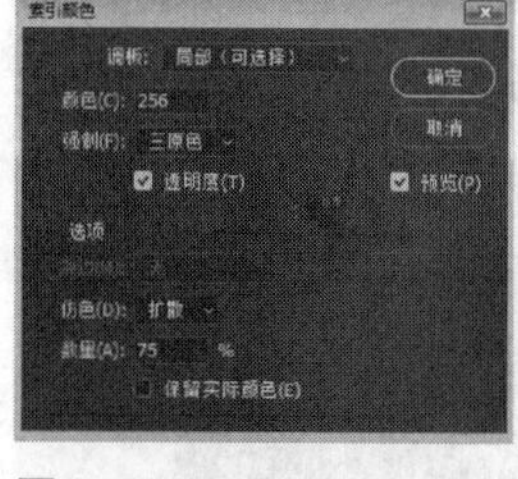

图6-119

图6-120

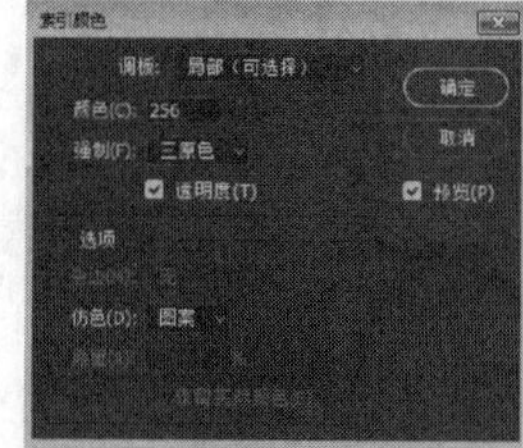

图6-121

图6-122

6.2.6 Lab颜色模式转换

Lab颜色模式与RGB颜色模式最大的区别在于Lab颜色模式具有色亮分离的特性，即色度信息与亮度信息分别位于不同的通道中，这给图像的处理带来了一种新的方式，即把亮度信息与色度信息分开来处理，而RGB颜色模式则没有这样的特性。

在原有RGB颜色模式的基础上，执行“图像→模式→Lab颜色”命令，即可将图片由RGB颜色模式转换成Lab颜色模式。此时可以查看在不同通道下的图像效果，隐藏某些特定通道，此时画面显示除该通道外在所有通道下的图像效果。

隐藏“a”通道，如图6-123所示，图像效果如图6-124所示；隐藏“b”通道，如图6-125所示，图像效果如图6-126所示。

图6-123

图6-124

图6-125

图6-126

实战演练 将照片调整为梦幻色彩效果

在图像的处理中，消除图像偏灰的方法有很多，这里我们先尝试一下利用Photoshop中的Lab色彩通道来给照片去灰。

处理之前的图片明显灰暗，如图6-127所示；处理之后的图片在亮度和鲜艳程度上都有很大改善，如图6-128所示。

图6-127

图6-128

01 打开素材图片，执行“图像→模式→Lab颜色”命令，将图片转换为Lab颜色模式，如图6-129所示。

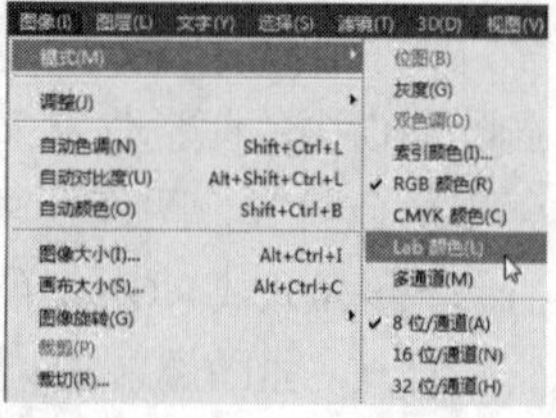

图6-129

02 在“图层”面板中将“背景”图层进行复制，得到“背景 拷贝”图层，以后的操作都在“背景 拷贝”图层中进行，如图6-130所示。

图6-130

03 执行“窗口→调整”命令，弹出“调整”面板，选择“曲线”调整模式，在“通道”面板上单击选择“明度”通道，然后利用曲线调节图片的明度，主要是提高图片的亮度，如图6-131所示。

图6-131

04 打开曲线“属性”面板，通过曲线对明度通道进行调节，详细参数设置如图6-132所示。

图6-132

05 通过曲线对“a”通道（绿红通道）进行调节，详细参数设置如图6-133所示。

图6-133

06 通过曲线对“b”通道（蓝黄通道）进行调节，详细参数设置如图6-134所示。上面“明度”通道的作用是提亮，那么“a”“b”通道的作用其实就是“提鲜”。

图6-134

07 执行“图像→模式→RGB颜色”命令，将图片转换成RGB颜色模式，执行“图像→调整→色阶”命令，打开“色阶”对话框，用色阶调整图像，参数设置如图6-135所示，这样即可完成照片调整。

图6-135

6.2.7 16位/通道转换

16位/通道的位深度为16位，每个通道支持65000多种颜色。因此，在16位模式下工作可以得到更精确的改善和编辑结果。

打开一张素材，执行“图像→模式→16位/通道”命令，如图6-136所示。将图像转换为16位/通道模式，图像转换前后效果对比如图6-137和图6-138所示。

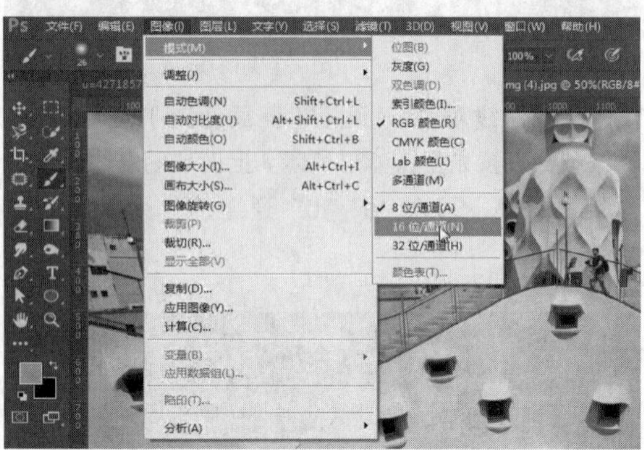

图6-136

图6-137

图6-138

6.3 选择颜色

我们使用画笔、渐变和文字等工具，以及进行填充、描边、修饰图像等操作时，都需要指定颜色。Photoshop提供了非常出色的颜色选择工具，如“拾色器”对话框、“颜色框”对话框等，这些都可以帮助我们找到需要的色彩。

6.3.1 了解前景色和背景色

前景色与背景色是用户当前使用的颜色。工具箱中包含前景色与背景色的设置选项，它由“设置前景色”“设置背景色”“切换前景色和背景色”以及“默认前景色和背景色”等部分组成，如图6-139所示。

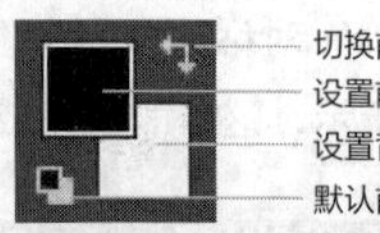

图6-139

- “设置前景色”色块：该色块显示的是当前所使用的前景色颜色，单击该色块，通过拾色器可设置其颜色。
- “默认前景色和背景色”按钮：单击该按钮，可将前景色和背景色恢复为默认的黑白颜色。
- “切换前景色和背景色”按钮：单击该按钮，可互换前景色和背景色。
- “设置背景色”色块：该色块中显示的是当前所使用的背景色，单击该色块，通过拾色器可设置其颜色。

单击“设置前景色”色块，在打开的“拾色器（前景色）”对话框中设置好颜色，如图6-140所示。然后选择画笔工具，使用默认设置，在图像窗口中按住鼠标左键进行拖曳，即可使用前景色绘制图像，如图6-141所示。

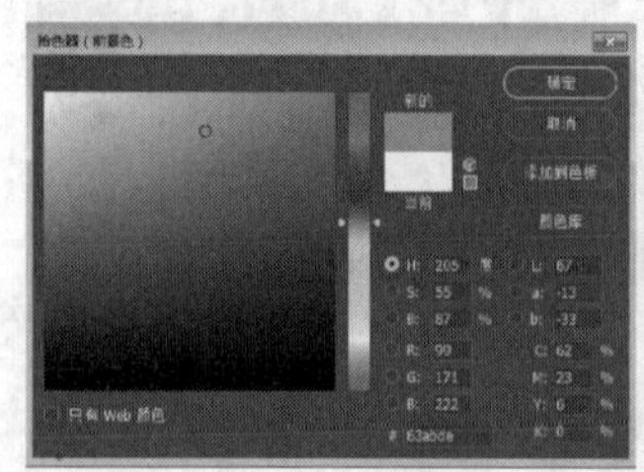

图6-140

图6-141

6.3.2 使用“拾色器”对话框

单击工具箱中的“设置前景色”色块或“设置背景色”色块，可打开“拾色器”对话框，通过从色谱中选取或者输入数值来定义颜色。凡是需要设置颜色的，均可通过“拾色器”对话框实现。图6-142所示为“拾色器”各组成部分。

在“拾色器”对话框中，可以采用两种方法设置颜色。

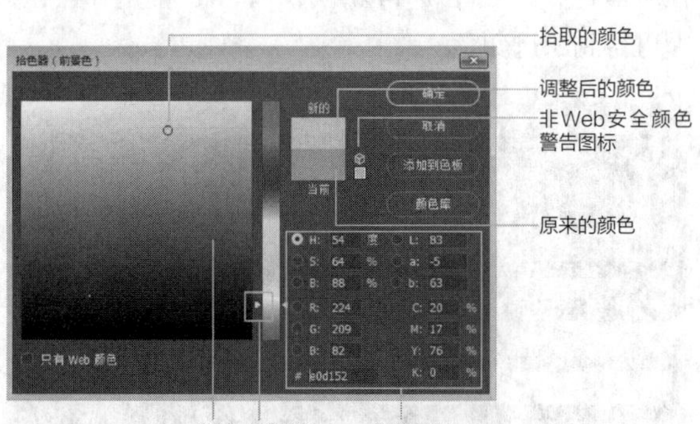

图6-142

方法一： 用户可以用鼠标选取颜色。打开“拾色器”对话框，首先拖曳“彩色条”两侧的三角滑块，根据需要选择相应的色相，如图6-143所示；然后在“拾色器”的色域中单击以确定亮度与饱和度，如图6-144所示。

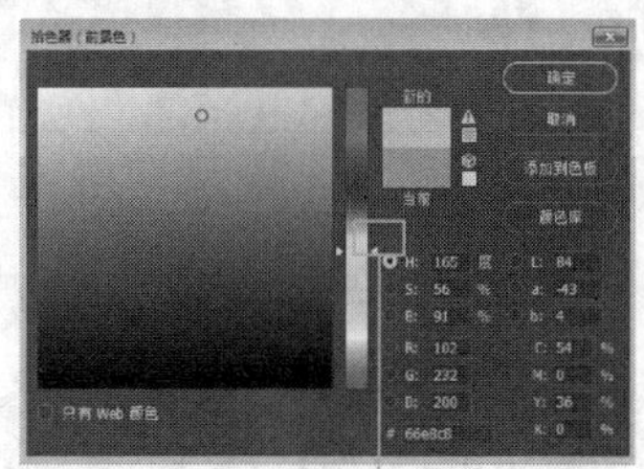

图6-143

图6-144

方法二： 用户也可以在“拾色器”对话框右侧的数值框中输入数值来设置颜色。拾色器有HSB、RGB、Lab、CMYK、十六进制代码5种方式用来确定颜色值，如图6-145所示。设置完毕后，单击“确定”按钮，关闭“拾色器”对话框。

图6-145

> **提示**
>
> 用数值确定颜色时，所输入的数值一定要是同一种模式的数值。如要确定一个需要印刷的玫瑰色，就应该在C、M、Y、K每种油墨的数值框内输入相关数值来确定该颜色，而不能在确定了C的值后，再通过修改R的值来确定。在输入数值时，可以在“拾色器”对话框中“新的”色块中随时预览此时的颜色，以便使用者观察和操作。

在使用色域和颜色滑块调整颜色时，不同颜色模型的数值会进行相应的调整。颜色滑块右侧的矩形区域中的上半部分将显示新的颜色，下半部分将显示原始颜色。在以下两种情况下将会出现警告：颜色不是Web安全颜色或者颜色是色域之外的颜色。

如果勾选“只有Web颜色”复选框，“拾色器”面板将只显示Web安全颜色，其他颜色将被隐藏，如图6-146所示。

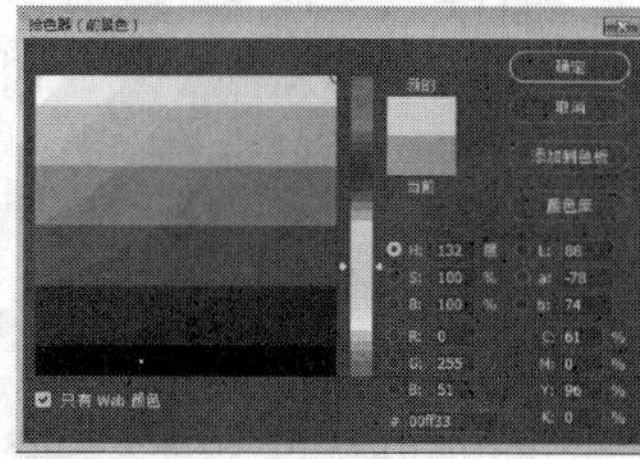

图6-146

6.3.3 使用“颜色库”对话框

在使用“拾色器”对话框选取颜色时，可以通过该对话框中的“颜色库”设置不同的颜色系统和所需的颜色。首先打开“拾色器”对话框，单击“颜色库”按钮，出现“颜色库”对话框，默认显示的是与“拾色器”当前选中颜色最接近的颜色，如图6-147所示。

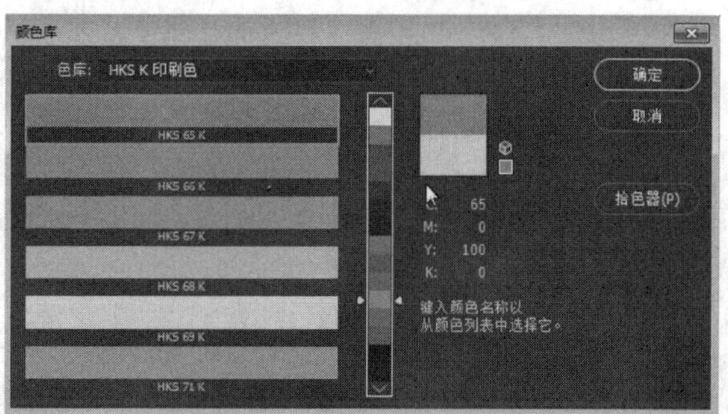

图6-147

在“色库”下拉列表中选择所需要的颜色系统，如图6-148所示。

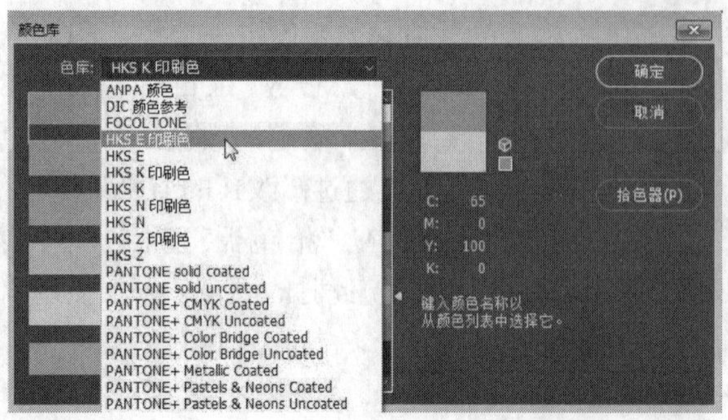

图6-148

- ANPA颜色：通常应用于报纸，NPA-COLOR ROP News-paper Color Ink Book包含ANPA颜色样本。
- DIC颜色参考：DIC色彩系列产品自1967年发行以来，以其丰富的色彩、高度稳定的品质、简便易懂的编辑分类，成为日本通用的标准色彩系统，并被应用于各类印刷项目，也被全球印刷、涂料、室内装饰、工业设计以及服饰等行业广泛采用。
- FOCOLTONE：由763种CMYK颜色组成。通过显示补偿颜色的压印，FOCOLTONE颜色有助于避免印前陷印和对齐问题。FOCOLTONE中有包含印刷色和专色规范的色板库、压印图表以及用于标记版面的雕版库。
- HKS色板：在欧洲用于印刷项目。每种颜色都有指定的CMYK颜色。可以从HKS E（适用于连续静物）、HKS K（适用于光面艺术纸）、HKS N（适用于天然纸）和HKS Z（适用于新闻纸）中选择，该色板有不同缩放比例的颜色样本。
- PANTONE颜色：PANTONE颜色是专色重现的全球标准。2000年，PANTONE MATCHING SYSTEM颜色指南进行了一次重大修订。该系统中新添加了147种纯色和7种附加金属色，现在总共包括1114种颜色。现在，PANTONE颜色指南和芯片色标会印在涂层、无涂层和哑面纸样上，以确保精确显示印刷结果并更好地进行印刷控制，可在CMYK颜色模式下印刷PANTONE纯色。
- TOYO COLOR FINDER：以日本最常用的印刷油墨为基础，由1000多种颜色组成。
- TRUMATCH：提供了可预测的CMYK颜色，这种颜色能与2000多种可实现的、计算机生成的颜色相匹配。TRUMATCH颜色包括偶数步长的CMYK色域的可见色谱。TRUMATCH 显示每个色相多达40种的色调和暗调，每种最初都是在四色印刷中创建的，并且都可以在电子照排机上用四色重现。另外，还包括使用不同色相的四色灰色。

选择完所需颜色系统，拖曳颜色条的滑块来选择所需色相，如图6-149所示。单击“确定”按钮，即可得到所选颜色。

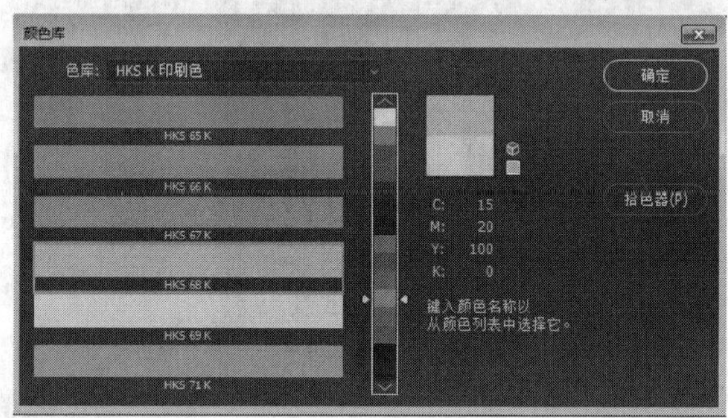

图6-149

6.3.4 使用吸管工具选取颜色

利用“吸管工具”可以从当前的图像、“色板”面板和“颜色”面板的色条上进行取样，从而改变前景色或者背景色。通过“信息”面板，能够准确确定取样颜色的参数值。

打开一张素材图片，如图6-150所示。选择吸管工具并在图像中所需颜色处单击，该取样点的颜色将被设置为前景色。按住Alt键同时单击可以将取样颜色设置为背景色。从当前图像进行取样时，“信息”面板会显示取样颜色的位置参数与组成参数，如图6-151所示。

图6-150

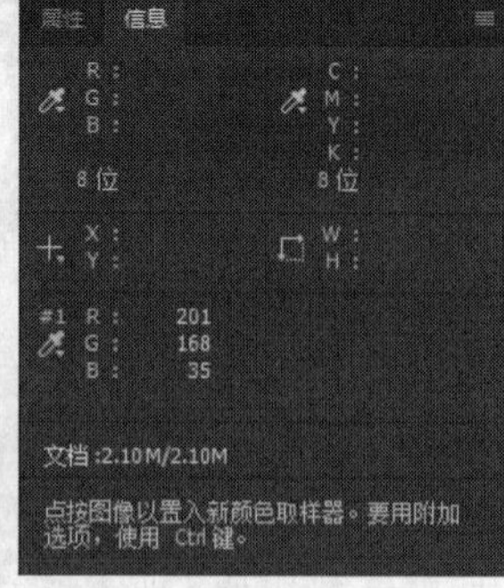

图6-151

用户也可以在“色板”面板中取样，选择吸管工具后，将鼠标指针移至“色板”面板上，直接单击所需颜色的色块即可，如图6-152所示。

用户还可以在“颜色”面板中取样，选择吸管工具，将鼠标指针移至“颜色”面板的色谱上，拖曳吸管在色谱上滑动并单击以选取所需颜色，如图6-153所示。

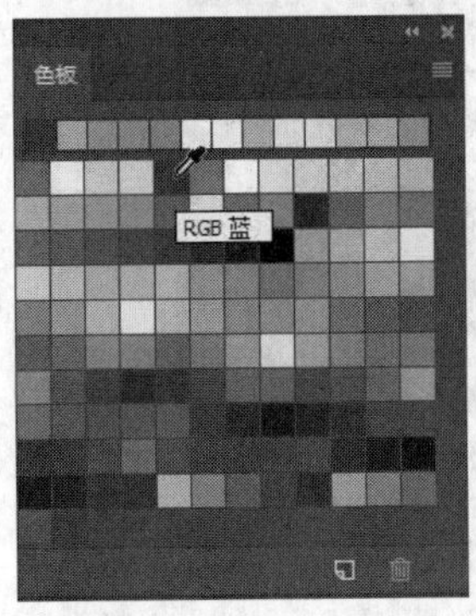

图6-152

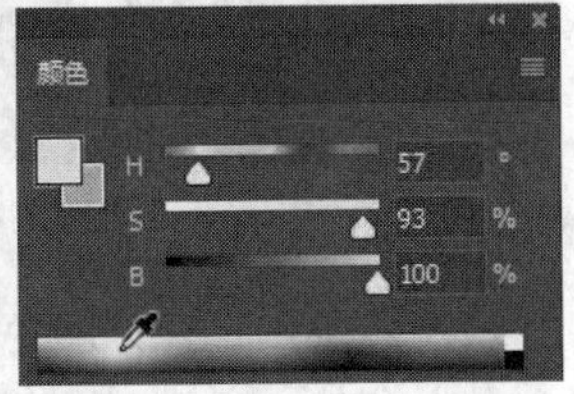

图6-153

在使用吸管工具时，可以通过选项栏来设置该工具的相关参数，如图6-154所示。

取样大小: 取样点 样本: 所有图层 显示取样环

图6-154

● 技术看板

与吸管工具相配合的功能键有以下几种。

1. 按住Alt键吸取颜色，可以将取样颜色设置为背景色。

2. 按住Ctrl键可以暂时将吸管工具切换成移动工具。

3. 按住Shift键可以暂时将吸管工具切换成颜色取样器工具。

6.3.5 使用“颜色”面板

在“颜色”面板中，能够精确地设置前景色与背景色的颜色，还能对不同的颜色模式数值进行转换。

要打开“颜色”面板，应执行“窗口→颜色”命令，出现“颜色”面板，如图6-155所示。

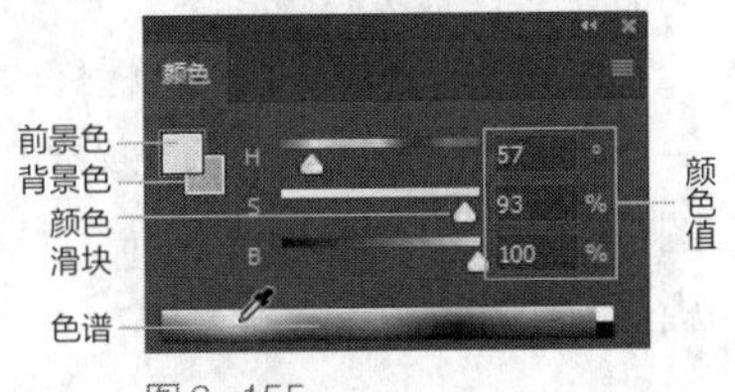

图6-155

在选取前景色或者背景色时，先单击相应的色块，然后在每个颜色条上拖曳滑块，此时数值框里的数值相应发生变化，如图6-156所示。我们还可以直接在数值框内输入数值来确定所需要的颜色，或者将指针直接移到色谱条上，指针会变成吸管图标，此时单击可以快捷确定颜色，如图6-157所示。需要注意的是，默认情况下选中的是前景色，如需改变为背景色，请先单击背景色色块，再调整数值或吸取颜色。

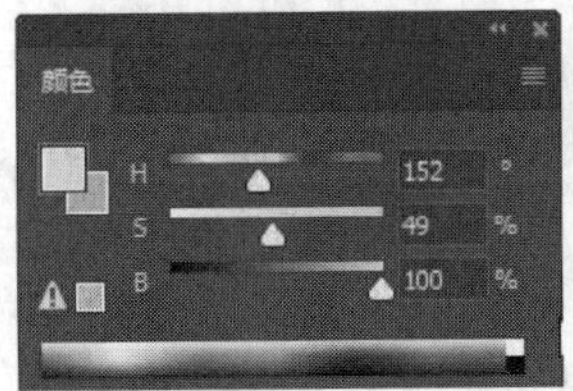

图6-156

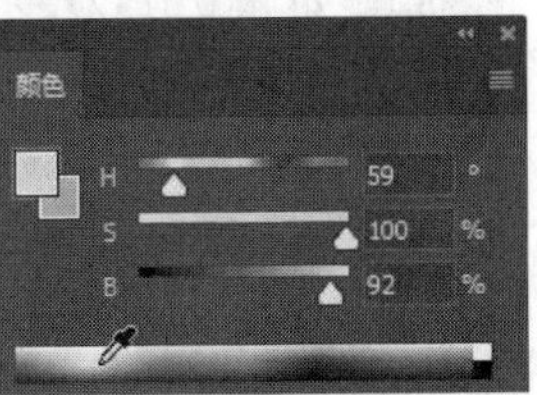

图6-157

单击“颜色”面板右上角的按钮☰，在弹出的菜单中可以选择不同颜色模式的滑块或色谱，如图6-158所示。菜单被分为5个部分，第1部分的8个选项用来更改滑块的显示模式；第2部分的两个选项可以按需要将色彩值复制到剪贴板中；第3部分的4个选项可以按需要改变色谱的显示模式。

图6-158

提示

当编辑文档为灰度模式时，“颜色”面板上只会显示黑白灰的滑动条和色谱条，且无论吸取什么样的彩色值，前景色和背景色均只会显示黑白灰。

6.3.6 使用“色板”面板

“色板”面板能够直观且便捷地选择色彩，其中一部分颜色是系统预先设计好的，用户可以直接从中选取，另外一部分是用户储存的常用的自定义颜色，从而避免了用户重复设置颜色的烦琐。执行"窗口→色板"命令，调出"色板"面板，如图6-159所示。

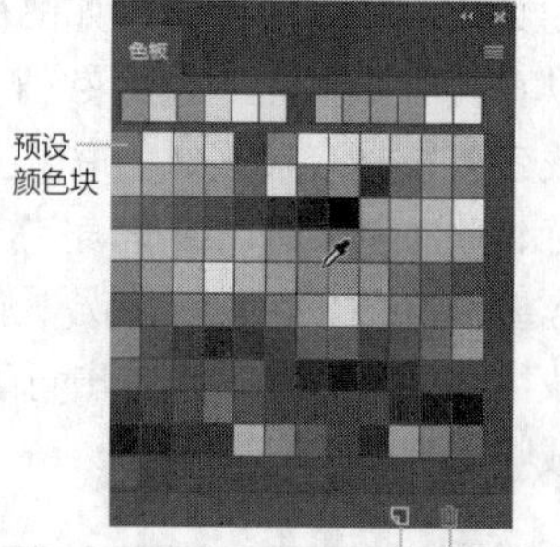

图6-159 新建颜色块 删除颜色块

单击工具箱中的"设置前景色"块，调出"拾色器（前景色）"对话框，在"色板"面板中单击任意色块，然后单击"拾色器（前景色）"上的"确定"按钮，可以将所选色块颜色设置为前景色，如图6-160所示。

完成相应的前景色设置后，按住Ctrl键单击"色板"中任意色块，则可将所选色块颜色设置为背景色，如图6-161所示。

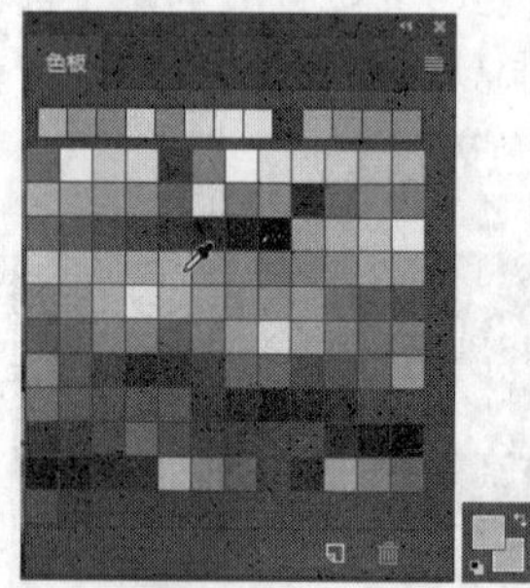

图6-160

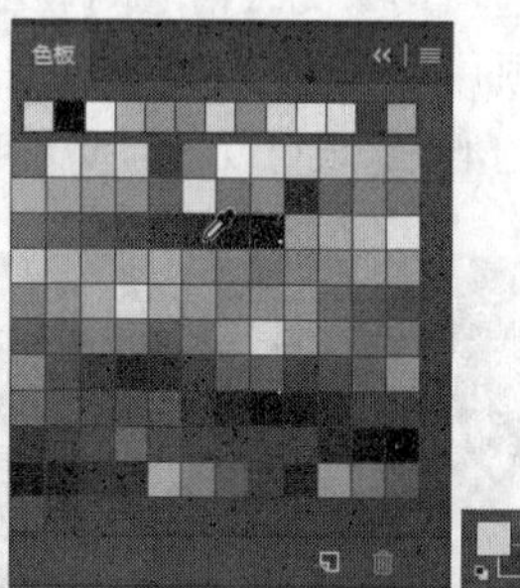

图6-161

如果不用"色板"面板的预设颜色，可以使用"拾色器"对话框设置新的颜色。打开"拾色器（前景色）"对话框，单击右侧的"添加到色板"按钮，如图6-162所示。弹出"色板名称"对话框，设置好名称后单击"确定"按钮，如图6-163所示，该颜色即可添加到"色板"面板中，如图6-164和图6-165所示。按住Alt键并单击色板的空白处可以直接将前景色添加到色板中。

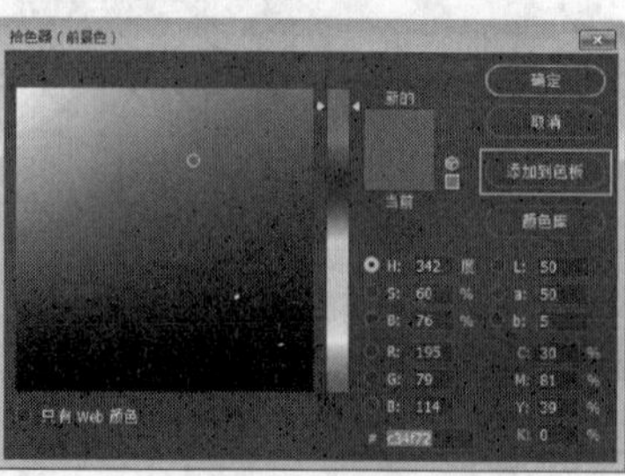

图6-162

图6-163

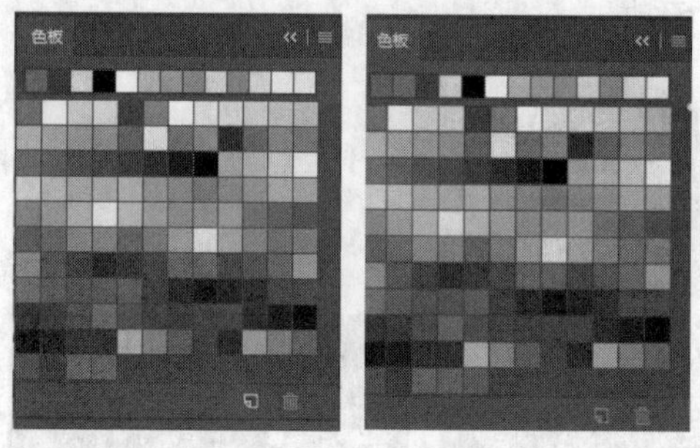

图6-164 图6-165

用户也可以在"颜色"面板中，选择"设置前景色"色块，通过"颜色"面板设置前景色，然后单击"色板"面板右下方的"创建前景色的新色板"按钮，如图6-166所示，将设置好的前景色添加到色板中。

拖曳"色板"面板上的色块到"删除色板"按钮上，当按钮成下凹状态时，释放鼠标即可将所选色板删除，如图6-167所示。按住Alt键将鼠标指针移至某色板上，鼠标指针形状将变成剪刀状，此时单击色块，该色块将被删除。

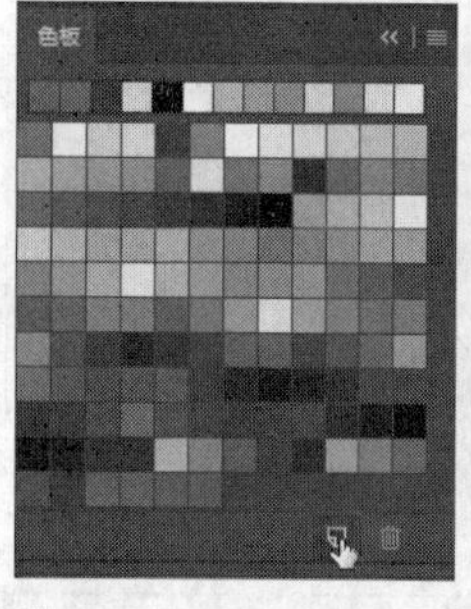

图6-166

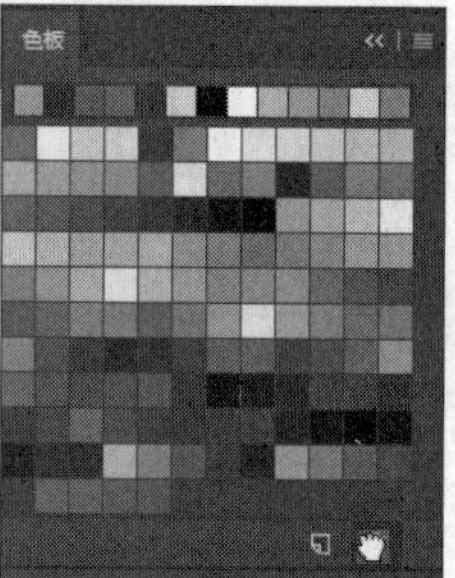

图6-167

单击"色板"面板右上角的按钮，弹出图6-168所示的菜单。用户可根据需要从菜单中选择相应的命令对色板进行设置。

Photoshop提供了为色板修改名称的方法，在某一色块上单击鼠标右键，将弹出一个快捷菜单，如图6-169所示，执行"重命名色板"命令可对该色板进行重命名。

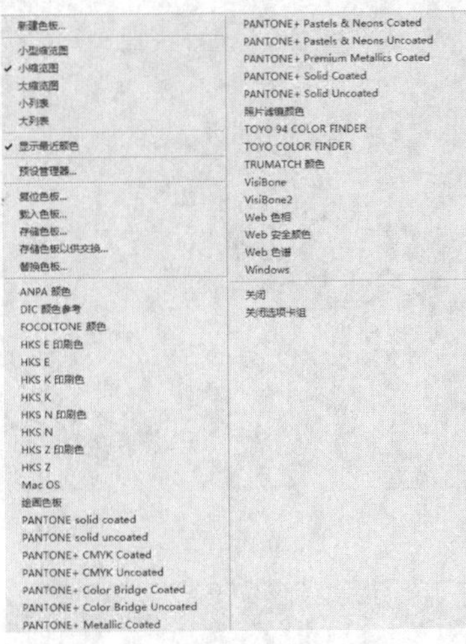

图6-168

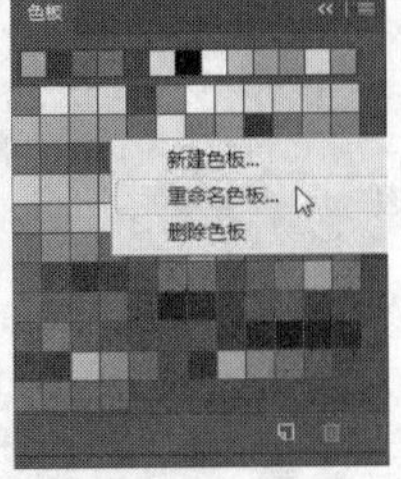

图6-169

图6-171

实战演练 建立属于自己的配色方案色板

01 打开一张颜色丰富的图片，如图6-170所示。执行“文件→导出→存储为Web所用格式（旧版）”命令导出图片。

图6-170

02 “存储为Web所用格式（100%）”对话框如图6-171所示，将图片格式改为“GIF”，在“颜色”数值框中输入“64”（根据需要数量修改），如图6-172所示。

03 找到“存储为Web所用格式（100%）”对话框上的“颜色表”选项，此时共有64个色块，如图6-173所示。单击右上角的“颜色调板菜单”按钮，执行“存储颜色表”命令。

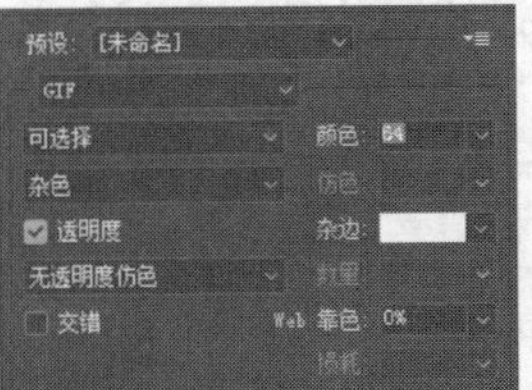

图6-172

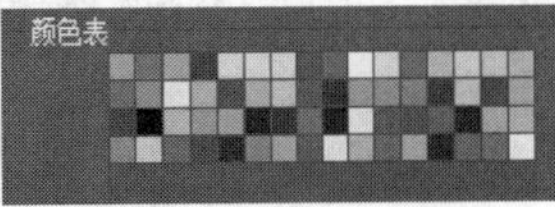

图6-173

04 命名完成后保存，颜色表的格式为ACT。选择“色板”面板，单击右上角按钮，执行“载入色板”命令，如图6-174所示，将刚才保存的颜色表载入，此时，“色板”面板上即可显示刚才保存的64个颜色，如图6-175所示。根据这个方法，用户可以制作自定义色板以备使用。

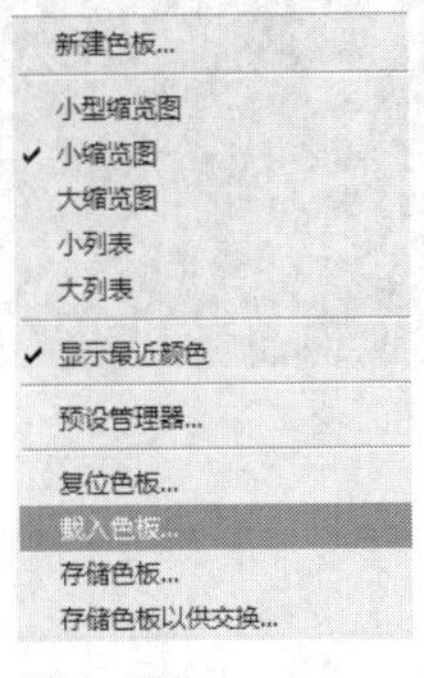

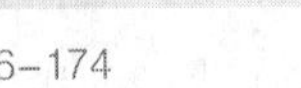

图6-174

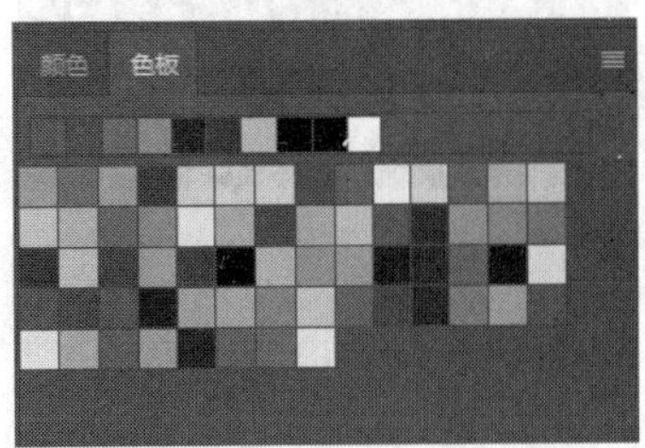

图6-175

第07章
图层的应用

7.1 图层的基础知识

本节主要对图层的基础知识进行详细讲解，其中包括图层的概念、图层面板以及图层的分类。

7.1.1 图层的概念

图层是Photoshop构成图像的基础要素，也是Photoshop组成图像最重要的功能之一。那么究竟什么是图层呢？图层就像是含有文字或图形等元素的透明玻璃，一张张按顺序叠放在一起，组合起来形成页面的最终效果，如图7-1和图7-2所示。图层中可以含有文本、图形、图片、表格等内容，并且每一部分内容都有精确的定位。

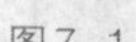

图7-1

图7-2

7.1.2 "图层"面板

"图层"面板用于显示和编辑当前图像窗口中所有图层，并列出了图像中的所有图层、组以及图层效果。

> **提示**
>
> "背景"图层相当于绘图时最下层不透明的画纸，一幅图像只能有一个"背景"图层，"背景"图层可以与普通图层相互转换。

"图层"面板的主要功能是将当前图像的组成关系清晰地显示出来，以方便用户快捷地对各图层进行编辑修改，如图7-3所示。

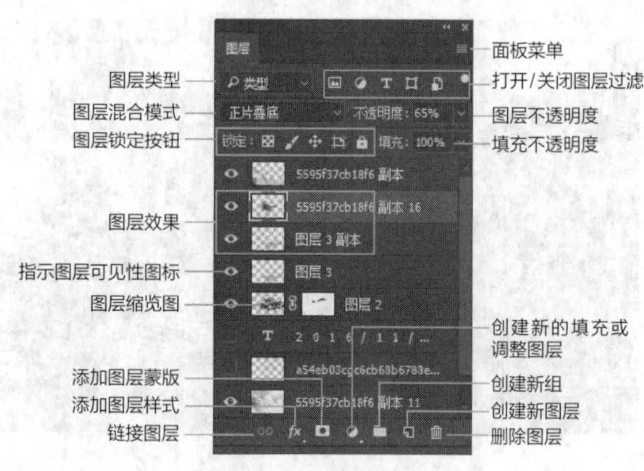

图7-3

"图层"面板中各部分的作用如下。

- **图层混合模式**：用于设置当前图层与它下一图层叠合在一起的混合效果。
- **锁定透明像素**：单击该按钮，将锁定当前图层上的透明像素。虽然不能编辑该图层的透明区域，但可以编辑该层的不透明区域。
- **锁定图像像素**：单击该按钮，将锁定当前图层上的像素，不能编辑图层上的内容，但可以移动该图层。
- **锁定位置**：单击该按钮，会锁定当前图层的位置，无法移动图层，但可以对图层内容进行编辑。

学习重点

Photoshop中的图层是非常重要的概念，它是制作各种优秀作品的基础，本章将重点介绍一些关于图层的基础知识、基本操作等。通过本章的学习，读者可了解与图层有关的知识，并能够对Photoshop的强大处理功能有一个大致的了解。

- 锁定全部：单击该按钮，会锁定当前图层的全部，即无法对被锁定全部的图层进行任何编辑和移动操作。
- 指示图层可见性图标：单击该图标，可以将图层隐藏起来。如在此图标位置上反复单击，将在显示图层和隐藏图层之间进行切换。
- 链接图层：单击该图标，可以链接两个图层、多个图层或组。
- 添加图层样式：单击该按钮，可以从弹出的菜单中选择某个图层样式对图像进行效果设计。
- 添加图层蒙版：单击该按钮，可以给当前图层添加一个图层蒙版。
- 创建新的填充或调整图层：单击该按钮，在弹出的菜单中选择设置选项，可以在“图层”面板上创建填充图层或调整图层。
- 创建新组：单击该按钮，可以创建一个用于存放图层的文件夹。把图层按类拖曳到不同的图层组中，非常有利于图层的管理。
- 创建新图层：单击该按钮，可在当前图层上创建一个新的透明图层。
- 删除图层：单击该按钮，可删除当前图层。

7.1.3 图层的分类

Photoshop可以创建多种类型的图层，它们都有各自的功能和用途，在“图层”面板中的显示状态也各不相同，如图7-4所示。

- 当前图层：当前选择的图层。在对图像进行处理时，编辑操作将在当前图层中进行。
- 链接图层：保持链接状态的多个图层。
- 智能对象图层：包含智能对象的图层。

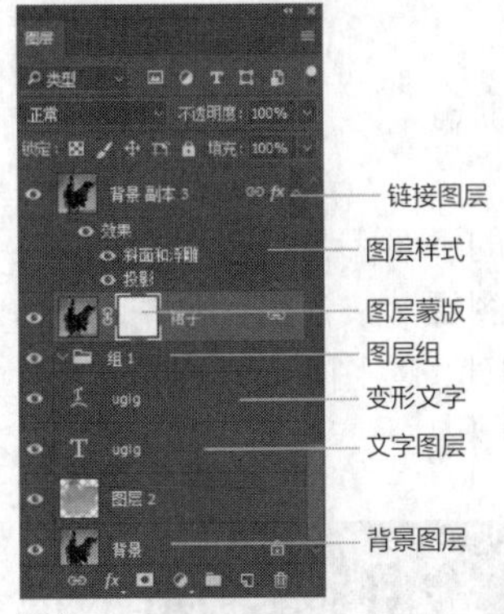

图7-4

- 剪贴蒙版：蒙版的一种，可以使用一个图层中的图像控制它上面多个图层内容的显示范围。
- 调整图层：可以调整图像的亮度、色彩平衡等，但不会改变像素值，而且可以重复编辑。
- 填充图层：通过填充纯色、渐变或图案而创建的特殊效果图层。
- 图层蒙版图层：添加了图层蒙版的图层，蒙版可以控制图层中图像的显示范围。
- 矢量蒙版图层：带有矢量形状的蒙版图层。
- 图层样式：添加了图层样式的图层，通过图层样式可以快速创建特效，如投影、发光、浮雕效果等。
- 图层组：用来组织和管理图层以便查找和编辑图层，类似于Windows的文件夹。
- 变形文字图层：进行了文字变形处理的文字图层。
- 文字图层：使用文字工具输入文字时创建的图层。
- 背景图层：新建文档时创建的图层，它始终位于面板的最下面，名称为“背景”。

7.2 创建图层的方法

创建图层是进行图像处理时最常用的操作，即根据需要创建图层，并将其用于添加和处理图像。

7.2.1 用“创建新图层”按钮新建图层

单击“图层”面板中的“创建新图层”按钮，即可在当前图层的上方创建新图层，如图7-5所示。

提示

新建图层即建立一个空白的透明图层，类似一张完全空白的透明画纸。

如果要在当前图层的下面新建图层，可以按住Ctrl键并单击“创建新图层”按钮。图7-6所示为在“timg”图层下创建的“图层 1”图层，“背景”图层下面不能创建图层。

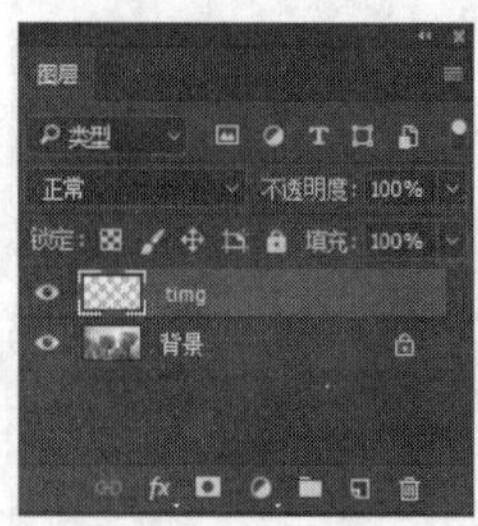

图7-5

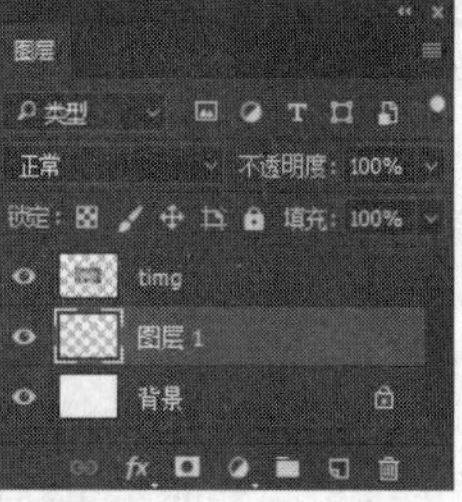

图7-6

● 技术看板

按住Alt键并单击“创建新图层”按钮，将打开“新建图层”对话框。

7.2.2 用“通过拷贝的图层”命令创建图层

“通过拷贝的图层”是指将当前图层的整个图像或选区内的图像进行复制并创建一个新图层的操作，新得到的图层中将包含当前图层的图像。

通过复制得到图层有两种情况：第1种情况为复制整个图层，其方法是先在“图层”面板中选择准备复制的图层，然后执行“图层→新建→通过拷贝的图层”命令或按Ctrl+J组合键就可得到新的图层；第2种情况为对当前图层上的选区图像进行复制，其方法是首先在当前图层上创建选区，然后执行“图层→新建→通过拷贝的图层”命令或按Ctrl+J组合键，或者在选区上单击鼠标右键，在弹出的快捷菜单中执行“通过拷贝的图层”命令，如图7-7所示。此时在“图层”面板中将新建一个“图层1”图层，并通过图层缩览图可以看到新图层中的图像，如图7-8所示。图7-9所示为在没有选区的情况下快速复制当前图层的效果。

图7-7

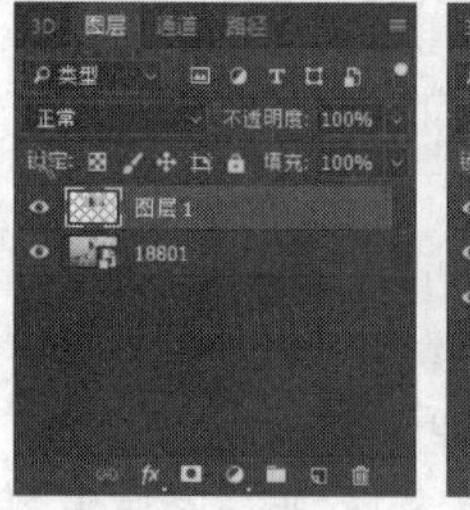

图7-8

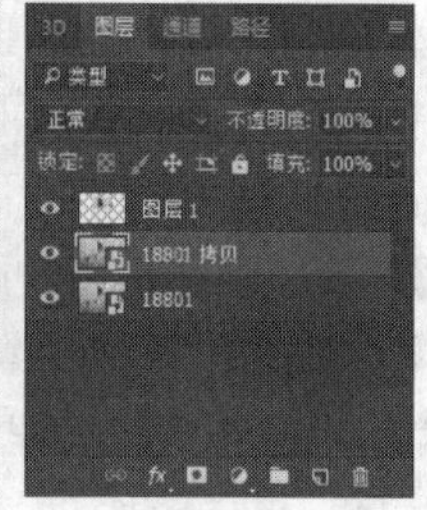

图7-9

提示

通过缩略图可以看到有选区的图像，但窗口中没有任何变化，这是因为复制的图层仍在原位置，可使用工具箱中的移动工具调整其位置。

7.2.3 用“通过剪切的图层”命令创建图层

“通过剪切的图层”是指通过剪切图像中的部分被选取图像来创建新的图层，新建的图层中将包括被剪切的图像。

在“图层”面板中选择需要剪切的图像所在的图层，创建选区后执行“图层→新建→通过剪切的图层”命令，或是在图像中单击鼠标右键，执行“通过剪切的图层”命令，如图7-10所示。

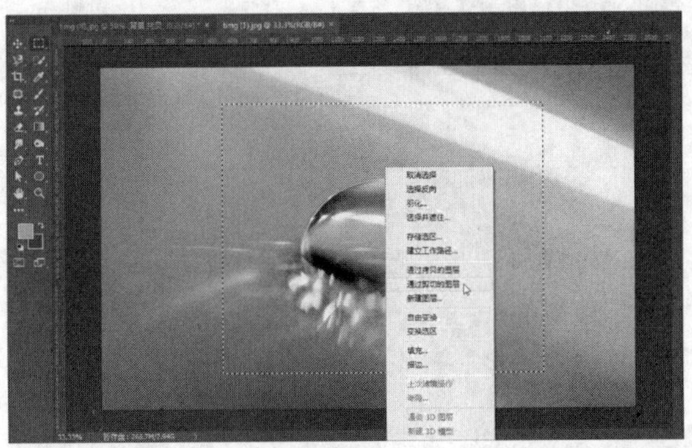

图7-10

执行“通过剪切的图层”命令后，原图层中所选图像将被剪切，用于形成一个新的图层，如图7-11所示。

图7-11

● 技术看板

快速执行“通过拷贝的图层”命令的组合键为Ctrl+J，快速执行“通过剪切的图层”命令的组合键为Ctrl+Shift+J。

7.2.4 用文本工具创建文字图层

使用横排文字工具或竖排文字工具在文档中输入文字，Photoshop会自动创建新的文字图层，如图7-12所示。

如要使用绘画工具或滤镜等编辑文字图层，需要先将其栅格化，使图层中的内容转换为光栅图像，然后才能够进行相应的编辑。

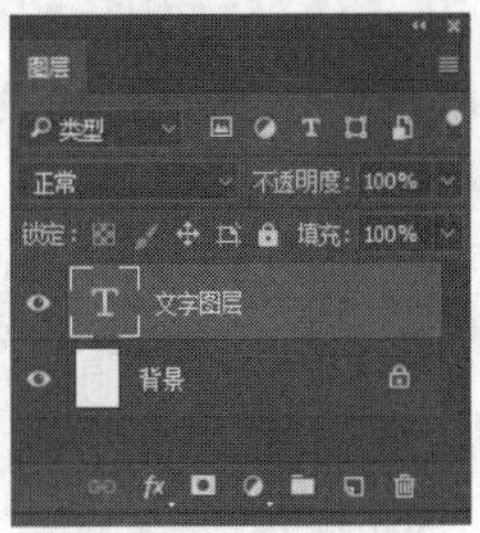

图7-12

选择需要栅格化的图层，单击右键，选择“栅格化文字”即可完成，如图7-13所示。文字图层转化为光栅图像后图层图标也会跟着改变，如图7-14所示。

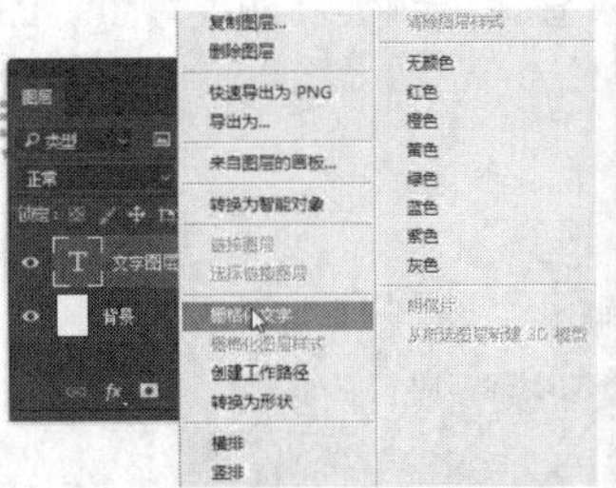

图7-13

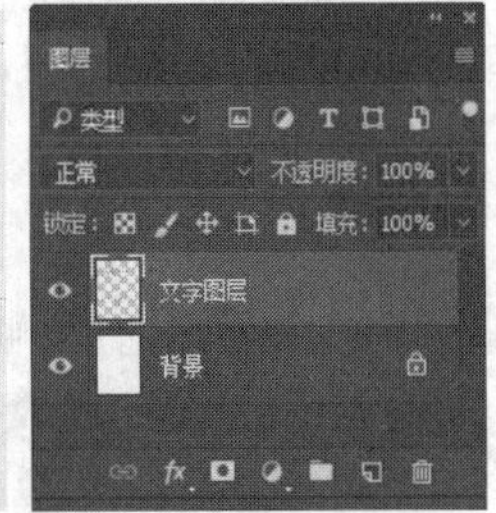

图7-14

提示

栅格化文字图层，可以使文字变为光栅图像。栅格化后，文字内容将不能再被修改。

7.2.5 用形状工具创建形状图层

使用钢笔或形状工具绘制形状时，Photoshop会自动创建新的形状图层，如图7-15所示。

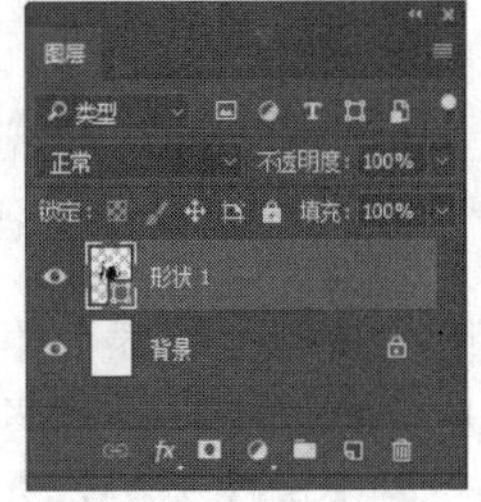

图7-15

如要使用绘画工具或滤镜等编辑形状图层，需要先将其栅格化，使图层中的形状转换为光栅图像，然后才能够进行相应的编辑。执行“图层→栅格化→形状”命令，如图7-16所示。形状图层转换为光栅图像后图层图标也会跟着改变，如图7-17所示。

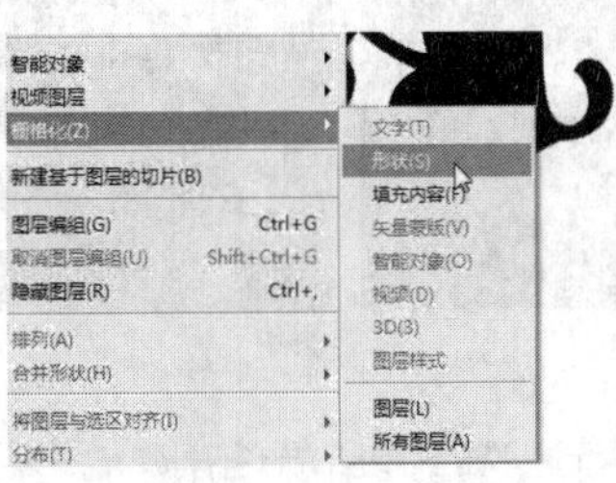

图7-16

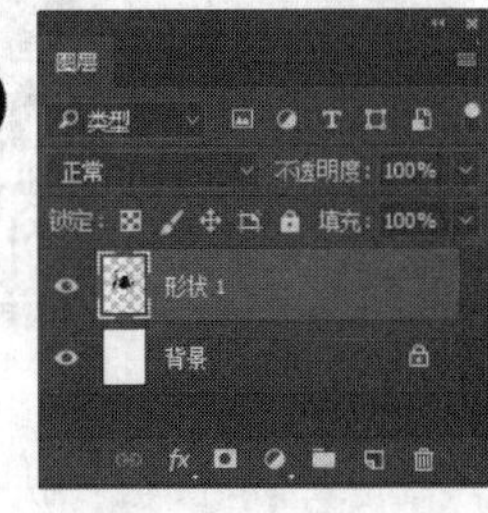

图7-17

7.2.6 新建“背景”图层

使用白色背景或彩色背景创建新图像时，“图层”面板中最下面的图层为“背景”图层。一幅图像只能有一个“背景”图层，如图7-18所示，并且无法更改“背景”图层的堆叠顺序、混合模式以及不透明度。

当图像中没有“背景”图层时，可执行“图层→新建→背景图层”命令，创建新的“背景”图层，如图7-19所示。

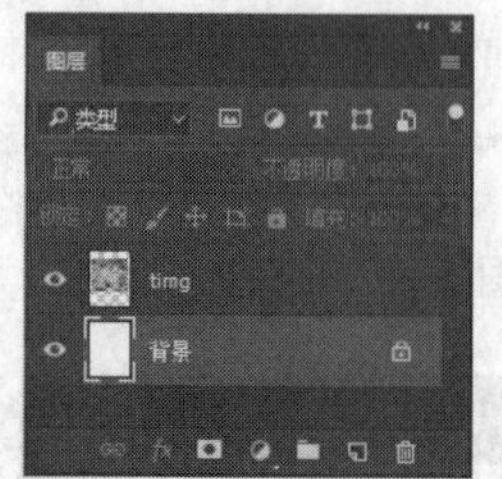
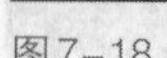

图7-18

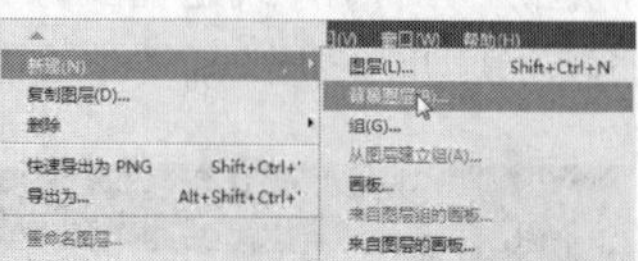

图7-19

提示

使用透明背景作为背景内容时，是没有“背景”图层的。

7.3 图层的基本操作

在处理图像时，经常会用到一些图层的基本操作，如复制图层、删除图层、链接图层等，本节就针对这些基本操作进行讲解。

7.3.1 选择图层

在“图层”面板中可以选择一个、多个、所有、相似或链接图层，这有助于用户进行操作。下面分别对这几种选择图层的方法进行介绍。

- **选择一个图层**：单击“图层”面板中的一个图层即可选择该图层，它会变成灰色并成为当前图层，如图7-20所示，可以对它进行单独的调整和编辑。
- **选择多个图层**：如果要选择多个相邻的图层，可以单击第一个图层，然后按住Shift键单击最后一个图层，如图7-21所示；如果要选择多个不相邻的图层，可以按住Ctrl键依次单击需要编辑的图层，如图7-22所示。

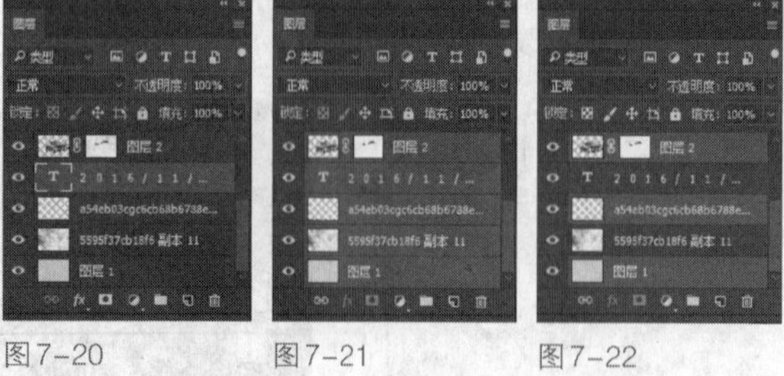

图7-20　图7-21　图7-22

- **选择所有图层**：执行“选择→所有图层”命令，或按Ctrl+Alt+A组合键，可以选择“图层”面板中的所有图层。
- **选择相似图层**：要快速选择类型相似的所有图层，可以借助Photoshop CC 2017的“图层过滤器”功能来完成，如图7-23所示，单击相应的按钮即可完成相应的操作。
- **选择链接图层**：选择链接图层中的一个，执行“图层→选择链接图层”命令，可以选择与它链接的所有图层，如图7-24和图7-25所示。

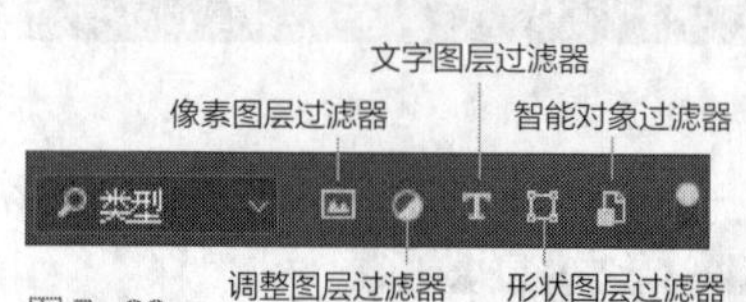

图7-23

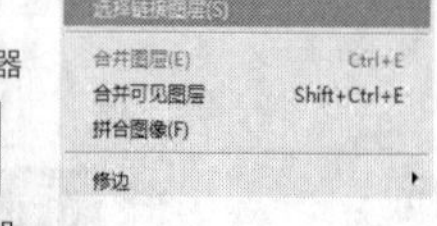

图7-24

- **取消选择图层**：如果不想选择任何图层，可在“图层”面板空白处单击，如图7-26所示。也可以执行“选择→取消选择图层”命令。

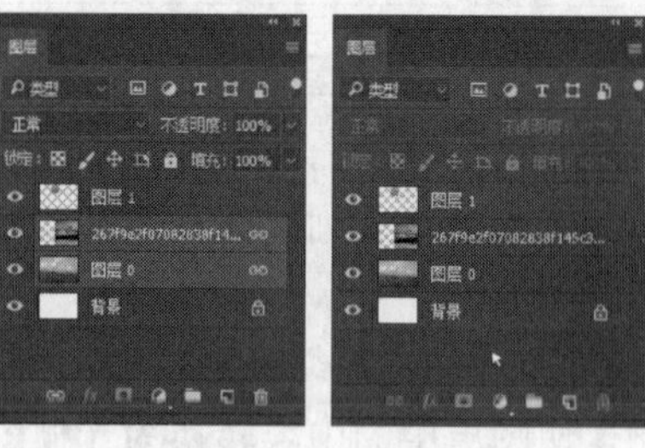

图7-25　图7-26

● 技术看板

选择一个图层后，按Alt+]组合键，可选择与之相邻的上一个图层；按Alt+[组合键，可选择与之相邻的下一个图层。

7.3.2 复制图层

复制图层就是再创建一个相同的图层。复制图层的操作很有用，它不但可以快速地制作出图像效果，而且还可以保护原图像不被破坏。

- **在"图层"面板中复制图层**：在"图层"面板中选中需要复制的图层，按住鼠标左键不放，将其拖曳到底部的"创建新图层"按钮上，待鼠标指针变成形状时释放鼠标，即可在该图层的上方得到一个新的副本图层，如图7-27和图7-28所示。

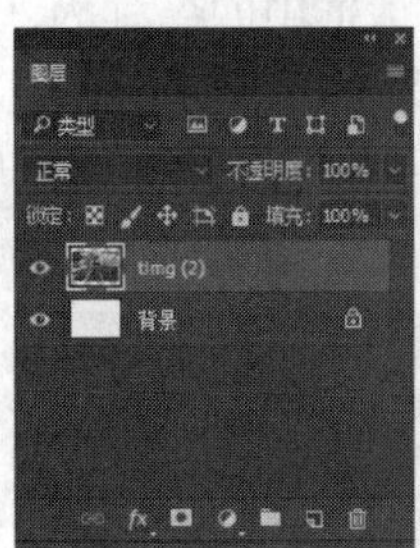

图7-27

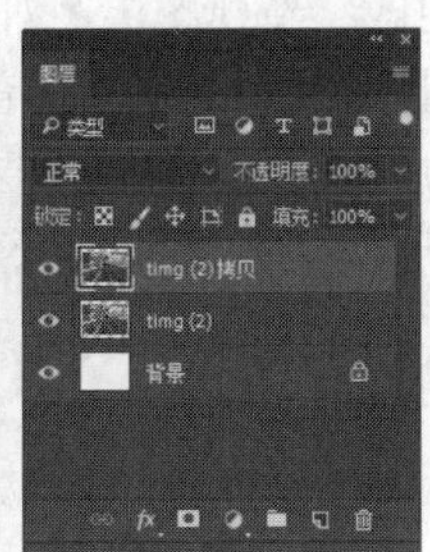

图7-28

提示

复制后的图层与之前的图层内容完全相同，并重叠在一起，因此图像窗口并无任何变化，可使用移动工具移动图像，即可看到复制图层后的效果。

- **通过命令复制图层**：选择一个图层，执行"图层→复制图层"命令，打开"复制图层"对话框，输入图层名称并选择目标文档，单击"确定"按钮即可复制该图层到目标文档并生成新的图层，如图7-29和图7-30所示。

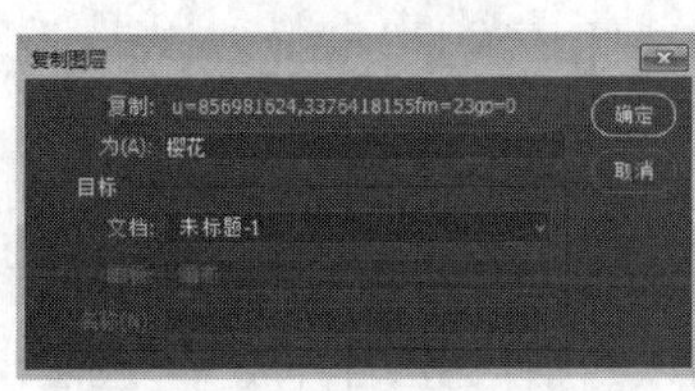

图7-29

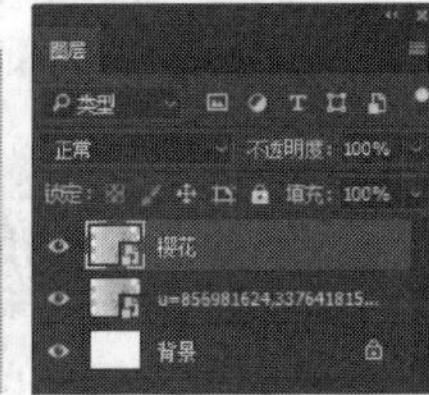

图7-30

提示

在"复制图层"对话框中的"为"文本框中可输入图层的名称。在"文档"文本框中可以将图层复制到其他打开的文档中，如果选择"新建"，则可以设置文档的名称，将图层内容创建为一个新文档。

7.3.3 隐藏与显示图层

"图层"面板中指示图层可见性图标可以用来控制图层的可见性。当图层缩览图左侧显示有此图标时，表示图像窗口中显示了该图层的图像，如图7-31和图7-32所示。单击此图标，图标将消失，该图层的图像将被隐藏，如图7-33和图7-34所示。如在此图标上反复单击，将在显示图层和隐藏图层之间进行切换。

在存在多个图层的情况下，想仅显示某一图层的图像，可按住Alt键并单击该图层左侧的图标。

图7-31

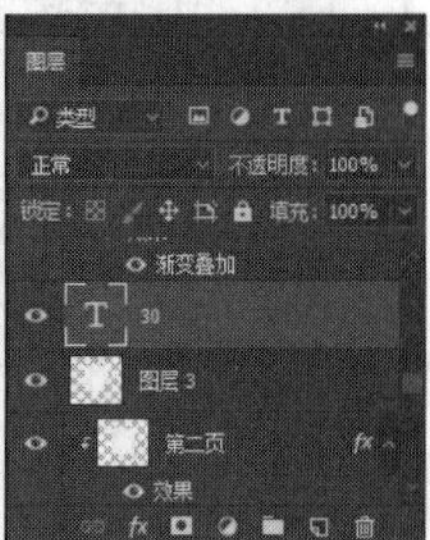

图7-32

图7-33

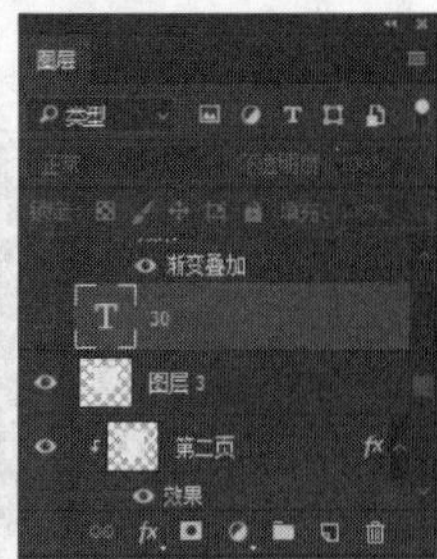

图7-34

7.3.4 删除图层

对不需要使用的图层可以将其删除，删除后图层中的图像也将随之删除。删除图层有以下几种方法。

- 在“图层”面板中选中需要删除的图层，单击面板底部的“删除图层”按钮🗑。
- 在“图层”面板中将需要删除的图层拖曳到“删除图层”按钮🗑上，如图7-35和图7-36所示。

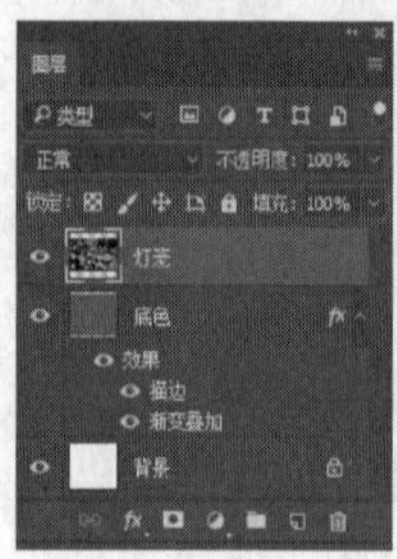
图7-35

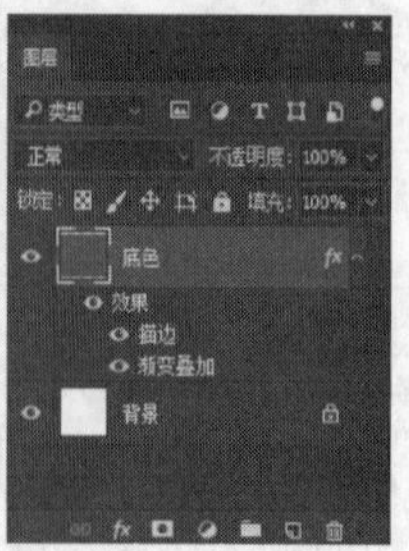
图7-36

- 选中要删除的图层，执行“图层→删除→图层”命令。
- 在“图层”面板中，用鼠标右键单击需要删除的图层，在弹出的快捷菜单中执行“删除图层”命令。

7.3.5 链接图层

如果要同时处理多个图层中的内容，例如同时移动、缩放等，可先将这些图层链接在一起。

在“图层”面板中选择两个或多个图层，如图7-37所示。单击“图层”面板底部的“链接图层”按钮🔗，或执行“图层→链接图层”命令，即可将它们链接在一起，如图7-38所示。如果要取消链接，可以选择其中一个链接图层，然后单击“链接图层”按钮🔗。

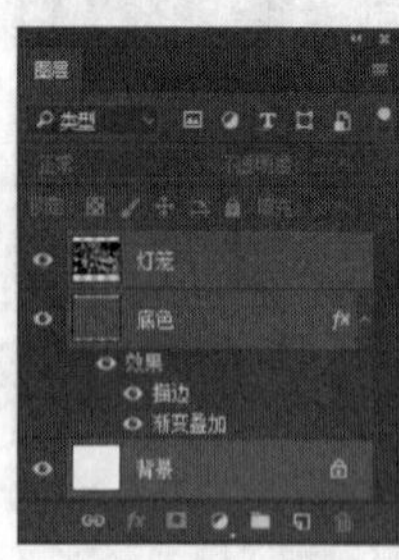
图7-37

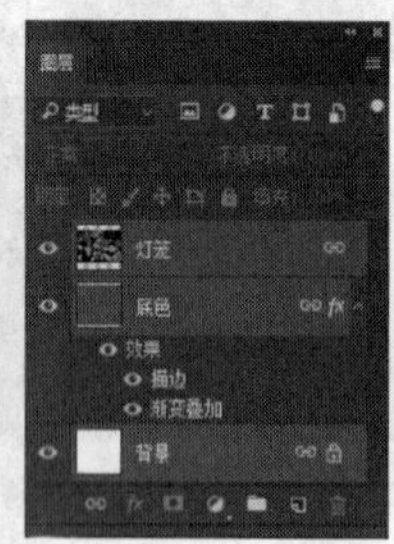
图7-38

7.3.6 “背景”图层和普通图层的互相转换

- 将“背景”图层转换为普通图层：在“图层”面板中用鼠标左键双击“背景”图层，如图7-39所示，即可打开“新建图层”对话框，如图7-40所示，单击“确定”按钮，此时“背景”图层可以转换为普通图层，如图7-41所示。

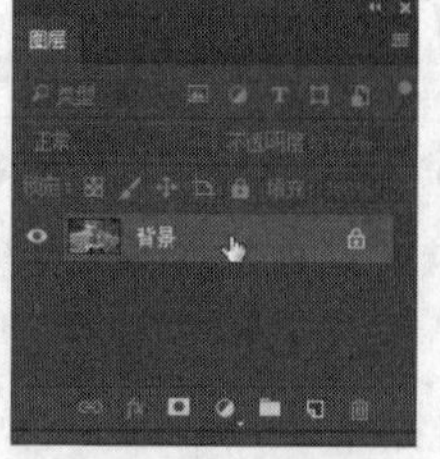
图7-39

图7-40

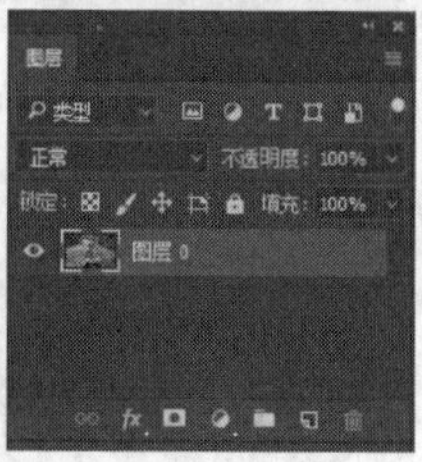

图7-41

提示

如果更改“新建图层”对话框中的名称为“背景”，则我们可认为是将“背景”图层转换为一个名称为“背景”的普通图层。

- 将普通图层转换为“背景”图层：在“图层”面板中选择需要设置成“背景”图层的图层，如图7-42所示，执行“图层→新建→图层背景”命令，如图7-43所示，该图层即会被转换为“背景”图层，如图7-44所示。

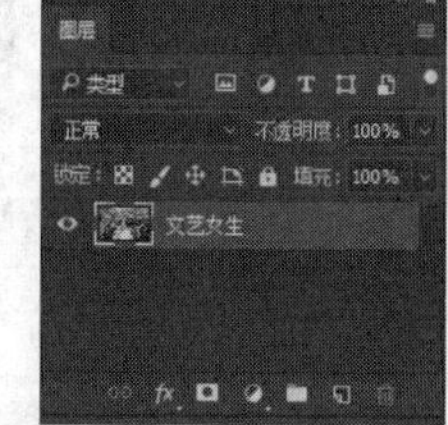
图7-42

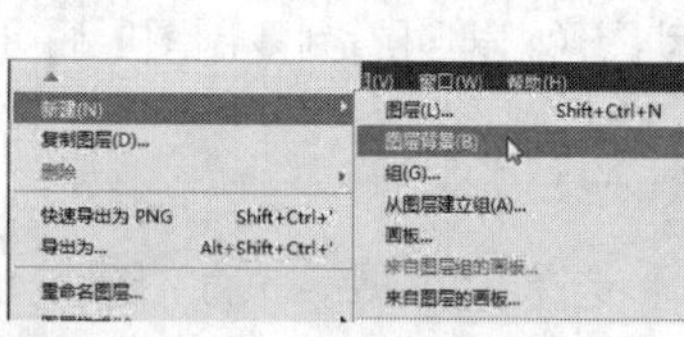
图7-43

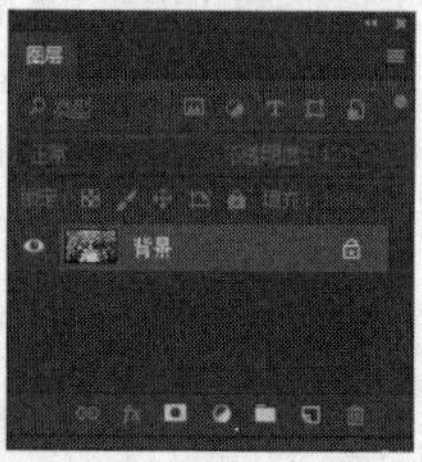

图7-44

提示

对普通图层重命名为“背景”来创建背景图层是对的，必须执行“图层背景”命令。

7.3.7 合并图层

通过合并图层可以将几个图层合并成一个图层，

这样可以减小文件的大小，并且便于对这些图层进行编辑。

方法是选中“图层”面板中想要合并的多个图层，执行“图层→合并图层”命令或按Ctrl+E组合键，即可将选择的多个图层合并成一个图层，如图7-45和图7-46所示。

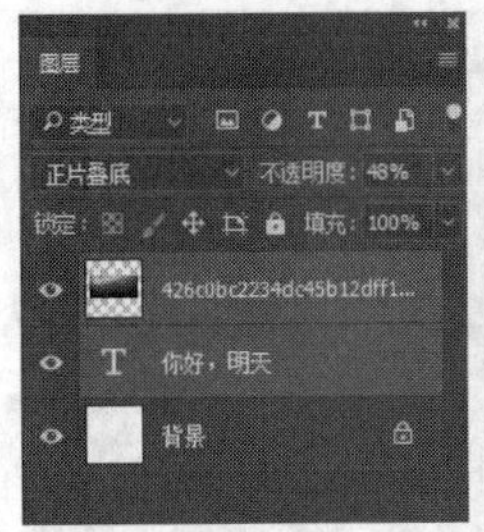

图7-45

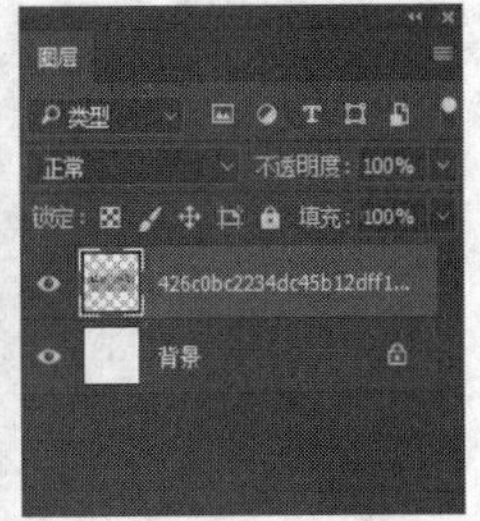

图7-46

提示

几个图层合并后将成为一个图层，不能再对其分别进行操作。

7.3.8 向下合并图层

“向下合并”命令可将当前图层与它下面相邻的一个图层进行合并。

方法是选择一个图层，执行“图层→向下合并”命令，即可将两个相邻的图层合并在一起，如图7-47和图7-48所示。

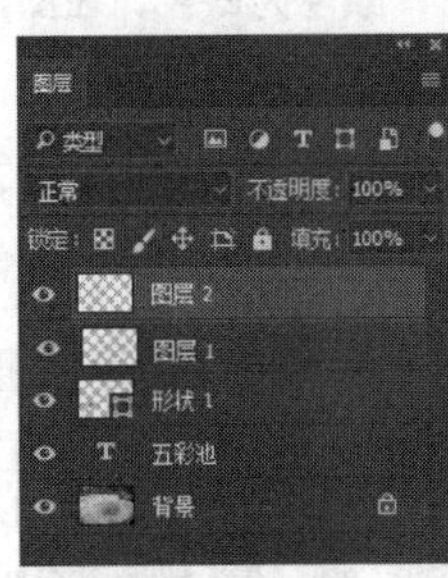

图7-47

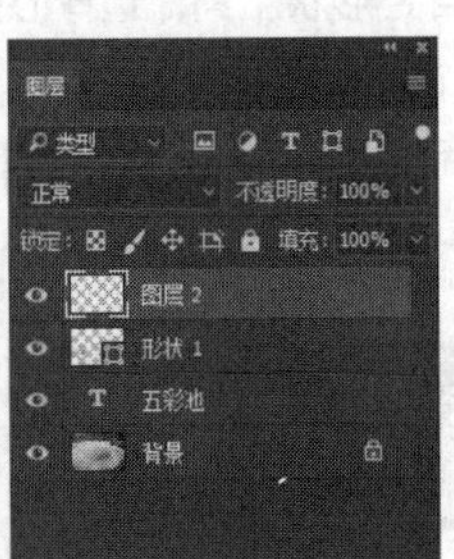

图7-48

7.3.9 合并可见图层

执行“图层→合并可见图层”命令，可以将“图层”面板中所有显示的图层进行合并，而被隐藏的图层将不被合并，如图7-49和图7-50所示。

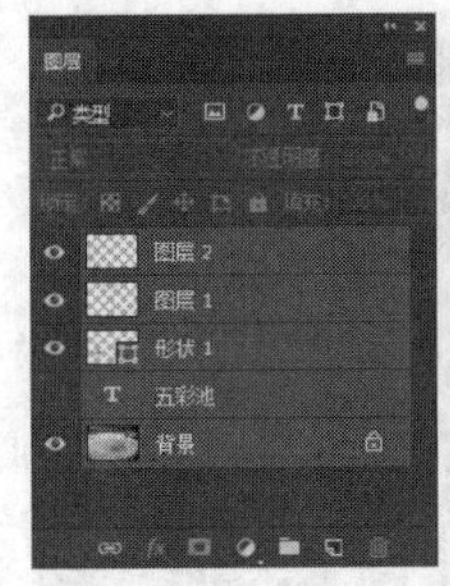

图7-49

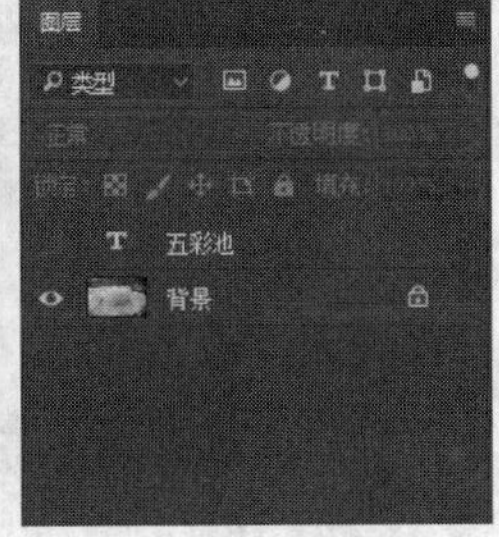

图7-50

7.3.10 拼合图像

执行“图层→拼合图像”命令，可将所有的图层进行合并，并放弃隐藏图层中的图像效果，文档中的所有图层将被合并到“背景”图层中，如图7-51至图7-53所示。

图7-51

图7-52

图7-53

提示

如果“图层”面板中有隐藏的图层，则执行“图层→拼合图像”命令后，会弹出一个提示对话框。若单击“确定”按钮，将扔掉隐藏的图层，并将显示的图层合并；若单击“取消”按钮，将取消合并图层的操作。

实战演练 制作个性壁纸图像

01 按Ctrl+N组合键新建一个文件，将其命名为“个性壁纸”，设置宽度为1200像素，高度为900像素，分辨率为300像素/英寸，背景为白色，如图7-54所示，单击“创建”按钮。

02 执行“编辑→填充”命令，为“背景”图层填充蓝色（C64%、M0%、Y2%、K0%），如图7-55和图7-56所示。

图7-54

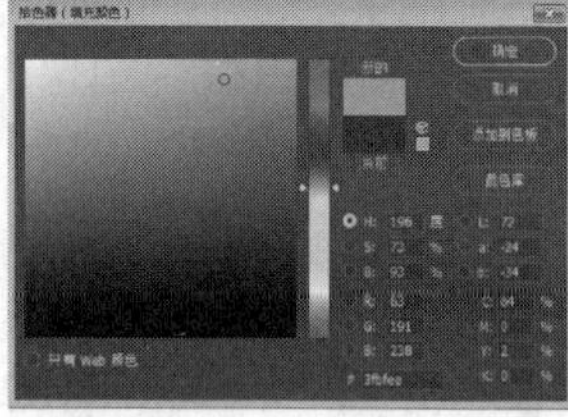
图7-55

图7-56

03 按Ctrl+O组合键打开一个文件，选择所需要的卡通图案图层，选择移动工具将其移动到“个性壁纸”文档中，如图7-57和图7-58所示，“图层”面板将得到一个新的图层，如图7-59所示。

图7-57

图7-58

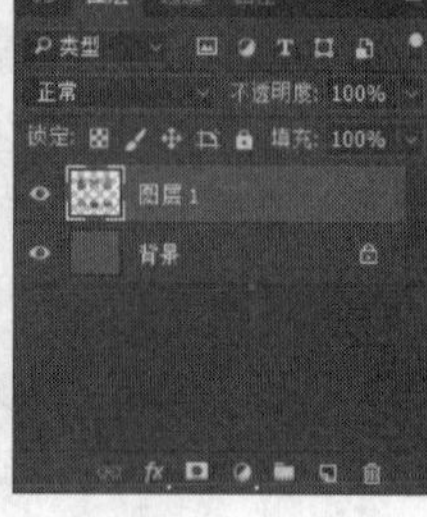
图7-59

04 多次复制卡通图案图层，使用移动工具将其调整至适当的位置，执行“编辑→自由变换”命令调整各副本图层至适当尺寸，如图7-60和图7-61所示。

05 全选卡通图层及其副本图层，执行“图层→合并图层”命令，将所有的卡通图案图层合并成一个整体，如图7-62所示。

图7-60

图7-61

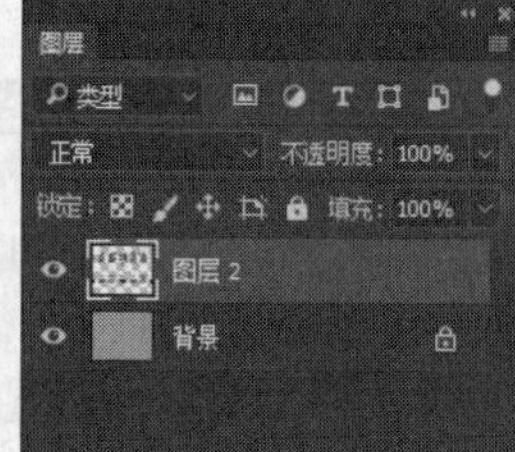
图7-62

06 使用自定形状工具，选择心形，颜色为白色，在图中绘制一个大小适中的心形，并调整好位置，将心形形状图层重命名为“心形”，并将其置于最顶层，如图7-63和图7-64所示。

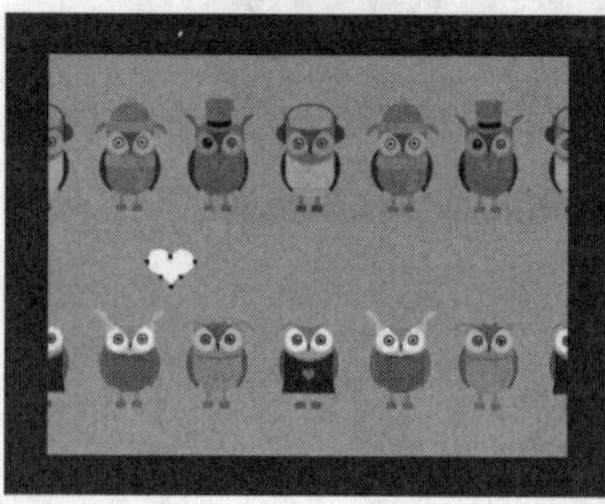
图7-63

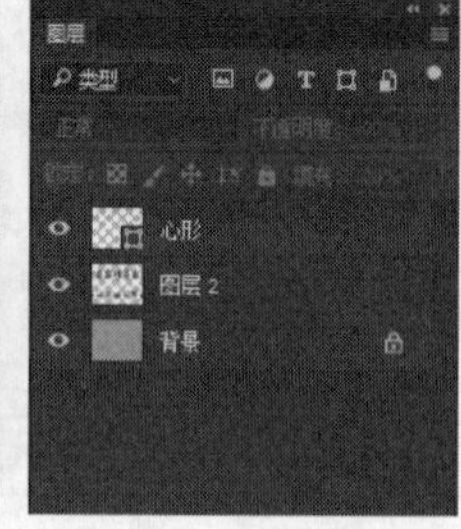
图7-64

07 用横排文字工具，设置字型为“Cooper Std”，字号为24点，颜色为白色，输入文字“I LIKE YOU”，得到“I LIKE YOU”文字图层，如图7-65所示。用移动工具调整好图层位置，一张漂亮的个性壁纸就制作完成了，最终效果如图7-66所示。

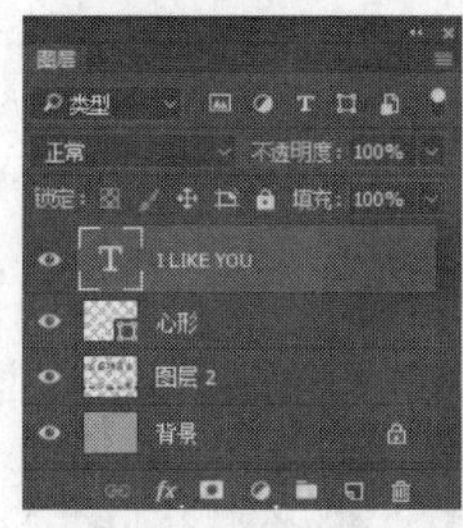
图7-65

图7-66

7.4 管理图层

管理图层主要是对图层进行重命名、排序、编组等操作，使“图层”面板中的图层结构更加清晰，也便于查找需要的图层。

7.4.1 修改图层的名称和颜色

在图层数量较多的文档中，可以为一些重要的图层设置容易识别的名称或颜色，以方便在操作中快速找到它们。

如果要修改一个图层的名称，可以在“图层”面板中双击需要修改名称的图层原名称部分，等出现图7-67的状态时，输入新的名称即可，效果如图7-68所示。

如果要修改图层颜色，可以选择该图层，在指示图层可见性图标上单击鼠标右键，在弹出的快捷菜单中选择想要的颜色即可，如图7-69和图7-70所示。

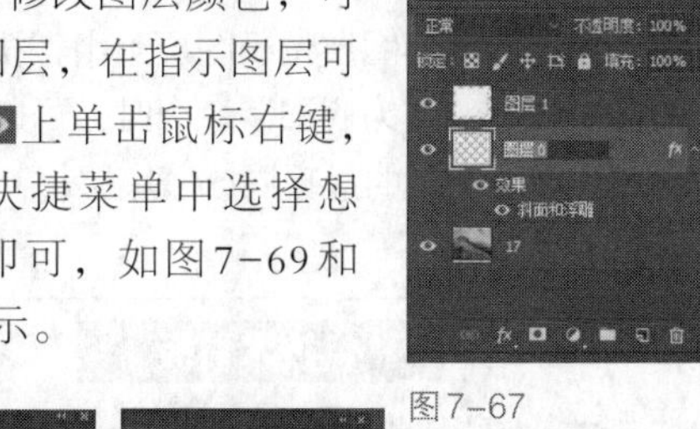
图7-67 图7-68 图7-69

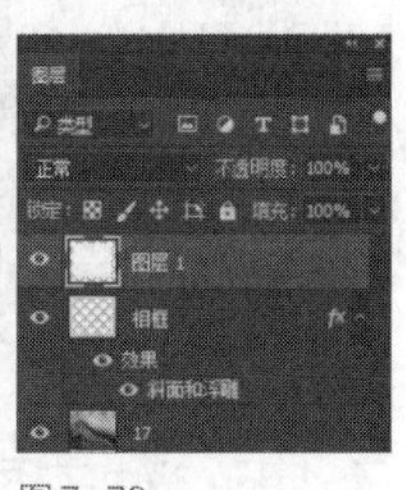
图7-70

7.4.2 创建图层组

使用图层组可以将许多图层放到一个图层组文件夹中，这是非常有用的图层管理工具，利用图层组管理图层可以更加方便地编辑图像。

执行“图层→新建→组”命令，弹出图7-71所示的“新建组”对话框。

图7-71

其各选项的含义如下。

- 名称：在右侧的文本框中可以输入新图层组的名称，如果不设置，将以默认的“组1”“组2”等来自动命名。
- 颜色：用来设定图层组图层的颜色，此项的主要作用是便于管理图层，对图像本身不产生任何影响。
- 模式：用以设置图层组的混合模式，如果在此项设置了混合模式，则图层组中的每一个图层都将具有相同的混合模式。
- 不透明度：用以设置图层组的不透明度，如果为图层组设置了不透明度，则图层组中的每一个图层都将具有相同的不透明度。

在“新建组”对话框中设置好各项参数后，单击“确定”按钮，即可在“图层”面板中建立一个图层组文件夹，如图7-72所示。

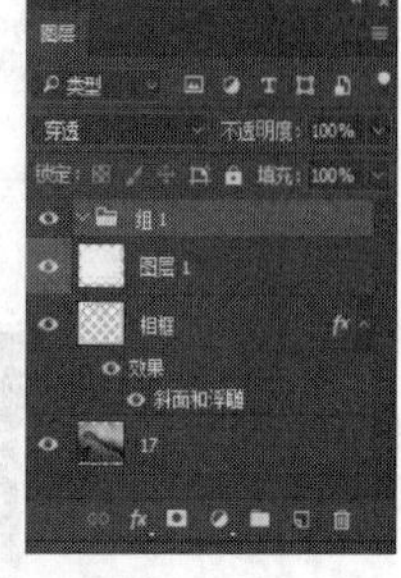
图7-72

7.4.3 编辑图层组

- 将图层移入或移出图层组：将图层拖入图层组内，

可将其添加到图层组中，如图7-73至图7-75所示；将图层组中的图层拖出组外，可将其从图层组中移出，如图7-76和图7-77所示。

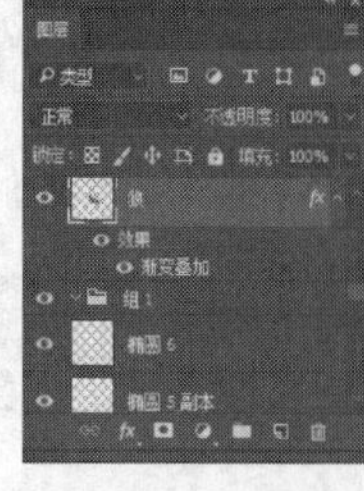
图7-73

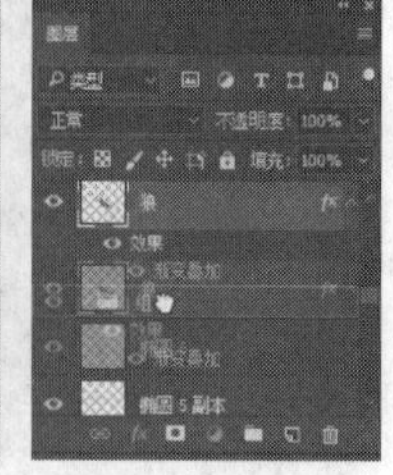
图7-74

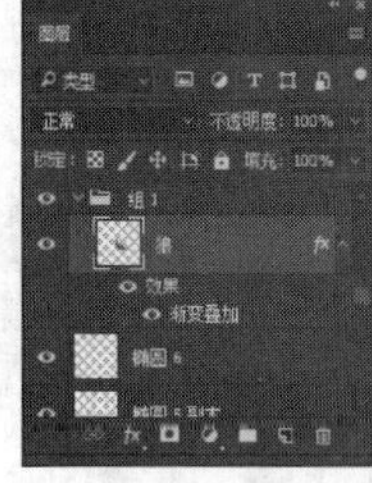
图7-75

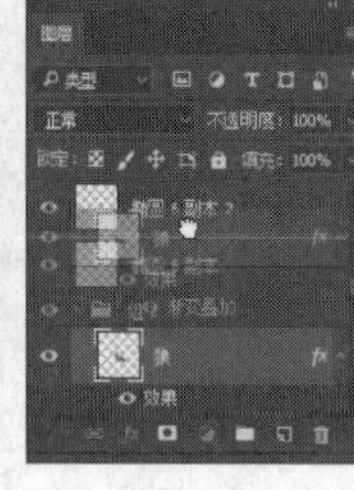
图7-76

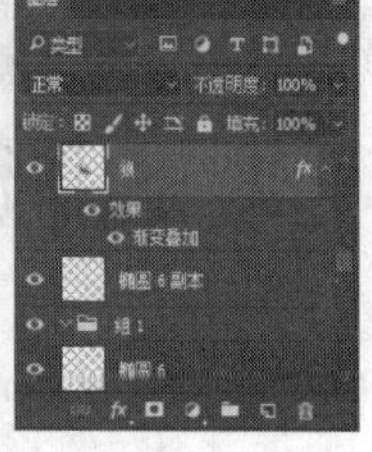
图7-77

● 取消图层编组：如果要取消图层编组，但保留图层，可以选择该图层组，执行“图层→取消图层编组”命令，如图7-78和图7-79所示。如果要删除图层组及组中的图层，可以将图层组拖曳到“图层”面板底部的“删除图层”按钮上。

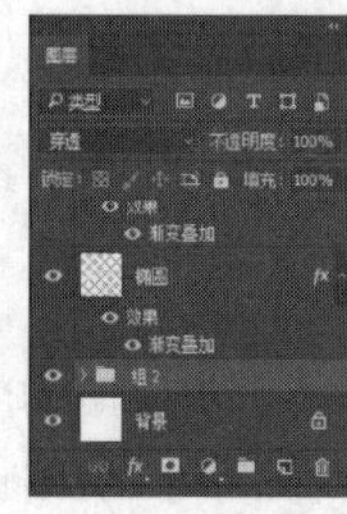
图7-78

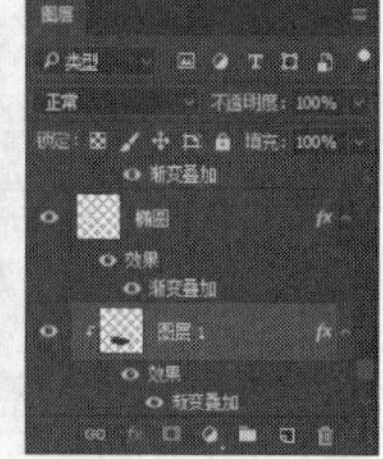
图7-79

7.4.4 调整图层的排列顺序

在“图层”面板中，所有的图层都是按照一定的顺序进行排列的，图层的排列顺序决定了一个图层的图像是显示在其他图层的上方还是下方。因此，通过移动图层的排列顺序可以更改窗口中各图像的叠放位置，以实现所需要的效果，如图7-80至图7-83所示。

图7-80

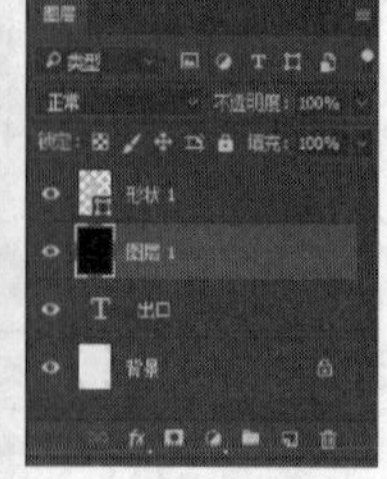
图7-81

其次还可以执行“图层→排列”命令，调整图层的排列顺序，如图7-84所示。

图7-82

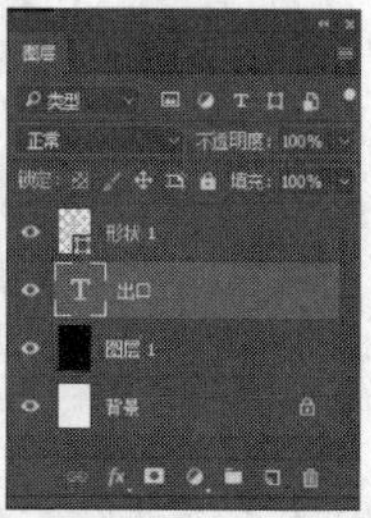
图7-83

图7-84

● 置为顶层：将所选图层调整到最顶层。
● 前移一层：将所选图层向上移动一个堆叠顺序。
● 后移一层：将所选图层向下移动一个堆叠顺序。
● 置为底层：将所选图层调整到最底层。
● 反向：在“图层”面板中选择多个图层以后，执行该命令，可以反转所选图层的堆叠顺序。

提示

如果选择的图层位于图层组中，执行“置为顶层”或者“置为底层”命令时，可以将图层调整到当前图层组的最顶层或最底层。

● 技术看板

快速执行“置为顶层”命令的组合键是Shift+Ctrl+]；快速执行“前移一层”命令的组合键是Ctrl+]；快速执行“后移一层”命令的组合键是Ctrl+[；快速执行“置为底层”命令的组合键是Shift+Ctrl+[。

7.4.5 对齐图层

如果要将多个图层中的图像内容对齐，可以在“图层”面板中选择它们，执行“图层→对齐”命令，如图7-85所示。

执行“图层→对齐→顶边”命令，可以将选定图层上的顶端像素与所有选定图层的最顶端的像素对齐，原图及顶边对齐的效果图分别如图7-86和图7-87所示。

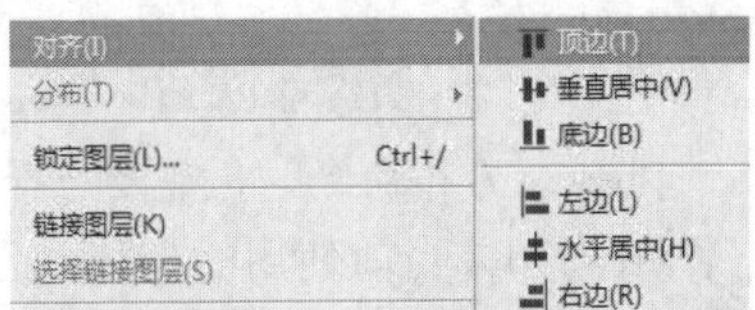

图7-85

图7-86

图7-87

执行“图层→对齐→水平居中”命令，可以将每个选定图层上的垂直中心像素与所有选定图层的水平中心像素对齐，如图7-88和图7-89所示。

执行“图层→对齐→底边”命令，可以将选定图层上的底端像素与所有选定图层的最底端像素对齐，如图7-90和图7-91所示。

图7-88

图7-89

图7-90

图7-91

执行“图层→对齐→左边”命令，可以将选定图层上左端像素与所有选定图层的最左端像素对齐，如图7-92和图7-93所示。

执行“图层→对齐→垂直居中”命令，可以将选定图层上的水平中心像素与所有选定图层的垂直中心像素对齐，如图7-94和图7-95所示。

图7-92

图7-93

图7-94

执行“图层→对齐→右边”命令，可以将选定图层上的右端像素与所有选定图层的最右端像素对齐，如图7-96和图7-97所示。

图7-95

图7-96

图7-97

提示

如果当前使用的是移动工具，则可以单击工具选项栏中的按钮来对齐图层。

7.4.6 分布图层

如果要让3个或者更多的图层采用一定的规律均匀分布，可以选择这些图层，执行“图层→分布”命令，如图7-98所示。

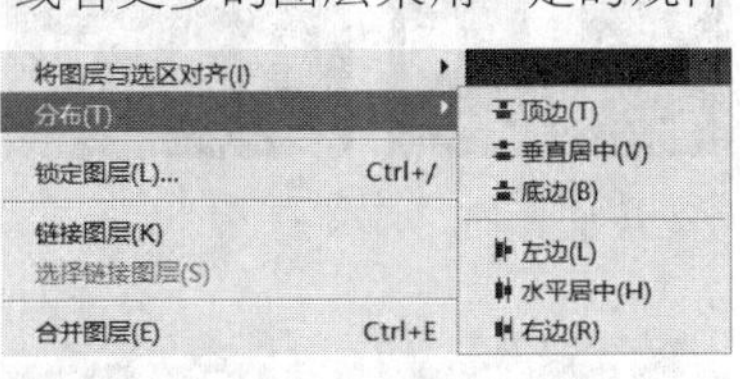

图7-98

执行“顶边”命令，可以在垂直方向上，按顶端均匀分布选定的图层，如图7-99和图7-100所示。

执行“垂直居中”命令，可以在垂直方向上，按垂直中心均匀分布选定的图层，如图7-101和图7-102所示。

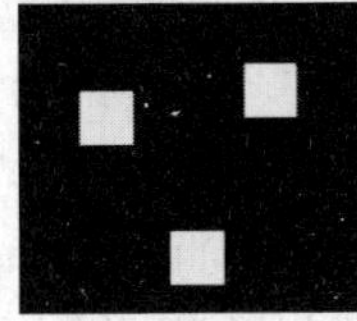
图7-99

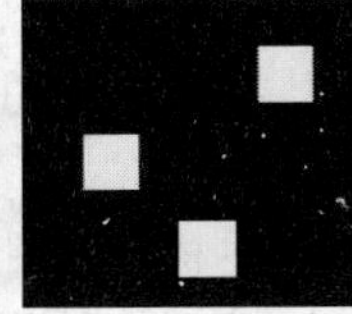
图7-100

图7-101

执行“底边”命令，可以在垂直方向上，按底边均匀分布选定的图层，如图7-103和图7-104所示。

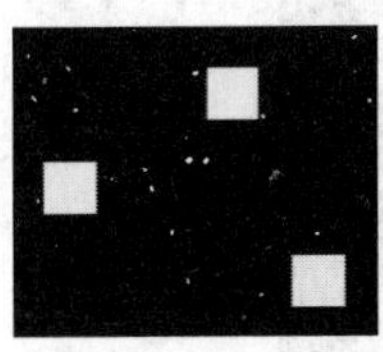
图7-102

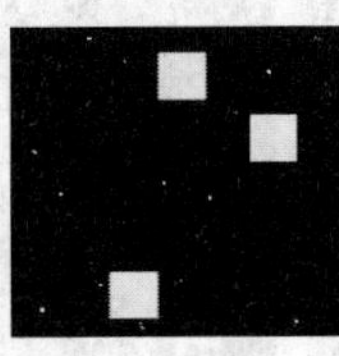
图7-103

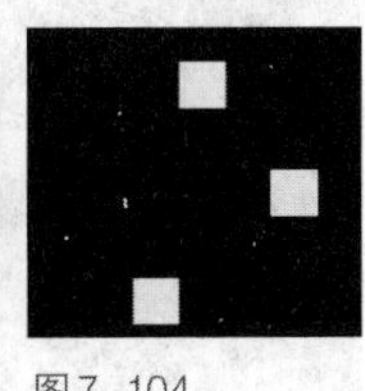
图7-104

执行“左边”命令，可以在水平方向上，按左边均匀分布选定的图层，如图7-105和图7-106所示。

执行“水平居中”命令，可以在水平方向上，按水平中心均匀分布选定的图层，如图7-107和图7-108所示。

执行“右边”命令，可以在水平方向上，按右边均匀分布选定的图层，如图7-109和图7-110所示。

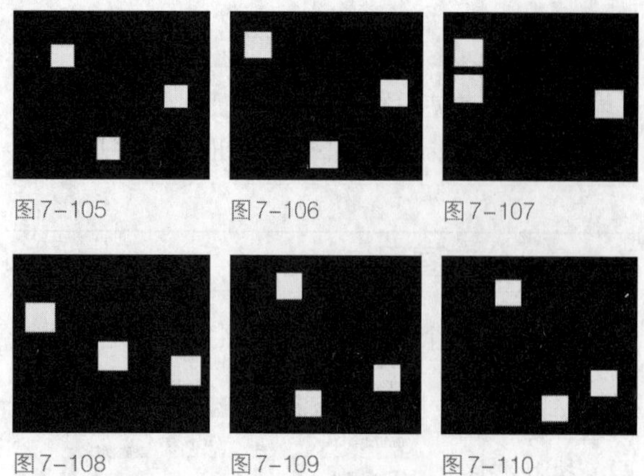
图7-105　图7-106　图7-107

图7-108　图7-109　图7-110

> **提示**
>
> 执行分布命令时，需要选择3个或3个以上图层。如果当前使用的是移动工具，则可以单击工具选项栏中的按钮来进行图层的分布操作。

7.5　图层样式

图层样式是Photoshop比较有代表性的功能之一，它能够在很短的时间内制作出各种特殊效果，如阴影、发光、浮雕等。

7.5.1　添加图层样式

执行“图层→图层样式”命令，或单击“图层”面板底部的“添加图层样式”按钮，会弹出包含所有图层样式的菜单。

在“图层”面板中，添加了图层效果的图层右侧会显示一个图标，表示该图层添加了图层样式效果，如图7-111所示。单击图标右侧的三角形按钮，可以显示或隐藏该图层添加的所有图层样式效果，如图7-112所示。

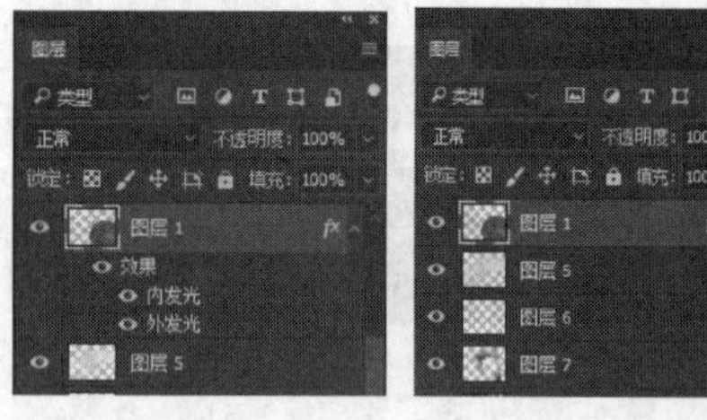

图7-111　图7-112

> **提示**
>
> 单击某效果前面的“切换单一图层效果可见性”图标，可以在图像窗口中隐藏或显示图层样式效果，如在“图层”面板中单击“投影”效果前的图标，图像窗口中将不显示该图层样式效果。

7.5.2　“图层样式”对话框

单击“添加图层样式”按钮，选择任意一个样式，会弹出“图层样式”对话框，如图7-113所示。

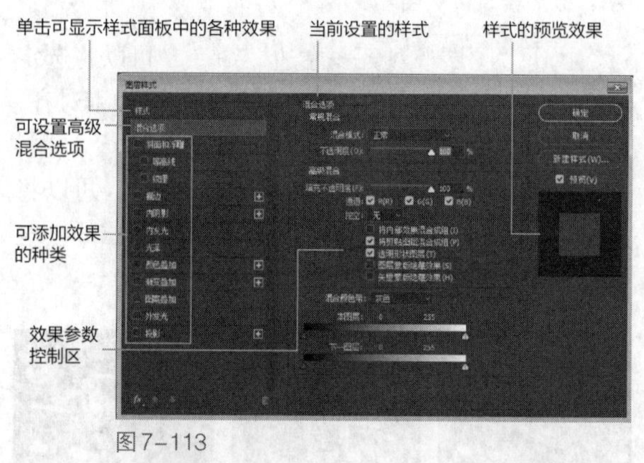

图7-113

7.5.3　斜面和浮雕

“斜面和浮雕”样式可以制作出具有立体感效果的图像。

单击“图层”面板底部的“添加图层样式”按钮，在弹出的下拉菜单中选择“斜面和浮雕”选项，打开图7-114所示“图层样式”对话框。

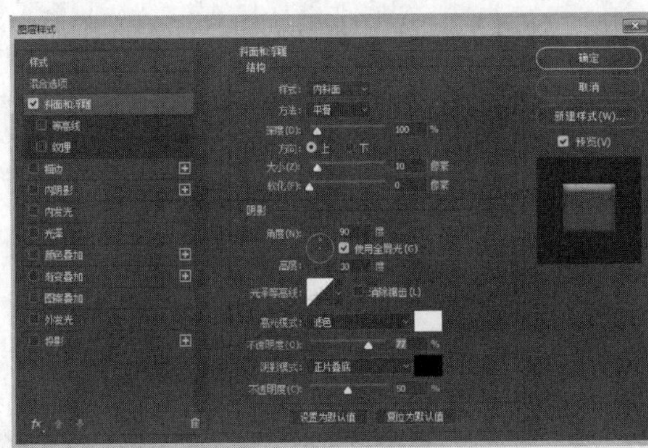

图7-114

各参数含义如下。

● 样式

内斜面：在图层内容的内边缘上创建斜面，如图7-115所示。

外斜面：在图层内容的外边缘上创建斜面，如图7-116所示。

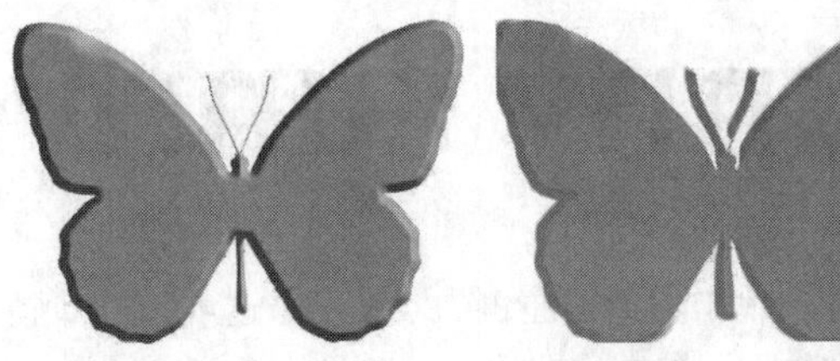

图7-115　　图7-116

浮雕效果：创建出使图层内容相对于下层图层呈现浮雕状的效果，如图7-117所示。

枕状浮雕：创建出将图层内容的边缘压入下层图层中的效果，如图7-118所示。

描边浮雕：将浮雕应用于有“描边”效果的图层内容的边界。图7-119和图7-120所示为未应用“描边浮雕”效果与应用“描边浮雕”效果的对比。

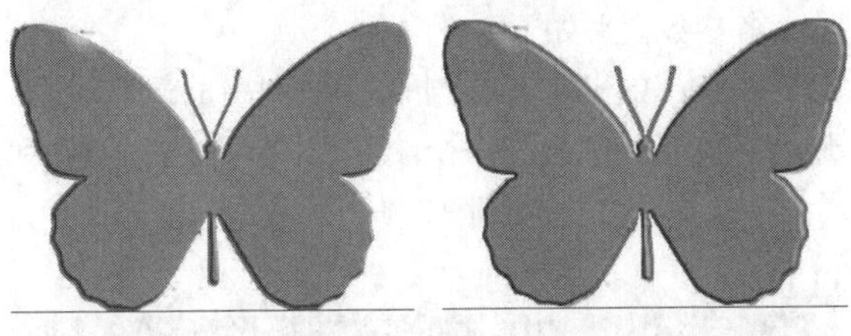

图7-117　　图7-118

提示

只有图层内容应用了“描边”效果，“描边浮雕”效果才可见。

图7-119　　图7-120

● 方法

平滑：边缘过渡得比较柔和，如图7-121所示。

雕刻清晰：边缘变换效果较明显，并产生较强的立体感，如图7-122所示。

雕刻柔和：与“雕刻清晰”类似，但边缘的色彩变化较柔和，如图7-123所示。

图7-121　图7-122　图7-123

● 深度：设置斜面和浮雕亮部和阴影的深度。

● 方向：设置斜面和浮雕亮部和阴影的方向，如图7-124和图7-125所示。

图7-124　　图7-125

● 大小：设置斜面和浮雕亮部和阴影面积的大小，如图7-126和图7-127所示。

图7-126　　图7-127

● 软化：设置斜面和浮雕亮部和阴影边缘的过渡程度。

● 角度：设置投影的角度，如图7-128和图7-129所示。

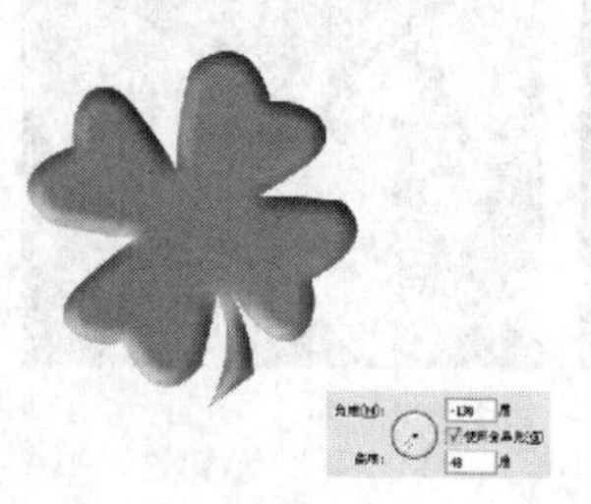

图7-128　　图7-129

- **使用全局光**：使用系统设置的全局光照明。
- **高度**：设置斜面和浮雕凸起的高度位置。
- **光泽等高线**：选择一种光泽轮廓，如图7-130和图7-131所示。

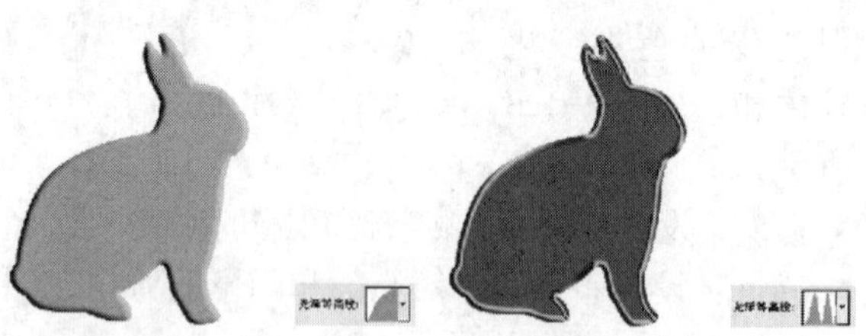

图7-130　　图7-131

- **高光模式**：设置斜面和浮雕效果高光部分的混合模式。
- **设置高亮颜色色块□**：设置高光的光源颜色。
- **不透明度**：设置斜面和浮雕效果高光部分的不透明度，如图7-132所示。
- **阴影模式**：设置斜面和浮雕效果的阴影部分的混合模式。
- **设置阴影颜色色块■**：可设置阴影的颜色。
- **不透明度**：设置斜面和浮雕效果阴影部分的不透明度，如图7-133所示。

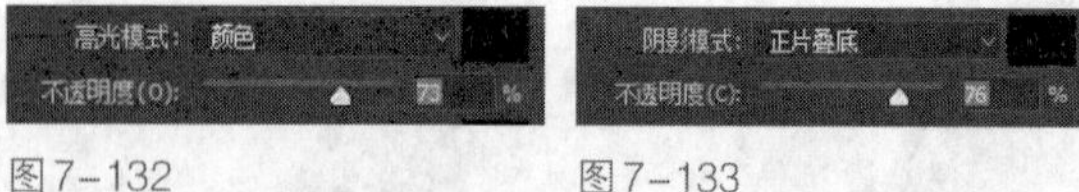

图7-132　　图7-133

“斜面和浮雕”样式不但包含右侧的结构和阴影选项组，还包含两个选项，即“等高线”“纹理”，如图7-134所示。利用“等高线”“纹理”选项，可以对“斜面和浮雕”样式进行进一步的设置。

- **等高线**：单击对话框左侧的“等高线”选项，可以显示“等高线”参数设置选项，如图7-135所示。

使用“等高线”可以勾画在浮雕处理中被遮住的起伏、凹陷和凸起，如图7-136和图7-137所示。“范围”是用来设置斜面与浮雕轮廓的应用范围。

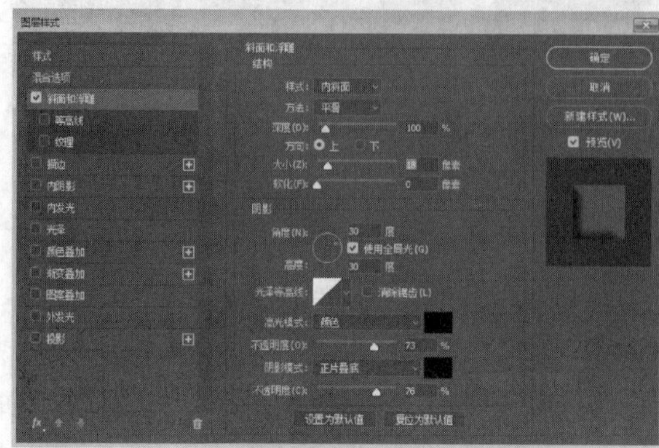

图7-134

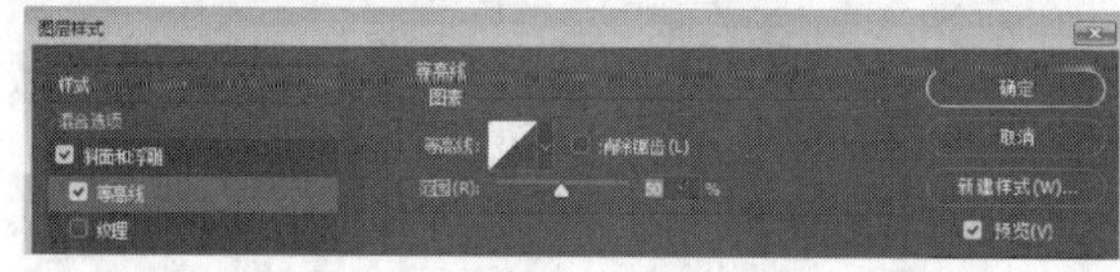

图7-135

sunny sunny

图7-136 　　图7-137

- **纹理**：单击对话框左侧的“纹理”选项，可以显示“纹理”参数设置选项，如图7-138所示。

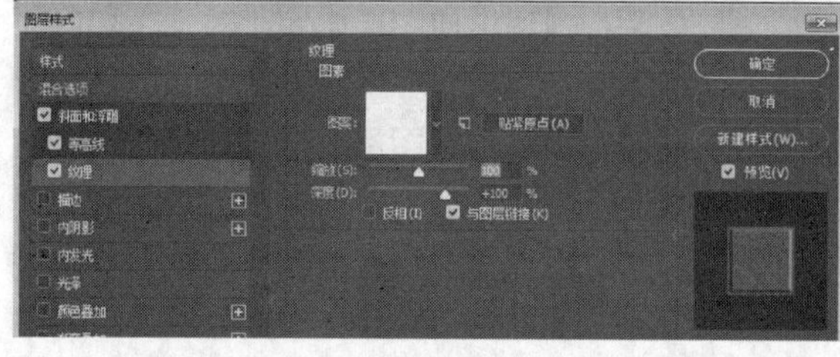

图7-138

各参数含义如下。

图案：单击图案右侧的三角形按钮，可以在打开的下拉面板中选择一个图案，将其应用到斜面和浮雕上，如图7-139和图7-140所示。

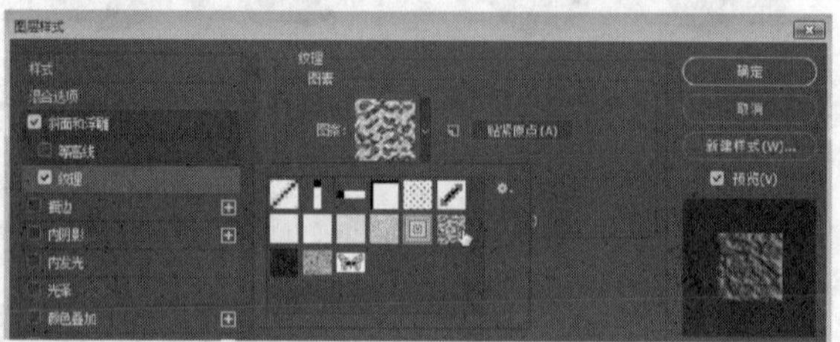

图7-139

贴紧原点：使图案与当前图层对象对齐。

缩放：设置图案大小，调整图案浮雕的疏密程度，如图7-141所示。

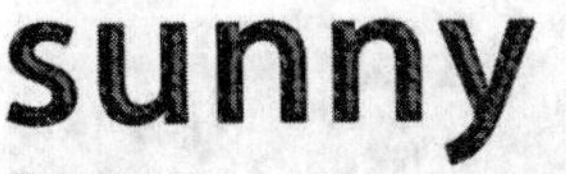

sunny sunny

图7-140 　　图7-141

深度：设置图案浮雕的深浅，如图7-142所示。

反相：反转图案浮雕效果，如图7-143所示。

sunny sunny

图7-142 　　图7-143

与图层链接：勾选该复选框可以将图案链接到图层，如果此时对图层进行变换操作，图案也会一同变换。

7.5.4 描边

“描边”样式可以为图像添加描边效果，描边可以是一种颜色、一种渐变或一种图案，为图像添加“描边”样式是设计中常用的手法。单击“描边”选项，“图层样式”对话框右侧会同时显示“描边”样式参数设置选项，如图7-144所示。图7-145所示为原图像，图7-146和图7-147所示分别为使用颜色描边的参数设置及相应的效果，图7-148和图7-149所示分别为使用渐变描边的参数设置及相应的效果，图7-150和图7-151所示分别为使用图案描边的参数设置及相应的效果。

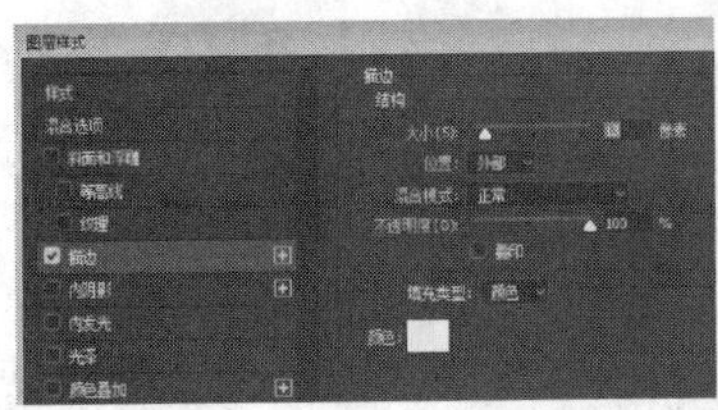

图7-144

图7-145

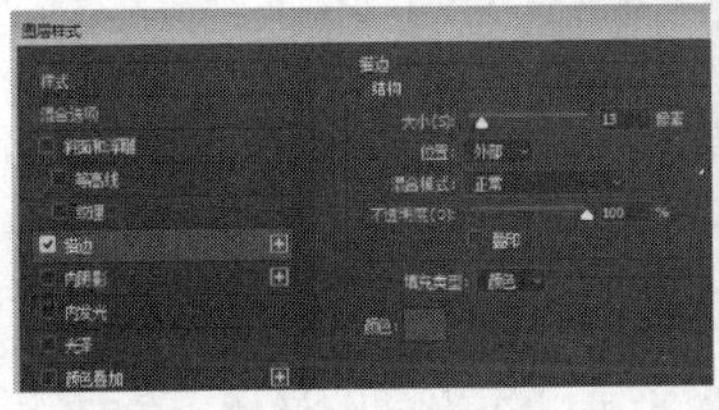

图7-146

图7-147

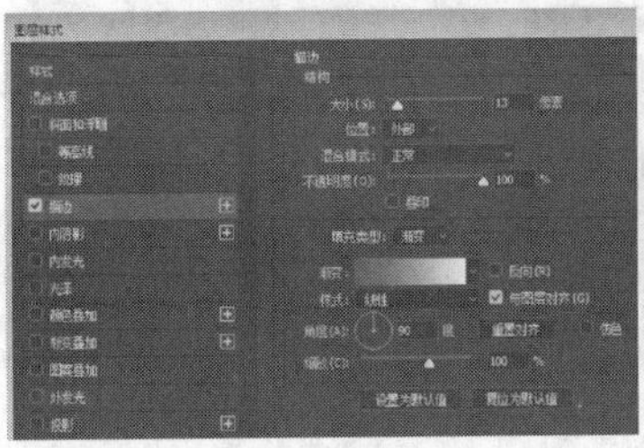

图7-148

图7-149

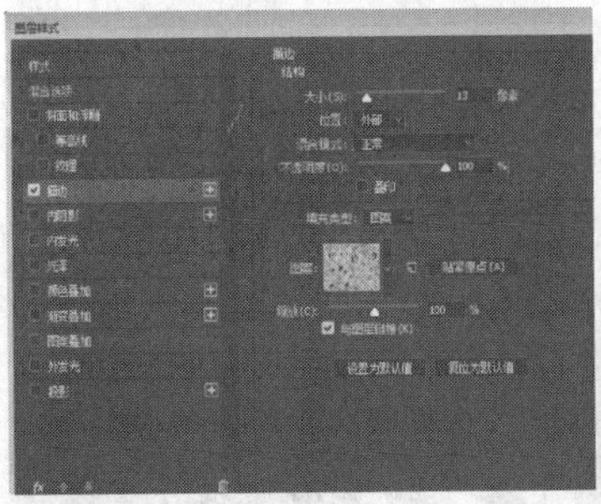

图7-150

图7-151

> **提示**
>
> 可以为一个图层同时添加多种图层样式，只需在“图层样式”对话框中勾选其他样式的复选框，即可为图层增加多种样式效果。

7.5.5 内阴影

“内阴影”样式可以为图像制作内阴影效果，在其右侧的参数设置区中可以设置内阴影的不透明度、角度、距离和大小等参数，如图7-152所示。图7-153所示为原图像。

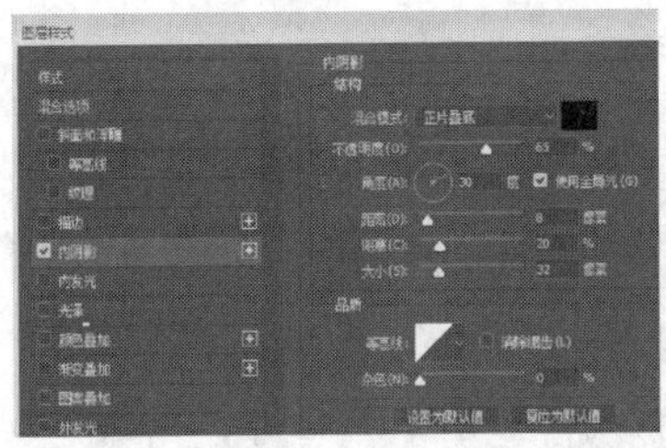

图7-152

图7-153

“内阴影”样式的设置方法与“投影”样式的设置方法基本相同。不同之处在于“内阴影”样式是通过“阻塞”选项来控制投影边缘的渐变程度。“阻塞”可以在模糊之前收缩内阴影的边界，如图7-154和图7-155所示。

图7-154

图7-155

7.5.6 内发光

“内发光”样式可以在图像的内部制作出发光效果，参数选项和“外发光”样式的基本相同，如图7-156所示。

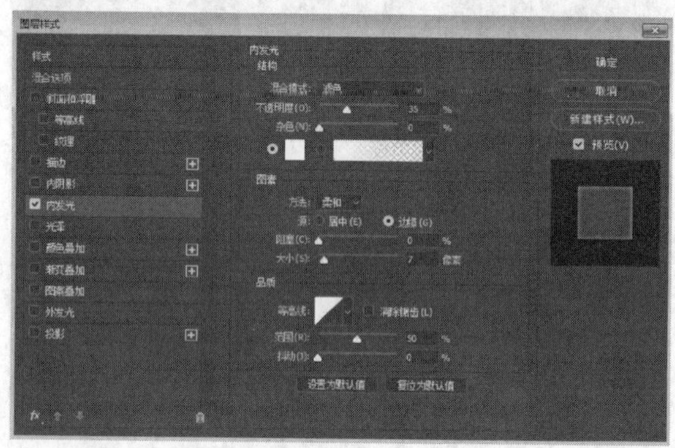

图7-156

“内发光”样式参数选项中与“外发光”样式参数选项中不同的是“源”的设置。其中包括两种方式。

- **居中**：光源从当前图层对象的中心向外发光，如图7-157所示。
- **边缘**：光源从当前图层对象的边缘向内发光，如图7-158所示。

图7-157

图7-158

7.5.7 光泽

“光泽”样式可以为图像制作出光泽的效果，如金属质感的图像。选择此样式选项后，在其右侧的参数设置区中可以设置光泽的混合模式、不透明度、角度、距离和大小等参数。图7-159所示为“光泽”样式具体的参数选项，图7-160所示为原图像，图7-161所示为添加“光泽”样式后的图像效果。

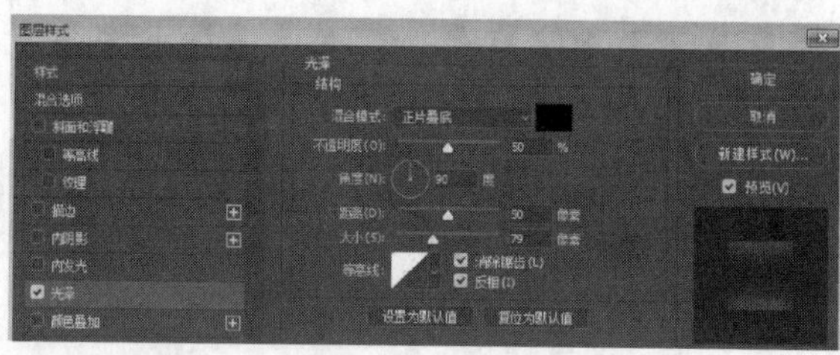

图7-159

图7-160

图7-161

7.5.8 颜色叠加

“颜色叠加”样式可以在当前图像的上方覆盖一层颜色，在此基础上对混合模式和不透明度等进行调整，可以制作出特殊的图像效果。图7-162所示为“颜色叠加”具体的参数设置，图7-163所示为原图像，图7-164所示为添加“颜色叠加”样式后的图像效果。

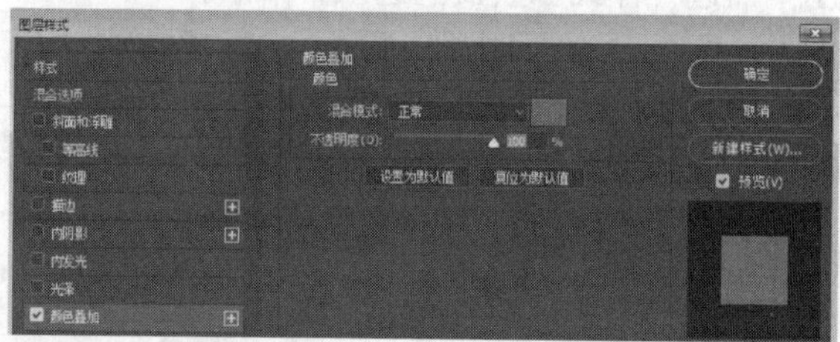

图7-162

图7-163

图7-164

7.5.9 渐变叠加

“渐变叠加”样式可以在当前图像的上方覆盖一种渐变颜色，使其产生类似于渐变填充层的效果。

其各个选项的使用方法与前面样式类似。图7-165所示为“渐变叠加”具体的参数选项，图7-166所示为原图像，图7-167所示为添加“渐变叠加”后的图像效果。

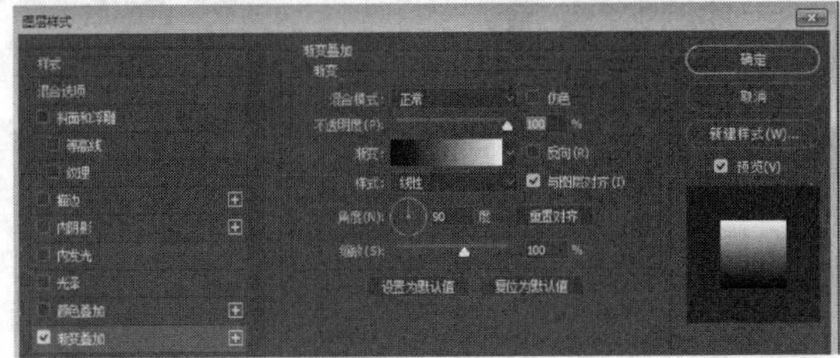
图7-165

图7-166　图7-167

7.5.10　图案叠加

“图案叠加”样式可以在当前图像的上方覆盖一层图案，之后用户可对图案的混合模式和不透明度进行调整、设置，使其产生类似于图案填充图层的效果。图7-168所示为“图案叠加”具体的参数选项，图7-169所示为原图像，图7-170所示为添加“图案叠加”后的图像效果。

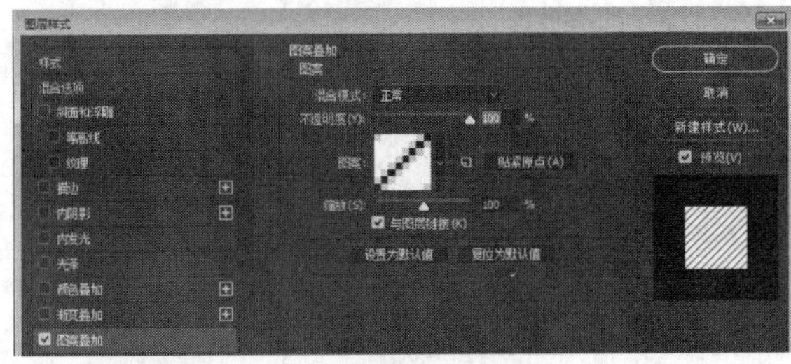
图7-168

图7-169

图7-170

7.5.11　外发光

“外发光”样式可以在图像的外部产生发光效果，在文字和图像制作中经常使用，并且制作方法简单。

单击“图层”面板底部的“添加图层样式”按钮fx，在弹出的菜单中执行“外发光”命令，打开图7-171所示“图层样式”对话框。

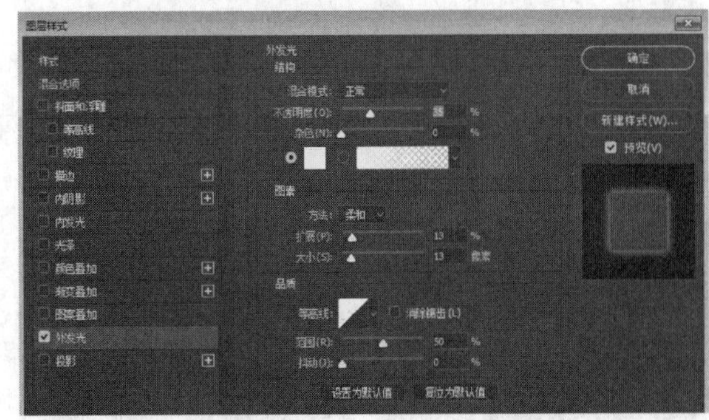
图7-171

其中部分参数含义如下。

- **设置发光颜色**：设置外发光的颜色，如图7-172和图7-173所示。

图7-172

图7-173

- **方法**：用来设置柔化蒙版的方法有“柔和”和“精确”两个选项，“柔和”使边缘变化较清晰，如图7-174所示；“精确”使边缘变化较模糊，如图7-175所示。

图7-174

图7-175

- **消除锯齿**：勾选该复选框可使外发光边缘过渡平滑。
- **范围**：设置外发光轮廓的运用范围，如图7-176和

图7-177所示。

图7-176

图7-177

- **抖动**：设置外发光的抖动效果。

所有选项设置完成后，单击“确定”按钮，即可为图层添加外发光效果，如图7-178所示。图7-179所示为原图像。

图7-178

图7-179

7.5.12 投影

“投影”样式可以给任何图像添加投影，使图像与背景产生明显的层次，是使用得比较频繁的一个样式。

单击“图层”面板底部的“添加图层样式”按钮fx，在弹出的菜单中执行“投影”命令，打开“图层样式”对话框，如图7-180所示。

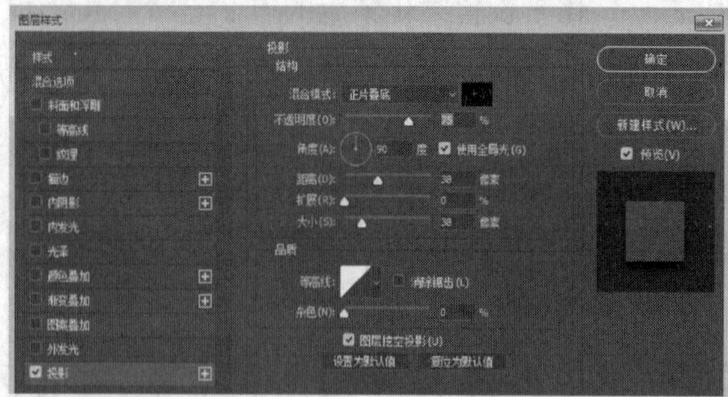
图7-180

各参数含义如下。

- **混合模式**：设置添加的阴影与原图层中图像合成的模式，单击该选项后面的色块■，在打开的“拾色器（投影颜色）”对话框中可以设置阴影的颜色。
- **不透明度**：设置投影的不透明度。
- **角度**：设置投影的角度，如图7-181和图7-182所示。

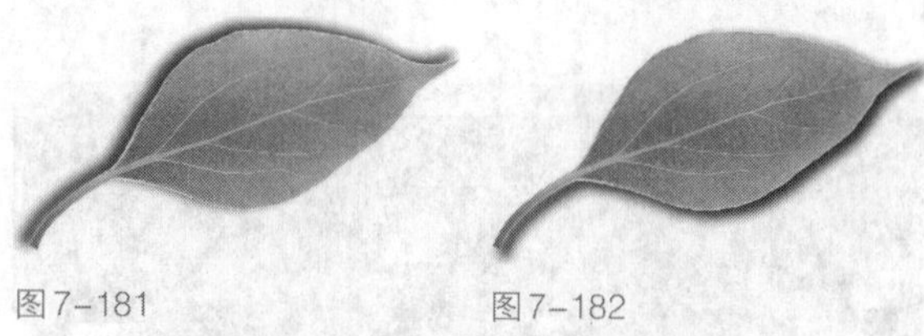
图7-181　图7-182

- **使用全局光**：勾选该复选框，则图像中的所有图层效果使用相同的光线照入角度。
- **距离**：设置投影的相对距离，如图7-183和图7-184所示。

图7-183　图7-184

- **扩展**：设置投影的扩散程度，如图7-185和图7-186所示。

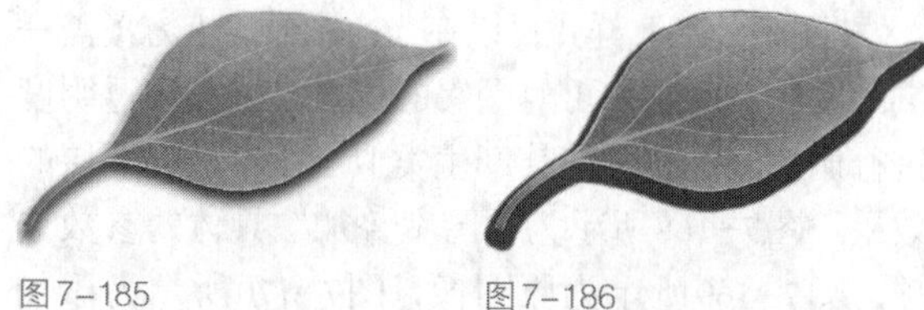
图7-185　图7-186

- **大小**：设置投影的大小，如图7-187和图7-188所示。

图7-187　图7-188

- **等高线**：设置投影的轮廓形状，可以在其下拉面板中进行选择。
- **消除锯齿**：使投影边缘过渡平滑。
- **杂色**：设置投影的杂点效果，如图7-189和图7-190所示。
- **图层挖空投影**：用于设定是否对投影与半透明图层间进行挖空。

所有选项设置完成后，单击“确定”按钮，即可为图层添加投影效果，如图7-191所示。图7-192所示为原图像。

图7-189　　图7-190

图7-191　　图7-192

实战演练 商场海报制作

01 按Ctrl+N组合键新建一个文件，将其命名为“商场海报”，设置宽度为60厘米，高度为120厘米，分辨率为300像素/英寸，背景为白色，如图7-193所示。

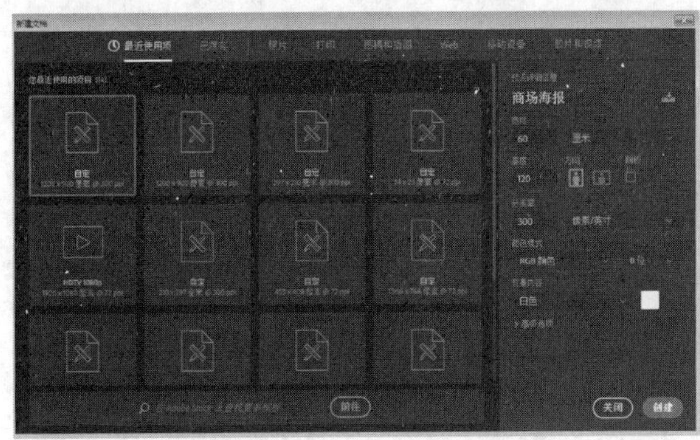

图7-193

02 按Ctrl+O组合键打开一个文件，如图7-194所示。使用移动工具将其中的图案移动到“商场海报”文档中，将其调整至适当位置，并将该图层“不透明度”设置为“30%”，将图层更名为“荷花”，如图7-195和图7-196所示。

图7-194

图7-195

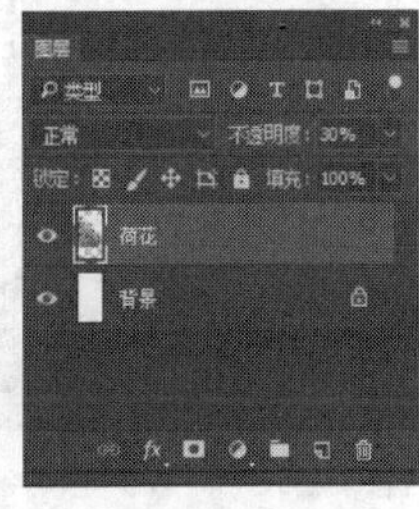

图7-196

03 单击“图层”面板底部的“添加图层样式”按钮，为“荷花”图层添加“颜色叠加”样式，并对其参数进行设置，如图7-197和图7-198所示。

图7-197

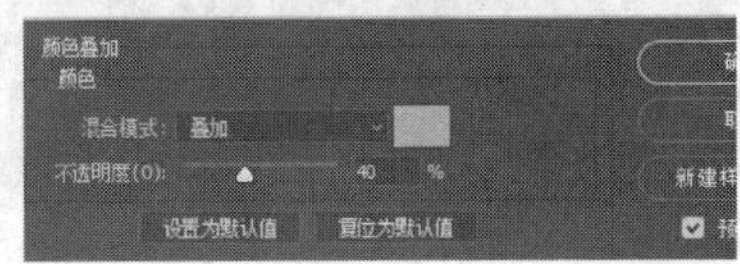

图7-198

04 新建一个图层，使用钢笔工具绘制不规则路径后，按Ctrl+Enter组合键，将路径转化为选区，用粉红色（R244、G125、B153）填充选区，将图层更名为“不规则图形”，如图7-199和图7-200所示。

05 复制“不规则图形”图层，将“不规则图形 拷贝”图层中的图形填充为白色，并将其移动至适当位置，如图7-201和图7-202所示。

06 按Ctrl+O组合键打开一个文件，如图7-203所示。使用移动工具将其中的人物移动到“商场海报”文档中，将其调整至适当位置，将图层更名为“人物1”，效果如图7-204所示。

图7-199

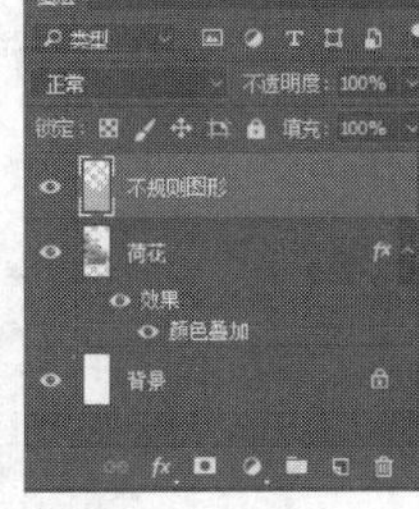

图7-200

图7-201

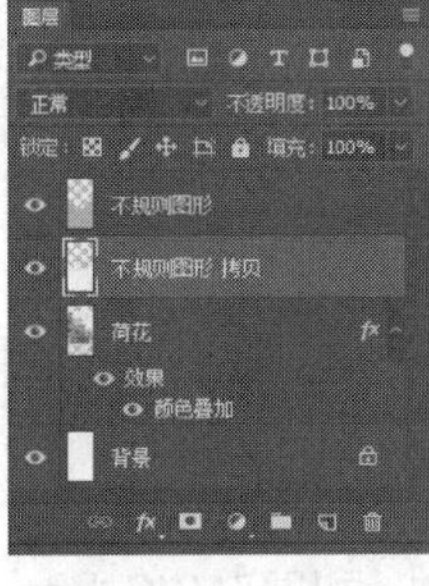

图7-202

图7-203

图7-204

07 单击“图层”面板底部的“添加图层样式”按钮，在弹出的菜单中执行“颜色叠加”命令，为“人物1”图层添加“颜色叠加”样式，在“图层样式”对话框中设置参数，如图7-205所示，效果如图7-206所示。

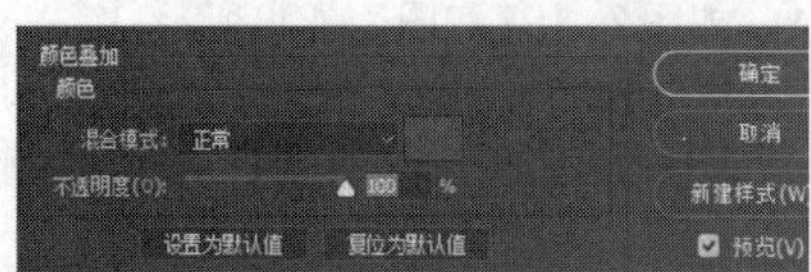

图7-205

图7-206

08 按Ctrl+O组合键打开一个文件，如图7-207所示。使用移动工具将其中的图案移动到“商场海报”文档中，将其调整至适当位置，将图层更名为“礼物”，效果如图7-208所示。

09 按Ctrl+O组合键打开一个文件，如图7-209所示。使用移动工具将其中的人物移动到“商场海报”文档中，将其调整至适当位置，将图层更名为“人物2”，效果如图7-210所示。

图7-207

图7-208

图7-209

10 单击“图层”面板底部的“添加图层样式”按钮，为“人物2”图层添加“外发光”样式，并对其参数进行设置，如图7-211所示，效果如图7-212所示。

图7-210

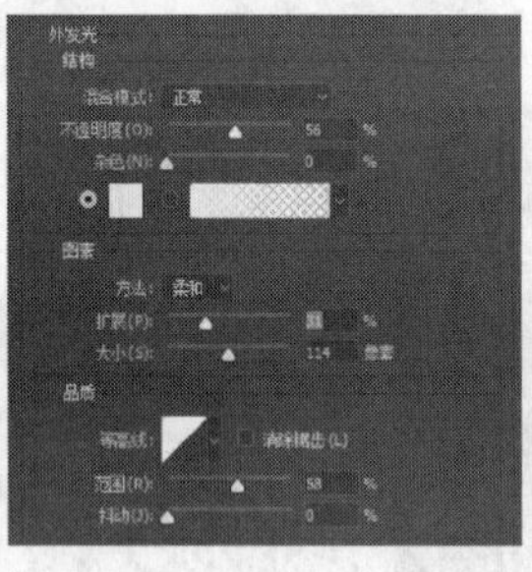

图7-211

图7-212

11 按Ctrl+O组合键打开一个文件，如图7-213所示。使用移动工具，将其中的图案移动到“商场海报”文档中，将其调整至适当位置，将图层更名为“人物3”，效果如图7-214所示。

12 单击“图层”面板底部的“添加图层样式”按钮，为“人物3”图层添加“外发光”和“投影”样式，并对其参数进行设置，如图7-215和图7-216所示，效果如图7-217所示。

图7-213

图7-214

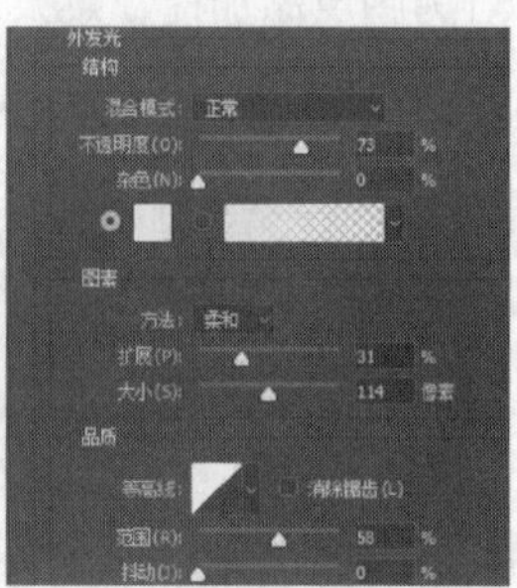

图7-215

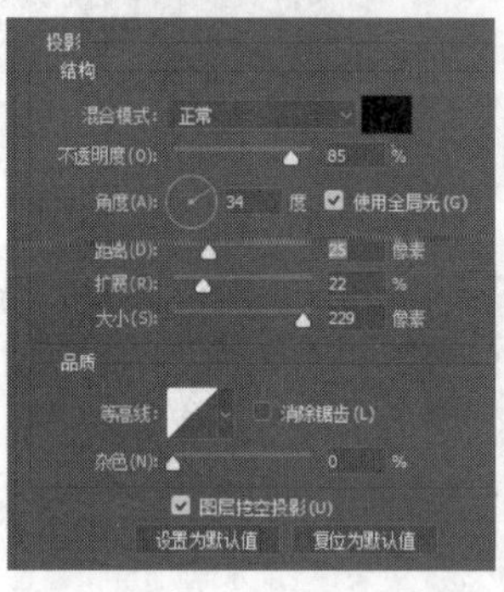

图7-216

图7-217

13 使用横排文字工具，输入文字“春夏女装”以及“进店有！”。选择喜欢的字体，调整好大小，放置在合适的位置，如图7-218和图7-219所示。

14 使用横排文字工具，输入文字“礼”。选择喜欢的字体，调整好大小，放置在合适的位置。单击“图层”面板底部的“添加图层样式”按钮，为该文字图层添加“斜面和浮雕”和“渐变叠加”样式，并对其参数进行设置，如图7-220和图7-221所示。一幅漂亮的商场海报就制作完成了，效果如图7-222所示。

图7-218

图7-219

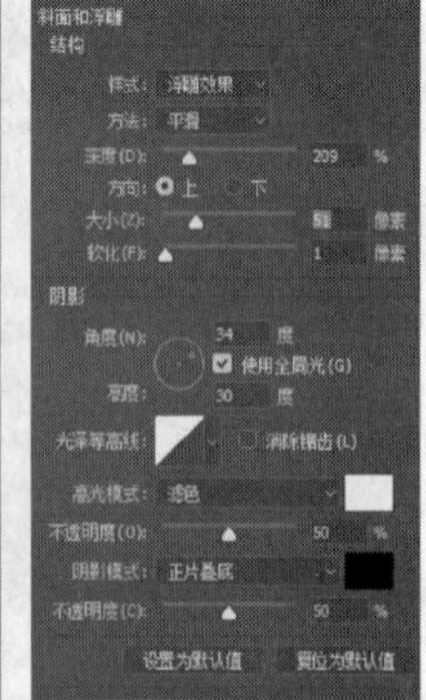

图7-220

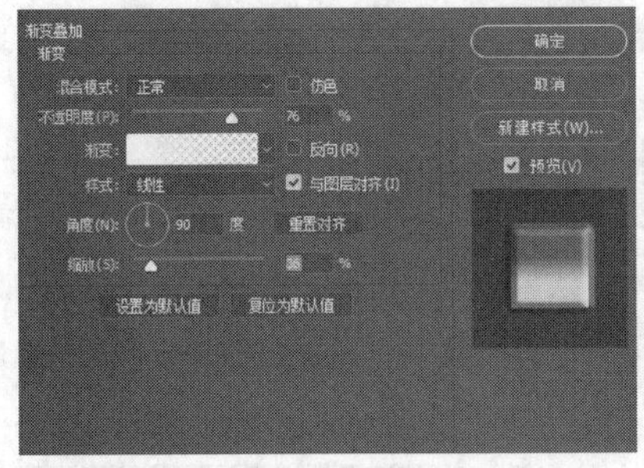

图7-221

图7-222

实战演练 水晶字制作

01 按Ctrl+O组合键打开一个文件，如图7-223所示。

02 使用横排文字工具T，输入文字“童趣”。尽量选择较粗的字体，调整好大小，效果如图7-224所示。

03 按住Ctrl键并单击“童趣”文字图层的缩览图，选中文字并建立选区，如图7-225所示。

图7-223

图7-224

图7-225

04 选择“背景”图层，按Ctrl+C组合键复制“童趣”选区，按Ctrl+V组合键将其粘贴入新图层，并移动至适当的位置，如图7-226和图7-227所示。

图7-226

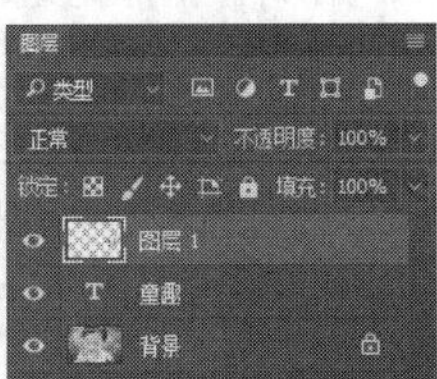

图7-227

05 选择“童趣”文字图层，执行“图层→栅格化→文字”命令，对文字图层进行栅格化处理，如图7-228和图7-229所示。

图7-228

06 同时选中“图层1”图层和“童趣”图层，按Ctrl+E组合键合并，将图层更名为“童趣”，如图7-230所示。

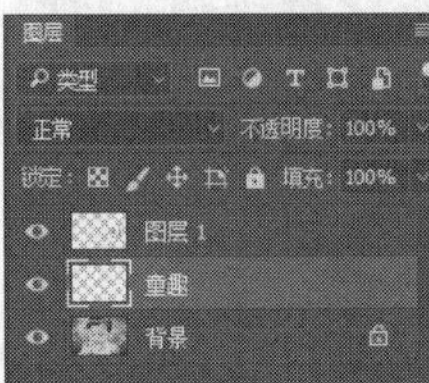

图7-229

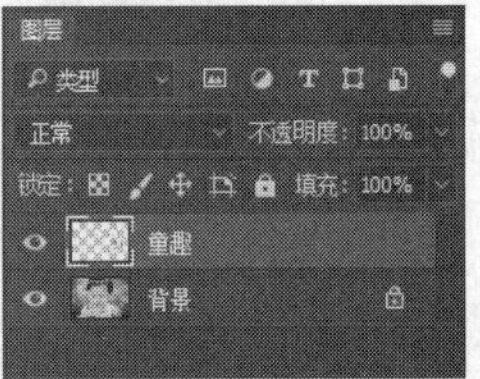

图7-230

07 单击“图层”面板底部的“添加图层样式”按钮fx，为“童趣”图层添加“斜面和浮雕”样式，并对其参数进行设置，如图7-231所示，效果如图7-232所示。

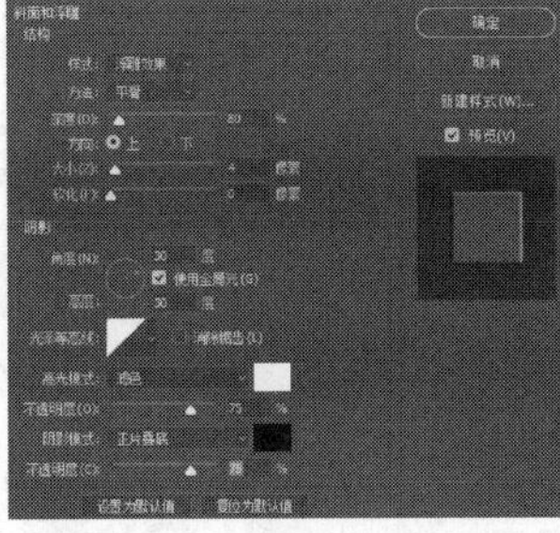

图7-231

图7-232

08 单击“图层”面板底部的“添加图层样式”按钮fx，为“童趣”图层添加“描边”样式，并对其参数进行设置，如图7-233所示，效果如图7-234所示。

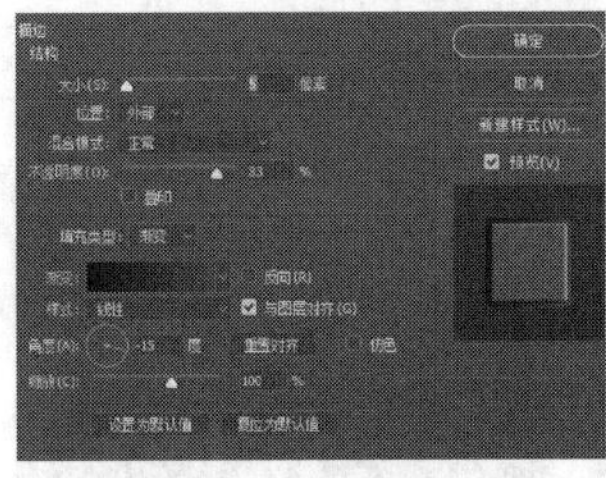

图7-233

图7-234

09 单击“图层”面板底部的“添加图层样式”按钮fx，为“童趣”图层添加“投影”样式，并对其参数进行设置，一幅漂亮的水晶字就制作完成了，如图7-235所示，效果如图7-236所示。

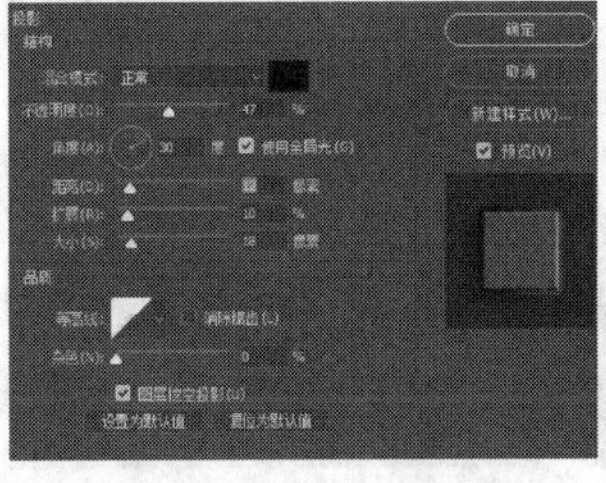

图7-235

图7-236

7.6 混合选项

“混合选项”是一种高级混合方式，包括“常规混合”“高级混合”“混合颜色带”3组设置。它可以设置当前图层与其下一层图层的不透明度和颜色混合效果，如图7-237所示。

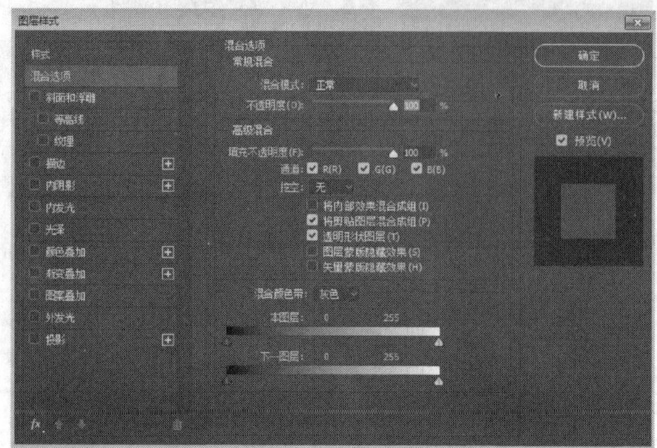

图7-237

7.6.1 常规混合

“混合选项”中的“常规混合”包括混合模式和不透明度的设定（影响图层中所有的像素，包括添加图层样式后增加或改变的部分）。图7-238和图7-239所示为两张原图，图7-240所示为参数设置，图7-241所示为添加常规混合模式后的效果。

图7-238

图7-239

混合选项
常规混合
混合模式：颜色减淡
不透明度(O)：100 %

图7-240

图7-241

7.6.2 高级混合

很少有人会用“混合选项”中的“高级混合”，如图7-242所示，下面我们一一进行讲解。

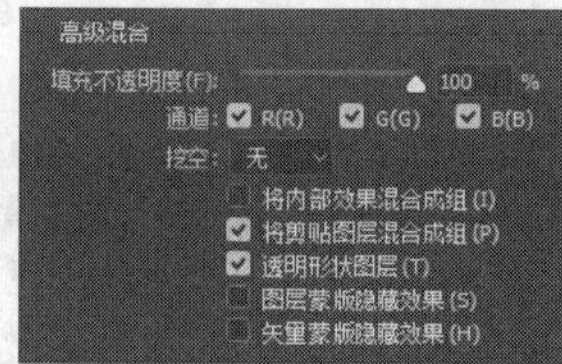

图7-242

具体参数设置说明如下。

- **填充不透明度**：改变“填充不透明度”的值只影响图层中原有的像素或绘制的图形，并不影响添加图层样式后带来的新像素的不透明度，如添加“投影”图层样式后所增加的阴影并不随着“填充不透明度”数值的变化而变化。图7-243为添加了“斜面和浮雕”和“投影”图层样式效果的示例。将“常规混合”中的“不透明度”设定为“0%”，“高级混合”中的“填充不透明度”设定为“100%”，可看到图层中原有的像素和阴影、斜边的像素都消失了，其图层效果如图7-244所示。将“常规混合”中的“不透明度”设定为“100%”，“高级混合”中的“填充不透明度”设定为“0%”，可看到斜边和阴影的不透明度没有受到影响，只有图层中原有像素的不透明度变为0%，出现了立体的透明效果，如图7-245所示。
- **通道**：用来选择不同的通道执行各种混合图层。如当图像模式为CMYK模式时，可看到C、M、Y、K4个通道选项。图7-246所示绿色的树叶就是在该图层的“高级混合”设置中勾选了“G”复选框进行混合后的效果。

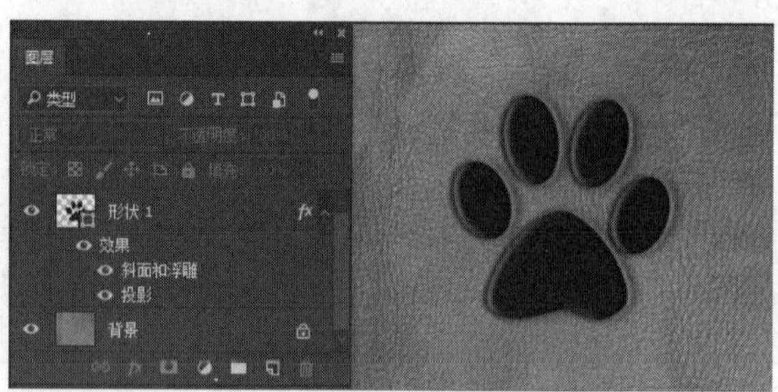

图7-243

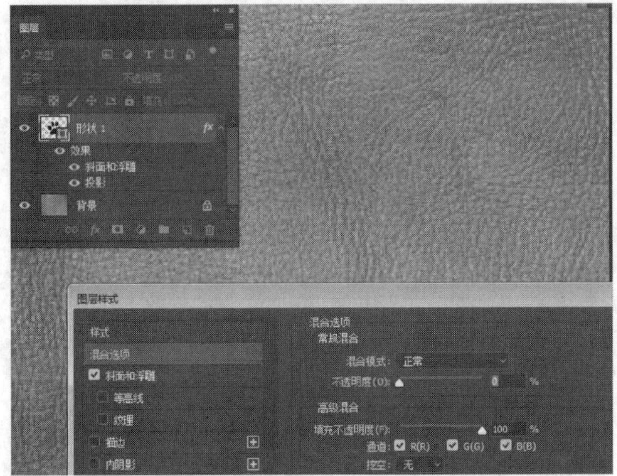

图7-244

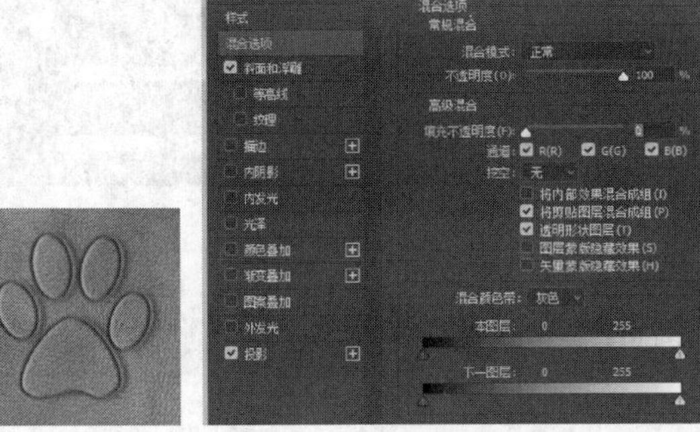

图7-245

图7-246

● **挖空**：用来设定穿透某图层是否能够看到其他图层的内容。例如，可以使一个文字图层穿透一个色彩调节图层，使文字显示图像原本的颜色（假定图像图层是"背景"图层）。"挖空"有3个选项，其中，"无"表示没有挖空效果，"浅"表示浅度挖空，"深"表示深度挖空。如图7-247所示，在"图层"面板中显示本文件有3个图层，最上面的是文字图层，第2层是"矩形颜色带"图层，最下面是背景图层。为了使效果明显，给文字加了投影和内阴影。选中文字图层，在其弹出的"图层样式"对话框中，将"填充不透明度"的数值调节为"0%"，当"挖空"设定为"无"时，效果如图7-248所示；当"挖空"为"浅"时，效果如图7-249所示。

图7-247

图7-248

图7-249

挖空中"浅"与"深"

● 在所编辑的文档中没有图层组存在的情况下，"浅"挖空和"深"挖空的效果是一样的，都会"挖"到"背景"图层。若没有"背景"图层存在，挖空的部分显示为透明，如图7-250所示。

● 当有图层组存在且该图层组的混合模式为"穿透"时，"浅"挖空只会"挖"到该图层组的下一层图层，而"深"挖空会直接"挖"到"背景"图层。图7-251所示的是编辑文档的图层结构，此时"组1"的混合模式为"穿透"。图7-252所示为"浅"挖空的效果，图7-253所示为"深"挖空的效果。

图7-250

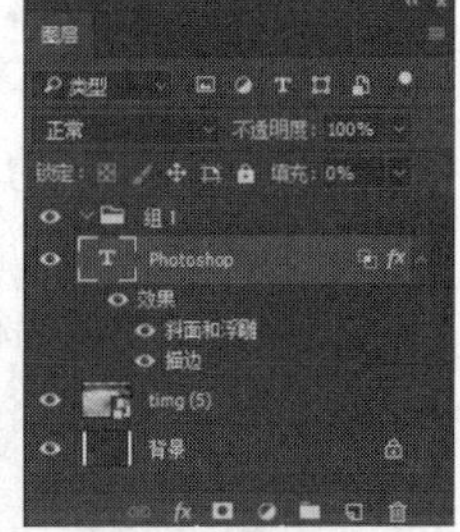

图7-251

图7-252

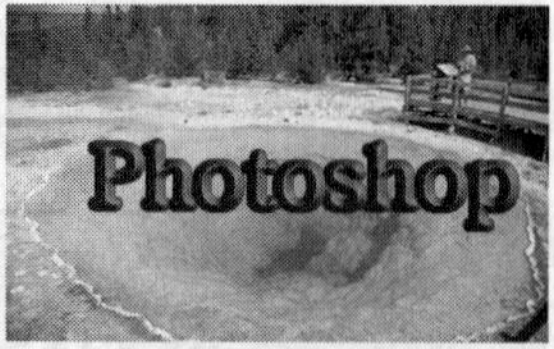

图7-253

- 当有图层组存在但图层组的混合模式为除“穿透”模式以外的其他任何模式（如“正常”和“溶解”等模式）时，选择“深”或“浅”挖空的效果无区别，都只限于挖空至本图层组。

提示

当把图层组的混合模式改为其他模式时，图像显示的效果会发生改变。

“挖空”选项

- **将内部效果混合成组**：对某一图层添加了若干图层样式后，有些效果在图层原来的像素范围之内，如“内发光”“光泽”“颜色叠加”“图案叠加”或“渐变叠加”；有些效果却在原来的像素范围之外，如“外发光”或“投影”。勾选该复选框可控制添加了“内发光”“光泽”“颜色叠加”“图案叠加”或“渐变叠加”样式的图层。
- **将剪贴图层混合成组**：当勾选“将剪贴图层混合成组”复选框时，挖空将只对裁切组图层有效。
- **透明形状图层**：当添加了图层样式的图层有透明区域的时候，勾选该复选框，透明区域就相当于蒙版，生成的效果若延伸到透明区域，将被遮盖。
- **图层蒙版隐藏效果**：当添加了图层样式的图层有图层蒙版时，将被遮盖。
- **矢量蒙版隐藏效果**：当添加了图层样式的图层有矢量蒙版时，将被遮盖。

7.6.3 混合颜色带

混合选项中的“混合颜色带”用于控制图像中像素的色阶显示范围，以及下面的图层被覆盖的范围。RGB颜色模式表示3个通道，而灰度表示所有通道。各参数含义如下。

- “混合颜色带”下拉列表中的“灰色”选项表示包括图像中所有的像素点，也可根据通道进行选择。
- “下一图层”表示处在所选图层下面的所有像素点，如图7-254所示。

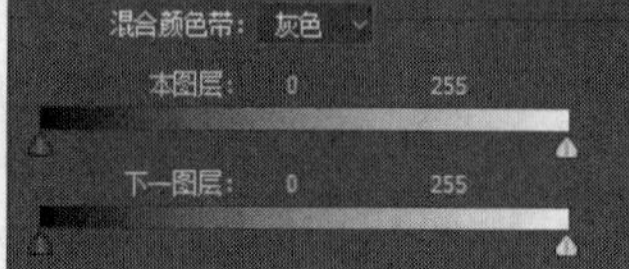

图7-254

技术看板

为使发生混合和不发生混合的界限柔和，可以设置一个较为平滑的过渡，在按住Alt键的同时移动滑块，滑块会被分为两部分，如图7-255所示，分别对它们进行移动，可以得到过渡性较好的混合图层。

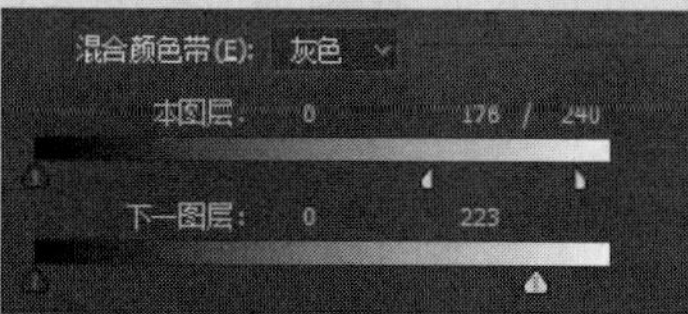

图7-255

实战演练 杂志封面制作

在印刷出版行业中，Photoshop软件的使用率非常高，通过对现有素材的处理和合成，我们可以得到非常漂亮的杂志封面。本实例将使用图层的“混合选项”对图层进行设置，再结合图层样式，最终制作出封面效果。

01 按Ctrl+O组合键打开一个文件，如图7-256所示。使用移动工具将其中的图案移动到“杂志封面”文档中，调整其位置刚好布满整个画面。

图7-256

02 按Ctrl+O组合键打开一个文件，如图7-257所示。使用移动工具将其中的图案移动到“杂志封面”文档中，将其布满整个画面。单击“图层”面板底部的“添加图层样式”按钮，在弹出的菜单中执行“混合选项”命令，弹出“图层样式”对话框，在“常规混合”选项内的“混合模式”下拉列表中选择“饱和度”，将“不透明度”设置为“100%”，效果及参数设置如图7-258和图7-259所示。

图7-257

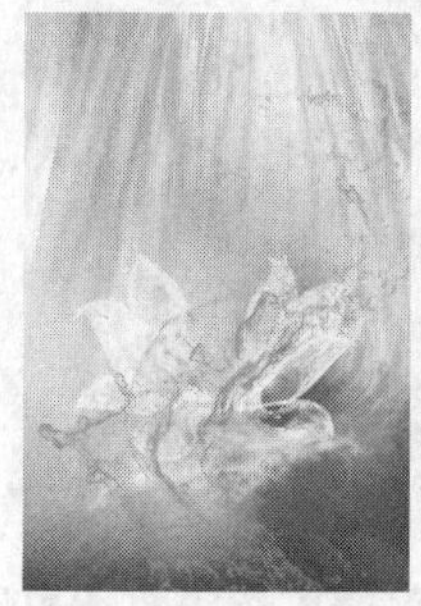
图7-258

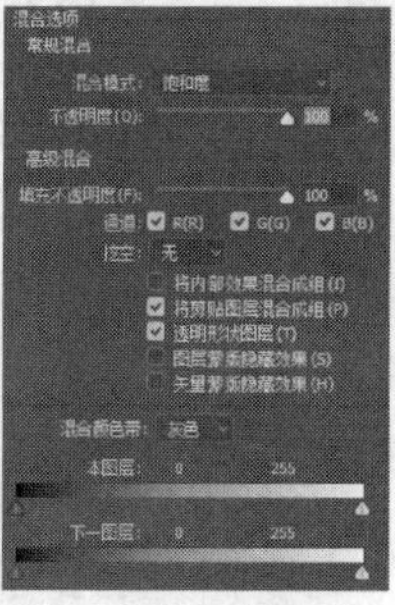
图7-259

03 按Ctrl+O组合键打开一个文件，如图7-260所示。使用移动工具将其中的人物移动到“杂志封面”文档中，效果如图7-261所示。

图7-260

图7-261

04 按Ctrl+O组合键打开一个文件，如图7-262所示。使用移动工具将其中的图案移动到“杂志封面”文档中，将图层更名为“水”，效果如图7-263所示。

图7-262

图7-263

05 单击“图层”面板底部的“添加图层样式”按钮，为“水”图层添加“混合选项”样式，并对其参数进行设置，如图7-264所示，效果如图7-265所示。

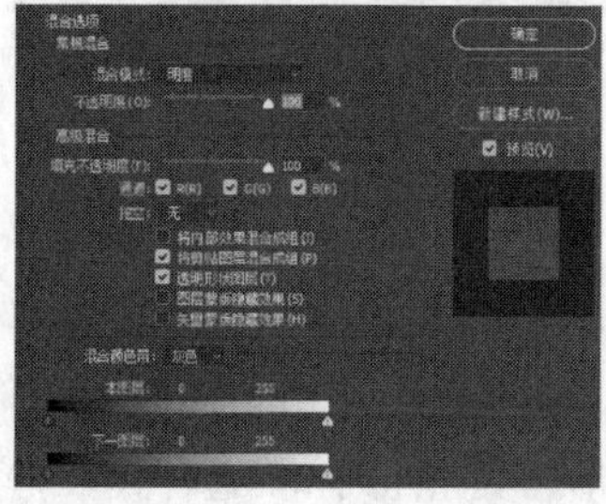
图7-264

图7-265

06 使用横排文字工具，输入文字“红秀”，选择喜欢的字体，调整好大小，如图7-266所示。

07 单击“图层”面板底部的“添加图层样式”按钮，为该文字图层添加“描边”样式，并对其参数进行设置，如图7-267所示，效果如图7-268所示。

图7-266

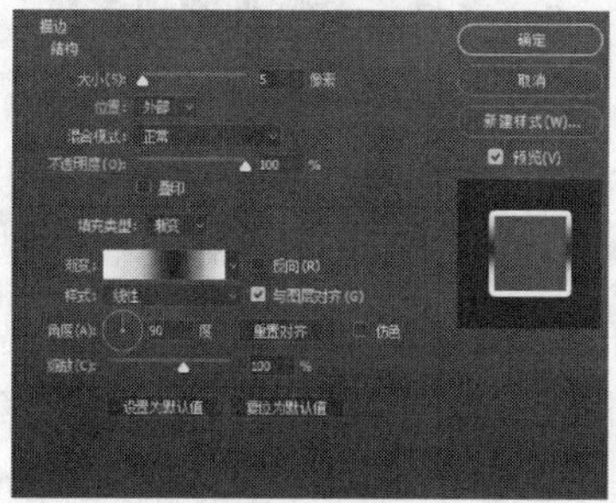
图7-267

图7-268

08 单击“图层”面板底部的“添加图层样式”按钮，为该文字图层添加“外发光”样式，并对其参数进行设置，如图7-269和图7-270所示。

图7-269

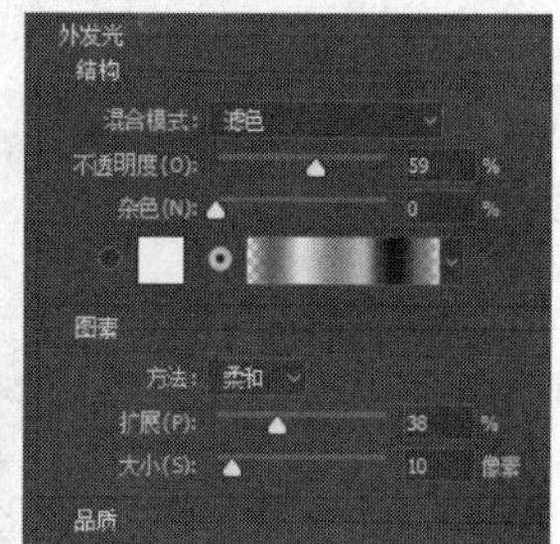

图7-270

09 单击“图层”面板底部的“添加图层样式”按钮，为该文字图层添加“混合选项”样式，并对其参数进行设置，如图7-271所示。设置完毕后一幅漂亮的杂志封面就制作完成了，效果如图7-272所示。

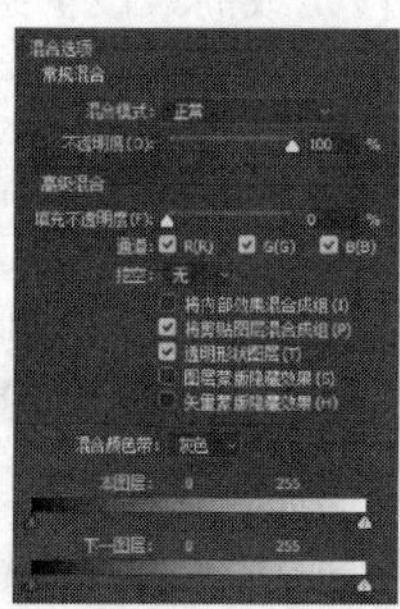
图7-271

图7-272

第08章 矢量工具与路径

8.1 路径概述

路径主要用于绘制矢量图形和选取对象。路径通常被作为进行选择操作时的基础，它可以进行精确的定位和调整，适用于选择不规则的、难以使用其他工具进行选择的区域。在辅助抠图上它有着强大的可编辑性，与通道相比有着更精确、更光滑的特点。

在Photoshop中钢笔工具组主要包括：钢笔工具、自由钢笔工具、添加锚点工具、删除锚点工具及转换点工具，如图8-1所示。

钢笔工具 自由钢笔工具 添加锚点工具 删除锚点工具 转换点工具

图8-1

要想更好地掌握路径，需要细致地了解路径的各组成部分，图8-2标出了路径各部分的名称。

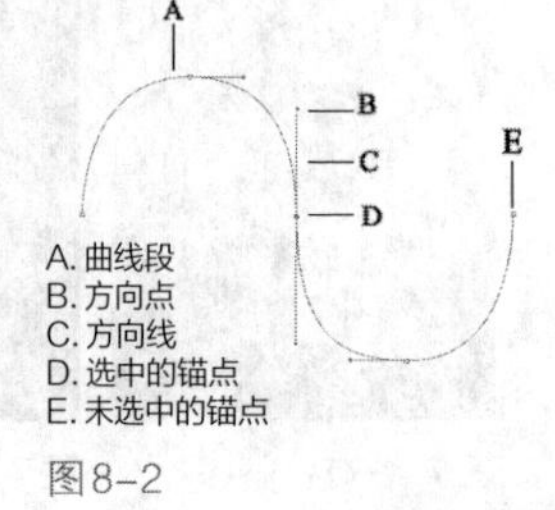

图8-2

- **曲线段**：曲线段是路径的一部分，路径是由直线段和曲线段组成的。
- **方向点**：通过拖曳方向点，可以改变方向线的角度和长度。
- **方向线**：方向线的角度和长度决定了其同侧路径的弧度和长度。
- **锚点**：路径由一个或多个直线段（或曲线段）组成，锚点是这些线段的端点。被选中的曲线段的锚点会显示方向线和方向点。

路径包括两种：有起始点和终点的开放式路径，如图8-3所示；没有起始点和终点的闭合式路径，如图8-4所示。

图8-3 图8-4

锚点分为两种，一种是平滑点，另外一种是角点。平滑点连接可以形成平滑的曲线，如图8-5所示。角点连接形成直线，如图8-6所示，或者形成转角曲线，如图8-7所示。

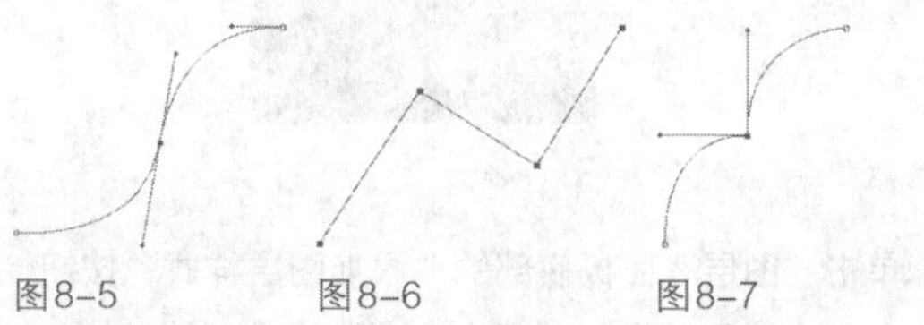

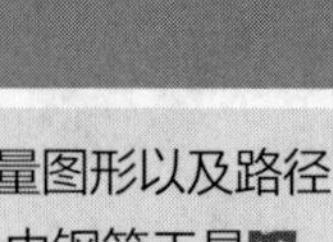

图8-5 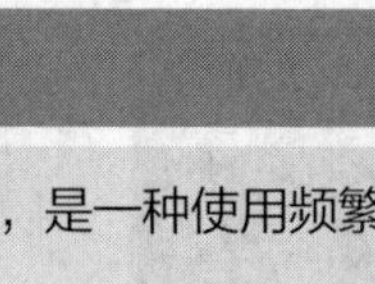 图8-6  图8-7

8.2 钢笔工具

Photoshop中的钢笔工具可以绘制复杂、精细的矢量图形以及路径，是一种使用频繁且非常重要的工具。Photoshop提供了两种钢笔工具：钢笔工具和自由钢笔工具。

8.2.1 钢笔工具选项

使用钢笔工具可以直接创建直线路径和曲线路径。用户使用钢笔工具中新增的矢量图形样式，可以轻松快捷地编辑图形的填充样式和描边样式。

选择钢笔工具，其工具选项栏中包括“形

学习重点

路径是由多个矢量线条构成的图形，是定义和编辑图像区域的最佳方式之一。使用路径可以精确定义一个区域，并且可以将其保存以便重复使用。本章主要介绍路径的基本元素、创建路径、编辑路径以及对路径进行填充或描边等方面的知识。

状”“路径”“像素”3种模式，如图8-8所示。选择“路径”模式，其工具选项栏如图8-9所示。

图8-8

其中“建立选区”按钮选区...、“新建矢量蒙版”按钮蒙版及“新建形状图层”按钮形状的功能及具体使用方法如下。

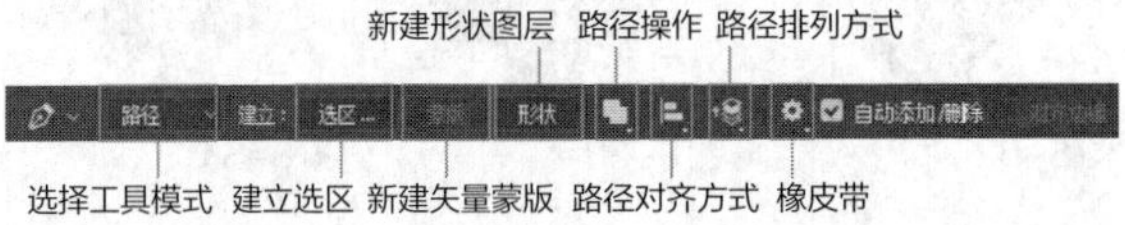

新建形状图层 路径操作 路径排列方式

选择工具模式 建立选区 新建矢量蒙版 路径对齐方式 橡皮带

图8-9

打开一个文件，如图8-10所示。选择钢笔工具，打开“路径”面板，选取“路径1”，如图8-11所示。在工具选项栏中选择“路径”模式，单击“建立选区”按钮选区...，弹出“建立选区”对话框，如图8-12所示。设置羽化半径为0，单击“确定”按钮，则将路径转化为选区，如图8-13所示。

图8-10

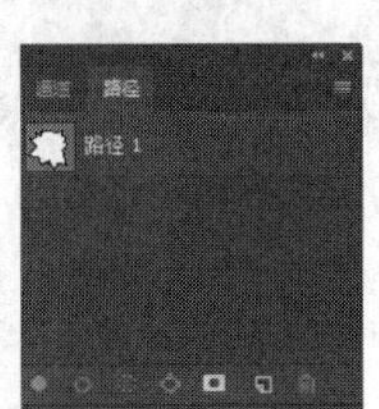

图8-11

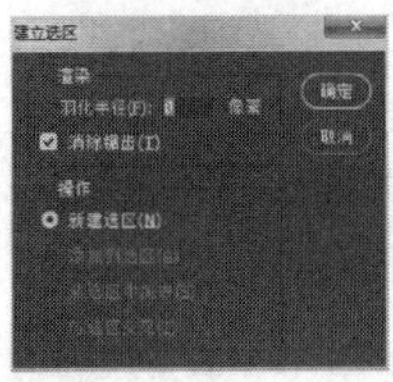

图8-12

图8-13

打开“路径”面板，选取“路径1”，在工具选项栏中选择“路径”模式，单击“新建矢量蒙版”按钮蒙版，则可以为当前图层增加蒙版，图层效果及画面效果如图8-14和图8-15所示。

打开“路径”面板，选取“路径1”，在工具选项栏中选择“路径”模式，单击“新建形状图层”按钮形状，则可以为路径创建新形状图层，图层效果及画面效果如图8-16和图8-17所示。

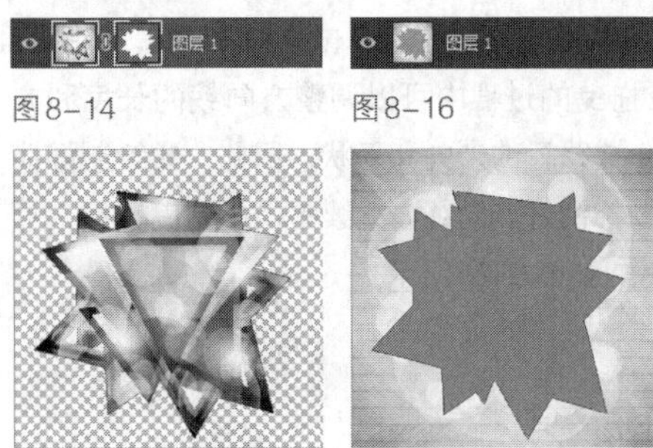

图8-14 图8-16

图8-15 图8-17

提示

图形最终的填充效果取决于在工具选项栏中选择“形状”模式时所设置的填充样式和描边样式。

实战演练 使用钢笔工具绘制直线

01 选择钢笔工具，在工具选项栏中选择“路径”模式。将鼠标指针移动到图像中，当鼠标指针变成时，在图像中单击以创建第一个锚点，如图8-18所示。

02 继续移动鼠标指针到下一点再次单击，即可创建出一条直线段，如图8-19所示。在创建直线段的过程中，如果按住Shift键，直线段之间的角度将限制在45°的倍数，效果如图8-20和图8-21所示。

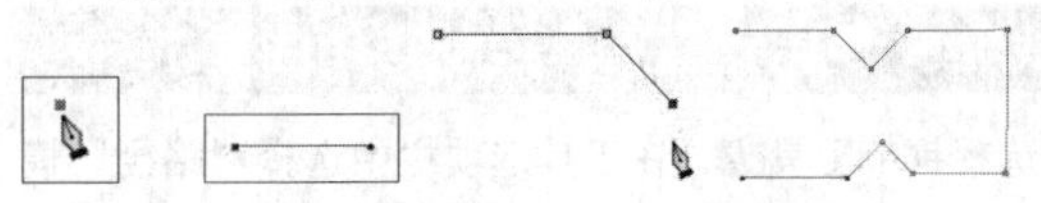
图8-18 图8-19 图8-20 图8-21

03 继续按上述方法绘制图形，如果要闭合路径，可将鼠标指针移动到路径的起始点，当鼠标指针变成♘时，如图8-22所示，单击即可闭合路径，如图8-23所示。单击其他工具或者按Esc键可结束路径的绘制。

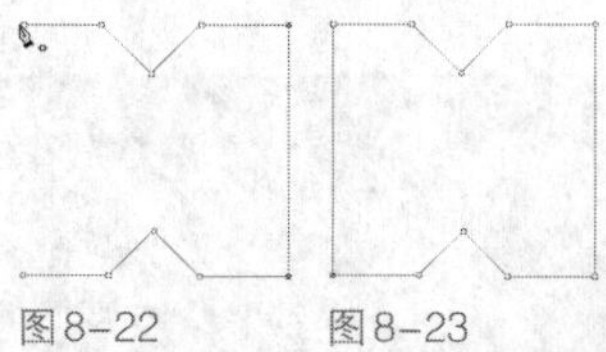

图8-22　图8-23

实战演练 使用钢笔工具绘制曲线

绘制曲线的方法与绘制直线类似，只不过需要长按鼠标左键并拖曳鼠标建立方向线。

01 选择钢笔工具，在工具选项栏中选择“路径”模式。移动鼠标指针到图像中单击并拖曳鼠标，定义起始锚点和方向线，如图8-24所示。

02 移动鼠标指针到下一个位置单击并拖曳鼠标，如图8-25所示。在拖曳的过程中可以调整方向线的长度和方向，以控制生成路径的走向和形状，因此，要绘制好曲线路径，需要控制好方向线。继续单击并拖曳鼠标，可继续创建曲线，如图8-26所示。

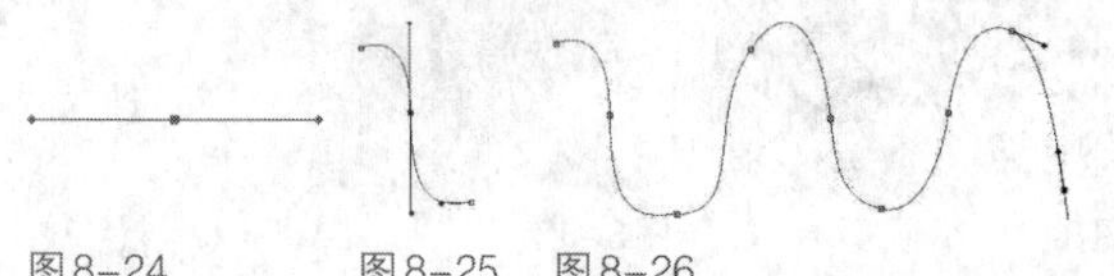

图8-24　图8-25　图8-26

03 继续按上述方法绘制图形，如果要闭合路径，可将鼠标指针移动到路径的起始点，当鼠标指针变成♘时，如图8-27所示。单击即可闭合路径，绘制效果如图8-28所示。

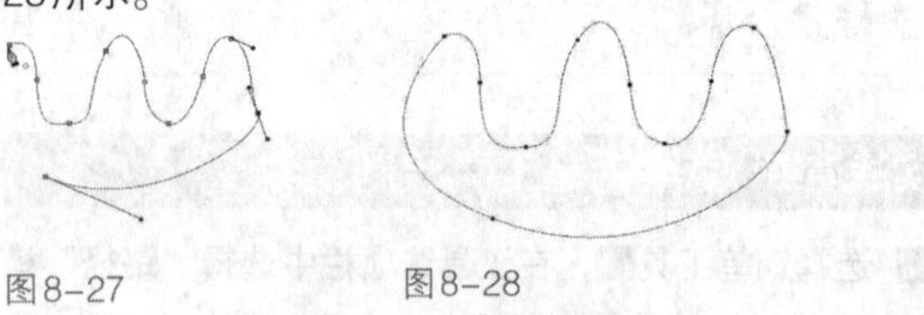

图8-27　图8-28

> **提示**
>
> 如果在拖曳鼠标的过程中同时按住Alt键，将仅改变一侧方向线的角度。

实战演练 使用钢笔工具绘制转角曲线

01 选择钢笔工具，在工具选项栏中选择“路径”模式。在画面中单击并向右上方拖曳鼠标，创建一个平滑点，如图8-29所示。将鼠标指针移至下一个锚点处，单击并沿水平方向拖曳鼠标，如图8-30所示。继续绘制，将鼠标指针移至下一个锚点单击并沿垂直方向拖曳鼠标创建曲线，将鼠标指针移至心形底部，单击但不拖曳鼠标，创建一个角点，如图8-31所示，至此完成了右侧心形的绘制。

图8-29　图8-30　图8-31

02 按同样的方法，继续绘制左边的心形，如图8-32至图8-34所示。

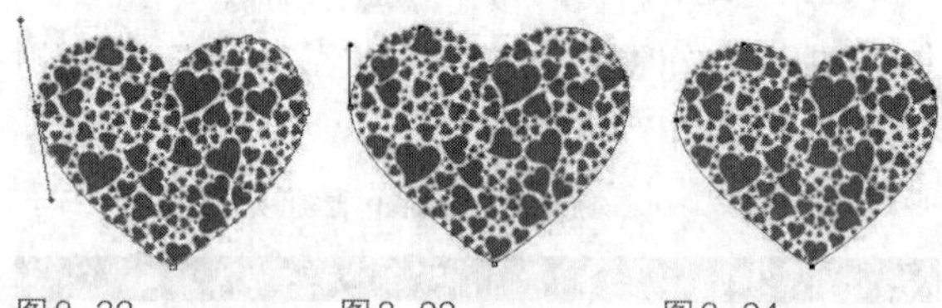

图8-32　图8-33　图8-34

03 选择直接选择工具，在路径的起始处单击以显示锚点，如图8-35所示。当锚点两侧出现方向线时，选择转换点工具，将鼠标指针移至左下角的方向点上，如图8-36所示。单击并向上拖曳该方向点，使之与右侧的方向线对称，其他锚点按类似方法调整，路径最终形态如图8-37所示。

图8-35　图8-36　图8-37

> **提示**
>
> 在使用钢笔工具绘制路径的过程中，按住Ctrl键，可快速切换到直接选择工具；按住Alt键，则可切换到转换点工具，释放Ctrl键或Alt键，则自动恢复到钢笔工具，用户可继续绘制路径。配合这些键的使用，可以在绘制路径的过程中适时地调整路径的形状。

形状填充类型和描边类型的设置使用户对形状图形的编辑更加方便快捷。选择钢笔工具，在工具选项栏中选择“形状”模式，其工具选项栏如图8-38所示。

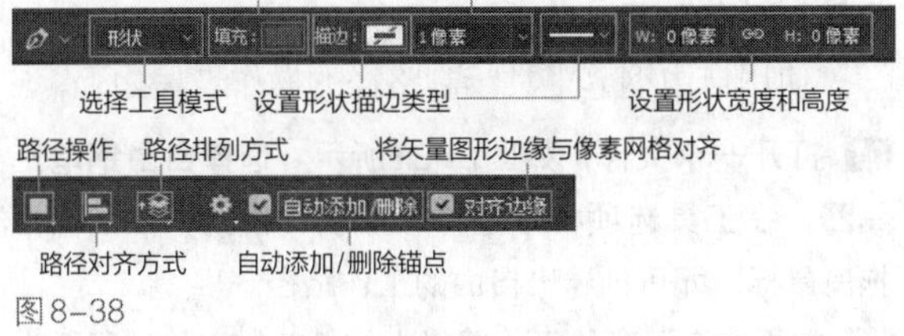

图8-38

单击工具选项栏中“设置形状填充类型”图标，打开的下拉面板中各部分功能如图8-39所示。无颜色填充、纯色填充、渐变填充及图案填充4种填充效果分别如图8-40至图8-43所示。

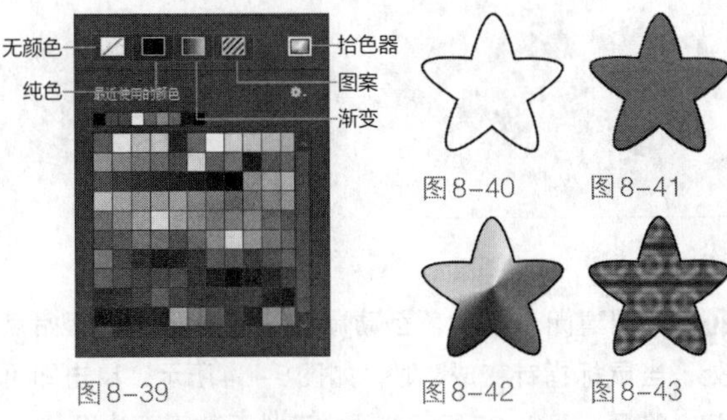

图8-39 图8-40 图8-41 图8-42 图8-43

单击工具选项栏中“设置形状描边类型”图标，打开的下拉面板中各部分功能如图8-44所示。4种描边效果如图8-45所示。

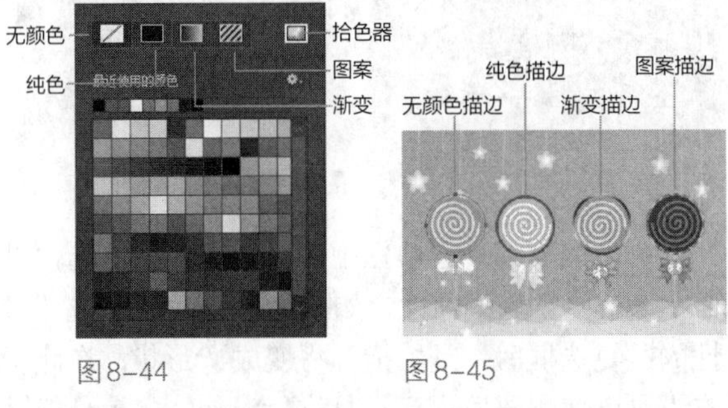

图8-44 图8-45

单击工具选项栏中“设置形状描边类型”图标，打开的下拉面板如图8-46所示。3种描边线形效果如图8-47所示。

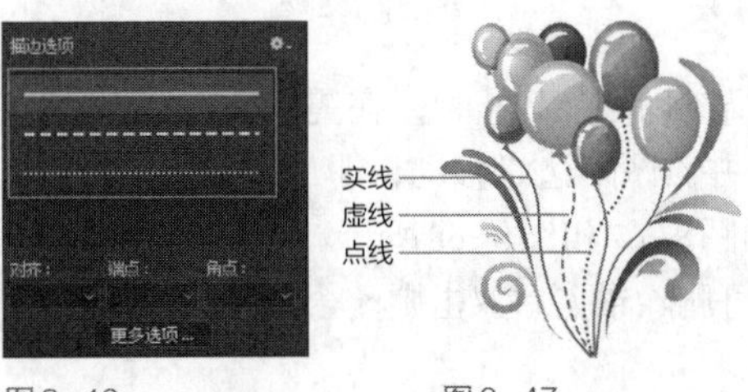

图8-46 图8-47

描边类型中“对齐”“端点”“角点”各部分功能如图8-48所示。

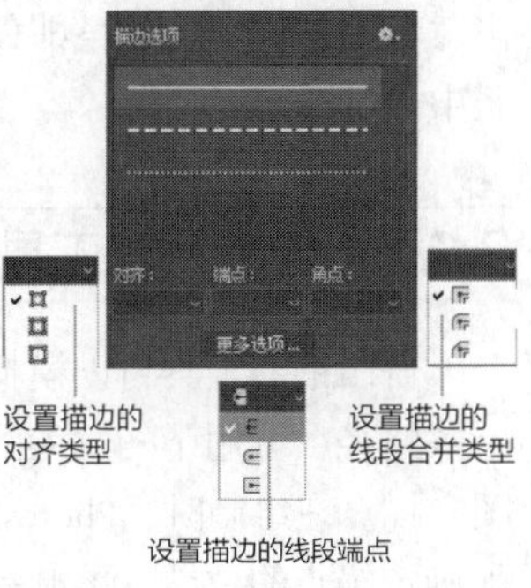

图8-48

3种描边的对齐类型分别为内侧对齐、居中对齐、外侧对齐，效果如图8-49所示。3种描边的线段端点类型分别为平头端点、圆头端点、方头端点，效果如图8-50所示。3种描边的线段合并类型分别为斜接连接、圆角连接、斜角连接，效果如图8-51所示。

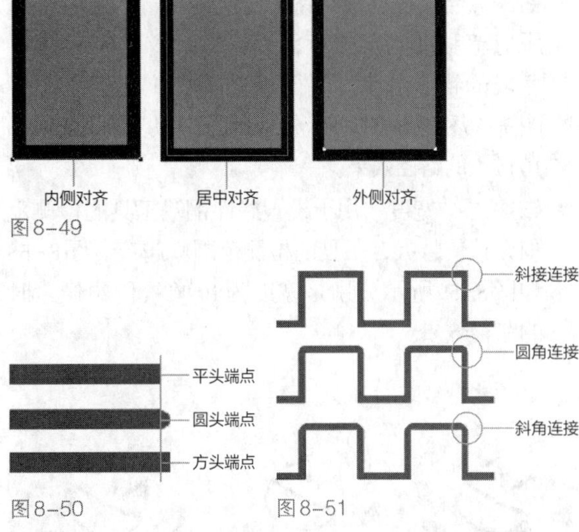

图8-49 图8-50 图8-51

在“设置形状描边类型”图标的下拉面板中单击“更多选项”按钮，弹出“描边”对话框，如图8-52所示。我们可以方便地设置所需要的虚线形状，勾选“虚线”复选框，可设置虚线与间隙的比例关系。若将虚线与间隔的比例关系按图8-53所示进行设置，则对应的虚线效果如图8-54所示。

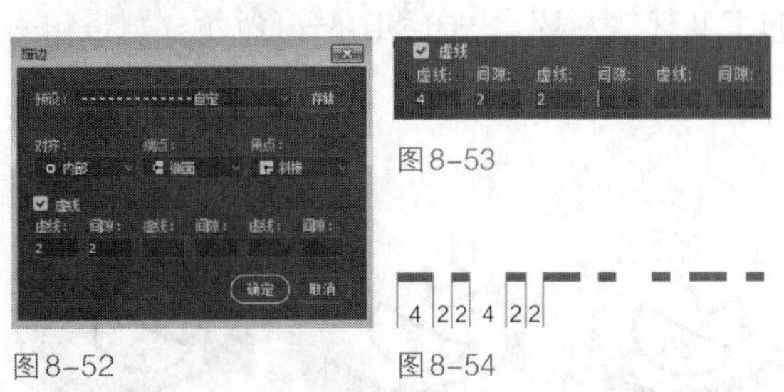

图8-52 图8-53 图8-54

如果我们想要保存设置好的虚线，可以直接单击“存储”按钮，线条即保存在“预设”的下拉列表中。

8.2.2 自由钢笔工具选项

自由钢笔工具可以模拟自然形态的钢笔勾画出一条路径，可用于随意绘图，就像用铅笔在纸上绘图一样。在绘制时，Photoshop将自动添加锚点，无须确定锚点的位置，绘制完路径后可进一步对其进行调整。但自由钢笔工具没有钢笔工具那么精确和光滑。

选择自由钢笔工具，在其选项栏中单击按钮，其下拉面板如图8-55所示。

图8-55

- **曲线拟合**：控制最终路径对鼠标或压感笔移动的灵敏度，该值越大，生成的锚点越少，路径也越简单。图8-56和图8-57所示分别是曲线拟合为1像素和10像素的路径效果。
- **磁性的**："宽度"用于设置磁性钢笔工具的检测范围，该值越大，工具的检测范围就越广。图8-58和图8-59所示分别是宽度为10像素和20像素时的路径效果。

图8-56

图8-57

图8-58

"对比"用于设置工具对于图像边缘的敏感度，如果图像的边缘与背景的色调比较接近，可将该值设置得大一些。

"频率"用于确定锚点的密度，该值越大，锚点的密度就越大。图8-60和图8-61所示分别是频率为10和80的路径效果。

图8-59

图8-60

图8-61

- **钢笔压力**：如果计算机配置有数位板，则可以勾选“钢笔压力”复选框，通过钢笔压力控制检测宽度，钢笔压力的增加将导致工具的检测宽度减小。

使用自由钢笔工具绘制路径的操作步骤如下。

01 打开一个文件，如图8-62所示。选择自由钢笔工具，在工具选项栏中选择“形状”模式。在图像中拖曳鼠标，即可创建出自由的工作路径。

02 如果要在已有的工作路径上继续绘制，移动鼠标指针到路径的一个端点上，当鼠标指针变为形状时，如图8-63所示，拖曳鼠标即可继续绘制。

图8-62

图8-63

03 要创建闭合路径，移动鼠标指针到路径的起始点处，当鼠标指针变成时，如图8-64所示，单击即可闭合路径。图8-65所示为添加草地后的画面效果。

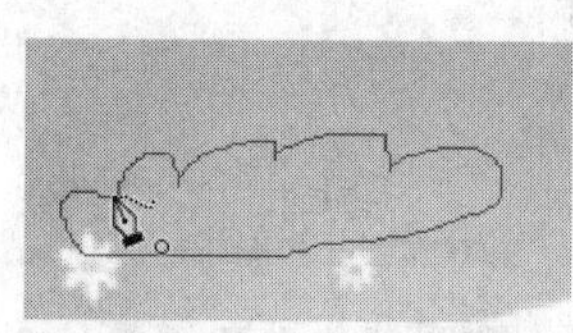
图8-64

图8-65

自由钢笔工具选项栏中的“磁性的”复选框可以用来设置钢笔的磁性，如图8-66所示。勾选“磁性的”复选框后，鼠标指针将变成形状，在此状态下可以使用磁性钢笔工具进行绘制，此工具能够自动捕捉边缘对比强烈的图像，并自动跟踪边缘从而能够创建一条精确选区的路径。

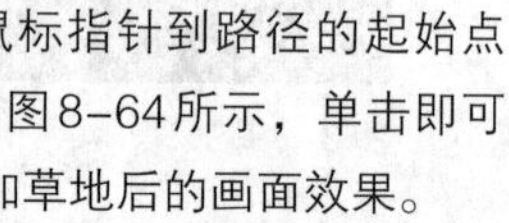

磁性钢笔选项

图8-66

使用磁性钢笔工具时，在需要选择的对象边缘处单击并沿图形边缘移动，即可得到所需的钢笔路径，如图8-67和图8-68所示。在绘制过程中按Delete键可删除锚点，双击则闭合路径，按Esc键则取消绘制。

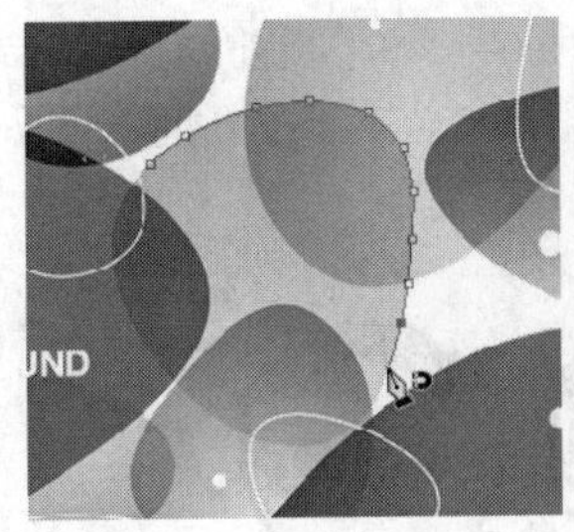
图8-67

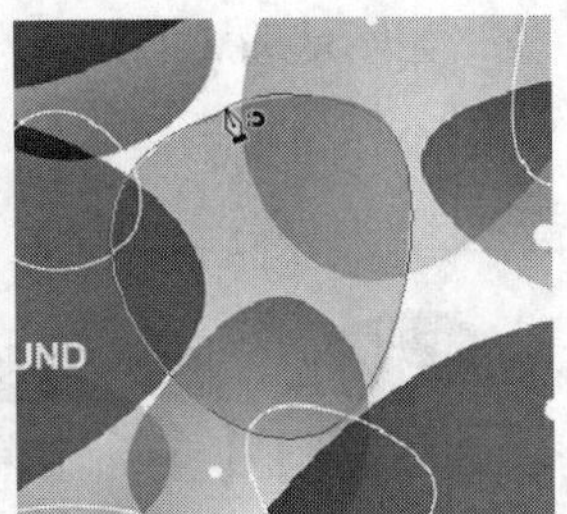
图8-68

> **提示**
>
> 使用磁性钢笔工具结束路径绘制的方法有以下两种。
>
> 1. 按Enter键，结束开放路径。
>
> 2. 双击鼠标左键，可闭合包含磁性段的路径。

实战演练 制作雪地汽车图片

01 打开一个文件，选择钢笔工具，在工具选项栏中选择“路径”模式，沿赛车边缘绘制路径，在绘制的过程中可以配合Ctrl键对路径形状进行适当的调整，绘制路径过程及效果如图8-69至图8-71所示。

02 当鼠标指针回到起始点变成状，单击鼠标即可闭合路径，如图8-72所示。使用直接选择工具和转换点工具对路径进行精确调整，完成的路径效果如图8-73所示。

图8-69

图8-70

图8-71

03 使用路径选择工具选中路径，单击“路径”面板底部的“将路径作为选区载入”按钮，将路径载入选区，如图8-74所示。

04 打开一个文件，使用移动工具将赛车移动到雪地图像上，使用Ctrl+T组合键调整赛车大小、角度及形状，使赛车符合当前图片的视角，如图8-75所示。为赛车添加投影，并在汽车底部用深色适当涂抹，最终合成效果如图8-76所示。

图8-72

图8-73

图8-74

图8-75

图8-76

8.3 编辑路径

在绘制路径的过程中，直接创建出来的路径往往不符合要求，所以经常需要进行修改和微调，比如要调整路径的形状和位置、复制和删除路径等，下面对路径的编辑进行详细介绍。

8.3.1 选择与移动锚点、路径段和路径

选择路径和锚点主要通过路径选择工具和直接选择工具实现。这两个工具在工具箱的同一组中，如图8-77所示。

图8-77

使用路径选择工具可以选中整个路径和所有锚点。选择路径选择工具，在路径上或路径内单击，此时路径上的全部锚点以实心方形显示，即表示路径被选中，效果如图8-78所示。如果拖曳鼠标，则可以移动整个路径。

图8-78

使用直接选择工具不但可以选择整个路径，而且还可以选中路径段和锚点。与路径选择工具相比具有更加灵活的特点。使用直接选择工具点选路径，路径上锚点将以空心方形显示，如图8-79所示。

- **移动单个锚点**：选择直接选择工具，选中需要移动的锚点，此时锚点以实心方形显示，按住鼠

标左键并拖曳鼠标指针即可完成锚点的移动。

- **移动路径段和路径**：选择直接选择工具，按住鼠标左键并拖曳鼠标可创建一个选框，选框内的路径段和锚点将被选中，如图8-80所示，拖曳鼠标指针即可实现路径段和锚点的移动。也可以按住Shift键，逐一单击需要选择的锚点，实现多个锚点的选择和移动。

图8-79

图8-80

8.3.2 添加锚点与删除锚点

- 选择添加锚点工具，将鼠标指针移至需要添加锚点处然后单击，即可在路径中添加锚点，如图8-81所示。如在单击的同时拖曳鼠标则可改变方向线的位置和长度，进而改变路径形状，如图8-82和图8-83所示。
- 选择删除锚点工具，当鼠标指针指向需要删除的锚点时，如图8-84所示。单击鼠标左键即可删除该锚点，效果如图8-85所示。

图8-81

图8-82

图8-83

图8-84

图8-85

- 选择钢笔工具，勾选工具选项栏中的“自动添加/删除”，移动鼠标指针，当鼠标指针变成状时，在需要添加锚点的位置单击即可为路径添加锚点。当鼠标指针移动到需要删除的锚点处并变成状时单击，即可删除该锚点。

8.3.3 转换锚点的类型

使用转换点工具可以改变锚点的类型。选择该工具，将鼠标指针放在锚点上，如果当前锚点为角点，按住鼠标左键并拖曳鼠标可将其转换为平滑点，如图8-86和图8-87所示。如果当前锚点为平滑点，单击锚点则可将其转换为角点，如图8-88所示。

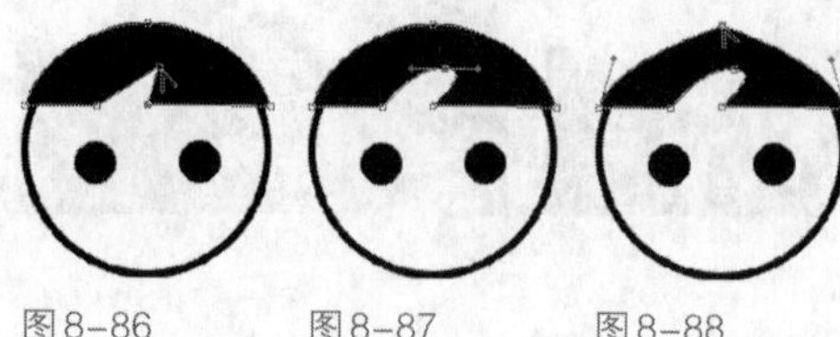
图8-86　图8-87　图8-88

8.3.4 调整路径形状

选择直接选择工具，当选中的锚点为平滑点时，调整锚点一侧方向点，将同时调整该锚点两侧的曲线路径段，如图8-89所示。当锚点为角点时，调整锚点一侧方向点，将只调整与方向线同侧的曲线路径段，如图8-90所示。当鼠标指针指向某一段路径时，拖曳鼠标则可直接改变该段路径的形状，如图8-91所示。

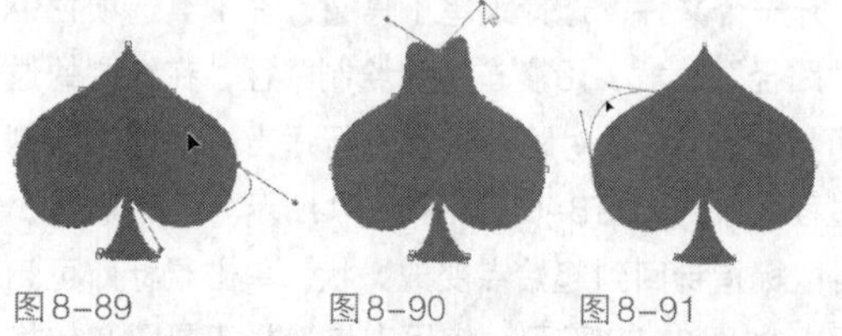
图8-89　图8-90　图8-91

8.3.5 路径的运算方法

使用钢笔工具或形状工具绘制多个路径时，可以选择相应的操作方式进行绘制。“路径操作”按钮可以用来设置路径之间的加减运算关系。

选择钢笔工具或形状工具，在工具选项栏中选择“形状”模式，单击“路径操作”按钮，下拉列表如图8-92所示。

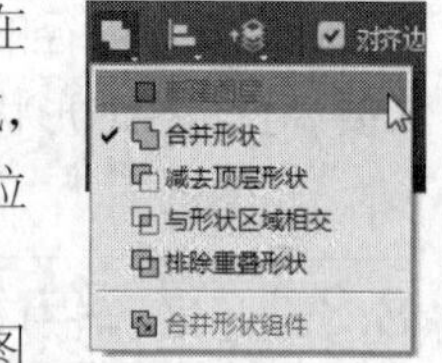

图8-92

- **新建图层**：新建一个形状图层。如选择其他操作方式，则新形状与原形状在同一图层中运算。
- **合并形状**：新绘制的形状会添加到原有的形状中。选择自定形状工具，单击工具选项栏中图标，在下拉面板中选择形状，按住Shift键，绘制效果如图8-93所示。确认在“合并形状”运算模式下，选择

图8-93

★形状添加到原有的形状中，结合后的效果如图8-94所示。

- 减去顶层形状：从原有的形状中减去新绘制的形状，减去后的效果如图8-95所示。
- 与形状区域相交：得到新绘制的形状与原有形状相交叉的形状，效果如图8-96所示。
- 排除重叠形状：得到新绘制的形状与原有形状重叠之外的形状，效果如图8-97所示。

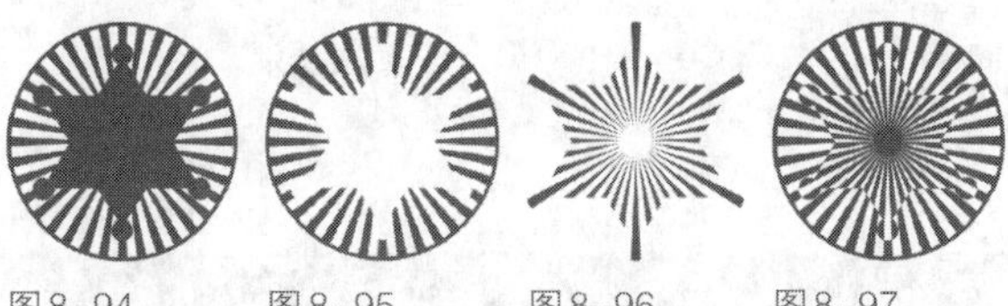

图8-94 图8-95 图8-96 图8-97

- 合并形状组件：合并重叠的路径组件。

8.3.6 路径的变换操作

使用路径选择工具选择路径，按Ctrl+T组合键，则会在路径周围出现定界框，我们可以通过控制定界框来进行缩放、透视、旋转、翻转等操作；或者按Ctrl+T组合键之后，单击鼠标右键，在弹出的图8-98所示的快捷菜单中选择相应的变形方式以实现路径的变形。

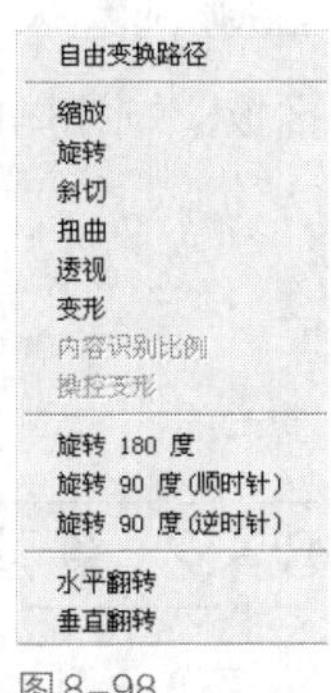

图8-98

实战演练 绘制精美图案

01 新建文件，在弹出的“新建文档”对话框中设置图8-99所示的参数。按Ctrl+R组合键显示标尺，使用移动工具分别从画面顶端和左端的标尺上向中心位置拖曳鼠标，设置图8-100所示的参考线。

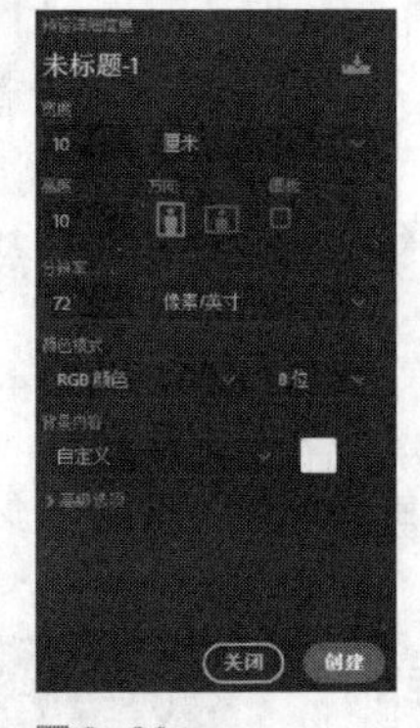

图8-99

图8-100

02 选择椭圆工具，其工具选项栏的参数设置如图8-101所示。按住Shift+Alt组合键与鼠标左键从参考线相交点向外拖曳鼠标，绘制图8-102所示的圆形。

03 使用路径选择工具选择圆形，按住Alt键并向上方拖曳鼠标至图8-103所示位置，然后释放鼠标，得到复制的圆形。

04 选择复制的圆形，依次按Ctrl+C组合键和Ctrl+V组合键复制并在原位置粘贴圆形，按Ctrl+T组合键，将对称中心移动到参考线的交叉点处，如图8-104所示。在工具选项栏中输入旋转角度为60°，旋转复制的圆形，效果如图8-105所示。

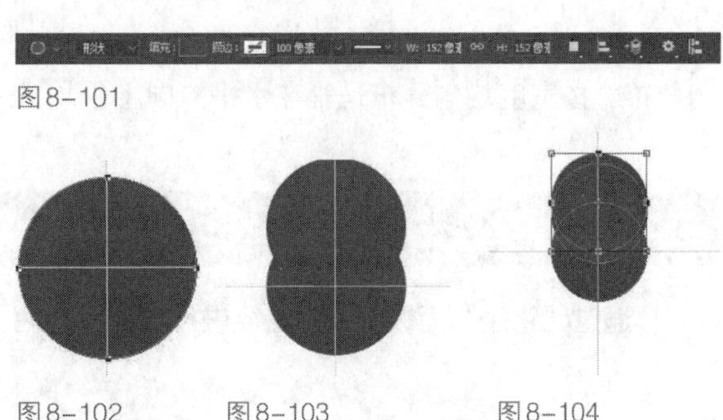

图8-101

图8-102 图8-103 图8-104

05 按Shift+Ctrl+Alt+T组合键重复上一次操作，效果如图8-106所示。

06 使用路径选择工具选择所有圆形，在工具选项栏中选择“排除重叠形状”选项，最终绘制效果如图8-107所示。

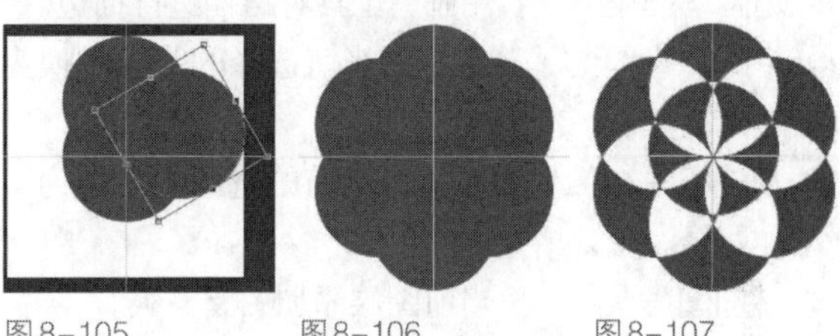

图8-105 图8-106 图8-107

8.3.7 对齐与分布路径

对齐和分布路径可以帮助我们对齐和分布路径组件。使用路径选择工具选择多个路径，单击工具选项栏中的“路径对齐方式”按钮，下拉列表如图8-108所示。需要注意的是：对齐路径需要选中至少两个路径组件，分布路径至少需要选中3个路径组件。

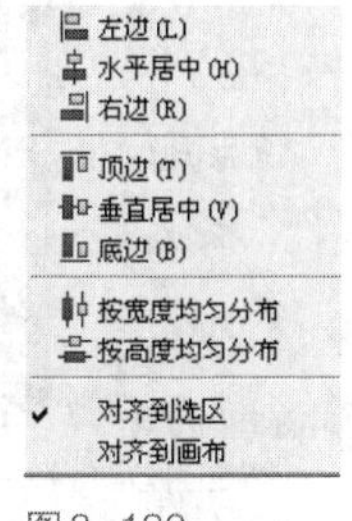

图8-108

对齐方式包括左边对齐、水平居中对齐、右边对齐、顶边对齐、垂直居中对齐和底边对齐，对齐效果分别如图8-109至图8-114所示。

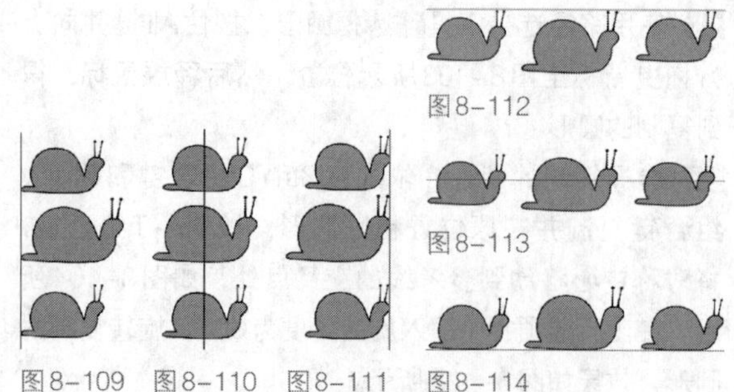

图8-109　图8-110　图8-111　图8-112　图8-113　图8-114

分布路径方式包括按宽度均匀分布和按高度均匀分布。按宽度均匀分布是指在水平方向上平均排列对象，效果如图8-115所示。按高度均匀分布是指在垂直方向上平均排列对象，效果如图8-116所示。图8-117所示为按高度均匀分布之后，再水平居中之后的排列效果。

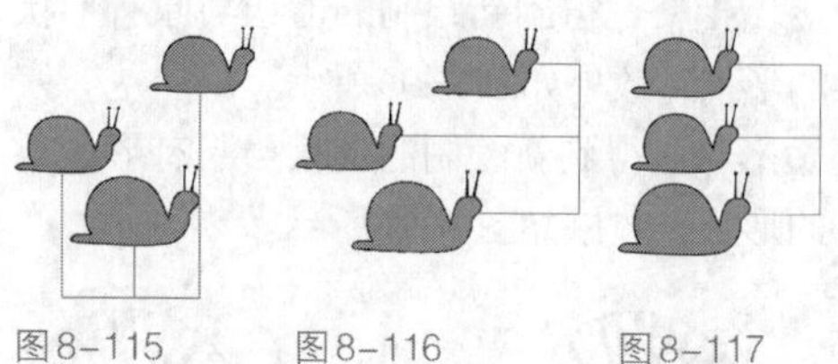

图8-115　图8-116　图8-117

8.4 “路径”面板

通过“路径”面板可以对路径进行查看、存储、填充、描边以及与选区互换等操作。

打开“路径”面板，各部分功能如图8-118所示。下面对“路径”面板进行详细介绍。

- 路径/工作路径/形状路径：显示了当前文件中包含的路径、工作路径和形状路径。
- 用前景色填充路径：用前景色填充路径区域。
- 用画笔描边路径：用画笔工具对路径进行描边。
- 将路径作为选区载入：将当前选择的路径转换为选区。
- 从选区生成工作路径：将当前的选区中转换为工作路径。
- 添加图层蒙版：为当前图层添加图层蒙版。
- 创建新路径：可创建新的路径层。
- 删除当前路径：可删除当前选择的路径。

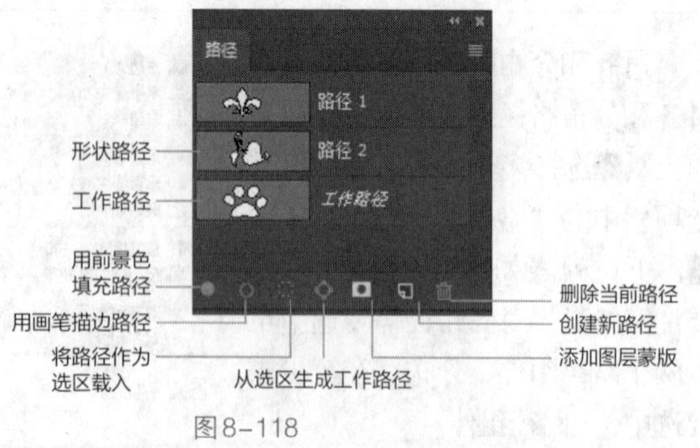

图8-118

8.4.1 查看路径

在图像文件中创建的每一条路径都会在“路径”面板中显示出来，执行“窗口→路径”命令，打开“路径”面板，如图8-119所示。

图8-119

8.4.2 新建路径

- 工作路径：工作路径是出现在“路径”面板中的临时路径，如图8-120所示，用于定义形状的轮廓。选择钢笔工具或形状工具，在选项栏中选择“路径”模式，在画面中绘制路径，就可创建出工作路径。

图8-120

提示

如果要保存工作路径，可以将它拖曳到面板底部的“创建新路径”按钮上，或者在拖曳的同时按住Alt键，打开“存储路径”对话框，如图8-121所示，重命名后即可将“工作路径”转化为“路径1”。

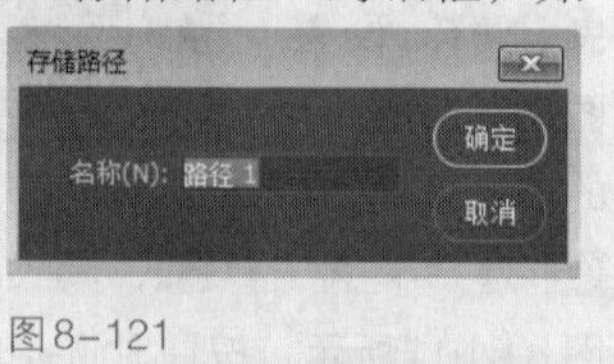

图8-121

- 路径：选择钢笔工具或形状工具，在其选项栏中选择“路径”模式，单击“路径”面板中的“创建新路径”按钮，即可创建新路径层，如图8-122所示。

图8-122

提示

按住Alt键并单击“创建新路径”按钮，或者单击“路径”面板右上角的按钮，从弹出的菜单中选择“新建路径”，可打开“新建路径”对话框，从而完成新路径层的创建。

- **形状路径：** 选择钢笔工具或形状工具，在其选项栏中选择“形状”模式，在画面中绘制图形，即可创建出形状路径，如图8-123所示。

图8-123

8.4.3 重命名路径

如果当前路径为“工作路径”，则双击“工作路径”，弹出“存储路径”对话框，即可重新定义路径名称，如图8-124所示。

如果当前路径非“工作路径”，则双击路径名称即可重新定义路径名称，如图8-125所示。

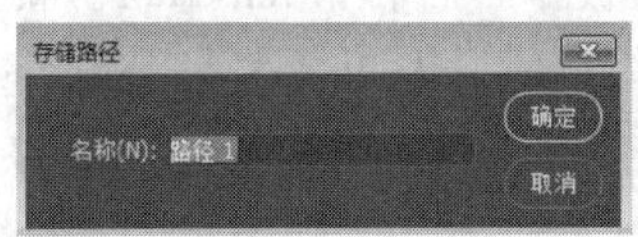

图8-124

图8-125

8.4.4 删除路径

打开“路径”面板，选择所要删除的路径层，单击“路径”面板右下角的“删除当前路径”按钮，在弹出的对话框中选择“是”或者直接将所要删除的路径层拖曳到“删除当前路径”按钮上，即可删除该路径层。也可以使用路径选择工具选择该路径，按Delete键将其删除。

8.4.5 面板选项设置

单击“路径”面板右上角的按钮，选择“面板选项”，如图8-126所示。在打开的“路径面板选项”对话框中进行选择，如图8-127所示，单击“确定”按钮，即可改变路径缩览图的大小。通过更改路径缩览图的大小，我们可以更好地观察不同路径图层的内容，以便更加灵活地控制路径图层。

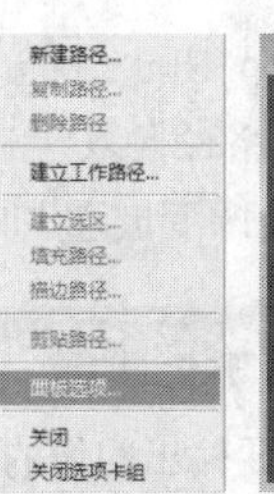

图8-126

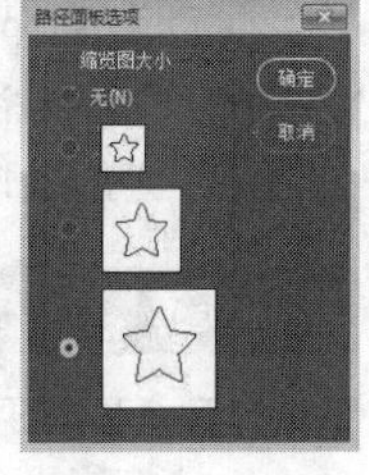

图8-127

8.4.6 复制与剪贴路径

复制路径的方法有以下几种。

- **使用菜单命令复制**

使用路径选择工具选中需要复制的路径，执行“编辑→复制”命令或者按Ctrl+C组合键，将路径复制到剪贴板中，然后执行“编辑→粘贴”命令或者按Ctrl+V组合键，则将路径粘贴到同一路径层。如果复制路径后在其他路径层中执行“粘贴”命令，则路径将被粘贴到所选的路径层中。

- **使用“路径”面板复制**

在“路径”面板中将路径层拖曳到“新建路径”按钮上，如图8-128所示，即可复制路径；或者单击面板右上角的按钮后，执行“复制路径”命令，如图8-129所示，在打开的“复制路径”对话框中输入新路径的名称，即可在完成路径复制的同时重命名路径层。

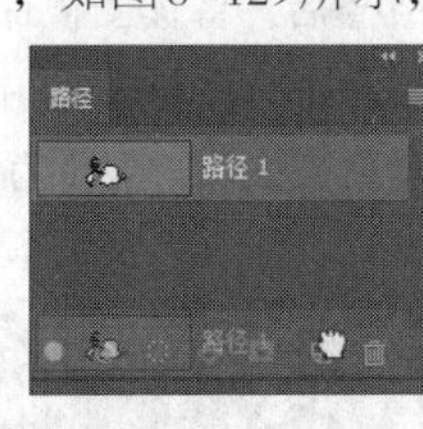

图8-128

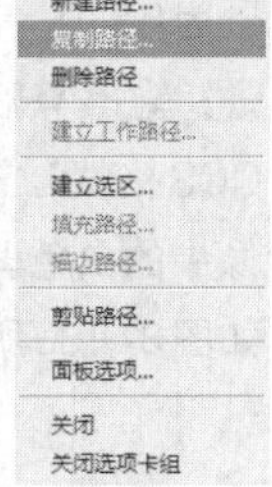

图8-129

- **通过鼠标直接复制**

使用路径选择工具选择路径，在移动的同时按住Alt键，即可实现同一幅图像中的路径复制。如果要在两幅图像之间复制路径，可以拖曳路径到另一幅图像中，当鼠标指针变为形状后释放鼠标，即可将路径复制到另一幅图像中。

下面我们介绍剪贴路径的含义和使用方法。

Photoshop的自定义图像格式是PSD，这种格式的图像能够存储图层。图层的最大好处就是能将图像的透明度保存下来。遗憾的是，除了Adobe家族的软件能够识别这种格式之外，其他绘图或排版软件大都不能识别这种格式。即使有少数软件（如Freehand和QuarkXPress）能够识别这种格式，它们也会将Photoshop中透明的像素填充为白色或其他颜色，而Photoshop中的“剪贴路径”功能可以解决这个问题。“剪贴路径”功能能将路径内的图像输出，并将路径外的图像变成透明的区域。

实战演练 剪贴路径的操作

01 打开一张需要输出图像的图片，用路径圈出图像的轮廓，如图8-130所示。

02 拖曳“工作路径”到“创建新路径”按钮上，将“工作路径”变为“路径1”，即将工作路径转化为永久性路径，因为只有永久性路径才可输出为剪贴路径。

03 单击“路径”面板右上角的按钮，在弹出的菜单中执行“剪贴路径”命令，如图8-131所示。

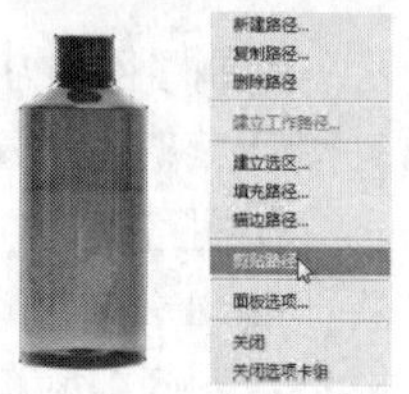

图8-130 图8-131

04 在打开的“剪贴路径”对话框中选择需要输出的路径，在“展平度”数值框中输入所需的平滑度数值，如图8-132所示，数值越大，线段的数目越多，曲线也就越精密，其变化范围为0.2~100。一般来说，300~600像素的图像，“展平度”设置为1~3即可；如果是1200~2400像素的高分辨率图像，“展平度”可设置为8~10。

05 输出剪贴路径后，将该图像保存成TIFF、EPS或DCS格式，置入到InDesign软件中，图像中的白色背景将被去除，显示为透明，如图8-133所示。

图8-132 图8-133

8.4.7 输出路径

有两类软件可以使用路径。一类是Illustrator、Freehand和CorelDRAW这样的绘图软件，另一类是InDesign和QuarkXPress这样的排版软件。Photoshop中的路径可以随图像一起导出到这些软件中去。

比如在Adobe软件家族中，Illustrator就是一个专门利用路径工具来创作图形的软件，它的绝大多数功能都和路径有关。由于Illustrator是Photoshop的姊妹程序，并且它编辑路径的功能非常强大，所以我们主要介绍在这两个软件之间如何交换路径。

使用钢笔工具或者形状工具绘制好路径后，我们可以将路径输出，以便到Illustrator中继续编辑使用。输出路径的方法有以下几种。

- 执行“文件→导出→路径到Illustrator”命令，打开“导出路径到文件”对话框，选择相应的路径，如图8-134所示。单击“确定”按钮，在弹出的“选择存储路径的文件名”对话框中为输出路径命名，如图8-135所示，单击“保存”按钮即完成路径的导出。

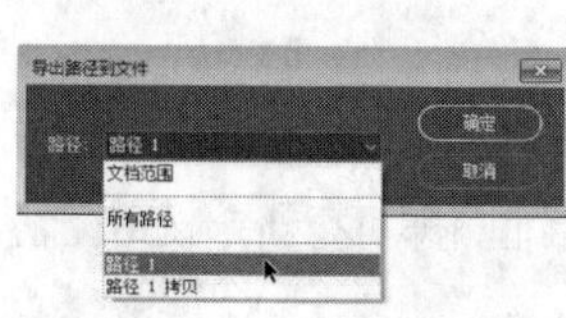

图8-134 图8-135

- 选择需要输出的路径，按Ctrl+C组合键，可以将路径复制到剪贴板。然后打开Illustrator，新建文档，按Ctrl+V组合键，即可将路径粘贴到Illustrator中继续编辑。

> **提示**
>
> 输出的路径导入Illustrator中时，路径因无填充和描边效果而不可见。所以我们首先需要选择路径对象，对其进行填充或描边操作以便于观察和编辑。

8.5 路径的填充与描边

路径创建并编辑完成后，可以对其进行填充和描边操作，使其成为具有丰富表现效果的图形。

8.5.1 填充路径

填充路径是指用指定的颜色、图案或历史记录的快照填充路径内的区域。

选择需要进行填充的路径，单击“路径”面板中的“用前景色填充路径”按钮，将使用前景色填充路径。如果按住Alt键并单击“用前景色填充路径”按钮，或者在路径层单击鼠标右键，执行

"填充路径"命令，如图8-136所示，可以打开"填充路径"对话框，如图8-137所示，选择相应的填充内容即可对路径进行填充。设置前景色为深蓝色，使用前景色填充的效果如图8-138所示。

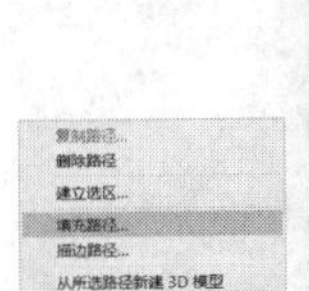
图8-136

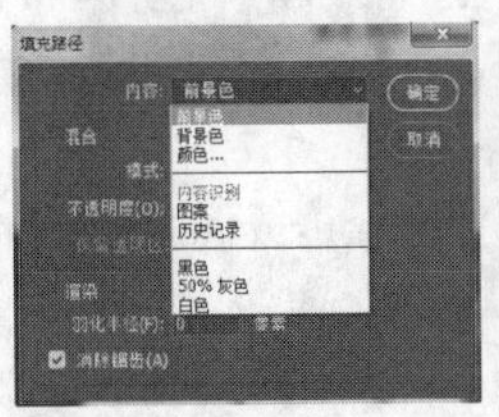
图8-137

图8-138

实战演练 用历史记录填充路径

01 打开一个文件，执行"滤镜→模糊→动感模糊"命令，设置参数如图8-139所示，效果如图8-140所示。

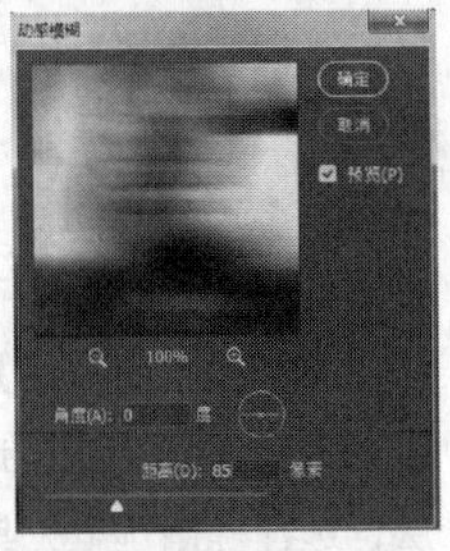
图8-139

02 打开"历史记录"面板，设置历史记录画笔的源为文件打开时的状态，如图8-141所示。打开"路径"面板，选择"路径1"，单击面板右上角按钮，执行"填充路径"命令，如图8-142所示。

图8-140

图8-141

图8-142

03 在打开的"填充路径"对话框中，在"内容"下拉列表中选择"历史记录"，将"羽化半径"设置为4像素，如图8-143所示，单击"确定"按钮。单击"路径"面板空白处以隐藏路径，最终效果如图8-144所示。

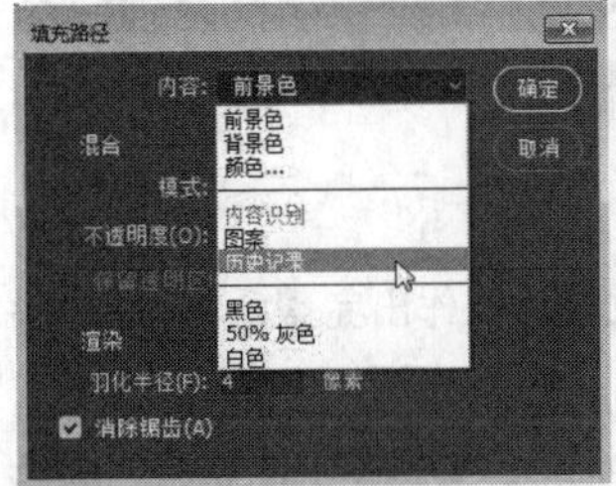

图8-143

图8-144

8.5.2 描边路径

使用画笔、铅笔、橡皮擦和图章等工具可以对路径进行描边操作，通过为路径描边可以得到非常丰富的图像轮廓效果。

按住Alt键并单击"用画笔描边路径"按钮，或者在路径层单击鼠标右键，执行"描边路径"命令，可以打开"描边路径"对话框，如图8-145所示，选择相应的描边类型即可对路径进行描边。

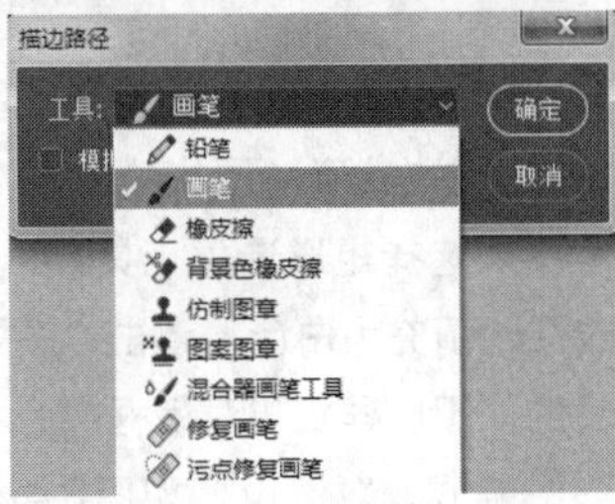

图8-145

实战演练 制作精美邮票

提示

本例是一个比较综合的实例，其中涉及后面第九章文字的内容，如果在操作时不了解相应的工具操作方法，可以先看一下文字的相关内容再练习本实例。

01 打开一个文件，按Ctrl+J组合键复制出"图层1"图层。设置背景色为白色，回到"背景"图层执行"图像→画布大小"命令，在弹出的"画布大小"对话框中设置画布高度和宽度，如图8-146所示，增大画面尺寸，效果如图8-147所示。

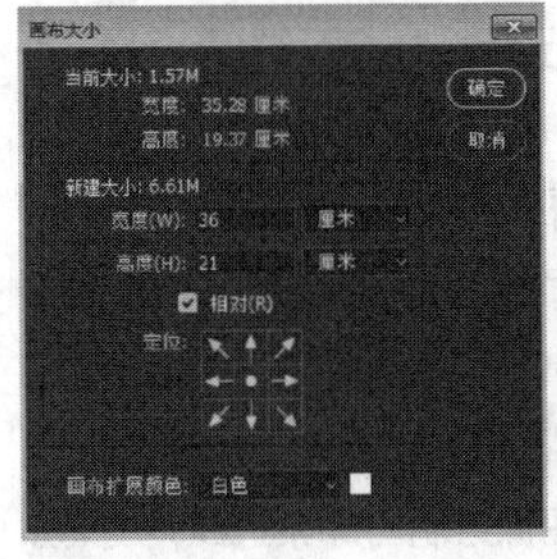

图8-146

图8-147

02 按Ctrl+R组合键显示标尺，将鼠标指针移动到标尺左上角的交接处，按住鼠标左键并拖曳鼠标，让中心点与图形左顶点重合，重新定位零点的位置，便于统一邮票边缘的宽度，让制作出的邮票更标准。操作前后如图8-148和图8-149所示。

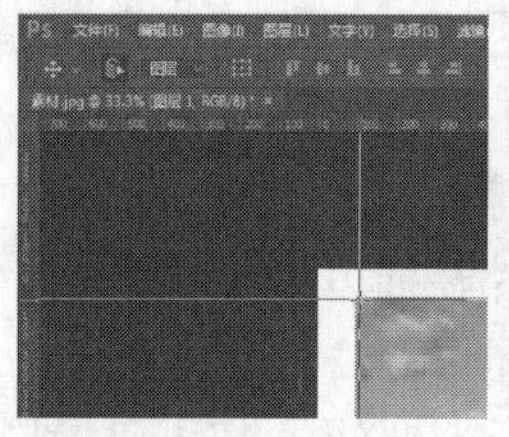

图8-148　　图8-149

03 在“背景”图层上新建“图层2”图层，在距离图像上下左右都为1厘米的位置拖出参考线，如图8-150所示。选择矩形选框工具，在标尺区域内拖出矩形选区，填充为白色。双击“图层2”图层缩略图，在弹出的“图层样式”对话框中为“图层2”图层添加“投影”样式，数值设置如图8-151所示。邮票图像呈现出一定的立体感，效果如图8-152所示。

图8-150

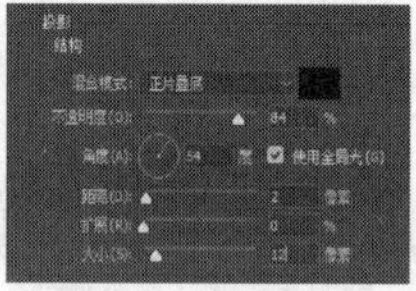

图8-151

图8-152

04 按住Ctrl键并单击“图层2”图层，将“图层2”图层载入选区，单击“路径”面板中右上角按钮，执行“建立工作路径”命令，弹出图8-153所示对话框，单击“确定”按钮，“路径”面板如图8-154所示。

图8-153

图8-154

05 选择橡皮擦工具，执行“窗口→画笔”命令，在弹出的“画笔”面板中设置画笔直径和间距，参数设置如图8-155所示。回到“路径”面板中，单击右上角按钮，执行“描边路径”命令，设置描边样式为“橡皮擦”，为图像绘制出邮票边缘，效果如图8-156所示。

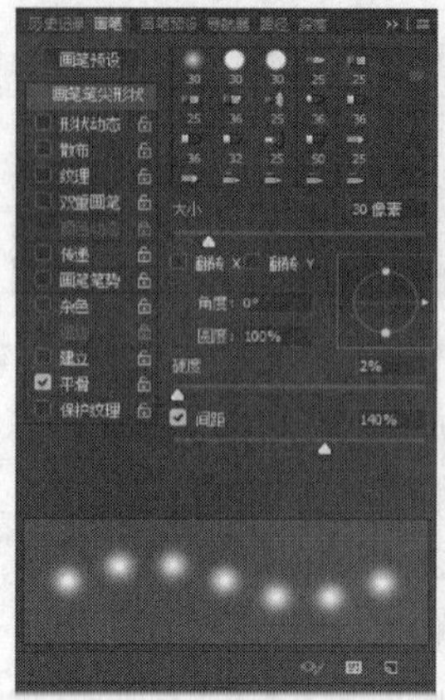

图8-155

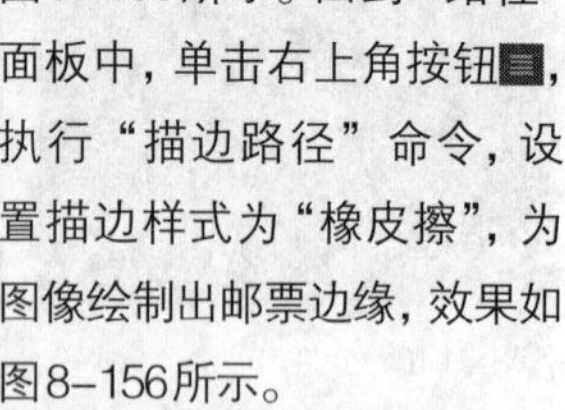

图8-156

06 设置前景色为白色，单击横排文字工具按钮，在图像文字中输入“2017年”，并在“字符”面板中设置字体和字号，如图8-157所示。继续输入文字“CHINA”，字体保持不变，调整文字的字号和颜色如图8-158所示，效果如图8-159所示。

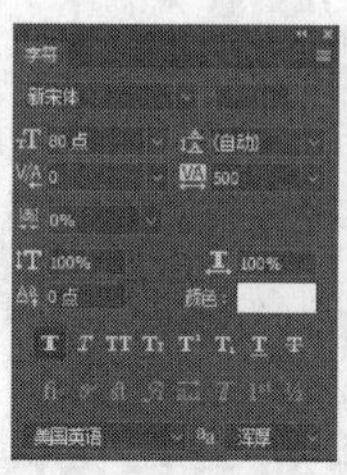

图8-157

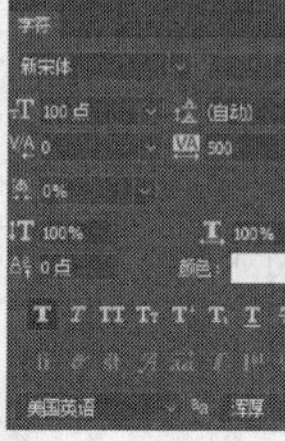

图8-158

图8-159

07 隐藏“背景”图层，按Ctrl+Shift+Alt+E组合键盖印图层，生成“图层3”图层，隐藏其他图层，如图8-160所示。按Ctrl+T组合键调整“图层3”图层的大小和位置。在“背景”图层上方新建“图层4”图层，填充为白色。在“图层3”图层上方新建“图层5”图层，选择椭圆选框工具绘制选区，为选区描边，参数设置如图8-161所示，描边效果如图8-162所示。

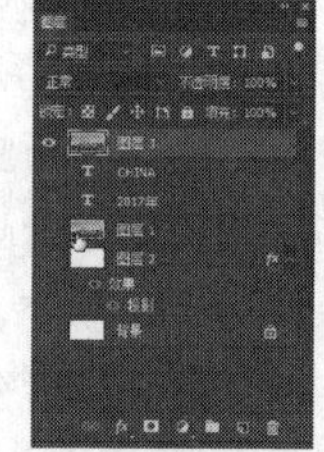

图8-160

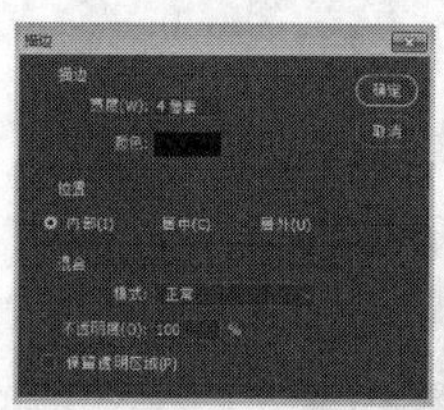

图8-161

图8-162

08 选择椭圆工具，在工具选项栏中选择“路径”模式，绘制路径，如图8-163所示。选择横排文字工具，沿路径输入文字，如图8-164所示，并适当调整文字位置。

图8-163　　图8-164

09 继续在图像中输入文字，制作出完整的邮戳效果，如图8-165所示，将邮戳包含的所有图层合并，并载入选区，填充蓝色（#20384f），仿制出邮戳的效果。选择橡皮擦工具，设置样式为，适当调整橡皮擦大小和不透明度后在邮戳上单击，形成斑驳效果。至此，完成邮票的制作，最终效果如图8-166所示。

图8-165

图8-166

实战演练 绘制心形描边

01 打开一个文件，选择自定形状工具，选择心形❤，如图8-167所示。在工具选项栏中选择“形状”模式，在画面中绘制心形形状，使用路径选择工具选择心形，隐藏“背景”图层，执行“编辑→定义画笔预设”命令，在弹出的对话框中为心形画笔命名，单击“确定”按钮即可定义心形画笔。

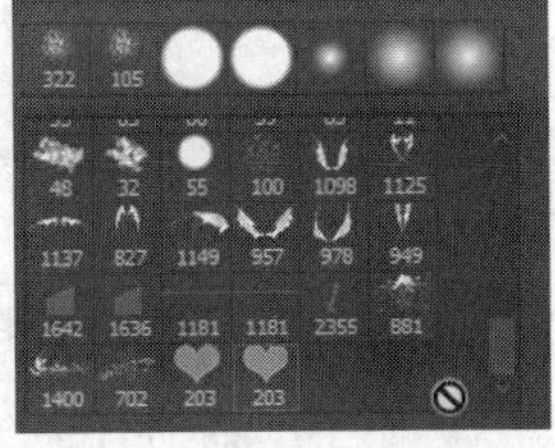
图8-167

02 选择画笔工具，选择定义的心形画笔，设置画笔的各项参数，如图8-168至图8-171所示。

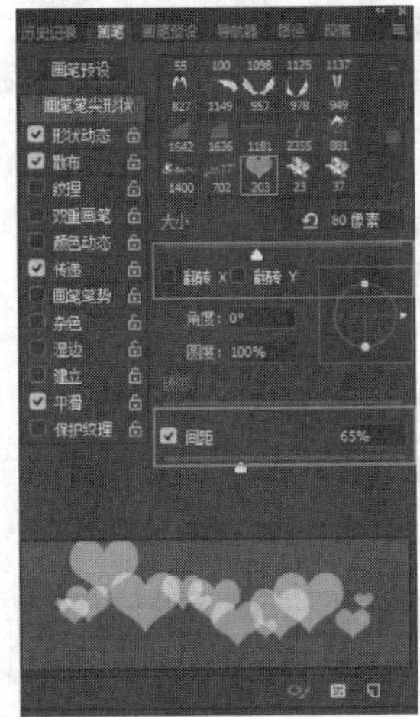
图8-168

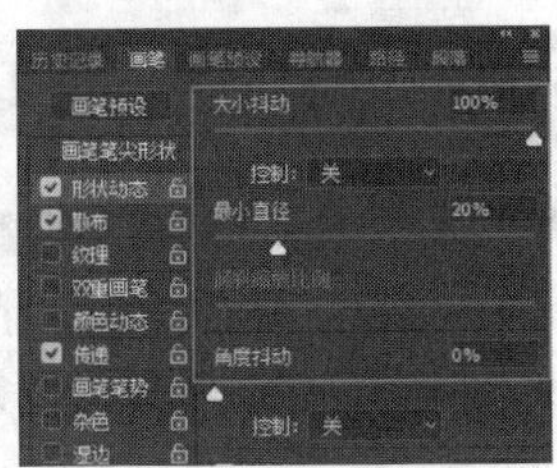
图8-169

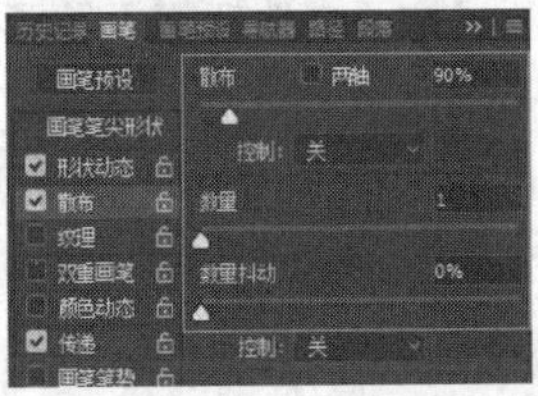

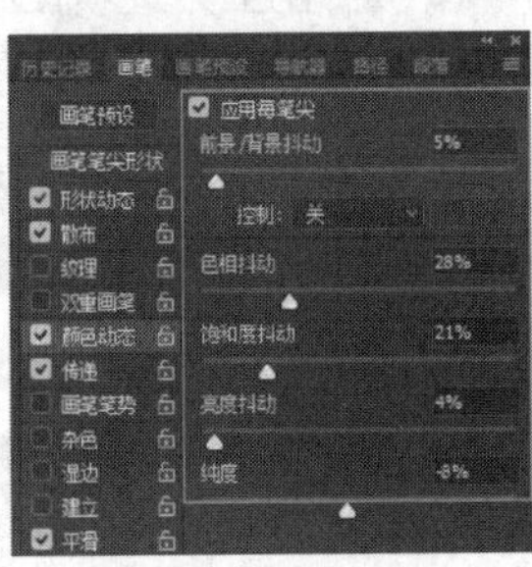
图8-171

图8-170

03 使用自定形状工具选择心形形状，在工具选项栏中选择“路径”模式，按图像中的心形轮廓绘制两个心形路径，如图8-172所示。

04 显示“背景”图层，新建“图层1”图层，在“路径”面板中选择“工作路径1”，调整前景色为红色，单击鼠标右键执行“描边路径”命令，在对话框的工具下拉列表中选择“画笔”选项，对外心形进行描边。调整画笔大小，对“形状1形状路径”执行“描边路径”命令，对内心形进行描边。适当降低“图层1”图层的不透明度，最终效果如图8-173所示。

图8-172

图8-173

● 技术看板

如果在执行描边操作时，设置画笔为钢笔压力，在“描边路径”对话框中勾选“模拟压力”复选框，如图8-174和图8-175所示，则可为路径描出粗细变化的线条，制作效果如图8-176和图8-177所示。

图8-174

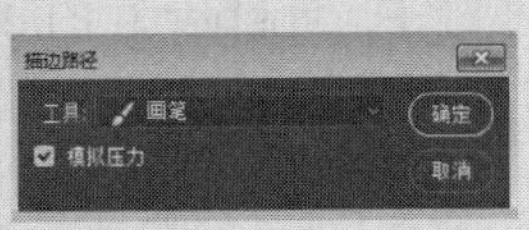

图8-175

图8-176

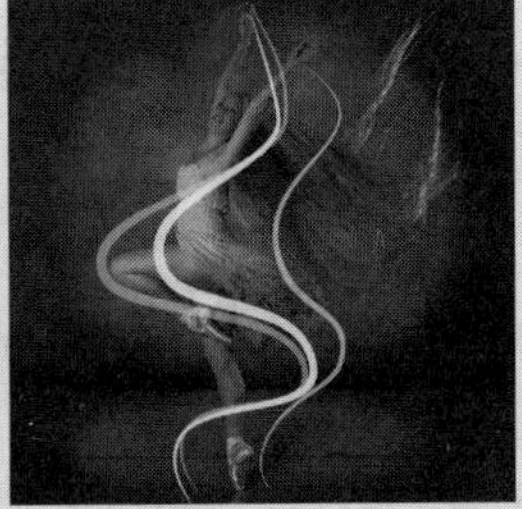
图8-177

8.6　路径和选区的转换

路径和选区之间可以相互转换，从而为我们提供更灵活的工作方式。另外，路径是选区的轮廓边缘线，它不能执行“滤镜”命令产生丰富的效果，只有将路径转换成选区后，才能对选区内的图像实现这些特殊效果。

8.6.1　将路径转换为选区

Photoshop可以将开放和封闭的路径转换为选区。打开“路径”面板，选择需要转换为选区的路径层，如图8–178所示。单击“路径”面板底部的“将路径作为选区载入”按钮，即可将当前路径层中的路径转换为选区，效果如图8–179所示。

图8–178

图8–179

8.6.2　将选区转换为路径

将选区转换为路径的操作如下。

01 打开一个文件，选择魔棒工具，确认工具选项栏中未勾选“连续”复选框，在人物剪影上单击，生成图8–180所示选区。

02 单击“路径”面板中的“从选区生成工作路径”按钮，即可将选区转换为路径，如图8–181所示。

图8–180

图8–181

● 技术看板

利用从选区生成工作路径这一功能，可以把选区转化为路径后进行精确修改，再将修改好的路径转换为选区，就可以得到非常精确的选区。

8.7　形状工具的使用

Photoshop中的形状工具包括矩形工具、圆角矩形工具、椭圆工具、多边形工具、直线工具和自定形状工具。长按鼠标左键或者单击鼠标右键，可弹出图8–182所示形状工具组，使用这些工具可以快速地绘制出矩形、圆角矩形、椭圆形、多边形、直线和各类自定形状图形。

选择任一一种形状工具，其工具选项栏中都包含“形状”“路径”“像素”3种模式。

图8–182

- **形状**：在工具选项栏中选择“形状”模式，使用形状工具进行绘制，将创建一个形状图层，工具选项栏如图8–183所示。
- **路径**：在工具选项栏中选择“路径”模式，使用形状工具进行绘制，将创建一条路径，工具选项栏如图8–184所示。

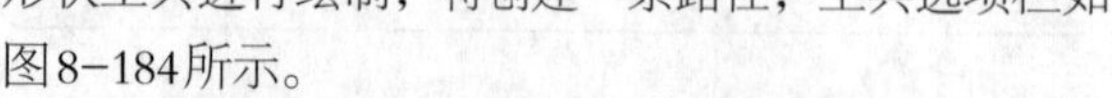

图8–183

图8–184

- **像素**：在工具选项栏中选择“像素”模式，使用形状工具进行绘制，将在当前图层中创建一个填充了前景色的图像，工具选项栏如图8–185所示。

图8–185

- **模式**：只有选择“像素”模式时，“模式”和“不透明度”选项才会被激活，这两个选项便于绘图时设置图像的混合模式和不透明度。
- **消除锯齿**：只有选择“像素”模式时，“消除锯齿”选项才会被激活，勾选它可以消除图形的锯齿。

规则形状绘制工具的使用方法非常简单，只需要按住鼠标左键并在图像中拖曳，即可绘制出所选工具定义的规则形状。

8.7.1 矩形工具的使用

矩形工具用来绘制矩形和正方形。选择矩形工具▣，单击工具选项栏中的按钮⚙，弹出图8-186所示的下拉面板，可以根据需要设置相应的选项，各选项含义如下。

图8-186

- **不受约束**：选择该选项，按住鼠标左键并拖曳鼠标可创建任意大小的矩形和正方形。
- **方形**：选择该选项，可以绘制不同大小的正方形。
- **固定大小**：选择该选项，可以在W数值框和H数值框中输入数值，以定义矩形的宽度值和高度值。
- **比例**：选择该选项，可以在W数值框和H数值框中输入数值，定义矩形宽度和高度的比例值。
- **从中心**：勾选该复选框，可以从中心向外放射性地绘制矩形。

8.7.2 圆角矩形工具的使用

圆角矩形工具▢使用方法与矩形工具▣基本相同，只是在工具选项栏中多了"半径"选项，用户可以设置矩形圆角的半径，如图8-187所示。图8-188和图8-189所示为圆角矩形半径分别是10像素和40像素时绘制的效果。

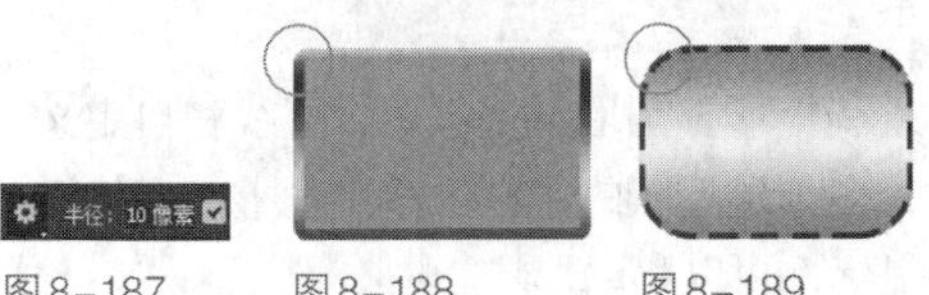

图8-187　图8-188　图8-189

8.7.3 椭圆工具的使用

椭圆工具◯用来创建椭圆形和圆形，工具选项栏与矩形工具相同，绘制效果如图8-190所示。

图8-190

> **提示**
>
> 选择矩形工具或椭圆工具后，可以进行如下操作：按住Shift键与鼠标左键并拖曳鼠标，可以创建正方形或圆形；按住Alt键与鼠标左键并拖曳鼠标，会以单击点为中心向外进行绘制；按住Shift+Alt组合键与鼠标左键并拖曳鼠标，会以单击点为中心向外创建正方形或圆形。

8.7.4 多边形工具的使用

绘制多边形时可以根据需要设置多边形的边数，边数范围为3~100，还可以设置多边形的半径大小和星形效果。选择多边形工具⬡，在工具选项栏中对多边形的边数进行设置，如图8-191所示。单击⚙按钮，弹出图8-192所示下拉面板，各部分含义介绍如下。

- **半径**：定义多边形的半径值。在该数值框中输入数值之后，按住鼠标左键并拖曳鼠标将创建指定半径值的多边形或星形。如果在画面中单击，则会弹出"创建多边形"对话框，如图8-193所示，可以按需要设置各个参数。

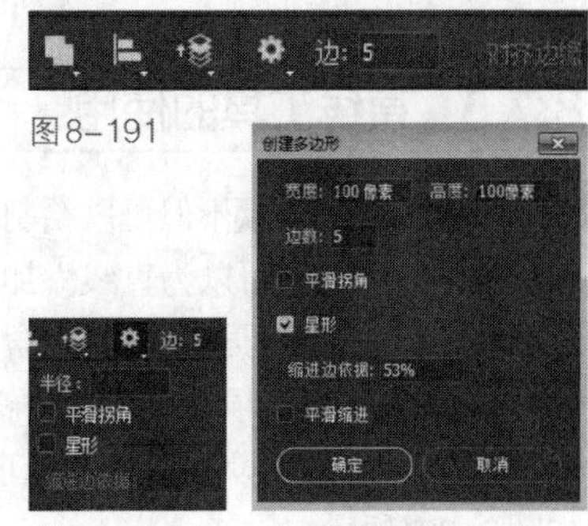

图8-191　图8-192　图8-193

- **平滑拐角**：勾选该复选框，可以平滑多边形的拐角，绘制效果如图8-194所示。
- **星形**：勾选该复选框，可以绘制星形，且下面两个选项被激活，绘制效果如图8-195所示。

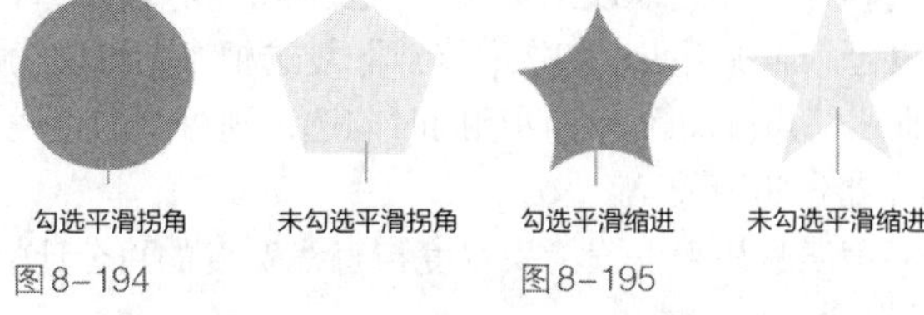

图8-194　图8-195

- **缩进边依据**：在此输入数值，可以定义星形的缩进量，如图8-196所示。该值越大，缩进量越大，图8-197至图8-199所示分别为缩进量是20%、50%和80%的绘制效果。

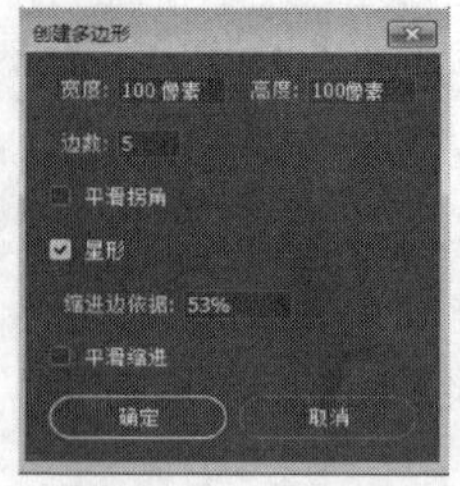

图8-196 图8-197 图8-198 图8-199

● 平滑缩进：勾选该复选框，可以使星形的边平滑地向中心缩进，按照图8-200所示设置，绘制效果如图8-201所示。如再勾选“平滑拐角”复选框，如图8-202所示，绘制效果如图8-203所示。

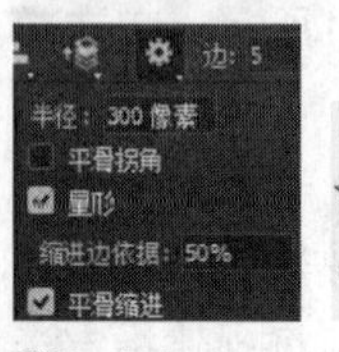

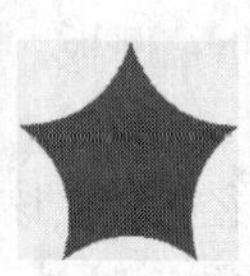

图8-200 图8-201 图8-202 图8-203

8.7.5 直线工具的使用

使用直线工具不但可以绘制不同粗细的直线，还可以为直线添加不同形状的箭头。工具选项栏中包含了设置直线粗细的选项，单击按钮，下拉面板中包含了设置箭头的选项，如图8-204所示。

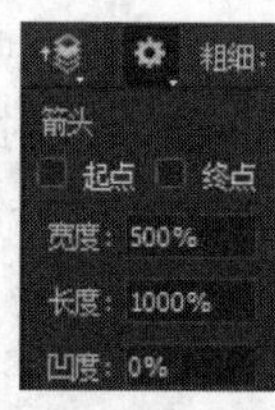

图8-204

> **提示**
>
> 按住Shift键可创建水平、垂直或以45°角为增量的直线。

● 起点/终点：勾选“起点”复选框，则可以为直线起点添加箭头；勾选“终点”复选框，则可以为直线终点添加箭头；两项同时勾选，则可以为直线两端添加箭头。

● 宽度：用来设置箭头宽度与直线宽度的百分比，范围为10% ~ 1000%。

● 长度：用来设置箭头长度与直线宽度的百分比，范围为10% ~ 5000%。图8-205至图8-207所示分别为不同宽度和长度比例所绘制的箭头效果。

● 凹度：在此数值框中输入数值，可以定义箭头的凹陷程度，范围为-50% ~ 50%。图8-208和图8-209所示分别是凹度为 -30%和凹度为30%时箭头的绘制效果。

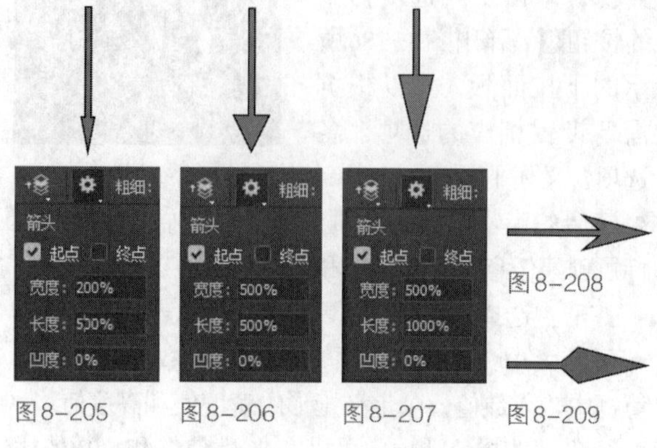

图8-205 图8-206 图8-207 图8-208 图8-209

8.7.6 自定形状工具的使用

Photoshop的自定形状工具是一个多种形状的集合，因此自定形状工具是一个泛指。选择自定形状工具后，单击按钮弹出下拉面板，如图8-210所示，此下拉面板中的参数在前面有所介绍，在此不再重述。

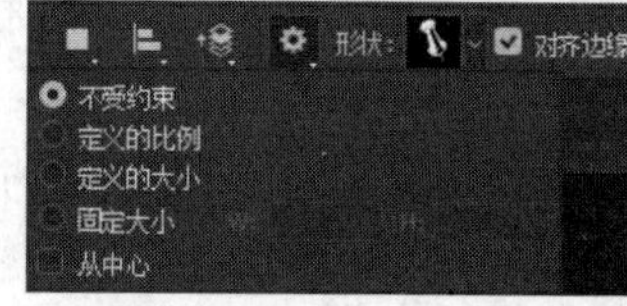

图8-210

> **提示**
>
> 在绘制矩形、圆形、多边形、直线和自定义形状时，在创建形状的过程中按键盘上的空格键并拖动鼠标，可以移动形状。

单击工具选项栏中图标，弹出图8-211所示的下拉面板，单击图案即可选择相应的形状。单击下拉面板右上角的按钮，打开面板菜单，菜单底部是Photoshop提供的自定义形状，包括动物、箭头、装饰、符号、拼贴等，如图8-211所示。选择自定形状列表中任意一类形状，载入该类形状，此时会弹出一个提示对话框，如图8-212所示。单击“确定”按钮，选择的形状会替换面板中原有的形状；单击“追加”按钮，则会在原有形状的基础上添加选择的形状。

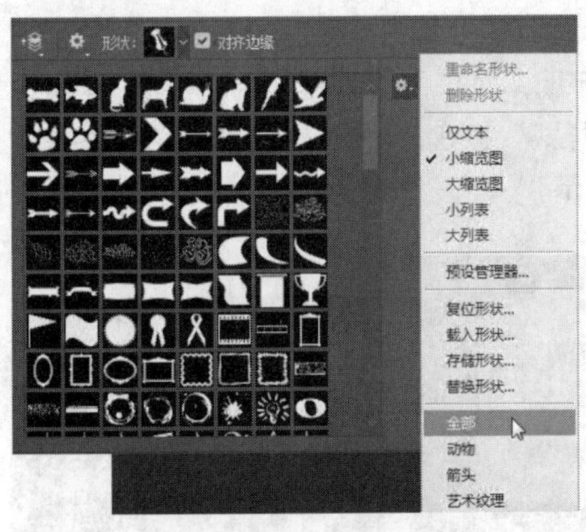

图8-211

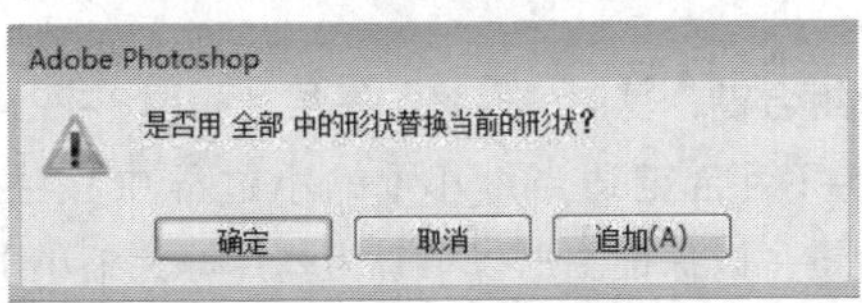

图8-212

实战演练 创建自定形状

与画笔、图案一样，在Photoshop中也可以自定义形状，使形状样式更加丰富多彩。要创建自定义图形，可以按以下步骤进行操作。

01 使用椭圆工具绘制所需的形状图形，如图8-213所示。类似形状的绘制方法在本章“实战演练——绘制精美图案”中已有详细介绍，此处不再重述。

图8-213

02 使用路径选择工具，将所绘制的路径全部选中，执行“编辑→定义自定形状”命令，在弹出的“形状名称”对话框中输入新形状的名称，如图8-214所示，单击“确定”按钮。

图8-214

03 选择自定形状工具，则在“形状”下拉面板中会出现自定义的形状，如图8-215所示。

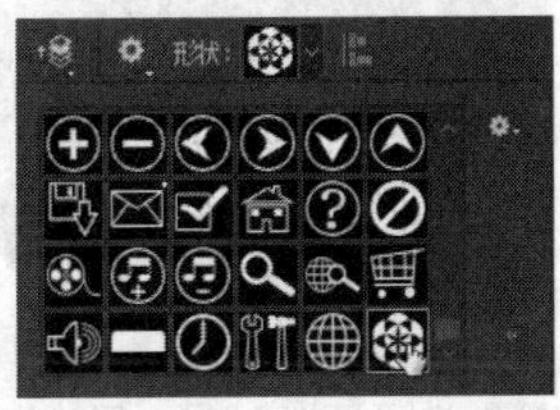

图8-215

“形状”下拉面板中的形状与画笔面板中的笔刷一样都可以用文件形式保存起来，以方便下次调用，其操作步骤如下。

01 单击“形状”下拉面板右侧的按钮，在弹出的面板菜单中执行“存储形状”命令。

02 在弹出的“另存为”对话框中输入一个名称，如图8-216所示，以命名要保存的形状，单击“保存”按钮即可。

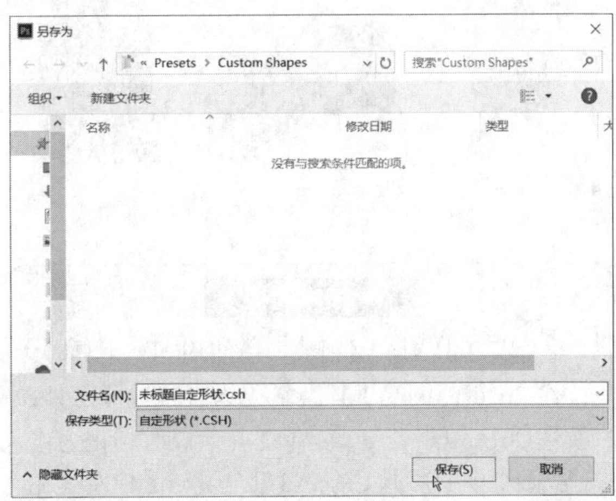

图8-216

8.7.7 形状属性的复制与粘贴

使用Photoshop CC 2017可以帮助用户轻松快捷地完成形状图层样式的复制与粘贴。形状属性的复制与粘贴的使用方法非常简单，可按如下步骤进行操作。

01 使用多边形工具和自定形状工具，在工具选项栏中选择“形状”模式，绘制填充和描边样式完全互不相同的五角星、旗帜和锦旗，效果如图8-217所示。

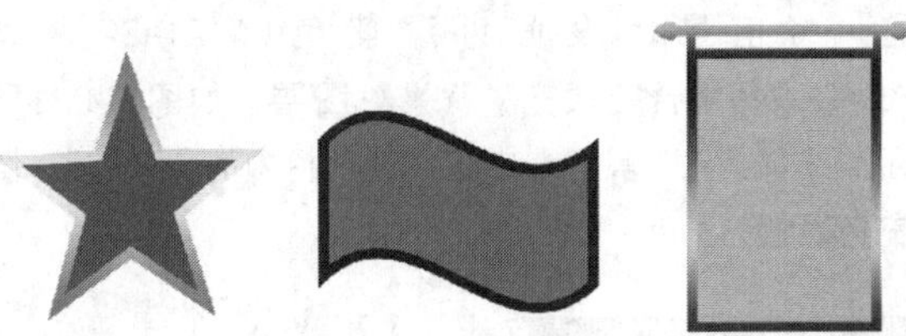

图8-217

02 选择五角星形状图层，单击鼠标右键，在弹出的菜单中执行“复制形状属性”命令，如图8-218所示。分别选择旗帜和锦旗形状图层，单击鼠标右键，选择“粘贴形状属性”，如图8-219所示，则旗帜和锦旗的填充与描边样式将与五角星完全相同，效果如图8-220所示。

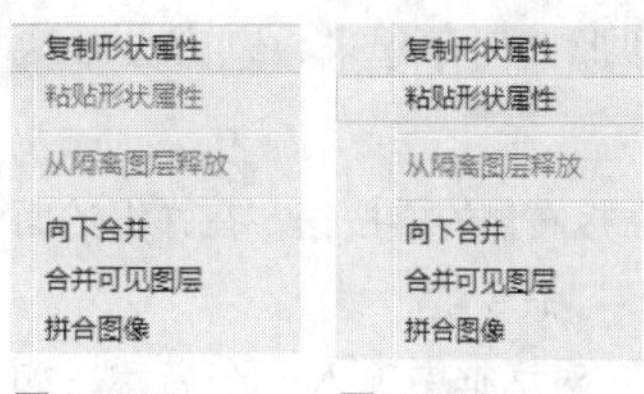

图8-218　　图8-219

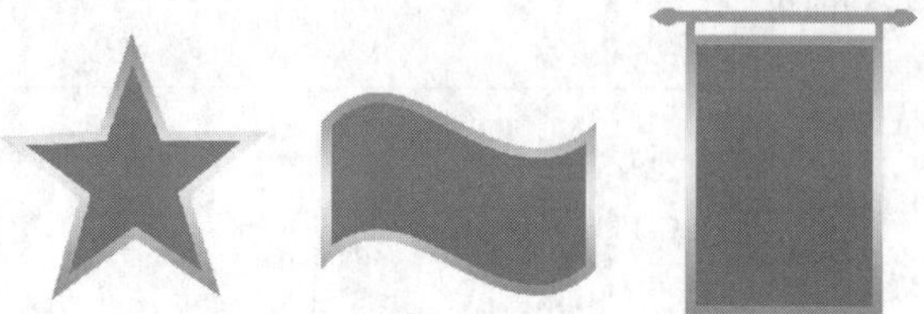

图8-220

● 技术看板

钢笔工具的扩展用法：在使用钢笔工具时，按住Ctrl键，钢笔工具会转化为直接选择工具；按住Ctrl+Atl组合键，钢笔工具会临时转化为路径选择工具；按住Ctrl+Atl组合键与鼠标左键并拖曳鼠标，将复制路径；如果只想移动而不复制路径的话，可按住Ctrl键转换为直接选择工具，框选所有锚点，将鼠标移至路径边缘，按住鼠标左键并拖曳鼠标即可实现路径的移动操作；按住Alt键，钢笔工具会转化为转换点工具。

实战演练　制作计算器图标

01 执行“文件→新建”命令，新建一个10cm×10cm，“颜色模式”为“RGB颜色”，“分辨率”为“300”像素/英寸的文档。

02 将前景色设置为深蓝色（#121a32），按Alt+Delete组合键填充“背景”图层，如图8-221所示。选择钢笔工具，选中工具选项栏中的“形状”，填充色设置为黄色，如图8-222所示。

图8-221　　图8-222

03 用调好的钢笔工具在画面中勾勒图标形状，如图8-223所示，将该图层重命名为“形状”。单击“添加图层样式”按钮，设置投影参数，具体参数如图8-224所示。

图8-223

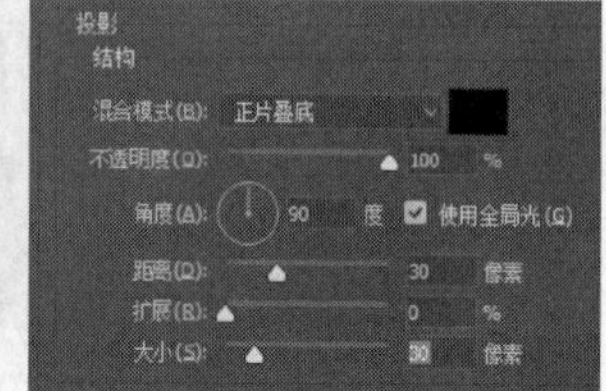

图8-224

04 按Ctrl+J组合键，复制“形状”图层，如图8-225所示，按Ctrl+T组合键适当缩小（缩小过程中按住Shift+Alt组合键，以保证图形以中心为基点等比缩小）“形状 拷贝”图层。并将其填充为黄棕色（#a79129），如图8-226所示。

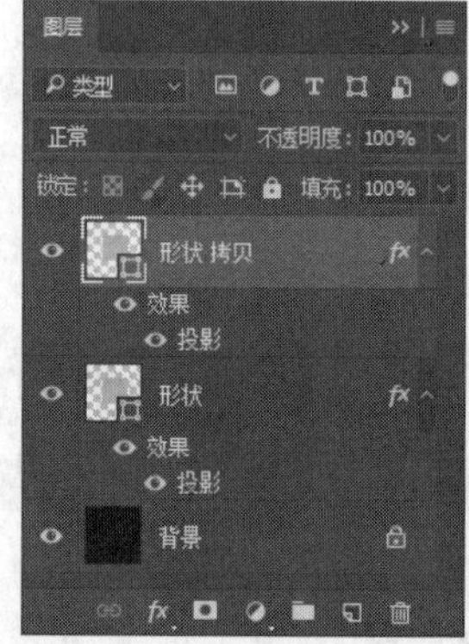

图8-225

图8-226

05 将拷贝图层的投影模式关掉，单击“添加图层样式”按钮，设置内阴影参数，如图8-227所示。此时图标效果如图8-228所示。

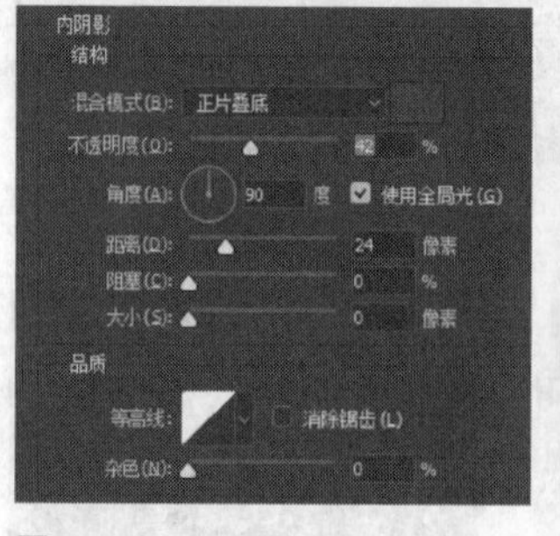

图8-227

图8-228

06 选择圆角工具，画出一个圆角正方形，得到“圆角矩形1”图层，将“半径”设置为“20像素”，并将填充颜色设置为与边框相同的黄色（#debe26），如图8-229、图8-230所示。

图8-229

图8-230

07 选择“圆角矩形1”图层，单击“添加图层样式”按钮，调整投影选项参数，如图8-231所示，完成后单击“确定”按钮，得到图8-232所示的效果。

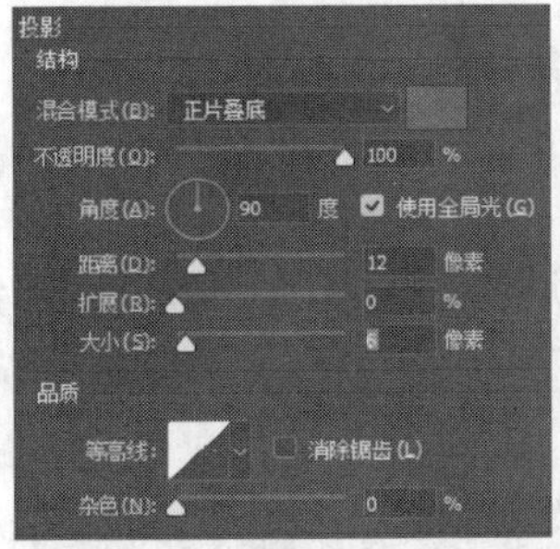

图8-231 图8-232

08 将“圆角矩形1”图层复制3个并进行规整排列，整体调整大小，将右下角的圆角矩形的填充颜色改成白色，如图8-233所示。

09 选择横排文字工具，输入“+”，将字体颜色设置为白色，调整文字大小，如图8-234所示。

图8-233 图8-234

10 选择“+”文字图层，添加投影图层样式，具体参数如图8-235所示，单击“确定”按钮后，效果如图8-236所示。

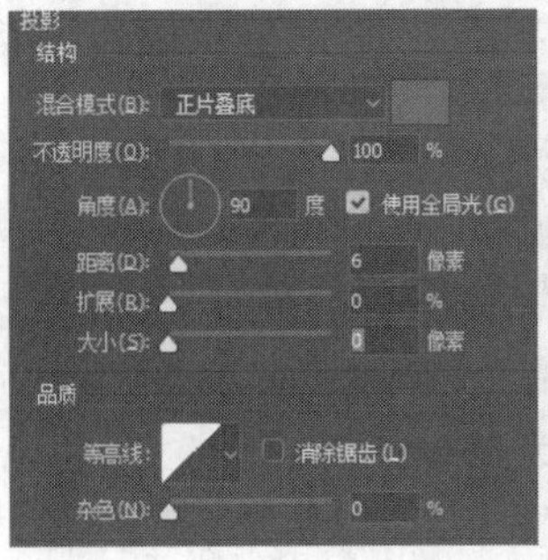

图8-235 图8-236

11 根据“+”文字图层制作过程，将“-”“×”“÷”一次制作出来，并将右下角的“÷”的字体颜色更改为黄色（#debe26），如图8-237所示。

图8-237

12 选择全部图层，单击鼠标右键，执行“合并图层”命令，得到一个完整图层。执行“图形→调整→曲线”命令，对图标的效果进行调整，具体参数设置如图8-238所示。

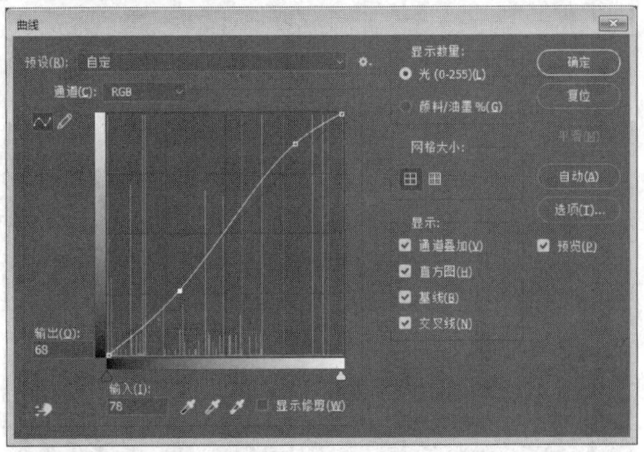

图8-238

13 计算器图标制作完成，效果如图8-239所示。

图8-239

实战演练 使用钢笔工具绘制图标

使用钢笔工具可以进行多种自定义图案的绘制，接下来学习一下用钢笔工具绘制扁平游戏图标的案例，以提高操作熟练度和了解创作思路。

01 执行“文件→新建”命令，新建画布，尺寸为512像素×512像素，分辨率为72像素/英寸。

02 选择圆角矩形工具，大小为512像素×512像素，圆角半径为90像素，如图8-240所示。

图8-240

03 给圆角矩形添加图层样式，打开“图层样式”对话框，如图8-241所示，选择“渐变叠加”，效果如图8-242所示。

04 使用椭圆工具，绘制数个白色圆形，并适当调整这些圆形的透明度，达到一个理想的层次效果，如图8-243所示。

05 使用多边形工具，绘制一个白色六边形，如图8-244所示，按Ctrl+T组合键将六边形变形，如图8-245所示。

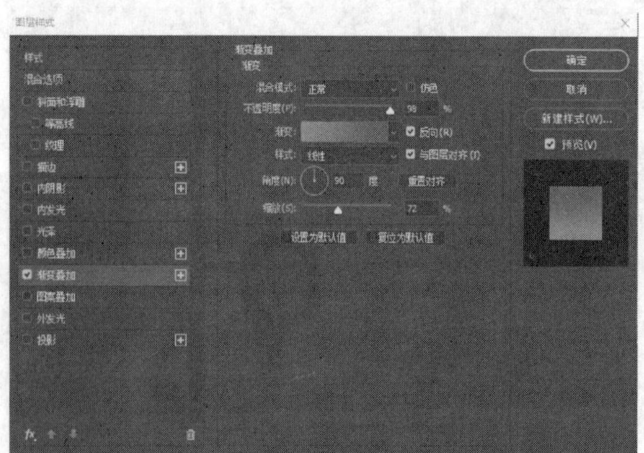

图8-241

图8-242

图8-243

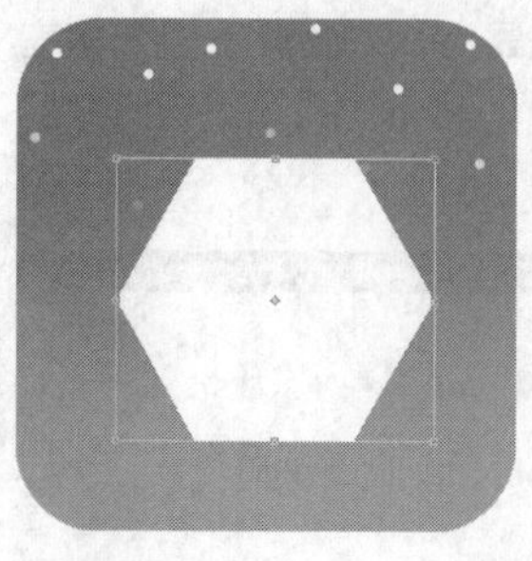

图8-244

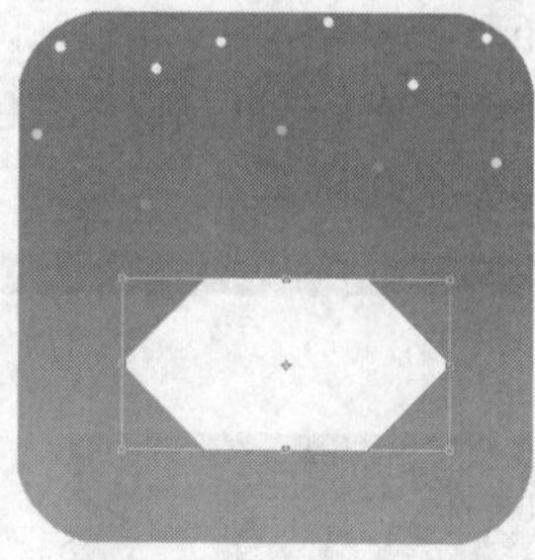

图8-245

06 使用钢笔工具，将模式设为“形状”，逐一绘制底台3个侧面，在颜色选择时注意区分，以增加立体感，效果如图8-246所示。

图8-246

07 给六边形形状图层添加“渐变叠加”图层样式，如图8-247所示。

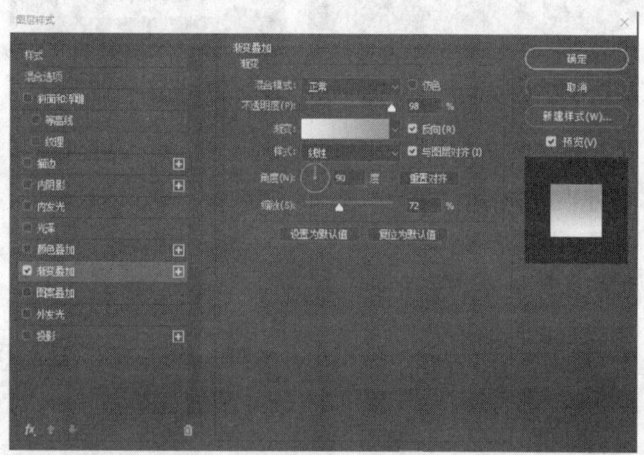

图8-247

08 按住Ctrl键不放，单击图层缩略图，即可得到六边形选区，如图8-248所示。选择选区工具并在画面上单击鼠标右键，执行“变换选区”命令，按Ctrl+T组合键，适当扩大选区。新建图层，单击鼠标右键，执行“描边”命令，如图8-249所示，设置“宽度”为“5像素”。用这种方法建立3个描边图层，如图8-250所示。

图8-248

图8-249

图8-250

09 使用钢笔工具，一点一点地将人物画出，如图8-251所示（人物由多个单一图形构成），并逐渐完善，如图8-252所示。

图8-251

图8-252

10 新建图层，使用椭圆选框工具框选出阴影部分，使用渐变工具在选区内画出渐变效果，并将该图层置于人物下方，如图8-253所示。

11 加上一些文字，一个扁平风格的图标就绘制完成了，如图8-254所示。

图8-253

图8-254

第09章 文字

9.1 了解与创建文字

Photoshop的文字处理功能十分强大，它能丰富图像内容，直观地表达图像意义，还能制作出各种与图像完美结合的异形文字，使图文效果更加协调、更加精致，如图9-1和图9-2所示。在这一节中，我们就来详细了解文字的创建与编辑方法。

图9-1

图9-2

9.1.1 认识文字工具

文字工具也被称为文本工具，Photoshop CC 2017为用户提供了4种类型的文字工具。包括横排文字工具、直排文字工具、横排文字蒙版工具、直排文字蒙版工具。在默认状态下为横排文字工具，将鼠标指针放置在该工具按钮上，按住鼠标左键稍等片刻或单击鼠标右键，将显示文字工具组，如图9-3所示。

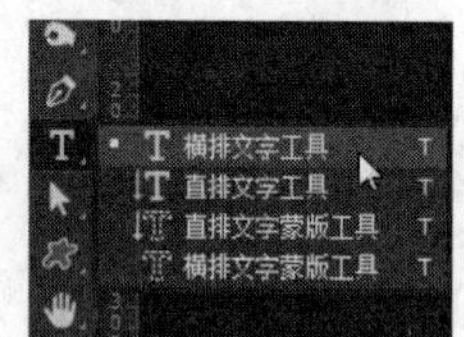

图9-3

提示

在英文输入法状态下按T键可以转换为文字工具，按住Shift+T组合键可以在这4种文字工具之间进行转换。

9.1.2 了解文字工具的选项栏

在输入文字之前，要先设置文字工具选项栏中的有关选项，以便输入符合要求的文字。选择文字工具后，工具选项栏中就会出现该工具的有关选项。另外当输入文字以后，我们还可以通过文字工具选项栏对已有的文字进行诸如大小、字型、颜色等属性的修改。下面我们就来学习文字工具选项栏的相关选项，选择文字工具，出现图9-4所示的选项栏。

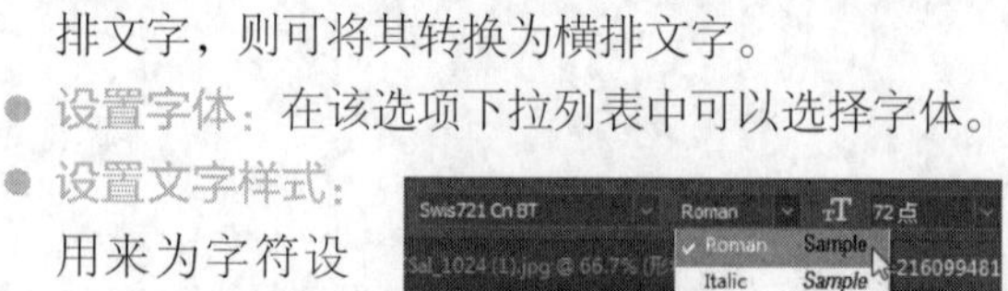

切换文本取向 设置字体 设置文字样式 设置消除锯齿的方法 设置文本颜色 创建文字变形

设置字体大小 设置文本对齐 切换字符和段落面板

图9-4

- **切换文本取向**：如果当前文字为横排文字，单击该按钮，可将其转换为直排文字；如果是直排文字，则可将其转换为横排文字。
- **设置字体**：在该选项下拉列表中可以选择字体。
- **设置文字样式**：用来为字符设置样式，包括Roman（罗马字体）、Italic（斜体）、Bold（粗体）和Bold

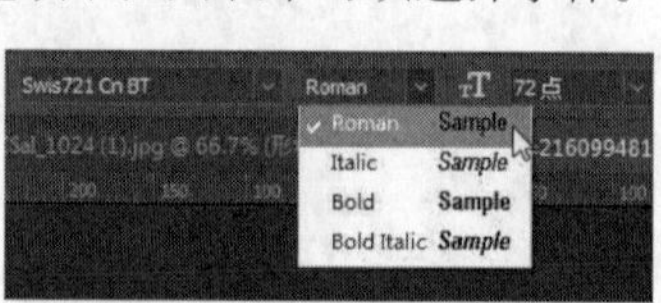

图9-5

PSCC *PSCC* **PSCC** ***PSCC***

图9-6

学习重点

文字是设计作品的重要组成部分，它不仅可以传达信息，还可以起到美化版面、强化主题的作用。Photoshop提供了功能强大而灵活的文字工具，让用户能够轻松、颇具创意地在图像上添加修改文字。

本章节重点介绍文字的创建与编辑方法以及文字相关面板的操作方法。通过文字特效的制作实例，使读者深入浅出地学习文字相关知识。

Italic（粗斜体）等，如图9-5所示。图9-6所示是各种字体的样式效果（该选项只对部分英文字体有效）。

- **设置字体大小**：可以选择文字大小，或者直接输入文字大小进行调整。
- **设置消除锯齿**：在对文字进行编辑时，Photoshop会对其边缘的像素进行自动补差，使其边缘上相邻像素点之间的过渡变得更柔和，使文字的边缘混合到背景中而看不出锯齿，如图9-7所示。

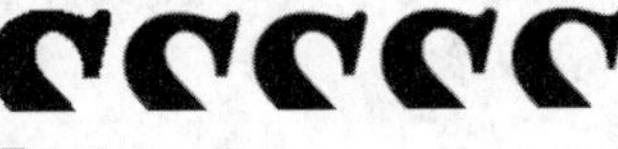
图9-7

- **设置文本对齐**：根据输入文字时光标位置来设置文字对齐方式，包括左对齐文本、居中对齐文本和右对齐文本。
- **设置文本颜色**：单击颜色块，可以在打开的“拾色器（文本颜色）”对话框中设置文字的颜色。
- **创建文字变形**：单击该按钮，可以在打开的“变形文字”对话框中为文本添加变形样式，创建变形文字。
- **切换字符和段落面板**：单击该按钮，可以显示或隐藏“字符”和“段落”面板。

9.1.3 输入点文本

输入点文本时，每行文字都是独立的，行的长度随着编辑增加或缩短，但不换行。输入的文字即出现在新的文字图层中。

要输入点文本可进行如下操作。

选择横排文字工具或直排文字工具，在图9-8所示的图像中单击，得到一个文本插入点。

图9-8

在光标后面输入所需要的文字，如果需要文字进行换行可按Enter键，完成输入后单击按钮，如图9-9和图9-10所示。

图9-9

图9-10

> **提示**
>
> 如果在输入点文本时要换行，必须按Enter键。

要对输入完成的文字进行修改或编辑，有以下两种方法可以进入文字编辑状态。

方法一：选择横排文字工具，在已输入完成的文字上单击，将出现一个闪动的光标，如图9-11所示，这时即可对文字进行删除、修改和添加等操作。

方法二：在“图层”面板中双击文字图层缩览图，相对应的所有文字将被选中，如图9-12所示，我们可以在文字工具选项栏中设置文字的属性，对所选文字进行字体、字号等属性的更改。

图9-11

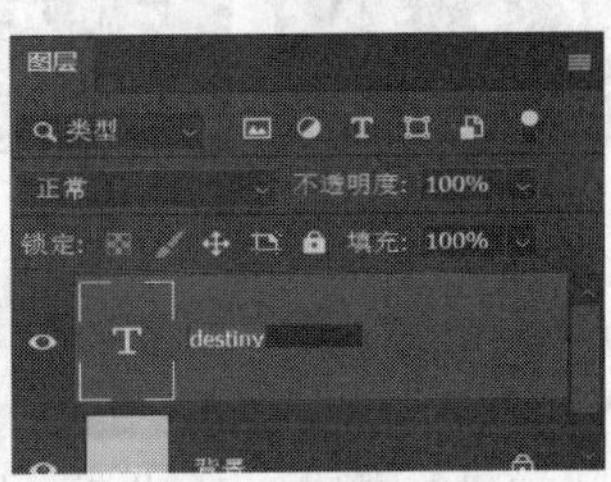

图9-12

9.1.4 输入段落文本

段落文本和点文本的不同之处：当段落文本输入的文字长度到达段落定界框的边缘时，文字会自动换行；当段落文本的段落定界框的大小发生变化时，文字同样会根据定界框的变化而发生变化。

要输入段落文本可进行如下操作。

选择横排文字工具T，在图像中按住鼠标左键并拖曳鼠标指针，拖曳过程中将在图像中出现一个虚线框，释放鼠标左键后，在图像中将显示段落定界框，如图9-13所示。

图9-13

在工具选项栏中设置文字选项，然后在段落定界框中输入相应的文字，如图9-14所示。在文字工具选项栏上单击✓按钮，最终效果如图9-15所示。

图9-14

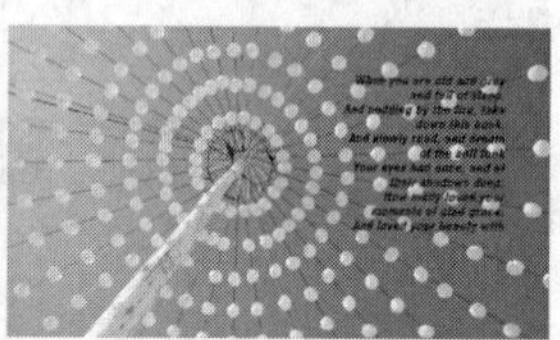

图9-15

通过编辑段落定界框，可以使段落文本发生变化。例如，当缩小、扩大、旋转或斜切段落定界框时，段落文本都会发生相应的变化。编辑段落定界框的详细操作步骤如下。

在文档中输入一段文字，选择横排文字工具T，在文本框中单击以插入光标，此时会自动显示段落定界框，如图9-16所示。将光标放在定界框的句柄上，待光标变为双箭头时拖曳，可以缩放定界框，图9-17所示为改变定界框宽度的效果。

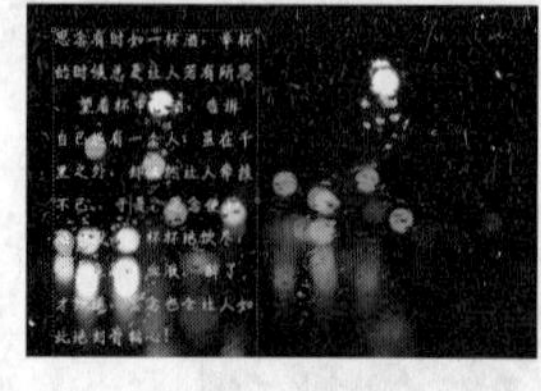

图9-16

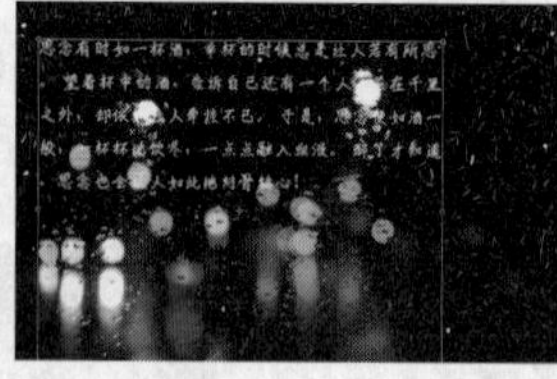

图9-17

按照上述的方法变换段落定界框的高度和宽度时，定界框中文字的大小不会发生改变，如需改变，可以按住Ctrl键的同时拖曳定界框的控制句柄。

- **旋转段落定界框**：将鼠标指针放在定界框外面，待鼠标指针变为弯曲的双向箭头↰时，可旋转定界框，如图9-18所示。
- **段落定界框变形**：如果需要对定界框进行斜切、扭曲等变形操作，可以按住Ctrl键，待鼠标指针变为小箭头▷时拖曳句柄即可使定界框发生变形，如图9-19所示。

图9-18

图9-19

提示

编辑段落定界框的操作方法与自由变换控制框类似，也可以执行“编辑→变换”命令中的子菜单命令，只是不常使用“扭曲”及“透视”等变换操作。

9.1.5 创建选区文字

选区文字就是以文字边缘为界限的选区，在做设计时，有时需要对文字形状的选区进行操作，这时就必须创建选区文字。

创建文字选区与创建文字的方法基本相同，只是输入文字得到文字选区后，便无法再对文字属性进行编辑，所以在单击工具选项栏右侧的✓按钮前，应该确认已经设置好所有的文字属性。

图9-20所示为利用横排文字蒙版工具创建的文字选区，这样可在其基础上创建图像文字。

使用文字蒙版工具可快速做出文字轮廓的选区，得到选区后，我们可以对选区进行填充、复制等操作，最后形成图像文字。

图9-20

01 按Ctrl+O组合键打开文件素材，如图9-21所示，其“图层”面板状态如图9-22所示。

图9-21

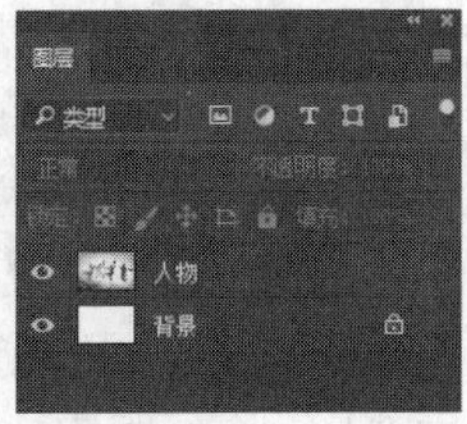

图9-22

02 在工具箱中选择横排文字蒙版工具，输入相应的文字，设置相应选项后，创建图9-23所示的文字选区。

03 选择“人物”图层，单击“图层”面板下方的“添加图层蒙版”按钮，得到图9-24所示的图像文字效果。

图9-23

图9-24

9.1.6 点文本与段落文本的相互转换

我们可以根据需要将点文本转换为段落文本，在定界框中调整字符排列；或者将段落文本转换为点文本，使各文本行彼此独立地排列。将段落文本转换为点文本时，每个文字行的末尾（最后一行除外）都会添加一个回车符。应该注意的是，将段落文本转换为点文本时，所有溢出定界框的字符都将被删除。如果要避免丢失文本，请调整定界框，使全部文字在转换前都可见。

执行“文字→转换为点文本”或执行“文字→转换为段落文本”命令，可以相互转换点文本和段落文本，具体操作如下。

按Ctrl+O组合键打开文件素材“FM”，如图9-25所示，单击“图层”面板中的文字图层，如图9-26所示。

图9-25

执行“文字→转换为点文本”命令，如图9-27所示，效果如图9-28所示。

图9-26

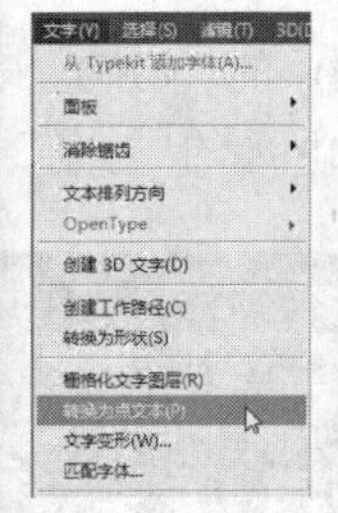

图9-27

图9-28

9.1.7 水平文字与垂直文字的转换

Photoshop中可以直接将水平文字转换为垂直文字，系统默认的文字方向是水平方向，根据需要选择合适的文字方向对于提高工作效率十分重要。

执行“文字→文本排列方向→横排”或者执行“文字→文本排列方向→竖排”命令，可以相互转换水平文字与垂直文字。点文本与段落文本的操作相同，这里只介绍点文本，具体操作如下。

按Ctrl+O组合键打开文件素材，如图9-29所示，选择横排文字工具，在图像的文本框中单击以插入光标，此时会自动显示点文本定界线。

方法一：执行“文字→文本排列方向→竖排”命令，如图9-30所示，其效果如图9-31所示。

图9-29

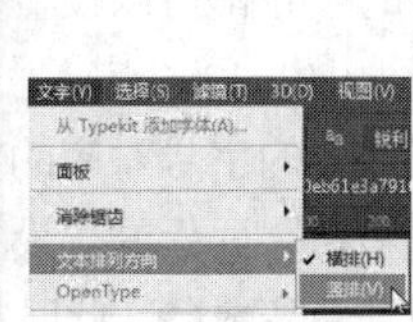

图9-30

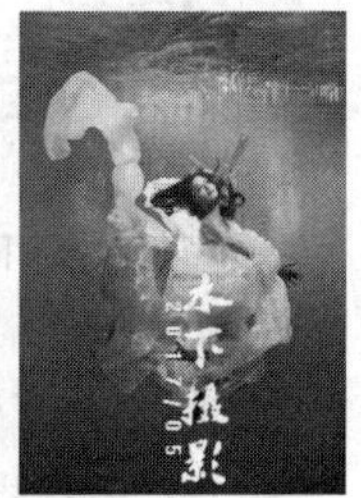

图9-31

方法二：在文字工具选项栏中单击“切换文本取向”按钮，可以快捷切换文字方向。

9.2 设置字符和段落属性

“字符”面板主要用来设置点文本，“段落”面板主要用来设置段落文本。下面来详细讲解“字符”面板和“段落”面板参数的含义及使用方法。

9.2.1 “字符”面板

默认情况下，“字符”面板在Photoshop的文档窗口中是不显示的。可执行“窗口→字符”命令，或者单击文字选项栏中的“切换字符和段落面板”按钮，可以打开图9-32所示的“字符”面板。

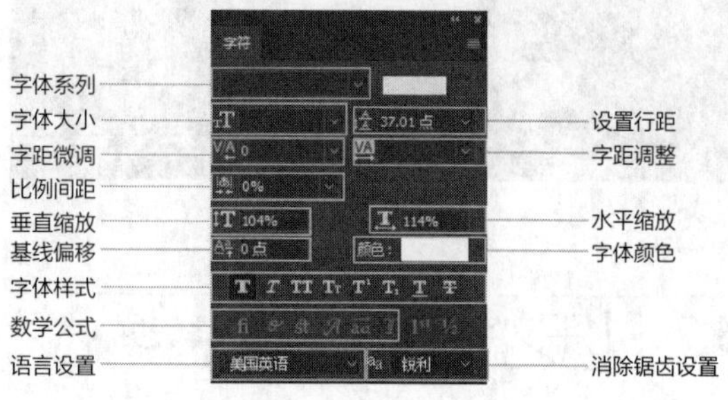

图9-32

在“字符”面板中可以对文本的格式进行调整，包括字体、样式、大小、行距和颜色等，下面来详细讲解这些选项的含义和使用方法。

- 设置字体：通过“搜索和选择字体”下拉列表，可以为文字设置不同的字体，一般比较常用的字体有宋体、仿宋、黑体等。

要设置文字的字体，首先选择需要修改字体的文字，图9-33所示为“汉仪柏青”字体，然后在“字符”面板中单击“搜索和选择字体”右侧的按钮，从弹出的下拉列表中选择“叶根友毛笔行书2.0版”，即可对文字的字体进行修改，效果如图9-34所示。

- 设置字体大小：通过在“字符”面板中的“设置字体大小”数值框中输入数值，或者从下拉列表中选择相应的字号都可以设置文字的大小，字号的取值范围为0.01~1296点。另外，我们还可以快速查看不同大小的字号对应的文字大小，将鼠标指针移至“字符”面板的“设置字体大小”位置，鼠标指针会变成，此时按住鼠标左键并左右拖曳，松开鼠标左键即可查看字的变化情况。图9-35所示为设置不同字体大小时文字所显示的效果。

图9-33

图9-34

图9-35

- 设置行距：行距就是相邻两行基线之间的垂直纵向间距。可以在“字符”面板中的“设置行距”数值框中设置行距，具体操作如下。

选择一段要设置行距的文字，如图9-36所示，然后在“字符”面板中的“设置行距”下拉列表中选择一个行距值，或者在数值框中输入新的行距数值，以修改行距，图9-37所示为将原行距修改为50点的效果。

图9-36　图9-37

> **提示**
>
> 如果需要单独调整其中两行文字之间的行距，可以使用文字工具选取排列在上方的一排文字，然后再设置适当的行距值即可。

- 水平/垂直缩放文字：除了拖曳定界框可以改变文字大小外，还可以使用“字符”面板中的“水平缩放”和“垂直缩放”来调整文字的缩放效果。可以从下拉列表中选择一个缩放的百分比数值，也可以直接在数值框中输入新的缩放数值。不同的缩放效果如图9-38所示。
- 设置字距调整：在“字符”面板中，通过“设置所选字符的字距调整”可以设置选定字符的间距，与“设置两个字符间的字距微调”相似，只是这里不是定位光标位置，而是选择文字，具体操作如下。

选择需要修改的文字，在“设置所选字符的字距调整”下拉列表中选择数值，或直接在数值框中输入数值，即可修改选定文字的字符间距。不同字符间距效果如图9-39所示。

图9-38

图9-39

> **提示**
>
> 如果输入的值大于零，则字符间距增大；如果输入的值小于零，则字符间距减小。

- 设置字符间距："设置两个字符间的字距微调"用来设置两个字符之间的距离，与"设置所选字符的字距调整"的调整相似，但不能直接调整选择的所有文字，只能将光标定位在某两个字符之间，调整这两个字符的间距，具体操作如下。

将光标定位在所要修改的两个字符之间。在"设置两个字符间字距微调"下拉列表中选择数值，或直接在数值框中输入数值，不同字符间距效果如图9-40所示。

图9-40

- 设置基线偏移：通过"字符"面板中的"设置基线偏移"选项，可以调整文字的基线偏移量。一般利用该功能来编辑数学公式和分子式等表达式，默认的文字基线位于文字的底部位置，通过调整文字的基线偏移，可以将文字向上或向下调整位置，具体操作如下。

选择要调整的文字，在"设置基线偏移"选项下拉列表中选择数值，或者在数值框中输入新的数值，即可调整文字的基线偏移大小。默认的基线位置为0，当输入的值大于0时，文字向上移动；当输入的值小于0时，文字向下移动。设置文字基线偏移的效果如图9-41所示。

图9-41

- 设置文本颜色：单击"颜色"右侧的色块，将打开图9-42所示的"拾色器（文本颜色）"对话框，可以通过该对话框来设置所选文字的颜色。
- 设置特殊字体：该区域提供了多种设置特殊字体的按钮，如图9-43所示。选择要应用特殊效果的文字后，单击这些按钮即可应用特殊的文字效果。

特殊字体按钮的使用说明如下。

- 仿粗体：单击该按钮，可以将所选文字加粗。
- 仿斜体：单击该按钮，可以将所选文字倾斜显示。

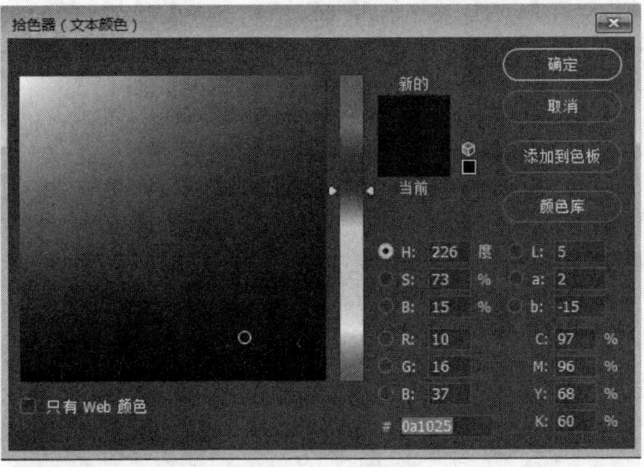

图9-42

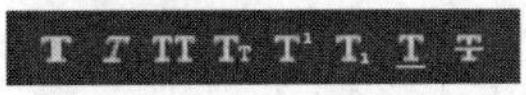

图9-43

- 全部大写字母：单击该按钮，可以将所选文字的小写字母变成大写字母。
- 小型大写字母：单击该按钮，可以将所选文字的字母变为小型的大写字母。
- 上标：单击该按钮，可以将所选文字设置为上标。
- 下标：单击该按钮，可以将所选文字设置为下标。
- 下划线：单击该按钮，可以为所选文字添加下划线。
- 删除线：单击该按钮，可以为所选文字添加删除线。

使用不同特殊字体的效果如图9-44所示。

图9-44

9.2.2 "字形"面板

从Photoshop CC 2015开始，Photoshop引入了之前只有Indesign和Illustrator才有的"字形"面板。以前在使用Photoshop时，有些字符如破折号和连续号等，很难通过键盘直接输入，但是现在有了"字形"面板，这些难题就迎刃而解了，甚至还可以很容易地输入分数或一些特殊符号。所以"字形"面板的作用，是用来插入字体中所有的特殊字符形式。

Photoshop CC 2017可支持包括emoji表情包在内的svg字体。执行"文字→面板→字形面板"命令，如图9-45所示，打开"字形"面板，选择"EmojiOne"，选择表情，如图9-46所示。使用

"文字工具"在画布中书写文字，最终效果如图9-47所示。

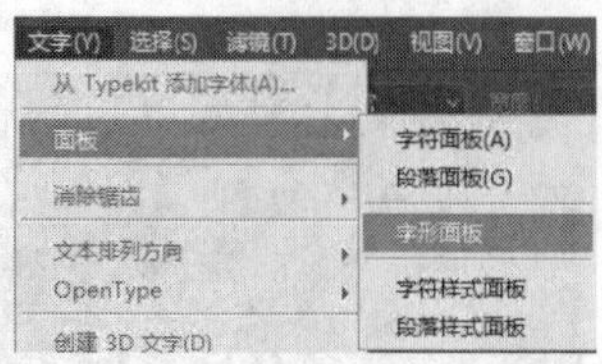

图9-45

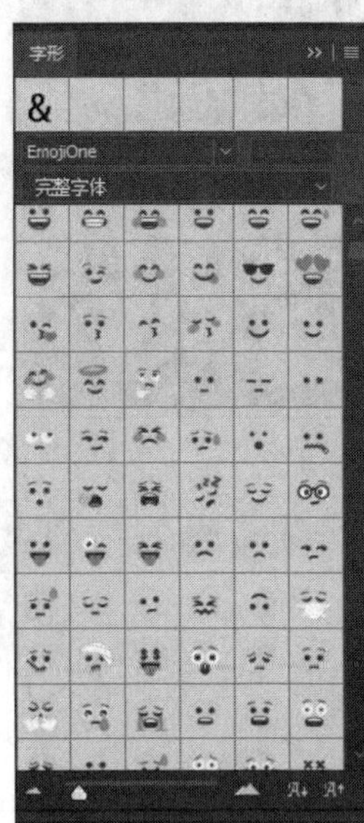

图9-46

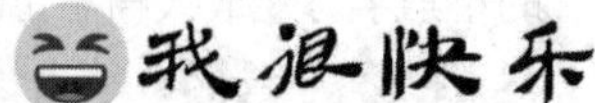

图9-47

9.2.3 "段落"面板

前面主要是介绍对少量文字进行的操作，但如果对大量文字进行排版、制作宣传品等，"字符"面板中的选项就显得有些无力了。这时就需要应用Photoshop CC 2017提供的"段落"面板进行操作。执行"窗口→段落"命令，打开图9-48所示的"段落"面板。下面详细介绍"段落"面板的使用。

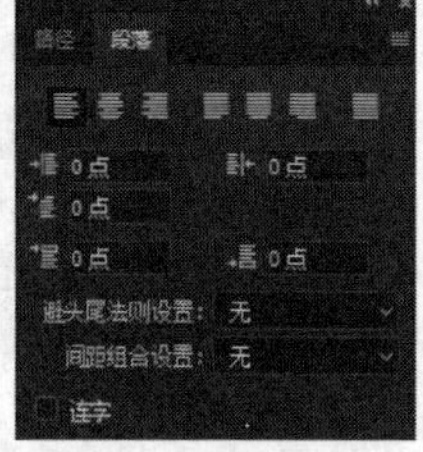

图9-48

- **设置段落对齐**："段落"面板中的对齐按钮主要控制段落中各行文字的对齐情况，主要包括左对齐文本、居中对齐文本、右对齐文本、最后一行左对齐、最后一行居中对齐、最后一行右对齐和全部对齐7种对齐方式。左对齐文本效果如图9-49所示，居中对齐文本效果如图9-50所示，右对齐文本效果如图9-51所示。
- **最后一行左、右和居中对齐**：将段落文本除最后一行外，其他的文字两端对齐，最后一行按左、右或者居中对齐。图9-52所示为最后一行左对齐，图9-53所示为最后一行居中对齐，图9-54所示为最后一行右对齐。

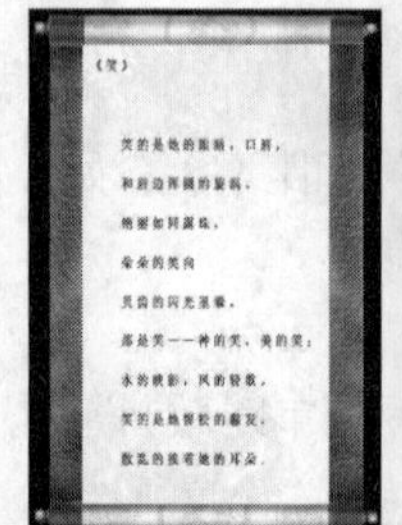

图9-49

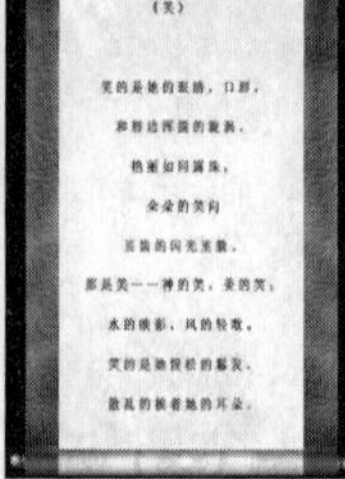

图9-50

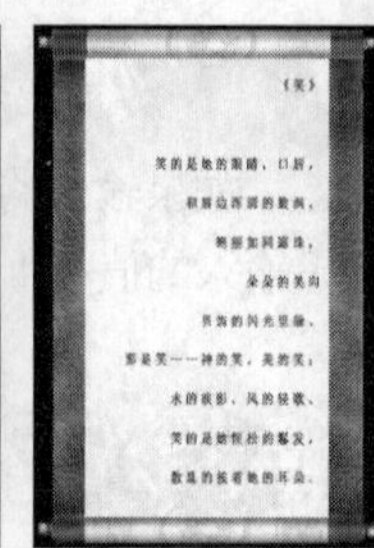

图9-51

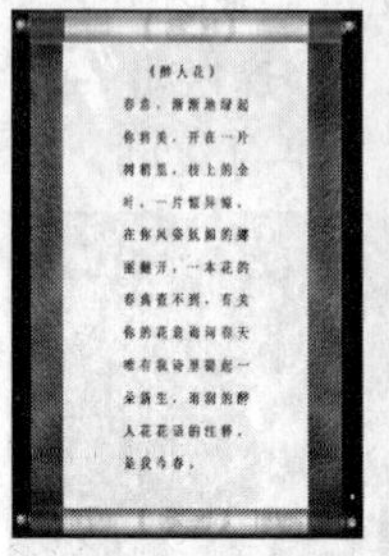

图9-52

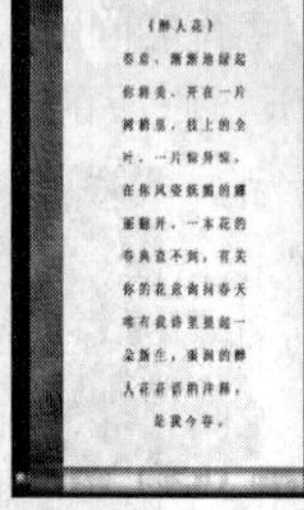

图9-53

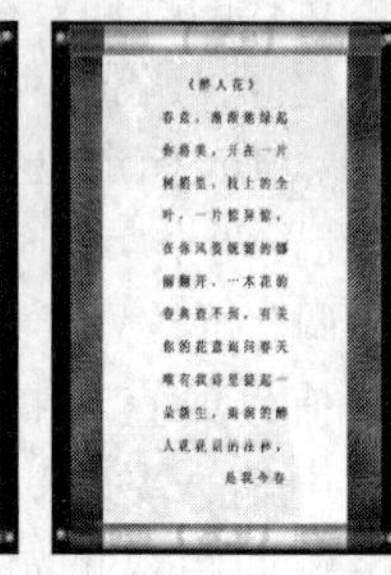

图9-54

- **全部对齐**：将所有文字两端对齐，如果最后一行的文字过少而不能达到对齐时，会适当地将文字的间距拉大，使其两端对齐，如图9-55所示。

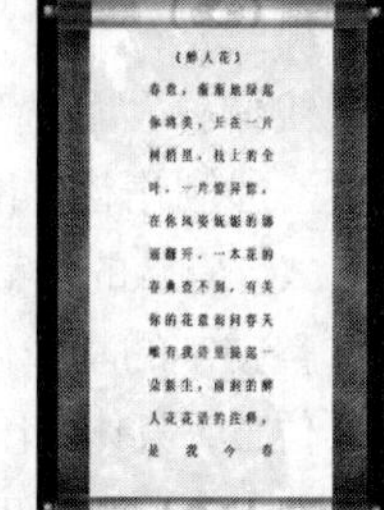

图9-55

> **提示**
>
> 这里面讲解的是水平文字的对齐方式，对于垂直文字的对齐，这些对齐按钮命令将有所变化，但是应用方法是相同的。

- **设置首行缩进**：首行缩进就是为选中段落的第一段的第一行文字设置缩进，缩进只影响选中的段落，因此可以给不同的段落设置不同的缩进效果。具体操作如下。

选择要设置首行缩进的段落，如图9-56所示。

图9-56

在首行缩进数值框中输入缩进的数值，如图9-57所示，即可完成首行缩进，效果如图9-58所示。

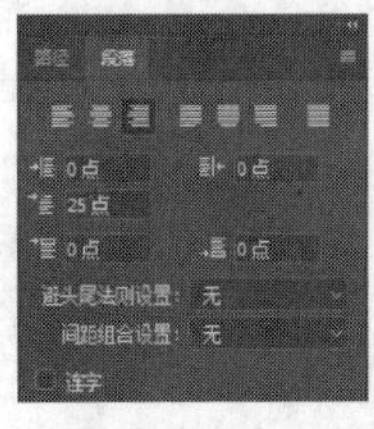

图9-57

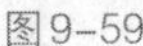

图9-58

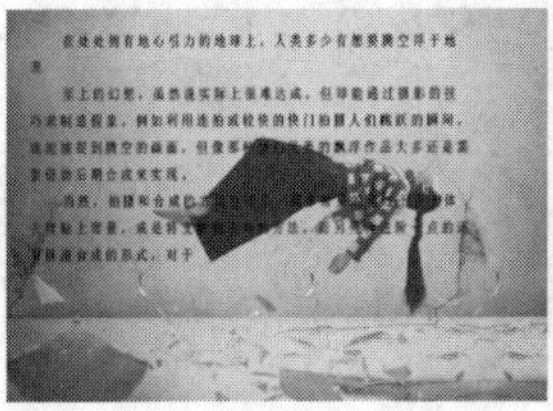

图9-59　图9-60

● 设置段前和段后空格：段前和段后添加空格其实就是段落间距，段落间距用来设置段落与段落之间的距离，包括段前添加空格和段后添加空格。段前添加空格主要是用来设置当前段落与上一段落的间距，段后添加空格主要是用来设置当前段落与下一段落的间距。设置方法很简单，只需要选择一个段落，然后在相应的数值框中输入数值即可。图9-59所示为原图，段前和段后添加空格的效果分别如图9-60和图9-61所示。

其他选项设置包括"避头尾法则设置""间距组合设置""连字"。下面来讲解它们的使用方法。

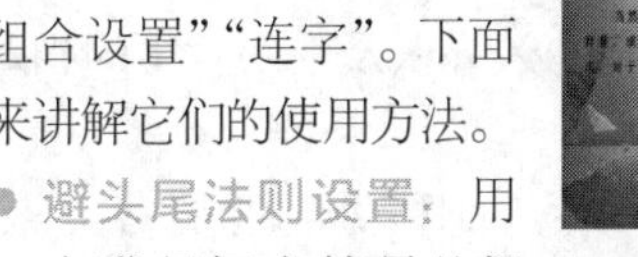

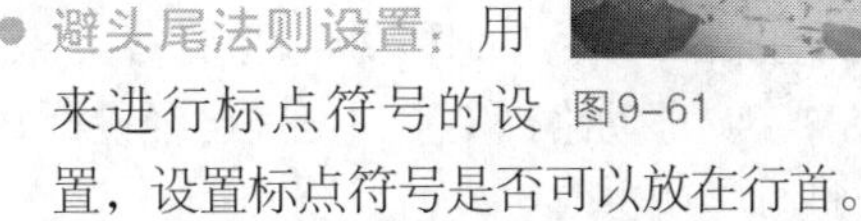

图9-61

● 避头尾法则设置：用来进行标点符号的设置，设置标点符号是否可以放在行首。

● 间距组合设置：设置段落中文本的间距组合，从右侧的下拉列表中可以选择不同的间距组合设置。

9.3 沿路径排列文字

路径文字是指创建在路径上的文字，它可以使文字沿所在的路径排列出图形效果。路径文字的特点是文字会沿着路径排列，移动路径或改变其形状时，文字的排列方式也会随之变化。

9.3.1 创建沿路径排列文字

一直以来，路径文字都是矢量软件才具有的功能，但Photoshop CC 2017增加了路径文字功能，这使得文字的处理方式就变得更加灵活了。下面以实例来讲解如何创建路径文字。

01 按Ctrl+O组合键打开素材图片，如图9-62所示。选择钢笔工具，在画布中绘制路径，如图9-63所示。打开"路径"面板，如图9-64所示。

图9-62

图9-63

图9-64

提示

创建路径文字前应具备用来排列文字的路径，该路径可以是闭合式的，也可以是开放式的。

02 选择横排文字工具，在工具选项栏中设置文字的字体和字号。将鼠标指针移至路径上，当指针变换为形状时，单击以设置文字插入点，进入文本输入状态，如图9-65和图9-66所示。

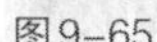

图9-65

图9-66

03 输入文字，如图9-67所示。按Ctrl+Enter组合键结束编辑，即可创建路径文字，得到图9-68所示的效果。

图9-67

图9-68

9.3.2 移动与翻转路径文字

移动和翻转路径文字可以改变文字在路径上的位置，从而改变文字的弯曲效果以及在图片中的相对位置。

继续前面的操作，学习如何移动与翻转路径文字。

- 移动路径文字：移动路径文字只能在已经设置好的路径上进行移动。

在“路径”面板中选择“图层1文字路径”，如图9-69所示，画面中会显示路径，如图9-70所示。

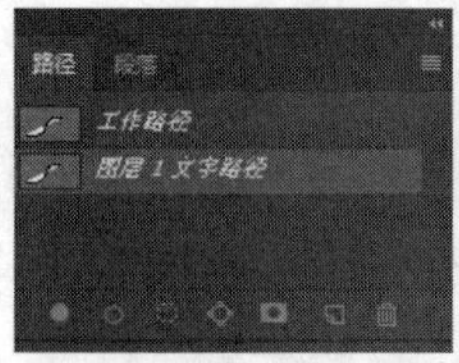

图9-69

图9-70

然后选择路径选择工具，将鼠标指针放于路径的文字上，此时鼠标指针会变为，如图9-71所示，按住鼠标左键用此鼠标指针拖曳文字即可，图9-72所示为转变后的效果。

图9-71

图9-72

- 翻转路径文字：与移动路径方法步骤相同，在鼠标指针变换为后，按住鼠标左键并向路径下方拖曳鼠标即可沿路径翻转文字，图9-73所示为转变后效果。

图9-73

9.3.3 编辑路径文字

通过编辑路径来改变原路径，从而使文字重新排列。编辑路径后，路径上的文字会跟着一起变化，不需要再次输入文字。

按Ctrl+O组合键打开素材图片。在“路径”面板中选择“Without...”，如图9-74所示，画面中会显示路径，如图9-75所示。

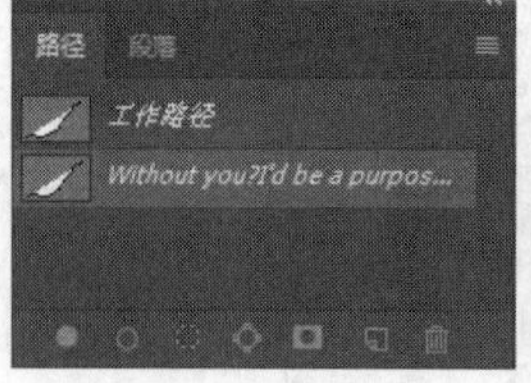

图9-74

图9-75

选择直接选择工具，在路径上单击，显示出锚点，如图9-76所示，移动锚点的位置，可以修改路径的形状，文字会沿修改后的路径重新排列，如图9-77所示。

图9-76

图9-77

9.3.4 创建封闭路径制作限定文本

创建的封闭路径相当于段落文字的定界框，将文本限定在某个范围内，根据路径形状在路径范围输入段落文本，可以达到路径形状限定文字整体造型的制作要求。限定文本应用广泛，图像与限定文本的结合能丰富画面，令图像的视觉效果更加有个性，如图9-78和图9-79所示。

图9-78

图9-79

下面通过一个实例来介绍如何创建封闭路径制作限定文本。

01 按Ctrl+O组合键打开素材图片，如图9-80所示。

02 选择自定形状工具，在工具选项栏上选择“路径”模式，如图9-81所示；然后在“形状”选项右侧单击按钮，并在打开的下拉面板中选择“红心形卡”图案，如图9-82所示；然后在素材图案上创建适当大小的心形路径，如图9-83所示。

图9-80

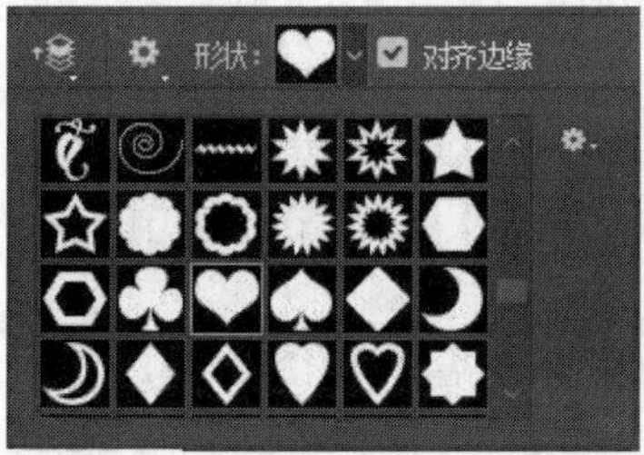
图9-81

图9-82

图9-83

03 在文字工具上单击鼠标右键，选择横排文字工具，将鼠标指针移至路径上单击键，显示出文字框区域，如图9-84所示。

04 在“字符”面板中设置好字体，然后输入文字，直到填满整个路径，完成后按Ctrl+Enter组合键退出文字编辑，最终效果如图9-85所示。

图9-84

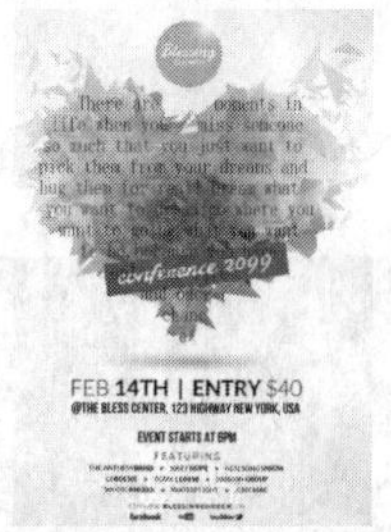
图9-85

9.4 变形文字

我们经常在一些广告海报和宣传单上看到一些变形的文字和特殊排列的文字，其实这些效果在Photoshop中很容易实现。下面将具体讲解如何利用文字的扭曲变形功能来美化文字。

9.4.1 创建变形文字

Photoshop具有使文字变形的功能，值得一提的是扭曲后的文字仍然可以被编辑。在文字被选中的情况下，只需要单击工具选项栏上的“创建文字变形”按钮，即可弹出图9-86所示的对话框。

在样式下拉列表中，可以选择一种样式对文字进行变形，图9-87中的文字是对水平排列的文字使用了变形功能得到的效果。

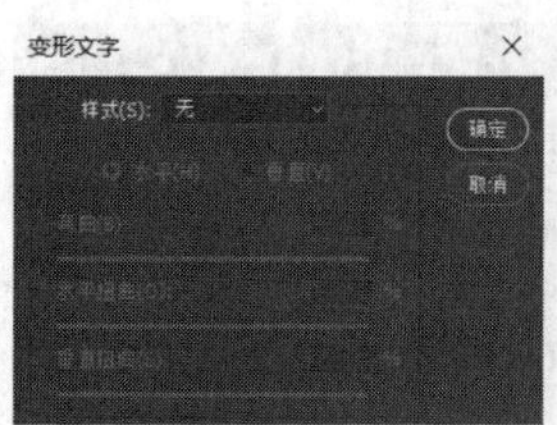
图9-86

图9-87

- 样式：在此下拉列表中可以选择各种Photoshop默认的文字变形效果，图9-88至图9-102是各种样式的效果。

图9-88、图9-89为扇形与下弧。

图9-88

图9-89

图9-90、图9-91为上弧与拱起。

图9-90

图9-91

图9-92、图9-93为凸起与贝壳。

图9-92　图9-93

图9-94、图9-95为花冠与旗帜。

图9-94

图9-95

图9-96、图9-97为波浪与鱼形。

图9-96

图9-97

图9-98、图9-99为增加与鱼眼。

图9-98

图9-99

图9-100、图9-101为膨胀与挤压。

图9-100

图9-101

图9-102为扭转。

图9-102

- 水平/垂直：在此可以选择使文字在水平方向上扭曲还是在垂直方向上扭曲。
- 弯曲：在此输入数值可以控制文字扭曲的程度，数值越大，扭曲程度也越大。
- 水平扭曲：在此输入数值可以控制文字在水平方向上扭曲的程度，数值越大则文字在水平方向上扭曲的程度越大。
- 垂直扭曲：在此输入数值可以控制文字在垂直方向上扭曲的程度，数值越大则文字在垂直方向上扭曲的程度越大。

下面通过一个实例来介绍如何创建变形文字。

01 按Ctrl+O组合键打开素材文件，如图9-103所示。

02 在“图层”面板中选择要变形的文字图层为当前操作图层，并选择横排文字工具，或直接将光标插入要变形的文字中，如图9-104所示。

图9-103

图9-104

03 单击工具选项栏中的“创建文字变形”按钮，弹出“变形文字”对话框，在“样式”下拉列表框中选择“扇形”样式，其他选项设置如图9-105所示。

04 单击“变形文字”对话框中“确定”按钮，得到图9-106所示的变形文字效果。

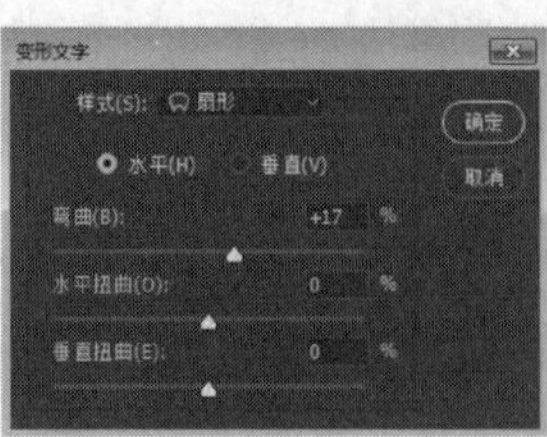

图9-105

图9-106

9.4.2 重置变形与取消变形

在文字变形样式没有被转换为形状或者栅格化之前，可以随时修改或者取消其变形样式，在“图层”面板中选择该文本图层，然后单击文字工具选项栏中的“创建文字变形”按钮，打开“变形文字”对话框，调整所需的参数选项或选“无”选项取消样式，如图9-107所示，单击“确认”按钮即可完成操作。

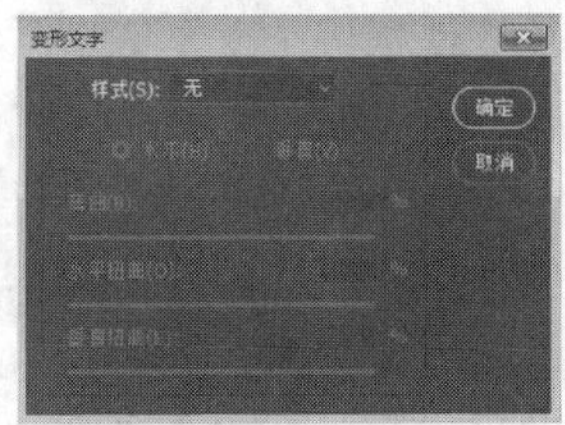

图9-107

9.5 编辑文字

在Photoshop中，除了可以在“字符”面板和“段落”面板中编辑文本外，还可以通过命令编辑文字，如进行拼写检查、查找和替换文本等。

9.5.1 将文字转换为选区

如果希望得到一个文字形状的选区，可以通过此方法快速地将文字转换为选区，然后再进行其他操作。

下面通过一个实例来介绍如何将文字转换为选区。

01 按Ctrl+O组合键打开素材文件，如图9-108所示。

图9-108

02 按住Ctrl键并单击“图层”面板中的“Photoshop”文字图层的缩览图，即可载入文字选区，如图9-109和图9-110所示。

图9-109

图9-110

03 隐藏文字图层，并设置“背景”图层为当前图层，如图9-111和图9-112所示。

04 选择工具箱中的渐变工具，并在其工具选项栏中进行图9-113所示的参数设置。

图9-111

图9-112

图9-113

05 取消隐藏文字图层，将文字栅格化并在选区上拖曳鼠标，进行渐变色的填充，效果如图9-114所示。

06 按Ctrl+D组合键取消选区，效果如图9-115所示。

图9-114

图9-115

9.5.2 将文字转换为路径

将文字转换为路径，是基于文字创建工作路径，原文字属性保持不变，生成的工作路径可以应用填充和描边效果，或者通过调整锚点得到变形文字。在“图层”面板中选择要转换为路径的文字图层并单击鼠标右键，在弹出的快捷菜单中选择“创建工作路径”命令，即可创建工作路径。

选择一个文字图层，如图9-116和图9-117所示，执行“文字→创建工作路径”命令，可以基于文字创建工作路径，原文字属性保持不变，如图9-118所示（为了观察路径，隐藏了文字图层）。生成的工作路径可以应用填充和描边效果，或者通过调整锚点得到变形文字，如图9-119所示。

图9-116

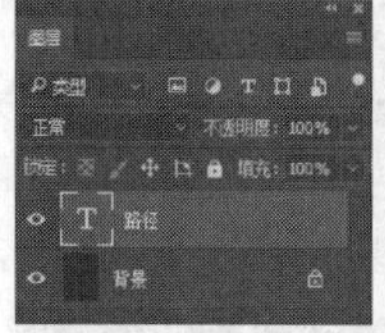
图9-117

图9-118

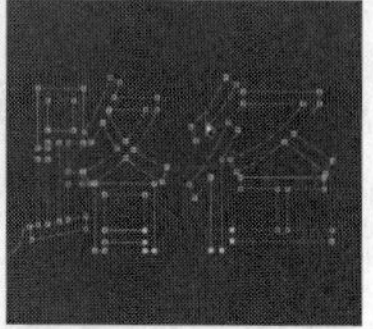
图9-119

9.5.3 将文字转换为形状

在将文字图层转换为形状时，文字图层会被替换为具有矢量蒙版的图层，用户可以编辑矢量蒙版，并对图层应用样式，但无法在图层中将字符作为文本再进行编辑。

选择文字图层，如图9-120所示，执行“文字→转换为形状”命令，可以将它转换为形状图层，如图9-121所示。执行该命令后，将不会保留文字图层。

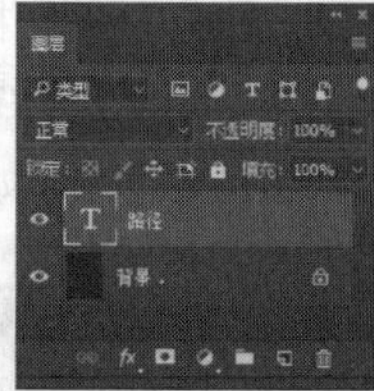
图9-120

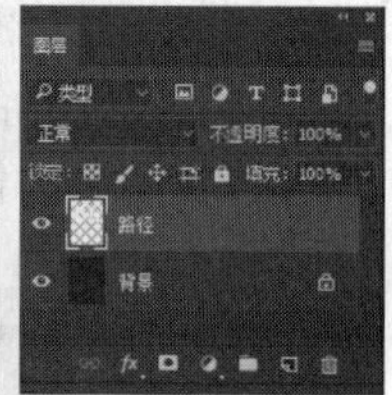
图9-121

9.5.4 文字拼写检查

执行“编辑→拼写检查”命令，可以检查当前文本中英文单词的拼写是否有误，如果检查到错误，Photoshop还会提供修改建议。选择需要检查拼写错误的文本后，执行该命令可以打开“拼写检查”对话框，如图9-122和图9-123所示。

图9-122

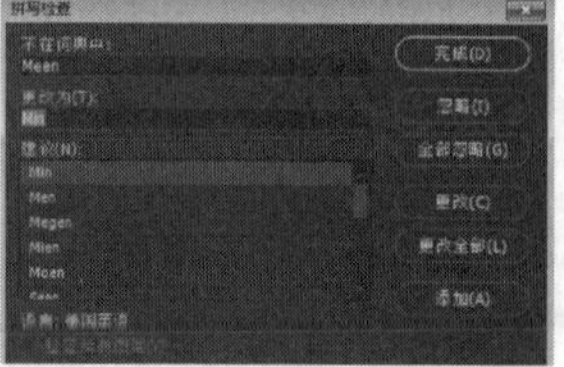
图9-123

- 不在词典中：系统会将检查出的拼写错误的单词显示在该文本框中。
- 更改为：用来显示替换错误单词的正确单词。
- 建议：在检查到错误单词后，系统会将修改建议显示在该列表中。
- 检查所有图层：勾选该复选框，将检查所有图层上的文本，否则只会检查当前选择的文本。
- 完成：可结束检查并关闭对话框。
- 忽略：忽略当前检查的结果。
- 全部忽略：忽略所有检查的结果。
- 更改：单击该按钮，可将“建议”列表中提供的单词替换掉查找到的错误单词。图9-124所示为在“建议”列表中选择的替换内容，图9-125所示为单击“更改”按钮后的替换结果。

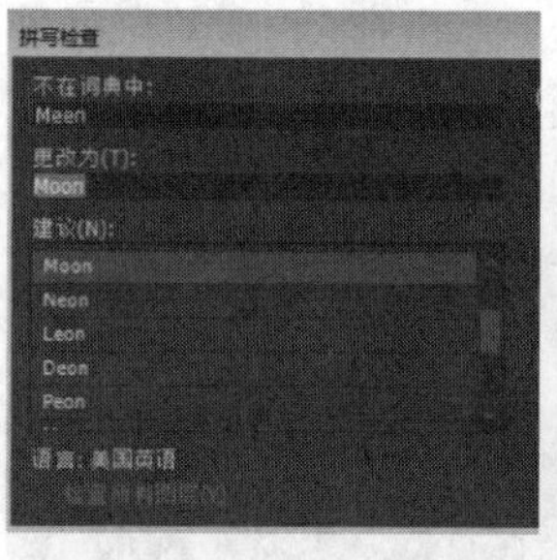

图9-124

图9-125

- 更改全部：使用拼写正确的单词替换掉文本中所有错误的单词。
- 添加：如果被查找到的单词实际上拼写正确，则可以单击该按钮，将该单词添加到Photoshop词典中。以后再查找到该单词时，Photoshop会认定其为正确的拼写形式。

9.5.5 文字查找与替换

执行“编辑→查找和替换文本”命令也能查找单词，使用它可以查找到当前文本中需要修改的文字、单词、标点或字符，并将其替换为正确的内容。图9-126所示为“查找和替换文本”对话框。

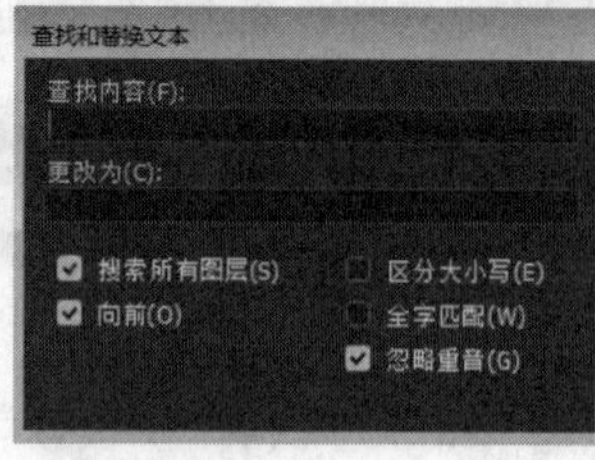

图9-126

在进行查找时，只需在“查找内容”文本框内输入要替换的内容，然后在“更改为”文本框内输入用来替换的内容，最后单击“查找下一个”按钮，

Photoshop会将搜索的内容高亮显示，单击“更改”按钮即可将其替换，如果单击“更改全部”按钮，则Photoshop会搜索并替换所找到的全部文本。

提示

在Photoshop中，不能查找和替换已经栅格化的文字。

9.5.6 栅格化文字

创建横排和直排文字后都会在“图层”面板中创建相应的文字图层。文字图层是一种特殊的图层，它具有文字的特性，即可以对文字大小、字体等随时进行修改，但无法对文字图层应用滤镜、色彩调整等命令，这时需要先通过栅格化文字操作将文字图层转换为普通图层。图9-127和图9-128所示为执行栅格化命令前后的对比图。

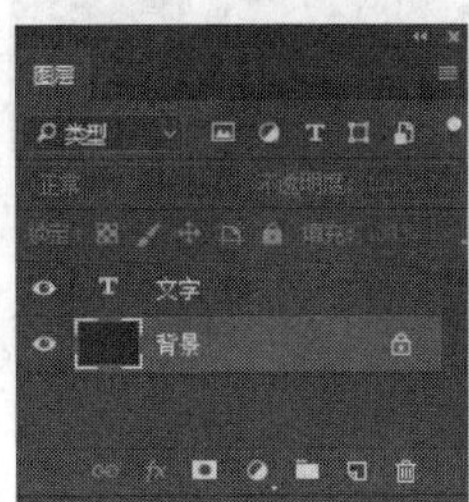

图9-127

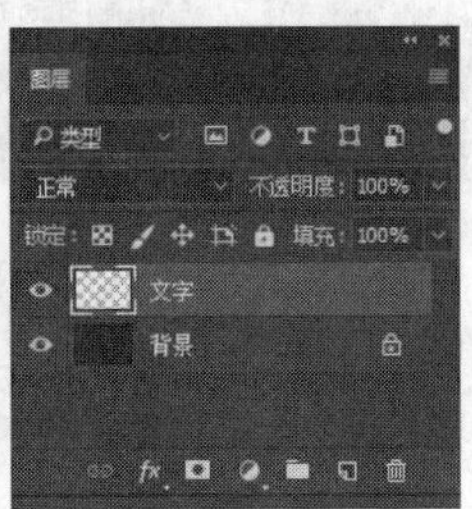

图9-128

执行“图层→栅格化→文字”命令，即可将文字图层转换为普通图层，文字就被转换为位图，这时的文字就不能再使用文字工具进行编辑了。在“图层”面板中，在文字图层名称位置处单击鼠标右键，在弹出的快捷菜单中选择“栅格化文字”命令，也可以将文字图层转换为普通图层。在使用其他位图命令时，将弹出一个询问是否栅格化文字层的对话框，单击“确定”按钮，也可以将文字图层栅格化，如在使用某滤镜命令时，会要求用户先栅格化文字。

实战演练 标签设计

本例标签以文字为基本形态，将文字图层转换为形状并对其进行编辑，再用图层样式添加效果。标签整体以黄色作为主色调，红色进行点缀，两色对比强烈，引人注目。

01 按Ctrl+N组合键新建一个文件，参数设置如图9-129所示。

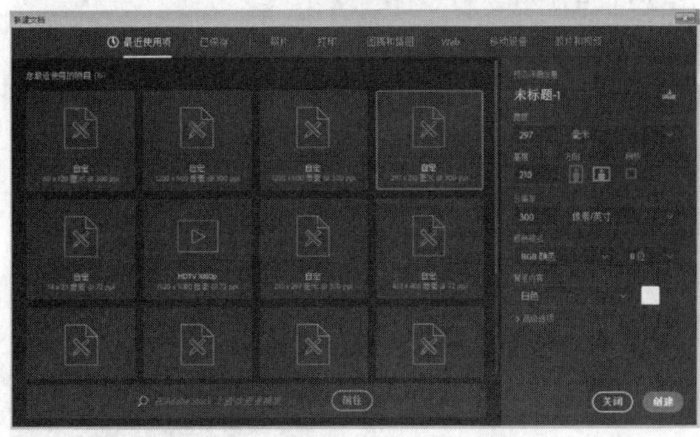

图9-129

02 选择横排文字工具，设置前景色为黄色（R230、G202、B47），在工作区中输入“神采飞扬”4个字，并调整字体参数，效果如图9-130和图9-131所示。

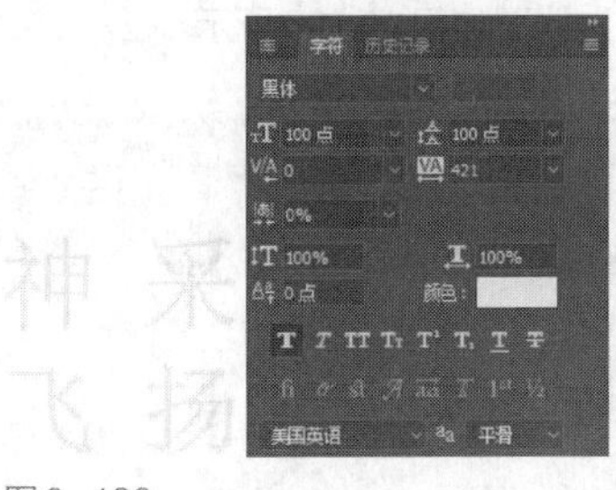

图9-130

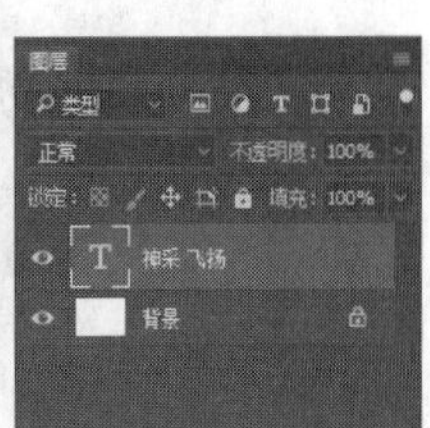

图9-131

03 选择移动工具，按Ctrl+T组合键，使文字处于自由变换状态。

04 在工具选项栏的“H”数值框中输入“-20”，并单击选项栏中的按钮，如图9-132所示。

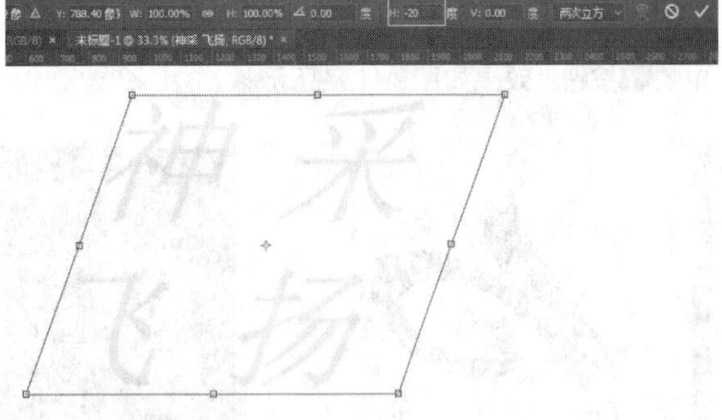

图9-132

05 切换到“图层”面板，用鼠标右键单击“神采 飞扬”文字图层，在弹出的快捷菜单中执行“转换为形状”命令，如图9-133所示。

06 使用工具箱中的直接选择工具、钢笔工具、删除锚点工具、转换点工具等依次对字体形状进行调整，效果如图9-134所示。

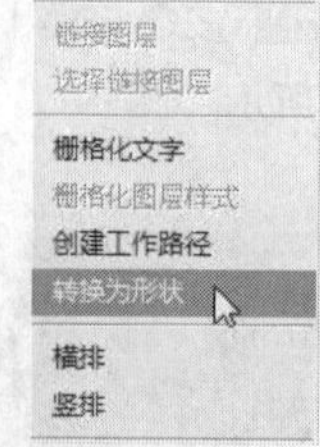

图9-133

07 按Ctrl+O组合键打开素材文件“放射线条”，并将该图层拖至“神采飞扬”图层下方，如图9-135所示。

图9-134

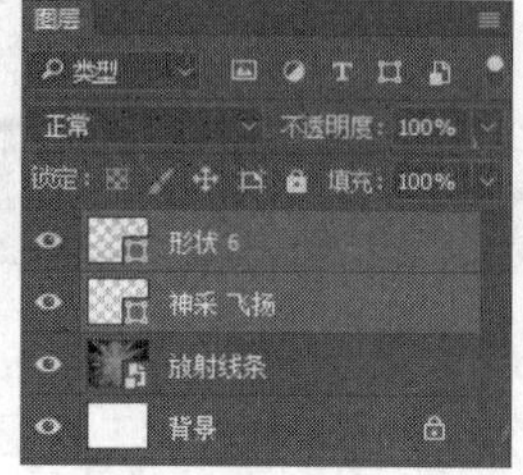

图9-135

08 执行“文件→置入嵌入的智能对象”命令，在对话框中找到“10”素材文件，如图9-136所示。

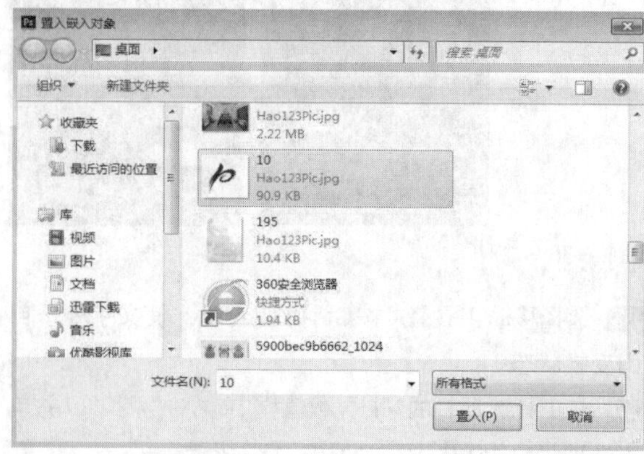

图9-136

09 单击“置入”按钮，将素材置入，单击工具选项栏中的按钮，效果如图9-137所示。

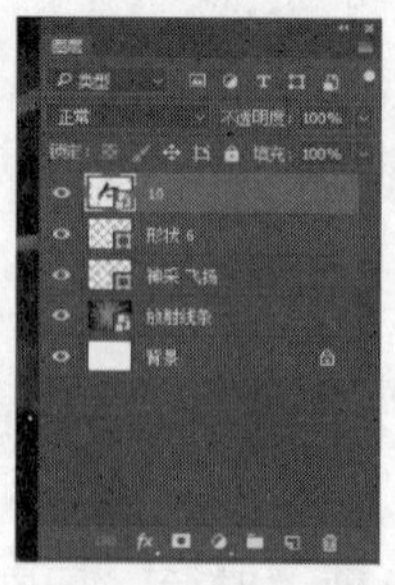
图9-137

10 执行“图层→智能对象→栅格化”命令，将图层栅格化，选择魔棒工具，单击“10”图层上的黑色并将其全部选中，效果如图9-138所示。

图9-138

11 将“10”填充为白色，执行“选择→反选”命令，按Delete键，将白色部分内容删除，效果如图9-139所示。

图9-139

12 选择横排文字工具，在工作区中输入“周年”两个字，参数设置及效果如图9-140所示。

图9-140

13 将“周年”“10”“神采飞扬”图层全部选中，右击并执行“合并图层”命令，按住Ctrl键并单击合并图层的缩览图，效果如图9-141所示。

14 单击“图层”面板上的“创建新图层”按钮，得到“图层1”图层，如图9-142所示，用白色填充选区。单击“图层”面板上的创建新图层按钮，得到“图层2”。设置前景色为白色，选择画笔工具，在工作区中绘制图9-143所示的区域。

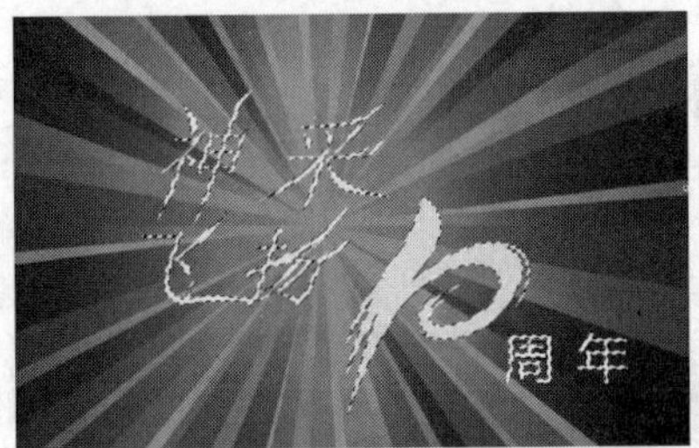

图9-141

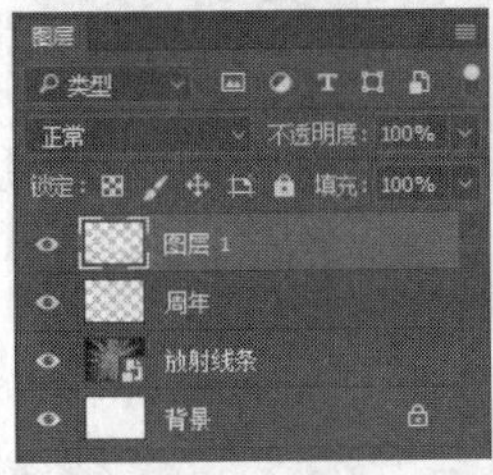

图9-142

图9-143

15 选择“放射线条”图层，右键选择栅格化图层。按住Ctrl键，单击“图层1”缩览图，得到选区，选择文字图层，执行“选择→修改→扩展”命令，在对话框中输入“60”，效果如图9-144所示。

16 按Ctrl+Shift+I组合键反选图像，按Delete键删掉多余的选区，效果如图9-145所示。

图9-144

图9-145

17 单击“图层2”图层前的“指示图层可见性”按钮，隐藏“图层2”图层，按Ctrl+D组合键，取消选区，效果如图9-146所示。

图9-146

18 单击“周年”图层，再单击“图层”面板下的“添加图层样式”按钮，选择“颜色叠加”，打开“图层样式”对话框，如图9-147所示。设置叠加颜色的值为R255、G255、B0。

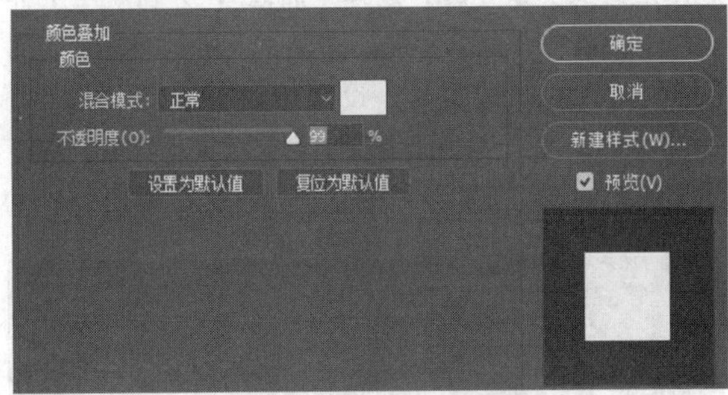

图9-147

19 在“图层样式”对话框中勾选“投影”复选框，并设置其参数如图9-148所示，设置阴影颜色值为R255、G252、B18。

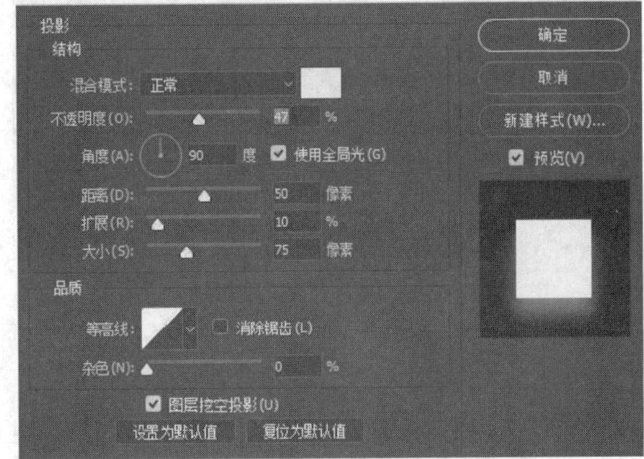

图9-148

20 在“图层样式”对话框中勾选“斜面和浮雕”复选框，并设置其参数如图9-149所示。

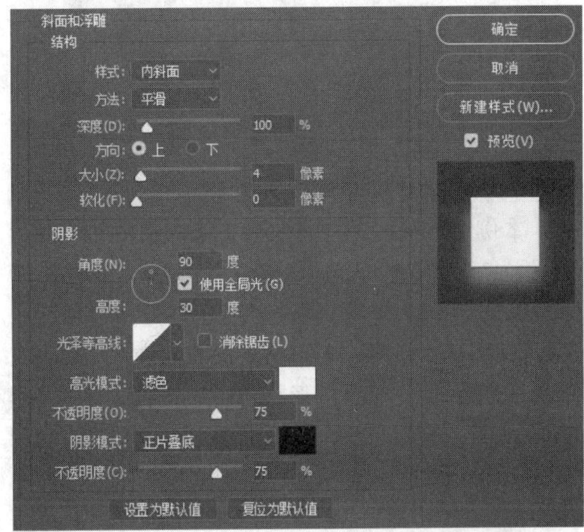

图9-149

21 单击“10”图层，再单击“图层”面板下的“添加图层样式”按钮fx，选择“描边”，并在“图层样式”对话框中设置其参数如图9-150所示，设置“图层1”图层的描边样式，设置描边颜色值为R240、G240、B0。选择裁剪工具，对整图进行裁剪，最终效果如图9-151所示。

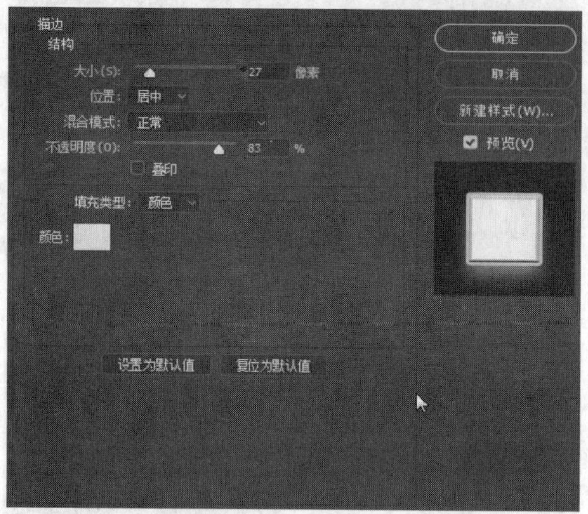

图9-150

图9-151

实战演练 音乐会门票设计

本例主要使用文字的编辑功能，采用文字变形形式，结合图层样式效果，运用色彩搭配手法，制作一张超炫的音乐会门票。

01 按Ctrl+O组合键，打开背景图片文件，选择自定形状工具，用“旗帜”形状绘制图案，得到“形状1”图层。复制“形状1”图层并调整其形态，得到图9-152所示的效果。

02 选择“背景”图层，执行“文件→置入嵌入的智能对象”命令，置入彩带和人物素材，调整其位置和大小后，将人物图层的混合模式设置为“滤色”，效果如图9-153所示。

图9-152

图9-153

03 选择横排文字工具T，在选项栏中设置文本颜色为红色（R255、G0、B0），字体大小设置为“80”，在工作区中单击，输入“用音乐为运动会加油”文本。按Ctrl+T组合键，在选项栏中单击“在自由变换和变形模式之间切换”按钮后，设置选项栏参数，如图9-154所示，按Enter键确认。

图9-154

04 调整文字图层的位置并旋转角度，效果如图9-155所示。

图9-155

05 选择“形状1拷贝”图层，按住Shift键用椭圆工具绘制直径为134像素的蓝色（R5、G91、B107）圆形。用横排文字工具输入“入”字，为文字图层添加“渐变叠加”和“描边”样式，参数设置及效果如图9-156所示。

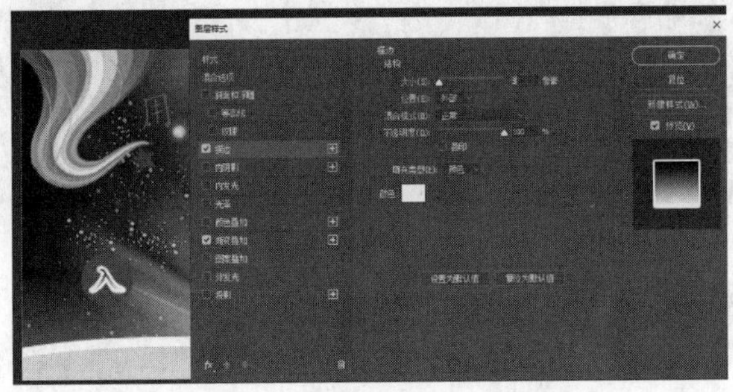

图9-156

06 复制“入”文字图层和“椭圆1”图层两次，排列好它们的位置，修改相应的文字后，得到图9-157所示的效果。

07 选择横排文字工具，设置字体，在工作区中输入“2017”，并为图层添加样式。再次设置字体，输入“××歌友会”，并设置图层样式，最终效果如图9-158所示。

图9-157

图9-158

第10章 图层的高级应用与蒙版

10.1 认识蒙版

蒙版主要包括图层蒙版、矢量蒙版、剪贴蒙版及快速蒙版4种。蒙版是一种灰度图像，通过蒙版中的灰度信息对图层的部分数据起遮挡作用。蒙版相当于一种遮挡，即在当前图层上添加一块挡板，从而在不改变图像信息的情况下得到需要的结果，所以蒙版具有保护当前图层的作用。

图层蒙版是一种仅包括灰度信息的位图图像，通过图像中的颜色信息来控制图像的显示部分，在图像合成中应用最广泛；矢量蒙版是依靠路径图形及矢量图形来控制图像的显示部分；剪贴蒙版是通过一个对象的形状来控制其他图层的显示部分；快速蒙版是编辑选区的临时环境，是一种重要的创建和编辑选区的方法。

10.2 “蒙版”面板

蒙版是将不同灰度色值转化为不同的透明度值，并作用到它所在的图层，让图层不同地方透明度发生相应的变化。纯黑色表示完全透明，纯白色表示完全不透明。

“蒙版”面板的主要作用是对所使用蒙版的浓度（不透明度）、羽化范围以及蒙版边缘等进行一系列操作。当创建蒙版之后双击蒙版缩览图，在“属性”面板下会出现“蒙版”面板，如图10-1所示。

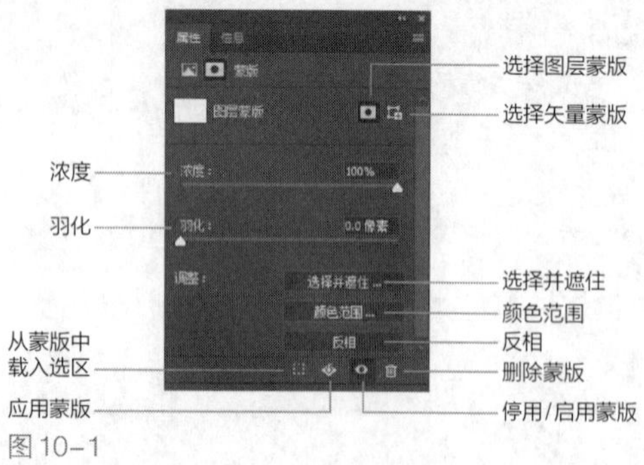

图10-1

- **蒙版名称**：显示当前蒙版中的图像信息以及当前蒙版的类型。
- **创建蒙版**：单击按钮可以在当前图层创建图层蒙版，单击按钮可以在当前图层创建矢量蒙版。
- **浓度**：改变蒙版的不透明度从而改变蒙版的遮挡效果，浓度越大遮挡效果越明显，反之则越弱。图10-2所示为100%浓度，图10-3所示为50%浓度。

图10-2

图10-3

- **羽化**：通过改变羽化像素的大小可以使蒙版中的灰度图像更加柔和，便于当前图层与其他图层的

学习重点

蒙版是Photoshop的核心功能之一，是用于合成图像的重要功能，它可以隐藏图像内容，但不会改变图像的像素信息，是一种非破坏性的编辑方式。结合Photoshop的图像调整命令和滤镜等功能可以改变蒙版中的内容，因此蒙版在照片的后期处理、平面设计及创意表达领域经常使用。

图层不透明度、混合模式、填充与调整图层及智能对象也属于图层的高级应用。

融合。图10-4所示为10像素羽化，图10-5所示为50像素羽化。

- **选择并遮住**：单击此按钮会弹出对话框，如图10-6所示，可以通过改变其中的参数来调整蒙版的边缘。

图10-4

图10-5

- **颜色范围**：单击此按钮会弹出“色彩范围”对话框，如图10-7所示，通过吸取当前图层的颜色可以改变蒙版中的图像。

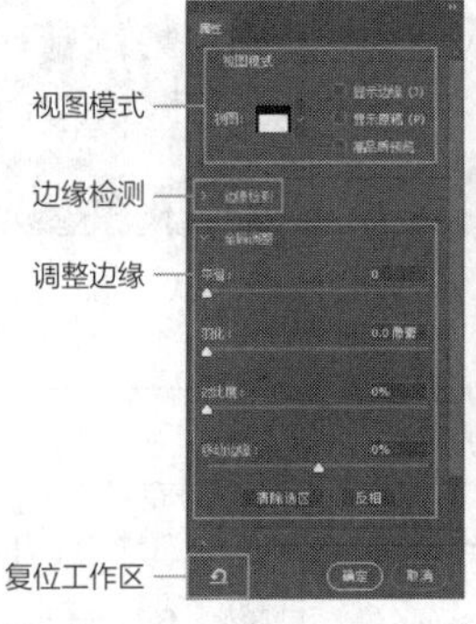

图10-6

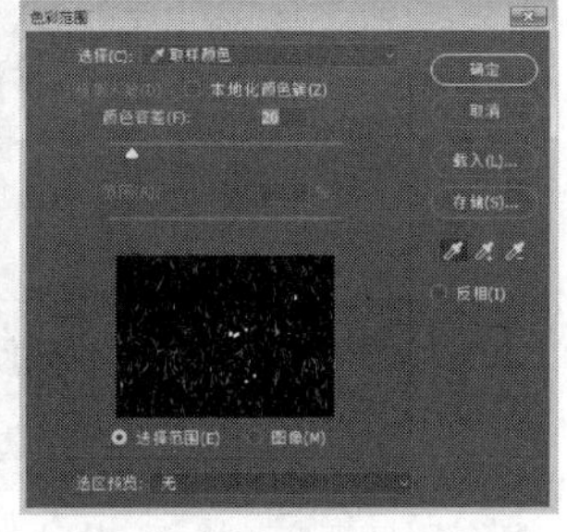

图10-7

- **反相**：翻转蒙版中的遮盖区域。
- **载入选区**：单击“从蒙版中载入选区”按钮，可以使蒙版中未遮挡图像的部分变成选区。
- **应用蒙版**：单击“应用蒙版”按钮可将蒙版应用到图像中。
- **停用/启用蒙版**：单击“停用/启用蒙版”按钮，可以切换蒙版的状态。图10-8所示为启用蒙版状态，图10-9所示为停用蒙版状态。
- **删除蒙版**：单击“删除蒙版”按钮，可以将当前蒙版删除。

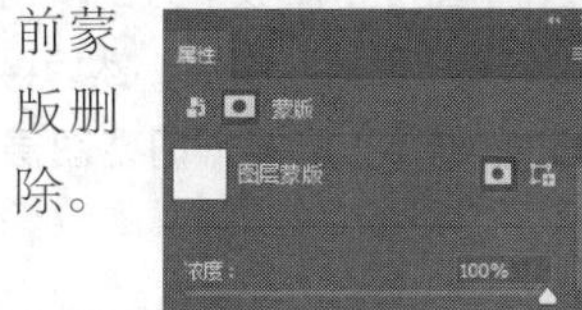

图10-8

图10-9

提示

添加图层蒙版后，蒙版缩览图外侧有一个边框，它表示蒙版处于编辑状态，此时我们进行的所有操作将应用于蒙版。如果要编辑图像，则单击图像缩览图，将边框转移到图像上。图10-10和图10-11所示分别为图像处于编辑状态和蒙版处于编辑状态。

图10-10

timg

图10-11

10.3 图层蒙版

图层蒙版使用Photoshop提供的黑白图像来控制图像的显示与隐藏。这种控制方式是在图层蒙版中进行的，不会影响要处理的图层中的像素。图层蒙版是8位灰度图像，白色表示当前图层不透明，灰色表示当前图层半透明，黑色表示当前图层透明。它是图像合成中应用最为广泛的蒙版。

10.3.1 添加图层蒙版

如果需要为图层添加蒙版，首先在“图层”面板中选择需要添加图层蒙版的图层，然后执行“图层→图层蒙版→显示全部/隐藏全部”命令，或直接单击“图层”面板下方的“添加图层蒙版”按钮，即可为当前图层添加图层蒙版。若选择“显示全部”命令，可以得到白色蒙版，该图层图像不会被遮蔽；若选择“隐藏全部”命令，可以得到黑色蒙版，该图层图像全部被遮蔽。

如果有多个图层需要添加同一个蒙版效果，可以先将这些图层放入一个图层组中，然后为图层组添加蒙版，这样可以简化操作。为图层组添加蒙版时，需要先选择图层组，然后单击“图层”面板下方的“添加图层蒙版”按钮。

实战演练 疾驰的列车创意表现

01 按Ctrl+O组合键打开列车素材文件，如图10-12所示。

02 将“背景”图层拖曳到“图层”面板下方的“创建新图层”按钮上，得到“背景 拷贝”图层，然后再以同样的方法创建出“背景 拷贝2”图层，调整图层顺序，如图10-13所示。

图10-12

图10-13

03 单击“背景 拷贝2”图层缩览图前的按钮，将其隐藏。选择“背景 拷贝”图层，执行“滤镜→模糊→径向模糊”命令，设置径向模糊参数，“数量”为“50”，“模糊方法”为“缩放”，如图10-14所示，注意角度应与列车运动方向的角度吻合。设置完毕，单击“确定”按钮，效果如图10-15所示。

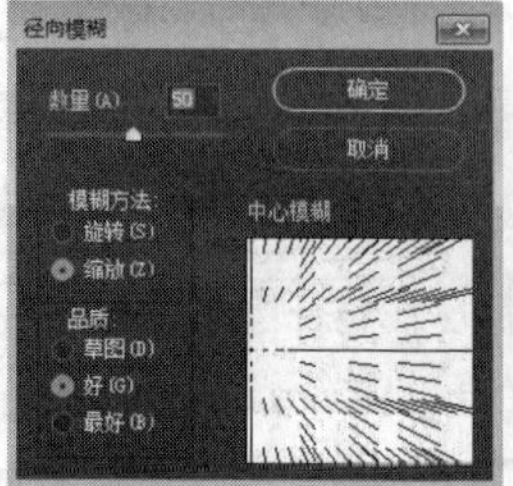

图10-14

图10-15

04 单击“背景 拷贝2”图层缩览图前的按钮，将其显示，按住Alt键并单击“图层”面板下方的“添加图层蒙版”按钮，为“背景 拷贝2”图层添加黑色蒙版，如图10-16所示。

图10-16

05 设置前景色为白色，选择画笔工具，设置画笔“大小”为“100像素”，“硬度”为“0%”，如图10-17所示。单击图层蒙版缩览图，在列车处涂抹，如图10-18所示。

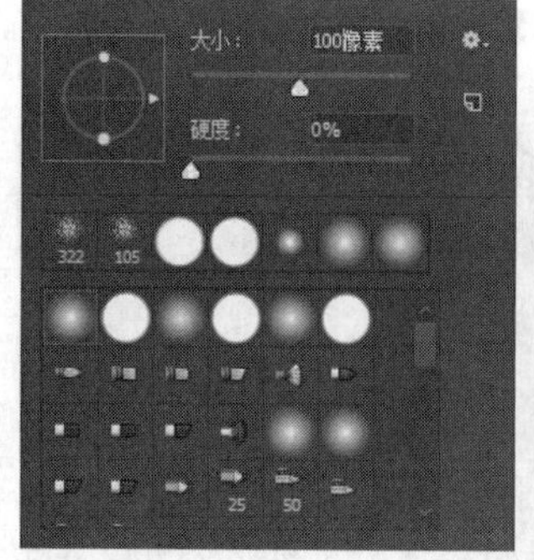

图10-17

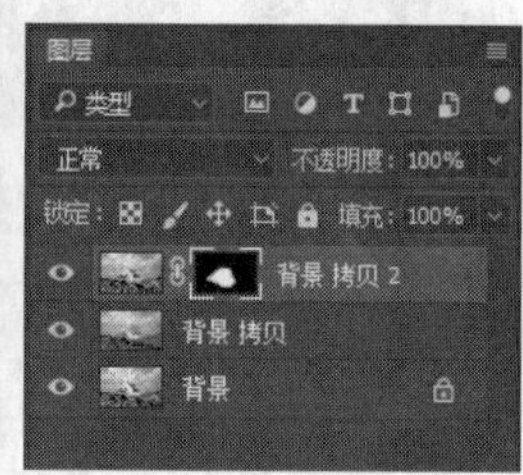

图10-18

06 这样我们就利用蒙版及其他的图像处理方法，在不丢失原图像信息的前提下，制作出了疾驰的列车效果，如图10-19所示。

图10-19

10.3.2 编辑图层蒙版

在为当前图像添加图层蒙版后，如果需要减少图像的显示区域，可以选择画笔工具在图层蒙版不需要显示的区域涂上黑色。如果需要增加图像的显示区域，可以选择画笔工具在图层蒙版需要显示的区域涂上白色。如果用灰色画笔在图层蒙版上涂抹，可以得到半透明的效果。编辑图层蒙版就是对蒙版中的黑白灰进行编辑，从而在当前图层做出自己想要的效果。

提示

按住Alt键并单击蒙版缩览图，可以在画面中显示蒙版图像，这样就可以像编辑普通图层一样直观地编辑蒙版。图10-20和图10-21所示为已添加图层蒙版的图层和显示的图像，图10-22和图10-23所示为按住Alt键并单击蒙版缩览图后的效果。按Ctrl+I组合键可以将蒙版反相。

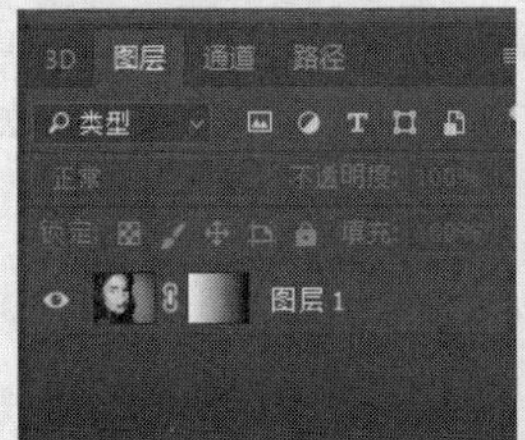

图10-20

图10-21

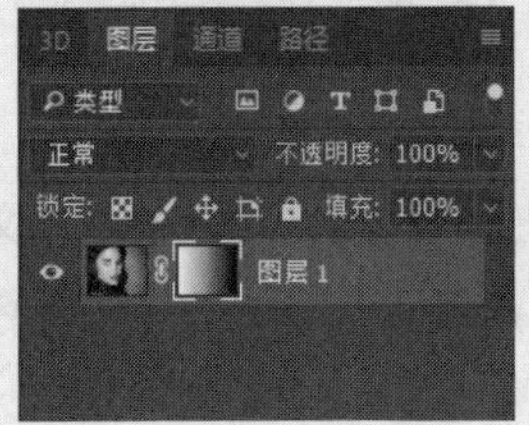

图10-22

图10-23

实战演练 为人物更换背景

01 按Ctrl+O组合键打开人物和背景文件，如图10-24和图10-25所示。

图10-24

图10-25

02 选择移动工具，将人物图片移动到背景文档中，调整人物图片大小，如图10-26和图10-27所示。

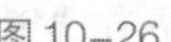

图10-26

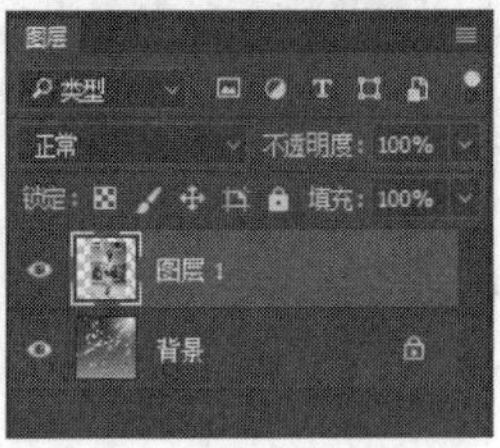

图10-27

03 选择“图层1”图层，单击“图层”面板下方的“添加图层蒙版”按钮，为“图层1”图层添加图层蒙版，如图10-28所示。

图10-28

04 选择画笔工具，设置画笔的“大小”为“50像素”，“硬度”为“100%”，如图10-29所示。

05 设置前景色为黑色，在“图层1”图层中将人物以外的部分涂抹掉，如图10-30和图10-31所示。

06 设置画笔“大小”为“20像素”，“硬度”为“25%”，如图10-32所示。对人物边缘进行修改，不需要的地方用黑色涂抹，需要的地方用白色涂抹，最后效果如图10-33和图10-34所示。

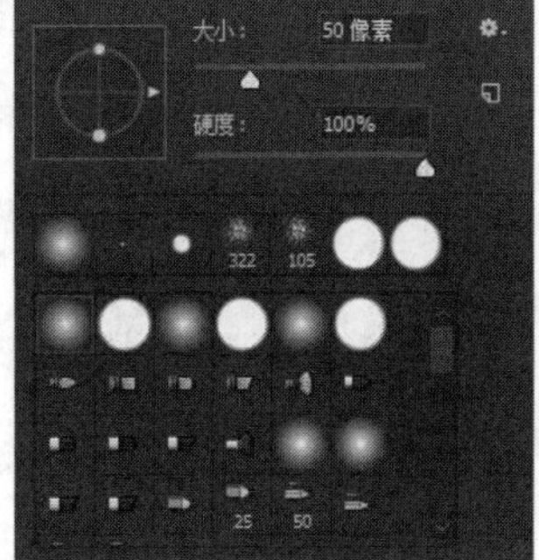

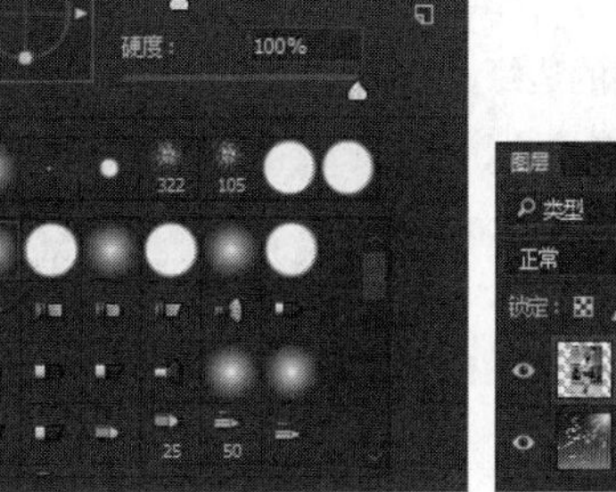

图10-29

图10-30

图10-31

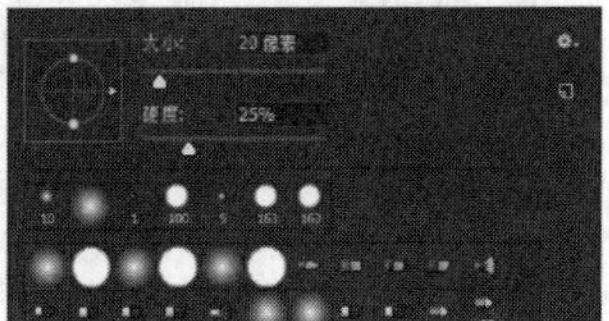

图10-32

图 10-33

图 10-34

07 拖曳“图层1”图层到“图层”面板下方“创建新图层”按钮上，得到“图层1拷贝”图层，选择“图层1拷贝”图层，按Ctrl+T组合键，用鼠标右键单击图像，打开快捷菜单，执行“水平翻转”命令，如图10-35所示，然后调整图片大小位置，如图10-36所示。

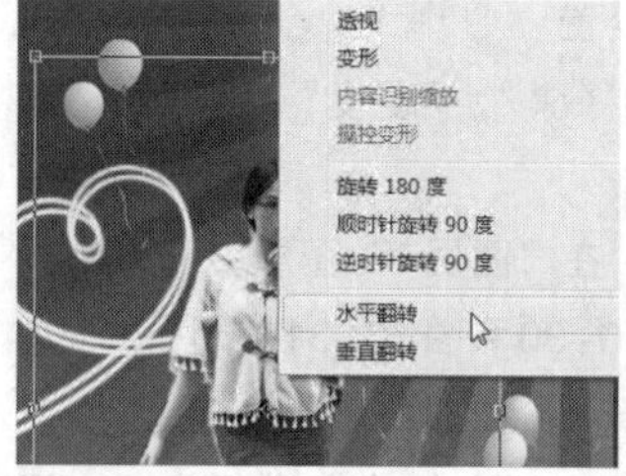

图 10-35

图 10-36

08 选择画笔工具，设置画笔“大小”为“100像素”，“硬度”为“0%”，如图10-37所示。在“图层1”图层的边缘处涂抹，使边缘更柔和，将“图层1”图层的“不透明度”设置为“70%”，如图10-38所示。

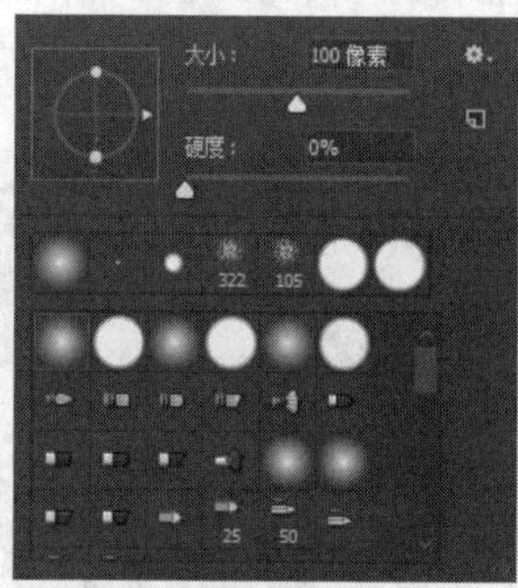

图 10-37

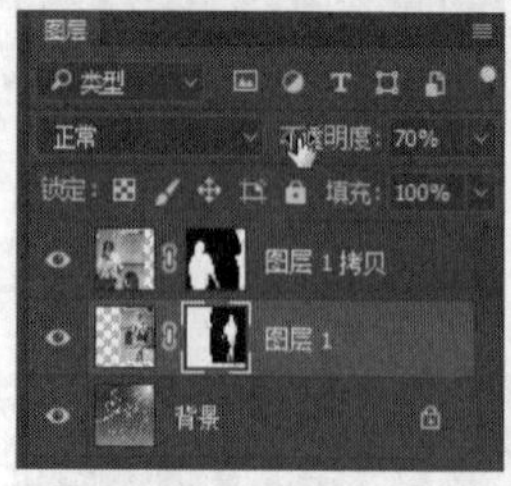

图 10-38

图 10-39

这样我们就为人物更换了一个背景，如图10-39所示，并且原图像的像素信息没有丢失，必要时还可以复原。

10.3.3 从选区中生成图层蒙版

如果当前图层中存在选区，则可以单击“图层”面板下方的“添加图层蒙版”按钮，直接将选区转换为图层蒙版。直接单击“添加图层蒙版”按钮，蒙版的选区内会被白色填充，选区外会被黑色填充；如果按住Alt键的同时单击“图层”面板下方的“添加图层蒙版”按钮，会得到相反的效果。

实战演练 将照片嵌入相框中

01 按Ctrl+O组合键打开“艺术照”“相框”文件，如图10-40和图10-41所示。

图 10-40

图 10-41

02 选择移动工具，将“艺术照”移动到“相框”文档中，并复制一次，调整“图层1”图层和“图层1拷贝”图层中图像的大小和位置，如图10-42和图10-43所示。

03 单击“图层1”图层缩览图前的按钮，隐藏“图层1”图层。选择快速选择工具，在“背景”图层中创建图10-44所示的选区。

图 10-42

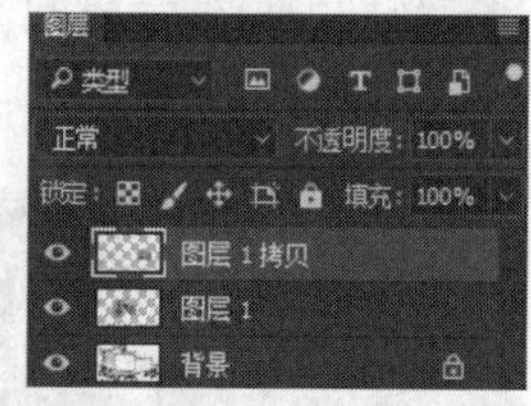

图 10-43

04 将“图层1”图层和“图层1拷贝”图层合并为一个图层，再次单击“图层1拷贝”图层缩览图前的按钮，显示该图层的图像，单击“图层”面板下方的“添加图层蒙版”按钮，这样就可以将选区转换为图层蒙版，如图10-45所示。单击图层蒙版缩览图，在“属性”面板中设置“羽化”大小为“5像素”，如图10-46所示。

05 制作完成，最终效果如图10-47所示。

图 10-44

图 10-45

图 10-46

图 10-47

10.3.4 复制与转移蒙版

蒙版可以在不同的图层之间复制或移动，如果要复制图层蒙版，只需按住Alt键并将图层蒙版拖至另一个图层上即可；如果要移动蒙版，直接将蒙版拖至另外一个图层上。

“图层1”图层使用了图层蒙版，如图10-48和图10-49所示。

图 10-48

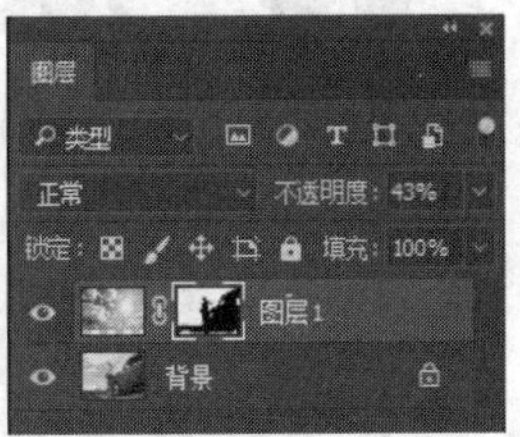
图 10-49

单击“图层1”图层缩览图前的按钮，将其隐藏，单击“图层2”图层缩览图前的按钮，将其显示。按住Alt键的同时，在“图层”面板中拖曳“图层1”图层的图层蒙版缩览图至“图层2”图层上，这样蒙版就复制到了“图层2”图层，此时“图层2”图层就会替换背景，如图10-50和图10-51所示。

图 10-50

图 10-51

提示

进行复制图层蒙版操作时，必须先按住Alt键，然后再拖曳。

如果直接拖曳“图层1”图层的图层蒙版缩览图到“图层2”图层上，就会将“图层1”图层的图层蒙版移动到“图层2”图层中，如图10-52所示。

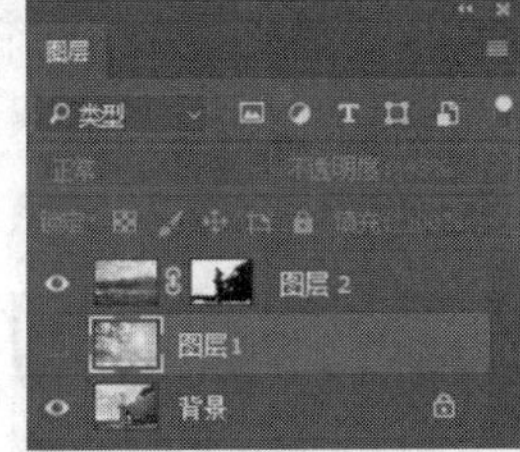
图 10-52

10.3.5 启用和停用蒙版

Photoshop中默认蒙版处于启用状态，工作区中会显示带有蒙版效果的内容。如果蒙版处于停用状态，工作区中会显示不带蒙版效果的图层内容。按Shift键并单击蒙版缩览图，或执行“图层→图层蒙版→停用”命令，或单击蒙版“属性”面板下方的“停用/启用蒙版”按钮，可以暂时停用图层蒙版。停用蒙版时，“图层”面板中蒙版缩览图上会出现☒，显示不带蒙版效果的图层内容，如图10-53和图10-54所示。

图 10-53

图 10-54

按Shift键并单击蒙版缩览图，或执行“图层→图层蒙版→启用”命令，或再次单击蒙版“属性”面板下方的“停用/启用蒙版”按钮，可以重新启用停用的图层蒙版。

提示

执行“图层→图层蒙版→启用/停用”命令时，必须确保应用该命令的图层处于被选中的状态。而通过使用Shift键控制蒙版启用与停用时，则不需要确认图层处于被选中状态。

10.3.6 应用和删除蒙版

选择图层蒙版，执行“图层→图层蒙版→应用”命令，或单击蒙版“属性”面板中的“应用蒙版”按钮，蒙版效果被应用到当前图层的图像中，应用蒙版后图层蒙版的缩览图消失，变为普通图层，应用前和应用后的效果分别如图10-55和图10-56所示。

图10-55

图10-56

提示

应用蒙版之前，不会对图层中的图像做任何更改，但是应用蒙版之后，图层中的图像将永久被更改。

选择图层蒙版，执行“图层→图层蒙版→删除”命令；或在图层蒙版缩览图上单击鼠标右键，打开快捷菜单，执行“删除图层蒙版”命令；或直接将图层蒙版缩览图拖曳到“删除图层”按钮上；或单击蒙版“属性”面板底部的“删除蒙版”按钮，即可将图层的蒙版删除，如图10-57和图10-58所示。

图10-57

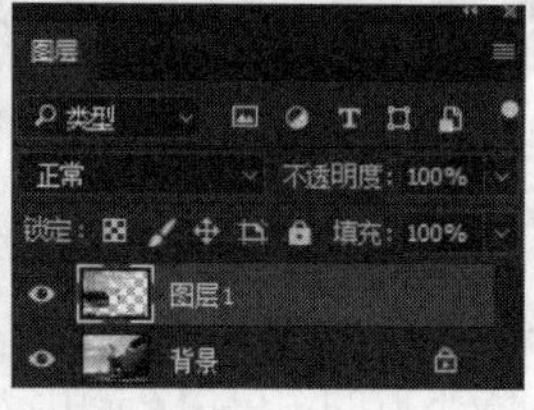
图10-58

10.3.7 链接与取消链接蒙版

系统默认图层与蒙版是相互链接的，在两者的缩览图之间会有一个链接标记，当对其中一方进行移动、缩放和变形等操作时，另外一方也会发生相应的变化。

单击链接标记后，链接标记会消失，这样就取消了它们的链接状态，从而可以单独对图层或图层蒙版进行移动、缩放等操作。

如果要重新在图层和蒙版之间建立链接，可以单击图层和蒙版之间的区域，这样链接标记又会显示出来。

实战演练 制作水墨画广告

01 按Ctrl+O组合键打开素材文件，如图10-59至图10-62所示。

02 选择移动工具，将“树”移动到“画卷”文档中，调整图片的大小和位置，如图10-63所示。

图10-59

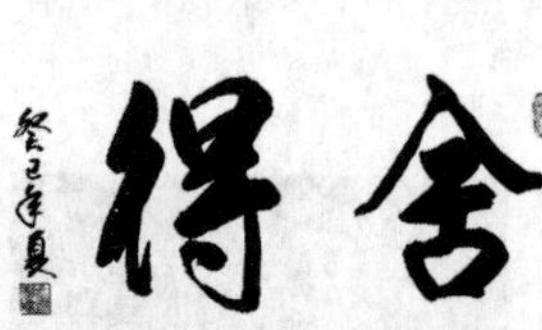
图10-60

图10-61

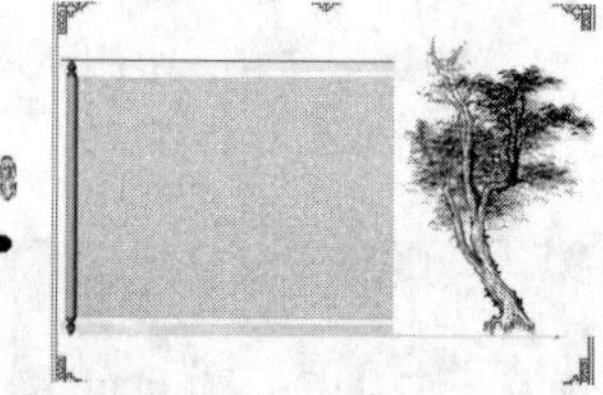
图10-62

图10-63

03 单击“图层”面板中“图层1”图层缩览图前的按钮，将“图层1”图层隐藏，选择移动工具，将“山”移动到“画卷”文档中，调整图片的大小和位置，如图10-64所示。

图10-64

04 选择“图层1”图层，单击“图层”面板下方的“添加图层蒙版”按钮，或执行“图层→图层蒙版→显示全部”命令，为“图层1”图层添加一个图层蒙版。用同样的方法为“图层2”图层添加图层蒙版，如图10-65和图10-66所示。

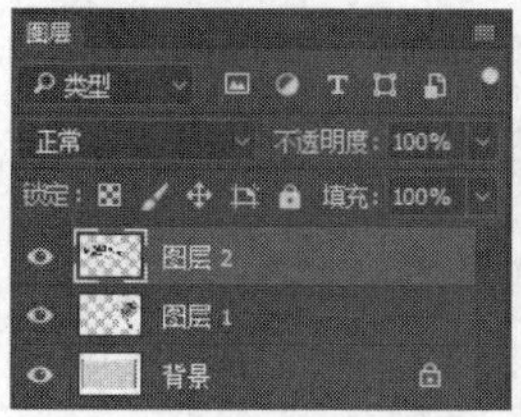

图 10-65

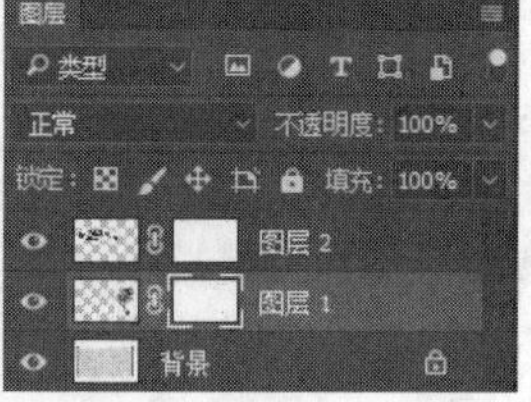

图 10-66

提示

选择图层，按住Alt键同时单击“图层”面板下方的“添加图层蒙版”按钮，或执行“图层→图层蒙版→隐藏全部”命令，可以为“图层1”图层添加一个黑色的图层蒙版，这样“图层1”图层中的图像将被完全遮蔽，如图10-67和图10-68所示。

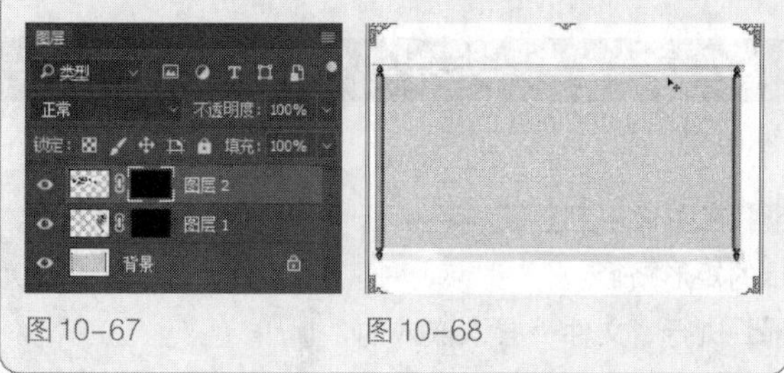

图 10-67　图 10-68

05 按D键恢复前景色和背景色为默认的黑色和白色，选择渐变工具，单击“渐变编辑器”，选择“前景色到背景色渐变”效果，如图10-69所示，渐变方式为“线性渐变”，如图10-70所示。

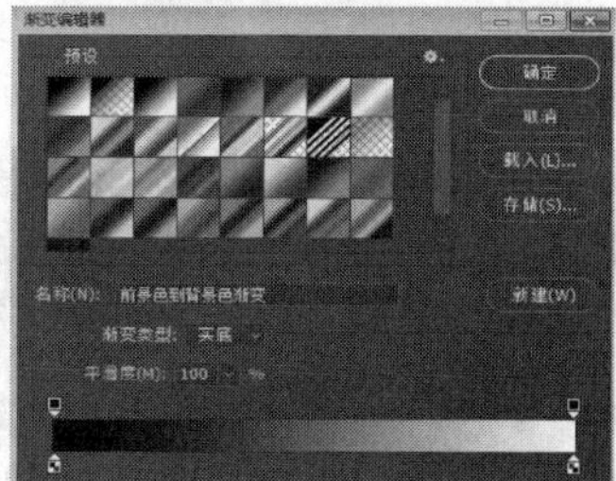

图 10-69

模式：正常　不透明度：100%

线性渐变

图 10-70

06 单击“图层1”图层蒙版缩览图，移动鼠标指针至图像左侧，然后按住鼠标左键拖曳鼠标至图像右侧，填充渐变。单击“图层2”图层蒙版缩览图，移动鼠标指针至图像右侧，然后按住鼠标左键拖曳鼠标至图像左侧，填充渐变，如图10-71所示。得到的效果如图10-72所示。

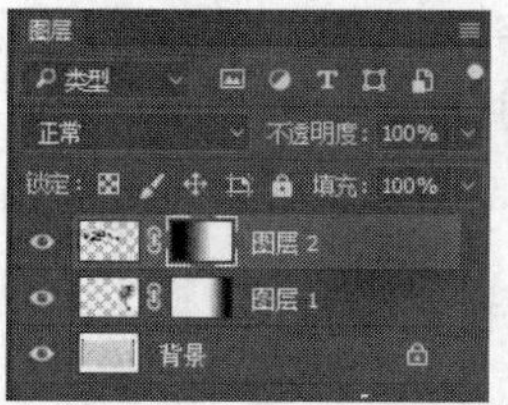

图 10-71

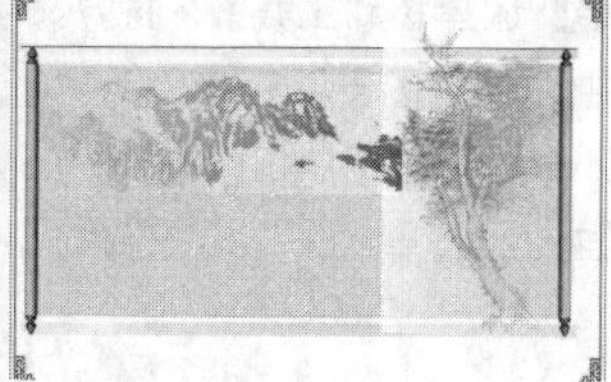

图 10-72

07 选择画笔工具，设置画笔“大小”为“60像素”，“硬度”为“0%”，如图10-73所示。分别在两个蒙版中用白色画笔在蒙版中涂抹需要显示的区域，用黑色画笔在蒙版中涂抹不需要显示的区域，如图10-74所示，得到的效果如图10-75所示。

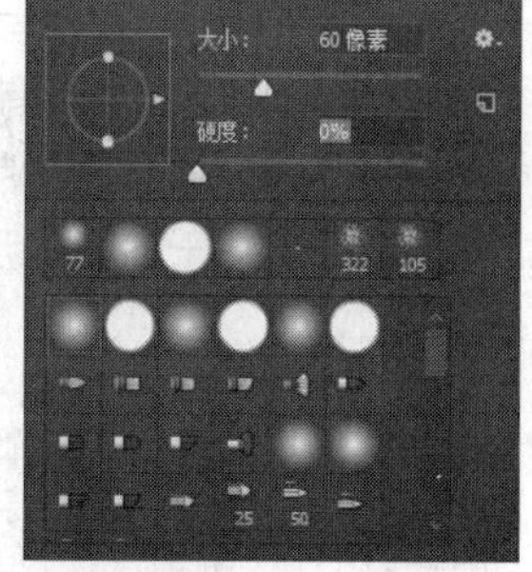

图 10-73

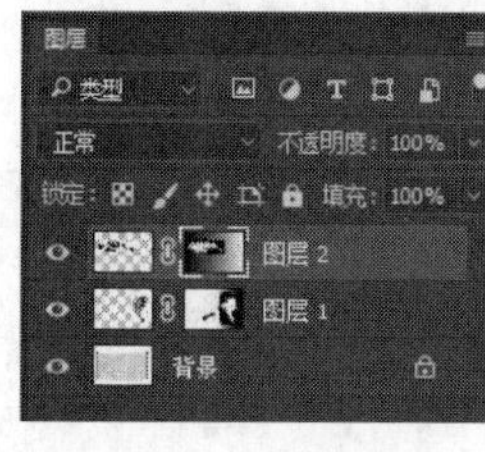

图 10-74

图 10-75

08 单击“创建新图层”按钮，创建“图层3”图层，选择矩形选框工具，在新建的“图层3”图层中创建图10-76所示的区域。

09 设置前景色为绿色（R107、G135、B121），按Alt+Delete组合键填充选区，如图10-77所示。

图 10-76

图 10-77

10 选择“图层3”图层，将图层的混合模式设置为“柔光”，如图10-78所示，效果如图10-79所示。

图 10-78

11 选择移动工具，将“文字”移动到“画卷”文档中，设置图层混合模式为“正片叠底”，调整图片的大小和位置，如图10-80所示，这样我们就做出了水墨画广告效果。

图10-79

图10-80

10.4 矢量蒙版

任意图层或图层组都允许含有图层蒙版或是矢量蒙版，或是两者兼有。矢量蒙版是依靠钢笔、自定形状等矢量工具创建的蒙版，是通过路径来控制图像显示区域的蒙版。矢量蒙版只呈现灰色、白色两种颜色，这是不同于图层蒙版的地方。

由于矢量蒙版与分辨率无关，所以可以创建边缘无锯齿的形状。常用来制作LOGO或按钮等边缘清晰的设计元素。

10.4.1 创建矢量蒙版

创建矢量蒙版可以采用以下方法。

- 选择图层，执行“图层→矢量蒙版→显示全部”命令，或按住Ctrl键并单击“图层”面板下方的“添加图层蒙版”按钮，可以创建显示全部图像的矢量蒙版。
- 选择图层，执行“图层→矢量蒙版→隐藏全部”命令，或按住Alt+Ctrl组合键并单击“图层”面板下方的“添加图层蒙版”按钮，可以创建隐藏全部图像的矢量蒙版。
- 选择自定形状工具，在工具选项栏中选择“路径”，在“形状”下拉面板中选择一个形状。绘制出路径后，执行“图层→矢量蒙版→当前路径”命令，或按住Ctrl键的同时单击“添加图层蒙版”按钮，创建基于当前路径的矢量蒙版，路径区域外的图像被遮蔽。

实战演练 控制图片的显示区域

01 按Ctrl+O组合键打开素材文件，如图10-81和图10-82所示。

图10-81

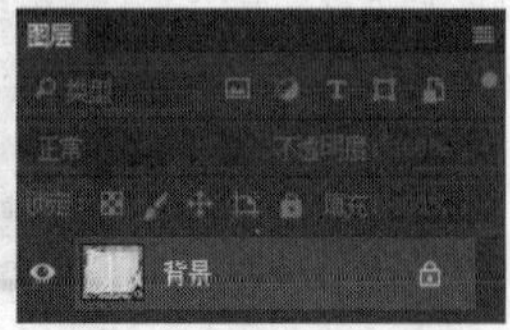

图10-82

02 选择矩形工具，在工具选项栏中将模式设置为“路径”，如图10-83所示。

图10-83

03 在图像中创建图10-84所示的矩形路径。

04 执行“文件→置入嵌入的智能对象”命令，将人物图片置入，如图10-85和图10-86所示。

图10-84

图10-85

图10-86

05 执行“图层→矢量蒙版→当前路径”命令，或按住Ctrl键并单击“添加图层蒙版”按钮，创建基于当前路径的矢量蒙版，路径区域外的图像被遮蔽，如图10-87和图10-88所示。

图10-87

图10-88

06 单击“人物2”图层缩览图与矢量蒙版缩览图之间的链接按钮，取消“人物2”图层与矢量蒙版的链接，如图10-89和图10-90所示。

图10-89

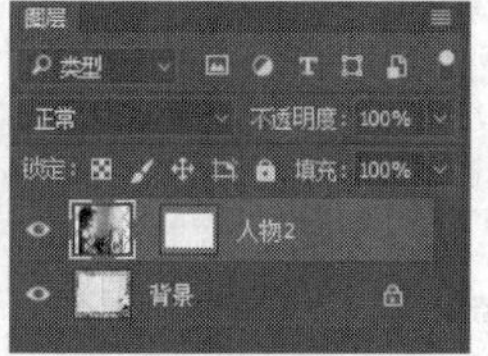

图10-90

07 选择移动工具，将人物图像适当缩小并移动到图10-91所示的位置。

图10-91

10.4.2 编辑矢量蒙版

对创建的矢量蒙版，可以使用路径编辑工具对其进行编辑和修改，从而改变蒙版的遮蔽范围。

如果要编辑矢量蒙版，即改变矢量蒙版的遮蔽范围，可以采取以下3种方式。

- **移动**：单击矢量蒙版缩览图，选择路径选择工具，拖曳鼠标改变位置，蒙版的遮蔽范围也会随之改变，路径移动前如图10-92和图10-93所示，路径移动后如图10-94和图10-95所示。

图10-92

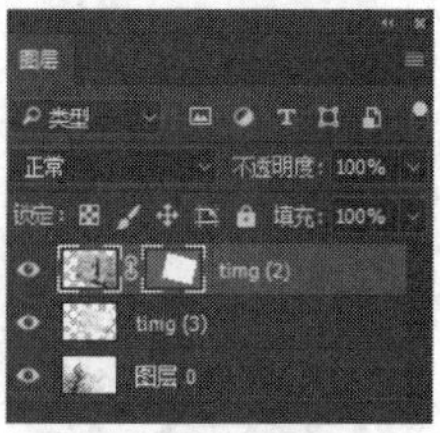

图10-93

图10-94

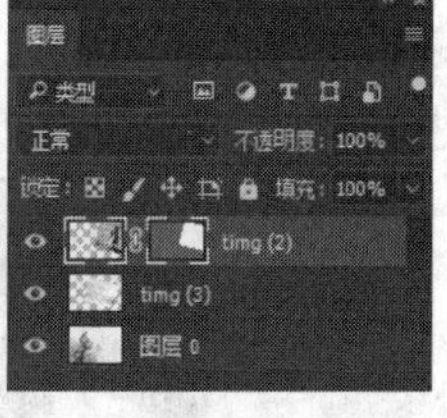

图10-95

- **删除**：选择路径选择工具，单击矢量蒙版中的矢量路径，可以将其选中，按Delete键，删除选择的矢量图形，蒙版的遮蔽范围也会随之变化，路径删除前如图10-96和图10-97所示，路径删除后如图10-98和图10-99所示。

图10-96

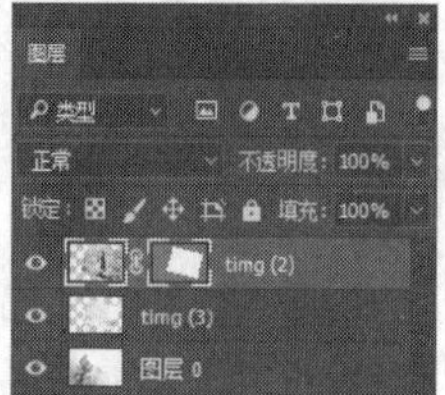

图10-97

图10-98

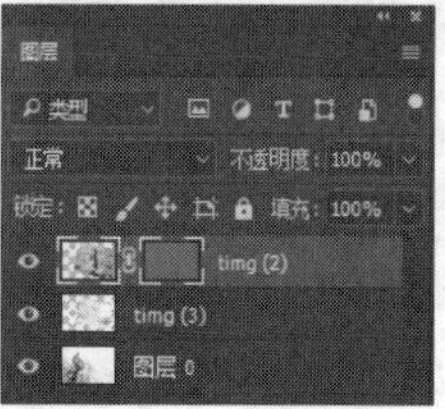

图10-99

- **修改**：选择转换点工具或其他路径编辑工具，对矢量蒙版中的路径进行修改，从而改变矢量蒙版的遮蔽范围，图10-100和图10-101为修改前后的效果。

图10-100

图10-101

> **提示**
>
> 在选择多条路径时，可以按住Shift键不放，然后用路径选择工具依次单击需要选中的矢量图形。如果多选了不应选择的路径，只需要在按住Shift键不动的情况下，再次单击该路径，即可取消对该路径的选择。

10.4.3 变换矢量蒙版

由于矢量蒙版是基于矢量图形创建的，所以在对其进行变换和变形操作时不会产生锯齿。单击矢量蒙版缩览图，选择矢量蒙版，执行“编辑→变换路径”命令，会弹出图10-102所示的菜单，选择相应的命令可以对矢量蒙版进行缩放、旋转、斜切等变换。按Ctrl+T组合键，也可以对矢量蒙版进行自由变换。图10-103和图10-104所示为不同的变换效果。

再次(A) Shift+Ctrl+T
缩放(S)
旋转(R)
斜切(K)
扭曲(D)
透视(P)
变形(W)
旋转 180 度(1)
旋转 90 度(顺时针)(9)
旋转 90 度(逆时针)(0)
水平翻转(H)
垂直翻转(V)

图10-102

图10-103

图10-104

10.4.4 转换矢量蒙版为图层蒙版

要在矢量蒙版上进行绘制或者在矢量蒙版上使用任何位图编辑工具，就必须将矢量蒙版转换为图层蒙版。选择包含矢量蒙版的图层，执行“图层→栅格化→矢量蒙版”命令，或单击矢量蒙版缩览图，单击鼠标右键，打开快捷菜单，执行“栅格化矢量蒙版”命令，就可以将矢量蒙版转换为图层蒙版。

选择矢量蒙版所在的图层，如图10-105和图10-106所示。

图10-105

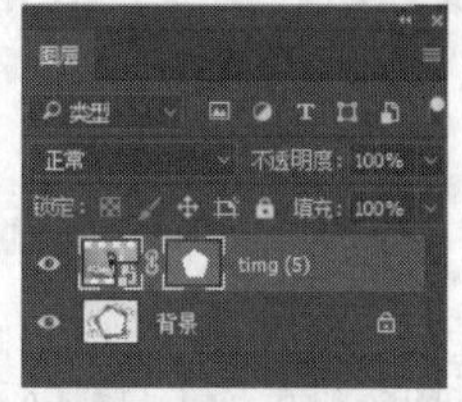

图10-106

执行“图层→栅格化→矢量蒙版”命令，可将矢量蒙版栅格化，转换为图层蒙版，如图10-107和图10-108所示。

图10-107

图10-108

转换为图层蒙版后，我们就可以利用图层蒙版的编辑工具来编辑图像了。由于之前矢量蒙版的边缘比较清晰，所以我们可以使用画笔工具在图层蒙版中处理一下边缘，使其更加柔和，如图10-109所示。

图10-109

10.4.5 启用和停用矢量蒙版

临时关闭矢量蒙版便可以重新看到创建蒙版前的图层。选择包含矢量蒙版的图层，执行“图层→矢量蒙版→停用”命令，或按Shift键，单击矢量蒙版缩览图，可以暂时停用矢量蒙版。停用蒙版时，“图层”面板中矢量蒙版缩览图上会出现☒，停用前后如图10-110和图10-111所示。

图10-110

图10-111

按住Shift键，单击矢量蒙版缩览图，或执行“图层→图层蒙版→启用”命令，可以重新启用停用的蒙版。

10.4.6 删除矢量蒙版

选择矢量蒙版，执行“图层→矢量蒙版→删除”命令，如图10-112所示，或在矢量蒙版缩览图上单击鼠标右键，打开快捷菜单执行“删除矢量蒙版”命令；或直接将矢量蒙版缩览图拖曳到“删除图层”按钮上，或单击蒙版“属性”面板的“删除图层”按钮，即可将矢量蒙版删除，如图10-113和图10-114所示。

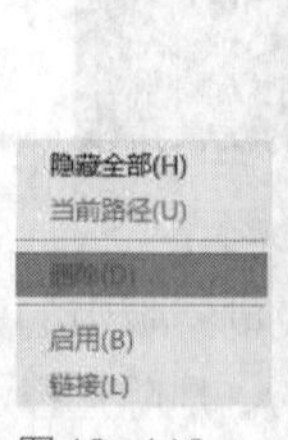

图10-112

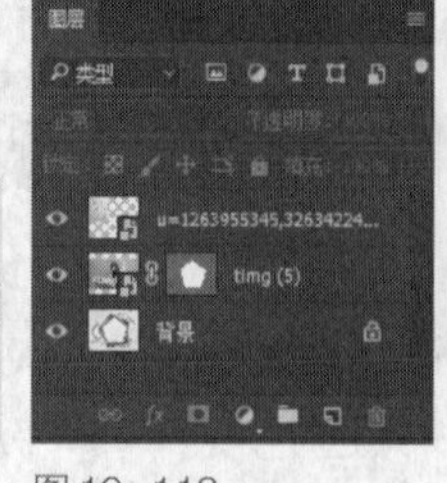

图10-113

图10-114

实战演练 合成蝴蝶花朵图片

01 按Ctrl+O组合键打开花丛素材文件，如图10-115所示。

图10-115

02 执行“文件→置入嵌入对象”命令，分别置入3个蝴蝶素材文件，如图10-116至图10-119所示。

图10-116

图10-117

图10-118

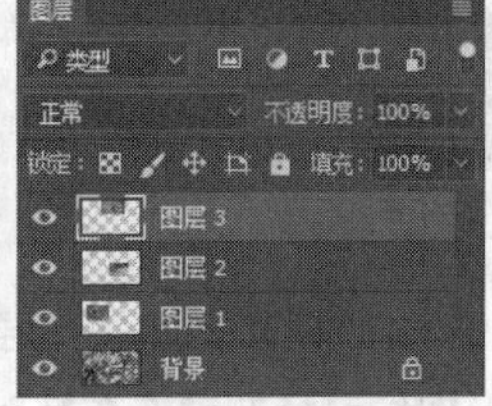

图10-119

03 隐藏“图层1”与“图层2”图层，选择钢笔工具，在“图层3”图层中沿蝴蝶边缘绘制封闭路径，如图10-120所示。

图10-120

04 执行“图层→矢量蒙版→当前路径”命令，或按住Ctrl键并单击“图层”面板下方的“添加图层蒙版”按钮，为“图层3”图层添加基于当前路径的矢量蒙版，如图10-121和图10-122所示。

图10-121

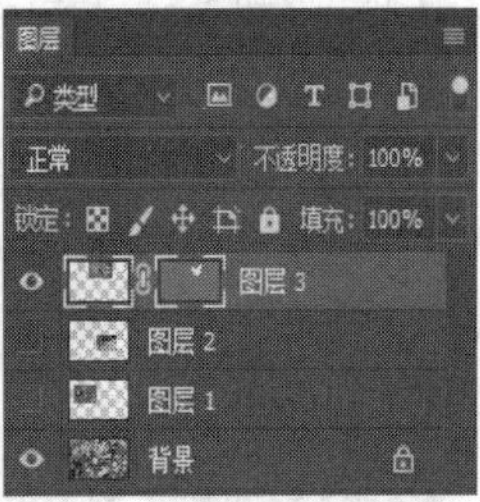

图10-122

05 隐藏“图层2”与“图层3”图层，选择钢笔工具，在“图层1”图层中沿蝴蝶边缘绘制封闭路径，执行“图层→矢量蒙版→当前路径”命令，为“图层1”图层添加矢量蒙版，如图10-123和图10-124所示。

图10-123

图10-124

06 隐藏“图层1”与“图层3”图层，选择钢笔工具，在“图层2”图层中沿蝴蝶边缘绘制封闭路径，执行“图层→矢量蒙版→当前路径”命令，这样就为“图层2”图层添加了矢量蒙版。如图10-125和图10-126所示。

图10-125

图10-126

07 调整3个蝴蝶图像的大小和位置，如图10-127所示。

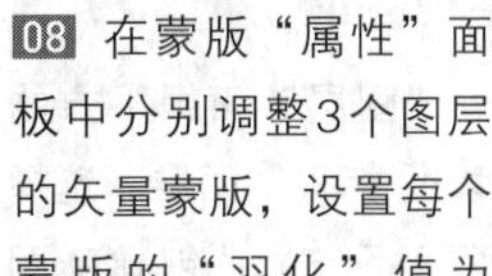

图10-127

08 在蒙版“属性”面板中分别调整3个图层的矢量蒙版，设置每个蒙版的“羽化”值为“5像素”，如图10-128所示，最终效果如图10-129所示。

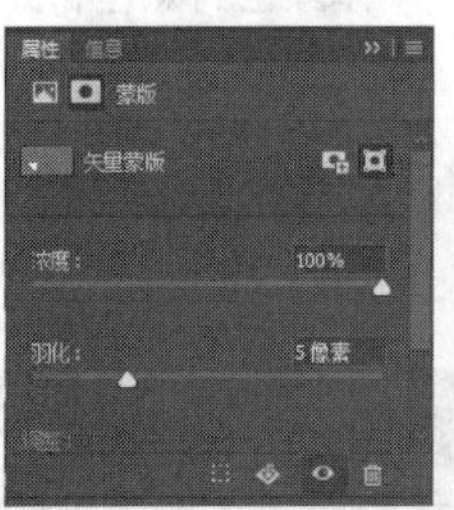

图10-128

图10-129

提示

矢量蒙版主要用于需要保留原图像，并且抠出的图像能与背景融合得比较紧密，即颜色差别不大的抠图。

10.5 剪贴蒙版

剪贴蒙版是主要应用于混合文字、形状及图像的蒙版，由两个或两个以上的图层构成，处于下方的图层根据图像中的像素分布可以控制上方与之建立剪贴蒙版的图层的显示区域，上方的图层只能显示下方图层中有像素的区域。剪贴蒙版最大的特点就是可以通过一个图层来控制多个图层的可见内容。

10.5.1 创建剪贴蒙版

创建剪贴蒙版时，选择要创建剪贴蒙版的图层，执行“图层→创建剪贴蒙版”命令或直接按Ctrl+Alt+G组合键，或按Alt键的同时移动鼠标指针至分隔两个图层空白区域处，当鼠标指针变为形状时单击，就能为当前图层创建剪贴蒙版。

实战演练 创建彩色文字

01 按Ctrl+O组合键打开素材文件，如图10-130所示，图层面板如图10-131所示。

图10-130

图10-131

02 拖曳“背景”图层缩览图到“图层”面板下方的“创建新图层”按钮，得到“背景 拷贝”图层。选择“背景”图层，单击“图层”面板下方的“创建新图层”按钮，得到“图层1”图层，如图10-132所示。

03 选择横排文字工具，设置字型为“黑体”，大小为“160点”，抗锯齿方法为“浑厚”，字体颜色为黑色，如图10-133所示。

图10-133

04 隐藏“背景 拷贝”图层，选中“图层1”图层，在工作区内单击，输入“pscc 高手教程”几个字，如图10-134和图10-135所示。

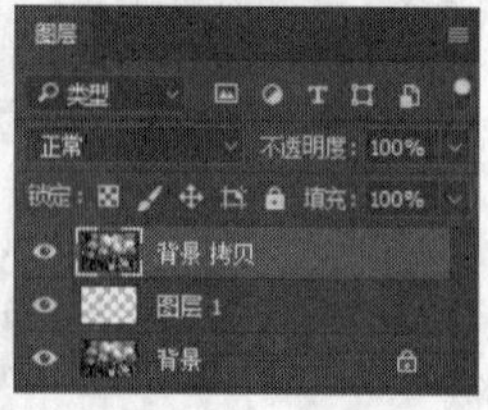

图10-132

05 选择“背景 拷贝”图层，执行“图层→创建剪贴蒙版”命令，隐藏“背景”图层，如图10-136和图10-137所示。

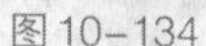

图10-134

图10-135

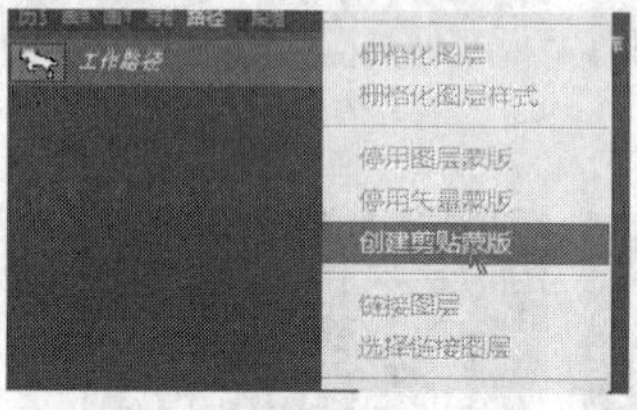

图10-136

图10-137

06 单击“背景 拷贝”图层，选择移动工具，在工作区内按住鼠标左键左右拖曳“背景 拷贝”图层，可观看到不同的效果，如图10-138和图10-139所示。

图10-138

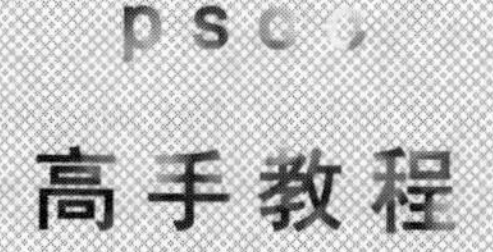

图10-139

10.5.2 剪贴蒙版中的图层结构

在剪贴蒙版中，最下边的图层（箭头指向的图层）叫基层图层，基层图层上方的图层叫内容图层，基层图层只有一个，内容图层可以有一个或多个。基层图层名称带有下划线，内容图层的缩览图是缩进的，并有一个剪贴蒙版的标志，如图10-140所示。

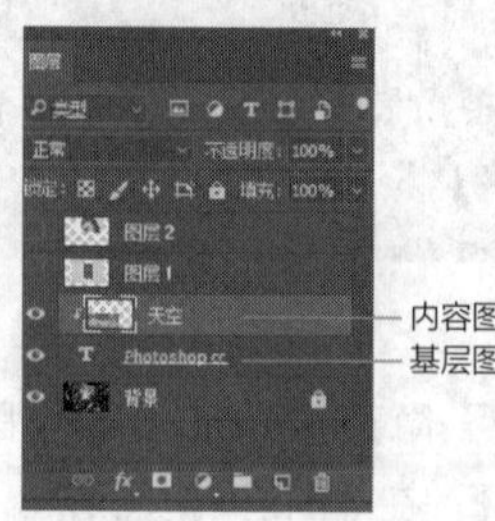

图10-140

移动内容图层，则工作区的显示内容会随之改变，如图10-141至图10-144所示。

图10-141

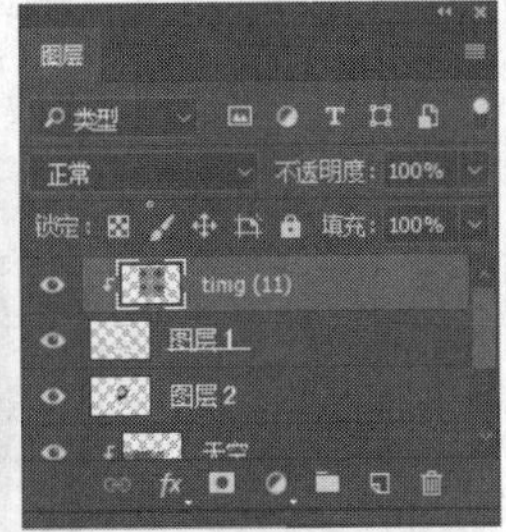
图10-142

图10-143

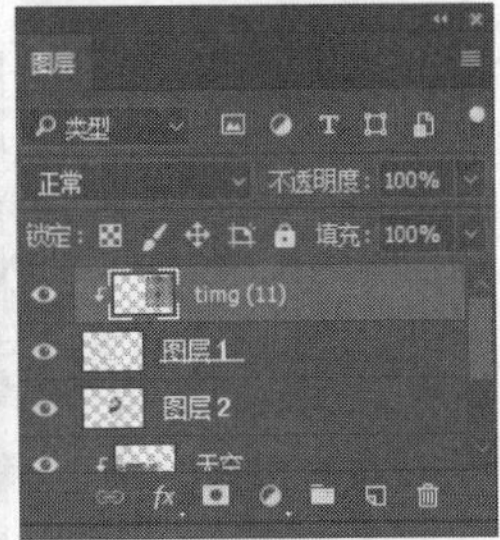
图10-144

10.5.3 将图层加入或移出剪贴蒙版

拖曳需要创建剪贴蒙版的图层缩览图到基层图层和内容图层之间，或拖曳到内容图层上方，单击鼠标右键，打开快捷菜单执行“创建剪贴蒙版”命令，即可将图层加入剪贴蒙版中，如图10-145所示。

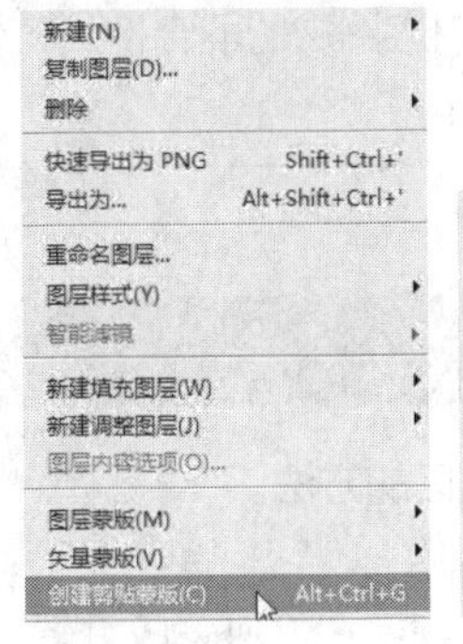
图10-145

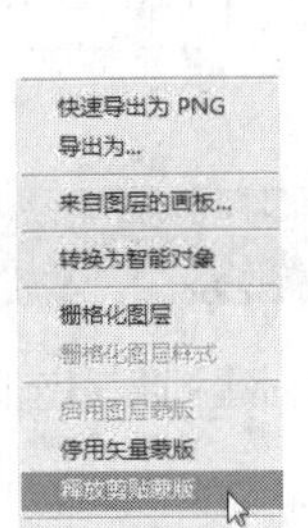
图10-146

如果要将剪贴蒙版的内容图层移出剪贴蒙版，或释放内容图层，单击鼠标右键，打开快捷菜单执行“释放剪贴蒙版”命令，就可以实现，如图10-146所示。

提示

由于剪贴蒙版的内容图层是连续的，所以在选择内容图层中间的图层，并且单击鼠标右键执行“释放剪贴蒙版”命令时，会同时将该图层上方的其他内容图层移出，如图10-147所示。释放“图层1”图层，会将“图层1”图层上方的“timg（11）”内容图层一块移出，如图10-148所示。

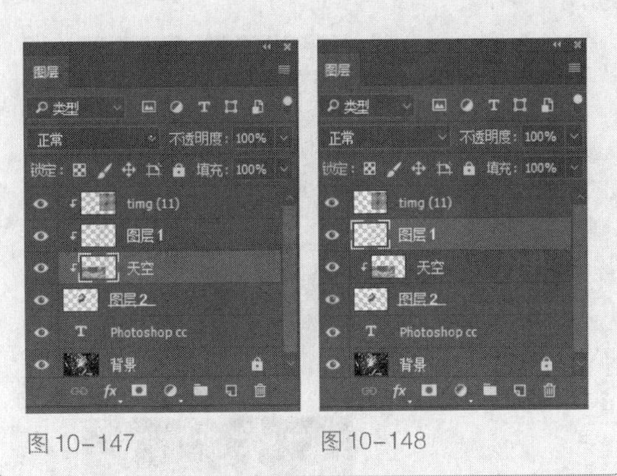
图10-147　图10-148

10.5.4 释放剪贴蒙版

选择剪贴蒙版最底层的内容图层，执行“图层→释放剪贴蒙版”命令，或按Alt+Ctrl+G组合键，可以释放全部内容图层，如图10-149至图10-152所示。

图10-149

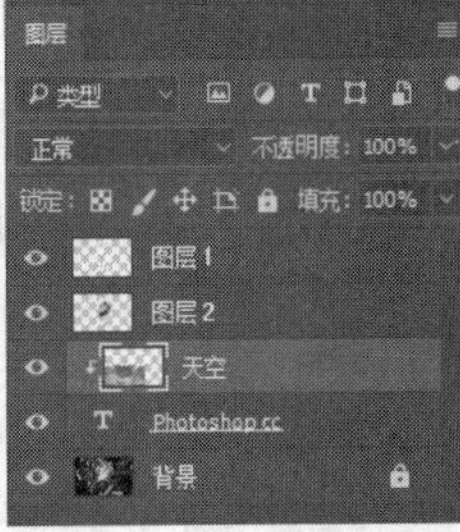
图10-150

图10-151

图10-152

10.5.5 剪贴蒙版的不透明度设置

由于剪贴蒙版中的内容图层使用的是基层图层的不透明度属性，所以调节基层图层的不透明度，就可以控制整个剪贴蒙版的不透明度。图10-153

和图10-154所示的基层“不透明度”为“100%”，图10-155和图10-156所示的基层“不透明度”为“70%”。

图10-153

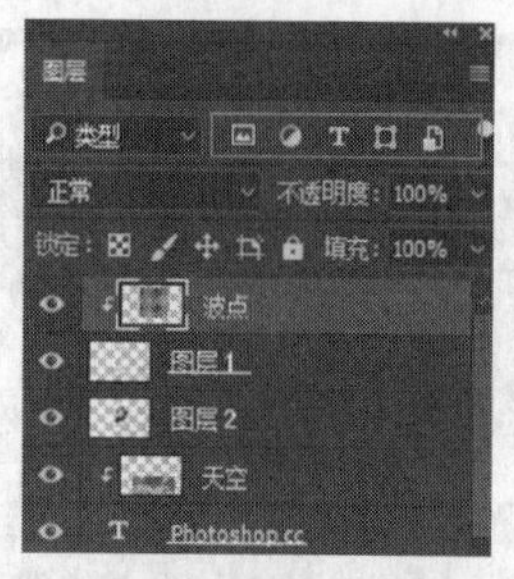

图10-154

图10-155

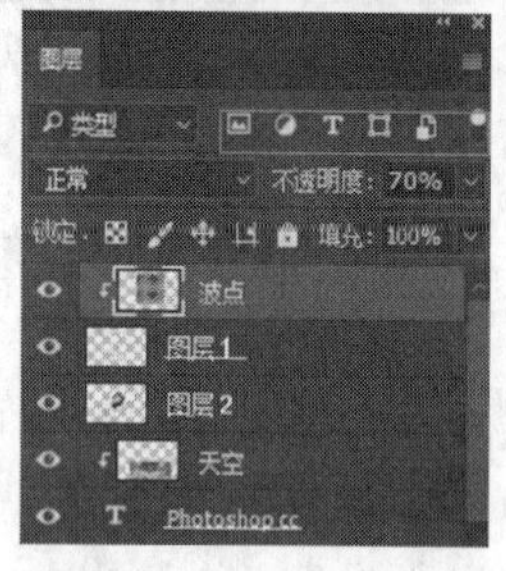

图10-156

别为基层图层设置“强光”和“明度”的混合模式，得到的效果如图10-157至图10-160所示。

图10-157

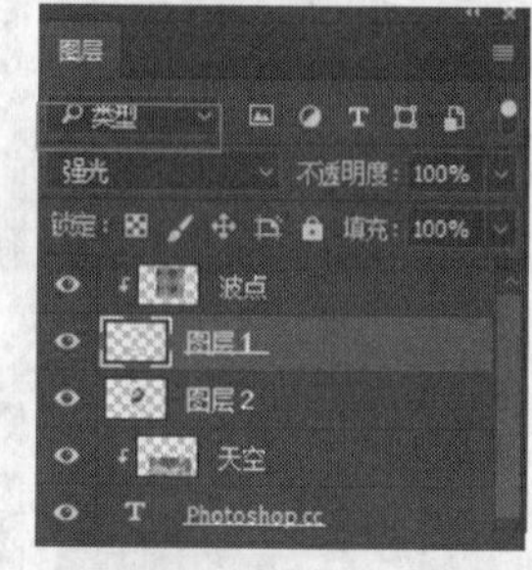

图10-158

图10-159

图10-160

10.5.6 剪贴蒙版的混合模式设置

由于剪贴蒙版中的内容图层使用的是基层图层的混合模式属性，所以调节基层图层的混合模式可以控制整个剪贴蒙版的混合模式。分

提示

调节内容图层的混合模式，仅仅对当前内容图层产生作用。

10.6 快速蒙版

快速蒙版是编辑选区的临时环境，是一种重要的创建和编辑选区的方法。

双击工具箱中的“以快速蒙版模式编辑”按钮，即可弹出“快速蒙版选项”对话框，如图10-161所示。在快速蒙版编辑模式下，系统默认“色彩指示”为“被蒙版区域”，“颜色”为“不透明度”是“50%”的红色。

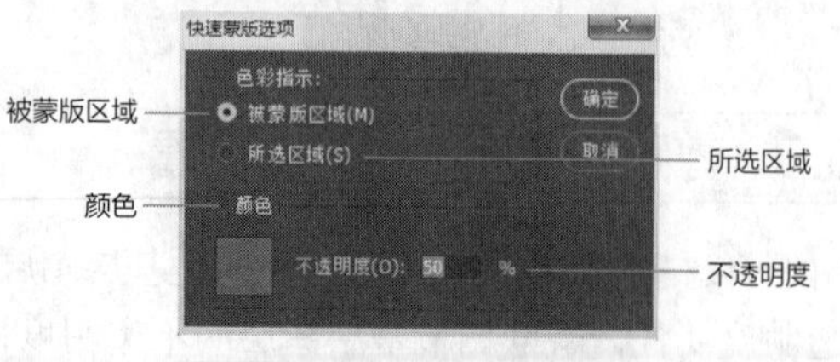

图10-161

- 被蒙版区域：在快速蒙版编辑模式下使用画笔涂抹时，颜色所指示的是图像中被遮蔽的区域。图10-162所示中半透明的红色指示的是被蒙版区域。退出快速蒙版模式后，半透明红色以外的区域将会变成选区，如图10-163所示。

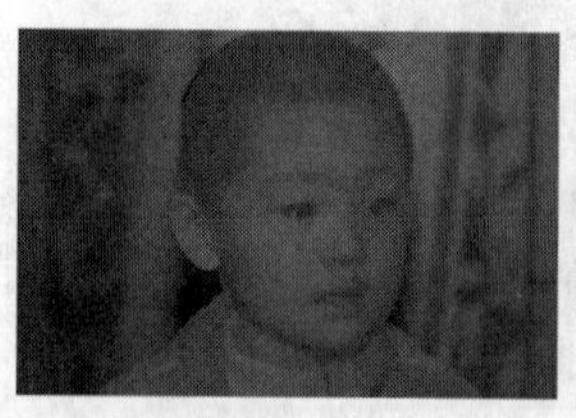

图10-162

图10-163

- **所选区域**：在快速蒙版编辑模式下使用画笔涂抹时，颜色所指示的是图像中被选择的区域。退出快速蒙版模式后，半透明红色区域将会变成选区，如图10-164和图10-165所示。

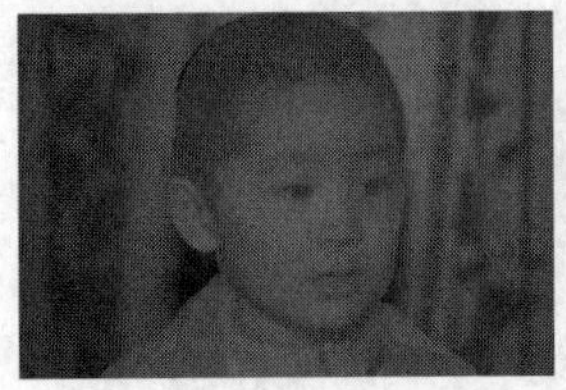
图10-164

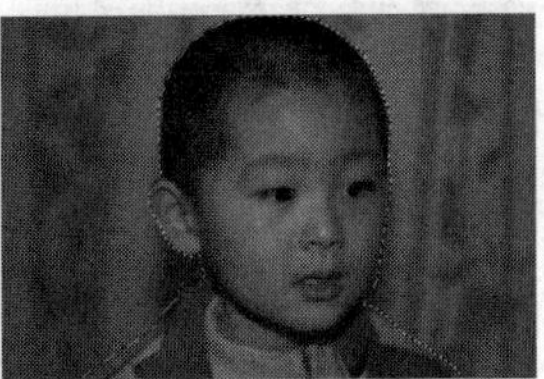
图10-165

- **颜色**：用于设置使用画笔时，颜色指示区域的颜色。有时候需要根据所选图像的颜色信息，选择一些在图中对比强烈的颜色，这样容易分辨选区边缘。图10-166和图10-167所示为设置不同颜色时的状态。
- **不透明度**：用于设置色彩指示区域中颜色的不透明度。图10-168和图10-169所示分别为不透明度是70%和40%时的状态。

图10-166

图10-167

图10-168

图10-169

实战演练 快速抠出背景复杂的人物

01 按Ctrl+O组合键打开“人物3”“背景2”文件，如图10-170和图10-171所示。

图10-170

图10-171

02 将“人物3”移动到“背景2”文档中，如图10-172和图10-173所示。

图10-172

03 双击工具箱中的“以快速蒙版模式编辑”按钮，在弹出的“快速蒙版选项”对话框中设置“所选区域”、红色、“50%”不透明度，如图10-174所示。

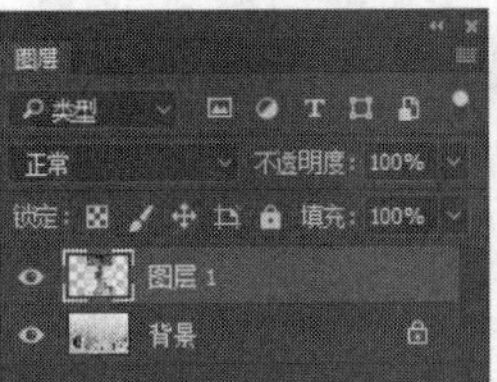

图10-173

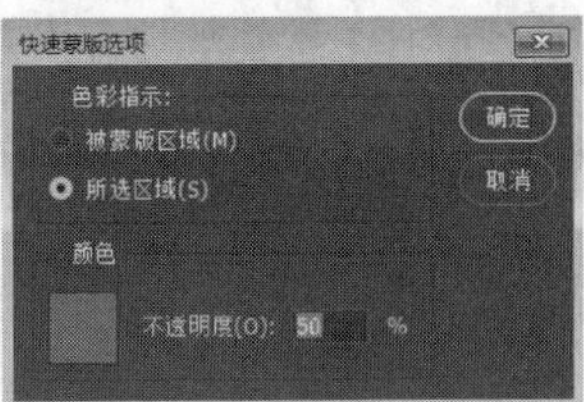

图10-174

04 选择“图层1”图层，按Q键进入快速蒙版模式，按D键恢复前景色为黑色，设置画笔“大小”和“硬度”分别为“10像素”和“100%”，如图10-175所示，沿着需要抠出图像的边缘涂抹，如图10-176所示。

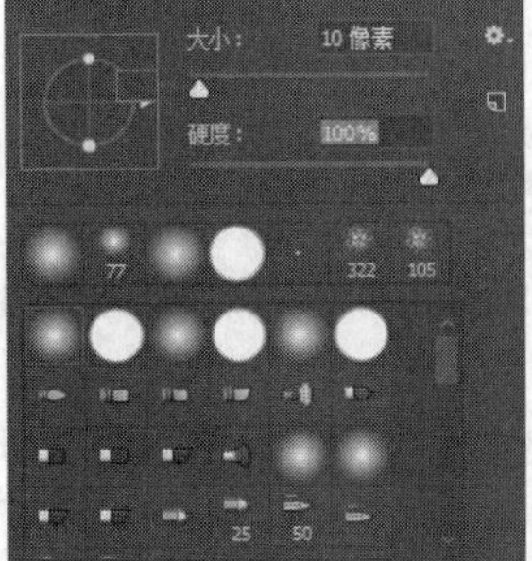

图10-175

图10-176

05 如果涂抹的区域超出人物的边缘，可以用白色笔刷将多涂的地方重新修补回来，如图10-177所示。

06 将人物的边缘涂抹完成，如图10-178所示。

图10-177

图10-178

07 设置画笔“大小”和“硬度”分别为“50像素”和“100%”，如图10-179所示。

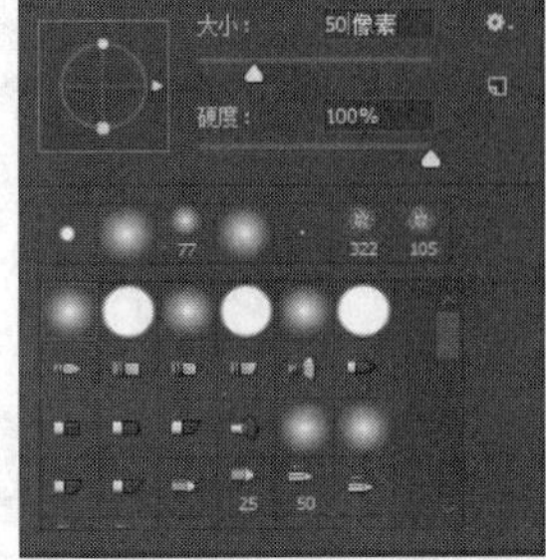

图10-179

08 用设置好的画笔将人物的中间部分涂抹完整，如图10-180所示。

09 按Q键退出快速蒙版模式，此时红色半透明区域将变成选区，如图10-181所示。

10 单击“图层”面板下方的“添加图层蒙版”按钮，

为“图层1”图层添加一个图层蒙版，此时选区外的图像会被遮蔽，如图10-182和图10-183所示。

图10-180　　图10-181

图10-182

图10-183

11 按Ctrl+T组合键调整“图层1”图层图像的大小、位置等参数，如图10-184所示。执行“文件→置入嵌入的智能对象”命令，将文字文件置入当前文档中。按Ctrl+T组合键调整文字图层的大小和位置，如图10-185所示。

图10-184

图10-185

12 按Ctrl+Shift+Alt+E组合键盖印可见图层，选择矩形选框工具，在画布中创建图10-186所示的选区。按Q键进入快速蒙版模式，如图10-187所示。

图10-186

图10-187

13 执行“滤镜→滤镜库→扭曲→玻璃”命令，设置“扭曲度”为“3”，“平滑度”为“1”，“纹理”为“小镜头”，“缩放”为“150%”，如图10-188所示。单击“确定”按钮，得到图10-189所示的效果。

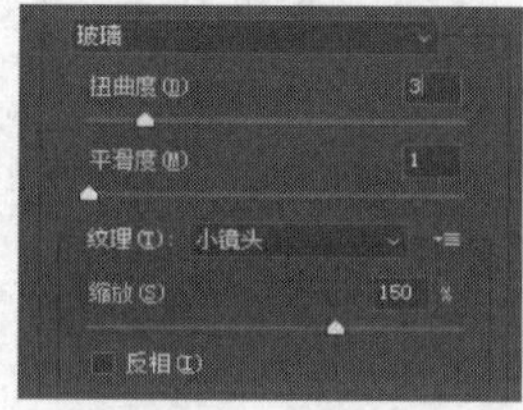

图10-188

图10-189

14 按Q键退出快速蒙版模式，按Ctrl+Shift+I组合键反转选区，按Delete键删除选区内图像，执行“编辑→描边”命令，弹出图10-190所示的“描边”对话框，设置描边颜色为灰色（R161、G160、B168），“宽度”为“2像素”，隐藏其他图层，得到图10-191所示的效果。

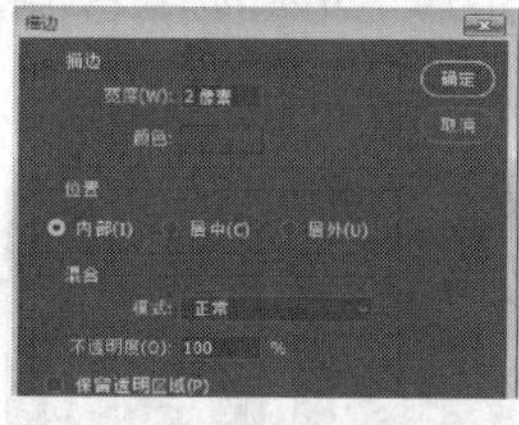

图10-190

图10-191

15 单击“图层”面板下方的“创建新图层”按钮，按Ctrl+ Delete组合键用白色填充，调整图层顺序如图10-192所示，得到效果如图10-193所示。

图10-192

图10-193

10.7　图层的不透明度与混合模式设置

不透明度用于控制图层、图层组中绘制的像素和形状以及图层样式的不透明度。混合模式是Photoshop的核心功能之一，它决定了像素的混合方式，可用于合成图像、制作选区和特殊效果，并且不会对图像造成任何实质性的破坏。

10.7.1 设置图层的不透明度

通过改变图层不透明度属性，可以改变图层的透明效果，系统默认图层的不透明度为100%。当图层不透明度为100%时，当前图层会完全遮住下方图层，如图10-194和图10-195所示。

图10-194

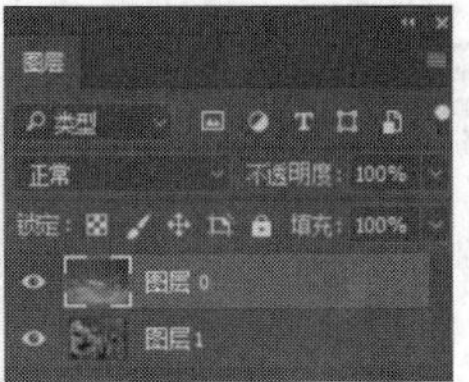
图10-195

当不透明度小于100%时，会不同程度地显示下方图层的内容。图10-196和图10-197所示分别是不透明度为70%和40%时的效果。

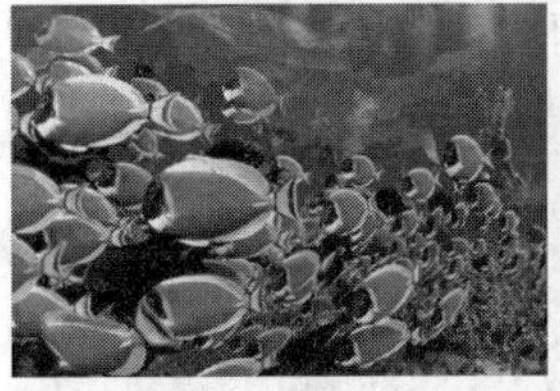
图10-196

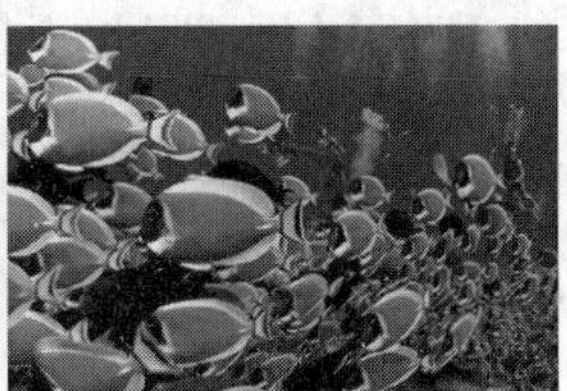
图10-197

如果需要设置图层的不透明度，可以选择图层，在“图层”面板右上角的“不透明度”数值框中设置，如图10-198所示。

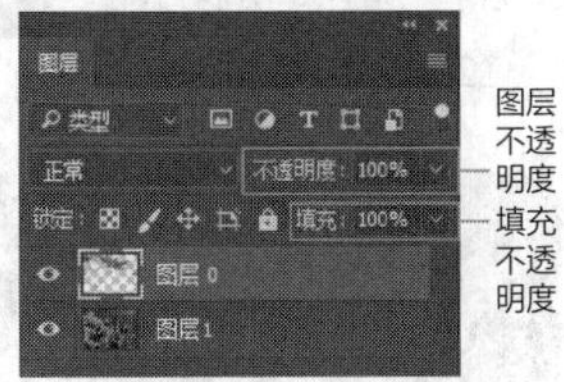

图10-198

提示

与图层“不透明度”不同，图层“填充”的“不透明度”只能改变在当前图层上使用绘图类工具绘制的图像的不透明度，而不会影响“图层样式”的透明效果。图10-199所示为添加了外发光图层样式的原图像。设置“图层1”图层不透明度为50%时，效果如图10-200所示，外发光效果也会随之变化；设置“图层1”图层“填充”的“不透明度”为“50%”时，效果如图10-201所示，外发光效果不会改变。

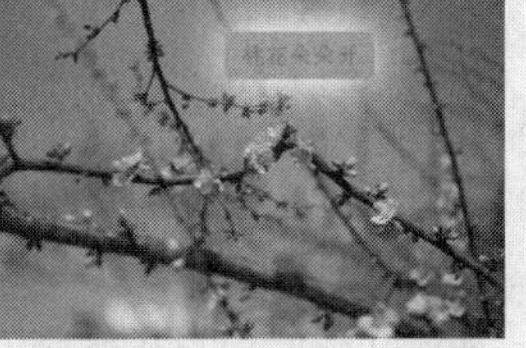
图10-199

图10-200

图10-201

10.7.2 设置图层的混合模式

在Photoshop中，混合模式分为工具混合模式和图层混合模式。工具混合模式出现在画笔工具、渐变工具的工具选项栏或填充、描边等命令的对话框中。图10-202和图10-203所示分别为画笔和渐变工具选项栏中的混合模式。

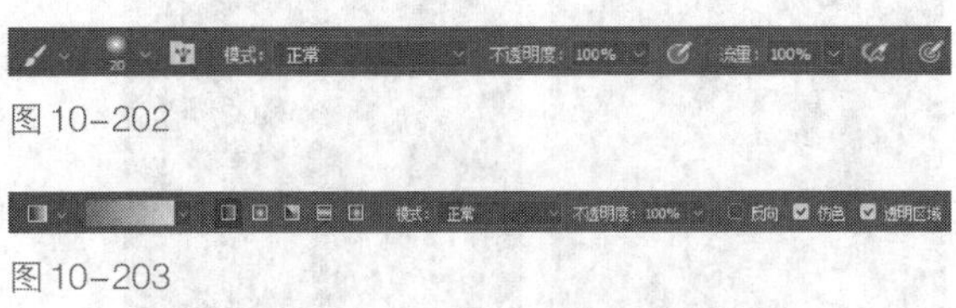
图10-202

图10-203

它们的功能基本上是相同的，除“背景”图层外，在“图层”面板中的其他图层都可以设置混合模式，如图10-204所示。混合模式中的图层混合模式应用最广泛，所以在此以图层混合模式为例来讲解混合模式。

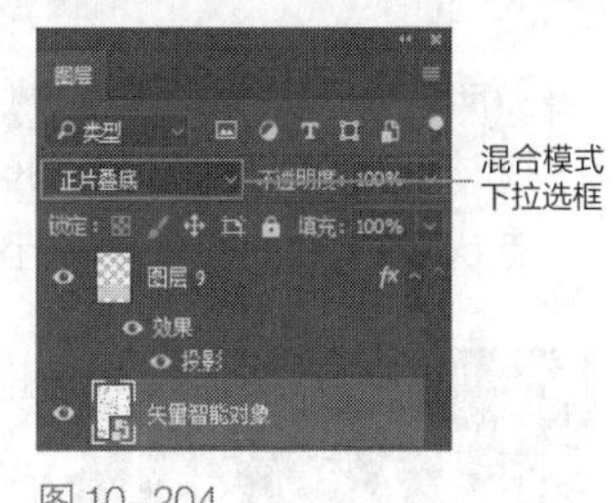

图10-204

选择需要设置混合模式的图层，单击“图层”面板混合模式下拉列表框 正常 ，会弹出图10-205所示下拉列表。在下拉列表中有27种可以产生不同效果的混合模式。

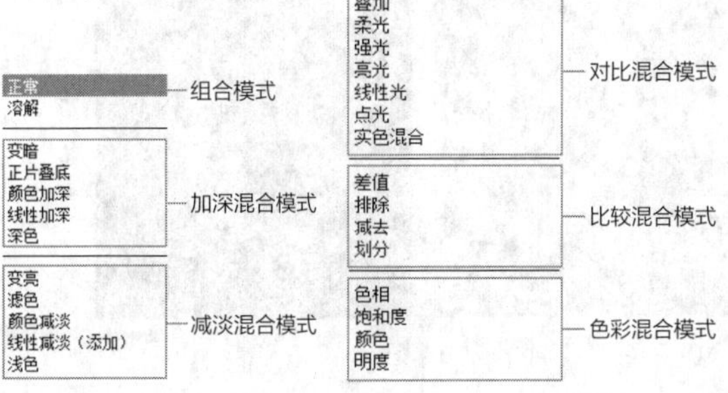

图10-205

> **提示**
>
> 按住Shift键的同时，按“+”或“-”键可以快速切换当前图层的混合模式。

组合模式

- **正常**：Photoshop默认的混合模式。选择该选项，当前图层完全遮蔽下方图层，如图10-206至图10-209所示。

图10-206

图10-207

图10-208

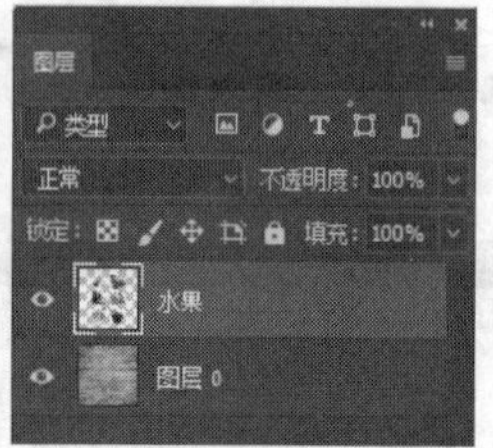

图10-209

- **溶解**：如果当前图层具有柔和的半透明边缘，选择该选项可以使半透明区域上的像素离散，产生点状颗粒，如图10-210至图10-213所示。

图10-210

图10-211

图10-212

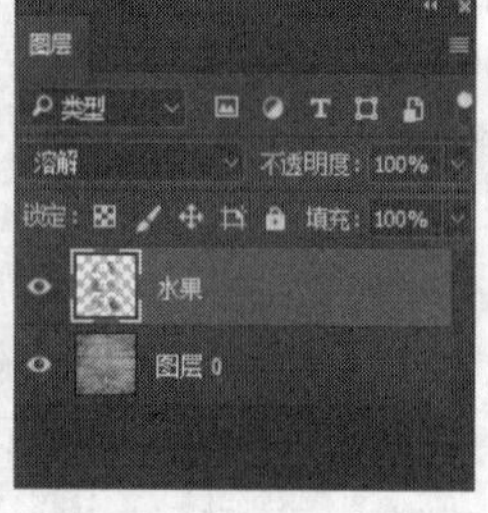

图10-213

加深混合模式

- **变暗**：将当前图层较暗的像素代替下方图层与之相对应的较亮的像素，下方图层中较暗的像素代替当前图层与之对应的较亮的像素，因此叠加后图像变暗，如图10-214至图10-217所示。

图10-214

图10-215

图10-216

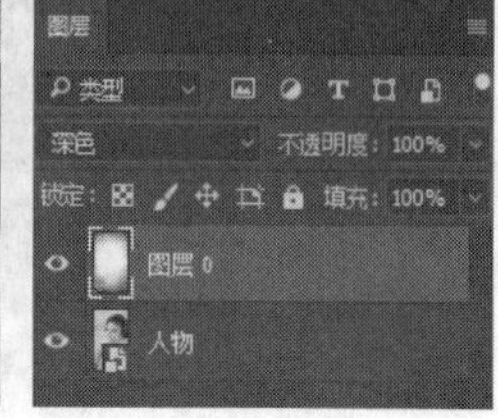

图10-217

- **正片叠底**：将当前图层与下方图层中较暗的像素合成，多用于添加图像阴影和细节，而不会完全消除下方图层阴影区域的颜色。原图如图10-218所示，由于图像过亮，而导致细节不够丰富，复制原图层并设置为“正片叠底”模式，如图10-219所示。这样，图像细节得到了加强，如图10-220所示。

图10-218

图10-219

图10-220

- **颜色加深**：选择该选项，将创建非常暗的阴影效果。图10-221所示为原图，复制原图层并设置为“颜色加深”模式，如图10-222所示，得到图10-223所示的效果。
- **线性加深**：使用该混合模式时，会查看图层每个通道的颜色信息，加暗所有通道的基色，并通过提高其他颜色

图10-221

的亮度来反映混合颜色，但该模式对白色无效。图10-224所示为原图，复制原图层并设置为“线性加深”模式，如图10-225所示，得到图10-226所示的效果。

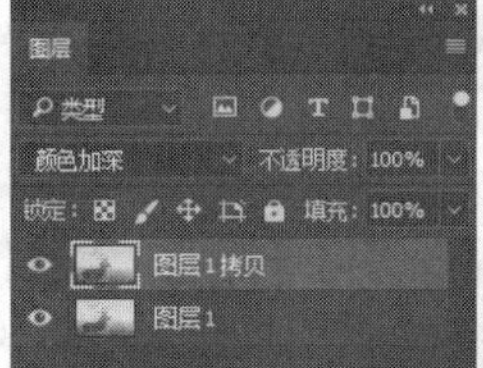

图10-222

图10-223

图10-224

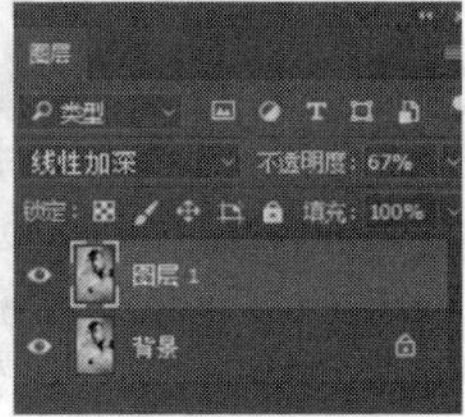

图10-225

图10-226

- 深色：将当前图层与下方图层之间的明暗色进行比较，用较暗一层的像素取代较亮一层的像素，如图10-227至图10-230所示。

图10-227

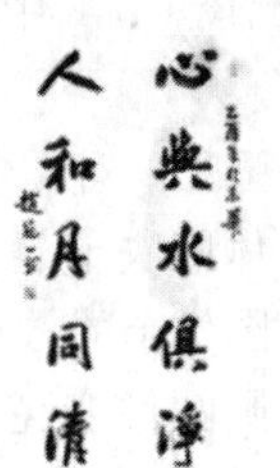
图10-228

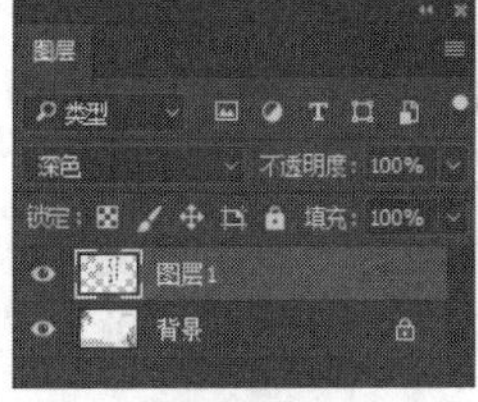

图10-229

图10-230

减淡混合模式

- 变亮：此模式与变暗模式正好相反，即将当前图层较亮的像素替换下方图层与之相对应的较暗的像素，下方图层中较亮的像素替换当前图层与之对应的较暗的像素，因此叠加后图像变亮，如图10-231至图10-234所示。

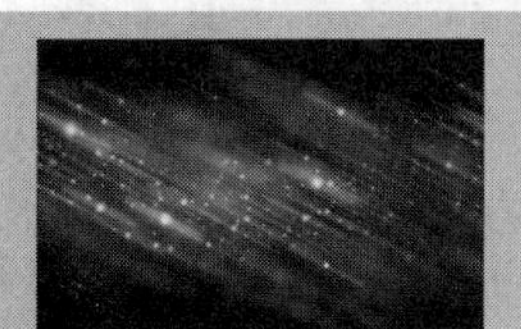
图10-231

图10-232

图10-233

图10-234

- 滤色：此模式与正片叠底模式相反，即将当前图层与下方图层中较亮的像素合成，通常能得到漂白图像颜色的效果。图10-235所示为原图，复制原图层并设置为“滤色”模式，如图10-236所示，得到图10-237所示的效果。

图10-235

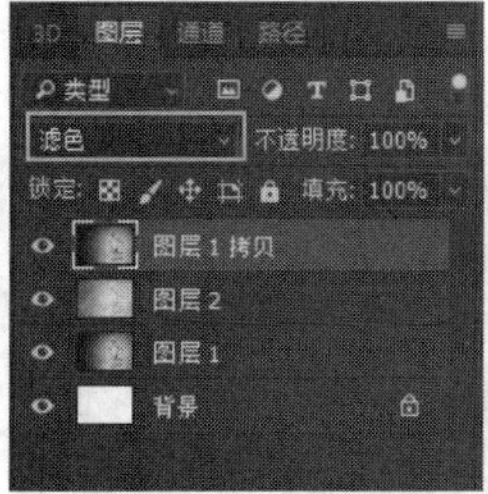

图10-236

图10-237

- 颜色减淡：此模式可以生成非常亮的合成效果，主要是通过查看每个颜色通道的颜色信息，增加其对比度而使颜色变亮。图10-238所示为原图，复制原图层并设置为“颜色减淡”模式，如图10-239所示，得到图10-240所示的效果。

图10-238

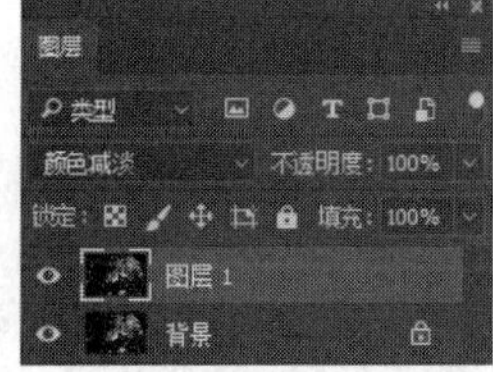

图10-239

图10-240

- **线性减淡**：使用该混合模式时，会查看图层每个通道的颜色信息，加亮所有通道的基色来反映混合颜色，但该模式对黑色无效。图10-241所示为原图，复制原图层并设置为“线性减淡（添加）”模式，如图10-242所示，得到图10-243所示的效果。

图10-241

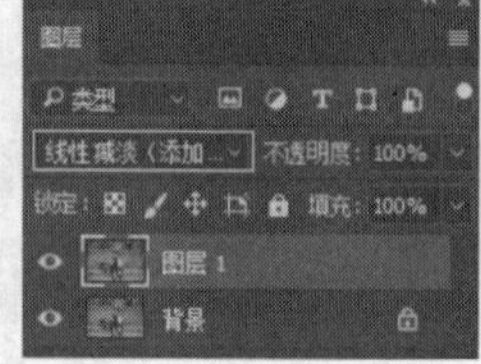

图10-242

图10-243

- **浅色**：比较两个图层的所有通道值的总和并显示值较大的颜色，不会生成第3种颜色，如图10-244至图10-247所示。

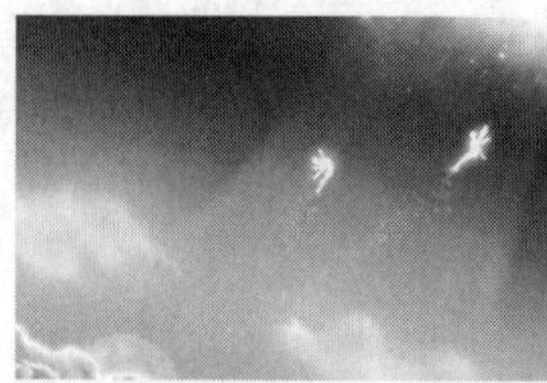
图10-244

图10-245

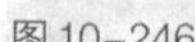
图10-246

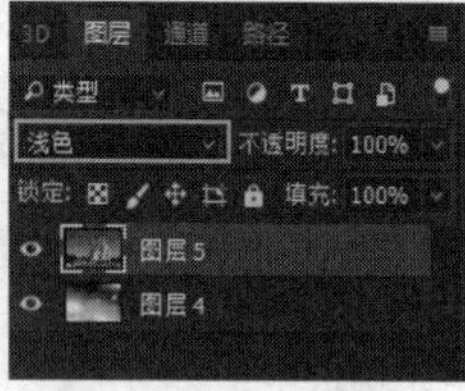

图10-247

对比混合模式

- **叠加**：当前图层的颜色会被叠加到底色上，但保留底色的高光和阴影部分，此模式可使底色的图像饱和度及对比度得到相应的提高，使图像更加鲜亮。图10-248所示为原图，复制原图层并设置为“叠加”模式，如图10-249所示，得到图10-250所示的效果。

图10-248　图10-249　图10-250

- **柔光**：当前图层中的明暗程度决定了图像变亮还是变暗。如果当前图层中的像素比50%灰色亮，则图像变亮；如果像素比50%灰色暗，则图像变暗。此模式可以产生与发散的聚光灯照在图像上相似的效果。图10-251和图10-252所示为应用“柔光”模式前后的对比图。

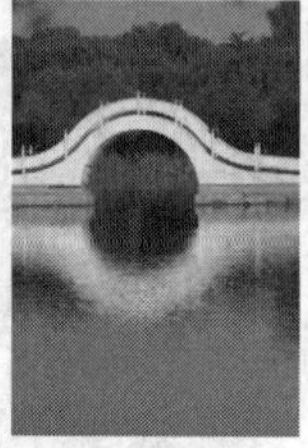
图10-251

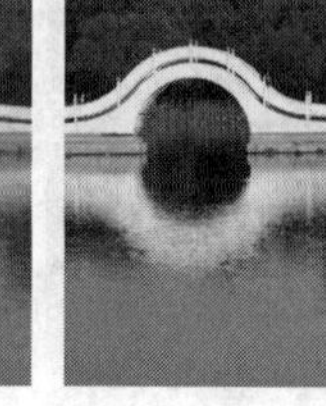
图10-252

> **提示**
>
> 使用“柔光”模式后，图像中的暗部会显得比较黑，其中的细节会消失。

- **强光**：对颜色进行“正片叠底”或“滤色”，具体取决于混合色。此效果与耀眼的聚光灯照在图像上的效果相似。如果混合色比50%灰色亮，则图像变亮，就像使用“滤色”后的效果；如果混合色比50%灰色暗，则图像变暗，就像使用“正片叠底”后的效果。图10-253和图10-254所示为应用“强光”模式前后的对比图。

图10-253

图10-254

- **亮光**：通过增加或降低对比度来加深或减淡颜色，如果当前图层的像素比50%灰度亮，则会降低对比度使图像变亮；反之，图像被加深。图10-255所示为原图，复制原图

图10-255

层并设置为“亮光”模式，如图10-256所示，得到图10-257所示的效果。

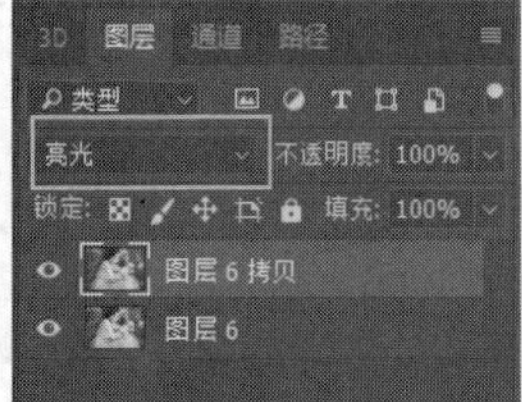

图10-256

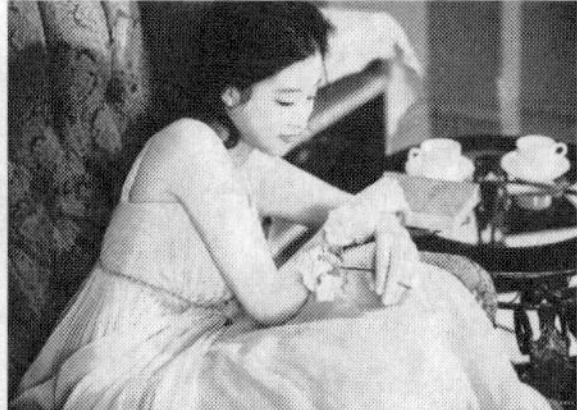
图10-257

- **线性光**：如果当前图层中的像素比50%灰色亮，会增加亮度使图像变亮；如果当前图层中的像素比50%灰色暗，会减小亮度使图像变暗。与“强光”模式相比，“线性光”模式可以使图像产生更高的对比度。图10-258所示为原图，复制原图层并设置为“线性光”模式，如图10-259所示，得到图10-260所示的效果。

图10-258

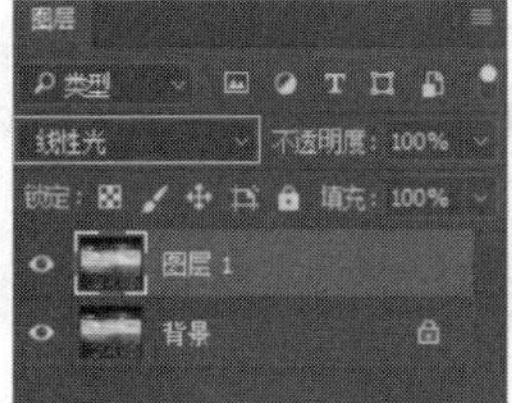

图10-259

图10-260

- **点光**：可以根据混合色替换颜色，主要用于制作特效，它相当于“变亮”模式与“变暗”模式的组合。替换颜色具体取决于混合色。如果混合色比50%灰色亮，则替换比混合色暗的像素，并且不改变比混合色亮的像素；如果混合色比50%灰色暗，则替换比混合色亮的像素，并且不改变比混合色暗的像素，如图10-261至图10-264所示。

图10-261

图10-262

图10-263

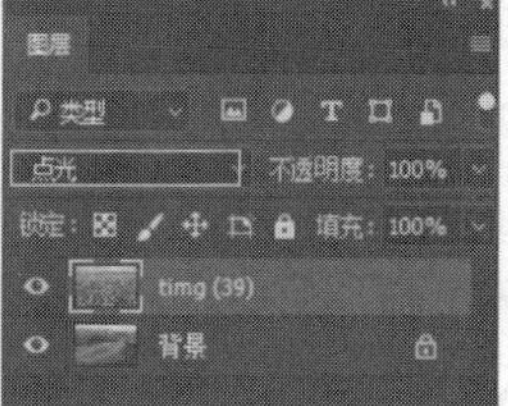

图10-264

- **实色混合**：选择该选项，可增加颜色的饱和度，使图像产生色调分离的效果。如果当前图层中的像素比50%灰色亮，则会使下方图像变亮；如果当前图层中的像素比50%灰色暗，则会使下方图像变暗。图10-265所示为原图，复制原图层并设置为“实色混合”模式，如图10-266所示，得到图10-267所示的效果。

图10-265

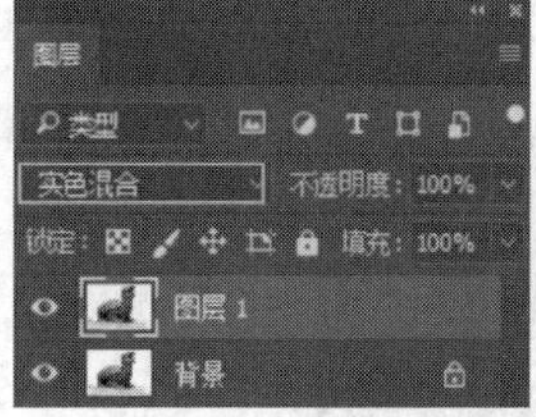

图10-266

图10-267

比较混合模式

- **差值**：使用该模式后，当前图像中的白色区域会使图像产生反相的效果，而黑色区域则会越接近底层图像，如图10-268至图10-271所示。

图10-268

图10-269

图10-270

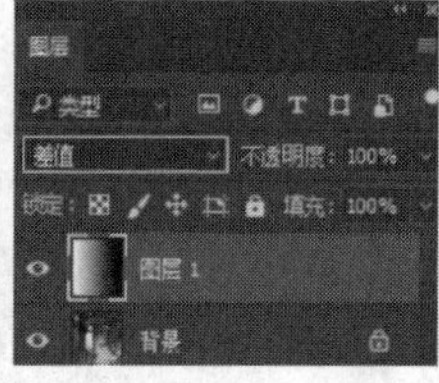

图10-271

- **排除**：“排除”模式可比“差值”模式产生更为柔和的效果，该模式会创建一种与“差值”模式相似但对比度更低的效果。与白色混合时，将反转基色值，与黑色混合则不发生变化，如图10-272

和图10-273所示。

- **减去**：可以从目标通道中相应的像素上减去源通道中的像素值，如图10-274和图10-275所示。

图10-272　图10-273

图10-274

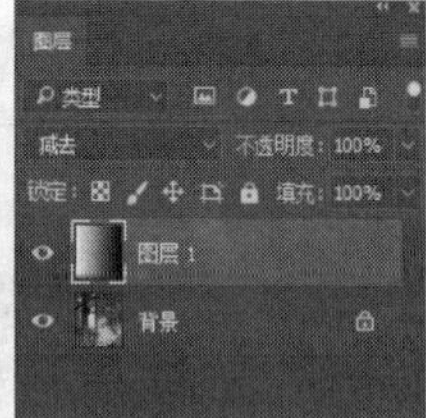

图10-275

- **划分**：查看每个通道中的颜色信息，从基色中划分混合色，如图10-276和图10-277所示。

图10-276

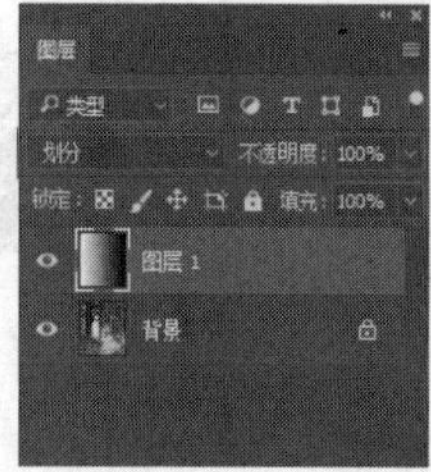

图10-277

色彩混合模式

- **色相**：将当前图层的色相应用到底层图像的亮度和饱和度中，可以改变底层图像的色相，但不会影响其亮度和饱和度。对于黑色、白色和灰色区域，该模式不起作用，如图10-278至图10-281所示。

图10-278

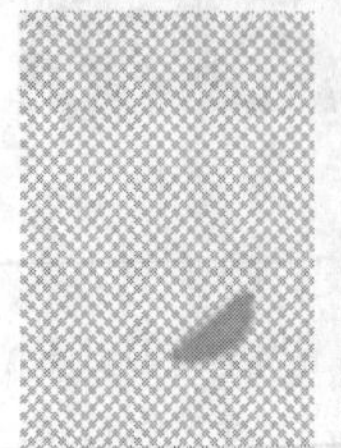

图10-279

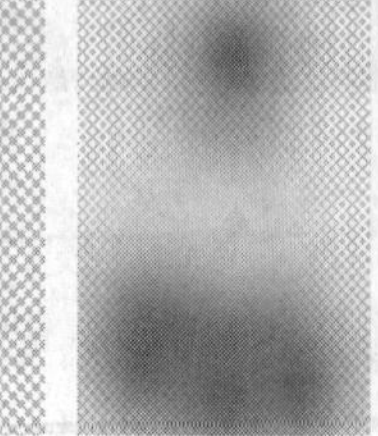

图10-280

图10-281

- **饱和度**：将当前图层的饱和度应用到底层图像的亮度和色相中，可以改变底层图像的饱和度，但不会影响其亮度和色相，如图10-282至图10-285所示。

图10-282

图10-283

图10-284

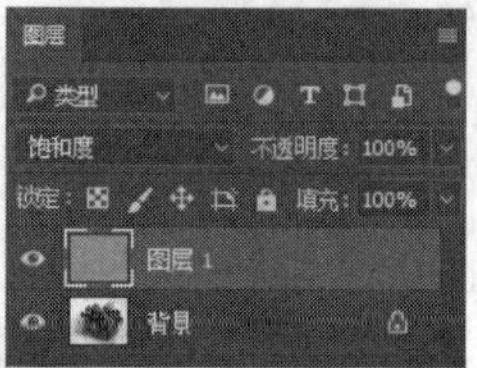

图10-285

- **颜色**：将当前图层的色相与饱和度应用到底层图像中，但保持底层图像的亮度不变，如图10-286至图10-289所示。

图10-286

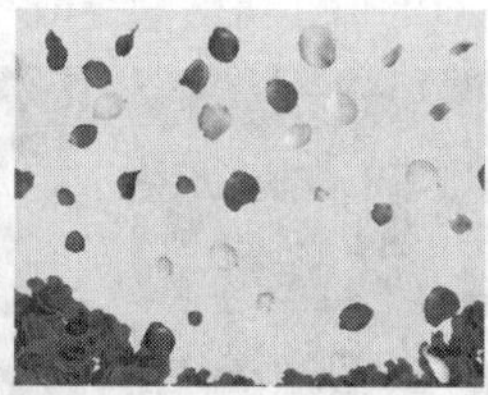

图10-287

图10-288

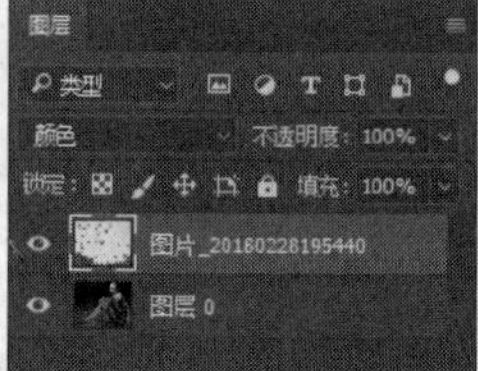

图10-289

- **明度**：选择此模式，可以在很好地保持图像明暗层次的同时，将图像自然地融入背景图像中，如图10-290至图10-293所示。

图10-290

图10-291

图10-292

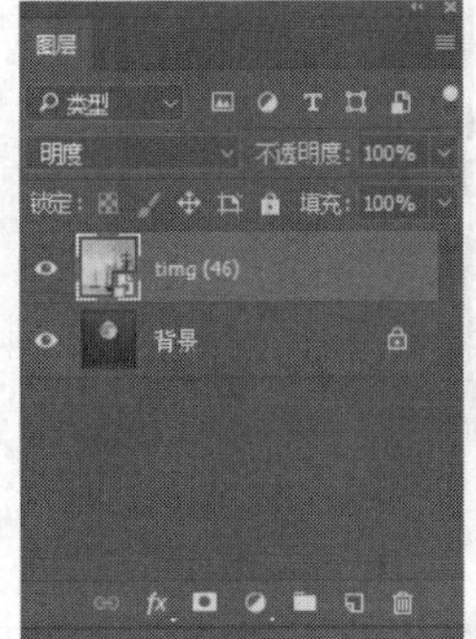

图10-293

> **提示**
>
> 图层没有“清除”混合模式。对于“Lab颜色”模式的图像，“颜色减淡”“颜色加深”“变暗”“变亮”“差值”“排除”“减去”“划分”模式都不可用。

实战演练 制作梦幻色调图像效果

01 执行“文件→打开”命令，打开素材文件，如图10-294所示，图层面板如图10-295所示。

图10-294

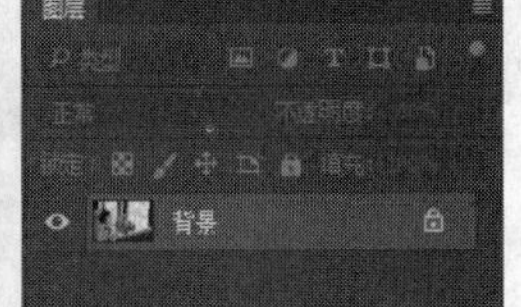

图10-295

02 拖曳“背景”图层缩览图至“图层”面板下方的“创建新图层”按钮上，创建“背景 拷贝”图层，按Ctrl+M组合键调出“曲线”对话框，调整曲线，设置“输入”为“190”，“输出”为“80”，如图10-296所示，这样可以增强图像的暗部，得到图10-297所示的效果。

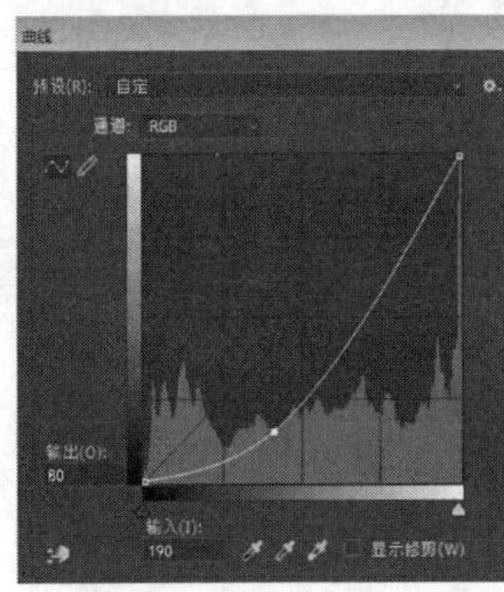

图10-296

图10-297

03 单击“图层”面板下方的“添加图层蒙版”按钮，为“背景 拷贝”图层添加图层蒙版，设置画笔“大小”为“400像素”，“硬度”为“0%”，“不透明度”为“35%”，如图10-298所示。在图层蒙版中人物图像处和图像较暗的地方进行涂抹，得到图10-299所示的效果。

图10-298

图10-299

04 拖曳“背景”图层缩览图至“图层”面板下方的“创建新图层”按钮上，创建“背景 拷贝2”图层，调整“背景 拷贝2”图层至“背景 拷贝”上方，将图层混合模式设为“柔光”，这样可以增加图像的明暗对比度，如图10-300和图10-301所示。

图10-300

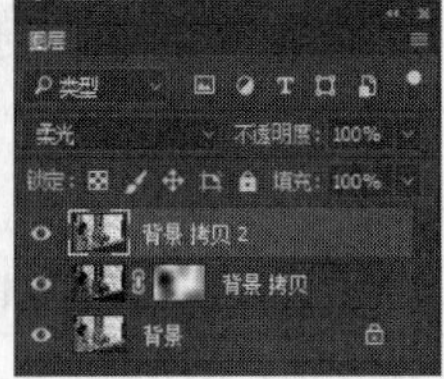

图10-301

05 执行“文件→置入嵌入的智能对象”命令，将“溶图”文件置入文档中。按Ctrl+T组合键调整图片大小至画布大小，设置“图层1”图层的混合模式为“颜色加深”，如图10-302和图10-303所示。

图10-302

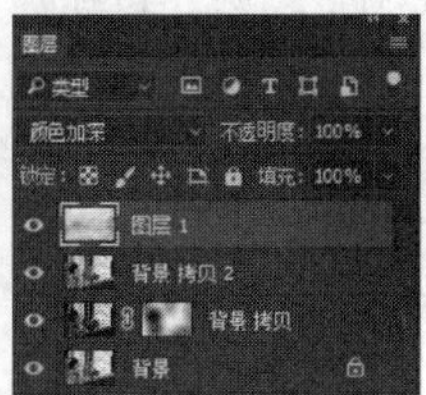

图10-303

06 执行“文件→置入嵌入的智能对象”命令，将“星光”文件置入文档中。按Ctrl+T组合键调整图片位置，设置“图层2”图层的混合模式为“滤色”，如图10-304和图10-305所示。

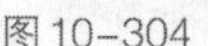

图10-304

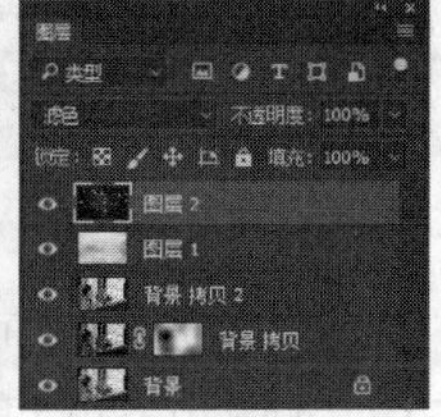

图10-305

07 单击“图层”面板下方的“添加图层蒙版”按钮，为“图层2”图层添加图层蒙版，选择画笔工具，在图层蒙版中人物图像皮肤处进行涂抹，将“图层2”图层中不需要显示的区域遮蔽，如图10-306和图10-307所示。

这样我们就制作出具有梦幻色调效果的照片。

图10-306

图10-307

10.8 填充图层

填充图层与平常的填充颜色或图案十分相似，但是填充图层是将填充信息保存在填充图层中，而没有直接改变图像的像素信息。填充图层包括纯色填充图层、渐变填充图层和图案填充图层，如图10-308所示。

图10-308

10.8.1 纯色填充图层

使用纯色（单色）填充图层可以为图像填充单色，这与按Alt+Delete组合键填充前景色，或者使用“填充”命令为图像填充单色相似，唯一的不同是使用纯色填充图层不会破坏图像本身。在添加纯色填充图层时，单击“图层”面板下方的“创建新的填充或调整图层”按钮，在弹出的菜单中执行“纯色”命令，或执行“图层→新建填充图层→纯色”命令，在弹出的“新建图层”对话框中单击“确定”按钮，会弹出“拾色器（纯色）”对话框，如图10-309所示。

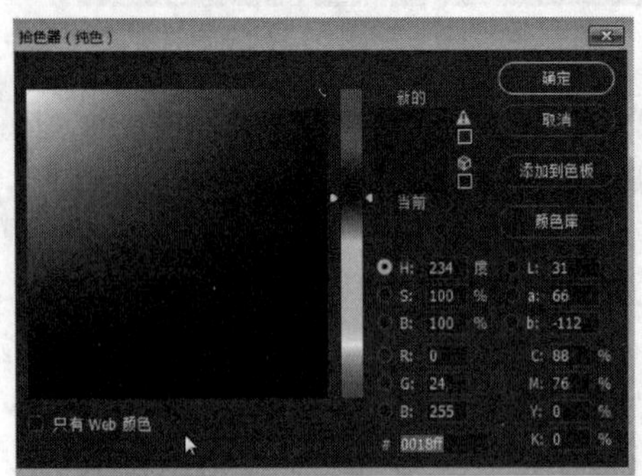

图10-309

选择其中的颜色，可以为当前图层添加纯色填充图层，如图10-310至图10-312所示。

图10-310

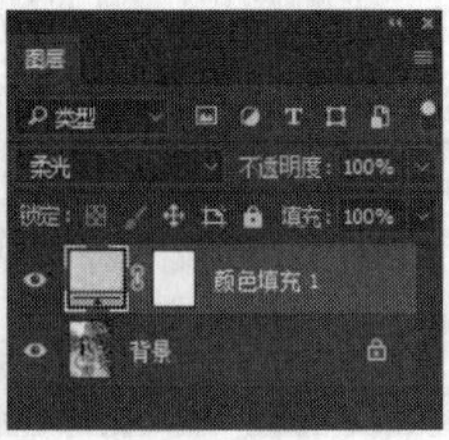

图10-311

图10-312

10.8.2 渐变填充图层

渐变填充图层与渐变命令相比，最大的优点是具有更好的可编辑性。单击“图层”面板下方“创建新的填充或调整图层”按钮，在弹出的菜单中执行“渐变”命令，如图10-313所示，将会弹出图10-314所示的“渐变填充”对话框，在其中可以设置渐变填充图层的渐变效果。

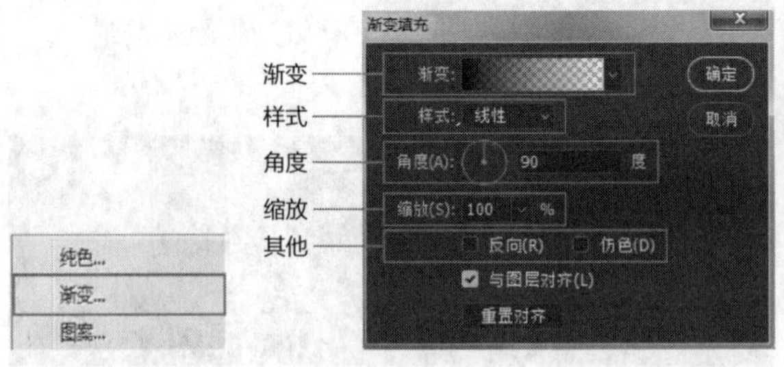

图10-313　　图10-314

- 渐变：单击“渐变”下拉列表框，会弹出图10-315所示的“渐变编辑器”对话框。在“渐变编辑器”对话框中可以自定义一个需要填充的渐变，或单击“渐变类型”下拉列表框右侧的按钮，在弹出的已有渐变列表中选择渐变。

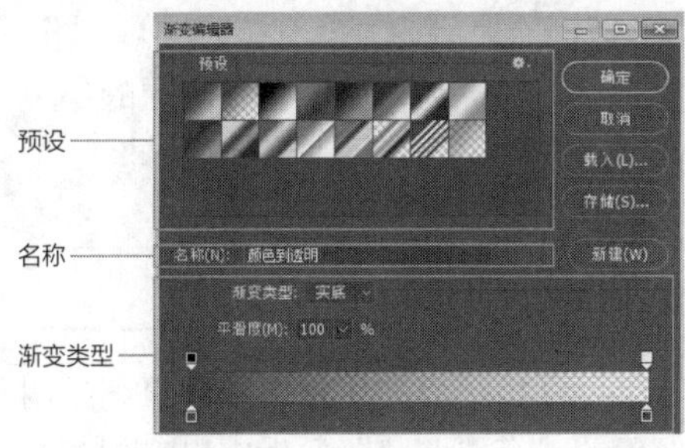

图10-315

- **样式**：可以在下拉列表中选择“线性”“径向”“角度”“对称的”“菱形”中的一种渐变样式。
- **角度**：可以控制当前渐变的角度。
- **缩放**：通过改变数值来控制渐变的大小（影响的范围）。
- **反向**：勾选该复选框，渐变的方向将与默认的相反。
- **仿色**：勾选该复选框，可以用较小的带宽创建较平滑的混合，也可以防止打印时出现条带化现象，但在屏幕上体现不出仿色的效果。
- **与图层对齐**：勾选该复选框，可以根据当前的渐变填充图层的大小进行填充。如果取消勾选，渐变将会填充整个画布大小。

单击“创建新的填充或调整图层”按钮，在弹出的菜单中执行“渐变”命令，或执行“图层→新建填充图层→渐变”命令，在“新建图层”对话框中单击“确定”按钮，弹出“渐变填充”对话框，如图10-316所示。选择相应的渐变，可以为当前图层添加渐变填充图层，如图10-317至图10-319所示。

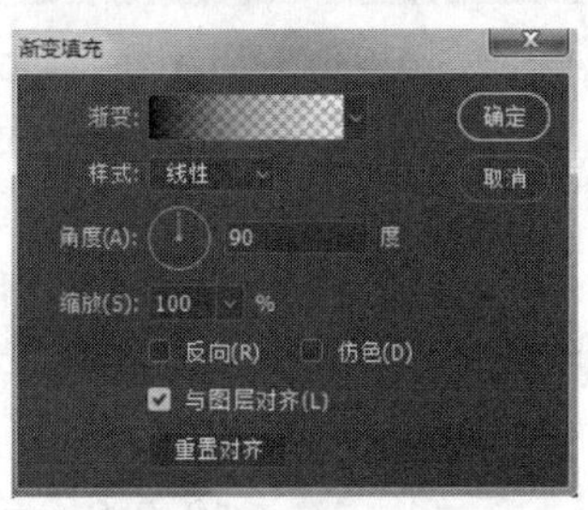

图10-316

图10-317

图10-318

图10-319

提示

在编辑“渐变填充”对话框时，如果想改变渐变填充的位置，直接在画布中拖曳渐变即可。

10.8.3 图案填充图层

单击“图层”面板下方“创建新的填充或调整图层”按钮，在弹出的菜单中执行“图案”命令，如图10-320所示，或执行“图层→新建填充图层→图案”命令，单击“确定”按钮后将会弹出图10-321所示的“图案填充”对话框。在对话框中选择图案并设置好缩放后，单击“确定”按钮就可以在当前图层上方创建图案填充图层。

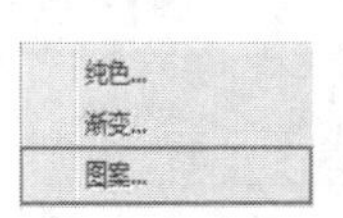

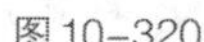

图10-320

图10-321

10.9 调整图层

调整图层是一种特殊的图层，它产生的效果将作用于其他的图层，与图像“调整”命令相似。

10.9.1 “调整”面板

执行“窗口→调整”命令可以调出“调整”面板，软件默认“调整”面板如图10-322所示。此面板列出了Photoshop提供的所有调整图层，单击相应的按钮可以添加对应的调整图层。

图10-322

如果已经创建调整图层，选择调整图层后，“属性”面板将变为图10-323所示的状态。

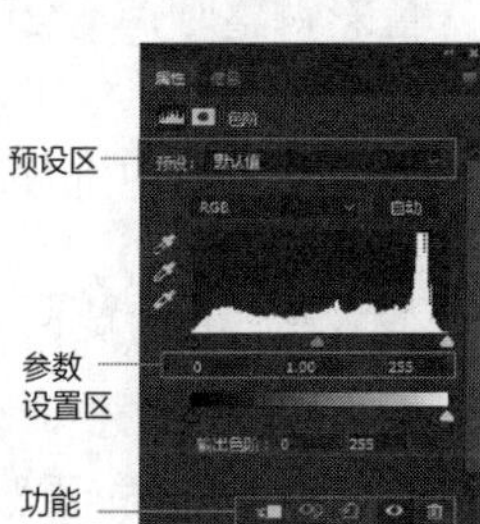

图10-323

- **预设区**：当我们选择了某种调整图层后，该下拉列表框中会出现当前调整图层的预设值，单击其中的命令即可应用该预设。
- **参数设置区**：在此区域可以对当前调整图层的参数进行设置，参数设置区因不同的调整图层而不同，图10-324和图10-325所示为其中两种调整图层的状态。

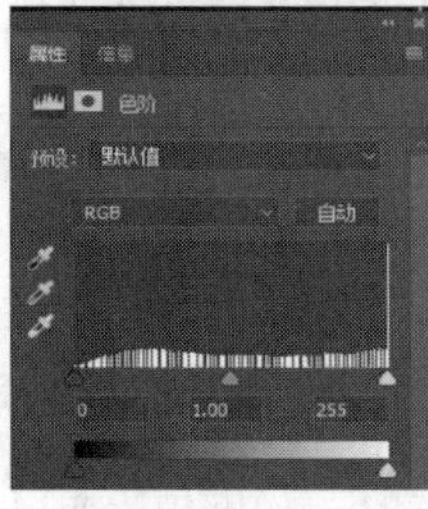
图 10-324

图 10-325

- **功能按钮区**：此区域包括一些与调整图层相关的操作，具体如下。

剪贴图层按钮：单击此按钮，当前的调整图层只会调整下方的一个图层。而在默认状态下，当前的调整图层会调整下方所有的图层。

查看上一状态按钮：当调整参数后，单击此按钮或按\键可以查看图像的上一个调整状态。

复位到调整默认值按钮：将调整参数恢复到默认值。

切换图层的可见性按钮：单击此按钮，可以隐藏或显示调整图层。

删除调整图层按钮：单击此按钮，可以删除当前调整图层。

10.9.2 调整图层的优点

调整图层与应用调整命令相比较，具有以下几个方面的优点。

- 一个调整图层可以调整多个图层的图像。
- 调整图层对图像的颜色和色彩调整时，不会改变原图像的像素，编辑过程只在调整图层中进行，如图10-326所示。

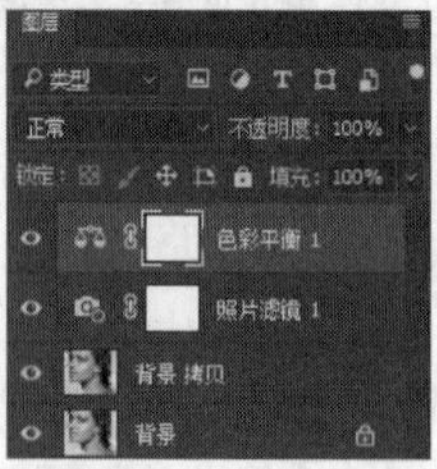

图 10-326

- 调整图层可以随时修改参数，而使用调整命令修改图像后，则不能重新设置调整参数。
- 调整图层对下方图层的调整强度可以通过改变调整图层的不透明度来实现。
- 改变调整图层的顺序，可以改变调整图层的作用范围。

10.9.3 创建调整图层

单击“图层”面板下方的“创建新的填充或调整图层”按钮；或在“调整”面板中单击相应的按钮；或执行“图层→新建调整图层”命令，在其子菜单中选择相应调整图层，都可以创建调整图层。

10.9.4 编辑调整图层

编辑调整图层的操作包括改变调整图层的调整强度、混合模式、参数和调整类型，通过对调整图层的编辑可以得到丰富的图像效果。

10.9.5 改变调整图层的作用范围

修改调整图层的图层蒙版，或者为调整图层创建剪贴蒙版，都可以改变调整图层的作用范围。

实战演练 更改图片色调效果

图 10-327

01 执行“文件→打开”命令打开素材文件，如图10-327和图10-328所示。

02 拖曳“背景”图层缩览图至“图层”面板下方的“创建新图层”按钮上，创建“背景 拷贝”图层，如图10-329所示。

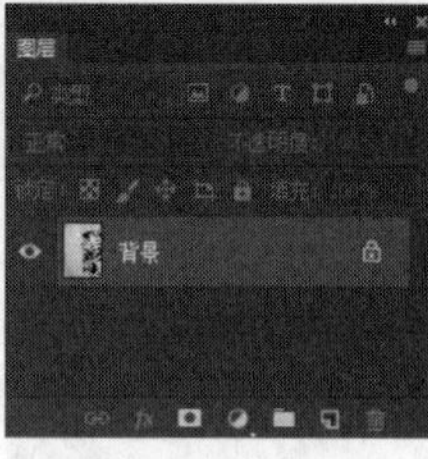
图 10-328

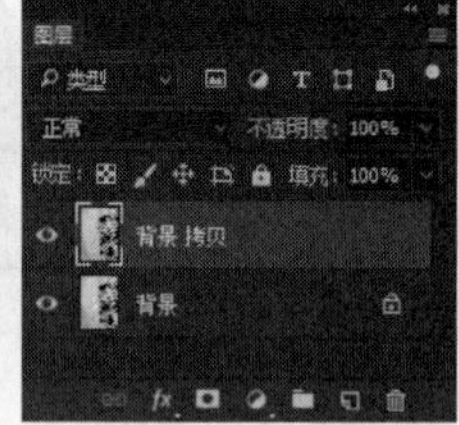
图 10-329

03 拖曳“背景 拷贝”图层缩览图至“图层”面板下方的“创建新图层”按钮上，创建“背景 拷贝2”图层，设置“背景 拷贝 2”图层的混合模式为“柔光”，这样可以增加图像的明暗对比度，使图像中的暗部更暗，亮部更亮，如图10-330和图10-331所示。

04 选择画笔工具，设置画笔的“大小”和“硬度”分别为“500像素”和“100%”，“不透明度”为“35%”，如图10-332和图10-333所示。

图10-330

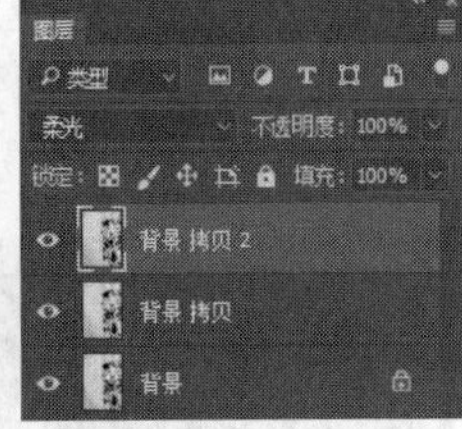

图10-331

图10-332

05 单击“图层”面板下方的“创建图层蒙版”按钮，为“背景 拷贝2”图层创建图层蒙版。选择画笔工具，在人物的头发及上衣这些颜色比较深的区域进行涂抹，这样可以还原图像因为使用柔光模式而失去的细节，如图10-334和图10-335所示。

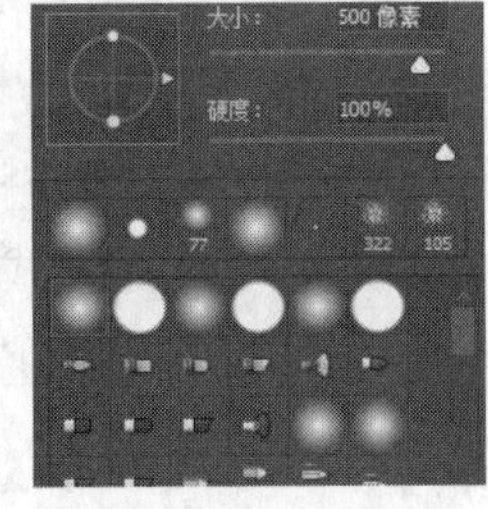

图10-333

图10-334

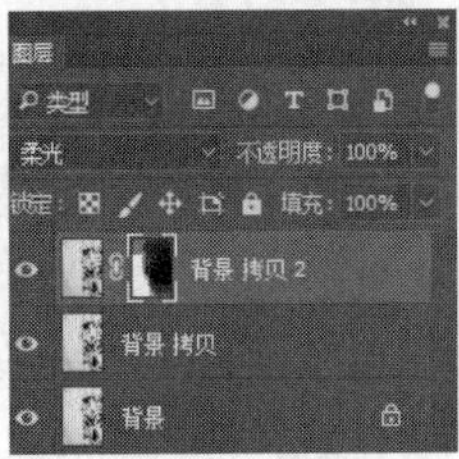

图10-335

06 按Ctrl+Shift+Alt+E组合键盖印可见图层，得到“图层1”图层，如图10-336所示。

> **提示**
>
> 盖印是指创建所有可见图层的复合图像，不是把所选图层合并，而是新建一个图层存储图像信息。

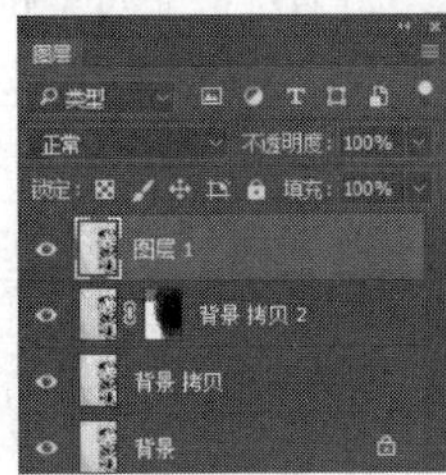

图10-336

07 设置“图层1”图层的混合模式为“柔光”，单击“图层”面板下方的“创建图层蒙版”按钮，为“图层1”图层创建图层蒙版，选择画笔工具，在人物的头发及上衣这些颜色比较深的区域涂抹，继续加强图像的明暗对比度，如图10-337和图10-338所示。

08 单击“图层”面板下方的“创建新的填充或调整图层”按钮，在菜单中执行“曲线”命令，添加一个曲线调整图层，如图10-339所示。此时在“属性”面板会出现“曲线”的设置参数区，如图10-340所示。

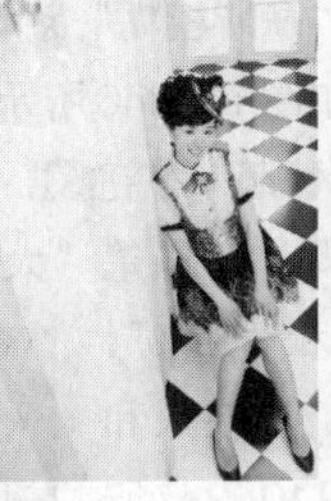

图10-337

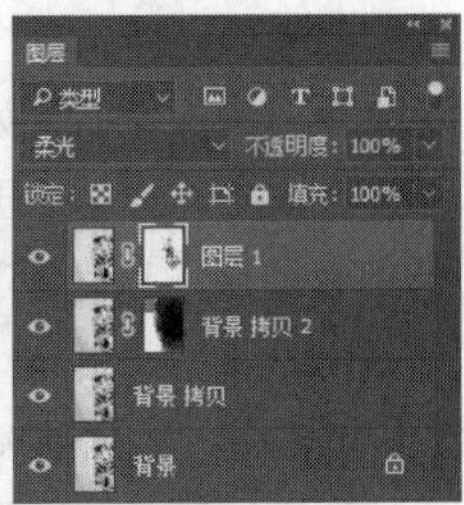

图10-338

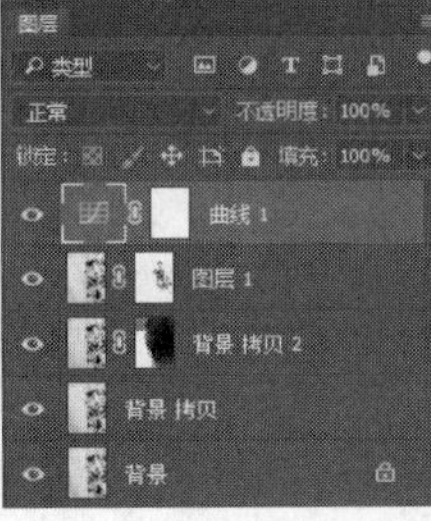

图10-339

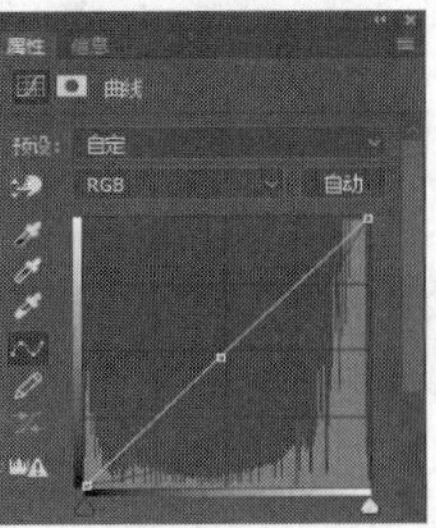

图10-340

09 打开“RGB”下拉列表，选择“蓝”通道，单击曲线中点处并拖曳该点稍微向右下移动，使得“输入”为“108”，“输出”为“44”，为图像添加黄色调，给人一种温馨、和煦的感觉，如图10-341和图10-342所示。

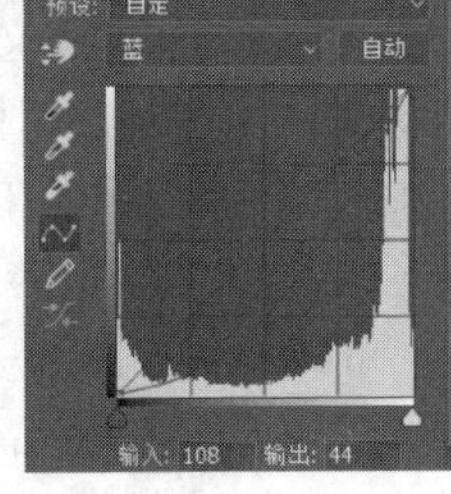

图10-341

图10-342

10 单击“图层”面板下方的“创建新的填充或调整图层”按钮，在菜单中执行“色阶”命令，添加一个色阶调整图层，如图10-343所示。此时在“属性”面板会出现“色阶”的设置参数区，在“RGB”通道中，将中间的小三角向左稍微移动至“1.5”处，提高图像整体的亮度，如图10-344所示。

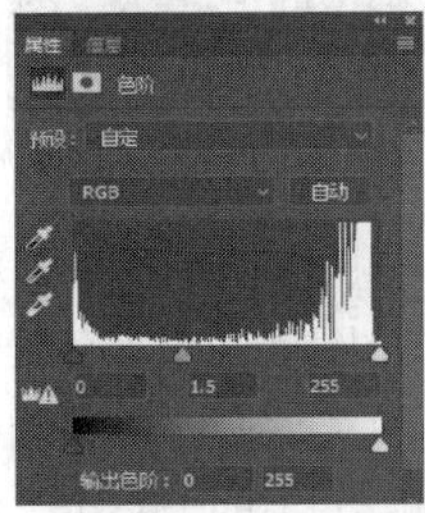

图10-343

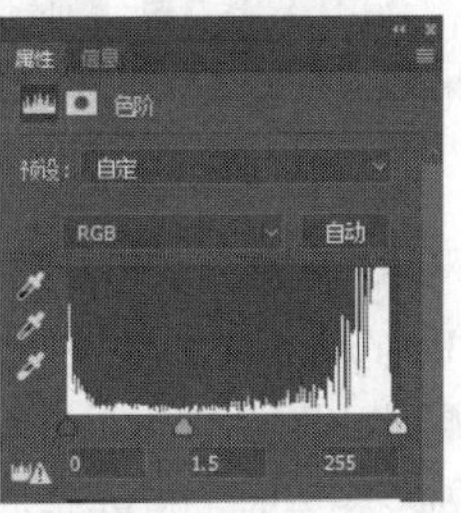

图10-344

11 按Ctrl+Shift+Alt+E组合键盖印可见图层，如图10-345所示。

12 选择“图层2”图层，执行“滤镜→模糊→高斯模糊”命令，在弹出的“高斯模糊”对话框中设置“半径”为“28”像素，如图10-346所示。单击“图层”面板下方的“创建图层蒙版”按钮，为“图层2”图层创建图层蒙版，设置黑色画笔“大小”和“硬度”分别为“50像素”和“50%”，“不透明度”为“35%”，在人和栏杆处进行涂抹，如图10-347所示。这样我们就制作出背景虚化的景深效果。

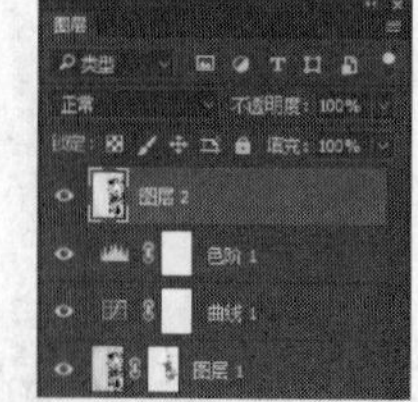
图10-345

最后我们得到图10-348所示的效果。经过处理，照片的色调已经从冷色调变为暖色调，这样可呈现出温馨、和煦、热情的氛围，给人一种亲近的感觉。

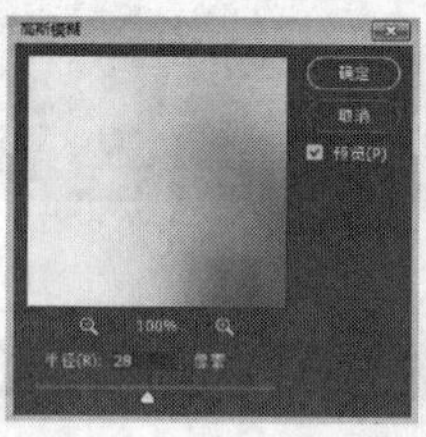
图10-346

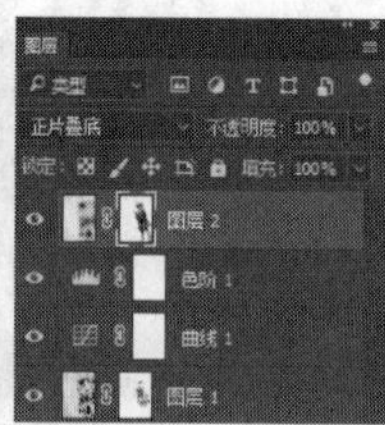
图10-347

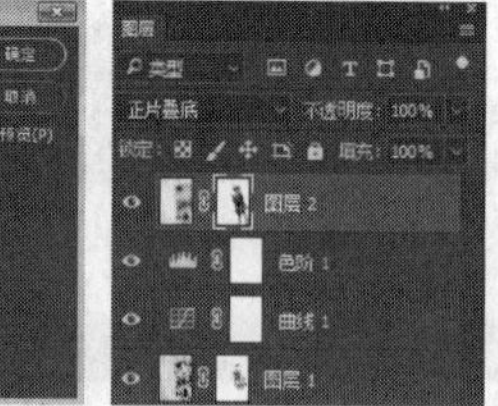
图10-348

10.10 智能对象

智能对象是一种特殊的图层，可以将一个文件的内容以一个图层的方式放入图像中使用。智能对象可以看作是一个可以嵌入位图或矢量图形数据信息的容器，我们可以把一个图像以智能对象的形式嵌入当前的Photoshop文件中。

10.10.1 认识智能对象

智能对象与当前工作的Photoshop文件保持相对的独立性，我们在Photoshop中处理智能对象时，不会直接应用到对象的原始数据，这样可以在Photoshop中以非破坏性的方式对图像进行缩放、旋转、变形或给图像使用滤镜效果。图10-349和图10-350所示是智能对象和普通图像在多次反复缩放后的对比。对比此两图的效果可知：普通图像在多次缩放后变得模糊，而智能对象则和原图像一样。当我们改变智能对象时，实际上只改变了嵌入对象的合成图像，并没有改变嵌入的位图或矢量图形的原始文件。

图10-349

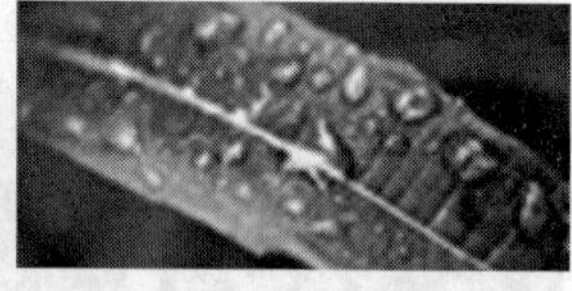
图10-350

智能对象可以包含一个对象，也可以包含多个对象，但在Photoshop中只表现为一个图层。智能对象图层在图层缩略图右下角有个明显的标志。当我们双击智能对象图层时，可以显示智能对象的子文件。

10.10.2 智能对象的优点

- 可以将多个图层保存为智能对象，降低Photoshop文件中图层的复杂程度，便于管理。
- 智能对象可以进行频繁的非破坏性的变换，可以任意缩放图像大小，并且不丢失原始图像的像素信息。
- 可以在智能对象中置入矢量文件，既可以在智能对象中使用矢量效果，又可以当外部文件发生变化时，使智能对象的效果也发生相应的变化。
- 在保持原始文件像素信息的前提下，可以对智能对象使用智能滤镜效果，并且可以随时修改智能滤镜参数或撤销操作。
- 如果对智能对象创建了多个副本，则原始内容改变后，所有与之连接的副本都会自动更改变化。

10.10.3 创建智能对象

创建智能对象有多种方法，可以根据实际情况选择相应的方法。

方法一：执行“文件→置入嵌入的智能对象”命令打开的文件，Photoshop都会默认将其变为智能对象。

方法二：选择一个或多个图层，在“图层”面板中单击鼠标右键，打开快捷菜单，执行“转换为智能对象”命令，或执行“图层→智能对象→转换为智能对象”命令，都可以将其转换为智能对象。

方法三：在矢量软件对矢量图形进行复制操作，然后在Photoshop中进行粘贴操作。

方法四：执行"文件→打开为智能对象"命令，可以将一个图像文件直接打开为智能对象。

智能对象可以像图层组那样支持嵌套结构，即一个智能对象中可以包含另一个智能对象。创建多级嵌套的智能对象的方法如下。

- 选择智能对象及另外一个或多个图层，在"图层"面板中单击鼠标右键，打开快捷菜单，执行"转换为智能对象"命令，或执行"图层→智能对象→转换为智能对象"命令。
- 选择智能对象及另外一个智能对象重复上述操作即可。

10.10.4 编辑智能对象源文件

智能对象可以有一个或多个子图层，因此我们可以对源文件进行编辑，从而编辑这些子图层。

在"图层"面板中选择智能对象图层，双击智能对象缩览图，或执行"图层→智能对象→编辑内容"命令，或单击鼠标右键，打开快捷菜单，执行"编辑内容"命令。

这样就可以对智能对象的源文件进行编辑，如图10-351和图10-352所示。

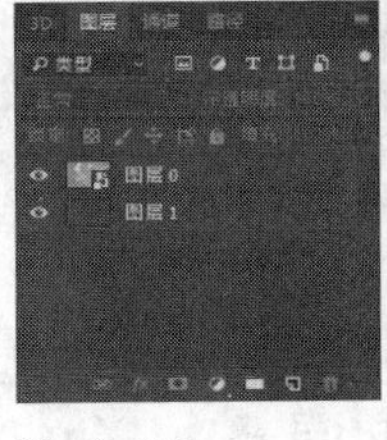

图10-351

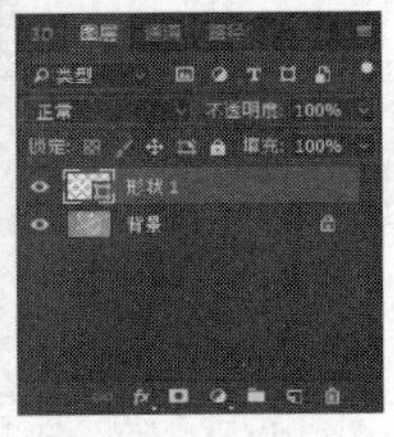

图10-352

我们对源文件编辑完成后，关闭该文件，在弹出的对话框中单击"是"按钮，如图10-353所示，确认对它做出的修改，原文档中的智能对象及其所有子图层都会显示所做的修改。

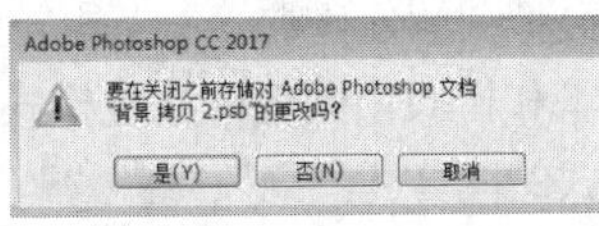

图10-353

提示

编辑智能对象的源文件内容时，将会在一个新的文档中打开，并且在"图层"面板中只会显示智能对象及其子图层。

10.10.5 设置智能对象图层的属性

选择需要设置混合模式的智能对象图层，单击"图层"面板中"设置图层混合模式的"下拉列表框 正常，选择相应的混合模式，可以改变智能对象图层的混合模式。并且可以像调整普通图层一样调整智能对象的图层不透明度以及为智能对象添加图层样式等。可以利用部分调整图层对智能对象进行调色编辑，但不能直接使用"调整"命令对其进行编辑。

10.10.6 变换智能对象

和变换普通图层一样，选择智能对象图层后，执行"编辑→变换"命令，选择需要变换的命令，或按Ctrl+T组合键，就可以变换智能对象图层，如图10-354所示。

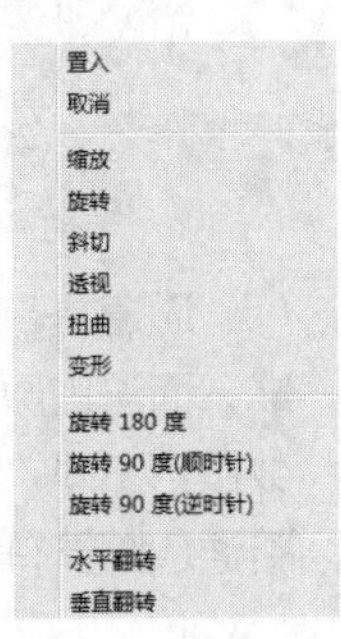

图10-354

10.10.7 复制智能对象

我们可以对智能对象进行复制来创建一个新的智能对象，新的智能对象与原智能对象可以是链接关系，也可以是非链接关系。

如果两者是链接关系，那么无论修改两个智能对象中哪一个的源文件，另外一个也会随之变化。如果两者不是链接关系，那么就不会互相影响。

选择智能对象图层，执行"图层→新建→通过拷贝的图层"命令，如图10-355所示，或直接将智能对象拖到"图层"面板下方的"创建新图层"按钮上，就可以创建出具有链接关系的新智能对象。

选择智能对象图层，执行"图层→智能对象→通过拷贝新建智能对象"命令，如图10-356所示，或单击鼠标右键，打开快捷菜单，执行"通过拷贝新建智能对象"就可以创建出非链接关系的新智能对象。

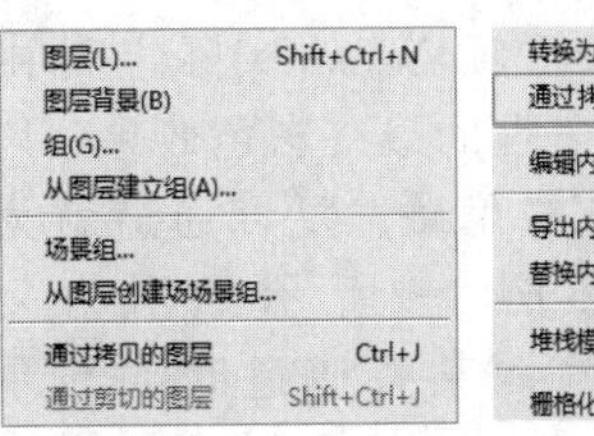

图10-355

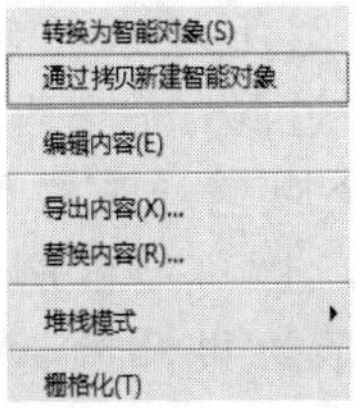

图10-356

第11章 通道

11.1 通道的概述

通道是Photoshop中非常重要的概念。在Photoshop中，图像丰富多彩的颜色是由原色混合而成，而这些原色分别存储在不同的通道中，每个通道对应一种颜色，不同颜色模式的图像，包含的通道数量也不同。通道也可以作为选区的载体，方便我们保存和编辑。一个图像最多可有56个通道，所有的新通道都具有与原图像相同的尺寸和像素数目，通道所需的文件大小由通道中的像素信息决定。

在Photoshop中使用“通道”面板可以创建并管理通道，以及观察编辑效果，如图11-1所示。

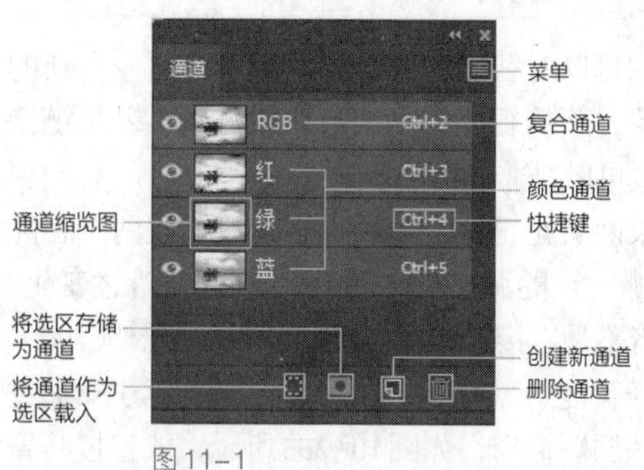

图11-1

通道作为图像的组成部分，与图像的格式密不可分，图像颜色、格式的不同决定了通道数量和模式的不同。Photoshop中涉及的通道主要有：复合通道、颜色通道、专色通道和Alpha通道。

11.1.1 复合通道

复合通道不包含任何信息，实际上是由几个原色通道混合后呈现的最终彩色效果。只要任何一个原色通道被隐藏，复合通道就为隐藏状态。图11-2和图11-3所示分别为复合通道显示效果和隐藏某些通道时的显示效果。

图11-2

图11-3

11.1.2 颜色通道

颜色通道主要用来保存和管理图像的颜色信息。在Photoshop中对图像的颜色进行编辑时，这些通道会把图像分解成一个或多个色彩成分。颜色通道的数量和模式由图像的颜色模式决定，例如RGB颜色模式的图像由“红”“绿”“蓝”3个颜色通道组成，如图11-4所示；CMYK颜色模式的图像由“青色”“洋（品）红”“黄色”“黑色”4个颜色通道组成，如图11-5所示；Lab颜色模式的图像包含“明度”“a”“b”3个通道，如图11-6所示；位图、灰度、索引颜色模式的图像都只有一个“灰色”通道，如图11-7所示。

图11-4

图11-5

学习重点

通道是Photoshop中又一个非常重要的概念，是在图像制作及处理过程中不可缺少的工具。Photoshop中的所有颜色都是由若干个通道来表示的，通道可以保存图像中所有的颜色信息，可以存储选区信息，还可以指定印刷颜色。本章将向读者介绍通道的概念、通道的分类等基础知识，结合实例讲解通道的编辑、操作等技巧以及典型的应用方法。

图11-6

图11-7

11.1.3 专色通道

专色通道是一种特殊的通道，往往用于记录需要进行特殊处理的图像信息。在印刷工艺中，烫金、烫银、荧光、夜光油等特殊颜色的油墨无法用三原色油墨混合而成，这时就需要用到专色通道和专色印刷功能。通常情况下，专色通道会用专色的名称来命名。图11-8所示的烫金工艺，在图像设计中就需要用专色通道来记录银粉的相关信息，图11-9所示为记录银粉信息的专色通道。

图11-8

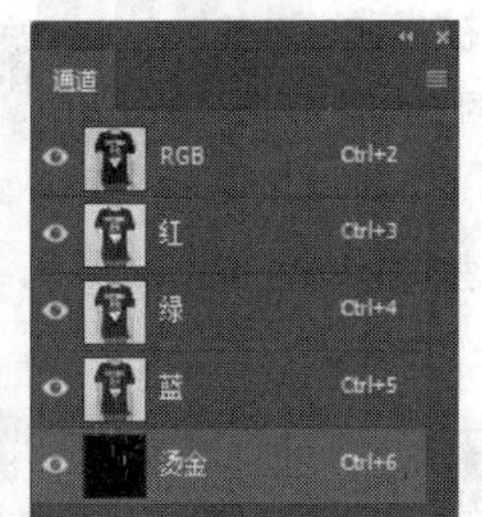

图11-9

11.1.4 Alpha通道

Alpha通道是计算机图形学中的术语，意思为"非彩色"通道，其功能主要是存储和编辑选区，所以Alpha通道的存在与否不会影响图像原有的色彩信息。Alpha通道可以表现出256个不同的灰阶层次，根据灰度不同可以设置不同选区，通道中白色代表被选择的区域、黑色代表未被选择的区域、灰色代表带有羽化效果的区域。由于Alpha通道只能表现出黑、白、灰的色阶，所以我们可以将带有Alpha通道的图像存为灰度模式的图像。有关Alpha通道如何用不同的灰度色阶表示选区，下面将通过一个实例进行说明。

01 打开一个文件，如图11-10所示，该图片的颜色较丰富，各通道信息较明显。

图11-10

02 单击"通道"面板右下角的"创建新通道"按钮，创建"Alpha 1"通道，如图11-11所示。用白色渐变到黑色渐变填充"Alpha 1"通道，如图11-12所示。

图11-11

图11-12

03 按住Ctrl键，单击"Alpha 1"通道的缩略图，生成图11-13所示的选区。单击"RGB"通道，效果如图11-14所示。

04 切换到"图层"面板，单击"小鸟"图层，按Delete键删除，图层的下半部分变成了半透明效果，使图像具有消逝感，如图11-15所示。

图11-13

图11-14

图11-15

11.1.5 临时通道

临时通道是在“通道”面板中临时存在的Alpha通道，在“图层”面板中创建图层蒙版或者进入快速蒙版模式时，“通道”面板就会出现相应的临时通道，所以它和蒙版是同时出现同时消失的。下面通过操作实例进行讲解。

◎创建图层蒙版产生的临时通道

01 打开一个文件，如图11-16所示。在“图层”面板中双击“背景”图层，在弹出的对话框中单击“确定”按钮。单击面板下方的“添加图层蒙版”按钮，如图11-17所示。

图11-16

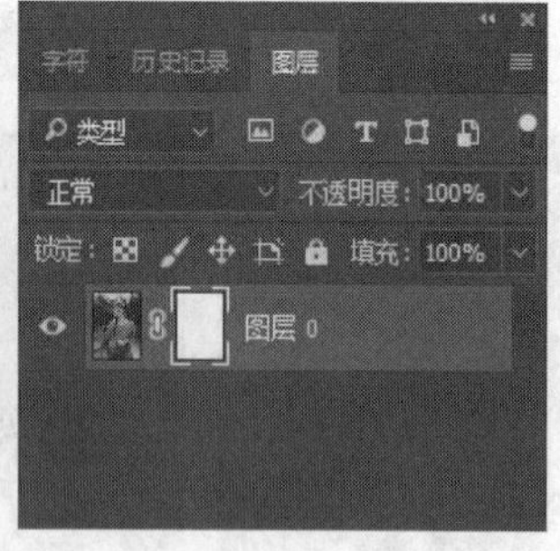

图11-17

02 使用画笔工具，设置前景色为黑色，在人物以外的地方进行涂抹，可看到被涂抹的区域变为透明，在“通道”面板中出现临时通道，如图11-18和图11-19所示。

03 切换到“图层”面板，将图层蒙版删除，“通道”面板中的临时通道消失，如图11-20和图11-21所示。

图11-18

图11-19

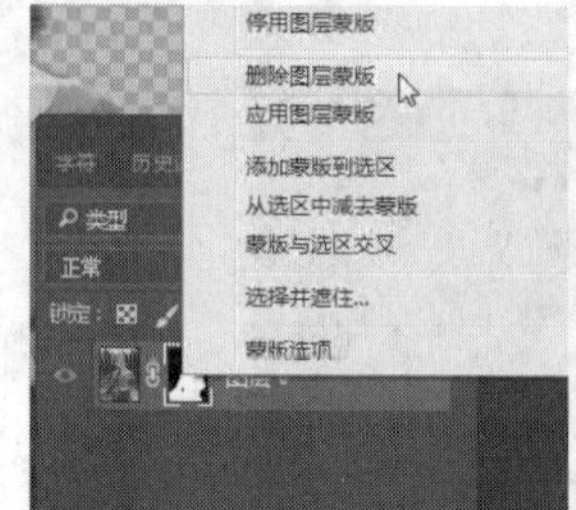

图11-20

图11-21

◎进入快速蒙版模式产生的临时通道

01 以上例中创建图层蒙版的图像为例，单击工具箱中的“以快速蒙版模式编辑”按钮，如图11-22所示，进入快速蒙版模式，“通道”面板即产生一个名为“快速蒙版”的通道，如图11-23所示。

02 使用画笔工具，设置前景色为黑色，在人物以外的地方进行涂抹，红色覆盖区域即被保护区域，如图11-24所示，“通道”面板中“快速蒙版”通道会随着画笔的涂抹而发生变化，如图11-25所示。

图11-22

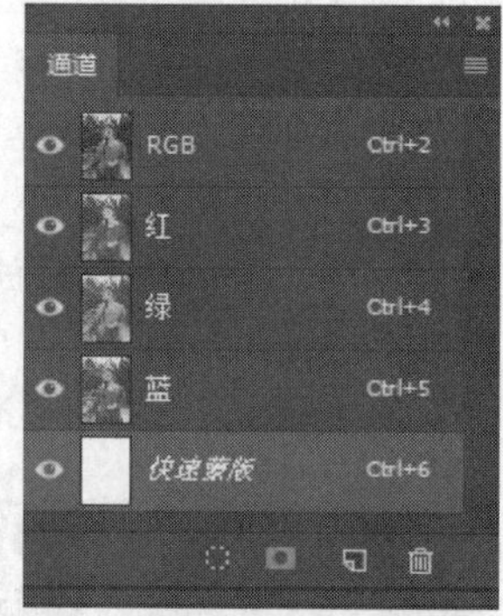

图11-23

图11-24

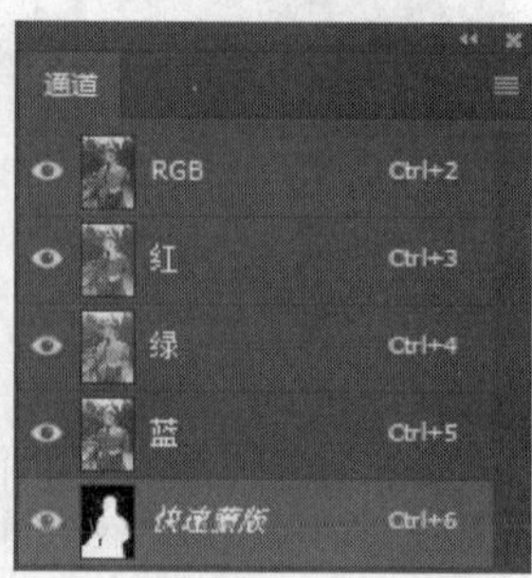

图11-25

03 单击工具箱中的“以标准模式编辑”按钮，进入标准模式进行编辑，红色覆盖区域变为选区，如图11-26所示，“通道”面板的“快速蒙版”通道消失，如图11-27所示。

图11-26

图11-27

11.2 选区、蒙版和通道的关系

选区是针对位图而建立的蚂蚁线选区，是实际要被选择处理的部分；蒙版是用来保护部分区域不受编辑影响的工具；通道是用来保存颜色信息以及选区的一个载体。选区、蒙版和通道三者的关系非常紧密，但通道是核心内容，通道可以用不同的灰度色阶存储选区与蒙版。而选区与蒙版之间，可以进行相互的转换。

11.2.1 选区与图层蒙版的关系

选区与图层蒙版之间同样具有相互转换的关系。

● 选区转换为图层蒙版

打开一个文件，在“图层”面板中双击“背景”图层，在弹出的对话框中单击“确定”按钮。选择椭圆选框工具，在图像上创建一个椭圆选区，如图11-28所示。单击“图层”面板底部的“添加图层蒙版”按钮，为当前图层添加一个图层蒙版，此时椭圆以外的图像变为透明，如图11-29所示，轻松实现了将选区转换为图层蒙版的操作。

图11-28

图11-29

● 从图层蒙版调出选区

在图层蒙版存在的情况下，单击“通道”面板中的“将通道作为选区载入”按钮，或按住Ctrl键并单击“图层”面板中图层蒙版的缩览图（注意不要单击图层缩览图），即可调出选区，如图11-30所示。

图11-30

提示

进入快速蒙版模式时不会产生图层蒙版缩略图，图层蒙版的操作只作用于当前图层。

11.2.2 选区与Alpha通道的关系

选区可以以Alpha通道的形式进行存储，同样可以由Alpha通道生成选区。

● 将选区保存为Alpha通道

通过下面的两种方法可以将选区保存为Alpha通道。

方法一：打开一个文件，在选区存在的情况下，如图11-31所示，执行“选择→存储选区”命令，弹出图11-32所示对话框。

单击“确定”按钮，就会产生一个新通道（新产生的通道默认为Alpha通道），如图11-33所示。

图11-31　图11-32

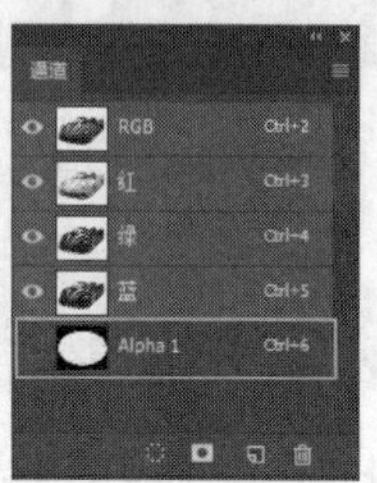

图11-33

方法二：在选区存在的状态下，如图11-34所示，单击“通道”面板中的“将选区存储为通道”按钮，即可将选区保存为通道，如图11-35所示。

图11-34

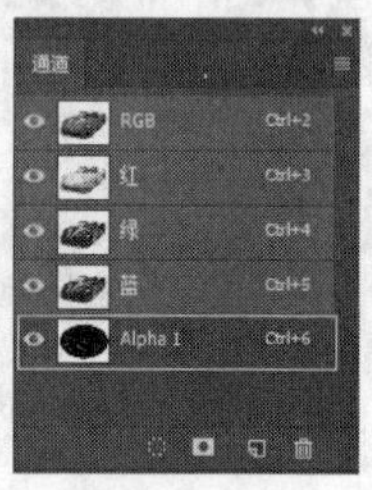

图11-35

● Alpha通道转换为选区

通过下面的3种方法可以将Alpha通道转换为选区。

方法一：在存在Alpha通道的情况下，执行“选择→载入选区”命令，弹出“载入选区”对话框，如图11-36所示，单击“确定”按钮，即可调出“Alpha1”通道所储存的选区，如图11-37所示。

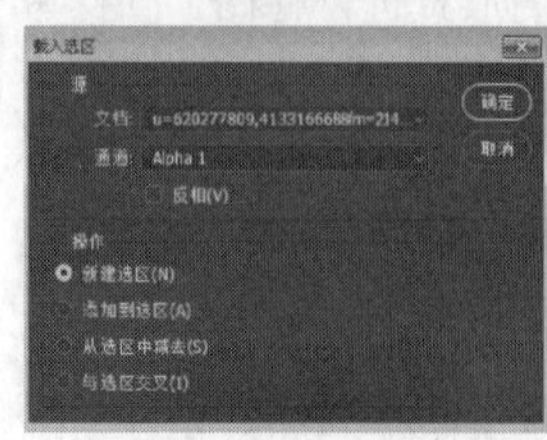

图11-36

图11-37

方法二：按住Ctrl键的同时，单击“Alpha1”通道的缩览图，如图11-38所示，也可调出选区，如图11-39所示。

图11-38

图11-39

方法三：选中“Alpha1”通道，单击“通道”面板中的“将通道作为选区载入”按钮，如图11-40所示，生成选区，如图11-41所示。

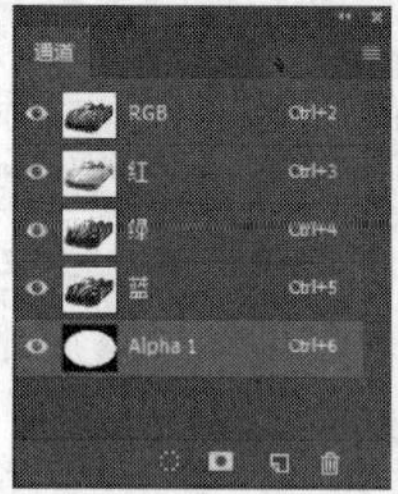

图11-40

图11-41

11.2.3　通道与图层蒙版的关系

● 将Alpha通道转换为图层蒙版

通过载入Alpha通道存储的选区便可为图层添加与选区相同形状的蒙版。

01 打开一个文件，在“通道”面板中可以看到图11-42所示的信息。

02 按住Ctrl键，单击“Alpha1”通道缩览图，载入选区，如图11-43所示。

图11-42

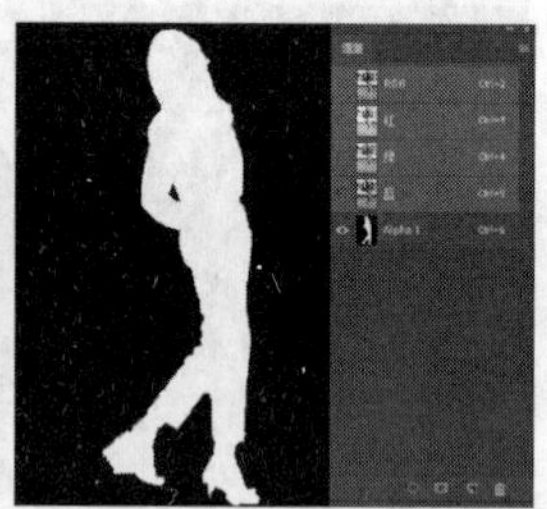

图11-43

03 保持选区，切换到“图层”面板，单击“添加图层蒙版”按钮为图层添加蒙版，选区消失，如图11-44所示。

图11-44

◎将图层蒙版转换为通道

01 打开图像素材，在“图层”面板上可以看到花朵图层存在一个蒙版，如图11-45所示。

02 单击“图层1”图层蒙版的缩览图，在“通道”面板中会出现一个临时通道。按住Ctrl键并单击“图层1”图层蒙版的缩览图，在“通道”面板中单击“将选区存储为通道”按钮，生成“Alpha 1”通道，如图11-46所示。

图11-45

图11-46

提示

将图层蒙版保存为通道，可以在删除或应用蒙版后起到一个备份的作用，还可以在通道中执行“载入选区”命令。

◎将颜色通道转换为图层蒙版

01 打开一个文件，如图11-47所示。在“图层”面板中复制“背景”图层，得到“背景 拷贝”图层，隐藏“背景”图层，观察蒙版的效果。

02 由于图像主要以红色为主，将红色的饱和度增加，图像的饱和度就会增加。选择红色通道，按住Ctrl键并单击“红”通道缩览图，载入“红”通道选区，如图11-48所示。在保持选区的情况下回到“图层”面板，如图11-49所示。

图11-47

图11-48

图11-49

03 保持选区并选择“背景 拷贝”图层，单击“图层”面板下方的“添加图层蒙版”按钮，创建图层蒙版，选区消失，图层蒙版中会记录下“红”通道的信息，如图11-50所示。

图11-50

11.3 通道的基本操作

通过了解，我们知道颜色通道和Alpha通道是最常使用的通道。颜色通道主要是用于各通道颜色的调整以及抠图，在打开一张图片时会自动生成颜色通道；Alpha通道能更好地保存及编辑选区。专色通道和颜色通道类似，主要作用于图像的专色印刷。

11.3.1 在“通道”面板中创建新通道

● 创建专色通道

创建专色通道有以下两种方法。

方法一：打开“通道”面板右上角的菜单，如图11-51所示，执行菜单中的“新建专色通道”命令，弹出“新建专色通道”对话框，如图11-52所示。

图11-51

图11-52

方法二：按住Ctrl键并单击“创建新通道”按钮，如图11-53所示，弹出“新建专色通道”对话框，在名称右侧的文本框中输入“金”，单击“确定”按钮，“通道”面板如图11-54所示。

图11-53

图11-54

● 创建Alpha通道

打开一个文件，单击“通道”面板底部的“创建新通道”按钮，就会在当前图像中创建一个新的

"Alpha 1"通道，如图11-55所示，因为没有选中区域所以图像为黑色。

图11-55

11.3.2 复制与删除通道

在选择图像进行修改时，如果不复制通道则会改变通道的颜色，从而改变图像整体的颜色。当复制通道后不管对复制后的通道进行怎样的操作，图像的整体颜色都不会发生改变。

下面是复制与删除通道的3种方法。

方法一：选择需要的通道并将其拖至"创新建通道"按钮处，便可复制一个通道副本。删除通道则是将需要删除的通道拖入"删除当前通道"按钮（这种方法最常用、最便捷），如图11-56所示。

方法二：用鼠标右键单击需要复制的通道，在弹出的快捷菜单中执行"复制通道"命令，如图11-57所示，在弹出的"复制通道"对话框中单击"确定"按钮，完成复制通道，如图11-58所示。删除通道操作与此类似。

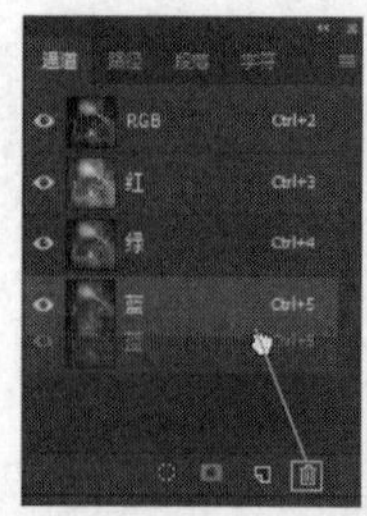

图11-56

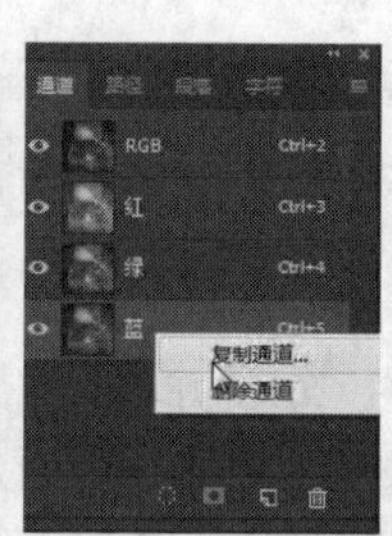

图11-57

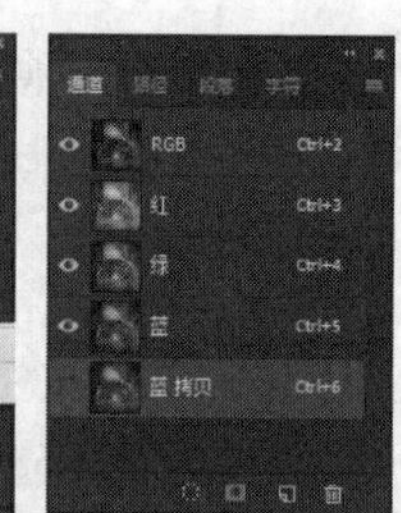

图11-58

方法三：在"通道"面板中选择需要复制的图层，单击面板右上角按钮，在菜单中执行"复制通道"命令，如图11-59所示。删除通道操作与此类似。

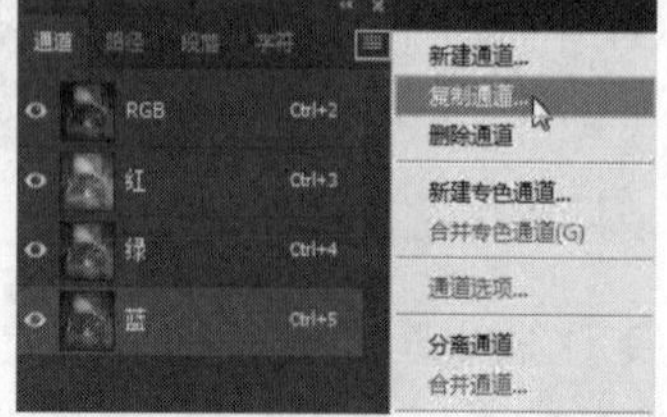

图11-59

> **提示**
>
> 复合通道不能复制，也不能删除。颜色通道可以复制，但如果删除了，图像就会自动转换为多通道模式。

11.3.3 分离与合并通道

● 分离通道

分离通道是将图像文件分离为几个灰度图像并关闭原文件的操作，每个灰度图像代表一个通道。打开一个RGB颜色模式的文件，如图11-60所示。可以看到"通道"面板中有"红""绿""蓝"3个通道存在，如图11-61所示。

单击面板右上角的按钮，在打开的菜单中执行"分离通道"命令，如图11-62所示。

图11-60

图11-61

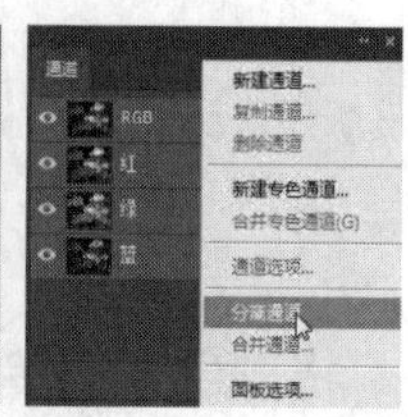

图11-62

可以看见窗口中出现了3个灰度图像，原文件也消失了，如图11-63所示。

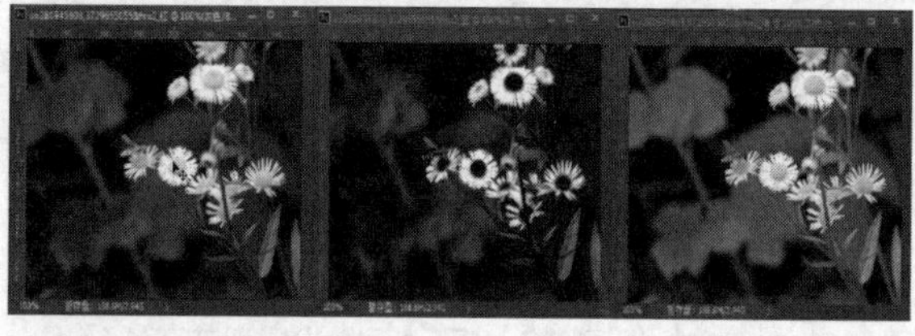

图11-63

● 合并通道

合并通道是将多个灰度图像合并成一个彩色的图像，以通道分离的图像为例，如图11-64所示。一个灰度图像的"通道"面板由一个"灰色"通道组成，如图11-65所示。

图11-64

图11-65

单击“通道”面板右上角的按钮，在打开的菜单中执行“合并通道”命令，如图11-66所示；打开“合并通道”对话框，单击“模式”右侧的下拉按钮，如图11-67所示；在打开的下拉列表中选择“RGB颜色”，设置完成后单击“确定”按钮，如图11-68所示。

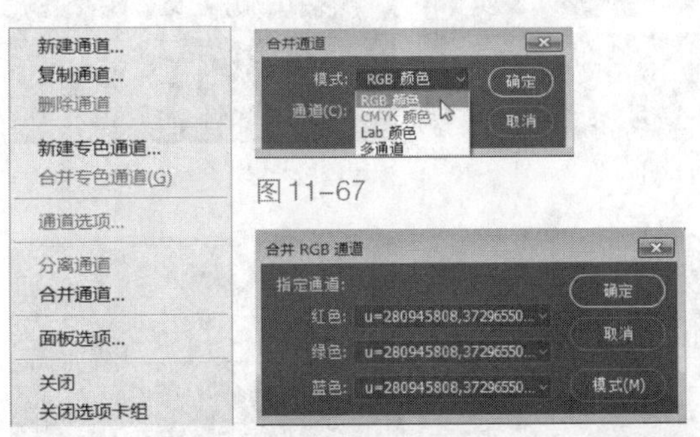

图11-66 图11-67 图11-68

如果在“合并RGB通道”对话框中改变通道所对应的图像，则合成后图像的颜色也有所不同，如图11-69所示，合成新颜色结构的图片如图11-70所示。

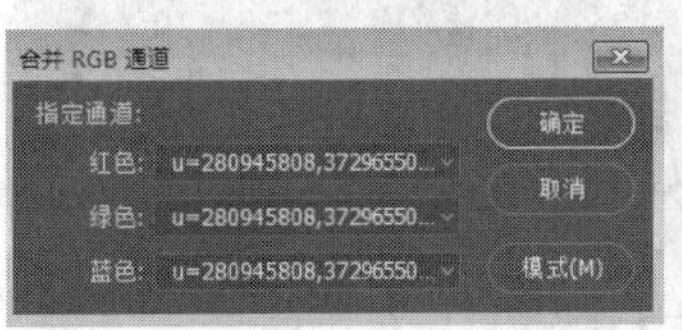

图11-69

图11-70

11.4 通道的高级应用

通道是最复杂的存储图像信息的载体，下面我们通过“计算”和“应用图像”命令来讲解通道的高级应用。

深入了解“计算”和“应用图像”命令

“计算”和“应用图像”命令深藏在“图像”菜单中，以至于很多人忽视了它们的重要作用。它们是通过复杂的通道之间的运算来找出影像之间的差异并生成Alpha通道，然后以通道形式表达选区。

“计算”对话框的介绍如图11-71所示。

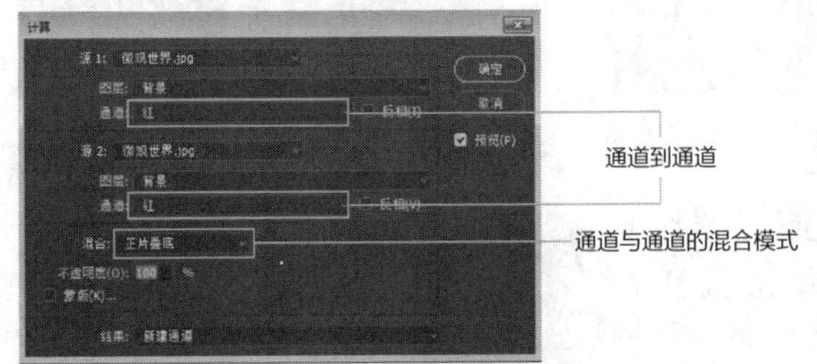

图11-71

“应用图像”对话框的介绍如图11-72所示。

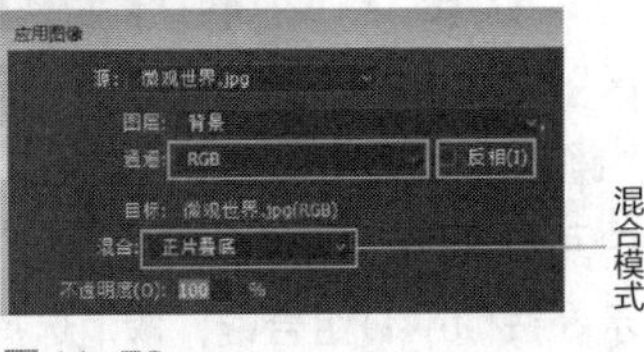

图11-72

下面通过实例进行介绍。

01 打开一个PSD文件，可以看到“大桥”图层为隐藏状态，如图11-73所示。

图11-73

02 切换到“图层”面板，单击“大桥”图层前面“指示图层可见性”按钮以显示图层图像，按Ctrl+J组合键复制该图层，得到“大桥 拷贝”图层，如图11-74所示。

图11-74

03 隐藏“大桥 拷贝”图层，选择“大桥”图层，执行“图像→计算”命令，参数设置如图11-75所示。

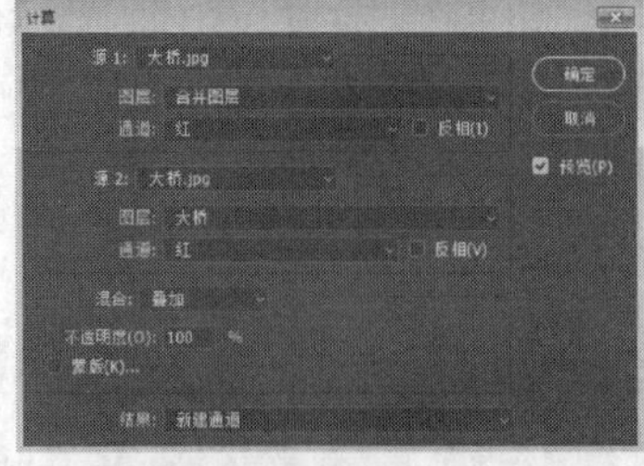

图11-75

04 单击“确定”按钮，生成“Alpha 1”通道，文档窗口显示图像如图11-76所示。

图11-76

05 选择“Alpha 1”通道，执行“图像→应用图像”命令，对话框中的参数设置如图11-77所示，效果如图11-78所示。

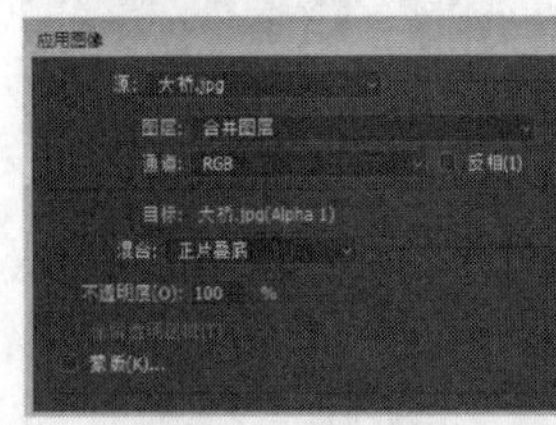

图11-77

图11-78

06 选择“大桥”图层，执行“图像→应用图像”命令，对话框中的参数设置如图11-79所示，效果如图11-80所示。

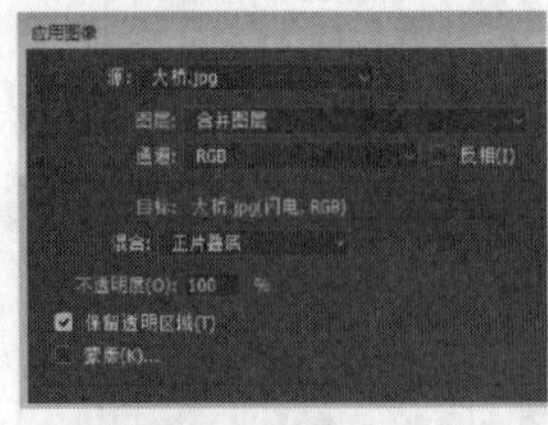

图11-79

图11-80

07 执行“图像→调整→色阶”命令，参数设置如图11-81所示，效果如图11-82所示。

08 按住Ctrl键，单击“Alpha1”通道以建立选区，按Ctrl+Shift+I组合键进行反选，执行“图像→调整→曲线”命令，参数设置如图11-83所示，调暗四周环境，使效果更突出，如图11-84所示。

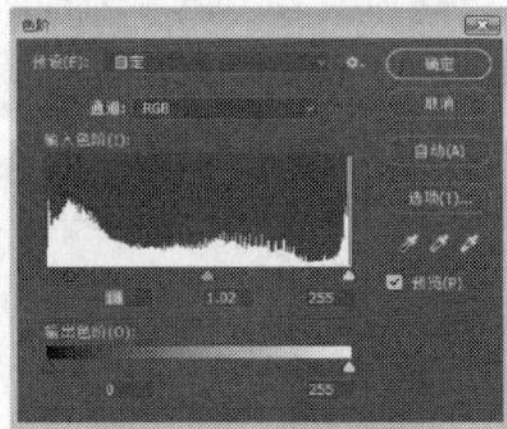

图11-81

图11-82

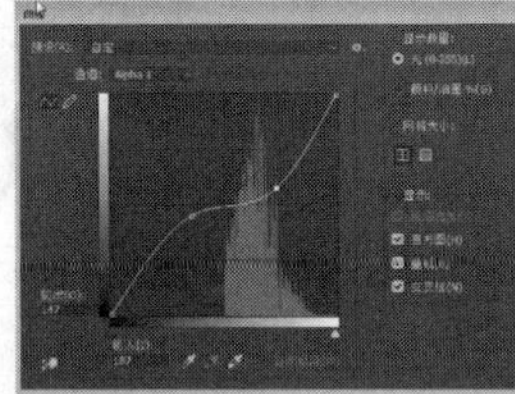

图11-83

图11-84

实战演练 完整抠选半透明婚纱人像

原图像与效果图的对比如图11-85所示。

01 打开素材文件，选择磁性套索工具，围绕人物创建大致选区，尽量不要选到半透明的头纱，如图11-86所示。

图11-85

图11-86

02 在选区上单击鼠标右键，在弹出的快捷菜单中执行“存储选区”命令，在“通道”面板中可以看见新建的“Alpha 1”通道，如图11-87所示。按Ctrl+D组合键，取消选择，如图11-88所示。

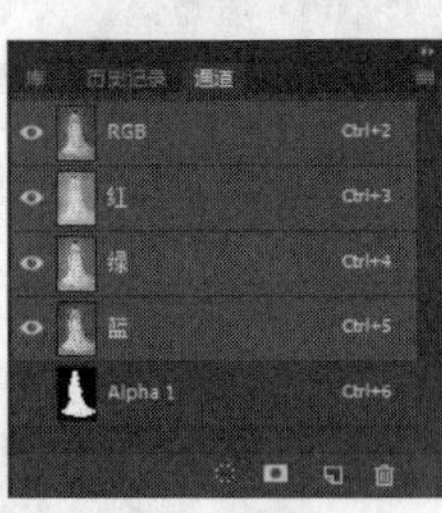

图11-87

图11-88

03 在“通道”面板中分别单击“红”“绿”“蓝”颜色通道，看哪个通道的黑白对比最强烈。发现“蓝”通道黑白对比较强烈，所以选择“蓝”通道，如图11-89所示。拖曳“蓝”通道到“创建新通道”按钮上，复制得到“蓝 拷贝”通道。通道中的白色代表选取区域，黑色代表未选取区域。效果如图11-90所示。

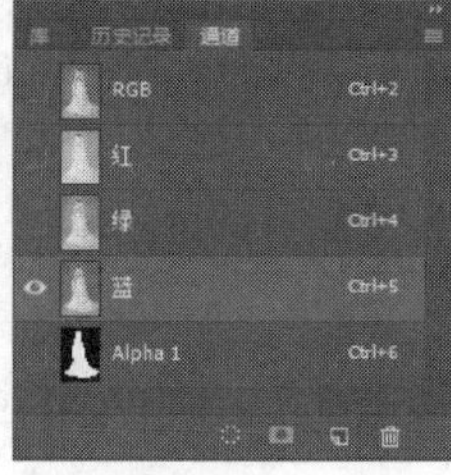
图11-89

图11-90

04 按Ctrl+L组合键，打开“色阶”对话框。向右移动黑色滑块，将灰色背景调整为黑色，向左移动白色滑块，将半透明的头纱部分从背景中分离出来，如图11-91所示，效果如图11-92所示。

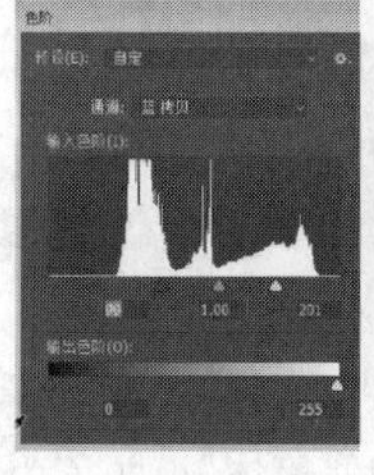
图11-91

图11-92

05 选择套索工具，围绕人物头部创建选区，如图11-93所示。执行“图像→调整→反相”命令，或者按Ctrl+I组合键，效果如图11-94所示。

06 按Ctrl+D组合键取消选区，如图11-95所示。按住Ctrl键并单击“Alpha 1”通道缩览图，载入选区，如图11-96所示。

图11-93

图11-94

图11-95

图11-96

07 设置前景色为白色，按Alt+Delete组合键用前景色进行填充，效果如图11-97所示，然后执行“选择→反选”命令，或按Ctrl+Shift+I组合键，得到如图11-98所示的选区。

提示

Alt+Delete组合键是用前景色填充，Ctrl+Delete组合键是用背景色填充，Ctrl+Shift+I组合键是对选区进行反向选择。

08 选择矩形选框工具，按住Alt键的同时绘制矩形选框，得到图11-99所示的选区。设置前景色为黑色，按Alt+Delete组合键用前景色进行填充，效果如图11-100所示。

图11-97

图11-98

图11-99

图11-100

提示

按住Alt键绘制选框会在所在选区的基础上减去所画选区，按住Shift键绘制选框会在所在选区的基础上加上所画选区。

09 因为人物边缘有灰色的部分，所以需要对其进行调整。选择套索工具，建立一个图11-101所示的选区。执行“图像→调整→曲线”命令，或者按Ctrl+M组合键，在弹出的“曲线”对话框中调整曲线，如图11-102所示，单击“确定”按钮。

图11-101

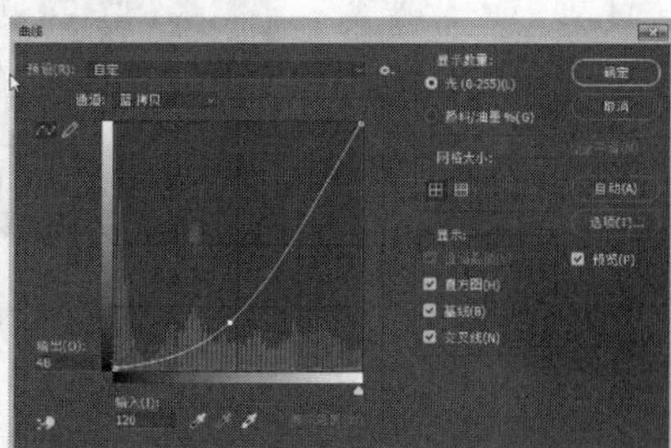
图11-102

提示

执行“图像→调整→曲线”命令，进行曲线调整会改变图像本身的像素，不容易恢复原状，所以要谨慎。而单击“图层”面板中“创建新的填充或调整图层”按钮，可创建一个进行曲线调整的图层，可以随时调整曲线，删掉该调整图层，图像将恢复到原状。

10 用同样方法选择其他有灰色边缘的区域并调整曲线，效果如图11-103所示。检查修改完成后，按住Ctrl键并单击“蓝 拷贝”通道，载入通道选区，切换到“图层”面板，效果如图11-104所示。

11 打开一个素材文件，如图11-105所示，单击“图层”面板，使用移动工具将“背景”图层拖曳到“创建新图层”按钮上，创建“背景 拷贝”图层，再使用移动工具将人物素材添加至婚纱模板素材中，调整好大小和位置，如图11-106所示。

图11-103

图11-104

图11-105

图11-106

12 将“背景 拷贝”调至“图层1”上方，效果如图11-107所示，“图层”面板如图11-108所示。

图11-107

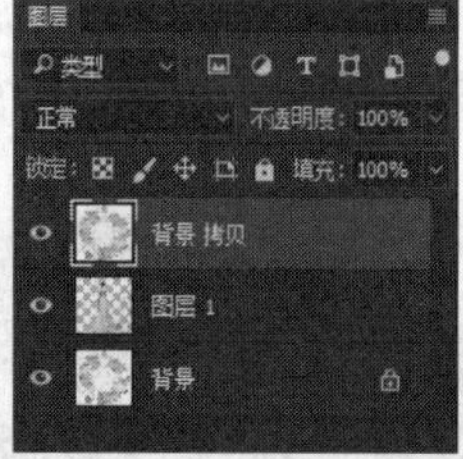

图11-108

13 选中“背景 拷贝”图层，单击“图层”面板下方的“添加图层蒙版”按钮，为图层添加蒙版，如图11-109所示。选择画笔工具，选择柔角画笔，设置前景色为黑色，调整合适的大小，在“图层1”图层的大体位置进行涂画，使“图层1”图层与背景融合，如图11-110所示。

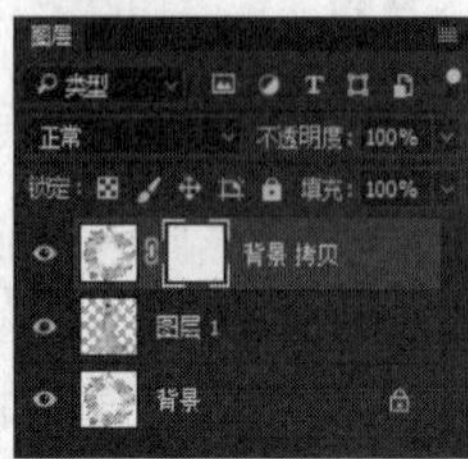

图11-109

图11-110

提示

涂画时要选择柔角画笔，画笔大小随图像进行适当调整，涂画边缘时将画笔的硬度调小。

14 使用自由套索工具将图像中光线、颜色和背景不一致的地方选中，如图11-111所示。执行“图像→调整→色阶”命令进行调整，效果如图11-112所示。

图11-111

图11-112

15 选择横排文字工具，在工具选项栏中设置字型为“方正兰亭超细黑简体”，颜色为粉色（R211、G115、B151），输入“花的嫁衣”几个字，调整字体大小到合适为止，如图11-113所示。单击“图层”面板底部的“添加图层样式”按钮，在弹出的菜单中执行“混合选项”命令，弹出一个对话框，在对话框中勾选“颜色叠加”“渐变叠加”“投影”复选框并按自己的喜好分别设置其参数，效果如图11-114所示。

图11-113　图11-114

16 打开素材文件“手捧花”，如图11-115所示。选择魔棒工具，在工具选项栏中设置“容差”为“20”，取消勾选“连续”复选框，单击空白区域，按Delete键删除选区，效果如图11-116所示。

图11-115

图11-116

17 按Ctrl+Shift+I组合键进行反向选择，选择移动工具，将选中的花拖到刚才编辑的文档中，如图11-117所示。按Ctrl+T组合键，图像周围出现定界框，再按住Shift键并拖曳定界框顶角调整图像大小，最终效果如图11-118所示。

图11-117

图11-118

实战演练 改变照片色调的几种方法

使用“应用图像”命令可以修改图像中的某一个或者多个通道的信息，从而达到改变图像色彩的目的。在数码照片的后期制作中，设计师往往会使用这一方法制作不同色调的照片。

● 清新绿色效果

图11-119所示为原照片，图11-120所示为修改后的效果。下面是具体操作步骤。

图11-119

图11-120

01 打开图11-119所示的文件，单击“通道”面板。

02 单击“蓝”通道，执行“图像→应用图像”命令，在对话框中勾选“反相”复选框，更改模式为“正片叠底”，“不透明度”为“50%”，如图11-121所示，单击“确定”按钮，通道图像如图11-122所示。

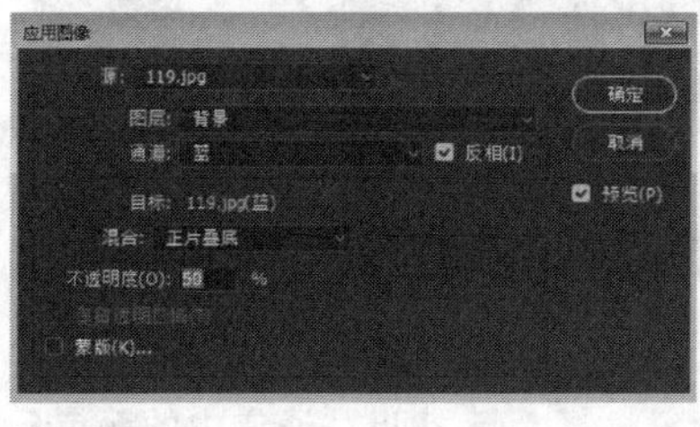

图11-121

图11-122

03 单击“绿”通道，执行“图像→应用图像”命令，在弹出的对话框中勾选“反相”复选框，更改模式为“颜色加深”，“不透明度”为“20%”，如图11-123所示，单击“确定”按钮，通道图像如图11-124所示。

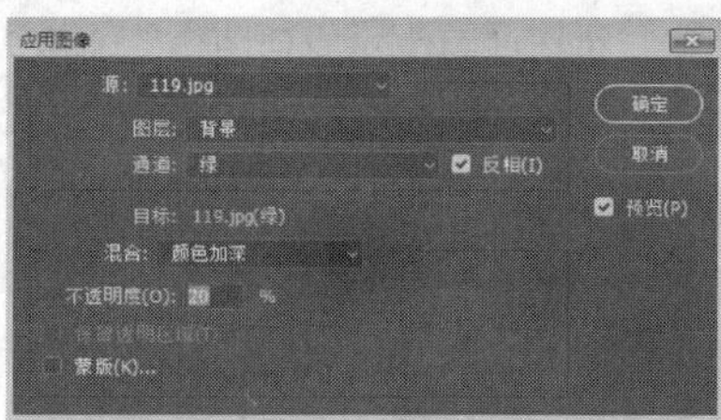

图11-123

图11-124

04 单击“红”通道，执行“图像→应用图像”命令，无须重新设置对话框内的参数，如图11-125所示，直接单击“确定”按钮，“红”通道内的图像效果如图11-126所示。

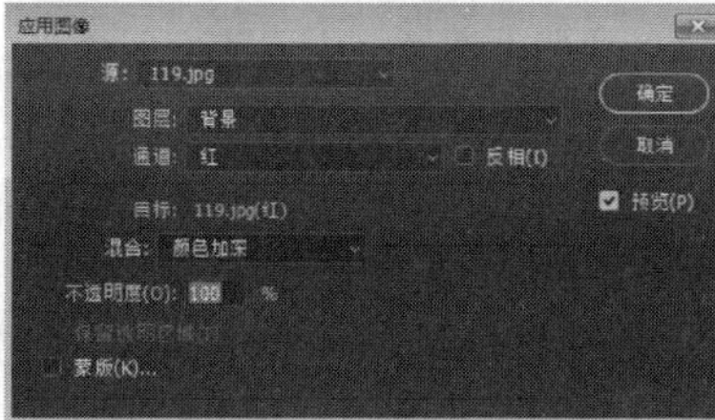

图11-125

图11-126

05 单击“RGB”混合通道，最终效果如图11-127所示。

● 紫色效果

图11-128所示为原照片，如图11-129所示为修改后的效果。下面介绍具体操作步骤。

图11-127

图11-128

图11-129

01 打开图11-128所示的文件，单击“通道”面板。

02 单击“绿”通道，执行“图像→应用图像”命令，在弹出的对话框中勾选“反相”复选框，更改模式为“正片叠底”，“不透明度”为“50%”，如图11-130所示，单击“确定”按钮，通道图像如图11-131所示。

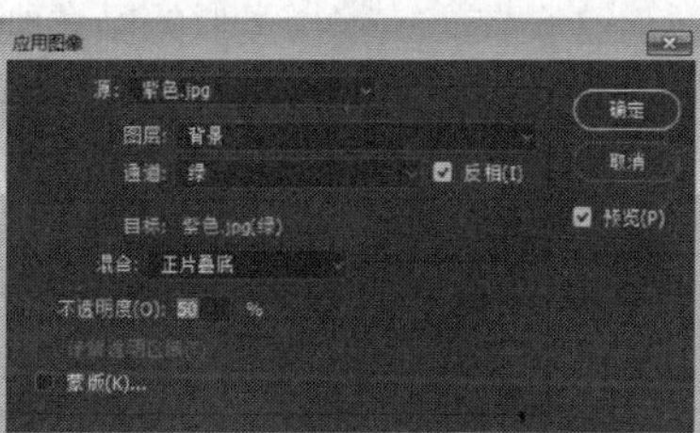

图11-130

图11-131

03 单击“红”通道，执行“图像→应用图像”命令，在弹出的对话框中勾选“反相”复选框，更改模式为“颜色加深”，“不透明度”为“20%”，如图11–132所示，单击“确定”按钮，通道图像如图11–133所示。

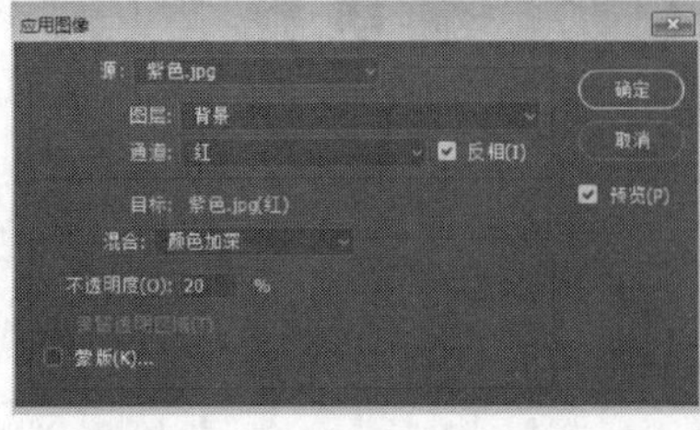

图11–132

图11–133

04 单击“蓝”通道，执行“图像→应用图像”命令，无须重新设置对话框内的参数，如图11–134所示，直接单击“确定”按钮，“蓝”通道内的图像效果如图11–135所示。

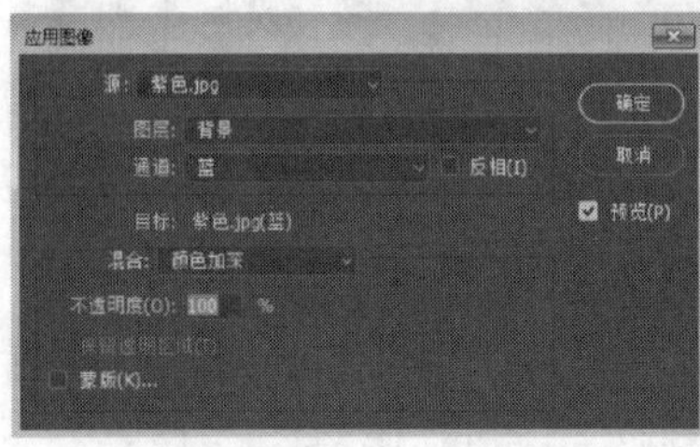

图11–134

图11–135

05 单击“RGB”混合通道，最终效果如图11–136所示。

图11–136

实战演练 利用通道选取人物头发

抠取头发、皮毛等图像是设计者经常遇到的情况，使用普通的选区方法很难将这些对象准确地抠取出来，而使用通道这一核心技术，类似的问题则变得简单很多。下面就以一个实例来介绍如何用通道选取人物的头发。

01 打开素材文件，如图11–137所示。最终效果如图11–138所示。

02 打开“通道”面板，分别查看“红”“绿”“蓝”通道，可以看到“蓝”通道和背景之间的颜色对比最为明显，如图11–139所示，复制“蓝”通道得到“蓝 拷贝”通道，如图11–140所示。

图11–137

图11–138

图11–139

03 选择减淡工具，在工具选项栏中设置“范围”为“阴影”，“曝光度”为“100%”，在头发周围的背景位置按住鼠标左键进行拖曳，目的是用白色将头发和周围背景区分开，注意拖曳时要避开头发边缘部位，如图11–141所示，直到头发周围变成白色为止，效果如图11–142所示。

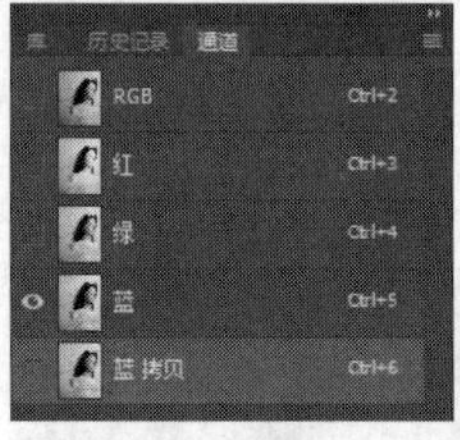

图11–140

图11–141

图11–142

04 执行“图像→应用图像”命令，在弹出的“应用图像”对话框中设置“不透明度”为“60%”，如图11–143所示。当对比不明显时可以多次重复操作，使用减淡工具在头发边缘的地方进行修改使其与背景融合，此时可以看到大部分背景色变成了白色，如图11–144所示。

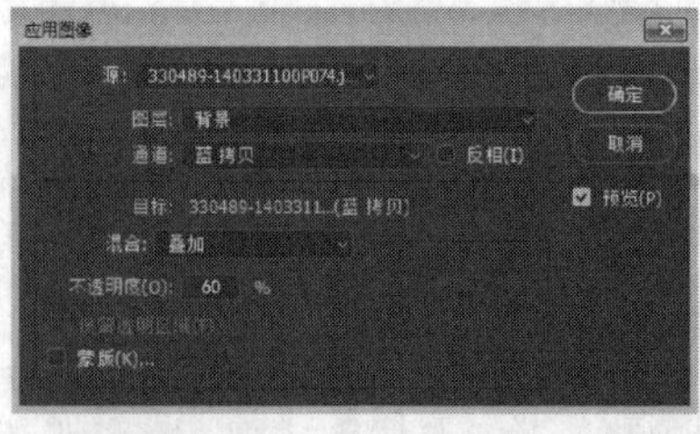

图11–143

图11–144

05 按Ctrl+I组合键，将“蓝 拷贝”通道中的颜色反向，效果如图11–145所示，“通道”面板中的“蓝 拷贝”通道缩览图也随之改变，如图11–146所示。

06 设置前景色为白色，选择画笔工具，沿人物轮廓绘制，生成白色轮廓线，如图11–147所示，再调整画笔大小将内部涂白，如图11–148所示。

图11–145

图11–146

图11–147

07 执行“图像→调整→色阶”命令，设置参数如图11–149所示，将输入色阶区域中最左边的滑块向右滑动增加“蓝 拷贝”通道的暗部，使背景完全变成黑色，并使白色与黑色的边界自然过渡，效果如图11–150所示。

图11–148

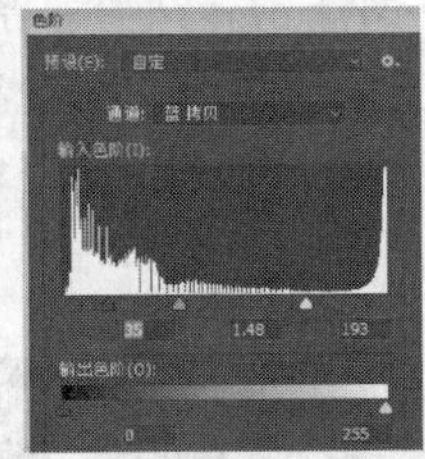
图11–149

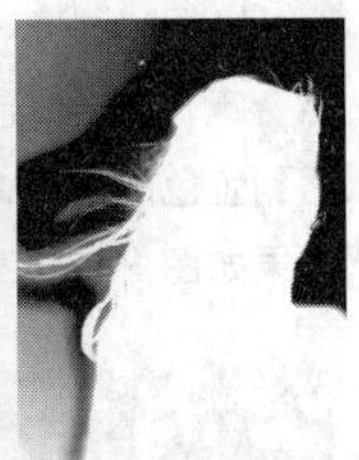
图11–150

08 单击“通道”面板底部的“将通道作为选区载入”按钮，或者按住Ctrl键的同时单击“蓝 拷贝”通道缩览图，将通道载入选区，如图11–151所示。选择“RGB”复合通道，切换到“图层”面板，效果如图11–152所示。

09 复制“背景”图层得到“背景 拷贝”图层，然后单击“添加图层蒙版”按钮，为“背景 拷贝”图层添加蒙版，如图11–153所示。单击“背景”图层前面的按钮，隐藏背景图层，此时可以看到选出来的人物，但依然有些边缘不够理想，如图11–154所示。

图11–151

图11–152

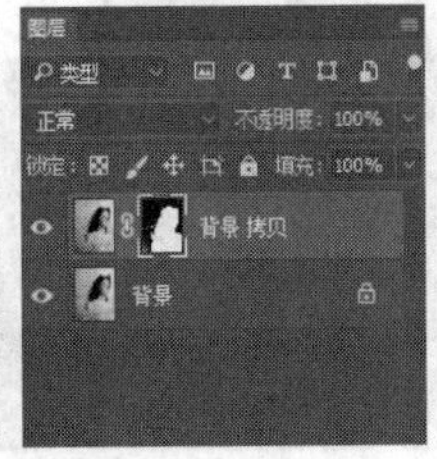

图11–153

图11–154

10 设置前景色为灰色（R100、G100、B100），使用画笔工具在人物头发颜色较深的地方进行涂抹，让头发显得更自然，与所要替换的背景更好地融合。原图如图11–154所示，处理后的效果如图11–155所示。

11 执行“文件→置入嵌入的智能对象”命令，置入“颜色条”素材，调整其大小后栅格化图层，效果如图11–156所示。再次执行“文件→置入嵌入的智能对象”命令，置入“室内”素材，调整其大小后栅格化图层，如图11–157所示。

图11–155

图11–156

图11–157

12 调整图层顺序并调整“颜色条”图层的大小，“图层”面板如图11–158所示。单击“背景 拷贝”图层的蒙版缩览图，设置前景色为黑色，选择画笔工具，在人物轮廓瑕疵处进行绘制，使其与“颜色条”“室内”图层融合统一，效果如图11–159所示。

13 在“图层”面板中，单击“颜色条”图层前面的按钮，隐藏该图层，面板如图11–160所示。选择“室内”图层，执行“图像→调整→色阶”命令，将输入色阶区域中最左边滑块向右移动，增加颜色对比度，点击“颜色条”图层前的按钮，恢复该图层的显示，将图层模式更改为“滤色”，最终效果如图11–161所示。

图11–158

图11–159

图11–160

图11–161

实战演练 超酷金属字效果

Alpha通道能够存储选区，也能够应用滤镜效果，通过编辑这些通道，我们能够得到想要的某种特效。下面就来介绍超酷金属字特效的制作。

01 新建一个文件，设置其大小为800像素×800像素，“分辨率”为“72像素/英寸”，用黑色填充文档。选择横排文字工具，设置字体颜色为灰色（R125、G125、B125），大小为“500点”，字体为“Adobe 楷体”。在工作区输入“中”字，效果如图11-162所示。

图11-162

02 右击“图层”面板的“中”图层，在弹出的菜单中执行“栅格化文字”命令。按住Ctrl键并单击“中”图层缩览图，载入选区。切换到“通道”面板，单击面板下方的“创建新通道”按钮，得到“Alpha 1”通道，如图11-163所示。设置前景色为白色，按Alt+Delete组合键，用前景色填充选区，如图11-164所示。

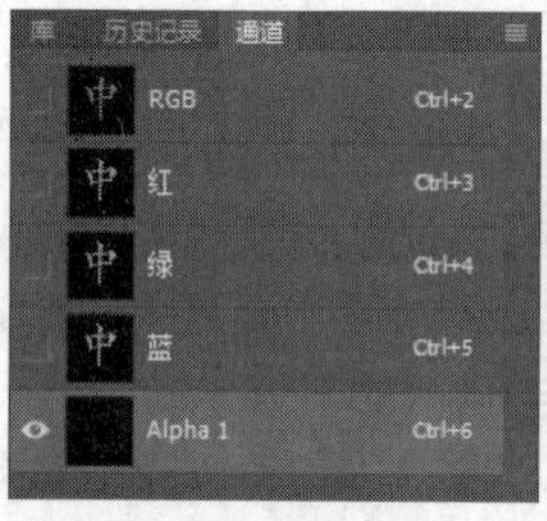

图11-163

图11-164

03 执行“滤镜→模糊→高斯模糊”命令，“半径”设置为“8像素”，效果如图11-165所示。再执行3次该命令，半径值分别为“4”“2”“1”，最终效果如图11-166所示。

04 切换到“图层”面板，选择“中”图层，执行“滤镜→模糊→高斯模糊”命令，在弹出的对话框中设置“半径”为“1像素”，单击“确定”按钮。执行“滤镜→渲染→光照效果”命令，参数设置如图11-167所示，效果如图11-168所示。

图11-165

图11-166

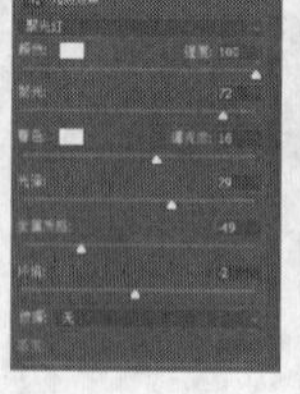

图11-167

图11-168

05 执行“图像→调整→曲线”命令，或按Ctrl+M组合键调整曲线，参数如图11-169所示，图像效果如图11-170所示。

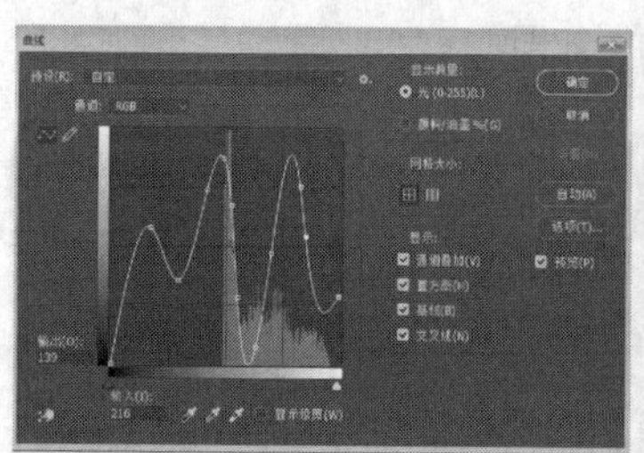

图11-169

图11-170

提示

当文字大小不同、字型不同时，曲线的调整参数就有所不同，尽量调整到字体有立体感为止。

06 执行“图像→调整→色彩平衡”命令，或按Ctrl+B组合键，根据自己喜欢的颜色进行调整。因为现在想要达到金色的效果，所以调整参数如图11-171所示，图像效果如图11-172所示。

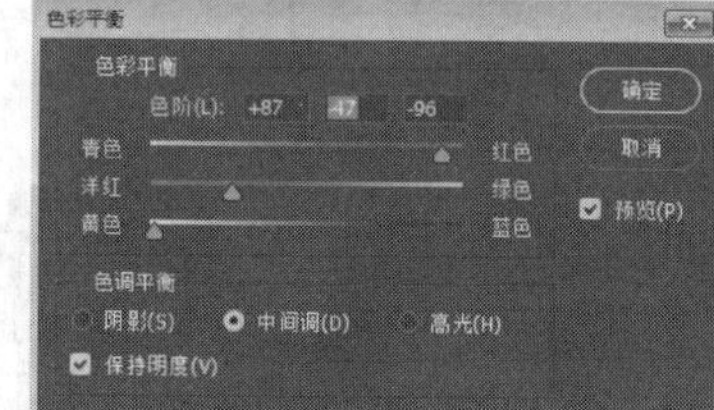

图11-171

图11-172

07 按Ctrl+J组合键复制“中”图层，得到“中 拷贝”图层。在“中 拷贝”图层上进行操作，选择画笔工具，选择一个形状画笔，如图11-173所示，设置前景色为浅黄色（R184、G156、B96），用画笔在图像上绘制图案，效果如图11-174所示。

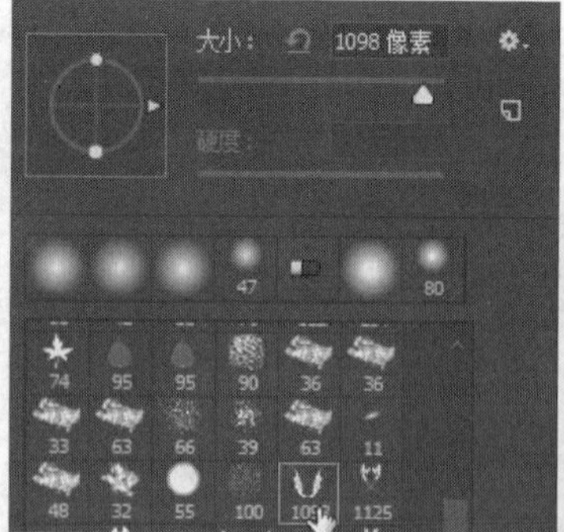

图11-173

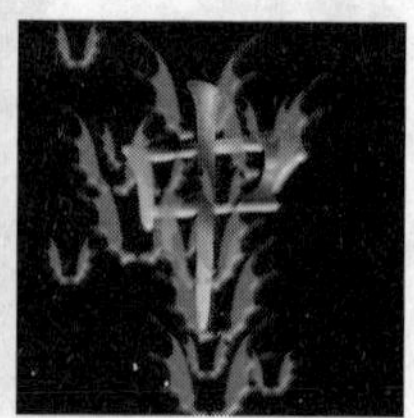

图11-174

08 执行“滤镜→模糊→动感模糊”命令，设置“角度”为“0度”，“距离”为“10像素”，对话框如图11-175

所示，图像效果如图11-176所示。

09 按Ctrl+J组合键复制“中 拷贝”图层，得到“中 拷贝2”图层，选择涂抹工具，在工具选项栏中设置相关选项，对该图层进行涂抹，操作时注意随时改变涂抹强度和涂抹工具大小，效果如图11-177所示。

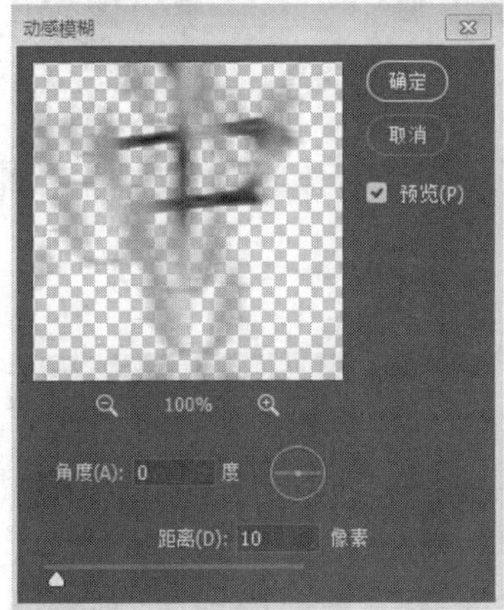

图11-175

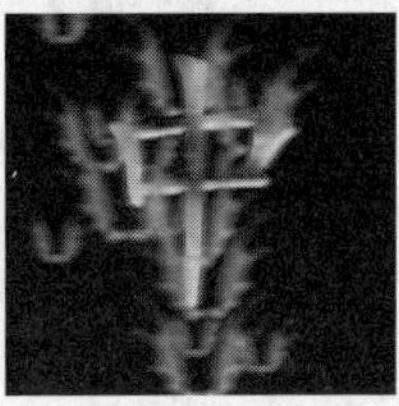

图11-176

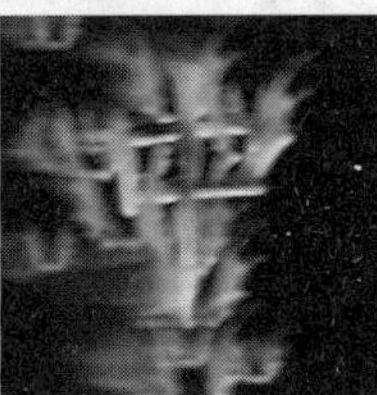

图11-177

10 切换到“通道”面板，选择“红”通道，执行“图像→应用图像”命令，参数设置如图11-178所示。对“绿”通道及“蓝”通道重复此操作，效果如图11-179所示。

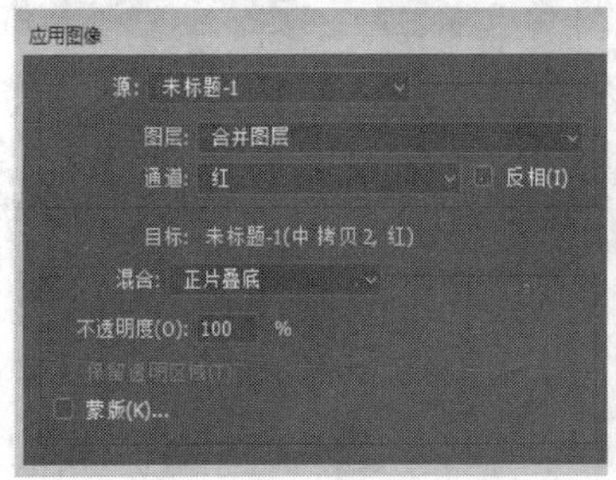

图11-178

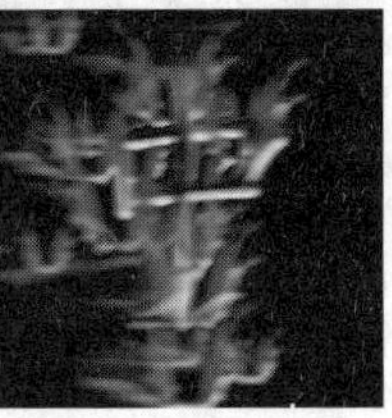

图11-179

11 选择“红”通道，执行“图像→调整→曲线”命令，参数设置如图11-180所示，效果如图11-181所示。

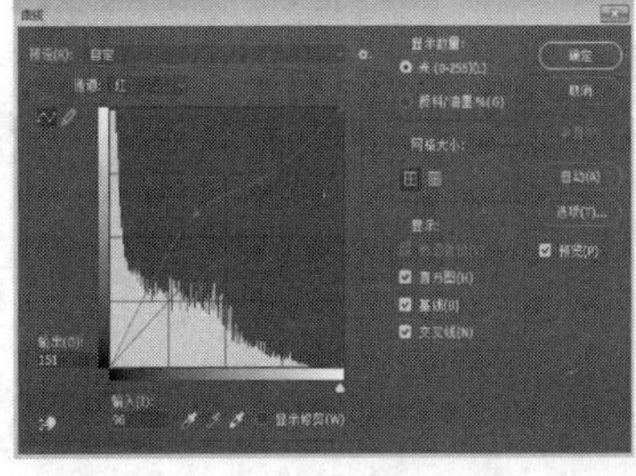

图11-180

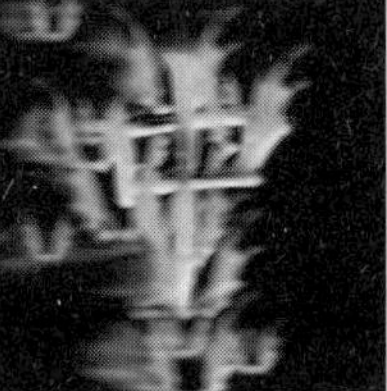

图11-181

12 回到“图层”面板，按Ctrl+J组合键复制图层，得到“中 拷贝3”图层。选择“背景”图层，在工具箱中选择渐变工具，选择一个自己喜欢的渐变效果进行填充，“图层”面板如图11-182所示，效果如图11-183所示。

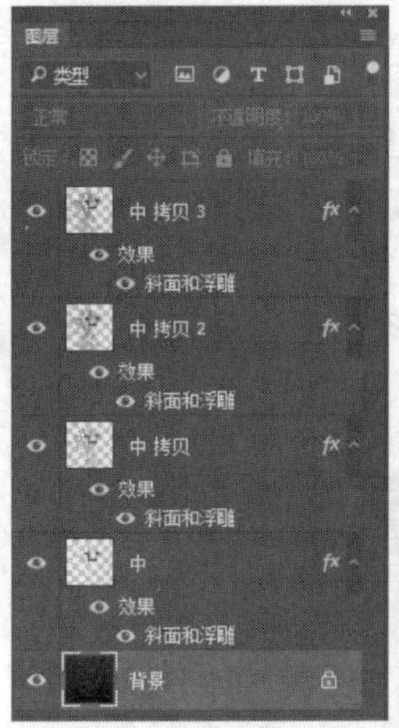

图11-182

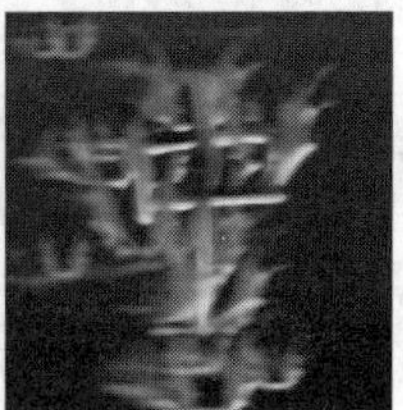

图11-183

实战演练 4种常用的通道调色方法

● 柔软淡色调

01 在Photoshop中打开素材图片，如图11-184所示，执行“图像→模式→Lab颜色”命令。在“通道”面板中单击“明度”通道，如图11-185所示，按Ctrl+A组合键全选，然后按Ctrl+C组合键复制。

图11-184

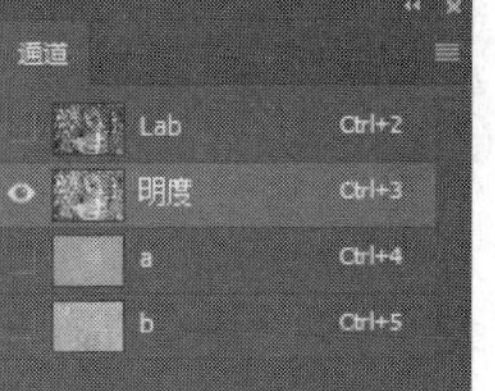

图11-185

02 执行“窗口→历史记录”命令，打开“历史记录”面板，单击回到“Lab颜色”那一步，如图11-186所示，按Ctrl+V组合键将刚才在“通道”面板复制的“明度”图层粘贴，并调整该图层的“不透明度”，如图11-187所示。

03 柔软淡色调效果调整完成，如图11-188所示。

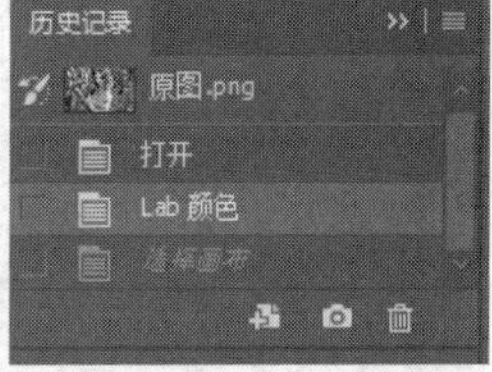

图11-186

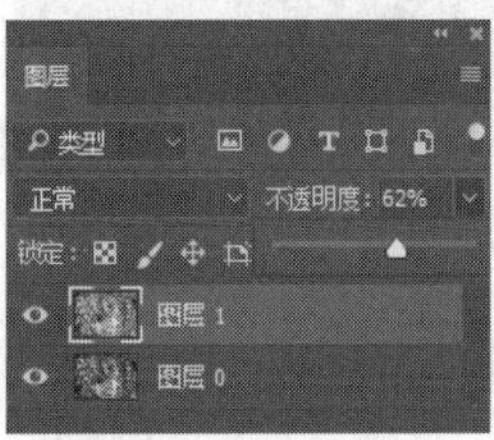

图11-187

图11-188

● 清透黑白色调

01 打开素材图片，执行“图像→模式→Lab颜色”命令，如图11-189所示。打开“通道”面板，选择“明度”图层，如图11-190所示。按Ctrl+A组合键和Ctrl+C组合键进行全选和复制，回到“图层”面板，按Ctrl+V组合键粘贴“明度”图层，如图11-191所示。

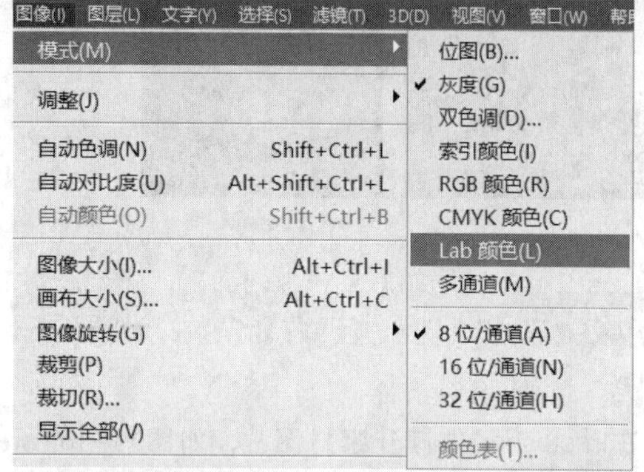

图11-189

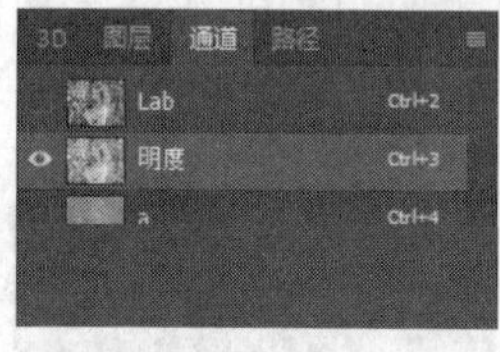

图11-190

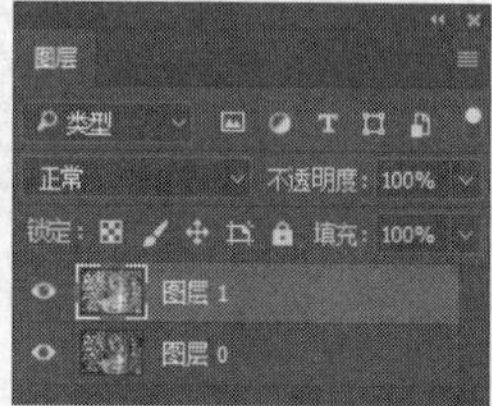

图11-191

02 执行“图像→调整→曲线”命令，如图11-192所示，调低暗部颜色，提高亮部颜色，得到清透效果的黑白图片，如图11-193所示。

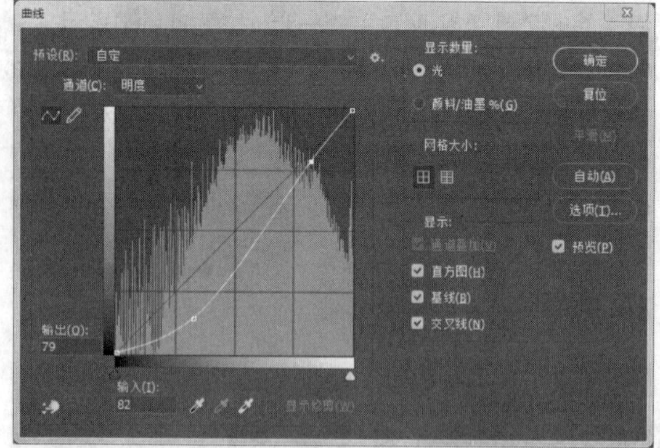

图11-192

图11-193

● 淡黄柔绿的森林效果

01 打开素材图片，执行“窗口→通道”命令，选择“通道”面板中的“绿”通道，如图11-194所示，按Ctrl+A组合键全选，按Ctrl+C组合键复制，再单击“蓝”通道，按Ctrl+V组合键粘贴，如图11-195所示。

图11-194

图11-195

02 回到“RGB”通道，如图11-196所示，执行“图形→调整→色彩平衡”命令，将数值调整为“0”“0”“-50”，如图11-197所示。执行“图像→调整→色相/饱和度”命令，将“饱和度”设置为“50”，如图11-198所示。

图11-196

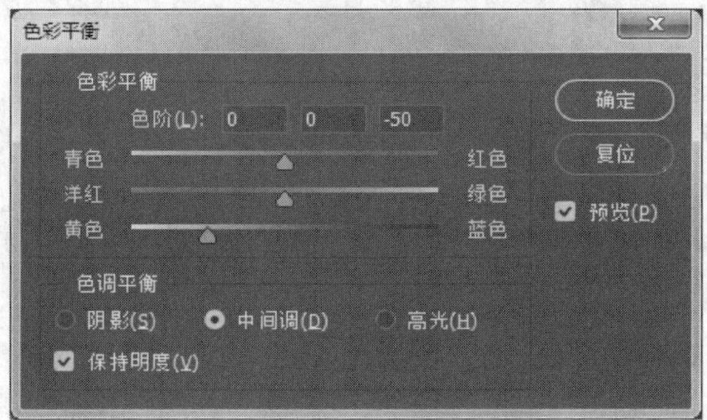

图11-197

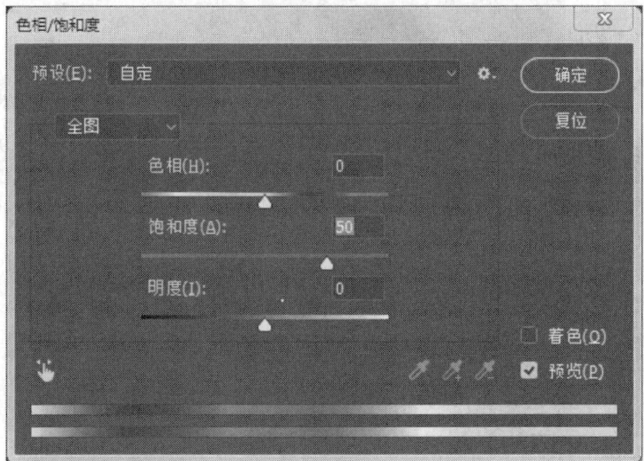

图11-198

03 得到淡黄柔绿的森林效果图片，如图11-199所示。

图11-199

● 个性蓝调

01 在第一个柔软淡色调的完成图上进行制作，要求图片模式为RGB颜色模式。执行“图像→调整→色相/饱和度”命令，将“饱和度”设置为“70”。

02 打开“通道”面板选择“绿”通道，按Ctrl+A组合键全选，按Ctrl+C组合键复制，选择“蓝”通道，按Ctrl+V组合键粘贴，返回“RGB”通道，如图11-200所示。

图11-200

03 执行“图像→调整→色彩平衡”命令，如图11-201所示，将数值调整为“-52”“-54”“0”，增加画面的蓝紫色，蓝调效果如图11-202所示。

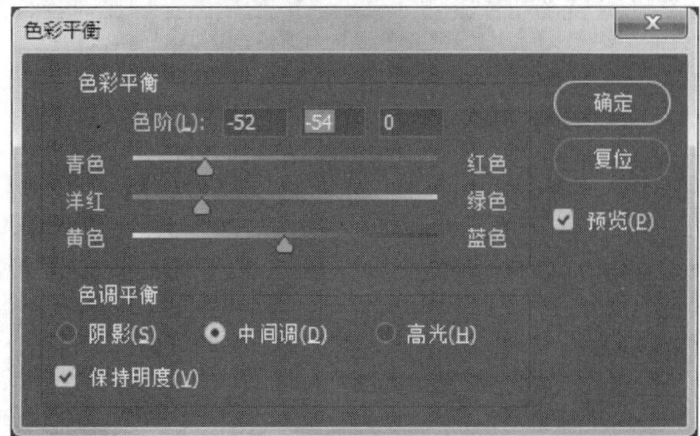

图11-201

图11-202

第12章
颜色与色调的高级调整工具

12.1 查看图像色彩

“信息”面板常被认为不重要，所以很少被使用。但是事实上我们可以通过它得到精确的指针坐标、对象尺寸、颜色信息等关键数据，为其他的操作如变换、移动、校色等提供更准确的参考。

12.1.1 使用颜色取样器工具

颜色取样器工具可以精确地显示图像上每个像素的颜色，我们可以使用它对图片中多个地方的颜色进行对比。在调整图像时，该工具最多可以同时监测4处像素（如高光部分、暗调部分）的颜色，这样就可以避免这些地方的颜色被过度调整。按F8键，会显示“信息”面板，所取的样点色彩信息会显示在该面板中。

在调整图像时，如果需要精确地了解颜色值的变化情况，可以使用颜色取样器工具，在需要观察的位置进行单击，建立取样点，这时会弹出“信息”面板显示取样位置的颜色值，在开始调整的时候，面板中会出现两组数字，斜杠前面是调整前的颜色值，斜杠后面是调整后的颜色值。

打开素材图片，如图12-1所示。用颜色取样器工具在图像中单击，自动弹出“信息”面板，如图12-2所示。

图 12-1

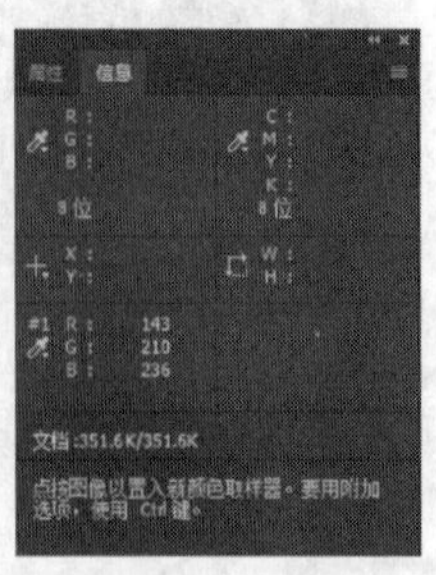

图 12-2

- 在“信息”面板中可以显示很多信息，面板最上边的两个颜色信息显示在视图中鼠标指针所处位置的颜色，左侧为RGB颜色模式下的颜色，右侧为CMYK颜色模式下的颜色，如图12-3所示。

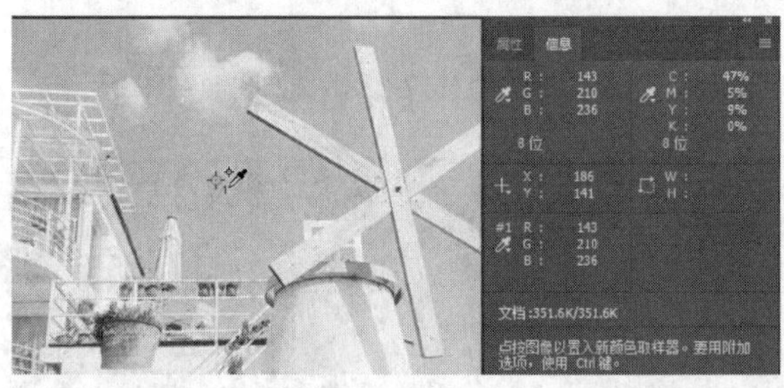

图 12-3

- 在“信息”面板的第2行信息中，左边的信息显示鼠标指针在视图中的坐标，右边显示视图中选区的长度和宽度，如图12-4所示。

图 12-4

- “信息”面板的第3行信息为颜色取样点的颜色信息，在没有设置颜色取样点时，该信息栏不会显

学习重点

Photoshop具有多种强大的颜色调整功能，使用“色阶”“曲线”“亮度/对比度”等命令可以轻松调整图像的色相、饱和度、亮度，同时Photoshop还提供了多种快速改变颜色的方法，有助于设计者制作出更完美的图像。本章将从颜色取样器开始讲解，包括“信息”面板、“直方图”面板、图像色彩的调整和图像特殊色调的调整，重点讲述调色功能的使用方法及过程。

示信息。“文档”栏显示了当前文档的大小。

- “信息”面板的最下面显示了当前工具的使用方法提示，如图12-5所示。

选择颜色取样器工具，移动鼠标指针到取样点上，当指针呈▶时，按住鼠标左键并拖曳鼠标，可以使取样点移动，查看“信息”面板，面板中的信息也会随之发生改变。

在取样点上单击鼠标右键可以弹出快捷菜单，在菜单中执行“删除”命令，可以删除该取样点，如图12-6所示。单击“颜色取样器”选项栏中的“清除全部”按钮，可以将图像中所有的取样点删除，如图12-7所示。

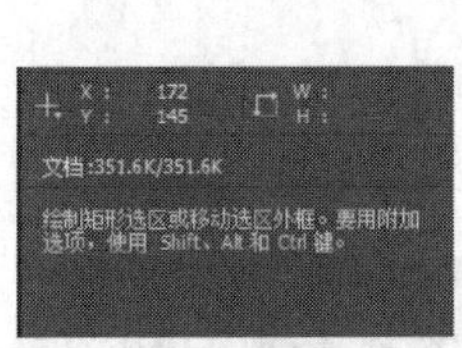

图12-5

图12-6

图12-7

一个图像中最多可以放置4个取样点，单击并拖曳取样点，可以移动它的位置，“信息”面板中的颜色值也会随之改变。按住Alt键并单击颜色取样点，可将其删除。

注意，颜色取样器的工具选项栏中有一个“取样小”下拉列表框，如图12-8所示。选择“取样点”，可拾取取样点下面像素的精确颜色；选择“3×3平均”，如图12-9所示，则拾取取样点3个像素区域内的平均颜色，其他选项依次类推。

图12-8

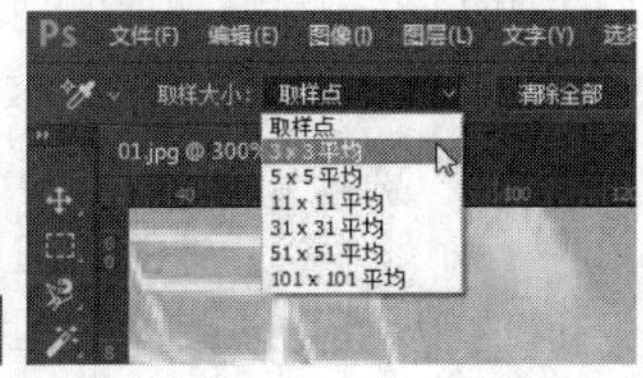

图12-9

12.1.2 “信息”面板

“信息”面板主要用来观察指针在移动过程中所经过各点的准确颜色数值，以及显示“选区”等对象的相关信息。“信息”面板可以用来判断图像色彩，主要表现在以下几个方面。

- 校正偏色图像。偏色图像一般中性色都有问题，这时，可以大致根据感觉确定什么颜色是中性色，在这一点做个标记，然后从“信息”面板中观察它的RGB值，看看3种颜色的偏差有多大，再使用曲线进行调整，使其RGB值趋向接近。
- 从平均值中可以看出图像的明亮程度（过亮过暗人眼都能分辨出，但不是很明显的就要靠数据来分析），平均值低于128，图像偏暗，高于128则偏亮。平均值过高或过低都说明图像存在严重问题。
- 在“通道”面板里，可以通过CMYK值中的K值来看在一个通道里图像偏向哪一种颜色，比如说单击“红”通道，用指针在图像上移动，如果K值大于50%说明偏青色，小于50%则说明偏红色。

使用“信息”面板

执行“窗口→信息”命令，打开“信息”面板，默认情况下，面板中显示以下选项。

- 显示颜色信息：将鼠标指针放在图像上，面板中会显示鼠标指针所在位置的精确坐标和鼠标指针颜色值，如图12-10所示。如果光标所在位置或颜色取样点下的颜色超出了可打印的CMYK色域，则CMYK值旁边便会出现一个感叹号。
- 显示选取大小：使用选框工具（矩形选框、椭圆选框等）创建选区时，面板会随鼠标的拖曳而实时显示选框的宽度和高度，如图12-11所示。

图12-10

图12-11

- 显示定界框的大小：使用裁剪工具和缩放工具时，会显示定界框的宽度和高度，如果旋转裁剪框，还会显示旋转角度，如图12-12所示。

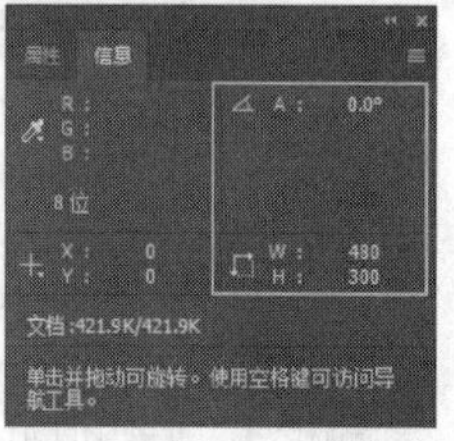

图12-12

- 显示开始位置、变化角度和距离：当移动选区，或者使用直线工具、钢笔工具、渐变工具时，面板会随着指针的移动显示开始位置的X和Y坐标、X的变化、Y的变化、角度以及距离。图12-13所示为使用钢笔工具绘制时的信息。

图12-13

- 显示变换参数：在执行二维变换命令时，会显示宽度和高度的百分比变化、旋转角度以及水平切线或垂直切线的角度。
- 显示状态信息：显示文档大小、文档配置文件、文档尺寸、暂存盘大小、效率、计时以及当前工具等。
- 设置信息面板选项：执行“信息”面板菜单中的“面板选项”命令，可以打开“信息面板选项”对话框，如图12-14所示。

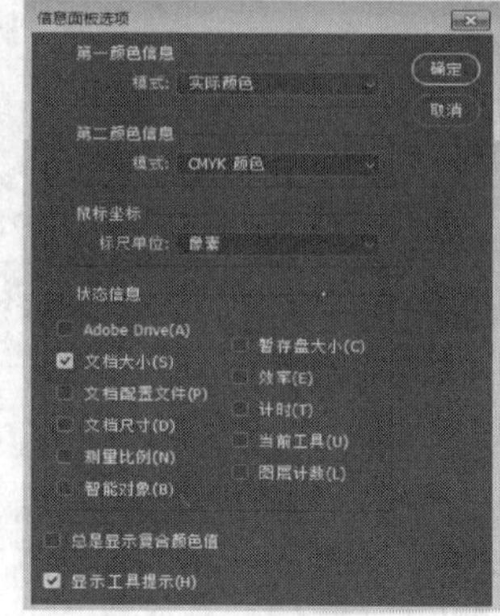

图12-14

- 显示工具提示：如果勾选了“显示工具提示”复选框，则可以显示当前选项的提示信息。

12.1.3 “直方图”面板

Photoshop的直方图用图形表示了图形每个亮度级别的像素数量，展现了像素在图像中的分布情况。通过观察直方图，可以判断出照片的阴影、中间调和高光中包含的细节是否足够，以便对其做出正确调整。

打开素材图片，如图12-15所示。执行“窗口→直方图”命令，打开“直方图”面板，如图12-16所示。

图12-15

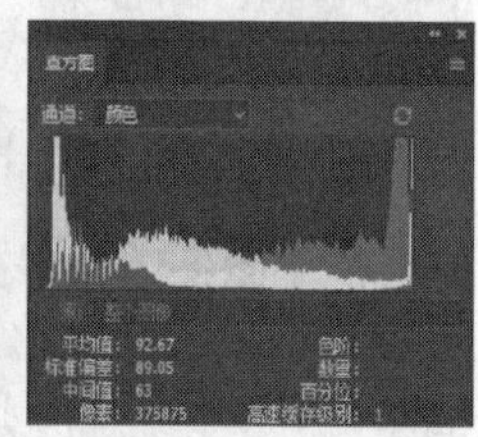

图12-16

- 通道：在下拉列表中选择一个通道（包括颜色通道、Alpha通道和专色通道等）以后，面板中会显示该通道的直方图，图12-17所示为“红”通道的直方图；选择“明度”，则可以显示复合通道的亮度或强度值，如图12-18所示；选择“颜色”，可以显示颜色中单个颜色通道的复合直方图，如图12-19所示。

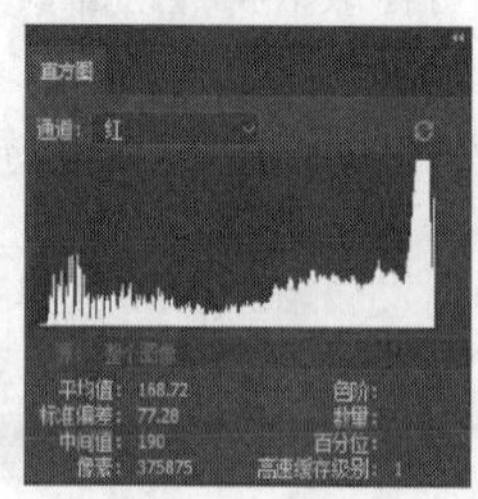

图12-17

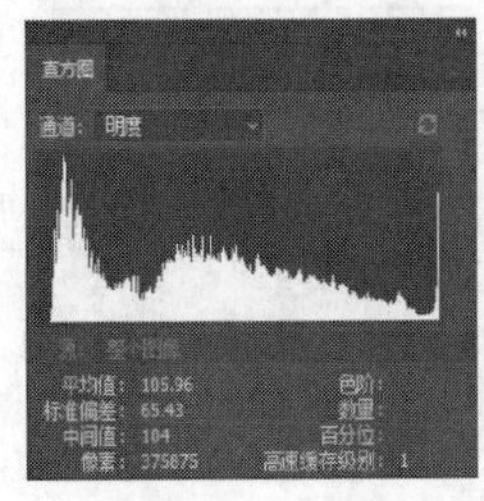

图12-18　　图12-19

- 不使用高速缓存的刷新：单击该按钮可以刷新直方图，显示当前状态下最新的统计结果。
- 高速缓存数据警告：使用“直方图”面板时，Photoshop会在内存中高速缓存直方图，即最新的直方图是被Photoshop存储在内存中，而并非实时显示在“直方图”面板中；此时直方图的显示速度较快，但并不能即时显示统计结果，面板中就会出现高速缓存数据警告图标，单击该图标，可以刷新直方图。
- 改变面板的显示方式：“直方图”面板菜单中包含切换直方图显示方式的命令。“紧凑视图”是默认的显示方式，它显示的是不带统计数据或控件的直方图，如图12-20所示；“扩展视图”显示的是带有统计数据和控件的直方图；“全部通道视图”显示的是带有统计数据和控件的直方图，同时还显示每一个通道的单个直方图（不包含Alpha通道、专色通道和蒙版），如图12-21所示。如果执行菜单中的“用原色显示直方图”命令，还可以用彩色方式查看通道直方图，如图12-22所示。

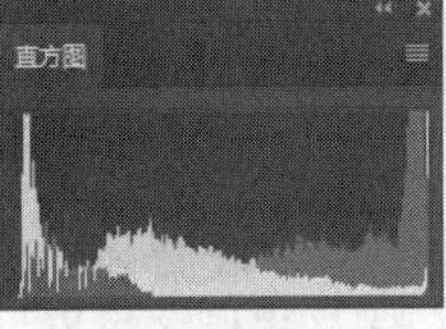

图12-20

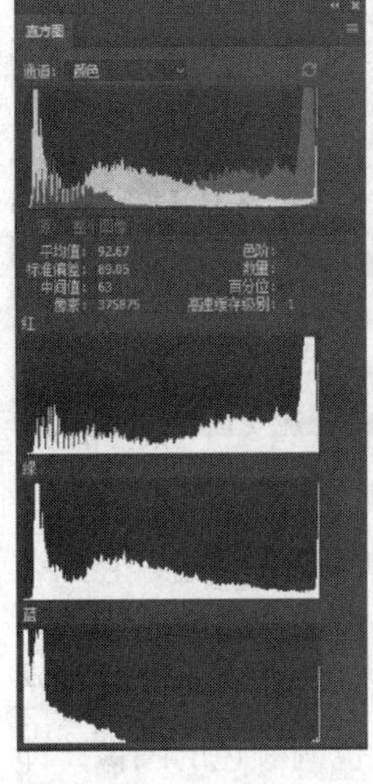

图12-21

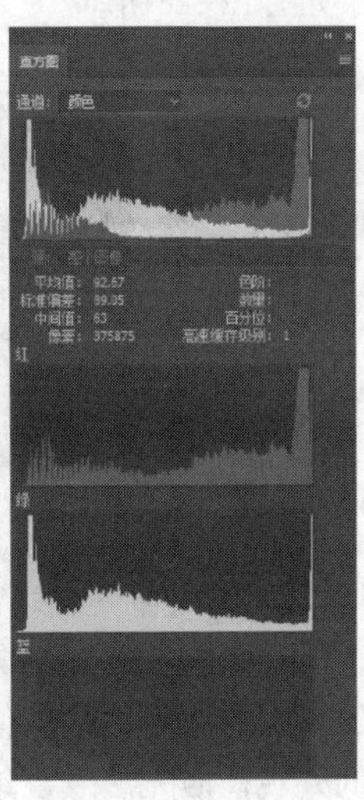

图12-22

12.2　自动调整图像色彩

自动调整图像有3个命令，第一个是“自动色调”，第二个是“自动对比度”，第三个是“自动颜色”，执行这些命令时，Photoshop会自动调整图像并在文档中显示最终效果。下面将详细介绍这3个命令。

12.2.1 “自动色调”命令

单击菜单栏中的“图像”，在弹出的菜单中选择“自动色调”命令，如图12-23所示。“自动色调”命令可以自动调整图像中的黑场和白场，将每个颜色通道中最亮和最暗的像素映射到纯白和纯黑，中间像素值按比例重新分布，从而增强图像的对比度。“自动色调”命令会自动移动“色调”滑块以设置高光和阴影。它将每个颜色通道中的最亮和最暗的像素定义为白色和黑色，然后按比例重新分布中间像素值。因为“自动色调”命令单独调整每个颜色通道，所以可能会消除或引入色偏（即色彩发生改变）。默认情况下，此功能剪切白色和黑色像素的0.5%，即在标识图像中的最亮和最暗像素时忽略两个极端像素值的前0.5%。这种颜色值剪切方式可保证白色和黑色值基于的是代表性像素值，而不是极端像素值。

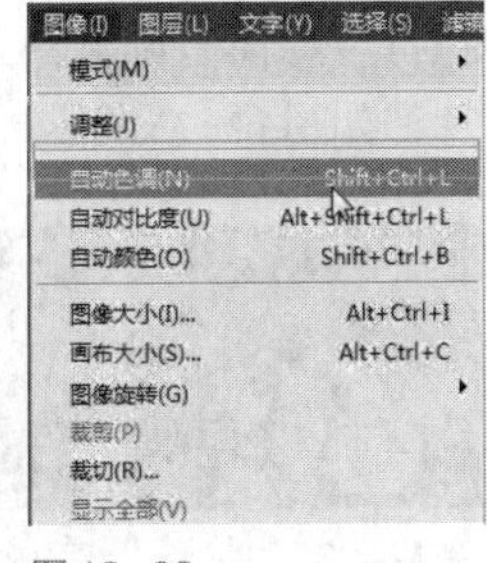

图12-23

打开一张色调有些发灰的素材照片，如图12-24所示。执行“图像→自动色调”命令，Photoshop会自动调整图像中的黑白及灰度分布，使色调变得清晰，如图12-25所示。

图12-24

图12-25

12.2.2 “自动对比度”命令

执行“图像→自动对比度”命令，如图12–26所示，Photoshop会自动调整图像对比度，该命令可以使高光看上去更亮，阴影看上去更暗。打开一张照片，如图12–27所示。照片色调有些发白，执行“图像→自动对比度”命令后，照片色调变得更自然，效果如图12–28所示。

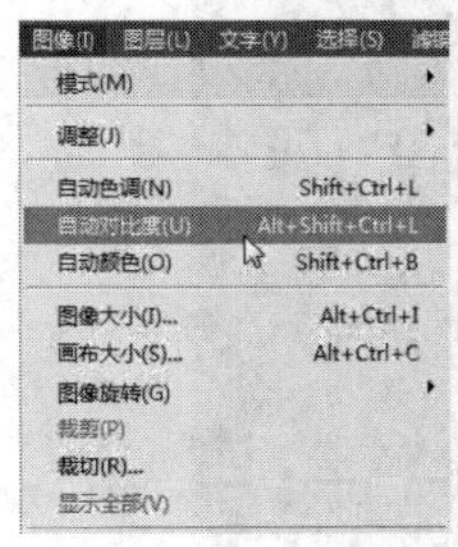

图12–26

图12–27

图12–28

“自动对比度”命令不会单独调整通道，它只调整色调，而不会改变色彩平衡，因此也就不会产生色偏，但也不能用于消除色偏。该命令可以改善色彩图像的外观，但无法改善单色调颜色的图像（即只有一种颜色的图像）。

12.2.3 “自动颜色”命令

执行“图像→自动颜色”命令，如图12–29所示，可自动改变图像的颜色。“自动颜色”命令可以通过搜索图像的阴影、中间调和高光，从而调整图像的对比度和颜色。我们可以使用该命令来校正出现色偏的照片。

打开一张偏黄的图片，如图12–30所示。执行“图像→自动颜色”命令后，图像色彩发生了变化，整体增加了红色，效果如图12–31所示。

图12–29

图12–30

图12–31

12.3 图形色彩的特殊调整

图形色彩的特殊调整包括“反相”“色调均化”“阈值”“色调分离”等，下面将对这些命令一一进行讲解。

12.3.1 “反相”命令

执行“图像→调整→反相”命令，如图12–32所示，可使图像像素反相显示。“反相”就是图像的颜色色相反转，形象点说彩色照片和底片的颜色就是反相，黑变白、蓝变黄、红变绿。

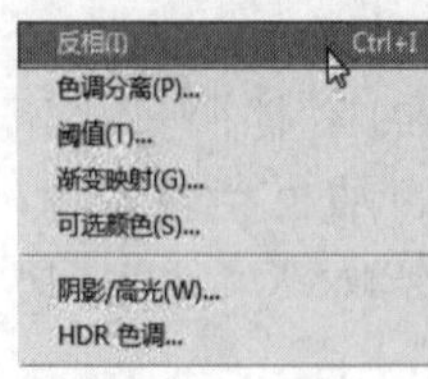

图12–32

打开素材图片，如图12–33所示。执行“图像→调整→反相”命令，或按Ctrl+I组合键，Photoshop会将通道中每个像素的亮度值转化为255级颜色值刻度上相反的值，从而反转图像的颜色，创建彩色负片效果，如图12–34所示。再次执行该命令，可以将图像重新恢复为正常效果。将图像反相以后，再执行“图像→调整→去色”命令，可以得到黑白负片，如图12–35所示。

图12–33

图12–34

图12–35

12.3.2 “色调均化”命令

“色调均化”命令可以重新分布像素的亮度值，将最亮的值调整为白色，最暗的值调整为黑色，中间的值分布在整个灰度范围之中，使它们更均匀地呈现所有范围的亮度级别（0~255）。该命令还可以增加那些颜色相近的像素间的对比度。打开一张素材，如图12-36所示。执行“图像→调整→色调均化”命令，效果如图12-37所示。

图12-36

图12-37

如果图像中有选区存在，如图12-38所示。执行“图像→调整→色调均化”命令，会弹出图12-39所示的对话框。选择“仅色调均化所选区域”，表示仅均匀分布选区内的像素，如图12-40所示；选择“基于所选区域色调均化整个图像”，则会根据选区内的像素均匀分布图像所有像素，包括选区外的像素，如图12-41所示。

图12-38

图12-39

图12-40

图12-41

12.3.3 “阈值”命令

“阈值”命令可以将彩色图像转换为只有黑白两色。适合制作单色照片，或模拟类似于手绘效果的线稿。以下为制作一张素描效果的照片的几个步骤。

01 按Ctrl+O组合键打开一个文件，如图12-42所示。

02 按Ctrl+J组合键复制图层，得到“背景 拷贝”图层，执行“图像→调整→阈值”命令，弹出“阈值”对话框，在“阈值色阶”数值框中输入数值或拖曳直方图下面的滑块可以指定某个色阶作为阈值，所有比阈值亮的像素会转换为白色，所有比阈值暗的像素会转换为黑色，如图12-43和图12-44所示。勾选“预览”复选框可显示执行该命令后的效果。

图12-42

图12-43

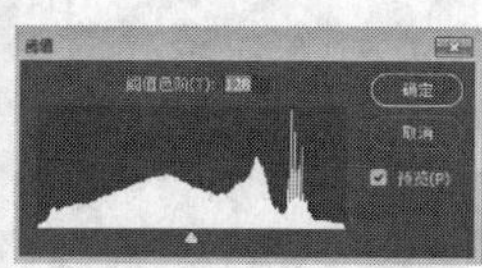

图12-44

03 将“背景”图层拖曳到“图层”面板底部的“创建新图层”按钮上进行复制，按Ctrl+Shift+]组合键将该图层调整到面板顶层。执行“滤镜→风格化→查找边缘”命令，如图12-45所示，得到效果如图12-46所示。

04 按Ctrl+Shift+U组合键去除颜色，将该图层的混合模式设置为“正片叠底”，得到效果如图12-47所示。

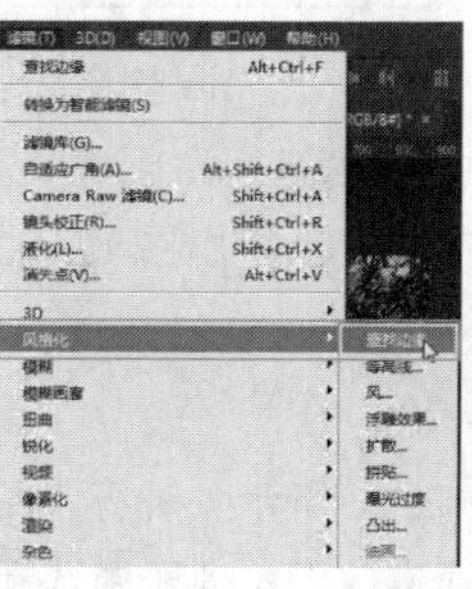

图12-45

图12-46

图12-47

12.3.4 “色调分离”命令

“色调分离”命令可以按照指定的色阶数减少图像的颜色（或灰度图像中的色调），从而简化图像内容。该命令适合创建大的单调区域，或者在彩色图像中产生有趣的效果。执行“图像→调整→色调分离”命令，可弹出图12-48所示对话框。下面将通过实例来讲解其功能。

图12-48

打开素材图片，如图12-49所示。执行“图像→调整→色调分离”命令，打开“色调分离”对话框，色阶的数值范围为2~255。如果要得到简化的图像，可以降低色阶值，图12-50所示为色阶值设置成4的效果；如果要显示更多的细节，则增加色阶值，图12-51所示为色阶值设置成255的效果。如果使用“高斯模糊”或“去斑”滤镜对图像进行轻微的模糊后再执行“色调分离”命令，就可以得到更少、更大的色块。

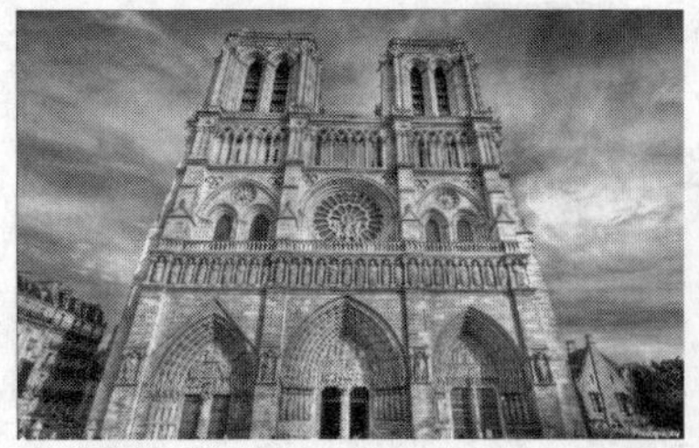
图 12-49

图 12-50

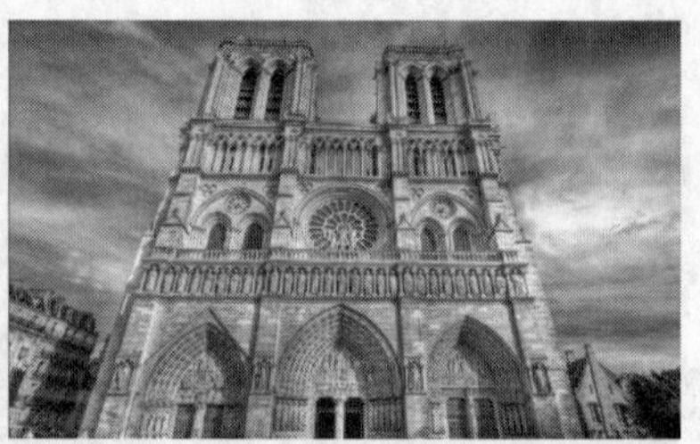
图 12-51

12.4 自定义调整图像色彩

自定义调整图像色彩包括“色阶”“曲线”“色彩平衡”“亮度/对比度”4个命令，读者可通过拖曳滑块或者拖曳曲线进行调节。下面将对它们进行一一介绍。

12.4.1 “色阶”命令

“色阶”命令是一个功能非常强大的调整命令，使用此命令可以对图像的色调、亮度进行自由调整。执行“图像→调整→色阶”命令，将弹出图12-52所示的对话框。

调整图像色阶的方法如下。

01 打开一张素材图片，如图12-53所示。执行“图像→调整→色阶”命令，在“通道”下拉列表中选择要调整的通道，要增加图像对比度则拖曳“输入色阶”区域的滑块，其中向右侧拖曳黑色滑块可使图像变暗，如图12-54所示；向左侧拖曳白色滑块则可使图像变亮，如图12-55所示。

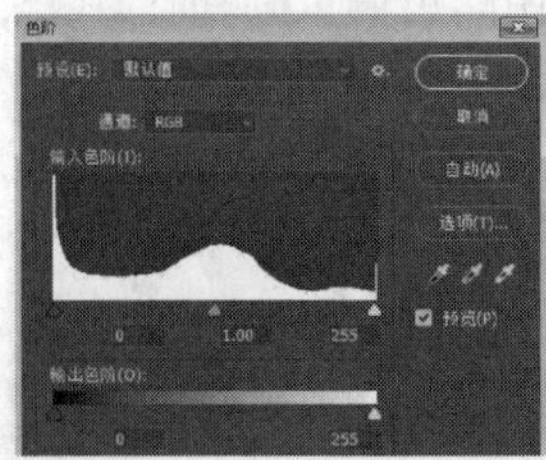
图 12-52

图 12-53

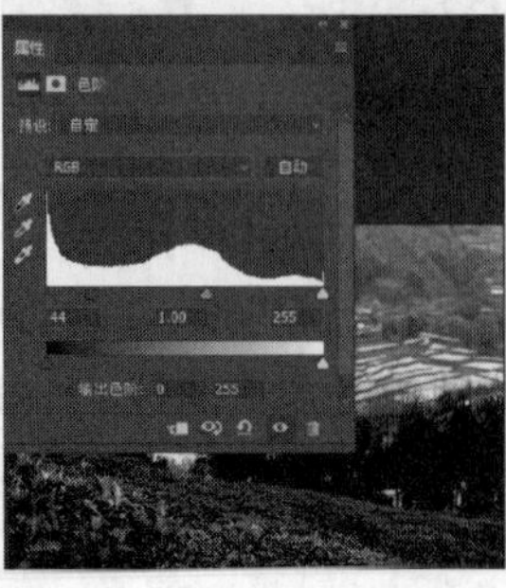
图 12-54

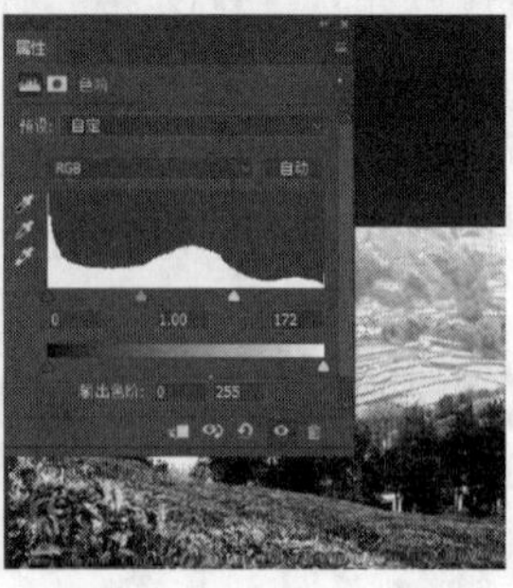
图 12-55

02 拖曳“输出色阶”区域的滑块可降低图像的对比度，向左侧拖曳白色滑块可使图像变暗，如图12-56所示，向右侧拖曳黑色滑块则可使图像变亮，如图12-57所示。

03 在拖曳滑块的过程中仔细观察图像的变化，满意后单击“确定”按钮即可。

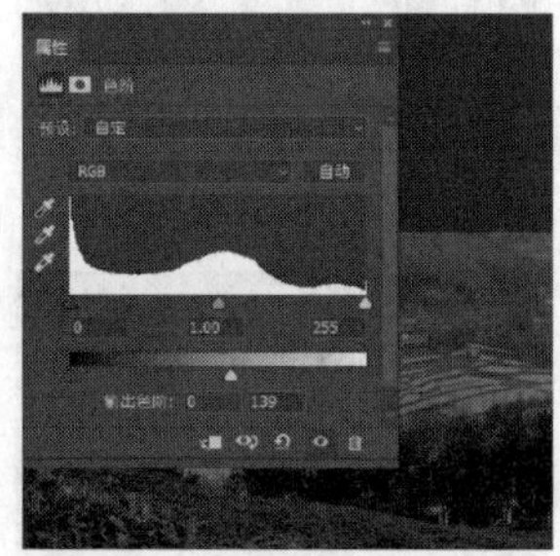
图 12-56

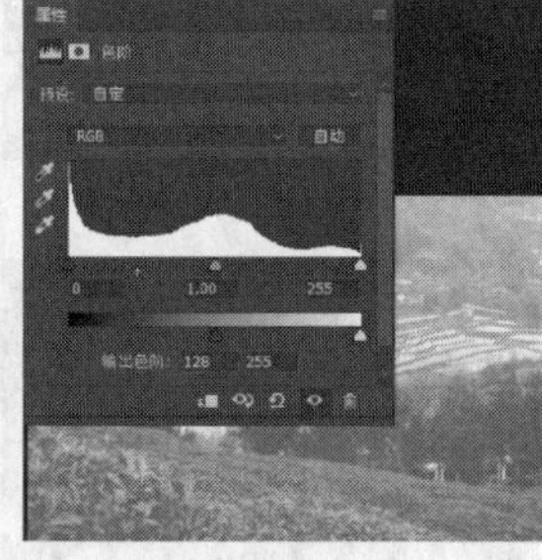
图 12-57

下面详细介绍各参数及命令的使用方法。

- 通道：在“通道”下拉列表中可选一个通道，从而使色阶调整工作基于该通道进行，此处显示的通道名称依据图像颜色模式而定，如RGB颜色模式下显示“RGB”“红”“绿”“蓝”，如图12-58所示。

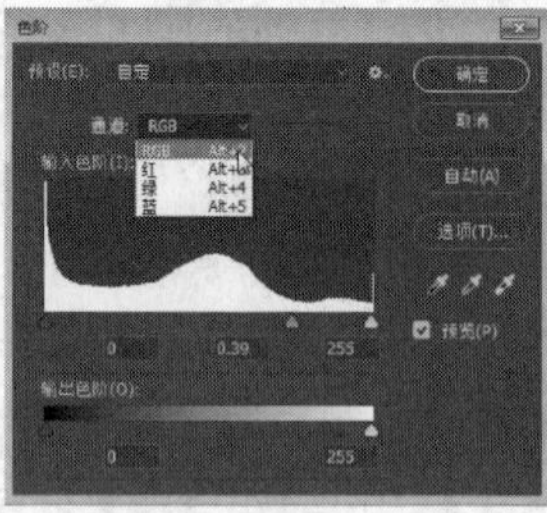
图 12-58

- 输入色阶：输入色阶是动态地调整输入的色阶量，就是说不论如何调，都不能改变照片自身最亮和最暗的部分。设置“输入色阶”3个数值框中的数值，或拖曳其上方的滑块，可对图像的暗色调、高亮调、中间色的数值进行调节。图12-59为原图像，图12-60为向右拖曳黑色滑块的效果，图12-61为向左拖曳白色滑块的效果，但两幅图中最亮和最暗的部分没有发生变化。

图12-59

图12-60

图12-61

- **输出色阶**：输出色阶是用来控制调整输出时的最亮和最暗处的数值的。设置“输出色阶”数值框中的数值或拖曳其下方的滑块，可以减少图像的白色与黑色，从而降低图像的对比度。
- **黑色吸管**：使用该吸管在图像中单击，Photoshop将定义单击处的像素为黑点，并重新分布图像的像素，从而使图像变暗。图12-62所示为黑色吸管单击后的效果。
- **白色吸管**：与黑色吸管效果相反，图12-63所示为白色吸管单击后的效果。

图12-62

图12-63

- **灰色吸管**：使用该吸管在图像中单击，Photoshop将定义单击处的像素为灰点，并重新分布图像的像素，从而使图像变暗，效果如图12-64所示。

图12-64

- **存储预设与载入预设**：单击“预设”右边的按钮，执行“存储预设”命令，可将当前对话框的设置保存为一个ALV文件，在以后的工作中如果遇到需要进行同样设置的图像，可以执行“载入预设”命令，调出该文件，以自动使用该设置。
- **自动**：单击该按钮，Photoshop可根据当前图像的明暗程度自动调整图像。
- **选项**：单击该按钮，弹出“自动颜色校正选项”对话框，可更改算法，也可修改目标颜色值和百分数。

实战演练 利用“色阶”命令调整风景照片

“色阶”对话框的黑色和白色滑块越靠近直方图中央，图像的对比度越强，但也越容易丢失细节。如果能够精确地定位滑块的位置，就可以确保在图像细节不会丢失的基础上获得最佳的对比度。下面我们来学习这种方法。

01 按Ctrl+O组合键打开素材图片，如图12-65所示。按Ctrl+L组合键打开“色阶”对话框，如图12-66所示。观察直方图，发现图像缺乏对比度，色调比较灰。

图12-65

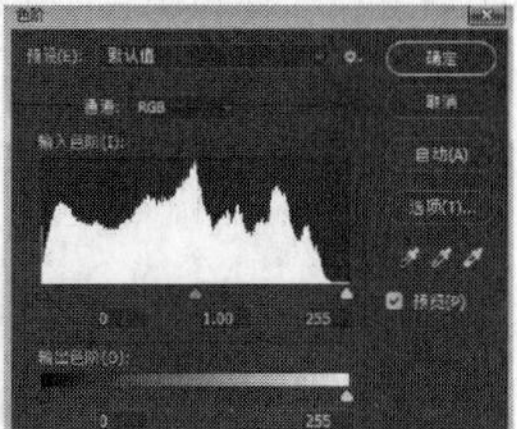
图12-66

02 直方图下方有黑色、灰色和白色3个滑块，它们的位置对应“输入色阶”中的3个数值。其中黑色滑块代表最低亮度，就是纯黑，也可以说是黑场，白色滑块就是纯白，而灰色滑块就是中间调。将白色滑块往左拖曳，直到“输入色阶”区域第3个数值框中数值减少到200，发现图像变亮了，如图12-67所示。

图12-67

03 继续将白色滑块向左拖曳，效果如图12-68所示。

图12-68

04 灰色滑块代表了中间调在黑场和白场之间的分布比例，如果将黑色滑块往暗调区域拖曳，图像将变亮，因为黑场到中间调的这段距离，比起中间调到高光的距离要短，这代表中间调偏向高光区域更多一些，因此图像变亮了。灰色滑块的位置不能超过黑白两个滑块之间的范围。图12-69所示为精确调整色阶后的效果。

图12-69

12.4.2 "曲线"命令

"曲线"命令和"色阶"命令类似，都是用来调整图像的色调范围，不同的是"色阶"命令只能调整亮部、暗部和中间灰度，而"曲线"命令可调整灰阶曲线中的任何一点。执行"图像→调整→曲线"命令，会弹出"曲线"对话框，如图12-70所示。在该对话框中，横轴用来表示图像原来的亮度值，相当于"色阶"对话框中的输入色阶，纵轴用来表示新的亮度值，相当于"色阶"对话框中的输出色阶；对角线用来显示当前输入和输出数值之间的关系，在没有进行调整时，像素的输入和输出数值相同。

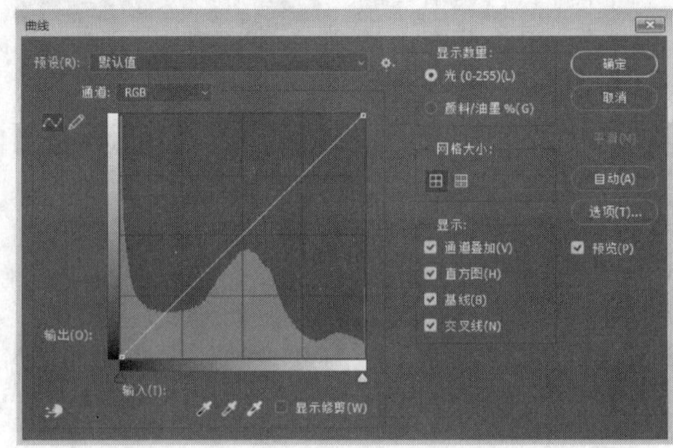

图12-70

实战演练 制作玉手镯

通过调整"曲线"对话框中的参数，可以为圆环制作出特别的效果。下面我们来制作玉手镯效果。

01 执行"文件→新建"命令，或按Ctrl+N组合键新建一个文件，参数设置如图12-71所示。

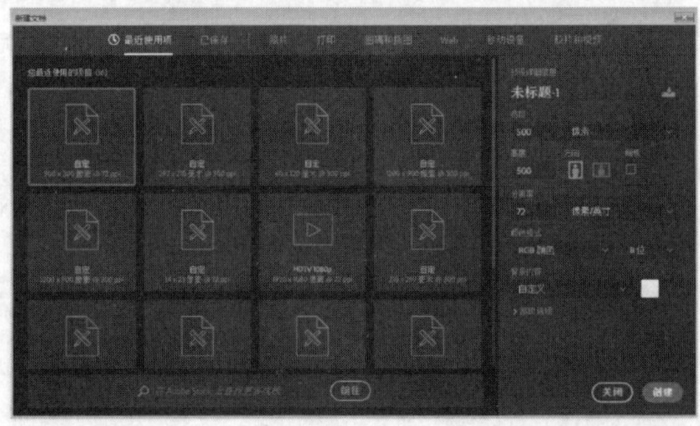

图12-71

02 单击"图层"面板下方的"创建新图层"按钮，得到"图层1"图层，如图12-72所示。

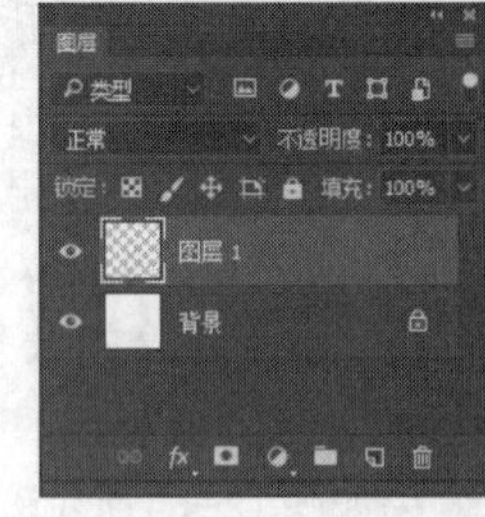

图12-72

03 设置前景色为黑色、背景色为白色，执行"滤镜→渲染→云彩"命令，如图12-73所示。

04 执行"选择→色彩范围"命令，弹出"色彩范围"对话框，用吸管单击一下图中的灰色，预览区域发生变化，调整"颜色容差"值到图像显示足够多的细节，如图12-74所示。

05 单击工具箱中的设置前景色工具，打开“拾色器（前景色）”对话框，将色条拉到绿色中间，用吸管单击一下较深的绿色，单击“确定”按钮，如图12-75所示。

06 按Alt+Delete组合键，用前景色填充选区，效果如图12-76所示。

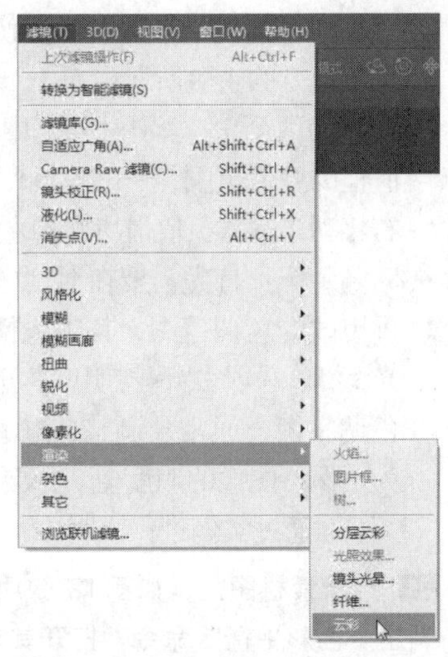

图12-73

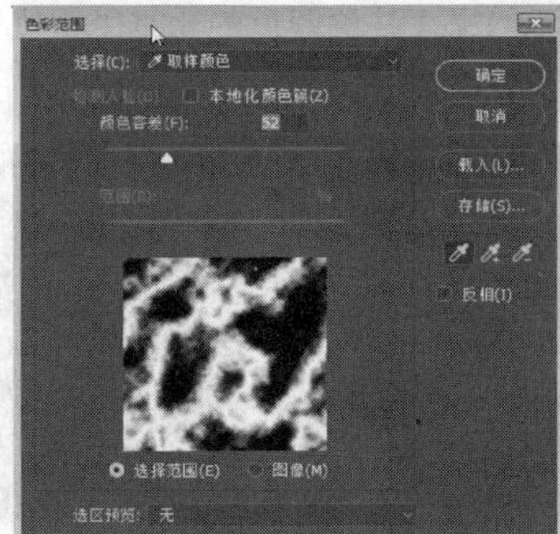

图12-74

图12-75

图12-76

07 执行“图像→调整→曲线”命令，弹出“曲线”对话框，对其进行调节，如图12-77所示，效果如图12-78所示。

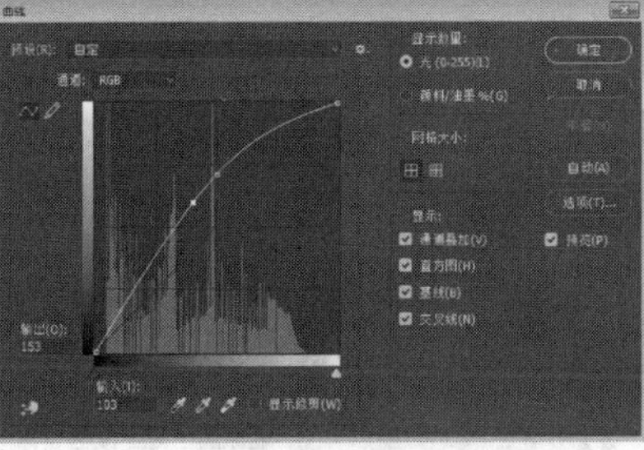

图12-77

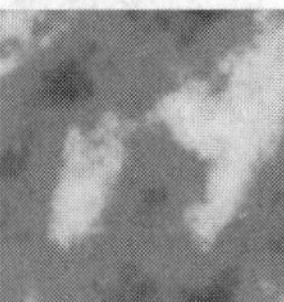

图12-78

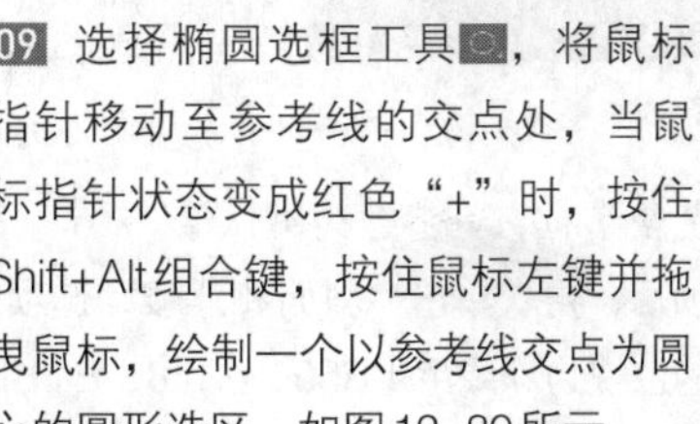

08 用鼠标从左侧标尺拉出一条垂直参考线到图像宽度的1/2处，再用鼠标从上方标尺拉出一条水平参考线到图像高度的1/2处，两条参考线的交点为接下来要绘制的圆的圆心位置，如图12-79所示。

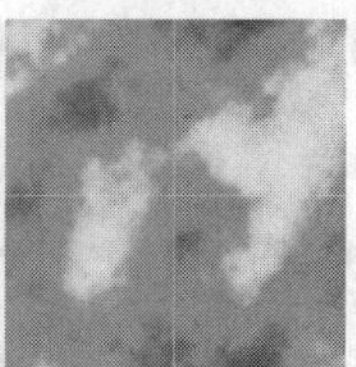

图12-79

09 选择椭圆选框工具，将鼠标指针移动至参考线的交点处，当鼠标指针状态变成红色“+”时，按住Shift+Alt组合键，按住鼠标左键并拖曳鼠标，绘制一个以参考线交点为圆心的圆形选区，如图12-80所示。

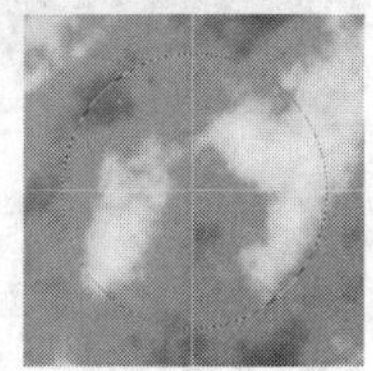

图12-80

10 再次使用椭圆选框工具，在工具选项栏上单击“从选区减去”按钮，如图12-81所示，将鼠标指针移至圆形的圆心，按住鼠标左键并拖曳，然后按住Shift+Alt组合键（不要放开鼠标），调整圆形大小后松开鼠标左键，最后得到一个环形选区，如图12-82所示。

11 按Ctrl+Shift+I组合键反选选区，再按Delete键删除，得到图12-83所示效果。

图12-81

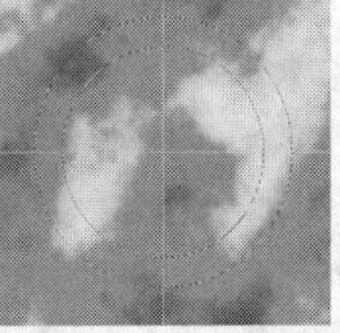

图12-82

图12-83

12 双击“图层1”图层缩略图，弹出“图层样式”对话框，勾选“斜面和浮雕”复选框，设置各个参数如图12-84所示，设置过程中注意观察图像的变化。

13 勾选“光泽”复选框，设置“混合模式”色块为绿色（R71、G244、B11），距离和大小可观察着图像进行调整，直到满意为止，参数设置如图12-85所示。然后勾选“投影”复选框，参数为默认值即可。

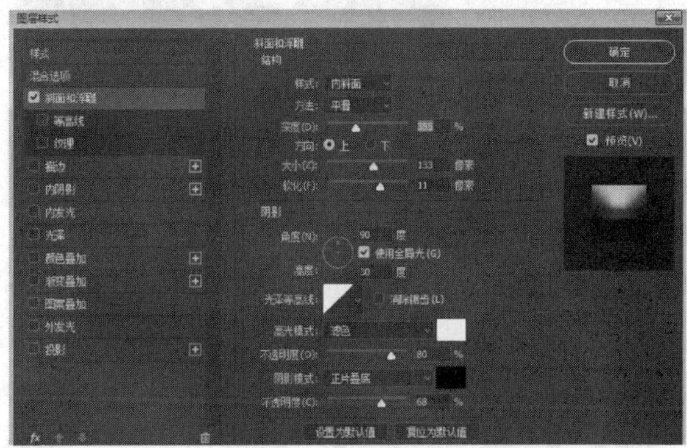

图12-84

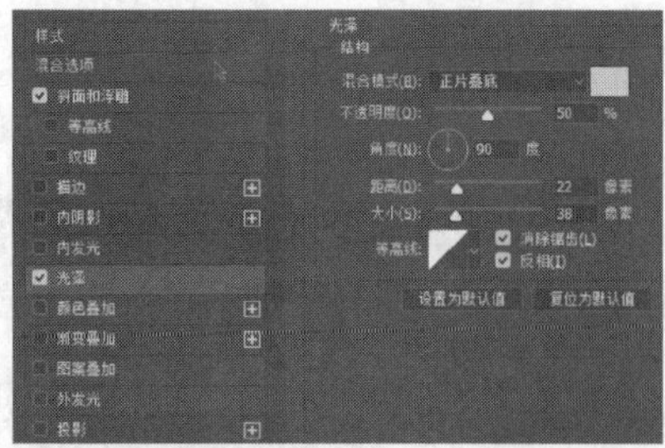

图12-85

14 勾选“内发光”复选框，其参数为默认值。

15 设置完上述选项后，再次单击“斜面和浮雕”选项，设置“阴影模式”的色块为深绿色（R56、G148、B11）。注意：这一步是图层样式设置的最后一步，不要提前设置，否则可能得不到通透的效果，如图12-86所示。

16 执行“视图→清除参考线”命令，效果如图12-87所示。

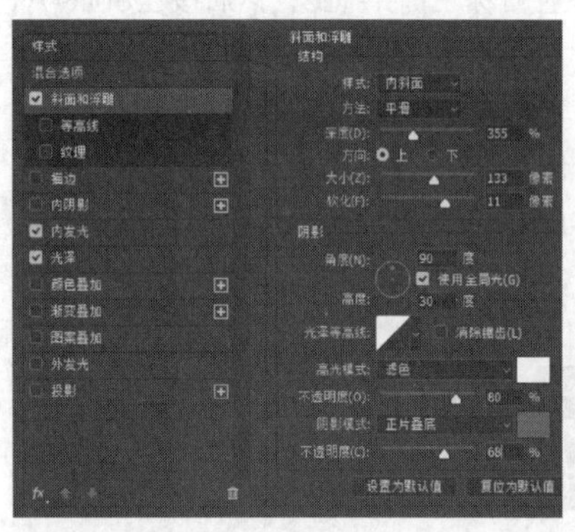

图12-86

图12-87

12.4.3 “色彩平衡”命令

顾名思义，“色彩平衡”命令能进行一般性的色彩校正，通过增加某些色彩的成分来调节偏色或色彩失衡的图像。虽然该命令可以改变图像颜色的构成，但不能精确控制单个颜色成分（单色通道），只能作用于复合颜色通道。执行“图像→调整→色彩平衡”命令，弹出图12-88所示对话框。下面来介绍“色彩平衡”对话框中的选项。

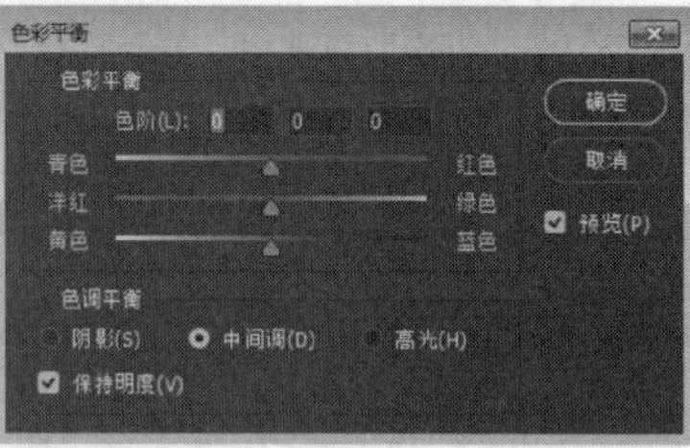

图12-88

- 色彩平衡：这是“色彩平衡”对话框的主要部分，我们可以移动滑块或在数值框中输入数值来实现对色彩的校正。滑块移向所标注的颜色，就可以增加图像中该颜色的成分，如将第一条色条上的滑块向右拖曳，就可增加图像中的红色成分。在色条上方的“色阶”栏有3个数值框（Lab色彩模式时为两个），分别对应上中下3个滑块，3个数值框的数值范围在-100~100，输入正值滑块将向右移动，输入负值滑块则向左移动。
- 色调平衡：首先需要在对话框中选择想要重新进行更改的色调范围，其中包括阴影、中间调、高光3个单选项。“保持明度”选项可保持图像中的色调平衡，通常，调整RGB颜色模式的图像时，为了保持图像的明度值，都要勾选此复选框。

下面通过实例进行说明。

01 打开素材图片，如图12-89所示。执行“图像→调整→色彩平衡”命令，打开其对话框，如图12-90所示，在对话框中相互对应的两个颜色互为补色，当我们提高某种颜色的比重时，位于另一侧的补色的颜色就会减少。

图12-89

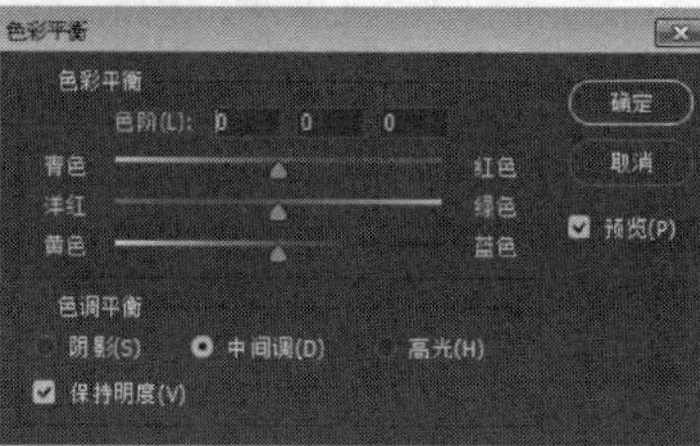

图12-90

02 在“色阶”数值框中输入数值，或拖曳滑块就可以向图像中增加或减少颜色。例如，如果将最上面的滑块移向“青色”，可在图像中增加青色，同时减少其补色红色。图12-91所示为调整不同的滑块对图像产生的影响。

增加红色减少青色

增加青色减少红色

增加洋红减少绿色

增加绿色减少洋红

增加黄色减少蓝色

增加蓝色减少黄色

图12-91

03 可以选择一个或多个色调来进行调整，包括“阴影”“中间调”“高光”。图12-92所示为分别向“阴影”“中间调”“高光”添加黄色的界面图和效果图。勾选“保持明度”复选框，可以保持图像的色调不变，防止亮度值随颜色的更改而改变。

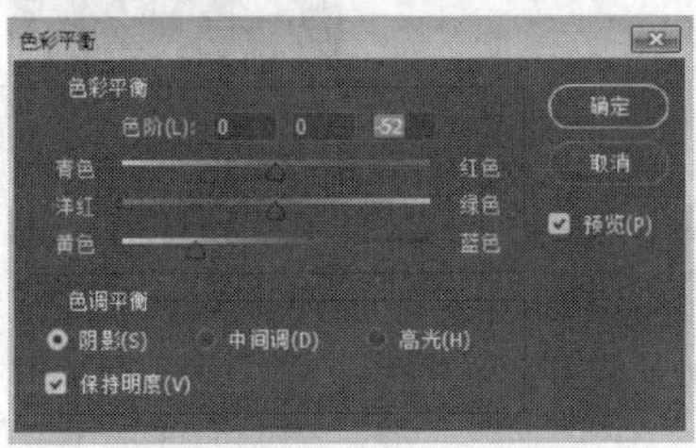

阴影中添加黄色

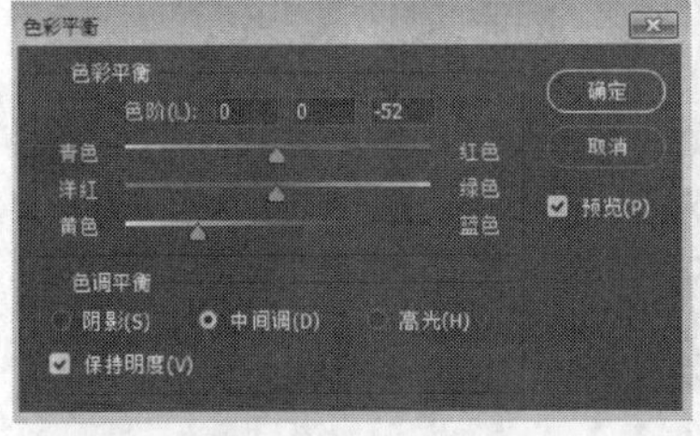

中间调中添加黄色

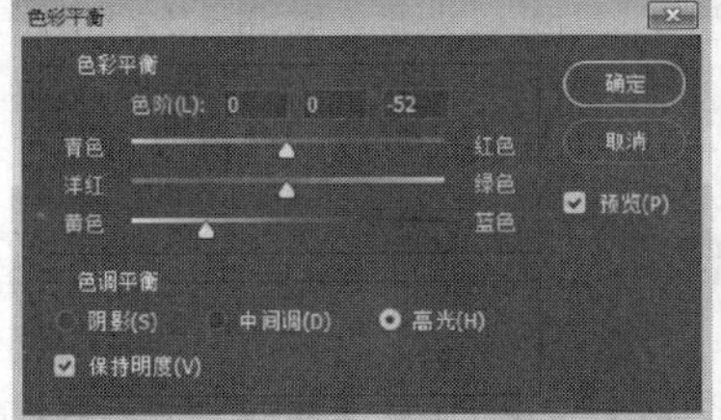

高光中添加黄色

图12-92

12.4.4 “亮度/对比度”命令

执行“图像→调整→亮度/对比度”命令，弹出图12-93所示的对话框，在此对话框中可以直接调节图像的亮度和对比度。

打开一张素材图片，如图12-94所示。将“亮度”滑块向右侧拖曳可增加图像的亮度，如图12-95所示，得到的效果如图12-96所示；向左拖曳将降低图像的亮度，如图12-97所示，得到的效果如图12-98所示。将“对比度”滑块向右拖曳可增加图像的对比度，如图12-99所示，得到的效果如图12-100所示；向左拖曳将降低图像对比度，如图12-101所示，得到的效果如图12-102所示。

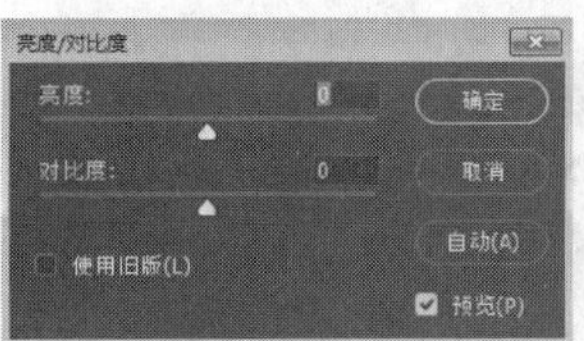

图12-93

图12-94

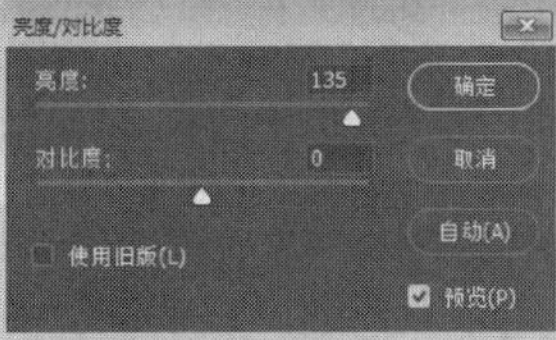

图12-95

图12-96

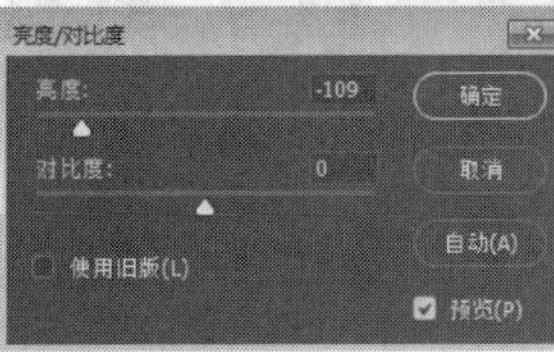

图12-97

图12-98

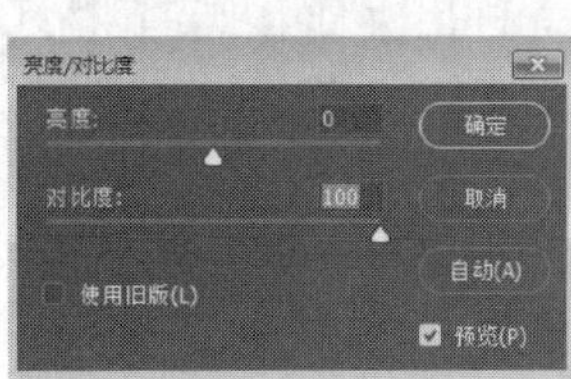

图12-99

图12-100

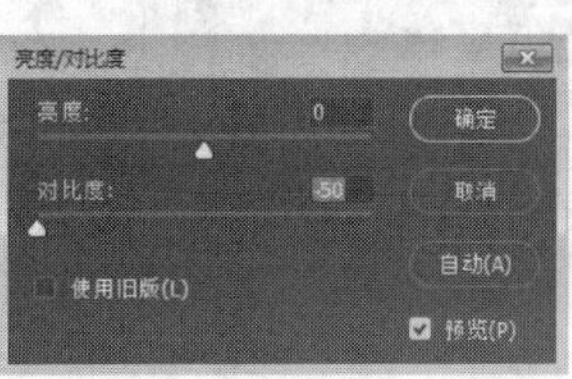

图12-101

图12-102

勾选“使用旧版”复选框，可以使用旧版本的“亮度/对比度”命令来调整图像，而默认情况下，则使用新版本的功能进行调整。新版本命令在调整图像时，将仅对图像进行亮度的调整，而图像的对比度则保持不变。图12-103所示中，左图为使用新版本处理后的效果，右图为使用旧版本处理后的效果。

图12-103

12.4.5 “色相/饱和度”命令

“色相/饱和度”命令可以控制图像的色相、饱和度和明度。执行“图像→调整→色相/饱和度”命令，弹出对话框如图12-104所示。下面来介绍对话框中的选项。

图12-104

- 预设：该下拉列表列举了预先设定好色相/饱和度的方案，用户只需在列表中选择，图像就会随之发生变化。
- 全图：单击该下拉列表，弹出所有选项，包括红色、绿色、蓝色、青色、洋红以及黄色6种颜色，可选择任意一种颜色单独进行调整，或选择全图来调整所有的颜色。拖曳滑块将调整全图或者某一单色的色相、饱和度或明度的值。
- 色谱：在该对话框的下面有两个色谱，图12-105表示调整前的状态，图12-106表示调整后的状态。

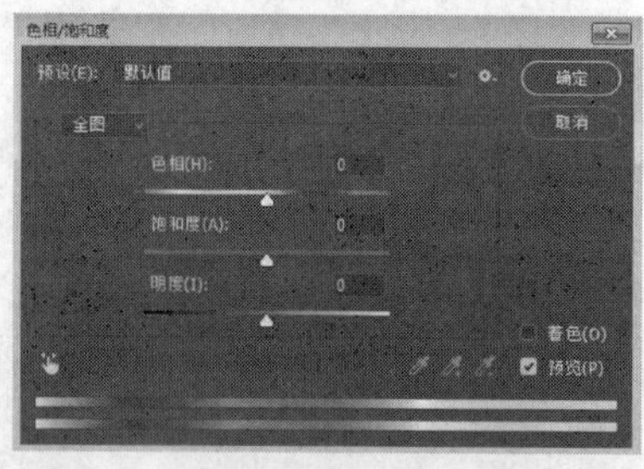

图12-105

- 着色：勾选该复选框后，图像中的所有像素将会以同一色调显示。

图12-106

- 预览：勾选该复选框可在图像中随时观察图像色彩的改变，不勾选则不会生成预览效果。

下面通过实例进行讲解。

01 打开素材图片，如图12-107所示。

图12-107

02 执行“图像→调整→色相/饱和度”命令，打开“色相/饱和度”对话框，如图12-108所示。提高图像全图的饱和度，调整图像的明度，效果如图12-109所示。

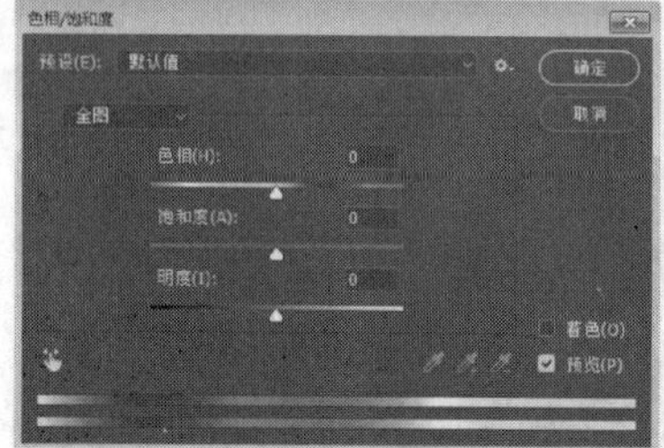

图12-108

图12-109

03 在下拉列表中选择“黄色”，调整参数如图12-110所示，效果如图12-111所示。

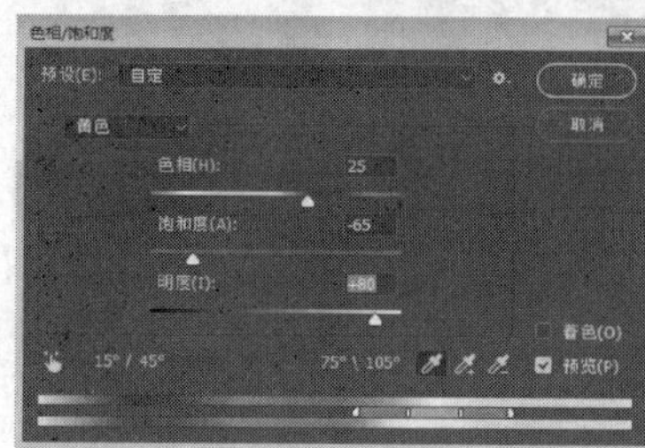

图12-110

图12-111

12.4.6 “自然饱和度”命令

“自然饱和度”命令是用于调整色彩饱和度的命令，其特别之处是可在增加饱和度的同时，防止颜色过于饱和而出现溢色，非常适合处理人像照片。下面通过实例进行讲解。

01 按Ctrl+O组合键打开素材图片，如图12-112所示。由于光线不好，人物肤色不够红润，有些苍白。

02 执行“图像→调整→自然饱和度”命令，打开图12-113所示的对话框。对话框中包括“自然饱和度”和“饱和度”两个选项，“自然饱和度”用来调整图像整体的明亮程度，“饱和度”用来调整图像颜色的鲜艳程度。"饱和度"数值较高时，图像会因为色彩过饱和从而导致失真；而"自然饱和度"选项则会保护已经饱和的像素，即在调整时会大幅提高不饱和像素的饱和度，而对已经饱和的像素只做很少、很细微的调整，特别是对肤色有很好的保护作用。图12-114所示为提高饱和度的效果，图12-115所示为调整自然饱和度的效果。

图12-112

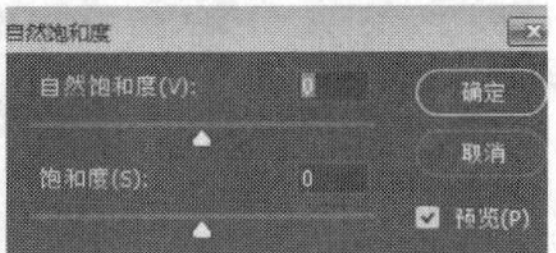

图12-113

图12-114

图12-115

12.4.7 "匹配颜色"命令

"匹配颜色"命令可以将一个图像（源图像）的颜色与另一个图像（目标图像）相匹配。当想要使不同照片中的颜色看上去一致，或者一个图像中特定元素的颜色（如肤色）必须与另一个图像中某个元素的颜色相匹配时，该命令非常有用。执行"图像→调整→匹配颜色"命令，弹出"匹配颜色"对话框，如图12-116所示。

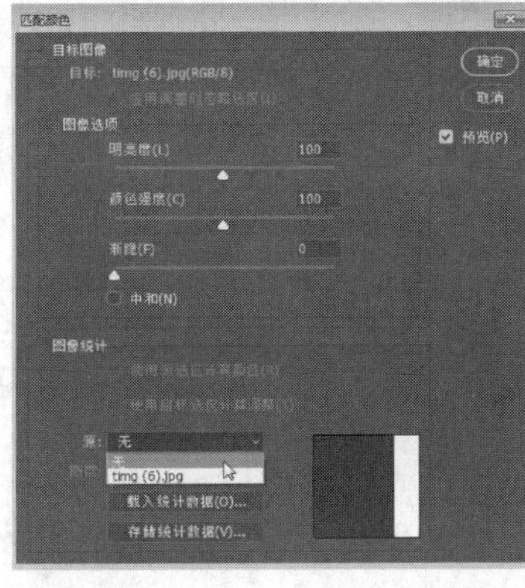

图12-116

实战演练 制作黄昏效果

"匹配颜色"命令能够使一幅图像的色调与另一幅图像的色调自动匹配，这样就可以使不同图片拼合时达到色调统一，或者对照其他图像色调修改自身的图像色调。

下面我们将通过两张图片来讲解该命令的具体使用方法。

01 按Ctrl+O组合键打开素材图片"小屋"和"向日葵"，如图12-117和图12-118所示。首先单击"小屋"文档，将其设置为当前操作的文档。

图12-117

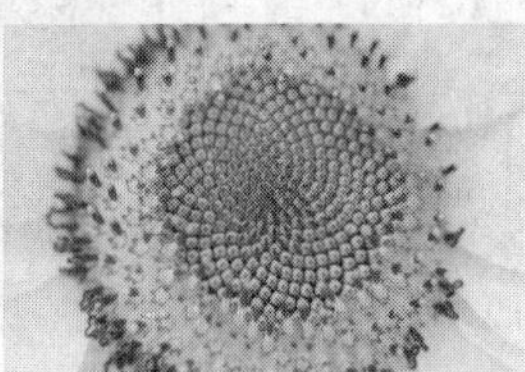
图12-118

02 执行"图像→调整→匹配颜色"命令，打开"匹配颜色"对话框，如图12-119所示。在"源"选项的下拉列表中选择"向日葵.jpg"，然后调整"明亮度""颜色强度""渐隐"值直至满意为止，如图12-120所示，单击"确定"按钮关闭对话框，即可将"向日葵"素材的色调自动匹配到"小屋"素材中，从而达到制作黄昏效果的目的。

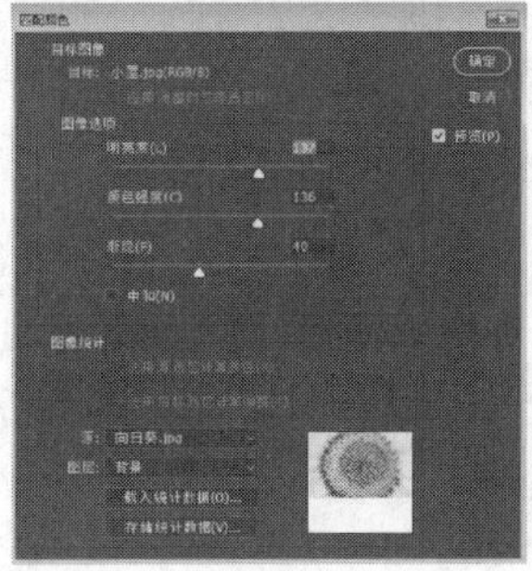
图12-119

图12-120

> **提示**
>
> 如果目标对象中有选区存在时，"匹配颜色"命令将只会改变选区内的颜色色调。

12.4.8 "替换颜色"命令

"替换颜色"命令可以快速替换被选中图像的色相、饱和度和明度。该命令包含了"选区"和"替换"两个大选项："选区"是用来定义选区范围的，和"色彩范围"命令基本相同；"替换"用来调整目标颜色，方式则与"色相/饱和度"命令十分相似。

打开素材图片，执行"图像→调整→替换颜色"

命令，打开“替换颜色”对话框，如图12-121所示。

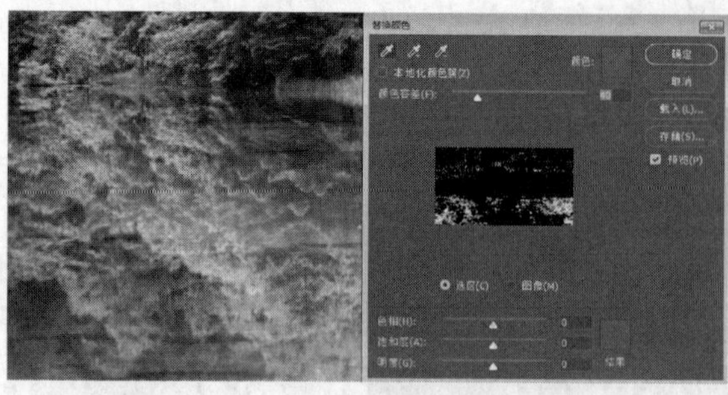

图12-121

“替换颜色”功能如下。

- 本地化颜色簇：要选多种颜色，可以先勾选此复选框，再用吸管工具或添加到取样工具在图像中单击，进行颜色取样，即可同时调整两种或者更多的颜色。
- 吸管工具：用吸管工具在图像上单击，可以选中单击的像素点的颜色。在缩览图中，白色代表选中的颜色，用添加到取样工具在图像中单击，可以添加新的颜色范围；用从取样中减去工具在图像中单击，可以减少颜色范围。
- 颜色容差：控制颜色的选择精度。该值越大，选中的颜色范围越广（白色代表选中的颜色）。
- 选区：选择“选区”，可在预览区中显示蒙版。黑色代表未选中的选区，白色代表选中的选区，灰色代表被部分选中的选区。
- 替换：拖曳各个滑块即可调整选中的颜色的色相、饱和度和明度。

12.4.9 “可选颜色”命令

“可选颜色”命令可以对图像中某一限定颜色区域中的各像素的青、洋红、黄、黑4色油墨进行调整，从而不影响非限定颜色的表现。

执行“图像→调整→可选颜色”命令，打开“可选颜色”对话框，如图12-122所示。

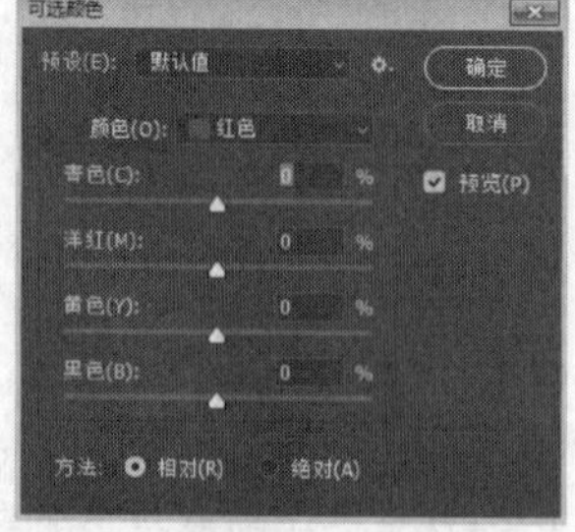

图12-122

打开素材图片，如图12-123所示。执行“图像→调整→可选颜色”命令，打开“可选颜色”对话框，如图12-124所示。

图12-123

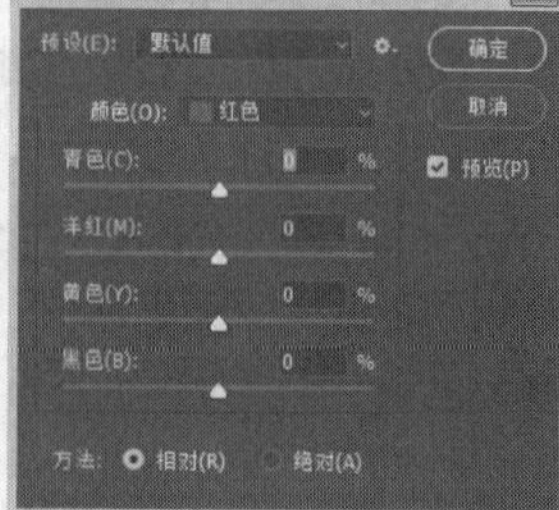

图12-124

- 颜色：在“颜色”下拉列表中选择要修改的颜色，拖曳下面的各个颜色滑块，即可调整所选颜色中青、洋红、黄、黑的含量。图12-125所示为在“颜色”下拉列表中选择“绿色”，然后调整绿色中各个印刷色含量的效果图。

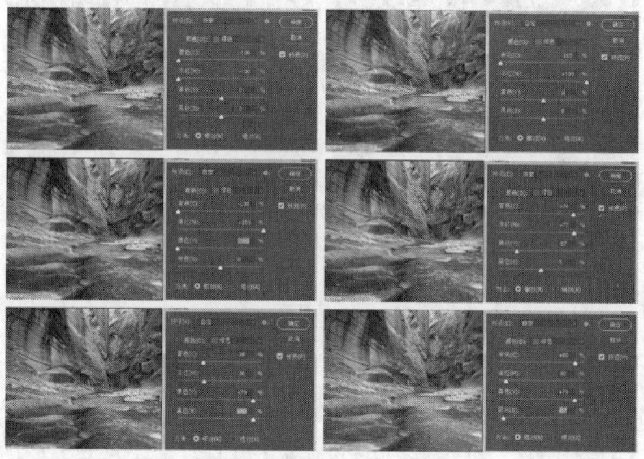

图12-125

- 方法：在进行全局色彩校正或在RGB颜色模式下执行“可选颜色”命令时，要选中“绝对”的方式。而在CMYK颜色模式下执行“可选颜色”命令时，则尽量使用“相对”的方式。

12.4.10 “照片滤镜”命令

“照片滤镜”命令的功能相当于传统摄影中滤光镜的功能，即模拟在相机镜头前加上彩色滤光镜，以便调整到达镜头光线的色温与色彩的平衡，从而使胶片产生特定的曝光效果。在“照片滤镜”对话框中可以选择系统预设的一些标准滤光镜，也可以自己设定滤光镜的颜色。执行“图层→调整→照片滤镜”命

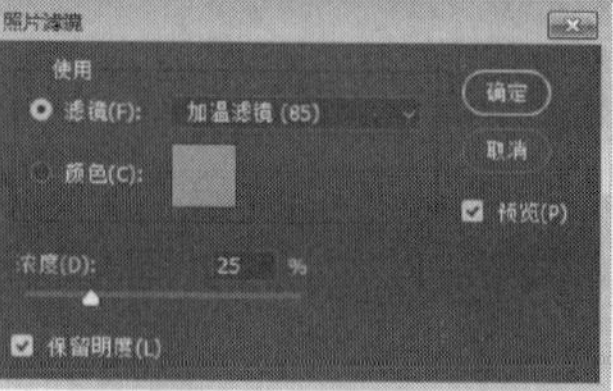

图12-126

令，弹出对话框，如图12-126所示。

打开素材图片，如图12-127所示。执行“图像→调整→照片滤镜”命令，打开“照片滤镜”对话框，如图12-128所示。

图12-127

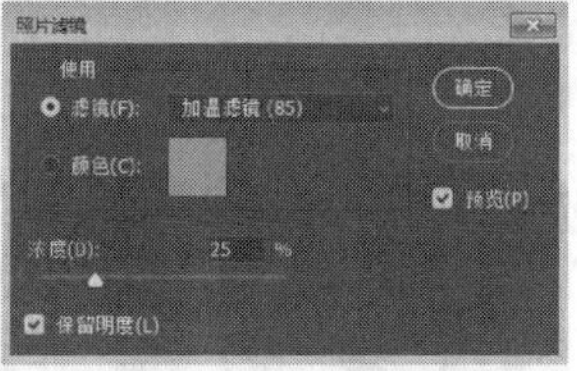
图12-128

- **滤镜/颜色**：在“滤镜”下拉菜单中可以选择要使用的滤镜，如果要自定义滤镜颜色，则可单击“颜色”选项右侧的颜色块，打开“拾色器（照片滤镜颜色）”对话框来选择颜色。
- **浓度**：可调整应用到图像中的颜色数量，该值越高，颜色的调整强度就越大，如图12-129和图12-130所示。

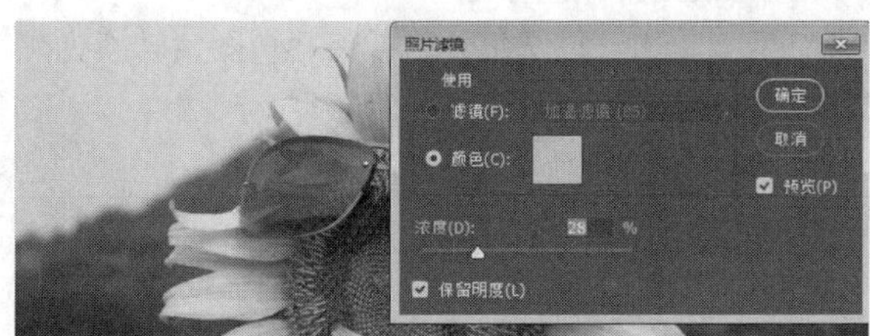
图12-129

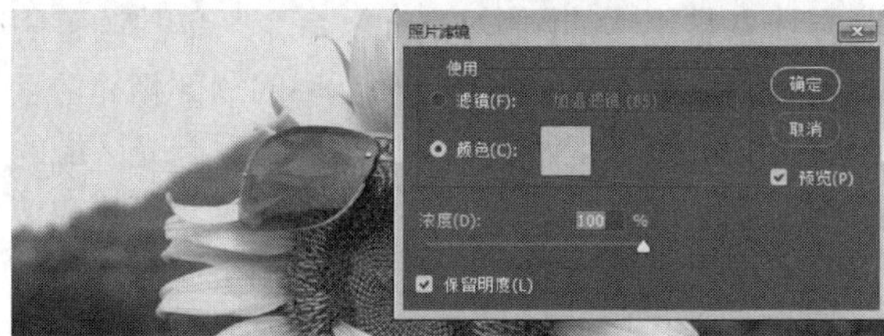
图12-130

- **保留明度**：勾选该复选框时，可以保持图像的明度不变，如图12-131所示；取消勾选，则图像的色调会因为添加滤镜效果而变暗，如图12-132所示。

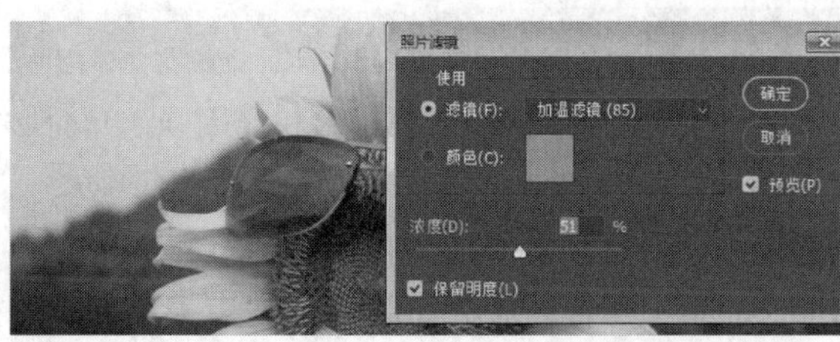
图12-131

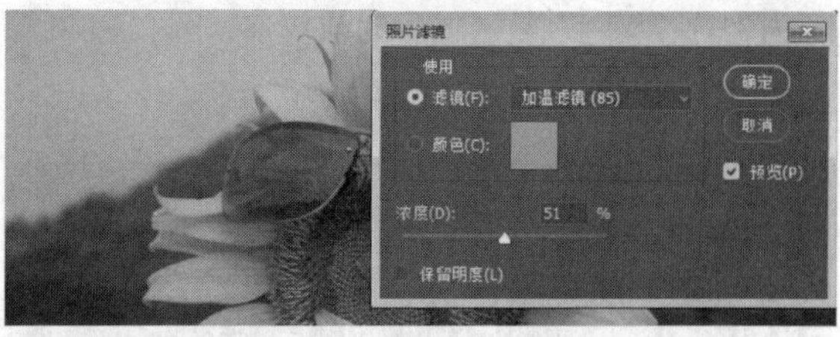
图12-132

12.4.11 “渐变映射”命令

“渐变映射”命令可以先将图片转换为灰度图像，再用设定的渐变色替换图像中的各级灰度。如果指定的是双色渐变，图像中的阴影就会映射到渐变填充的一个端点颜色，高光则映射到另一个端点颜色，中间调映射为两个端点颜色之间的渐变。执行“图像→调整→渐变映射”命令，弹出对话框，如图12-133所示。

- **灰度映射所用的渐变**：设置用于灰度映射的渐变。打开一张素材图片，如图12-134所示。执行“图像→调整→渐变映射”命令，弹出“渐变映射”对话框，如图12-135所示。Photoshop将使用当前的前景色和背景色改变图像的颜色，如图12-136所示。

图12-133

图12-134

图12-135

图12-136

- **调整渐变**：单击渐变颜色右侧的按钮，可在打开的下拉面板中选择一个预设的渐变。如果要创建自定义渐变，则可以单击渐变颜色条，打开“渐变编辑器”进行设置。图12-137所示为自定义的渐变颜色条，图12-138所示为相应的渐变效果。
- **仿色**：可以添加随机的杂色来平滑渐变填充的外观，减少带宽效应，使渐变效果更加平滑。
- **反向**：可以反转渐变填充的方向，图12-139所示为勾选“反向”复选框后的渐变条，图12-140所示为相应的图像效果。

图12-137

图12-138

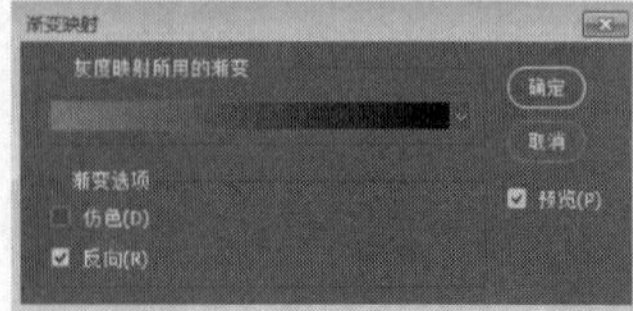

图12-139

图12-140

12.4.12 “通道混合器”命令

“通道混合器”命令可以将图像中的颜色通道相互混合，起到对目标颜色通道进行调整和修复的作用。对于一幅偏色的图像，通常是因为某种颜色过多或缺失造成的，这时候可以执行“通道混合器”命令对问题通道进行调整。

执行“图像→调整→通道混合器”命令，弹出对话框，如图12-141所示。

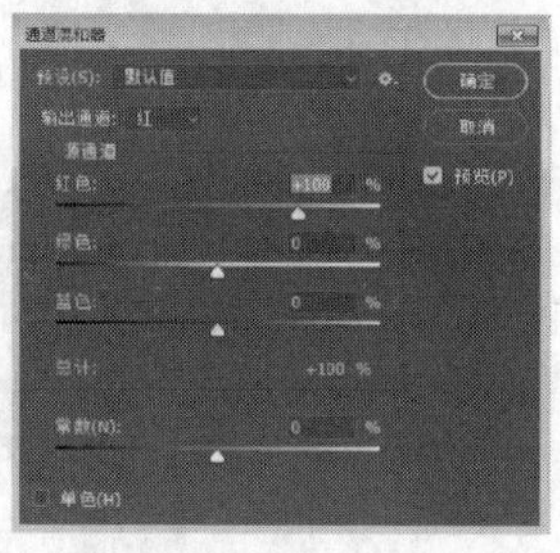

图12-141

“通道混和器”对话框可以使用图像中现有颜色通道的混合来修改目前（输出）的颜色通道，创建高品质的灰度图像、棕褐色调图像，或对图像进行创建性的颜色调整。打开一张素材图片，如图12-142所示。执行“图像→调整→通道混合器”命令，打开“通道混和器”对话框，如图12-143所示。

图12-142

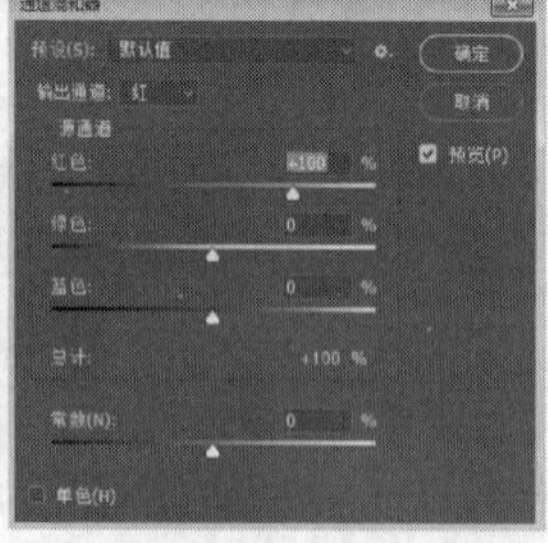

图12-143

- 预设：该选项的下拉列表中包含了Photoshop提供的预设调整设置文件，可用于创建各种黑白效果。
- 输出通道：可以选择要调整的通道。
- 源通道：用来设置输出通道中源通道所占的百分比。向右拖曳则增加百分比，负值可以使源通道在被添加到输出通道之前反相。图12-144至图12-146所示分别为选择“红”“绿”“蓝”作为输出通道时的调整效果。

图12-144

图12-145

图12-146

- 总计：显示了源通道的总计值。如果合并的通道值高于100%，会在总计旁边显示一个警告，并且该值超过100%时，有可能会损失阴影和高光细节。
- 常数：用来调整输出通道的灰度值，负值可以在通道中增加黑色，正值则在通道中增加白色。-200%会使输出通道成为全黑，+200%则会使输出通道成为全白。
- 单色：勾选该复选框，可以将彩色图案转换为黑白效果。

12.4.13 “阴影/高光”命令

有时我们会遇到逆光的情况，就是场景中亮的区域特别亮，暗的区域特别暗。处理这种照片最好的方法就是使用“阴影/高光”命令来单独调整阴影区域，它能够基于阴影或高光中的局部相邻像素来校正每个像素，调整阴影区域时，对高光区域的影响很小。该命令非常适合校正由强逆光而形成剪影的照片，也可以校正由于太接近相机闪光灯而有些发白的焦点。执行“图像→调整→阴影/高光”命令，弹出对话框，如图12-147所示。

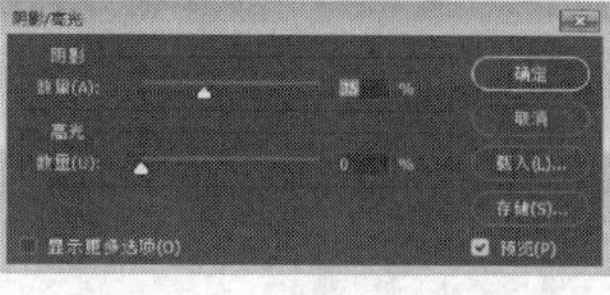

图12-147

实战演练 调出大气风格

“阴影/高光”命令非常适合校正因强逆光而形成剪影的照片，下面将制作一张大气风格的照片。

01 按Ctrl+O组合键打开素材图片，如图12-148所示。

02 按Ctrl+J组合键复制图层，得到“背景 拷贝”图层，如图12-149所示。

图 12-148

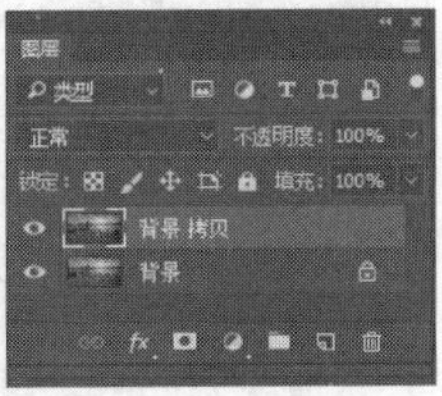

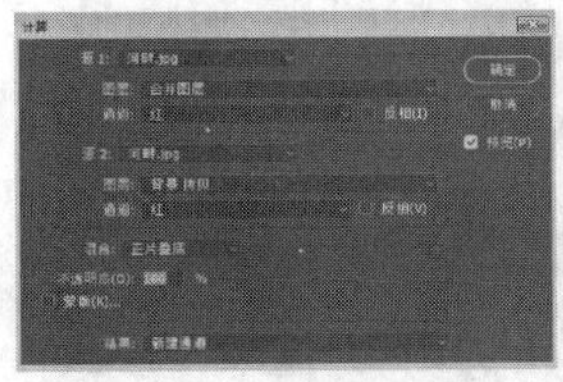

图 12-149

03 执行“图像→计算”命令，弹出“计算”对话框，如图12-150所示。把“源2”的通道改为“绿”，其余不变，如图12-151所示。单击“确定”按钮，此时在“通道”面板中多出一个“Alpha1”通道，如图12-152所示。

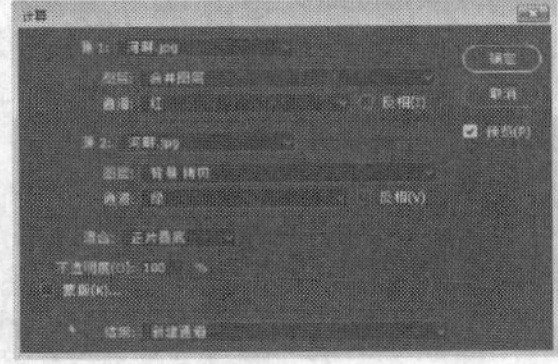

图 12-150

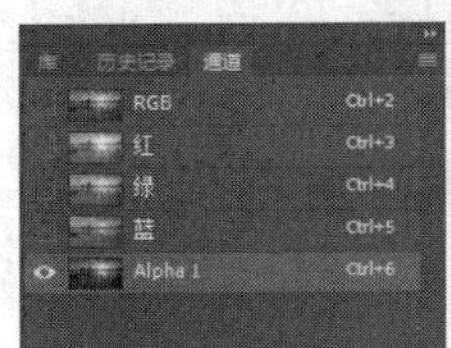

图 12-151

04 按Ctrl+A组合键全选“Alpha1”通道的图像，再按Ctrl+C组合键复制，选中“绿”通道，按Ctrl+V组合键进行粘贴。切换到“图层”面板，按Ctrl+D组合键取消选区，效果如图12-153所示。

图 12-152

图 12-153

05 单击“图层”面板下方的“创建新的填充或调整图层”按钮，在菜单中执行“亮度/对比度”命令，如图12-154所示，调整它的参数，如图12-155所示，得到效果如图12-156所示。

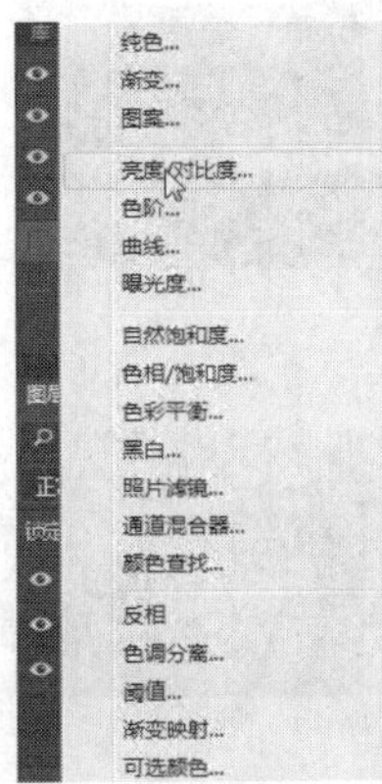

图 12-154

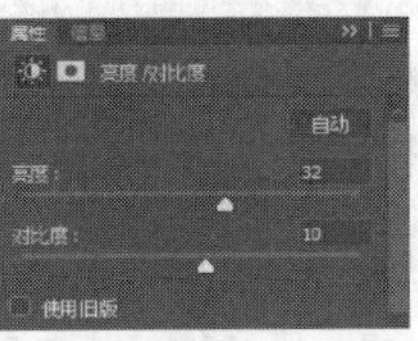

图 12-155

图 12-156

06 新建一个图层，按Ctrl+Shift+Alt+E组合键盖印图层，执行“图像→调整→阴影/高光”命令，弹出“阴影/高光”对话框，调整各个值，如图12-157所示。单击“确定”按钮，得到效果如图12-158所示。

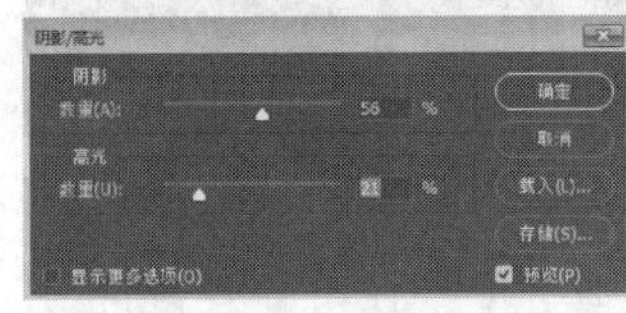

图 12-157

图 12-158

12.4.14 “曝光度”命令

“曝光度”命令可以调整普通照片的色调，但该命令主要是用来调整HDR图像的曝光度。由于可以在HDR图像中按此比例表示和存储真实场景中的所有明暗度值，所以调整HDR图像曝光度的方式与在真实环境中拍摄场景时调整曝光度的方式类似。该命令也可以用于调整8位和16位的普通照片的曝光度。执行“图像→调整→曝光度”命令，弹出对话框，如图12-159所示。

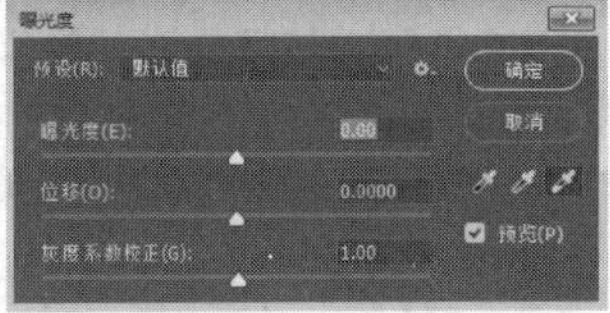

图 12-159

- **曝光度**：调整色调范围的高光端，对极限阴影的影响很轻微。
- **位移**：使阴影和中间调变暗，对高光的影响很轻微。
- **灰度系数校正**：使用简单的乘方函数调整图像灰度系数。负值会被视为它们的相应正值。
- **吸管工具**：用来设置黑场、灰场和白场。

按Ctrl+O组合键打开一张素材图片，如图12-160所示。用黑色吸管在图像中单击，可使单击点的像素变为黑色，即黑场，如图12-161所示；用白色吸管在图像中单击，可使单击点的像素变为白色，即白场，如图12-162所示；用灰色吸管在图像中单击，可使单击点的像素变为灰色，即灰场，如图12-163所示。

图 12-160

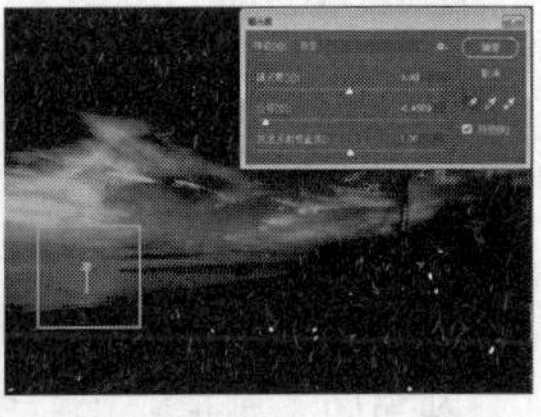

图 12-161

图 12-162

图 12-163

执行“图像→调整→曝光度”命令，打开“曝光度”对话框。向右拖曳“曝光度”滑块，可将画面调亮；向左拖曳“位移”滑块，可增加对比度，如图12-164和图12-165所示。

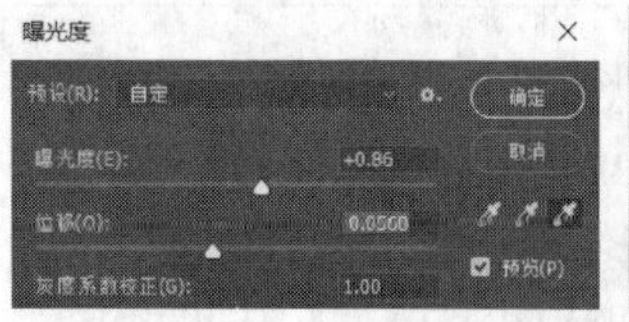

图 12-164

图 12-165

12.4.15 “变化”命令

“变化”命令可调整图像的色彩平衡、对比度和饱和度。打开一张素材图片，如图12-166所示。执行“图像→调整→变化”命令，打开“变化”对话框，如图12-167所示，可选择图像的阴影、中间调、高光和饱和度中的任意一项依次进行调整，改变的效果将累加。还可设定每次调整的程度，将滑块拖向“精细”表示调整的程度较小，拖向“粗糙”表示调整的程度较大。在该对话框中最左上角的图像是“原稿”，后面的是调整后的图像，分别显示了增加某种颜色后的效果。

图 12-166

- **原稿和当前挑选**：对话框顶部的“原稿”缩览图中显示了原始图像，“当前挑选”缩览图中显示了图像调整的最终结果。第一次打开该对话框时，这两个图像是一样的，“当前挑选”图像将随着调整的进行而实时显示当前的处理结果，如图12-168所示。如果要将图像恢复为调整前的状态，可单击“原稿”缩览图，如图12-169所示。
- **加深绿色、加深黄色等缩览图**：在对话框左下方区域的7个缩览图中，位于中间的“当前挑选”缩览图也是用来显示调整结果的。另外的6个缩览图用来调整颜色，单击其中任何一个缩览图都可将相应的颜色添加到图像中，连续单击则可以累积添加颜色。例如，单击“加深红色”缩览图两次将应用两次调整，如图12-170所示。如果要减少一种颜色，可单击其对角的颜色缩览图。例如，要减少红色，可单击“加深青色”缩览图，如图12-171所示。

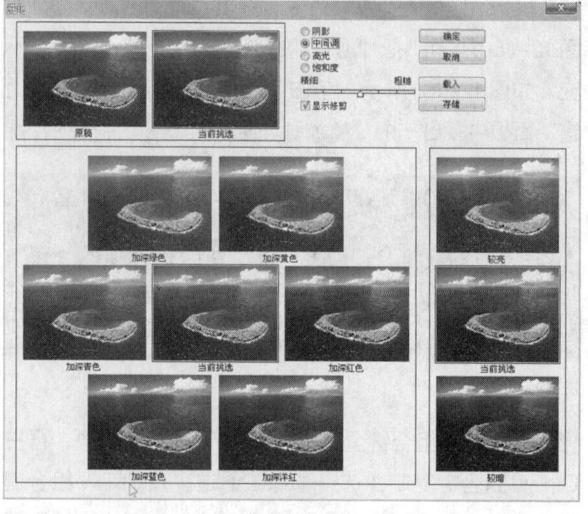

图 12-167

图 12-168

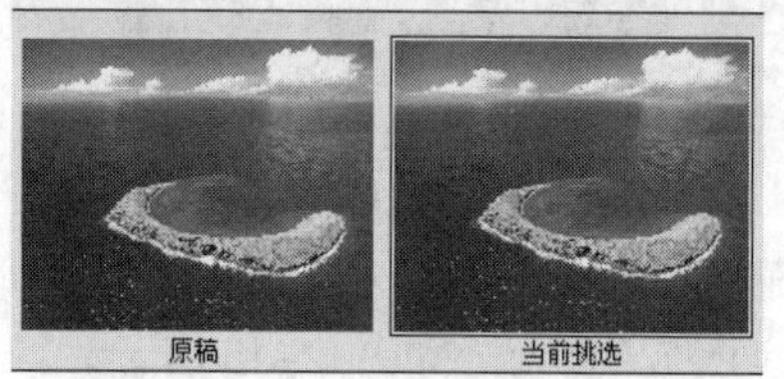

图 12-169

图 12-170

图 12-171

12.4.16 “HDR色调”命令

HDR的全称是High Dynamic Range，即高动态范围，比如所谓的高动态范围图像（HDRI）或者高动态范围渲染（HDRR）都与之相关。HDR色调的调节，能非常快捷地调色及增加清晰度，同时可以把图片亮部调得非常亮，暗的部分调节得很暗，而且亮部的细节会被保留，这和曲线、色阶、对比度等的调节是不同的。通过执行Photoshop中“HDR色调”命令可以把普通的图片转换成高动态光照图的效果，用于三维制作软件里面的环境模拟贴图。执行“图像→调整→HDR色调”命令，打开“HDR色调”对话框，如图12-172所示。

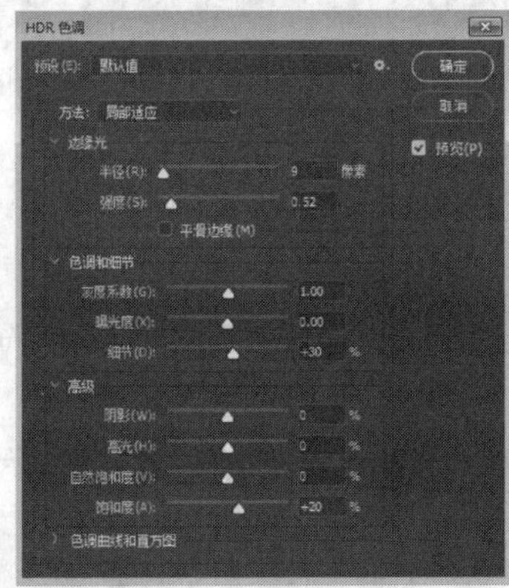

图12-172

简单来说，使用“HDR色调”命令调出的效果主要有3个特点。

① 亮的地方可以非常亮。

② 暗的地方可以非常暗。

③ 亮暗部的细节都很明显。

- **边缘光**：用来控制调整范围和调整的应用强度。
- **色调和细节**：用来调整照片的曝光度，以及阴影、高光中细节的显示程度。其中，“灰度系数”可使用简单的乘方函数来调整图像灰度系数。
- **高级**：用来增加或降低色彩的饱和度。其中，拖曳“自然饱和度”滑块增加饱和度时，不会出现溢色。
- **色调曲线和直方图**：显示了照片的直方图，并提供了曲线以用于调整图像的色调。

实战演练 使用“HDR色调”命令调出HDR效果

01 打开素材图片，如图12-173所示，按Ctrl+J组合键复制“背景”图层，得到“图层1”图层，如图12-174所示。

图12-173

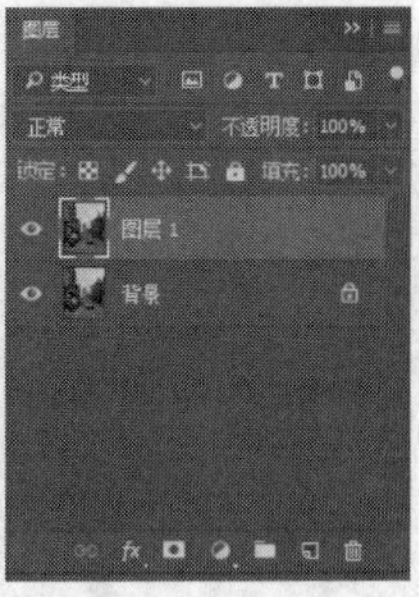

图12-174

02 选择“图层1”图层，执行“滤镜→锐化→智能锐化”命令，将“数量”改为“45%”，“半径”改为“3像素”，如图12-175所示。

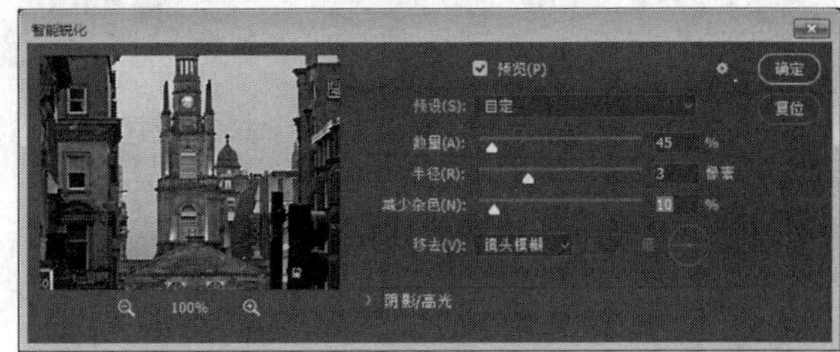

图12-175

03 执行“图像→调整→阴影/高光”命令，参数设置如图12-176所示，“阴影”为“82%”，“高光”为“9%”。此时，画面的细节处明显了许多，如图12-177所示。

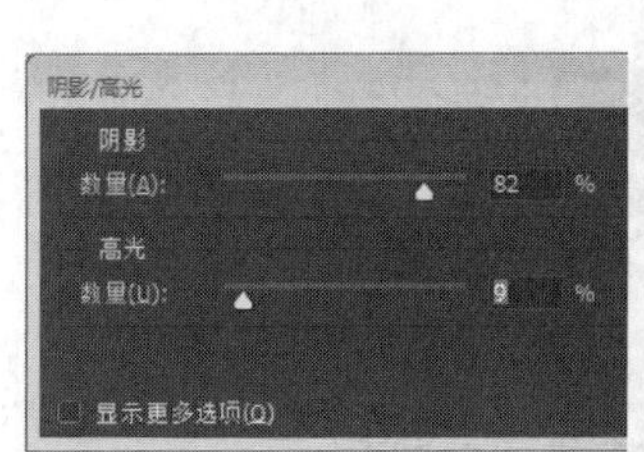

图12-176

图12-177

04 执行“图像→调整→HDR色调”命令，参数设置如图12-178所示，“半径”为“108像素”，“强度”为“0.85”，“灰度系数”为“1.60”。

05 将调整后的图层复制，并将复制图层的图层模式改为“叠加”，“不透明度”改为“50%”，如图12-179所示，执行“图像→调整→色彩平衡”命令，将色阶值调整为“0”“-100”“0”，如图12-180所示。

06 最终效果如图12-181所示。

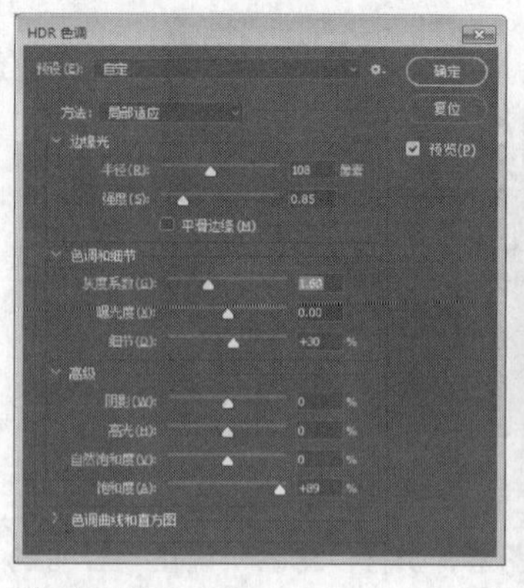

图12-178

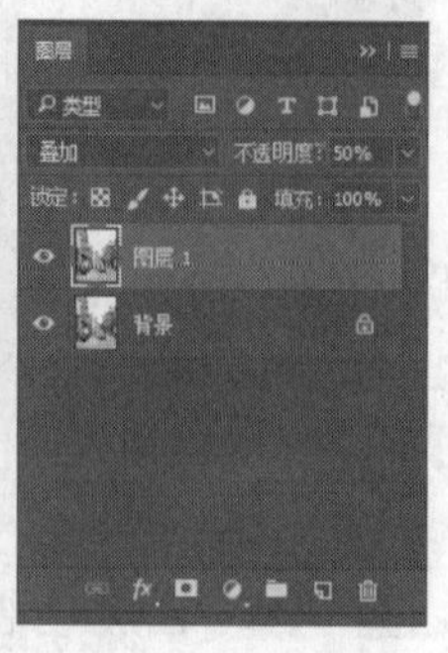

图12-179

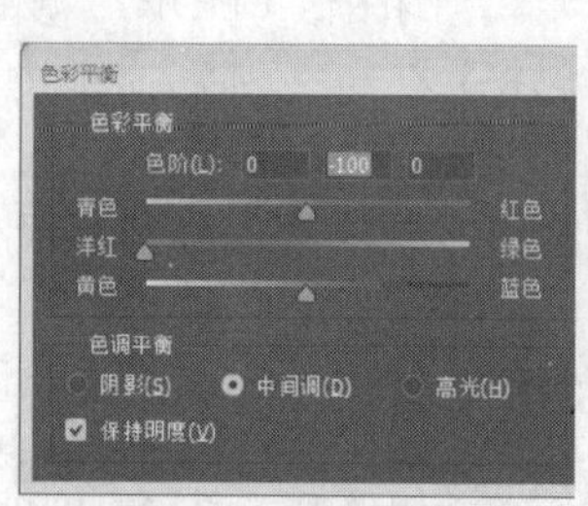

图12-180

图12-181

12.5 调整图像为灰度

这一部分包括两个命令，一个是“去色”命令，另一个是“黑白”命令，下面将对它们进行讲解。

12.5.1 “去色”命令

“去色”命令可以将彩色图像转换为相同颜色模式下的灰度图像。例如，它会给RGB颜色模式图像中的每个像素指定相等的红色、绿色和蓝色值，使图像表现为灰度。每个像素的明度值不改变，图12-182所示为黑白灰色调渐变。

01 按Ctrl+O组合键打开一张素材图片，如图12-183所示。执行“图像→调整→去色”命令，如图12-184所示。

图12-182

图12-183

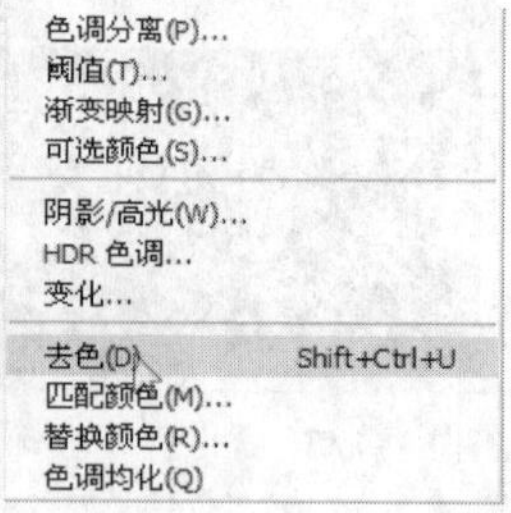

色调分离(P)...
阈值(T)...
渐变映射(G)...
可选颜色(S)...
阴影/高光(W)...
HDR 色调...
变化...
去色(D) Shift+Ctrl+U
匹配颜色(M)...
替换颜色(R)...
色调均化(Q)

图12-184

02 删除颜色后的图像变为黑白灰效果，如图12-185所示。按Ctrl+J组合键复制“背景”图层，得到“图层1”图层，设置其混合模式为“滤色”，“不透明度”为“70%”，设置后图像的亮度明显得到了提高，如图12-186所示。

03 执行“滤镜→模糊→高斯模糊”命令，弹出“高斯模糊”对话框，参数设置如图12-187所示。图像色调变得柔美，效果如图12-188所示。

图12-185

图12-186

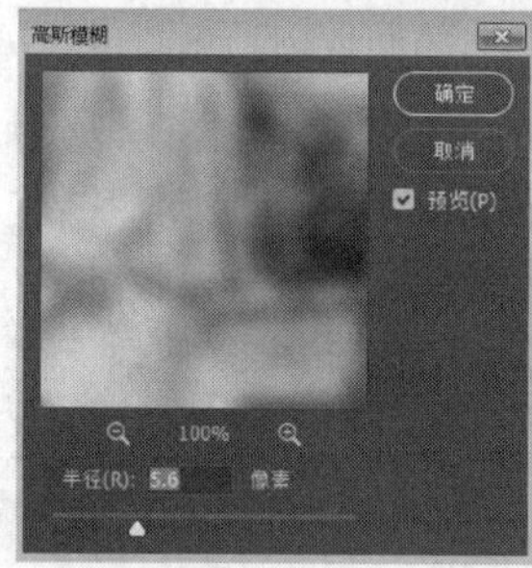

图12-187

图12-188

12.5.2 “黑白”命令

“黑白”命令不仅可以将彩色图片转换为黑白效果，也可以转换为灰色效果，使图像呈现为单色效果。

打开一张素材图片，如图12-189所示。执行“图像→调整→黑白”命令，打开“黑白”对话框，如图12-190所示。Photoshop会基于图像中的颜色混合执行默认灰度转换。

● 手动调整特定颜色

如果要对某种颜色进行细致的调整，可以将鼠标指针定位在颜色区域的上方，此时鼠标指针会变为状，如图12-191所示，按住鼠标左键并拖曳鼠标可以使该颜色变亮或变暗，同时，“黑白”对话框中的相应颜色滑块也会自动移动位置，如图12-192和图12-193所示。

图12-189

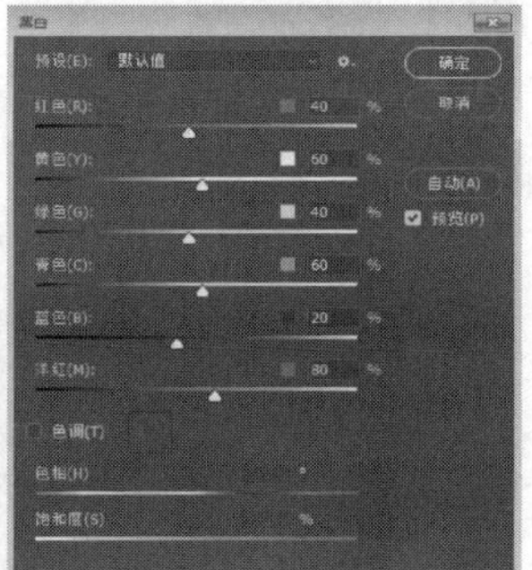

图12-190

图12-191

图12-192

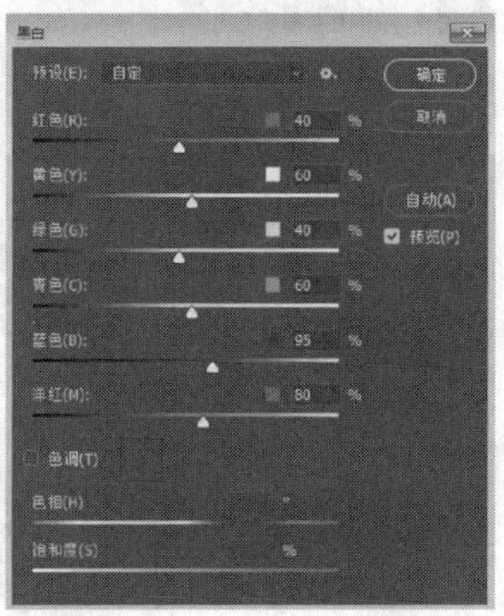

图12-193

● 拖曳颜色滑块调整

拖曳各个颜色的滑块可以调整图像中特定颜色的灰度。例如，向左拖曳洋红色滑块时，可以使图像中由洋红色转换而来的灰色调变暗，如图12-194所示；向右拖曳，则使这样的灰色调变亮，如图12-195所示。

图12-194

图12-195

● 使用预设文件调整

在“预设”下拉列表中可以选择一个预设的调整文件，对图像自动应用调整。如图12-196所示的12个图，分别为使用不同预设文件创建的黑白效果。如果要存储当前的调整设置结果，可单击选项右侧的“预设选项”按钮，在菜单中执行“存储预设”命令。

高对比度红色滤镜

高对比度蓝色滤镜

红色滤镜

红外线

黄色滤镜

蓝色滤镜

绿色滤镜

中灰密度

较暗

较亮

最黑

最白

图12-196

- **为灰度着色**：如果要为灰度着色，创建单色调效果，可勾选“色调”复选框，再拖曳“色相”滑块和“饱和度”滑块进行调整。单击颜色块，可以打开“拾色器（色调颜色）”对颜色进行调整。图12-197所示为设置的颜色及参数，图12-198所示为相应的图像效果。

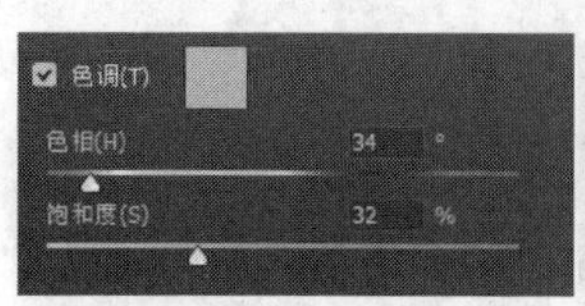

图12-197

图12-198

- **自动**：单击该按钮，可设置基于图像的颜色值的灰度混合，并使灰度值的分布最大化。“自动”混合通常会产生极佳的效果，并可以用作使用颜色滑块调整灰度值的起点。

实战演练 打造唯美婚纱效果

01 打开素材图片，如图12-199所示。将“背景”图层拖曳到面板下方的“创建新图层”按钮上，得到“背景拷贝”图层，设置其混合模式为“柔光”（该模式可去掉部分灰度），效果及参数设置如图12-200所示。但此时图片黑白对比过于明显，按Ctrl+M组合键弹出“曲线”对话框，效果及参数设置如图12-201所示。

图12-199

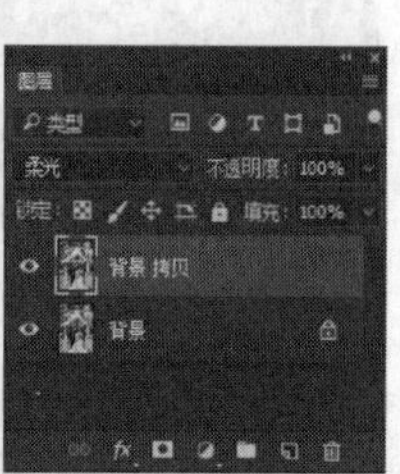

图12-200

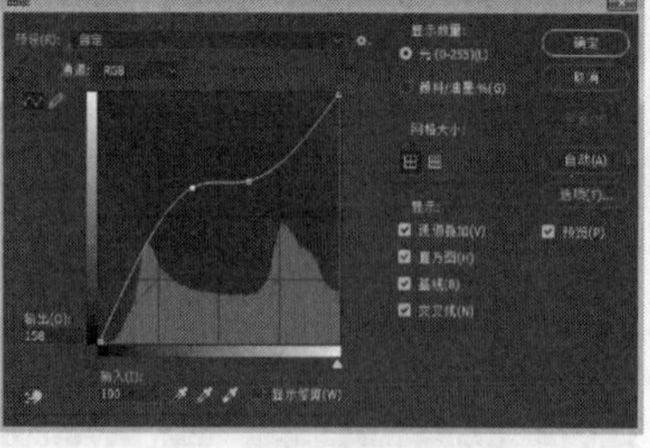

图12-201

02 单击“图层”面板下方的“创建新的填充或调整图层”按钮，在弹出的菜单中执行“曲线”命令，如图12-202所示，设置其参数如图12-203所示，得到效果如图12-204所示。此时人物的脸上也有一层绿色，为解决这个问题可以给曲线图层添加一个图层蒙版，切换到画笔工具，把画笔的“不透明度”改为“45%”，然后应用适当大小的画笔涂抹人物，得到的效果如图12-205所示。

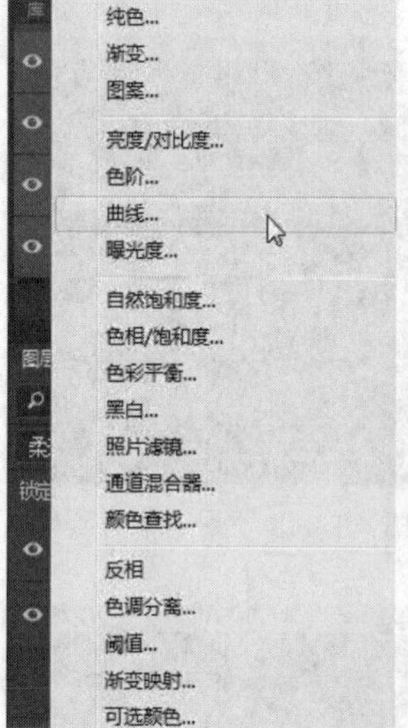

图12-202

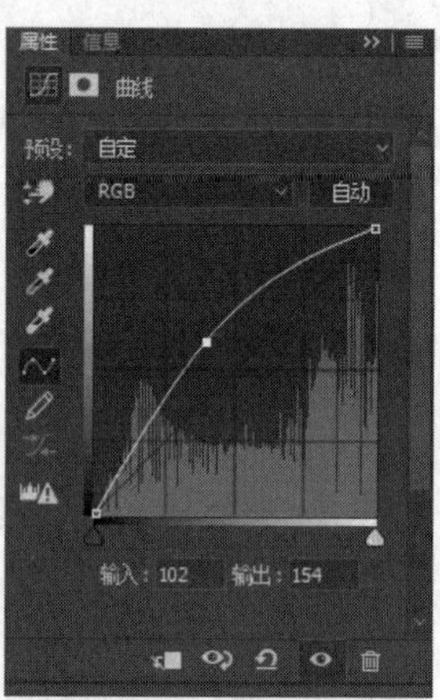

图12-203

图12-204

图12-205

03 新建一个“图层1”图层，如图12-206所示。按Ctrl+Alt+Shift+E组合键盖印图层，如图12-207所示。执行“图像→调整→替换颜色”命令，弹出“替换颜色”对话框后，用吸管在图片上吸取颜色，然后调整“色相”参数，再用添加到取样吸管吸取颜色，如图12-208所示。单击“确定”按钮，得到的效果如图12-209所示。

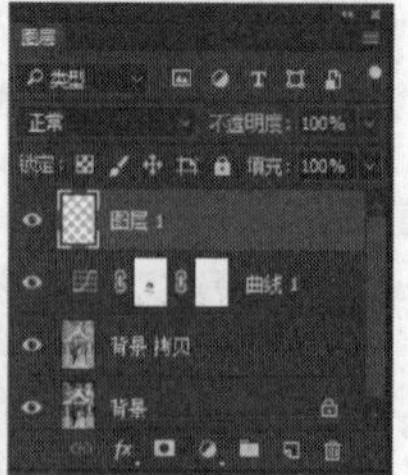

图12-206

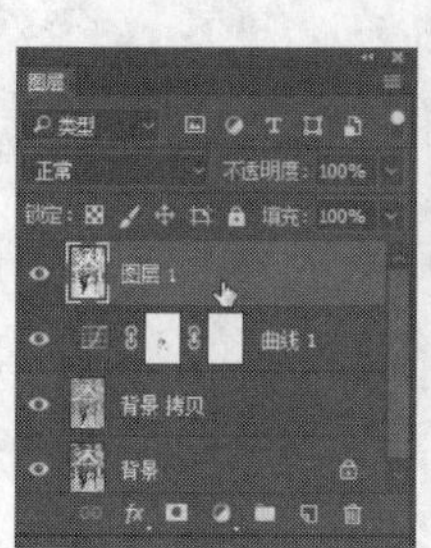

图12-207

图12-208

04 给图层添加蒙版，将“图层1”图层选中，单击“图层”面板下方的“添加图层蒙版”按钮，如图12-210所示。选择画笔工具，设置画笔的“不透明度”为“45%”，然后使用适当大小的笔刷在人物上绘制，得到效果如图12-211所示。

图12-209

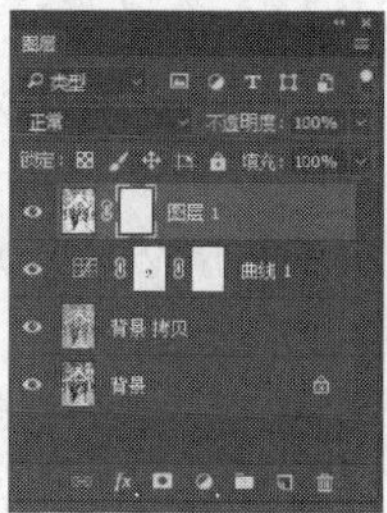

图12-210

图12-211

05 切换到“通道”面板，单击“红”通道，按Ctrl+M组合键弹出“曲线”对话框，参数设置如图12-212所示。

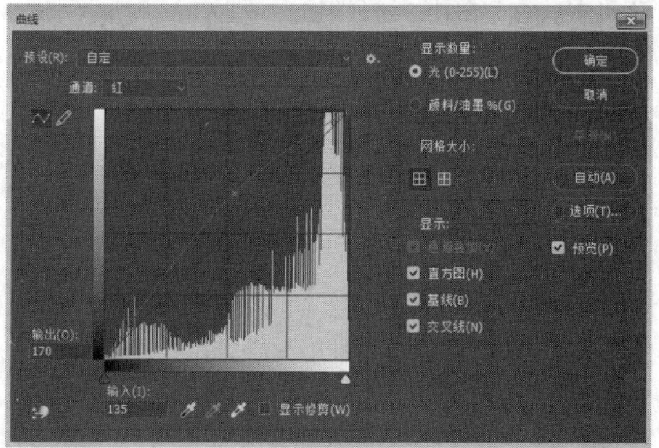

图12-212

06 按Ctrl+A组合键全选“红”通道，按Ctrl+C组合键复制，切换到“图层”面板，新建一个“图层2”图层，按Ctrl+V组合键粘贴，设置其混合模式为“滤色”，“不透明度”为“45%”，得到效果如图12-213所示。

07 新建“图层3”图层，按Ctrl+Shift+Alt+E组合键盖印图层，设置其混合模式为“柔光”，同时适当降低图层的不透明度，得到的最终效果如图12-214所示。

图12-213

图12-214

第13章 滤镜

13.1 认识滤镜

Photoshop中的滤镜是一种插件模块，可操作图像中的像素。滤镜主要是用来实现图像的各种特殊效果，它在Photoshop中具有非常神奇的作用。

所有的Photoshop滤镜都按分类放置在菜单中，使用时只需要从该菜单中执行这项命令即可。滤镜的操作非常简单，但是真正用起来却很难恰到好处。滤镜通常需要同通道、图层等联合使用，才能取得更好的艺术效果。如果想在最适当的时候应用滤镜到最适当的位置，除了需要美术功底之外，还需要用户熟悉滤镜并能操控滤镜，甚至需要具有很丰富的想象力。这样，才能有的放矢地应用滤镜，发挥出艺术才华。

众多Photoshop用户将滤镜比喻为魔术师，因为经滤镜处理过的图像会呈现出非凡的艺术效果，如同经过魔术棒的点化。在以下的学习中我们会详细了解到各种滤镜的特点和使用方法。

13.1.1 使用滤镜的注意事项

Photoshop中滤镜的种类繁多、功能不一，应用不同的滤镜可以产生不同的图像效果，但滤镜也存在以下几点局限性。

1. 滤镜不能应用于位图模式、索引颜色模式以及16位/通道的图像。

2. 某些滤镜只能应用于RGB颜色模式，而不能应用于CMYK颜色模式，所以用户可以先将其他颜色模式转换为RGB颜色模式，然后再应用这些滤镜。

3. 滤镜是以像素为单位对图像进行处理的，因此在对不同分辨率的图像应用相同参数的滤镜时，所产生的图像效果也会不同。

4. 在对分辨率较高的图像文件应用某些滤镜时，会占用较大的储存空间并导致计算机的运行速度减慢。

在对图像的某一部分应用滤镜时可以先羽化选区的边缘，使其过渡平滑。

用户在学习滤镜时，不能只单独地看某一个滤镜的效果，应针对滤镜的功能特征进行分析，以达到真正认识滤镜的目的。

13.1.2 滤镜的操作方法

Photoshop CC 2017中的滤镜全部放在“滤镜”菜单中。该菜单由5部分组成，如图13-1所示。

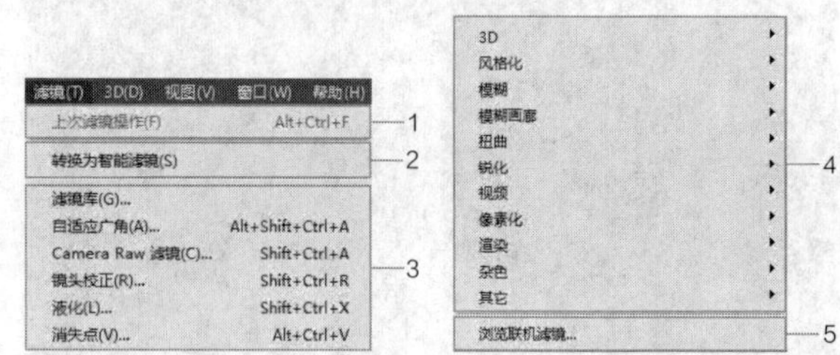

图13-1

第1部分显示的是上次使用的滤镜命令；第2部分为将智能滤镜应用于对象图层的命令；第3部分列出了6个较为特殊的滤镜命令；第4部分是具体的11个滤镜组；最后一部分是“浏览联机滤镜”命令。

“滤镜”菜单中多数滤镜的使用方法基本相同，只需打开需要应用滤镜的图像，然后执行“滤镜”

学习重点

滤镜主要是用来制作图像的各种特殊效果。Photoshop中滤镜的功能十分强大，用户需要在不断的实践中积累经验，才能使应用滤镜的水平达到炉火纯青的境界，从而创作出具有艺术色彩的作品。

通过本章的学习，用户可以学会如何使用滤镜制作出特殊的效果，领会制作要领，并结合实际工作中积累的经验，制作出更多、更漂亮的作品。

菜单中相应的命令，再设置对话框中相应的参数，最后单击“确定”按钮即可。

13.1.3 重复使用滤镜

在对目标图像使用了一次滤镜后，“滤镜”菜单的顶端便会出现此滤镜的名称，从滤镜菜单中选择第1个命令便可以快速再次使用该滤镜，也可按Ctrl+Alt+F组合键执行这一操作。如果要对滤镜的参数做出调整，执行“滤镜→滤镜库”命令，打开“滤镜”对话框，再对参数进行设置即可。

13.2 滤镜库

执行“滤镜库”命令可以一次性打开多种滤镜组，用户在处理图像时，可以根据需要单独使用某一个滤镜，或使用多个滤镜，或者将某些滤镜多次应用。

13.2.1 滤镜库概览

执行“滤镜→滤镜库”命令，打开“滤镜库”对话框，如图13-2所示。

图13-2

- 预览区：可以预览应用滤镜后的效果。
- 滤镜类别：滤镜库中包含六组滤镜。展开某滤镜组后单击其中一种即可使用。
- 当前选择的滤镜缩览图：显示了当前使用的滤镜。
- 显示/隐藏滤镜缩览图：单击此按钮可以隐藏滤镜的缩略图，将空间留给预览区，再次单击则可以显示缩略图。
- 下拉列表框：单击右侧的按钮，可在打开的下拉列表中选择需要的滤镜。
- 参数设置区：在此区域中可以设置当前滤镜的参数。
- 新建效果图层：单击此按钮可创建滤镜效果图层。新建的图层会应用上一个图层的滤镜，单击其他滤镜就会修改当前效果。
- 删除效果图层：单击此按钮可删除当前的滤镜效果图层。

13.2.2 效果图层

当目标图像在滤镜库中应用了多个滤镜后，这些滤镜会显示在效果图层列表中，如图13-3所示。

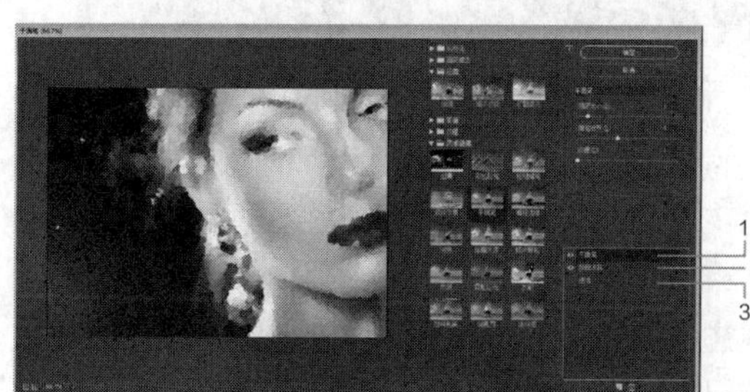

图13-3

- 1为当前选择的滤镜。
- 2为已应用但未选择的滤镜。
- 3为隐藏的滤镜。

实战演练 用滤镜库制作抽丝效果照片

01 按Ctrl+O组合键打开素材图片，如图13-4所示。

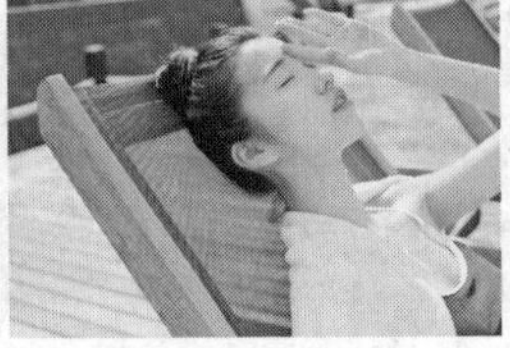

图13-4

02 将前景色设置为蓝色（R30、G100、B130），背景色设置为白色。执行“滤镜→滤镜库”命令，打开“滤镜库”对话框，执行“素描→半调图案”命令，将“图案类型”设置为“直线”，“大小”设置为“5”，“对比度”设置为“5”，如图13-5所示。单击“确定”按钮，关闭滤镜库，效果如图13-6所示。

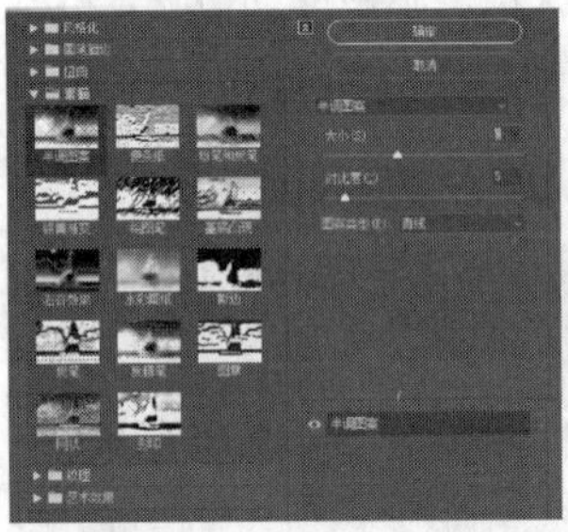

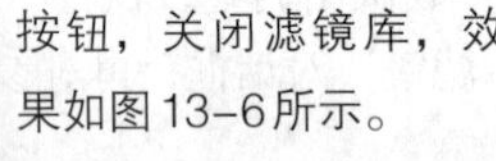

图13-5

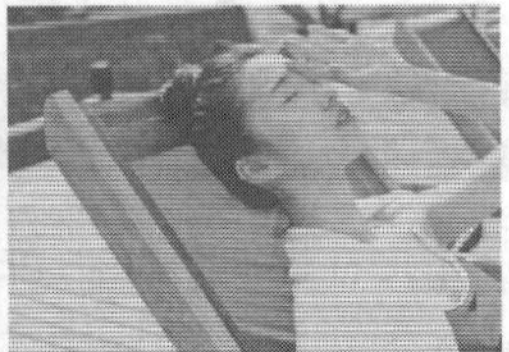

图13-6

03 执行“滤镜→镜头校正”命令，打开“镜头校正”对话框，在“自定”选项卡中将“晕影”选项组中“数量”调为最低，如图13-7所示，为图片添加暗角效果，如图13-8所示。

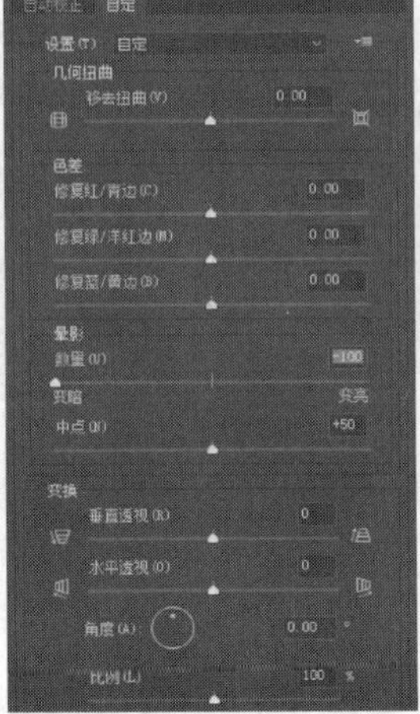

图13-7

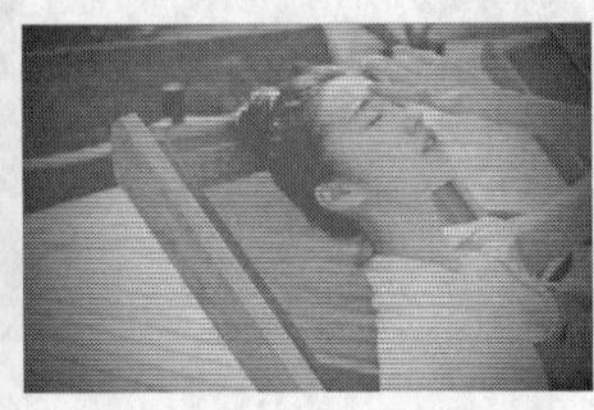

图13-8

图13-9

04 执行“编辑→渐隐镜头校正”命令，打开“渐隐”对话框，设置“不透明度”为“100%”，“模式”为“叠加”，如图13-9所示，最终效果如图13-10所示。

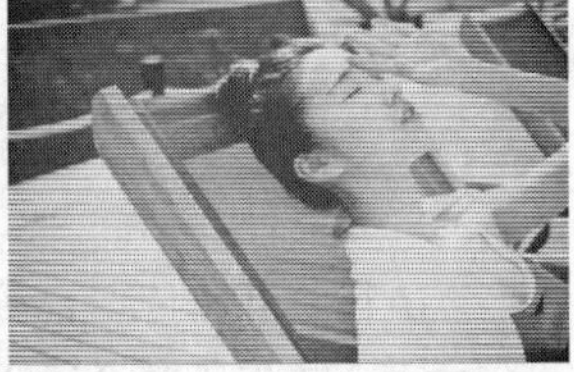

图13-10

13.3 自适应广角

在使用“自适应广角”滤镜时，用户可以根据需要手动调整以纠正广角变形。在纠正广角变形过程中，可以通过鱼眼、透视、自动、完整球面4种方式纠正广角镜头畸变。图13-11所示为此滤镜对话框。

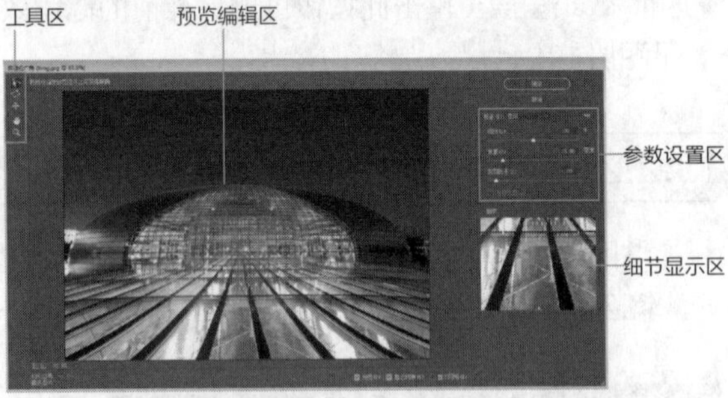

工具区 预览编辑区 参数设置区 细节显示区

图13-11

主要工具如下。

- **约束工具**：单击图像或拖曳端点可添加或编辑约束。
- **多边形约束工具**：单击图像或拖曳端点可添加或编辑多边形约束。

以下为参数设置区相关选项。

- **校正**：用来选择纠正方式，包括鱼眼、透视、自动和完整球面。单击■按钮可载入其他约束。
- **缩放**：用来设定图像的比例。
- **焦距**：用来设定焦距的大小。
- **裁剪因子**：用来指定裁剪因子，该值越大，原图像保留部分越多。

图13-12

图13-13

图13-12所示为原图，图13-13所示为修正后的图像。

13.4 镜头校正

“镜头校正”滤镜是根据Photoshop对各种相机与镜头的测量进行的自动校正，可以轻松地消除桶状和枕状变形、照片四边暗角，以及造成边缘出现色彩光晕的色相差。下面通过一个实例来介绍“镜头校正”滤镜的使用方法。

01 按Ctrl+O组合键打开素材图片，如图13-14所示。

图13-14

02 执行“滤镜→镜头校正”命令，打开“镜头校正”对话框，如图13-15所示。

图13-15

03 单击“自定”选项卡，在“几何扭曲”选项中设置“移去扭曲”的值为“-13.00”，如图13-16所示。单击“确定”按钮，校正效果如图13-17所示。

图13-16

通过对比可知应用此滤镜能轻松地消除桶状和枕状变形。

图13-17

13.5 液化

“液化”滤镜的功能十分强大，它可以十分灵活地对图像任意区域进行扭曲、旋转、膨胀等操作。

13.5.1 认识“液化”滤镜

执行“滤镜→液化”命令，打开“液化”对话框，如图13-18所示。

图13-18

13.5.2 应用变形工具

“液化”滤镜的工具列表中共有12种工具，接下来我们一一认识它们的功能和使用方法。

- **向前变形工具**：拖曳鼠标时向前推挤像素，如图13-19所示。

图13-19

- **重建工具**：使用此工具在已产生变形的图像上单击或拖曳鼠标可将其恢复为原始状态，如图13-20所示。
- **顺时针旋转扭转工具**：单击或拖曳鼠标时可顺

时针旋转图中像素，按住Alt键的同时单击则会逆时针扭曲像素，如图13-21和图13-22所示。

图13-20

图13-21

图13-22

- 褶皱工具：单击时会向内挤压像素，使图像产生收缩效果，如图13-23所示。
- 膨胀工具：单击时会向外挤压像素，使图像产生向外膨胀的效果，如图13-24所示。

图13-23

- 左推工具：在图像上竖直向上拖曳，像素向左移动，如图13-25所示；向下拖曳像素，像素向右移动，如图13-26所示。当按住Alt键操作时，方向相反。

图13-24

图13-25

- 脸部工具：在图像上拖曳鼠标时，可以将脸部识别液化，如图13-27所示。

图13-26

图13-27

- 抓手工具：按住鼠标左键并拖曳可以移动画面，如图13-28所示。
- 冻结蒙版工具：在图像上绘制蒙版，所绘区域会被冻结，这样可以防止进行某些操作时更改这些区域，如图13-29所示。

图13-28

图13-29

- 解冻蒙版工具：可以擦除图像上的蒙版区域。
- 平滑工具：在已产生变形的图像上单击此工具可使变形部分更加平滑。
- 缩放工具：在预览图像中单击或拖动，可以进行放大；按住 Alt 键并在预览图像中单击或拖动，可以进行缩小。还可以在对话框底部的“缩放”文本框中指定放大级别。

13.6 消失点

使用“消失点”滤镜能够改变平面的角度，制作出立体效果的图像。在“消失点”对话框中调整时，按住Alt键，可以任意拖曳图像到所需的角度，更改图像的透视效果。

下面通过一个实战来具体了解“消失点”滤镜。

实战演练 增加楼层高度

01 按Ctrl+O组合键打开一张素材图片，如图13-30所示。

02 执行“滤镜→消失点”命令，在打开的“消失点”对话框中选择缩放工具，适当缩放图像，然后选择创建平面工具，创建一个具有透视效果的蓝色网格平面，如图13-31所示。

03 用鼠标选择4个角即可编辑平面，适当调整所创平面的大小和形状，如图13 32所示。

04 选择选框工具，创建选区，如图13-33所示。

图13-30

图13-31

图13-32

图13-33

05 按Alt键将选区向上拖曳到合适位置，如图13-34所示。

06 按Ctrl+D组合键取消选区，此时楼层一侧增加完毕。用同样的方法增加另一侧高度，最后单击“确定”按钮，得到如图13-35所示效果。

07 利用多边形套索工具对新加楼层边缘进行修饰，如图13-36所示。至此本例结束，效果对比如图13-37所示。

图13-34

图13-35

图13-36

图13-37

13.7 智能滤镜

应用智能滤镜时，需要先将图像转换为智能对象，然后才能为对象应用智能滤镜。应用于智能对象的滤镜称为“智能滤镜”，使用“智能滤镜”可以随时调整滤镜参数，隐藏或删除滤镜也不会对图像造成实质性破坏。

13.7.1 智能滤镜与普通滤镜的区别

在Photoshop中，应用普通滤镜后会完全修改图像的像素。图13-38所示为一张普通照片，图13-39所示为使用“径向模糊”滤镜处理后的效果。从“图层”面板中可以看到，“背景”图层的像素被修改，如果将图像保存并关闭，就无法恢复为原来的效果了。

图13-38

图13-39

智能滤镜则是一种非破坏性的滤镜，它将滤镜效果应用于智能对象上，不会在原图层上修改图像的初始数据。但它与应用普通滤镜的效果完全相同。图13-40所示为智能滤镜的处理效果。

智能滤镜包含一个类似于图层样式的列表，列表中显示了当前使用的所有滤镜，只要单击智能滤镜前面的图标，即可将滤镜效果隐藏。图13-41所示为应用了两个滤镜，但隐藏了“径向模糊”滤镜的效果。在“图层”面板中删除某图层的“智能滤镜”即可恢复为原始图像。

> **提示**
>
> 要使用智能滤镜，必须先将“背景”图层的图像转换成智能对象，“背景”图层相应变成“图层0”图层。

图13-40

图13-41

> **提示**
>
> Photoshop允许用户在图像的某一区域使用智能滤镜，如果针对选区内的图像使用智能滤镜，则在图层列表的下方将有蒙版存在。

实战演练 用智能滤镜制作窗外的人像

本实例将使用智能滤镜制作透过磨砂玻璃看到的人像效果。

01 按Ctrl+O组合键打开一张素材，如图13-42所示。

图13-42

02 执行“滤镜→转换为智能滤镜”命令，弹出图13-43所示的对话框。单击“确定”按钮，将“背景”图层转换为智能对象，如图13-44所示。

图13-43

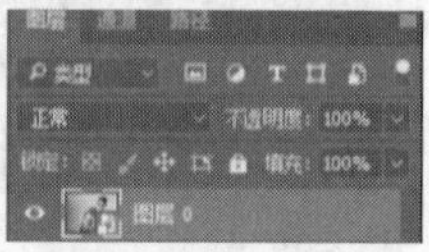

图13-44

03 执行“滤镜→滤镜库”命令，打开“滤镜库”对话框，选择“素描”组里的“半调图案”滤镜，设置其参数如图13-45所示。单击“确定”按钮，对图像应用智能滤镜，图13-46所示为智能滤镜图层，图13-47所示为效果图。

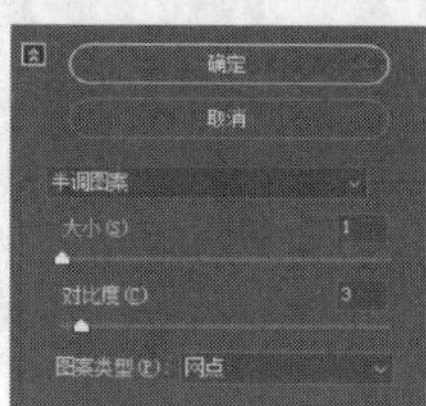

图13-45

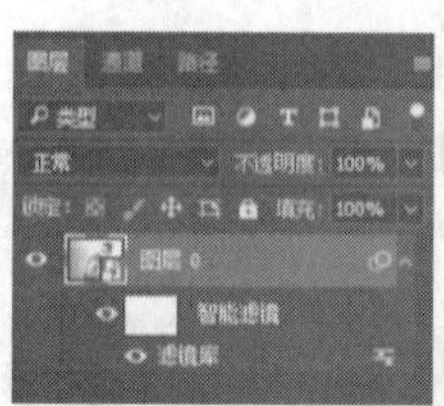

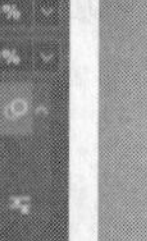

图13-46

图13-47

04 执行“滤镜→滤镜库”命令，打开“滤镜库”对话框，选择“扭曲”组里的“玻璃”滤镜，设置其参数如图13-48所示。单击“确定”按钮，对图像应用智能滤镜，图13-49所示为智能滤镜图层，图13-50所示为效果图。至此本例结束，图中人物如同透过磨砂玻璃看到的一样。

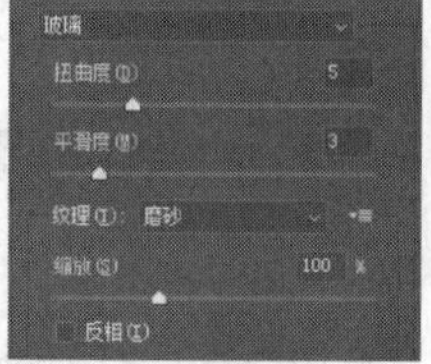

图13-48

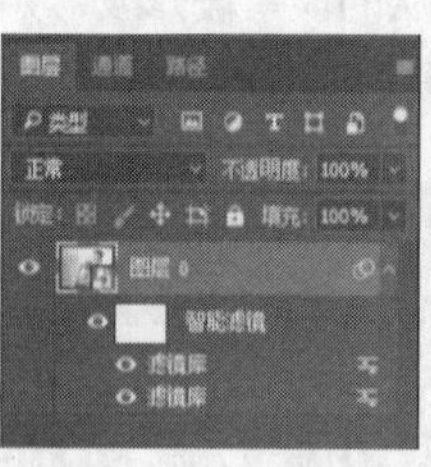

图13-49

图13-50

13.7.2 重新排列智能滤镜

当在某一图层上应用了两个或多个滤镜时，滤镜的效果显示就会分上下，上层的滤镜效果会基于下层的滤镜效果生成。当我们在智能滤镜的图层中上下拖曳所应用的滤镜时，可以改变滤镜的排列顺序，图13-51所示为应用了“凸出”和“波浪”滤镜的效果。

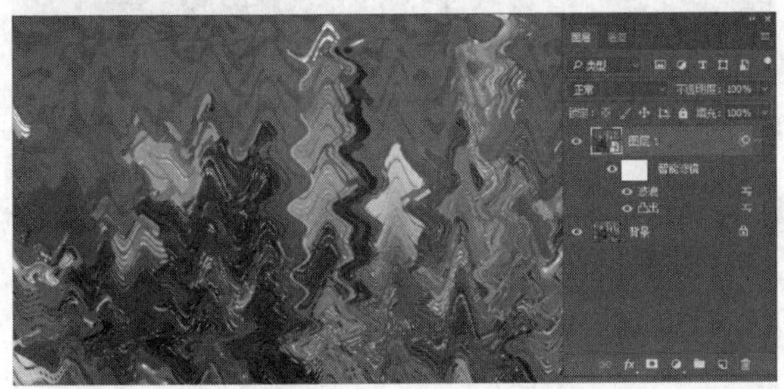

图13-51

将“波浪”滤镜移动到“凸出”滤镜下方，Photoshop会按照由下而上的顺序应用滤镜，因此，图像效果会发生改变，如图13-52所示。

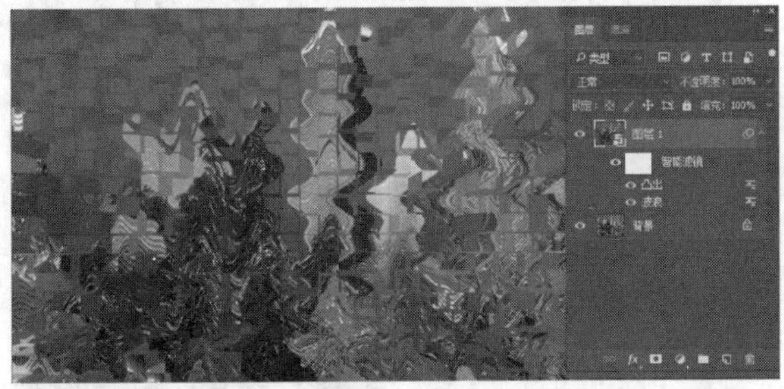

图13-52

13.7.3 显示与隐藏智能滤镜

当我们单击单个智能滤镜旁边的图标时，该滤镜效果会被隐藏，如图13-53所示。而当单击智能滤镜图层旁边的图标时，此图层内所有的滤镜效果都被隐藏，如图13-54所示。或者执行“图层→智能滤镜→停用智能滤镜”命令，也可隐藏所有智能滤镜效果。如果要重新显示智能滤镜，可在滤镜旁边的图标处单击。

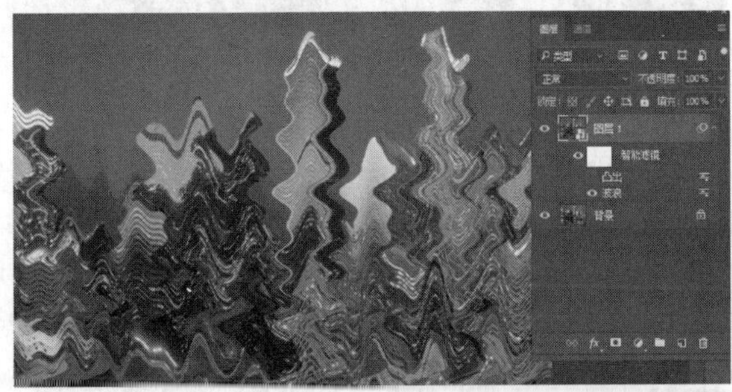

图13-53

图13-54

13.7.4 复制智能滤镜

图13-55中，图层0应用了智能滤镜，在“图层”面板中，按住Alt键并将其中一个智能滤镜从一个智能对象拖曳到另一个智能对象上，释放鼠标以后，就可以复制智能滤镜，如图13-56所示。如果要复制所有智能滤镜，可按住Alt键并拖曳在智能对象图层旁边出现的智能滤镜图标到另一个智能对象上，如图13-57所示。

图13-55

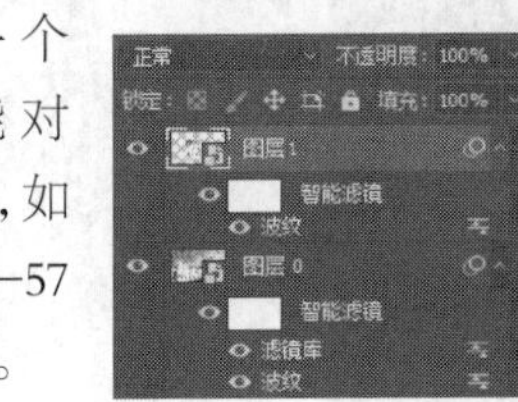
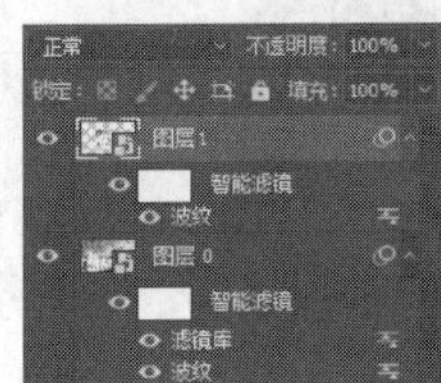

图13-56

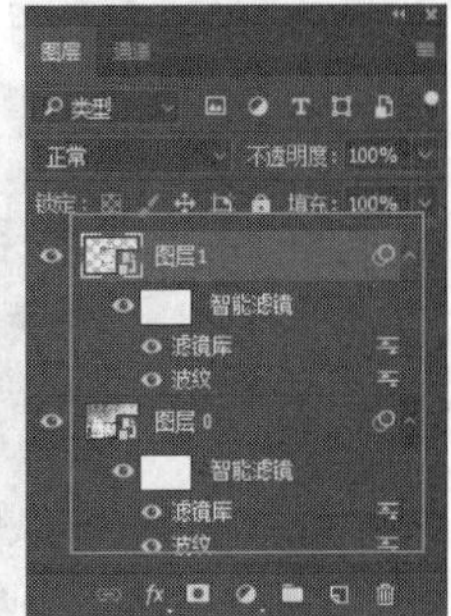

图13-57

13.7.5 删除智能滤镜

当我们想删除单个智能滤镜时，可以将它拖曳到“图层”面板中的“删除图层”按钮上。图13-58所示为应用两个滤镜的效果，图13-59所示为删除“添加杂色”滤镜后的效果。如果要删除应用于智能对象的所有智能滤镜，可以选择该智能对象图层，然后执行“图层→智能滤镜→清除智能滤镜”命令，如图13-60所示。

图13-58

图 13-59

图 13-60

13.8 “风格化”滤镜组

“风格化”滤镜组是通过置换图像中的像素和提高图像的对比度，使图像产生绘画或印象派的艺术效果。

13.8.1 查找边缘

该滤镜主要用来搜索颜色像素对比度变化剧烈的边界，将高反差区变亮，低反差区变暗，其他区域则介于二者之间；将硬边变为线条，柔边变粗，形成一个厚实的轮廓。图 13-61 所示为原图像，图 13-62 所示为“查找边缘”滤镜效果，该滤镜无对话框。

图 13-61

图 13-62

13.8.2 等高线

该滤镜与“查找边缘”滤镜相似，它可以沿亮区和暗区边界绘出一条较细的线，获得与等高线线条类似的效果。图 13-63 所示为“等高线”滤镜对话框，图 13-64 所示为效果图。

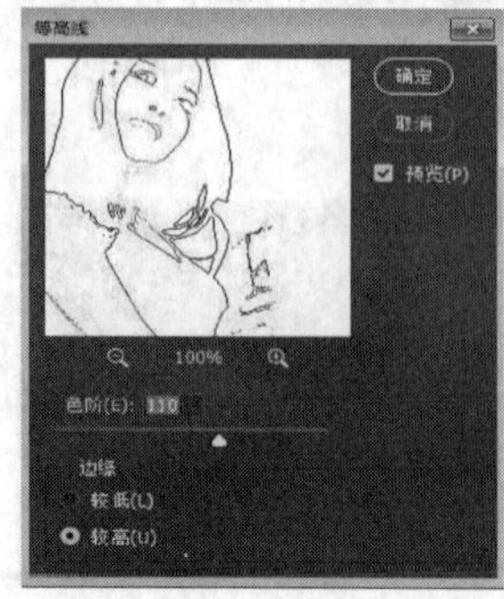

图 13-63

图 13-64

- **色阶**：用于设置边线颜色的等级。
- **边缘**：用来设置处理图像边缘的位置，以及边界的产生方法。选择“较低”时，可在基准亮度等级以下的轮廓上生成等高线；选择“较高”时，则在基准亮度等级以上的轮廓上生成等高线。

13.8.3 风

选择“风”滤镜，可以在图像上制作出吹风的效果。图 13-65 所示为“风”滤镜对话框，图 13-66 所示为原图，图 13-67 所示为效果图。该滤镜只在水平方向起作用，如果要产生其他方向的风吹效果，需要先将图像旋转，然后再使用该滤镜。

图 13-65

图 13-66

图 13-67

- **方法**：用于调整风的强度，包括“风”“大风”“飓风”。
- **方向**：用来设置风吹的方向，即从右向左吹，还是从左向右吹。

13.8.4 浮雕效果

该滤镜可以利用明暗来表现出浮雕效果，使图像中的边线部分显示颜色，表现出立体感。图13-68所示为“浮雕效果”滤镜对话框，图13-69所示为应用该滤镜后的效果。

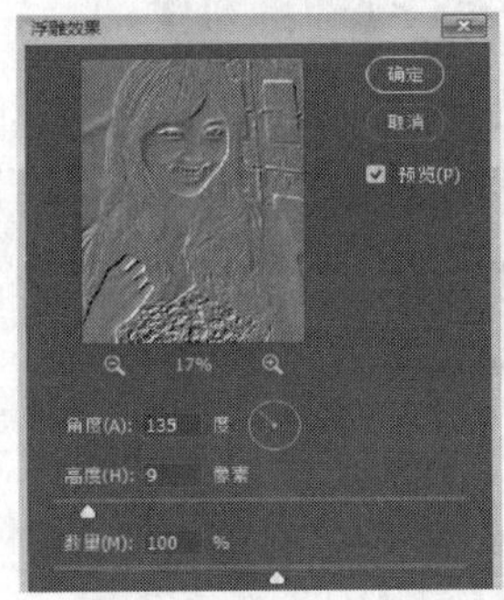

图13-68

图13-69

- **角度**：用来设置照射浮雕的光线角度，光线角度会影响浮雕的凸出位置。
- **高度**：用来设置浮雕效果凸起的高度，该值越大浮雕效果越明显。
- **数量**：设置“浮雕效果”滤镜的应用程度，设置的参数越大浮雕效果越明显。

13.8.5 扩散

该滤镜可以使图像中相邻的像素按规定的方式有机移动，使图像扩散，形成一种类似于透过磨砂玻璃观察对象时的模糊效果。图13-70所示为“扩散”滤镜对话框，图13-71所示为应用该滤镜后的效果。

图13-70

图13-71

13.8.6 拼贴

该滤镜可以将图像分割成规则的小块，并使图像稍微偏离其原来的位置，从而形成拼图状的效果。图13-72所示为“拼贴”滤镜对话框，图13-73所示为效果图。

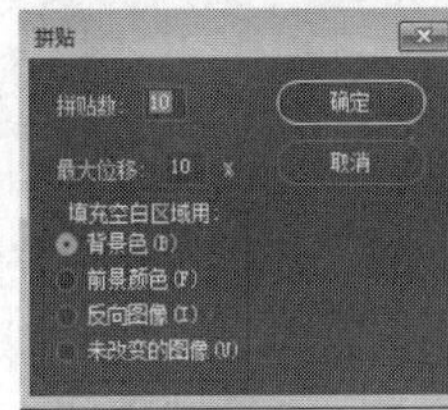

图13-72

图13-73

- **拼贴数**：设置图像拼贴块的个数。
- **最大位移**：设置拼贴块的间隙。
- **填充空白区域用**：设置拼贴块之间空间的颜色处理方法。可选择背景色、前景颜色、反向图像、未改变的图像4种方法。

13.8.7 曝光过度

该滤镜可以产生正片和负片混合的效果，类似于摄影中增加光线强度而产生的过度曝光效果，“曝光过度”滤镜适合给图像做局部修改。图13-74所示为应用前后的效果对比图。

图13-74

13.8.8 凸出

该滤镜可以给图像加上叠瓦效果，即将图像分割成一系列大小相同且有机重叠放置的立方体或锥体，产生特殊的3D效果。图13-75所示为“凸出”滤镜对话框，图13-76所示为效果图。

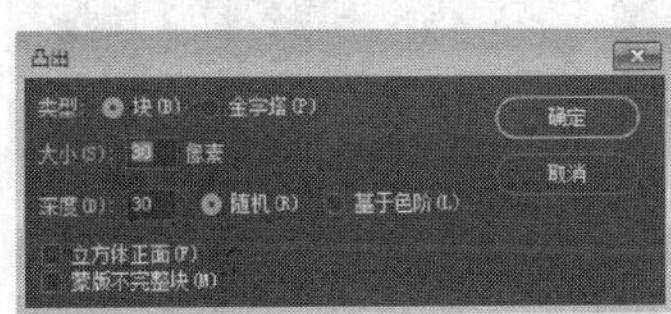

图13-75

图13-76

● **类型**：用来控制三维效果的形状。选择“块”，可以创建具有1个方形的正面和4个侧面的对象；选择“金字塔”，则可创建具有相交于一点的4个三角形侧面的对象。
● **大小**：用来设置立方体或金字塔底面的大小。
● **深度**：用来控制立体化的高度或从图像凸起的深度，“随机”表示系统随机为每个立方体或金字塔设置一个任意的深度；“基于色阶”则表示使每个对象的深度与其亮度对应，图像越亮则凸出得越多。
● **立方体正面**：勾选该复选框，图像立体化后超出界面部分保持不变。

13.8.9 照亮边缘

该滤镜可以搜索主要颜色变化区域，加强其过渡像素，并向其添加类似霓虹灯的光亮，从而产生轮廓发光的效果。图13-77所示为“照亮边缘”滤镜参数，图13-78所示为效果图。

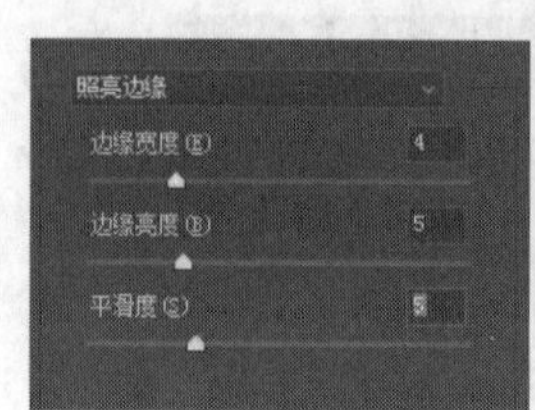

图13-77

图13-78

● **边缘宽度/边缘亮度**：用来设置发光边缘的宽度和亮度。
● **平滑度**：用来设置发光边缘的平滑程度。

13.9 “画笔描边”滤镜组

“画笔描边”滤镜组中包含8种滤镜，这些滤镜主要是通过使用不同的油墨和画笔进行描边使图像产生绘画效果，有些滤镜可以为图像添加颗粒、绘画、杂色、边缘细节或纹理等效果。需要注意的是，“画笔描边”滤镜组只能在RGB颜色模式、灰度模式和多通道模式下使用。

13.9.1 成角的线条

该滤镜可以利用一定方向的画笔重新绘制图像，用一个方向的线条绘制亮部区域，再用相反方向的线条绘制暗部区域，最终表现出油墨效果。图13-79所示为原图像，图13-80和图13-81所示分别为“成角的线条”滤镜参数及效果图。

图13-79

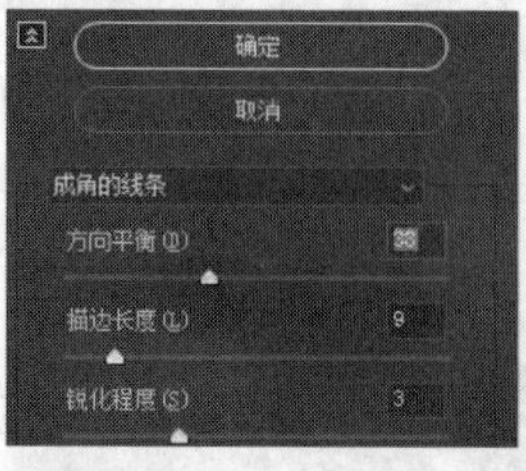

图13-80

图13-81

● **方向平衡**：该值设置得大，就会从右上端向左下端应用画笔；设置得小，则会从左上端向右下端应用画笔。
● **描边长度**：设置对角线条的长度。
● **锐化程度**：设置对角线条的锋利程度。

13.9.2 墨水轮廓

该滤镜能够在图像的轮廓上实现钢笔勾画的效果，用纤细的线条在原细节上重绘图像。图13-82所示为“墨水轮廓”滤镜参数，图13-83所示为效果图。

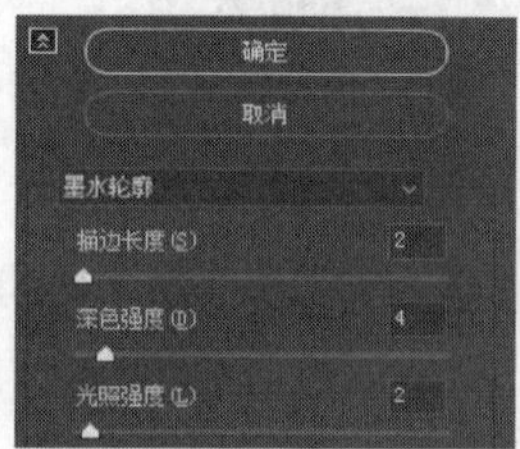

图13-82

图13-83

● **描边长度**：设置画笔长度。
● **深色强度**：设置线条阴影的强度，该值越大，画笔阴暗部分越大，颜色越深。

- **光照强度**：设置线条高光的强度，该值越大，高光部分越大。

13.9.3 喷溅

该滤镜能够模拟喷枪，使图像产生颗粒飞溅的沸水效果。图13-84所示为“喷溅”滤镜参数，图13-85所示为效果图。

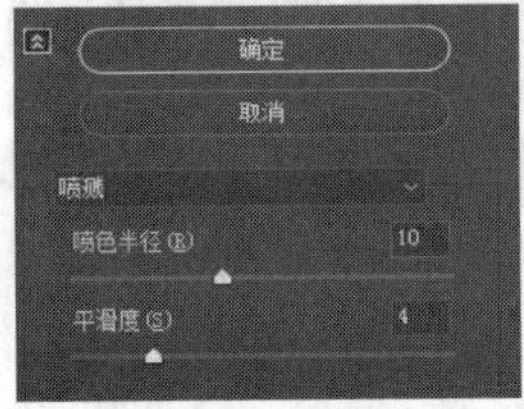

图13-84

图13-85

- **喷色半径**：设置喷射浪花的辐射范围，数值越大，颜色越分散，范围越大。
- **平滑度**：设置喷射效果的平滑程度。

13.9.4 喷色描边

该滤镜比“喷溅”滤镜产生的效果更均匀一些。该滤镜使用图像的主导色，用成角的、喷溅的颜色线条重新绘制图像，以产生斜纹飞溅的效果。图13-86所示为“喷色描边”滤镜参数，图13-87所示为效果图。

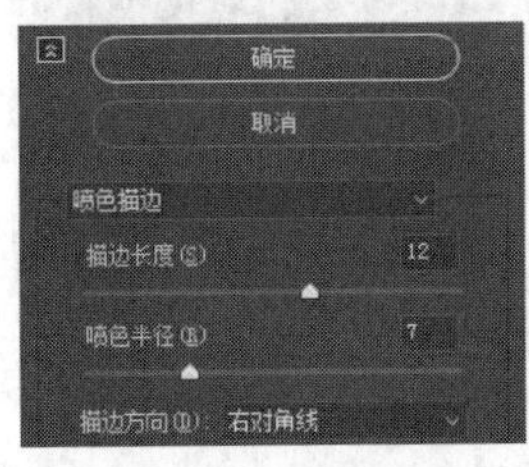

图13-86

图13-87

- **描边长度**：用来设置画笔的长度。
- **喷色半径**：用来控制喷洒的范围，数值越大，平滑度越高，图像越柔和。
- **描边方向**：用来设置线条方向。

13.9.5 强化的边缘

该滤镜可以强调图像的边缘，可在图像的边缘绘制以形成颜色对比强烈的图像。当设置较大的边缘亮度值时，强化效果类似白色粉笔，图13-88所示为设置的滤镜参数，图13-89所示为相应的效果图；设置较小的边缘亮度值时，强化效果类似黑色油墨，图13-90所示为设置的滤镜参数，图13-91所示为相应的效果图。

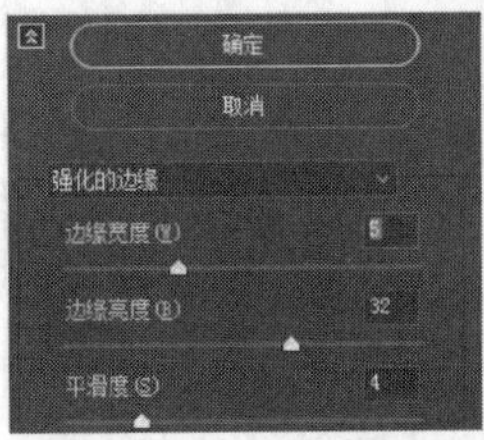

图13-88

图13-89

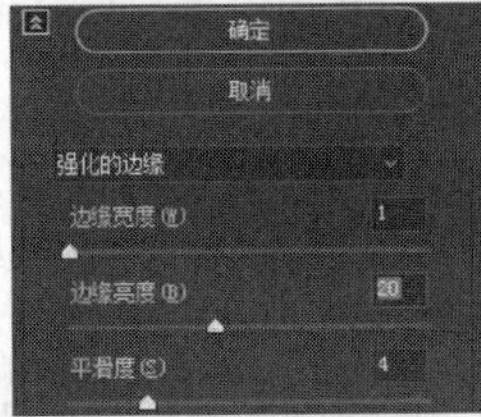

图13-90

图13-91

- **边缘宽度**：设置强化图像轮廓的边缘线的宽度。
- **边缘亮度**：设置强化图像轮廓的边缘线的亮度。
- **平滑度**：设置边缘的平滑程度，该值越大，画面效果越柔和。

13.9.6 深色线条

该滤镜用长的白色线条绘制亮区，用短而紧密的深色线条绘制暗区，使图像产生很深的黑色阴影。图13-92所示为“深色线条”滤镜参数，图13-93所示为效果图。

- **平衡**：用来控制图像的平衡度和图像线条的清晰度。
- **黑色强度**：用来设置绘制的黑色调的强度。

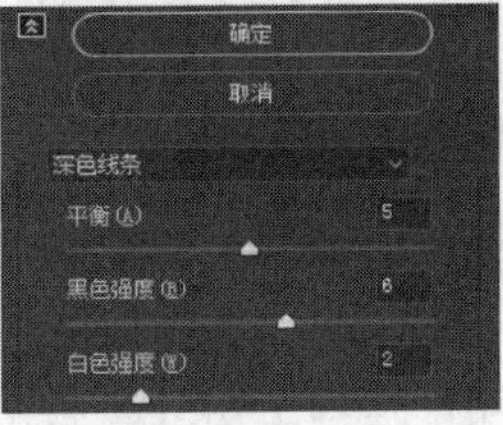

图13-92

图13-93

13.9.7 烟灰墨

该滤镜可以使图像表现出木炭画或墨水被宣纸吸收后洇开的效果，类似于日本画的绘画风格。图13-94所示为"烟灰墨"滤镜参数，图13-95所示为效果图。

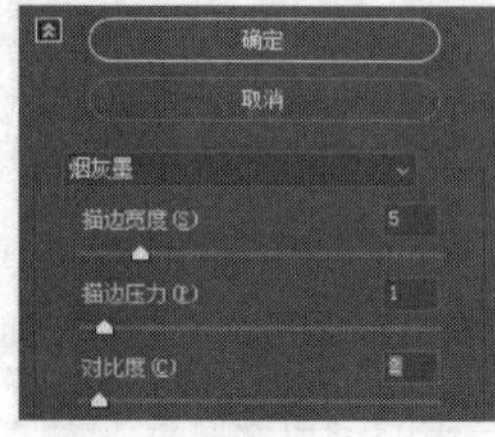

图 13-94

图 13-95

- **描边宽度**：设置画笔的宽度。
- **描边压力**：设置画笔的压力。
- **对比度**：设置图像中颜色的对比度。

13.9.8 阴影线

该滤镜可以在保留原始图像的细节和特征的同时，使用模拟的铅笔阴影线添加纹理，使图像产生用交叉网线描绘或雕刻的效果，并产生一种网状阴影。图13-96所示为"阴影线"滤镜参数，图13-97所示为效果图。

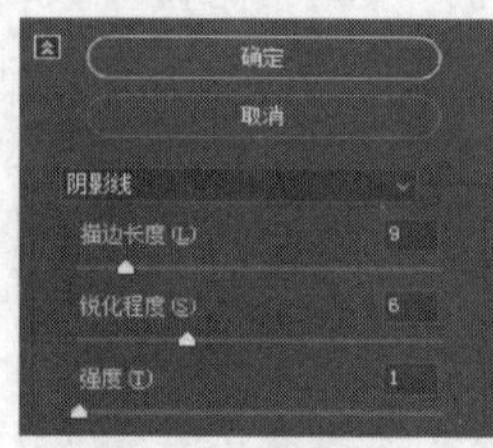

图 13-96

图 13-97

- **描边长度**：设置线条的长度。
- **锐化程度**：设置线条的清晰程度。
- **强度**：设置线条的数量和画笔力度。

13.10 "模糊"滤镜组与"模糊画廊"滤镜组

在Photoshop CC 2017中，新增了"模糊画廊"滤镜组，包括"场景模糊""光圈模糊""移轴模糊""路径模糊""旋转模糊"5种滤镜，加上之前的11种滤镜，它们都可以削弱相邻像素的对比度，达到柔化图像的效果。

13.10.1 场景模糊

该滤镜可以通过添加控制点的方式，精确地控制景深形成范围、景深强弱程度，用于建立比较精确的画面背景模糊效果。"场景模糊""光圈模糊""移轴模糊"这3种滤镜有相同的设置参数，如图13-98所示。

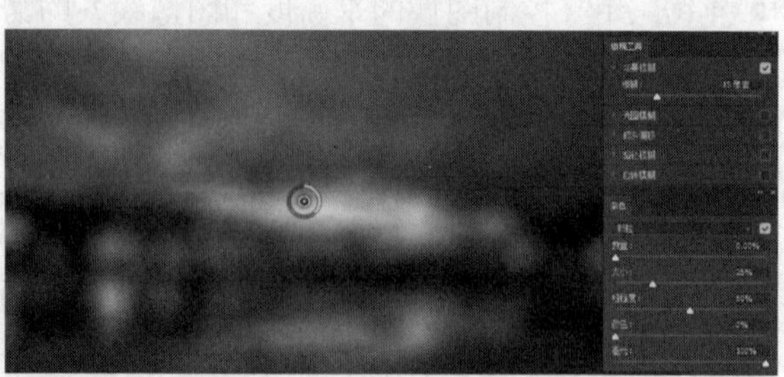

图 13-98

这3种模糊滤镜的"效果"选项卡的设置参数都是相同的，通过这些参数可以为图像添加主体与背景之间前清后蒙的散景效果。图13-99所示为这3种模糊效果参数设置选项，图13-100和 图13-101所示为原图像和场景模糊效果图。

图 13-99

图 13-100

图 13-101

- **光源散景**：控制模糊中的高光量。
- **散景颜色**：控制散景的色彩。
- **光照范围**：控制散景出现处的光照范围。

13.10.2 光圈模糊

该滤镜可以指定不同的焦点，动态地调整模糊程度。该滤镜还允许用户建立多个椭圆形的模糊区块，每个模糊区块都有自己相应的模糊值，从而让用户在几步之内就模拟出景深效果。图13-102和图13-103所示为原图像和效果图。

图13-102

图13-103

13.10.3 移轴模糊

该滤镜用于创建移轴景深效果，通过控制点和范围设置，精准地控制移轴效果产生范围和焦外虚化强弱程度。图13-104和图13-105所示为原图像和效果图。

图13-104

图13-105

13.10.4 高斯模糊

该滤镜可以为图像添加低频细节，使图像产生一种雾化效果。图13-106所示为“高斯模糊”滤镜对话框，图13-107和图13-108所示为原图像及效果图。

图13-106

- **半径**：用来设置模糊的范围，它以像素为单位，数值越大，模糊效果越强烈。

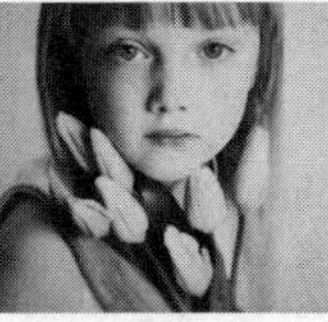
图13-107

图13-108

13.10.5 动感模糊

该滤镜可以模拟用固定的曝光时间给运动的物体拍照的效果，从而使图像产生一种动态效果。图13-109所示为“动感模糊”滤镜对话框，图13-110所示为效果图。

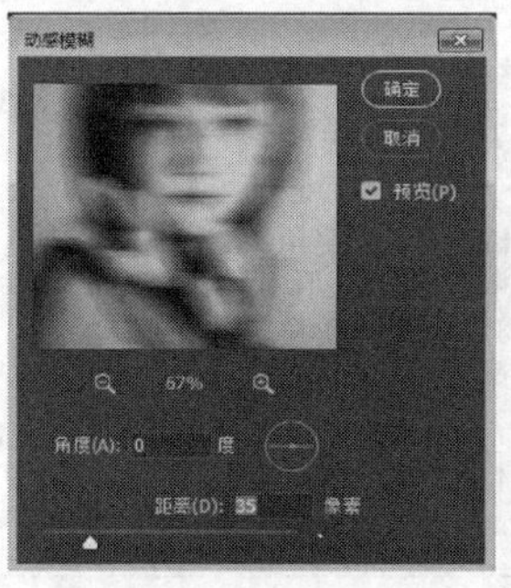

图13-109

图13-110

- **角度**：设置模糊方向（-360° ~+360° ）。可输入角度数值，也可拖曳指针调整角度。
- **距离**：设置图像动感模糊的强度（1~999像素）。

13.10.6 表面模糊

该滤镜可以在保留图像边缘的情况下模糊图像。它的特点是在平滑图像的同时能够保持不同色彩边缘的清晰度，故常用来消除图像中的杂色或颗粒。用它为人像照片进行磨皮，效果也非常好。图13-111所示为“表面模糊”滤镜对话框，图13-112所示为效果图。

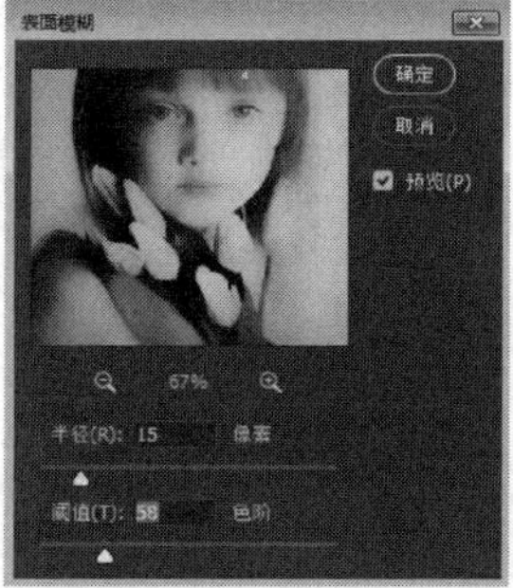

图13-111

图13-112

- **半径**：设置模糊取样区域的大小。
- **阈值**：设置相邻像素色调值与中心像素值相差多大时才能成为模糊区域的一部分，色调之差小于阈值的像素将被排除在模糊区域之外。

13.10.7　方框模糊

该滤镜可以使需要模糊的区域呈小方块状进行模糊。图13-113所示为“方框模糊”滤镜对话框，如图13-114所示为效果图。

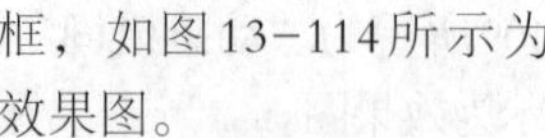

图13-113　图13-114

- **半径**：设置给定像素的平均值的区域大小。

13.10.8　模糊和进一步模糊

“模糊”和“进一步模糊”滤镜的模糊效果都较弱，它们可以在图像中有显著颜色变化的地方消除杂色。“模糊”滤镜是通过平衡已定义的线条，光滑处理对比度过于强烈的区域，使变化显得柔和；“进一步模糊”滤镜所产生的效果要比“模糊”滤镜强三四倍。这两个滤镜都不需要进行参数设置。

13.10.9　径向模糊

该滤镜可以模拟摄影时旋转相机或聚焦、变焦效果，产生一种柔化模糊。图13-115所示为“径向模糊”滤镜对话框，图13-116所示为原图像。

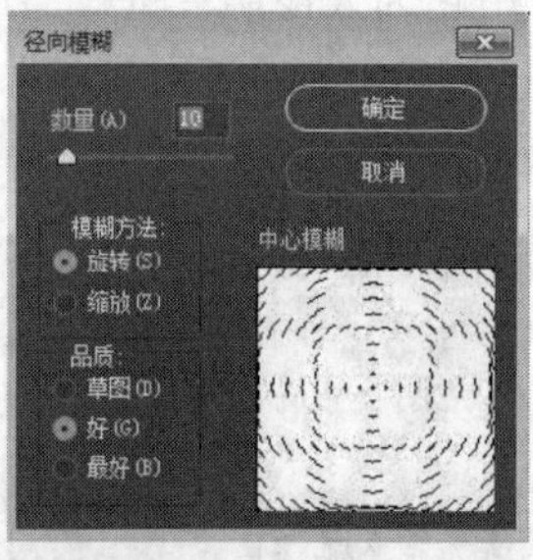

图13-115

- **模糊方法**：选择“旋转”时，图像会以中心模糊为基准旋转并平滑图像像素，效果如图13-117所示；选择“缩放”时，图像会以中心模糊为基准产生放射状模糊效果，效果如图13-118所示。

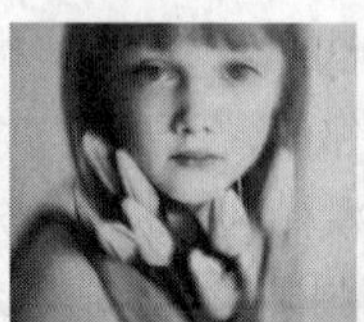
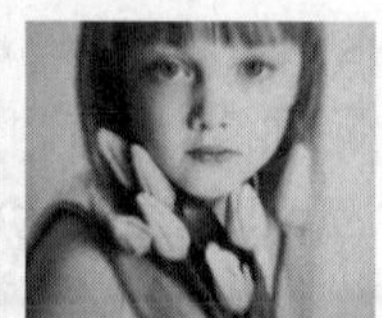

图13-116　图13-117　图13-118

- **中心模糊**：在该设置框内单击，可以设置基准点，基准点位置不同模糊中心也不相同，图13-119和图13-120所示为不同基准点的模糊效果（模糊方法为“缩放”）。

图13-119　图13-120

- **数量**：用来设置模糊的强度，数值越大模糊强度越大。
- **品质**：用来设置模糊的平滑程度。选择“草图”，处理的速度最快，但会产生颗粒状效果；选择“好”和“最好”，都可以产生较为平滑的效果，但除非在较大选区上应用这两个选项，否则看不出这两种品质的区别。

13.10.10　镜头模糊

该滤镜是向图像中添加模糊以产生更窄的景深效果，以便使图像中的一些对象在焦点内，而使另一些区域变模糊。“镜头模糊”滤镜对话框如图13-121所示。

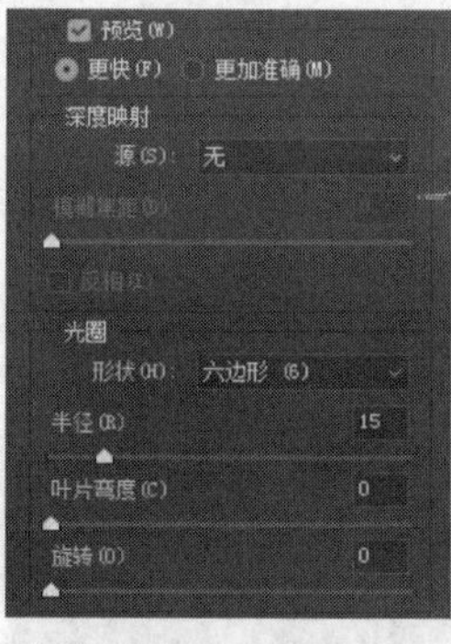

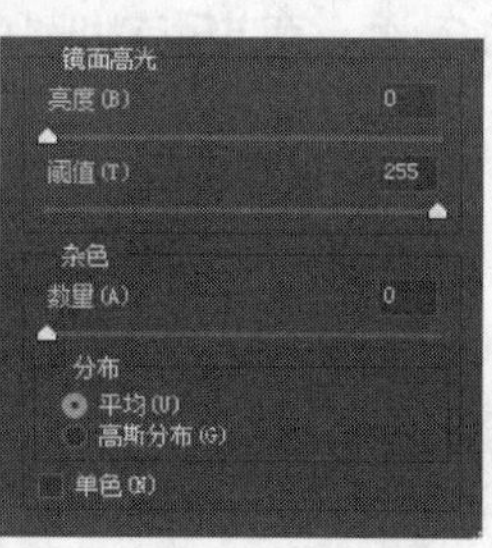

图13-121

- **预览**：单击“更快”单选按钮，可以提高预览速度。单击“更加准确”单选按钮，可查看图像的最终版本，但预览图的生成时间较长。
- **深度映射**：在“源”选项下拉列表中可以选择使用透明度、Alpha 通道或图层蒙版来创建深度映射。如果图像包含Alpha 通道并选择了该项，Alpha 通道中的黑色区域将被视为位于照片的前面，白色区域将被视为位于远处的位置。“模糊焦距”选项用来设置位于焦点内的像素的深度。如果勾选“反相”复选框，可以反转蒙版和通道，然后再将其应用。

- 光圈：可以在“形状”下拉列表框中选择所需的光圈形状；“半径”值越大，图像模糊效果越明显；“叶片弯度”是对光圈边缘进行平滑处理；“旋转”用于光圈角度的旋转。
- 镜面高光：“亮度”是对高光亮度的调节；“阈值”是用于选择亮度截止点。
- 杂色：拖曳“数量”滑块可以增加或减少杂色；单击“平均”或“高斯分布”单选按钮，可以选择在图像中添加杂色的分布模式。要想在不影响颜色的情况下添加杂色，可勾选“单色”复选框。

实战演练 制作聚焦效果

01 按Ctrl+O组合键打开一张素材图片，如图13-122所示。

02 选择钢笔工具，勾画人物轮廓，按Ctrl+Enter组合键将路径转换为选区，如图13-123所示。

03 选择矩形选框工具，在图像中单击鼠标右键，在弹出菜单中执行“选择反向”命令，如图13-124所示。

图13-122

图13-123

04 执行“选择→存储选区”命令，弹出“存储选区”对话框，其各项设置如图13-125所示，单击“确定”按钮存储选区。

图13-124

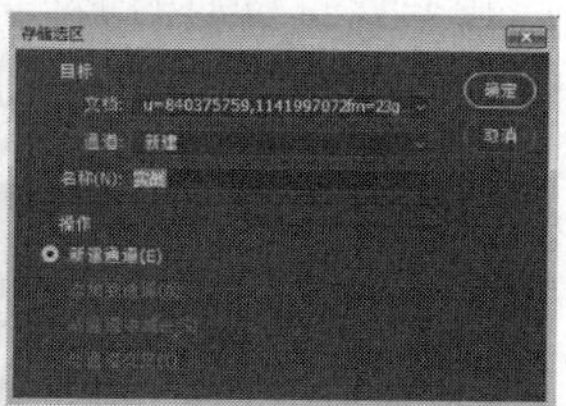

图13-125

05 按Ctrl+D组合键取消选区，执行“滤镜→模糊→镜头模糊”命令。在弹出的对话框中，参数设置如图13-126所示。

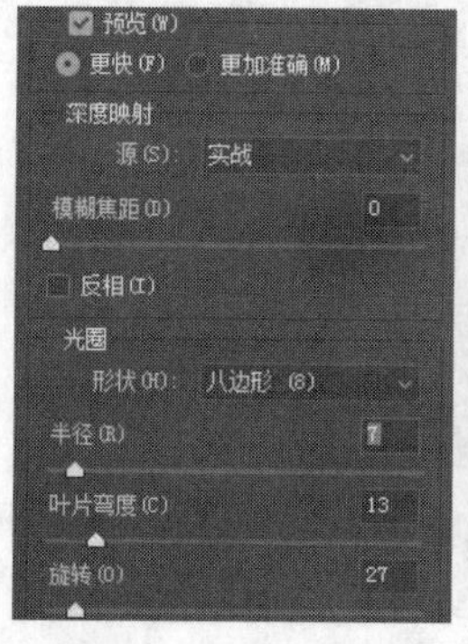

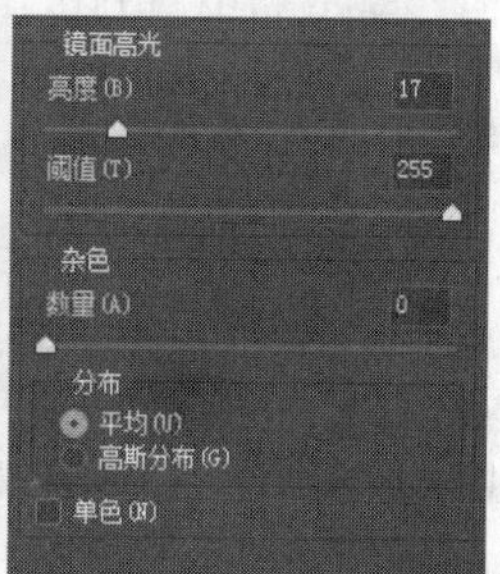

图13-126

06 单击“确定”按钮，完成制作，最终效果如图13-127所示。至此本例结束，效果图中，背景变得模糊，由此使人物得到了突出表现。

图13-127

13.10.11 平均

该滤镜可以找出图像或选区的平均颜色，然后用该颜色填充图像或选区以创建平滑的外观，图13-128所示为原图，图13-129所示为效果图。该滤镜无对话框。

图13-128

图13-129

13.10.12 特殊模糊

该滤镜可以对图像进行精确模糊从而使图像产生清晰边界的模糊效果。图13-130所示为“特殊模糊”滤镜对话框，图13-131所示为原图像。

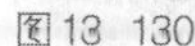
图13-130

图13-131

- **半径**：设置的值越大，应用模糊的像素就越多。
- **阈值**：设置应用在相似颜色上的模糊范围。
- **品质**：设置图像的品质，包括"低""中等""高"3种。
- **模式**：设置效果的应用方法。选择"正常"模式，不会添加特殊效果，如图13-132所示；选择"仅限边缘"模式，只会将轮廓表现为黑白阴影，如图13-133所示；选择"叠加边缘"模式，则会用白色描绘出图像轮廓像素亮度值变化强烈的区域，如图13-134所示。

图13-132

图13-133

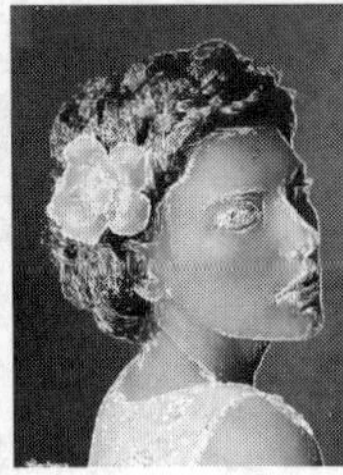
图13-134

13.10.13 形状模糊

该滤镜可以在其对话框中选择预设的形状以创建特殊的模糊效果。图13-135所示为"形状模糊"滤镜对话框，图13-136所示为效果图。

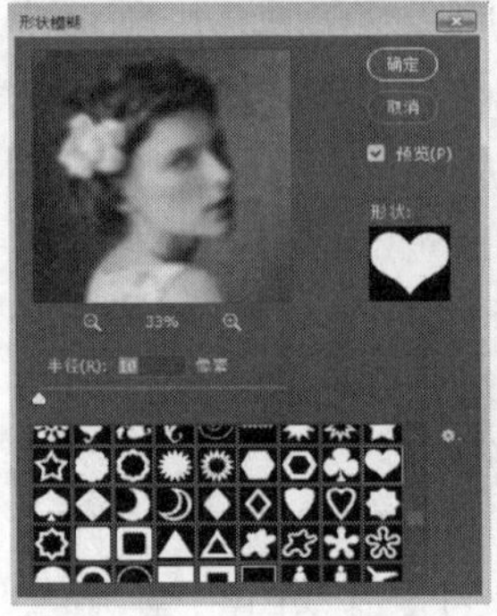

图13-135

图13-136

- **半径**：用来设置所选形状的大小，该值越大，模糊效果越好。
- **形状列表**：用于选择模糊时的形状。单击列表右侧的按钮，可以在打开的下拉菜单中载入其他形状。

13.11 "扭曲"滤镜组

"扭曲"滤镜组中滤镜可以对图像进行各种几何扭曲，创建3D或其他整形效果。这些滤镜通常会占用大量内存，因此如果文件较大，可以先在小尺寸的图像上试验。

13.11.1 波浪

该滤镜可以制作出类似于波浪的弯曲图像。图13-137所示为"波浪"滤镜对话框，图13-138所示为原图像。

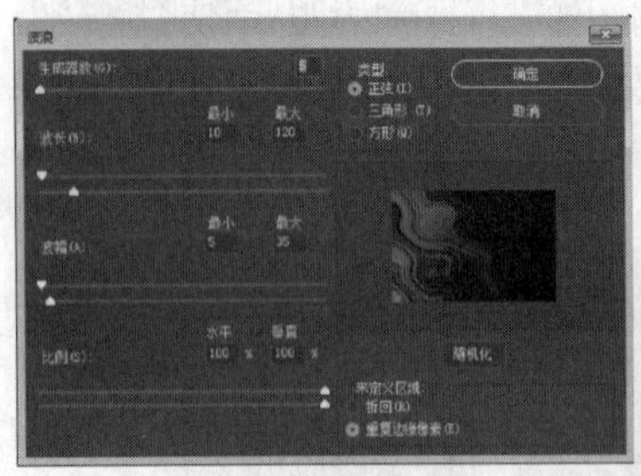

图13-137

图13-138

- **生成器数**：用来设置产生波的数量。
- **波长**：它分为最小波长和最大波长两部分，最小波长和最大波长的数值决定了相邻波峰之间的距离，最小波长不能超过最大波长。
- **波幅**：它分为最大波幅和最小波幅，最大波幅与最小波幅的数值决定了波的高度，其中最小波幅不能超过最大波幅。
- **比例**：控制水平和垂直方向的波动幅度。
- **类型**：它包括"正弦""三角形""方形"3种，用来设置波浪的形态。图13-139所示分别为正弦、三角形、方形效果图。

图13-139

- **随机化**：单击一下此按钮，可以为波浪随机指定一种效果。
- **折回**：将变形后超出图像边缘的部分反卷到图像的对边。

- **重复边缘像素**：将图像中因为变形而超出图像的部分分布到图像的边界上。

13.11.2 波纹

该滤镜能在图像上创建波状起伏的效果，像水池中的波纹一样。图13-140所示为"波纹"滤镜对话框，图13-141所示为效果图。

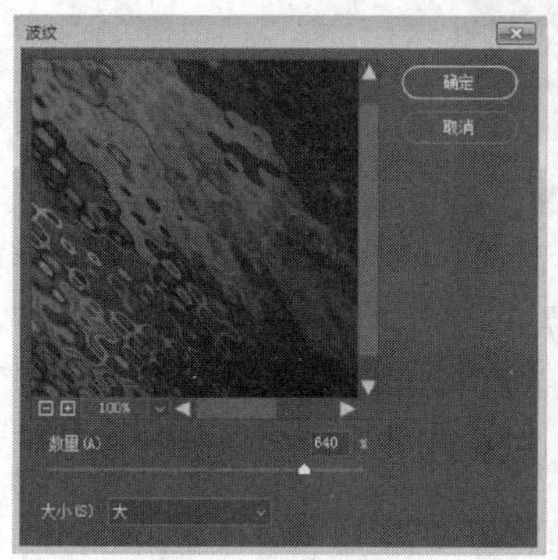

图13-140

图13-141

- **数量**：控制产生波的数量。
- **大小**：设置波纹的大小，提供了"大""中""小"3个选项。

13.11.3 玻璃

该滤镜可以制作透过不同类型的玻璃来观看图像的效果。图13-142所示为"玻璃"滤镜参数选项。

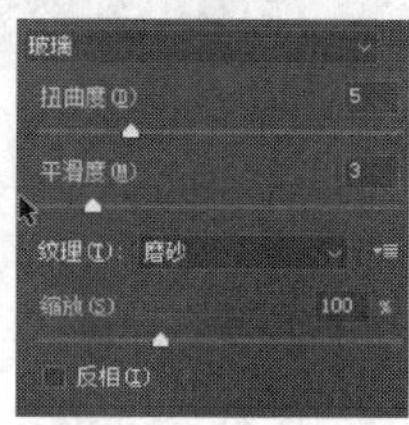

图13-142

- **扭曲度**：用来控制图像的扭曲程度。
- **平滑度**：用来设置扭曲效果的平滑程度，该值越小，扭曲的纹理越细小。
- **纹理**：用来指定纹理效果，包括"块状""画布""磨砂"和"小镜头"，图13-143至图13-146所示分别为4种纹理的效果图。
- **缩放**：用来控制纹理的缩放比例。
- **反相**：使图像暗区和亮区相互转换。

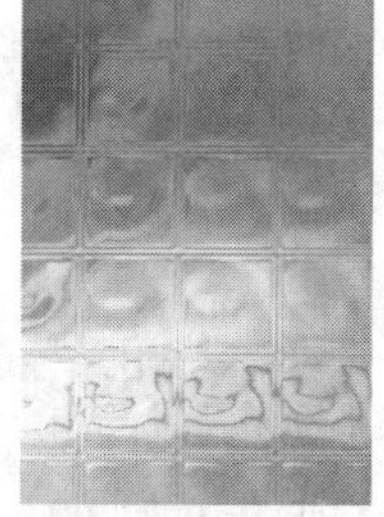
图13-143

图13-144

图13-145

图13-146

13.11.4 海洋波纹

该滤镜能将随机分隔的波纹添加到图像表面上。它产生的波纹细小，边缘有较多抖动，使图像看起来就像是在水下面。图13-147所示为"海洋波纹"滤镜参数选项，图13-148所示为效果图。

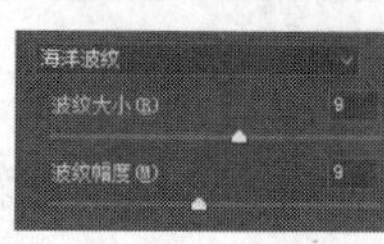

图13-147

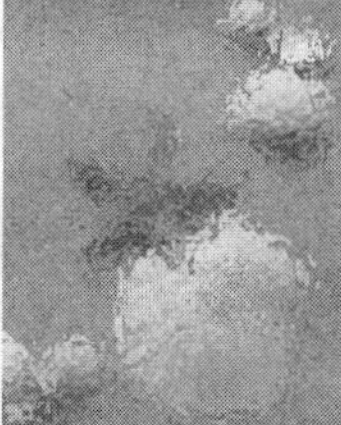
图13-148

- **波纹大小**：调节图像中生成的波纹的尺寸。
- **波纹幅度**：控制波纹震动的幅度。

13.11.5 极坐标

该滤镜是将图像在"平面坐标"和"极坐标"之间进行转换。图13-149所示为"极坐标"滤镜对话框，图13-150和图13-151所示为两种极坐标效果图。

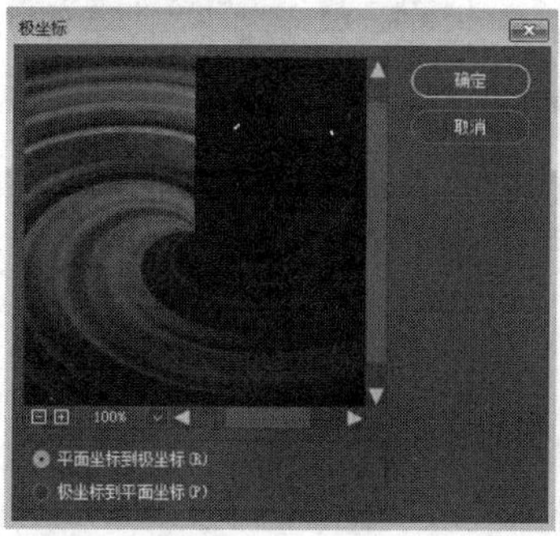

图13-149

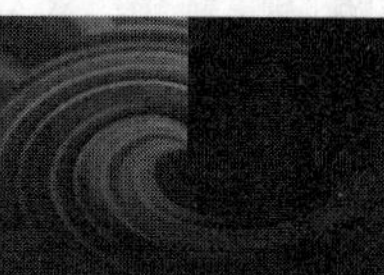
图13-150

图13-151

13.11.6 挤压

该滤镜可以使图像的中心产生凸起或凹下的效果。图13-152所示为"挤压"滤镜对话框。"数量"

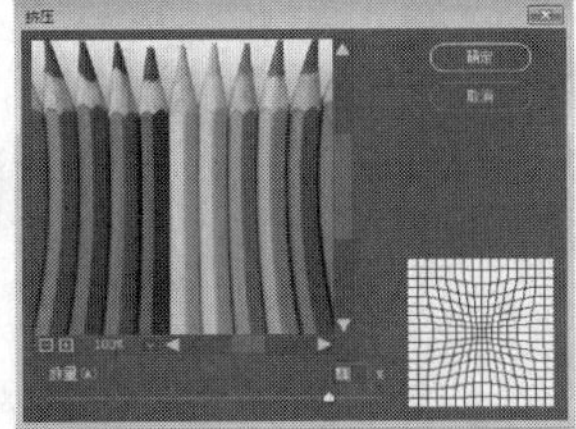

图13-152

用于控制挤压程度，该值为负值时图像向外凸出，如图13-153所示；为正值时图像向内凹陷，如图13-154所示。

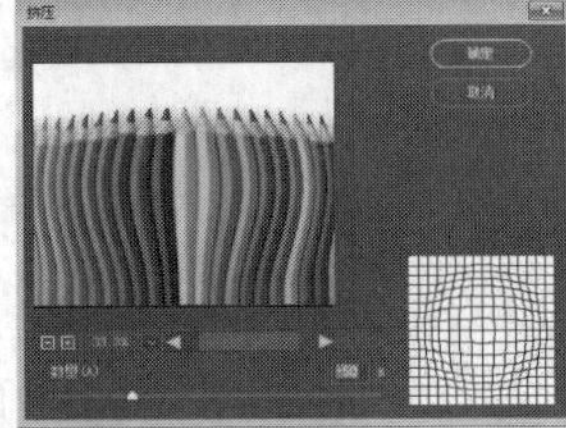

图13-153

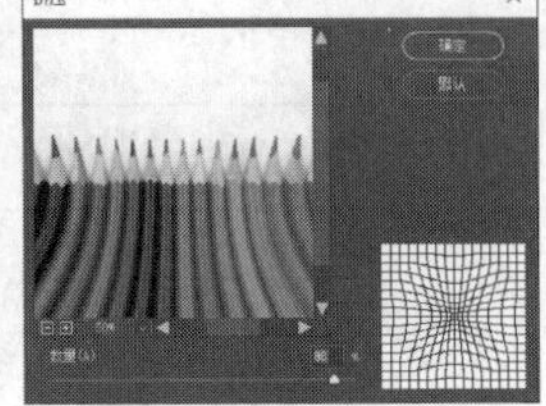

图13-154

13.11.7 扩散亮光

该滤镜可以在图像中添加白色杂色，并从图像中心向外渐隐亮光，将图像渲染成如同透过一个柔和的扩散滤镜来观看一样的效果。图13-155所示为“扩散亮光”滤镜参数，图13-156所示为原图像。使用该滤镜可以将照片处理为柔光照片，亮光的颜色由背景色决定，选择不同的背景色，可以产生不同的视觉效果。图13-157和图13-158所示分别为使用白色和紫色作为背景色时的滤镜效果。

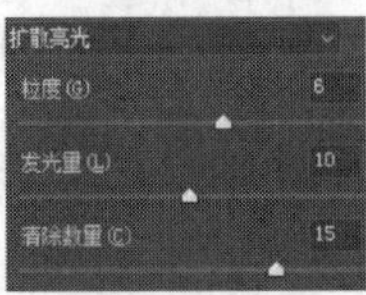

图13-155

图13-156

图13-157

图13-158

- **粒度**：设置在图像中添加的颗粒的密度。
- **发光量**：设置图像中生成的辉光的强度。
- **清除数量**：设置图像中受到滤镜影响的范围，该值越大，滤镜影响的范围就越小。

13.11.8 切变

该滤镜能沿一条自定的曲线的曲率扭曲图像。“切变”滤镜对话框中提供了曲线的编辑窗口，可以在此窗口单击控制点并拖曳鼠标来改变曲线，如果要删除某个控制点，将它拖至对话框外即可。图13-159所示为“切变”滤镜对话框，图13-160所示为原图像。

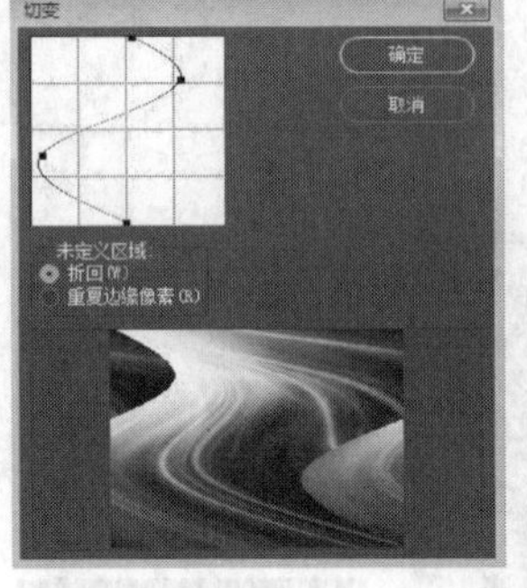

图13-159

图13-160

- **折回**：将图像左边切变出图像边界的像素填充于图像右边的空白区域，如图13-161所示。
- **重复边缘像素**：在图像边界不完整的空白区域填入扭曲边缘的像素颜色，如图13-162所示。

图13-161

图13-162

13.11.9 球面化

该滤镜可以通过立体球形的镜头扭曲图像，使图像产生3D效果。图13-163所示为“球面化”滤镜对话框，图13-164所示为原图像。

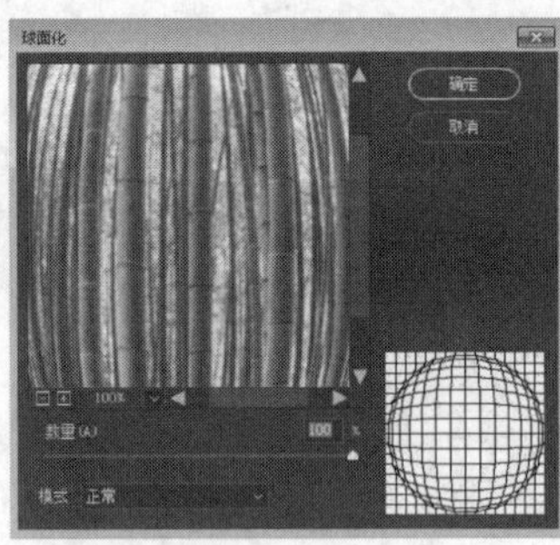

图13-163

- **数量**：用来控制图像的变形强度，该值为正值时，图像向外凸起，如图13-165所示；为负值时向内收缩，如图13-166所示。

图13-164

图13-165

图13-166

- **模式**：用来设置图形的变形方式，包括“正常”“水平优先”“垂直优先”3种模式。

13.11.10 水波

该滤镜可以在图像上实现如同水面上出现的同心圆水波的效果。图13-167所示为“水波”滤镜对话框，图13-168所示为在图像中创建的选区。

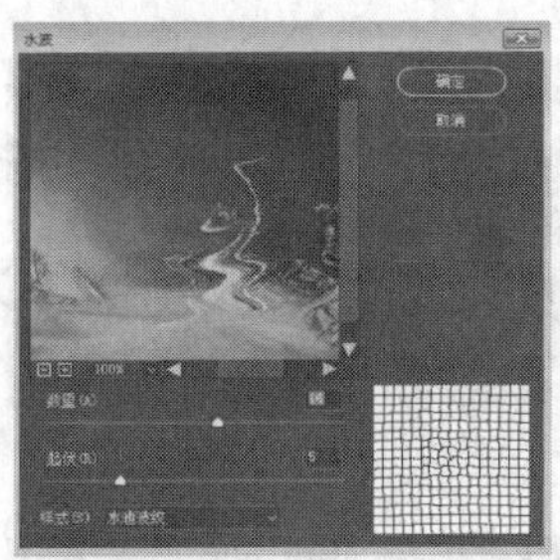
图13-167

图13-168

- **数量**：用来设置水波效果的密度，为负值时，产生下凹的波纹；为正值时产生上凸的波纹。
- **起伏**：用来设置水波方向从选区的中心到其边缘的反转次数，范围为0～20。该值越大，起伏越大，效果越明显。
- **样式**：用来设置水波的不同形式。选择“围绕中心”，可以围绕图像的中心产生波纹，如图13-169所示；选择“从中心向外”，波纹从中心向外扩散，如图13-170所示；选择“水池波纹”，可产生同心圆状的波纹，如图13-171所示。

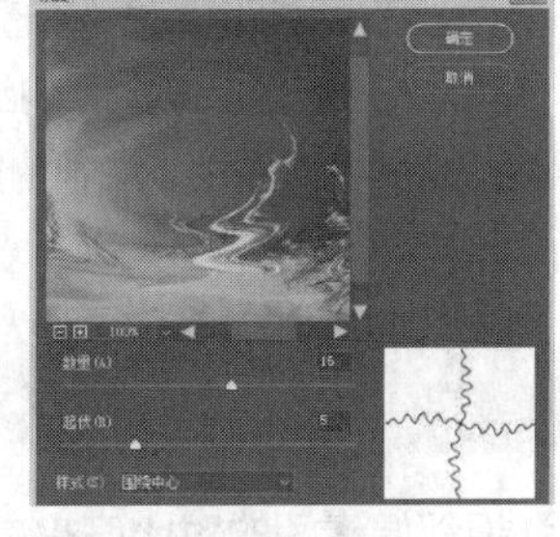
图13-169

图13-170

图13-171

13.11.11 旋转扭曲

该滤镜是按照固定的方式旋转像素使图像产生旋转的风轮效果，旋转时会以中心为基准点，而且中心的旋转程度比边缘大。图13-172所示为“旋转扭曲”滤镜对话框，图13-173所示为原图像。

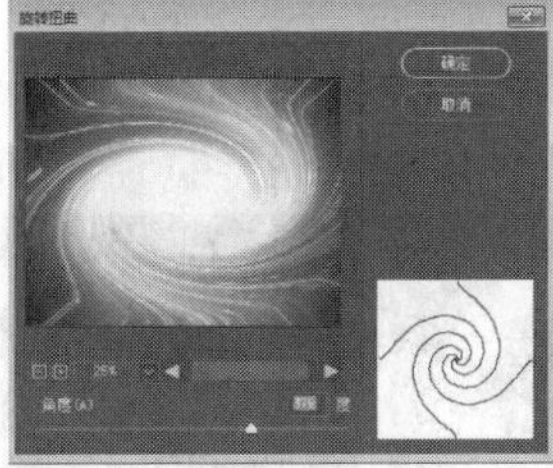
图13-172

图13-173

- **角度**：用来设置图像扭曲方向，值为正值时，沿顺时针方向扭曲，如图13-174所示；为负值时，沿逆时针方向扭曲，如图13-175所示。

图13-174

图13-175

13.11.12 置换

该滤镜可用一幅PSD格式的图像中的颜色和形状来确定当前图像中图形改变的形式。图13-176所示为用于置换的PSD图像，图13-177所示为原图，图13-178所示为“置换”滤镜对话框。单击“确定”按钮并选择置换图，即可使用置换图来扭曲图像，效果如图13-179所示。

图13-176

图13-177

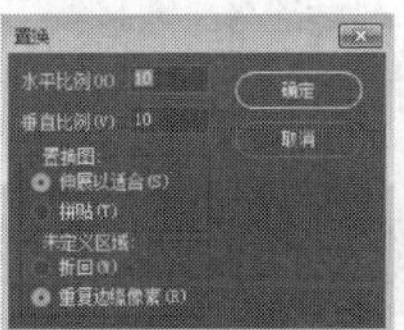

图13-178

图13-179

实战演练 逼真的牛奶咖啡效果

01 按Ctrl+O组合键打开一张素材图片，如图13-180所示。

02 选择快速选择工具，创建图13-181所示的选区。

03 新建图层，执行“选择→修改→羽化”命令，设置羽化值为3像素，使用渐变工具填充一个线性渐变，从黑色（R0、G0、B0）到土黄（R86、G56、B0），效果如图13-182所示。

图13-180

图13-181

图13-182

04 按Ctrl+D组合键取消选区，设置图层混合模式为“滤色”，如图13-183所示。

05 创建一个新图层，用白色的柔角画笔画出几个斑点，效果如图13-184所示。

06 执行“滤镜→扭曲→旋转扭曲”命令，设置“角度”为“400度”，效果如图13-185所示。

图13-183

图13-184

图13-185

07 执行“滤镜→扭曲→水波”命令，设置“数量”为“16”，“起伏”为“5”，“样式”为“水池波纹”，效果如图13-186所示。

08 执行“滤镜→扭曲→波浪”命令，参数设置如图13-187所示，效果如图13-188所示。

图13-186

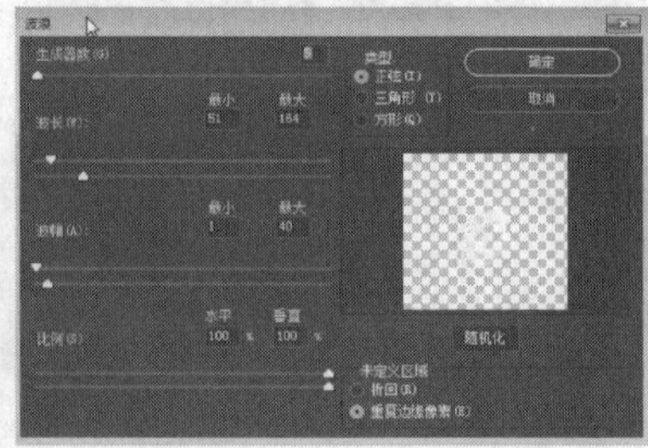

图13-187

09 再次使用“旋转扭曲”滤镜，设置“角度”为“400度”，效果如图13-189所示。

10 按Ctrl+T组合键进行自由变换，设置图层的大小和位置，如图13-190所示。

图13-188

图13-189

图13-190

11 设置“图层2”图层的混合模式为“叠加”，效果如图13-191所示。

图13-191

图13-192

12 复制牛奶图层，然后设置新图层的“不透明度”为“45%”，效果如图13-192所示。至此本例结束，最终制作出在一杯香浓的咖啡中混入牛奶搅拌的效果。

13.12 “锐化”滤镜组

“锐化”滤镜组中包含6种滤镜，它们主要通过增强相邻像素间的对比度来减弱或消除图像的模糊程度，从而使图像变得更清晰。

13.12.1 锐化与进一步锐化

这两个滤镜的主要功能都是通过增加像素间的对比度使图像变得清晰，不同之处在于“进一步锐化”比“锐化”滤镜的效果明显些，相当于应用了2~3次“锐化”滤镜。

13.12.2 锐化边缘与USM锐化

“锐化边缘”滤镜可以查找图像中颜色发生显著变化的区域，然后将其锐化。“锐化边缘”滤镜只锐化图像的边缘，但同时保留总体的平滑度。“USM锐化”滤镜则提供了选项，如图13-193所示。对于专业的色彩校正，可以使用“USM锐化”滤镜调整边缘细节的对比度。图13-194所示为原图像，图13-195所示为使用“锐化边缘”滤镜锐化的效果，图13-196所示为使用“USM锐化”滤镜锐化的效果。

图13-193

图13-194

图13-195

图13-196

数量：用来设置锐化效果的强度，该值越大，锐化效果越明显。

- 半径：用来设置锐化的半径。
- 阈值：用来设置相邻像素间的比较值，该值越大，被锐化的像素就越少。

13.12.3 智能锐化

该滤镜可以通过固定的锐化算法对图像进行整体锐化，也可以控制阴影和高光区域的锐化量，更加细致地控制图像锐化效果。图13-197所示为“智能锐化”对话框。

- 预设：下拉列表中可选“存储预设”，将当前设置的锐化参数保存为一个预设的参数，此后需要使用它锐化图像时，可在“预设”下拉列表中选择“载入预设”，也可以选择“删除预设”删除当前选择的自定义锐化设置。

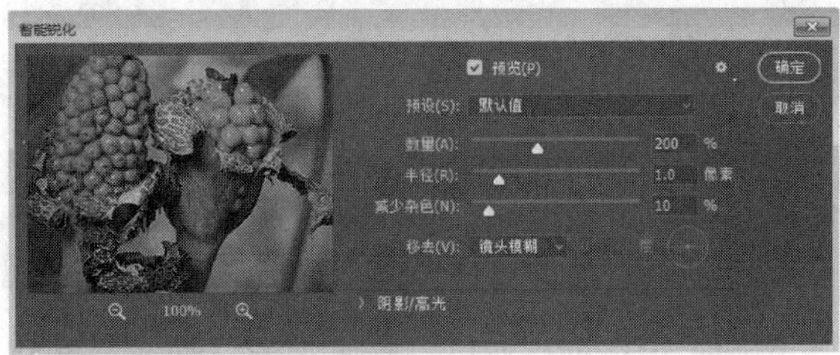
图13-197

- 数量：用来设置锐化数量，较大的值可增强边缘像素之间的对比度，从而看起来更加锐利。
- 半径：用来设置边缘像素周围受锐化影响的像素数量，该值越大，受影响的边缘就越宽，锐化的效果也就越明显。
- 更加准确：勾选该复选框，能得到精确的锐化效果，但会增加运行滤镜的时间。
- 移去：提供了“高斯模糊”“镜头模糊”“动感模糊”3种锐化算法。选择“高斯模糊”，可使用“USM 锐化”滤镜进行锐化；选择“镜头模糊”，可检测图像中的边缘和细节，并对细节进行更精细的锐化，减少锐化的光晕；选择“动感模糊”，可通过设置“角度”来减少由于相机或主体移动而导致的模糊效果。

“阴影”和“高光”选项卡如图13-198和图13-199所示。其中“阴影”和“高光”选项卡则可以分别调和阴影和高光区域的锐化强度。

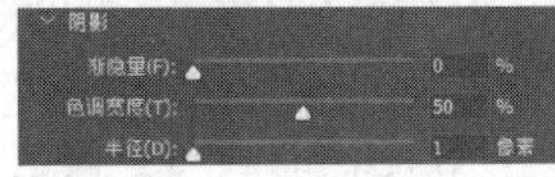
图13-198

图13-199

- 渐隐量：降低阴影或高光中的锐化效果。
- 色调宽度：设置阴影或高光中色调的修改范围。
- 半径：设置每个像素周围区域的大小，该大小用于决定像素是在阴影中还是在高光中。

13.13 “视频”滤镜组

“视频”滤镜组属于Photoshop的外部接口程序，在从摄像机输入图像或将图像输出到录像带上时使用。

13.13.1 NTSC颜色

该滤镜将色域限制在电视机重现可接受的范围内，以防止过饱和颜色渗到电视扫描行中。此滤镜对基于视频的因特网系统上的Web图像处理很有帮助。此组滤镜不能应用于灰度、CMYK颜色和Lab

颜色模式的图像。

13.13.2 逐行

该滤镜通过去掉视频图像中的奇数或偶数交错行，使在视频上捕捉的运动图像变得平滑。可以选择“复制”或“插值”来替换去掉的行。此组滤镜不能应用于CMYK颜色模式的图像。图13-200所示为“逐行”滤镜对话框。

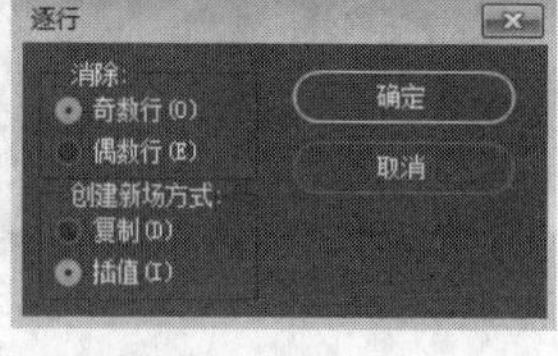

图13-200

- **消除**：选择“奇数行”，可删除奇数行扫描线；选择“偶数行”，可删除偶数行扫描线。
- **创建新场方式**：设置消除后以何种方式来填充空白区域。选择“复制”，可复制被删除部分周围的像素来填充空白区域；选择“插值”，则利用被删除部分周围的像素，通过插值的方法进行填充。

13.14 “像素化”滤镜组

“像素化”滤镜组可以通过使单元格中颜色值相近的像素变形并重构来清晰地定义一个选区，可用于创建彩块、点状、晶格和马赛克等特殊效果。

13.14.1 彩块化

该滤镜可以在保持原有轮廓的前提下找出主要色块的轮廓，然后将颜色值相近的像素兼并为色块。此滤镜可以使扫描的图像看起来像手绘的图像，也可以使现实主义图像产生类似抽象派的绘画效果。此滤镜没有对话框。

13.14.2 彩色半调

该滤镜可以使图像表现出放大显示彩色印刷品所看到的效果。它先将图像的通道分解为若干个矩形区域，再以和矩形区域亮度成比例的圆形替代这些矩形，圆形的大小与矩形的亮度成正比，高光部分生成的网点较小，阴影部分生成的网点较大。图13-201所示为“彩色半调”滤镜对话框，图13-202和图13-203所示分别为原图像及效果图。

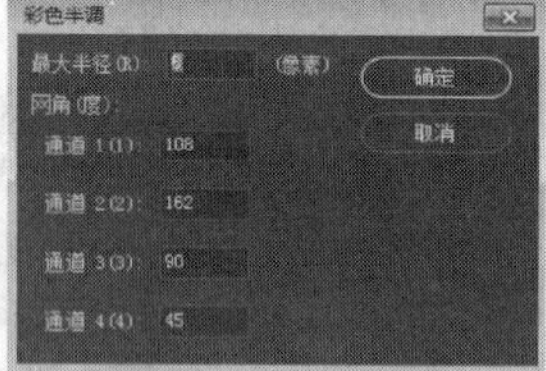

图13-201

图13-202

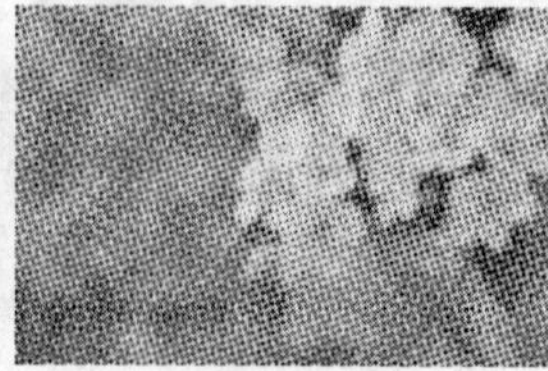

图13-203

- **最大半径**：设置半调网屏的最大半径。
- **网角（度）**：灰度模式只能使用“通道1”；RGB颜色模式可以使用1、2、3通道，分别对应红色、绿色和蓝色通道；CMYK颜色模式可以使用所有通道，分别对应青色、洋红、黄色和黑色通道。

13.14.3 点状化

该滤镜可以将图像中的像素分解为随机分布的网点，使用背景色填充网点之间空白区域，模拟出点状绘图的效果。图13-204所示为原图，图13-205所示为效果图。

图13-204

图13-205

- **单元格大小**：设置网点的大小。

13.14.4 晶格化

该滤镜可以用多边形纯色结块重新绘制图像，产生类似结晶的颗粒效果。图13-206所示为“晶格化”滤镜对话框，图13-207所示为效果图。

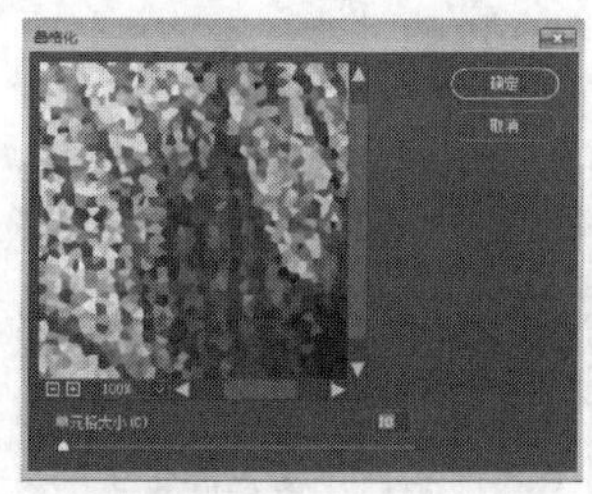

图 13-206

图 13-207

● **单元格大小**：设置多边形色块的大小。

13.14.5 马赛克

该滤镜可以将图像分解成许多规则排列的小方块，创建出马赛克效果。图13-208所示为“马赛克”滤镜对话框，图13-209所示为效果图。

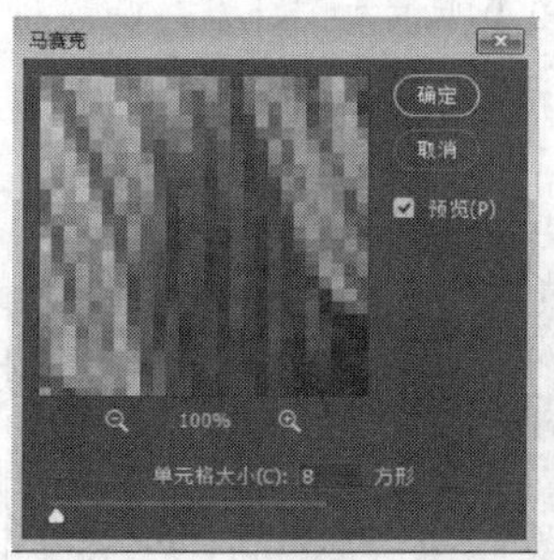

图 13-208

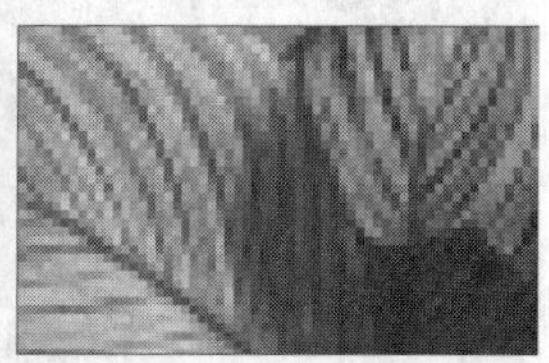

图 13-209

● **单元格大小**：调整马赛克的大小。

13.14.6 碎片

该滤镜可以把图像的像素进行4次复制，并使其相互偏移，使图像产生一种类似于相机不聚焦的重影效果，如图13-210所示。此滤镜没有对话框。

图 13-210

13.14.7 铜版雕刻

该滤镜使用黑白或颜色完全饱和的网点重新绘制图像，使图像产生年代久远的金属板效果。图13-211所示为“铜版雕刻”滤镜对话框，图13-212所示为效果图。

图 13-211

图 13-212

● **类型**：用来选择网点图案。

13.15 “渲染”滤镜组

“渲染”滤镜组中包含5种滤镜，这些滤镜可在图像上创建出3D形状、云彩图案、折射图案和模拟的光反射效果。

13.15.1 分层云彩

该滤镜使用前景色、背景色和原图像的色彩造型，混合出一个带有背景图案的云的造型。第一次使用该滤镜时，图像的某些部分会被反相为云彩图案，多次应用该滤镜之后，就会创建出与大理石纹理相似的凸缘与叶脉图案，如图13-213所示。

图 13-213

13.15.2 光照效果

该滤镜可以改变17种光照样式、3种光照类型和4套光照属性，可以在RGB图像上产生很多种光照效果，可以利用灰度文件的纹理（称为凹凸图）产生类似3D的效果，还可以存储自定义的样式以便在其他图像中应用。图13-214所示为“光照效果”滤镜参数面板，图13-215和图13-216所示为原图像及效果图。

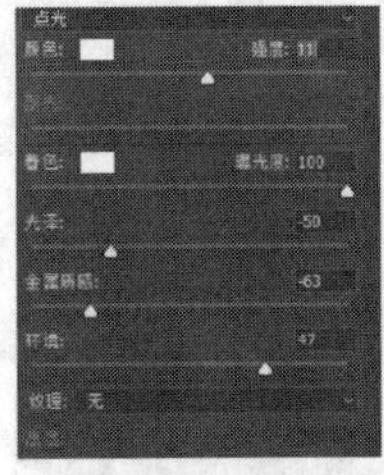
图 13-214

图 13-215

图 13-216

以下为“光照效果”的“属性”面板中选项的介绍。

- 灯光类型：有点光、聚光灯和无限光3种类型。“点光”可以投射一束椭圆形的光柱；“聚光灯”可以聚集光源到指定的光照的范围；“无限光”是从远处照射的光。
- 颜色：设定光源的颜色。强度用来调整灯光的亮度，该值越大光线越强，若为负值则产生吸光效果，数值范围为-100~+100。
- 聚光：可以调整灯光的照射角度。只有将光源设置为“聚光灯”时，才可设置该选项的参数。
- 着色：设置光照的强度，重点设置曝光度。
- 光泽：调整光照表面的光亮程度，不同质感的物体表面的光泽有很大区别。
- 金属质感：设置加强或减弱光照后金属质感程度。
- 环境：设置环境光照。
- 纹理：可以选择用于改变光照的通道。
- 高度：设置纹理的凹凸程度。

在“光源”面板，主要列举了该滤镜中使用的光源类型及数量。通过这一面板，用户可以载入或保存灯光设置。

13.15.3 镜头光晕

该滤镜可以模拟亮光照射到相机镜头所产生的折射效果。单击图像缩览图的任意位置或拖曳十字线可以确定光晕中心的位置。图13-217所示为“镜头光晕”对话框，图13-218和图13-219所示为原图像和效果图。

图 13-217

图 13-218

图 13-219

- 亮度：设置光晕的强度。
- 镜头类型：设置产生光晕的镜头类型。

13.15.4 纤维

该滤镜可以使用前景色和背景色随机创建编织纤维的外观。应用此滤镜时，当前图层上所有的图像数据会被替换。图13-220所示为“纤维”滤镜对话框，图13-221所示为效果图。

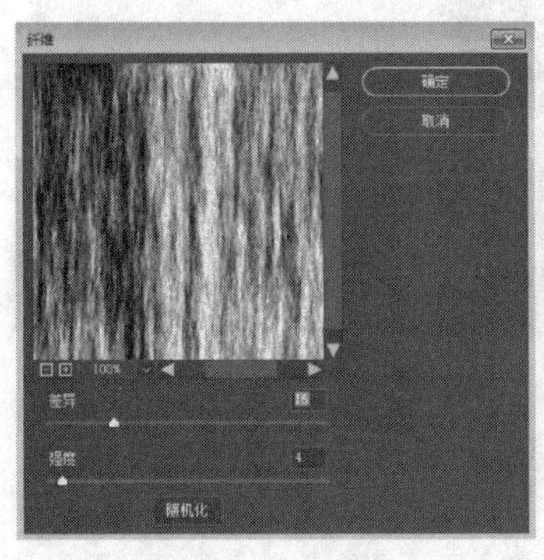

图 13-220

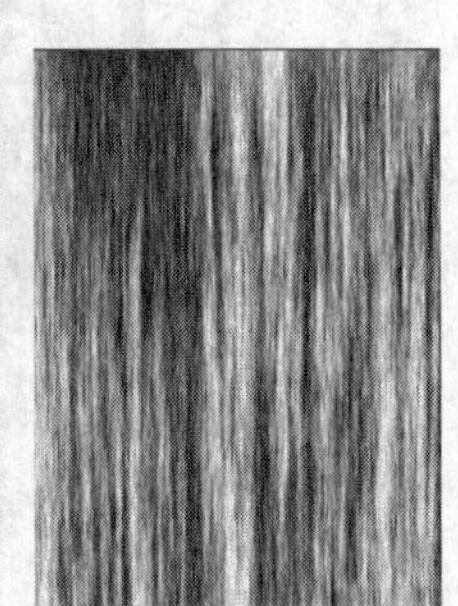
图 13-221

- 差异：设置颜色的变化方式。该值较小时会产生较长的颜色条纹；该值较大时会产生较短且颜色分布变化更大的纤维。
- 强度：设置纤维的外观，该值较小时会产生松散的织物效果；该值较大时会产生短的绳状纤维。
- 随机化：单击该按钮可随机生成新的纤维外观。

13.15.5 云彩

该滤镜用介于前景色与背景色之间的随机值生成柔和的云彩图案。执行“云彩”命令时，按一下Alt键，则可以生成对比更加鲜明的云彩图案。该滤镜没有对话框。

13.16 “杂色”滤镜组

“杂色”滤镜组能添加或移去杂色和带有随机分布色阶的像素。这有助于将选区像素混合到周围的像素中。“杂色”滤镜组中的滤镜可创建与众不同的纹理或移去有问题的区域，如灰尘和划痕。

13.16.1 减少杂色

该滤镜基于影响整个图像或各个通道的用户设置来保留边缘，同时减少杂色。图像杂色会以两种形式出现：灰度杂色及颜色杂色。图13-222所示为“减少杂色”滤镜对话框，图13-223和图13-224所示为原图像及减少杂色后的效果。

图 13-222

图 13-223　　图 13-224

- **强度**：设置应用于所有图像通道的明亮度杂色减少量。
- **保留细节**：设置图像边缘和图像细节（如头发或纹理对象）的保留程度。如果值为100%，则会保留大多数的图像细节，但会将明亮度杂色减到最少。
- **减少杂色**：移去随机的颜色像素。值越大，减少的杂色越多。
- **锐化细节**：设置锐化细节的强度。
- **移去JPEG不自然感**：移去由于使用低JPEG品质设置来存储图像而导致的斑驳的图像伪像和光晕。如果明亮度杂色在一个或两个颜色通道中较明显，可以单击“高级”单选按钮，然后从“通道”菜单中选取颜色通道，使用“强度”和“保留细节”控件来减少该通道中的杂色。

13.16.2 蒙尘与划痕

该滤镜可以更改不同的像素以减少可视色。图13-225所示为“蒙尘与划痕”滤镜对话框，图13-226所示为效果图。

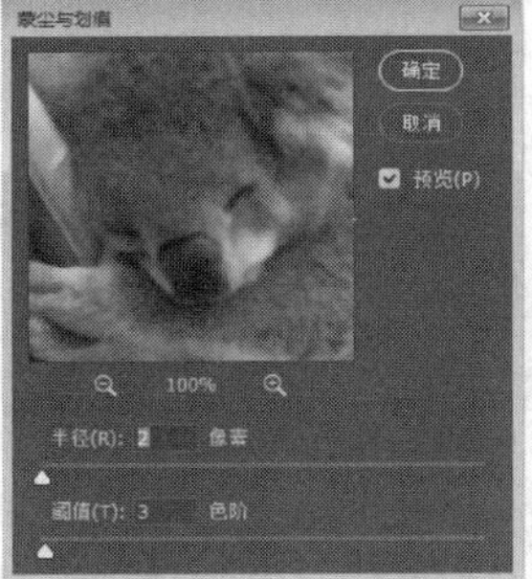

图 13-225　　图 13-226

- **半径**：设置捕捉相异像素的范围。
- **阈值**：设置像素的差异达到多少时会被消除。

13.16.3 去斑

该滤镜可以检测出图层的边缘（发生显著颜色变化的区域）并模糊除这些边缘外的所有选区。该模糊操作会移去杂色，同时保留细节。该滤镜没有对话框。效果如图13-227所示。

图 13-227

13.16.4 添加杂色

该滤镜将随机像素应用于图像，从而模拟在高速胶片上拍摄图片的效果。该滤镜还可用于减少羽化选区或渐变填充中的条纹，为过多修饰的区域提供更真实的外观，或创建纹理图层。图13-228所示为“添加杂色”滤镜对话框，图13-229所示为效果图。

图13-228

图13-229

- **数量**：设置添加杂色的百分比。
- **平均分布**：随机在图像中加入杂点，生成的效果较柔和。
- **高斯分布**：通过沿一条钟形曲线分布的方式来添加杂点，杂点效果较为强烈。
- **单色**：勾选该复选框，杂点只影响原有像素的亮度，原有像素的颜色不会改变。

13.16.5 中间值

该滤镜通过混合选区内像素的亮度来减少图层中的杂色。此滤镜会搜索出与亮度相近的像素，从而扔掉与相邻像素差异较大的像素，并用搜索到的像素的中间亮度值替换中心像素。该滤镜对于消除或减少图像上动感的外观或可能出现在扫描图像中不理想的图案非常有用。图13-230所示为“中间值”滤镜对话框，图13-231所示为效果图。

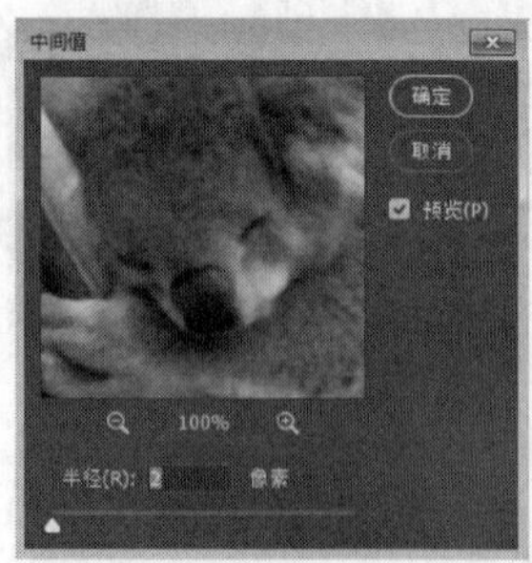

图13-230

图13-231

实战演练 制作木质纹理效果

01 按Ctrl+N组合键打开“新建文档”对话框，参数设置如图13-232所示。

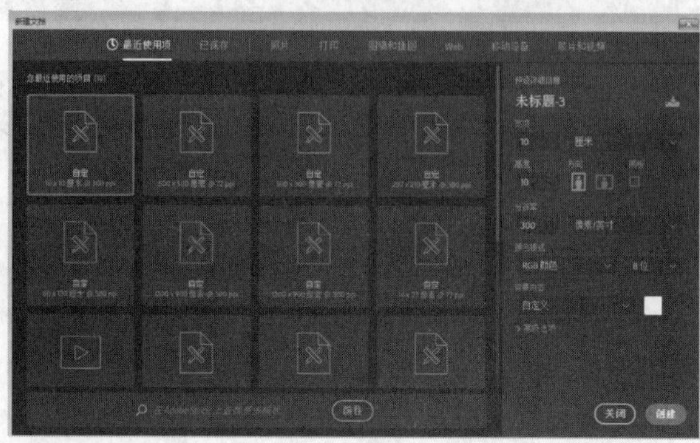

图13-232

02 设置前景色为淡黄色（R219、G170、B100），背景色为暗褐色（R122、G65、B100）。执行“滤镜→渲染→云彩”命令，如图13-233所示。

图13-233

03 执行“滤镜→杂色→添加杂色”命令，设置“数量”为“20%”，选择“高斯分布”，勾选“单色”复选框，效果如图13-234所示。

04 执行“滤镜→模糊→动感模糊”命令，设置“角度”为“0度”，“距离”为“2000像素”，效果如图13-235所示。

图13-234

图13-235

05 选择矩形选框工具，在需要制作纹理弯曲的位置创建矩形选区，执行“滤镜→扭曲→旋转扭曲”命令，设定角度后图像上出现木节纹理。重复使用该方法制作更多的木节纹理，过程中可以适当改变旋转扭曲角度，最终效果如图13-236所示。

图13-236

06 执行“滤镜→滤镜库→扭曲→玻璃”命令，参数设置如图13-237所示，单击“确定”按钮，效果如图13-238所示。

07 执行“图像→调整→亮度/对比度”命令，设置

“亮度”为“20”，“对比度”为“60”，单击“确定”按钮，效果如图13-239所示，至此本例结束。

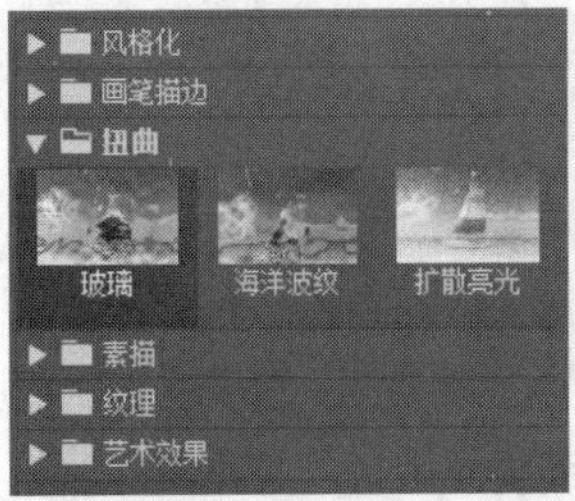

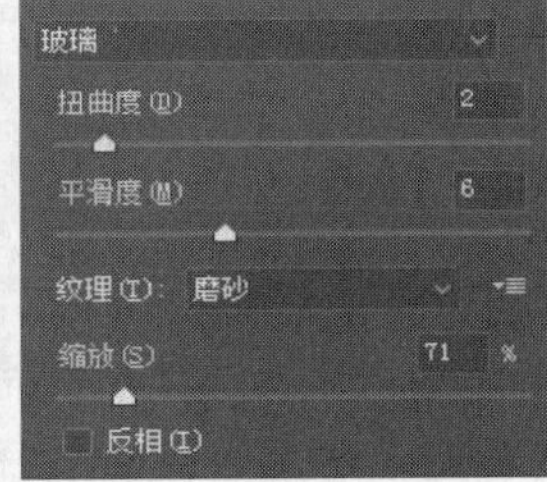

图13-237

图13-238　　图13-239

实战演练 制作彩色贝壳

01 按Ctrl+N组合键新建一个文件，参数设置如图13-240所示。

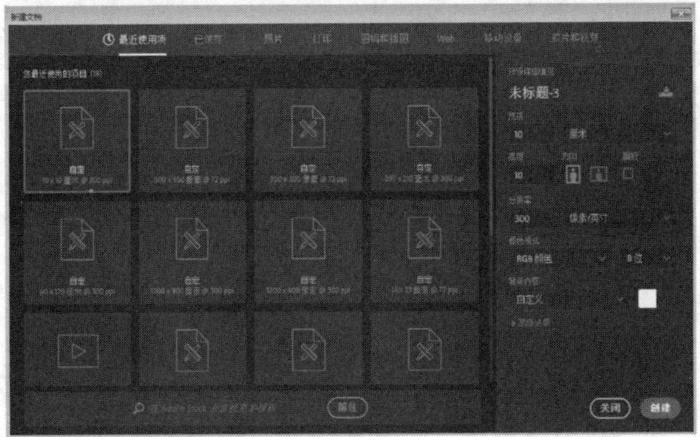

图13-240

02 新建“图层1”图层，选择矩形选框工具，拉出竖条选区，设置前景色为米色（R212、G204、B129），用方向键将该矩形选区右移15个像素，以此类推，填满画布，全选，将所有矩形合并为一个图层，效果如图13-241所示。将该图层重命名为“条纹”。

03 按Ctrl+T组合键，将条纹略微缩小一点。

04 执行“滤镜→扭曲→球面化”命令，“数量”设置为“100%”，单击“确定”按钮，效果如图13-242所示。

05 选择圆形选框工具，以矩形中心为圆心绘制一个圆形选区，按Ctrl+shift+I组合键进行反选，按Delete键删除多余部分，效果如图13-243所示。

图13-241　　图13-242　　图13-243

06 按Ctrl+T组合键，将条纹缩小至四分之一画布大小，放置在画布中心，不要取消自由变换的选框。执行“编辑→变换→透视”命令，在选框上部的两个控制点中任选一点向外拉，下部的两个控制点中任选一点向内拉，直至重叠，效果如图13-244所示。

07 执行“滤镜→液化”命令，弹出“液化”滤镜对话框，选择左侧的“膨胀工具”，画笔“大小”设成“250”，在扇形底部点按5~6次，使其具有膨胀效果，效果如图13-245所示。

08 新建“图层1”图层，将其放置在“条纹”图层的下面，选择钢笔工具，将整个扇形勾画出来，用直接选择工具调整好路径。按Ctrl+Enter组合键将路径转化为选区。设置前景色为灰色（R242、G230、B112），按Alt+Delete组合键填充选区，效果如图13-246所示。

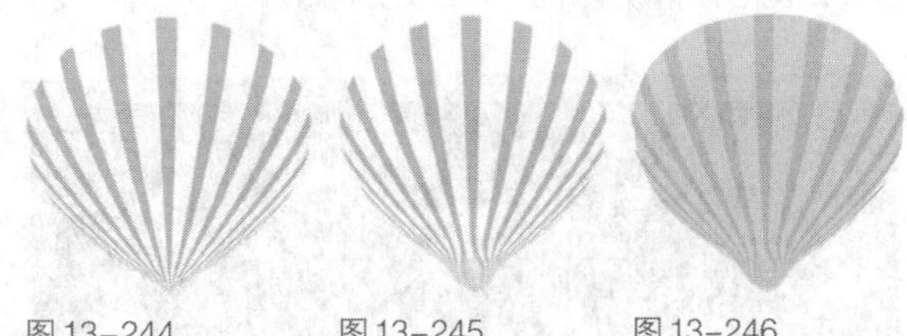

图13-244　　图13-245　　图13-246

09 选择“图层1”图层为当前图层，执行“图层→图层样式→投影”命令，将“不透明度”设置为“53%”，“角度”设置为“148度”，“距离”设置为“12像素”，“扩展”设置为“4%”，“大小”设置为“16像素”，其余设置不变，如图13-247所示，单击“确定”按钮后，效果如图13-248所示。

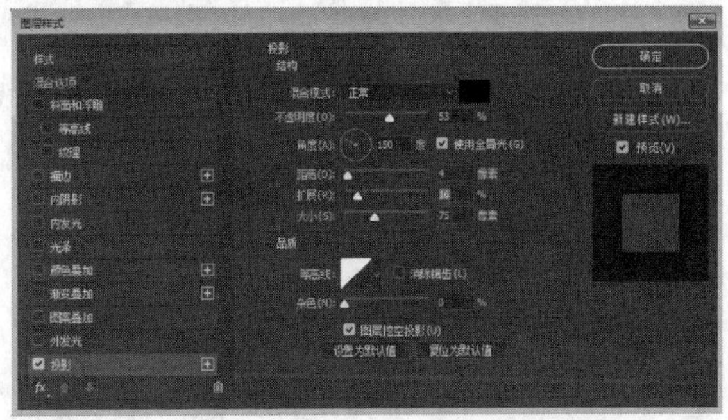

图13-247

图13-248

图13-252

10 同时选中“条纹”和“图层1”两个图层，如图13-249所示，按Ctrl+E组合键将两个图层合并为“条纹”图层，如图13-250所示。

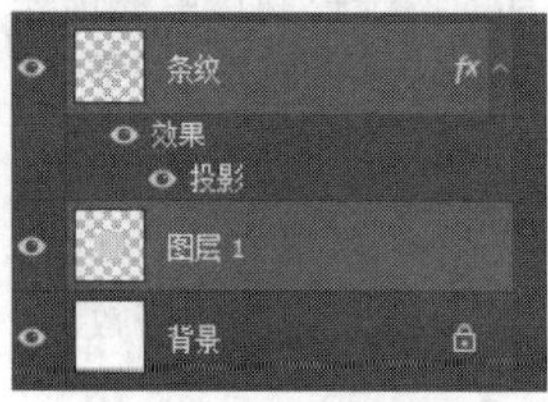

图13-249　图13-250

11 新建“图层1”图层并用白色填充，执行“图层→图层样式→渐变叠加”命令，将“渐变”设置成透明条纹，并将颜色设置为黄色（R242、G230、B112），将“样式”设置为“径向”，其余不变，如图13-251所示，最终得到同心圆，效果如图13-252所示。

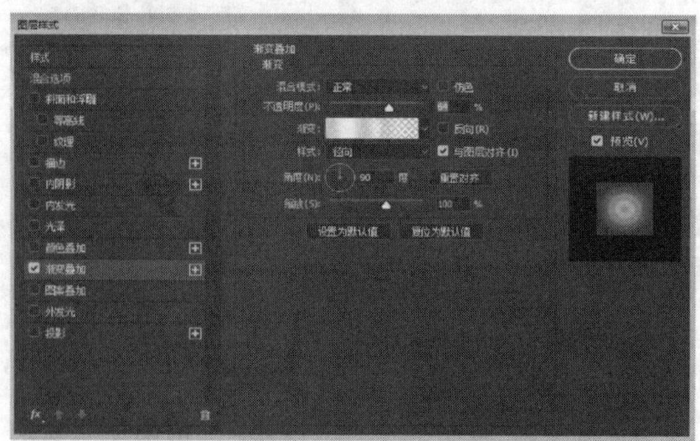

图13-251

12 选中“图层1”图层，单击鼠标右键，在菜单中执行“删格化图层样式”命令，如图13-253所示。将“图层1”图层转换为普通图层。执行“选择→色彩范围”命令，在对话框中用吸管工具取样画面上白色部分，“颜色容差”调整为“100%”，确定后按Delete键删除全部白色部分，效果如图13-254所示。

13 按Ctrl+T组合键将“图层1”图层压成椭圆形，执行“滤镜→扭曲→球面化”命令，“数量”设为“100%”，效果如图13-255所示。执行“编辑→变换→变形”命令，将“图层1”图层变形，如图13-256所示。

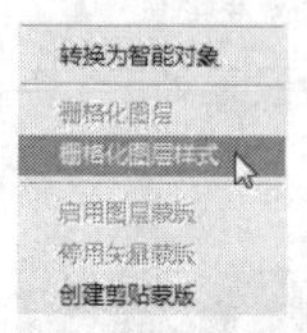

图13-253　图13-254　图13-255

14 可根据喜好调整贝壳上的条纹色彩，选择“条纹”图层，使用钢笔工具，在贝壳的边缘上绘制出波浪形，将其转化为选区，按Delete键删除，如图13-257所示。最终效果如图13-258所示。

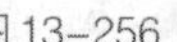

图13-256　图13-257 　图13-258

13.17 “其他”滤镜组

“其他”滤镜组中的滤镜允许用户创建自己的滤镜、使用滤镜修改蒙版、在图像中使选区发生位移和快速调整颜色。

13.17.1 HSB/HSL

使用“HSB/HSL”滤镜，可在Photoshop中实现从RGB模式到HSL（色相、饱和度、明度）模式的相互转换，也可实现从RGB模式到HSB（色相、饱和度、亮度）模式的相互转换，如图13-259、图13-260所示。

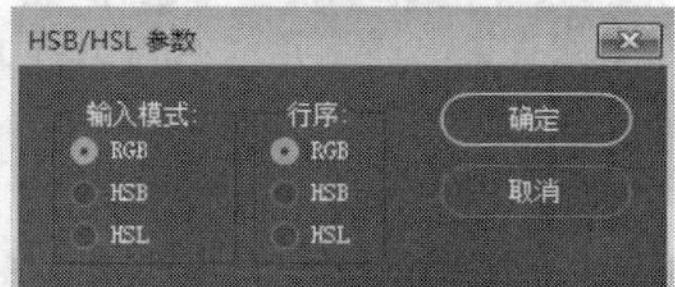

图 13-259

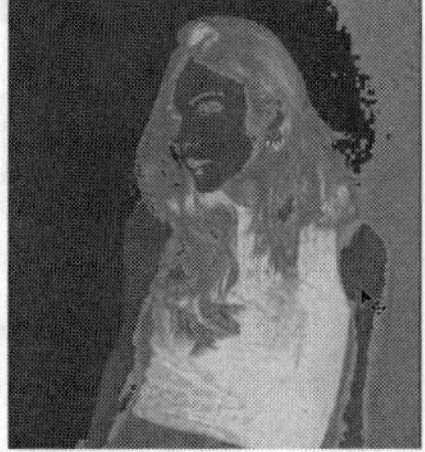
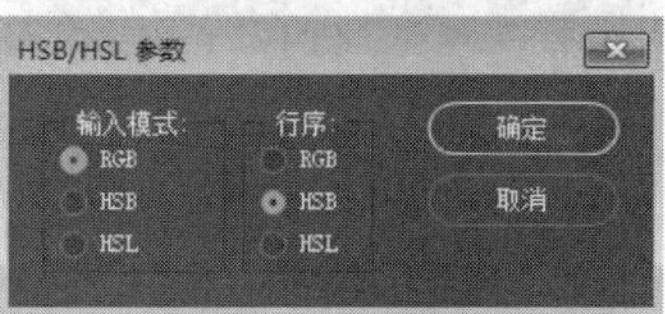

图 13-260

13.17.2 高反差保留

该滤镜可以在有强烈颜色转变发生的地方按指定的半径保留边缘细节，并且不显示图像的其余部分。图13-261所示为“高反差保留”滤镜对话框，图13-262和图13-263所示分别为原图像及执行滤镜后的效果图。

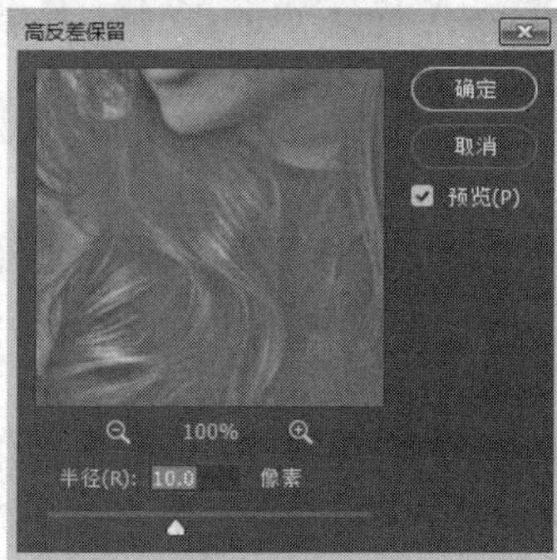

图 13-261

图 13-262

图 13-263

- 半径：设置原图像保留的程度，该值越大，保留的原图像越多。如果该值为0，则整个图像会变为灰色。

13.17.3 位移

该滤镜可以将选区移动指定的水平量或垂直量，而选区的原位置则变成空白区域，还可以用不同的方式来填充这些空白区域。图13-264所示为“位移”滤镜对话框。图13-265所示为选用“重复边缘像素”的效果图。

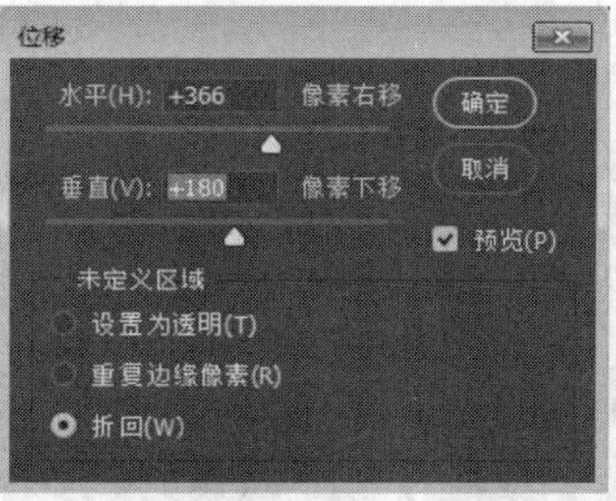

图 13-264

图 13-265

- 水平：设置水平偏移的距离。为正值时向右偏移；为负值时向左偏移。
- 垂直：设置垂直偏移的距离。为正值时向下偏移；为负值时向上偏移。
- 未定义区域：选择偏移图像后产生的空缺部分的填充方式。选择“设置为透明”，空缺部分会变为透明；选择“重复边缘像素”，会在图像边界不完整的空缺部分填入边缘的像素颜色；选择“折回”，则会在空缺部分填入溢出图像之外的图像内容。

13.17.4 自定

该滤镜允许用户设计自己的滤镜效果。使用“自定”滤镜，根据预定义的数学运算（称为卷积），可以更改图像中每个像素的亮度值，即根据周围的像素值为每个像素重新指定一个值。用户可以存储创建的自定滤镜，并将它们用于其他Photoshop图像。单击“存储”和“载入”按钮可以存储和重新使用自定滤镜。图13-266所示为“自定”滤镜对话框。

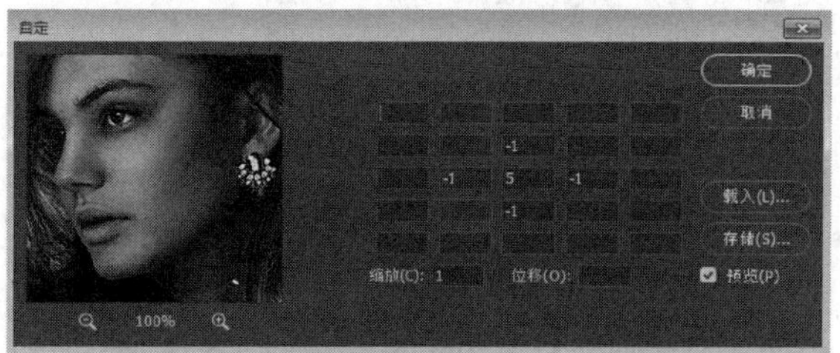

图 13-266

13.17.5 最大值与最小值

“最大值”滤镜和“最小值”滤镜可以查看选区中的各个像素。在指定半径内，“最大值”和“最小值”滤镜会用周围像素的最高或最低亮度值替换当前像素的亮度值。“最大值”可以展开白色区域和阻塞黑色区域，如图13-267和图13-268所示；“最小值”可以展开黑色区域和收缩白色区域，如图13-269和图13-270所示。

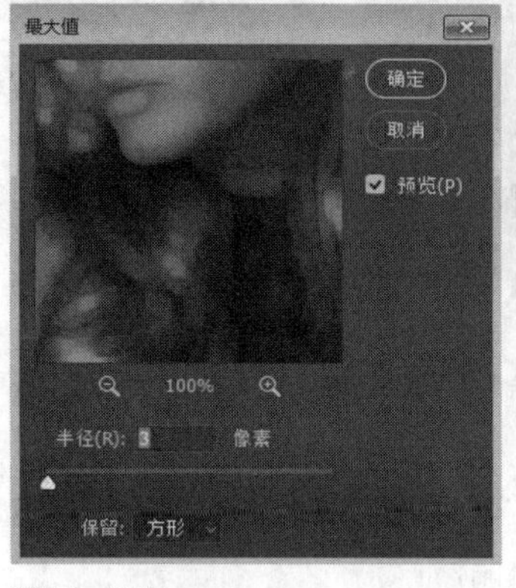

图13-267

图13-268

图13-269

图13-270

13.18 “Digimarc”滤镜组

“Digimarc”滤镜组中的滤镜可以在影像中嵌入数位浮水印，存储版权信息。

13.18.1 嵌入水印

水印是一种人眼看不见的、以杂色方式加到图像中的数字代码。Digimarc水印在数字和印刷形式下都是耐久的，经过图像编辑和文件格式转换后仍然会存在。在图像中嵌入数字水印可使查看者获得有关图像创作者的信息。此功能对于将作品授权给他人的图像创作者特别有价值。复制带有嵌入水印的图像时，水印及其相关的任何信息也会被复制。图13-271所示为“嵌入水印”对话框。

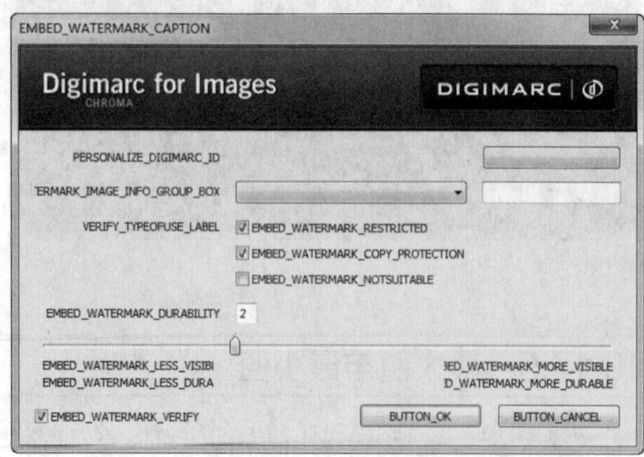

图13-271

- Digimarc标识号：设置创建者的个人信息。可单击“个人注册”按钮启动Web浏览器并访问Digimarc网站进行注册。
- 图像信息：用来填写版权的申请年份等信息。
- 图像属性：设置图像的使用范围。
- 目标输出：指定图像是用于显示器显示、Web显示还是打印显示。
- 水印耐久性：设置水印的耐久性和可视性。

13.18.2 读取水印

该滤镜主要是用来阅读图像中的数字水印。如果“读取水印”滤镜找到水印，则会出现一个对话框以显示Digimarc ID、创作者信息和图像属性。若要获取更多信息，可以单击“Web查找”按钮，Web浏览器中将出现Digimarc网站，其中显示了创作者ID的详细联系信息。

13.19 外挂滤镜

Photoshop提供了一个开放的平台，我们可以将第三方厂商开发的滤镜以插件的形式安装在Photoshop中使用，这些滤镜称为外挂滤镜。外挂滤镜不仅可以轻松完成各种特效，还能够创造出Photoshop内置滤镜无法实现的神奇效果，因而备受广大Photoshop爱好者的青睐。

13.19.1 安装外挂滤镜

外挂滤镜与一般程序的安装方法基本相同，只是要注意应将其安装在Photoshop的Plug-ins文件夹中，否则将无法直接运行滤镜。有些小的外挂滤镜只需手动复制到Plug-ins文件夹中即可使用。安装完成以后，重新运行Photoshop，在“滤镜”菜单的底部便可以看到它们。

13.19.2 常见的外挂滤镜

1. Corel KnockOut：专业的去背景软件，连极细的毛发都能从复杂的背景中分离出来。

2. KPT 7.0：KPT 7.0包含9种滤镜，它们分别是KPT Channel Surfing、KPT Fluid、KPT FraxFlame II、KPT Gradient Lab、KPT Hyper Tilling、KPT Lightning、KPT Pyramid Paint、KPT Ink Dropper和KPT Scatter。除了对以前版本滤镜的加强外，这个版本更侧重于模拟液体的运动效果。另外，这一版本也加强了对其他图像处理软件的支持。

3. AutoFX Mystical Lighting：该滤镜能够对图像应用极为真实的光线和投射阴影效果。该滤镜包含了16种视觉效果，超过400种的预设，只要利用得当，就可以产生无穷多样的效果。

4. AlienSkin Eye Candy 4000：该滤镜拥有极为丰富的特效，包括反相、铬合金、闪耀、发光、阴影、HSB噪点、水滴、水迹、挖剪、玻璃、斜面、烟幕、漩涡、毛发、木纹、火焰、编织、星星、斜视、大理石、摇动、运动痕迹、溶化共23个特效滤镜，在Photoshop外挂滤镜中评价非常好，被人们广泛使用。

5. AlienSkin Xenofex：Xenofex是Alien Skin Software公司的另一个精品滤镜，包括干裂效果、星群效果、褶皱效果、撕裂效果、闪电效果、云朵效果、毛玻璃效果、圆角矩形效果、碎片效果、拼图效果、雨景效果、污点效果、电视效果、充电效果、压模效果等。

外挂滤镜效果如图13-272、图13-273、图13-274所示。

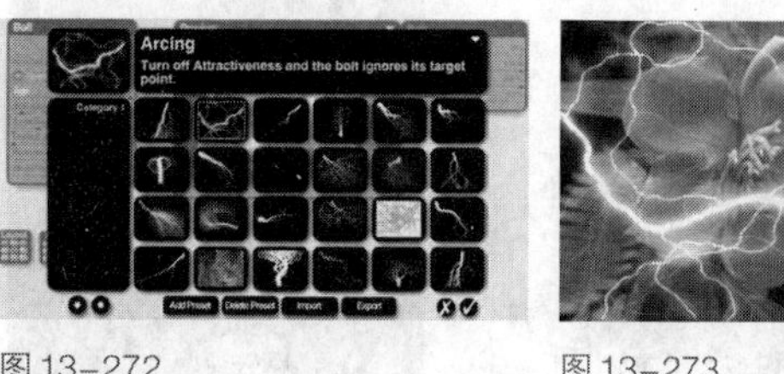

图13-272　图13-273

图13-274

第14章
应用3D效果

14.1 3D功能简介

Photoshop CC 2017可以打开和处理由Adobe Acrobat 3D Version 8、3D Studio Max、Alias、Maya以及Google Earth等程序创建的3D文件。图14-1和图14-2所示为Photoshop处理3D文件时的界面及“图层”面板。

图14-1

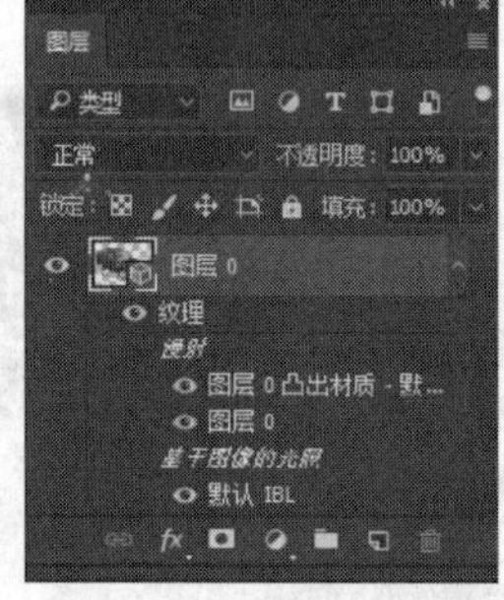

图14-2

> **提示**
>
> Photoshop CC 2017支持U3D、3DS、OBJ、KMZ、DAE格式的3D文件。

我们可以对3D模型进行滑动、移动、旋转、缩放等编辑以及动画、渲染处理。图14-3和图14-4所示为“3D”面板和“属性”面板。此外，用户还可以创建立方体、球面、圆柱、3D明信片、3D网格等。

以前我们做三维效果图时需要在Photoshop中处理好贴图图片，然后再进入三维软件中对模型进行贴图，而现在我们可以直接在Photoshop CC 2017中对模型进行纹理贴图。图14-5所示为三维模型，图14-6所示为直接在Photoshop CC 2017中进行贴图的效果。

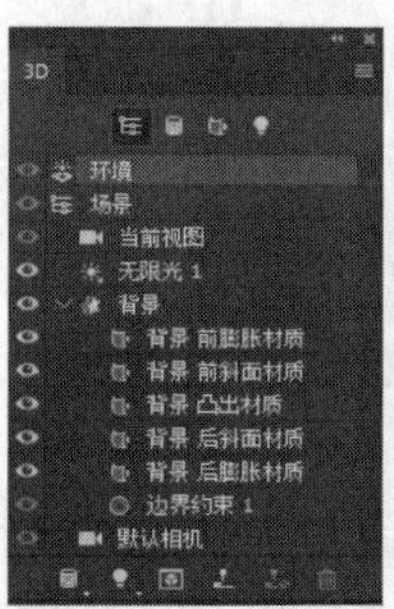

图14-3

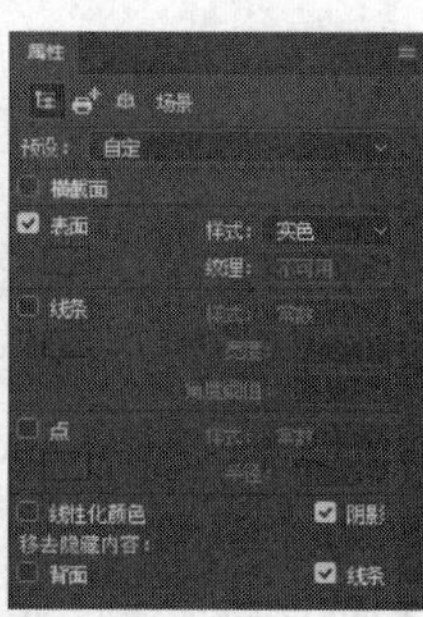

图14-4

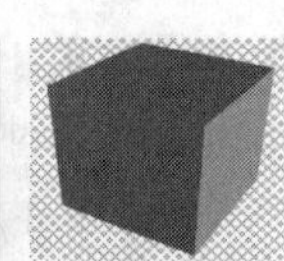

图14-5

图14-6

14.2 编辑3D对象

在Photoshop CC 2017中可以对3D对象进行编辑，例如旋转、拖动、滑动、滚动、缩放等基本操作，还可以进行动画、渲染处理。

14.2.1 新建和编辑3D图层

Photoshop CC 2017是通过3D图层来编辑3D文档的，每一个3D图层都包含着一个唯一的3D场景。可以通过4种方法来创建3D图层：从3D文档开始创建；从只有一个片面（平面）的图层开始创建；

学习重点

3D图像编辑特性是Adobe公司对Photoshop CC 2017进行了比较大的升级后引入的新功能。Photoshop CC 2017的3D图像编辑特性能够为图片加入3D图层，可以改变其位置、颜色、质感、影子及光源等，并且能进行实时处理。3D图像编辑特性能轻松实现字体的3D化。在这一章中，我们就来了解和学习一下Photoshop CC 2017的3D图像编辑特性。

从一个只有一个3D基础物体的图层中开始创建；从把一个灰度级图层作为容量去合并两个或多个图层开始创建。

无论是通过哪种方式创建都会得到包含3D模型的3D图层，“图层”面板中可以显示3D图层所包含的纹理等信息，如图14-7所示。

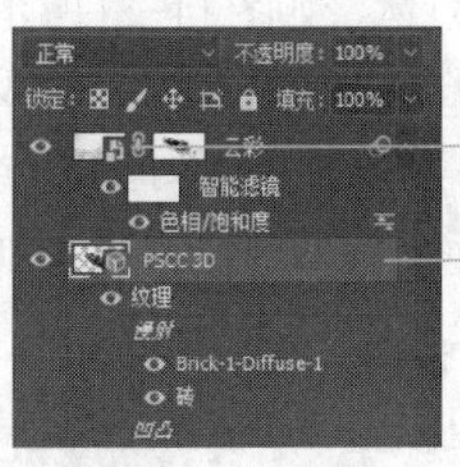

图14-7

双击3D图层缩览图，可以进入编辑3D模型的状态。

- 贴图通道类型：显示其下方贴图通道的类型。
- 贴图通道列表：双击不同的贴图通道可以调出贴图通道列表并编辑贴图图像。对于外部文件创建的模型，其贴图通道数量根据在3D软件中的设定而定；如果使用Photoshop CC 2017自带的功能创建贴图，将根据贴图创建对象的不同而自动生成对应的贴图。

14.2.2 使用3D工具

使用工具栏中的3D模型控制工具可以对3D模型进行控制。Photoshop CC 2017在工具栏中提供了5个模型编辑工具，如图14-8所示，从左到右依次为旋转3D对象、滚动3D对象、拖动3D对象、滑动3D对象、缩放3D对象。

图14-8

- 旋转3D对象

单击“旋转3D对象”按钮，将鼠标指针移动到图像中，按住鼠标左键任意拖动鼠标，3D对象便可以在三维空间内沿x轴、y轴或z轴进行旋转。图14-9和图14-10所示为旋转前后的对比效果。

图14-9

图14-10

- 滚动3D对象

单击“滚动3D对象”按钮，此时滚动将约束在两个轴之间，即xy轴、yz轴、xz轴。当启用的轴之间出现黄色块时，在两轴之间按住鼠标左键并拖动鼠标即可调整对象；也可以直接在图像中按住鼠标左键并拖动鼠标，将对象进行滚动变换，图14-11和图14-12所示为滚动前后的对比效果。

图14-11

图14-12

- 拖动3D对象

单击“拖动3D对象”按钮，按住鼠标左键并拖动鼠标，此时3D对象将在三维空间内平移。图14-13和图14-14所示为移动前和移动后的对比效果。

图14-13

图14-14

- 滑动3D对象

单击“滑动3D对象”按钮，按住鼠标左键并上下拖动鼠标可以调整3D对象的前后。向上拖动鼠标时，图像效果表现为向后退。图14-15和图14-16所示为滑动前后的对比效果。

图14-15

图14-16

- 缩放3D对象

单击“缩放3D对象”按钮，按住鼠标左键并上下拖动鼠标可以对3D对象进行等比例的缩放操作，此时水平拖动不会改变对象大小。图14-17和图14-18所示为缩放前后的对比效果。

图14-17

图14-18

提示

操作的同时按住Shift键，可以将旋转、拖动、滑动、滚动、缩放限制到单一方向。

14.2.3 使用3D轴

使用3D轴可以在三维空间内对模型进行旋转、拖动、滑动、缩放、滚动操作。

- 要沿x、y、z轴拖动模型，可将鼠标指针放在任意轴末端，当被选中的轴末端变成黄色时，就可以进行相应的操作，如图14-19所示。

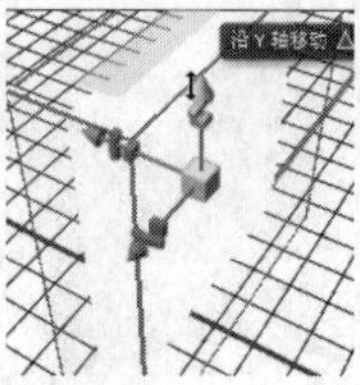

图14-19

- 要旋转模型，可单击轴端弧状线段，此时会出现旋转平面的黄色圆环，如图14-20所示。
- 要调整模型的大小，可向上或向下拖动3D轴的中心立方体，如图14-21所示。
- 要沿轴压扁或拉长模型，可以将某个彩色的变形立方体朝中心立方体拖动，或向远离中心立方体方向拖动，如图14-22所示。

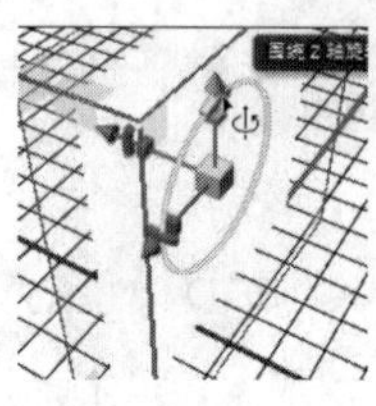
图14-20

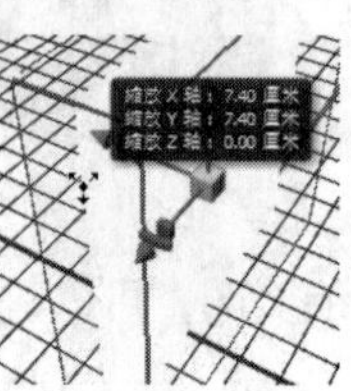
图14-21

图14-22

14.3 使用“3D”面板

“3D”面板是每一个3D模型的控制中心，其作用类似于“图层”面板，不同之处在于，“图层”面板会显示当前图像中的所有图层，而“3D”面板仅显示当前选择的3D图层中的模型信息。

执行“窗口→3D”命令或在“图层”面板中双击3D图层的缩览图，都可以打开图14-23所示的“3D”面板。

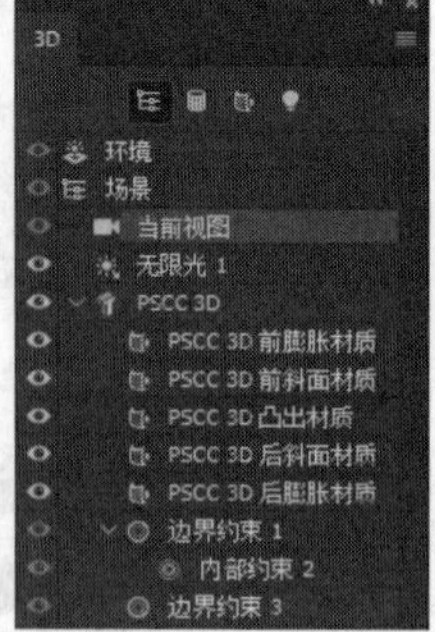

图14-23

14.3.1 设置3D场景

在工作区空白处中单击鼠标右键，单击“场景”按钮，面板显示如图14-24所示。

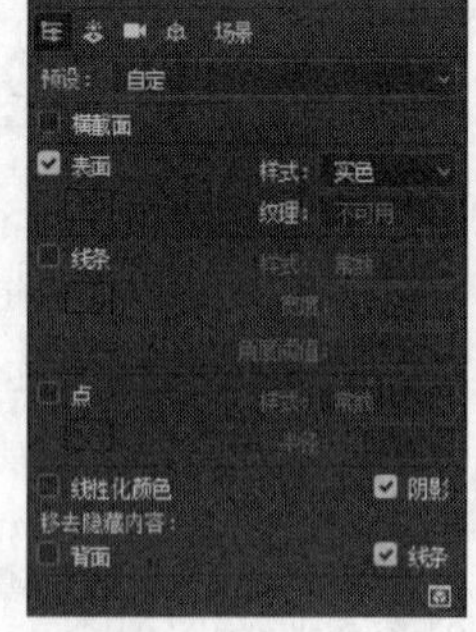

图14-24

- 预设：用于对渲染效果进行设置，可自定义渲染效果，列表中也为用户提供了多种预设效果。
- 横截面：勾选“横截面”复选框后，可创建以所选角度与模型相交的平面为切面的横截面。这样可以切入模型内部，查看里面的内容，如图14-25所示。
- 样式：用于对3D对象的表面显示进行设置，其中为用户提供了多种预设效果，如图14-26所示。

图14-25

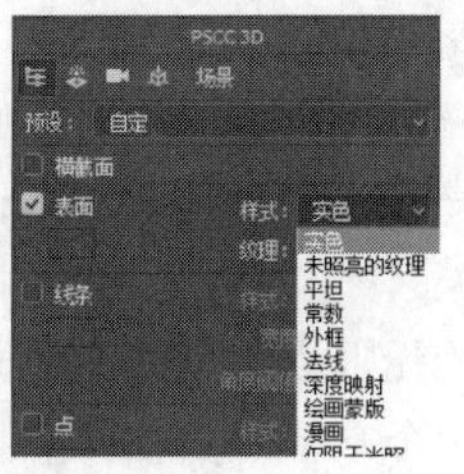

图14-26

- 线条：勾选该复选框后对象会以线条的方式显示，图14-27和图14-28所示为勾选前后的对比效果。

图14-27

图14-28

- 点：勾选该复选框后，对象就会以点的方式显示，图14-29和图14-30所示为勾选前后的对比效果。
- 移去隐藏背面：勾选该复选框，将移去双面组件的边缘。
- 移去隐藏线条：勾选该复选框，将移去与前景线条重叠的线条。

图14-29

图14-30

14.3.2 设置3D网格

选中一个3D图层，然后单击鼠标右键，单击“网格”按钮，“属性”面板显示如图14-31所示。

图14-31

- 捕捉阴影：该复选框可在光线跟踪渲染模式下控制选定的网格是否在其表面显示来自其他各网格的阴影。
- 投影：该复选框可控制选定网格是否在其他网格表面产生投影。
- 不可见：勾选该复选框后可隐藏网格，但会显示其表面所有的阴影。

14.3.3 设置3D材质

选中一个3D图层，然后单击鼠标右键，单击“材质”按钮，“属性”面板显示如图14-32所示。

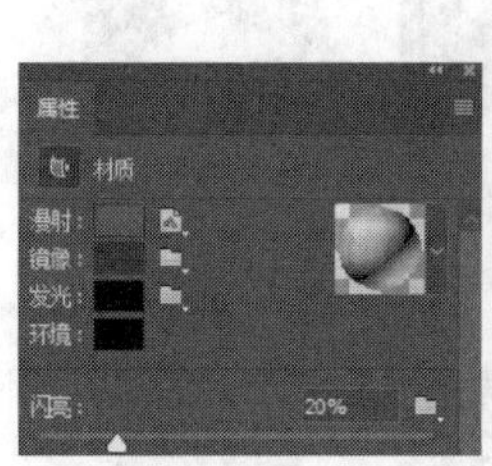

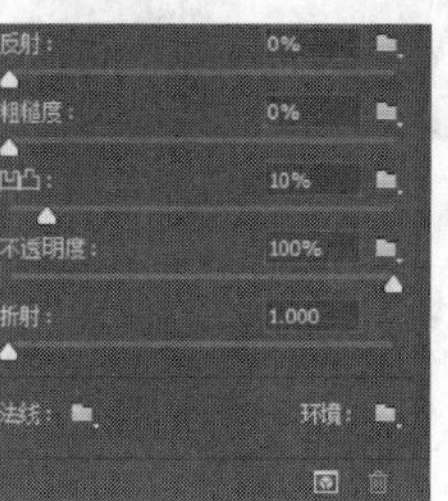

图14-32

- 漫射：用于设置材质的颜色，单击色块可选择赋予3D对象材质的颜色，单击其后面的按钮，在弹出的菜单中执行“替换纹理”命令，可以使用2D图像覆盖3D对象表面，赋予其材质，如图14-33至图14-35所示。

图14-33

图14-34

图14-35

- 镜像：可以为镜面属性设置显示的颜色，如高光光泽度和反光度，如图14-36和图14-37所示。
- 发光：定义不依赖光照即可显示的颜色，可创建从内部照亮3D对象的效果。发光颜色为黑色时，如图14-38和图14-39所示，发光颜色为红色时，如图14-40和图14-41所示。

图14-36

图14-37

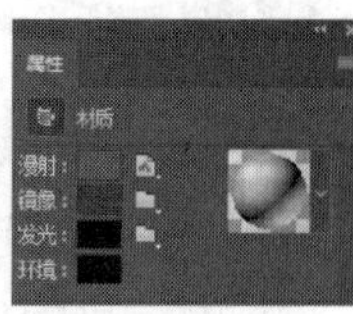

图14-38

图14-39

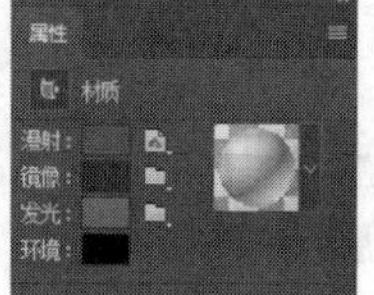

图14-40

图14-41

- 环境：单击色块即可设置3D对象周围环境的颜色。当环境色为黑色时，如图14-42和图14-43所示；当环境色为蓝色时，如图14-44和图14-45所示。

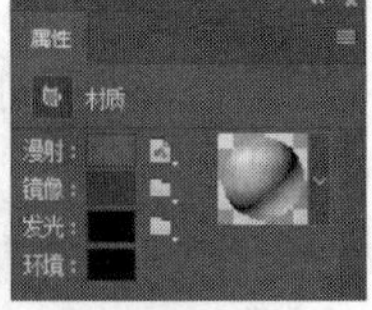
图14-42

图14-43

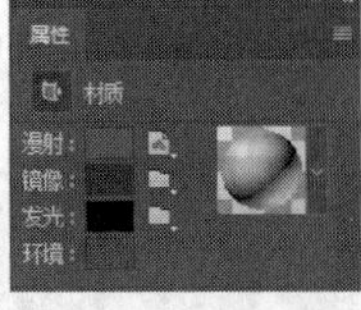
图14-44

图14-45

- 反射：可增加3D场景、环境和材料表面对其他物体的反射。单击“反射”旁边的按钮，执行“载入纹理”命令，选择图14-46所示的图片，效果如图14-47所示。

图14-46

图14-47

- 粗糙度：定义来自光源的光线经过反射，折回到人眼睛的数量。粗糙度分别为0和100的效果分别如图14-48和图14-49所示。

图14-48

- 凹凸：通过灰度在材料表面创建凹凸效果，但是不修改网格。灰度图像中亮的部分表现出凸出的效果，暗的部分表现出平坦的效果。单击“凹凸”按钮右侧的按钮，执行“载入纹理”命令，选择图14-50所示的图片，效果如图14-51所示。

图14-49

- 不透明度：增强或减弱材料的不透明度，如图14-52所示。

图14-50

图14-51

图14-52

- 折射：用于设置折射率，当表面样式设置为“光线跟踪”时，折射数值框中的默认值为1。

14.3.4 设置3D光源

在“3D”面板中单击“滤镜：光源”按钮，即可弹出图14-53所示的面板。

- 点光：用于显示3D模型中的点光信息，点光相当于一个灯泡，向四周发射光源，如图14-54所示。
- 聚光灯：用于显示3D模型中的聚光灯信息，聚光灯可照射出可调整的锥形光线，如图14-55所示。
- 无限光：用于显示3D模型中的无限光信息，无限光是从一个方向照射的，如图14-56所示。

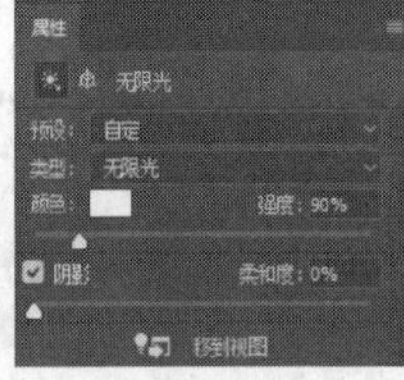
图14-53

图14-54

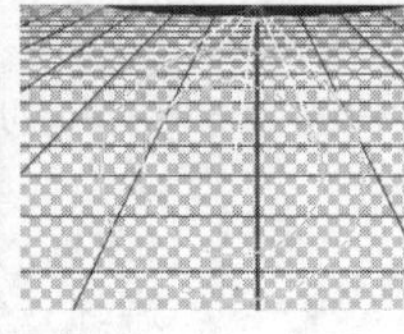
图14-55

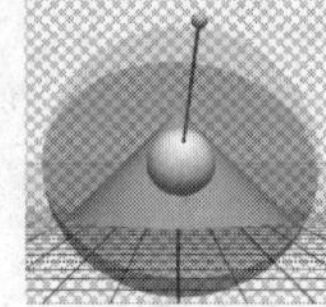
图14-56

- 颜色：用于设置光源的颜色，单击色块可在打开的对话框中设置光源的颜色，如图14-57和图14-58所示。

图14-57

图14-58

- 强度：用于调整光源的亮度，光源的亮度调整前后的对比效果如图14-59和图14-60所示。

图14-59

图14-60

- 阴影：创建从前景表面到背景表面、从单一网格到其自身或从一个网格到另一个网格的投影，如图14-61和图14-62所示。

图14-61

- 柔和度：可以模糊阴影边缘，产生衰减效果。柔和度分别为1%和93%时的对比效果如图14-63和图14-64所示。

图14-62

图14-63

图14-64

14.4 3D绘画与编辑3D纹理

用户可以使用Photoshop CC 2017中任何绘画工具直接在3D模型上绘画，使用选择工具将特定的模型区域设为目标区域后，Photoshop会识别并高亮显示可绘画的区域。在Photoshop CC 2017中打开3D文件时，纹理作为2D文件将与3D模型一起导入，它们会显示在“图层”面板中，嵌套于3D图层下方，并按照散射、凹凸、光泽度等类型进行编组。用户可以使用绘画工具和调整工具来编辑纹理，也可以创建新的纹理。

14.4.1 设置纹理映射

当需要为某个纹理映射新建一个纹理映射贴图时，我们可以按照下面的步骤进行操作。

01 单击要创建的纹理映射类型右侧的纹理映射菜单图标。

02 在弹出的菜单中执行“新建纹理”命令，如图14-65所示。

03 在弹出的“新建”对话框中设置新映射贴图文件的名称、尺寸、分辨率和颜色模式，然后单击“确定”按钮，如图14-66所示。

新纹理映射的名称会显示在“图层”面板中3D图层下的纹理列表中。默认名称为材料名称加纹理映射的类型，如图14-67所示。

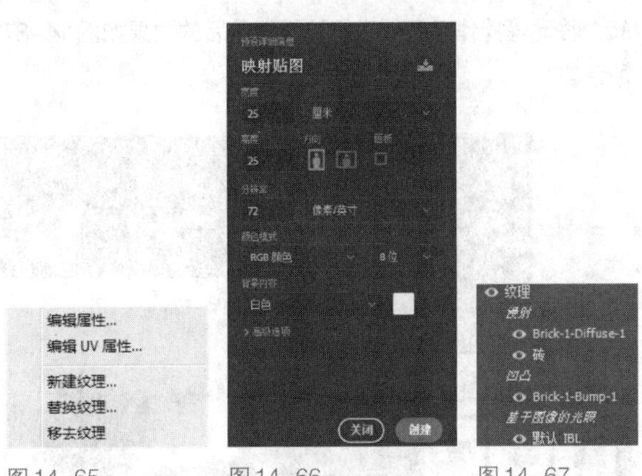

图14-65 图14-66 图14-67

14.4.2 为3D对象贴图

在Photoshop CC 2017中可以直接对3D对象进行贴图处理，不用再导入3D软件进行编辑。下面以圆柱体为例讲解一下怎样为3D对象贴图。

01 按Ctrl+N组合键新建一个空白文档，单击“创建新图层”按钮，新建“图层1”图层。执行“3D→从图层新建网格→网格预设→圆柱体”命令，切换到3D工作区并创建圆柱体，如图14-68和图14-69所示。

图14-68

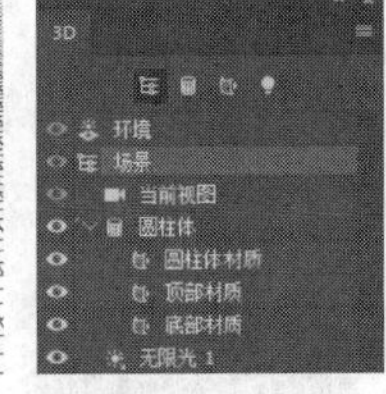

图14-69

02 在“3D”面板中选中“圆柱体材质”，此时的“属性”面板如图14-70所示。

03 单击“属性”面板中“漫射”旁边的按钮，选择“替换纹理”，选择素材“炫彩”，效果如图14-71所示。

04 对圆柱体其他面也进行相同的操作，最终效果如图14-72所示。

图14-70 图14-71 图14-72

14.4.3 创建UV叠加

3D模型上多种材料所使用的漫射纹理文件可以对应用于模型上不同表面的多个内容区域进行编组，这个过程叫作UV映射，它可以将2D纹理映射中的坐标与3D模型上特定的坐标相匹配，使2D纹理可以正确地绘制在3D模型上。双击“图层”面板中的纹理，如图14-73所示，打开纹理文件，执行“3D→创建绘图叠加”子菜单中的命令，如图14-74所示，UV叠加将作为附加图层添加到纹理文件的“图层”面板中。

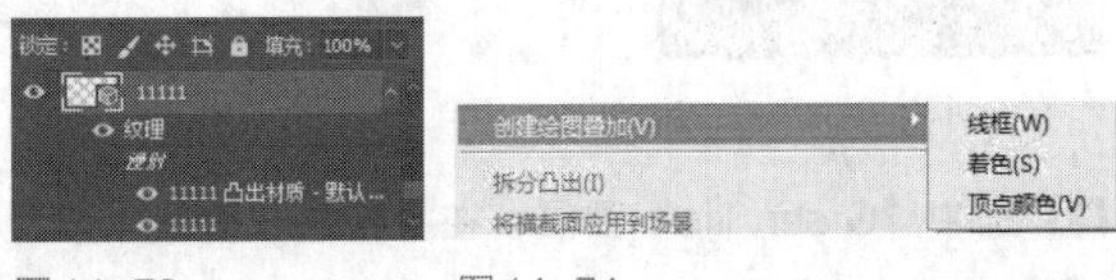

图14-73 图14-74

- 线框：显示UV映射的边缘数据，如图14-75和图14-76所示。
- 着色：显示使用实色渲染模式的模型区域，如图14-77和图14-78所示。

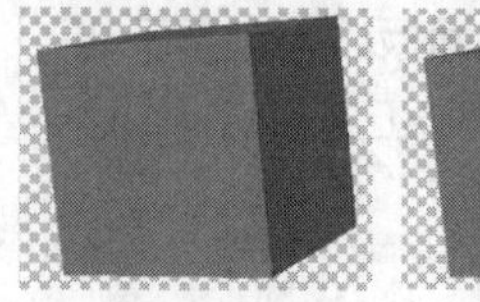
图14-75

图14-76

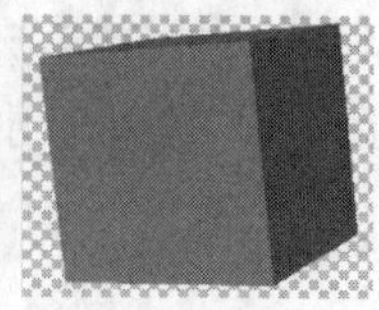
图14-77

- 顶点颜色：显示转换为RGB值的几何常值，R=X、G=Y、B=Z，如图14-79和图14-80所示。

图14-78

图14-79

图14-80

14.4.4 在3D模型上绘画

对于内部包含隐藏区域，或者结构复杂的模型，可以使用任意一个选择工具在3D模型上创建选区，限定要绘画的区域，如图14-81所示，然后执行“显示/隐藏多边形”中3种命令的任何一种都可以显示或隐藏模型区域，如图14-82所示。

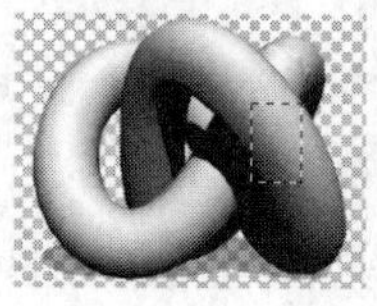
图14-81

图14-82

- 选择范围：可在模型上选择任意范围。
- 反转可见表面：使当前可见表面不可见、不可见表面可见。
- 显示所有表面：使所有隐藏的表面再次可见。

14.5 创建3D对象

在Photoshop中可以通过创建3D凸纹、3D明信片、3D形状以及3D网格等方式创建3D对象。创建3D对象后，可以在3D工作区内对它进行编辑。

14.5.1 创建3D凸出

01 按Ctrl+O组合键打开素材文件，选择横排文字工具T，输入文字，如图14-83所示。

图14-83

02 执行“窗口→3D”命令，打开“3D”面板，然后选择“3D模型”，如图14-84所示，单击“创建”按钮。

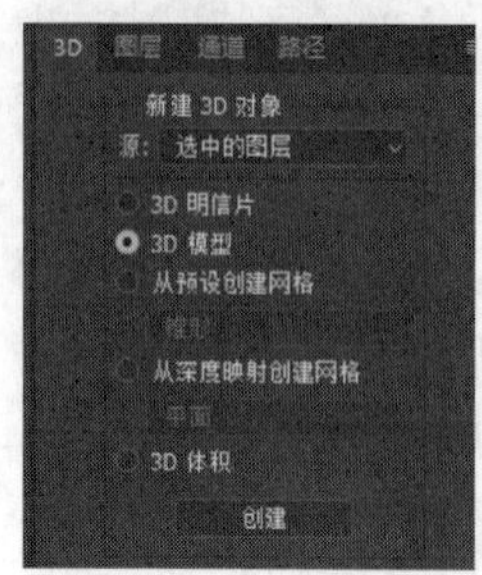

图14-84

03 选中“Green life”图层，在“属性”面板中设置相应的参数，如图14-85和图14-86所示，再通过旋转、移动等操作对图层进行编辑，最后的效果如图14-87所示。

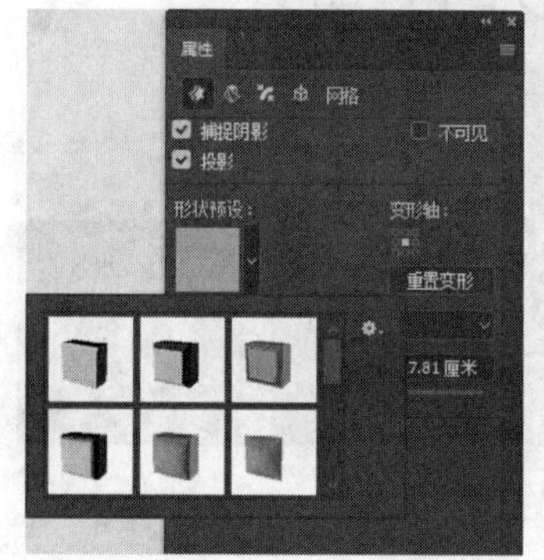

图14-85

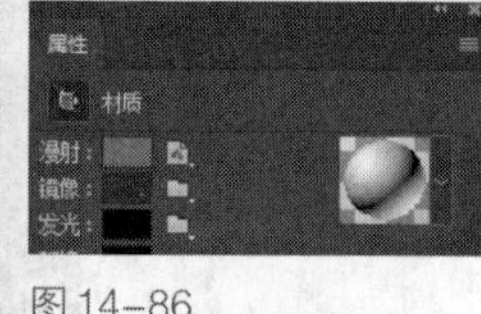

图14-86

图14-87

14.5.2 创建3D明信片

执行“3D→从图层新建网格→明信片”命令可以创建3D对象，使用此命令可以将一个平面图像转换为三维的“薄片”，该平面图层也相应地被转换为3D图层，如图14-88和图14-89所示。

图14-88

图14-89

14.5.3 创建3D形状

在Photoshop CC 2017中，我们可以创建最基础的3D形状，操作步骤如下。

01 按Ctrl+O组合键新建一个平面图像，参数设置如图14-90所示。

02 执行“3D→从图层新建网格→网格预设”命令，然后从子菜单中选择一个形状，其中包括圆环、球面全景、帽子、锥形、立方体、圆柱体等形状，如图14-91所示。

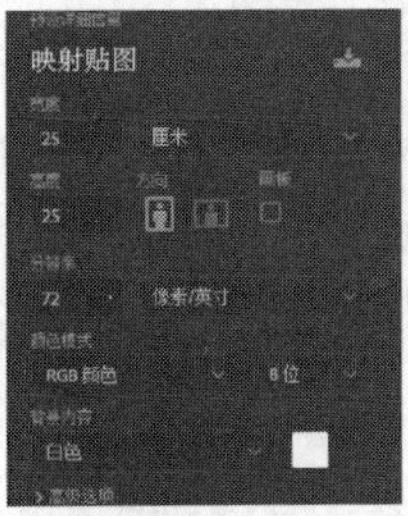

图14-90

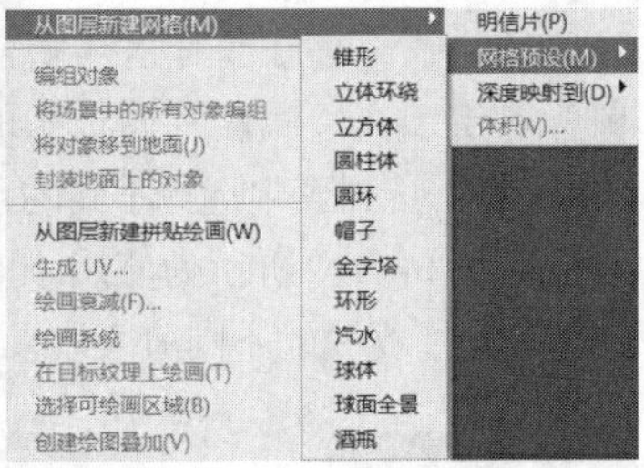

图14-91

03 被创建的3D对象默认显示在图像中，可以通过旋转、缩放、拖动、滑动、滚动对其进行编辑。图14-92展示了使用此命令创建的几种最基本的3D形状。

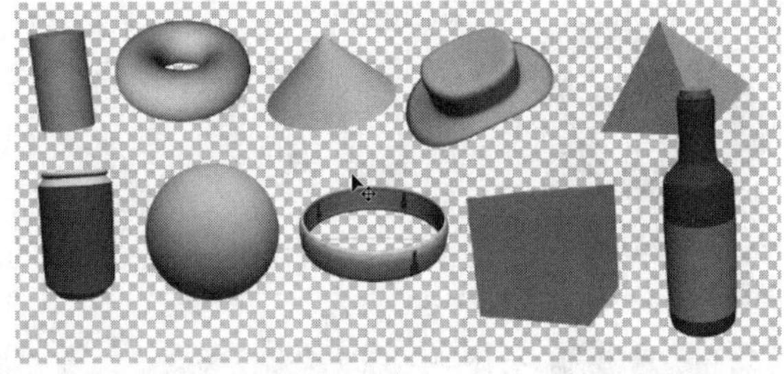

图14-92

14.5.4 创建3D网格

执行“3D→从图层新建网格→深度映射到”命令也可以生成3D物体。其原理是将一个平面图像的灰度信息映射成为3D物体的深度映射信息，从而通过置换生成深浅不一的3D立体表面，其操作步骤如下。

01 在Photoshop中打开一张图片，如图14-93所示。

02 执行“3D→从图层新建网格→深度映射到→平面”命令，Photo shop将根据2D素材图像生成3D模型对象，如图14-94所示。

图14-93

图14-94

03 如果执行“3D→从图层新建网格→深度映射到→圆柱体”命令，会得到图14-95所示的效果；执行“3D→从图层新建网格→深度映射到→球体”命令，会得到图14-96所示的效果；执行“3D→从图层新建网格→深度映射到→双面平面”命令，会得到图14-97所示的效果。

图14-95

图14-96

图14-97

“深度映射到”子菜单如图14-98所示，选项含义如下。

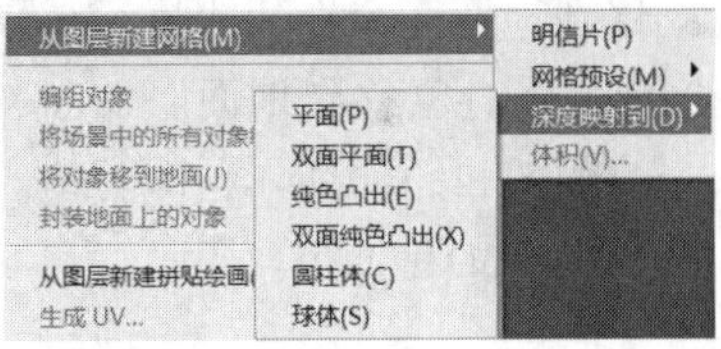

图14-98

- 平面：将深度映射数据应用于平面表面，生成3D对象。
- 双面平面：创建两个沿中心轴对称的平面，并将深度映射数据应用于这两个平面。
- 纯色凸出：产生3D对象，画面向单个方向凸出。
- 双面纯色凸出：产生3D对象，画面向前后两个方向凸出。
- 圆柱体：从垂直中心向外应用深度映射数据，生成3D对象。
- 球体：从中心向外呈放射状地应用深度映射数据，生成3D对象。

由于Photoshop CC 2017根据平面图像生成3D

对象时会参考平面图像的亮度信息，因此，平面图像的亮部与暗部差别越大，生成物体的立体感越强。

14.5.5 创建3D体积

执行“文件→打开”命令打开一个DICOM文件，Photoshop会读取文件中所有的帧，并将它们转换为图层。选择要转换为3D体积的图层后，执行“3D→从图层新建网格→体积”命令，就可以创建DICOM帧的3D体积。我们可以使用Photoshop CC 2017的3D位置工具从任意角度查看3D体积，或更改渲染设置以便更直观地查看数据。

14.6 3D渲染

Photoshop提供了多种模型的渲染效果设置选项，以帮助用户渲染出不同效果的三维模型，下面讲解如何设置并更改这些效果。

14.6.1 地面阴影捕捉器

在工作区对象物体上单击鼠标右键，单击“网格”按钮，“属性”面板如图14-99所示，勾选“捕捉阴影”复选框，即可捕捉模型投射在地面上的阴影。

图14-99

14.6.2 将对象移到地面

单击“3D”面板右上角三角按钮，执行“将对象移到地面”命令，或执行“3D→将对象移到地面”命令，如图14-100所示，即可使其移到3D地面上。

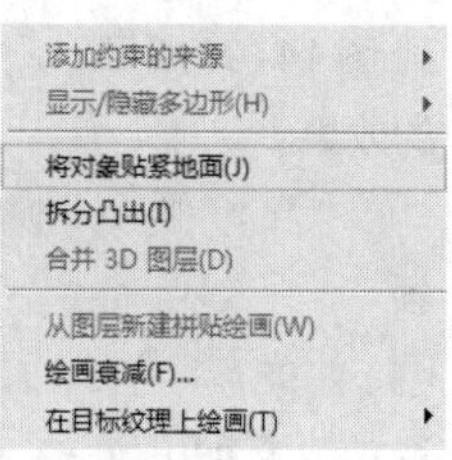

图14-100

14.6.3 恢复连续渲染

在渲染3D模型时，如果进行了其他操作，就会中断渲染，执行“3D→恢复渲染”命令可以恢复渲染3D模型的操作，如图14-101所示。

图14-101

14.6.4 连续渲染选区

3D模型的结构、灯光和贴图越复杂，渲染时间越长。为了提高工作效率，我们可以只渲染模型的局部，从而判断整个模型的最终效果，以便为修改提供参考。使用选框工具在模型上创建一个选区，执行“3D→渲染”命令，即可只渲染选中的内容。

14.6.5 更改3D模型的渲染设置

Photoshop提供了16种标准渲染预设，要使用这些预设，只需在工作区中单击鼠标右键，在“属性”面板中的“预设”下拉列表中选择不同的预设值。图14-102所示为使用不同的预设值所得到的不同渲染效果。

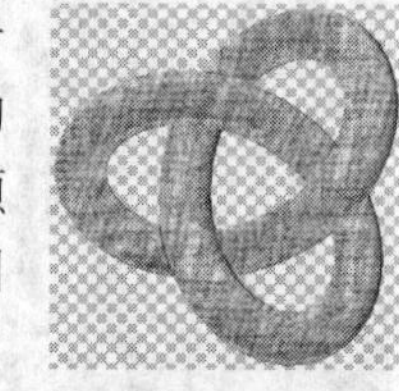
散布素描

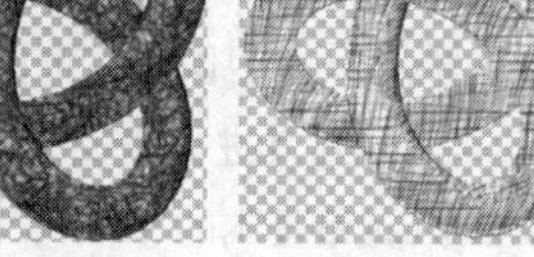
素描草　素描粗铅笔　素描细铅笔

默认　绘画蒙版　顶点

深度映射　实色线框　外框

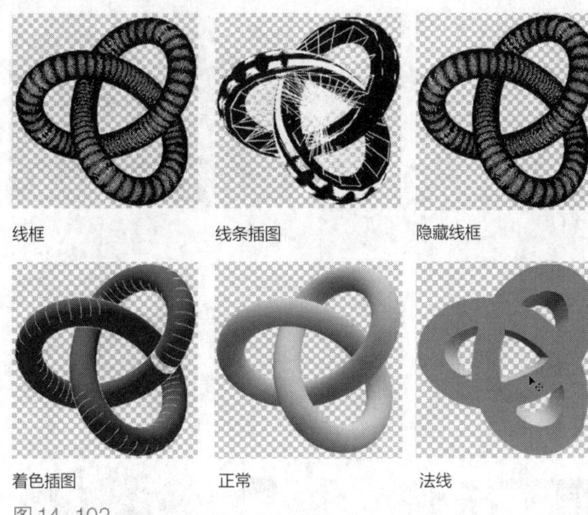

图14-102

14.6.6 存储和导出3D文件

在Photoshop中编辑3D对象时，可以栅格化3D图层，将其转换为智能对象，或者将3D图层与2D图层合并，都可以将3D图层导出。

- 存储3D文件：编辑3D文件后，如果要保留文件中的3D内容，包括位置、光源、渲染模式和横截面等信息，执行“文件→存储”命令，选择PSD、PDF或TIFF作为保存格式即可，如图14-103所示。

图14-103

- 导出3D图层：在“图层”面板中选择要导出的3D图层，执行“3D→导出3D图层”命令，打开“导出属性”对话框，可以选择将文件导出为Collada、Wavefront|OBJ、U3D和Google Earth等格式，如图14-104所示。
- 合并3D图层：执行“3D→合并3D图层”命令，如图14-105所示，可以合并一个场景中的多个3D模型，合并后，可以单独处理每一个模型，也可以在所有模型上使用位置工具和相机工具。
- 合并3D图层和2D图层：打开一个2D文档，执行“3D→从3D文件新建图层”命令，如图14-106所示，在打开的对话框中选择一个3D文件，并将其打开，即可将3D图层与2D图层合并。

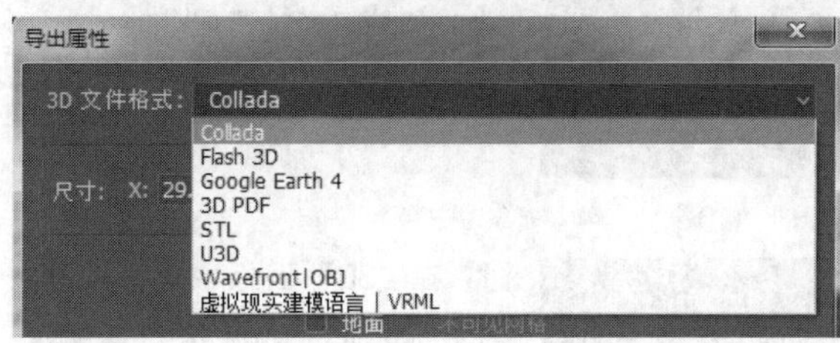

图14-104

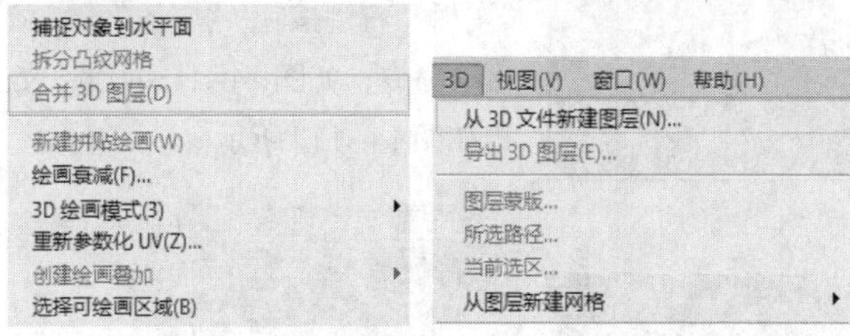

图14-105　图14-106

- 栅格化3D图层：在“图层”面板中选择3D图层，单击鼠标右键，在打开的快捷菜单中执行“栅格化3D”命令，如图14-107所示，即可将3D图层转换为普通的2D图层。
- 将3D图层转换为智能对象：在“图层”面板中选择3D图层，单击鼠标右键，在打开的菜单中执行“转换为智能对象”命令，如图14-108所示，即可将3D图层转换为智能对象。转换后，程序会保留3D图层的3D信息，我们可以对它应用智能滤镜，或双击智能对象图层，重新编辑原始3D场景。

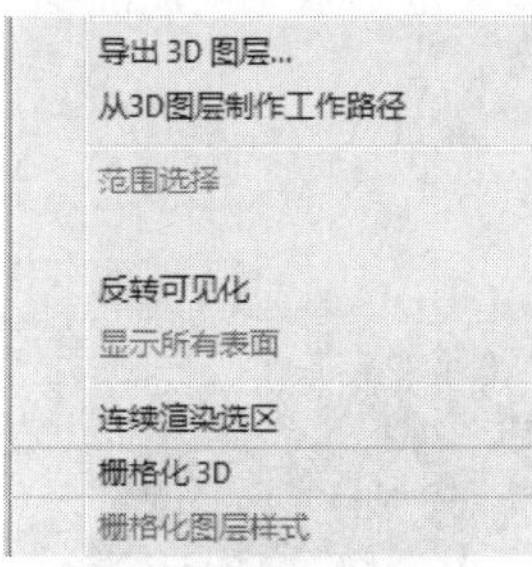

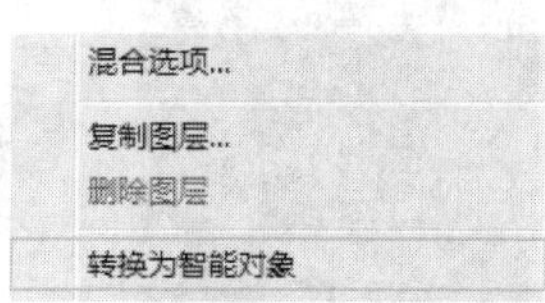

图14-107　图14-108

实战演练 制作3D文字效果

01 新建一个图层，选择横排文字工具T，输入文字“PSCC 3D”，如图14-109所示。

PSCC 3D

图14-109

02 在“3D”面板中选择“3D模型”选项，然后单击“创建”按钮，如图14-110所示，效果如图14-111所示。

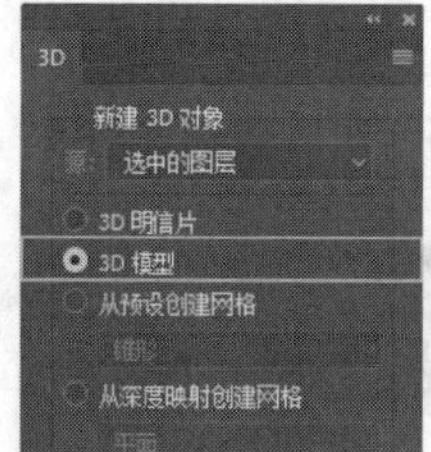

图14-110

图14-111

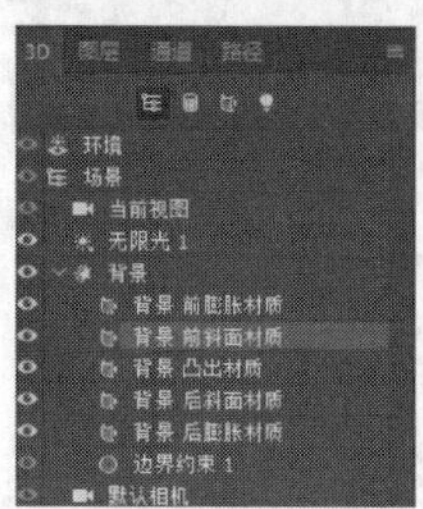

图14-112

03 在“3D”面板中选择“背景前斜面材质”，如图14-112所示，在3D材质“属性”面板中单击“漫射”右侧按钮，执行“载入纹理”命令，如图14-113所示，效果如图14-114所示。

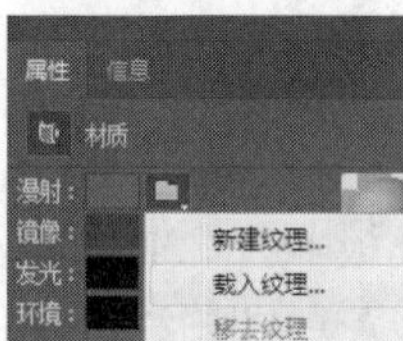

图14-113

图14-114

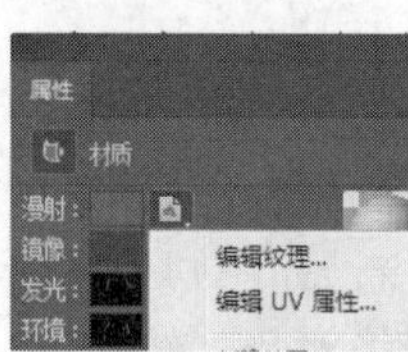

图14-115

04 用同样的方法，选择“背景凸出材质”，载入纹理后执行“编辑UV属性”命令，如图14-115所示。把“平铺”中“U/X”值改为5，“V/Y”值改为“1”，如图14-116所示。效果如图14-117所示。

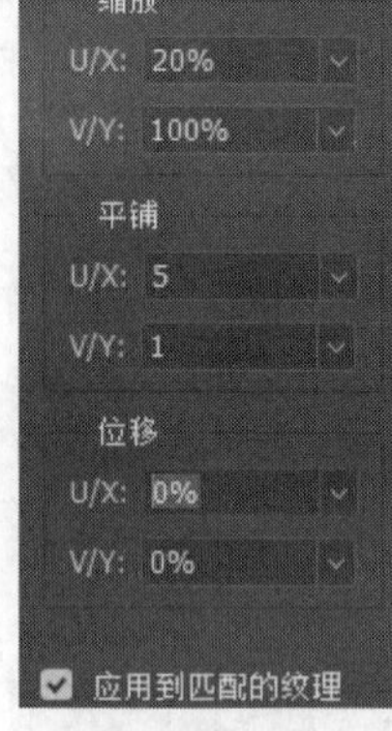

图14-116

图14-117

05 按Ctrl+O组合键打开素材图片，如图14-118所示。调整云彩图层的色相和饱和度，参数设置及效果分别如图14-119和图14-120所示。

06 单击“创建新图层”按钮，新建图层，将前景色改为白色，选择画笔工具，将画笔直径放大，随意点出一些浮云，将图层不透明度降低。调整图层顺序，最终效果如图14-121所示。

图14-118

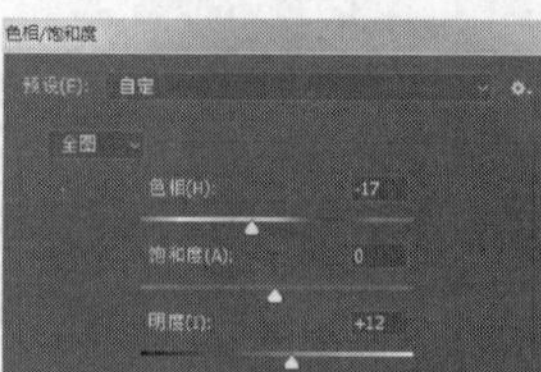

图14-119

图14-120

图14-121

实战演练 制作立体条纹球体

01 新建文档，如图14-122所示，设置文档大小为1080像素×1080像素，“分辨率”为“300像素/英寸”。执行“视图→新建参考线版面”命令，如图14-123所示，在面板上勾选“行数”复选框，并将“数字”改为“15”，如图14-124所示，单击“确定”按钮。

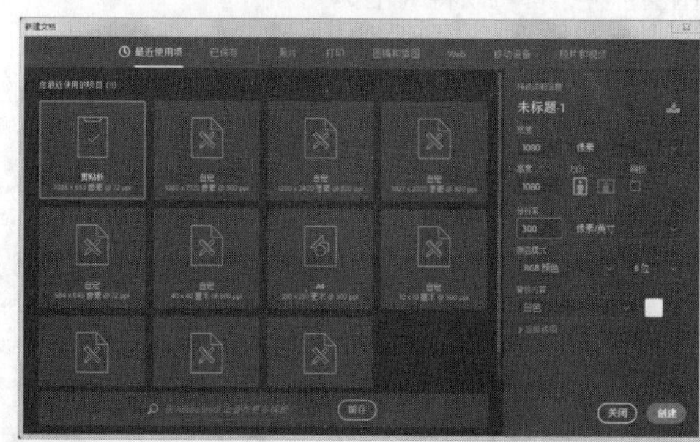

图14-122

图14-123

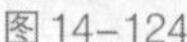

图14-124

02 按Ctrl+Shift+N组合键新建图层，使用矩形选框工具，根据参考线绘制数个矩形，按Shift+F5组合键填充紫色，如图14-125所示。执行“视图→清除参考线”命令，如图14-126，将参考线去除。

图14-125

图14-126

03 选择条形图案图层，执行“3D→从图层新建网格→网格预设→球体”命令，如图14-127所示，建立立体球体，如图14-128所示。

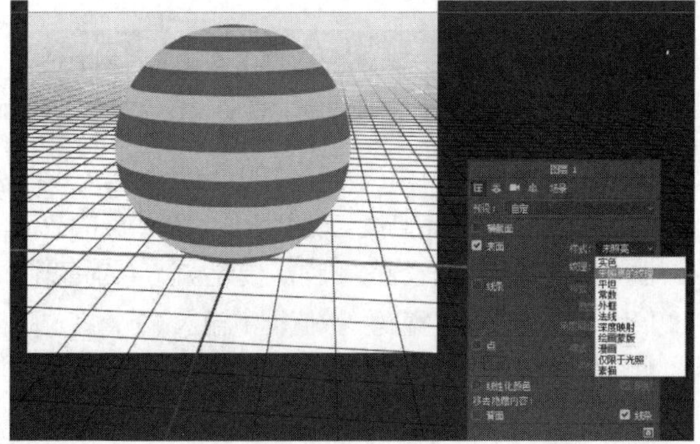

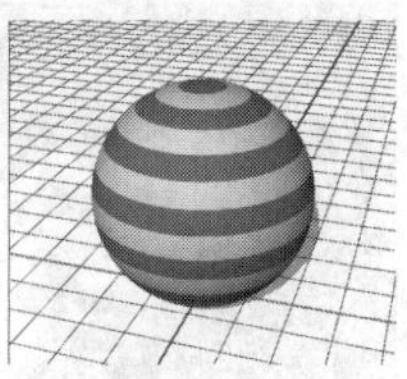

图14-127

14-128

04 用鼠标右键单击画面，打开3D场景参数面板，如图14-129所示，将“样式”更改为“未照亮的纹理”。

图14-129

05 选择球体图层，按Ctrl+J组合键复制图层，然后单击鼠标右键，如图14-130所示，执行“栅格化3D”命令，得到球体图片，如图14-131所示。

图14-130

06 选择复制的图层，执行“图像→调整→曲线”命令，曲线参数如图14-132所示，按Ctrl+T组合键，将图形旋转180°，并将图层“不透明度”改为“50%”，效果如图14-133所示。

图14-131

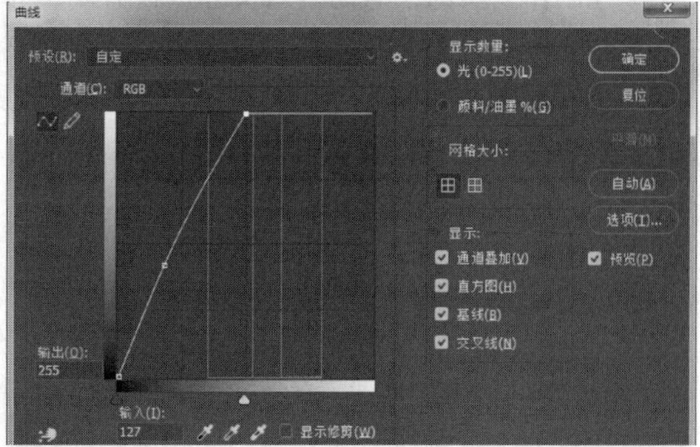

图14-132

07 使用魔棒工具，分别选中两个图层中的白色条纹，并逐一删除，如图14-134所示，最终得到立体条纹球体，如图14-135所示。

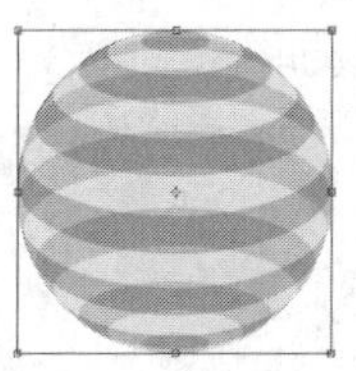

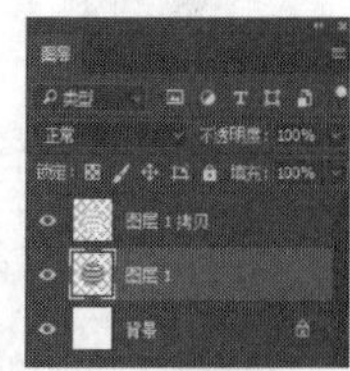

图14-133

图14-134

08 立体条纹球体可以用在海报制作当中，效果如图14-136所示。

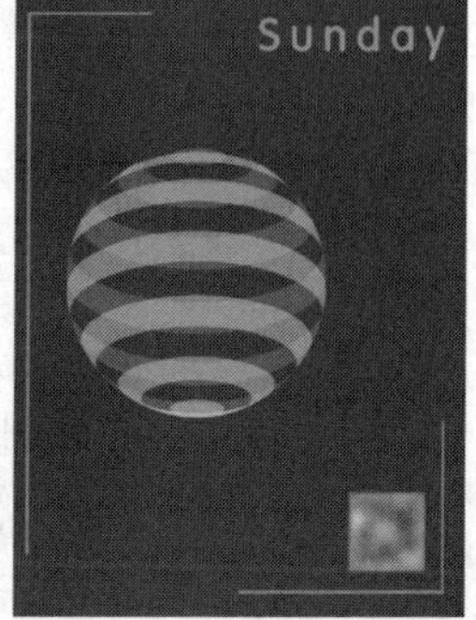

图14-135

图14-136

第15章 Web图形、动画和视频

15.1 创建与编辑切片

在制作网页时，通常要对页面进行分割，即制作切片。通过优化切片可以对分割的图像进行不同程度的压缩，以便缩短图像的下载时间。另外，还可以为切片制作动画，链接到URL（Uniform Resource Locator，统一资源定位符）地址，或者使用切片制作翻转按钮。

15.1.1 切片的类型

切片的分类是依据其内容类型（表格、影像、无影像）以及建立方式（使用者、图层式、自动）而定的。使用切片工具建立的切片称为用户切片；从图层建立的切片称为基于图层切片。当建立新的用户切片或基于图层切片时，会产生额外的自动切片，以便容纳影像中的其余区域。用户切片和基于图层切片由实线定义，自动切片则由虚线定义，如图15-1和图15-2所示。

自动切片 用户切片

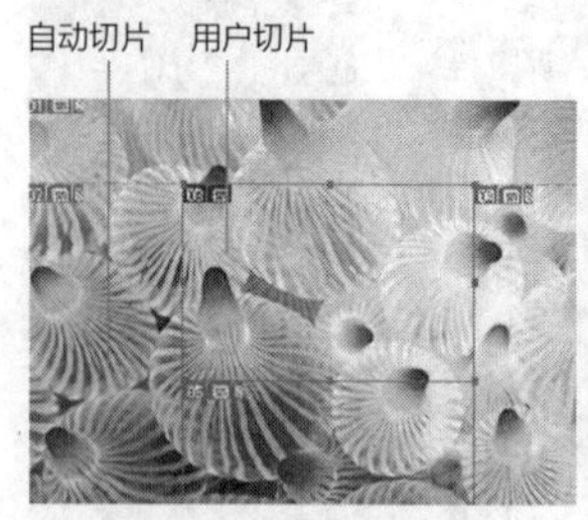

图15-1

基于图层切片

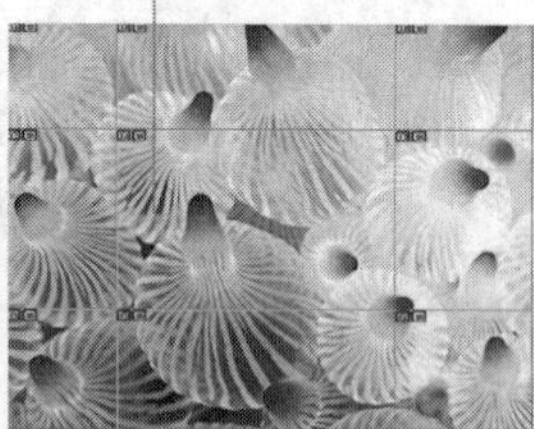

图15-2

15.1.2 使用切片工具创建切片

为了帮助读者更好地了解什么是用户切片和自动切片，本小节将介绍如何使用切片工具创建简单的切片。

01 按Ctrl+O组合键打开素材文件，选择切片工具，如图15-3所示，工具选项栏如图15-4所示。

在切片工具选项栏的“样式”下拉列表中可以选择切片的创建方法，包括“正常”“固定长宽比”“固定大小”。

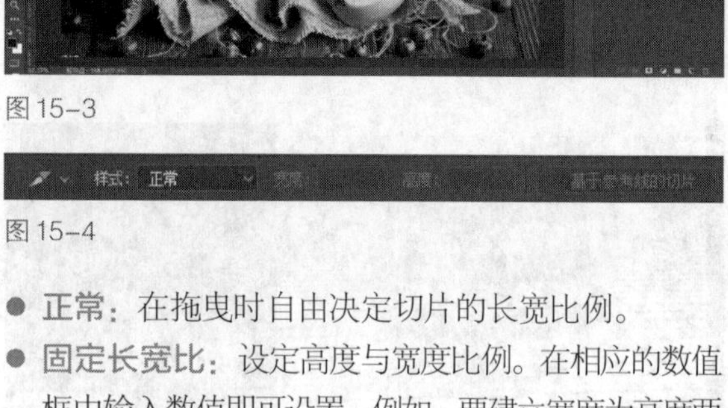

图15-3

样式：正常 宽度： 高度： 基于参考线的切片

图15-4

- **正常**：在拖曳时自由决定切片的长宽比例。
- **固定长宽比**：设定高度与宽度比例。在相应的数值框中输入数值即可设置。例如，要建立宽度为高度两倍的切片，可在“宽度”数值框中输入“2”，在“高度”数值框中输入“1”。
- **固定大小**：指定切片高度和宽度。输入像素值，然后在画布中单击，即可创建指定大小的切片。

02 在要建立切片的区域上方按住鼠标左键并拖出一个矩形框，放开鼠标左键即可创建一个用户切片，该切片以外的部分会生成自动切片，如图15-5所示。按住

学习重点

Web图形即网页图形。随着Photoshop功能的不断强大，有越来越多的用户使用它来制作网页和动画。Photoshop能够设计整体的网页风格，再利用切片工具为网页的生成做铺垫。

学习本章，能够熟练掌握网页设计的方式、方法。学习切片、优化图像以及动画制作，能够深入了解Photoshop在网页设计中的作用，并能够利用其强大的图形图像处理功能，制作出精美的网页模板和网页动画。

Shift键和鼠标左键并拖曳鼠标可以创建正方形切片，如图15-6所示；按住Alt键和鼠标左键并拖曳鼠标可以以起始点为中心点开始创建切片，如图15-7所示。

图15-5

图15-6

图15-7

15.1.3 使用其他方式创建切片

除了用切片工具创建切片外，还可通过基于参考线、基于图层的方式创建切片。

◎基于参考线创建切片

当文档中有参考线时，选择切片工具，单击工具选项栏中的“基于参考线的切片”按钮，此时会基于参考线的划分来创建切片。

01 打开上例文件，按Ctrl+R组合键显示标尺，如图15-8所示。

02 分别从水平标尺和竖直标尺上拖出参考线，定义切片范围，如图15-9所示。

图15-8

03 选择切片工具，单击工具栏选项中的“基于参考线的切片”按钮，如图15-11所示，即可基于参考线的划分来创建切片，如图15-10所示。

图15-9

图15-10

样式：正常 宽度 高度 基于参考线的切片

图15-11

◎基于图层创建切片

图层式切片会包含图层中所有的像素信息。如果移动图层或编辑图层内容，切片区域会自动调整以包含新的像素。

01 按Ctrl+O组合键打开素材文件，如图15-12所示。复制图像中的一部分到新图层，“图层”面板如图15-13所示。

图15-12

02 在“图层”面板中选择“图层1”图层，执行“图层→新建基于图层的切片”命令，即可基于图层创建切片，切片会包含该图层中的所有图像，如图15-14所示。

图15-13

图15-14

提示

移动图层内容时，切片区域会随之自动调整；编辑图层内容（如缩放）时，切片也会随之自动调整。

15.1.4 编辑切片

有时创建的切片效果不理想，这时就需要对切片进行编辑，如选择、移动或调整切片，从而使切片效果更好。

◎选择一个或多个切片

需要选择切片时，可选择工具箱中的切片选择工具，单击要选择的切片即可将其选中，此时切片的边框变成黄色，如图15-15所示。按住Shift键可以同时选择多个切片，如图15-16所示。

图15-15

图15-16

◎移动和调整切片

选择切片后，若要移动切片的位置，拖曳选择的切片即可将其移动，拖曳时切片的边框会变成虚线，如图15-17所示。按住Shift键拖曳，则移动方向会被限制在水平方向、垂直方向或45° 对角线上。

若要重新调整切片尺寸，选择切片后，将鼠标指针移动到切片定界框上的控制点上，当鼠标指针变成↔或↕时，拖曳控制点即可改变切片大小，如图15-18所示。将鼠标指针移至任意一角，当鼠标指针变成↖时，拖曳该角即可扩大或缩小切片。

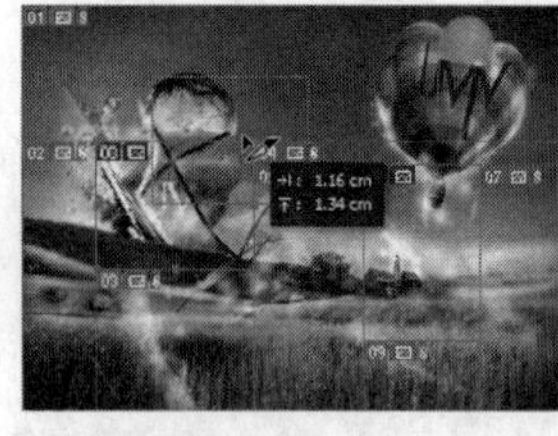

图15-17

图15-18

◎划分切片

划分切片时，先使用切片选择工具选择切片，如图15-19所示，然后单击工具栏选项中的“划分”按钮，打开“划分切片”对话框，如图15-20所示，在对话框中可以设置沿水平方向、垂直方向或同时沿这两个方向重新划分切片。

图15-19

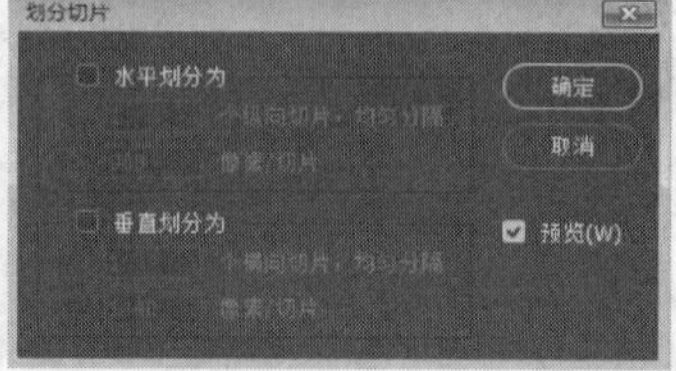

图15-20

- **水平划分为**：勾选该复选框可横向划分切片。有两种划分方式，在“个纵向切片，均匀分隔”数值框中输入划分数值，可将切片划分，图15-21所示为输入数值“2”的划分结果；在“像素/切片”数值框中输入一个数值，则会基于该指定数目的像素划分切片，如果无法按该像素数目平均划分切片，则会将剩余部分划分为另一个切片。例如，如果将100像素宽的切片划分为3个30像素宽的切片，则剩余的10像素宽的区域将变成一个新的切片。图15-22所示即为在“像素/切片”中输入数值“100”的划分结果。

图15-21

图15-22

- **垂直划分为**：勾选此复选框后，可纵向划分切片。同样，此选项也有两种划分方式，与水平划分基本相同。图15-23所示为在“个横向切片，均匀分隔”数值框中设置数值为“2”的划分结果；图15-24所示为在“像素/切片”数值框中设置数值为“100”的划分结果。

图15-23

图15-24

- **预览**：勾选该复选框可在画面中预览划分结果。

◎复制切片

使用切片选择工具选择一个或多个切片后，按住Alt键，在图片所在区域内拖曳切片，即可对切片进行复制，如图15-25所示。

图15-25

◎组合与删除切片

创建切片后，为了方便用户管理切片，Photoshop CC 2017提供了编辑切片的功能，如对切片进行组合、删除等。

- **组合切片**

按Ctrl+O组合键打开素材文件，使用切片工具在图像上创建两个切片，使用切片选择工具选择两个切片，如图15-26所示。单击鼠标右键，在弹出的快捷菜单中执行"组合切片"命令，如图15-27所示，即可将所选切片组合为一个切片。图15-28所示为组合后的效果。

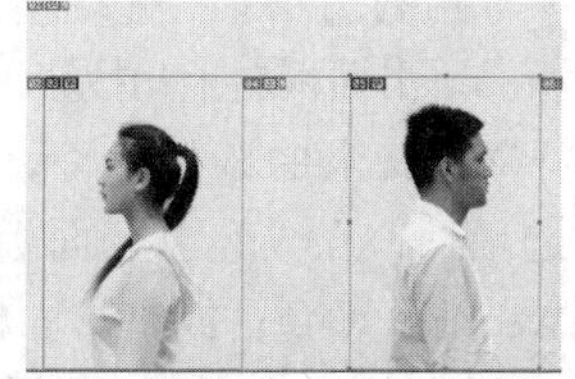
图15-26

图15-27

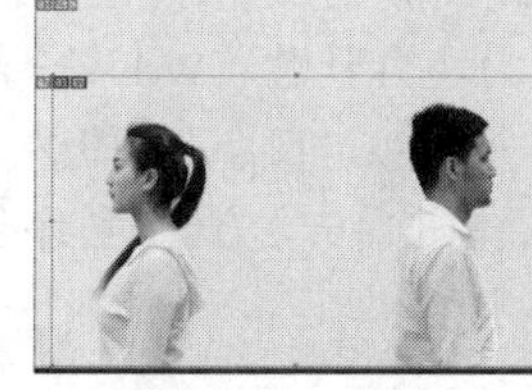
图15-28

- **删除切片**

选择一个切片，如图15-29所示，按Delete键即可将所选切片删除，如图15-30所示。如果要删除所有用户切片和基于图层切片，可执行"视图→清除切片"命令。自动切片无法被删除，如果删除了图像中所有用户切片和基于图层切片，就会生成包含整个图像的自动切片。

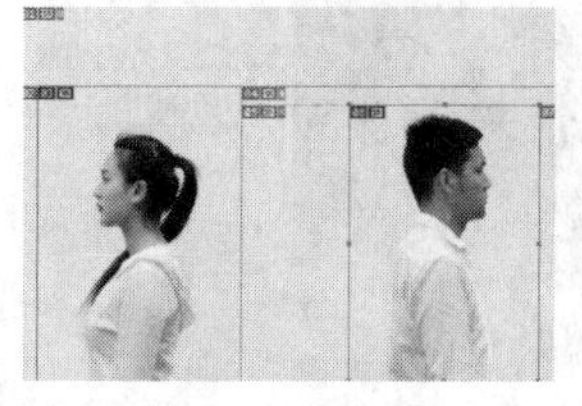
图15-29

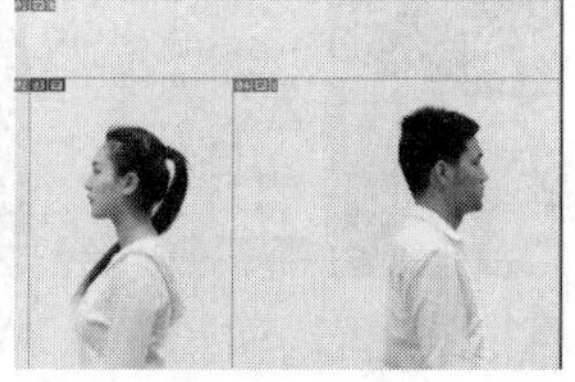
图15-30

- **对齐和分布切片**

通过对齐和分布切片，可以消除不需要的自动切片并生成更小的、更有效的HTML文件。

选择要对齐的切片，然后选择切片选择工具，工具选项栏中的对齐选项如图15-31所示，分布选项如图15-32所示。

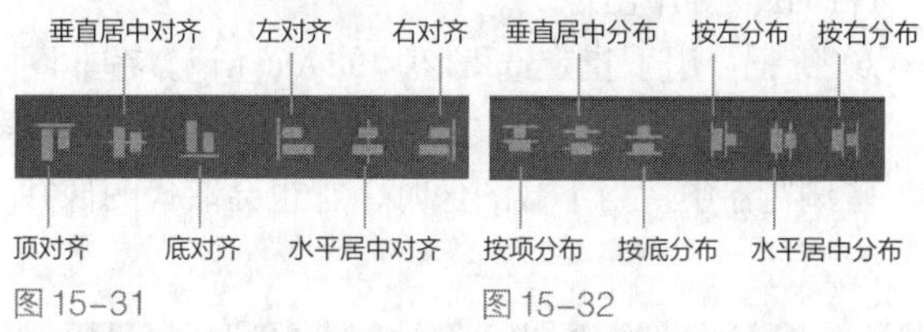

图15-31　图15-32

15.1.5 设置切片选项

对切片进行编辑后，可在"切片选项"对话框中对切片的相关参数进行设置。

选择一个切片，双击此切片即可打开"切片选项"对话框；或选择一个切片，单击工具选项栏中的按钮，即可打开"切片选项"对话框，如图15-33所示。

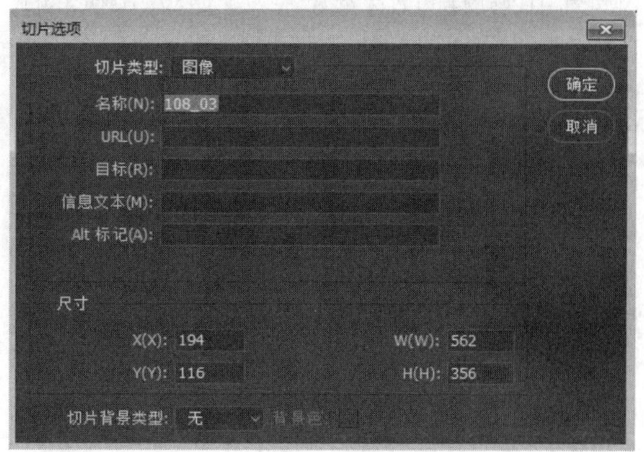

图15-33

- **切片类型**：在此可以选择切片的类型，当转存为HTML文档时，可以指定切片资料如何在网页浏览器中显示。"图像"为默认类型，切片中包含图像资料与信息；选择"无图像"，可在切片中输入HTML文字，但不能导出图像，不能在浏览器中预览；选择"表"，切片导出时将作为嵌套表写入HTML文本文件中。
- **名称**：用来输入切片的名称。
- **URL**：为切片指定URL，即输入切片链接的Web地址，会使得整个切片区域成为另外网页的链接。在浏览器中单击切片图像时可链接到此选项设置的网址和目标框架。这个选项只能用于“图像”类型的切片。

- **目标**：输入目标框架的名称。
- **信息文本**：设置出现在浏览器中的信息。此选项只能用于“图像”类型的切片，并且只在导出的HTML文件中出现。
- **Alt标记**：用于指定选取切片的Alt标记。在非图像式的浏览器中，Alt文字会取代切片图像；在某些浏览器中，当下载图像时，它也会取代图像并显示成工具提示。
- **尺寸**：“X”数值框和“Y”数值框用于设置切片的位置，“W”数值框和“H”数值框用于设置切片的大小。
- **切片背景类型**：在“图像”类型的切片中，该选项用于选择一种背景色来填充透明区域；对于“无图像”类型的切片，该选项用于选择一种背景色来填充整个区域。

15.2 优化Web图像

通过优化切片中的图像，可以减小文件大小，能够在降低一定图像质量的情况下大幅度提高网页的下载速度。

15.2.1 Web安全颜色

颜色是网页设计的重要部分，但在计算机屏幕上看到的颜色却不一定都能够在其他系统上的Web浏览器中以同样的效果显示。为了使Web图形的颜色能在所有显示器上显示相同的效果，在制作网页时就需要使用Web安全颜色。

用户可以在“拾色器”对话框或“颜色”面板中调整颜色。

- **在拾色器中拾取Web安全颜色**

打开“拾色器（前景色）”对话框，如图15-34所示。勾选“拾色器（前景色）”对话框中左下角的“只有Web颜色”复选框，如图15-35所示，这样，所拾取的任何颜色都是Web安全颜色。

图15-34

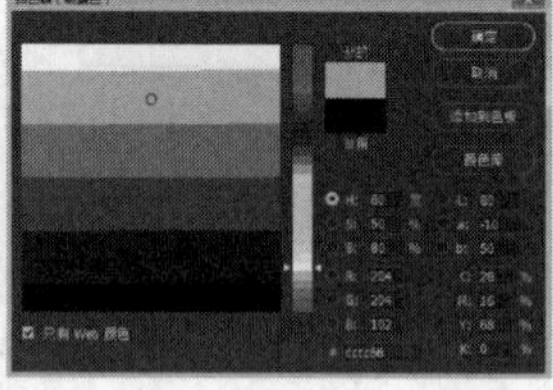

图15-35

如果没有勾选“只有Web颜色”复选框，并且选择了非Web安全颜色，则拾色器中的颜色矩形旁边会显示一个警告立方体。单击警告立方体，程序会自动选择最接近的Web颜色（如果未出现警告立方体，则所选颜色为Web安全颜色）。

- **使用“颜色”面板选择Web安全颜色**

执行“窗口→颜色”命令，打开“颜色”面板。单击面板右上角按钮，在打开的菜单中执行“建立Web安全曲线”命令，如图15-36所示，选中该选项后，在“颜色”面板中选取的任何颜色都是Web安全颜色；或单击面板右上角按钮，在打开的菜单中执行“Web颜色滑块”命令，如图15-37所示，默认情况下，在拖曳Web颜色滑块时，Web颜色滑块会紧贴着Web安全颜色，如果选取了非Web安全颜色，“颜色”面板左侧会出现一个警告立方体，单击警告立方体，程序会自动选择最接近的Web安全颜色。

15.2.2 优化Web图像

创建切片后，需要对图像进行优化处理，以减小文件大小，从而使Web服务器更加高效地存储和传输图像，使用户更快地下载图像。

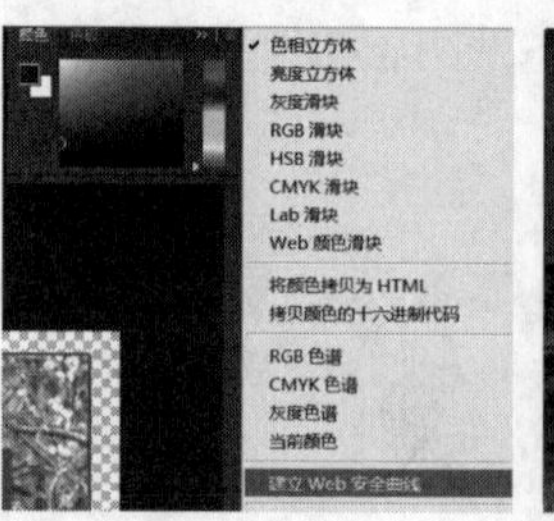

图15-36

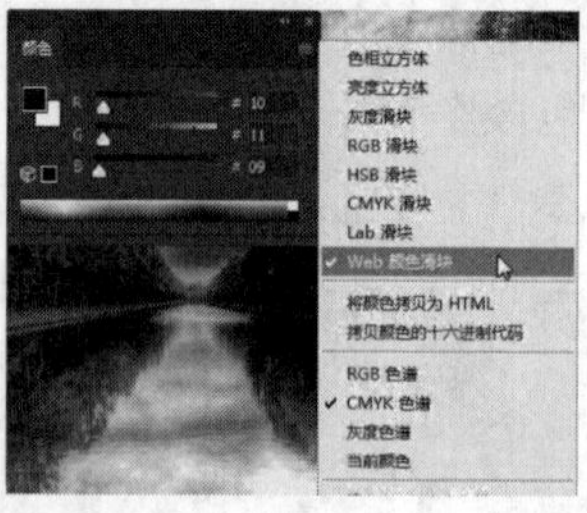

图15-37

执行“文件→导出→存储为Web所用格式”命令，打开“存储为Web所用格式”对话框，如

图15-38所示，在此对话框中可以对图像进行优化和输出处理。

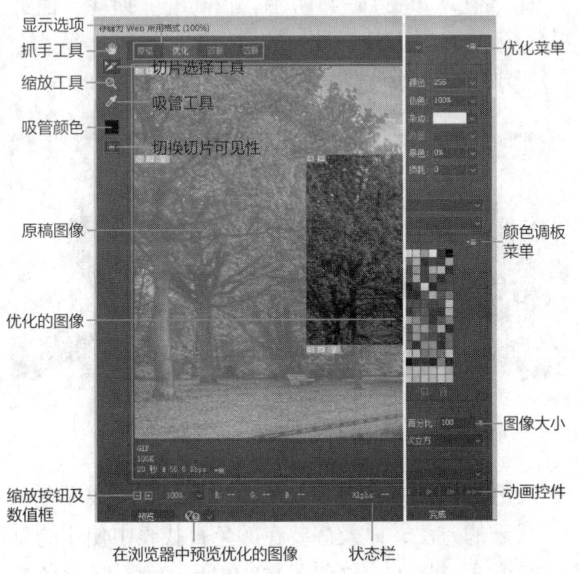

图15-38

- **显示选项**：选择“原稿”标签，会显示优化前的图像；选择“优化”标签，会显示应用了当前优化设置的图像；选择“双联”标签，会并排显示图像的两个版本，即优化前和优化后的图像；选择“四联”标签，会并排显示图像的4个版本，如图15-39所示，即原稿和其他3个进行不同优化的图像，每个图像下面都显示了优化信息，如优化格式、文件大小、图像估计下载时间等，可以通过对比选择最佳优化方案。

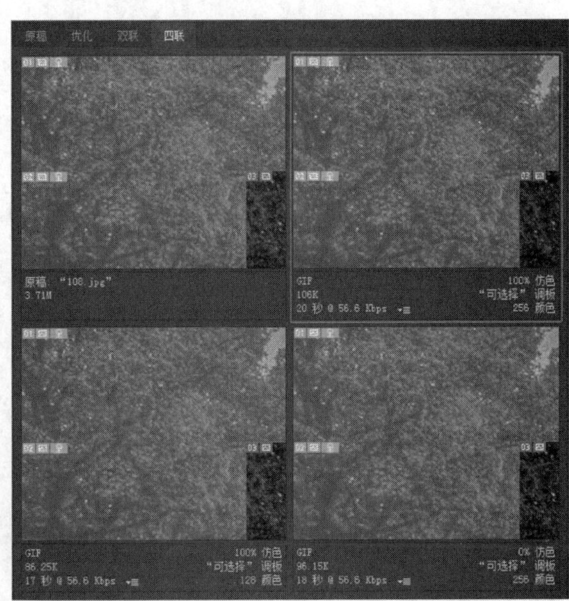

图15-39

- **抓手工具**：如果无法在“存储为Web所用格式”对话框中看到图像，可以用抓手工具移动图像位置以查看图像。
- **切片选择工具**：选择切片选择工具，单击图像中的切片可以将其选中，以便进行优化。
- **缩放工具/缩放数值框**：选择缩放工具，单击可以放大图像的显示比例，按住Alt键再单击图像则可以缩小图像的显示比例；还可在缩放数值框中输入显示百分比，同样可以改变图像的显示比例。
- **吸管工具/吸管颜色**：用吸管工具在图像中单击，可以拾取该点的颜色，并在吸管颜色图标中显示。还可单击吸管颜色图标，打开“拾色器（吸管颜色）”对话框，选择的颜色也会在吸管颜色图标中显示。
- **切换切片可见性**：单击此按钮可显示或隐藏切片的定界框。
- **预设**：可在预设下拉列表中选取一种预设的文件格式，以查看不同品质的图像效果，根据适合图像的文件格式选取预设。
- **优化菜单**：包含“存储设置”“优化文件大小”“链接切片”“编辑输出设置”等命令，如图15-40所示。
- **颜色表及其菜单**：将图像优化为GIF、PNG-8或WBMP格式时，可在“颜色表”中对图像颜色进行优化。打开颜色调板菜单，它包含与颜色表有关的命令，如图15-41所示。

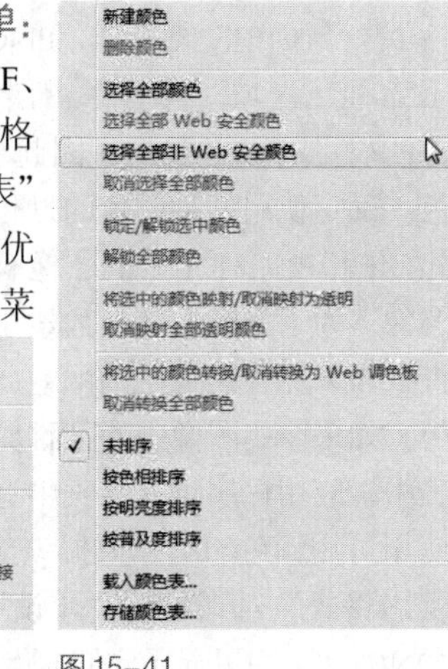

图15-40 图15-41

- **图像大小**：可将图像大小调整为指定的像素尺寸或原稿大小的百分比。
- **状态栏**：显示鼠标指针所在位置的图像的颜色值等信息。
- **在浏览器中预览优化的图像**：单击按钮，可在系统上默认的Web浏览器中预览优化后的图像。预览窗口中会显示图像的格式、像素尺寸、文件大小等信息，如图15-42所示。若要选择其他浏览器，可在下拉列表中选择“其他”。

图15-42

15.2.3 Web图形优化选项

在“存储为Web所用格式”对话框中选择需要优化的切片后，可在右侧的文件格式下拉列表中选择一种文件格式，并设置优化选项，对所选切片进行优化。

◎优化为GIF格式和PNG-8格式

GIF是用于压缩具有单调颜色和清晰细节的图像（如艺术线条、徽标或带文字插图）的标准格式。与GIF格式一样，PNG-8格式也可有效地压缩纯色区域，同时保留清晰的细节。PNG-8和GIF文件支持8位颜色，因此可以显示多达256种颜色。确定使用哪种颜色的过程被称为建立索引，因此GIF和PNG-8格式的图像有时也被称为索引颜色图像。为了将图像转换为索引颜色，可以构建颜色查找表来保存图像中的颜色，并为这些颜色建立索引。如果原始图像中的某种颜色未出现在颜色查找表中，应用程序将在该表中选取最接近的颜色，或使用可用颜色的组合模拟该颜色。在“存储为Web所用格式”对话框的“预设”栏中选择“GIF”或“PNG-8”，可以显示它们的优化选项，如图15-43和图15-44所示。

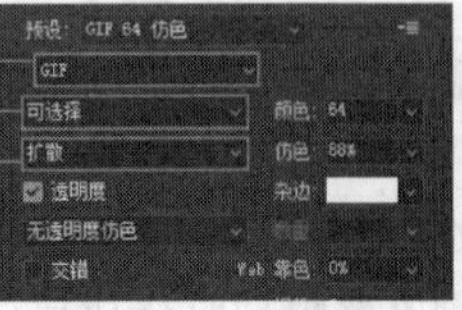

图15-43　图15-44

● **损耗（仅限于GIF格式）**：通过有选择地扔掉数据来减小文件大小。通常可以应用5~10的“损耗”值，如图15-45所示。较高的“损耗”值会导致更多数据被扔掉。数值较高时，文件虽然会更小，但图像的品质却会变差，如图15-46所示。

图15-45　图15-46

● **减低颜色深度算法和颜色**：指定用于生成颜色查找表的方法，以及想要在颜色查找表中使用的颜色数量。图15-47和图15-48所示为不同颜色数量的图像效果。降低颜色深度的方法如下所述。

图15-47　图15-48

可感知。通过为人眼比较敏感的颜色赋予优先权来创建的自定颜色表。

可选择。该选项是默认选项。该颜色表与“可感知”颜色表类似，但对大范围的颜色区域和保留Web安全颜色有利。此颜色表通常会生成具有最大颜色完整性的图像。

随样性。通过从图像的主要色谱中提取色样来创建自定颜色表。例如，只包含绿色和蓝色的图像会产生主要由绿色和蓝色构成的颜色表。大多数图像的颜色集中在色谱的特定区域。

受限。使用Windows和Mac OS 8位（256色）调板通用的标准216色颜色表。该选项确保当使用8位颜色显示图像时，不会对颜色应用浏览器仿色（该调板也称为Web安全调板）。但使用Web调板可能会创建较大的文件，因此，只有当避免应用浏览器仿色是优先考虑的因素时，才建议使用该选项。

自定。使用用户创建或修改的调色板。如果打开现有的GIF或PNG-8文件，它将具有自定调色板。

黑-白、灰度、Mac OS、Windows。使用相应的调色板。

- **指定仿色算法与仿色**：确定应用程序仿色的方法和数量。“仿色”是指模拟计算机的颜色显示系统中未提供的颜色的方法。较高的仿色百分比使图像中出现更多的颜色和更多的细节，但同时也会增大文件大小。为了获得最佳压缩比，请使用可提供所需颜色细节的最低百分比的仿色。若图像所包含的颜色主要是纯色，则在不应用仿色时，通常也能正常显示图像。包含连续色调（尤其是颜色渐变）的图像，可能需要应用仿色以防止出现颜色条带现象。图15-49所示是设置“颜色”为“50”、“仿色”为“0%”的GIF图像，图15-50所示的是设置“仿色”为“100%”的效果。

图15-49

图15-50

图案。使用类似半调的方形图案模拟颜色表中没有的任何颜色。

扩散。应用与“图案”仿色相比通常不太明显的随机图案并在相邻像素间扩散。

杂色。应用与“扩散”仿色相似的随机图案，但不在相邻像素间扩散图案。使用“杂色”仿色时不会出现接缝。

- **透明度和杂边**：确定如何优化图像中的透明像素。

要使完全透明的像素透明并将部分透明的像素与一种颜色相混合，请勾选“透明度”复选框，然后选择一种杂边颜色。

要使用一种颜色填充完全透明的像素并将部分透明的像素与同一种颜色相混合，请选择一种杂边颜色，然后取消勾选“透明度”复选框。

要选择杂边颜色，请单击“杂边”色块，然后在“拾色器（杂边颜色）”对话框中选择一种颜色。也可以从“杂边”下拉列表中选择一个选项：“吸管颜色”（使用吸管颜色图标显示的颜色）、“前景色”“背景色”“白色”“黑色”“其他”（使用拾色器）。

图15-51所示为背景为透明的图像，图15-52所示为选中“透明度”复选框并带有杂边颜色为红色的图像，图15-53所示为选中“透明度”复选框并且不带杂边颜色的图像，图15-54所示为取消选择“透明度”复选框并带有杂边颜色为红色的图像。

- **交错**：用于当完整图像文件正在下载时，在浏览器中显示图像的低分辨率版本。交错可使下载时间感觉更短，并使浏览者确信正在进行下载，但是，会增加文件大小。
- **Web靠色**：指定将颜色转换为最接近的Web调板等效颜色的容差级别，并防止颜色在浏览器中进行仿色。值越大，转换的颜色越多。

图15-51

图15-52

图15-53

图15-54

◎优化为JPEG格式

JPEG是用于压缩连续色调图像（如照片）的标准格式。将图像优化为JPEG格式的过程实际是有损压缩的过程，程序会有选择地扔掉数据。图15-55所示为JPEG优化选项。

图15-55

- **压缩品质和品质**：用来确定压缩程度。“品质”

设置越高，压缩算法保留的细节越多。但是，使用高品质设置比使用低品质设置生成的文件大，如图15-56和图15-57所示。通过查看几种品质设置下的优化图像，可以确定品质和文件大小之间的最佳平衡点。

图15-56

图15-57

- **连续**：勾选该复选框，可以在Web浏览器中以渐进方式显示图像。图像将显示为一系列叠加图形，从而使浏览者能够在图像完全下载前查看它的低分辨率版本。“连续”复选框要求使用优化的JPEG格式。
- **优化**：勾选该复选框，可以创建文件大小稍小的增强JPEG图像。如果要最大限度地压缩文件，建议勾选该复选框。
- **嵌入颜色配置文件**：勾选该复选框，可以在优化文件中保存颜色配置文件。某些浏览器会使用颜色配置文件进行颜色校正。
- **模糊**：指定应用于图像的模糊量。“模糊”选项与“高斯模糊”滤镜有相同的效果，并且该选项允许进一步压缩文件以获得更小的文件。建议使用0.1~0.5的设置。
- **杂边**：为在原始图像中透明的像素指定一个填充颜色。单击“杂边”色块可以在“拾色器（杂边颜色）”对话框中选择一种颜色，或者从“杂边”下拉列表中选择一个选项：“吸管颜色”（使用吸管颜色图标显示的颜色）、“前景色”“背景色”“白色”“黑色”“其他”（使用拾色器）。

◎优化为PNG-24格式

PNG-24格式适合于压缩连续色调图像，但它所生成的文件比JPEG格式生成的文件要大得多。使用PNG-24格式的优点是可在图像中保留多达256个透明度级别。图15-58所示为PNG-24格式优化选项。

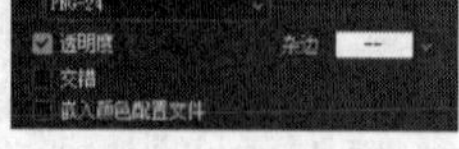

图15-58

- **透明度和杂边**：确定如何优化图像中的透明像素。请参阅优化GIF和PNG图像中的透明度。
- **交错**：当完整图像文件正在下载时，在浏览器中显示图像的低分辨率版本。交错可使下载时间感觉更短，并使浏览者确信正在进行下载，但是也会增加文件大小。

◎优化为WBMP格式

WBMP是用于优化移动设备（如移动电话）图像的标准格式。其优化选项如图15-59所示。WBMP支持1位颜色，即WBMP图像只包含黑色和白色像素。图15-60所示为原图像，图15-61所示为优化后的图像。

图15-59

图15-60

图15-61

15.2.4 输出Web图像

优化Web图像后，执行“文件→导出→存储为Web所用格式”命令，打开“存储为Web所用格式”对话框，单击“优化菜单”按钮，执行“编辑输出设置”命令，打开“输出设置”对话框，如图15-62所示。在“输出设置”对话框中可以设置HTML文件的格式、文件和切片的名称，以及在存储优化图像时如何处理背景图像。

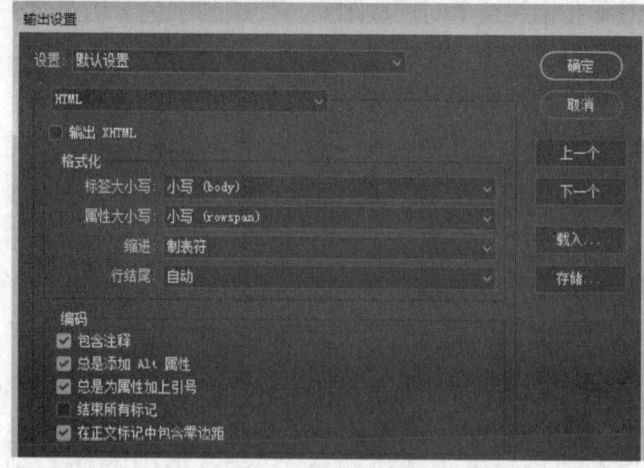

图15-62

◎ HTML输出选项

- 输出XHTML：创建满足XHTML导出标准的Web页。如果勾选“输出XHTML”复选框，则会禁用可能与此标准冲突的其他输出选项。选择该复选框将会自动设置“标签大小写”和“属性大小写”选项。
- 标签大小写：指定标签的大小写。
- 属性大小写：指定属性的大小写。
- 缩进。指定代码行的缩进方法，可以使用创作应用程序的制表位设置、使用指定的间距量或不使用缩进。
- 行结尾：为行结尾兼容性指定平台。
- 编码：为Web页指定默认字符编码。
- 包含注释：在HTML代码中添加说明性注释。
- 总是添加Alt属性：将Alt属性添加到IMG元素中，以遵从官方的Web可访问性标准。
- 总是为属性加上引号：在所有标记属性两侧加上引号。为了与某些早期浏览器兼容和严格遵从HTML，必须在属性两侧加上引号，但是，并不建议总是为属性加上引号。如果取消勾选该复选框，则当需要与大多数浏览器兼容时，应使用引号。
- 结束所有标记：为文件中的所有HTML元素添加结束标记，以遵从XHTML。
- 在正文标记中包含零边距：去除浏览器窗口中的默认内部边距。将值为零的边距宽度、边距高度、左边距和顶边距添加到正文标记中。

实战演练 切片的使用与网页制作

网页设计完成后，可继续对网页界面进行编辑，通过进行建立切片、设置链接、优化图像、存储为Web所用的HTML格式等操作，可以使网页更加完美。

01 执行“文件→打开”命令，打开素材文件，如图15-63所示。

02 选择切片工具，在图像上建立一个切片，如图15-64所示，此时切片处于选中状态。

图15-63

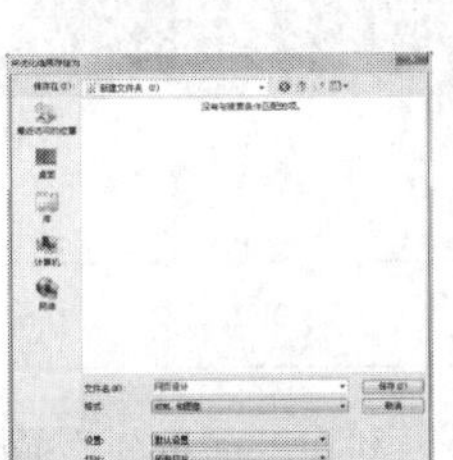
图15-64

03 选择切片选择工具，双击图像中的切片，打开“切片选项”对话框，如图15-65所示，可以为切片添加链接路径，完成后单击“确定”按钮。

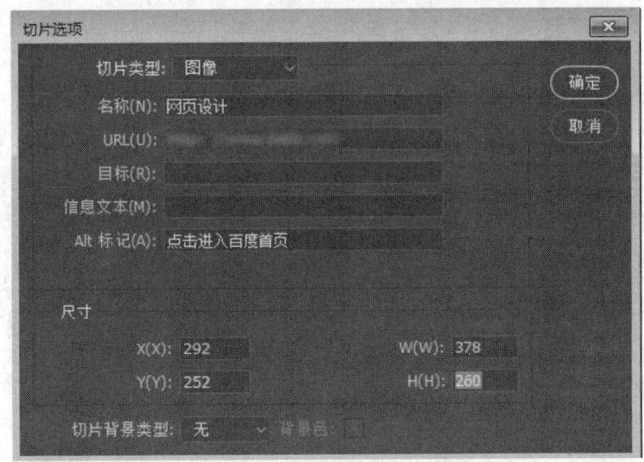

图15-65

04 执行“文件→导出→存储为Web所用格式”命令，打开“存储为Web所用格式”对话框，选择切片选择工具，选中图像上的切片，如图15-66所示。

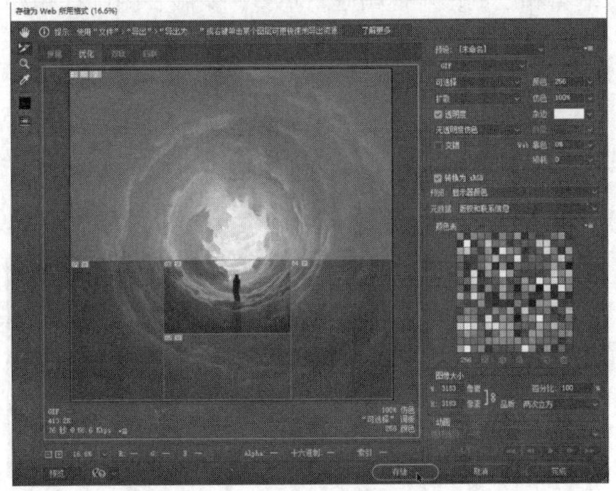
图15-66

05 选择文件格式，并对图像进行优化设置，单击“存储”按钮，打开“将优化结果存储为”对话框，将文件存储为HTML和图像格式，如图15-67所示。单击“保存”按钮，即可存储网页到指定位置，如图15-68所示。

图15-67　图15-68

完成后，在浏览器中打开图片，单击网页中的按钮，即可到达链接目标位置，如图15-69和图15-70所示。

图15-69

图15-70

15.3 视频功能

在Adobe Photoshop CC 2017中，可以通过修改图像图层来产生运动和变化，从而创建基于帧的动画，也可以使用一个或多个预设像素长宽比来创建视频中使用的图像。完成编辑后，可以将您所做的工作存储为动画GIF文件或PSD文件，这些文件可以在很多视频程序（如Adobe Premiere Pro、Adobe After Effects等）中进行编辑。

15.3.1 视频图层

Photoshop（扩展版）可以编辑视频的各个帧和图像序列文件，如使用Photoshop工具在视频上进行编辑和绘制，对视频应用滤镜、蒙版、图层样式和混合模式等。

在Photoshop中打开视频文件或图像序列时，会自动创建视频图层（视频图层带有标志），帧将包含在视频图层中，图15-71所示为打开的图像“雪地”，图15-72所示为视频“图层”面板。用户可以使用画笔工具和图章工具在视频文件的各个帧上进行绘制，也可以创建选区或应用蒙版对帧的特定区域进行编辑，如图15-73所示。

图15-71

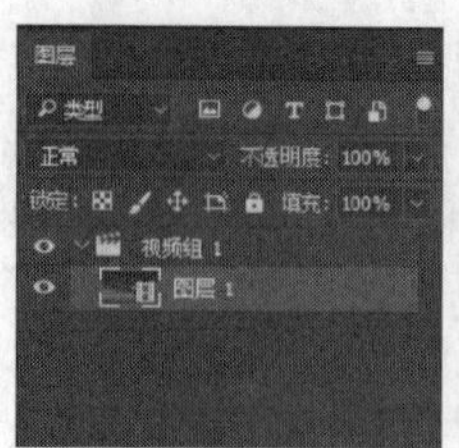

图15-72

图15-73

15.3.2 “时间轴”面板

在Photoshop CC 2017中可以利用“时间轴”面板制作复杂的动画。

执行“窗口→时间轴”命令，打开“时间轴”面板，单击“创建视频时间轴”按钮即可进行编辑，如图15-74所示。“时间轴”面板显示了文档图层的帧持续时间和动画属性。在面板中可浏览各个帧，放大或缩小时间显示，切换洋葱皮模式，删除关键帧和预览视频。用户也可以使用时间轴上自身的控件调整图层的帧持续时间，设置图层属性的关键帧并将视频某一部分指定为工作区域，如图15-75所示。

图15-74

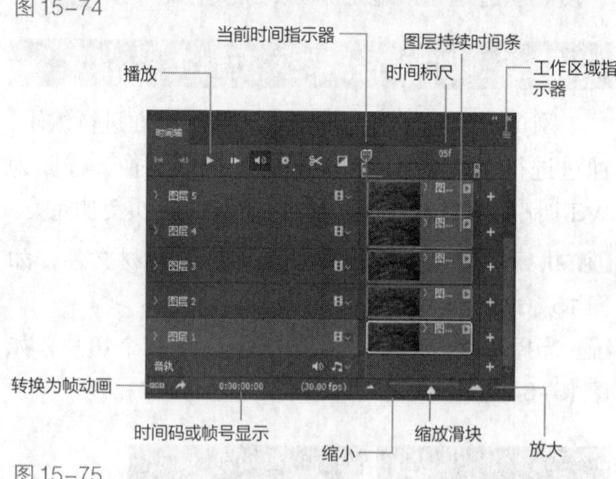

图15-75

- **注释轨道：** 单击面板右上角按钮，执行“注释→编辑时间轴注释”命令，可以在当前时间处插入注释。注释在注释轨道中显示为状图标，并当鼠标指针移动到图标上方时，作为工具提示出现。
- **全局光源轨道：** 显示要在其中设置和更改图层效

果（如投影、内阴影以及斜面和浮雕的主光照角度）的关键帧。

- **关键帧导航器**：轨道标签左侧的箭头按钮用于将当前时间指示器从当前位置移动到上一个或下一个关键帧和添加或删除当前时间的关键帧。
- **时间-变化秒表**：用于启用或停用图层属性的关键帧设置。选择此选项可插入关键帧并启用图层属性的关键帧设置，取消选择可移去所有关键帧并停用图层属性的关键帧设置。
- **播放按钮**：启动或关闭播放。
- **转换为帧动画**：单击该按钮，可将“视频时间轴”切换为“帧动画”。
- **工作区域指示器**：用于打开功能菜单进行时间轴导航或操作，也可以进行关闭操作。
- **图层持续时间条**：用于指定图层在视频或动画中的时间位置。如果要将图层移动到其他时间位置，可拖曳该条；要调整图层的持续时间，可拖曳该条的任一端。
- **时间标尺**：根据文档的持续时间和帧速率，水平测量持续时间或帧计数。刻度线和数字沿标尺出现，并且其间距会随时间轴的缩放设置的变化而变化。
- **时间码或帧号显示**：显示当前帧的时间码或帧号。

15.4 创建与编辑视频图层

在Photoshop中，用户可以通过多种方式打开或者创建视频图层。如果用户计算机中安装有QuickTime 7.1版或更高的版本，则可以打开多种QuickTime视频格式的文件，包括MPEG-1、MPEG-4、MOV、AVI等。

15.4.1 创建视频图层

在Photoshop CC 2017中有以下几种创建视频图层的方法。

创建视频图像：执行“文件→新建”命令，打开“新建文档”对话框，选择“胶片和视频”，然后选择一个适用于显示图像的视频系统大小，如图15-76所示。单击“高级选项”以指定颜色配置文件和特定的像素长宽比，单击“创建”按钮即可创建一个空白的视频文件，效果如图15-77所示。

- **打开视频文件**：执行“文件→打开”命令，选择一个视频文件，然后单击“打开”按钮即可将其打开。

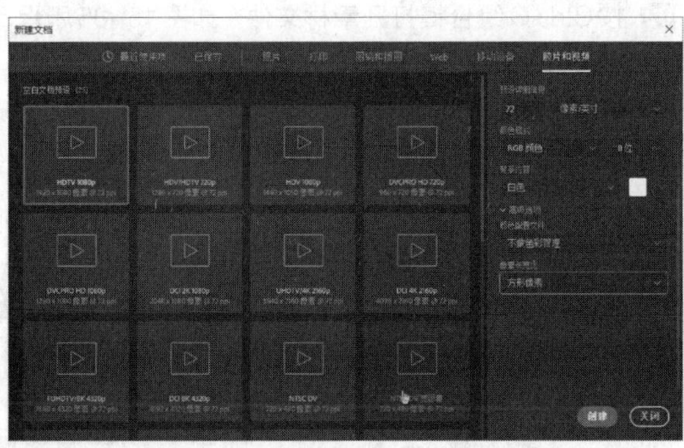

图15-76

图15-77

- **新建视频图层**：按Ctrl+O组合键打开素材文件，执行“图层→视频图层→新建空白视频图层”命令，即可创建一个空白的视频图层，如图15-78所示。（默认情况下，在打开非方形像素文档时，“像素长宽比校正”处于启用状态，此设置会对图像进行缩放。要更改图像在计算机显示器上的显示，可执行“视图→像素长宽比校正”命令。）

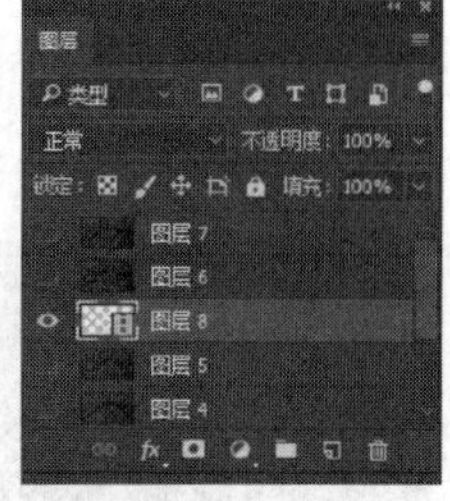

图15-78

- **导入视频文件**：执行“图层→视频图层→从文件新建视频图层”命令，可将视频导入到打开的文档中。

- **重新载入素材**：如果在不同的应用程序中修改视频图层的源文件，则当打开包含引用更改的源文件的视频图层的文档时，Photoshop通常会重新载入并更新素材。如果已打开文档并且已修改源文件，则执行“图层→视频图层→重新载入帧”命令可以在“时间轴”面板中重新载入和更新当前帧。

实战演练 将视频中的帧导入图层

Photoshop CC 2017中提供了将视频帧导入图层的功能，利用此功能可将指定的视频文件以帧的形式导入到“图层”面板中并且程序会自动进行分层处理。要在Photoshop CC 2017中处理视频，必须在计算机中安装QuickTime 7.1（或更高版本）。

01 执行“文件→导入→视频帧到图层”命令，打开“打开”对话框，如图15-79所示，选择视频素材文件“倒计时”。

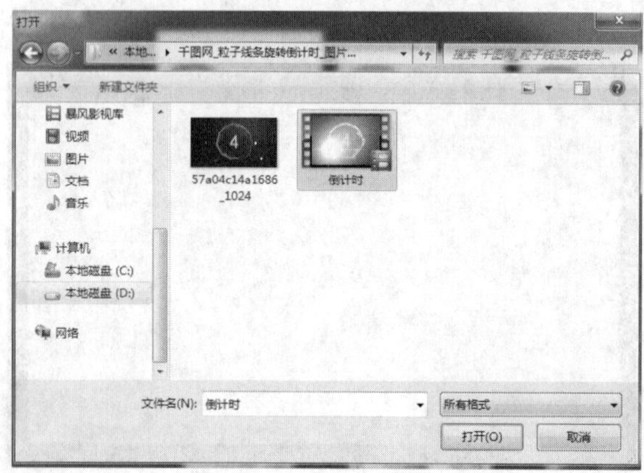

图15-79

02 单击“打开”按钮，打开“将视频导入图层”对话框，如图15-80所示，选择“仅限所选范围”选项，然后按住Shift键并拖曳时间滑块，设置导入的帧的范围，如图15-81所示。如果需要导入所有的帧，可选择“从开始到结束”选项。

图15-80

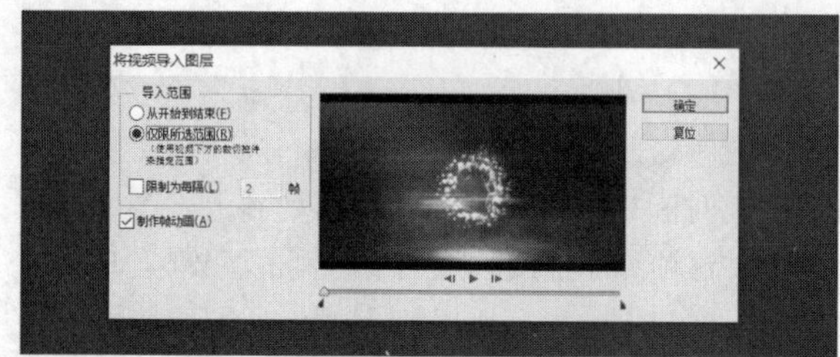

图15-81

03 单击“确定”按钮，即可将指定范围内的视频帧导入为图层，如图15-82所示。

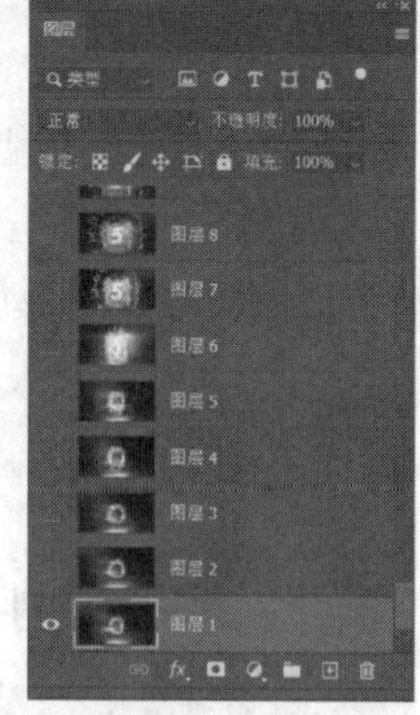

图15-82

实战演练 修改视频图层的不透明度

在了解了“时间轴”面板中各个按钮和视频属性的作用后，下面通过实例帮助大家掌握怎样利用视频图层的不透明度来制作动画。

01 执行“文件→打开”命令，打开视频文件“倒计时”，如图15-83所示，“图层”面板如图15-84所示。

图15-83

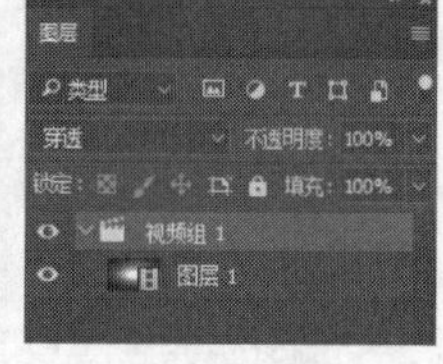

图15-84

02 按Ctrl+O组合键打开素材文件，如图15-85所示，把它移动到视频文件中，放在视频图层的下面，作为“图层 2”，如图15-86所示，然后选中视频图层。

图15-85

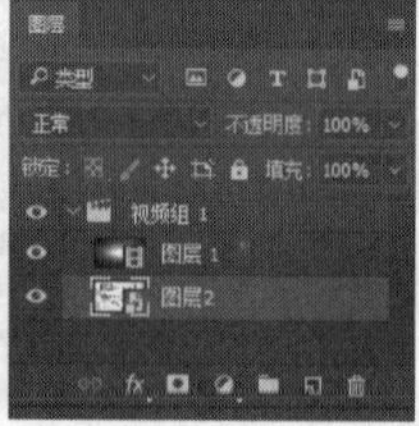

图15-86

03 打开“时间轴”面板，单击“图层1”前面的按钮，展开列表，将指示器往右拖移一段距离，此时画面的效果如图15-87所示。

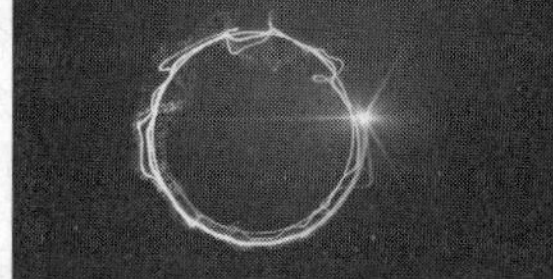
图15-87

04 单击“不透明度”轨道前的“时间-变化秒表”按钮，显示出关键帧导航器，并添加一个关键帧，如图15-88所示。当指示器拖至图15-89所示位置时，效果如图15-90所示。

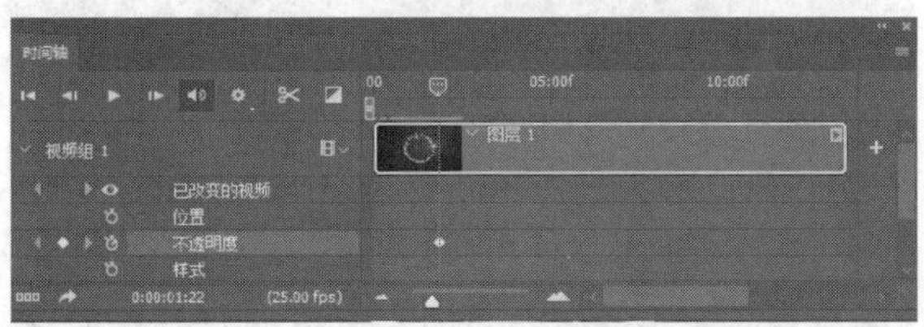
图15-88

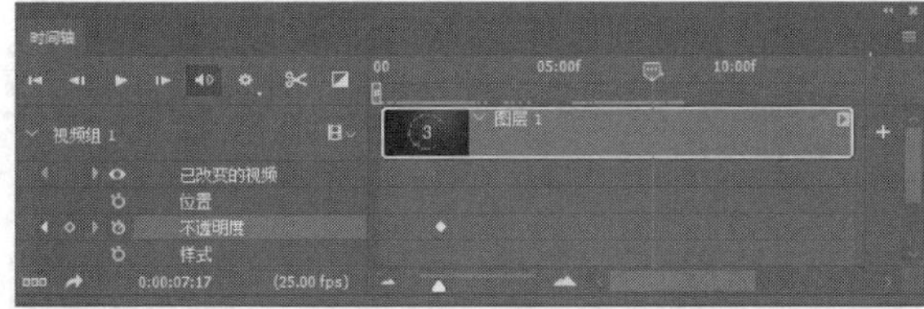
图15-89

05 设置视频图层的“不透明度”为“0%”，如图15-91所示，画面效果如图15-92所示。在图层的不透明度被修改的同时，程序会在当前时间点添加一个关键帧，如图15-93所示。

图15-90

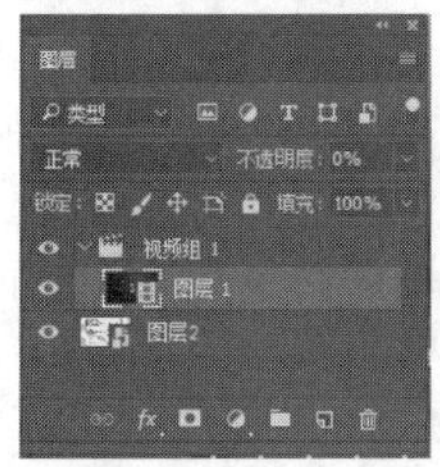
图15-91

图15-92

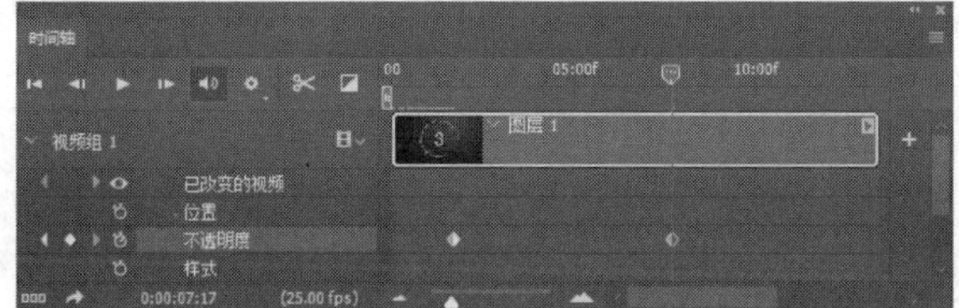
图15-93

06 再将指示器向右拖一小段距离，将视频图层的“不透明度”设置为“100%”，画面的效果如图15-94所示，此时共有3个关键帧生成，如图15-95所示。

图15-94

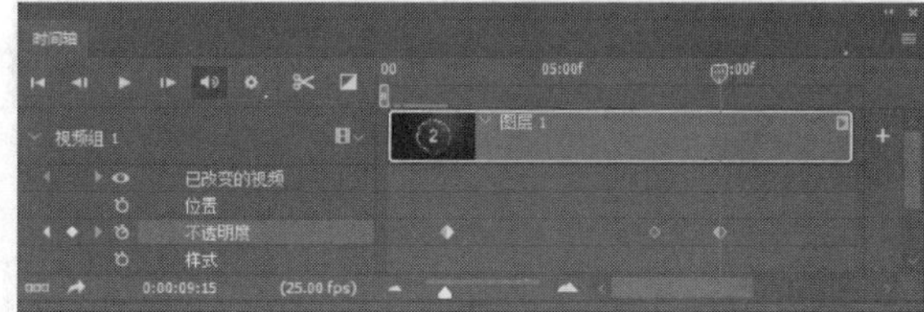
图15-95

07 单击“转到第一帧”按钮，切换到视频的起始点。单击“播放”按钮，开始播放视频文件。在第1个关键帧处，视频图层逐渐变得透明，第2个关键帧处，“图层2”图层中的图像完全显示，到第3个关键帧时，“图层2”图层中的图像完全消失。视频播放过程中的几个画面如图15-96至图15-99所示。

图15-96

图15-97

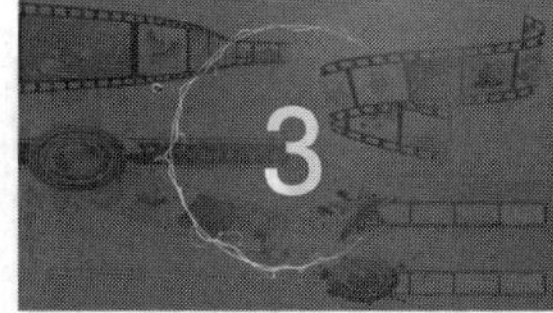
图15-98

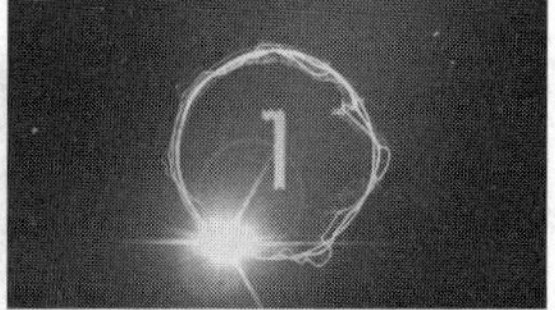
图15-99

实战演练 修改视频图层的混合模式和位置

通过为视频图层添加样式可以制作出不同的动画效果，利用这种制作方法既可提高动画的视觉效果，又可减小工作量。

01 执行“文件→打开”命令，打开视频素材文件，如图15-100所示，其“图层”面板如图15-101所示。

图15-100

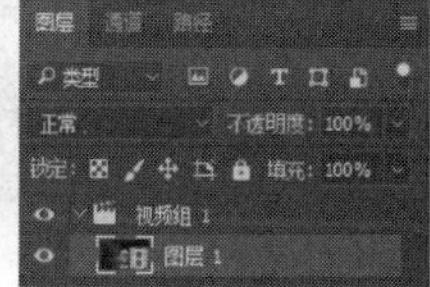
图15-101

02 执行“文件→打开”命令，打开素材文件，如图15-102所示，将该素材拖入上一步打开的视频文件中，得到“图层2”图层，将“图层2”图层拖至“图层1”图层的下方，如图15-103所示。

图15-102

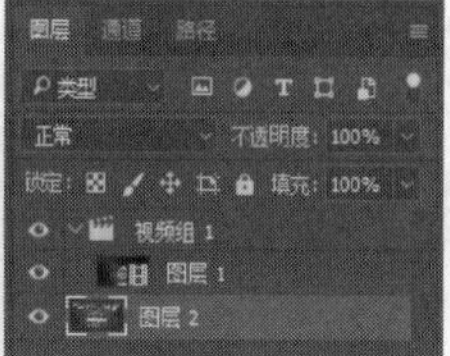
图15-103

03 打开“时间轴”面板，单击“图层1”前面的按钮，分别单击“不透明度”和“样式”轨道前的“时间-变化秒表”按钮，显示出关键帧导航器，添加关键帧，如图15-104所示。

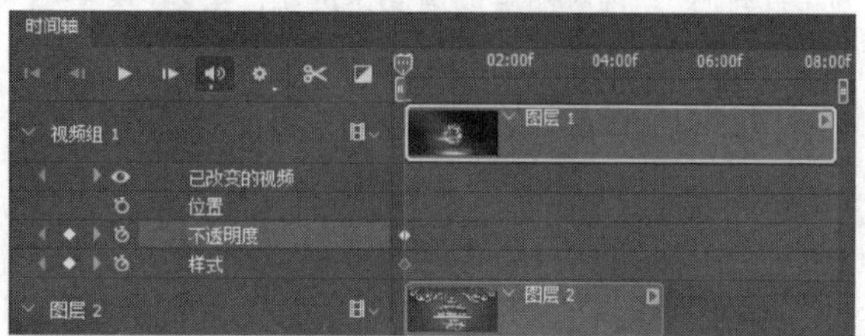
图15-104

04 选择“不透明度”轨道上的关键帧，在“图层”面板中设置“图层1”图层的“不透明度”值为“80%”，如图15-105所示，画面的效果如图15-106所示。

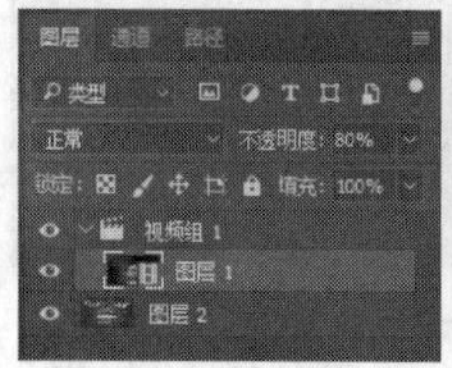
图15-105

图15-106

05 将指示器依次向右拖一段距离，在“样式”轨道的不同位置添加关键帧，“时间轴”面板如图15-107所示。

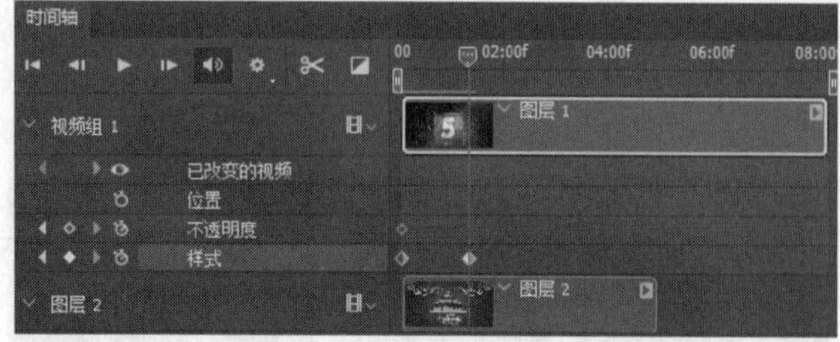
图15-107

06 将指示器拖曳到“样式”轨道的第二个关键帧处，在“图层”面板中单击“添加图层样式”按钮，执行“光泽”命令，弹出“图层样式”对话框，参数设置如图15-108所示，单击“确定”按钮，“图层”面板如图15-109所示。

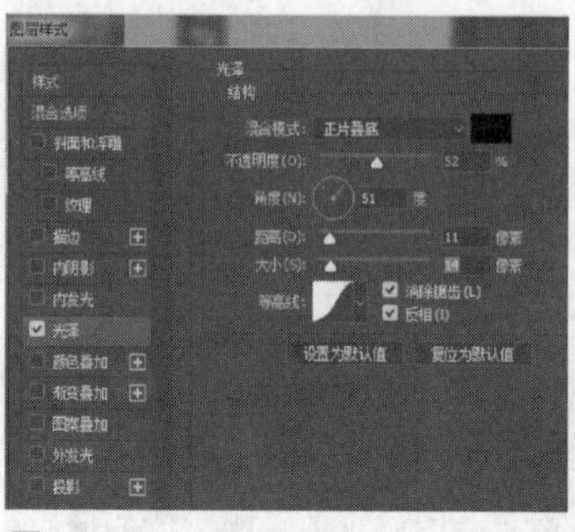
图15-108

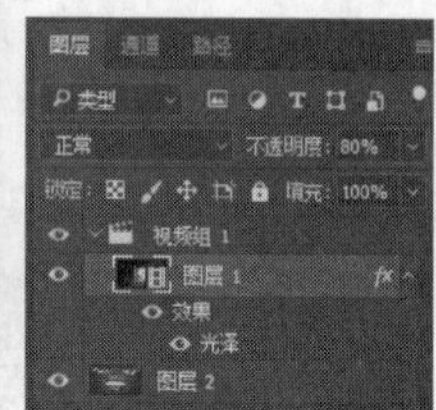
图15-109

07 在其他帧处设置不同的图层样式，完成后单击“转到第一帧”按钮，回到起始点，单击“播放”按钮，播放文件，视频到达各个帧时会出现与设置相符的效果，使视频显得丰富、美观。播放过程中的几个画面如图15-110至图15-113所示。

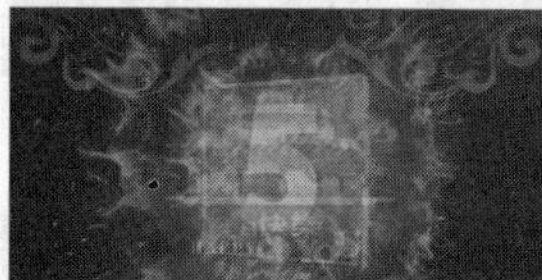
图15-110

图15-111

图15-112

图15-113

15.4.2 解释视频素材

如果我们使用了包含Alpha通道的视频，就需要指定Photoshop如何解释Alpha通道，以便获得所需结果。

在“时间轴”或“图层”面板中选择要解释的视频图层。执行“图层→视频图层→解释素材”命令，打开“解释素材”对话框，如图15-114所示。在对话框中可以指定Photoshop CC 2017如何解释已经打开或导入视频的Alpha通道和帧速率。

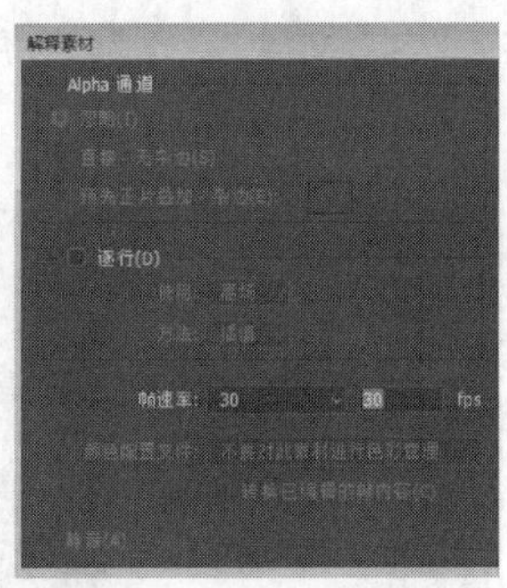
图15-114

- **Alpha通道**：指定解释视频图层中的Alpha通道方式。素材必须包含Alpha通道，此选项才可用。如果已经选择“预先正片叠加-杂边”，则可以指定对通道进行先前正片叠底所使用的杂边的颜色。
- **帧速率**：指定每秒要播放的频率帧数。
- **颜色配置文件**：在此菜单中选择一个配置文件，可以对视频图层中的帧或图像进行色彩管理。

15.5 创建动画

动画是在一段时间内显示一系列图像或帧，即当每一帧较前一帧都有轻微的变化时，连续、快速地显示这些帧就会产生视频效果。

15.5.1 “帧动画”模式

使用Photoshop制作动画时，主要是通过“时间轴”面板上的“帧动画”模式和“视频时间轴”模式制作动画效果的，下面介绍“帧动画”模式。

执行“窗口→时间轴”命令，打开“时间轴”面板，如图15-115所示。单击黑色的小三角按钮，在下拉列表中选择“创建帧动画”，如图15-116所示，然后单击“创建帧动画”按钮。“动画”面板中显示每个帧的缩览图，使用面板底部的工具可以浏览各个帧，设置循环选项，添加和删除帧以及预览动画。

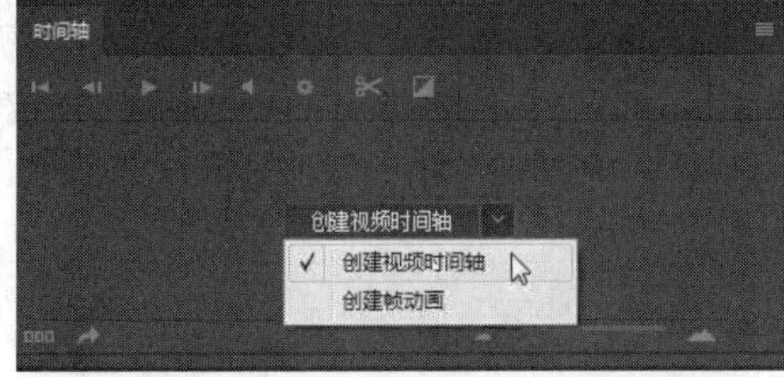

图15-115

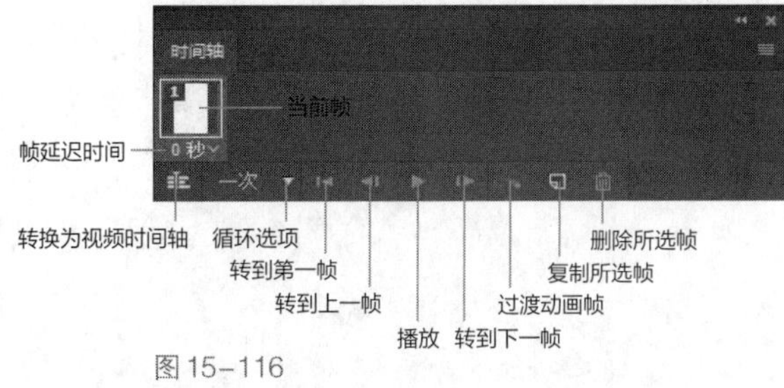

图15-116

- **当前帧**：当前所选择的帧。
- **帧延迟时间**：设置帧在回放过程中的持续时间。
- **循环选项**：设置动画在作为动画GIF文件导出时的播放次数。
- **转到第一帧**：单击该按钮，可自动选择序列中的第一个帧作为当前帧。
- **转到上一帧**：单击该按钮，可选择当前帧的前一帧作为当前帧。
- **播放**：单击该按钮，可在窗口中播放动画，再次单击则停止播放。
- **转到下一帧**：单击该按钮，可选择当前帧的下一帧作为当前帧。
- **过渡动画帧**：如果要在两个现有帧之间添加一系列帧，并让新帧之间的图层属性均匀变化，可单击该按钮，在弹出的“过渡”对话框中进行相应的设置，如图15-117所示。图15-118和图15-119所示为设置“要添加的帧数”为“5”时，添加帧前后的面板状态。

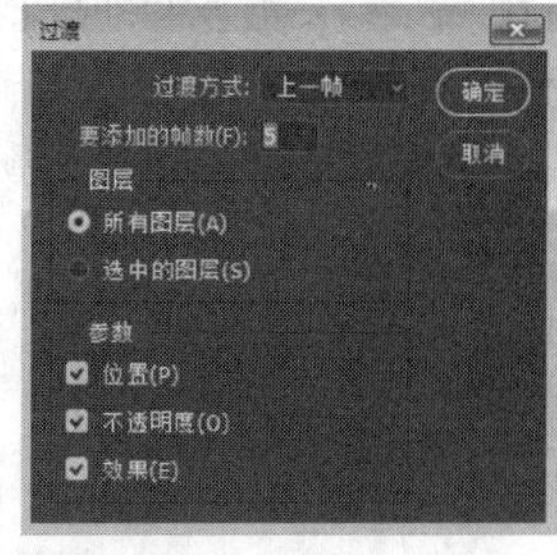

图15-117

图15-118

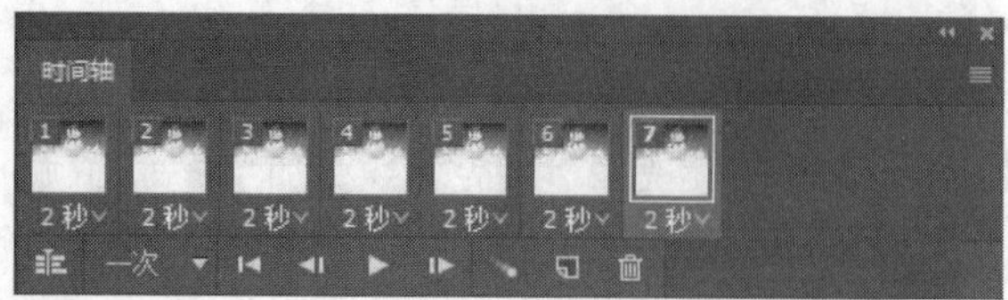

图 15-119

- **复制所选帧**：单击该按钮，可在面板中复制所选的帧。
- **删除所选帧**：选择要删除的帧，然后单击该按钮，即可删除所选择的帧。
- **转换为视频时间轴**：单击该按钮，可将当前的"帧动画"模式转换为"视频时间轴"模式。

15.5.2 制作GIF动画

了解了"帧动画"模式之后，本小节将通过演示"蝶恋花"GIF动画的制作过程来帮助读者更好地掌握使用Photoshop制作动画的方法。

01 按Ctrl+O组合键打开素材文件"花"，如图15-120所示，"图层"面板如图15-121所示。

图 15-120

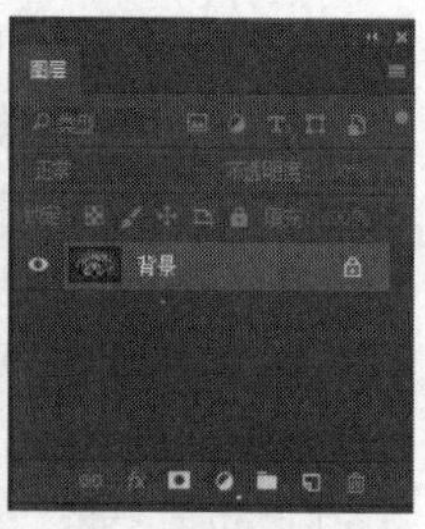

图 15-121

02 按Ctrl+O组合键打开素材文件"蝴蝶"，将文件拖至"花"文档中，作为"图层1"图层，如图15-122和图15-123所示。

图 15-122

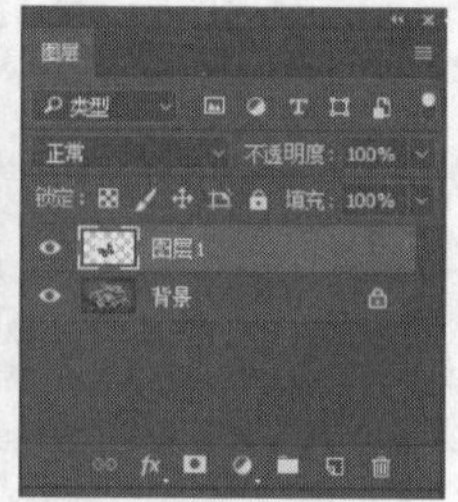

图 15-123

03 因为文件"蝴蝶"的背景为白色，所以可以直接使用"正片叠底"将其变为透明，如图15-124和图15-125所示。

图 15-124

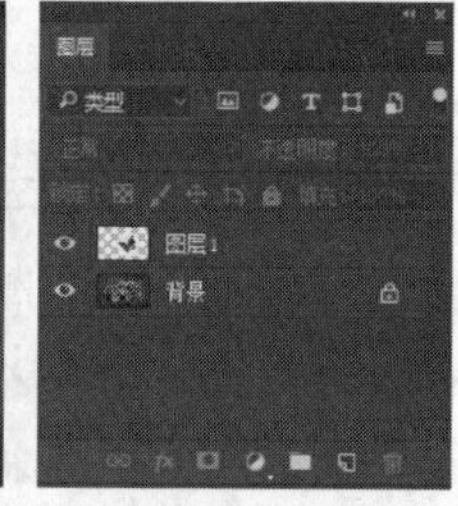

图 15-125

图 15-126

04 按Ctrl+T组合键将"图层1"图层中的蝴蝶选中，适当调整图像大小，并移动蝴蝶至合适位置，如图15-126所示，然后按Enter键确认。

05 打开“时间轴”面板，在“帧延迟时间”下拉列表中选择“0.2”，将循环次数设置为“永远”。单击“复制所选帧”按钮，添加一个动画帧，如图15-127所示。将“图层1”图层拖至“创建新图层”按钮上进行复制，隐藏“图层1”图层，如图15-128所示。

图15-127

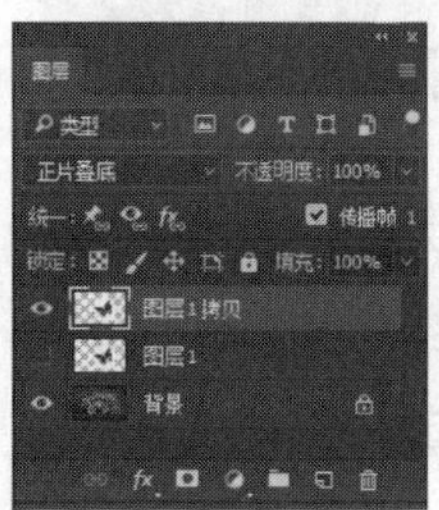

图15-128

06 按Ctrl+T组合键打开“图层1 拷贝”图层自由变换框，如图15-129所示，按住Shift+Alt组合键并拖曳控制点，将蝴蝶向中间压扁，如图15-130所示，按Enter键确认。

图15-129

图15-130

07 单击“播放”按钮，播放动画，动画中蝴蝶会不停地扇动翅膀，如图15-131至图15-133所示，再次单击该按钮可停止播放。

图15-131

图15-132

图15-133

08 执行“文件→导出→存储为Web所用格式”命令，弹出“存储为Web所用格式”对话框，如图15-134所示，选择GIF文件格式，并进行适当的优化，单击“存储”按钮，即可保存为GIF格式动画。

图15-134

第16章 Camera Raw

16.1 Camera Raw操作界面概览

在使用一般卡片相机或者低端相机拍摄照片后，相机会将照片自动存储为JPEG格式，JPEG是一种经过压缩后的图形文件格式，是目前非常流行的图形文件格式。而单反数码相机以及一些高端的消费型相机都会提供Raw格式用于照片拍摄，Raw格式是未经处理的一种原始数据格式，它会将相机捕捉下的信息完全记录下来。所以通常专业摄影师和对图像要求很高的摄影相关人员都会选择用Raw格式来记录图像数据。

数码相机的品牌不同，所生成的Raw格式照片的扩展名也不同，目前常见的扩展名有*.crw、*.cr2、*.nef、*.arw、*.orf等。Camera Raw作为一个随Photoshop一起提供的增效工具，安装完整版的Photoshop时会自动安装Camera Raw。它可以对照片的色调、亮度、暗度、白平衡、饱和度、对比度等参数进行调整，还可以对图像进行锐化处理、减少图像杂色、纠正镜头问题，并对图像进行移动、复制、绘图以及特效处理。

16.1.1 基本界面介绍

在学习如何在Camera Raw中编辑和处理照片之前，我们先一起学习Camera Raw对话框的结构和基本功能。

Camera Raw的对话框如图16-1所示。

- 预览：可在窗口中实时显示对照片所做的调整。
- RGB：将鼠标指针放在图像中时，可以显示鼠标指针下面像素的红色、绿色和蓝色颜色值，如图16-2所示。
- 直方图：是图像中每个明亮度值的像素数量的表示形式。如果直方图中的每个明亮度值都不为零，则表示图像利用了完整的色调范围。没有使用完整色调范围的直方图对应于缺少对比度的昏暗图像。左侧出现峰值的直方图表示阴影修剪，右侧出现峰值的直方图表示高光修剪。
- Camera Raw设置菜单：单击■按钮，可以打开"Camera Raw 设置"菜单，访问菜单中的命令。

图16-1

图16-2

- 选择缩放级别：可以从下拉列表中选取一个放大

学习重点

随着数码相机技术的发展，单反数码相机以及一些高端的消费型相机都会提供Raw格式用于拍摄照片。Raw文件与JPEG文件不同，它包含相机捕获的所有数据，如ISO设置、快门速度、光圈值、白平衡等。Camera Raw是专门用于处理Raw文件的程序。本章重点介绍Raw格式图片以及Camera Raw软件的基本操作，通过实例讲解，读者可更深入地学习该程序在照片后期处理的应用。

设置，或单击按钮缩放窗口的视图比例。

- 工作流程选项：单击该按钮可以打开“工作流程选项”对话框，我们可以对从Camera Raw输出的所有文件进行参数设置，包括色彩深度、色彩空间和像素尺寸等。

16.1.2 工具

◎工具按钮

- 缩放工具：选择该工具后，单击图像可以放大窗口中图像的显示比例，按住Alt键并单击图像则缩小图像的显示比例。如果要使图像恢复到100%的显示比例，可以双击该工具。
- 抓手工具：放大图像以后，可使用该工具在预览窗口中移动图像。此外，按住空格键可以切换为该工具。
- 白平衡工具：使用该工具在白色或灰色的图像内容上单击，可以校正照片的白平衡。双击该工具，可以将白平衡恢复为照片的原来状态。
- 颜色取样器工具：使用该工具在图像中单击，可以建立颜色取样点，对话框顶部会显示取样像素的颜色值，以便于我们在调整时观察颜色的变化情况，如图16-3所示，一个图像最多可以放置9个取样点。

图16-3

- 目标调整工具：选择该工具并按住鼠标左键不放，会打开一个菜单，在打开的菜单中选择一个选项，如图16-4所示，包括“参数曲线”“色相”“饱和度”“明亮度”“灰度混合”，然后在图像中想调整的部位单击鼠标右键，即可调出快捷菜单并实施多种调整。

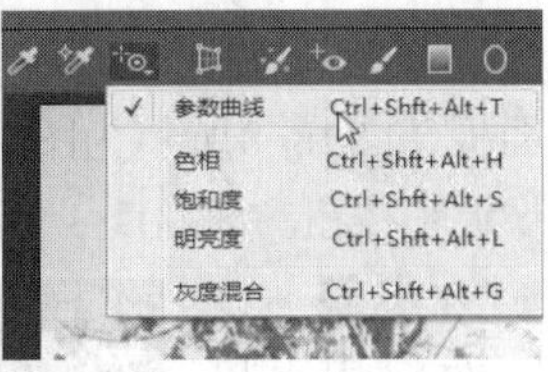

图16-4

- 变换工具：可以通过变换工具对图像进行变换调整。变换工具选项面板如图16-5所示，包含垂直、水平、旋转、长宽比、缩放、横向补正、纵向补正。

图16-5

变换工具可以用于校正倾斜的图像。例如，打开一张倾斜图片，如图16-6所示，单击“自动：应用平衡透视矫正”按钮，矫正效果如图16-7所示。

图16-6

图16-7

- **污点去除**：可以使用另一区域中的样本修复图像中选中的区域。
- **红眼去除**：选择“红眼去除”工具之后，按住鼠标左键并在眼睛周围拉出一个虚线方框，里面的红色就会变成黑色，最后勾选“显示叠加”的复选框，即可完成对红眼的去除工作。
- **调整画笔和渐变滤镜**：用于选择区域，然后对该区域进行曝光度、亮度、对比度、饱和度、清晰度等参数的调整。
- **旋转工具**：可以对图像进行顺时针和逆时针旋转。

16.1.3 图像调整

单击不同的图像调整按钮，可以切换到不同的面板，图16-8所示为图像调整按钮。

图16-8

- **基本**：该面板用于控制色彩平衡和基本的色调调整，如图16-9所示。

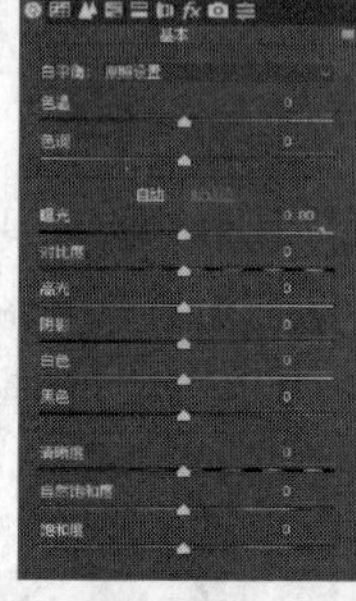

图16-9

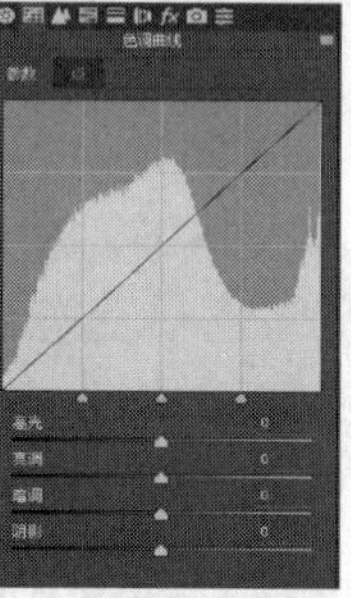

图16-10

- **色调曲线**：该面板的功能类似于Photoshop中的“曲线”命令，用于精确地调整对比度和亮度，如图16-10所示。
- **细节**：在该面板中可以对图像进行整体锐化和减少杂色的调整，如图16-11所示。
- **HSL/灰度**：在该面板中可以使用“色相”“饱和度”“明亮度”对图像的颜色进行进一步调整，如图16-12所示。
- **分离色调**：在该面板中可以为单色图像添加颜色，还可以对彩色图像的高光和阴影进行颜色的调整，如图16-13所示。

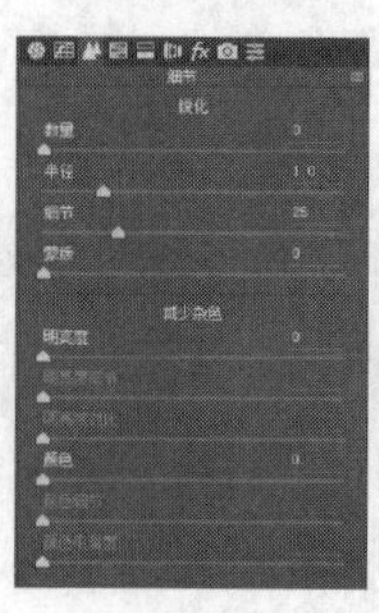

图16-11

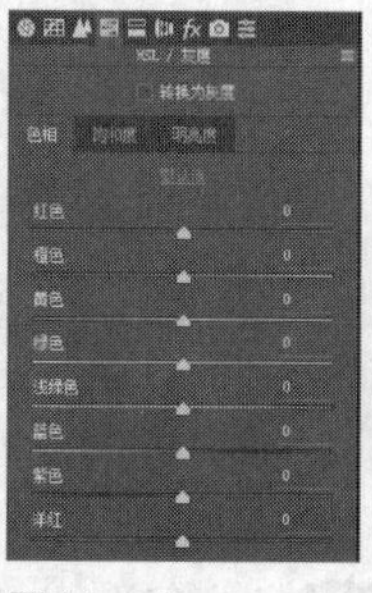

图16-12

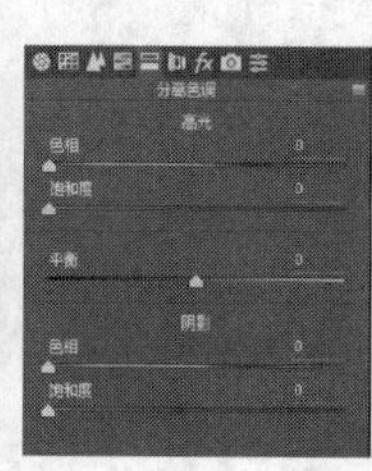

图16-13

- **镜头校正**：在该面板中可以对镜头的透视、畸变等问题进行校正，同时可以解决镜头的光学缺陷导致的色差和晕影等问题，如图16-14所示。
- **效果**：在该面板中可以为画面添加颗粒和阴影效果，如图16-15所示。
- **相机校准**：在该面板中用户能够调整图像中红色、绿色和蓝色范围的色相和饱和度。另外，此面板对于微调“相机原始数据”自带的默认相机配置文件也很有帮助，如图16-16所示。

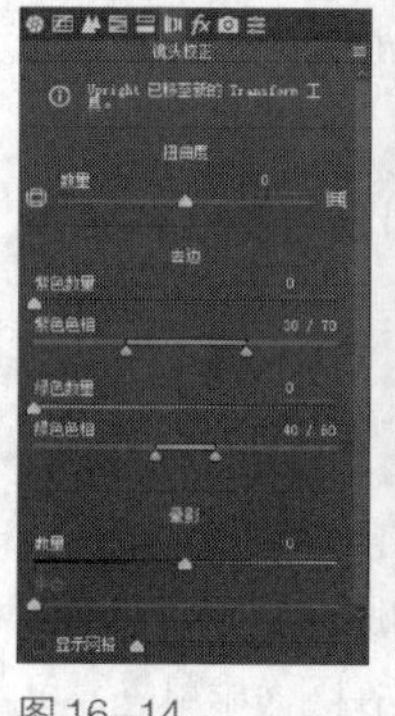

图16-14

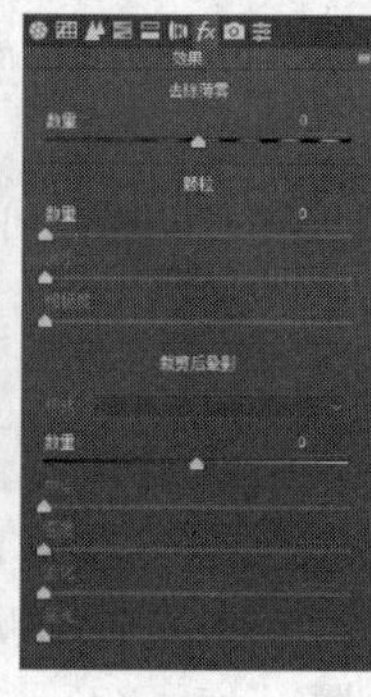

图16-15

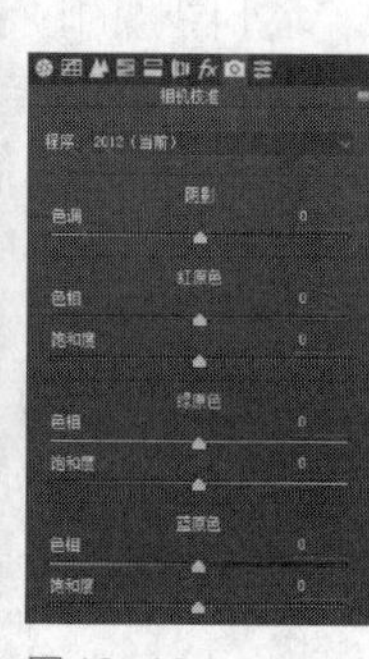

图16-16

- **预设**：可以将一个图像的调整设置存储为预设，在调整下一个图像时可以直接应用此预设。

16.2 打开和存储Raw照片

Camera Raw不仅可以处理Raw文件，同时也可以打开和处理JPEG和TIFF格式的文件，但是打开方法有所不同。处理完文件后，我们可以将Raw文件另存为PSD、TIFF、JPEG或DNG格式。

16.2.1 在Photoshop中打开Raw照片

如果需要在Photoshop中对Raw照片进行编辑，需运行Photoshop，执行“文件→打开”命令或按Ctrl+O组合键，弹出“打开”对话框，如图16-17所示，在对话框中选择需要打开的Raw文件，单击

"打开"按钮即可进入Camera Raw操作界面。

图16-17

我们可以在Photoshop中一次打开多张Raw照片，执行"文件→打开"命令或者按Ctrl+O组合键，在"打开"对话框中按住Ctrl键，依次单击要打开的Raw文件，选择完毕后单击"打开"按钮进入Camera Raw操作界面，打开的图像会在操作界面的左侧以纵向排列的缩略图形式显示，如图16-18所示。

图16-18

16.2.2 在Bridge中打开Raw照片

首先打开Adobe Bridge，然后选择照片，执行"文件→在Camera Raw中打开"命令，如图16-19所示，或按Ctrl+R组合键，就可以在Camera Raw中将其打开。

16.2.3 在Camera Raw中打开其他格式照片

在Photoshop中执行"文件→打开为"命令，弹出"打开"对话框，选择照片，然后在格式下拉列表中选择"Camera Raw"，单击"打开"按钮即可在Camera Raw中打开JPEG或TIFF照片，如图16-20所示。

图16-19

图16-20

16.2.4 使用其他格式存储Raw照片

在Camera Raw中完成对Raw照片的编辑后，单击对话框底部的按钮，如图16-21所示，选择一种方式存储照片或者放弃修改结果。

图16-21

- 存储图像：如果要将Raw照片另存为其他格式（PSD、TIFF、JPEG或DNG 格式）的文件，可单击该按钮，打开" 存储选项"对话框，设置文件名称和存储位置，在"格式"的下拉列表中选择保存格式，如图16-22所示。

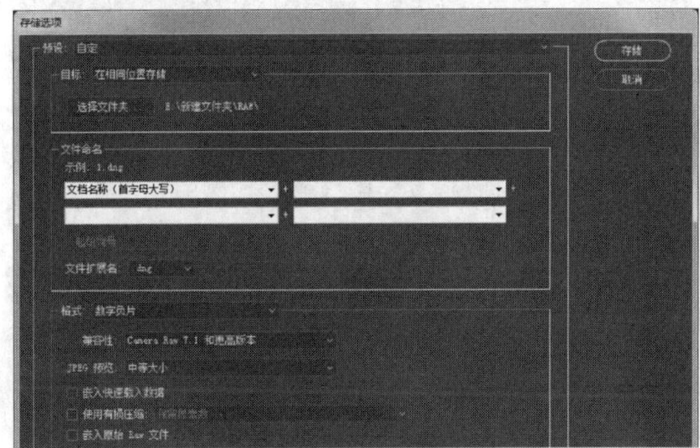

图16-22

- 打开图像：将对于图像的调整应用到此Raw图像上，然后在Photoshop中打开图像。
- 取消：单击该按钮可放弃所有调整同时关闭“Camera Raw”对话框。
- 完成：单击该按钮，可以将调整应用到Raw图像上，并更新其在Bridge中的缩览图。

16.3 在Camera Raw中进行颜色和色调调整

Camera Raw可以调整照片的白平衡、色调、饱和度等参数，同时还可以校正镜头缺陷等问题。由于Raw图像为原始的图像文件格式，所以它会保留相机原始数据，调整的内容将存储在Camera Raw数据库中，作为元数据嵌入图像文件。

16.3.1 调整照片白平衡

拍摄照片有时会因为白平衡设置错误而得到偏色的照片，利用Camera Raw就可以改变白平衡，而且不会影响照片的质量。

01 按Ctrl+O组合键打开一张Raw格式的照片，如图16-23所示。

图16-23

02 这张照片的拍摄时间是早上，由于拍摄时白平衡的设置问题使得整体画面有些偏暖，并不是真实的人物色调。选择白平衡工具，在图像中找一处中性色（白色或灰色）的区域单击，Camera Raw可以自动确定拍摄场景的光线颜色，然后自动调整场景光照，这样照片就恢复成了正常的色调，即白平衡校正完毕，调整前后的对比效果如图16-24所示。

图16-24

03 单击对话框左下角的“存储图像”按钮，将修改后的照片保存为“数字负片”格式（DNG格式）。

◎白平衡调整选项

白平衡用于平衡拍摄光照情况下的拍摄物的色彩。用户可以在“Camera Raw”对话框中的“基本”面板中设置参数以纠正照片的白平衡。图16-25所示为“基本”面板中的“白平衡”“色温”“色调”选项。

图16-25

- 白平衡下拉列表：在打开一张Raw格式的照片时，此选项为默认选项，即显示的是相机拍摄此照片时所使用的原始白平衡设置（原照设置），我们可以在下拉列表中选择其他的预设（日光、阴天、阴影、白炽灯等），如图16-26所示。

图16-26

- 色温：用于将白平衡设置成自定的色温，用户可以通过调整色温选项来继续校正照片色调。滑动色温色块，我们发现这是一个蓝色到黄色的渐变色条，蓝色即为“冷光”，黄色即为“暖光”。向蓝色方向滑动滑块时，整体画面的色调开始向蓝色（即“冷光”）转变，如图16-27所示；反之将滑块向黄色方向滑动时，整体画面的色调开始向黄色（即“暖光”）转变，如图16-28所示。通过改变色温我们可以完成自定义白平衡，弥补拍摄时白平衡的不准。

图16-27

图16-28

- 色调：可通过设置白平衡来改变原照片的色调，即在不同颜色的物体上，笼罩着某一种色彩，使不同颜色的物体都带有同一色彩倾向。色调就是改变这种色彩现象以达到我们想要的效果，如图16-29所示。

图16-29

- 曝光：调整原照片的曝光值，弥补在拍摄时镜头光圈开得太小、快门速度较快而导致的画面较暗，或是光圈开得太大、快门速度较慢而导致的画面过曝。通过滑动曝光滑块可以解决此问题，该值的每个增量等同于光圈大小，如图16-30所示。

图16-30

- 高光：尝试从高光中恢复细节。Camera Raw可以在将一个或两个颜色通道修剪为白色的区域中重建某些细节。用于过曝后照片亮部细节丢失的修复。
- 阴影：从照片阴影中恢复细节，但不会使黑色变亮。用于曝光不足后照片暗部细节的修复，如图16-31所示。

图16-31

- 黑色：指定哪些输入色阶将在最终图像中映射为黑色。增加“黑色”可以扩展映射为黑色的区域，使图像的对比度看起来更高。它主要影响阴影区域，对中间调和高光区域影响较小。
- 白色：用于调整图像的亮度或暗度，它与“曝光度”属性非常类似。但是，向右移动滑块时，将压缩高光并扩展阴影，而不是修剪图像中的高光或阴影，如图16-32所示。通常的调整顺序为：先设置“曝光”“高光”“黑色”来设置总体色调范围，然后再设置“白色”。

图16-32

- 对比度：可以增加或减少图像对比度，主要影响中间色调。增加对比度时，中间调到暗图像的区域会变得更暗，中间调到亮图像的区域会变得更亮。

16.3.2 调整照片清晰度和饱和度

01 执行“文件→打开为”命令，在对话框中选择素材照片，在格式下拉列表中选择“Camera Raw”，单击“打开”按钮，用Camera Raw打开，如图16-33所示。

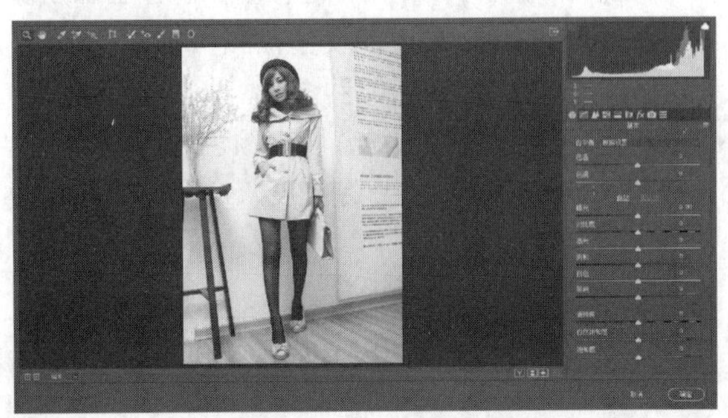

图16-33

02 我们看到照片色调整体有些偏冷，而我们想营造出暖色调的感觉，这时调整“色温”和“色调”选项，使照片偏向红黄的暖色调，如图16-34所示。画面整体有些偏暗，所以这时候我们可以提高“曝光”数值，提亮整个画面，如图16-35所示。为了恢复暗部细节，我们适当提高“亮光”数值，如图16-36所示。最后提高“清晰度”和“自然饱和度”数值，使画面清晰、通透、鲜亮、明快，如图16-37所示。

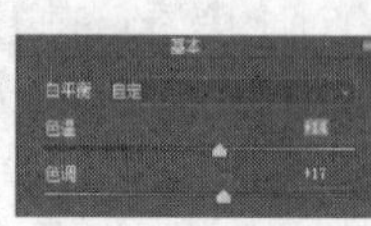

图16-34

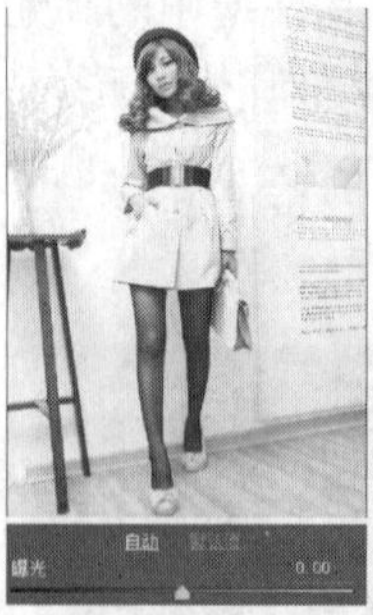

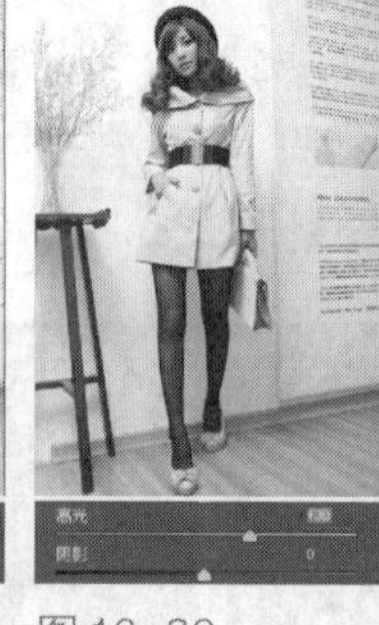
图16-35

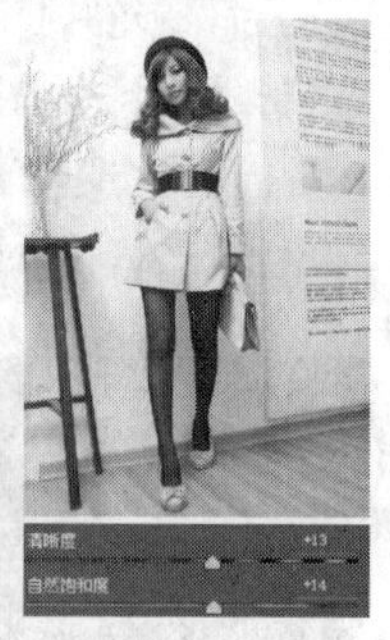
图16-36

图16-37

◎清晰度和饱和度选项

在“Camera Raw”对话框的“基本”面板中，我们可以通过调整“清晰度”选项来调整图像的清晰度，通过调整“自然饱和度”和“饱和度”选项来调整图像的鲜亮和浓艳程度，如图16-38所示。

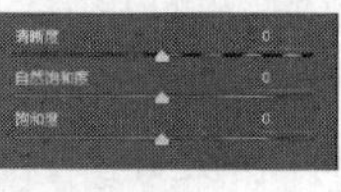
图16-38

- 清晰度：可以调整图像的清晰度。
- 自然饱和度：与“饱和度”的区别是它在调节图像饱和度的时候会保护已经饱和的像素，即在调整时会大幅增加不饱和像素的饱和度，而对已经饱和的像素只做很少、很细微的调整，特别是对肤色有很好的保护作用。这样不但能够增加图像某一部分的色彩，还能使整幅图像饱和度正常，在处理照片时应用较广泛。
- 饱和度：可以均匀地调整所有颜色的饱和度，类似于Photoshop“色相/饱和度”命令中的饱和度功能。

16.3.3 使用色调曲线调整对比度

单击“Camera Raw”对话框中的“色调曲线”按钮，在右侧的操作栏中会显示色调曲线的相关选项，如图16-39所示。调整色调曲线可以调整图像的对比度，色调曲线有两种调整方式，默认显示的是参数选项卡，如图16-40所示。此时我们调整曲线，可以拖曳“高光”“亮调”“暗调”或“阴影”滑块来针对这几个色调进行微调，这样的调整可以避免手动操作带来的误差，调整结果会更加精确。

向右拖曳滑块可以使曲线上扬，所调整的色调就会变亮，如图16-41所示；向左拖曳滑块可以使曲线下降，所调整的色调就会变暗，如图16-42所示。

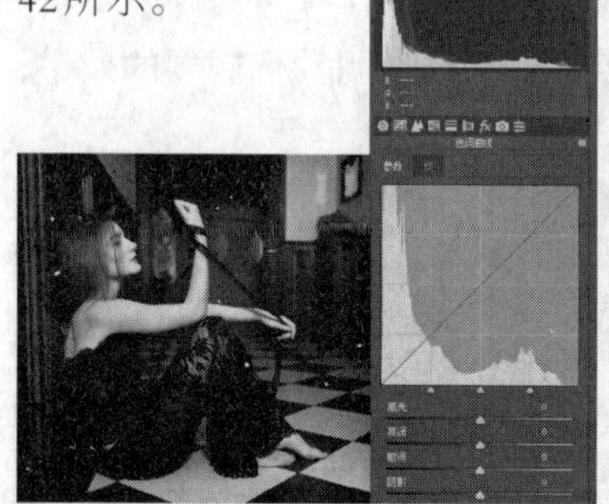
图16-39

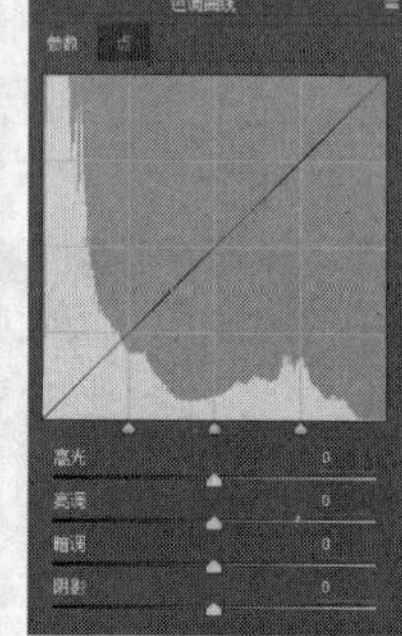
图16-40

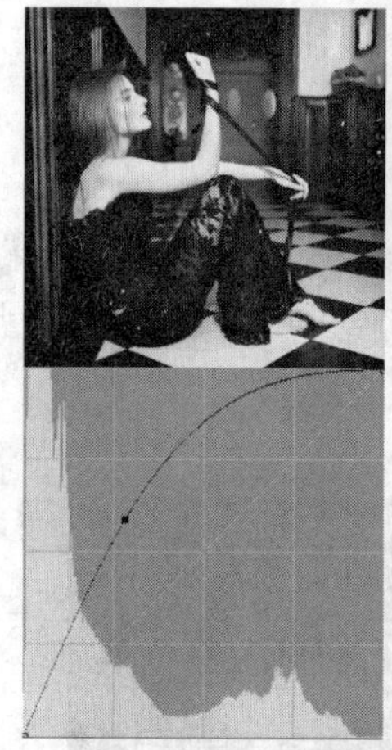
图16-41

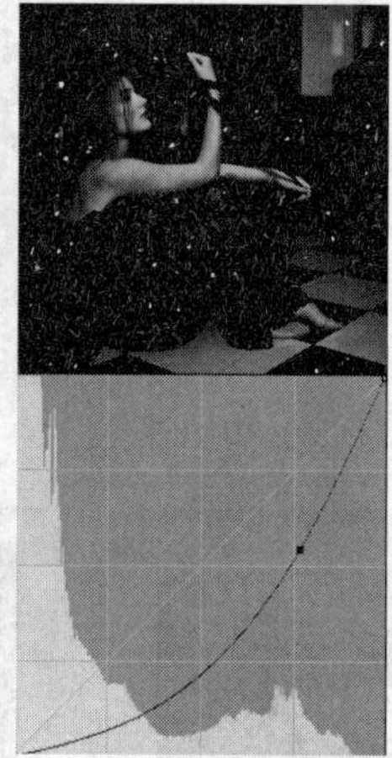
图16-42

16.3.4 锐化

从前拍摄胶卷照片时，只要光圈合理、聚焦准确、手没有抖，照片就相当清晰，通常不存在需要锐化的问题。数码相机由于要克服传感器的某些缺陷，减少杂光的干扰和防止摩尔干涉条纹的出现，不得不在传感器前面加上两三层低通滤光片，照片的清晰度就因此而下降，只好成像后通过锐化来加以修补，所以对数码照片进行锐化是必不可少的一个工艺过程。JPEG格式的照片是由数码相机自动进行锐化的，而Raw格式的照片是未经锐化的原始素材，就需要在计算机上进行锐化处理了。

单击“Camera Raw”对话框中的“细节”按钮，在右侧的操作栏中会显示细节的相关选项，如图16-43所示。我们可以通过拖曳“数量”“半径”“细节”“蒙版”这4个滑块对图像进行锐化，效果如图16-44所示。同时还可以按P键在原图和锐化后的图像之间进行切换，这样便于观察图像的修改效果。

图16-43

图16-44

◎锐化选项

用户可以通过在“Camera Raw”对话框的“细节”面板中设置参数，从而对图像进行锐化，锐化选项包括“数量”“半径”“细节”“蒙版”，如图16-45所示。

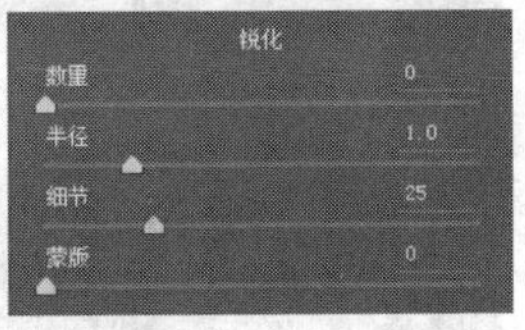

图16-45

- **数量**：控制调整边缘清晰度的程度。提高“数量”的值则会加强锐化，数量值为0，则关闭锐化。这种调整类似于“USM锐化”，它会根据指定的阈值查找与周围像素不同的像素，并按照指定的数量增加像素的对比度。
- **半径**：调整应用锐化的细节大小。具有微小细节的照片可能需要设置较低的值，具有较粗略细节的照片可以使用较大的半径。使用的半径太大通常会产生不自然的外观效果。
- **细节**：调整在图像中锐化多少高频信息和锐化过程强调边缘的程度。设置较低的值会主要锐化边缘以消除模糊，设置较高的值有助于使图像中的纹理更显著。
- **蒙版**：控制边缘蒙版。数值设置为0时，图像中的所有部分均接受等量的锐化；数值设置为100时，锐化主要限制在饱和度最高的区域附近。

16.3.5 调整颜色

Camera Raw提供了一种与Photoshop“色相/饱和度”命令非常相似的调整功能，在Camera Raw里我们可以很轻松地调整各种颜色的色相、饱和度和明度。单击“HSL/灰度”按钮，在右侧操作栏中有图16-46所示的选项。

- **色相**：可以改变画面的颜色，即可以改变画面中某一种颜色的倾向，如图16-47所示。

图16-46

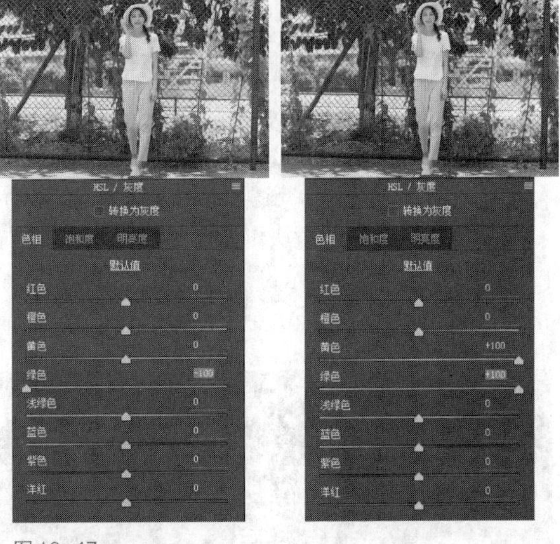

图16-47

- **饱和度**：可以改变画面中各种颜色的鲜艳程度，如图16-48所示。

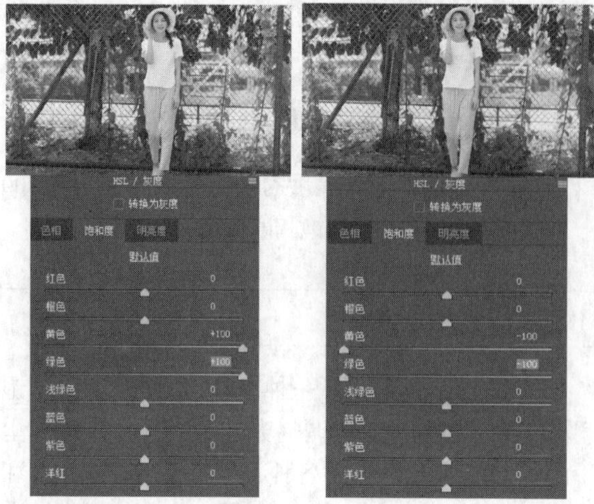

图16-48

- **明亮度**：可以改变画面中各种颜色的亮度，如图16-49所示。

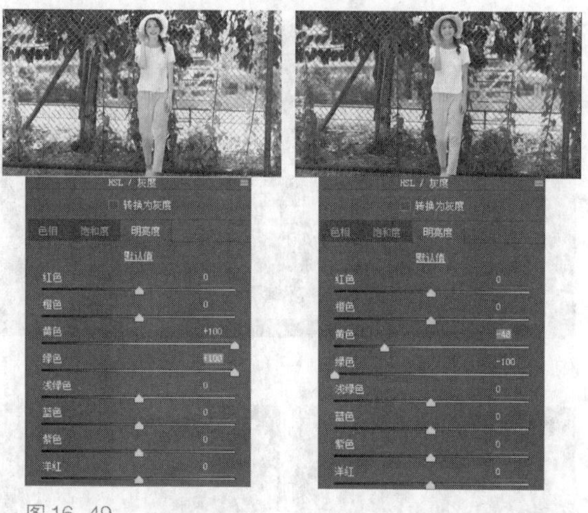

图16-49

- **转换为灰度**：勾选后会将照片转换为黑白，并显示一个“灰度混合”选项卡，如图16-50所示，拖曳此选项卡中的滑块可以指定每个颜色范围在图像灰度中所占的比例，类似于Photoshop中的“黑白”命令。

图16-50

实战演练 为黑白照片着色

在Camera Raw中，“分离色调”选项卡中的选项可以为黑白照片或灰度图像着色。我们既可以为整个图像添加一种颜色，也可以对高光和阴影部分应用不同的颜色，从而创建分离色调效果。

01 执行“文件→打开为”命令，在对话框中选择素材照片，用Camera Raw打开，单击“分离色调”按钮，如图16-51所示。

02 在“饱和度”参数为“0%”的情况下，调整“色相”参数时，我们无法看到调整的效果，这时可以按住Alt键并拖曳“色相”滑块，此时预览窗口中显示的是“饱和度”为“100%”的彩色图像，如图16-52所示，在确定“色相”参数后，释放Alt键，再对“饱和度”进行调整，效果如图16-53所示。

图16-51

图16-52

图16-53

实战演练 校正色差

01 按Ctrl+Shift+Alt+O组合键弹出“打开”对话框，打开素材文件，用Camera Raw打开，单击“镜头校正”按钮，将此选项卡的选项调取出来，如图16-54所示。

02 通过放大，可以看到器物边缘有很明显的红边，如

图16-55所示，所以将“紫色数量”和“紫色色相”滑块向右拖曳，消除红边，拖曳后可以发现红边减轻很多，如图16-56所示。

图16-54

图16-55　图16-56

◎镜头校正选项

目前，大多数单反数码相机上配备的超广角镜头都可以让用户拍摄更大的视角，但是使用这些镜头拍摄的照片有时会出现色差和晕影等问题。通过镜头校正，我们可以矫正这些问题，其选项面板如图16-57所示。

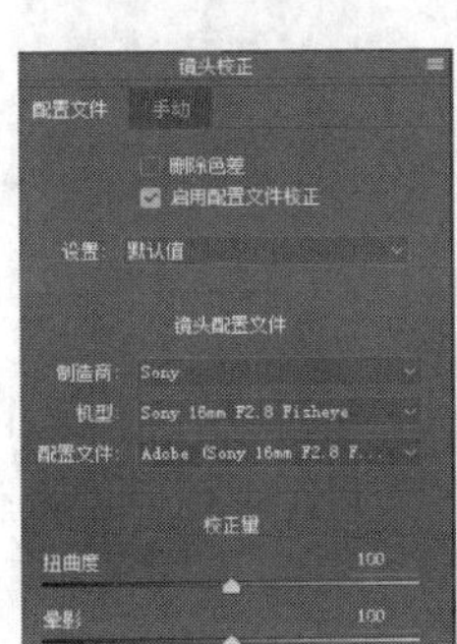

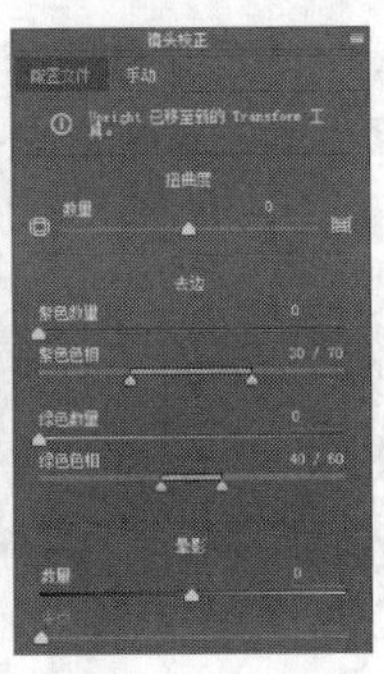

图16-57

- **扭曲度**：调节“鼓形”或“枕形”畸变的滑块。
- **去边**：包含3个选项，可去除镜面高光周围出现的色彩散射现象的颜色。选择“所有边缘”可以校正所有边缘的色彩散射现象，如果导致了边缘附近出现细灰线或者其他不想要的效果，则可以选择“高光边缘”，仅校正高光边缘。选择“关”可关闭去边效果。
- **晕影数量**：正值使角落变亮，如图16-58所示；负值使角落变暗，如图16-59所示。
- **晕影中点**：调整晕影的校正范围，向左拖曳滑块可以使变亮区域或变暗区域向画面中心扩展，向右拖曳滑块则可以收缩变亮区域或变暗区域。

图16-58　图16-59

实战演练　添加特效

01 用Camera Raw打开素材文件，单击“效果”按钮 fx，其选项面板如图16-60所示。

图16-60

02 设置颗粒“数量”为“60”，为照片添加颗粒效果，设置颗粒“大小”为“25”，如图16-61所示，再调整裁剪后晕影的数量、中点和圆度，使照片边缘产生朦胧的反白效果，如图16-62所示。粗糙度与羽化参数则是在应用了颗粒与晕影后系统自动生成的默认参数。

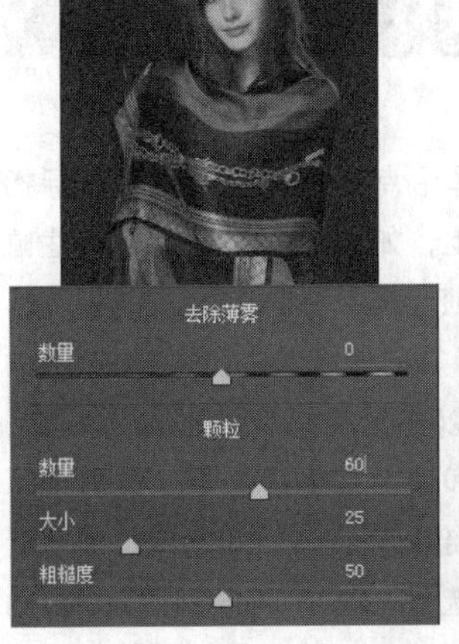

图16-61　图16-62

16.3.6 调整相机的颜色显示

不同型号不同品牌的数码相机在拍摄之后总会产生色偏，通过Camera Raw我们可以在后期对这些色偏进行校正，在校正后我们还可以将校正参数存储并定义为这款相机的默认设置。这样以后在打开该相机拍摄的照片时，就会自动对颜色进行校正、调整和补偿。

下面打开一张相机拍摄的具有典型问题的照片，单击“Camera Raw”对话框中的“相机校准”按钮，可以显示图16-63所示的选项。如果阴影区域出现色偏，可以移动“阴影”选项中的“色调”滑块进行校正。如果是各种原色出现问题，则可移动“原色”滑块。同时我们也可以通过移动这些滑块来模拟不同类型的胶卷。校正完成后，单击右上角的按钮，在打开的菜单中执行“存储新的Camera Raw默认值”命令将设置保存，如图16-64所示，以后打开该相机拍摄的照片时，Camera Raw就会对照片进行自动校正。

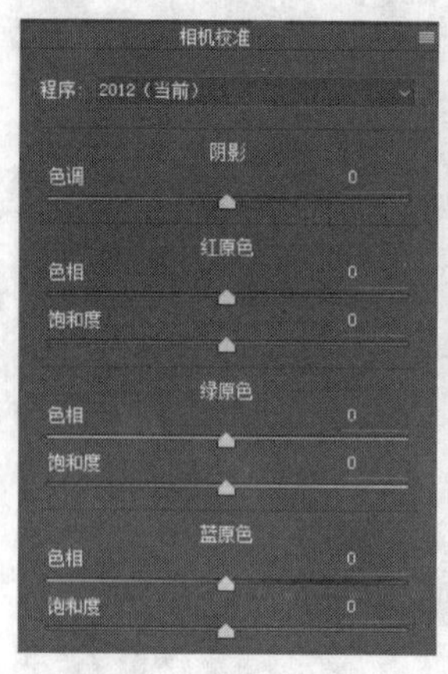

图16-63

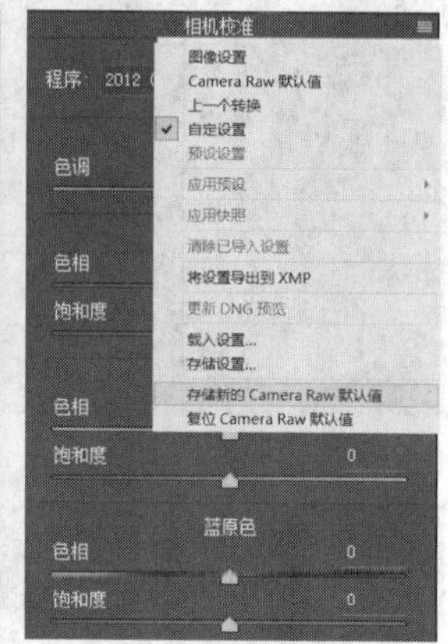

图16-64

16.4 在Camera Raw中修改照片

Camera Raw提供了基本的照片修改功能，这使得我们不必使用Photoshop就可以对Raw照片进行艺术处理。下面将了解怎样使用Camera Raw修改照片。

实战演练 使用污点去除工具去除斑点

01 用Camera Raw打开素材文件，如图16-65所示。

图16-65

02 放大视图比例，选择污点去除工具，将鼠标指针放在需要去除的斑点上，如图16-66所示，按住鼠标左键绘制出一个不规则选框，释放鼠标左键完成选框绘制，用选框将需要修复的斑点选中。（如果选框的位置和大小不合适，可以将鼠标指针移动到选框上，这时会出现相应的移动和放大缩小的图标，然后就可以对选框进行调整。）当绘制完红白相间的选框后附近会出现一个绿白相间的选框，这是Camera Raw自动在斑点附近寻找一块合适的皮肤来修复刚才选中的斑点，如图16-67所示。同样，如果绿白选框的位置不合适，我们可以调整白选框到合适的位置。运用此方法我们可以将皮肤部分的斑点一一修复，如图16-68所示，最后修复的效果如图16-69所示。

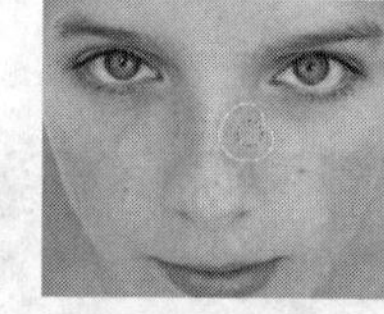
图16-66

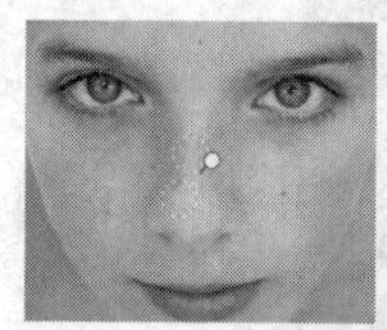
图16-67

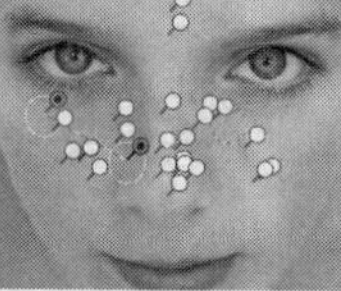
图16-68

图16-69

◎污点去除工具

该功能类似于Photoshop中修复画笔和仿制图章工具，可以对图像进行修复或者仿制，选项面板如图16-70所示。

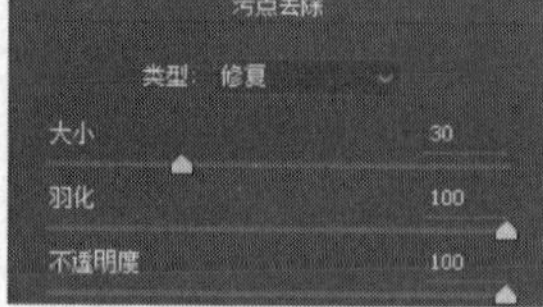

图16-70

- 类型：选择“修复”，可以使样本区域的纹理、光照和阴影与所选区域相匹配；选择“仿制”，则将图像的样本区域应用于所选区域。
- 大小：用来指定点去除工具影响区域的大小。
- 不透明度：可以调整取样的图像的不透明度。
- 使位置可见：使污点变得清晰明显，增加污点与环境的对比度。
- 显示叠加：用来显示或隐藏圆形选框。
- 清除全部：单击该按钮，可以撤销所有的修复。

实战演练 使用调整画笔修改过暗人像阴影

调整画笔的使用方法是先在图像上绘制需要调整的区域，通过蒙版将这些区域覆盖，然后隐藏蒙版，再调整所选区域的色调、色彩饱和度和锐化。

01 按Ctrl+Shift+Alt+O组合键弹出“打开”对话框，打开素材文件。这张照片为正侧光，由于阳光很强烈，所以人物面部阴影浓重，五官和皮肤的一些细节都无法看清，选择调整画笔工具，如图16-71所示，对话框右侧会显示相关选项，先勾选“蒙版”复选框，如图16-72所示。

图16-71 图16-72

02 将鼠标指针放在画面中，鼠标指针会变为图16-73所示的状态，十字线代表了画笔中心，实圆代表了画笔的大小，黑白虚圆代表了羽化范围。在人物面部处单击并拖曳鼠标绘制调整区域，即浓重的阴影区域，如图16-74所示。如果不慎涂抹到了其他区域，按住Alt键在这些区域上绘制，就可以将其清除掉。我们可以看到，涂抹区域覆盖了一层淡淡的灰白色，并且在我们单击处显示出了一个图钉图标。取消对“蒙版”复选框的勾选或按Y键，隐藏蒙版。

图16-73

图16-74

03 向右拖曳“曝光”和“亮度”滑块，可以看到使用调整画笔工具涂抹的区域被调亮了（即蒙版覆盖的区域），其他区域没有受到影响，如图16-75所示。

图16-75

◎调整画笔选项

“调整画笔”可以对图像的某一区域的“曝光”“对比度”“清晰度”“饱和度”“锐化程度”等进行局部调整，选项面板如图16-76所示。

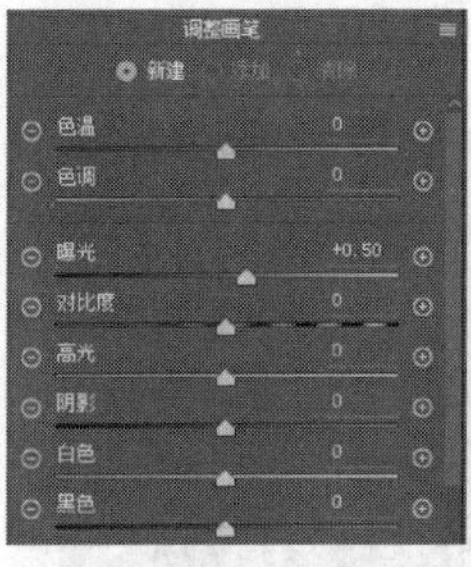

图16-76

- 新建：新建一个调整区。
- 添加：增加调整范围。
- 清除：按Delete键可删除当前整个调整区，按住鼠标左键涂抹则是清除当前调整区域的多余部分。
- 自动蒙版：将画笔描边限制到颜色相似的区域。
- 蒙版：勾选该复选框可以显示或者隐藏蒙版，如图16-77所示。

图16-77

- 清除全部：单击该按钮可删除所有调整和蒙版。

- 大小：用来指定画笔笔尖的直径（单位：像素）。
- 羽化：用来控制画笔描边的硬度。与Photoshop中的“羽化”命令类似，如图16-78所示。
- 流动：控制调整的速率，即笔刷涂抹作用的强度。
- 浓度：控制笔刷的透明度，即笔刷涂抹所能达到的密度。
- 曝光：设置整体图像亮度，它对高光部分的影响较大。向右拖曳滑块可提高亮度，向左拖曳滑块可降低亮度，如图16-79所示。

图16-78

图16-79

- 高光：调整图像亮度，它对中间调的影响很大。向右拖曳滑块可提高亮度，向左拖曳滑块可降低亮度。
- 对比度：调整图像对比度，它对中间调的影响很大。向右拖曳滑块可提高对比度，向左拖曳滑块可降低对比度。
- 饱和度：调整颜色鲜明度或颜色纯度。向右拖曳滑块可提高饱和度，向左拖曳滑块可降低饱和度。
- 清晰度：通过增加局部对比度来提高图像清晰度。向右拖曳滑块可提高清晰度，向左拖曳滑块可降低清晰度。
- 锐化程度：增强边缘清晰度以显示细节。向右拖曳滑块可锐化细节，向左拖曳滑块可模糊细节。
- 颜色：将色调应用到选中的区域。单击右侧的色块，可以选择色相。

调整照片的大小和分辨率

我们在拍摄Raw照片时，为了能够获得更多的信息，照片的尺寸和分辨率设置得都比较大。如果要使用Camera Raw修改照片尺寸或者分辨率，可单击“Camera Raw”对话框底部的文字信息，如图16-80所示，在弹出的“工作流程选项”对话框中进行设置，如图16-81所示。

图16-80

图16-81

- 色彩空间：指定目标颜色的配置文件。通常设置为用于“Adobe RGB”工作空间的颜色配置文件。
- 色彩深度：可以选择照片的位深度，包括8位/通道和16位/通道，它决定了Photoshop在黑白之间可以使用多少级灰度。
- 大小：可设置导入Photoshop时图像的像素尺寸。默认像素尺寸是拍摄图像时所用的像素尺寸。要重定图像像素尺寸，可勾选“调整大小以适合”复选框进行设置。

以上选项设置完成以后，单击“确定”按钮关闭对话框，再单击“Camera Raw”对话框中的“打开图像”按钮，在Photoshop中打开修改后的照片就可以了。

16.5 使用Camera Raw自动处理照片

Camera Raw提供了自动处理照片的功能。如果我们要对多张照片应用相同的调整，可以先在Camera Raw中处理一张照片，然后再通过Bridge将相同的调整应用于其他照片。

实战演练 将调整应用于多张照片

01 执行“文件→在Bridge中浏览”命令，导航到保存照片的文件夹，在照片上单击鼠标右键，打开快捷菜单，执行“在Camera Raw中打开”命令，如图16-82所示。

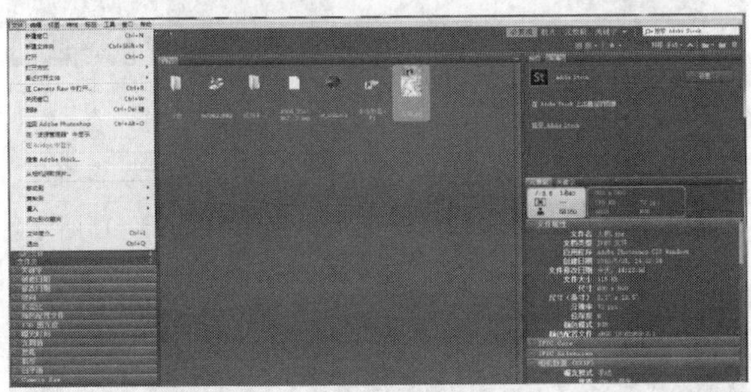

图16-82

02 在Camera Raw中打开照片以后，将它调整为黑白效果，如图16-83所示，单击“完成”按钮，关闭照片和Camera Raw，返回到Bridge。

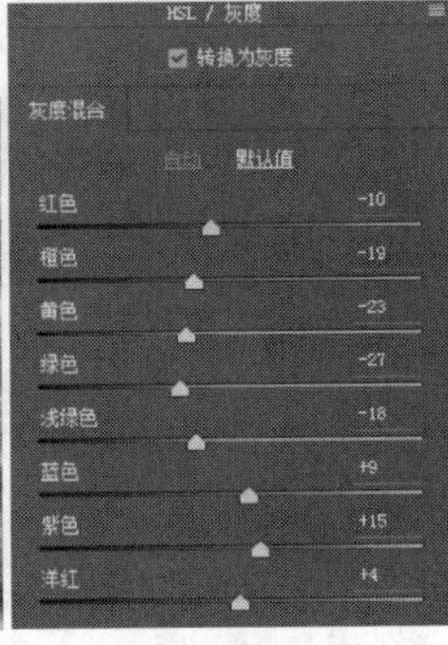

图16-83

03 在Bridge中，经Camera Raw处理后的照片右上角有一个图标，按住Ctrl键依次单击需要处理的其他照片，单击鼠标右键，执行“开发设置→上一次转换”命令，即可将选择的照片都处理为黑白效果，如图16-84和图16-85所示。

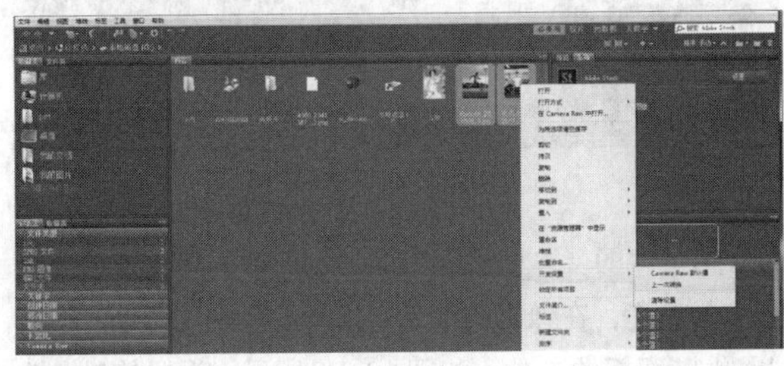

图16-84

Camera Raw与批处理

Photoshop中的动作可以把我们对图像的处理过程记录下来，之后对其他图像应用相同的处理时，播放此动作即可自动完成所有操作，从而实现图像处理自动化。我们也可以创建一个动作让Camera Raw自动完成图像处理。

图16-85

◎记录动作时的注意事项

在记录动作时，可先单击“Camera Raw”对话框中的菜单按钮，执行“图像设置”命令，如图16-86所示。这样，就可以使用每个图像专用的设置（来自“Camera Raw”数据库或附属XMP文件）来播放动作。

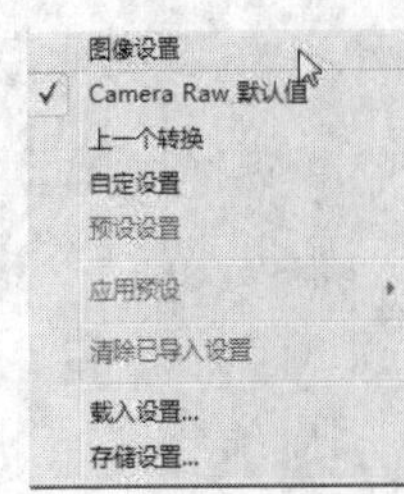

图16-86

◎批处理时的注意事项

Photoshop的“文件→自动→批处理”命令可以将动作应用于一个文件夹中所有的图像。图16-87所示为“批处理”对话框。

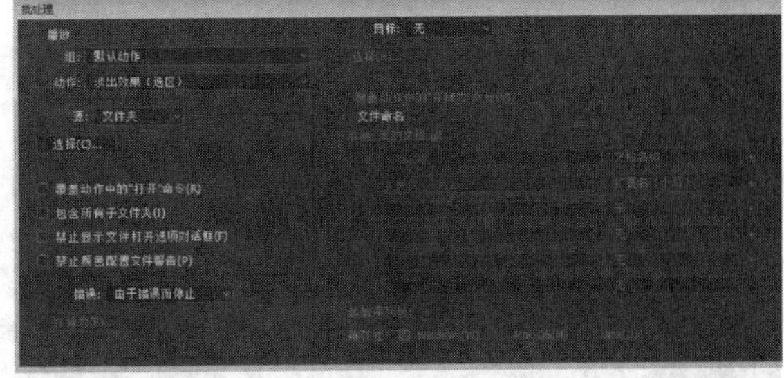

图16-87

- 执行“批处理”命令时，需要勾选“覆盖动作中的‘打开’命令”复选框，这样可以确保动作中的“打开”命令能对批处理文件进行操作，否则将处理由动作中的名称指定的文件。

- 勾选“禁止显示文件打开选项对话框”复选框，可防止处理照片时显示“Camera Raw”对话框。
- 如果要使用“批处理”命令中的“存储为”命令，而不是动作中的“存储为”命令来保存文件，应勾选“覆盖动作中的‘存储为’命令”复选框。
- 在创建快捷批处理时，需要在“创建快捷批处理”对话框的“播放”区域中勾选“禁止显示文件打开选项对话框”复选框，这样可防止在处理每个相机原始图像时都显示“Camera Raw”对话框。

实战演练 用Camera Raw制作黑白照片

本例利用Camera Raw重新营造照片的光影关系，通过对色彩的调整来改善原本的影调和反差，制作层次分明的黑白照片。

01 按Ctrl+O组合键，打开人物图片素材，执行“滤镜→Camera Raw滤镜”命令，如图16-88所示。

图16-88

02 单击直方图右上角的“高光修剪警告”按钮，然后放大人物的腕部，将“高光”值修改为“34”，可以看到腕部有红色斑点产生，选择颜色取样器工具，单击红色斑点处进行取样，如图16-89所示。

图16-89

03 选择白平衡工具，在取样点内的红点处单击，图像中的高光溢出问题会得到改善。双击抓手工具，图像全屏幕显示，将“高光”值设置为“0”。单击“清除取样器”按钮清除取样器，效果如图16-90所示，图像光影变得更有层次。

图16-90

04 将“对比度”设置为“30”，“饱和度”设置为“-100”，图像变为黑白，且黑白反差加大，效果如图16-91所示。

图16-91

05 单击“HSL/灰度”按钮，勾选“转换为灰度”复选框，设置“红色”为“-28”，“紫色”为“-100”，“洋红”为“-38”，按住Shift键，单击“打开对象”按钮，效果如图16-92所示。

图16-92

06 单击“图层”面板下方的“创建新的填充或调整图层”按钮，在弹出的菜单中执行“色阶”命令，设置“属性”面板的参数，如图16-93所示。设置前景色为黑色，用画笔工具编辑“色阶1”图层的蒙版，最终效果如图16-94所示。

07 按Ctrl+S组合键，在弹出的对话框中选择存储路径，单击“保存”按钮，实例制作完毕。

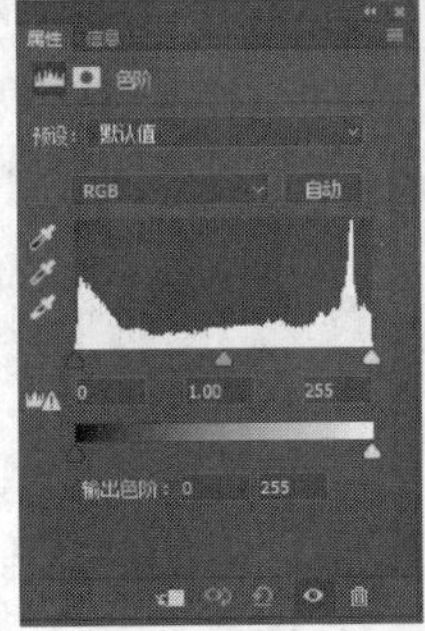

图16-93

图16-94

实战演练 用Camera Raw滤镜调出色调通透的外景照片

01 打开一张照片，如图16-95所示。执行“滤镜→Camera Raw滤镜”命令，在“基本”面板上调整参数，如图16-96所示，设置“色温”为“16”，“色调”为“10”，“对比度”为“50”，“高光”为“50”，“阴影”为“5”，“白色”为“50”，“清晰度”为“-10”，“自然饱和度”为“-15”。

图16-95

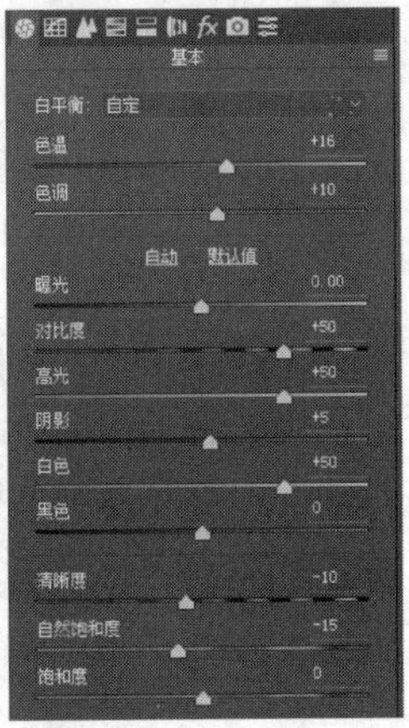

图16-96

02 打开“色调曲线”面板调整参数，在“参数”选项卡中，设置“高光”为“-70”，“亮调”为“40”，“暗调”为“30”，如图16-97所示；在“点”选项卡中调整曲线，如图16-98所示，降低最亮与最深处图片的对比度，让中间保持清晰。

03 图片效果如图16-99所示。

04 打开“相机校准”面板调整参数，降低最亮与最深部分的对比，加强画面中心清晰效果，如图16-100所示。设置“红原色”的“色相”为“30”，“饱和度”为“-20”；设置“绿原色”的“色相”为“20”，“饱和度”为“-10”；设置“蓝原色”的“色相”为“0”，“饱和度”为“-19”。

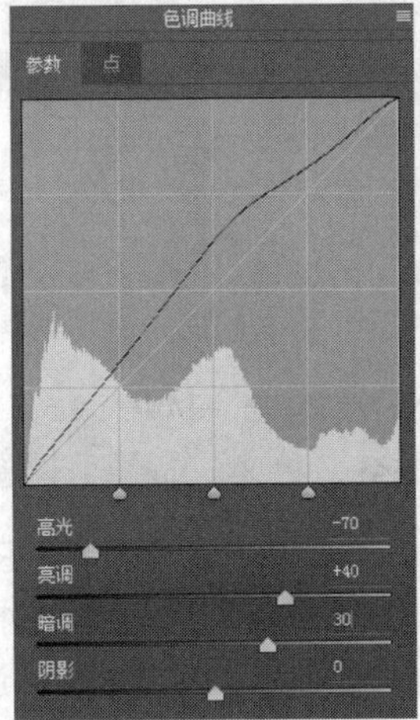

图16-97

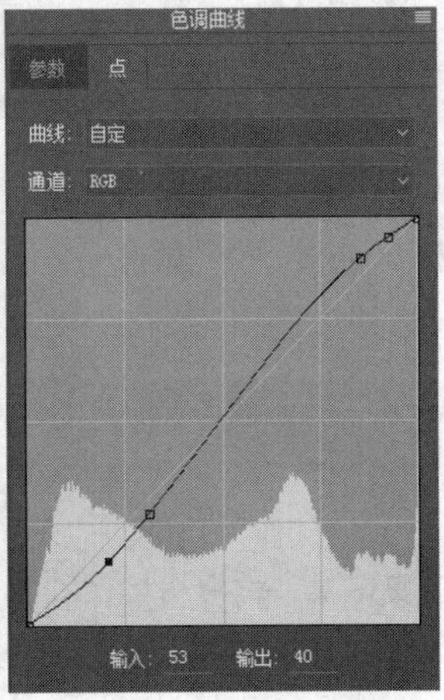

图16-98

图16-99

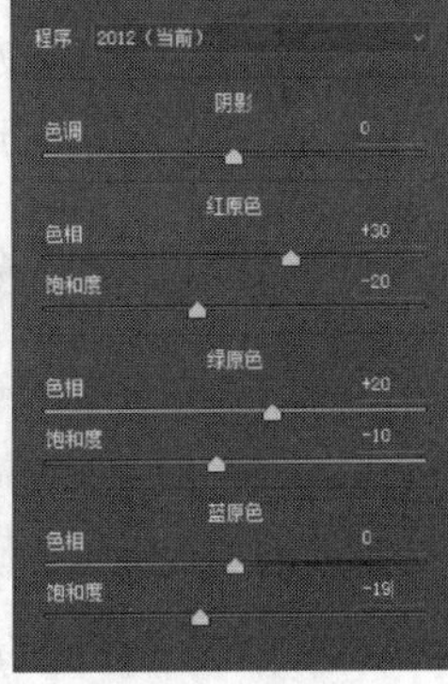

图16-100

05 打开“分离色调”面板调整参数，如图16-101所示。设置“高光”的“色相”为“170”，“饱和度”为“30”，“平衡”为“-50”；设置“阴影”的“色相”为“29”，“饱和度”为“14”。调整后的效果如图16-102所示，整个画面增加了冷色效果。

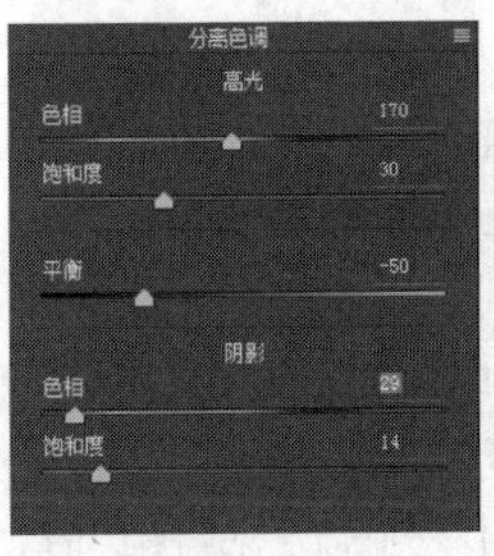

图16-101

图16-102

第17章 动作与自动化操作

17.1 关于动作

“动作”功能类似于Word软件中的宏功能，它可以将Photoshop中的某几个操作像录制宏一样记录下来，将多步操作制作为一个动作。执行这个动作，就像执行一个命令一样快捷，这样可以使较为烦琐的工作变得简单易行。此功能还可以对多个文件进行批处理，从而大幅度地提高工作效率。

例如，你想将成千上万幅图像进行颜色模式的转换（假设将RGB颜色模式转换为CMYK颜色模式），每转换一幅图像都需要经过4个操作（打开、转换、保存和关闭），这将浪费大量时间。但如果使用了“动作”功能进行批处理，那么只需发一次命令就可以将全部图像自动打开、转换、保存和关闭，既省时又省力。

17.1.1 认识“动作”面板

“动作”面板是动作的容器，也是控制动作的中心，并且该面板直接支持各种自定义的鼠标拾取、拖放、使用等事件的处理。

执行“窗口→动作”命令或按Alt+F9快捷键，即可调出图17-1所示的“动作”面板，其组成与使用方法如下。

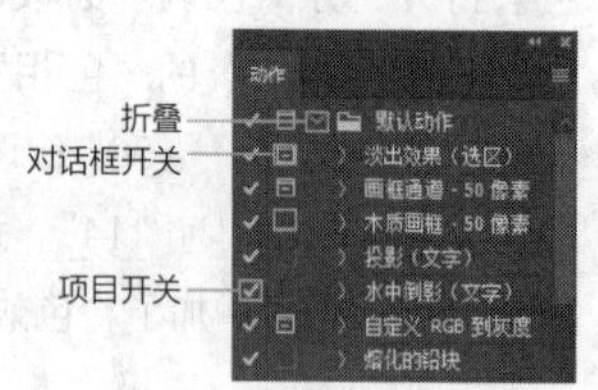

图17-1

- “项目开/关”按钮☑：如果序列前带有该标志并呈白色，表示该序列中的所有动作和命令可以执行；如果该标志呈红色，则表示该序列中的部分动作或命令不能执行；若没有该标志，则表示序列中的所有动作和命令都不能执行。
- “对话框开/关”按钮▣：当序列前出现▣图标时，在执行动作过程中，会弹出一个对话框，并暂停动作的执行，直到用户进行确认操作后才能继续；若无▣图标，则Photoshop会按动作中的设置逐一往下执行；如果▣图标呈红色，则表示序列中只有部分动作或命令设置了暂停操作。
- “折叠”按钮⌄：单击序列中的展开按钮›，可以展开序列中的所有动作。单击动作中的展开按钮›，则可以展开动作中的所有记录命令并显示该记录命令中的具体参数设置，就像在资源管理器中打开文件夹中的文件一样。图17-1所示为一个展开后的“动作”面板，单击折叠按钮⌄，可以折叠动作或命令，最终只显示序列名称，如图17-2所示（此状态为“动作”面板的默认状态）。

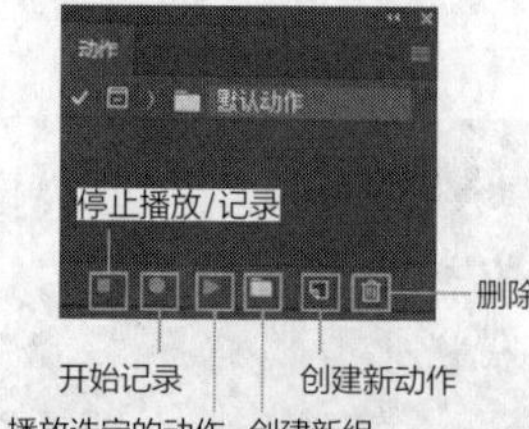

图17-2

- 活动动作：以灰色高亮度显示的动作为活动动作，执行时只会执行活动动作。用户可以一次设置多个活动动作，按住Ctrl键并选择要执行的动作名称即可。图17-3所示中Photoshop将按顺序依次执行活动动作。

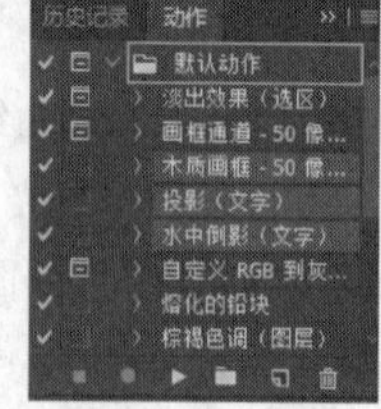

图17-3

- “创建新组”按钮▬：可以新建一个序列，以便存放新的动作。

学习重点

动作和自动化操作是Photoshop这款软件逐步智能化、人性化和简易化的标志之一，它们为用户提供了广阔的智能化和自动化操作平台。本章重点介绍"动作"面板、动作的录制和播放，以及动作的修改。通过学习实例，读者可以逐步掌握动作在修改文件中的具体应用。

- "创建新动作"按钮：可以建立一个新动作，新建的动作会出现在当前选中的序列中。
- "删除"按钮：可以将当前选中的命令、动作或序列删除。
- "播放选定的动作"按钮：可以执行当前选定的动作。
- "开始记录"按钮：用于记录一个新动作。处于记录状态时，该按钮呈红色。
- "停止播放/记录"按钮：只有在记录动作或播放动作时，该按钮才可以使用，执行它可以停止当前的记录或播放操作。
- "动作"面板快捷菜单：单击"动作"面板右上角的按钮，可打开"动作"面板快捷菜单，如图17-4所示，从中可以选择动作功能选项。例如，执行"按钮模式"命令，则"动作"面板中的各个动作将以按钮模式显示，如图17-5所示，此时不显示序列，而只显示动作名称及按钮的颜色。

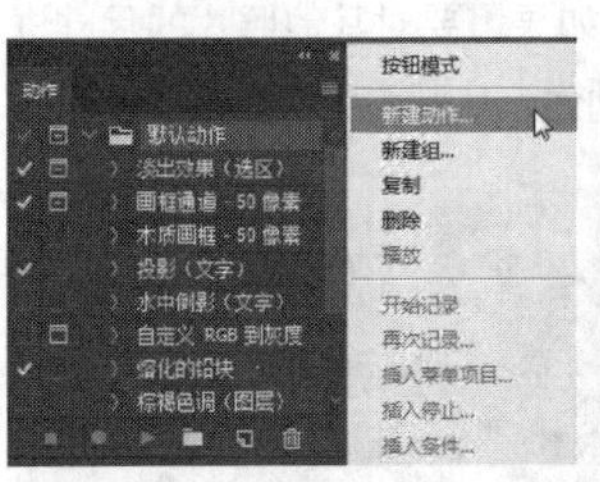

图17-4

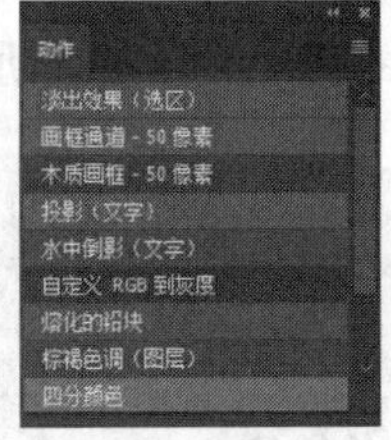

图17-5

17.1.2 应用预设动作

预设动作就是Photoshop软件里预先设置好的动作，可以直接实现某些图像效果，我们可以直接调用这些动作，十分方便。而应用预设动作是指将"动作"面板中已录制好的动作应用于图像文件或相应的图层。其方法非常简单，选择需要应用预设的图层后，在"动作"面板中将"默认动作"展开，选择需要应用的预设效果，然后单击"播放选定的动作"按钮即可。

实战演练 使用预设动作

◎水中倒影文字

01 执行"文件→打开"命令，打开素材图片，如图17-6所示，在图中水面上方的位置输入"水中倒影"字样。

图17-6

02 在"动作"面板中展开"默认动作"，并从中选择"水中倒影（文字）"动作，如图17-7所示。

03 单击"动作"面板底部"播放选定的动作"按钮，图像即可生成水中倒影字的效果，如图17-8所示。

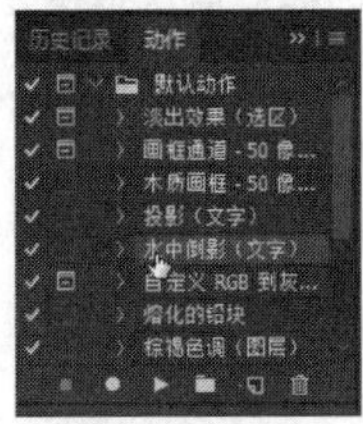

图17-7

图17-8

◎木制画框

01 执行"文件→打开"命令，打开素材图片，如图17-9所示。

02 选择默认动作中的"木制画框-50像素"动作，单击"动作"面板底部"播放选定的动作"按钮，则Photoshop将在图片上创建一个默认的画框，如图17-10和图17-11所示。

图17-9

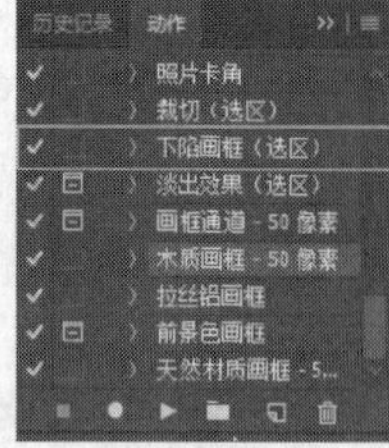

图17-10

图17-11

17.1.3 创建与播放动作

如果用户要使用自己创建的动作，在播放动作之前，必须先录制动作。在创建新的动作时，系统将记录动作所执行的每一个步骤，包括工具的选择、设置等。

01 单击“动作”面板底部的“创建新组”按钮，弹出“新建组”对话框，如图17-12所示，在该对话框中可以设置新文件夹的名称，也可使用系统默认名称，单击“确定”按钮就会在“动作”面板中新建一个存放动作的文件夹，并使之成为当前选中状态，如图17-13所示。

图17-12

图17-13

02 在新建的“组1”中创建动作。单击“动作”面板底部的“创建新动作”按钮，弹出“新建动作”对话框，如图17-14所示。在“名称”栏内可以设置新建动作名称，“组”下拉列表框用来选择存放动作的文件夹，“功能键”下拉列表框用来为新建的动作选择键盘快捷键，“颜色”下拉列表框用来设置录制按钮的颜色。

03 设置好参数后，单击“记录”按钮，新建动作就出现在“动作”面板中，如图17-15所示，同时面板底部的“开始记录”按钮变为红色，表示处于正在录制动作状态。

图17-14

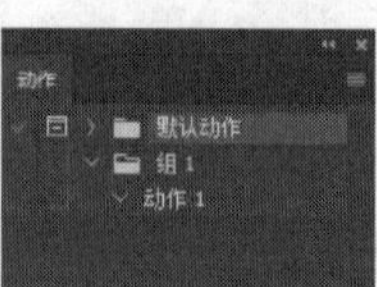

图17-15

04 录制完成后，单击“动作”面板底部的“停止播放/记录”按钮，即可结束录制。

> **提示**
>
> 对于录制好的动作要及时保存或应用，否则关闭Photoshop后，所录制的动作将会丢失。

用户在任何时候都可以把录制好的动作播放出来，应用到其他图像中，从而节省操作时间。首先需选定要播放的动作，然后单击“动作”面板底部“播放选定的动作”按钮即可。如果“动作”面板是以按钮模式显示，要应用某动作只需单击相应的动作按钮即可，在播放动作的过程中随时可以单击“停止播放/记录”按钮。

接下来创建一个名为“修改尺寸”的动作。

01 执行“文件→打开”命令，打开素材图片，如图17-16所示。

02 在“动作”面板中单击“创建新动作”按钮，并在“名称”文本框输入“修改尺寸”，如图17-17所示，单击“记录”按钮，为图片建立一个新动作。

图17-16

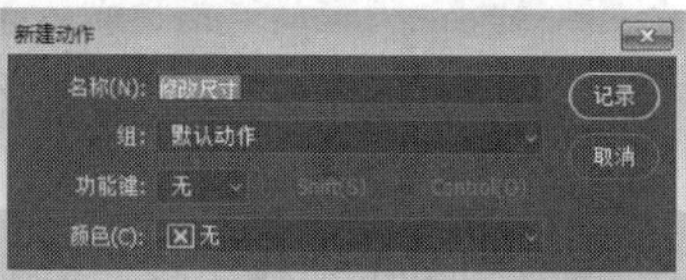

图17-17

03 执行“图像→图像大小”命令，弹出图17-18所示的对话框，将“宽度”设为“312”，“高度”设为“208”，单击“确定”按钮，则原图尺寸大小改变为图17-19所示大小。而这一过程已经被录制到“动作”面板中，如图17-20所示。此后，如果需要对其他照片的尺寸进行相同的调整，可调出此动作，从而简化操作步骤。

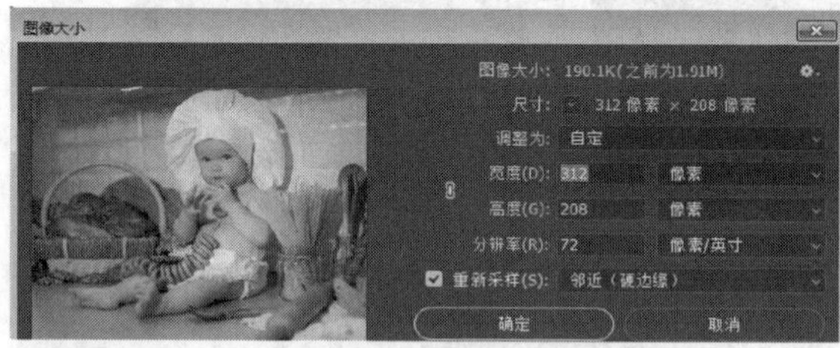

图17-18

图17-19

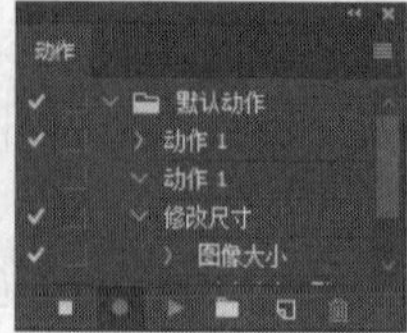

图17-20

17.1.4 编辑动作

动作录制完成后，如果发现需要调整动作的顺序、删除某些动作或添加遗忘的动作，我们可以通过编辑动作来实现。

● 调整动作中命令的顺序

在“动作”面板中展开序列中的动作，选中动作中的一个命令后，按住鼠标左键并拖曳即可任意调整动作中命令的先后顺序。除了在同一个动作中调整命令的顺序外，用户还可以将选中的命令拖曳至其他动作中，如图17-21和图17-22所示。

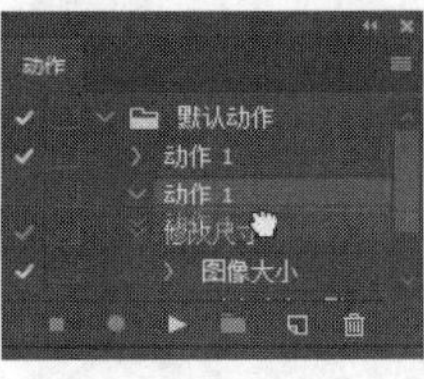

图17-21

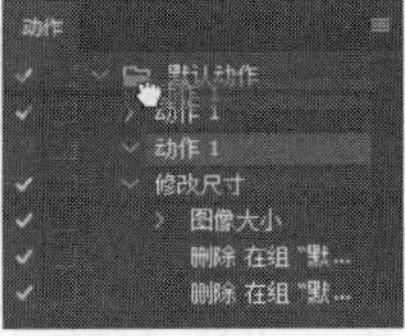

图17-22

● 在动作中添加命令

对于已经建立好的动作，如果需要添加其他命令，则首先选择需添加命令的位置，然后单击“开始记录”按钮■进行录制，执行完要添加的命令后单击“停止播放/记录”按钮■即可，如图17-23和图17-24所示。

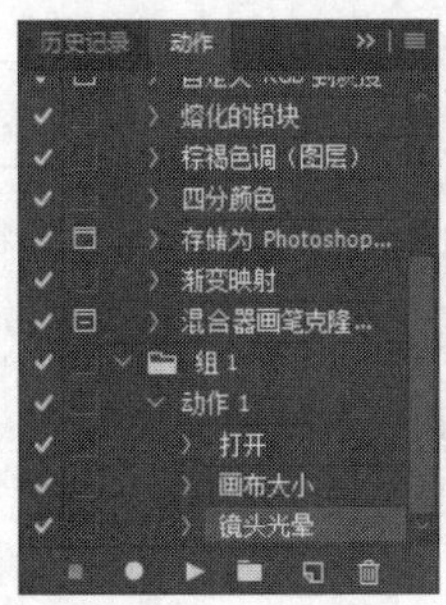

图17-23

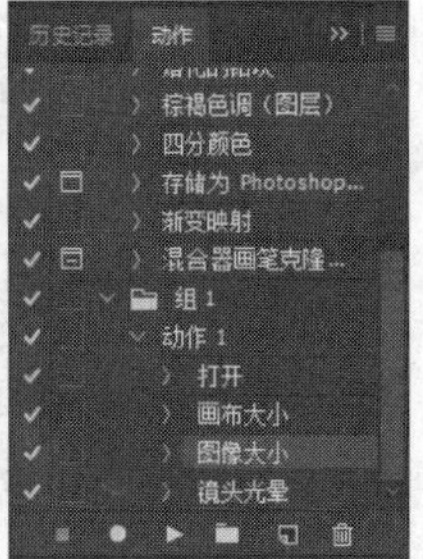

图17-24

● 重新录制动作

如果要修改命令中的设置，可打开“动作”面板快捷菜单，从中选择“再次记录”选项，此时Photoshop将执行该命令，以便用户重新设置。

● 复制动作中的命令

如果希望复制动作中的命令，只需要按住Alt键，并将该命令拖曳至指定的位置即可，如图17-25和图17-26所示。

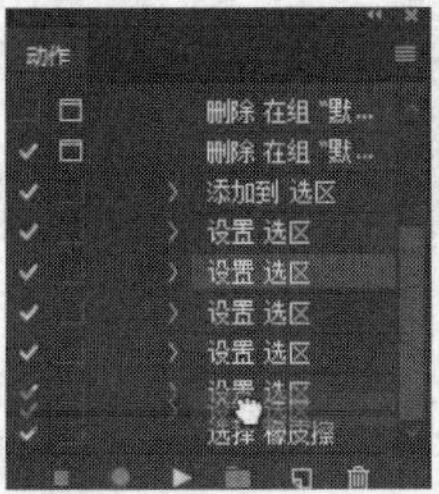

图17-25

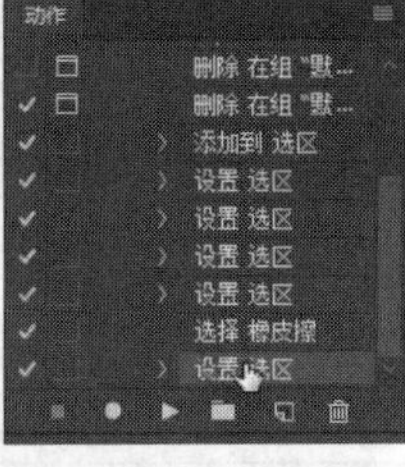

图17-26

● 删除动作

如果要删除动作或动作中的某一个命令，可先选中该动作或命令，然后单击“动作”面板中的“删除”按钮■，在弹出的警告对话框中单击“确认”按钮即可完成删除。另外，直接把动作或命令拖曳至“删除”按钮■上，也可完成删除。

17.1.5 存储与载入动作

在Photoshop软件中动作会默认自动存储到C:\Users\ 用户名\AppData\Roaming\Adobe\Adobe Photoshop CC 2017\ Presets\Actions文件夹中。如果此文件夹丢失或被删除，创建的动作也将丢失。可以将创建的动作存储在一个单独的动作文件中，以便在必要时可恢复它们；也可以将创建的动作载入与Photoshop一起提供的多个动作的序列中。

● 存储动作

执行“存储动作”命令可以将动作以文件的形式存储，以便在不同的计算机上进行播放。存储动作时，首先需要在“动作”面板中选中需要保存的动作，然后执行“动作”面板快捷菜单中的“存储动作”命令，系统将弹出图17-27所示的对话框，指定好动作需要存储的位置后，单击“保存”按钮，即可完成动作的保存。

图17-27

● 载入动作

除了默认的动作外，系统还提供了一些其他的内置动作。要使用这些动作，需要先将其载入“动作”面板中。下面以载入“fightstar_snow”动作为例，介绍载入动作的方法。

打开“动作”面板快捷菜单，执行“载入动作”

命令，打开“载入”对话框，选择“fightstar_snow”动作，如图17-28所示，单击“载入”按钮，在“动作”面板中会出现“fightstar_snow”动作，如图17-29所示。

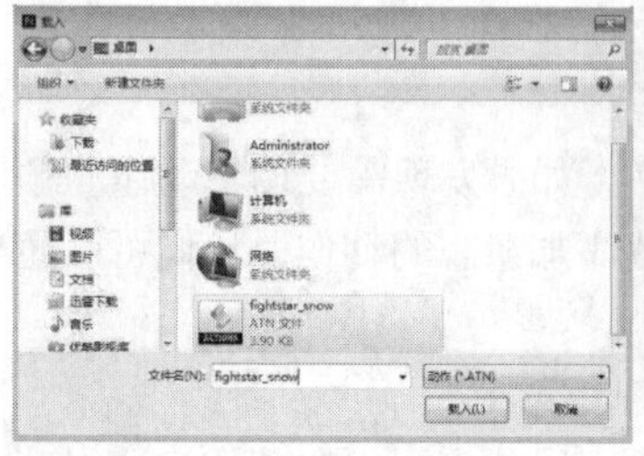
图17-28

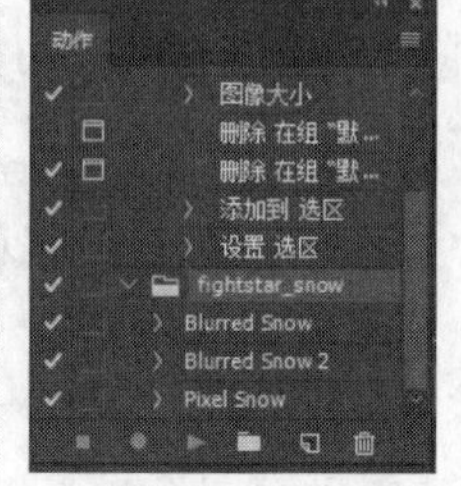

图17-29

17.2 动作的修改

录制好一个动作后，用户可以根据需要对动作进行修改，如插入菜单项目、插入停止、插入路径等，下面我们将一一介绍这些修改的操作。

17.2.1 插入菜单项目

虽然在“动作”面板中，不能记录每个菜单命令，但是系统提供了“插入菜单项目”命令的功能。下面以插入“渐变映射”命令为例介绍其具体操作。

01 执行“文件→打开”命令，打开图17-30所示的素材图片。

02 在“动作”面板中选择“Blurred Snow”动作中的“设置当前图层”命令，如图17-31所示。

图17-30

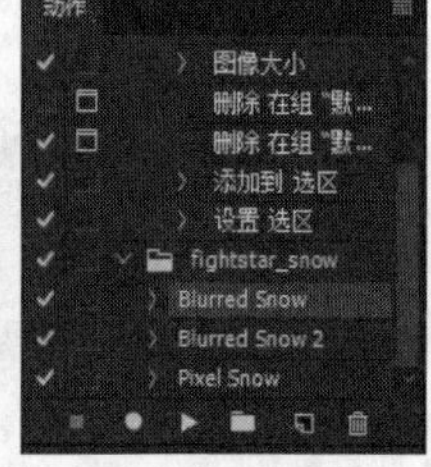

图17-31

03 打开“动作”面板快捷菜单，执行“插入菜单项目…”命令，弹出图17-32所示的对话框。

04 执行“图像→调整→渐变映射”命令，这时图17-32所示的对话框变成图17-33所示的样子。

图17-32

图17-33

05 单击图17-33所示的对话框中的“确定”按钮后，该菜单命令就被插入动作中，如图17-34所示。

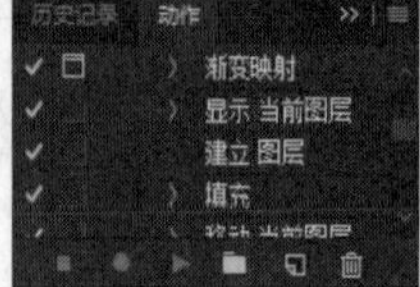

图17-34

> **提示**
>
> 用户可以为动作添加几个菜单项目，也可以在动作记录完成后插入菜单项目。

17.2.2 插入停止

执行“插入停止语句”命令，可在停止动作播放时显示所设置的提示信息，以提示用户。

01 按Ctrl+O组合键打开素材图片。

02 在“动作”面板中单击“创建新动作”按钮，建立一个新动作。

03 打开“动作”面板快捷菜单，执行“插入停止”命令，弹出图17-35所示的对话框。输入信息，单击对话框中的“确定”按钮。

04 此时该停止命令即被插入动作中，如图17-36所示，方便以后使用。

图17-35

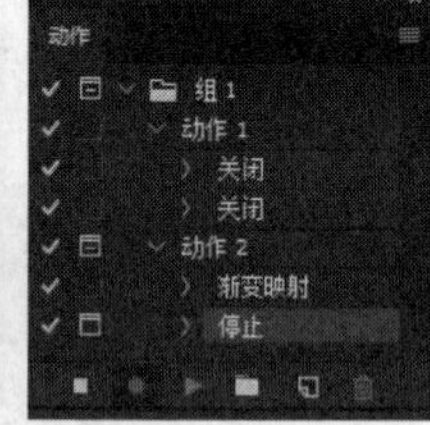

图17-36

17.2.3 插入路径

执行“插入路径”命令，可在图像中插入所绘制的路径。

01 执行“文件→打开”命令，打开素材图片，如图17-37所示。

02 在“动作”面板中单击“创建新动作”按钮，为文件建立一个新动作，然后用钢笔工具在文件中绘制一条“心形”工作路径，如图17-38所示。

03 打开“动作”面板快捷菜单，执行“插入路径”命令，则该路径就被插入动作中，如图17-39所示。

图17-37

图17-38

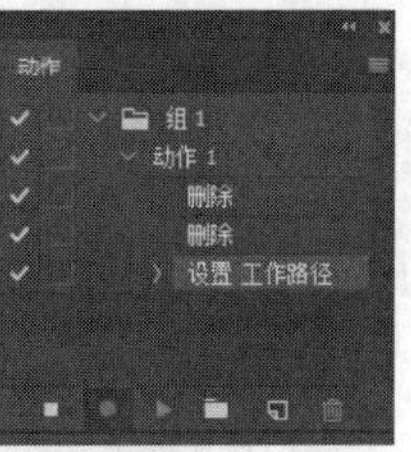

图17-39

17.3 图像自动批处理

动作虽然记录了图片的整个操作过程，但每次将某动作应用到其他图片上时，都需要再次操作，当图片众多时就有些太烦琐了。用户可以将动作与批处理功能挂接到一起，这样就可以对选中的一批图像，或某目录中所有的图像进行统一的操作了，如此可进一步提高执行的效率。“自动”菜单中的“批处理”“创建快捷批处理”以及“脚本”菜单中的“图像处理器”等命令都可以与动作有效地结合，从而提高工作效率。

17.3.1 批处理

录制动作后，使用“批处理”命令可以同时对多个图像文件执行相同的动作，从而实现图像处理的自动化。不过，在执行“批处理”命令之前应先确定要处理的图像文件。例如，将所有需要处理的图像都打开，或者将所有需要处理的图像文件都移到一个文件夹下。

执行“文件→自动→批处理”命令，将弹出“批处理”对话框，如图17-40所示。

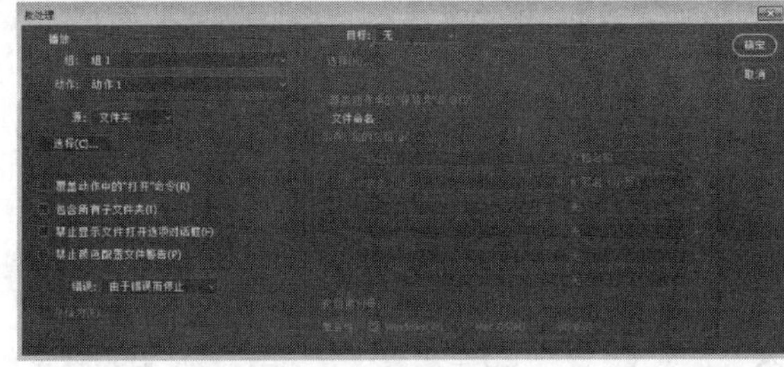

图17-40

其中主要选项的含义如下。

- 组：用于选择在“动作”面板中出现的需要应用的动作文件夹。
- 动作：用于选择要具体执行的动作。
- 源：用于选择图像文件的来源，如果选择“文件夹”选项，则可通过单击下面的“选择”按钮来确定图像文件的位置。
- 目标：用于选择存放目标文件的位置。如果选择“文件夹”选项，则可以将批处理后的图像存储在指定的目录。
- 错误：用于指定出现操作错误时Photoshop的处理方法。

根据需要设置好上述选项后，单击“确定”按钮，即可对指定的多个图像应用动作的批处理操作，并将处理后的图像放置到指定的位置。

实战演练 创建快捷批处理程序

“创建快捷批处理”命令与“批处理”命令相似，只不过“创建快捷批处理”命令是将批处理操作创建为一个快捷方式，用户只要将需要批处理的文件拖至该快捷方式图标上，即可快捷地完成批处理操作。执行“文件→自动→创建快捷批处理”命令，在弹出的对话框中设置好各选项后，单击“确定”按钮即可在指定的文件夹中创建一个快捷方式图标，将文件夹拖至该图标上，即可实现批处理操作。其具体操作方法如下。

01 执行“文件→打开”命令，打开素材图片，如图17-41所示。

图17-41

02 在“动作”面板中单击“创建新动作”按钮，为图片建立一个名为“apple”的新动作，并记录。

03 对第一幅图片进行操作。在图片右下角添加粉红色文字“apple”，设置文字大小为“100点”，图层名称为“apple1”，将该图层复制一层，并命名为“apple2”，如图17-42所示。

图17-42

04 回到“图层”面板，对“apple2”图层进行设置。单击“添加图层样式”按钮fx，选择“阴影”选项，弹出图17-43所示的对话框，并进行下列设置：投影的颜色为粉白色（R240、G210、B210），“距离”为“15像素”，“扩展”为“18%”，“大小”为“43像素”，“混合模式”为“正片叠底”，“外发光”“内发光”均为默认值。然后单击“确定”按钮，则原图变为图17-44所示效果。

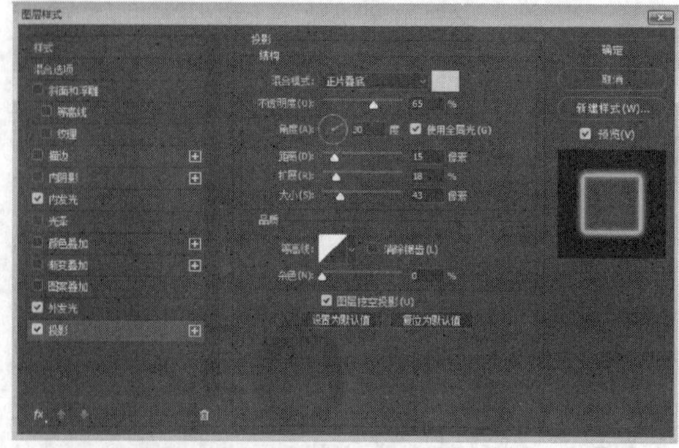

图17-43

图17-44

05 执行“文件→自动→创建快捷批处理”命令，弹出图17-45所示的对话框，单击“选择”按钮，选择存储的位置；在“播放”选项中的“组”“动作”下拉列表中，分别选择刚录制好的组和动作，并勾选“包含所有子文件夹”和“禁止颜色配置文件警告”两个复选框，以处理子目录中的文件及关闭颜色方案信息的显示；“目标”设置为“无”，单击“确定”按钮，即在指定的位置生成了快捷方式图标。

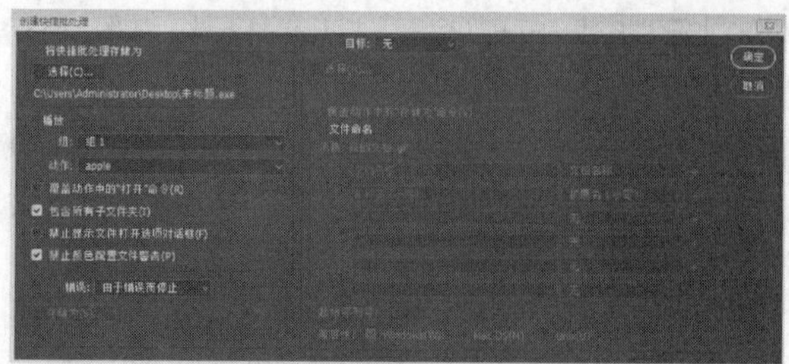

图17-45

06 将预先保存的苹果照片的文件夹拖至该快捷图标上，即可快速批处理苹果照片，如图17-46和图17-47所示。

图17-46

图17-47

17.3.2 批处理图像

当一批属性相同或相似的图像需要使用相同方法进行处理操作时，用户就可以将照片整批进行处理，而不必单一地重复操作，这样既节省了大量时间，又提高了工作效率。

实战演练 批处理照片

01 执行“文件→打开”命令，打开两张素材图片，如图17-48所示。

02 在“动作”面板中单击“创建新动作”按钮，建立一个名为“头像排列”的新动作，并记录。

03 用裁剪工具裁剪照片，效果如图17-49所示。执行“文件→新建”命令，新建一个“高度”为“40厘米”、“宽度”为“30厘米”、“分辨率”为“300像素/英寸”的文件，文件名为“照片”，如图17-50所示。

图17-48

图17-49

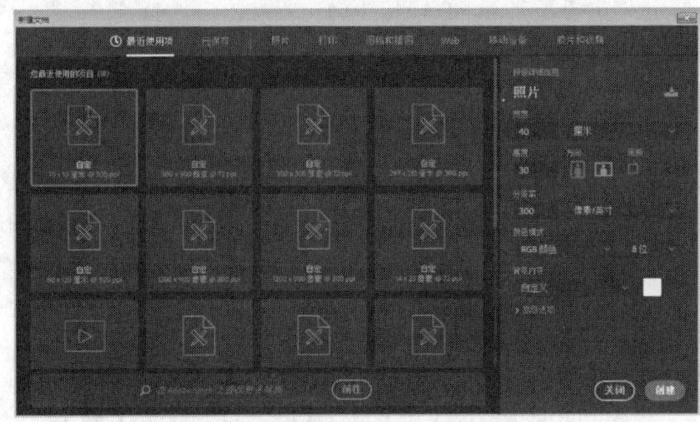
图17-50

04 按Ctrl+A组合键全选裁剪后的照片，按Ctrl+C组合键复制选区内的图像，切换到“照片”文件，按Ctrl+V组合键进行粘贴，得到“图层1”图层，将“图层1”图层复制3次，并对4个图层进行排列，效果如图17-51所示。

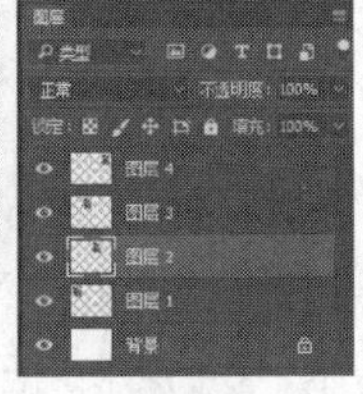
图17-51

05 选择这4个图层，按Ctrl+E组合键将4个图层合并为一个图层，修改图层名称为“第一排”，单击移动工具，按住Alt键，单击鼠标左键并拖曳“第一排”图层，将“第一排”图层复制一次，如图17-52所示。打开“动作”面板快捷菜单，执行“插入停止”命令，单击“确定”按钮。单击“动作”面板底部的“停止播放/记录”按钮，停止录制。

06 切换到另外一个需要处理的图像文件，执行“文件→自动→批处理”命令，在“动作”面板中选择刚录制的动作，在“源”中选择“打开的文件”选项，单击“确定”按钮，则第二张照片处理后的效果如图17-53所示。

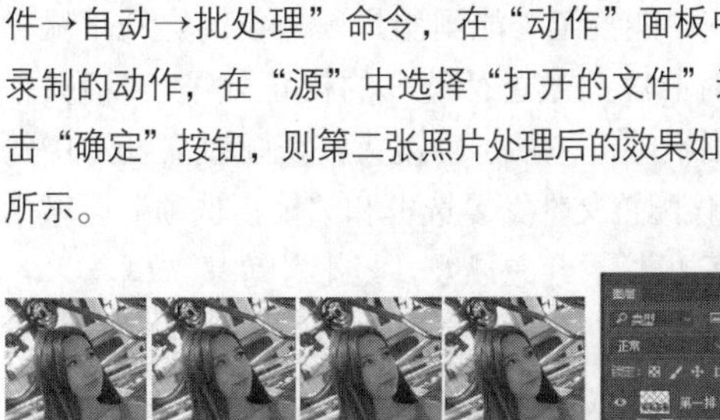

图17-52

图17-53

17.4 其他自动化操作

除了以上介绍的批处理命令外，还有一些其他的自动化操作命令，如镜头校正、Photomerge、合并到HDR Pro等。在使用这些命令时，用户只需进行简单的几项设置，程序就可按照设定的动作进行自动化操作。

17.4.1 镜头校正

“镜头校正”命令可以针对镜头本身存在的一些问题（如畸变、广角端的桶状、紫边等）进行修正。当然校正不是万能的，如果镜头本身性能不佳，那么校正效果也会很一般。

执行“文件→自动→镜头校正”命令，可以批量对照片进行镜头的畸变、色差以及暗角等属性的校止，其对话框如图17-54所示。

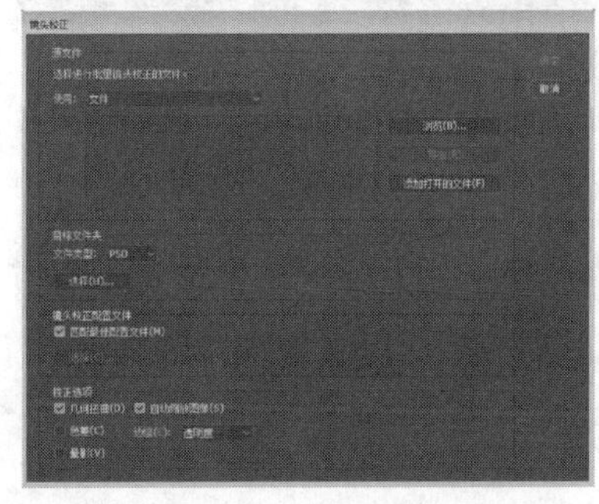
图17-54

对于学习此对话框中的内容，可以参考“滤镜→镜头校正”命令的功能进行学习。而实际上，这个命令就相当于一个“批处理”版的“镜头校正”滤镜，其功能甚至智能到用户只需要轻点几下鼠标就可以对照片批量进行统一的校正处理。“镜头校正”对话框中还包括了“镜头校正配置文件”中的“匹配最佳配置文件”复选框和“校正选项”区域中的“几何扭曲”、色差以及“晕影”等复选框。

17.4.2 Photomerge

“Photomerge”命令能够拼合具有重叠区域的连续拍摄的照片，将其拼合成一个连续的全景图像。

实战演练 自动拼合图像

下面用“Photomerge”命令将3张图片合成1张全景图像，操作步骤如下。

01 执行“文件→打开”命令，打开图17-55所示的3幅素材图像。

图17-55

02 执行“文件→自动→Photomerge”命令，弹出图17-56所示的对话框，在“Photomerge”对话框中，单击“添加打开的文件”按钮，目的是对已经打开的文件进行操作。

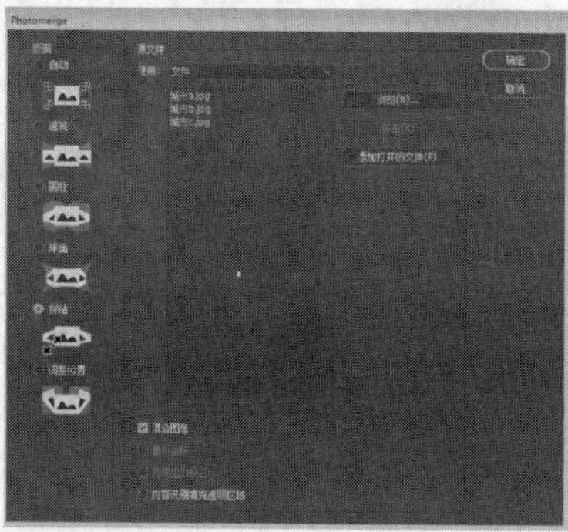

图17-56

03 在图17-56所示的对话框左侧的“版面”区域内选择“拼贴”，然后单击“确定”按钮，退出此对话框，即可得到Photomerge按图片拼接类型生成的全景图像，如图17-57所示。

图17-57

17.4.3 合并到HDR Pro

HDR是英文High-Dynamic Range的缩写，中文译名为高动态光照渲染。通过使用这项技术，用户能够拍摄到比普通摄影技术更加广泛的亮度和色彩范围。

实战演练 合并HDR Pro图像

下面以图17-58所示的素材图片为例讲解这项新增功能。

图17-58

01 执行“文件→自动→合并到HDR Pro”命令，会弹出“合并到HDR Pro”对话框，如图17-59所示单击“添加打开文件”按钮，此时会弹出“手动设置曝光值”对话框，我们可使用已经设置好的参数，如图17-60所示。

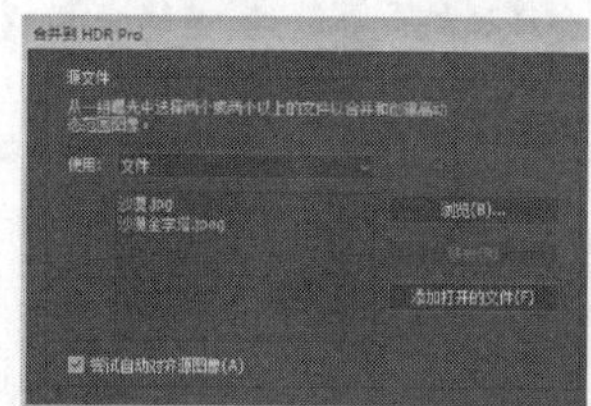

图17-59

图17-60

02 单击“确定”按钮后，会出现参数，若将“预设”设置为“超现实”，图像会呈现一种不真实的照明效果，很有传说中的“HDR味道”。但除了特殊效果追求者，喜欢这种不真实效果的人并不多。此处参数设置如图17-61所示。

图17-61

提示

合并HDR图像可以创建梦幻般的场景。运用得当可以为风景添色不少。但是在前期拍摄时对场景要求较高，如不能有风，不能有动态物体等，否则多张素材之间具有明显差异，在合成时不好处理。对于初学者来说，掌握调整程度非常重要。

17.4.4 条件模式更改

动作是指对单一档案或批次处理档案，依照顺序套用的一系列指令。当模式变更为某动作的一部分时，如果开启的文档和动作中所指定的来源模式不同，就会产生错误。

例如，假设动作中的其中一个步骤可以将拥有RGB来源模式的影像转换成CMYK的目标模式影像。如果套用这个动作到灰阶模式影像中，或是任何除了RGB模式外的其他来源模式影像中，都会导致错误。所以当录制动作时，可以使用“条件模式更改”命令来指定来源模式和目标模式的一个或多个模式。

下面以一幅图像为例讲解该命令，其操作步骤如下。

01 执行“文件→打开”命令，打开素材图片，如图17-62所示。

02 执行“文件→自动→条件模式更改”命令，弹出图17-63所示的对话框，对“目标模式”进行设置，将其转换成CMYK颜色的目标模式。

03 单击“确定”按钮，弹出图17-64所示的提示对话框，单击“确定”按钮，则图像效果改为CMYK颜色模式，同时“条件模式更改”会成为“动作”面板中的一个新步骤，如图17-65所示。

图17-62

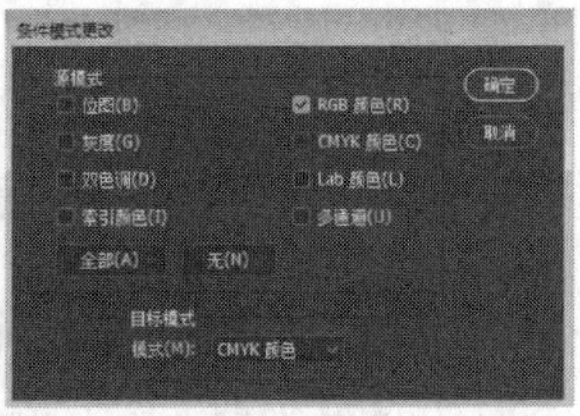

图17-63

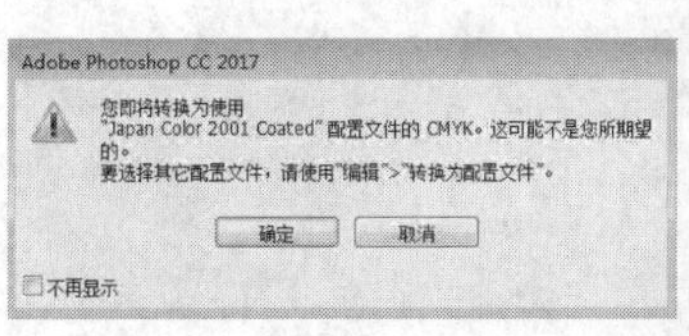

图17-64

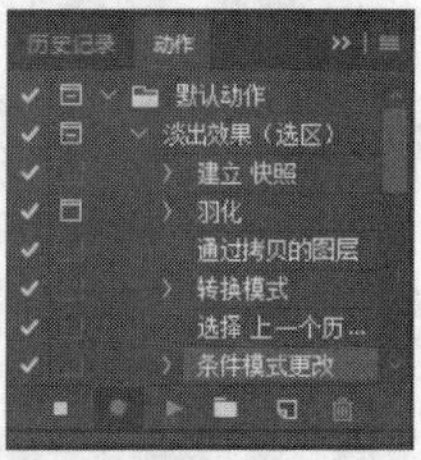

图17-65

17.4.5 限制图像

“限制图像”命令可以将当前图像尺寸限制为用户指定的宽度和高度，但不会改变图像的分辨率，此命令的功能与“图像大小”命令的功能是不相同的。下面以一幅图像为例讲解该命令，其操作步骤如下。

01 执行“文件→打开”命令，打开素材图片，如图17-66所示。

02 执行“文件→自动→限制图像”命令，弹出图17-67所示的“限制图像”对话框。

图17-66

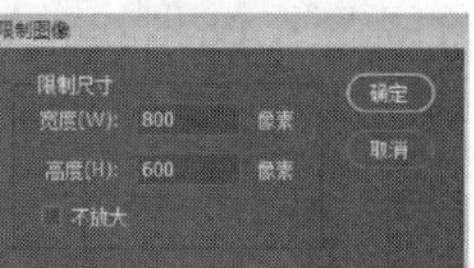

图17-67

03 在对话框中设置图像的“宽度”为“800像素”，“高度”为“600像素”，单击“确定”按钮，完成设置，则图像按所设置的参数缩小了，如图17-68所示。

图17-68

第18章 打印与输出

18.1 图像打印

当完成图像的编辑与制作，或是完成其他设计作品的制作后，为了方便查看作品最终效果，或是查看作品是否有误，可以直接在Photoshop中完成最终结果的打印与输出。此时用户需要将打印机与计算机连接，并安装打印机驱动程序，使打印机能正常运行。

18.1.1 设置打印位置与页面

为了精确地在打印机上输出图像，除了要确认打印机处于正常工作状态外，用户还要根据自己的需要在Photoshop CC 2017中进行相应的打印设置，如设置打印位置、缩放比例以及页面大小等，如图18-1所示。

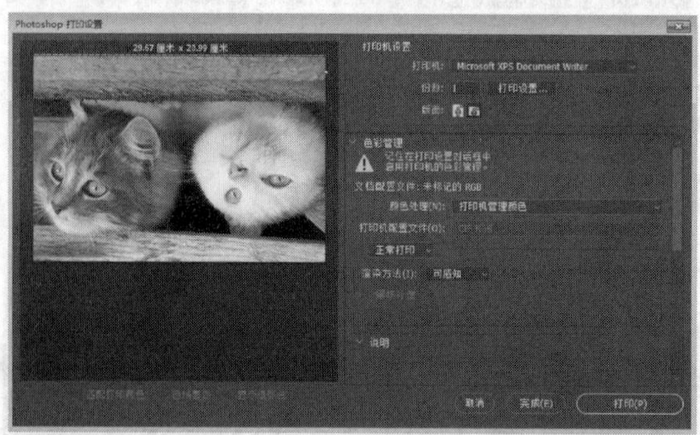

图18-1

◎设置打印位置与缩放比例

- **位置**：若勾选“居中”复选框，则图像将定位在打印区域的中心；若取消勾选，可在“顶”“左”数值框中输入数值来定位图像，此时只打印部分图像。
- **缩放后的打印尺寸**：若勾选“缩放以适合介质”复选框，打印时图片会自动缩放到适合纸张的可打印区域；若取消勾选，可在“缩放”数值框中输入适合的缩放比例，或在“高度”“宽度”数值框中自行设置图像的尺寸，如图18-2所示。

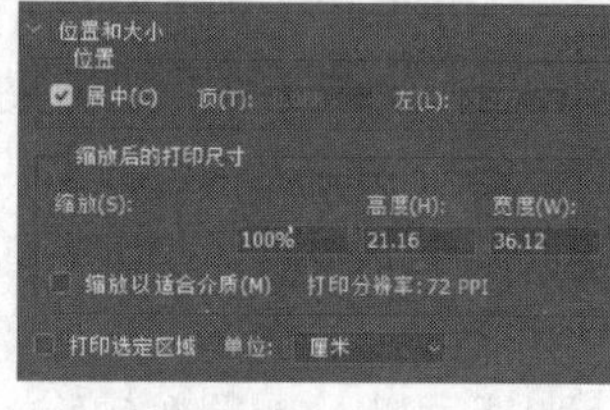

图18-2

- **设置页面**：在“Photoshop打印设置”对话框中单击“打印设置”按钮，弹出对话框，如图18-3所示，单击“高级”按钮，打开“高级选项”对话框，如图18-4所示，可在“纸张规格”下拉列表中选择合适的纸张类型。

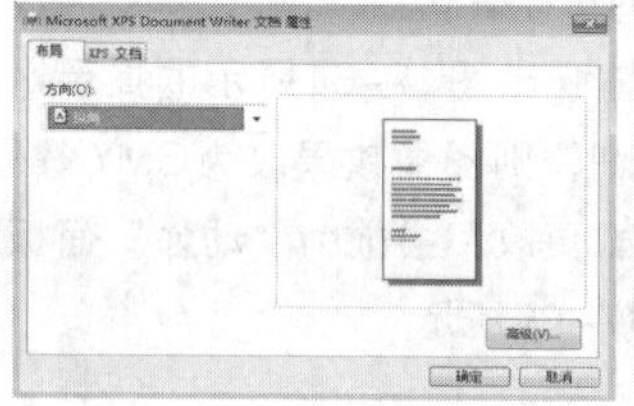

图18-3

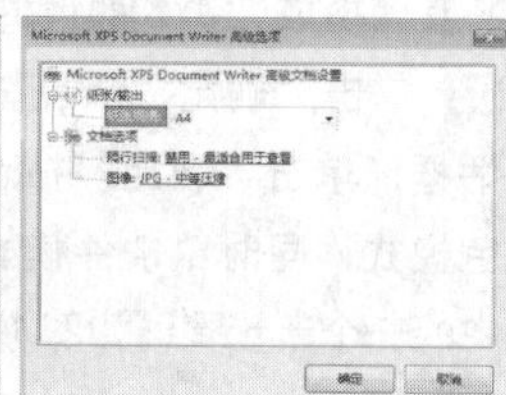

图18-4

18.1.2 设置打印选项

完成页面设置以后，用户还可以根据自己的需要对打印的内容进行设置，如是否打印裁切标记、套准标记等。

- **打印机**：在该选项的下拉列表中选择打印机。
- **份数**：在此数值框中输入数值即可设置打印份数。

学习重点

设计工作完成后，需要将作品打印出来供自己和他人欣赏。Photoshop具有直接打印图像的功能，在打印之前还可以对所输出的版面和相关的参数进行调整和设置，以确保更好地打印作品，更准确地表达设计意图。

本章介绍了图像打印前的准备工作、图像打印前的处理流程、图像最终的打印输出流程。着重介绍了图像打印前的处理流程和图像的最终打印输出流程。通过本章的学习，读者可以掌握图像输出与打印的相关知识和操作。

- **版面**：设置图片的版面。
- **颜色处理**：用来确定是否使用色彩管理，如果使用，则需要确定将其用在应用程序中还是打印设备中。
- **渲染方法**：指定Photoshop如何将颜色转换为打印机颜色空间。大多数图片更适合使用“可感知”或“相对比色”。
- **黑场补偿**：通过模拟输出设备的全部动态范围来保留图像中的阴影细节。
- **打印标记**：可在图像周围添加各种打印标记，如图18-5所示。

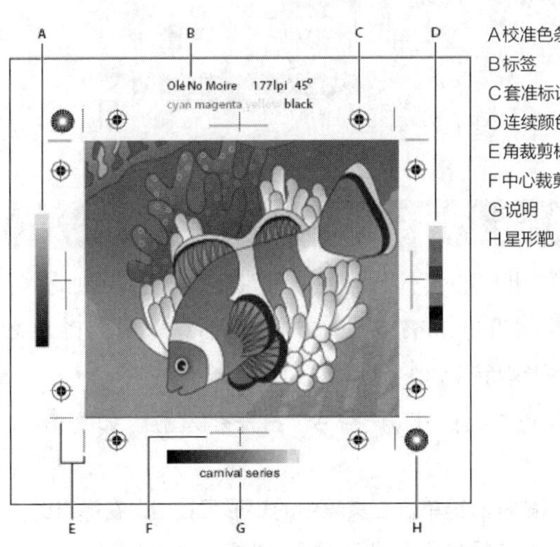

图18-5

下面简单介绍几种标记的含义。

角裁剪标志。在要裁剪页面的位置打印裁剪标志。在PostScript打印机上，选择此选项将打印出星形色靶。

中心裁剪标志。在要裁剪页面的位置打印裁剪标志。可在每个边的中心打印裁剪标志。

套准标记。在图像上打印套准标记（包括靶心和星形靶）。这些标记主要用于对齐分色。

说明。打印在“编辑说明”对话框中输入的任何说明文本，并且始终采用9号Helvetica无格式字体打印说明文本。

标签。在图像上方打印文件名。如果打印分色，则分色名称将作为标签的一部分打印。

- **函数**：有“背景”“边界”“出血”3个选项可供设置。“背景”用于设置页面上图像区域外要打印的颜色，“边界”用于在图像周围打印黑色边框，“出血”用于在图像内打印裁剪标志，如图18-6所示。

图18-6

- **药膜朝下**：使文字在药膜朝下（即胶片或相纸上的感光层背对阅读者）时可读。正常情况下，打印在纸上的图像是药膜朝上打印的，感光层正对着阅读者时文字可读，而打印在胶片上的图像通常采用药膜朝下的方式打印。
- **负片**：打印整个输出的图像（包括所有蒙版和任何背景色）的反相版本。与“图像”菜单中的“反相”命令不同，勾选“负片”复选框会将输出的图像（而非屏幕上的图像）转换为负片。尽管正片胶片在许多国家和地区很普遍，但是如果将分色直接打印到胶片，就可能需要负片。打印时可与印刷商核实，确定需要哪一种方式，看是要求胶片正片药膜朝上、负片药膜朝上、正片药膜朝下还是负片药膜朝下。若要确定药膜的朝向，请在冲洗胶片后于亮光下检查胶片，暗面是药膜，亮面是基面。
- **PostScript**：PostScript打印机使用PPD文件（PostScript Printer Description文件）来为您的特定PostScript打印机自定驱动程序的行为。PPD文件包含有关输出设备的信息，其中包括打印机驻留字体、可用介质大小及方向、优化的网频、网角、分辨率以及色彩输出功能。打印之前设置正确的PPD文件非常重要。通过选择与PostScript打印机或照排机相应的PPD文件，可以使用可用的输出设备设置填充“打印”对话框。

18.1.3 打印机属性设置

在打印前，用户需要将打印机与计算机相连接，并安装打印机驱动程序。下面主要介绍如何添加和选择打印机，使打印机能正常工作（注：此处以Windows 7系统为例介绍）。

- **添加打印机**：执行“开始→控制面板”命令，弹出“控制面板”对话框，如图18-7所示，单击“查看设备和打印机”，打开“设备和打印机”对话框，如图18-8所示，单击左上角的“添加打印机”按钮，然后按照提示执行相应步骤即可。

图18-7

图18-8

- **选择打印机**：执行“开始→控制面板→查看设备和打印机”命令，在“设备和打印机”对话框中选择已添加的打印机即可，如图18-9所示。

图18-9

18.1.4 打印一份

要想打印当前页，可执行“文件→打印一份”命令，打印机将直接打印一份当前页而不显示对话框，如图18-10所示。

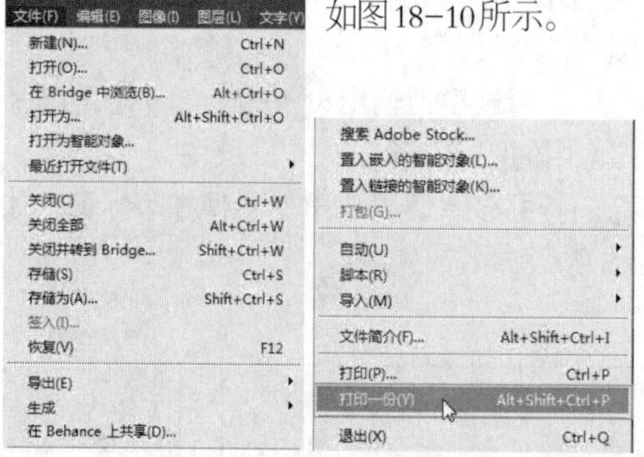

图18-10

实战演练 为图片添加水印

如果担心其他人使用自己制作的图片，那么可以为自己的图片添加水印和版权信息。本例将介绍如何为图片添加水印和版权信息。

01 执行“文件→打开”命令，打开素材图片，如图18-11所示。

02 用鼠标右键单击工具箱中的矩形工具组，在弹出的快捷菜单中选择自定形状工具，如图18-12所示。

图18-11

图18-12

03 打开自定形状工具选项栏中的“形状”下拉面板，选择“版权标志”图标，如图18-13所示。

04 新建“图层1”图层，在“图层1”图层上按住Shift键，按住鼠标左键并拖曳，绘制版权图像，效果如图18-14所示。

图18-13

图18-14

05 双击“图层1”图层，弹出“图层样式”对话框，增加斜面浮雕效果，参数设置如图18-15所示，设置完成后单击“确定”按钮，画面效果如图18-16所示。

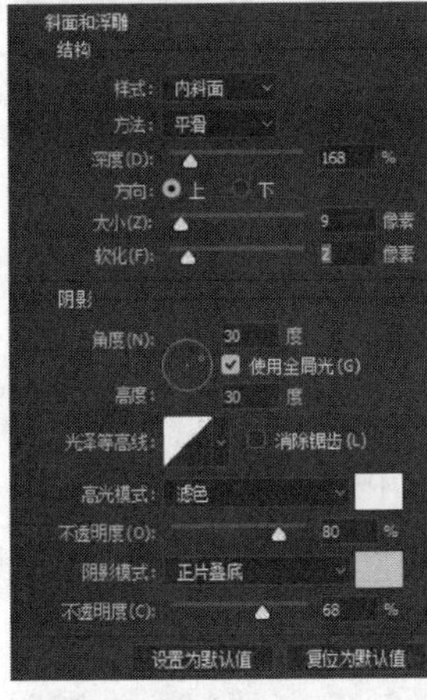

图18-15

06 设置“图层1”图层的混合模式为“滤色”，如图18-17所示，画面效果如图18-18所示。

图18-16

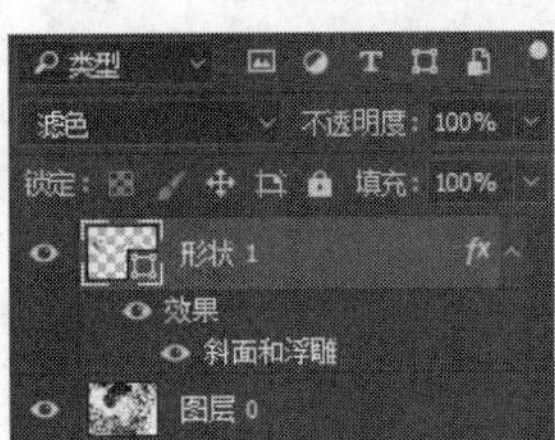

图18-17

图18-18

> **提示**
>
> 如果需要还可进行其他操作，如应用“高斯模糊”，输入需要的文本等。

07 若要嵌入版权信息，则执行“文件→文件简介”命令，打开对话框，如图18-19所示，可在此设置文件的各项参数，完成后单击“确定”按钮。

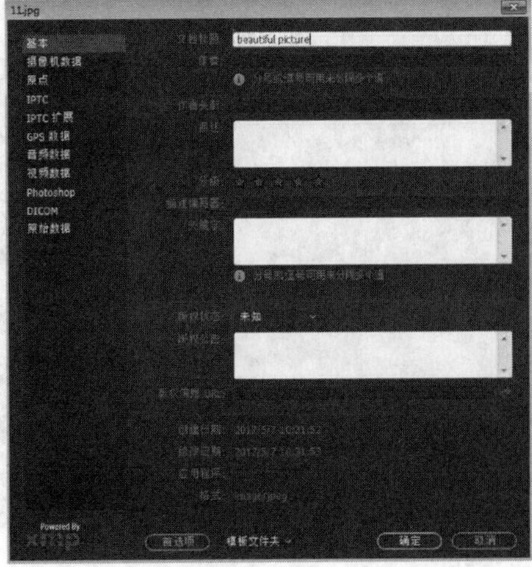

图18-19

18.2 输出图像

输出图像一般有3种输出方式，印刷输出、网络输出和多媒体输出。在输出图像时要注意几个问题，即图像分辨率、图像文件尺寸、图像格式和色彩模式。

18.2.1 印刷输出

在印刷输出一些设计作品时，有时会有一些较高的专业需求。一般来说，在印刷输出图像时要注意以下几个问题。

- **分辨率**：分辨率对输出文件的质量影响很大。但图像的分辨率越大，图像文件就越大，所需内存和磁盘空间也就越多，所以工作速度就会越慢。
- **文件尺寸**：印刷前的作品尺寸和印刷后作品的实际尺寸是不一样的，因为印刷后的作品其四边都会被裁去3毫米左右的宽度，这个宽度就是所谓的“出血”。
- **颜色模式**：印刷输出一般都要先将制作好的图像制成胶片，然后用胶片印刷出产品。为了能够使印刷的作品有一个好的效果，在出胶片之前需要先设定图像格式和颜色模式。CMYK颜色模式是针对印刷而设计的模式，所以图像在印刷输出前都应转换为CMYK颜色模式。
- **文件格式**：在印刷输出前还要考虑文件的格式，使用最多的是TIFF格式。

18.2.2 网络输出

网络输出相对印刷输出来说，主要受网速的影响，一般来说要求不是很高。要进行网络输出，需执行“文件→导出→存储为Web所用格式”命令，打开“存储为Web所用格式”对话框，如图18-20所示。在该对话框中可根据需求对图像进行优化设置，完成后，单击“完成”按钮，即可完成网络输出。网络输出时应注意以下几个主要问题。

- **分辨率**：采用屏幕分辨率即可（一般为72像素/英寸）。
- **图像格式**：主要采用GIF、JPEG和PNG 3种图像格式。GIF格式文件最小，PNG格式文件稍大些，JPEG格式文件介于两者之间。

图18-20

- **颜色模式**：选择一种网络图像格式后，可根据需要对图像的颜色数目进行设置。

18.2.3 多媒体输出

多媒体输出主要通过光盘、移动硬盘、U盘等形式进行输出，用户可根据图像的用途选择相应的形式。如果用于多媒体软件制作，还应该根据多媒体软件的特殊要求进行设置。例如，Author ware一般需要使用Photoshop制作漂亮的界面，因此分辨率最好高些；而Flash动画比较小巧，就没有过高的要求了，一般只是用Photoshop做一些修饰性的小图像，保存为GIF格式或JPEG格式等即可。

18.2.4 制作PDF演示文稿

01 按Ctrl+O组合键打开3个素材文件，如图18-21所示。

图18-21

02 执行“文件→自动→PDF演示文稿”命令，打开“PDF演示文稿”对话框，如图18-22所示，勾选“源文件”选项组中的“添加打开的文件”复选框。

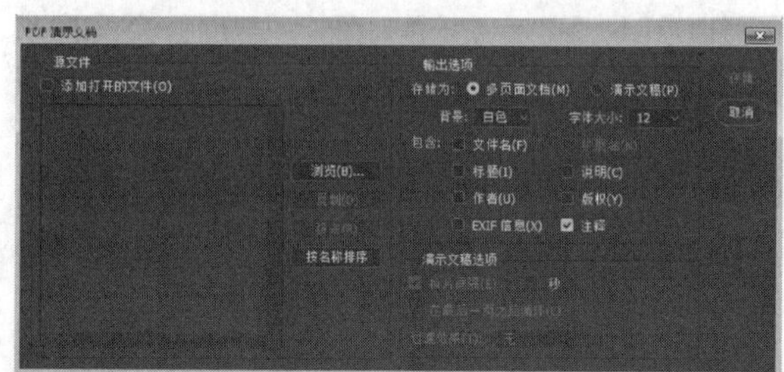

图18-22

03 选择“输出选项”选项组中的“演示文稿”选项，在“过渡效果”下拉列表中选择“随机过渡”选项，如图18-23所示。

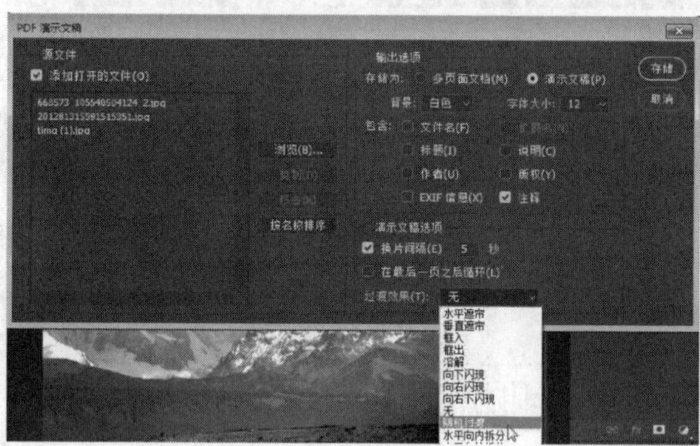

图18-23

04 单击“存储”按钮，弹出“另存为”对话框，设置存储的位置和名称，如图18-24所示，然后单击“保存”按钮。

05 在弹出的“存储Adobe PDF”对话框中，勾选“一般”选项组中的“存储后查看PDF”复选框，如图18-25所示，然后单击“存储PDF”按钮，即可将文件存储为PDF格式，如图18-26所示。

图18-24

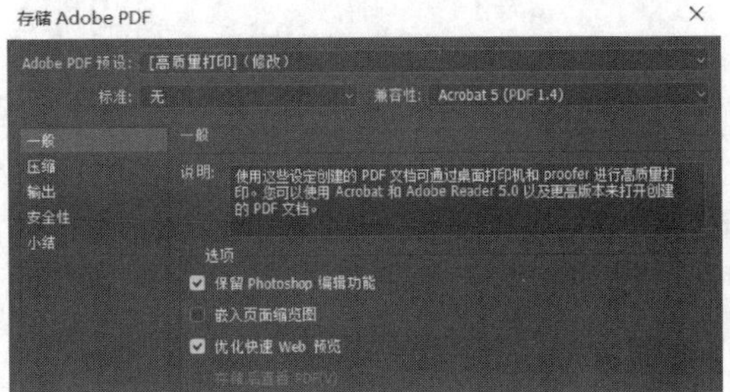

图18-25

图18-26

提示

在“存储Adobe PDF”对话框中，可以单击对话框左侧的“安全性”选项，在“许可”选项组中勾选“使用口令来限制文档的打印、编辑和其他任务”复选框，然后在“许可口令”文本框中设置密码，如图18-27所示。单击“存储PDF”按钮，在弹出的“确认密码”对话框中再次输入一遍密码，如图18-28所示，单击“确定”按钮即可完成设置。

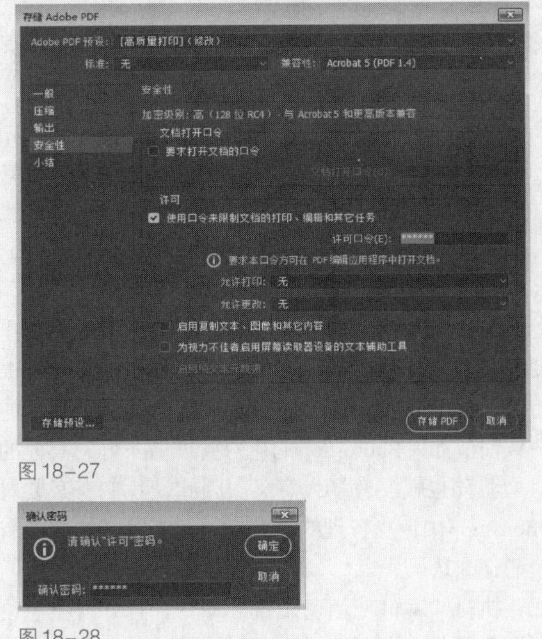

图18-27

图18-28

18.3 陷印

在从单独印版打印的颜色互相重叠或彼此相连处，印刷套不准会导致最终输出中的各颜色之间出现间隙。为弥补图稿中各颜色之间潜在的间隙，印刷商使用了一种技术，即在两个相邻颜色之间创建一个小重叠区域，这种技术被称为陷印。

陷印有两种：一种是外扩陷印，其中较浅色的对象重叠较深色的背景，看起来像是扩展到背景中；另一种是内缩陷印，其中较浅色的背景重叠陷入背景中较深色的对象，看起来像是挤压或缩小该对象。如图18-29所示。

图18-29

◎陷印选项

执行“图像→陷印”命令，打开“陷印”对话框，如图18-30所示。

图18-30

“宽度”代表了印刷时颜色向外或向内扩张的距离。该命令仅适用于CMYK颜色模式的图像。

第19章 颜色管理与系统预设

19.1 色彩管理

在图像工作流程中，有许多变化因素存在，所以必须对工作流程进行控制，以做到印刷的“所见即所得、所设即所得”。随着数字图像处理技术的发展，色彩管理系统已经成为图像处理工作中不可缺少的工作内容，色彩管理在印刷工作的过程中贯穿始终。

由于Photoshop是印前设计中调整颜色、进行颜色搭配、观察图像的深浅、进行层次调节的一个重要工具，只有在Photoshop中内置合适的ICC Profile特性文件，才能保证图像在整个印刷传递过程中的一致性。如果Photoshop的色彩管理做不好，其他的一切活动也就没有多大意义。因此，我们有必要对Photoshop中色彩管理的设置以及色彩管理的实现有个清楚的认识。

执行“编辑→颜色设置”命令，打开“颜色设置”对话框，有“设置”“工作空间”“色彩管理方案”“转换选项”“高级控制”等选项，如图19-1所示。

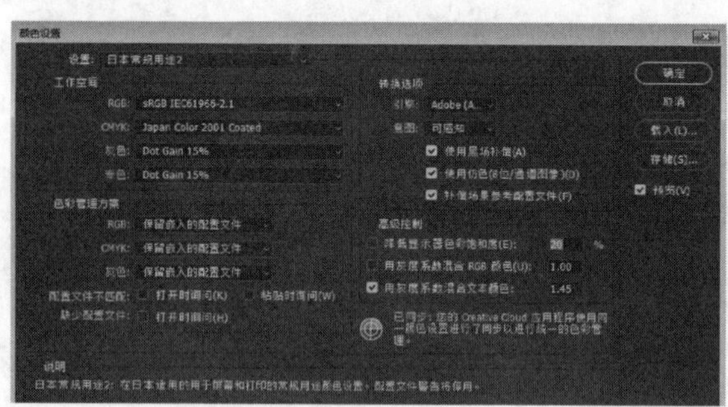

图19-1

- 设置：单击“设置”右侧的三角形，会弹出下拉列表，如图19-2所示，选中任何一项预设选项，整个对话框下面的“工作空间”“色彩管理方案”“转换选项”和“高级控制”4个选项都会出现与之配套的全部选项。这是一个通用的“傻瓜”式的设置，适用于对色彩管理不太熟悉的初级用户，只要设置合理，通常能够获得稳妥、安全的使用效果。

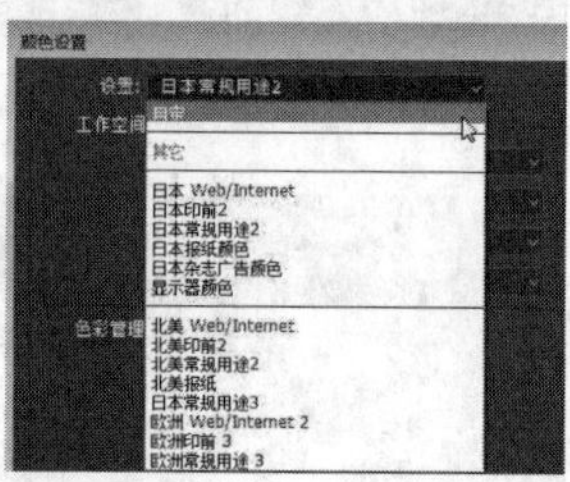

图19-2

提示

如果一定要使用自动的设置，建议使用“北美印前2”，理由是该设置的RGB空间是Adobe RGB，大于sRGB的色彩空间。桌面印前技术几乎都是Adobe创建的，图像制作也基本使用Photoshop，所以没有比“北美印前2”更专业的了。应用此模式进行印刷品设计和应用一般的RGB模式进行照片制作都可以得到很好的效果。

- 工作空间：是Photoshop全部色彩工作的核心，它规定了操作必须在一个特定的色彩区域中进行。此工作空间制作的照片改换到另外的工作空间，照片色彩就会发生变化，该部分共有“RGB”“CMYK”“灰色”“专色”4个选项。

第1项就是RGB空间设定。中高级的摄影师会选择Adobe RGB，以便照片能够适合高档印刷的需要。如果用于激光输出和一般打印可以选“sRGB

学习重点

颜色管理与系统预设是Photoshop软件中重要的内容。颜色管理是一个非常复杂的概念，如果在印刷前不能正确地设置好颜色管理的有关选项，就会导致印刷中产生严重后果。系统预设是指Photoshop软件自身各功能的设置情况。本章将系统地讲解色彩管理的相关知识以及系统预设的常规、界面、文件处理、性能、光标透明度与色域、单位及标尺等内容。

IEC61966-2.1”。如果仅仅是用于屏幕观看或上网交流，可以选择“显示器RGB-sRGB IEC61966-2.1”。如果此项设置得不恰当，在色彩鲜艳而层次较少的“显示器RGB”设置下修图，照片最终又被用于高档印刷，那么照片的色彩会出现灰暗等失真现象。

第2项是CMYK的设置。四色设置是最复杂的，因为自用的计算机与印刷厂使用的ICC不同或者相差很大的话，会导致比较严重的色彩差异。

第3项和第4项分别是设置灰色和专色网点增大的值。

- 色彩管理方案：设置这一步能够使后期色彩管理提高效率，包括照片设定色彩空间自动转换、提示、警告等几项内容。下面分别说明“RGB”“CMYK”“灰色”这3个选项。

（1）“RGB”建议设定为“转换为工作中的RGB”。该设定能够把文件都纳入选定的色彩空间中随时进行监控，以适应大多数的RGB文档标准的修图工作。

（2）“CMYK”建议设定为“保留嵌入的配置文件”，这是为了慎重行事，因为新打开的照片，我们不知道它带有什么特征文件，在这种情况下保留嵌入的配置文件可便于我们分析、决定取舍其色彩特性文件。不使用“转换为工作中的CMYK”设定是为了防止色彩糊里糊涂地转换而产生偏色。

（3）“灰色”建议设定为“关”，因为黑白照片的自动转换效果往往不佳，事实上我们都会对灰度照片的影调重新调整。

- 转换选项：“引擎”是一个高级别的色彩管理命令，它把工作空间和所使用的系统软件联合起来；“意图”方案中的色彩不能在其他设备中完整地表现出来时，损失掉的色彩就会被相近的色彩代替，这些相近的色彩就是由“意图”决定的。
- 高级控制：提供了专家级别的选项设置，不建议一般用户做修改。
- 说明：该区域为动态显示区域，当鼠标指针在“颜色设置”对话框中移动时，该区域以文字的形式对各个选项进行详细的说明，以帮助用户了解每个选项的作用和用途。

实战演练 生成和打印一致的颜色

本实例将打开一张现有印刷品的扫描文件，通过颜色设置、校样设置以及校样颜色等设置，生成和打印一致的颜色。

01 运行Photoshop CC 2017，执行“编辑→颜色设置”命令或按Ctrl+Shift+K组合键，打开“颜色设置”对话框，参数设置如图19-3所示，单击“确定”按钮关闭对话框。

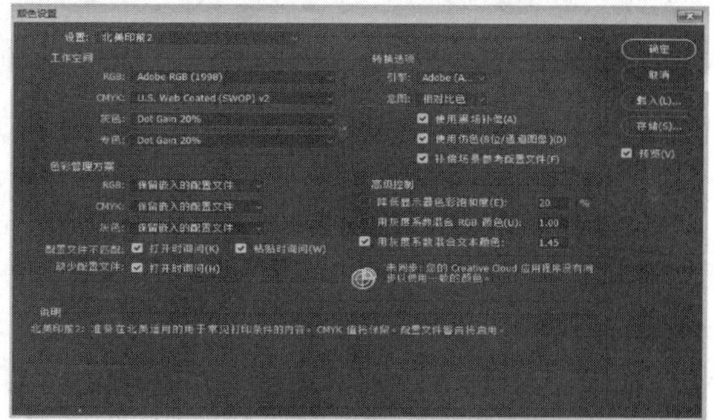

图19-3

02 按Ctrl+O组合键打开素材文件，弹出图19-4所示的对话框，选择“指定RGB模式”选项，单击“确定”按钮打开文件，Photoshop将对该文档嵌入颜色配置文件的色彩空间，与步骤1中颜色设置的色彩空间进行比较，必要时，Photoshop将转换图像文件的颜色，确保显示精确，如图19-5所示。

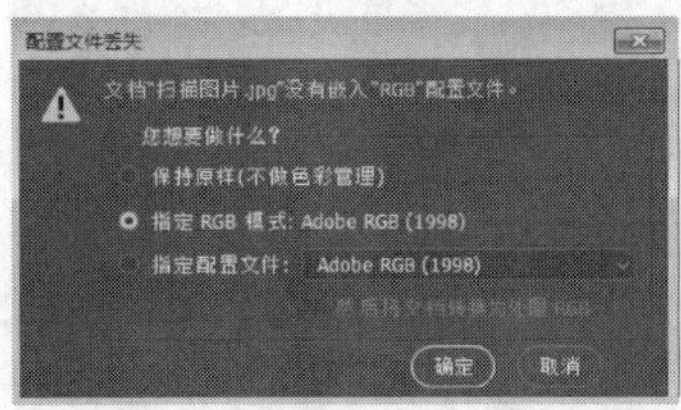

图 19-4

图 19-5

03 用户选择一种校样配置文件，以便在屏幕上看到图像打印后的效果，此操作也叫作软校样。执行“视图→校样设置→自定”命令，打开图 19-6 所示的对话框。

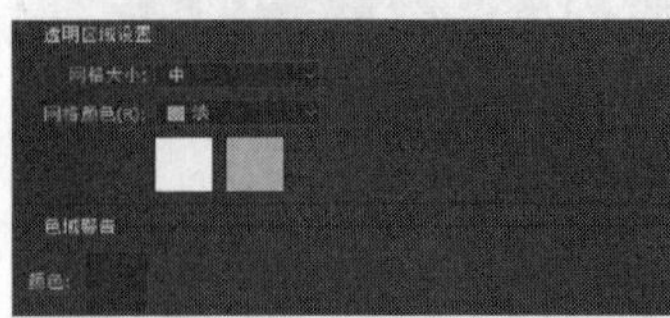

图 19-6

04 在“要模拟的设备”下拉列表中选择输出设备（如打印机或印刷机）的配置文件，如果输出设备不是专用打印机，可以选择“工作中的CMYK- U.S.Web Coated(SWOP)v2”。在“渲染方法”列表中选择“相对比色”。勾选“模拟纸张颜色”复选框，图案将比源文件变得暗一些。

05 执行“编辑→首选项→透明度与色域”命令，打开“首选项”对话框，将“色域警告”的“颜色”设置成蓝色（R0、G0、B255），如图 19-7 所示。

06 执行“视图→色域警告”命令，图像上将出现颗粒状的蓝色，如图 19-8 所示，这是在提示打印机将无法准确打印该区域的颜色。

图 19-7

图 19-8

07 执行“选择→色彩范围”命令，打开“色彩范围”对话框，从“选择”下拉列表中选择“溢色”，如图 19-9 所示。单击“确定”按钮，生成图 19-10 所示的选区。

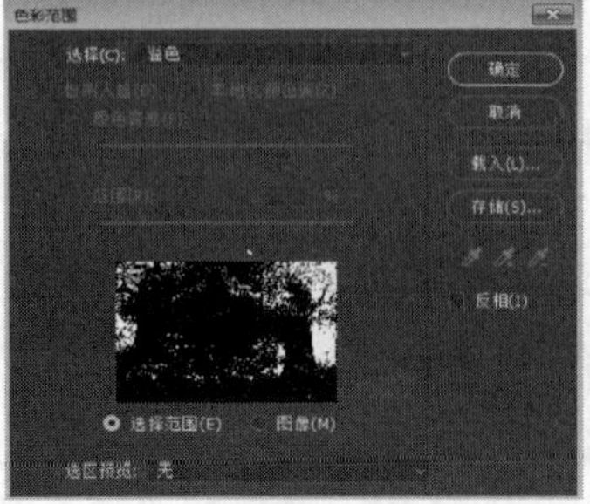

图 19-9

图 19-10

08 按Ctrl+Shift+Y组合键，关闭色域警告。按Ctrl+H组合键，隐藏蚂蚁线，以便观察接下来的色调变化。切换到“图层”面板，单击面板下方的“创建新的填充或调整图层”按钮，在菜单中执行“色相/饱和度”命令，参数设置如图 19-11 所示。

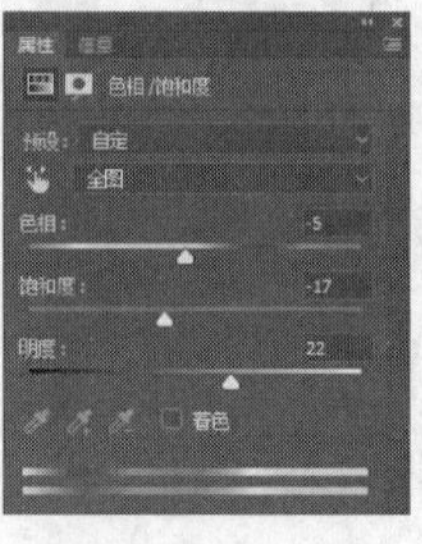

图 19-11

09 再次执行“选择→色彩范围”命令，打开“色彩范围”对话框，在“选择”下拉列表中选择“溢色”，可以观察到溢出色彩已经少了很多。

10 执行“文件→打印”命令，弹出“Photoshop打印设置”对话框，参数设置如图 19-12 所示，单击“完成”按钮退出对话框。

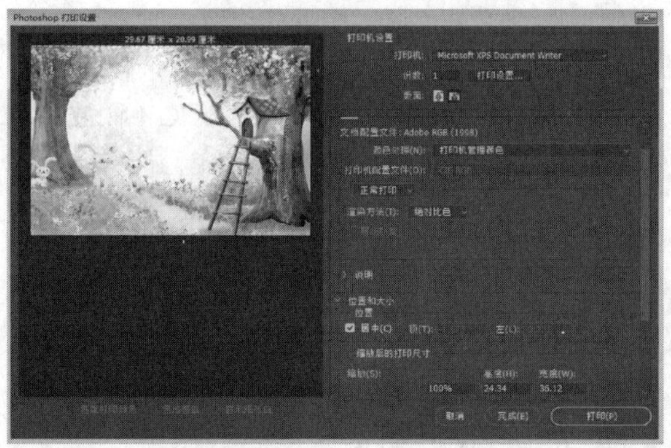

图 19-12

11 执行“文件→存储为”命令，打开“另存为”对话框，设置对话框中参数如图 19-13 所示，单击“保存”按钮。

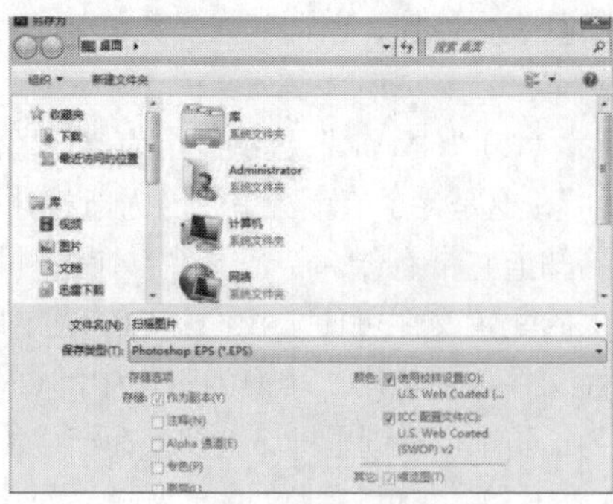

图 19-13

12 在弹出的“EPS选项”对话框中进行参数设置，如图 19-14 所示，单击“确定”按钮，操作完成。

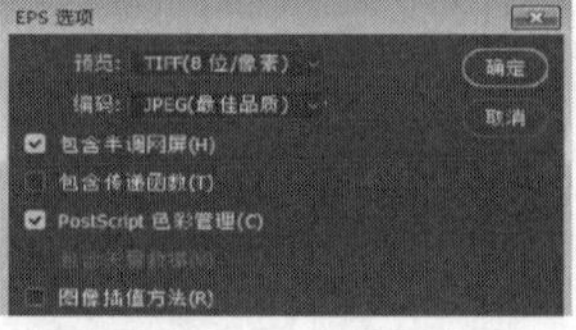

图 19-14

19.2 Adobe PDF预设

Adobe PDF预设是一组创建PDF处理的设置集合。这些设置的核心是平衡文件大小和品质，使文件可以在InDesign、Illustrator、Photoshop和Acrobat之间共同使用，也可以针对特殊的输出创建自定义预设。

执行“编辑→Adobe PDF预设”命令，打开“Adobe PDF预设”对话窗口，如图19-15所示，在对话框内可以进行预设。

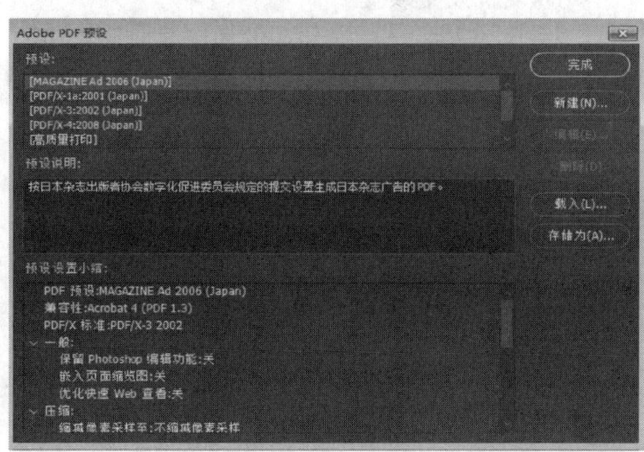

图19-15

- 预设/预设说明：显示各种Adobe PDF的预设文件和相应的预设说明。
- 新建：单击“新建”按钮，会弹出“新建PDF预设”对话框，如图19-16所示。新建的PDF预设，就会显示在“Adobe PDF预设”对话框的“预设”内。

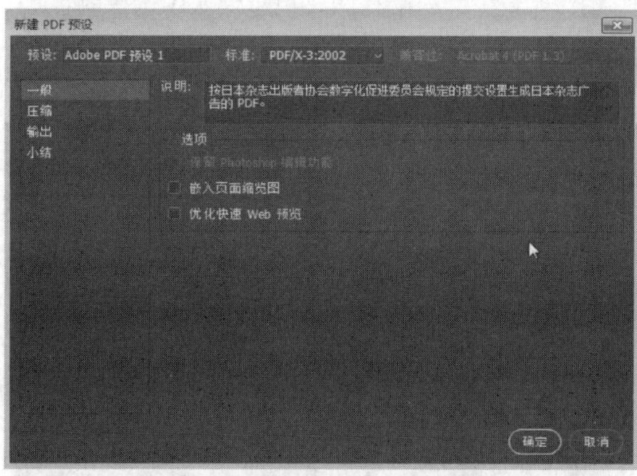

图19-16

- 编辑：可以修改在“Adobe PDF预设”对话框中“预设”选项里新建的Adobe PDF预设文件。
- 删除：选中所创建的Adobe PDF预设文件，单击“删除”按钮，可以将该预设文件删除。
- 载入：可以将其他软件的PDF文件载入。
- 存储为：将新建的预设文件另存为。

19.3 设置Photoshop首选项

“首选项”对话框中包括常规，界面，文件处理，性能，光标，透明度与色域，单位与标尺，参考线，网格和切片，增效工具，文字，3D等选项，用户可根据自己的喜好对这些选项进行设定。

19.3.1 常规、工具、历史记录

“常规”“工具”“历史记录”选项中可对拾色器种类、图像的差值方法、常规选项以及历史记录进行设置。

执行“编辑→首选项→常规”命令，打开“首选项”对话框，如图19-17所示。

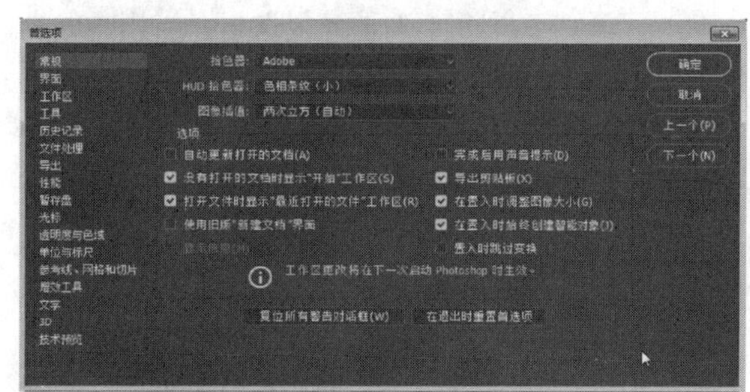

图19-17

- HUD拾色器：拾取颜色的工具，一般用吸管的形状表示，在想要的颜色上单击就可以拾取颜色。

在这里有两种拾色器，一种是Windows拾色器，如图19-18所示；另一种是Adobe拾色器，如图19-19所示。Adobe的拾色器可以从整个色谱和相关的颜色匹配系统中选择颜色。Windows的拾色器颜色形式相对比较少，只能在两种色彩模块中选择颜色。

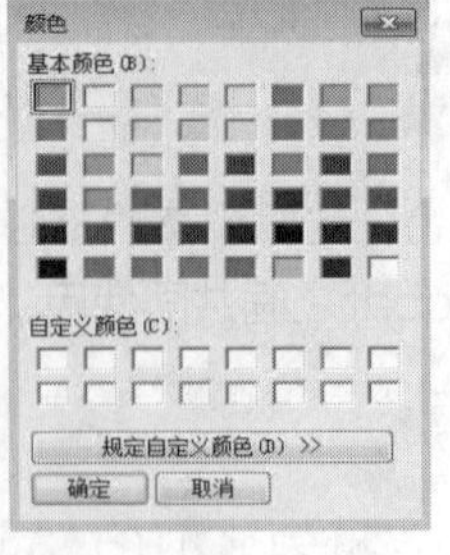

图19-18

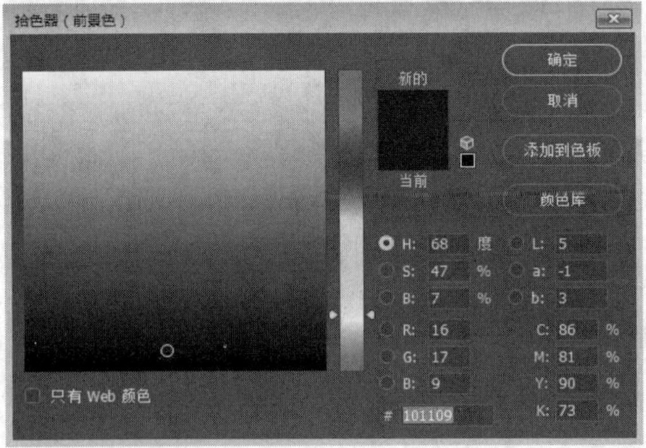

图19-19

- 图像插值：图像大小发生改变时，系统会按照图像的插值方法来改变图像的像素。选择“邻近（保留硬边缘）”选项，则生成的像素不太精确，生成速度快，但是边缘有锯齿；选择“两次线性”选项，则以一种均匀的颜色值来生成像素，可以生成中等像素的图像；选择“两次立方”的4个选项中的一个，则以一种精确分析周围像素的方法生成图像，速度比较慢，但精确度较高。
- 自动更新打开的文档：勾选该复选框后，当前文件如果被其他程序修改并保存，在Photoshop中会自动更新文件的修改。
- 完成后用声音提示：勾选此复选框，当用户的操作完成后，程序会发出提示音。
- 导出剪贴板。复制到剪贴板中的内容，在关闭Photoshop后仍可以在其他程序中使用。
- 使用Shift键切换工具：勾选该复选框后，切换同组工具时需加按Shift键；取消勾选后，切换同组工具时不用按Shift键，直接切换即可。
- 在置入时调整图像大小：勾选该复选框后，当前文件的大小会约束置入图像的大小，并自动调节置入图像的大小，图19-20所示为勾选它的效果，图19-21所示为未勾选的效果。

图19-20

图19-21

- 带动画效果的缩放：使用缩放工具时会使图像平滑缩放。
- 缩放时调整窗口的大小：窗口的大小随着图像大小的改变而发生改变。
- 将单击点缩放至中心：使用缩放工具时，单击点就会自动成为中心点。
- 历史记录：设置和显示历史记录数据的存储路径以及所含信息的详细说明。选择“元数据”选项，会将历史记录保存为文件中的元数据；选择“文本文件”选项，历史记录存储类型将为文本文件；选择“两者兼有”选项，历史记录将以元数据的形式保存在文本文件中；选择“编辑记录项目”选项，可以选取历史记录信息的详细程度。
- 复位所有警告对话框：在操纵一些指令时，会有警告框弹出，选择“不再显示”时，出现相同的情况时就不会再次提示。如果想再次获得提示，可以使用此命令。

19.3.2 界面

“界面”选项主要涉及Photoshop的工作界面外观、界面的选项以及界面的文字等内容。

执行“编辑→首选项→界面”命令，打开“首选项”对话框，如图19-22所示。

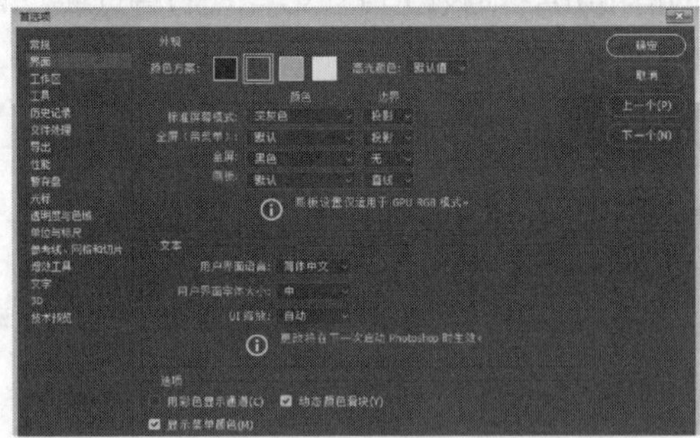
图19-22

- 颜色方案：在此选择不同的颜色标签，程序界面的颜色就会随之改变。图19-23和图19-24所示分别是黑色界面和灰色界面的效果图。

图 19-23

图 19-24

- 标准屏幕模式/全屏（带菜单）/全屏：用户可分别设定这三种模式下的颜色和边界。

19.3.3 文件处理

“文件处理”选项主要涉及文件存储选项、文件兼容性选项等内容。

执行“编辑→首选项→文件处理”命令，打开“首选项”对话框，如图19-25所示。

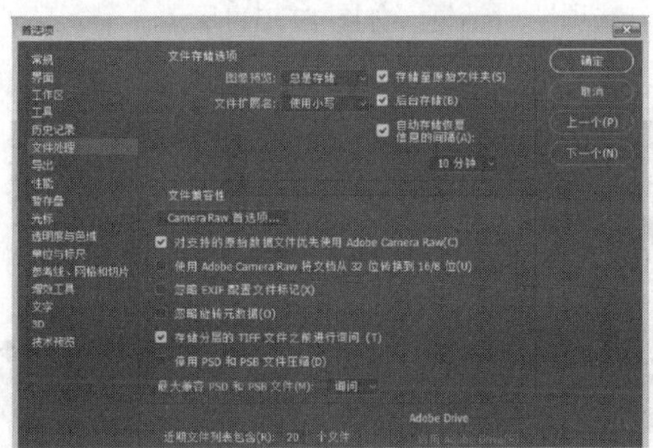

图 19-25

- 图像预览：选择在保存图像文件时，图像的缩览图是否同时保存。
- 文件扩展名：确定文件扩展名为“使用大写”还是“使用小写”形式。
- 存储至原始文件夹：保存对原文件的修改。
- Camera Raw首选项：单击该按钮，可以设置Camera Raw的首选项，如图19-26所示。

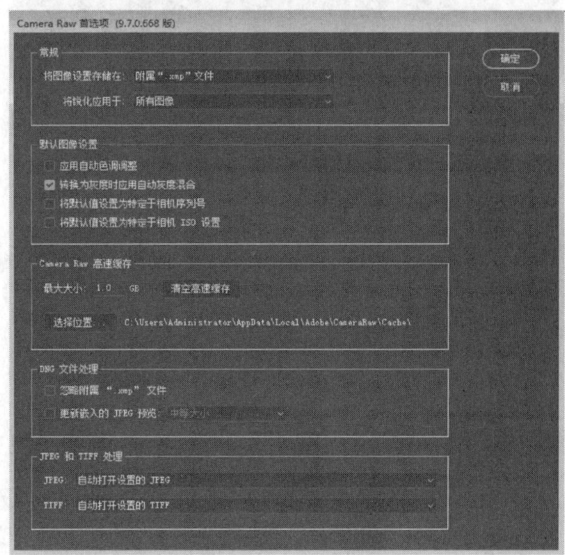

图 19-26

- 忽略EXIF配置文件标记：保存文件时会忽略图像色彩中标有EXIF的配置文件。
- 存储分层的TIFF文件之前进行询问：如果保存的分层文件的格式为TIFF格式，会有询问的对话框弹出。
- 最大兼容PSD和PSB文件：调整存储的PSD和PSB文件的兼容性。选择“总是”选项，可在文件中存储一个分层的符合版本，其他程序就能够读取该文件；选择“询问”选项，会弹出“是否最大提高兼容性”询问框；选择“总不”选项，可以在不提高兼容性的情况下保存文件。
- 近期文件列表包含：设置在“文件→最近执行的文件”菜单中保存的文件数量。

19.3.4 性能、暂存盘

设置“性能”选项可以让计算机的硬件性能得到合理的分配，也可以让Photoshop优先使用硬件资源。

执行“编辑→首选项→性能”命令，打开“首选项”对话框，如图19-27所示。

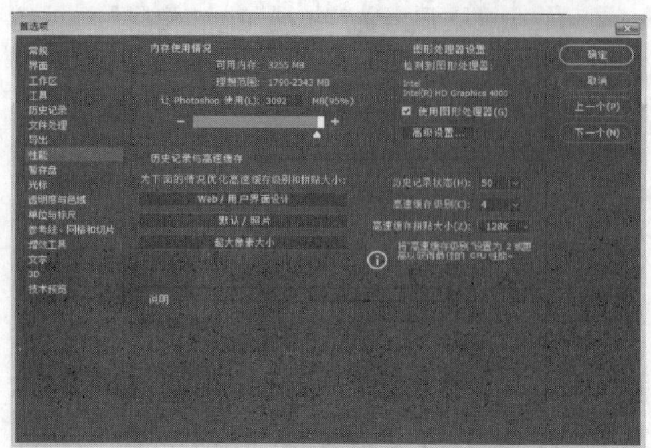

图 19-27

- 暂存盘：当没有足够的内存运行某个操作时，Photoshop会把它暂存到一个专有的虚拟内存中。暂存盘是具有闲置内存的驱动器的分支。
- 内存使用情况：显示计算机上内存的分布情况，拖曳滑块或在“让Photoshop使用”数值框中输入数值，可以调整Photoshop占用的内存量。修改后，需重新启动Photoshop才可生效。
- 历史记录与高速缓存：“历史记录状态”可以指定“历史记录”面板中显示的历史记录状态的最大数量；“高速缓存级别”可以为图像数据指定高速缓存级别和拼贴大小。要快速优化这些设置，可单击“Web/用户界面设计”“默认/照片”和“超大像素大小”3个按钮。
- 图形处理器设置：可以使用Open GL绘图，使用后，能够加速处理大型或复杂图像（如动画文件等）。Open GL绘图还应用在像素网格、取样环等功能中。

提示

历史记录的值不是越大越好，适中即可，数值越大，耗费的缓存就越高，计算机的运行效率就会越低。

19.3.5 光标

设置“光标”选项可改变在不同情况下的鼠标指针形态。

执行“编辑→首选项→光标”命令，打开“首选项”对话框，如图19-28所示。

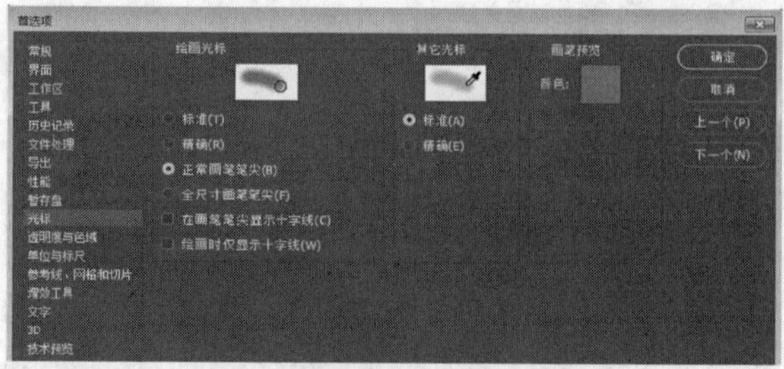

图 19-28

- 绘画光标：使用画图工具时，光标的显示形态以及光标中心是否显示十字虚线形式，如图19-29所示。

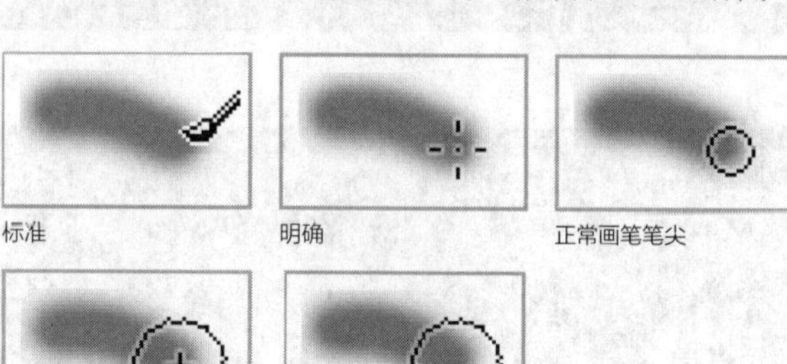

图 19-29

- 其他光标：绘图时除画笔工具以外的光标（吸管工具为例），如图19-30所示。

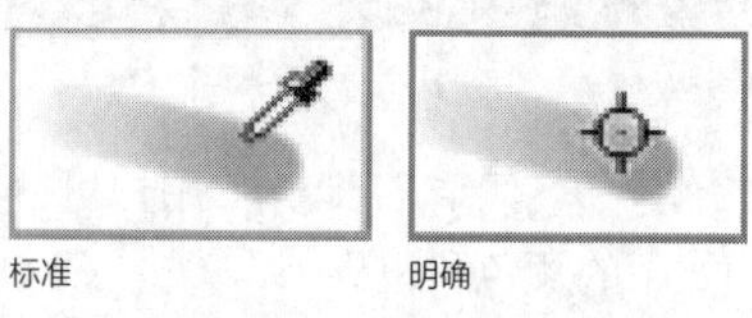

图 19-30

19.3.6 透明度与色域

该项设置主要涉及透明图层的显示方式及色域警告色。

执行“编辑→首选项→透明度与色域”命令，打开“首选项”对话框，如图19-31所示。

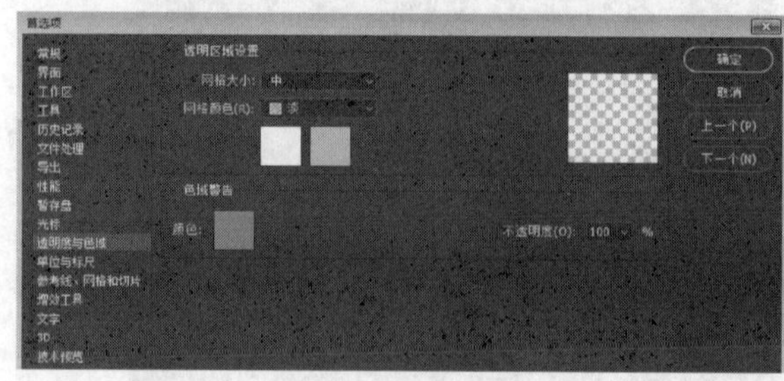

图 19-31

- 透明区域设置：当所选择的图片背景为透明区域时，会显示为网格状。选择“网格大小”选项，可以调整网格的大小。选择“网格颜色”选项，可以改变网格状的颜色，如图19-32和图19-33所示。

图19-32

图19-33

19.3.7 单位与标尺

Photoshop可以在标尺中显示不同的单位。

执行“编辑→首选项→单位与标尺”命令，打开“首选项”对话框，如图19-34所示。

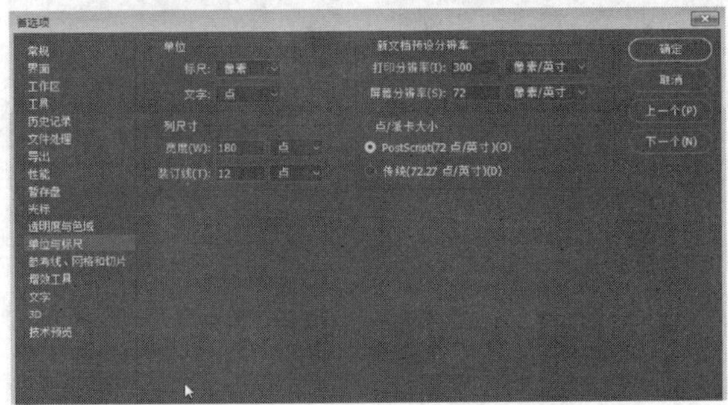
图19-34

- 列尺寸：在打印和装订过程中，当将图像导入排版程序中时，会应用这里设置好的图像的“宽度”和“装订线”的大小。设定好列的数量的图像效果如图19-35所示。

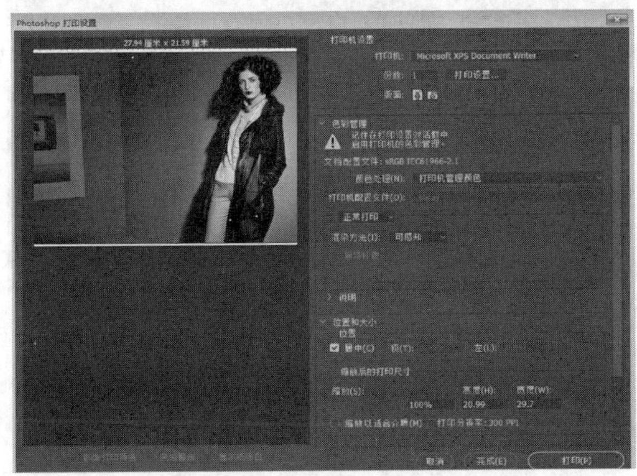
图19-35

19.3.8 参考线、网格和切片

该项设置主要涉及参考线的颜色设置、网格的样式设置、切片的相关设置等。

执行“编辑→首选项→参考线、网格和切片”命令，打开“首选项”对话框，如图19-36所示。

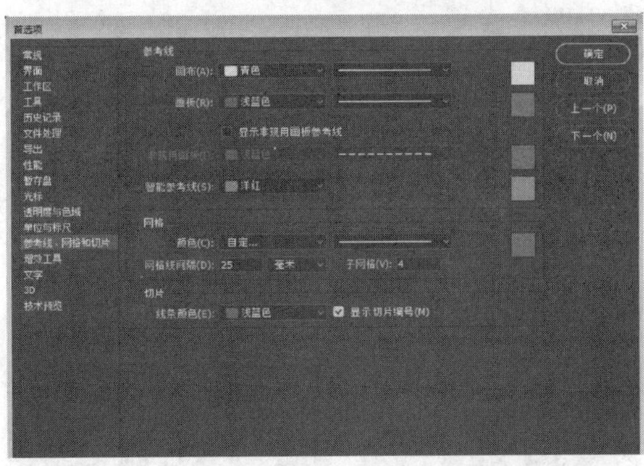
图19-36

- 参考线：包括参考线的颜色和样式设置。参考线样式只有直线和虚线两种。
- 智能参考线：用来设定智能参考线的颜色。
- 网格：用户可设定网格的颜色、样式以及网格线间隔距离。网格的样式包括直线、虚线和网点3种。
- 切片：可设定切片的线条所显示的颜色以及是否显示切片编号。

19.3.9 增效工具、文字

“增效工具”选项可设置附加的增效工具的路径，设定好后重新启动Photoshop，启动过程中程序会自动扫描和加载附加的增效工具，具体设置如图19-37所示。“文字”选项主要针对文字的显示方式和字体丢失等异常变化的情况，具体设置如图19-38所示。

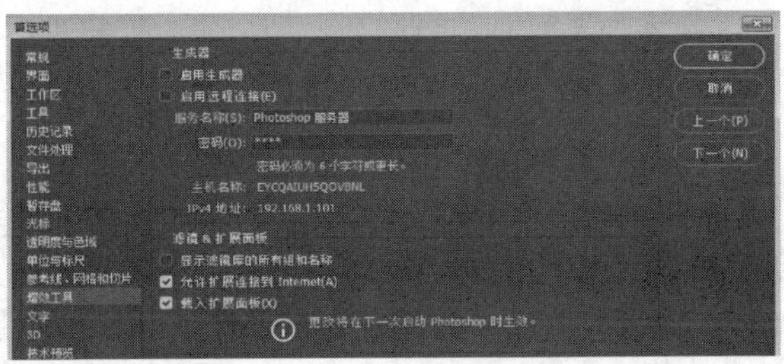
图19-37

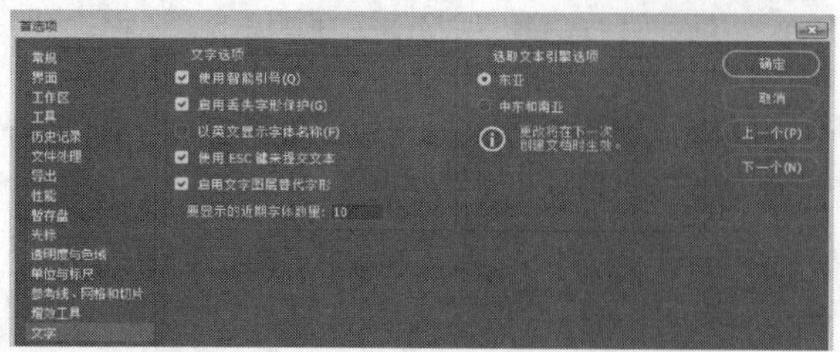

图 19-38

19.3.10 3D

该选项主要涉及在用3D功能进行设计时所显示的样子、性能等参数。

执行“编辑→首选项→3D”命令，打开“首选项”对话框，如图19-39所示。

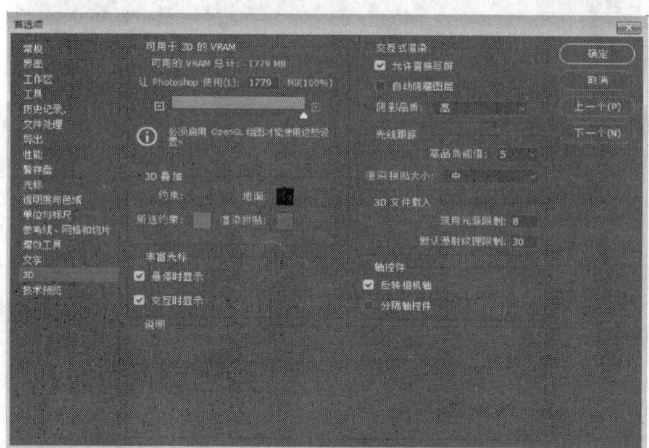

图 19-39

- 可用于3D的VRAM：显示了Photoshop的显存量。启用OpenGL绘图时，才可以调节VRAM。
- 3D叠加：在“视图→显示”子菜单中，用不同的颜色区分3D组件。
- 地面：进行3D操作时，地表的参数可以显示地面，也可以隐藏地面。
- 3D文件载入：对导入的3D文件进行光源限制。

19.3.11 工作区

该选项主要是用户的使用偏好设置，根据个人工作习惯的不同，设置工作区，包括选项和紧缩设置。

执行“编辑→首选项→工作区”命令，打开“首选项”对话框，如图19-40所示。

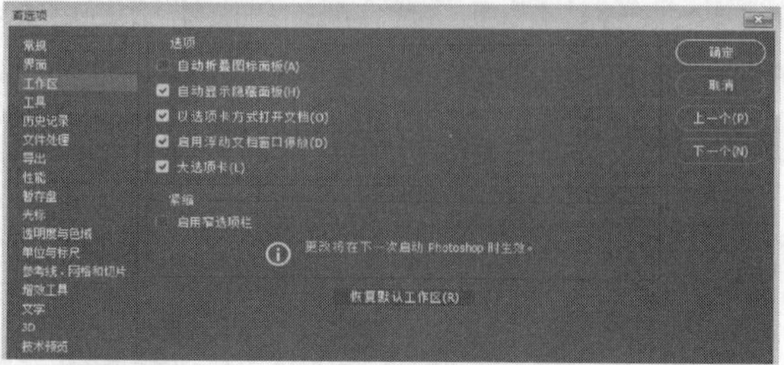

图 19-40

- 选项：包括“自动折叠图标面板”“自动显示隐藏面板”“以选项卡方式打开文档”“启用浮动文档窗口停放”“大选项卡”5个复选框。图19-41和图19-42所示为勾选与不勾选“以选项卡方式打开文档”复选框的工作区状态对比。

图 19-41

图 19-42

- 紧缩：为较小显示器启用窄选项栏。

19.4 使用预设管理器

预设管理器是允许用户管理Photoshop随附的预设画笔、色板、渐变、样式、图案、等高线、自定形状和预设工具的库。例如，用户可以使用预设管理器来更改当前的预设项目集或创建新库。在预设管理器中载入了某个库后，用户将能够在诸如选项栏、面板、对话框等位置中访问该库的项目。

执行“编辑→预设→预设管理器”命令，弹出“预设管理器”对话框，如图19-43所示。

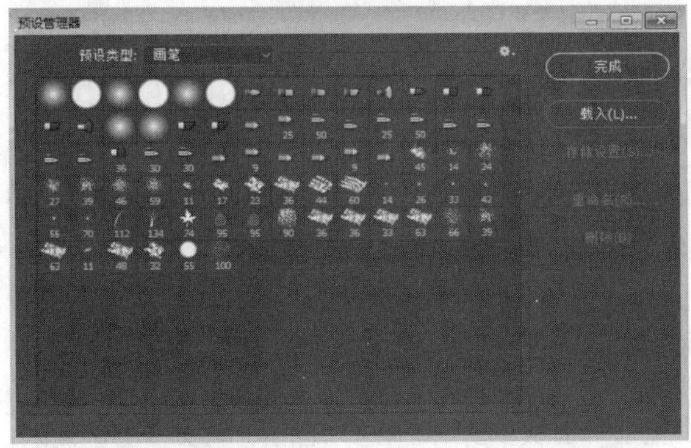

图19-43

- 预设类型：单击“预设类型”右侧，弹出图19-44所示的列表，用户可以选择所要设置的项目，如渐变、样式等。单击右侧的设置图标，弹出图19-45所示的菜单。

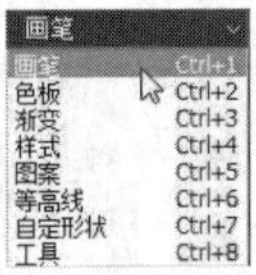

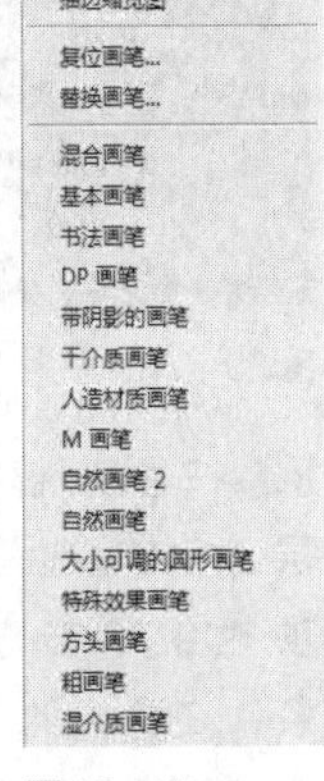

图19-44

仅文本
✓ 小缩览图
大缩览图
小列表
大列表
描边缩览图
复位画笔...
替换画笔...
混合画笔
基本画笔
书法画笔
DP 画笔
带阴影的画笔
干介质画笔
人造材质画笔
M 画笔
自然画笔 2
自然画笔
大小可调的圆形画笔
特殊效果画笔
方头画笔
粗画笔
湿介质画笔

图19-45

- 载入预设项目库：执行下列操作之一，可载入预设项目库。

单击“预设类型”右侧的设置图标，然后从菜单的底部选取一个库文件，单击“确定”按钮以替换当前列表，或者单击“追加”按钮以添加到当前列表。

若要将库添加到当前列表中，请单击“载入”按钮，弹出“载入”对话框，选择要添加的库文件，然后单击“载入”按钮即可。

若要使用其他库替换当前列表，请从菜单中选取“替换[预设类型]”。选择要使用的库文件，然后单击“载入”按钮。

- 重命名预设项目：执行下列操作之一，可以完成重命名。

单击“重命名”按钮，然后为画笔等输入新名称。

如果预设管理器当前以缩览图形式显示预设，请双击某个预设，输入新名称，然后单击“确定”按钮。

如果预设管理器当前以列表或纯文本形式显示预设，请双击某个预设，直接在文本框中输入新名称，然后按Enter键。

- 删除预设项目：执行下列操作之一，可删除预设。

选择预设项目，然后单击“删除”按钮。

按住Alt键并单击要删除的项目。

- 创建新的预设库：确保选中所有项目，单击“存储设置”按钮，为库选取一个位置，设置文件名，然后单击“保存”按钮。

第20章 综合实例

20.1 制作透视文字玻璃特效

本实例是用工具箱中的渐变工具绘制渐变描边，然后通过复制位移图层和滤镜功能中的“添加杂色”“高斯模糊”的应用，制作出透视玻璃的效果，最后添加背景和闪光素材，使玻璃文字效果透明澄澈。

01 执行“文件→新建”命令，在弹出的“新建文档”对话框中设置参数，如图20-1所示，单击“创建”按钮，新建文件。

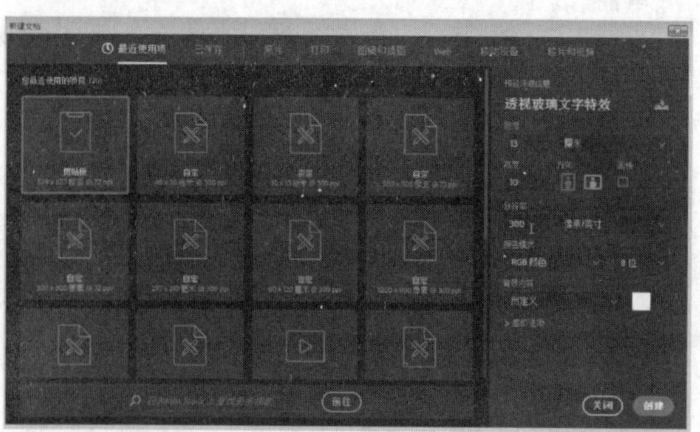
图20-1

02 将前景色设置为灰色（#676767），按Alt+Delete组合键填充背景。选择横排文字工具，设置字型为“微软雅黑”，抗锯齿方法为“浑厚”，字体颜色为黑色，输入“LOVE”，调整位置和大小，如图20-2和图20-3所示。

图20-2

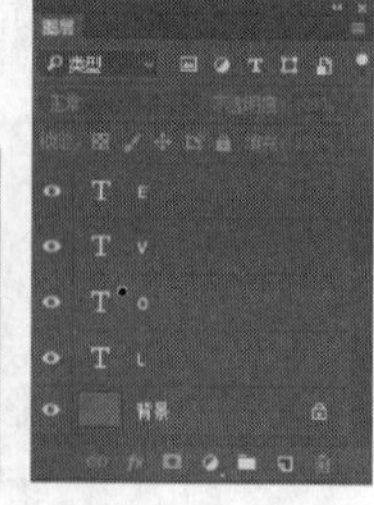
图20-3

03 选择4个文字图层，单击鼠标右键，执行“栅格化文字”命令，再次单击鼠标右键，执行“合并图层”命令，重命名图层为“图层 1”。按住Ctrl键的同时单击“图层”面板中的“图层 1”图层，将文字选区载入，然后单击“图层”面板下方的“创建新图层”按钮，新建“图层 2”图层，执行“编辑→描边”命令，在弹出的“描边”对话框中进行参数设置，如图20-4所示，图像效果如图20-5所示。

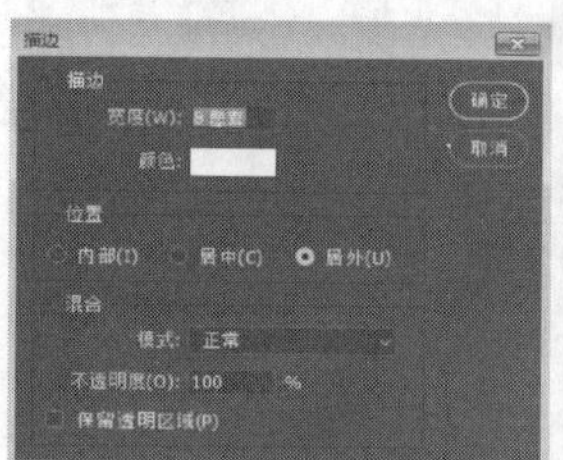
图20-4

图20-5

04 按住Ctrl键并单击“图层”面板中的“图层2”图层，将描边选区载入，然后选择渐变工具，在工具选项栏中单击渐变条，在弹出的“渐变编辑器”对话框中设置渐变色，两端颜色为蓝色（R95、G26、B238），中间颜色为淡蓝色（R96、G230、B225），如图20-6所示，由上而下绘

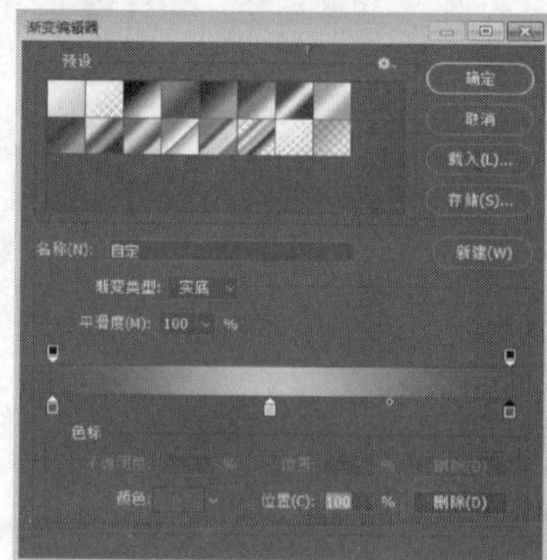
图20-6

学习重点

本章为综合实例应用部分，涉及平面设计和建筑装饰效果图的后期制作等内容。读者应重点掌握Photoshop CC 2017各种功能的综合运用，如图层样式和文字工具的结合、蒙版与通道的综合抠图应用、多种滤镜效果的结合，以及色彩调整等。

制渐变，图像效果如图20-7所示。

05 按Ctrl+J组合键复制“图层2”图层，得到“图层2拷贝”图层。选择移动工具，按键盘上的方向键将图像向下移动2个像素、向右移动3个像素，图像效果如图20-8所示。

图20-7

图20-8

06 重复按Ctrl+Shift+Alt+T组合键6次，复制位移图层，“图层”面板显示如图20-9所示，图像效果如图20-10所示。

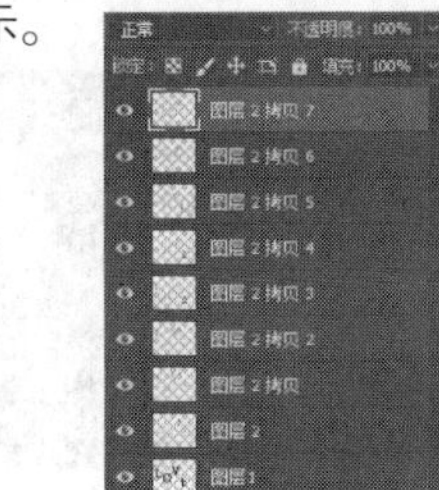

图20-9

图20-10

07 按住Ctrl键并单击“图层”面板中的“图层1”图层，将文字选区载入，再选择开始设置好的渐变颜色，绘制渐变，然后按Ctrl+D组合键取消选区，图像效果如图20-11所示。

图20-11

08 选择“图层1”图层，执行“滤镜→模糊→高斯模糊”命令，在弹出的“高斯模糊”对话框中进行参数设置，如图20-12所示，单击“确定”按钮，图像效果如图20-13所示。

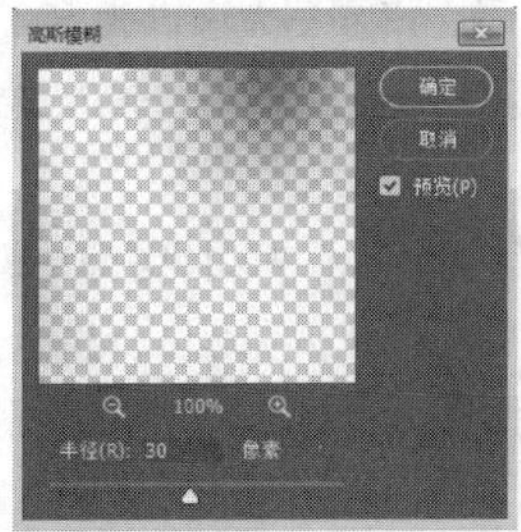

图20-12

图20-13

09 执行“滤镜→杂色→添加杂色”命令，在弹出的“添加杂色”对话框中进行参数设置，如图20-14所示，单击“确定”按钮，图像效果如图20-15所示。

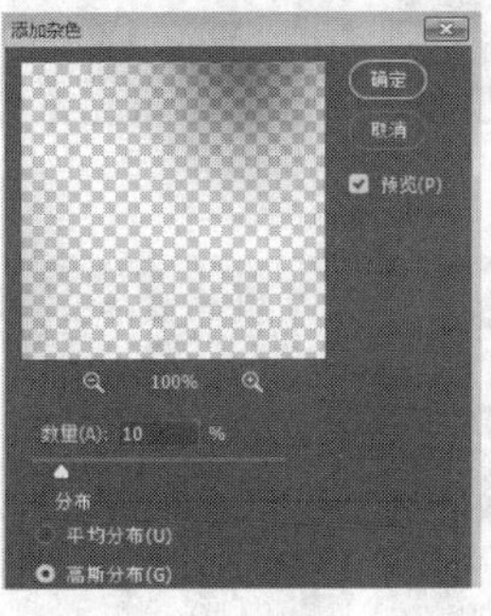

图20-14

图20-15

10 执行“文件→置入嵌入的智能对象”命令，将“梦幻背景”文件置入，调整大小至画布，如图20-16所示。

11 单击“图层”面板下方的“创建新图层”按钮，在图层列表的最上方新建“图层 3”图层，设置前景色为白色，绘制闪光，选择画笔工具，选择柔性笔刷，调整大小，画一个柔边圆，按Ctrl+T组合键，将圆形压扁，复制“图层3”图层，按Ctrl+T组合键，将“图层3拷贝”图层中的图像旋转，成交叉状。将两图层合并，放置在适宜位置，作为闪光效果。多次制作闪光效果，最终图像效果如图20-17所示。

图20-16

图20-17

20.2 制作绚丽的发光字效果

本案例中的发光字由滤镜完成，制作该效果的流程为：首先输入文字，调出文字选区，给选区填充颜色，然后使用“径向模糊”滤镜做出放射效果，渲染颜色，加上投影即可。

01 新建文档，如图20-18所示，将文档大小设为500像素×500像素，背景填充为黑色。在文档中，输入白色字体，如图20-19所示。

02 按Shift+Ctrl+N组合键，新建图层，如图20-20所示，按住Ctrl键并单击文字图层，得到文字选区，执行“选择→修改→边界”命令，弹出“边界选区”对话框如图20-21所示。

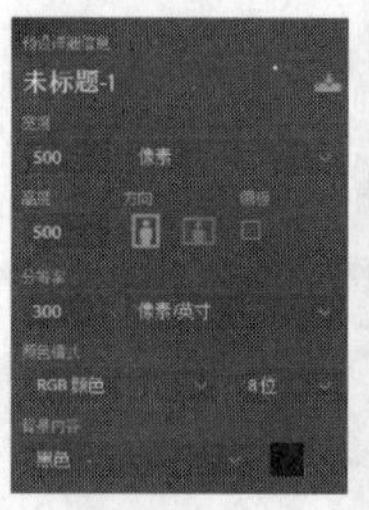

图20-18

图20-19

图20-20

图20-21

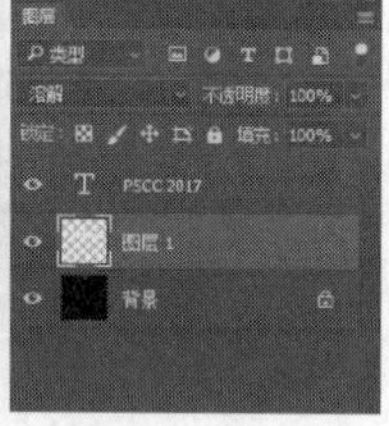

图20-22

03 将选区填充为白色，图层模式改为“溶解”，如图20-22所示。选择原文字图层并将颜色改为黑色，回到“图层”面板，右键单击文字图层，执行“栅格化文字”命令。此时图像效果如图20-23所示。

图20-23

04 执行“滤镜→模糊→径向模糊”命令，参数设置如图20-24所示。

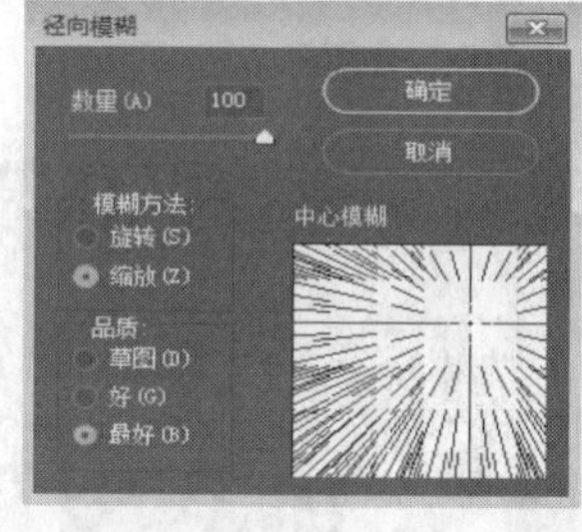

图20-24

05 按Ctrl+T组合键，将图层进行拉伸，如图20-25所示。

06 新建图层，并置于顶层，使用渐变工具，选择“黑白渐变”，画出渐变效果，如图20-26所示，并把图层模式改为“滤色”，效果如图20-27所示。

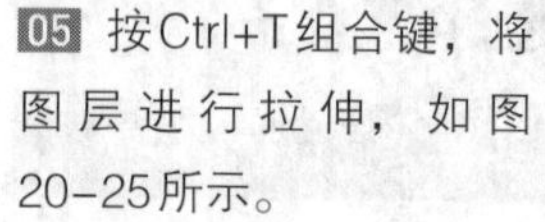

图20-25

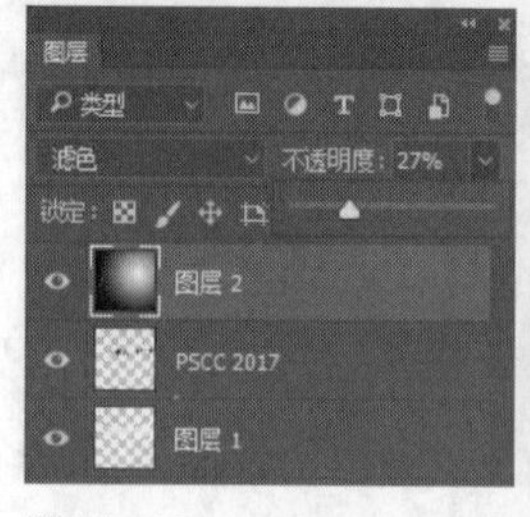

图20-26

图20-27

07 接下来制作倒影部分。选择文字图层，按Ctrl+J组合键复制一层，按Ctrl+T组合键并单击鼠标右键，执行“垂直翻转”命令，如图20-28与图20-29所示。

图20-28

图20-29

08 给该图层增加图层蒙版。选择线性渐变工具，调整出渐变效果，如图20-30和图20-31所示。

图20-30

图20-31

09 选择文字图层，如图20-31所示，按Ctrl+J组合键复制，再用鼠标右键单击并执行“扭曲”命令，如图20-32所示，效果如图20-33所示。

图20-32

图20-33

10 如图20-34所示，执行“滤镜→模糊→高斯模糊”命令。选择“PSCC 2017拷贝2”图层，打开“图层样式”对话框。如图20-35所示，将“混合选项”中的“混合颜色带”进行调整，“下一图层”调整到163。

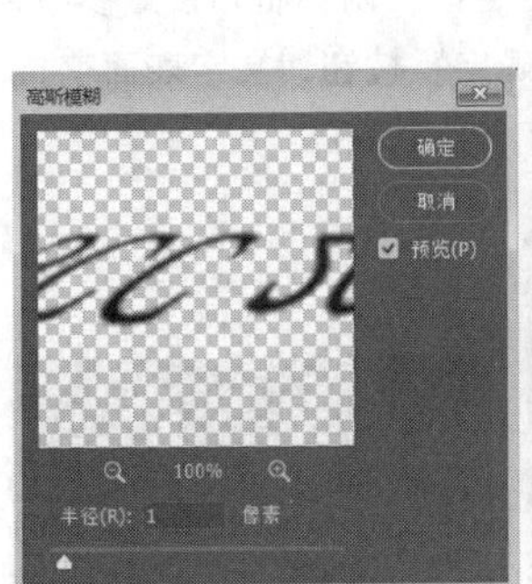

图20-34

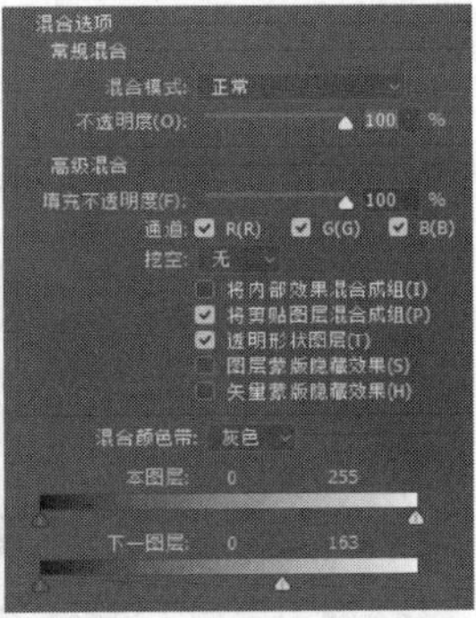

图20-35

11 此时效果如图20-36所示。

12 新建图层，并置于“背景”图层上方，使用深蓝色画笔进行涂抹，效果如图20-37所示。

图20-36

图20-37

13 新建图层，使用矩形选框工具框选下半部分，填充黑色，如图20-38所示，制作地平线效果，如图20-39所示。

图20-38

图20-39

14 新建图层，并置于最顶部，使用柔性笔刷在画布上刷3种颜色，如图20-40所示。将该图层的混合模式改为“柔光”，如图20-41所示。

图20-40

图20-41

15 新建图层，使用白色柔性画笔工具在文字周围增加星光效果，并为光斑增加杂色。按Ctrl+Shift+Alt+E组合键盖印图层，执行“滤镜→渲染→镜头光晕”命令，制作光感，如图20-42所示。最终效果如图20-43所示。

图20-42

图20-43

20.3 制作钻石质感文字特效

这一实例应用了滤镜功能，选择“玻璃”滤镜并进行相关参数设置来为文字制作钻石效果，最后设置图层样式和绘制闪光，从而完成钻石质感文字效果的制作。

01 执行“文件→新建”命令，在弹出的“新建文档”对话框中设置参数，如图20-44所示，单击“创建”按钮新建文件。

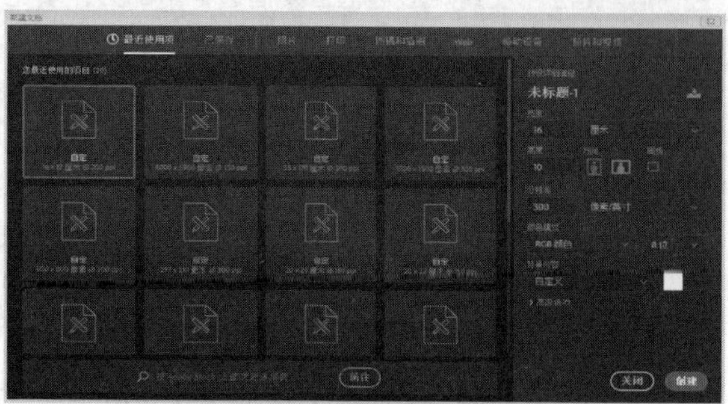

图20-44

02 执行“文件→置入嵌入的智能对象”命令，置入“钻石质感”文件，调整图片大小，效果如图20-45所示。将图层重命名为“图层1”，如图20-46所示。

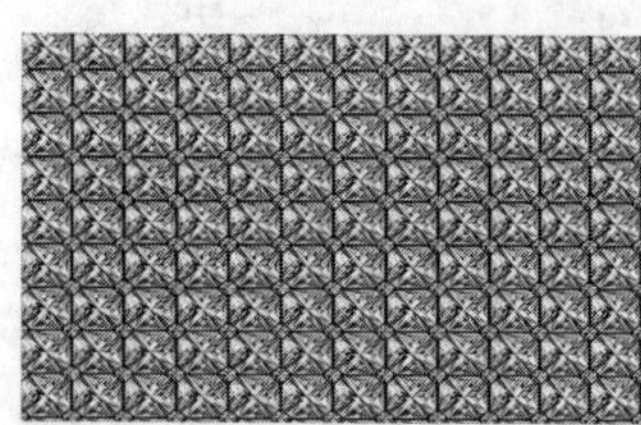

图20-45

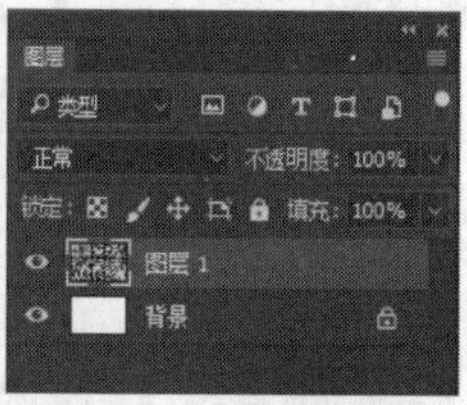

图20-46

03 选择横排文字工具T，设置字型为“黑体”，抗锯齿方法为“浑厚”，字体颜色为深灰色（R52、G50、B50），输入“DIAMOND”，调整位置和大小，如图20-47所示。

04 选择文字图层，单击鼠标右键，打开快捷菜单执行“栅格化文字”命令，并重命名为“图层2”，如图20-48所示。

图20-47

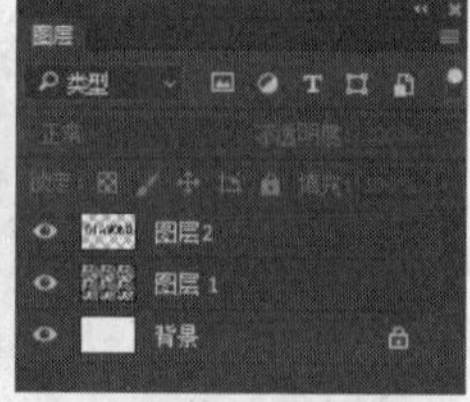

图20-48

05 选择“图层1”图层，执行“滤镜→滤镜库→扭曲→玻璃”命令，在“玻璃”选项中进行参数设置，如图20-49所示，单击“确定”按钮，背景变成磨砂玻璃，图像效果如图20-50所示。

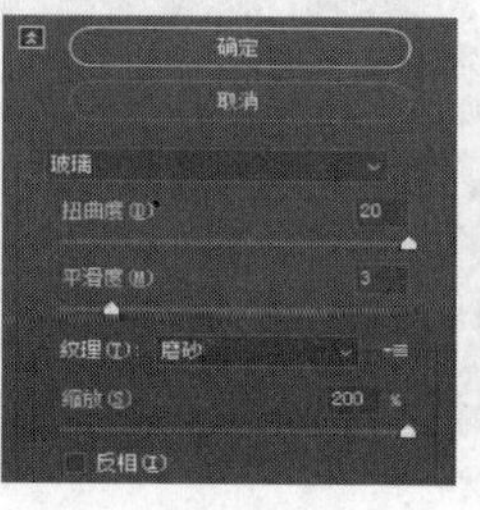

图20-49

图20-50

06 选择“图层2”图层，执行“滤镜→滤镜库→扭曲→玻璃”命令，在弹出的“玻璃”对话框中进行参数设置，如图20-51所示，单击“确定”按钮，图像效果如图20-52所示。

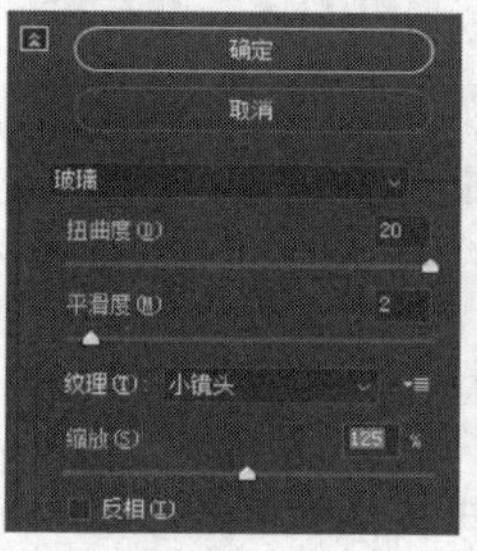

图20-51

图20-52

07 按Ctrl+L组合键打开“色阶”对话框，设置参数，如图20-53所示，单击“确定”按钮，文字表面变成黑白的颗粒，图像效果如图20-54所示。

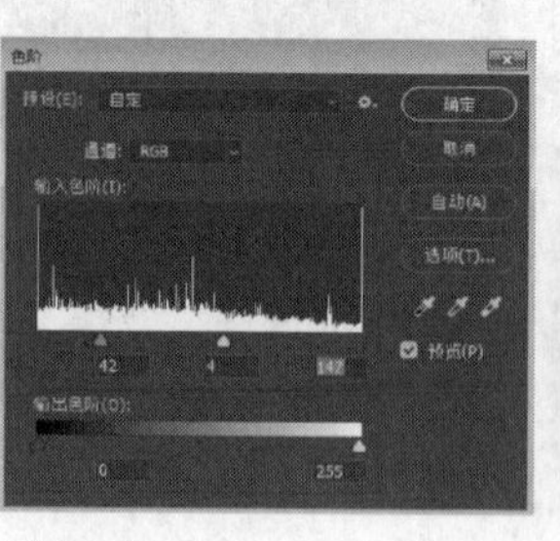

图20-53

图20-54

08 单击“图层”面板下方的“添加图层样式”按钮fx，

在弹出的菜单中执行“斜面和浮雕”命令，然后在弹出的“图层样式”对话框中进行参数设置，如图20-55所示，图像效果如图20-56所示。

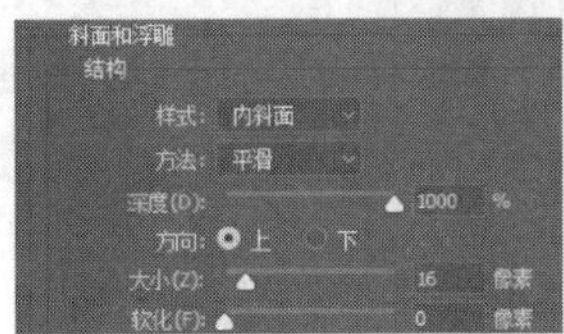

图20-55

图20-56

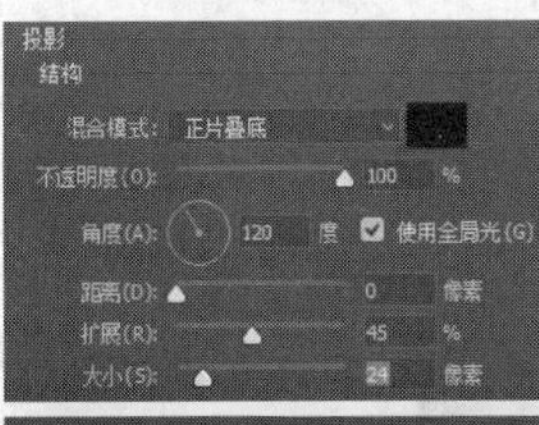

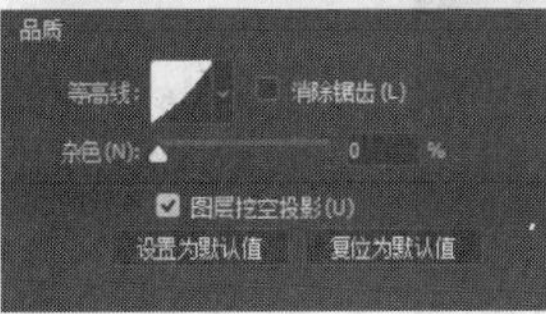

图20-57

图20-58

09 继续在对话框中选择“投影”选项，参数设置如图20-57所示，图像效果如图20-58所示。

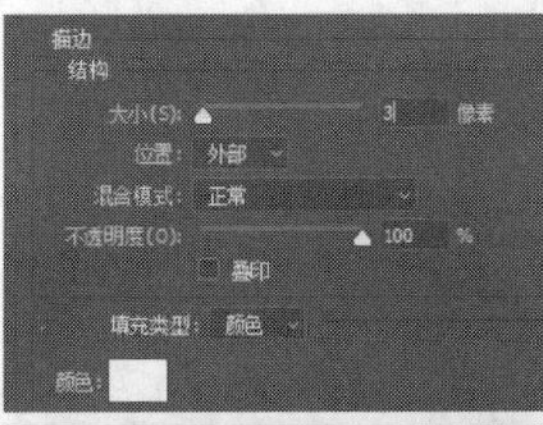

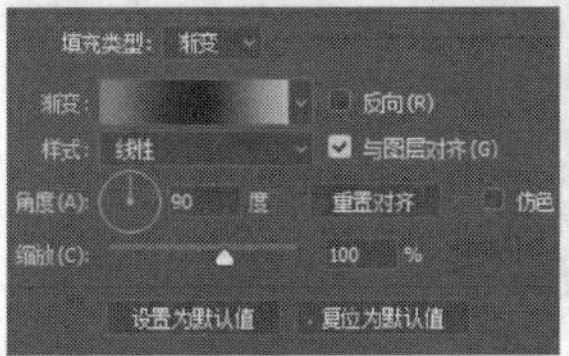

图20-59

图20-60

10 继续在对话框中选择“描边”选项，参数设置如图20-59所示，图像效果如图20-60所示。

11 单击“图层”面板下方的“创建新图层”按钮，在图层的最上方新建“图层3”图层。选择画笔工具，载入混合画笔，在下拉列表中选择“交叉排线”画笔，并设置前景色为白色，绘制闪光，图像效果如图20-61所示。

图20-61

20.4 制作玉石质感文字

本实例中的玉石艺术字做得很逼真，但是步骤却并不复杂，用“云彩”滤镜渲染玉雕字中的纹路，然后在“图层样式”对话框中进一步调整处理就可以达到效果。

01 执行“文件→新建”命令，在弹出的“新建文档”对话框中设置参数，如图20-62所示，单击“创建”按钮新建文件。

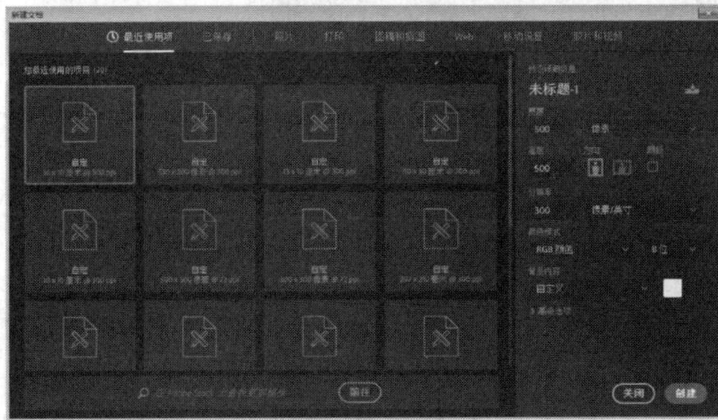

图20-62

02 选择横排文字工具，设置字型为“华文行楷”，抗锯齿方法为“浑厚”，字体颜色为黑色，输入“水”，调整位置和大小，如图20-63所示。

03 单击“图层”面板下方的“创建新图层”按钮，新建“图层1”图层。按D键将前景色和背景色恢复为黑色和白色，然后执行“滤镜→渲染→云彩”命令，图像效果如图20-64所示。

图20-63

图20-64

04 执行“选择→色彩范围”命令，在弹出的“色彩范围”对话框中进行参数设置，吸取图像中的灰色部分，如图20-65所示，单击“确定”按钮，得到图20-66所示的选区。

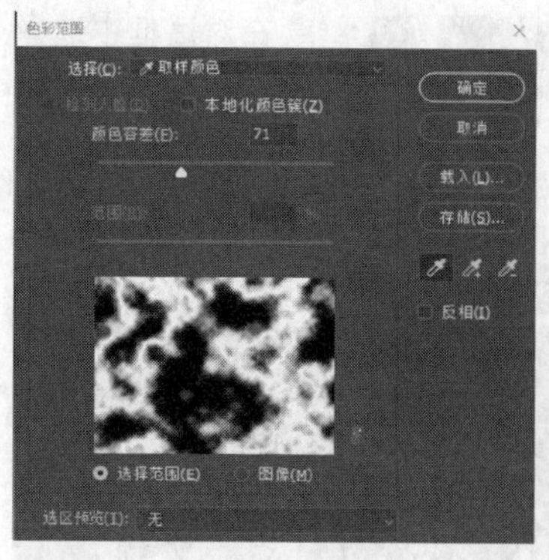

图20-65

图20-66

05 单击“图层”面板下方的“创建新图层”按钮，新建“图层2”图层，设置前景色为深绿色（R16、G166、B72），按Alt+Delete组合键用前景色填充选区，如图20-67所示，按Ctrl+D组合键取消选区。

06 选择“图层 1”图层，保持前景色为刚才的深绿色，背景色为白色，选择渐变工具，选择“从前景色到背景色渐变”与“径向渐变”，从左至右拉出渐变，图像效果如图20-68所示。

07 选择“图层2”图层，按Ctrl+E组合键合并“图层1”图层与“图层2”图层。按住Ctrl键并单击文字图层的缩览图，载入选区，按Ctrl+ Shift+I组合键反转选区，按Delete键删除，图像效果如图20-69所示。

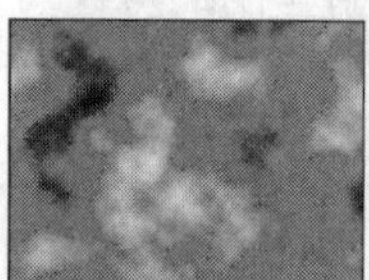

图20-67

图20-68

图20-69

08 单击“图层”面板下方的“添加图层样式”按钮，在弹出的菜单中执行“斜面和浮雕”命令，然后在弹出的“图层样式”对话框中进行参数设置，如图20-70所示，图像效果如图20-71所示。

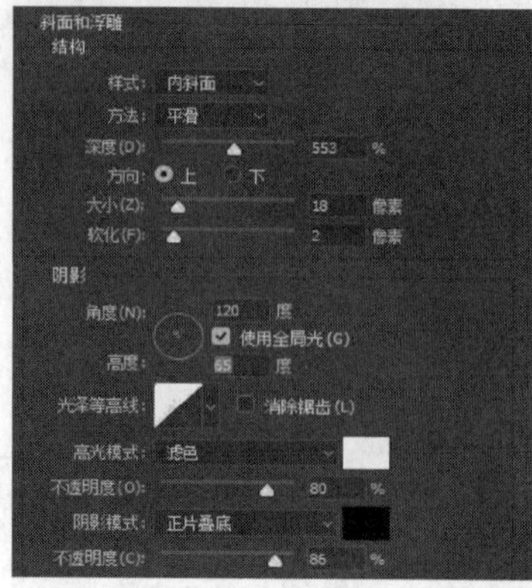

图20-70

图20-71

09 在对话框中选择“光泽”选项，参数设置如图20-72所示，图像效果如图20-73所示。

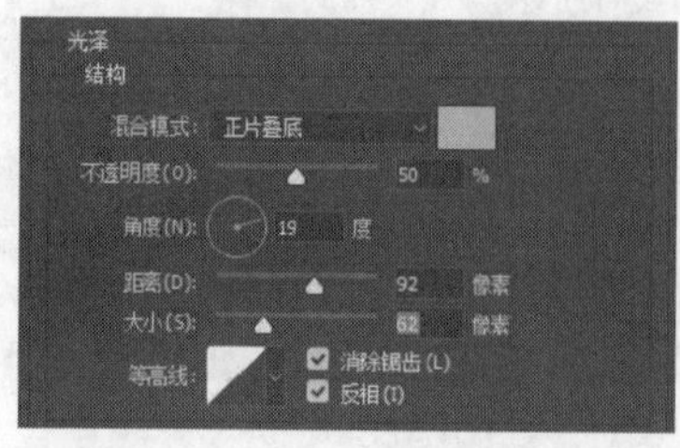

图20-72

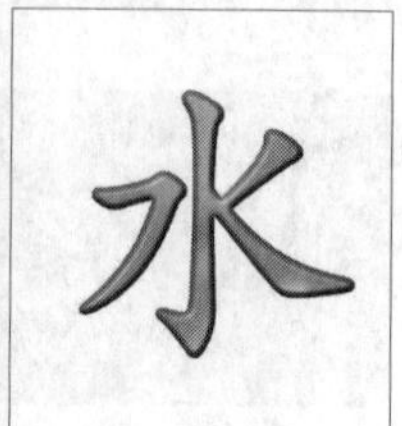

图20-73

10 在对话框中选择“投影”选项，参数设置如图20-74所示，图像效果如图20-75所示。

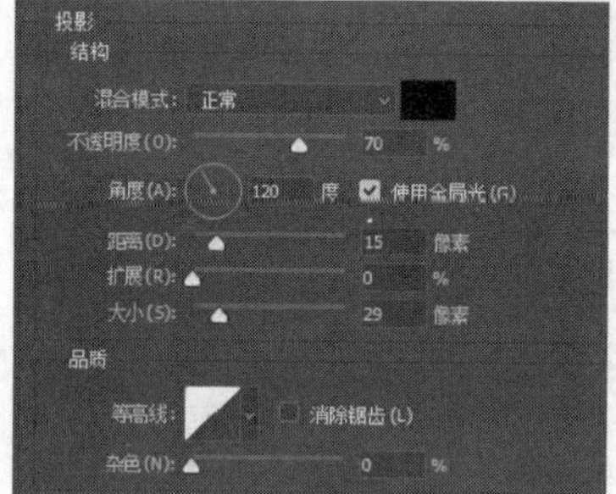

图20-74

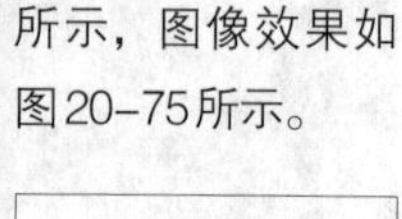

图20-75

11 在对话框中选择“内阴影”选项，参数设置如图20-76所示，图像效果如图20-77所示。

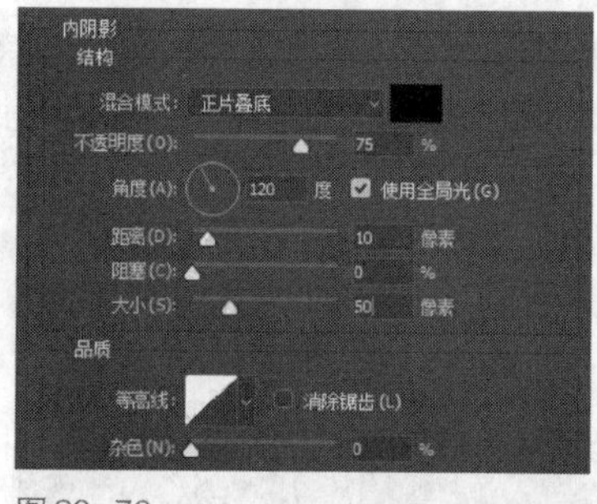

图20-76

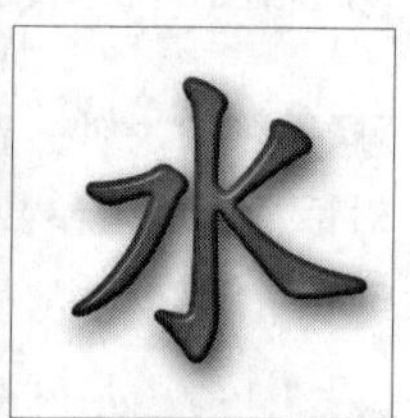

图20-77

12 在对话框中选择“外发光”选项，参数设置如图20-78所示，图像效果如图20-79所示。

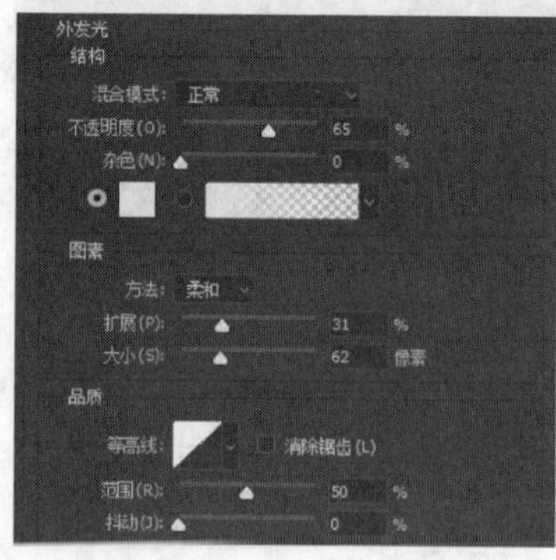

图20-78

图20-79

20.5 制作五彩水晶特效字

本实例完全通过改变文字图层样式的方法，制作出了晶莹剔透的五彩水晶特效字。

01 执行“文件→新建”命令，在弹出的“新建文档”对话框中设置参数，如图20-80所示，单击“创建”按钮新建文件。

图20-80

02 将前景色设置为黑色，按Alt+Delete组合键填充背景。选择横排文字工具T，设置字型为“华文琥珀”，抗锯齿方法为“浑厚”，字体颜色为白色，输入“QLMEN”，调整位置和大小，如图20-81所示。

03 选择文字图层，单击“图层”面板下方的“添加图层样式”按钮fx，在弹出的菜单中执行“渐变叠加”命令，然后在弹出的“图层样式”对话框中进行参数设置，如图20-82和图20-83所示，图像效果如图20-84所示。

图20-81

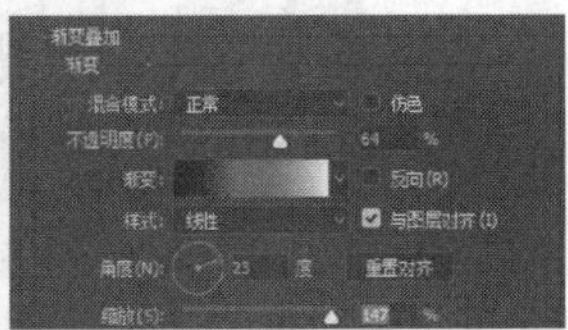

图20-82

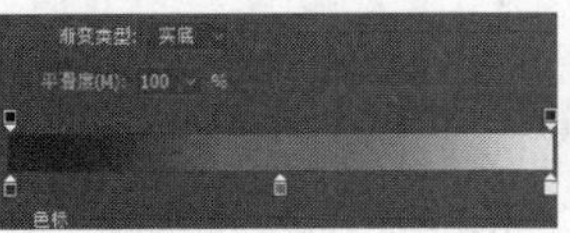

图20-83

图20-84

04 在对话框中选择“光泽”选项，参数设置如图20-85和图20-86所示，图像效果如图20-87所示。

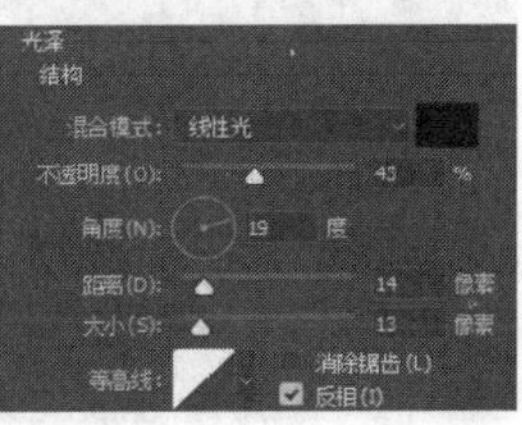

图20-85

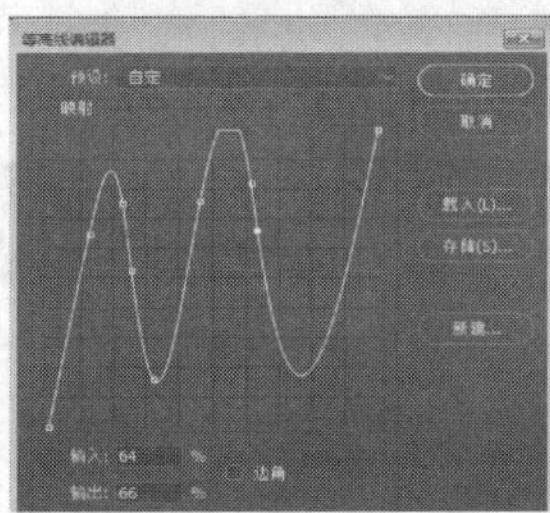

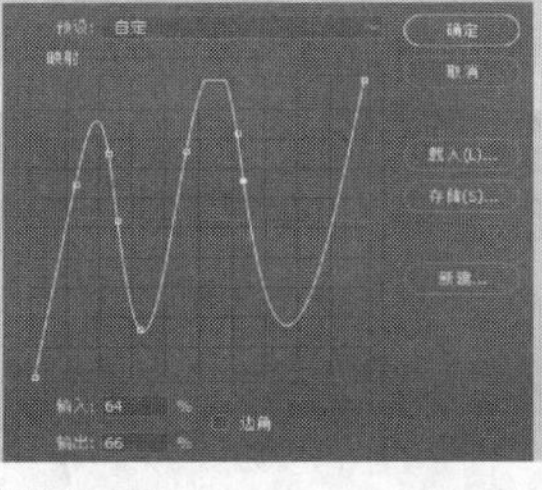

图20-86

图20-87

05 在对话框中选择“内发光”选项，参数设置如图20-88所示，图像效果如图20-89所示。

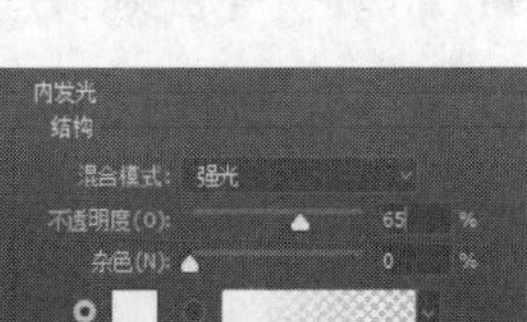

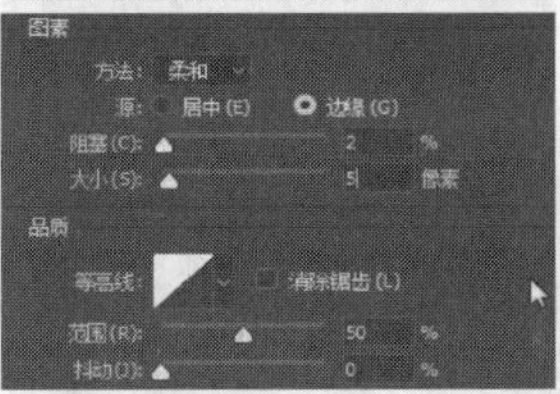

图20-88

图20-89

06 在对话框中选择“内阴影”选项，参数设置如图20-90和图20-91所示，图像效果如图20-92所示。

07 在对话框中选择“斜面和浮雕”选项，参数设置如图20-93所示，图像效果如图20-94所示。

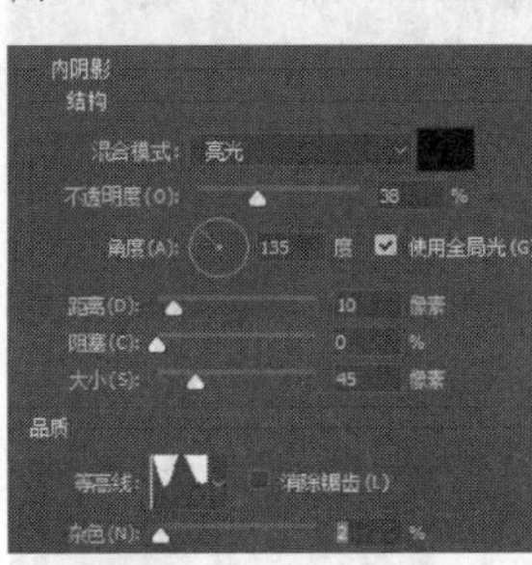

图20-90

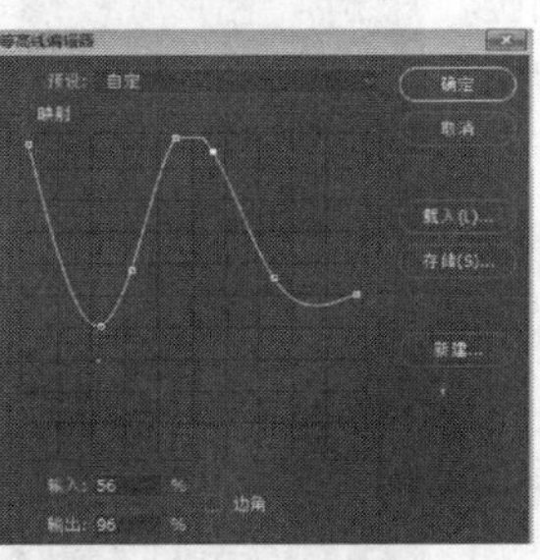

图20-91

图20-92

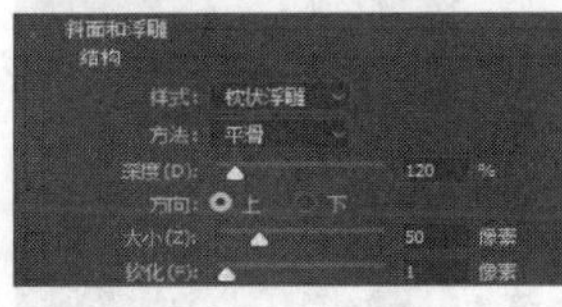

图20-93

图20-94

08 在对话框中选择“外发光”选项，参数设置如图20-95所示，图像效果如图20-96所示。

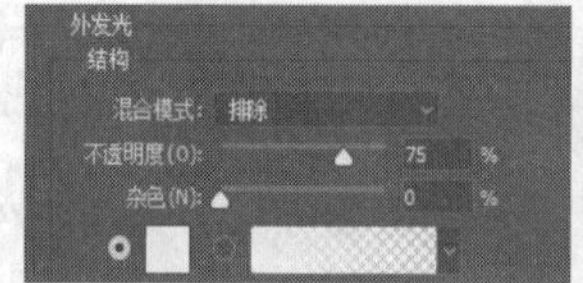
图20-95

图20-96

20.6 唇膏包装设计

一款唇膏的包装设计，一定要让消费者眼前一亮，让人情不自禁地想要去购买。本案例中的唇膏包装以亮色为主色，并以橙色为辅助，使整体协调美观，让人爱不释手。

01 执行“文件→新建”命令，新建一个空白文档，具体参数如图20-97所示。

02 设置前景色为黄绿色（R183、G200、B56），背景色为黑色。选择渐变工具，设置“由前景色到背景色渐变”，在图像中由中心向外填充径向渐变，效果如图20-98所示。

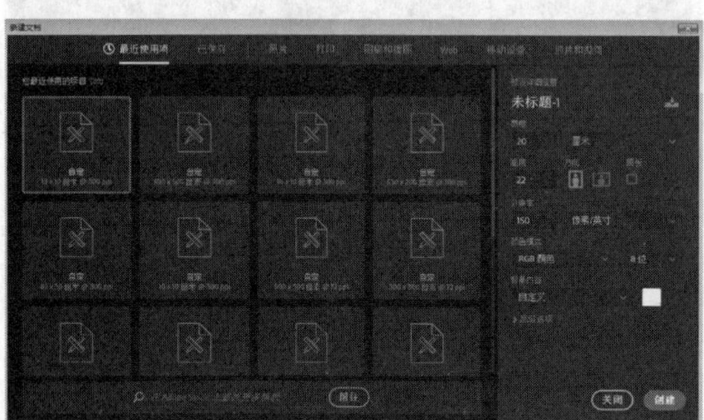
图20-97

03 单击“图层”面板下方的“创建新图层”按钮，得到“图层1”图层，选择圆角矩形工具，在其工具选项栏中设置“半径”为“25像素”，如图20-99所示。图层混合模式为“正常”，“不透明度”为“100%”。将前景色设置为浅绿色（R203、G221、B47），在图像中绘制长条矩形，如图20-100所示。

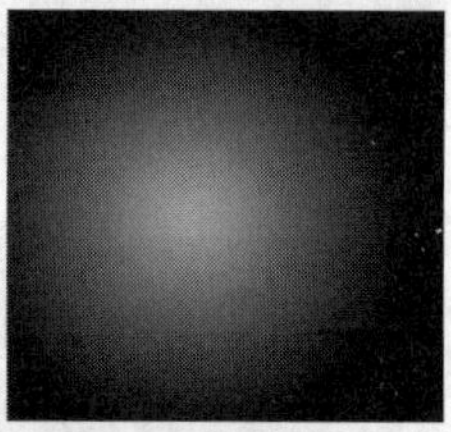

图20-98

图20-99

图20-100

04 选择钢笔工具，绘制图20-101所示路径，按Ctrl+Enter组合键将路径转换为选区，按Alt+Delete组合键填充选区，单击“图层”面板下方的“添加图层样式”按钮，执行“投影”命令，调整参数如图20-102所示。

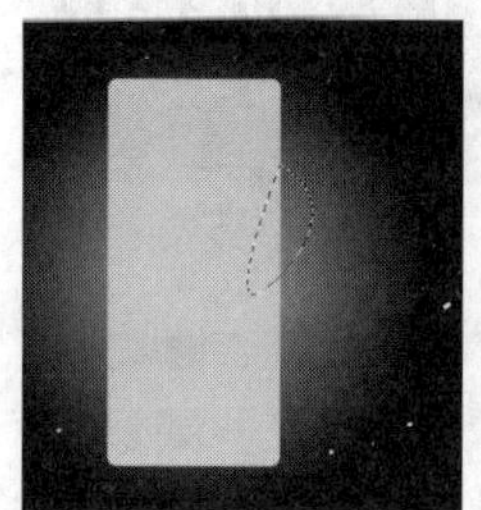
图20-101

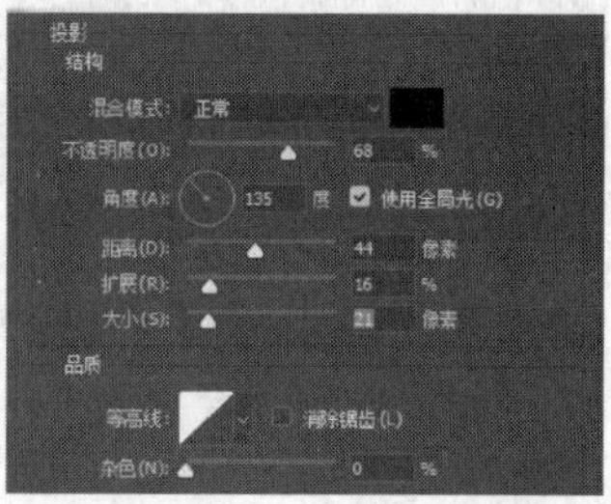

图20-102

05 按Ctrl+O组合键打开素材文件“猕猴桃”，将其拖曳至图像编辑窗口中，按Ctrl+T组合键，将其调整到合适的大小，效果如图20-103所示。

06 单击“图层”面板底部的“创建新图层”按钮，得到“图层2”图层。选择钢笔工具，在“图层2”图层中绘制路径，如图20-104所示。选择画笔工具，单击“切换画笔面板”按钮，调整画笔，具体参数如图20-105至图20-107所示。

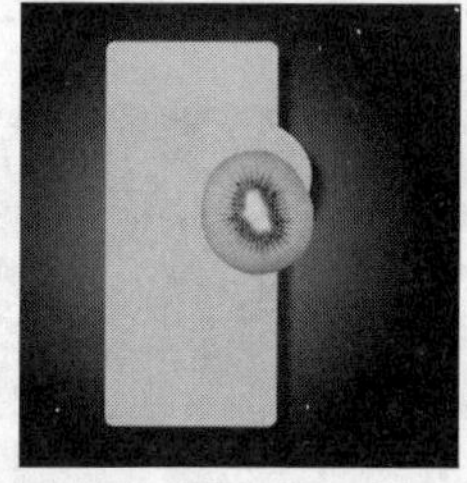
图20-103

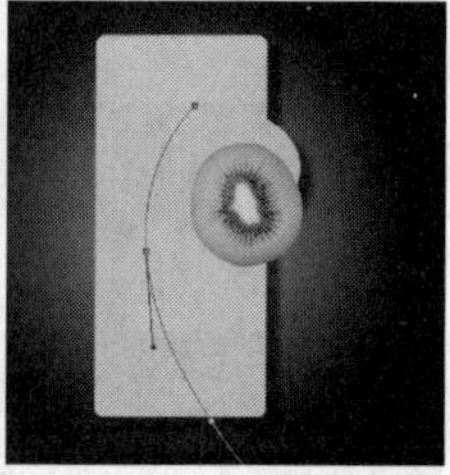
图20-104

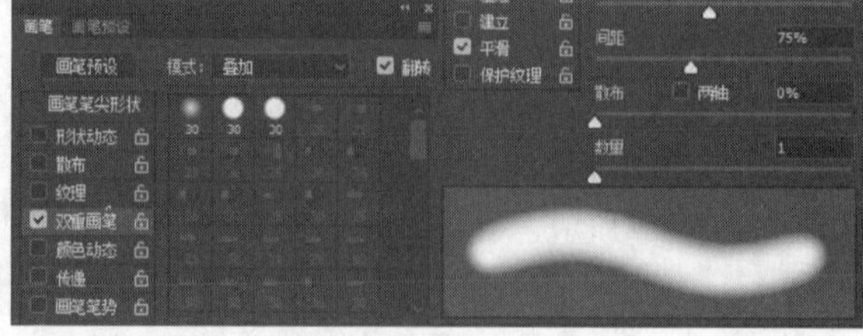
图20-105

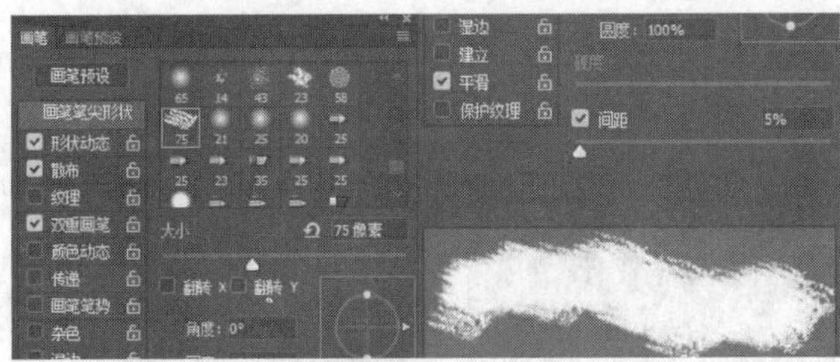

图20-106

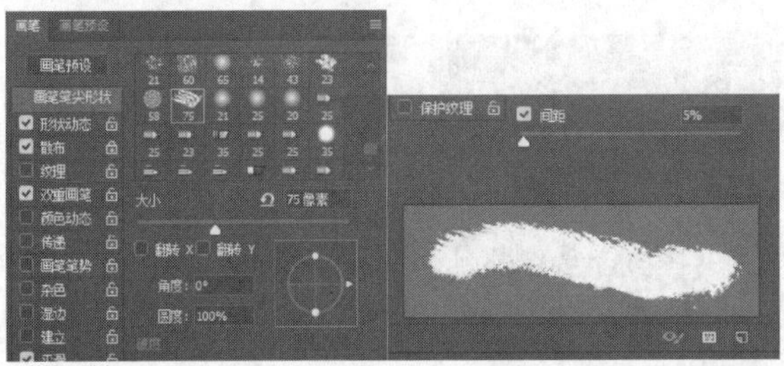

图20-107

07 选择“图层2”图层，切换至“路径”面板，设置前景色为白色，单击鼠标右键，打开快捷菜单，执行“描边路径”命令，勾选“模拟压力”复选框，效果如图20-108所示。

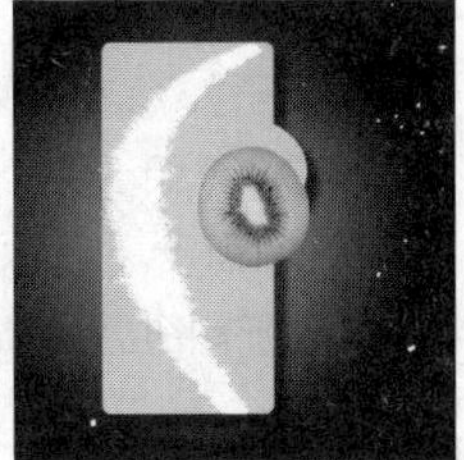

图20-108

08 选择画笔工具，单击“切换画笔面板”按钮，调整画笔，具体参数如图20-109和图20-110所示。新建“图层3”图层，设置前景色为黑色，在图层上涂抹。按住Ctrl键并单击“图层3”图层缩览图，得到选区，在“图层2”图层中将选区内区域删除，效果如图20-111所示。

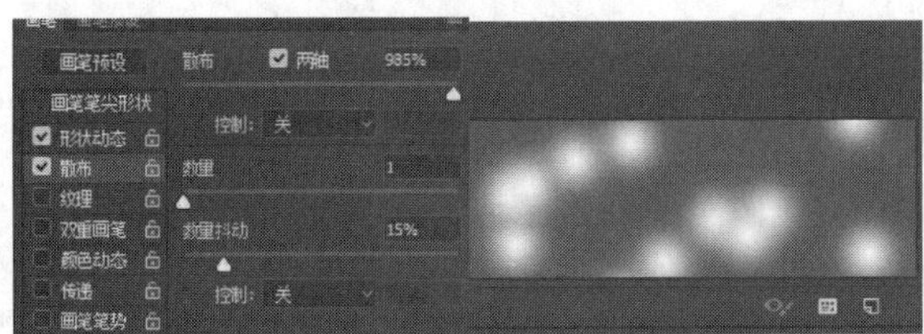

图20-109

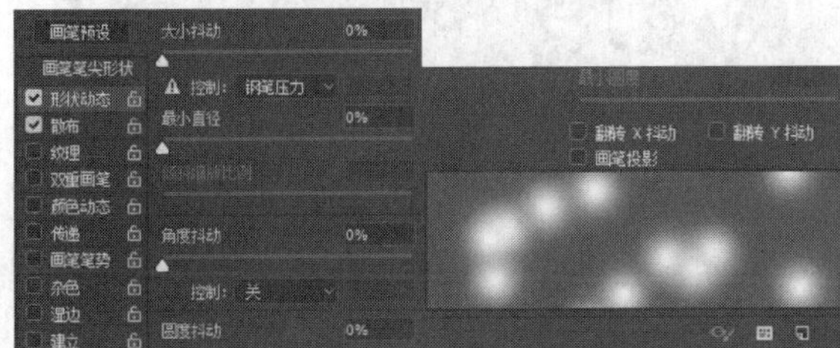

图20-110

图20-111

09 重复第6步与第7步，制作同样的效果，如图20-112所示。

10 按Ctrl+O组合键打开素材文件“绿柠檬”“橙子”，将其拖曳至图像编辑窗口中，按Ctrl+T组合键，调整到合适的大小，设置绿柠檬和橙子图层的混合模式为“正片叠底”，效果如图20-113所示。

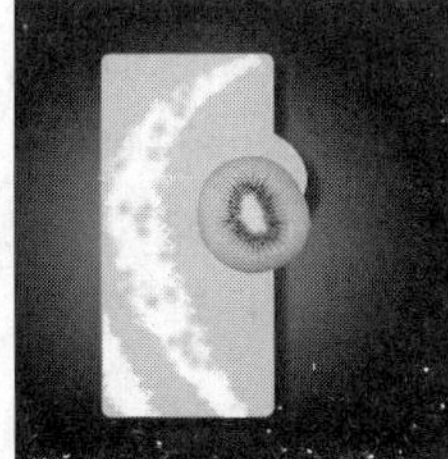

图20-112

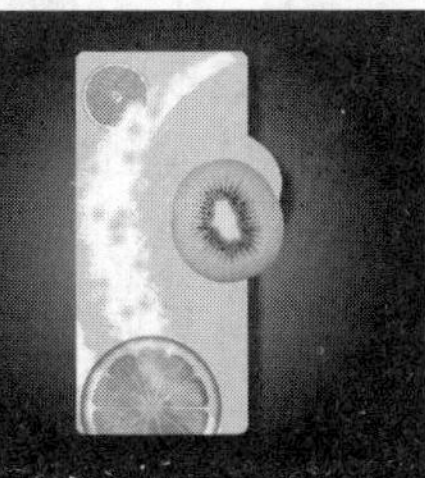

图20-113

11 使用椭圆选框工具，制作挂口效果，填充颜色为深灰色（R242、G244、B204）。单击“图层”面板下方的添加图层样式按钮，执行“描边”命令，设置描边“大小”为“3像素”，“颜色”为浅绿色（R191、G197、B62），具体参数如图20-114所示，效果如图20-115所示。

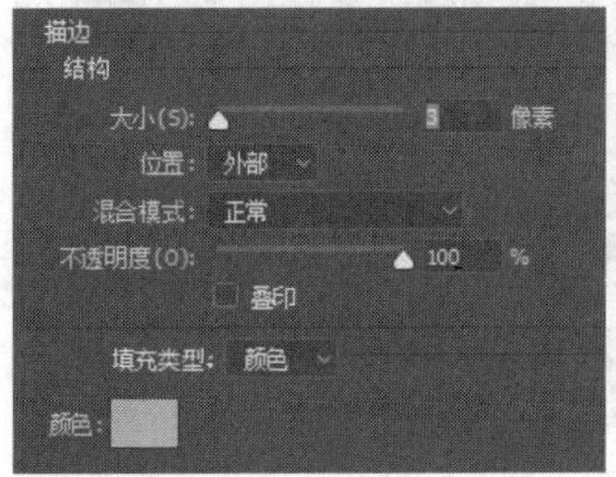

图20-114

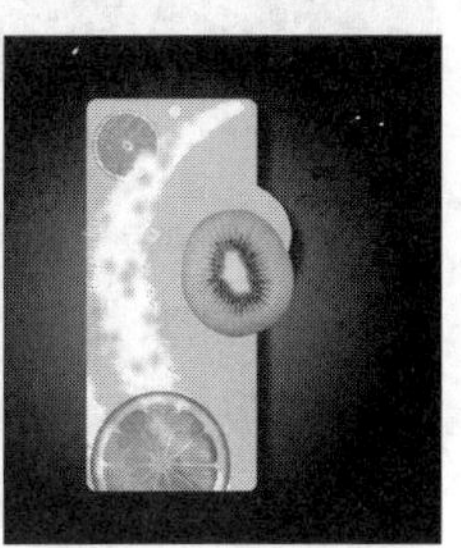

图20-115

12 新建“图层4”图层，选择圆角矩形工具，在其工具栏设置“半径”为“25像素”，效果如图20-116所示。

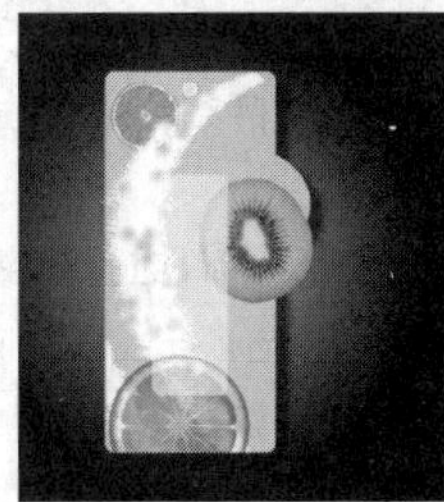

图20-116

13 新建“图层5”图层，选择圆角矩形工具，在图层中绘制比上一个矩形大的路径。按Ctrl+Enter组合键将路径转换为选区，单击“图层”面板下方的“添加图层样式”按钮，执行“描边”命令。参数设置如图20-117所示，效果如图20-118所示。

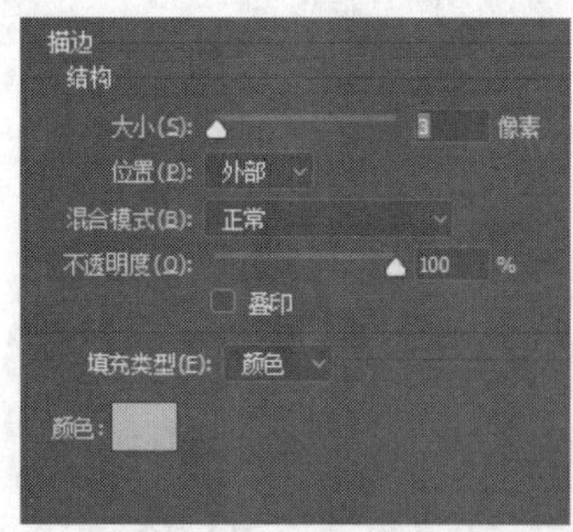

图20-117

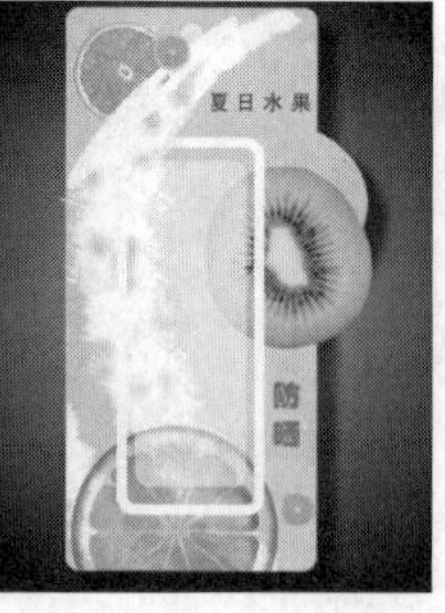

图20-118

14 按Ctrl+O组合键打开素材文件“口红”，将其拖曳至图像编辑窗口中，得到口红图层，按Ctrl+T组合键调整到合适的大小，单击“图层”面板下方的“添加图层样式”按钮，执行“投影”命令，调整参数如图20-119所示。

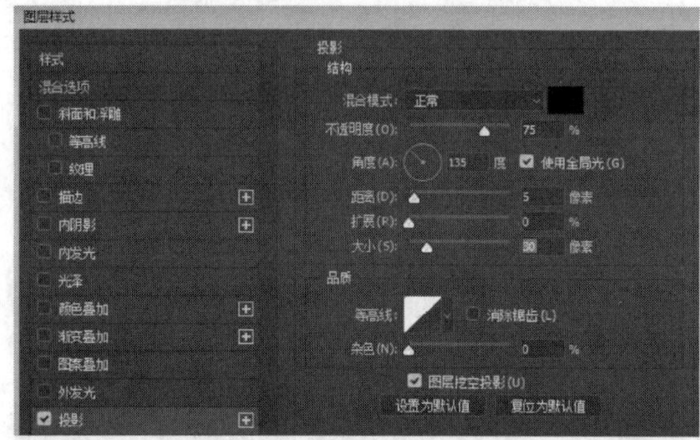

图20-119

15 单击“图层”面板底部的“创建新的填充或调整图层”按钮，执行“色彩平衡”命令。具体参数如图20-120所示，效果如图20-121所示。

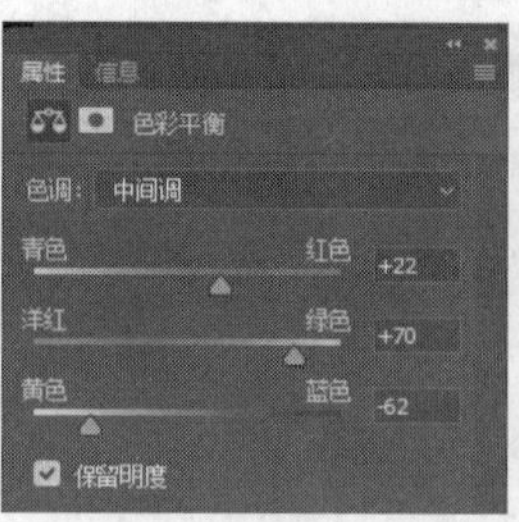

图20-120

图20-121

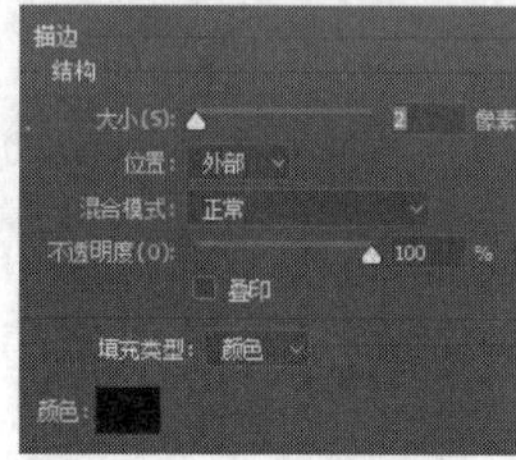

图20-122

16 选择钢笔工具，在画布上描出路径，选择横排文字工具，输入文字，并添加描边效果，参数设置如图20-122所示。

17 仿照上一步，输入剩余文字，按Ctrl+O组合键打开素材“橙子”，将其拖曳至图像编辑窗口中，得到橙子图层，按Ctrl+T组合键，将其调整到合适的大小，效果如图20-123所示。

18 复制所有图层并调整位置，最终效果如图20-124所示。

图20-123

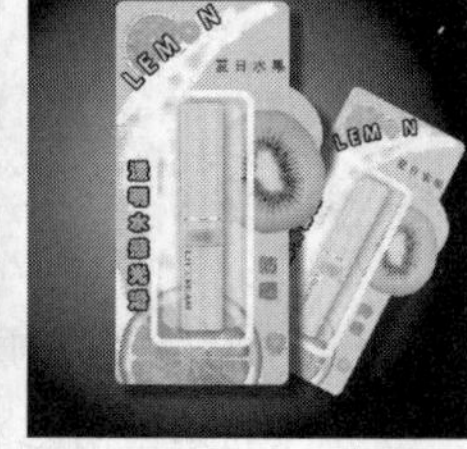

图20-124

20.7 制作豆奶包装

优质豆奶的包装很讲究，既要美观也要简洁，下面就通过一个实例来展示豆奶包装的制作方法。

01 按Ctrl+N组合键新建一个空白文档，参数设置如图20-125所示。

02 选择钢笔工具，绘制图20-126所示的形状，填充颜色，如图20-127所示，效果如图20-126所示。

03 新建图层，选择画笔工具，参数设置如图20-128所示，按住Shift键绘制图20-129所示的直线。

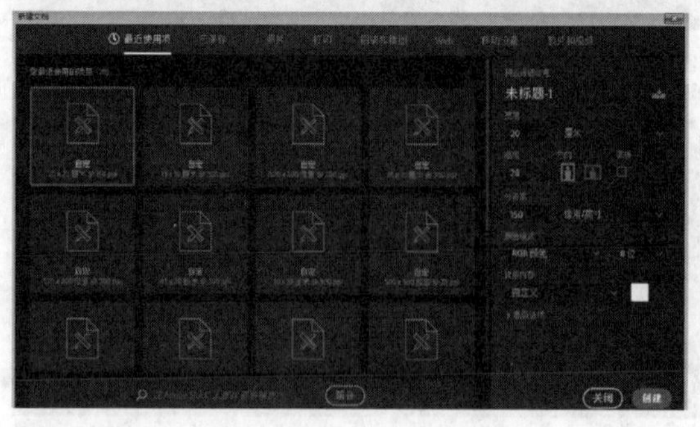

图20-125

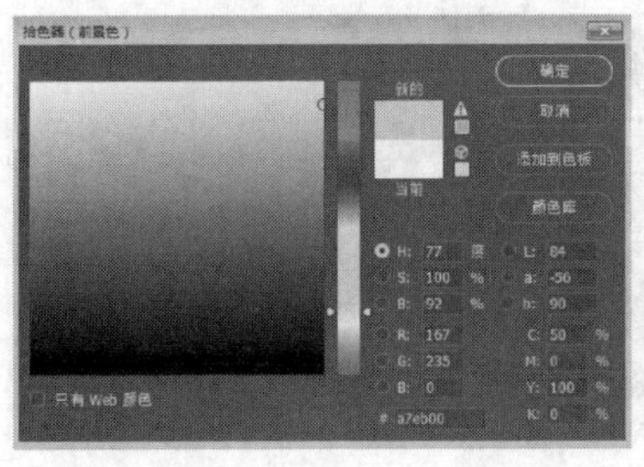

图20-126

图20-127

04 选中直线，执行“编辑→定义画笔预设”命令，弹出图20-130所示的对话框，单击“确定”按钮。新建图层，选择画笔工具，单击“切换画笔面板”按钮，设置参数，如图20-131所示。使用画笔绘制直线，效果如图20-132所示。

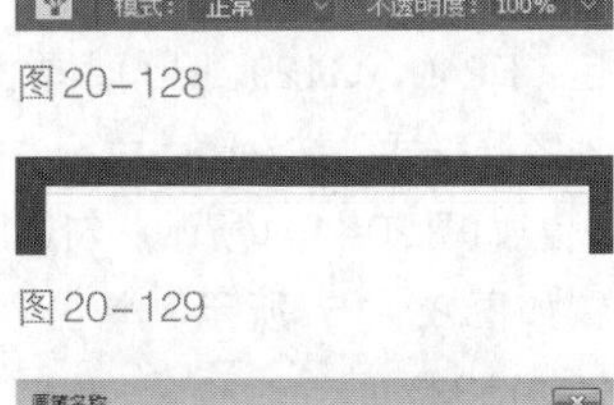

图20-128

图20-129

图20-130

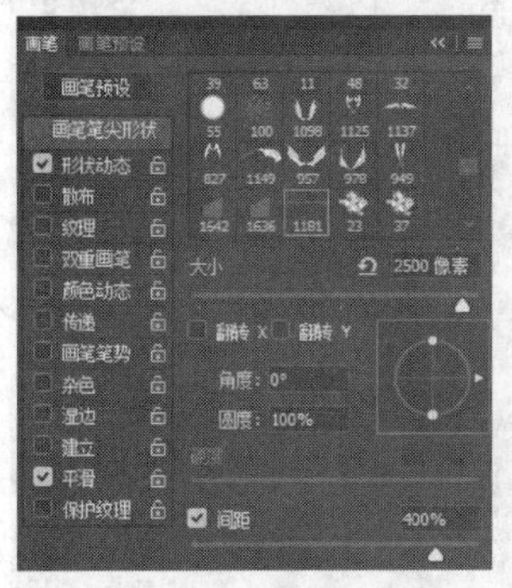

图20-131

图20-132

05 将直线图层的图层混合模式设置为“叠加”，效果如图20-133所示，复制“图层2”，选中“图层2拷贝”，将填充色设置为灰色（R226、G226、B226），效果如图20-134所示。

06 选择“图层1”图层，按Delete键，效果如图20-135所示。

图20-133

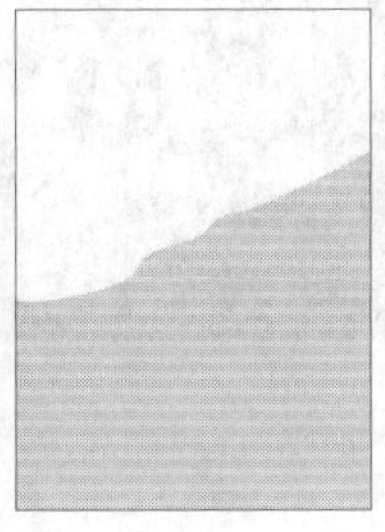
图20-134

图20-135

07 选择钢笔工具，填充颜色为白色，绘制图20-136所示的形状。选择画笔工具，前景色设置为黑色，参数设置如图20-137所示。新建图层，绘制牛奶上的阴影，效果如图20-138所示。

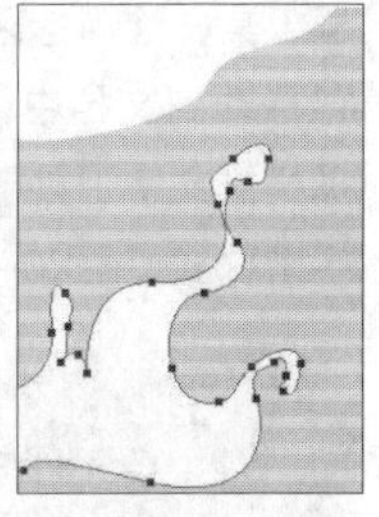
图20-136

图20-137

08 选择钢笔工具，绘制牛奶飞溅的效果，如图20-139所示。

图20-138

图20-139

09 按Ctrl+O组合键打开黄豆素材文件，把图像移动到文件中，效果如图20-140所示。选择椭圆选框工具，新建图层，按Shift键画出圆形选区，填充黄色（R255、G250、B181），效果如图20-141所示。

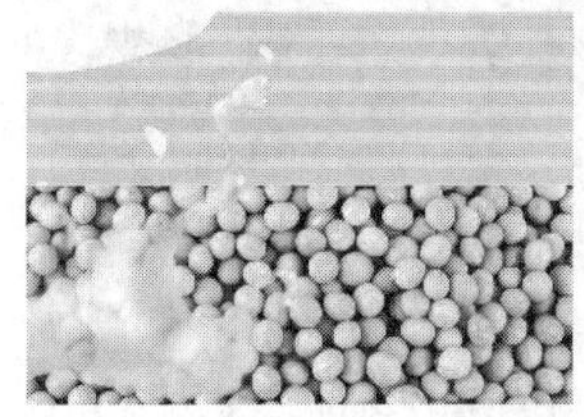
图20-140

图20-141

10 复制圆形图层，执行“选择→变换选区”命令，缩小选区，填充深绿色（R0、G153、B68），效果如图20-142所示。执行“选择→变换选区”命令，缩小选区，填充深黄色（R244、G239、B93），效果如图20-143所示。

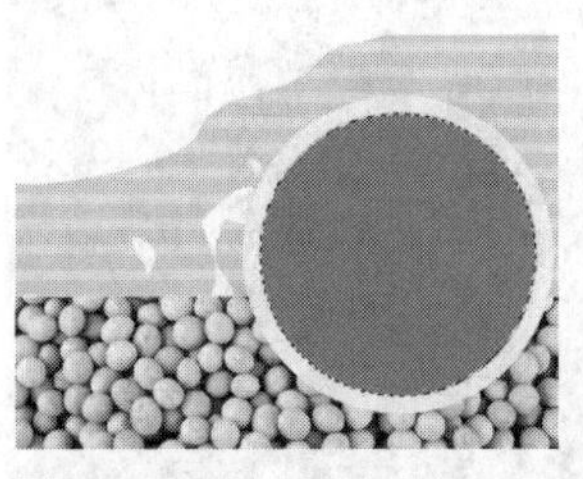
图20-142

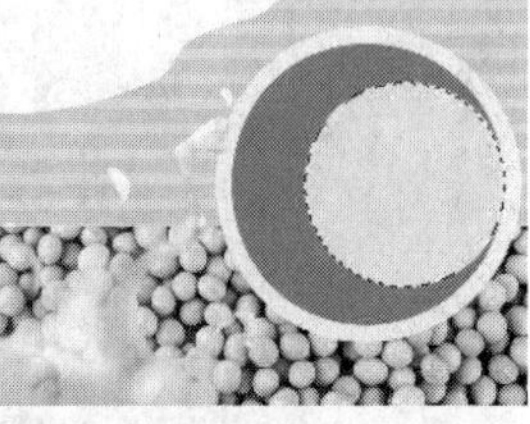
图20-143

11 按Ctrl+O组合键打开牛奶素材文件，选择椭圆选框工具，绘制选区，如图20-144所示。将选区中的内容移动到文档中，得到新图层，调整大小与位置，选择横排文字工具T，输入图20-145所示的文字，调整字型样式如图20-178所示。

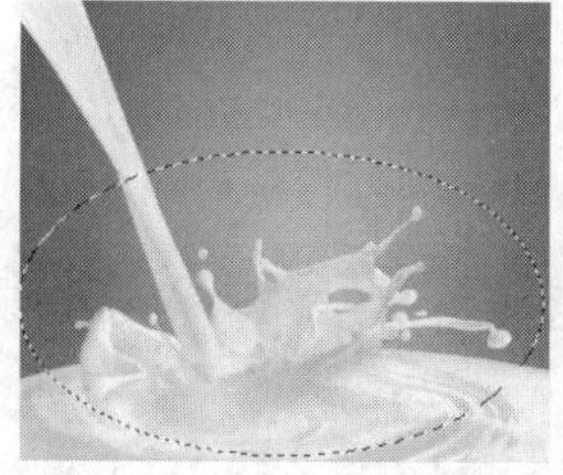
图20-144

图20-145

12 选择钢笔工具，绘制图20-146所示的形状，新建图层，选择渐变工具，参数设置如图20-147所示。颜色渐变为绿色（R131、G192、B52）到黄绿色（R228、G228、B0）再到浅黄色（R249、G247、B194），如图20-180所示。

图20-146

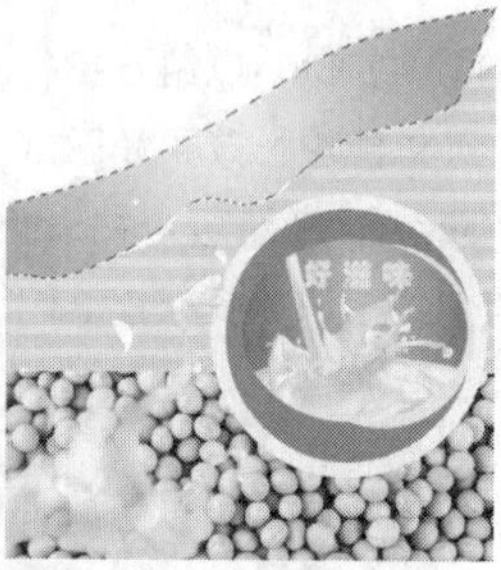

图20-147

13 单击“添加图层样式”按钮fx，执行“斜面和浮雕”命令，参数设置如图20-148所示。勾选“描边”复选框，参数设置如图20-149所示。单击“确定”按钮，效果如图20-150所示。

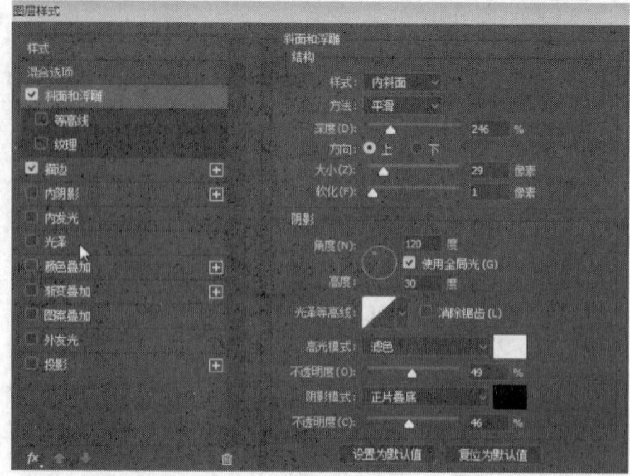
图20-148

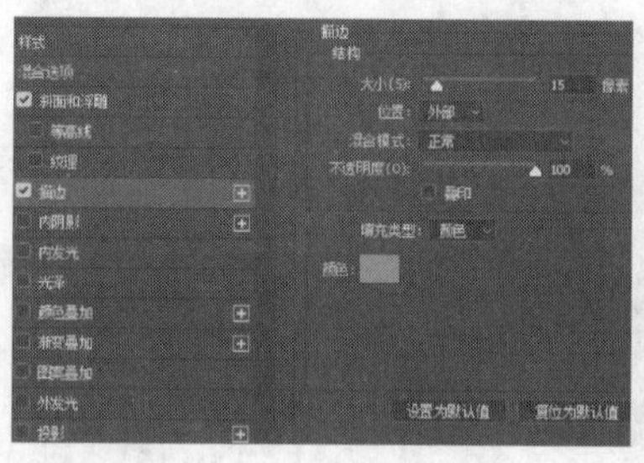
图20-149

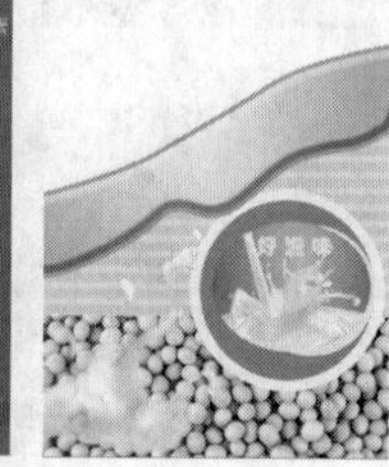
图20-150

14 选择圆角矩形工具，绘制一个圆角矩形，填充为红色（R240、G129、B0），单击“图层”面板下方“添加图层样式”按钮fx，执行“斜面和浮雕”命令，参数设置如图20-151所示。勾选“描边”复选框，参数设置如图20-152所示。单击“确定”按钮，效果如图20-153所示。

15 复制“圆角矩形1”图层两次，如图20-154所示，分别填充绿色（R108、G185、B45）和紫色（R132、G27、B137），调整大小，如图20-155所示。

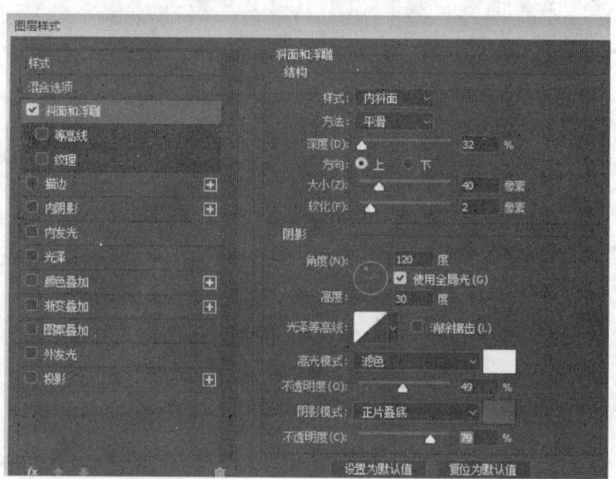
图20-151

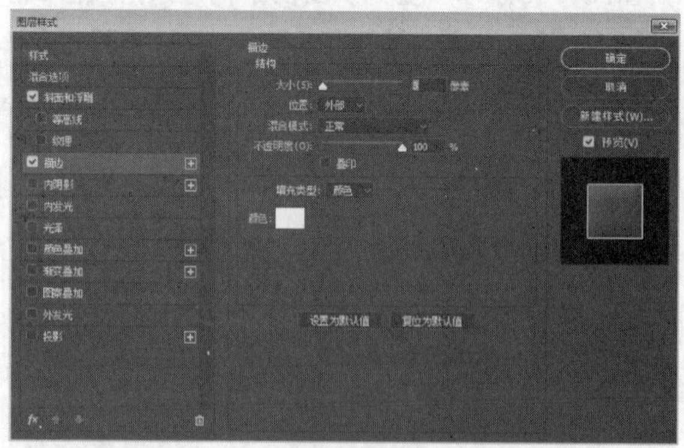
图20-152

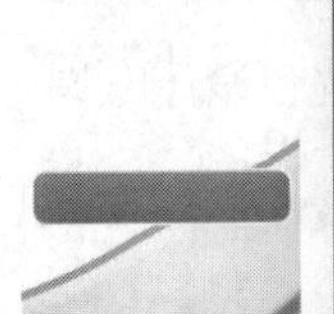
图20-153

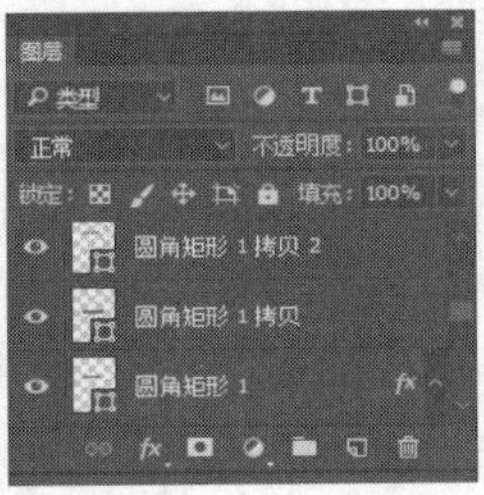

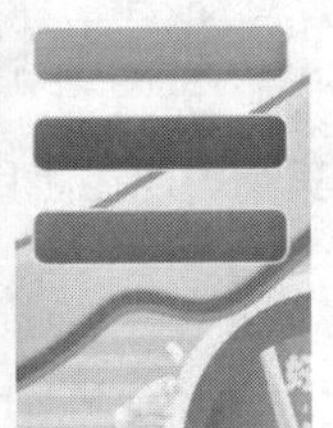

图20-154

图20-155

16 选择横排文字工具，输入图20-156所示的文字，填充色为白色。

图20-156

17 选择横排文字工具，输入图20-161所示文字，字型参数设置如图20-157所示。为其添加“投影”“斜面和浮雕”“描边”图层样式，参数设置如图20-158至图20-160所示。单击“确定”按钮，效果如图20-161所示。

图20-157

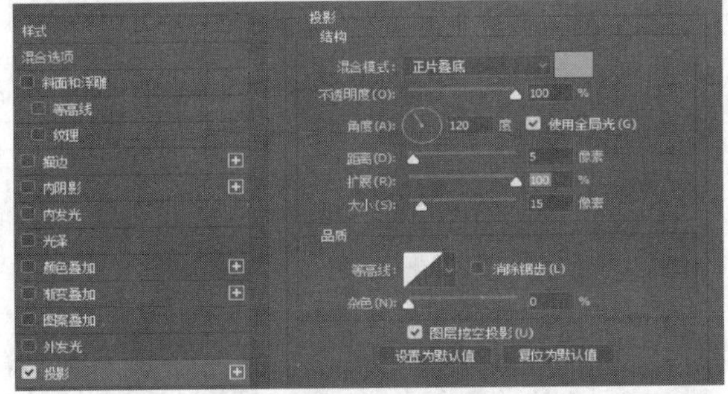

图20-158

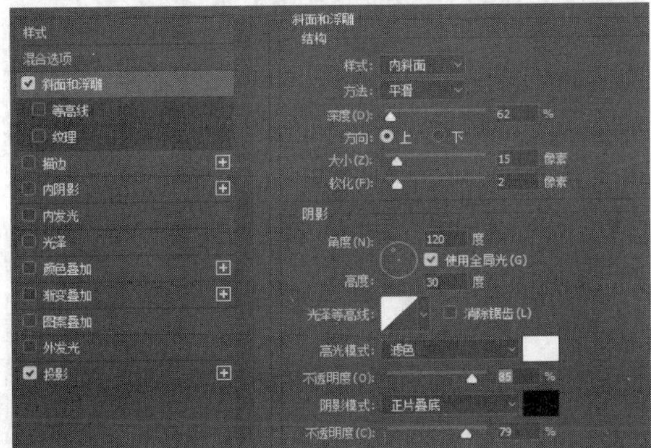

图20-159

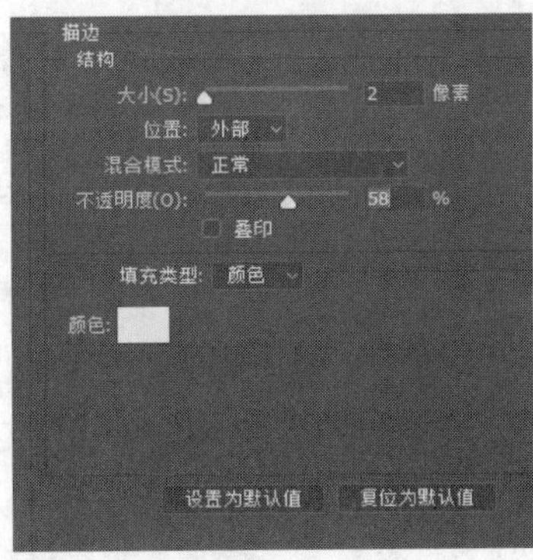

图20-160

图20-161

18 选择矩形选框工具，新建图层，画出矩形选区，单击“从选框中减去”按钮，选择椭圆选框工具，按住Shift键画出小圆，如图20-162所示。选择矩形选框工具，画出图20-163和图20-164所示的线条。

图20-162

图20-163

图20-164

19 选择钢笔工具，设置填充色为灰色，如图20-165所示绘制两边的阴影。继续选择钢笔工具，填充色设置为“不透明度”为“50%”的白色，绘制高光。效果如图20-166所示。

图20-165

图20-166

20 选择画笔工具，前景色设置为黑色，参数设置如图20-167所示。新建图层，对包装边缘进行加深绘制，最终效果如图20-168所示。

图20-167

图20-168

20.8 制作CD盒封面

缓缓转动的CD盘中流出的天籁之音，让人陶醉其中。现在让我们为自己制作的CD光盘设计出美丽的封面吧！

01 按Ctrl+O组合键打开素材文件，如图20-169所示。

图20-169

02 将“背景”图层拖曳到“创建新图层”按钮上，得到“背景拷贝”图层。单击“图层”面板下方的“创建新图层”按钮，得到“图层1”图层。

03 选择工具箱中的渐变工具，单击渐变条，弹出“渐变编辑器”对话框，单击对话框右上方的按钮，然后选择“协调色1”，如图20-170所示，单击“追加”按钮，添加协调色渐变，然后选择其中的“蓝，红，黄渐变”，在图像中从右上角到左下角拉动渐变，设置图层的混合模式为“叠加”，得到的效果如图20-171所示。

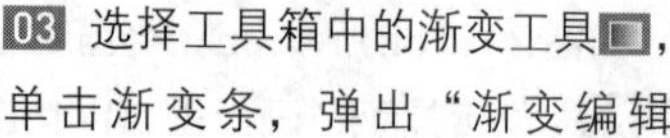

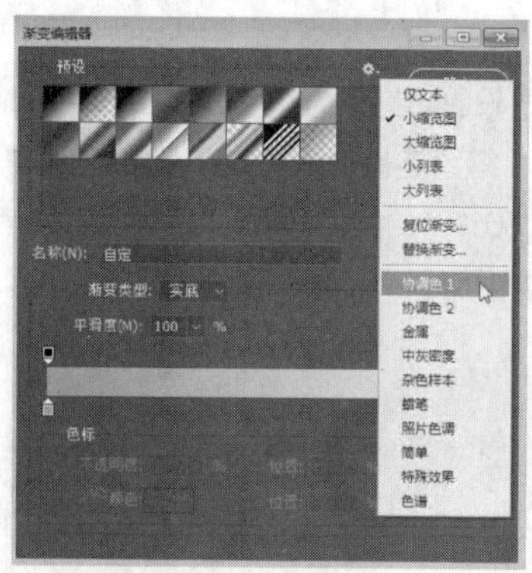

图20-170

图20-171

04 单击“图层”面板下方的“创建新的填充或调整图层”按钮，在弹出菜单中执行“色相/饱和度”命令，调整参数如图20-172所示，设置完毕后得到的图像效果如图20-173所示。

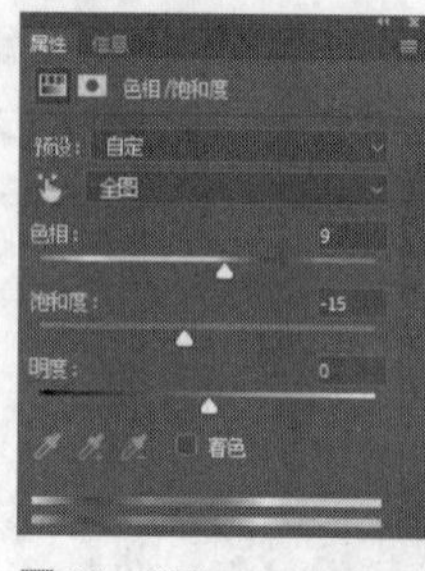

图20-172

图20-173

05 选择工具箱中的裁剪工具，按住Shift键进行裁剪，将图像裁成矩形，效果如图20-174所示。

06 新建“图层2”图层，选择矩形选框工具，将整个图像全部选中，执行“编辑→描边”命令，设置参数如图20-175所示。按Ctrl+D组合键取消选区，得到图像效果如图20-176所示。

图20-174

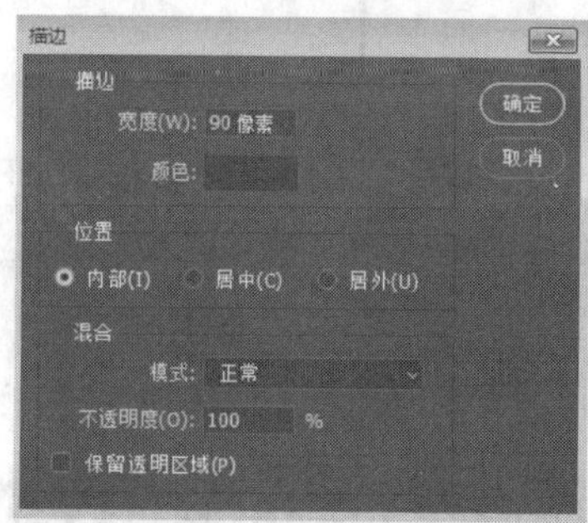

图20-175

图20-176

07 将前景色设置为蓝色（R0、G154、B198），执行“图像→画布大小”命令，参数设置如图20-177所示，得到的图像效果如图20-178所示。

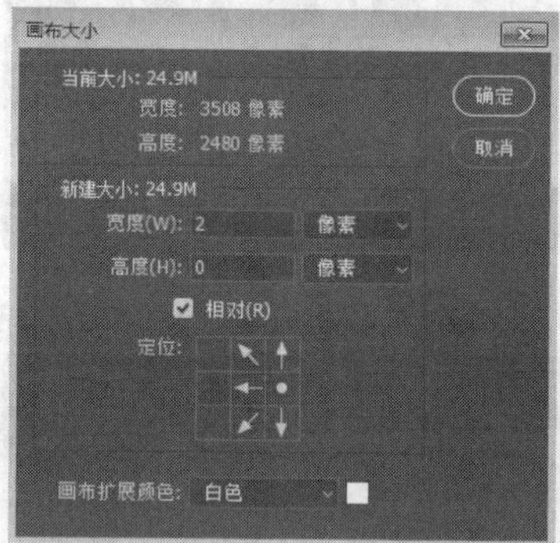

图20-177

图20-178

08 选择直排文字工具，在工具选项栏中选择字型为“Dutch801 XBd BT”，设置字体大小为“48点”，颜色为白色，在图像中输入文字“I AM A BEAUTIFUL GIRL”，得到效果如

图20-179

图20-179所示。

09 新建“图层3”图层，将“图层3”图层拖曳到“图层2”图层的下方。选择矩形选框工具，在图像下方拉出一条矩形选区，设置前景色为白色，按Alt+Delete组合键填充前景色，将图层“不透明度”设置为“65%”，得到的图像效果如图20-180所示。

图20-180

10 选择横排文字工具，在工具选项栏中选择字体为“方正水珠简体”，设置字体大小为“10点”，颜色为灰色，在图像中输入文字“CD制作”，然后将该文字图层拖曳到“创建新图层”按钮上，得到“CD制作 拷贝”图层，按Ctrl+T组合键进行自由变换，将文字向右水平移动一段距离，按Enter键确定变换，然后按Ctrl+Shift+Alt+T组合键重复变换，让该文字充满整个白色透明条，效果如图20-181所示。

图20-181

11 选择横排文字工具，在工具选项栏中选择字体“MV Boli”，设置字体大小为“72点”，在图像中输入文字“BEAUTIFUL GIRL”。单击“图层”面板下方的“添加图层样式”按钮，执行“渐变叠加”命令，设置蓝色（R30、G119、B179）到红色（R255、G0、B86）的渐变，参数设置如图20-182所示，得到的图像效果如图20-183所示。

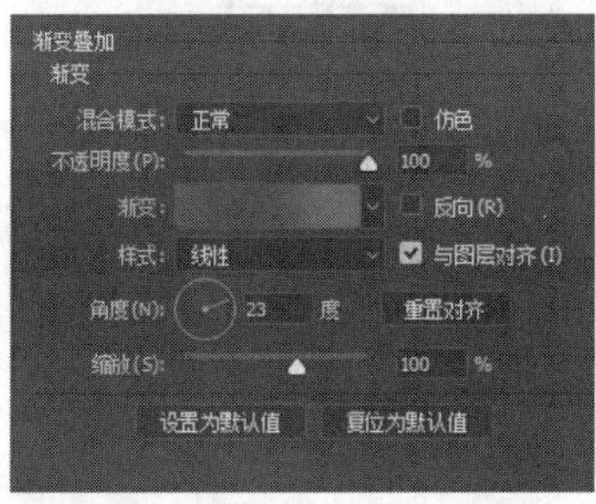

图20-182

图20-183

12 选择横排文字工具，在工具选项栏中设置字体，并设置字体大小为“94点”，字体颜色为黑色，在图像中输入文字“我是”，单击“图层”面板下方的“添加图层样式”按钮，执行“外发光”命令，参数设置如图20-184所示，按Ctrl+T组合键进行自由变换，最后得到的图像效果如图20-185所示。

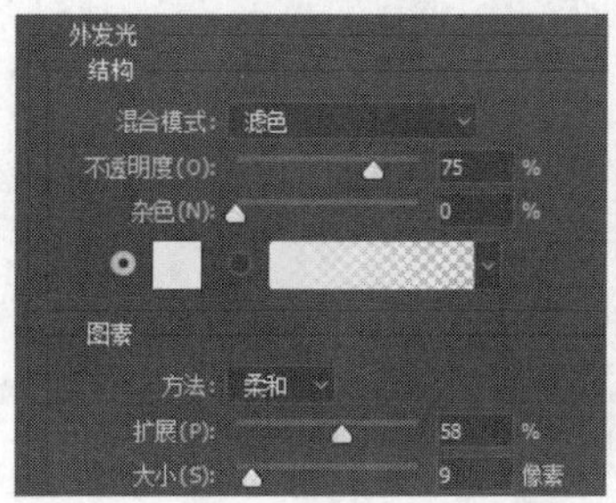
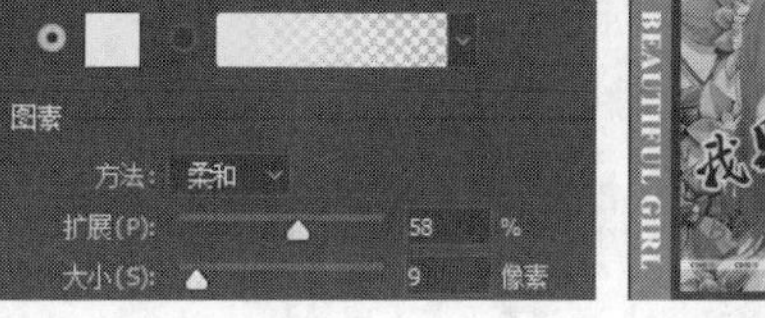

图20-184

图20-185

13 同样，输入文字“2012”，选择字体“Swis721 BlkOul BT”，设置字体大小为“97点”，字体颜色设为黑色，添加“描边”图层样式，描边“大小”设为8像素，颜色设为白色，最后文字图层的混合模式设为“变亮”。输入文字“震撼来袭”，选择字体“华文琥珀”，设置字体大小为“86点”，添加“颜色叠加”与“投影”图层样式，得到的图像效果如图20-186所示。

图20-186

14 按Ctrl+S组合键保存该文件，命名为“CD封面”，再执行“文件→存储为”命令，保存为“CD封面”。下面接着制作CD光盘效果，将图片上的文字移动到接近人物处，使人物与文字更加紧凑。选择“图层”面板中最上方的图层，按Ctrl+Shift+Alt+E组合键盖印可见图层，得到“图层4”图层，按住Alt键并单击“图层4”图层前面的“指示图层可见性”按钮，将除“图层4”图层外其余图层隐藏，效果如图20-187所示。

图20-187

15 选择椭圆选框工具，按住Shift键在图像中画出一个圆，按Ctrl+Shift+I组合键反向选择，按Delete键删除图像，再按Ctrl+Shift+I组合键反向选择，执行“选择→变换选区”命令，按住Shift+Alt组合键进行等比缩小选区，按Enter键确认，按Delete键删除图像，按Ctrl+D组合键取消选区，得到的图像效果如图20-188所示。

16 按住Ctrl键并单击“图层4”图层，得到“图层4”图层的选区，执行“选择→修改→扩展”命令，设置“扩展量”为“15像素”。新建“图层5”图层，将“图层5”图层拖曳到“图层4”图层下方，将前景色设置为白色，按Alt+Delete组合键填充前景色。执行“编辑→描边”命令，设置“宽度”为“5像素”，“颜色”为黑色，“位置”为“居外”，取消选区，得到的图像效果如图20-189所示。

图20-188

图20-189

17 按Ctrl+S组合键保存文件，然后执行“文件→新建”命令，参数设置如图20-190所示。新建“图层1”图层，设置前景色为蓝色（R0、G187、B255），背景色为白色，选择渐变工具，使用“前景色到背景色渐变”，从下到上拉出渐变，得到的效果如图20-191所示。

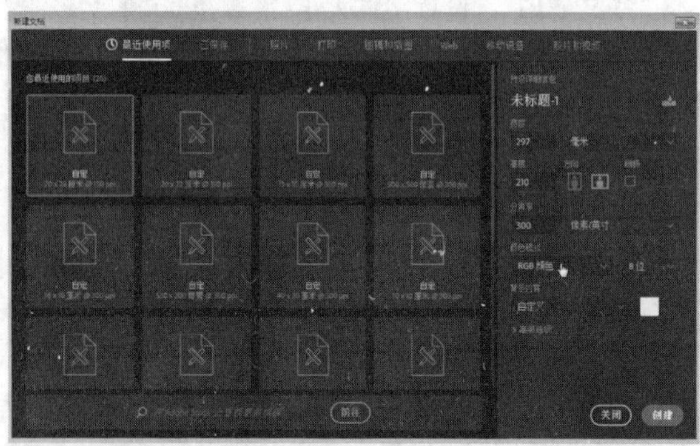
图20-190

图20-191

18 执行“滤镜→滤镜库”命令，选择“纹理”中的“染色玻璃”选项，设置“单元格大小”为“23”，“边框粗细”为“4”，“光照强度”为“2”，然后单击滤镜下面的“新建效果图层”按钮，选择“画笔描边”中的“成角的线条”滤镜，设置“方向平衡”为“65”，“描边长度”为“28”，“锐化程度”为“10”，得到的图像效果如图20-192所示，再执行“滤镜→风格化→拼贴”命令，设置“拼贴数”为“20”，“最大位移”为“20%”，使用背景色（白色）填充空白区域，得到的图像效果如图20-193所示。

图20-192

图20-193

19 执行“文件→置入嵌入的智能对象”命令，选择制作好的“CD封面”和“CD光盘”，调整好大小和位置，单击“图层”面板下方的“添加图层样式”按钮，执行“投影”命令，参数设置如图20-194所示，得到的图像效果如图20-195所示。

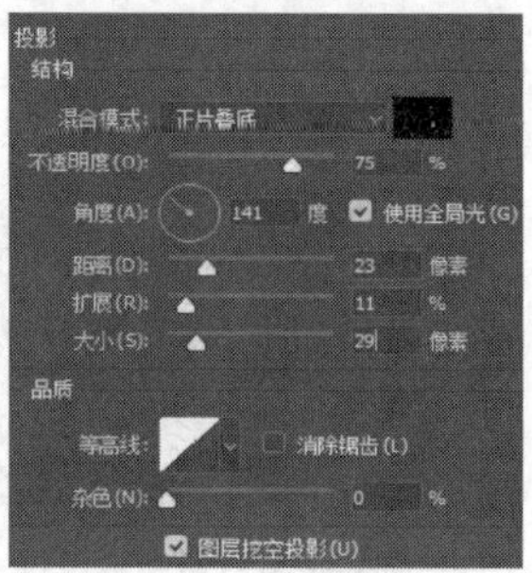

图20-194

20 将“CD光盘”拖曳到“创建新图层”按钮上，得到“CD光盘拷贝”图层，按Ctrl+T组合键进行自由变换，缩小图像，并按住Ctrl键拖曳锚点，使图像产生透视感觉，最终得到的图像效果如图20-196所示。

图20-195

图20-196

20.9 制作神秘公馆效果

神秘效果就是将原本平淡无奇的照片经过调整后展现出一种奇幻恐怖的效果，添加滤镜，添加条纹和文字等操作可以使原本亮丽的风景照片变得奇幻神秘，富含恐怖色彩。

01 按Ctrl+O组合键打开素材文件，如图20-197所示。

02 将“背景”图层拖曳到创“建新图层”按钮上，得到“背景 拷贝”图层。执行“滤镜→滤镜库”命令，选择“纹理”中的“拼缀图”选项，设置“方形大小”为“7”，“凸现”为“10”，得到的图像效果如图20-198所示。

图20-197

图20-198

03 再次将“背景”图层拖曳到“创建新图层”按钮 上，得到“背景 拷贝2”图层，将该图层拖曳到“图层”面板列表的最顶端。执行“滤镜→滤镜库”命令，选择“画笔描边”中的“墨水轮廓”选项，设置“描边长度”为“1”，“深色强度”为“20”，“光照强度”为“20”，然后设置图层的混合模式为“变暗”，得到的图像效果如图20-199所示。

04 再次将“背景”图层拖曳到“创建新图层”按钮 上，得到“背景 拷贝3”图层，将该图层拖曳到“图层”面板列表的最顶端。执行“滤镜→模糊→高斯模糊”命令，设置“半径”为“5像素”，然后设置图层的混合模式为“叠加”，图层“不透明度”为“80%”，得到的图像效果如图20-200所示。

图20-199

图20-200

05 单击“图层”面板下方的“创建新的填充或调整图层”按钮，在弹出菜单中执行“色相/饱和度”命令，对图像进行调整，参数设置如图20-201所示，设置完毕后得到的图像效果如图20-202所示。

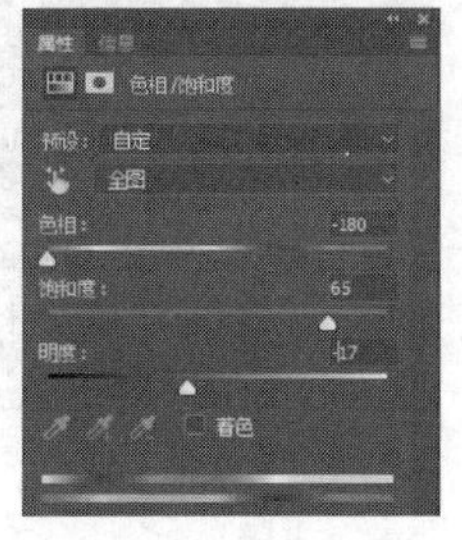

图20-201

06 单击“图层”面板下方的“创建新图层”按钮，得到“图层1”图层，设置前景色为黑色，选择画笔工具，在工具选项栏中设置画笔“大小”为“60像素”，在图像中涂抹得到黑色图像，效果如图20-203所示。

图20-202

图20-203

07 执行“滤镜→扭曲→波浪”命令，设置参数如图20-204所示，得到的图像效果如图20-205所示。

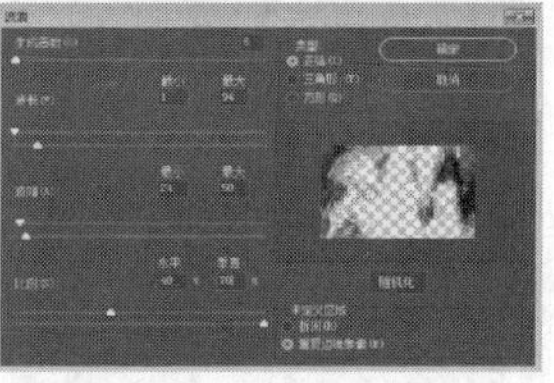
图20-204

08 将“图层1”图层拖曳到“背景 拷贝3”图层的下方，然后将该图层拖曳到“创建新图层”按钮 上，得到“图层1 拷贝”，将该图层放到“背景 拷贝3”图层的上方，得到的图像效果如图20-206所示。

图20-205

图20-206

09 选择横排文字工具，在图像中输入装饰性的文字，得到的效果如图20-207所示。

10 按Ctrl+T组合键进行自由变换，然后将该文字拖曳到图像的下方，将该图层拖曳到“创建新图层”按钮 上，得到副本图层，将该图层的文字自由变换后放到图像的上方，得到的图像效果如图20-208所示。

图20-207

图20-208

11 选择工具箱中的横排文字工具，在图像中输入文字“MYSTERY”。新建“图层2”图层，选择矩形选框工具，围绕文字拉出一条矩形选框，然后执行“编辑→描边”命令，设置“宽度”为“8像素”，“颜色”为黑色，“位置”为“居外”，设置完毕后得到的图像效果如图20-209所示。

12 选择“MYSTERY”文字图层，再按住Ctrl键并单击“图层2”图层，单击鼠标右键，打开快捷菜单，执行“合并图层”命令，合并两个图层。按住Ctrl键并单击“图层2”缩略图，得到选区，设置前景色为黑色、背景色为白色，执行“滤镜→渲染→云彩”命令，按Ctrl+D组合键取消选区，得到的图像效果如图20-210所示。

图20-209

图20-210

13 执行“滤镜→杂色→添加杂色”命令，设置“数量”为“10%”，“分布”为“高斯分布”，勾选“单色”复选框。再执行“滤镜→模糊→高斯模糊”命令，设置“半径”为“1像素”，得到的图像效果如图20-211所示。

14 执行“图像→调整→色阶”命令，设置参数如图20-212所示。执行“选择→色彩范围”命令，用吸管在文字处吸取白色，按Delete键删除。再次执行“选择→色彩范围”命令，用吸管在文字处吸取黑色，按Delete键删除，最后的图像效果如图20-213所示。

图20-211

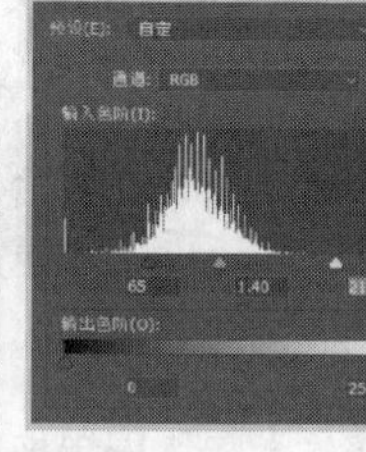

图20-212

15 按Ctrl+T组合键进行自由变换，调整大小，将“MYSTERY”移动到图像左上方合适的位置。执行“图像→调整→亮度/对比度”命令，设置“亮度”为“-40”，“对比度”为“-10”，最终得到神秘公馆的效果如图20-214所示。

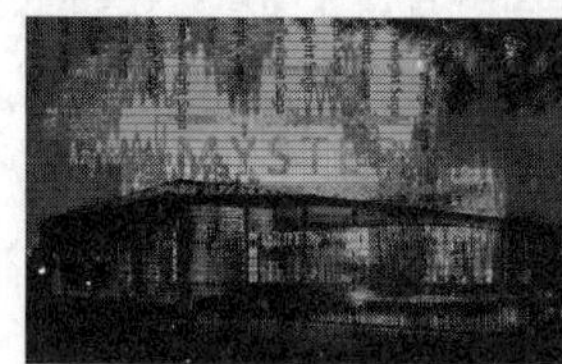

图20-213

图20-214

20.10 为天空增加云彩

该实例将使用Photoshop CC 2017中的滤镜和蒙版等功能为单调的天空制作云朵。

01 执行“文件→打开”命令，打开素材文件，如图20-215所示。

02 新建“图层1”图层，执行“滤镜→渲染→云彩”命令，按Alt+Ctrl+F组合键重复使用滤镜；然后执行“滤镜→渲染→分层云彩”命令，按两次Alt+Ctrl+F组合键重复使用滤镜两次，调出合适的云朵，如图20-216所示。

图20-215　图20-216

03 执行“图像→调整→色阶”命令，弹出“色阶”对话框，设置输入色阶参数为45、1.00、160，如图20-217所示。

04 执行“滤镜→风格化→凸出”命令，弹出“凸出”对话框，参数“类型”选择“块”，“大小”参数设置为“2像素”，“深度参数”设置为“4”，选择“基于色阶”，勾选“立方体正面”复选框，如图20-218所示。

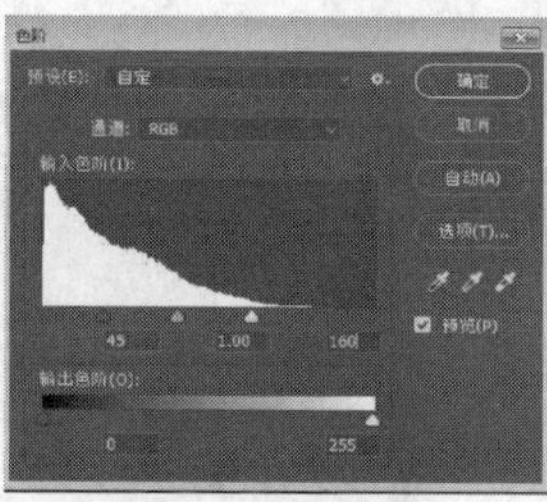

图20-217

图20-218

05 设置“图层1”图层的混合模式为“滤色”，效果如图20-219所示，然后按Ctrl+T组合键自由变换“图层1”图层，使云朵和天空产生相同的透视效果，如图20-220所示。

图20-219

图20-220

06 为“图层1”图层添加图层蒙版，单击“图层1”图层的蒙版缩览图，在工具箱中选择渐变工具，弹出“渐变编辑器”对话框，调整参数使渐变为“前景色到透明渐变”，如图20-221所示。

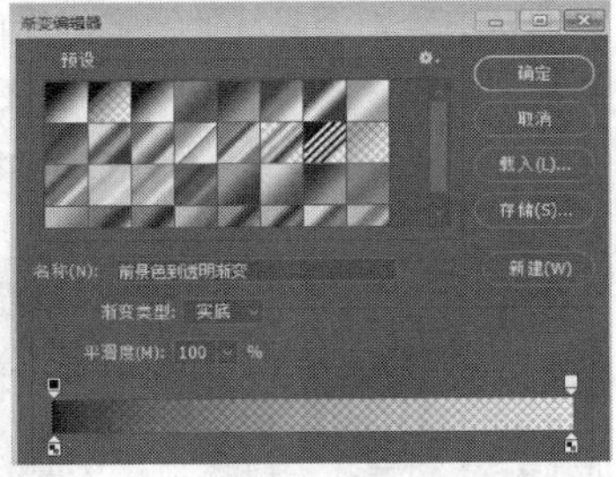

图20-221

07 单击“确定”按钮退出对话框，单击“图层1”缩览图，从图层上边向图层左下方拉动渐变线，使得云朵产生渐变的立体透视效果，操作参照图20-222所示。

08 隐藏“图层1”图层，单击“背景”图层，在工具箱中选择魔棒工具，设置“容差”参数为“23”，将天空部分选为选区，按Ctrl+Shift+I组合键将选区反选，效果如图20-223所示。

图20-222

图20-223

09 显示并单击“图层1”缩览图，按Delete键将选区内图像删除，效果如图20-224所示。

图20-224

10 在工具箱中选择橡皮擦工具，打开“画笔预设”面板，选取第一个画笔“柔边圆”，将“图层1”图层边缘部分的不完整云朵擦除，效果如图20-225和图20-226所示。

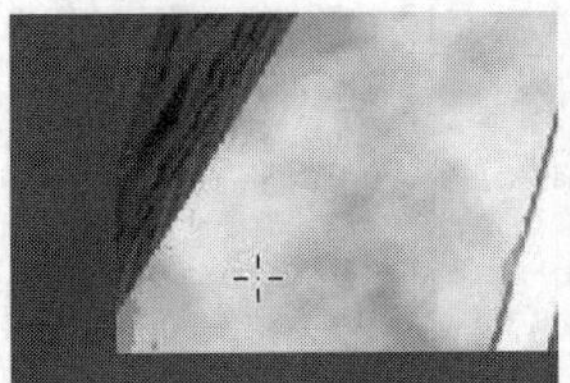
图20-225

图20-226

11 执行“滤镜→模糊→高斯模糊”命令，淡化云朵凸出过曝的部分，效果如图20-227和图20-228所示。

图20-227

图20-228

12 新建“图层2”图层，选择画笔工具，设置前景色为蓝色（R39、G82、B161），如图20-229所示，画笔“流量”参数设为“5%”，在白云过白过亮的部分进行绘制，如图20-230和图20-231所示，然后调整图层“不透明度”为60%，得到的最终效果如图20-232所示。

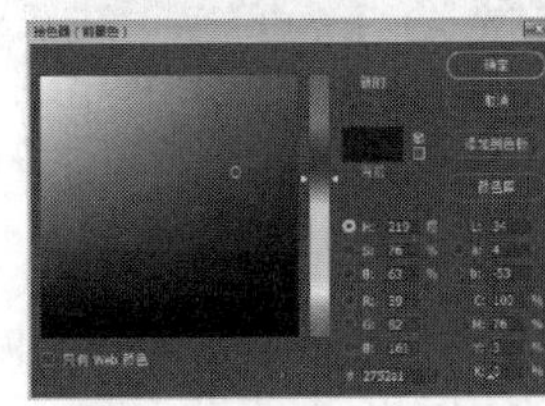
图20-229

图20-230

图20-231

图20-232

20.11 个性反差特效图片制作

本例通过使用“应用图像”命令来调整各个通道的色值，使得图像色彩艳丽，反差大，景物的红、黄、蓝3色特别夸张，达到个性反转负冲的特效。

01 按Ctrl+O组合键打开素材文件，如图20-233所示，复制“背景”图层，如图20-234所示，设置完毕后的“图层”面板如图20-235所示。

02 在“通道”中选择“红”通道，执行“图像→应用图像”命令，参数设置如图20-236所示，单击“确定”按钮，设置完毕后得到的图像效果如图20-237所示。

图20-233

图20-234

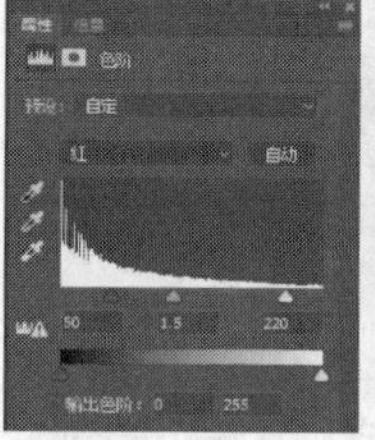

图20-235

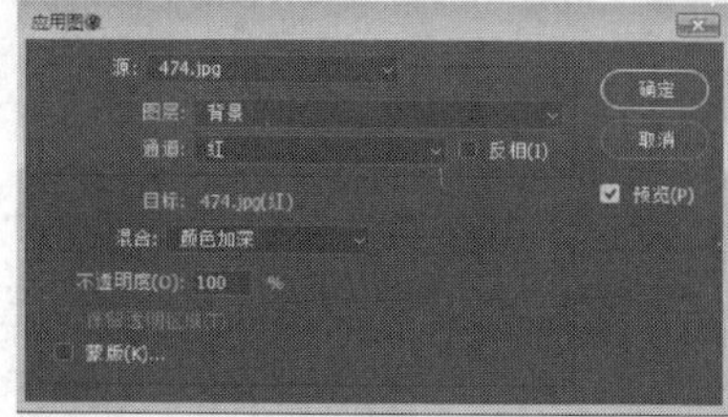

图20-236

图20-237

03 使用同样方法，选择“绿”通道，执行“图像→应用图像”命令，参数设置如图20-238所示，单击“确定”按钮，设置完毕后得到的图像效果如图20-239所示。

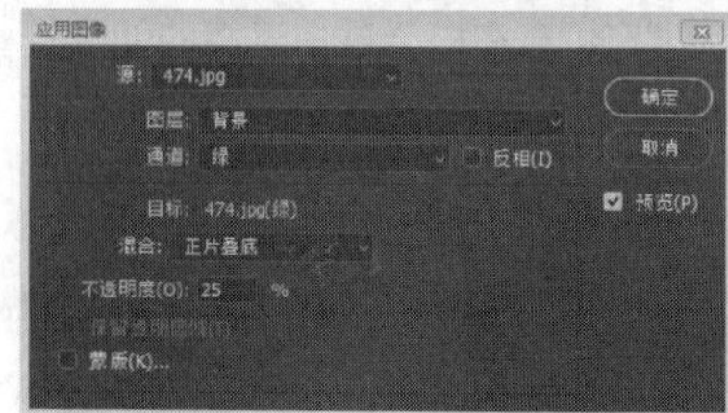

图20-238

图20-239

04 使用同样方法，选择“蓝”通道，执行“图像→应用图像”命令，参数设置如图20-240所示，单击“确定”按钮，设置完毕后得到的图像效果如图20-241所示。

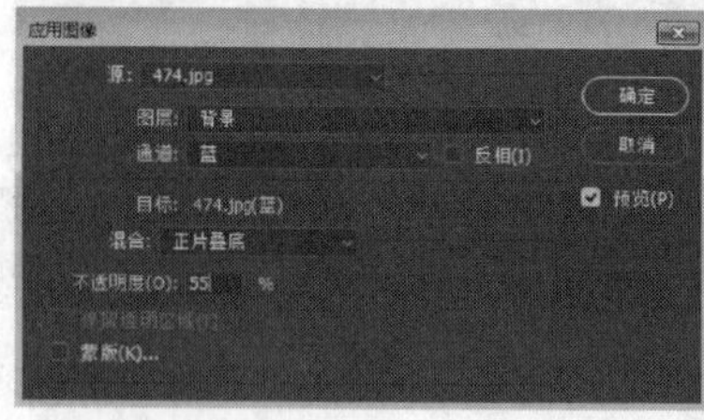

图20-240

图20-241

05 回到RGB通道，会发现照片有了一些变化，得到的效果如图20-242所示。

图20-242

06 单击“图层”面板下方的“创建新的填充或调整图层”按钮，在弹出菜单中执行“色阶”命令，打开“色阶”对话框，在“色阶”对话框中分别调整红色通道、绿色通道和蓝色通道的参数，参数设置如图20-243至图20-245所示，设置完毕后得到的图像效果如图20-246所示。

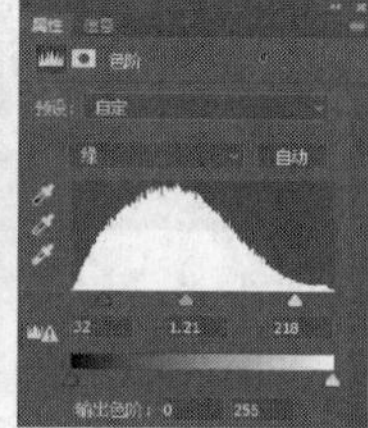

图20-243

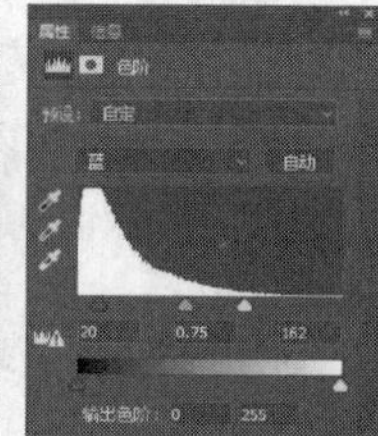

图20-244

图20-245

07 单击“图层”面板底部的“创建新的填充或调整图层”按钮，在弹出菜单中执行“亮度/对比度”命令，对图像的亮度进行调整，参数设置如图20-247所示，设置完毕后得到的图像效果如图20-248所示。

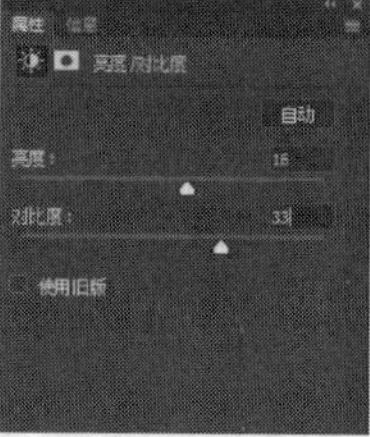

图20-246

图20-247

图20-248

08 单击“图层”面板底部的“创建新的填充或调整图层”按钮，在弹出菜单中执行“色相/饱和度”命令，对图像的色相和饱和度进行调整，参数设置如图20-249所示，设置完毕后得到的图像效果如图20-250所示。

09 单击“通道”面板，选择“蓝”通道，然后按住Ctrl键并单击“蓝”通道，得到浅色部分的选区。回到“RGB”通道，单击“图层”面板，然后按Ctrl+Shift+I组合键反向选取深色的选区，得到的选区效果如图20-251所示。

图20-249

图20-250

图20-251

10 单击“图层”面板底部的“创建新的填充或调整图层”按钮，在弹出菜单中执行“色相/饱和度”命令，对图像的色相和饱和度进行调整，参数设置如图20-252所示，设置完毕后得到的图像效果如图20-253所示。

11 设置前景色为白色，选择工具箱中的横排文字工具T，在图像中输入文字“恋”，设置字体大小为“240点”。使用同样的方法，输入“之风景”，设置字体大小为“120点”。选择矩形选框工具，在文字下方拉出一个矩形框，然后按Alt+Delete组合键填充前景色，得到一条白色横线。设置完毕后得到的图像效果如图20-254所示。

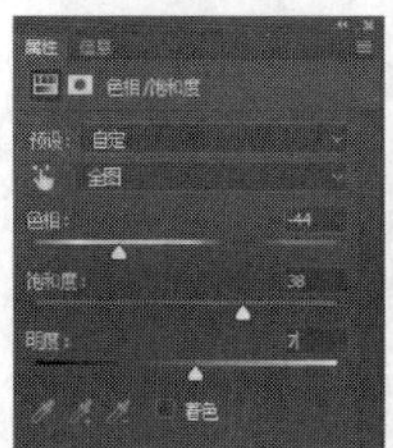
图20-252

图20-253

图20-254

12 单击“图层”面板下方的“添加图层样式”按钮fx，添加“描边”和“外发光”图层样式，参数设置如图20-255和图20-256所示。右击“图层1”图层，打开快捷菜单，执行“复制图层样式”命令，然后分别右击两个文字图层，单击执行“粘贴图层样式”命令，得到的图像效果如图20-257所示。

13 单击“图层”面板上的“创建新图层”按钮，新建“图层2”图层，设置图层的“不透明度”为“43%”，前景色为蓝绿色（R37、G183、B155），选择矩形选框工具，在图片左上方画出一个矩形框，按Alt+Delete组合键填充前景色，按Ctrl+D组合键取消选区，然后按Ctrl+T组合键快速变换图形，拉动图形外围，使方形旋转45°，设置完毕后得到的图像效果如图20-258所示。

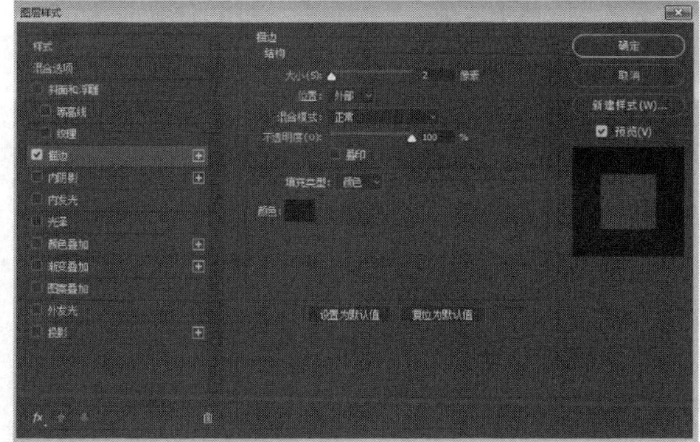
图20-255

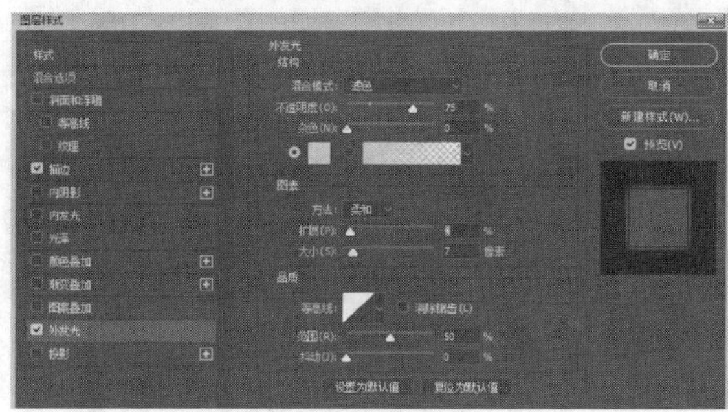
图20-256

图20-257

图20-258

14 将“图层2”图层拖曳至“创建新图层”按钮上，得到“图层2拷贝”图层，选择移动工具，拖曳“图层2 拷贝”图层，将其向右移动一定位置。重复上述步骤，得到“图层2 拷贝2”“图层2拷贝3”图层，得到的图像效果如图20-259所示。

图20-259

15 设置前景色为青色（R25、G101、B86），选择工具箱中的横排文字工具T，在图像中输入文字“memory”，设置字体大小为“147点”。单击“图层”面板下方的“添加图层样式”按钮fx，为该图层添加“斜面和浮雕”和“描边”图层样式，参数设置如图20-260和图20-261所示，最终得到的图像效果如图20-262所示。

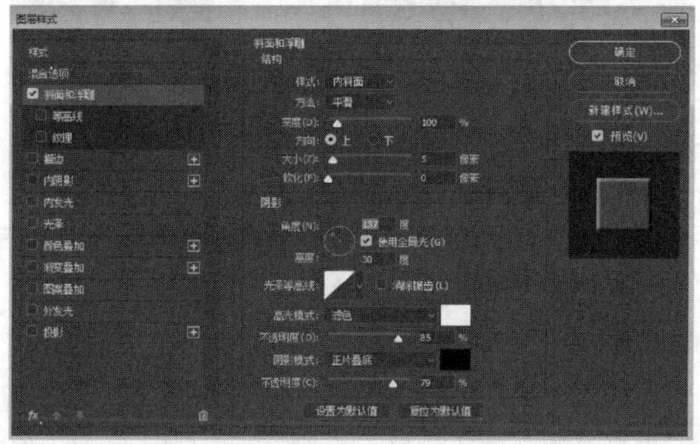
图20-260

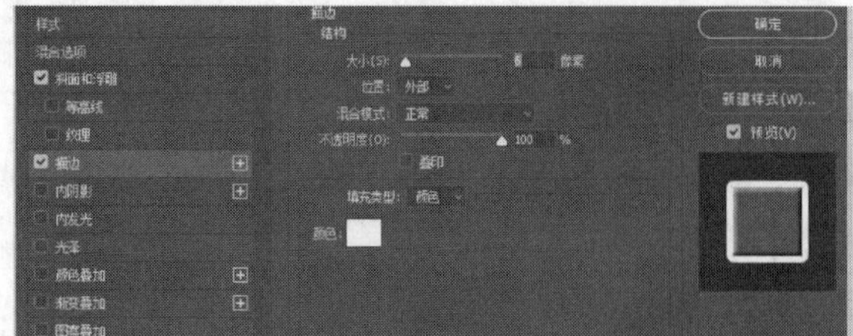

图20-261

图20-262

20.12 制作黑白特效照片

本例通过调整曲线及色彩范围将图片制作成黑白对比风格照片，并且与背景的彩色形成了一种对比。

01 按Ctrl+O组合键或者执行“文件→打开”命令，弹出“打开”对话框，打开素材文件，如图20-263所示。

02 拖曳“背景”图层至“图层”面板下方的“创建新图层”按钮上，得到“背景 拷贝”图层，执行“图像→调整→去色”命令，得到如图20-264所示的效果。

图20-263

图20-264

03 执行“图像→调整→曲线”命令，弹出“曲线”对话框，参数调整如图20-265所示，得到图20-266所示的效果。

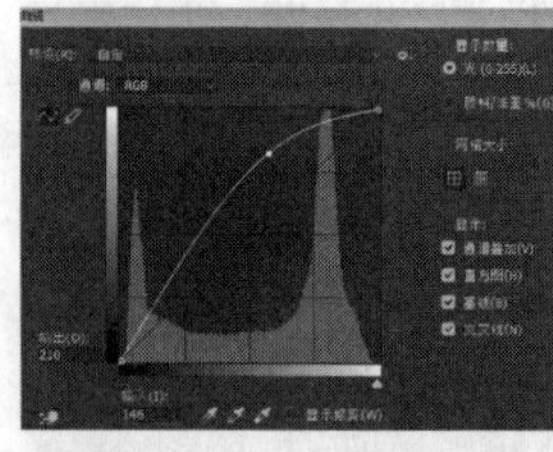

图20-265

图20-266

04 执行“图像→调整→亮度/对比度”命令，弹出“亮度/对比度”对话框，设置“亮度”为“-60”，“对比度”为“70”，如图20-267所示，得到图20-268所示的效果。

05 执行“选择→色彩范围”命令，弹出“色彩范围”对话框，设置“颜色容差”为“50”，在人物较黑的头发处点选颜色，如图20-269所示，得到图20-270所示的选区。

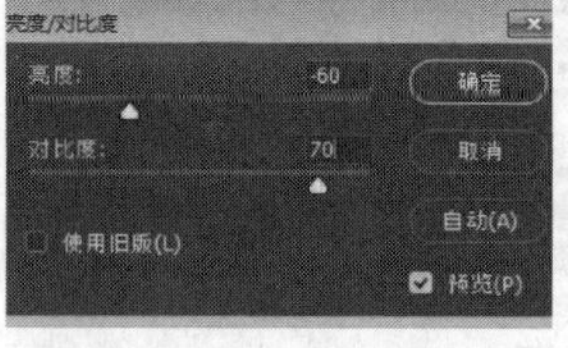

图20-267

图20-268

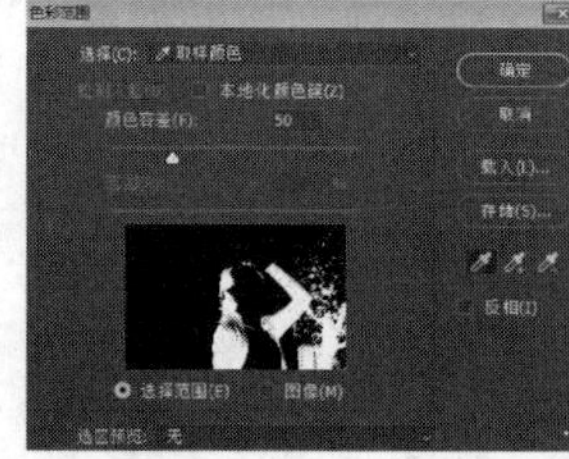

图20-269

图20-270

06 单击“图层”面板下方的“创建新图层”按钮，创建“图层1”图层，按D键恢复默认前景色和背景色分别为黑色和白色，按Alt+ Delete组合键用前景色填充选区，得到图20-271所示的效果。

图20-271

07 按住Ctrl键并单击“图层”面板下方的“创建新图层”按钮，在“图层1”图层下方创建“图层2”图层，如图20-272所示，按Ctrl+Delete组合键，用背景色进行填充。

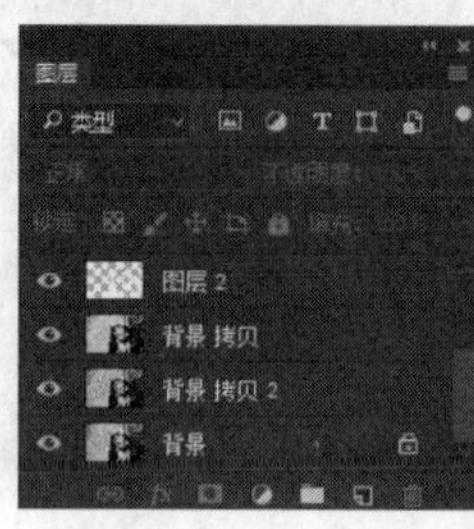

图20-272

08 按Alt+Ctrl+Shift+E组合键盖印可见图层，得到“图层3”图层，拖曳“图层3”图层至“图层”面板下方的“创建新图层”按钮上，得到“图层3拷贝”图层，如图20-273所示。

图20-273

09 隐藏“图层3 拷贝”图层，选择“图层3”图层，选择工具箱中的矩形选框工具，在画布中绘制图20-274所示的选区，用鼠标右键单击选区，打开快捷菜单，执行“变换选区”命令，旋转选区至图20-275所示的位置。

图20-274

图20-275

10 单击“图层”面板下方的“创建图层蒙版”按钮，创建基于当前选区的图层蒙版。

11 按住Ctrl键并单击“图层1”蒙版缩览图，将其选区载入，单击“图层”面板下方的“创建新图层”按钮，得到“图层4”图层，执行“编辑→描边”命令，弹出“描边”对话框，设置“宽度”为“7像素”，“颜色”为白色，如图20-276所示，设置完毕后单击“确定”按钮，得到图20-277所示的效果。

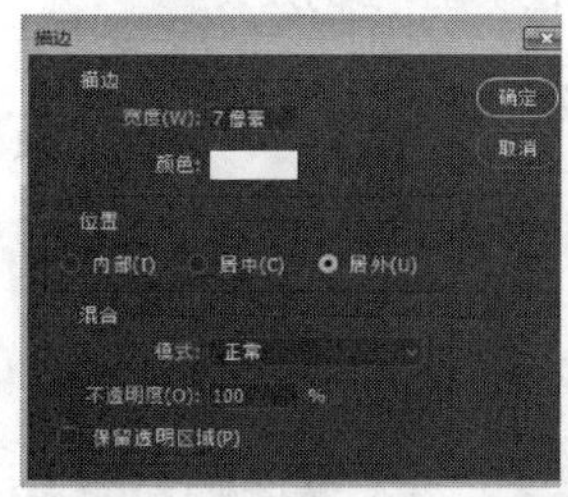

图20-276

图20-277

12 单击“图层”面板下方的“添加图层样式”按钮，在弹出的菜单中执行“投影”命令，设置参数如图20-278所示。单击“确定”按钮，得到图20-279所示的效果。

13 显示“图层3拷贝”图层，选择工具箱中的矩形选框工具，在画布中绘制选区，调整选区大小和位置，如图20-280所示。

14 单击“图层”面板下方的“创建图层蒙版”按钮，创建基于当前选区的图层蒙版，并调整蒙版区域的颜色，如图20-281所示。

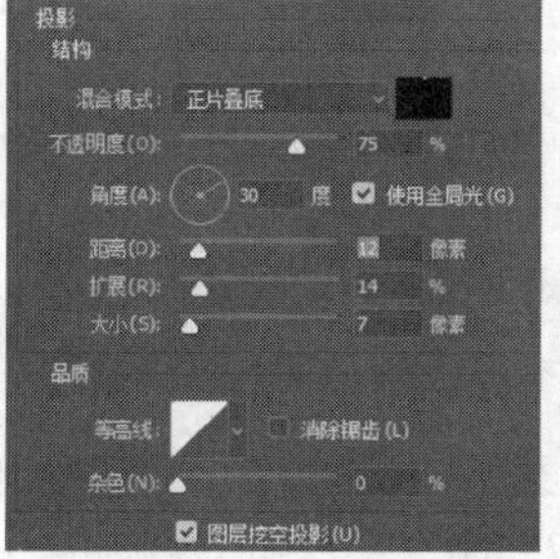

图20-278

图20-279

图20-280

图20-281

15 按住Ctrl键并单击“图层3 拷贝”蒙版缩览图，将其选区载入，单击“图层”面板下方的“创建新图层”按钮，得到“图层5”图层，执行“编辑→描边”命令，弹出“描边”对话框，设置“宽度”为“7像素”，“颜色”为白色，如图20-282所示，设置完毕后单击“确定”按钮，得到图20-283所示的效果。

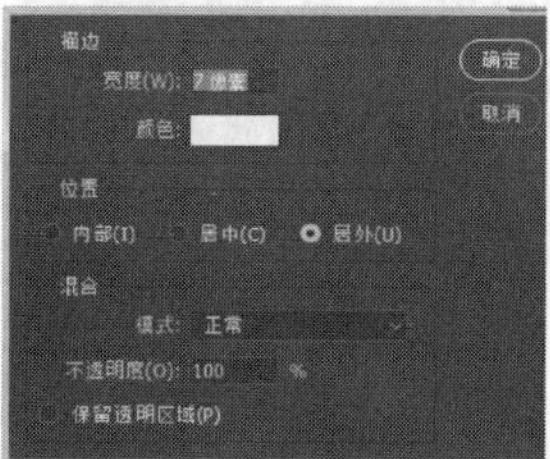

图20-282

图20-283

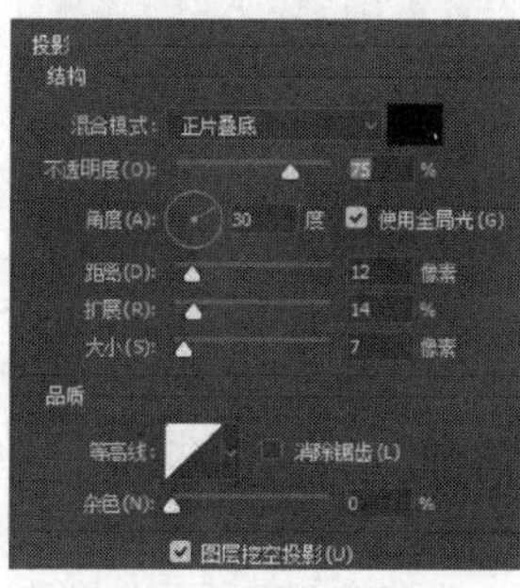

图20-284

16 单击“图层”面板下方的“添加图层样式”按钮，在弹出的菜单中执行“投影”命令，设置参数如图20-284所示，单击“确定”按钮，得到图20-285所示的效果。

17 选择工具箱中的横排文字工具，字体设置为“叶根友毛笔行书2.0版”，字体颜色设置为黑色，在画布中输入“匆匆那年”，调整文字大小和位置，最终效果如图20-286所示。

图20-285

图20-286

20.13 制作夜晚客厅效果图

原图是客厅白天的效果图，一般是设计师建模出来的，要制作夜晚效果就要在Photoshop中进行深化。本例运用“曲线”“亮度/对比度”“滤镜”等命令，辅之以冷暖色调的有机搭配制作出客厅夜晚的效果。

01 按Ctrl+O组合键打开素材文件，如图20-287所示。

图20-287

02 执行“图像→调整→曲线”命令，打开“曲线”对话框，对图片的总亮度进行调节，如图20-288和图20-289所示。

03 单击“图层”面板底部的“创建新的填充或调整图层”按钮，执行“亮度/对比度”命令，并对其参数进行设置，如图20-290所示，图20-291所示为修改后的效果。

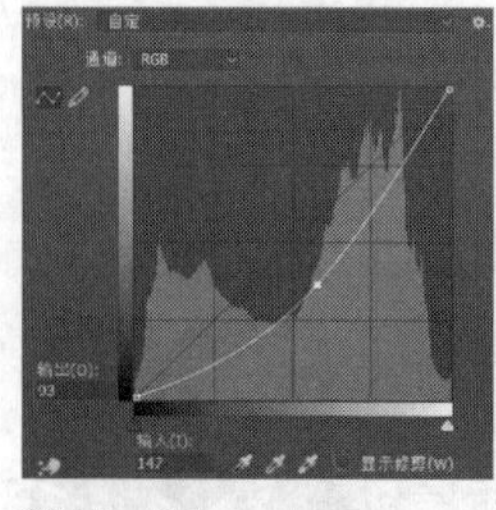

图20-288

图20-289

图20-290

图20-291

04 再次单击“图层”面板底部的“创建新的填充或调整图层”按钮，执行“色彩平衡”命令，并对其参数进行设置，如图20-292所示，图20-293所示为修改后的效果。

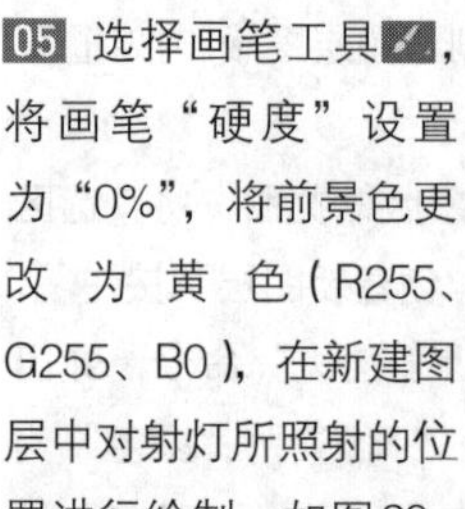
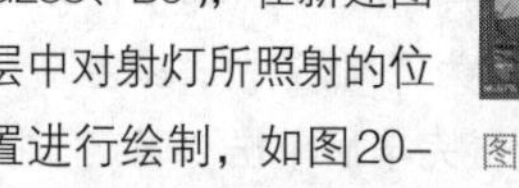

图20-292

图20-293

05 选择画笔工具，将画笔“硬度”设置为“0%”，将前景色更改为黄色（R255、G255、B0），在新建图层中对射灯所照射的位置进行绘制，如图20-294所示，设置“图层1”面板的“填充”为68%，如图20-295所示，图20-296所示为调整后的效果。

图20-294

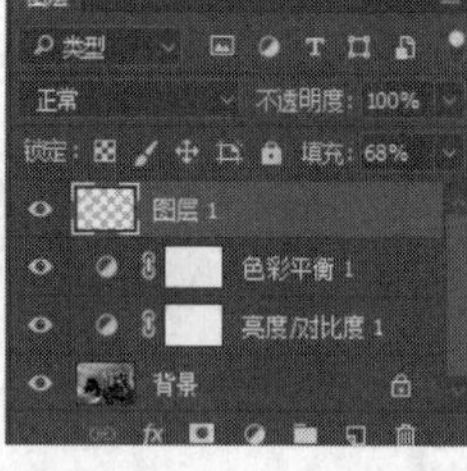

图20-295

图20-296

06 再次选择画笔工具，将画笔“硬度”设置为“0%”，将前景色更改为冷色，在新建图层中对室外路灯所照射的位

图20-297

置进行绘制，如图20-297所示，设置“图层2”面板的“填充”为5%，如图20-298所示，图20-299所示为调整后的效果。

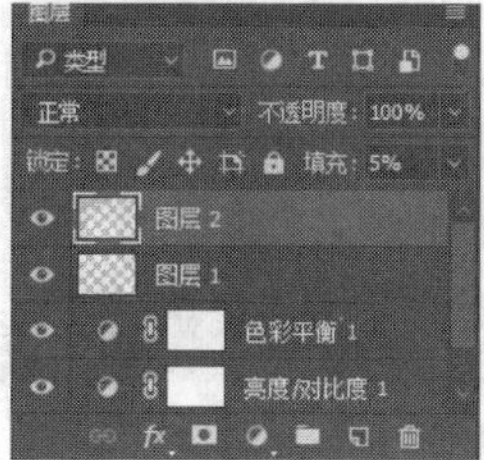

图20-298

图20-299

07 第3次选择画笔工具，将画笔“硬度”设置为“0%”，将前景色更改为浅黄色（R255、G252、B170），在新建图层中对室内灯光所照射的位置进行绘制，如图20-300所示，设置“图层3”面板的“填充”为“33%”，如图20-301所示。图20-302所示为调整后的效果。

图20-300

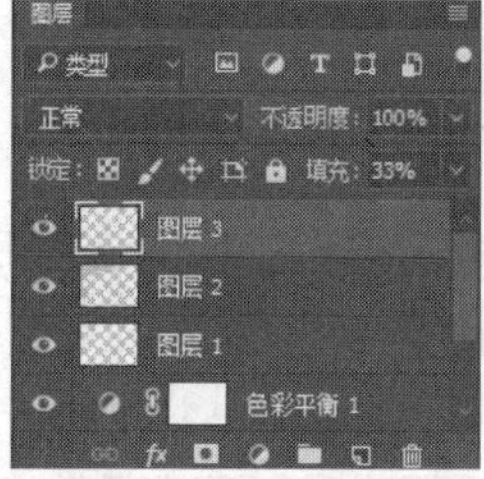

图20-301

图20-302

08 按Ctrl+O组合键打开捧花素材文件，如图20-303所示，将其移动至“效果图”文件中，并将图层更名为“花”，将“花”图层放置在适当位置，并调整其大小，如图20-304所示。

图20-303

图20-304

09 复制“花”图层，并将该图层重命名为“花投影”。执行“编辑→变换→扭曲”命令，对“花投影”图层形状进行调整，如图20-305所示，设置“填充”为“25%”，如图20-306所示，花投影的效果就做好了，如图20-307所示。

图20-305

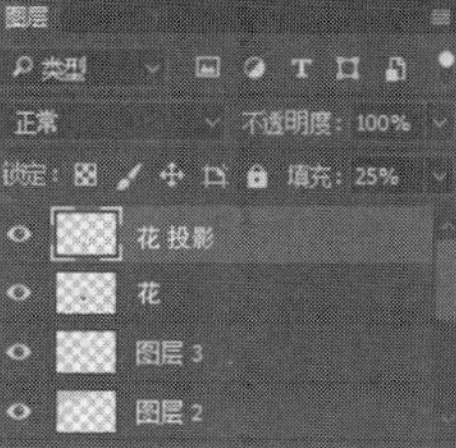

图20-306

图20-307

10 按Ctrl+O组合键打开盆栽素材文件，如图20-308所示，将其移动至效果图文件中，并将图层更名为“叶”，将“叶”图层放置在接待台适当位置，并调整其大小，如图20-309所示。

图20-308

图20-309

11 新建“效果图”图层，使用钢笔工具勾选室内所有玻璃及镜面并将其建立选区，如图20-310所示，执行“滤镜→模糊→高斯模糊”命令，调整其参数设置，如图20-311所示，降低玻璃和镜面反射的清晰度，模拟真实场景，如图20-312所示。

图20-310

图20-311

图20-312

12 选择“效果图”图层，执行“滤镜→渲染→镜头光晕”命令，调整其参数设置，如图20-313所示，一幅漂亮的效果图就制作完成了，如图20-314所示。

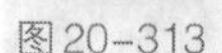
图20-313

图20-314

20.14 环保招贴设计

本例是以“留住最后一点绿色”为主题的合成作品。在制作过程中，用沙漠作为背景，一双手捧着绿芽，显出绿色的弥足珍贵，呼吁人们保护环境，珍惜最后一点绿。

01 按Ctrl+O组合键打开素材文件，如图20-315所示，图层面板如图20-316所示。

02 拖曳“背景”图层至“图层”面板下方的“创建新图层”按钮，创建“背景 拷贝”图层，将该图层混合模式设置为“柔光”，这样可以增加图像的明暗对比度，使图像中的暗部更暗、亮部更亮，如图20-317和图20-318所示。

图20-315

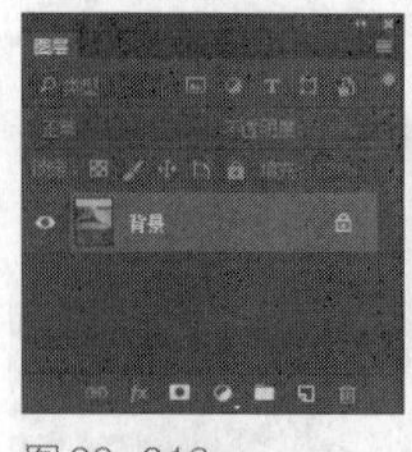
图20-316

图20-317

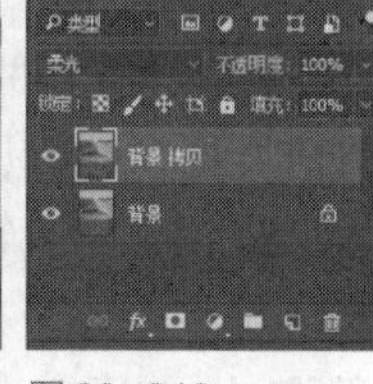

图20-318

03 选择画笔工具，设置“大小”为“70像素”，“硬度”为“35%”，“不透明度”为“37%”，如图20-319和图20-320所示。

04 单击“图层”面板下方的“创建图层蒙版”按钮，为“背景 拷贝”图层创建图层蒙版，选择画笔工具，在图像的阴影部分涂抹，这样可以还原图像因为使用柔光模式而失去的细节，如图20-321和图20-322所示。

图20-319

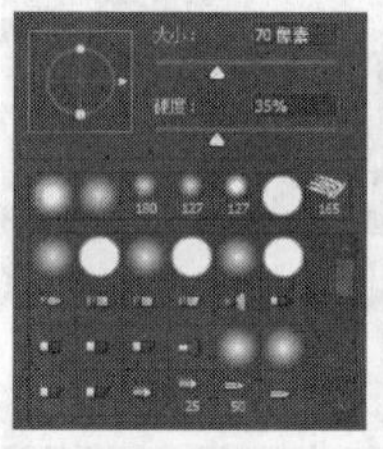

图20-320

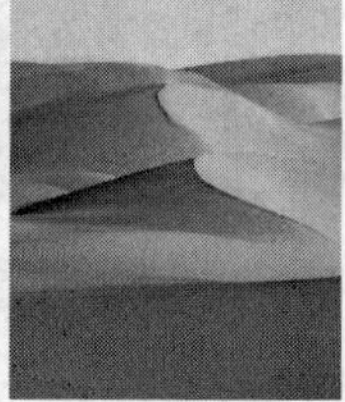
图20-321

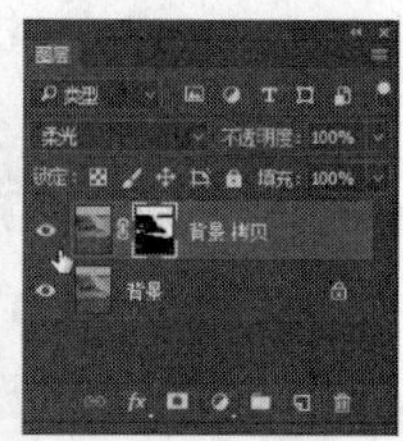

图20-322

05 按D键还原默认的前景色和背景色，选择渐变工具，单击颜色条，弹出“渐变编辑器”对话框，选择“前景色到背景色渐变”效果，渐变方式为“线性渐变”，如图20-323所示。

图20-323

06 执行“文件→置入嵌入的智能对象”命令，置入“草地”文件，单击“图层”面板下方的“创建图层蒙版”按钮，为“草地”图层创建图层蒙版，单击图层蒙版缩览图，选择渐变工具，填充图20-324所示的渐变，得到图20-325所示的效果。

图20-324

图20-325

07 单击“草地”图层蒙版缩览图，选择画笔工具，设置“大小”为“60像素”，“硬度”为“0%”，“不透明度”为“35%”，如图20-326所示，在沙漠和草地的交界处涂抹，得到草地被慢慢吞噬的效果，如图20-327所示。

图20-326

图20-327

08 按Ctrl+O组合键打开文件，如图20-328所示。

09 选择钢笔工具，沿手和芽苗的边缘绘制路径，如图20-329所示，按Ctrl+Enter组合键将路径转换为选区，选择移动工具，将选区内图像移动到“沙漠”文档中，按Ctrl+T组合键，调节位置和大小如图20-330所示。

图20-328

图20-329

图20-330

10 双击“图层1”图层名称，重命名为“双手”，执行“图层→修边→移去白色杂边”命令，将双手边缘的白色像素去掉。单击“图层”面板下方的“创建图层蒙版”按钮，为“双手”图层创建图层蒙版。选择画笔工具，设置“大小”为“125像素”，“硬度”为“0%”，“不透明度”为“70%”，如图20-331所示，在双手的两端涂抹，使其融合到背景中，如图20-332和图20-333所示。

11 执行“文件→置入嵌入的智能对象”命令，置入沙子文件，调整位置，如图20-334所示，设置图层混合模式为“变亮”，这样可以将图像中的黑色去掉，如图20-335所示。

图20-331

图20-332

图20-333

图20-334

12 单击“图层”面板下方的“创建图层蒙版”按钮，为“沙子”图层创建图层蒙版，选择画笔工具，在沙子的边缘处涂抹，如图20-336和图20-337所示。

图20-335

图20-336

图20-337

13 选择横排文字工具，设置字体为“黑体”，大小为“45点”，抗锯齿方法为“浑厚”，字体颜色为黑色，在图像中天空处单击，输入“留住最后一点绿色”几个字，如图20-338和图20-339所示。

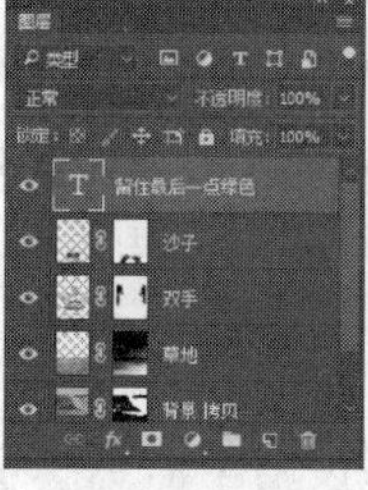

图20-338

图20-339

14 单击“图层”面板下方的“添加图层样式”按钮，执行“外发光”命令，在弹出的“图层样式”对话框中设置“扩展”为100%，颜色为绿色（R52、G139、B48），如图20-340所示。

15 最后我们得到图20-341所示的效果。

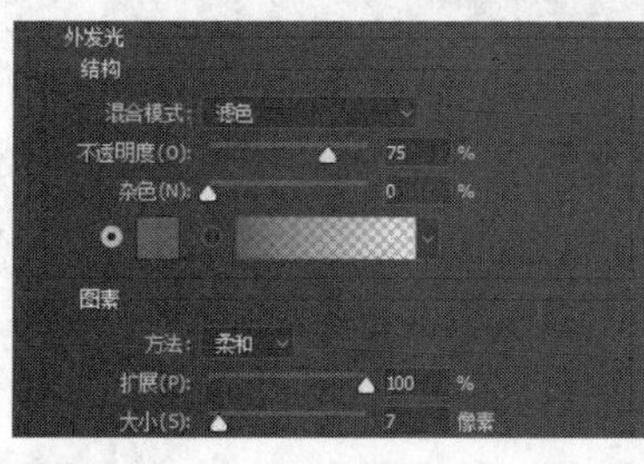

图20-340

图20-341

20.15 运动会宣传海报

本例是以运动会为主题的海报设计。用象征激情与活力的扭曲色块作为背景，用动感的线条围绕会徽，处处彰显出运动的感觉。

01 按Ctrl+N组合键新建一个文件，在弹出对话框中设置“宽度”为“16厘米”，“高度”为“12厘米”，“分辨率”为“200像素/英寸”，如图20-342所示。

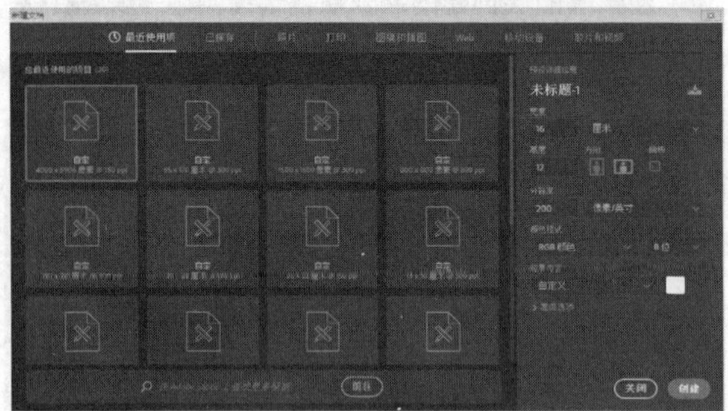

图20-342

02 单击“图层”面板下方的“创建新图层”按钮，创建“图层1”图层，选择渐变工具，打开“渐变编辑器”对话框，选择“蓝色”渐变效果，“渐变类型”为“杂色”，如图20-343所示，渐变方式为“角度渐变”，如图20-344所示，从画布右上角向左下角绘制渐变，得到图20-345所示的效果。

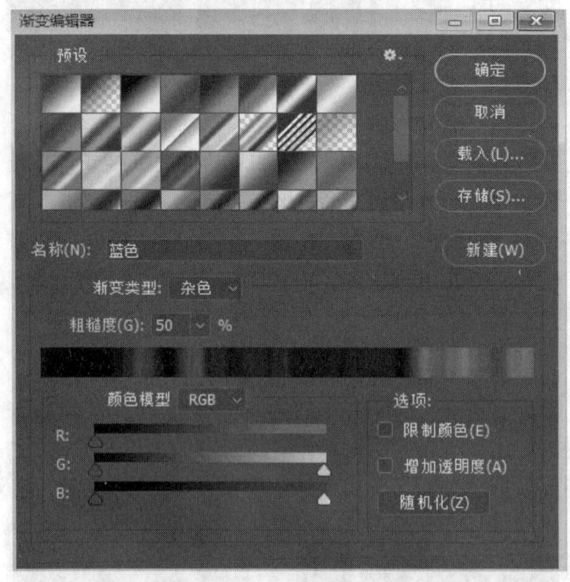

图20-343

图20-344

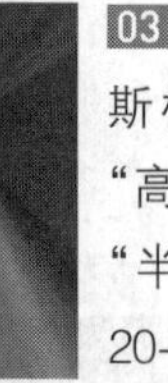

图20-345

03 执行“滤镜→模糊→高斯模糊”命令，在弹出的“高斯模糊”对话框中设置“半径”为“3像素”，如图20-346所示，这样可以使不同颜色之间的过渡比较柔和，得到图20-347所示的效果。

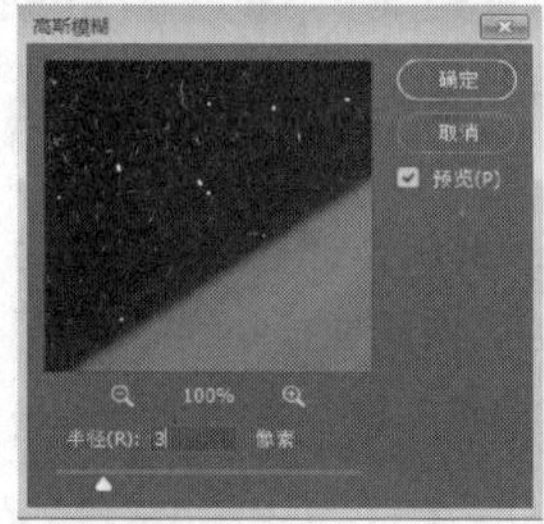

图20-346

图20-347

04 执行“图像→调整→色调分离”命令，设置“色阶”为“10”，如图20-348所示，得到图20-349所示的效果。

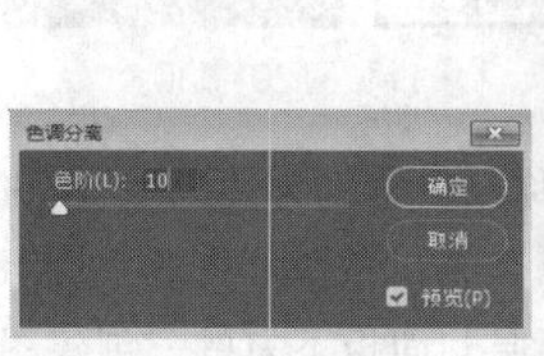

图20-348

图20-349

05 执行“滤镜→扭曲→旋转扭曲”命令，在弹出对话框中设置“角度”的数值为“180度”，如图20-350所示，得到图20-351所示的效果。

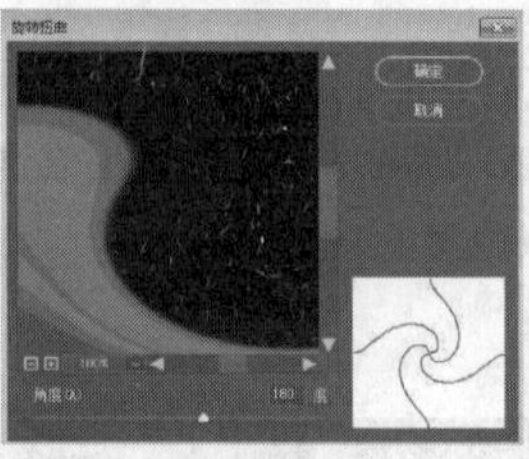

图20-350

图20-351

06 单击“图层”面板下方“创建新的填充或调整图

层”按钮，在弹出的菜单中执行“色相/饱和度”命令，设置“色相”为“+165”，如图20-352所示，得到图20-353所示的效果。

07 设置前景色为白色，选择横排文字工具，在画布右侧分别输入文字“激”“情”“绽”“放”“2017”，得到相应的文本图层，设置“激”“情”“绽”“放”字体为“宋体”，“2017”为“华文琥珀”，其中“激”“情”“绽”字号为“60点”，“放”字号为“75点”，“017”字号为“25点”，“2”字号为“55点”，调整位置，效果如图20-354所示，“图层”面板如图20-355所示。

图20-352

图20-353

图20-354

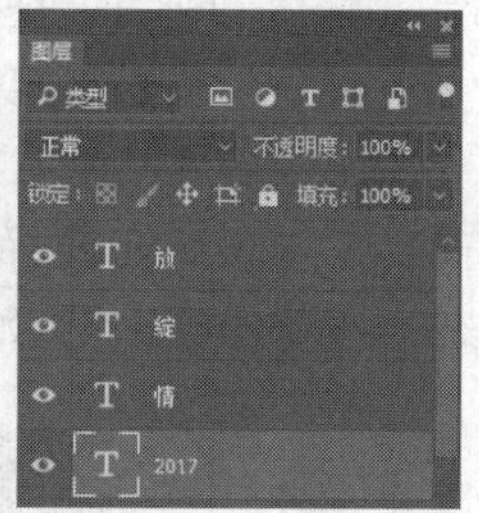
图20-355

08 选择钢笔工具，在“绽”字下方绘制1条路径，如图20-356所示。

图20-356

09 选择横排文字工具，设置字体为“宋体”，字号为“9点”，颜色为黑色，如图20-357所示，在路径的左端单击，输入“热烈庆祝运动会顺利召开”，如图20-358所示。

图20-357

图20-358

10 选择钢笔工具，在左上方侧绘制6条路径，如图20-359和图20-360所示。

图20-359

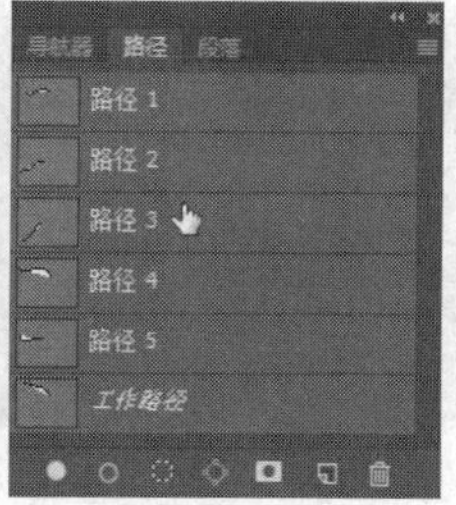
图20-360

11 单击“图层”面板下方的“创建新图层”按钮，创建“图层2”图层，设置前景色为红色（R255、G0、B0），选择画笔工具，设置画笔“大小”为“15像素”，“不透明度”为“80%”，单击“始终对‘不透明度’使用‘压力’”按钮，如图20-361所示，进入“路径”面板，单击“用画笔描边路径”按钮，隐藏“路径”后得到图20-362所示的效果。

图20-361

图20-362

12 执行“文件→置入嵌入的智能对象”命令，置入运动会标志文件，调整大小和位置，如图20-363所示。选择魔棒工具，单击“图层3”的蓝色区域，得到蓝色部分的选区，按Alt键的同时单击“图层”面板下方的“添加图层蒙版”按钮，得到图20-364所示的效果。

图20-363

图20-364

13 选择横排文字工具，设置字体为“宋体”，字号为“12点”，颜色为紫色（R223、G1、B148），如图20-365所示。在“图层3”上方输入“Inspire a generation”，如图20-366和图20-367所示。

图20-365

图20-366

图20-367

14 执行“文件→置入嵌入的智能对象”命令，置入“比赛项目”文件，调整图片位置，设置图层混合模式为“正片叠底”，如图20-368和图20-369所示，这样就做好了一张运动会宣传海报。

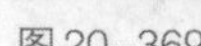

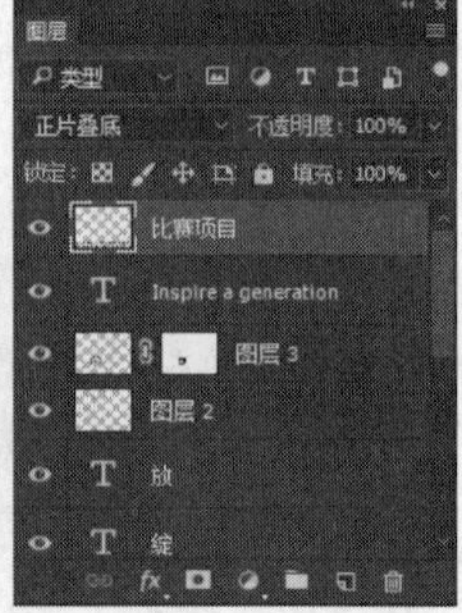
图20-368　图20-369

20.16 香水广告设计

本例主要通过使用蒙版和图层混合模式制作香水广告，其中飘散的花瓣与人物完美结合，给人以温馨、唯美的视觉体验。

01 执行“文件→打开”命令，弹出“打开”对话框，打开“背景”文件，如图20-370所示。

02 执行“文件→置入嵌入的智能对象”命令，弹出“置入嵌入对象”对话框，置入“背影”文件，调节其大小和位置，如图20-371所示。

图20-370

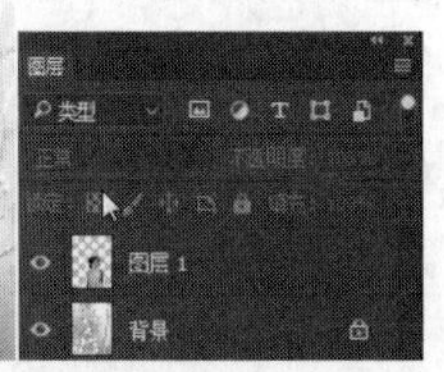
图20-371

03 执行“图像→调整→曲线”命令，弹出“曲线”对话框，设置参数，如图20-372所示，设置完毕后单击“确定”按钮，得到的图像效果如图20-373所示。

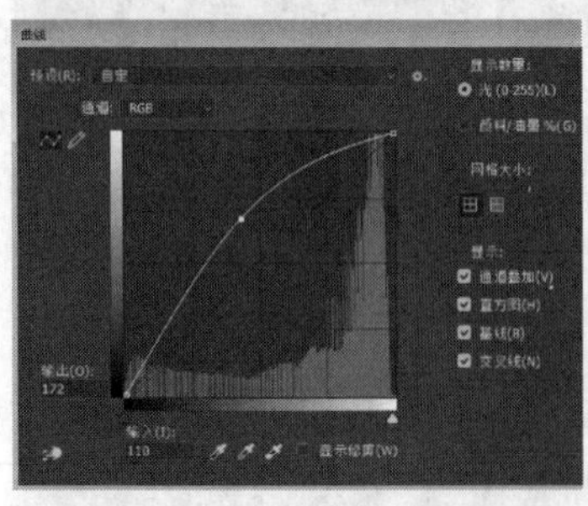
图20-372　图20-373

04 执行“文件→置入嵌入的智能对象”命令，弹出“置入嵌入对象”对话框，置入“背景2”文件，设置其图层混合模式为“柔光”，调节其“不透明度”为“46%”，增加了图片的纹理，效果如图20-374所示。

05 在“图层”面板上用鼠标右键单击“背景2”图层，在弹出的菜单中执行“栅格化图层”命令，将图层栅格化，单击面板下方的“添加图层蒙版”按钮，为该图层添加图层蒙版，如图20-375所示。

图20-374

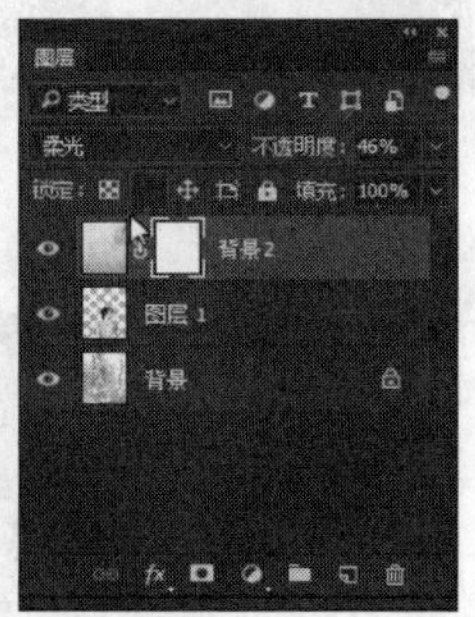
图20-375

图20-376

06 选择画笔工具，选择“柔边圆”笔尖形状，设置“大小”为“250像素”，“不透明度”为“100%”，“流量”为“100%”，并设置前景色为黑色，在人物的皮肤相对应的蒙版上进行涂抹，得到的效果如图20-376所示。

07 执行“文件→置入嵌入的智能对象”命令，置入“花瓣1”文件，调整其大小和位置，如图20-377所示。置入“花瓣2”文件，并调整其大小和位置。多次复制“花瓣1”图层和“花瓣2”图层，调整复制后的图像位置大小，然后选择所有花瓣的图层，执行“图层→合并图层”命令，将选中的所有图层合并为一个图层，重新命名该图层为“花瓣”，得到的效果如图20-378所示。

图20-377

图20-378

08 在“图层”面板上选择“图层1”图层，单击面板下方的“添加图层蒙版”按钮，为该图层添加图层蒙版，并选择画笔工具，设置适当大小和透明度，设置前景色为黑色，在人物与花瓣的重叠处对蒙版进行涂抹，得到的效果如图20-379所示。

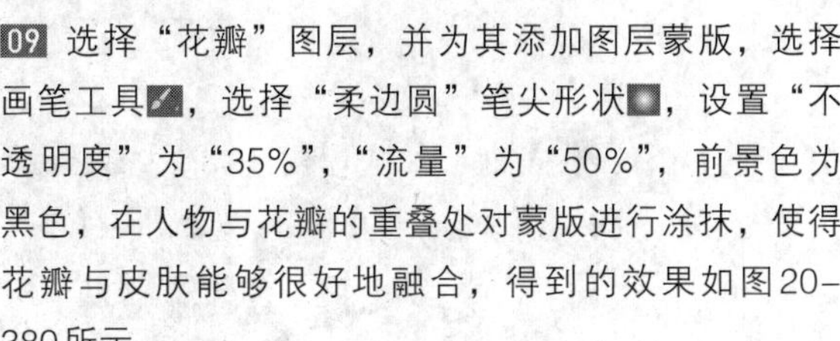
图20-379

09 选择“花瓣”图层，并为其添加图层蒙版，选择画笔工具，选择“柔边圆”笔尖形状，设置“不透明度”为“35%”，“流量”为“50%”，前景色为黑色，在人物与花瓣的重叠处对蒙版进行涂抹，使得花瓣与皮肤能够很好地融合，得到的效果如图20-380所示。

10 单击“图层”面板下方的“添加图层样式”按钮，执行“渐变叠加”命令，打开“图层样式”对话框，设置参数如图20-381和图20-382所示，得到的图像效果如图20-383所示。

图20-380

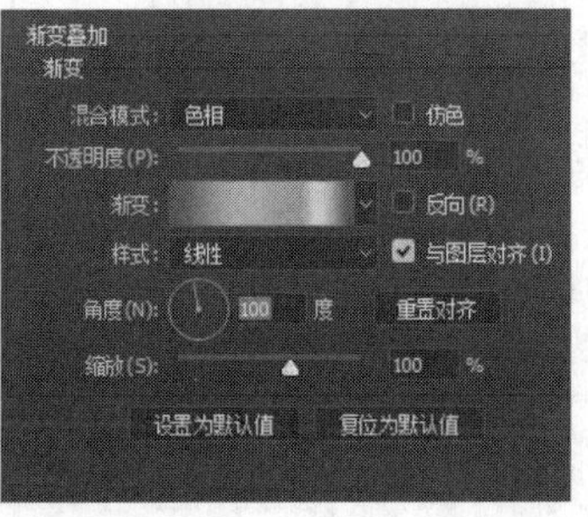

图20-381

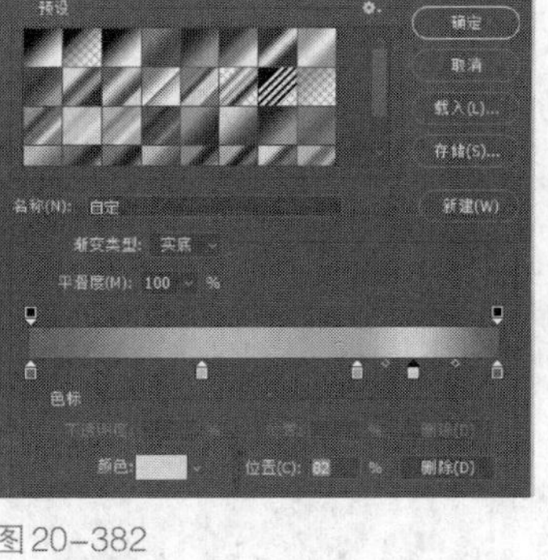

图20-382

图20-383

11 复制“花瓣”图层得到“花瓣 拷贝”图层，改变其“渐变叠加”的参数，如图20-384所示，得到的图像效果如图20-385所示。

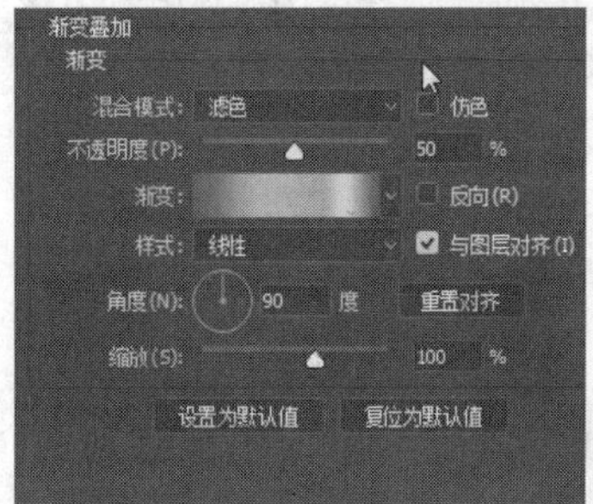

图20-384

图20-385

12 执行“文件→置入嵌入的智能对象”命令，将“香水”文件置入文档中并调整其大小和位置，得到最终效果如图20-386所示。

13 单击“图层”面板下方的“添加图层样式”按钮，执行“投影”命令，打开“图层样式”对话框，参数设置如图20-387所示，得到的图像效果如图20-388所示。

图20-386

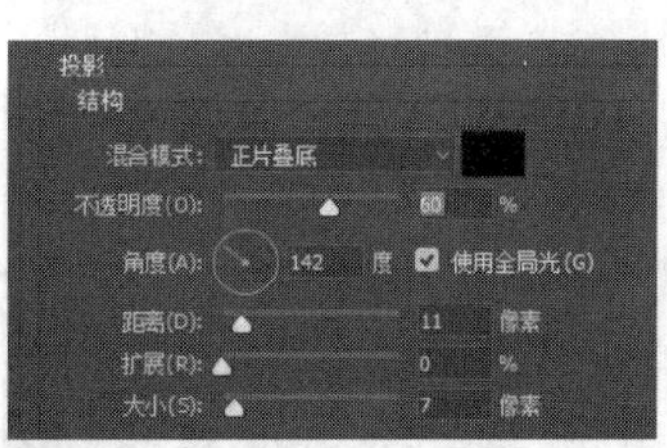

图20-387

图20-388

14 选择工具箱中的横排文字工具，在工具选项栏中设置字体为“CommercialScript BT”，大小为“82点”，颜色为褐红色（R89、G1、B1），在图像中输入“LOVE”并调整其位置，得到的效果如图20-389所示。

15 执行“文件→置入嵌入的智能对象”命令，将艺术字文件置入文档中，得到的最终效果如图20-390所示。

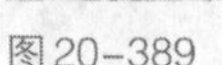
图20-389

图20-390

20.17 双重曝光

双重曝光目前普及度相当高，不少杂志和广告中都会应用到。实际上，双重曝光是一种摄影技巧，指的是在同一张底片上进行多次曝光，目前我们也可以应用Photoshop来完成这个效果。

01 准备一张女生头像作为素材，在Photoshop中打开该素材作为主图，如图20-391所示，使用魔棒工具选中白色背景部分，按Shift+Ctrl+I组合键进行反选，此时，人像部分被选中，如图20-392所示。打开“图层”面板，给图层添加图层蒙版，如图20-393所示。

图20-391

图20-392

图20-393

02 打开一张树木的素材图片，将它置入文档中，如图20-394所示，按Ctrl+T组合键进行缩放，调整到合适的大小，在“图层”面板中载入人物选区，如图20-395所示，然后单击“添加图层蒙版”按钮剪出与人物相同的轮廓，如图20-396所示。

图20-394

图20-395

图20-396

03 在“图层”面板中单击缩略图与蒙版间的连接图标，以从遮罩中取消链接图像，如图20-397所示。

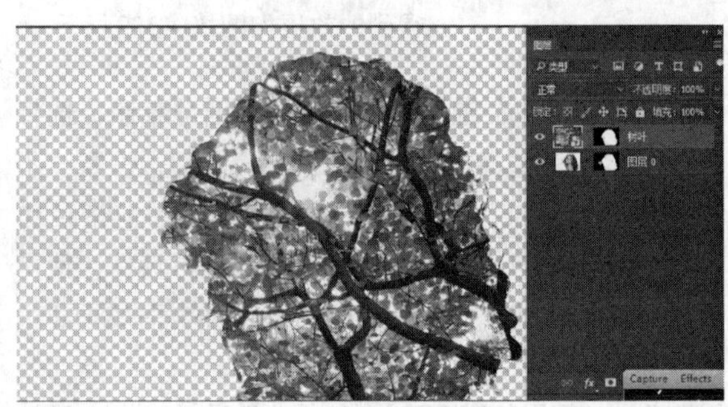
图20-397

04 在“图层”面板中将人物图层放置在“树叶”图层之上，设置图层混合模式为“滤色”，如图20-398所示。

图20-398

05 复制人物图层，添加图层蒙版，设置图层模式为“滤色”，使用画笔工具涂抹出脸部、肩膀和脖子，如图20-399所示。

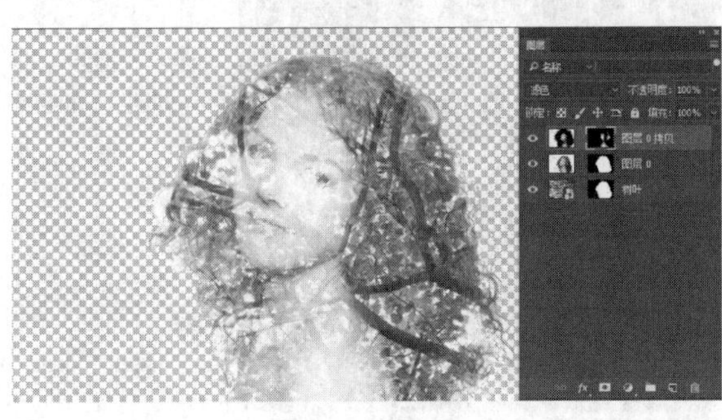

图20-399

06 再次复制“树叶”图层，添加图层蒙版，设置图层混合模式为“正片叠底”，使用画笔工具对不需要的地方进行涂抹，然后根据视觉效果进行微调即可。新建“图层1”图层，填充白色，并置于最底层，作为头像的背景，最终效果如图20-400所示。

图20-400

20.18 设计一款有个性的江南水乡明信片

设计明信片时，图片的处理是最主要的，本案例首先通过使用“滤镜”命令制作江南水乡的手绘效果，再增添渐变效果，最后布置少量文字点明主题即可。

01 首先打开一张素材图片，如图20-401所示，按Ctrl+J组合键复制“背景”图层，并将该图层重命名为“图层1”如图20-402所示。

图20-401

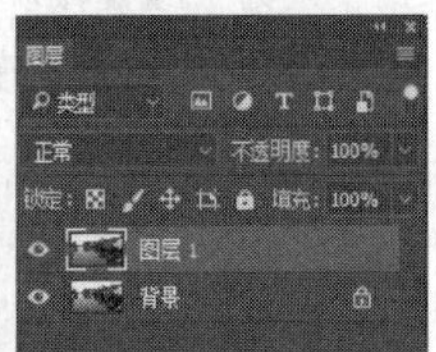

图20-402

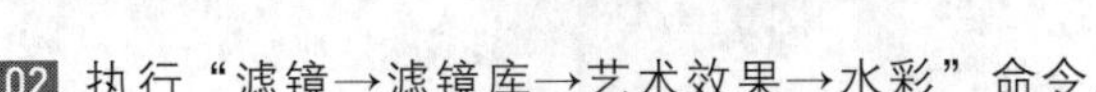

02 执行“滤镜→滤镜库→艺术效果→水彩”命令，如图20-403所示，参数设置如图20-404所示。

图20-403

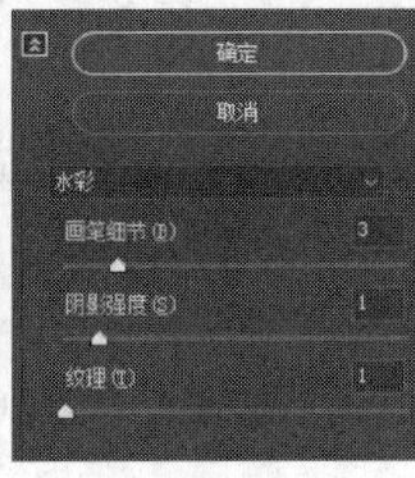

图20-404

03 为了增加江南水乡的气氛，执行“图像→调整→照片滤镜”命令，参数设置如图20-405、图20-406所示。执行“图像→调整→曲线”命令，增加照片的对比度，如图20-407所示。此时，图像效果如图20-408所示。

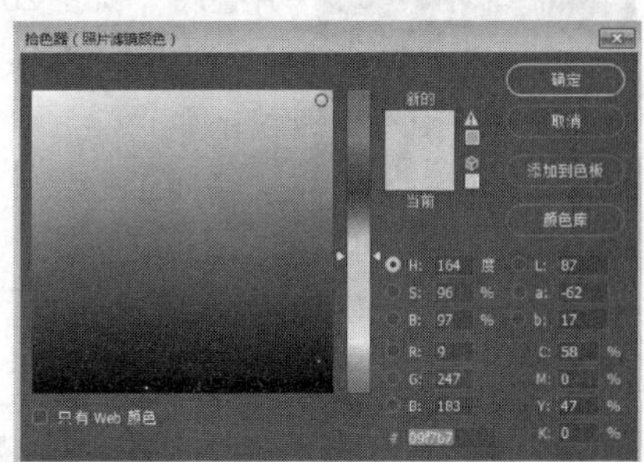

图20-405

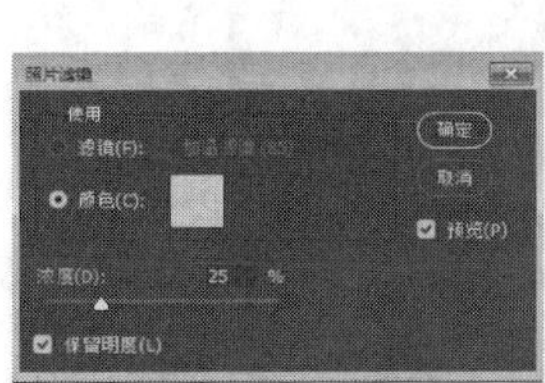

图20-406

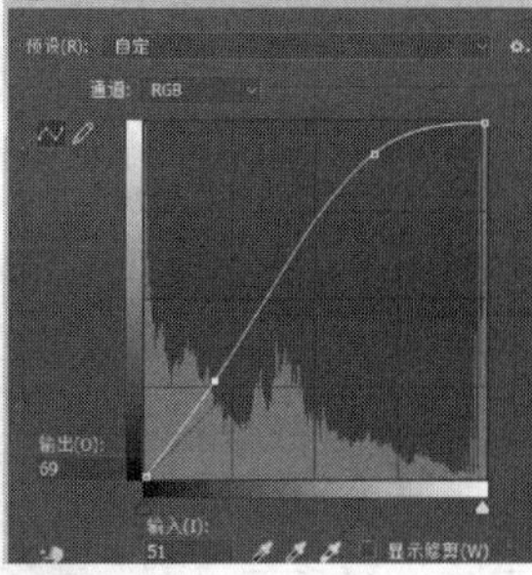

图20-407

图20-408

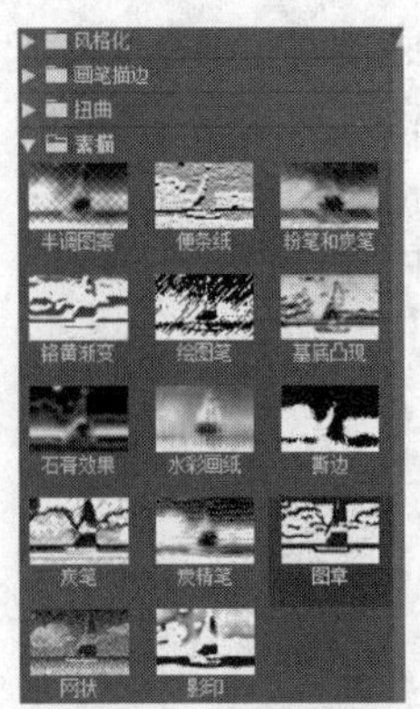
图20-409

04 执行“滤镜→滤镜库→素描→图章”命令，如图20-409所示，参数设置如图20-410所示。

05 此时图片效果如图20-411所示。

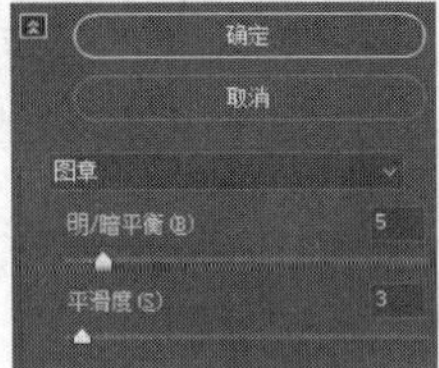
图20-410

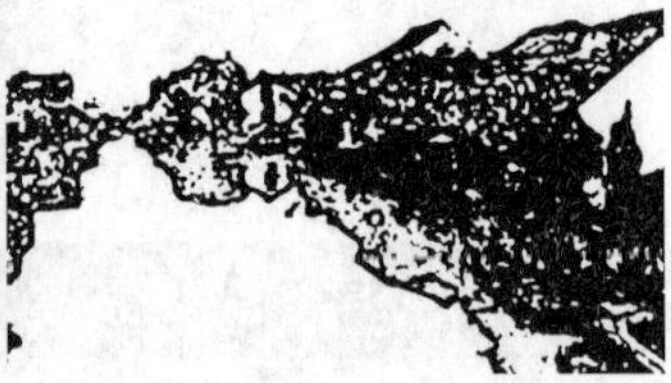

图20-411

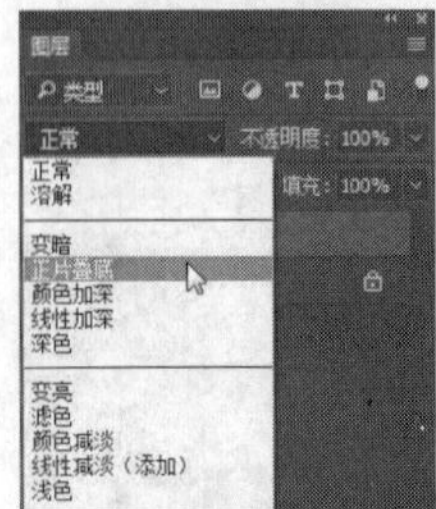
图20-412

06 将图层混合模式转换为“正片叠底”，如图20-412、图20-413所示，效果如图20-414所示。

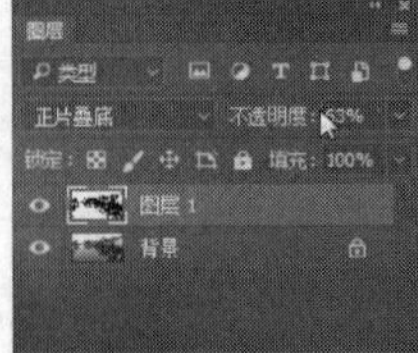
图20-413

图20-414

07 增加画面质感，执行“滤镜→滤镜库→纹理→颗粒”命令，参数设置如图20-415所示，效果如图20-416所示。

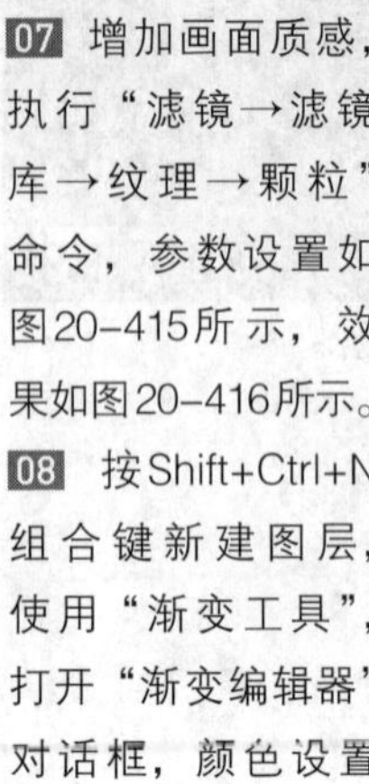

图20-415

08 按Shift+Ctrl+N组合键新建图层，使用“渐变工具”，打开“渐变编辑器”对话框，颜色设置如图20-417所示，效果如图20-418所示。

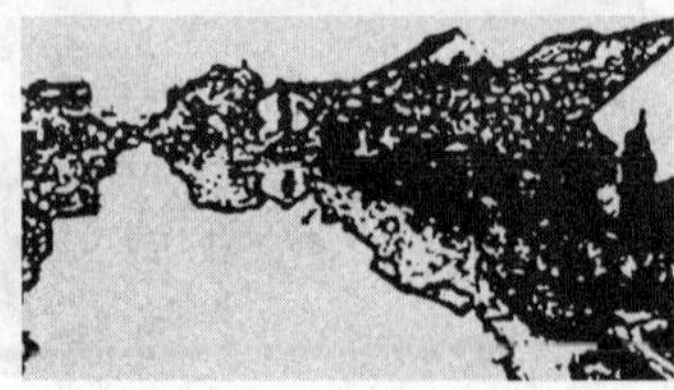
图20-416

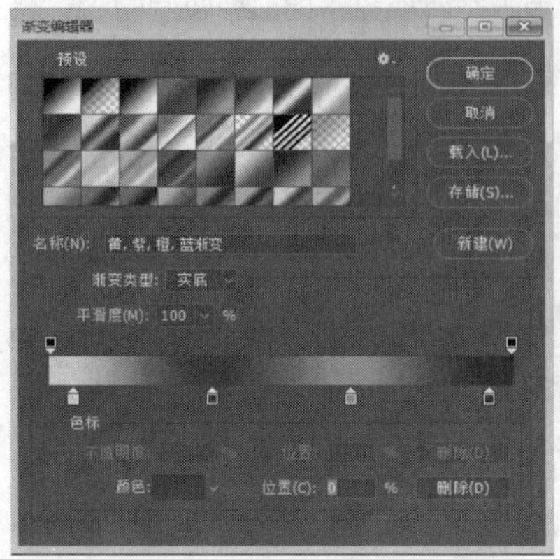
图20-417

图20-418

09 使用“渐变工具”在画面上拉伸，并将渐变图层模式设置为“线性减淡”，产生的效果如图20-419所示。

10 使用文字工具在画面中输入文字，如图20-420所示。

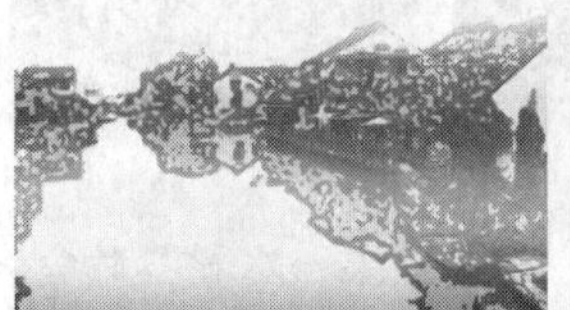
图20-419

图20-420

11 使用直线工具在文字底部绘制一条直线，颜色与文字相同，如图20-421所示。将渐变图层置于最顶层，如图20-422所示。

图20-421

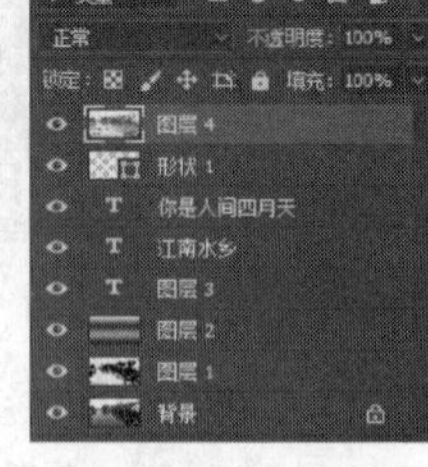
图20-422

12 执行“滤镜→滤镜库→纹理→纹理化”命令，设置参数如图20-423所示，最终效果如图20-424所示。

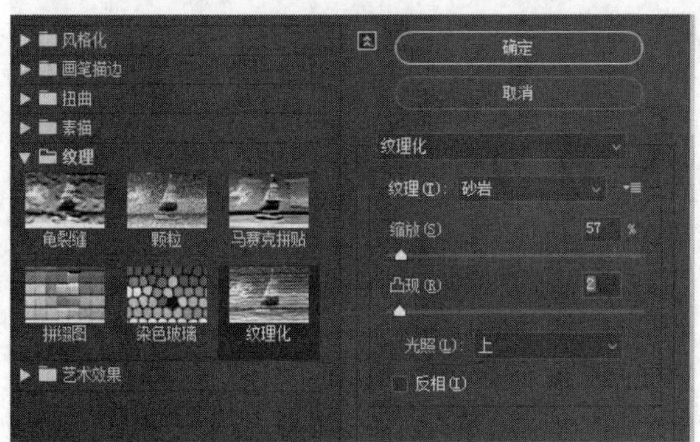
图20-423

图20-424

20.19 合成一张海市蜃楼虚幻图片

通过图像调整与图层关系处理，制作出虚幻的海市蜃楼特效。

01 执行“文件→打开”命令，将准备好的素材图片置入文档中，如图20-425所示。按Ctrl+J组合键复制背景图层。

图20-425

02 创建“渐变”图层，如图20-426所示，调整渐变颜色，具体参数设置如图20-427所示。

03 将“渐变填充1”图层的混合模式更改为“柔光”，如图20-428所示，此时图片效果如图20-429所示。

04 按Ctrl+J组合键，将“渐变填充1”图层复制一层，并将混合模式更改为“滤色”，如图20-430所示。执行“图像→调整→色彩平衡”命令，设置参数如图20-431所示。

图20-426

05 为了增加图像的深度，新建“通道混合器”调整图层，参数如图20-432所示。

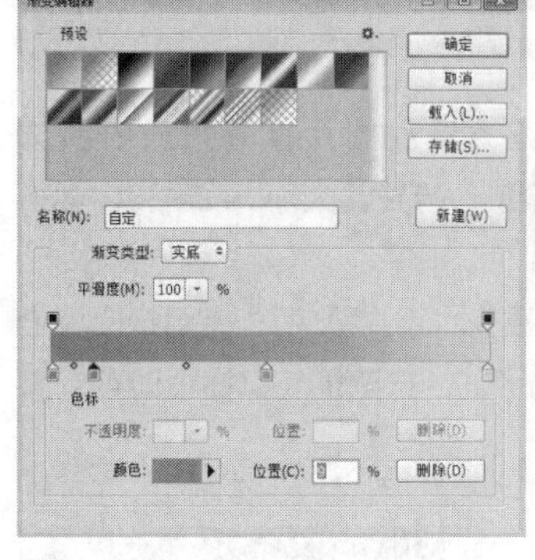
图20-427

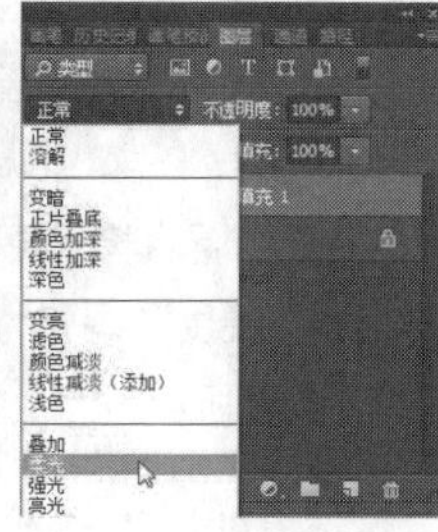
图20-428

图20-429

图20-430

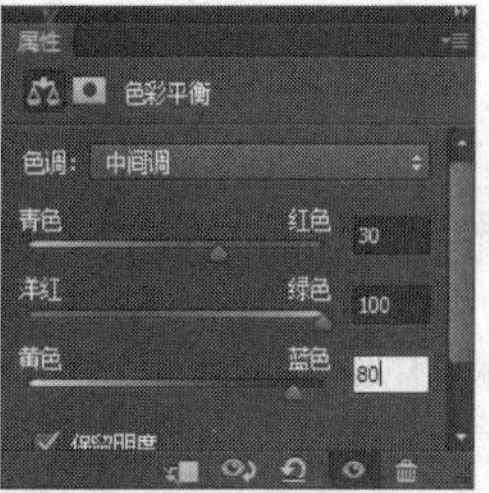
图20-431

06 新建“曲线”调整图层与“色阶”调整图层，具体参数如图20-433、图20-434所示，此时效果如图20-435所示。

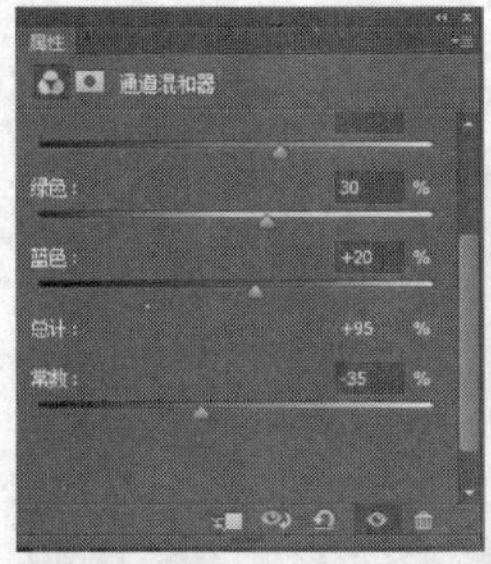

图20-432　图20-433

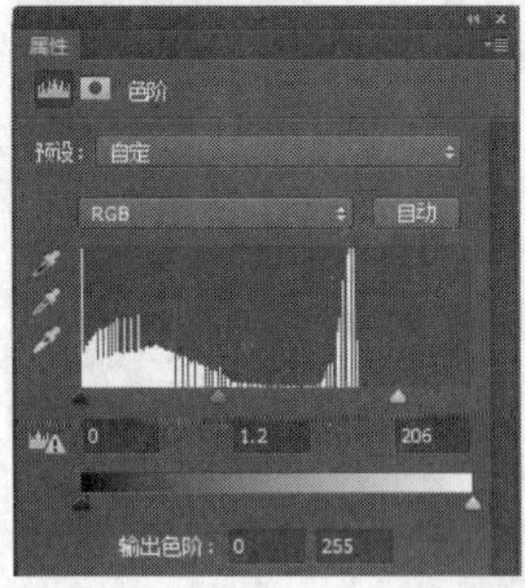

图20-434　图20-435

07 使用移动工具将建筑素材图片直接拖入山的文档中，按Ctrl+T组合键，调整其大小，如图20-436所示。

08 将图层混合模式更改为“正片叠底”，使用橡皮擦工具，将“硬度”调整为“0”，把建筑底部擦去即可，如图20-437所示。

图20-436　图20-437

09 按Ctrl+J组合键复制建筑图层，执行“滤镜→模糊→高斯模糊”命令，将“半径”设为“8像素”，如图20-438所示。

图20-438

10 将该复制图层的混合模式设置为“滤色”，如图20-439所示，整个建筑物看起来朦胧很多，增加了空间感。

11 按Shift+Ctrl+N组合键新建图层，选择套索工具，“羽化”值设置为“40”，圈出山谷位置，执行“滤镜→渲染→云彩”命令，如图20-440所示。

图20-439　图20-440

12 将该图层的混合模式更改为“叠加”，如图20-441所示。复制“云彩”图层，执行“图像→调整→色阶”命令，调整参数设置，如图20-442所示。

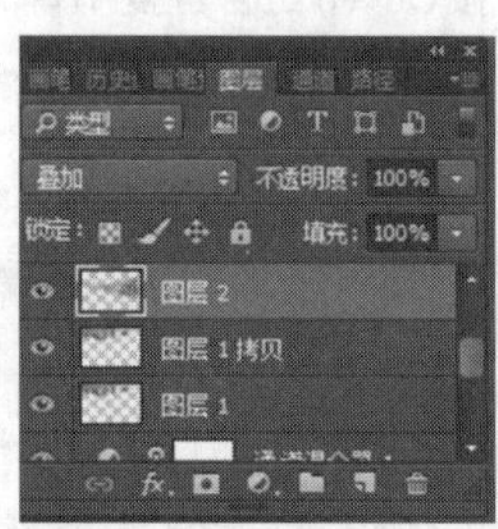

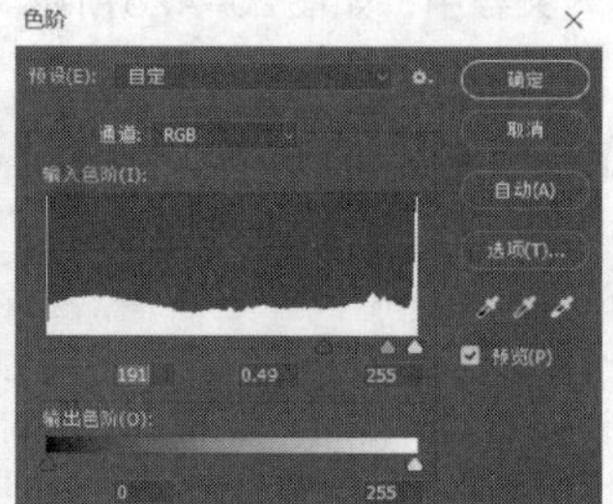

图20-441　图20-442

13 将图层的混合模式更改为“颜色减淡”，如图20-443所示，再多复制几个该图层，制作更多的薄雾效果如图20-444所示。

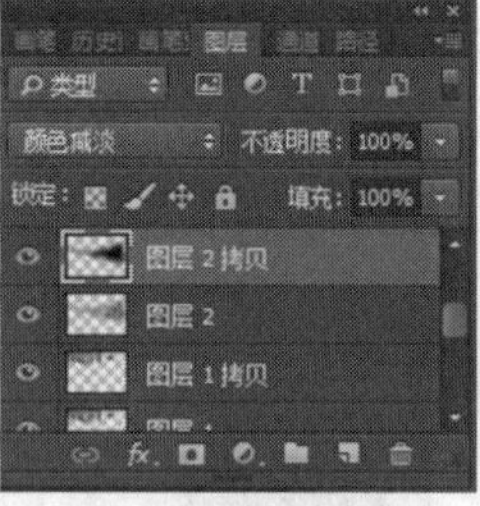

图20-443　图20-444

14 可以调整一下图片的对比度，最终效果如图20-445所示。

图20-445

20.20 制作扁平风格饮品插画

在扁平化和简约时尚的潮流下，越来越流行使用这样的风格来制作APP启动界面、包装等，本案以饮品为例，讲解如何使用Photoshop CC 2017绘制扁平插画。

01 新建文档，尺寸设为2480像素×1950像素，“分辨率”设为“300像素/英寸”，如图20-446所示。

02 选择圆角矩形工具，如图20-447所示，并选择蓝色，颜色为“#97ebd6”如图20-448所示，绘制一个585像素×820像素的矩形，“属性”面板如图20-449所示，作为瓶子的主体。复制一个矩形图层，并填充一个较浅的颜色，如图20-450和图20-451所示，将该图层留用。

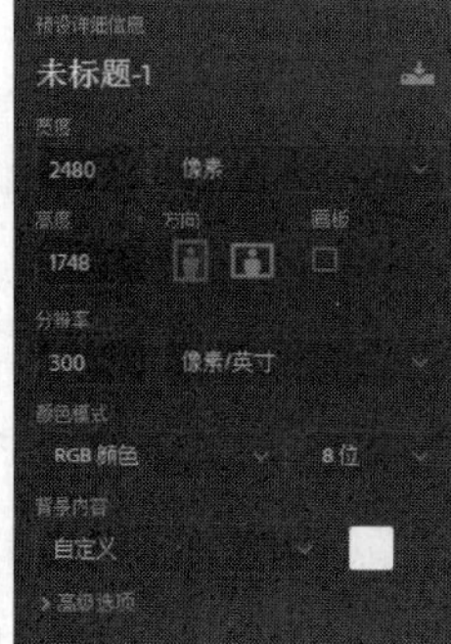

图20-446

图20-447

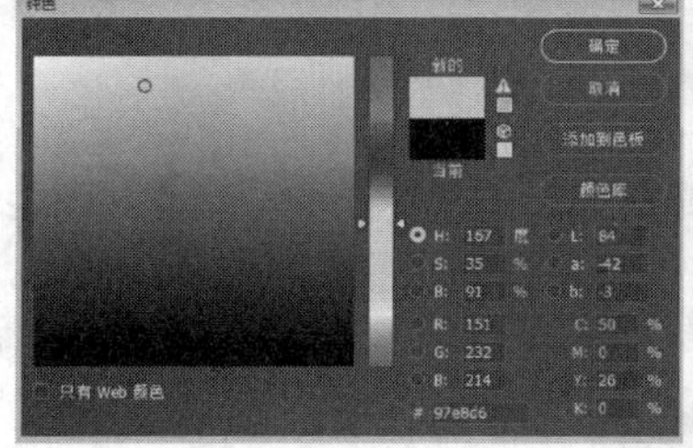

图20-448

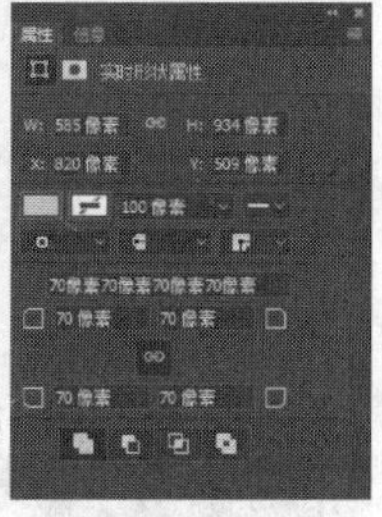

图20-449

03 增加一个350像素×85像素的矩形作为瓶颈，如图20-452所示。保持圆角矩形选中状态，同时选择两个形状并单击鼠标右键打开菜单，执行“合并形状”命令，如图20-453所示，把它们合为一个形状，如图20-454所示。

图20-450  图20-451

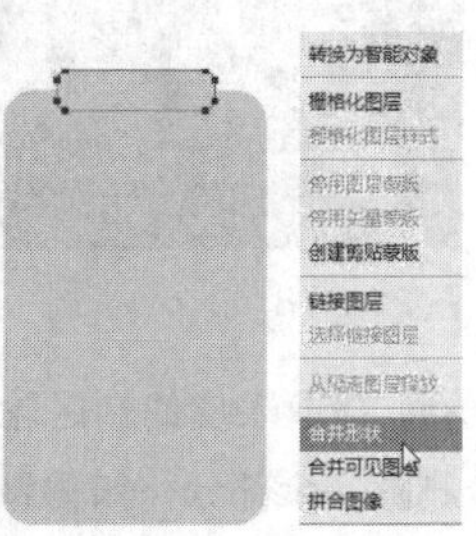

图20-452 图20-453

图20-454

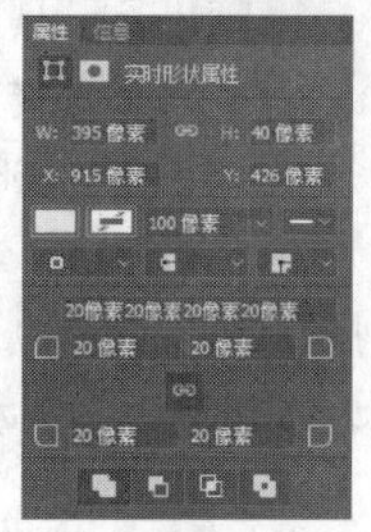

图20-455

04 现在在瓶颈处增加一个玻璃边缘，画一个395像素×40像素的圆角矩形，圆角半径为20像素，如图20-455所示，在“属性”面板中把填充颜色改为浅一些的青绿，如图20-456和图20-457所示。

图20-456

05 复制瓶颈形状，并移动到最上沿，按Ctrl+T组合键，调整图形的大小与位置，如图20-458所示。画一个340像素×80像素的圆角矩形作为杯盖，并将该图层置于最底层，如图20-459和图20-460所示。

图20-457

图20-458

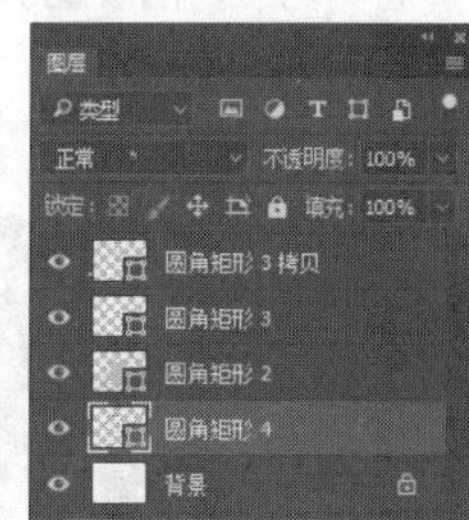

图20-459

图20-460

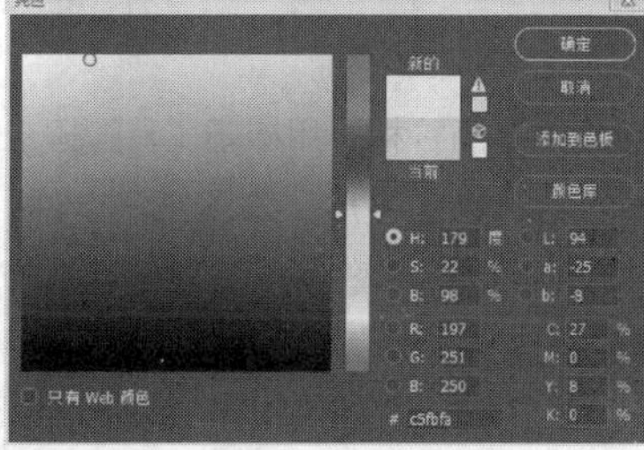

图20-461

06 现在，需要用之前瓶子主体的副本图层，在面板中找到它，将它置于最顶层，颜色更改为浅蓝色“#c5fbfa”，如图20-461和图20-462所示。

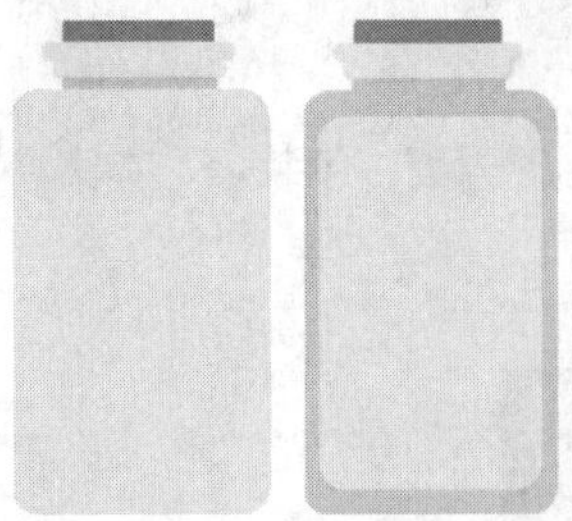

图20-462　图20-463

07 按Ctrl+T组合键，缩小图形，作为瓶中的水，如图20-463所示。栅格化该图层，选择矩形框选工具，选中上半部分，按Delete键删除，如图20-464所示。取消选区后按Ctrl+T组合键调整水的高度，如图20-465所示。

08 重新切换到矩形工具，画一个35像素×1110像素的浅黄色竖长矩形作为吸管，在“图层”面板中选择全部形状图层，让它们居中对齐，如图20-466所示。

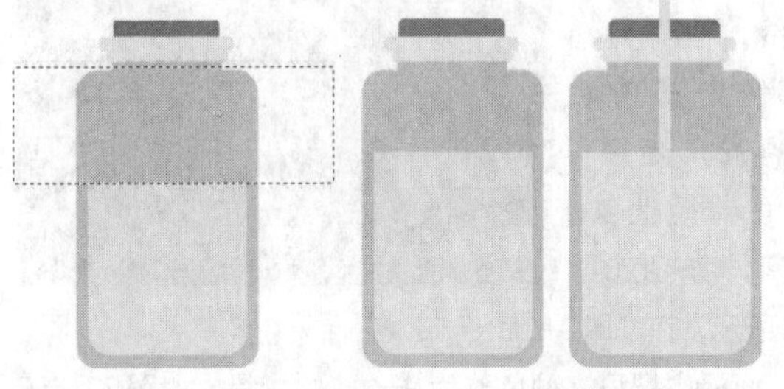

图20-464　图20-465　图20-466

09 选中吸管图层，将它置于瓶子主体与玻璃边缘图层之间，即看起来在瓶子内部即可，如图20-467所示。

10 使用圆角矩形工具画瓶子的把手，使用钢笔工具将中心部分圈出并删除，如图20-468和图20-469所示。将“把手”图层置于所有图层的下方，如图20-470所示。

图20-467　图20-468　图20-469　图20-470

11 接下来是画柠檬，用椭圆工具画出一个320像素×320像素的黄色圆形，如图20-471所示。复制该图层，按Ctrl+T组合键，将图形缩小，如图20-472所示，填充比之前浅一点的黄色。同上再复制一个圆形，并缩小，颜色更深些，当作果肉，如图20-473所示。

12 为了做出柠檬片形状，需要给最顶层的圆进行划分。选择直线工具，画出一条9像素×400像素的垂直的线；复制线条，按Ctrl+T组合键将图形旋转90度；再复制线条两次，分别旋转45度，选择所有线条，然后单击鼠标右键执行“合并形状”命令，将所有线条合并为一个图层，如图20-474所示。

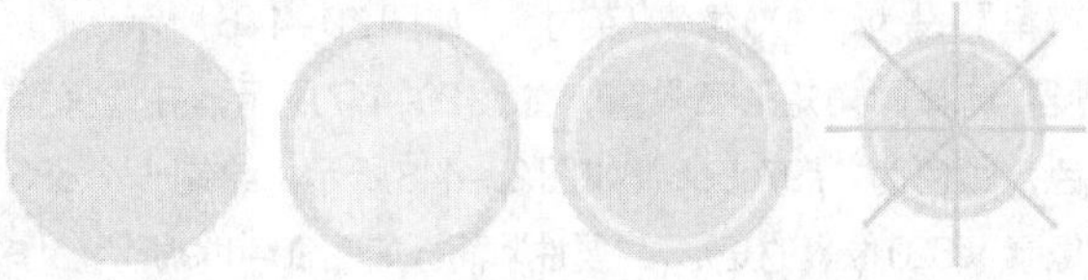

图20-471　图20-472　图20-473　图20-474

13 栅格化线条图层，按住Ctrl键并单击最下方黄色形状图层缩略图，得到柠檬选区，按Shit+Ctrl+I组合键反选选区并删除，效果如图20-475所示。

14 接下来制作柠檬主体部分，选择最大的黄色圆形图层，复制并向右移动，使用矩形框选工具选择交接部位，如图20-476所示。

15 选区内填充黄色（与复制图形状颜色相同），并在柠檬的最右侧画一个小凸起的形状，将以上几个颜色相同的黄色形状图层合并为一个图层，柠檬主体完成，如图20-477所示。

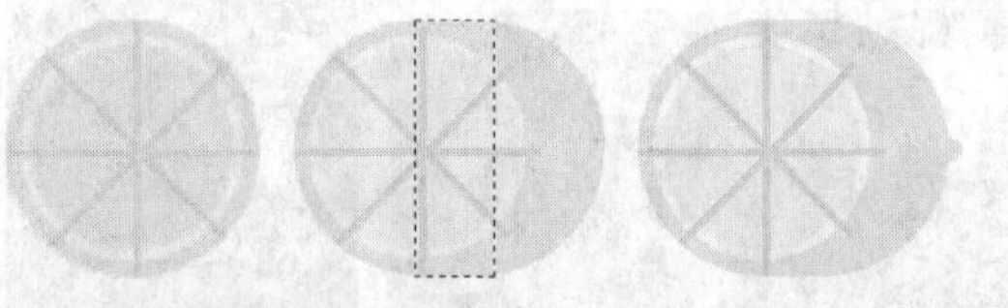

图20-475　图20-476　图20-477

图20-478

16 将柠檬切面和柠檬主体（表皮）各组成组，方便制作。选择“表皮”图层组，新建图层，选择画笔工具，选择点状笔刷，给柠檬皮增加肌理效果，如图20-478、图20-479所示。

17 提取表皮的选区轮廓，按Ctrl+Shift+I组合键反选，删除多余部分，如图20-480所示。

18 使用同上的方法，对柠檬的切面进行设置，如图20-481所示。

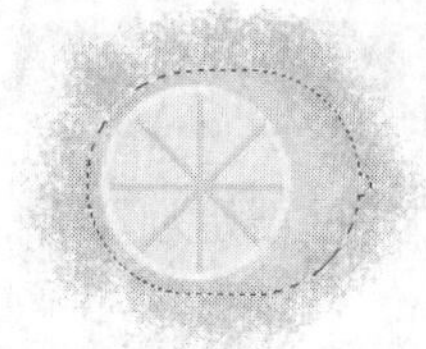

图20-479

图20-480

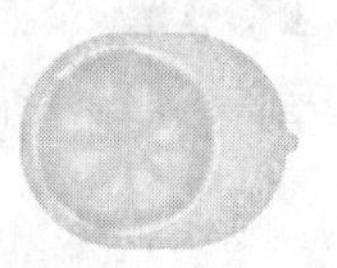

图20-481

19 将“切面”图层组中的所有图层合并为一层，使用矩形选框工具▢圈出一半切面，按Ctrl+J组合键复制出一层，如图20-482所示，调整半个柠檬切面的位置与大小，放置效果如图20-483所示。

20 复制一个柠檬切面，置于杯子中，图层混合模式改为“正片叠底”，如图20-484所示。

21 接下来绘制薄荷叶，选择自定形状工具，选择水滴形，画出图20-485所示形状，选择画笔工具，调整好笔刷，将叶子的左侧涂上一层蓝色，如图20-486所示。

图20-482 图20-483 图20-484 图20-485 图20-486

22 将“薄荷叶”图层复制出两个，放在杯子后方，如图20-487所示。

23 新建图层，执行“画笔工具→粉笔”命令，调整画笔预设，前景色改为深蓝色，在瓶颈、瓶身、把手处画出颗粒效果，如图20-488和图20-489所示。

24 新建图层，选择画笔工具，画笔预设如图20-490所示，“大小”为“36像素”，“间距”为“2%”，颜色设为浅黄色，在瓶盖处画几个圆点，如图20-491所示。

图20-487 图20-488

图20-489

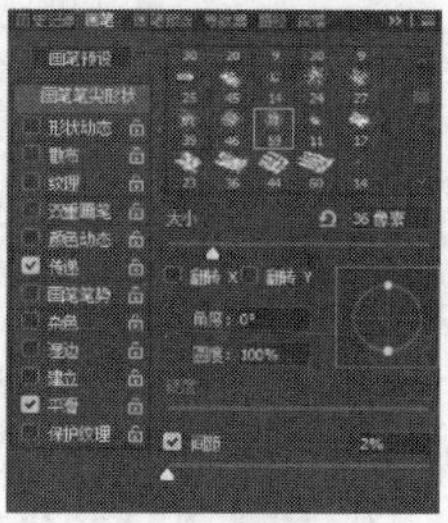

图20-490

图20-491

25 提取吸管选区，新建图层，选择渐变工具，参数设置如图20-492所示，从左至右拉伸出渐变效果，如图20-493所示。

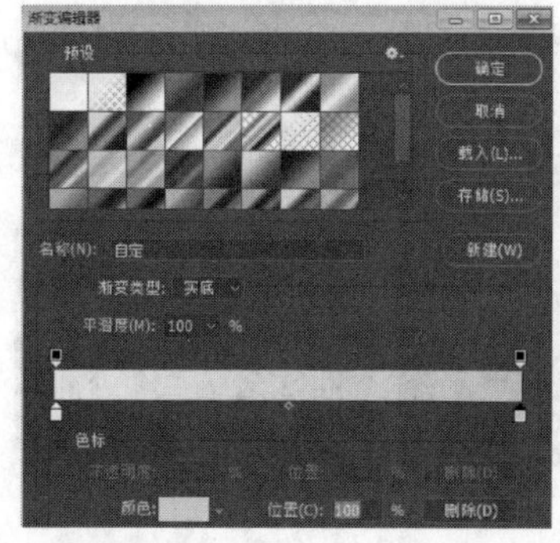

图20-492

图20-493

26 最后增加一些装饰，使用钢笔工具绘制一枝花，如图20-494至图20-496所示，将“花”图层复制几个，分别装饰在瓶子附近。

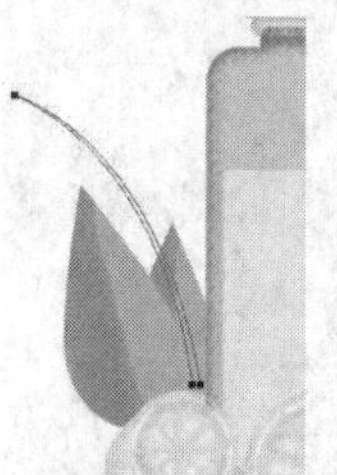

图20-494

图20-495

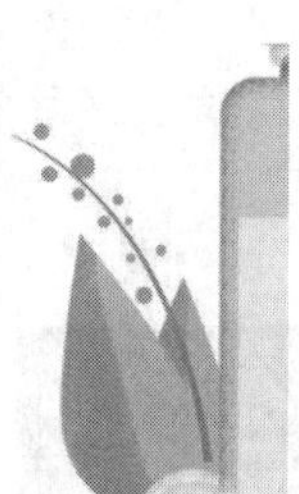

图20-496

27 新建图层，使用灰色的画笔画出一条地平线，如图20-497所示，并在地面画出不规则点状图形，最终效果如图20-498所示。

图20-497

图20-498

20.21　制作“端午节”艺术字效果

应景的艺术字是平面设计中不可或缺的，本案例以“端午节”为例，制作艺术字，制作方法主要是为图层添加图层样式。

01 打开Photoshop，新建文档，设置尺寸为1280像素×850像素，“分辨率”为“72像素/英寸”，如图20-499所示。

02 选择渐变工具，设置渐变颜色，如图20-500所示，选择“径向渐变”，由画布中心向两边拉，画出径向渐变背景，如图20-501所示。

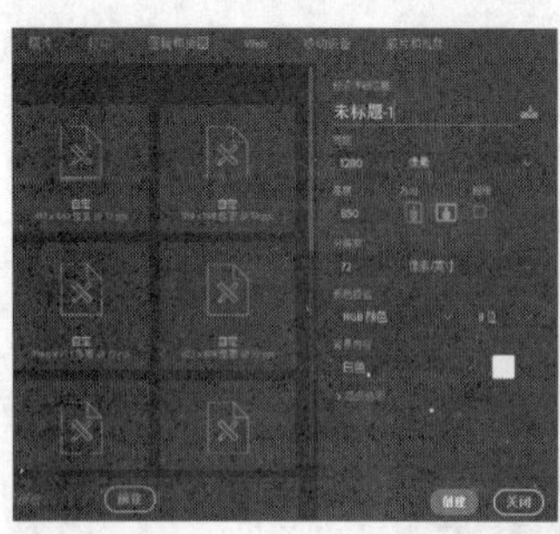

图20-499

图20-500

图20-501

03 导入素材文字图片，并调整好位置，如图20-502所示，单击“添加图层样式”按钮，然后执行“斜面和浮雕”命令，参数如图20-503所示，“样式”为“外斜面”，“深度”为“900%”，“大小”为“5像素”，“角度”为“-110度”。

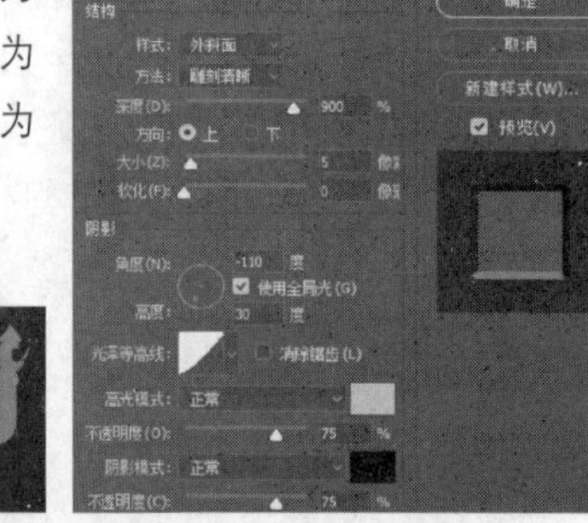

图20-502

图20-503

04 确认后，将图层的“填充”更改为“0%”，如图20-504所示。按Ctrl+J组合键将当前文字复制一层，得到文字的副本，然后用鼠标右键单击副本图层，如图20-505所示，执行“清除图层样式”命令，如图20-506所示。

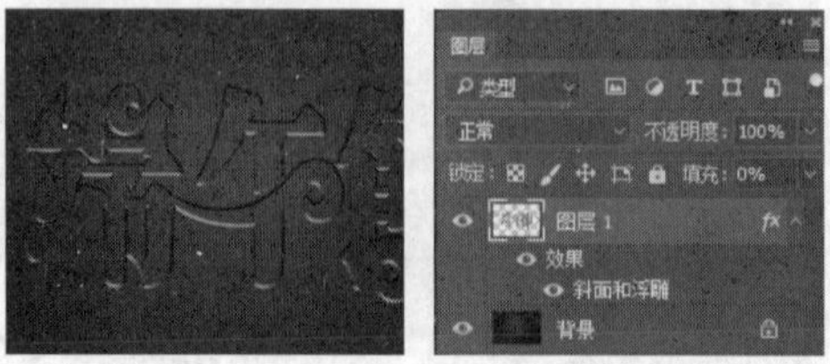

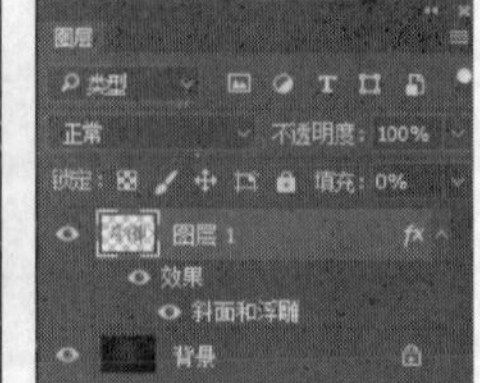

图20-504

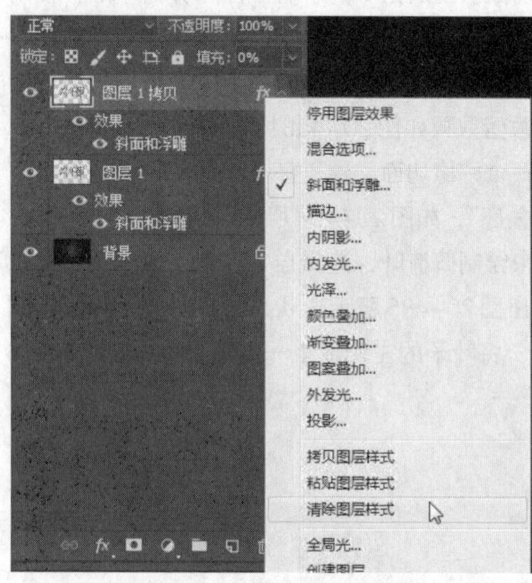

图20-505

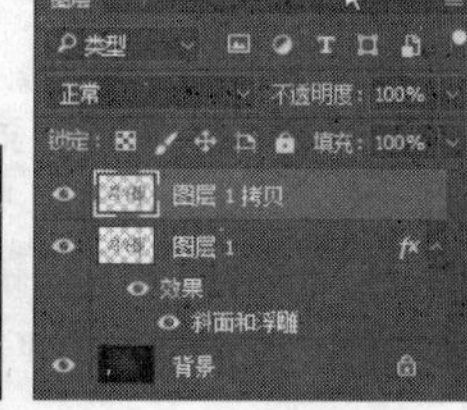

图20-506

05 使用同样的方法给当前图层设置“外发光”图层样式，如图20-507所示。确定后将图层的“填充”改为“0%”，效果如图20-508所示。

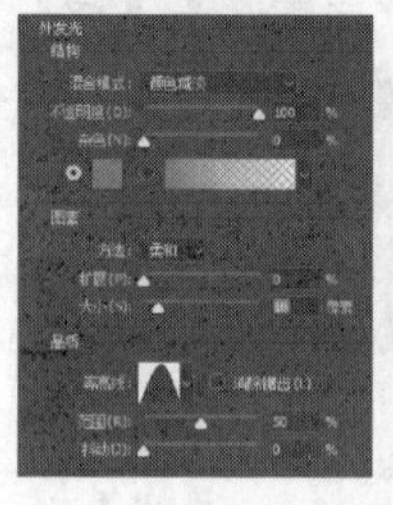

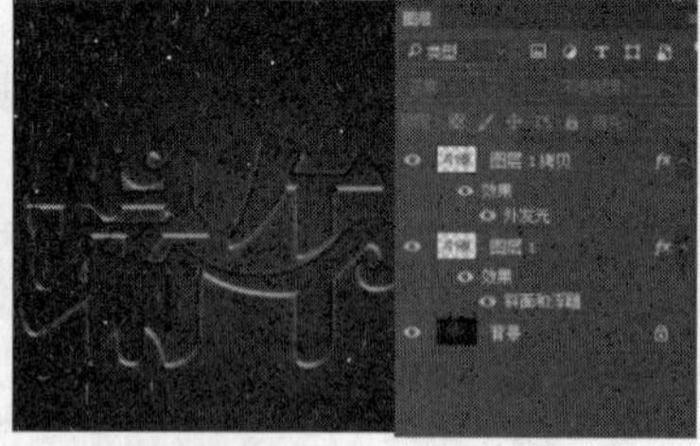

图20-507

图20-508

06 按Ctrl+J组合键把当前文字图层复制一次，再清除图层样式，如图20-509所示，并重新设置参数，如图20-510至图20-514所示。

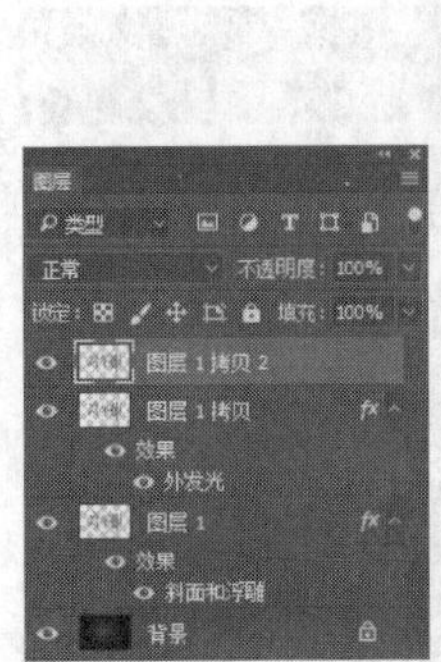

图20-509

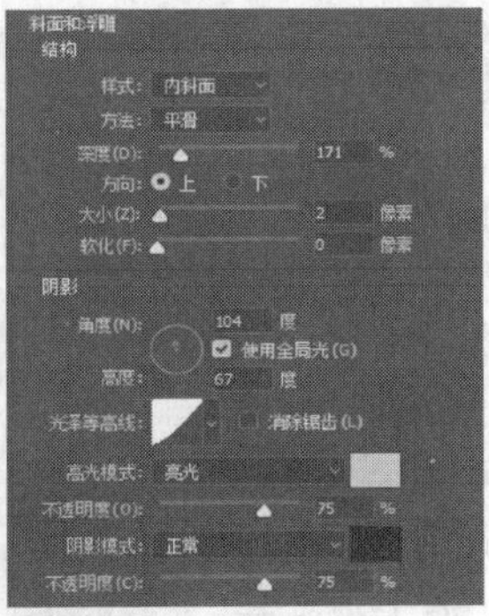

图20-510

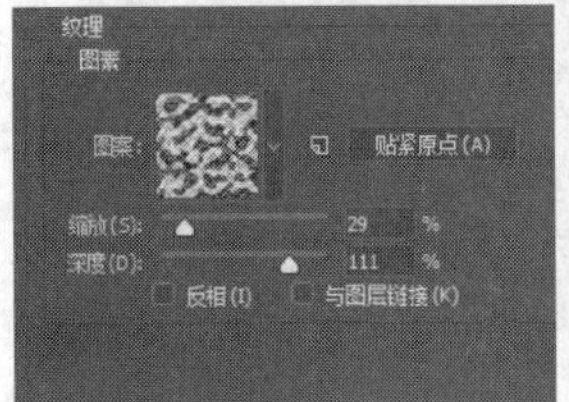

图20-511

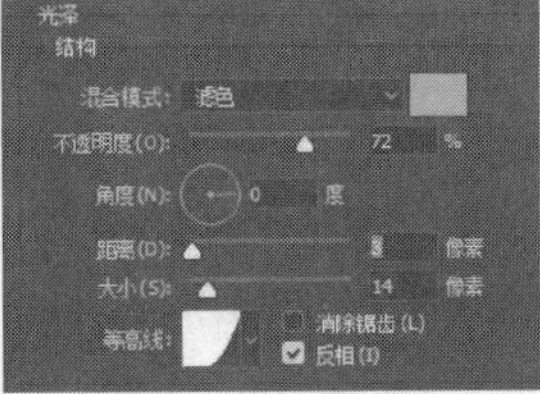

图20-512

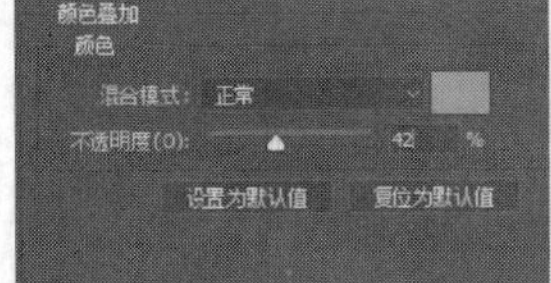

图20-513

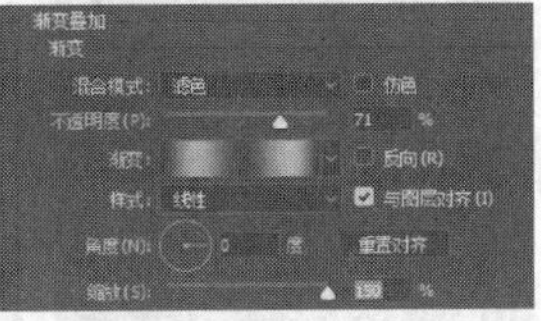

图20-514

07 选择祥云素材作为图案叠加中的图案，如图20-515所示，此时，图像效果如图20-516所示。

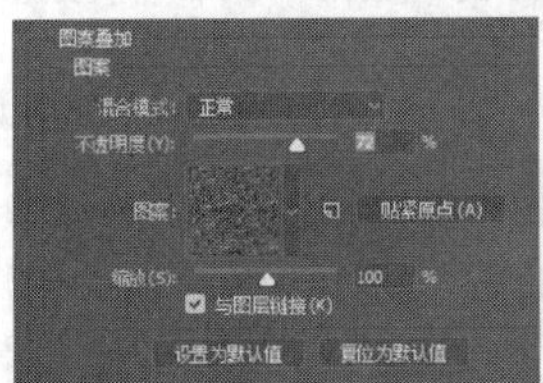

图20-515

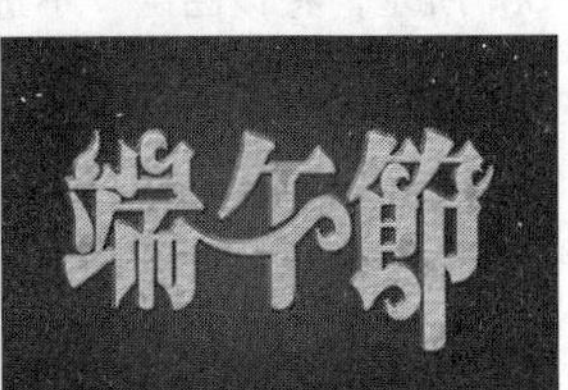

图20-516

08 按Ctrl+J组合键把当前文字复制一次，清除图层样式后，再重新进行设置，如图20-517至图20-519所示。

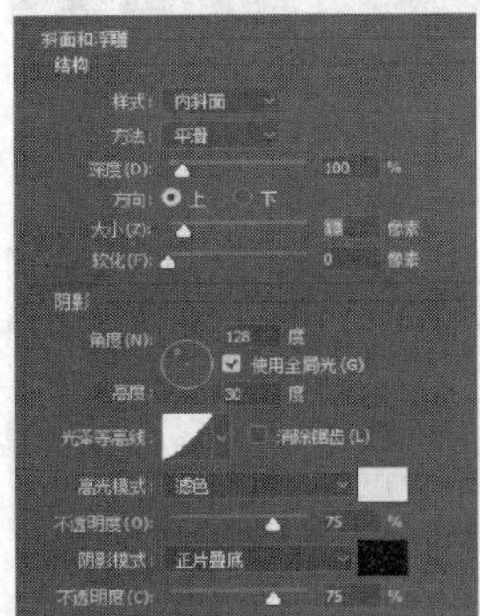

图20-517

图20-518

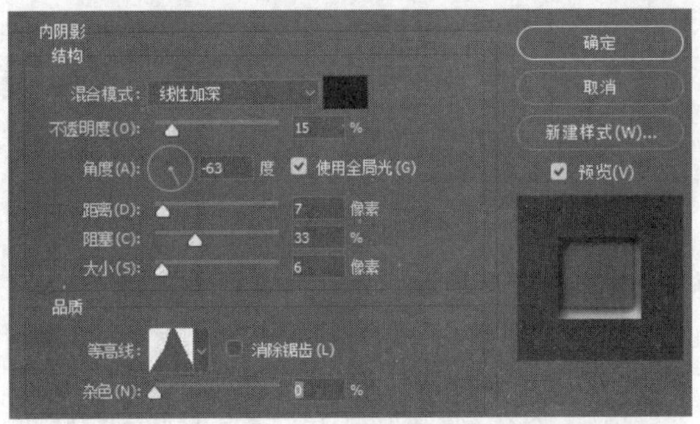

图20-519

09 确定后，将图层的“填充”改为“0%”，效果如图20-520所示。

图20-520

10 再次复制当前图层，清除样式后并重新设置参数，如图20-521至图20-524所示。

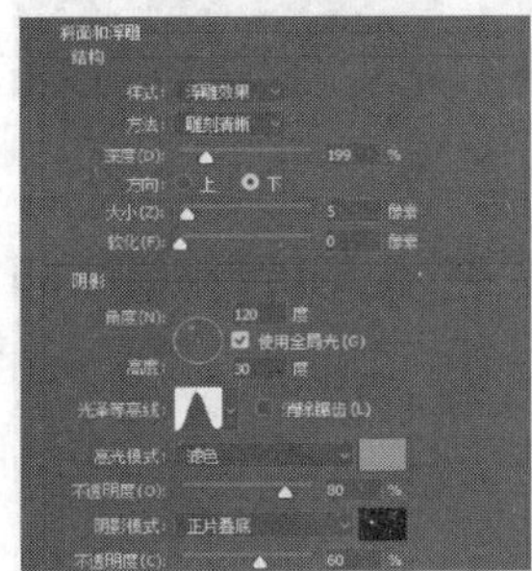

图20-521

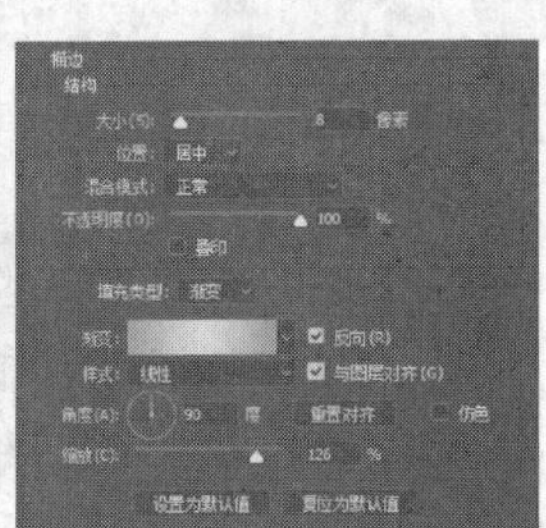

图20-522

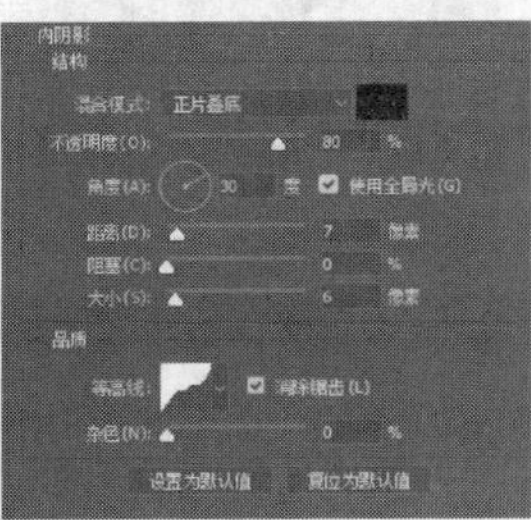

图20-523

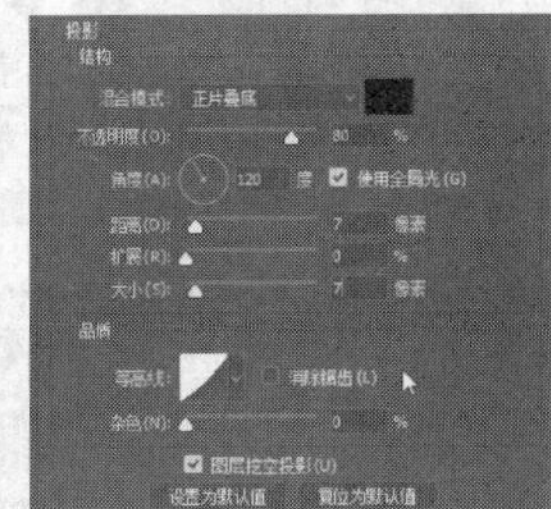

图20-524

11 确认后把图层的“填充”改为“0%”，最终效果如图20-525所示。

图20-525

20.22　制作水彩特效风景图片

使用滤镜可以将风景照片转化为手绘水彩效果。

01 准备一张风景美丽的江南小镇图，将图片置入软件中，如图20-526所示。

02 按Ctrl+J组合键将“背景”图层复制一次，并重命名为“图层1”如图20-527所示，执行“滤镜→模糊→特殊模糊”命令，将“半径”值设置为“5”，“阈值”设置为“30”，“品质”设置为“高”，如图20-528所示。

03 针对该图层，执行“滤镜→滤镜库→艺术效果→干画笔”命令，设置“画笔大小”为“1”，“画笔细节”为“5”，“纹理”为“1”，如图20-529所示。

图20-526

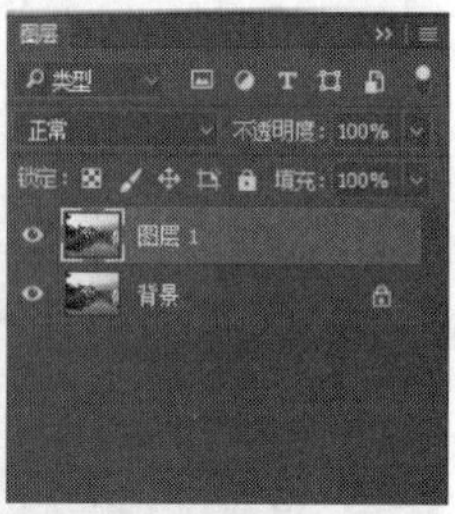

图20-527

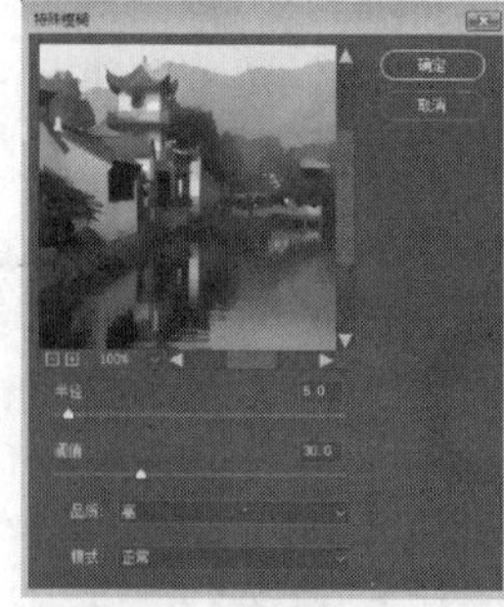

图20-528

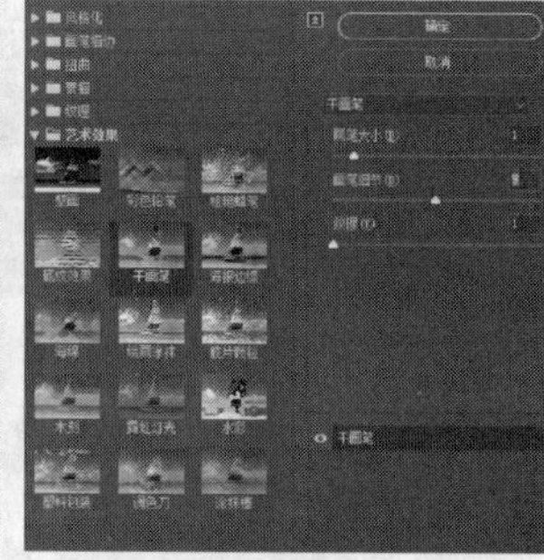

图20-529

04 将“背景”图层复制一次，并放置到图层列表的最顶层，如图20-530所示，执行“滤镜→滤镜库→艺术效果→绘画涂抹”命令，设置“画笔大小”为“3”，“锐化程度”为“13”，如图20-531所示，效果如图20-532所示。

图20-530

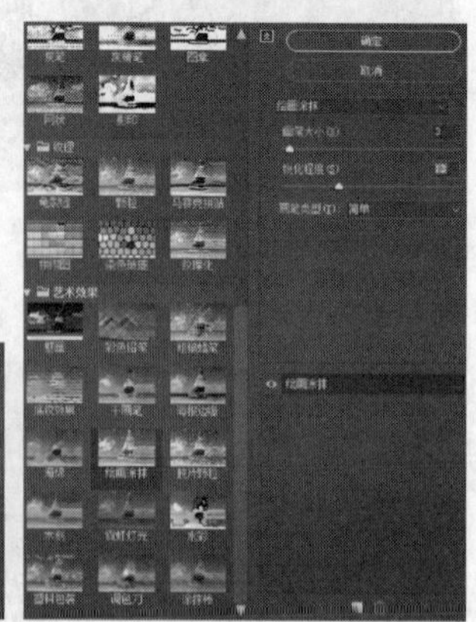

图20-531

图20-532

05 将刚调整好的图层的混合模式设置为“线性减淡”，设置“不透明度”为“68%”，如图20-533所示，效果如图20-534所示。

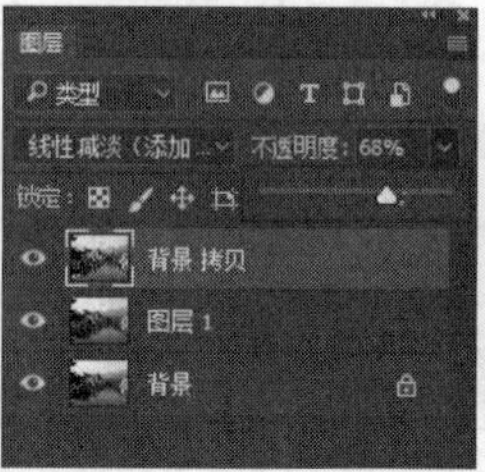

图20-533

图20-534

06 创建“纯色”调整图层，如图20-535、图20-536所示，将该图层“不透明度”调为“30%”，效果如图20-537所示。

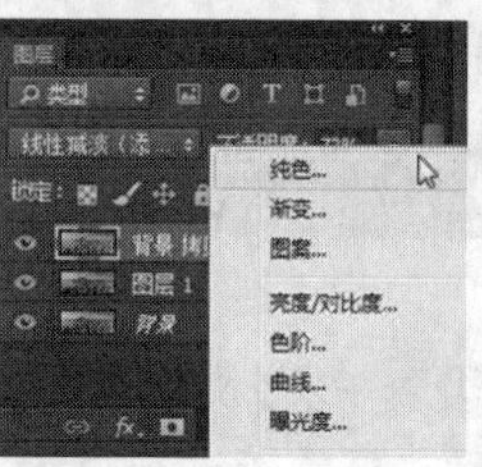

图20-535

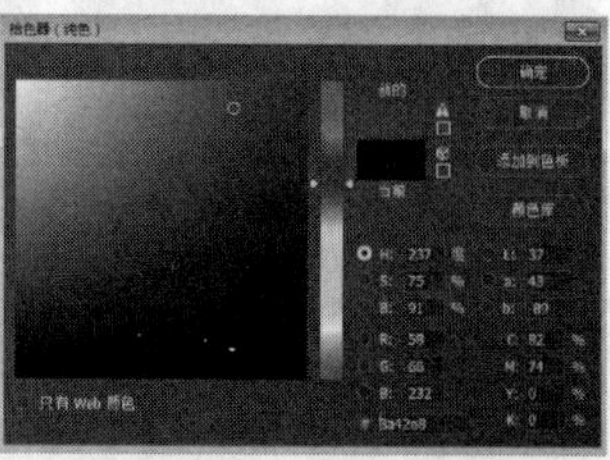

图20-536

07 按Ctrl+J组合键复制“背景”图层，执行“图像→调整→去色”命令，如图20-538所示，再复制一层当前图层，按Ctrl+I组合键反相，如图20-539所示。

图20-537

图20-538

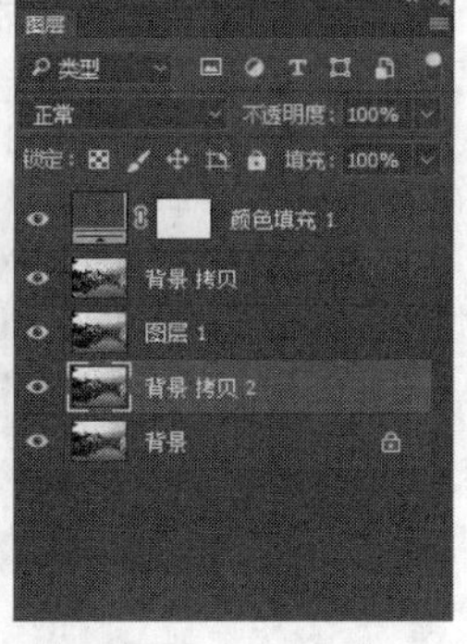
图20-539

08 执行“滤镜→其他→最小值”命令，参数设置如图20-540所示，按Ctrl+ E组合键向下合并图层，将图层混合模式调整为“正片叠底”，如图20-541所示。

图20-540

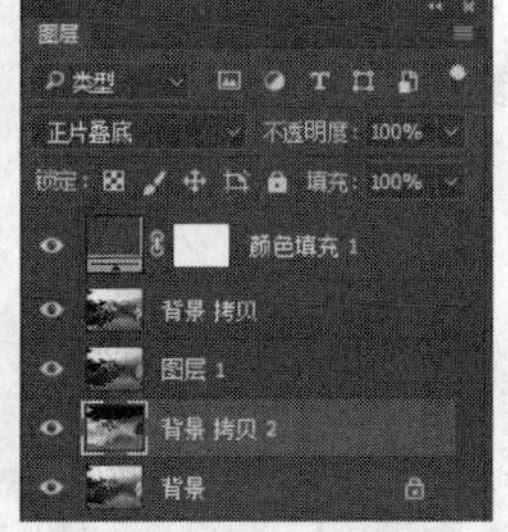
图20-541

09 选择有“干画笔”效果的图层，执行“图像→调整→可选颜色”命令，如图20-542所示，参数设置如图20-543所示，完成之后按Shift+Ctrl+Alt+E组合键盖印，如图20-544所示，效果如图20-545所示。

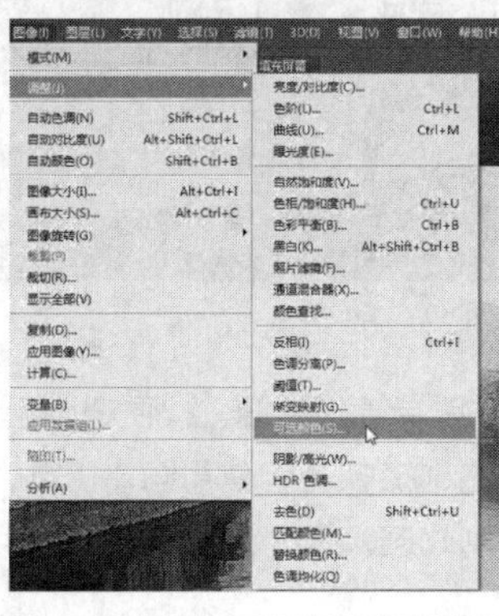
图20-542

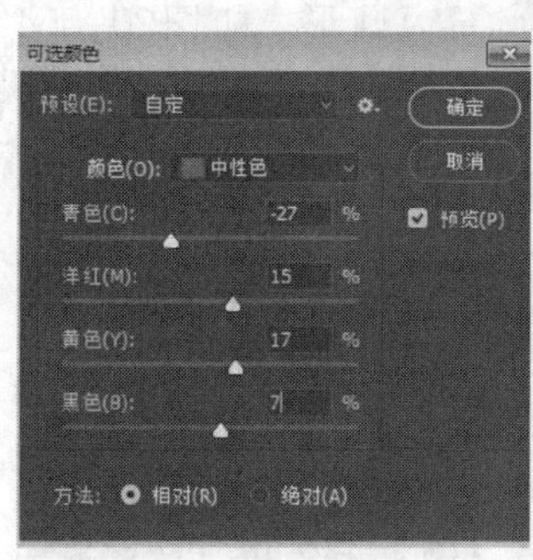

图20-543

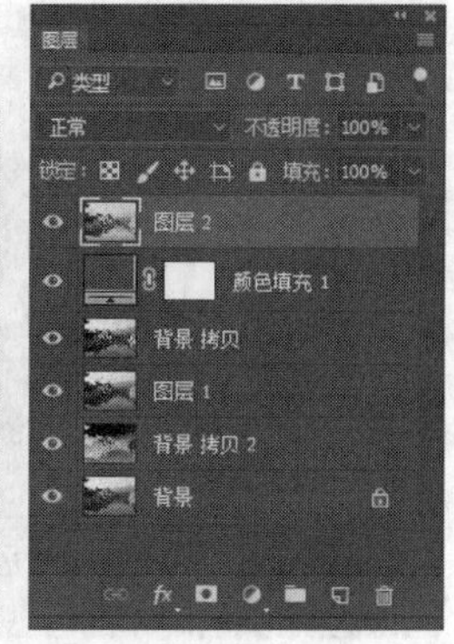
图20-544

10 使用裁剪工具对图片进行裁剪，使画面比例看起来更加协调，如图20-546所示。执行“图像→调整→色彩平衡”命令，调整参数如图20-547所示。

图20-545

图20-546

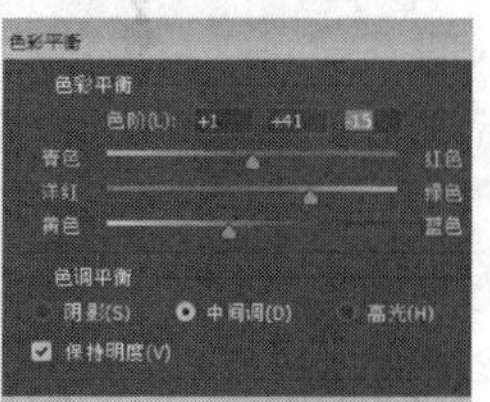
图20-547

11 最终效果如图20-548所示。

图20-548

20.23 制作有魔幻效果的电影宣传海报

“极坐标”是一个十分有趣的功能，Photoshop CC 2017的软件开启界面就是使用了此功能。本案例将结合“极坐标”功能，制作出带有魔幻效果的电影宣传海报。

01 新建文档，设置大小为2480像素×1950像素、“分辨率”为“300像素/英寸”，如图20-549所示。

02 打开一张背景图片，按Ctrl+T组合键，调整好图像的大小，如图20-550所示。

03 执行“滤镜→扭曲→极坐标”命令，如图20-551所示，选择“平面坐标到极坐标”，如图20-552所示。

04 按Ctrl+J组合键复制“图层1”图层，再按Ctrl+T组合键进行变形，如图20-553所示，把“图层1拷

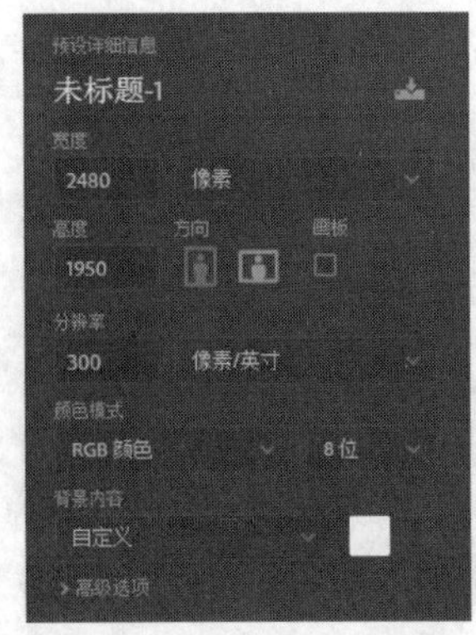

图20-549

贝”图层中的椭圆图案调整为圆形，如图20-554所示。

图20-550

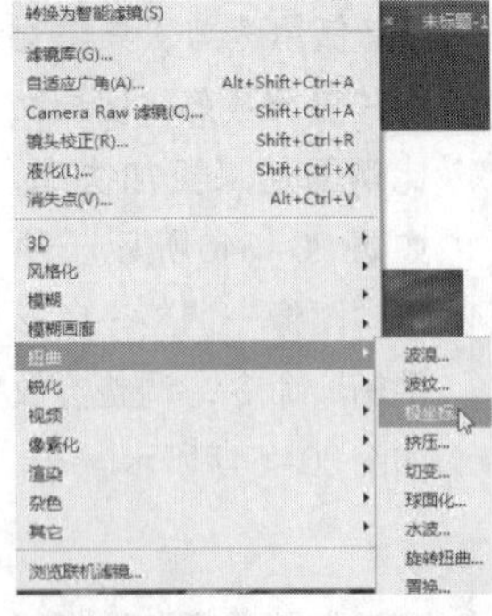

图20-551

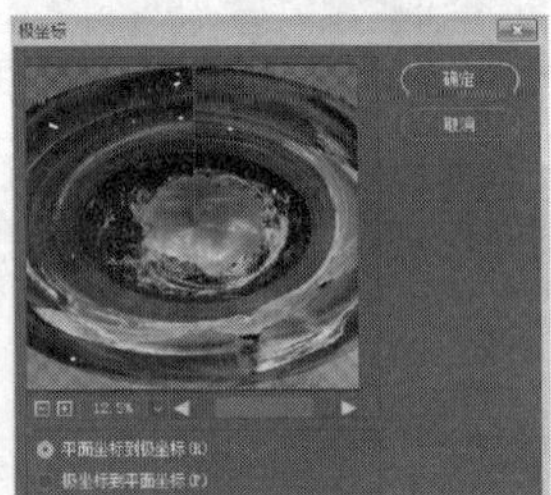

图20-552

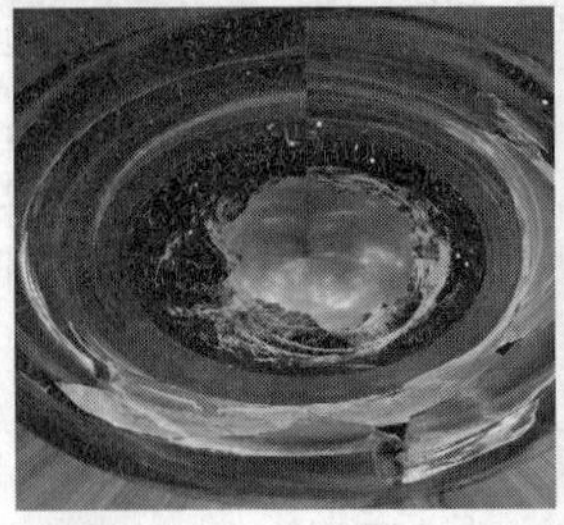

图20-553

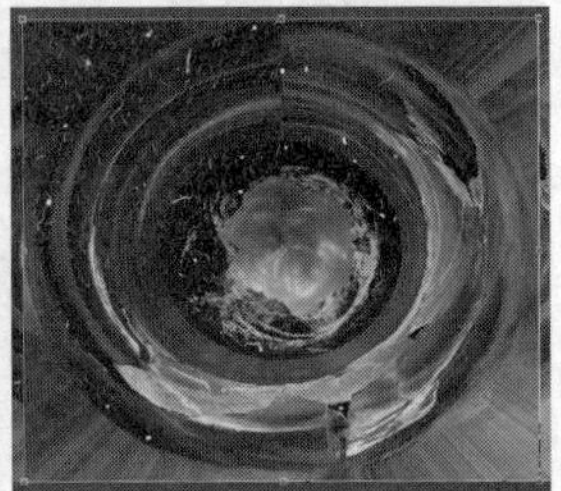

图20-554

05 按Ctrl+J组合键复制“图层1拷贝”图层得到新的图层，按Ctrl+T组合键，进行旋转，并增加图层蒙版，如图20-555所示。选择橡皮擦工具在蒙版中涂抹看起来不自然的边界部位，如图20-556所示。

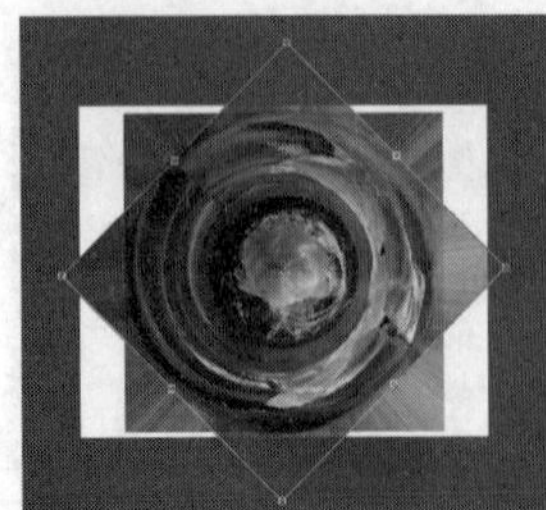

图20-555

图20-556

06 按Ctrl+T组合键，将图形的大小调整好，使画面看起来完整并饱满如图20-557所示。将该图层命名为“背景图片”。将星光素材图片置入文档，如图20-558所示，调整好大小和位置后将其隐藏以备后期使用。

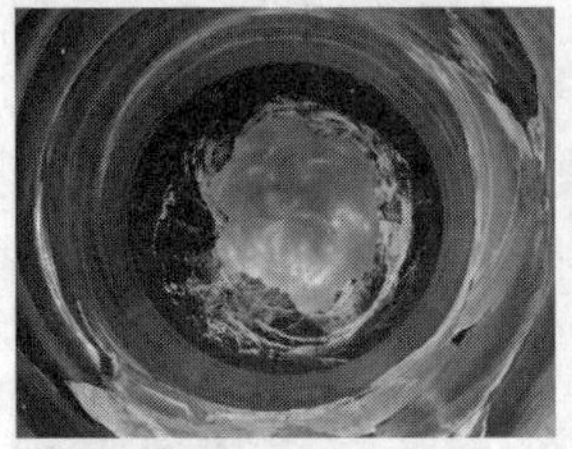

图20-557

图20-558

07 将人物素材置入文档中，调整大小与放置位置，如图20-559所示。

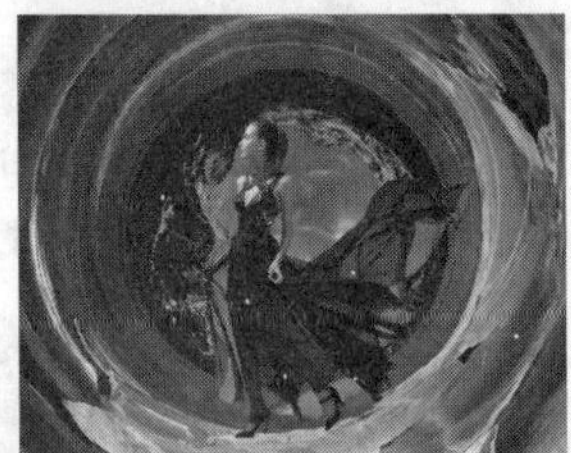

图20-559

08 选择人物图层，执行“图像→调整→曲线”命令，参数设置如图20-560所示，将亮部变暗，使人物看起来有背光效果。

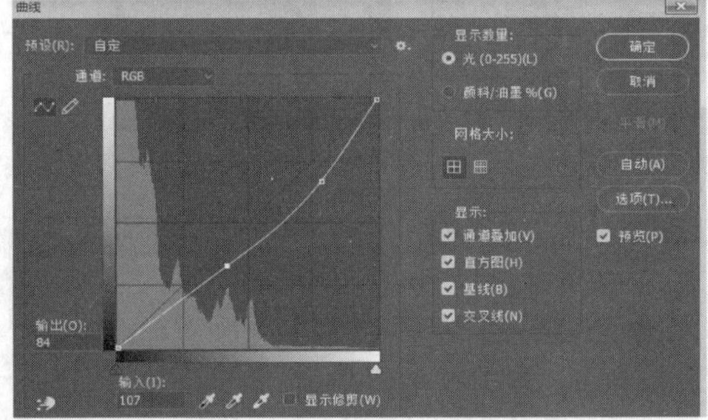

图20-560

09 新建图层，按住Ctrl键单击人物图层缩略图，填充50%灰色，使用画笔工具，对人物的明暗部进行绘制效果，如图20-561、图20-562所示。

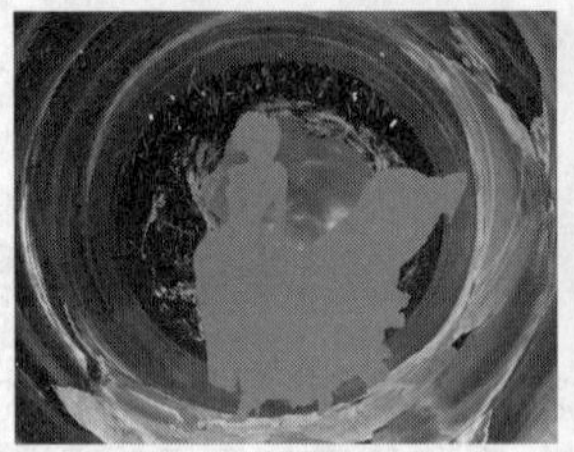

图20-561

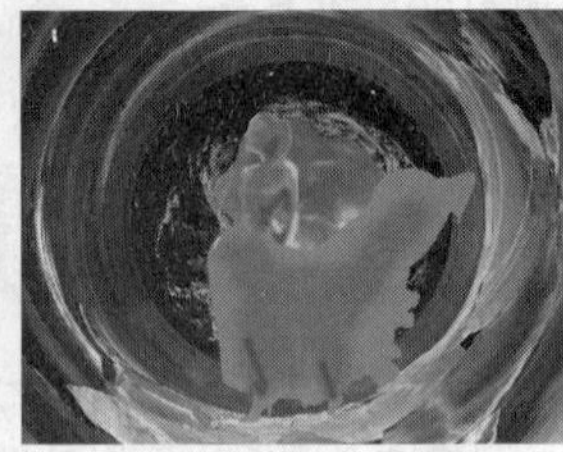

图20-562

10 将图层的混合模式更改为“叠加”，使人物的明暗关系更加分明，如图20-563所示。将星光图层的隐藏取消，并将该图层置于图层列表的最上方，将图层的“不透明度”设置为“61%”，混合模式设置为“叠加”，如图20-564所示，此时画面效果如图20-565所示。

图20-563

图20-564

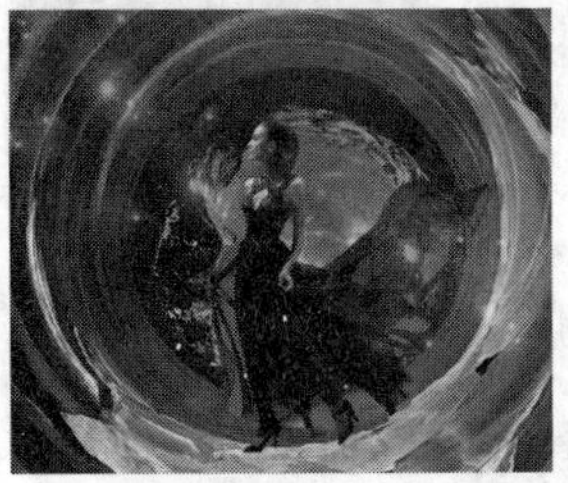
图20-565

11 为了增加画面空间感，可以给人物图层增加环境光，单击“添加图层样式”按钮，执行“渐变叠加”命令，参数设置如图20-566、图20-567所示。

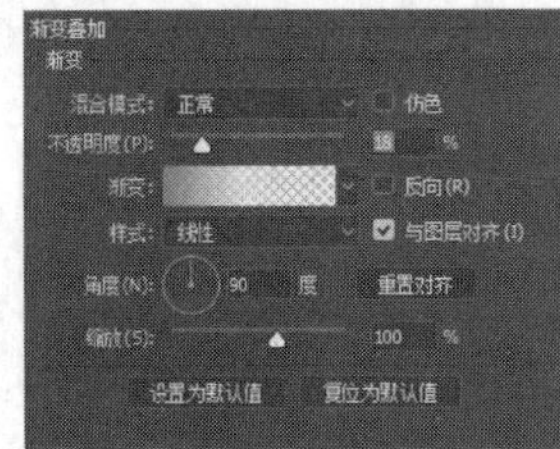
图20-567

12 最后，加入适当的文字即可，最终效果如图20-568所示。

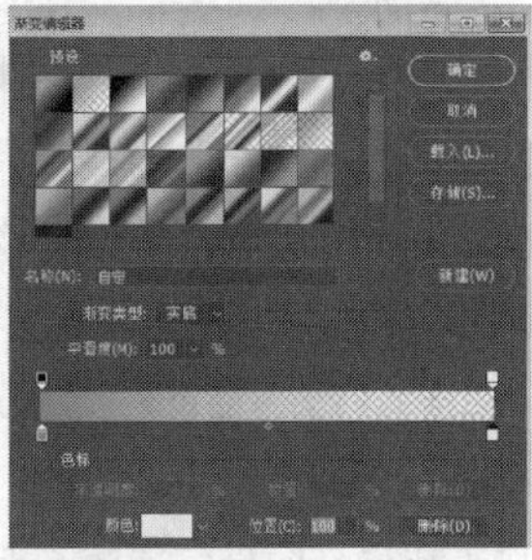
图20-566

图20-568

20.24 给图片制作拼图效果

“图层样式”是应用于一个图层或图层组的一种或多种效果。应用“图层样式”十分简单，本案例使用“斜面和浮雕”图层样式为图像制作出拼图效果。

01 打开需要制作的图片，如图20-569所示，按Shift+Ctrl+N组合键新建图层，并将“背景”图层隐藏起来，如图20-570所示。

02 选择矩形工具，将“样式”更改为“固定大小”，“宽度”与“高度”均为“100像素”，如图20-571所示。

图20-569

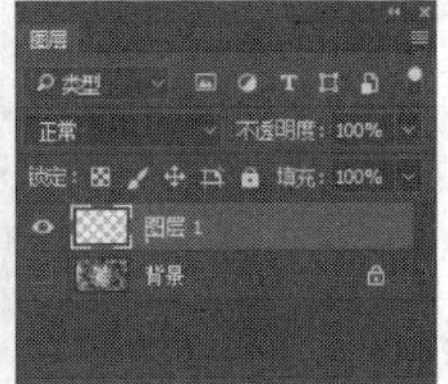
图20-570

样式：固定大小　宽度：100像素　高度：100像素　选择并遮住...

图20-571

03 在新建图层左侧绘制一个矩形，如图20-572所示，选择油漆桶工具，给选区填充任意颜色。以同样方式再绘制一个黑色的矩形，并放置在右下角，如图20-573所示。

04 在矩形边缘处，使用铅笔工具绘制4个圆形，效果如图20-574所示。

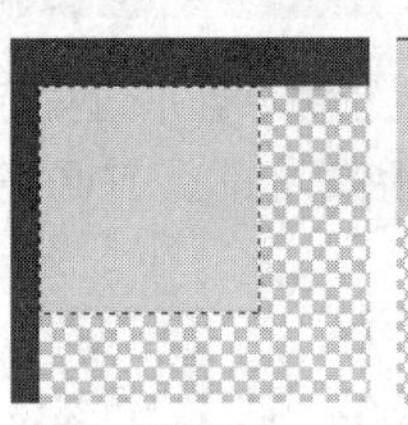
图20-572

图20-573

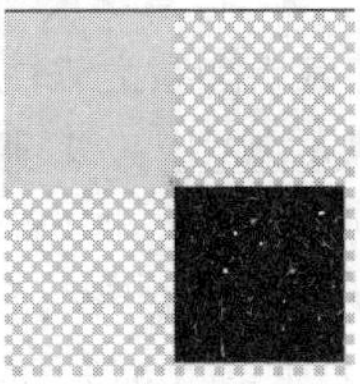

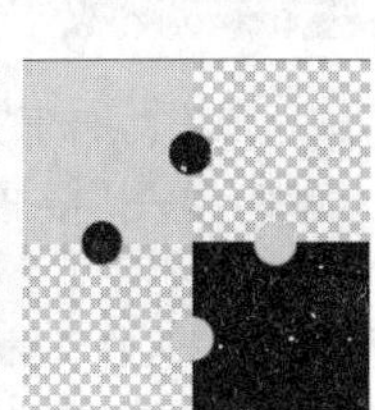
图20-574

05 选择魔棒工具，选中4个圆形并按Delete键删除，如图20-575、图20-576所示。

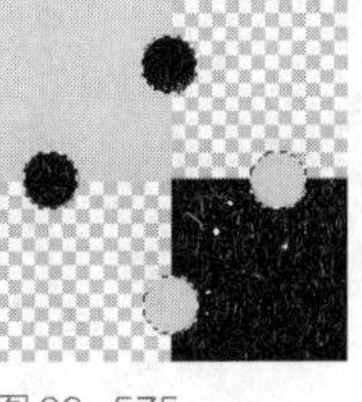
图20-575

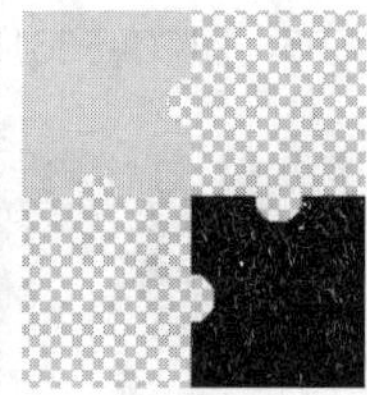
图20-576

06 将这两个矩形全选，单击鼠标右键，执行“合并图层”命令，将这个图层合理地分布在整个画面之中，分布完成后，将所有拼图合并，如图20-577所示。

07 增加图层样式，选择“斜面和浮雕”，将“斜面和浮雕”的参数进行调整，如图20-578所示，设置“样式”为

“枕状浮雕”，“深度”为“324%”，“大小”为“1像素”，软化为“3像素”，“角度”为“120度”，“高度”为“30度”，“不透明度”均为“75%”。

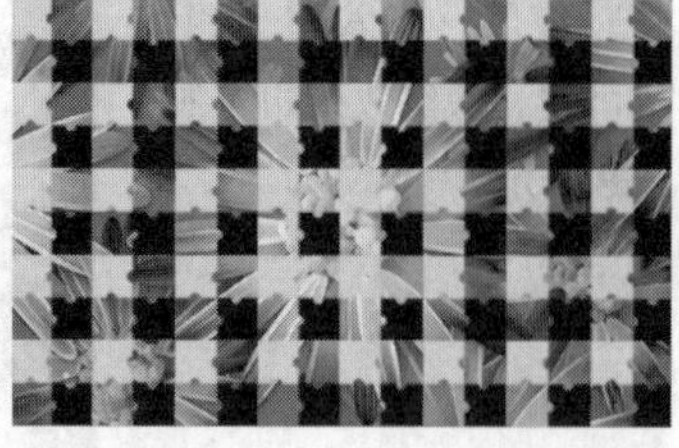

图20-577

08 执行“图像→调整→去色”命令，如图20-579所示，把图层混合模式更改为“变暗”，如图20-580、图20-581所示。

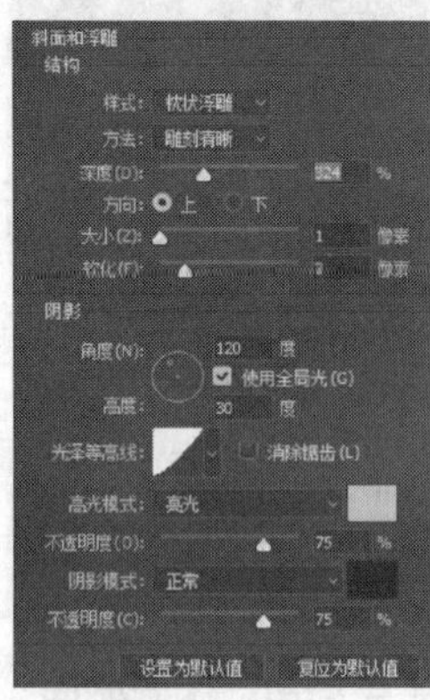

图20-578

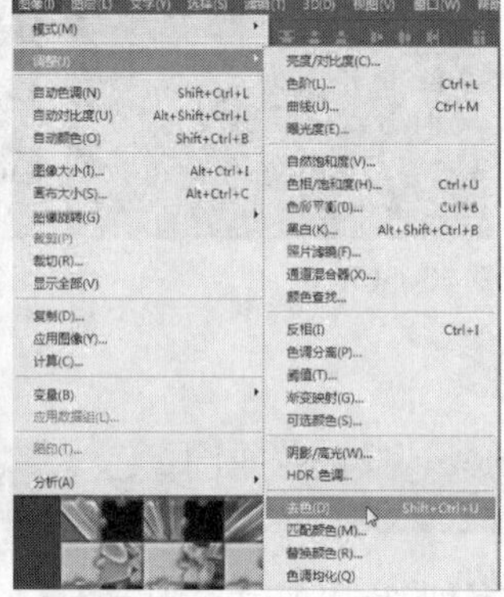

图20-579

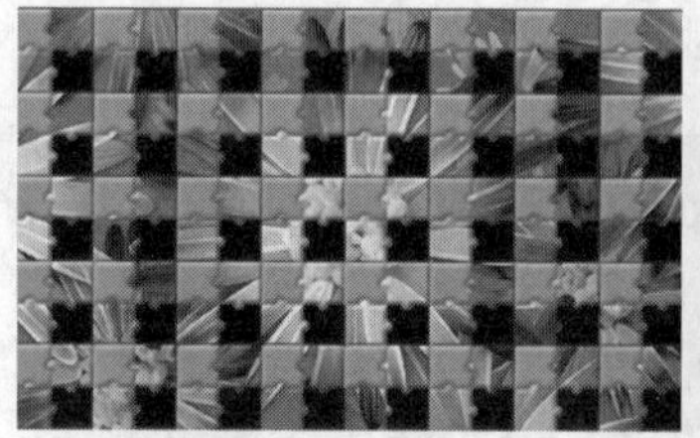

图20-580

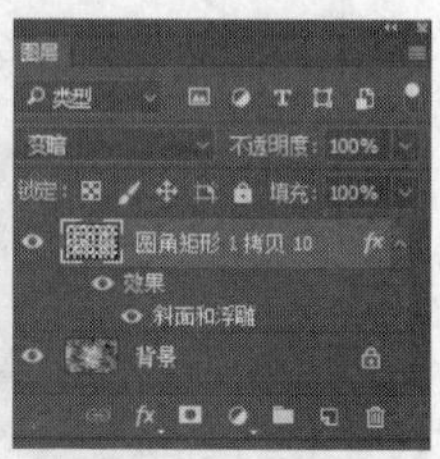

图20-581

09 执行“图像→调整→亮度/对比度”命令，将数值均改为“100”，如图20-582所示。

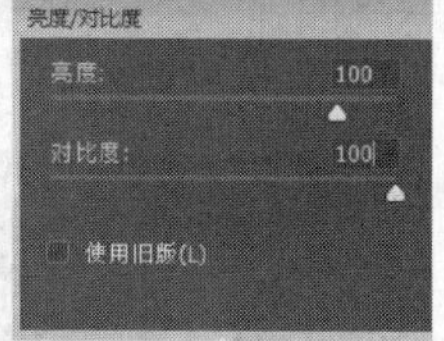

图20-582

10 最终效果如图20-583所示。

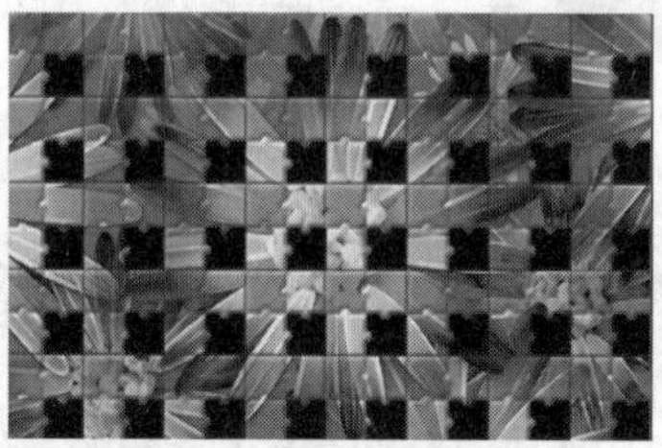

图20-583

20.25 制作瓶中少女特效图片

这个实例的效果图看上去比较复杂，不过实际用到的素材很少，仅需要人物和处理好的背景。合成的时候只需要把人物抠出来移到合适的位置并调整大小，再简单渲染颜色，增加装饰即可。

01 打开人物素材，如图20-584所示。

02 首先对图片进行调色，执行“图像→调整→自然饱和度”“图像→调整→曲线”命令，参数设置如图20-585、图20-586所示。

图20-584

图20-585

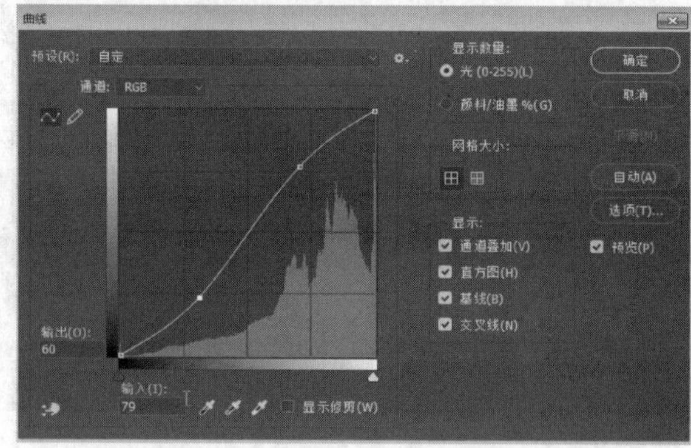

图20-586

03 调整人物肤色，执行“图像→调整→可选颜色”命令，参数设置如图20-587到图20-589所示，效果如图20-590所示。

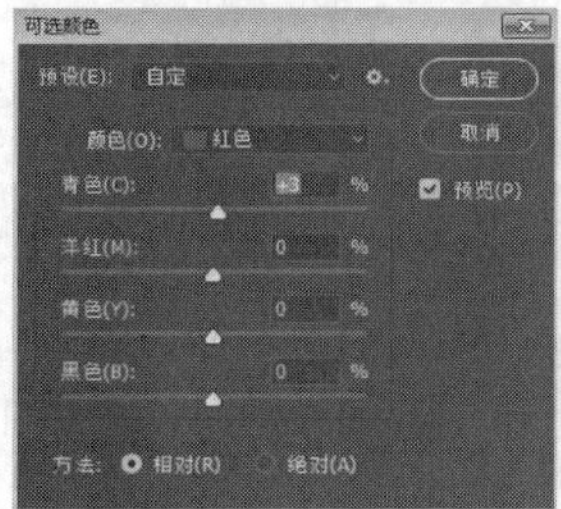
图20-587

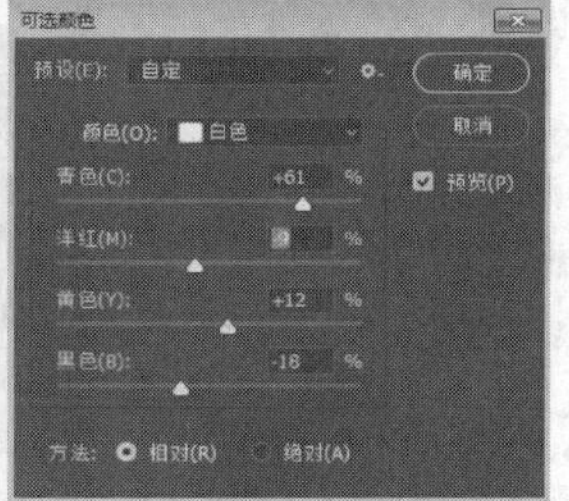
图20-588

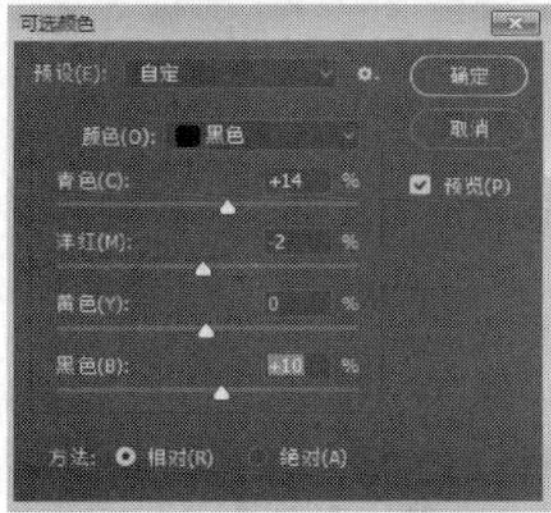
图20-589

图20-590

04 使用钢笔工具描绘人物路径，头发部分保留背景，如图20-591所示，再将路径作为选区载入，按Ctrl+I组合键反选选区，按Delete键删除，如图20-592所示。

05 添加透明的瓶子素材文件，如图20-593所示，调整瓶子的大小与位置，使用“色彩平衡”参数调整瓶子颜色，参数设置如图20-594所示。

06 调整瓶子的方位，让瓶子正过来，如图20-595所示，使用套索工具将局部羽化，如图20-596所示，再调整局部的色彩平衡，如图20-597、图20-598所示。

图20-591

图20-592

图20-593

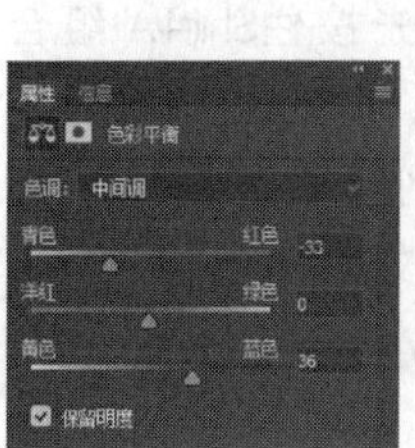
图20-594

图20-595

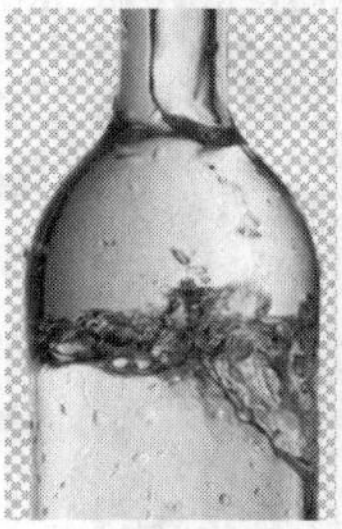

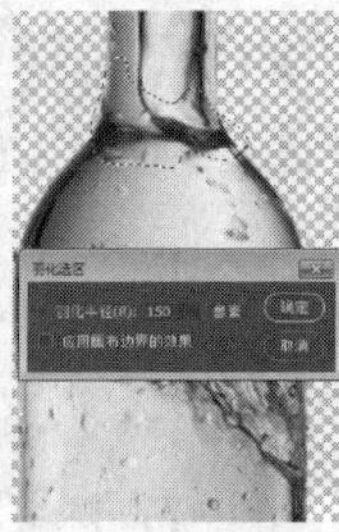
图20-596

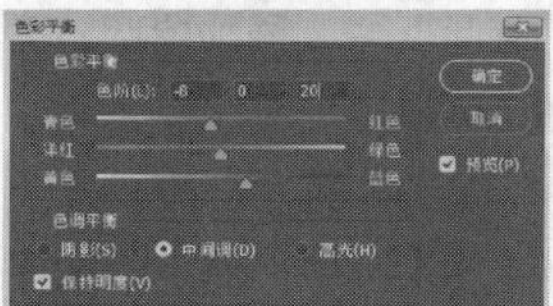
图20-597

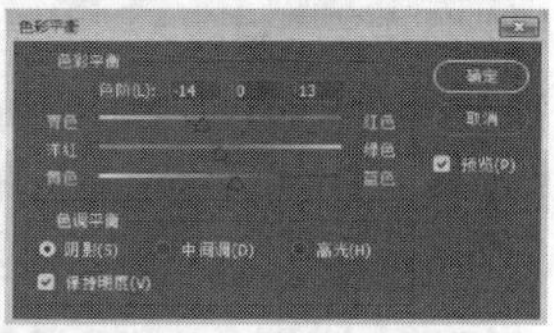

图20-598

07 此时瓶子的效果如图20-599所示。

08 将人物图层放在瓶子中间，如图20-600所示，复制图层为“图层0拷贝”，添加矢量蒙版，设置前景色为黑色，用画笔工具擦掉人物被水覆盖的部分，头发的背景也需要擦掉，如图20-601、图20-602所示。

图20-599

图20-600

图20-601

图20-602

09 将“图层0”图层的混合模式改为“正片叠底”，增加图层蒙版，如图20-603所示，擦除被水覆盖的部分，如图20-604所示。

图20-603

图20-604

10 添加海天图片素材图片，使用“自然饱和度”与“曲线”参数调整图片，参数设置如图20-605、图20-606所示。

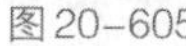
图20-605

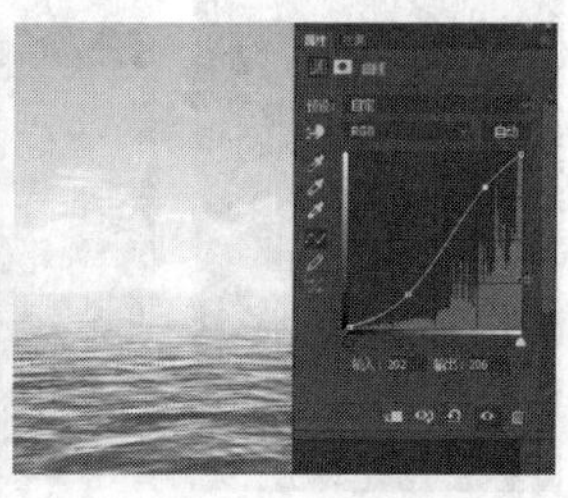
图20-606

11 将海天素材置入“图层0拷贝”中，添加蒙版，擦除盖在人物身上的波浪，如图20-607所示。

12 置入金鱼素材图片，将金鱼图层的混合模式改为“正片叠底”，将另外一条金鱼放入水中，使用钢笔工具描出路径，并作为选区载入，再添加蒙版，使用黑色画笔擦除被水覆盖区域，如图20-608所示。

图20-607

图20-608

13 对全图进行色调调整，执行“图像→调整→色相/饱和度”命令，参数设置如图20-609所示。新建黑色图层，将图层混合模式改为“滤色”，执行“滤镜→渲染→镜头光晕”命令，调整光晕位置，如图20-610所示。

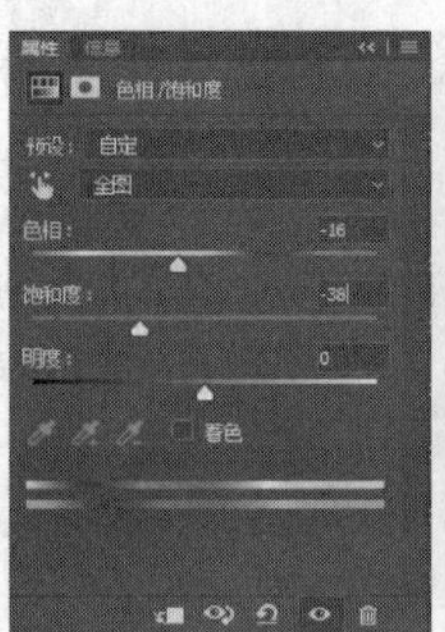

图20-609

图20-610

14 拼合图像，使用套索工具圈出人物局部（如头发边缘）然后加以羽化，让效果更加自然真实，如图20-611所示，最终效果如图20-612所示。

图20-611

图20-612

20.26 制作折纸立体天气图标

手机天气界面有许多种图标，其中折纸效果使画面看起来文艺清新。本案例将讲解如何用钢笔工具与图层样式制作出折纸效果天气图标。

01 新建文档，尺寸设置为1000像素×1000像素，“分辨率”设置为“300像素/英寸”，填充颜色设置为白色，如图20-613所示。

02 制作背景图片。给背景填充棕色，颜色参数如图20-614所示，单击“添加图层样式”按钮，执行“图案叠加”命令，选择一个类似纸纹的图案，如图20-615所示。为了增加纸的质感，可以调整曲线参数，如图20-616所示。背景图片设置完成。

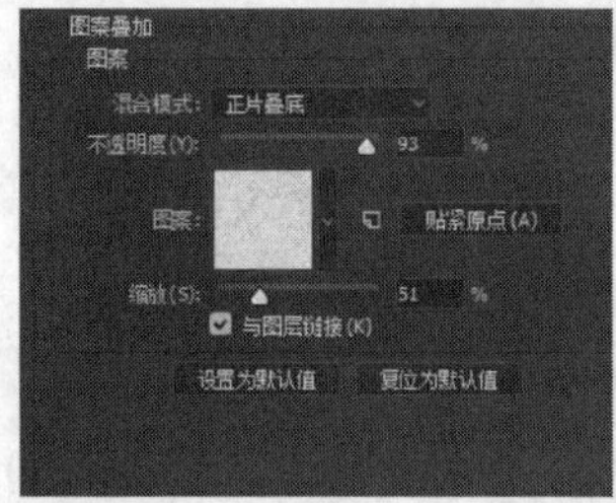

图20-615

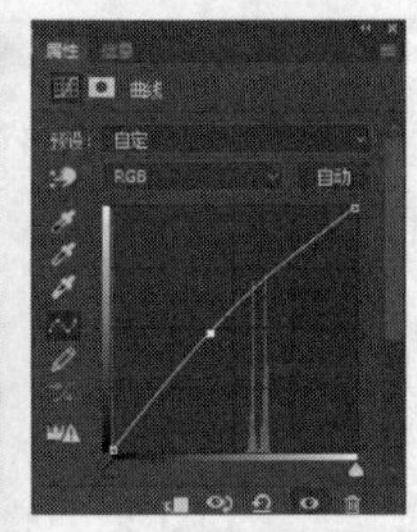

图20-616

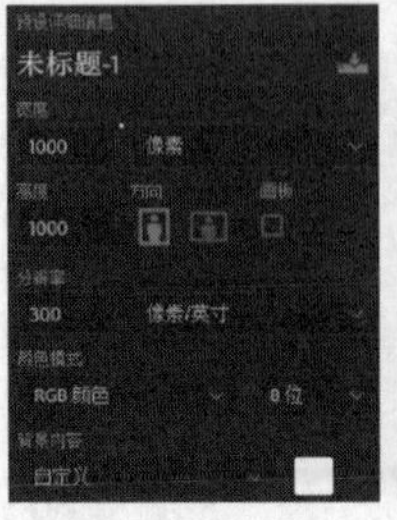

图20-613

图20-614

03 接下来制作太阳。首先按住Shift+Alt组合键，用椭圆工具绘制一个正圆形，将填充颜色改为金黄色，如图20-617所示。

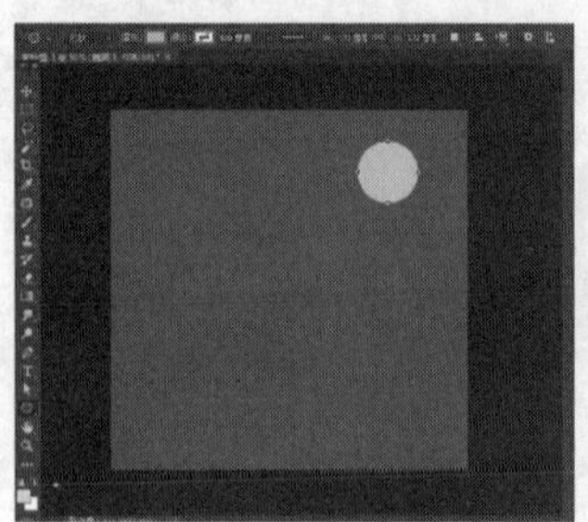

图20-617

04 制作第2层（太阳分3个图层）。复制第1个太阳图层，按Ctrl+T组合键，将其变窄，置于第1个太阳中心，如图20-618所示。为了增加立体效果，给第2个太阳添加图层样式，图20-619所示为“投影”图层样式的参数设置。

图20-618

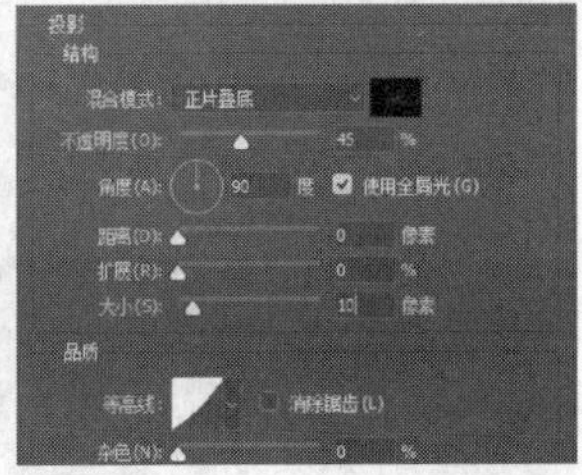

图20-619

05 按照第2个太阳图层的制作方法，制作第3个太阳图层。第3个太阳图层位于最上层，也是最窄的部分，同样，增加“投影”图层样式，参数设置如图20-620所示。此时，太阳效果如图20-621所示。

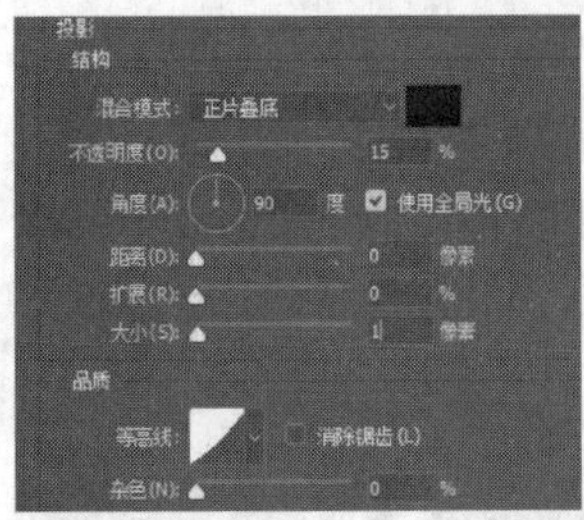

图20-620

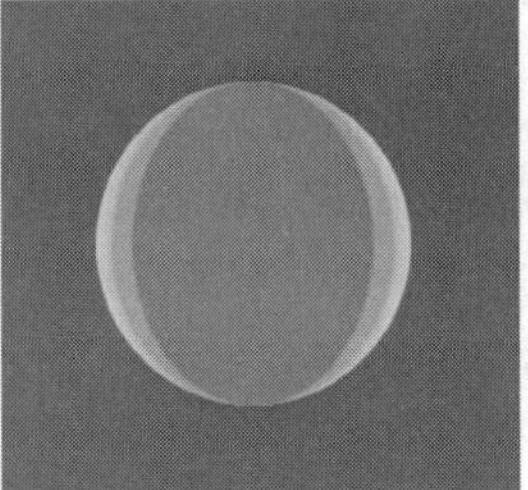
图20-621

06 制作整个太阳的投影。按Shift+Ctrl+N组合键新建图层，选择新图层，按住Ctrl键的同时单击第1个太阳图层缩略图，得到正圆形选区，按F5键填充黑色，此时图层关系如图20-622所示。

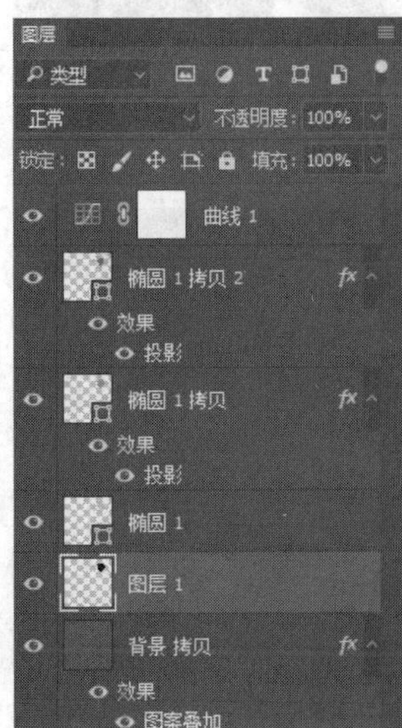

图20-622

07 给“图层1”的黑色圆形应用高斯模糊效果，然后增加图层蒙版，使用黑色柔边圆画笔将上半部分多余投影擦掉，只留下半部分，效果如图20-623所示。

图20-623

08 按住Ctrl键并单击第3个太阳图层，得到选区，选择渐变工具，打开“渐变编辑器”对话框，如图20-624所示，颜色设置为黄色到透明色渐变，在画面上绘出渐变效果，如图20-625所示。

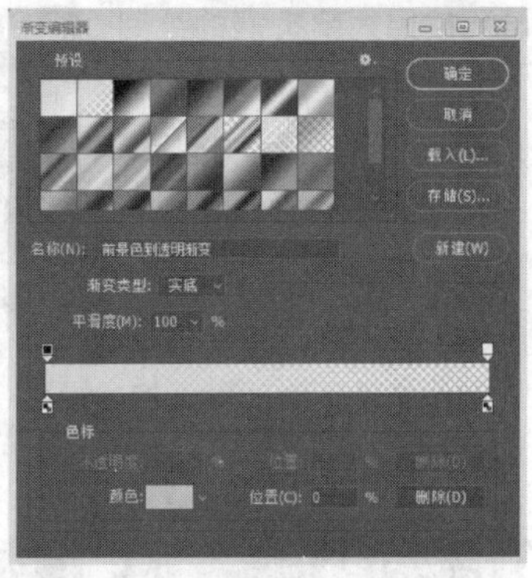

图20-624

09 新建图层，选择矩形选框工具，在太阳的中心画出一个长条，使用渐变工具画出由左至右的渐变效果，调整长条图形的大小与位置，作为太阳的折痕，如图20-626所示。

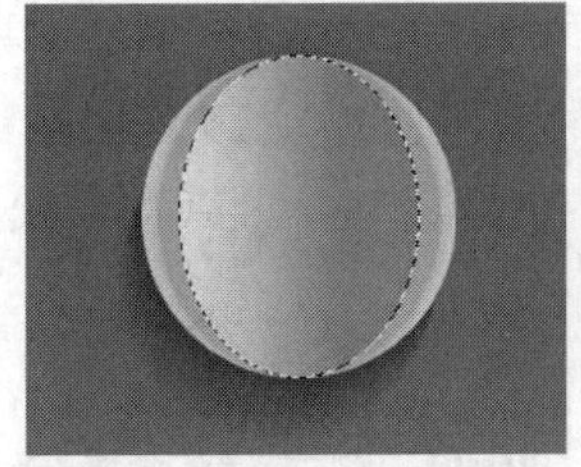
图20-625

图20-626

10 接下来是制作云彩。使用钢笔工具绘制出云彩的轮廓，将路径转化为选区，选择渐变工具（前景色至透明色渐变），参数设置如图20-627所示，给云彩填充颜色，如图20-628所示。

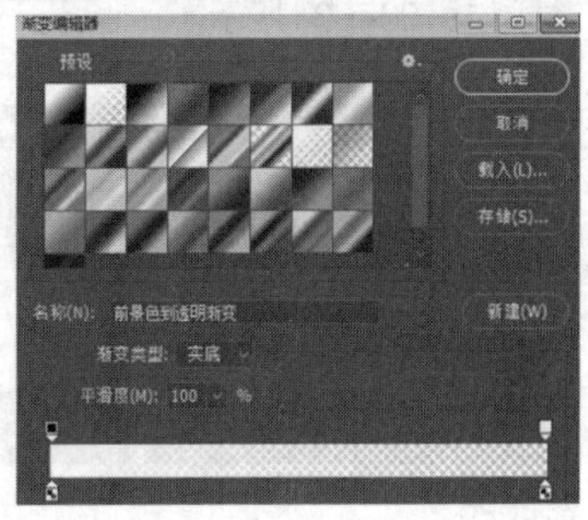

图20-627

11 复制第一层云彩，用矩形选框工具将云彩的右半部选中，并按Ctrl+T组合键，将其变窄，增加“渐变叠加”图层样式，如图20-629所示。

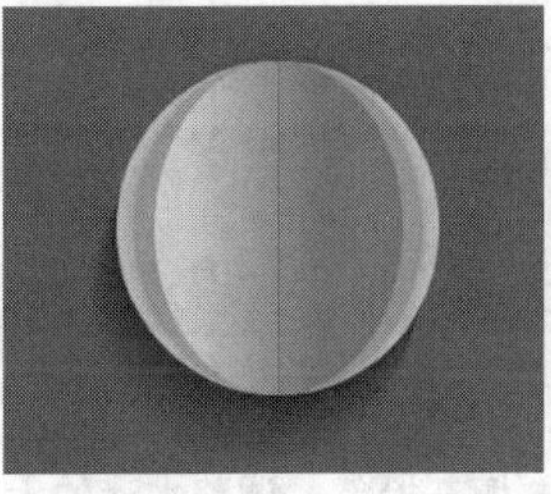
图20-628

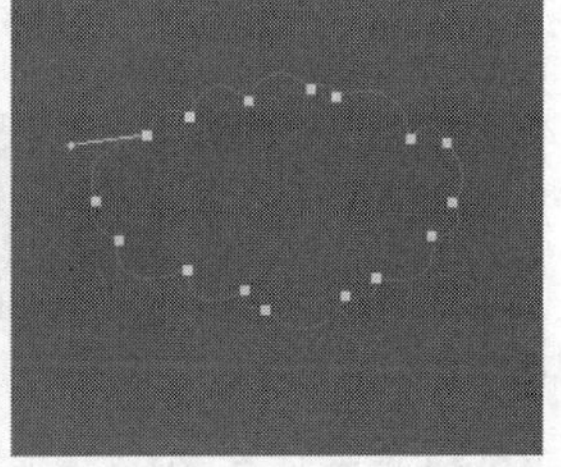
图20-629

12 按照太阳折痕的绘制方法，给云彩增加折痕，如图20-630所示。选择第一层云彩，按Ctrl+T组合键，拉伸图形，如图20-631所示，参照太阳投影的制作方法，给云彩添加“投影”图层样式，如图20-632所示。

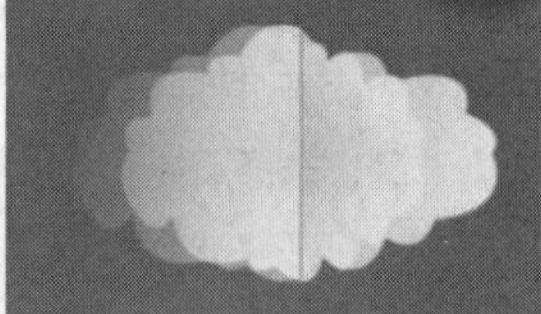
图20-630

图20-631

图20-632

13 根据视图效果对图层样式进行微调，云彩基本完成，将组成云彩图层的各个图层组成组，命名为“云彩”，将太阳相关的图层也合并成组，并命名为“太阳”，如图20-633所示。

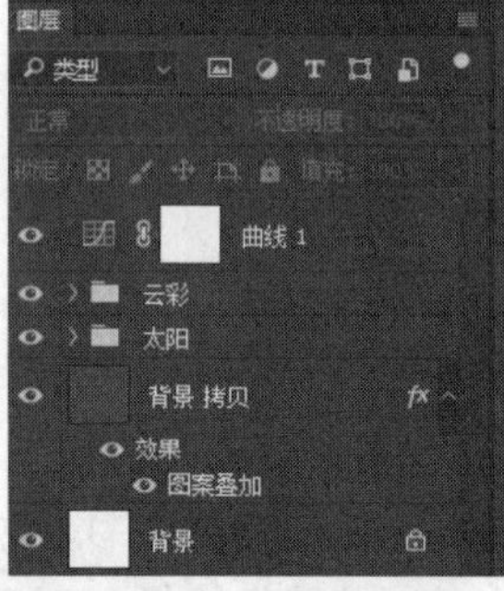

图20-633

14 选中“云彩”组，按Ctrl+J组合键进行复制，并分别调整好大小与位置，效果如图20-634所示。

图20-634

15 制作水滴。使用自定形状工具画出一个水滴形，如图20-635所示。右击水滴图层并执行“栅格化图层”命令。使用矩形选框工具将右侧水滴框选并复制，使用移动工具移动复制出来的半个水滴图形，如图20-636所示。然后使用棕色填充半水滴，如图20-637所示。

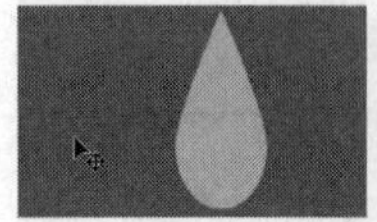
图20-635

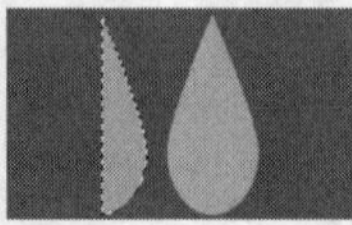
图20-636

图20-637

16 选择第一层水滴，复制并填充橙色，调整水滴的大小，将图形变窄，如图20-638所示。使用同上的方法得到半水滴图形，在右侧填充较深颜色。如太阳与云彩的投影绘制方法相同，绘制水滴投影，如图20-639所示，水滴完成。

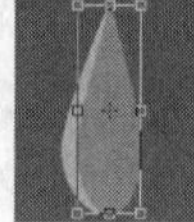
图20-638

图20-639

17 将水滴各个图层合并成组，命名为“水滴”。复制几个水滴图层，调整位置与大小，保证画面的协调统一，效果如图20-640所示。

图20-640

18 最后增加文字，使用横排文字工具，输入“Monday”，颜色设置如图20-641所示。为了增加立体感，对文字图层添加“投影”图层样式，参数设置如图20-642所示。

图20-641

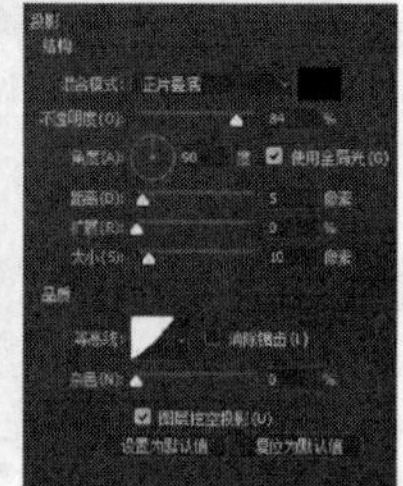
图20-642

19 最终效果如图20-643所示。

图20-643